世界兽医经典著作译丛 · 小动物外科系列

# 小动物后腹部手术

【西班牙】乔斯·罗德里格斯·戈麦斯（José Rodríguez Gómez）
【西班牙】玛利亚·乔斯·马丁内斯·萨纳多（María José Martínez Sañudo）
【西班牙】贾米·格劳斯·莫拉莱斯（Jaime Graus Morales）
编著

李宏全 主译

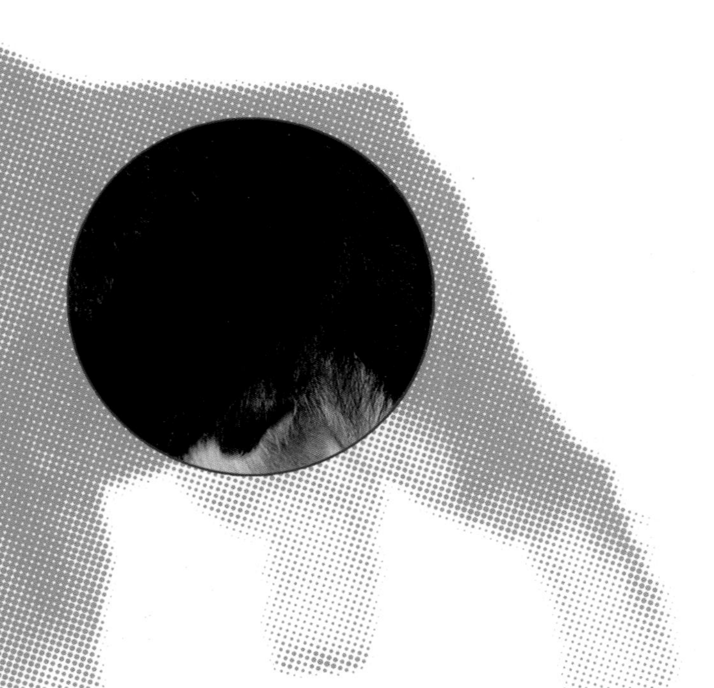

中国农业出版社
北 京

# 作　　者

从左至右：María José Martínez Sañudo，萨拉戈萨兽医学院临床医学与外科学教授，临床兽医学院副主任；Jaime Graus Morales，萨拉戈萨兽医学院外科学副教授，兽医师；José Rodríguez Gómez，萨拉戈萨兽医学院临床医学与外科学教授，临床兽医学院主任。

# 译者名单

主　译　李宏全

参　译　孙　娜　范阔海　尹　伟　孙耀贵

不是每个人都喜欢滑雪，但对于那些在山上滑雪的人来说，征服斜坡无疑是最激动的时刻。

每个滑雪者都应该选择适合自己的滑雪道来享受接下来的一天。滑雪道有不同的级别：绿色、蓝色、红色和黑色，滑雪者应该选择正确的滑雪道，以避免滑得不愉快。

有些人会很高兴保持在同一水平，但有些人想要进步，想去面对新的挑战，攻克新的滑雪道。这个过程可以自学或者由一名合格的专业人士指导。无论是在哪种情况下，学习好的技巧和观察那些滑雪技术好的人都是必不可少的。要快速、正确、无风险地掌握这项技术，就必须接受培训，这样才能在老师的指导下进步。

我们希望每个人都能享受滑雪的乐趣，并选择适合自己的滑雪道，以避免任何糟糕的体验，同时我们也希望每个新的季节都能带来新的挑战。

因此，如果你准备好了，你可以从计划好的手术开始——我们希望手术会成功，而你也能乐享其中。

# 序 言

外科手术因其立竿见影的效果，是兽医学最引人入胜的部分之一。手术的结果取决于手术的计划与实施，以及对动物的术后管理。原则上，每位兽医都可以做手术，但手术效果取决于他们的训练水平和经验。在学习本书的过程中，解剖学提供了可接受手术的组织器官的相关知识，外科技术告诉你如何为手术做准备，手术操作部分向你展示了手术各个阶段的真实情景。

本书是由作者们在手术台上工作无数小时累积的经验汇集而成。这本书不仅一步一步地为读者提供外科技术，还帮助他们处置手头的病例；通过观察本书提供的临床病例，读者将会发现相似之处并找到应对措施。

不论是对初出茅庐的外科医生，还是对已有一定临床经验的外科医生，这都是一本非常实用的书。本书所选用的有关图像都是一流的，代表了每个病例最重要的方面。

我相信这本书是所有外科爱好者的必读书，并且应该经常查阅。本书不仅提供想法，而且激励我们接受新的挑战，帮助我们改善患病动物的临床状况。

José Ballester Dupla
Velázquez Veterinary Clinic. Madrid

# 致 谢

虽然本书出版时，封面上只有几个人的名字。但这本书承载的是一群人的工作、奉献和专业精神，他们全身心地投入到医院的工作中。非常感谢医院的行政人员、辅助人员和服务人员、清洁和消毒人员以及教授和临床医师们。

非常感谢所有的兽医同行，他们将患病动物托付给我们解决手术问题。

我们诚挚地感谢年轻的兽医们，他们每天都和我们一起训练，向我们展示了他们的奉献精神、他们的工作能力和对自我提升的渴望。感谢Ana、Carlos、Laetitia、Pilar、Saul、Silvia、Aitor、Carolina、Daniel、Esther、Julio、Mapi、Saray、Sheila和Sofia。未来是你们的，我们将为你们所取得的一切成就感到自豪。最后，我们衷心感谢Servet出版公司的强大团队，他们做了杰出的工作，将这本书呈现在公众面前。

José Rodríguez Gómez 博士
María José Martínez Sañudo 博士
Jaime Graus Morales 博士

# 前　言

随着本系列第一本书的出版，我们就意识到要开始编写其他几本。编写本书是一份井然有序的工作，我们也认为这将是一本有用的书，但我们没有想到兽医从业者会有如此大的兴趣。显而易见，我们编写了一本实用并且有用的指南，这将鼓励我们继续下去。

就像第一本介绍骨盆部手术的书一样，这本书不像死板的教科书，也没有教条式的吹嘘。我们只想呈现我们如何处理外科病例，并希望分享我们在手术室中获得的经验。当然，我们希望公开发表由我们的优秀外科医生发明的其他外科技术，并为我们的同行提供帮助。

本书包括发生在后腹部的主要疾病，从腹部疝、肠道疾病到膀胱和子宫疾病。

临床病例和图像都是精心挑选的，因此，最能代表这个解剖区域施行手术所面临的挑战。重要环节应特别注意并时刻铭记。

这些图像是本书的基础，我们一直努力获得尽可能高质量的照片。然而，这并不总是可能的，因此，我们要向摄影师道歉，我们相信这些照片的临床价值可以弥补照片本身的一些不足。

一如既往，我们致力于为您的日常临床诊疗发展做出贡献。如果我们能给您提供一些想法，我们会很满意；如果能传达我们对外科手术的热爱，我们会更高兴。无论如何，我们感谢您的关注。

# 目　录

后腹部解剖结构（腹面观）

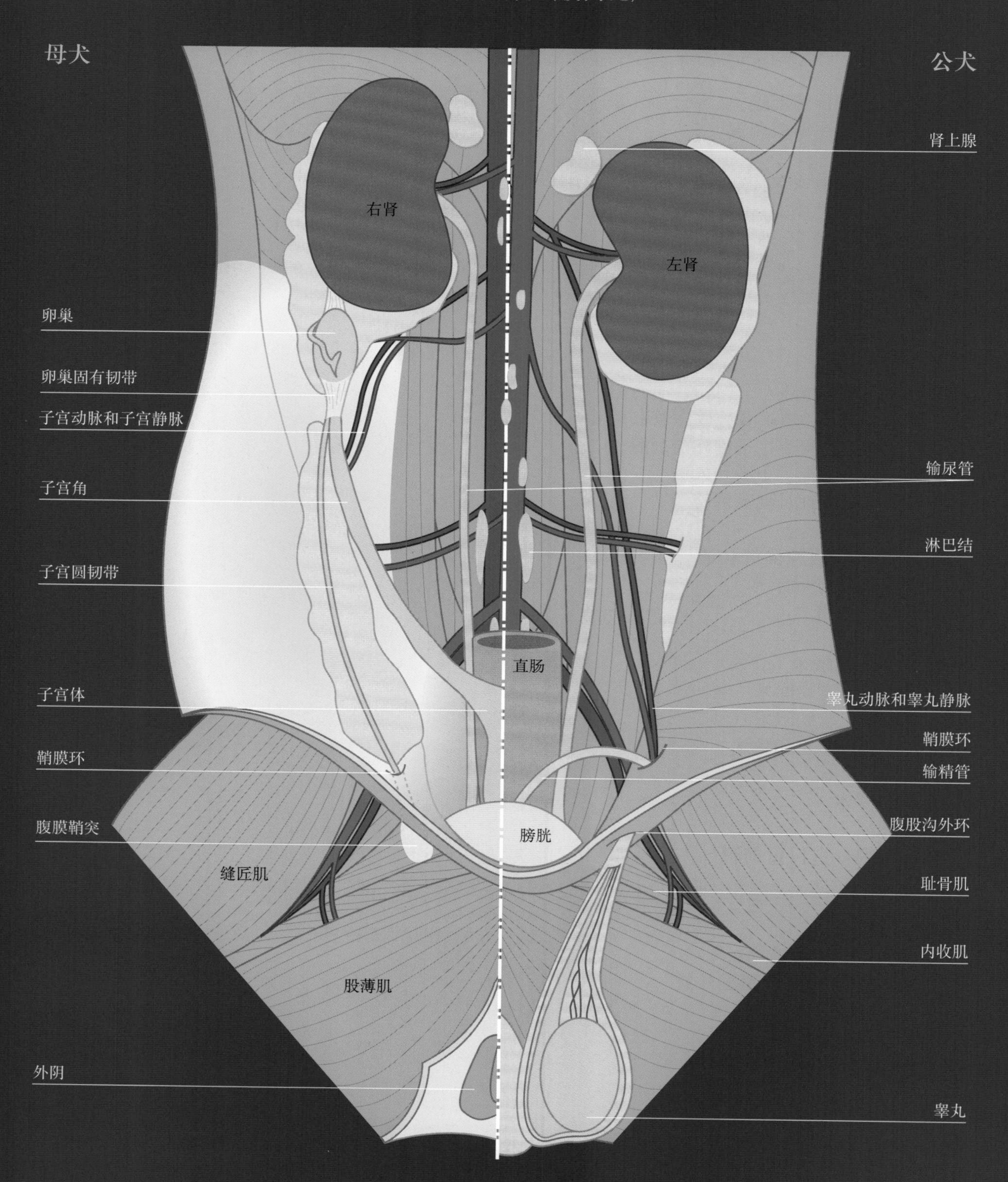

母犬
公犬
右肾
左肾
肾上腺
卵巢
卵巢固有韧带
子宫动脉和子宫静脉
子宫角
输尿管
淋巴结
子宫圆韧带
直肠
子宫体
睾丸动脉和睾丸静脉
鞘膜环
鞘膜环
输精管
腹膜鞘突
膀胱
腹股沟外环
缝匠肌
耻骨肌
内收肌
股薄肌
外阴
睾丸

公犬的筋膜和鞘膜示意图

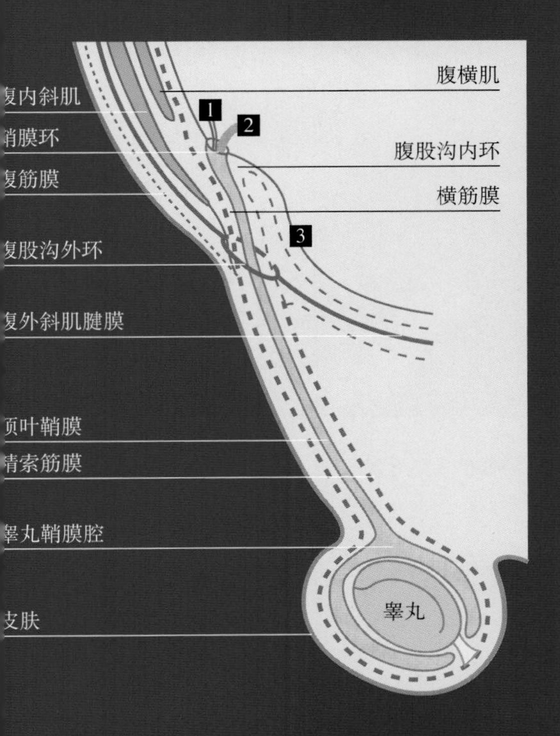


公犬腹股沟部

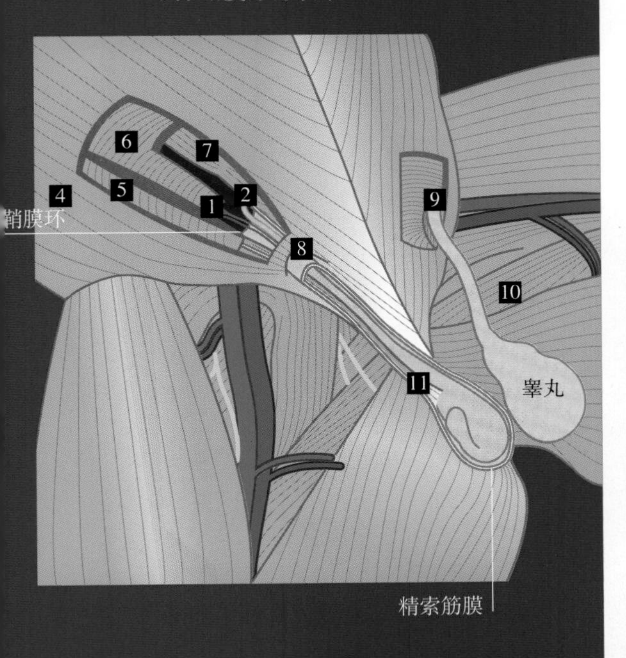


1 睾丸动脉和睾丸静脉
2 输精管
3 腹膜
4 腹外斜肌
5 腹内斜肌
6 腹横肌
7 腹直肌
8 腹股沟外环
9 腹股沟内环
10 股动脉与股静脉
11 提睾肌

# 第一章　疝及其治疗

## 腹股沟疝

### 病例1　腹腔外妊娠：卵巢子宫切除术

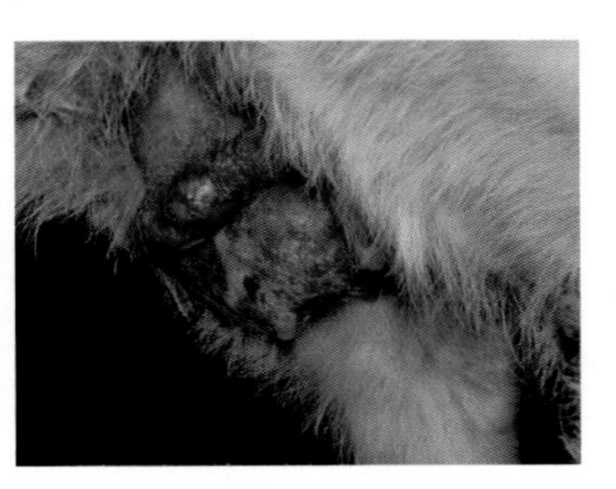

### 病例2　锥形聚丙烯网修补腹股沟疝

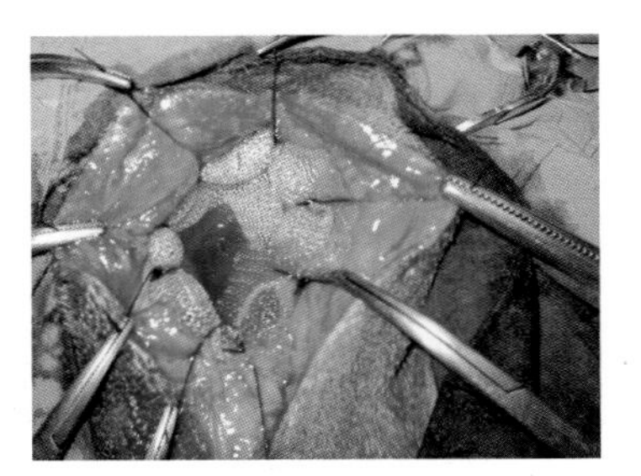

## 创伤性疝

### 闭合性创伤疝

### 开放性创伤疝：脏器外露

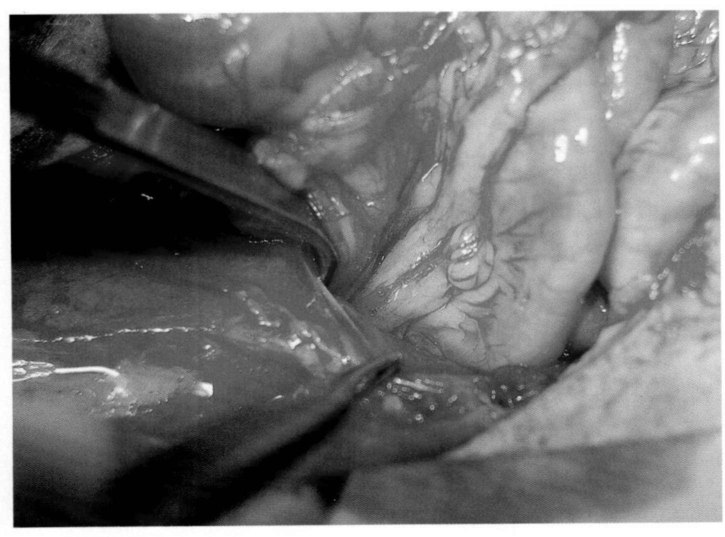

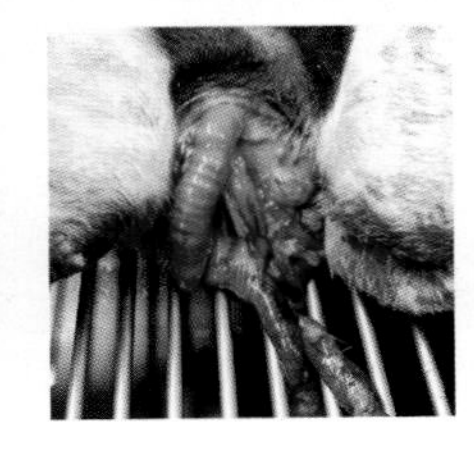
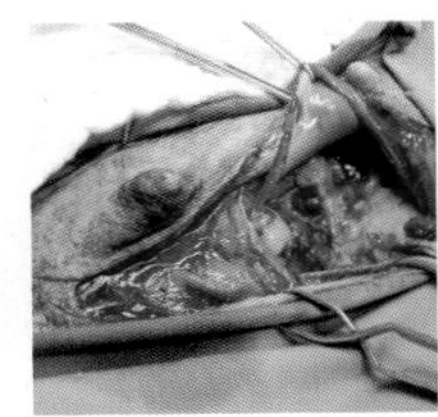
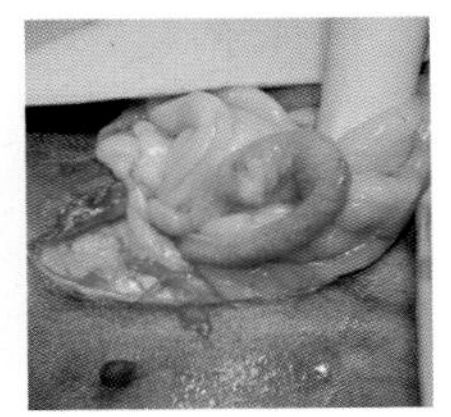

# 腹股沟疝

患病率

腹股沟疝是由腹腔器官或组织经腹股沟从腹腔脱出而引起。由于内容物是在腹膜凹陷内，因此，属于真正的疝（图1-1）。

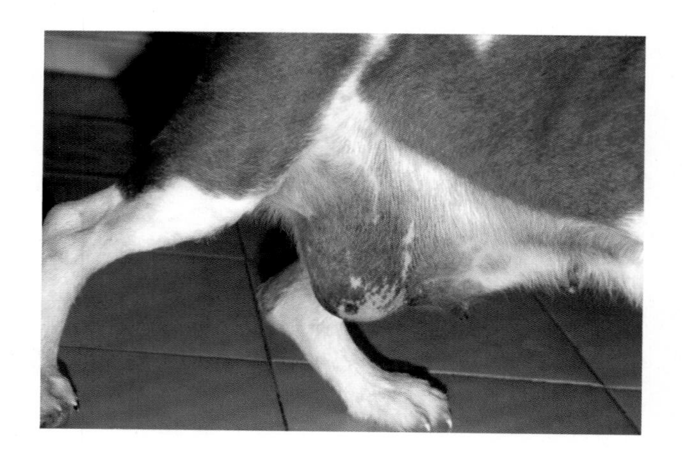

图1-1 患腹股沟疝的4岁母犬。

腹股沟疝的确切病因尚不清楚。在某些品种可能存在遗传倾向，如北京犬或短腿猎犬，但疝最常见于雌性发情期或怀孕期间，提示疝的发生与激素水平存在联系（图1-2）。

**临床症状和诊断**

腹股沟部可见软组织肿块，触诊通常无痛。疝内容物不总是可复性的，也不总是可以摸到腹股沟环。

疝内容物的多少变化很大，可能是子宫、膀胱、肠或脾脏。

根据临床症状和影像学检查结果进行诊断。

> 母犬腹股沟部的脂肪沉积很常见，应与腹股沟疝相区分

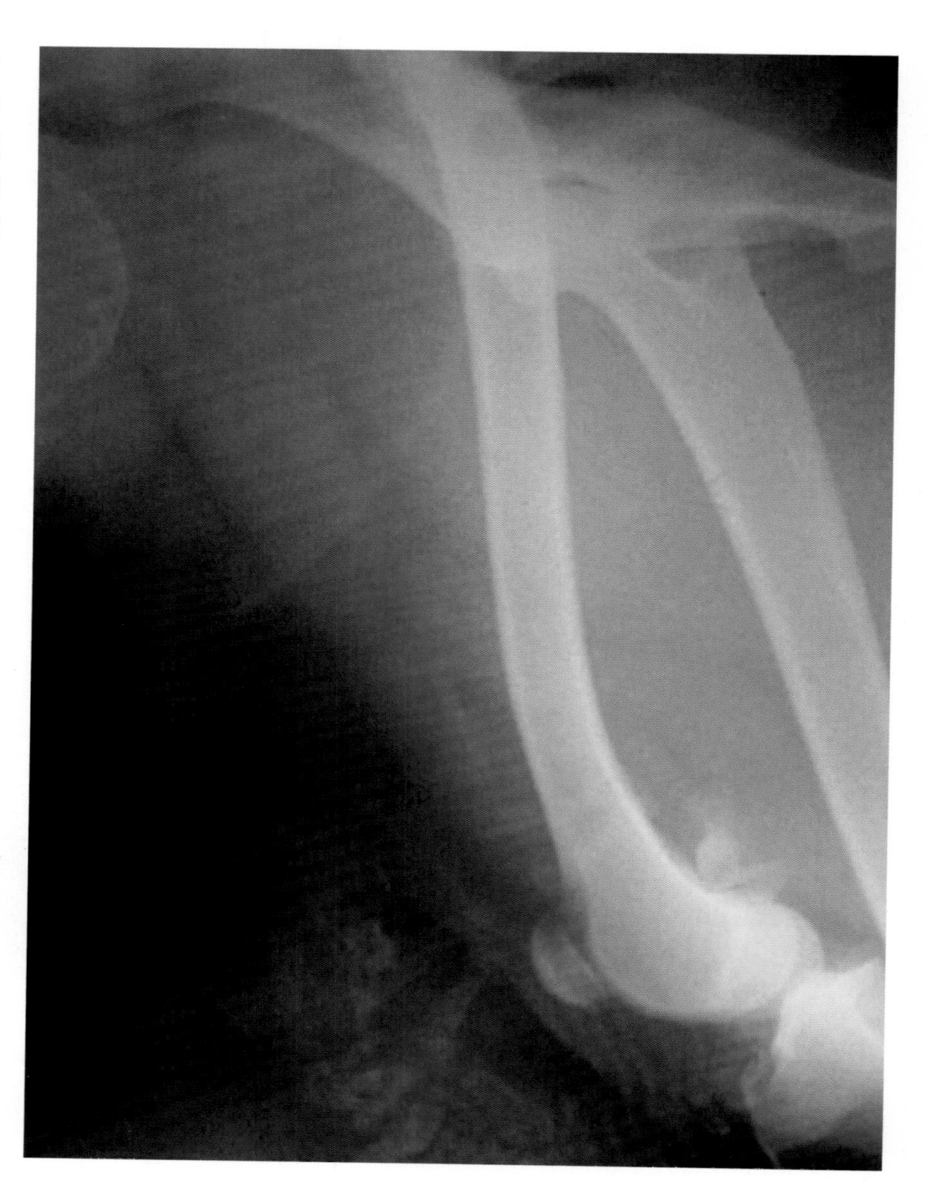

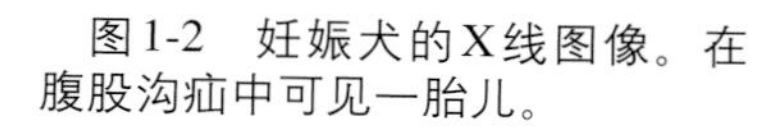

图1-2 妊娠犬的X线图像。在腹股沟疝中可见一胎儿。

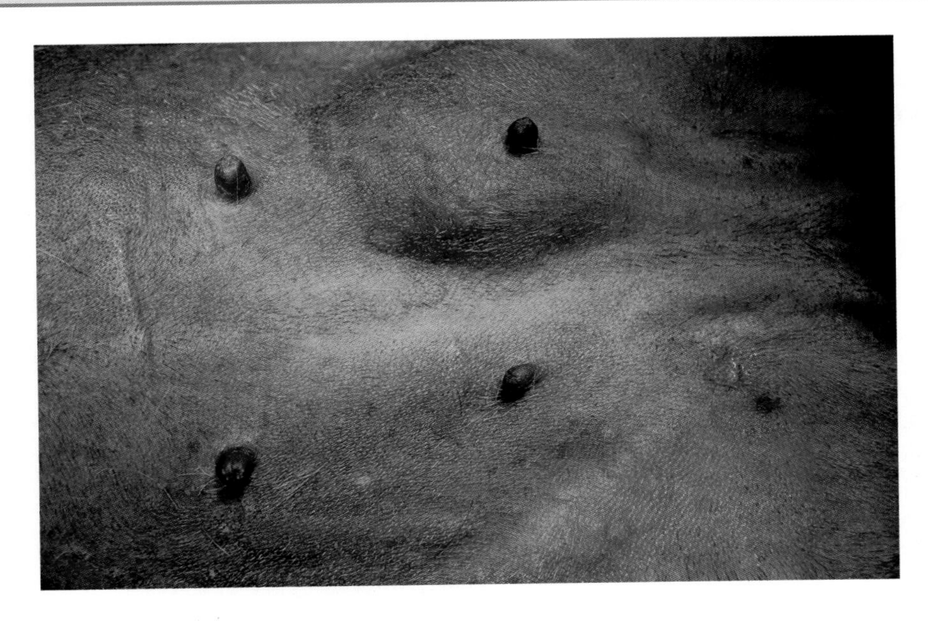

图1-3　腹股沟部的剃毛和其他术前准备。

## 手术方法：疝修补术

技术难度 ■■□□□

在腹股沟部的腹中线上做切口。这个部位的手术通路可显露疝的腹股沟内、外环，而不损害乳腺组织及其血液供应（图1-3、图1-4）。

切口应足够长，使疝囊充分暴露。分离皮下组织及乳腺组织下的腹直肌，直至显露疝囊（图1-5）。

切开疝囊并检查其内容物（图1-6、图1-7）。

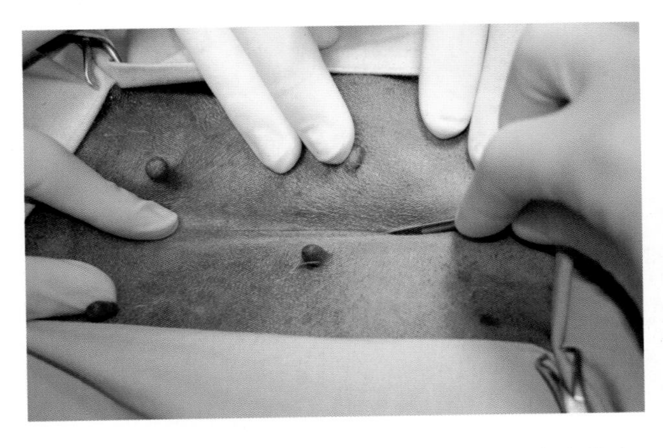

图1-4　腹中线切口，便于显露和闭合腹股沟疝的内、外环。

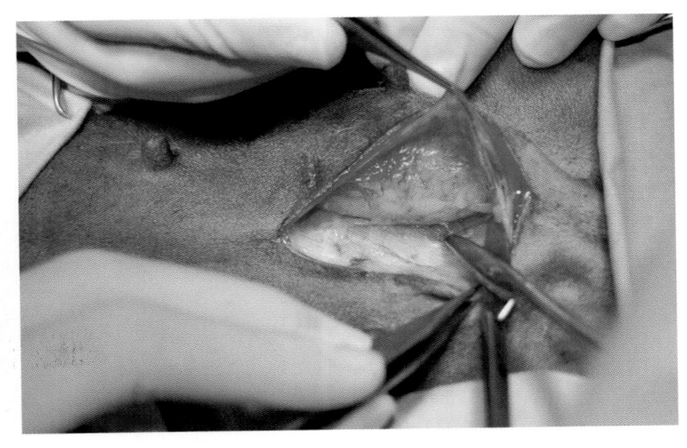

图1-5　切开腹股沟部乳腺下的疝囊，移至一侧，露出疝轮。

> ✱ 术部应经常用温的无菌生理盐水冲洗，以防止组织干燥

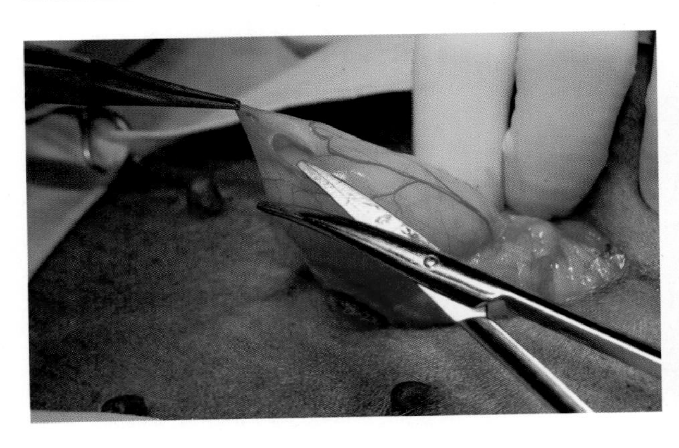

图1-6　轻轻向外牵拉疝囊，显露疝的最底部，以免损伤疝内容物。

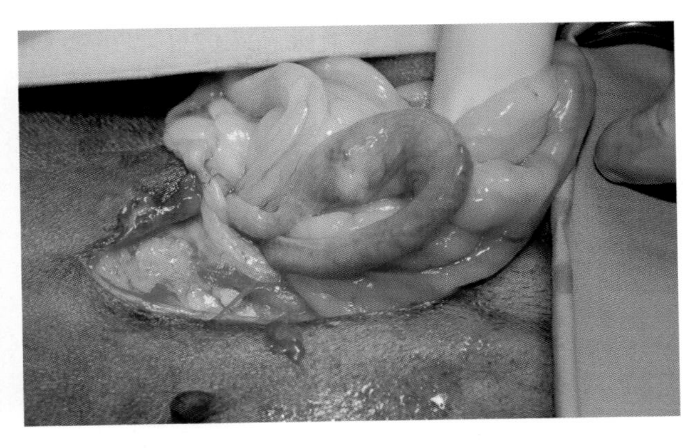

图1-7　检查疝内容物。本病例疝内容物主要是子宫角和大量脂肪组织。

将疝内容物还纳于腹腔内，并用止血钳钳夹灭菌纱布进行按压，使其保持在腹腔内（图1-8）。

在某些病例中，可能需要向头侧方向扩大疝轮，以便于疝内容物的复位。

在靠近疝轮处切开疝囊，显露组织界限并缝合。用2/0非吸收缝线，间断缝合疝环（图1-8至图1-10）。

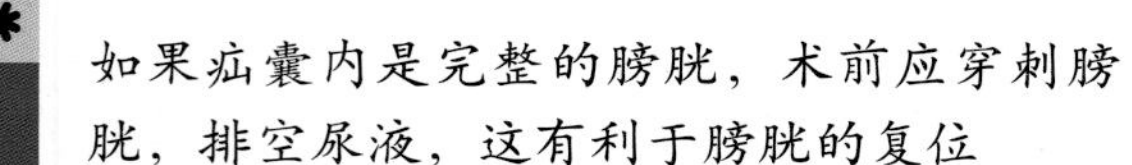
如果疝囊内是完整的膀胱，术前应穿刺膀胱，排空尿液，这有利于膀胱的复位

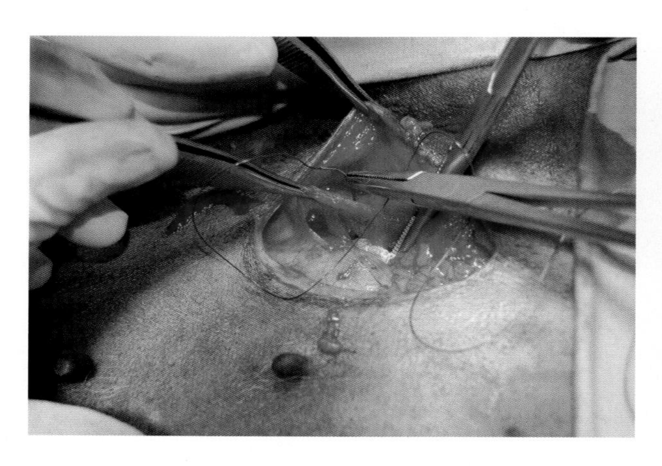

图1-8 灭菌纱布可阻止腹腔器官经腹股沟脱出，有助于疝轮的闭合。

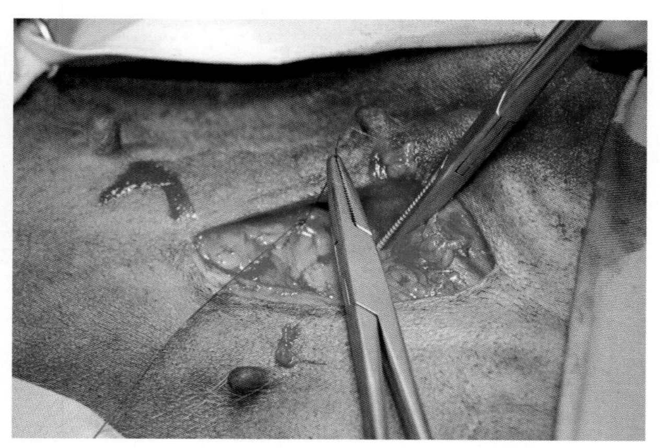

图1-9 用合成非吸收缝线，以间断缝合方式闭合疝轮。用无损伤圆针，以防损伤肌肉组织。

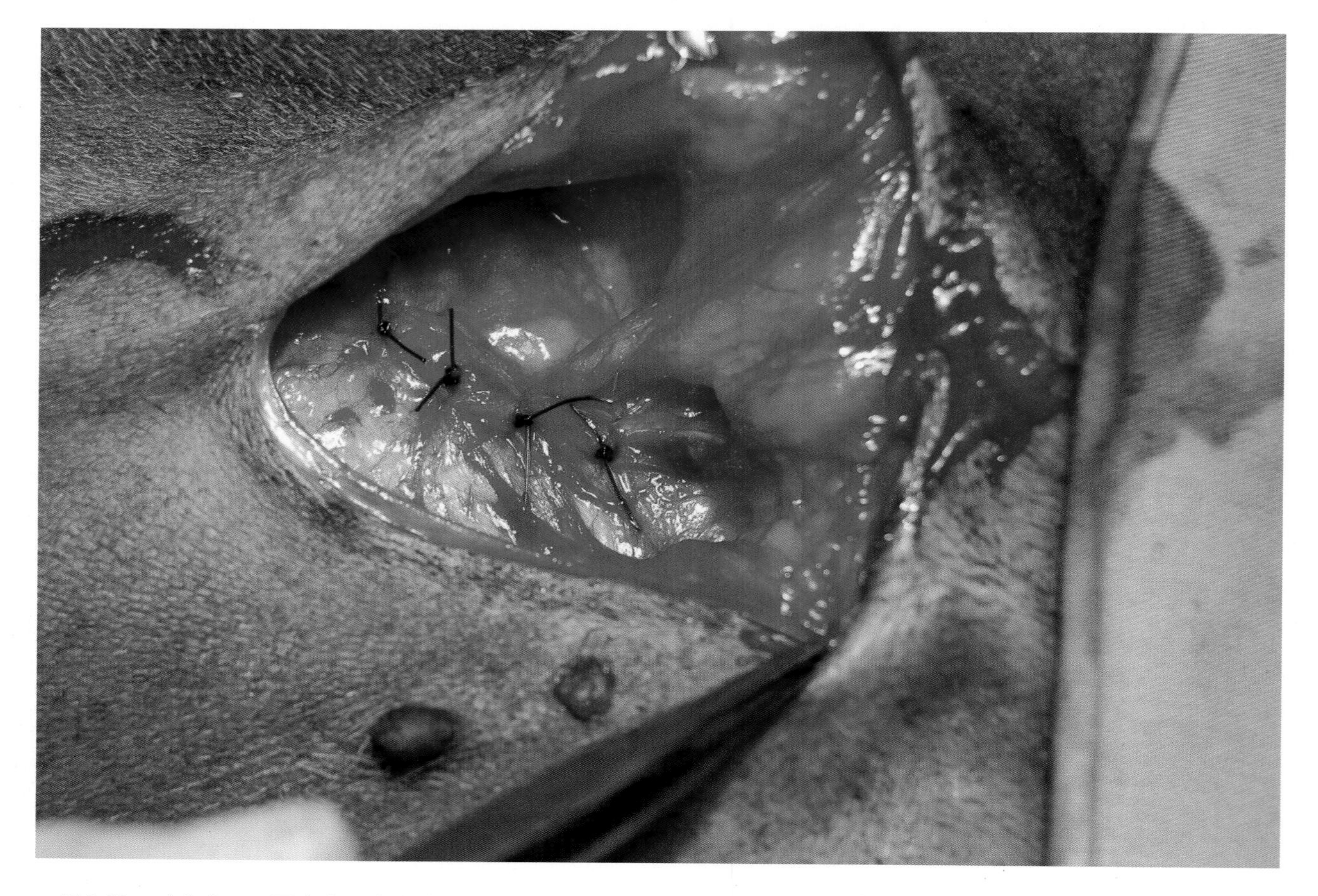

图1-10 对公犬，不要完全闭合疝轮的尾端，以便阴部血管、股神经以及精索的通过。

> ✱ 闭合疝轮的尾侧端时要小心，以免损伤腹股沟管内的血管和神经。意外穿刺会导致出血，且止血困难

以同样的方法检查和闭合对侧疝环，并采取同样的预防措施（图1-11、图1-12）。

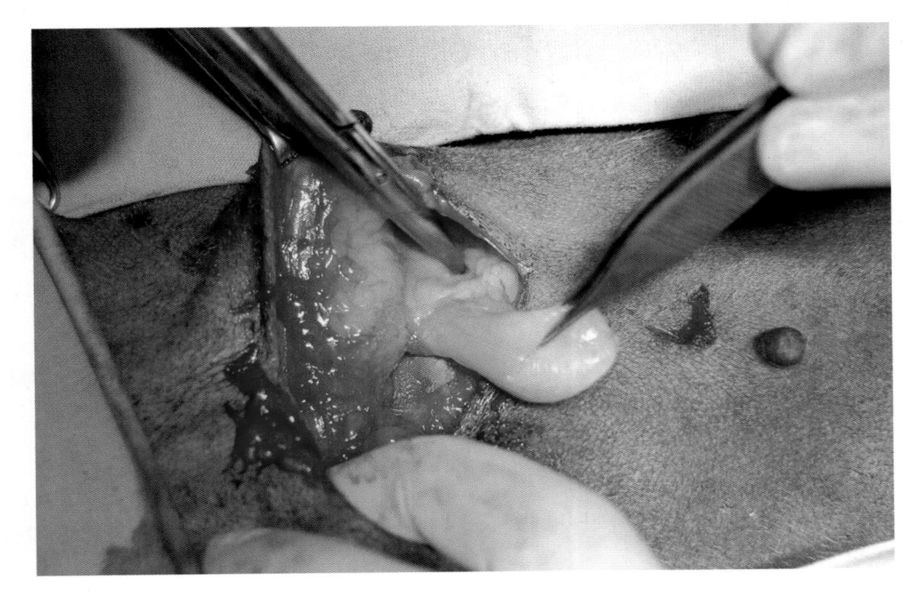

图1-11 对侧疝环可见腹部脂肪组织，且脂肪组织有所减少。

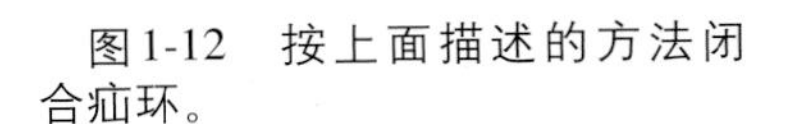

图1-12 按上面描述的方法闭合疝环。

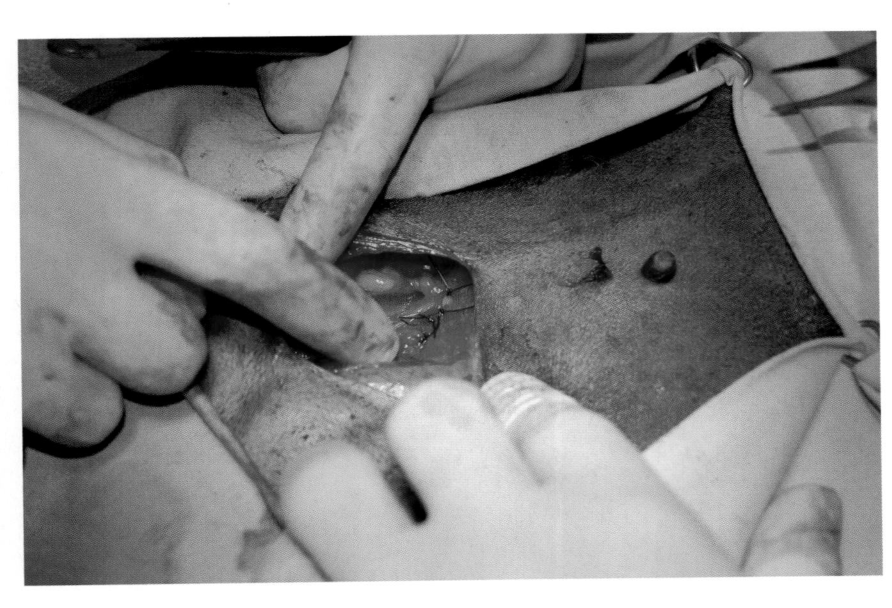

最后，使用3/0可吸收缝线闭合皮下组织，并用非吸收单丝缝线以垂直褥式缝合方法闭合皮肤（图1-13、图1-14）。

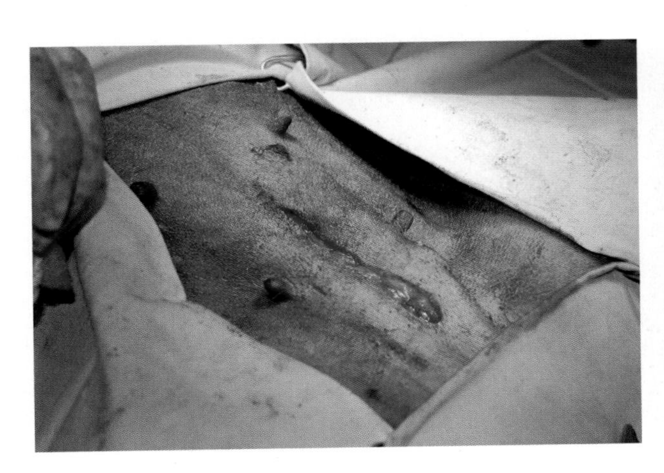

图1-13 用可吸收缝线连续缝合皮下组织。

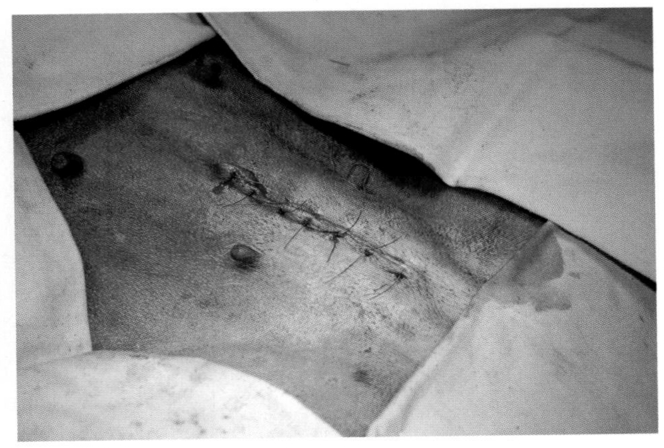

图1-14 用合成非吸收单丝缝线以垂直褥式缝合方法闭合皮肤。

# 病例1 腹腔外妊娠：卵巢子宫切除术

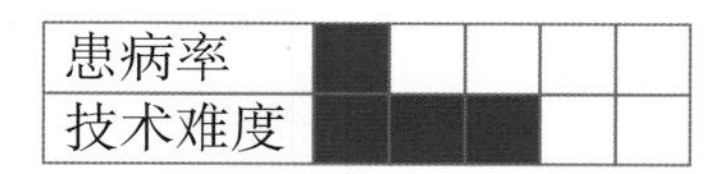

| 患病率 | | | | | |
| --- | --- | --- | --- | --- | --- |
| 技术难度 | | | | | |

Linda，混血母犬，对它的主人来说，它的放牧技能是很有价值的（图1-15）。

Linda的乳房肿胀了很长一段时间，但似乎不影响它的日常生活和活动，也就没有引起主人的重视（图1-16）。然而，Linda近几日变得无精打采并丧失食欲。

图1-15 Linda是一只非常活泼的犬，但最近变得神情抑郁，无精打采。

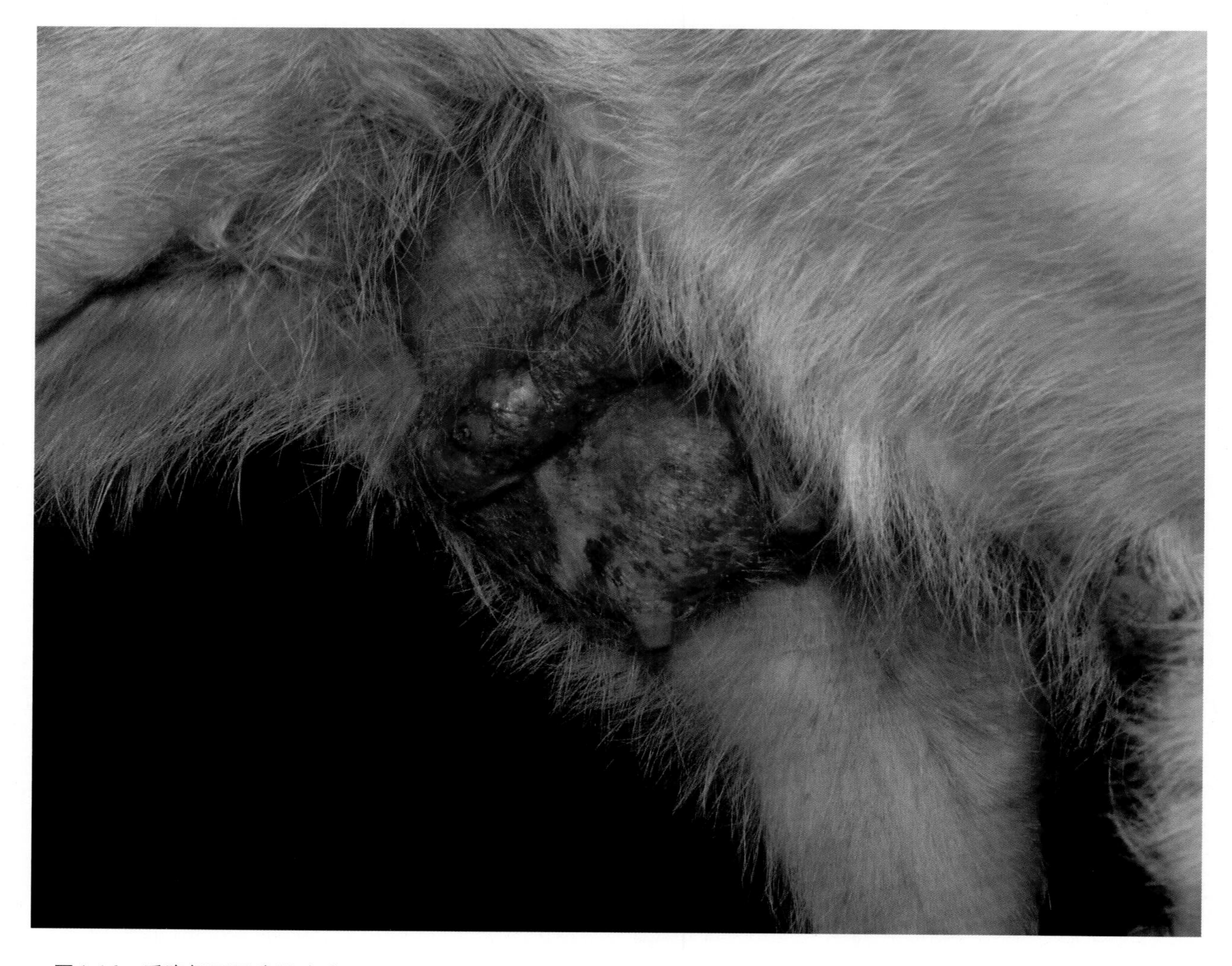

图1-16 后腹部可见腹股沟疝。

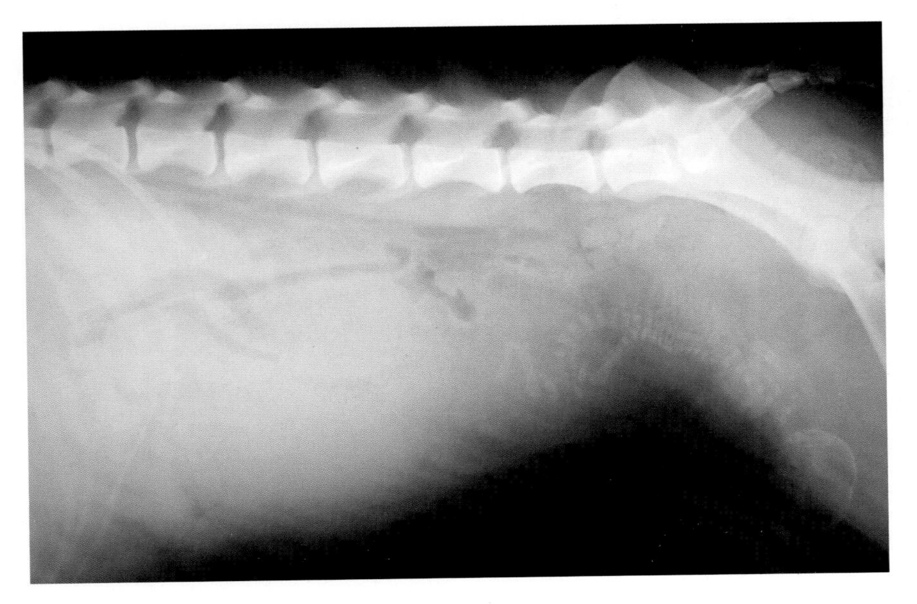

腹部检查显示腹股沟疝内有一硬块。因为可能是胎儿，所以进行了X线检查(图1-17)。

图1-17　X线图像显示腹股沟疝内胎儿的前部。

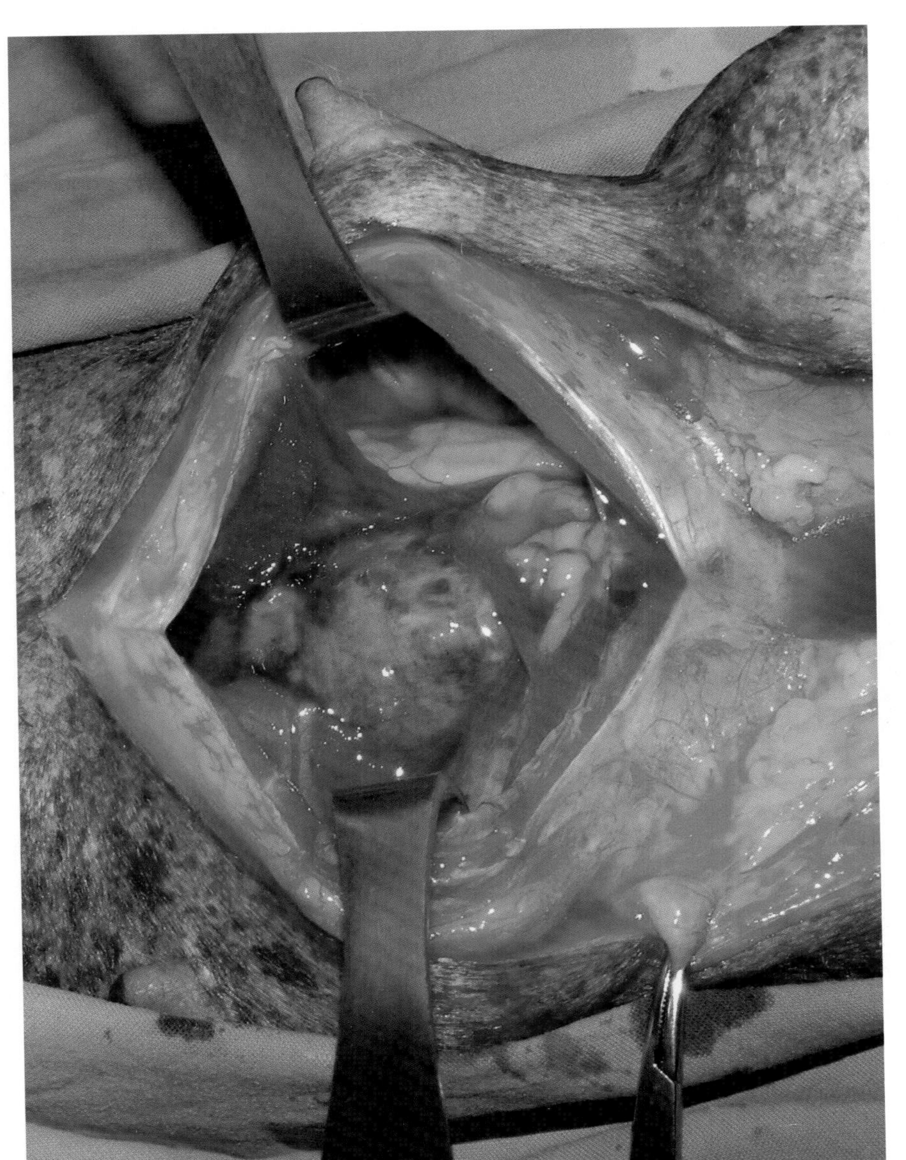

患犬发热，中性粒细胞增多，脱水。

对患犬进行必要的术前治疗后，实施疝修补术和卵巢子宫切除术（图1-18至图1-28)。

大网膜与腹部器官的粘连是缺血和组织坏死的标志

图1-18　从脐后至耻骨前缘腹中线切口，打开腹腔。发现有血样腹水，提示有组织损伤和腹膜炎。

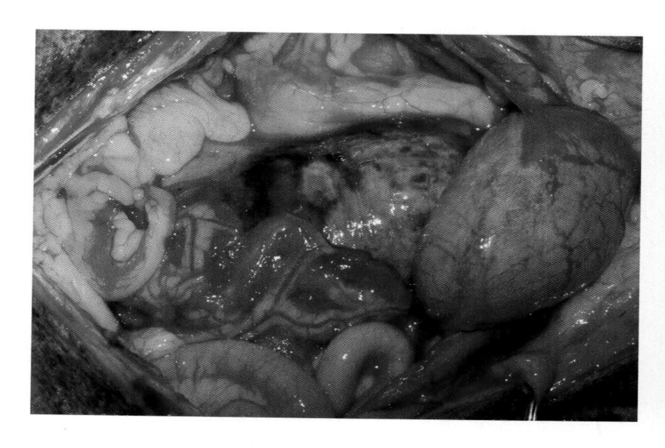

图1-19　在剖腹术中，可见左侧子宫角肿胀、充血和缺血，网膜与子宫角粘连。

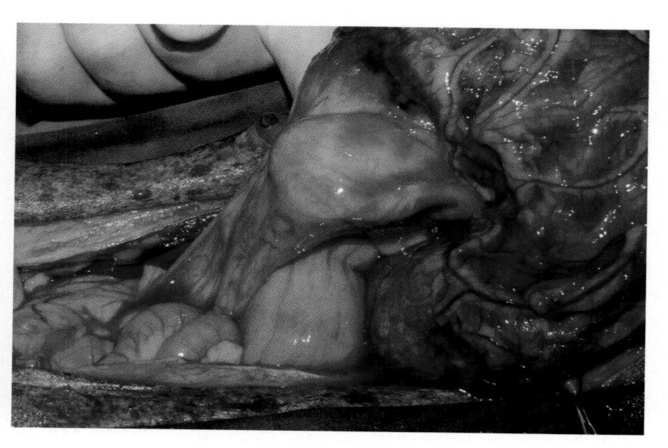

图1-20　分离子宫与网膜的粘连后，找到卵巢血管，结扎并切断。

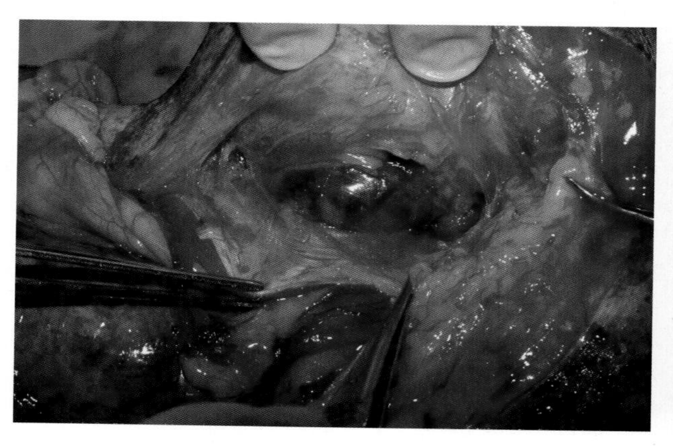

图1-21　切开疝囊和疝轮，胎儿头部深陷其中。

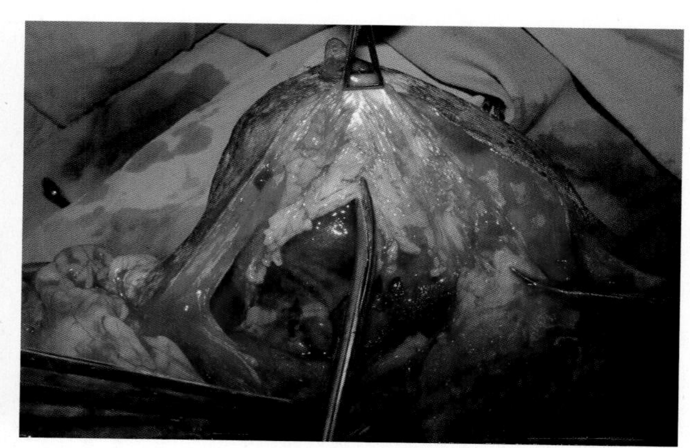

图1-22　打开疝囊，显露并处理子宫和相应的疝轮。

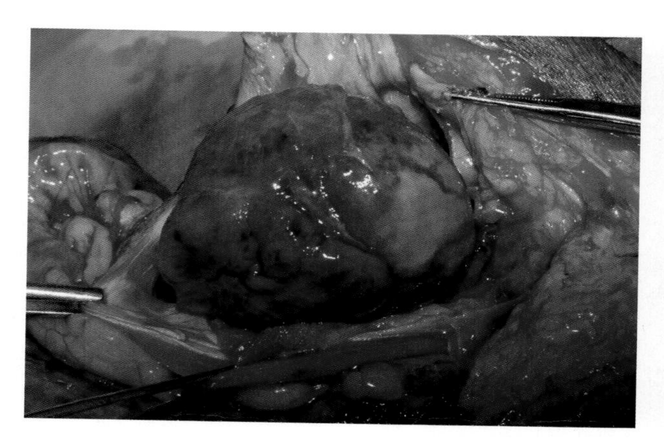

图1-23　子宫绝大部分都卡在疝中。由于不可能复位，只能向头侧方向切开肌肉以扩大疝轮。

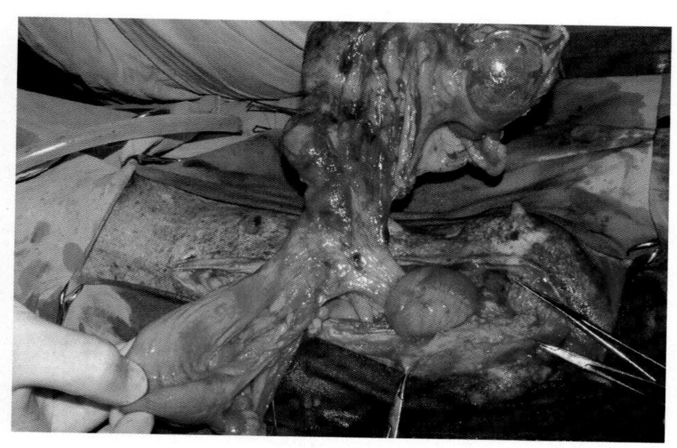

图1-24　扩大的疝轮便于子宫角复位和施行卵巢子宫切除术。

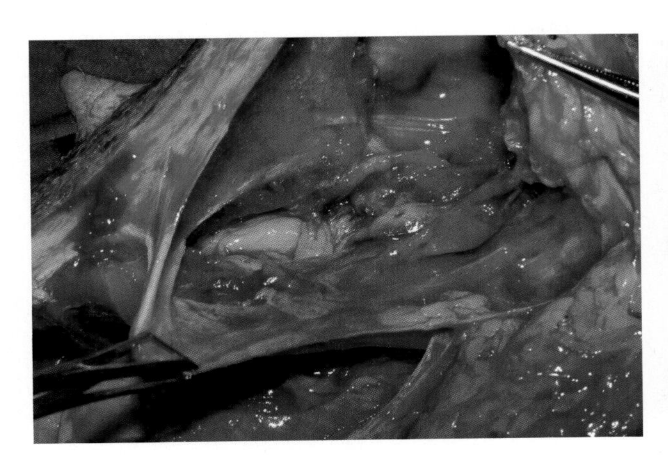

图1-25　闭合前的疝轮。橙色线表示必须在腹壁上做一个切口来扩大疝轮，以缩小子宫。

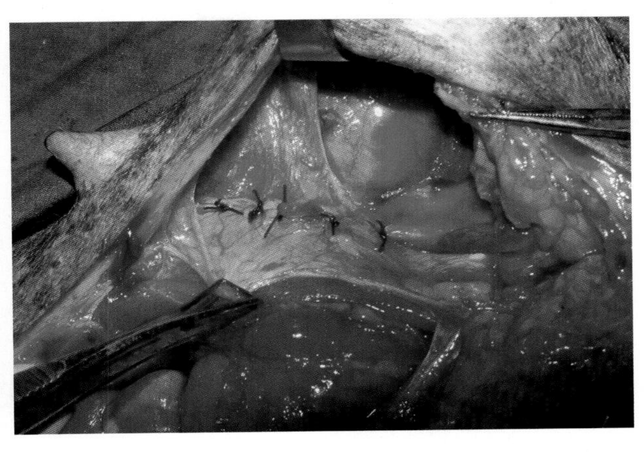

图1-26　用非吸收缝线以单纯间断缝合闭合疝轮。

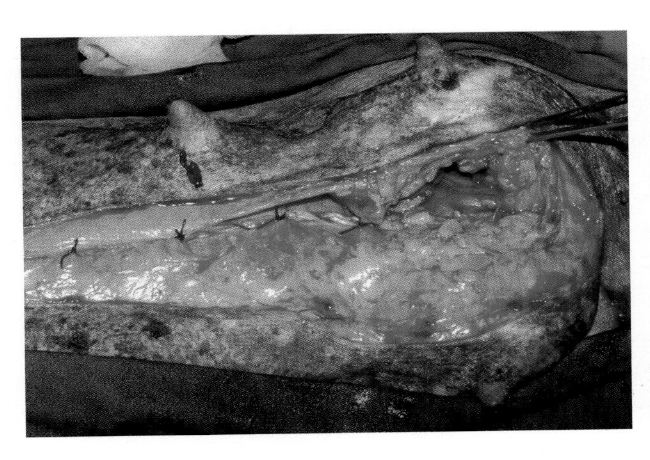

图1-27　检查右侧腹股沟环后，用可吸收缝线闭合皮下组织。

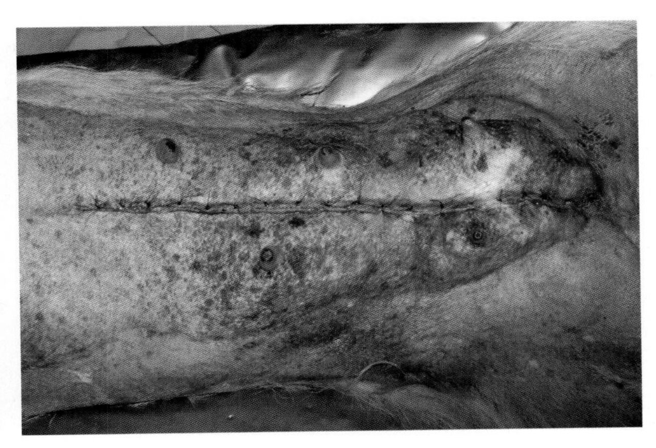

图1-28　以垂直褥式缝合闭合皮肤切口，完成手术。

**跟踪随访**

Linda术后恢复良好。术后7d内全身使用抗生素，术后10d拆除缝线。

## 病例2 锥形聚丙烯网修补腹股沟疝

| 患病率 | ■ | ■ | ■ | □ | □ |
| --- | --- | --- | --- | --- | --- |
| 技术难度 | ■ | □ | □ | □ | □ |

腹股沟疝是由于腹股沟环缺损，导致腹腔器官经腹股沟脱出而引发的。腹股沟疝在雌性动物中可直接或间接发生，在雄性动物中一般是直接发生。

7岁，体重11kg，雌性混血犬，因左腹股沟处出现肿胀就诊。经检查和触诊（可复位），确诊为真性或直接的腹股沟疝（图1-29）。

真性腹股沟疝以疝轮和包裹疝内容物的疝囊为特征。这种类型的腹股沟疝最适合采用锥形聚丙烯网进行修补

这项技术要比想象的容易

### 网片置入术

在镇静和吸入麻醉诱导后，患犬术部剃毛准备手术，背侧卧位保定。

- 皮肤切开后，分离疝囊至根部，不需要结扎和切开（图1-30）。
- 剪一片足够大的长方形网片，在长方形网片长边的中间剪开，直至网片的中心，然后从剪开的两边开始，将网片卷成圆锥形（图1-31至图1-36）。

使用灭菌的双丝聚丙烯网，可以采购不同尺寸。尺寸的选择取决于疝缺损的大小

- 将锥形网片的锥尖朝着腹腔，置入疝内。用2/0聚丙烯缝线将锥形网片底边与腹部缺损部位的肌腱膜边缘缝合在一起（图1-37至图1-42）。

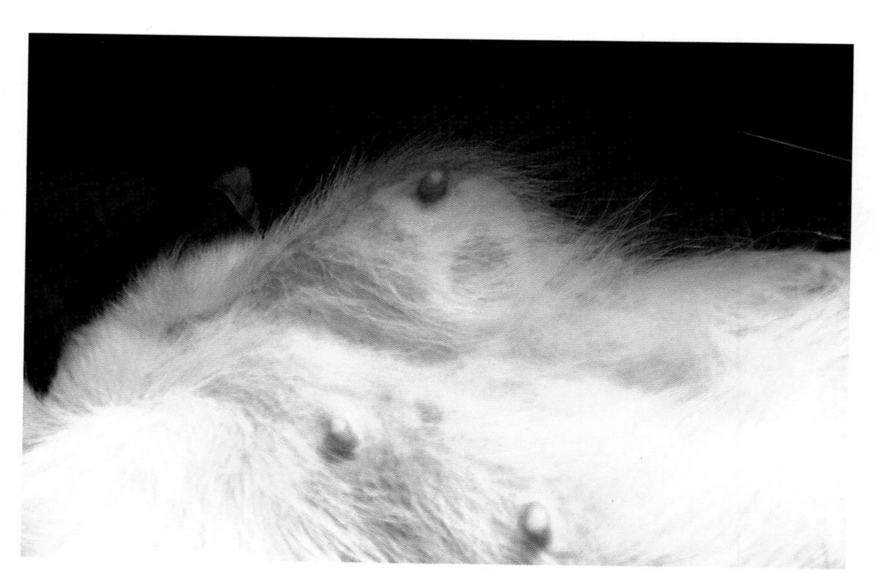
图1-29 母犬单侧腹股沟疝。疝轮较宽，疝内容物可完全复位。

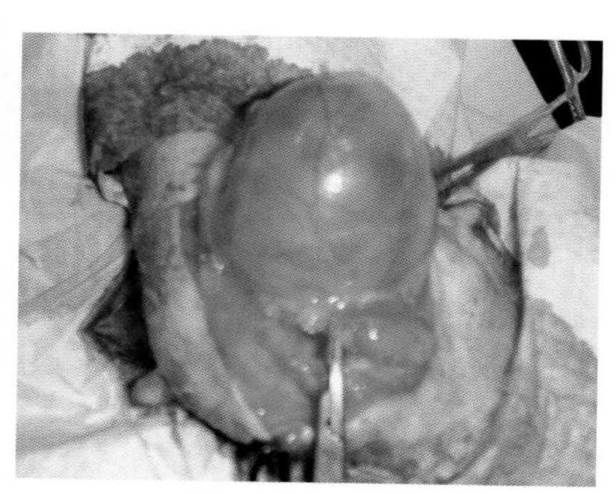
图1-30 显露疝囊并进行分离。将疝内容物轻轻还纳于腹腔内。

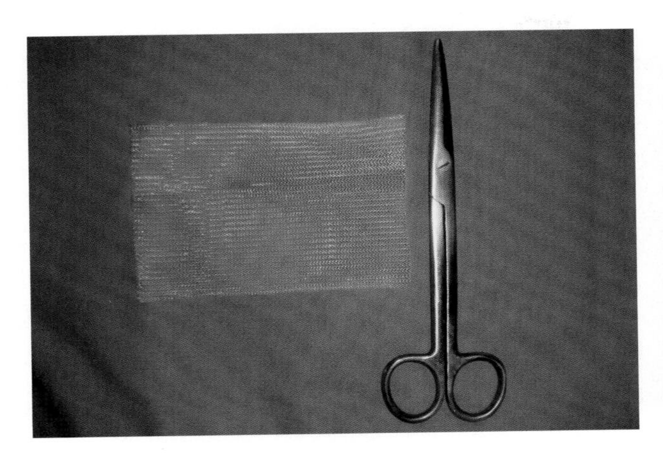

图1-31　准备卷成锥形的长方形网片。

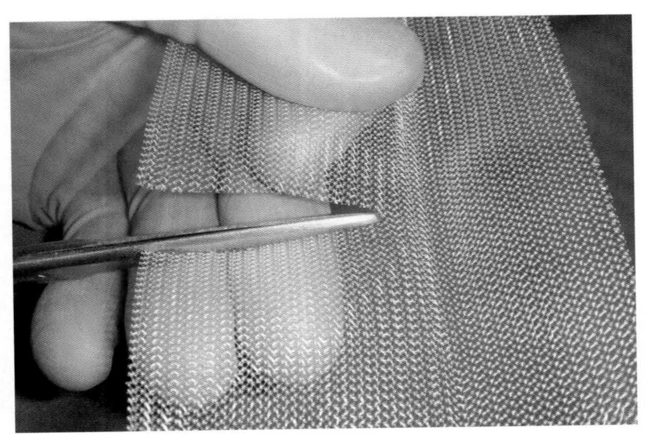

图1-32　从长方形长边的中间剪开。

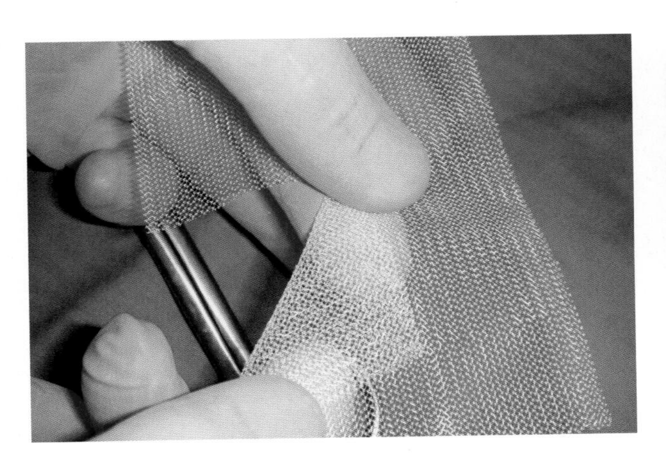

图1-33　折叠锥形网片的第一个三角形。

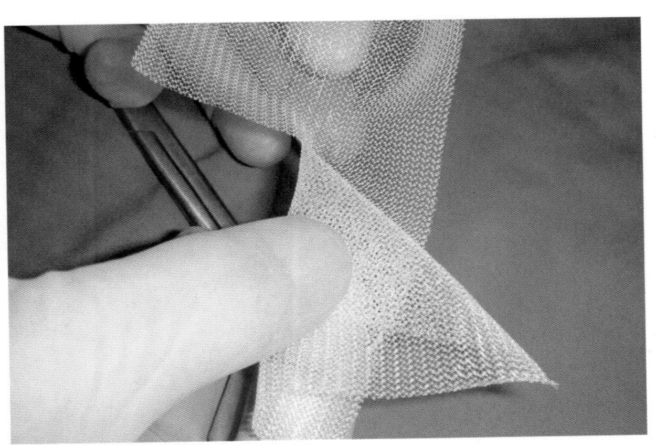

图1-34　反复折叠双层的网片，形成包括几个同心圆的锥形网片。

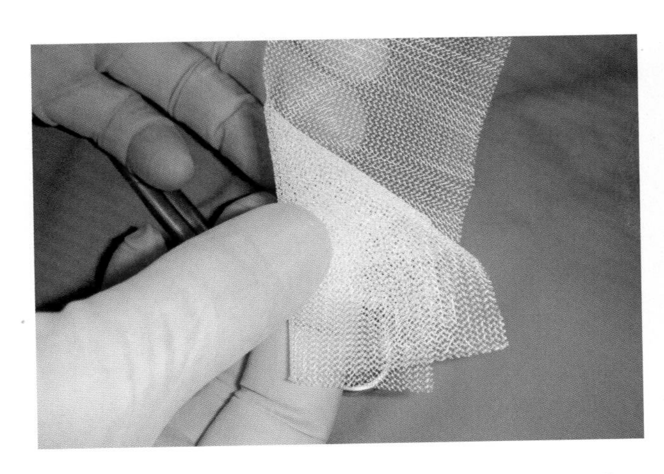

图1-35　同心圆结构的锥形网片用于疝修补术时具有一定的强度和抗力。

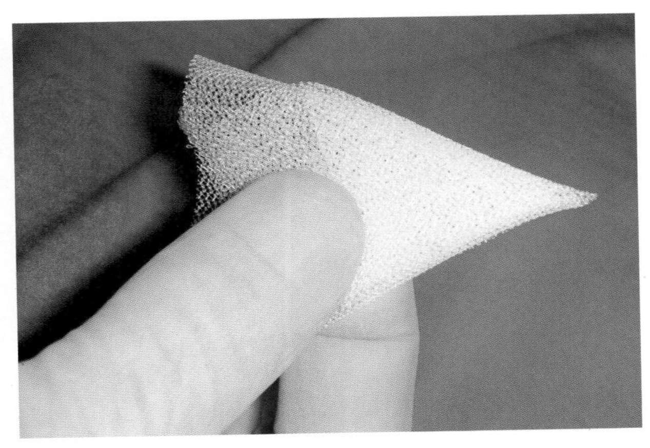

图1-36　制作好的用于腹股沟疝修补术的锥形网片。

| ✱ |
| --- |
| 缝合方式：先将缝针刺入网片内，然后穿入肌肉组织，这样，网片的固定更安全、更紧密 |
| 应使用合成非吸收性缝线 |

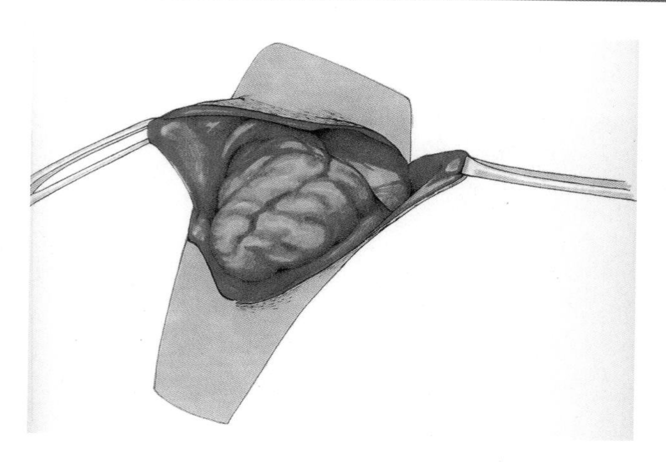

图1-37　显露腹股沟疝，经皮下组织分离疝囊，但注意不要打开（插图由Susana Rodriguez Femandez绘制）。

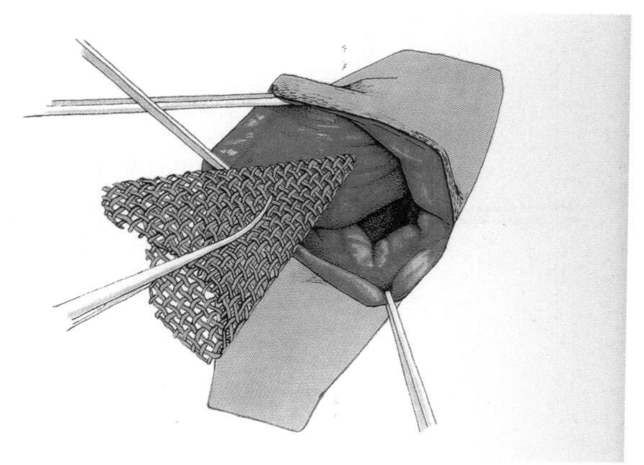

图1-38　将锥形网片置入疝内（插图由Susana Rodriguez Femandez绘制）。

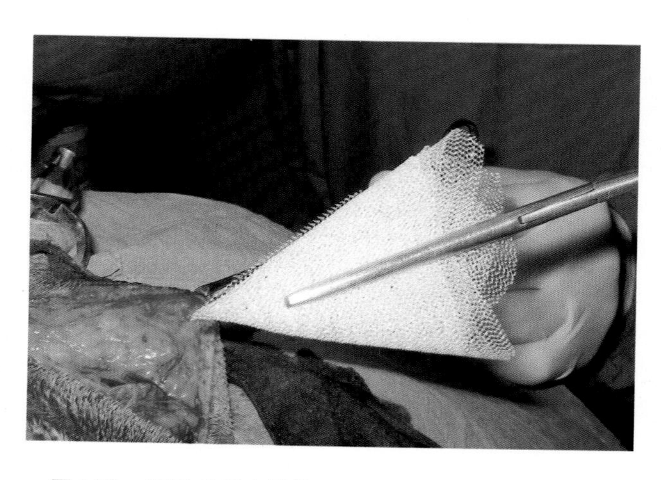

图1-39　用手术钳夹持锥形网片，在不切开疝囊的情况下，经疝轮将其置入。

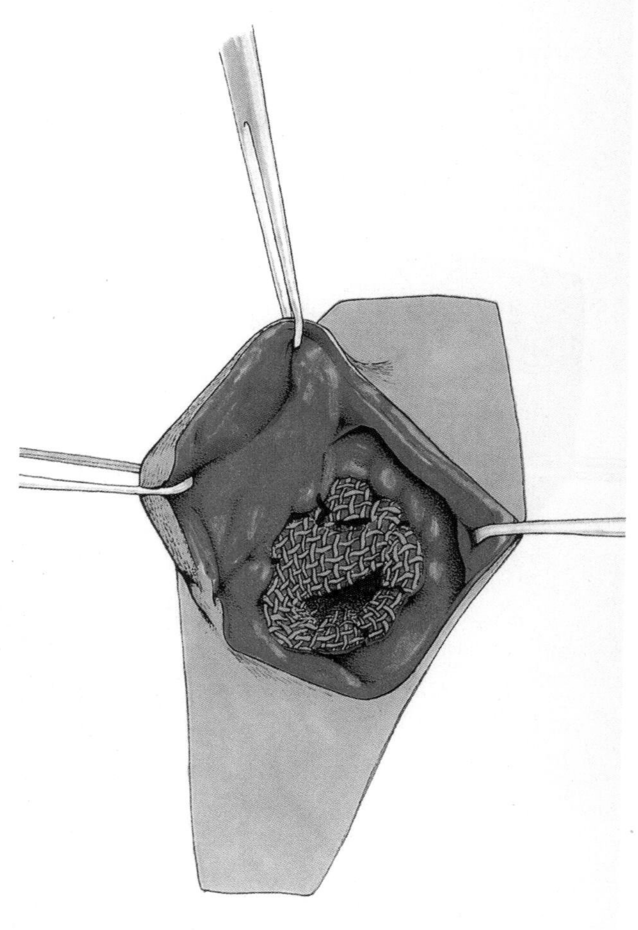

图1-40　将锥形网片与腹部缺损部位完全紧密缝合，以防内脏器官脱出（插图由Susana Rodriguez Femandez绘制）。

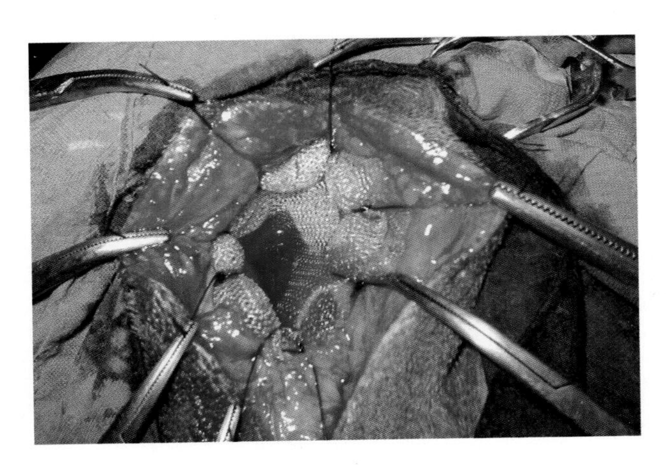

- 使用2/0聚乳酸910闭合皮下组织，并用2/0单丝尼龙缝线闭合皮肤切口。
- 术中静脉滴注甲硝唑，术后8d内口服阿莫西林和甲硝唑-螺旋霉素。
- 术后9d拆除皮肤缝线。

这项技术的主要优点是降低了缝线的张力。罕见因伤口裂开而复发。

图1-41　将锥形网片与疝轮缝合在一起时，确保缝合了足够的肌肉组织。缝合不应太紧，以防局部缺血和裂开。

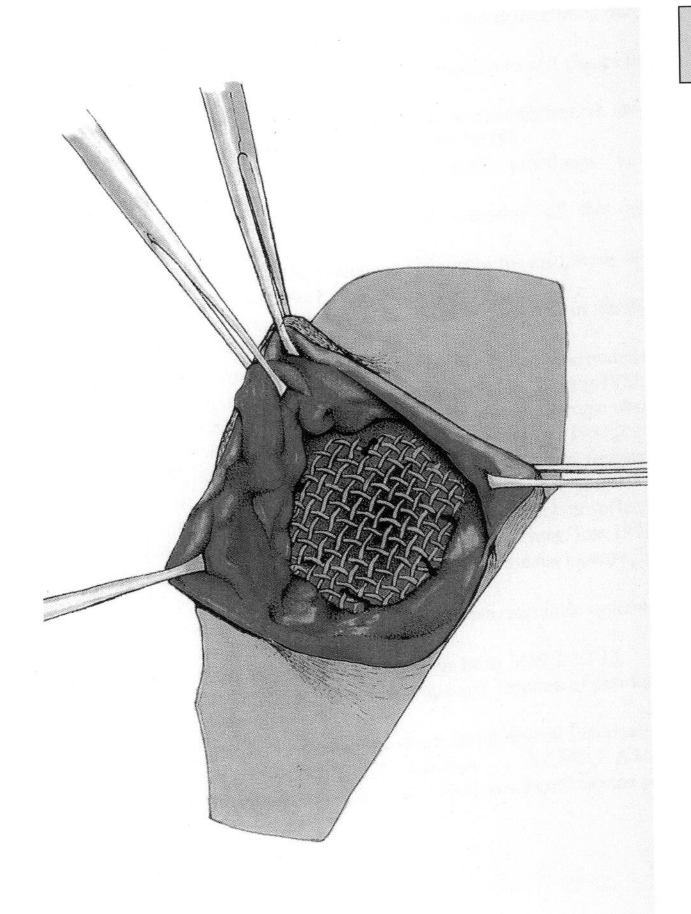

在这项技术中，应用了"无张力缝合"

图1-42　有时，可将网片的剩余部分置于锥形网片上，以增加强度并降低疝复发的风险（插图由Susana Rodriguez Femandez绘制）。

## 创伤性疝

| 患病率 | ■ | □ | □ | □ | □ |
| --- | --- | --- | --- | --- | --- |

创伤性疝的内容物通常不被腹膜所覆盖，因此，被称为假性疝。这类型的疝主要发生于钝性外伤（如交通事故）、咬伤或刀伤。

> 对外伤性疝的病例，应检查内脏器官，因为可能存在由脾脏或肝脏破裂、肠损伤引起的腹膜炎或膀胱破裂等需要紧急治疗的损伤

在这些病例中，创伤区可见肿胀。如果创伤位于侧面，肿胀程度可能较小，因为疝内容物不会卡在疝轮处，可复位至腹腔内。在犬吠时，由于提高了腹内压，导致侧面肿胀明显。

> 应将这种情况与创伤后由其他原因造成的肿胀区别，如血肿、血清或淋巴水肿以及肿瘤和脓肿

触诊易发现腹壁缺损，但常常由于缺损大小和位置的影响，或操作引起的疼痛，导致难以探查到缺损处。

影像学诊断有助于显示缺损处和检查疝内容物（图1-43）。

对于创伤性疝的患病动物，请牢记可能存在内脏损伤，应优先确保动物的生命体征。

当患病动物病情稳定时，应采用手术进行疝的修补以防过度粘连。

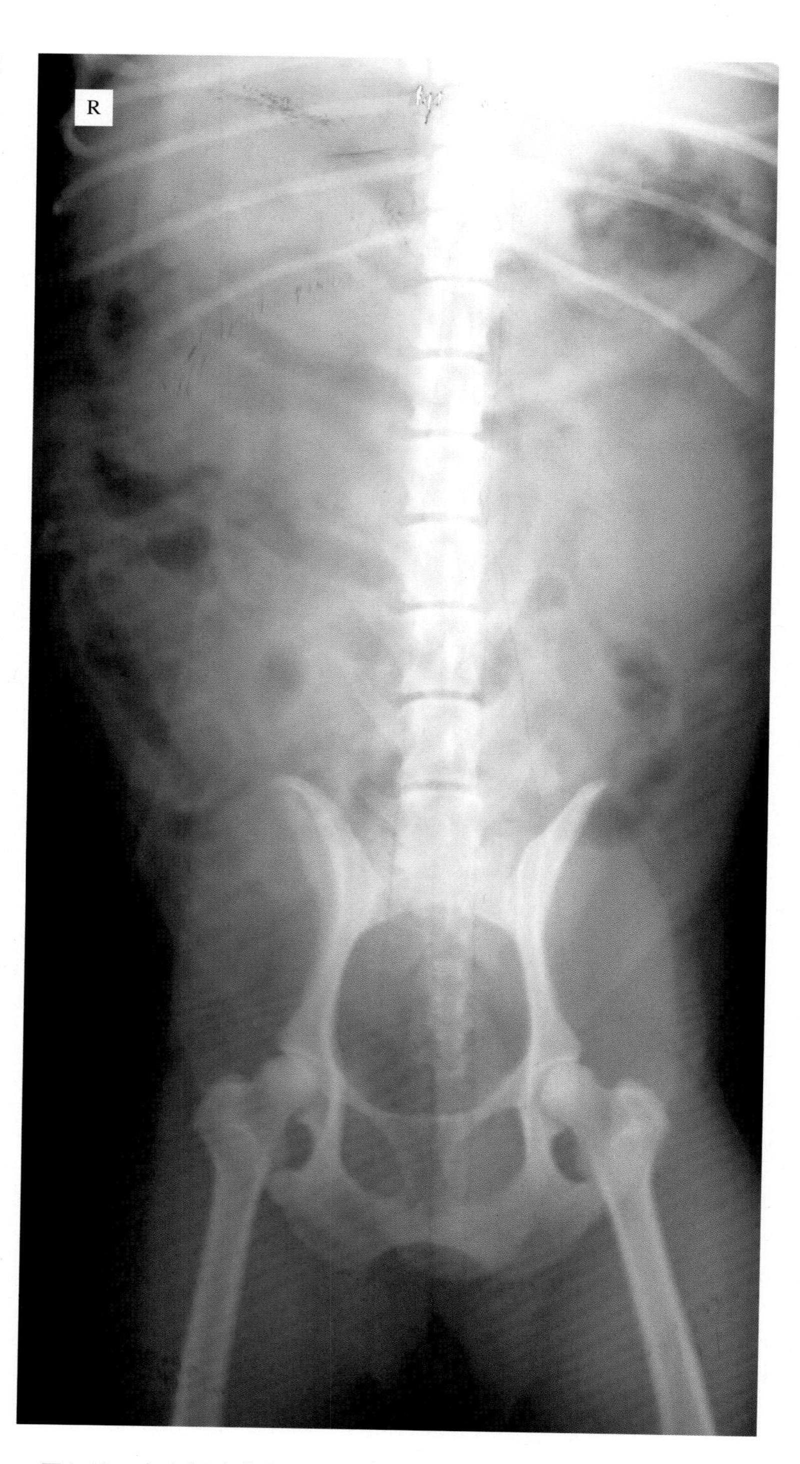


图1-43　本病例腹背位X线片显示在右腹壁有缺损，并且部分肠道移位到这一侧。

## 闭合性创伤疝

| 患病率 | ■ | | | | |
|---|---|---|---|---|---|

Bella，雌性小狐㹴犬，交通事故中撞伤尾端。

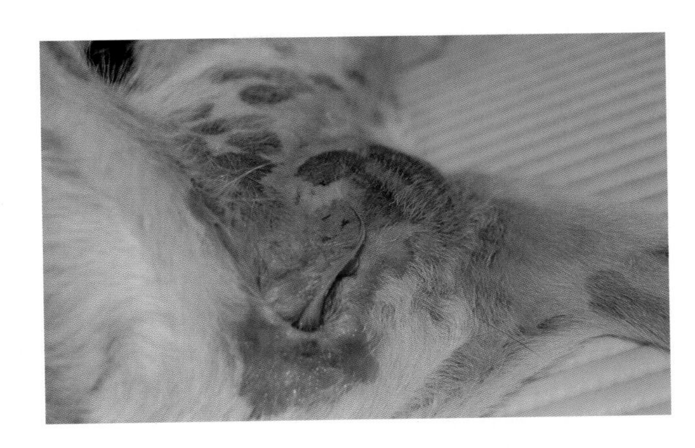

图1-44　Bella的尾端痛感强烈，无法进行检查。可见明显肿胀和血肿。

Bella很快被送往兽医中心接受检查，情况稳定。未发现严重的内伤，主要是骨盆受到损伤（图1-44）。X线检查确诊为外伤性腹股沟疝（图1-45）、耻骨骨折和骶髂关节脱位（图1-46）。

Bella被送往兽医院接受修复手术治疗。

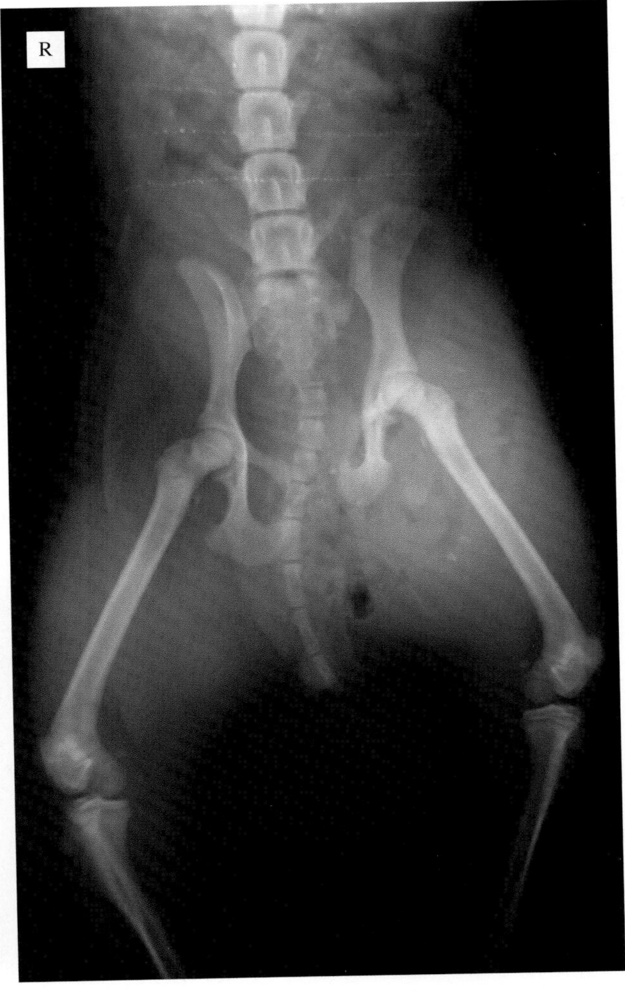


图1-46　腹背位X线显示耻骨骨折和左侧骶髂关节脱位。

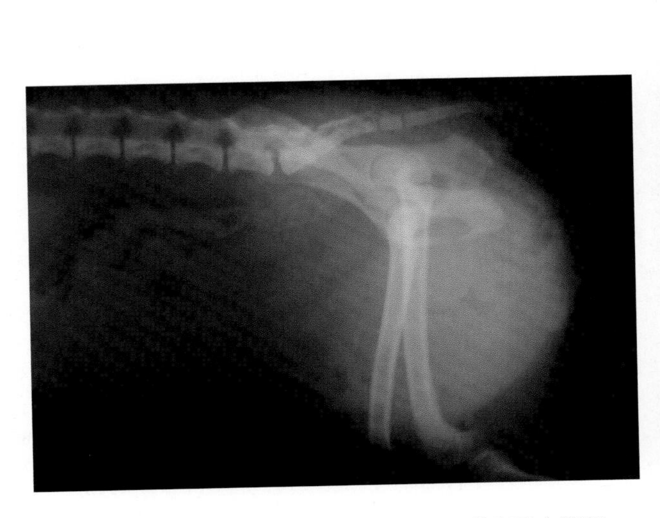

图1-45　侧位X线显示腹腔外有肠袢，脱出到会阴部。

**手术方法**

腹中线切口打开后腹部腹腔（图1-47）。与腹股沟疝一样，向左移动皮肤，检查疝囊并确定其内容物（图1-48）。

分离脱出肠袢的缺损处，确定缺损的边界，然后进行修复（图1-49、图1-50）。

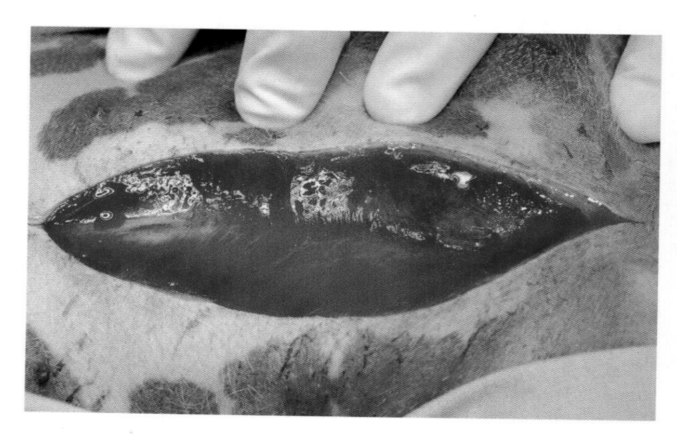

图1-47 术部发现一大的水肿性血肿。腹中线手术通路也可用于耻骨骨折整复术。

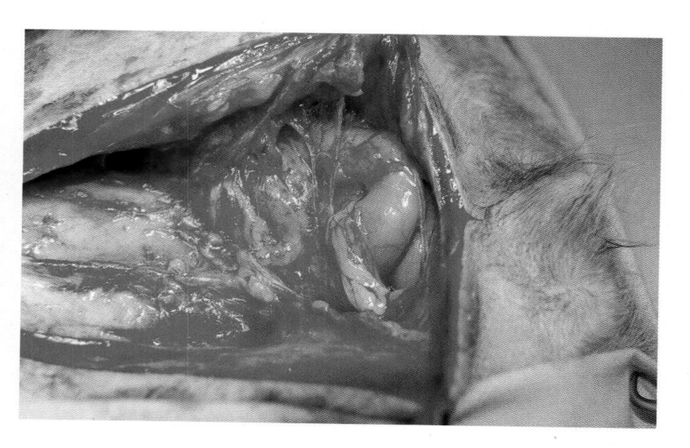

图1-48 打开疝囊时，发现是肠袢。检查肠袢以确定有无损伤。

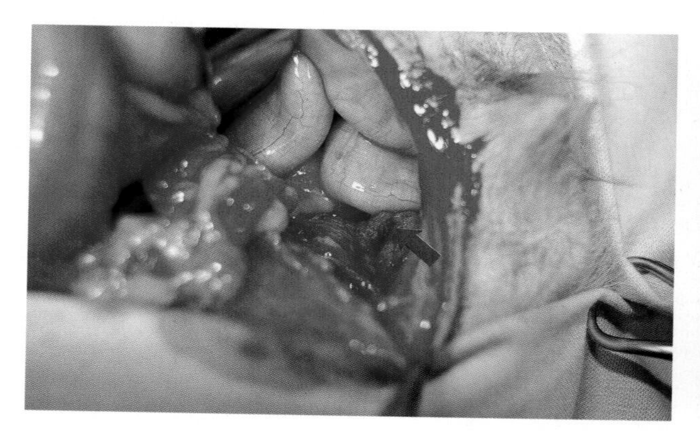

图1-49 在近尾端部位，可见右侧耻骨骨折边缘（箭头）。肠袢覆盖骨骼的左侧部分。

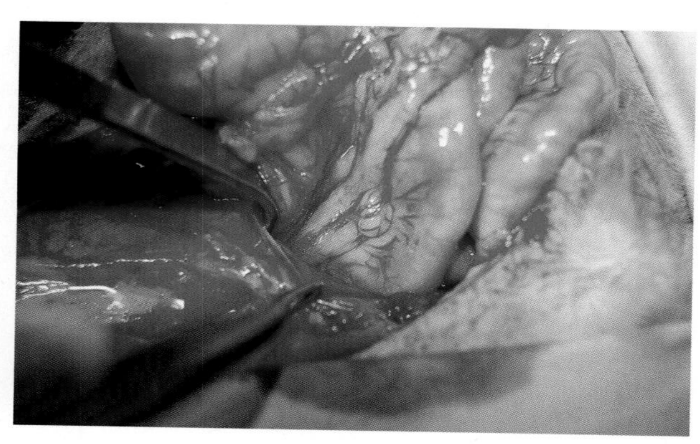

图1-50 近头端可见肌肉缺损。用牵开器提起腹壁边缘，以促进腹腔内肠袢的复位。

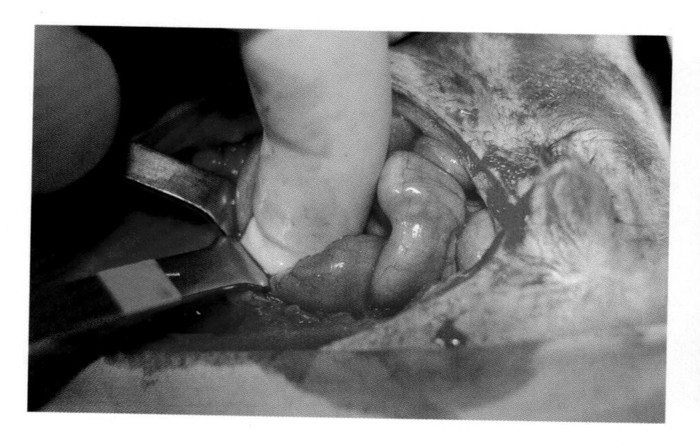

图1-51 尽可能无损伤地将肠袢还纳于腹腔内。

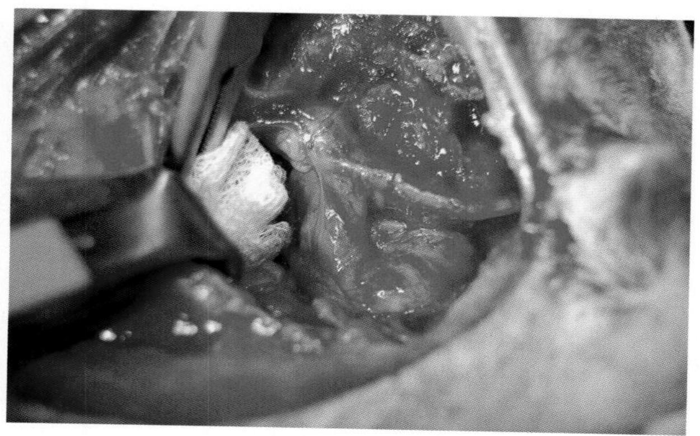

图1-52 在进行修复手术的过程中，一旦疝内容物被复位，用手术钳夹持灭菌纱布，压迫复位的内容物，以防止肠袢从尾侧端滑出。

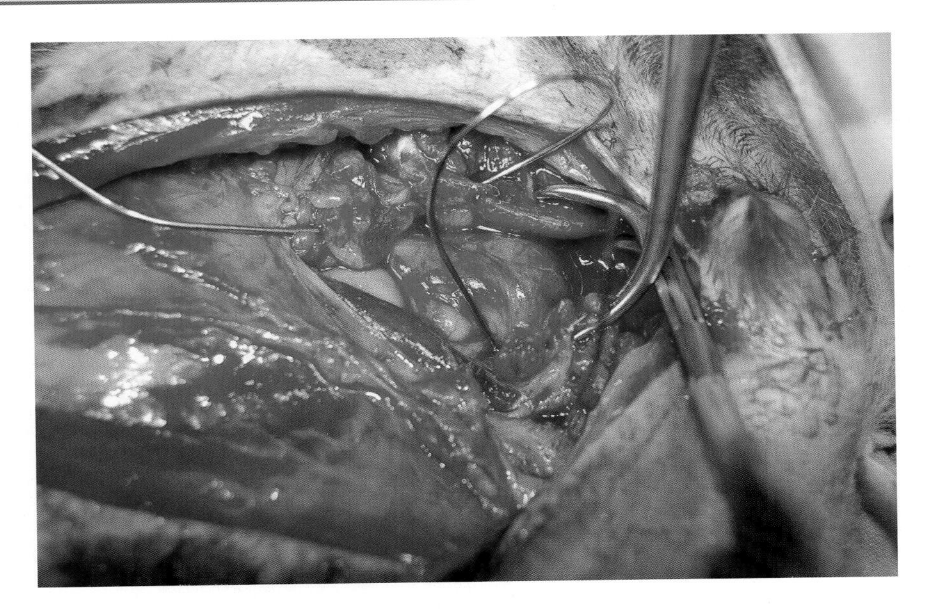

图1-53　骨折复位后，通过两个闭孔穿入环扎术用的钢丝。在此之前，在耻骨尾端钻孔，通过这个孔，穿入一根更细的环扎术用的钢丝。

在盆腔修复过程中，轻轻将肠袢还纳于腹腔内，并用灭菌纱布填塞，将肠袢压迫在腹腔内（图1-51、图1-52）。

用环扎术的两根钢丝进行骨盆修复，其中近头端钢丝缠绕两个闭孔，而近尾端钢丝穿过在耻骨隐窝处预先钻出的两个孔（图1-53、图1-54）。

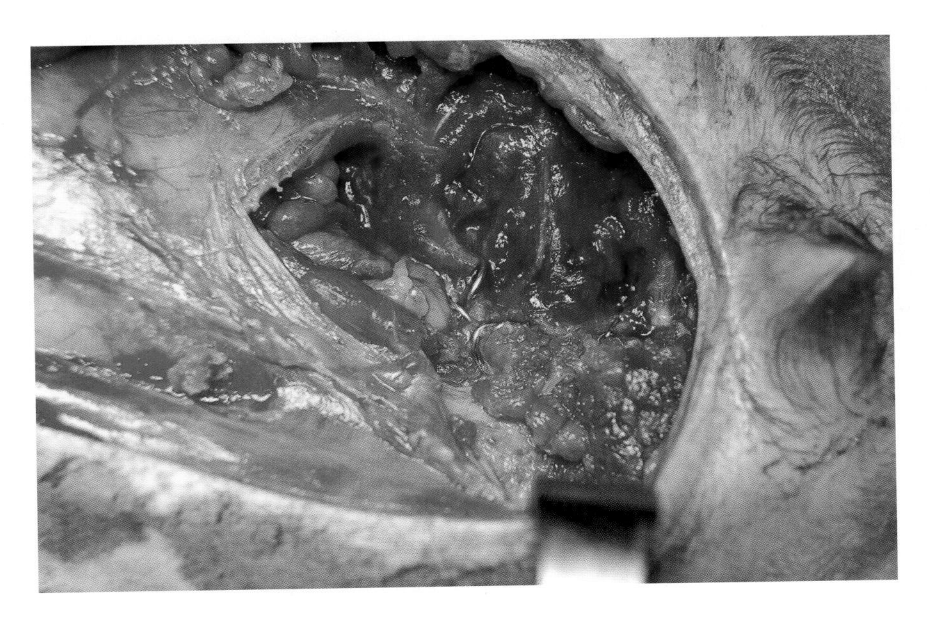

*在还纳疝内容物的过程中，每还纳一段肠袢，似乎有更多肠袢脱出！这时，重要的是要保持冷静，保持耐心和毅力，你终将成功

图1-54　显示固定骨盆骨折的环扎术用的钢丝。在近头端部位可见腹壁肌肉有缺损。

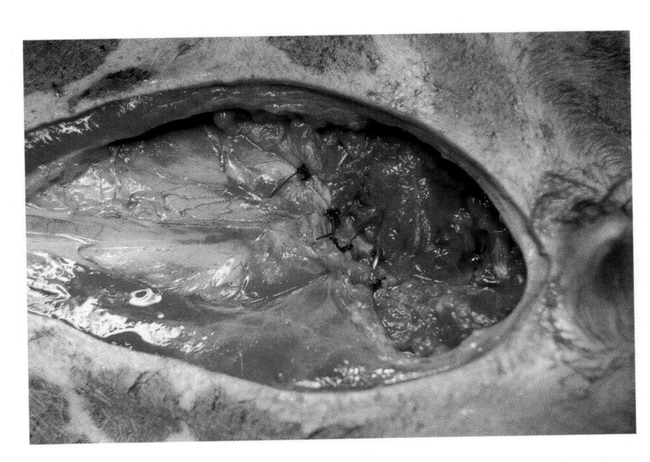

图1-55　缝合完成。缝合线将撕裂的肌肉连接在骨盆上。

用可吸收缝线修补腹壁损伤。应使用无创圆针，以避免对肌肉造成损伤。缝线不要抽得太紧，以免伤口裂开（图1-55）。

## 跟踪随访

患犬术后住院5d，在犬笼内休息，服用镇痛药和广谱抗生素，并在术后初期进行监测。

Bella的恢复令人满意，第6天出院。跟踪随访由负责它的兽医完成。6个月后，患犬的功能活动良好，没有任何局部或运动问题。

# 开放性创伤疝：脏器外露

| 患病率 | ■ | □ | □ | □ | □ |
|---|---|---|---|---|---|

脏器外露是由腹壁的穿透性损伤引起，主要原因是打猎事故和刀伤（图1-56）。

> * 尽快将暴露的器官遮盖，以防止脱水和自我损伤
>
> 清洗外露器官时，要避免使用刺激性或对腹膜有毒性的防腐剂或肥皂

对这些病例，应建议主人对患病动物进行腹部包扎，以防对外露器官造成进一步的损伤，并立即请兽医处理。

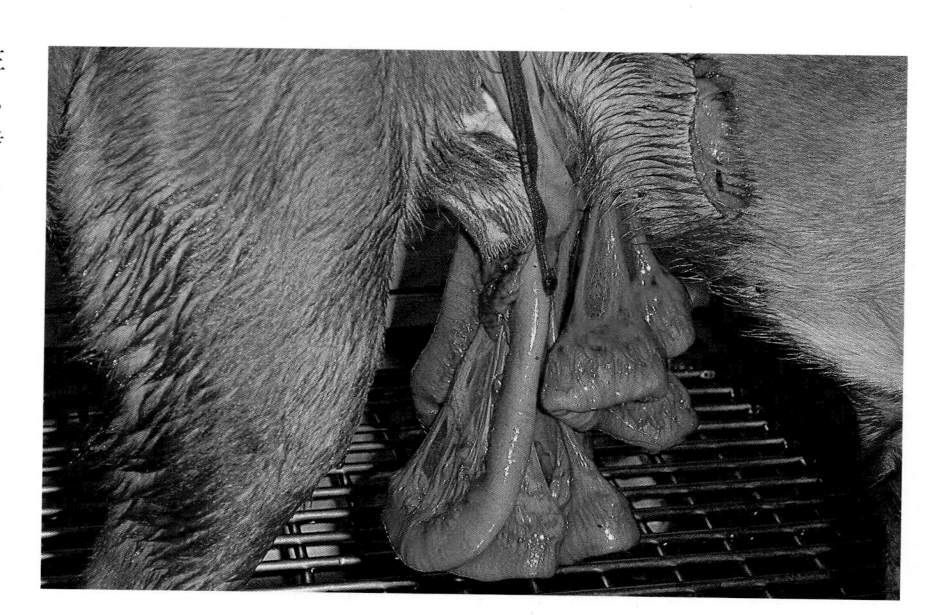

图1-56　这只犬遭到野猪袭击，主诉"它的内脏都出来了"。

**手术方法1**

有必要给予适当的补液和抗生素治疗，以改善动物全身状况。对休克进行评估并给予相应治疗。然后麻醉患病动物，并清洗外露组织器官（图1-57）。

图1-57　用大量温的无菌生理盐水将肠袢冲洗干净，如果没有无菌的生理盐水，也可以用水冲洗，以清除所有残留的土壤和植物碎渣。

检查外露的腹腔器官。如果没有发现明显的病变，则将其还纳于腹腔内（图1-58、图1-59）。

在患病动物送至手术室前，暂时闭合腹部伤口（图1-60）。

闭合皮肤缺口后，患犬腹部剃毛并消毒，进行剖腹探查。这将有利于找到和修复任何从外部不易察觉的内部损伤，并对撕裂的肌肉进行修补（图1-61）。

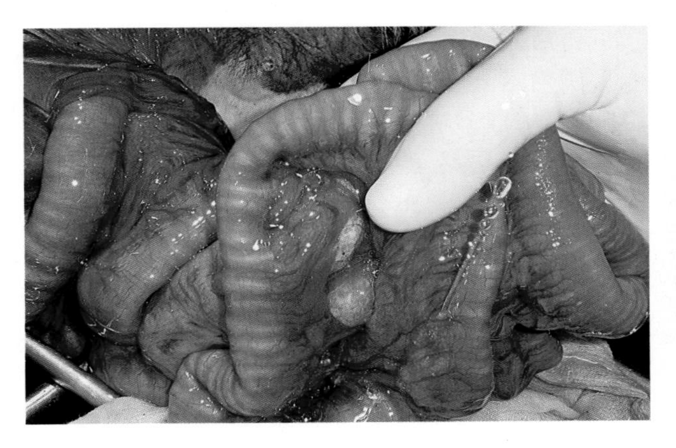

图1-58　彻底清洗肠袢后，检查并评估创伤的程度。

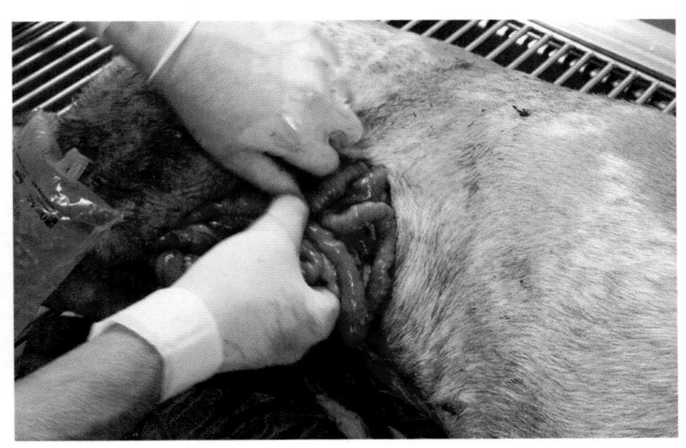

图1-59　本病例肠袢未见损伤，将肠袢还纳至腹腔内。

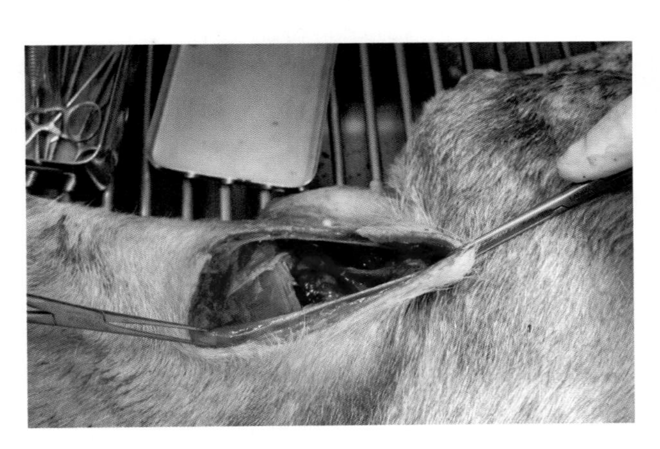

图1-60　在进入手术室前，先将肠袢复位并暂时闭合腹部伤口。

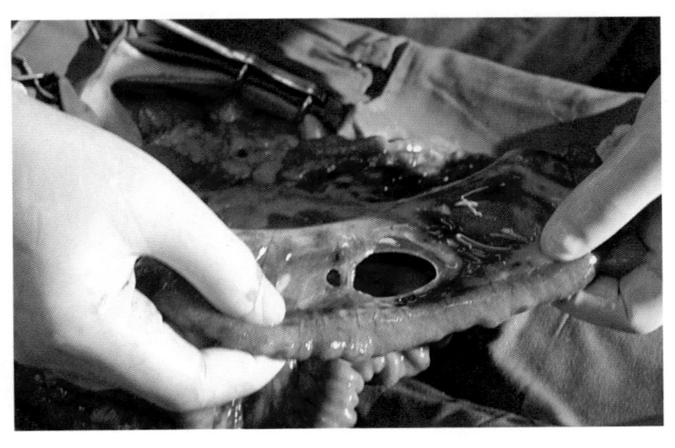

图1-61　剖腹探查时，应检查所有腹腔器官。本病例发现肠系膜损伤，需要修复以防并发症的发生。

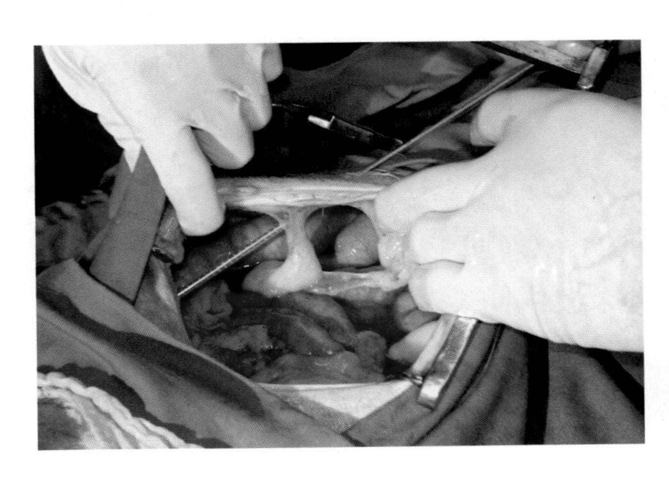

图1-62　在剖腹术切口旁，经穿刺插入腹膜透析管，用于腹腔冲洗和抽吸腹腔液体。

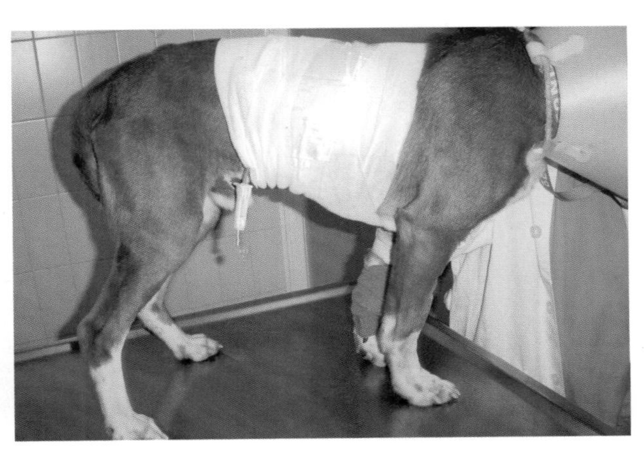

图1-63　遭到野猪攻击的患犬，在事故发生后数小时内经兽医治疗，康复情况良好。

如果事故是最近发生的，并且组织损伤和外部污染都很小，可用常规方法闭合剖腹手术切口。

对组织损伤或污染严重的患病动物，应在腹腔放置引流管，以便用温的乳酸林格氏液反复冲洗腹腔，清除细菌，预防或处理继发性腹膜炎（图1-62）。

患病动物的康复情况取决于损伤的严重程度和位置，以及修复损伤所用的方法（图1-63）。

患病动物的饮食管理对康复非常重要。检测和治疗低蛋白血症。

> ✱ 密切监测患病动物有无休克和腹膜炎的征象

**手术方法2**

如果患病动物有严重的组织损伤，如肠袢拖在地面（图1-64），最初的处理是相同的：稳定生命体征，镇痛和用温的生理盐水冲洗肠袢（图1-65）。

随后，确定并切除具有不可逆病变的肠段。本病例确定从肠系膜上撕开肠段的长度，在还纳腹腔之前将其切除（图1-66、图1-67）。

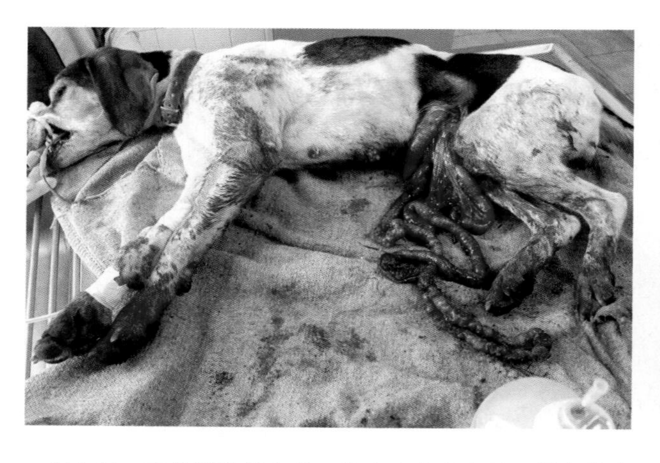

图1-64 在处理肠袢之前，稳定患犬全身状况并实施全身麻醉。注意观察污物的量和肠系膜的损伤。

图1-65 用温的生理盐水进行充分的冲洗，彻底清除异物，减少肠袢的细菌污染。

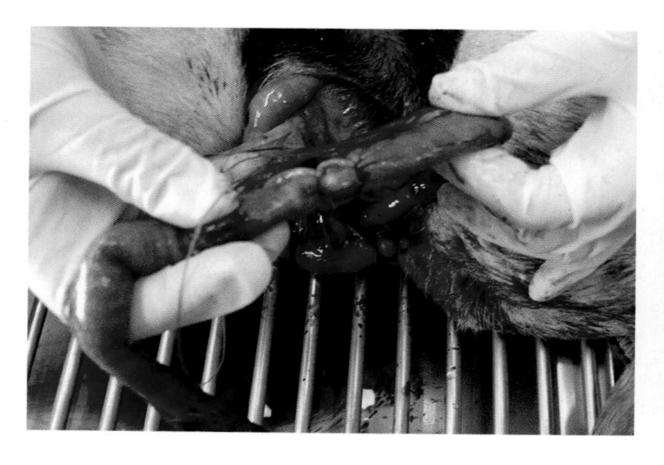

图1-66 结扎肠管，切除受损部分。

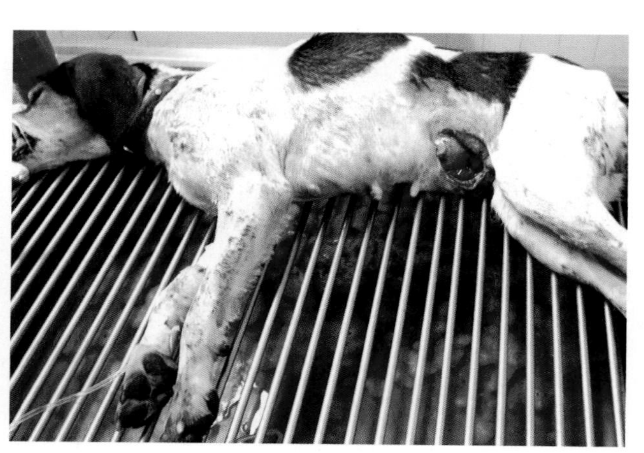

图1-67 在结扎肠管并切除缺血组织后，将其余的肠管还纳于腹腔内。暂时闭合腹部直至患犬进入手术室。

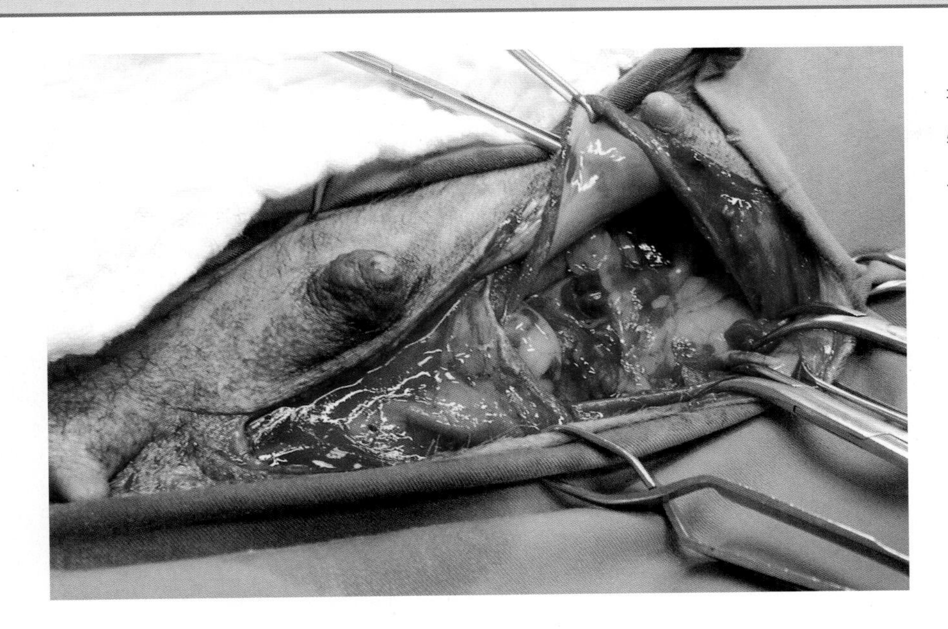

在手术过程中，扩大疝部伤口以利于检查腹腔内容物（图1-68），随后对健康肠段实施吻合术（图1-69）。

图1-68　在剖腹探查时，应确认腹腔器官无大的损伤。

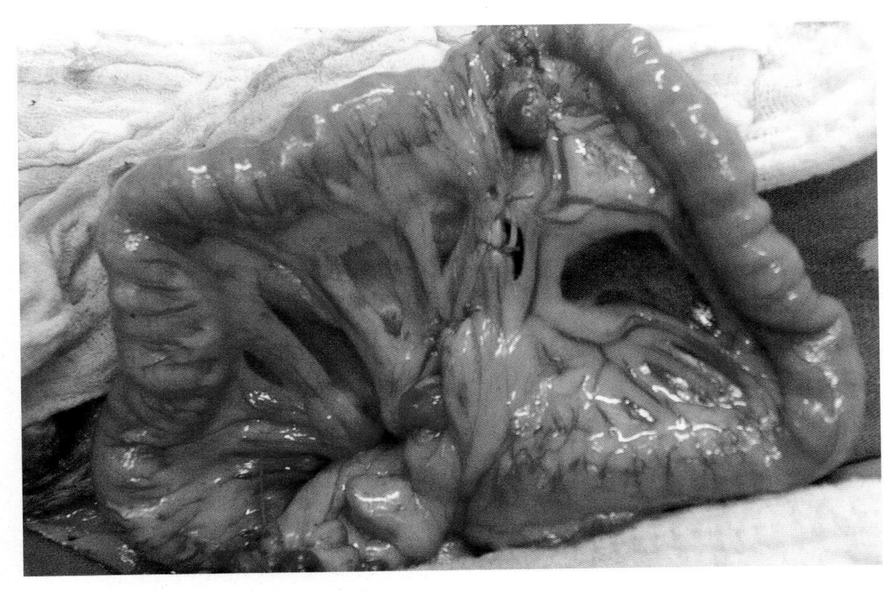

图1-69　采用吻合术修复肠管。本病例采用端端吻合术。

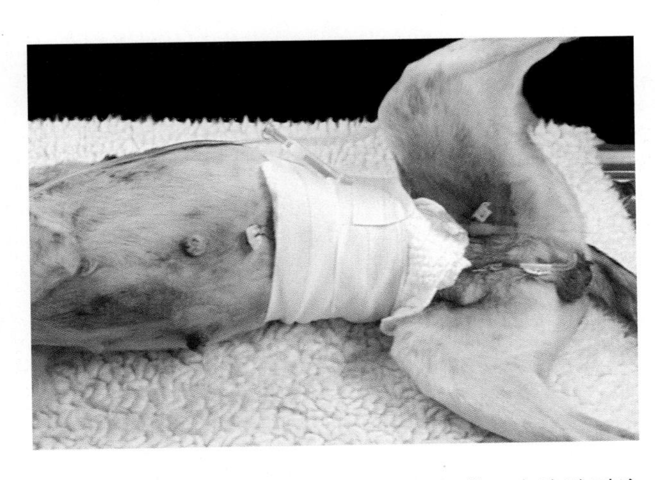

图1-70　术后恢复中的患犬。采用绷带固定腹腔引流管，防止引流管从腹腔滑脱。

在这些病例中，如果有严重损伤和高程度污染/感染时，必须在腹腔放置引流管，以预防或治疗可能发生的腹膜炎（图1-70）。

如能对以下问题给予充分注意，患病动物的预后良好：

- 创伤后休克。
- 疼痛。
- 切除肠段的清洗。
- 放置腹腔引流管。
- 低蛋白血症。
- 抗生素治疗。

## 公犬骨盆区动脉

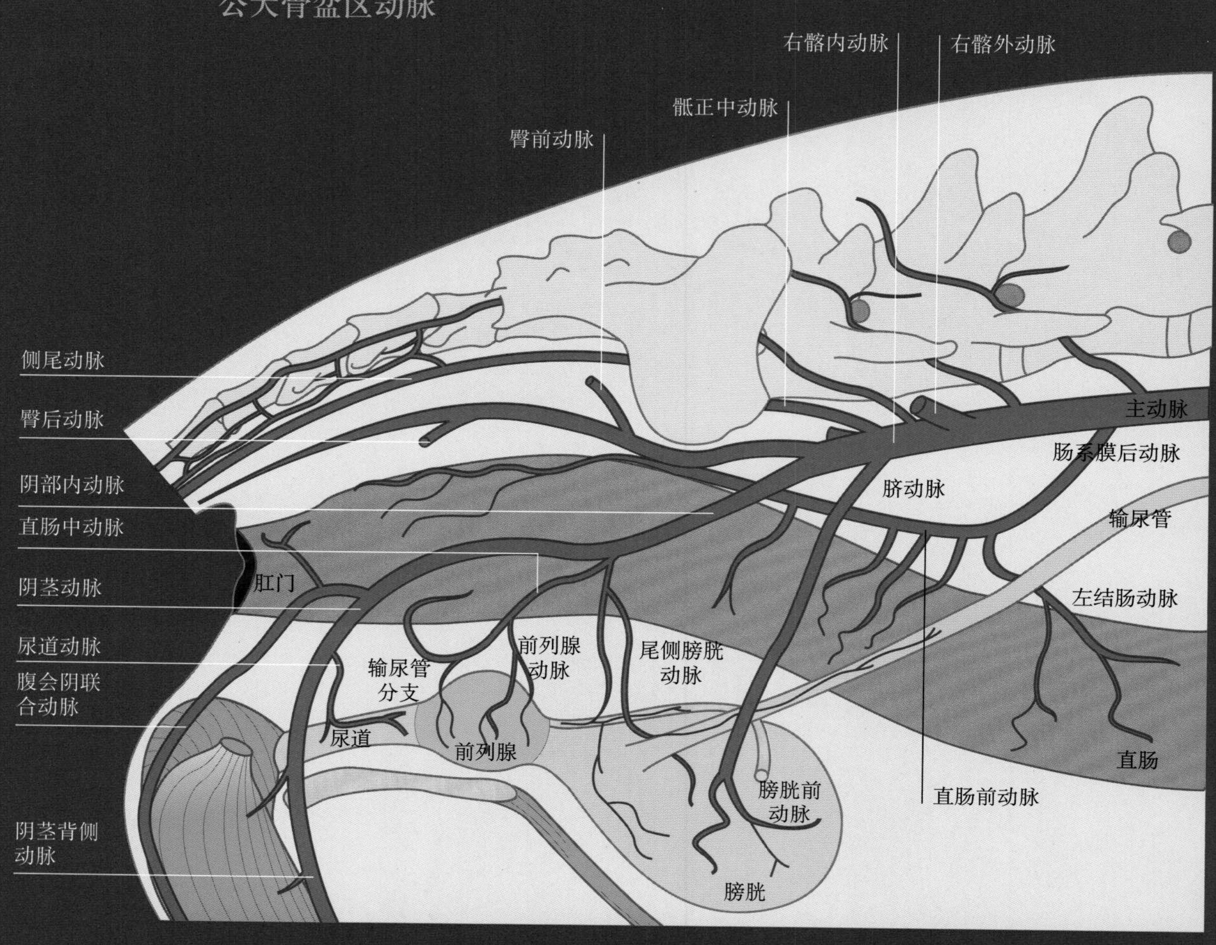


## 公犬会阴部

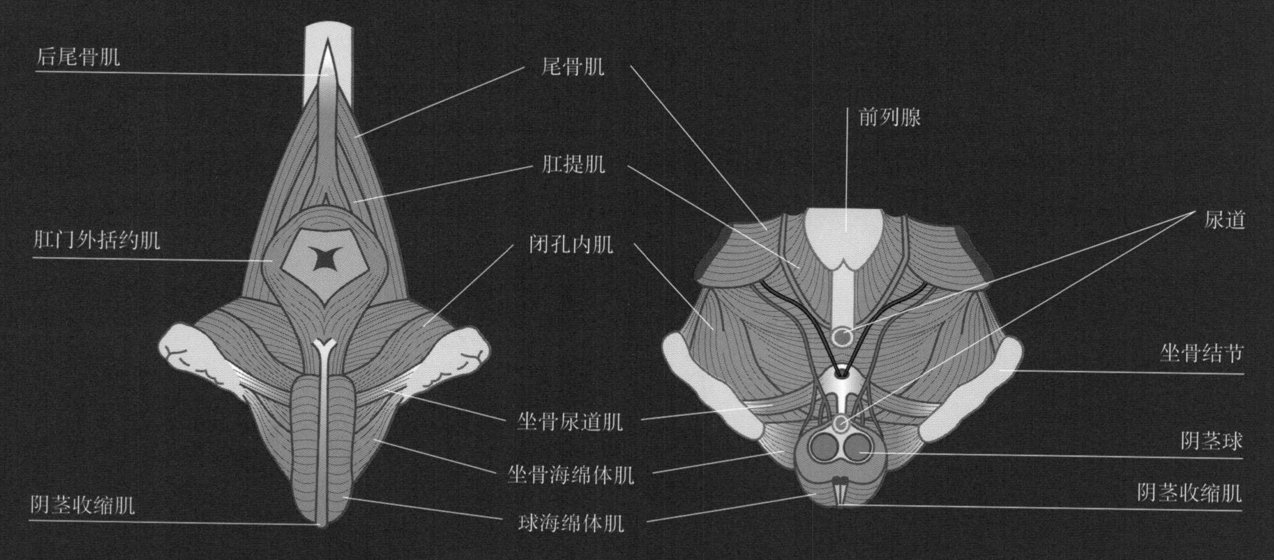

# 第二章　前列腺疾病及其治疗

雄性的生殖器示意图

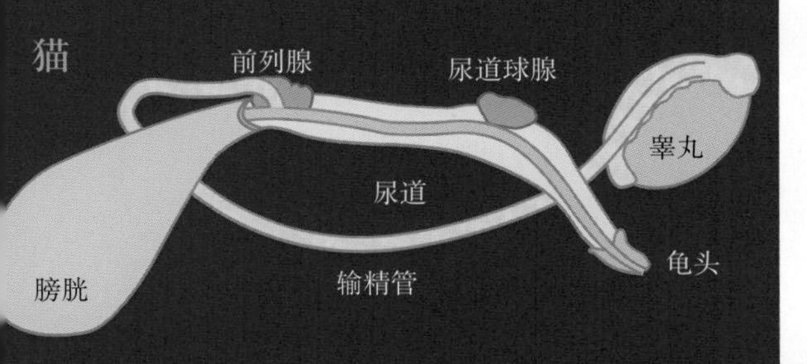


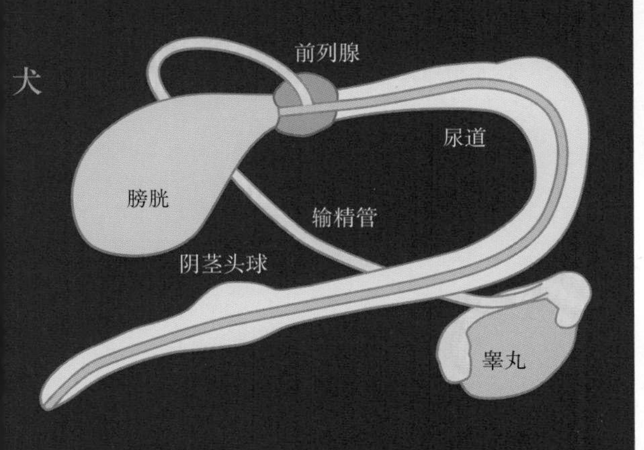


公犬的泌尿生殖系统

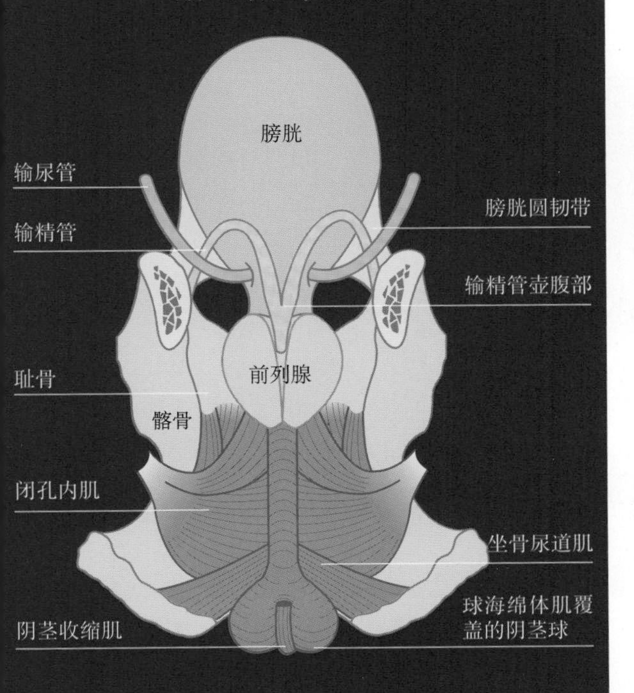


## 前列腺疾病

### 前列腺肥大

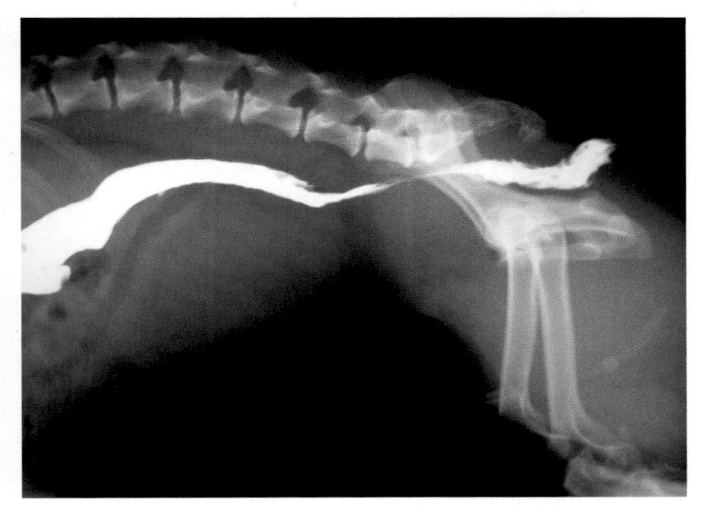

## 前列腺囊肿与前列腺旁囊肿

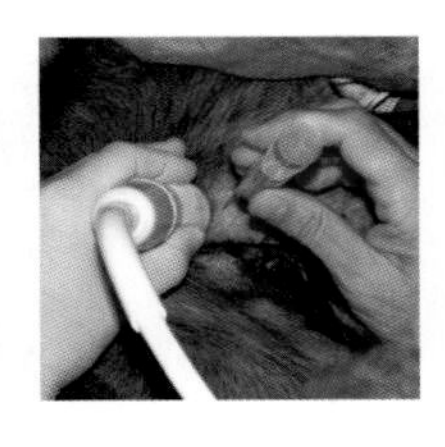

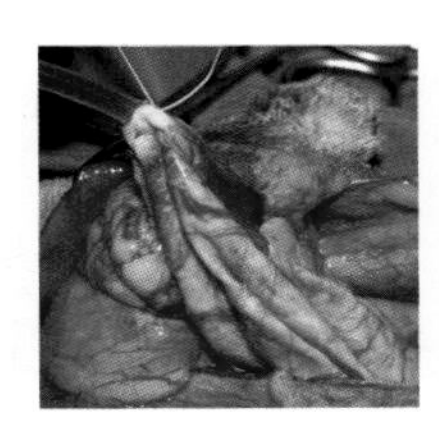

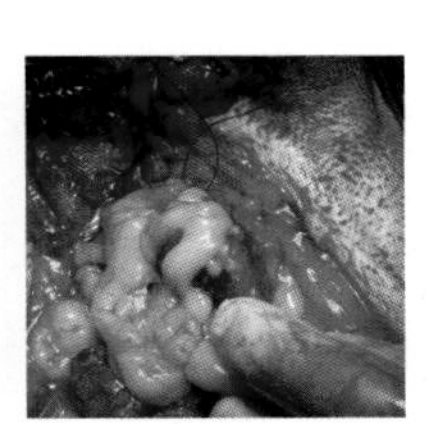

### 前列腺炎与前列腺脓肿

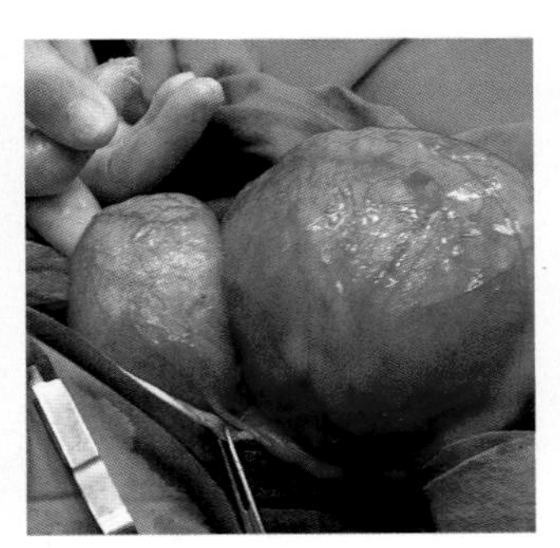

### 前列腺肿瘤

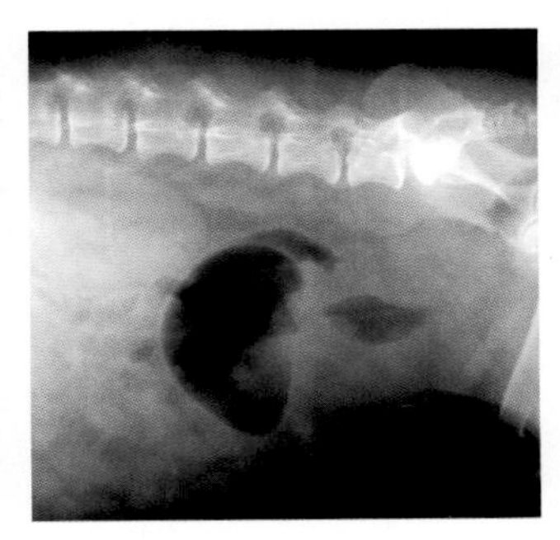

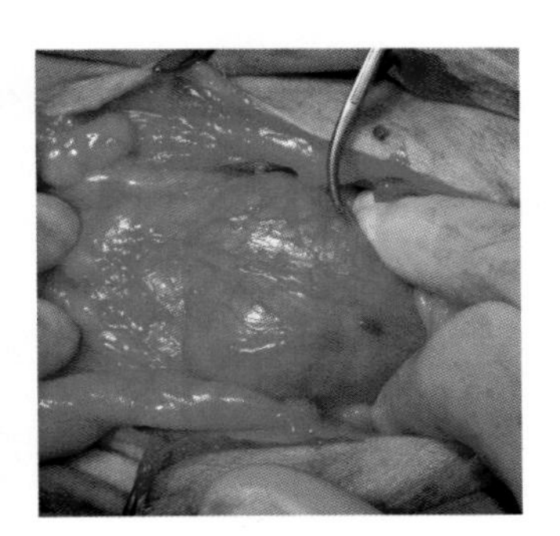

# 前列腺疾病

患病率

犬的前列腺是一个“动态”腺体，它的作用持久地依赖于激素、神经刺激以及解剖学上与之相关器官的复杂调节机制。

前列腺疾病是兽医临床上的常见病之一，尤其是老年犬易患。前列腺疾病可分为四类（表2-1），可视作下列病理过程的一部分，但在大多数病例中，其病理变化多为综合性的。

- 前列腺肥大。
- 前列腺导管阻塞。
- 前列腺液潴留。
- 前列腺囊肿的形成。
- 残余液感染。
- 前列腺炎。
- 前列腺脓肿。

表2-1 前列腺疾病的分类

| 序号 | 分类 |
|---|---|
| 1 | 前列腺肥大 |
| 2 | 前列腺/前列腺周囊肿 |
| 3 | 急性或慢性前列腺炎/前列腺脓肿 |
| 4 | 前列腺肿瘤 |

前列腺受睾丸激素的直接影响。睾丸产生的雄激素或雌激素的升高可能会增加前列腺的大小（图2-1）。这就是通过去势治疗前列腺增生和脓肿的原因。

除癌症外，去势适用于治疗所有的前列腺疾病

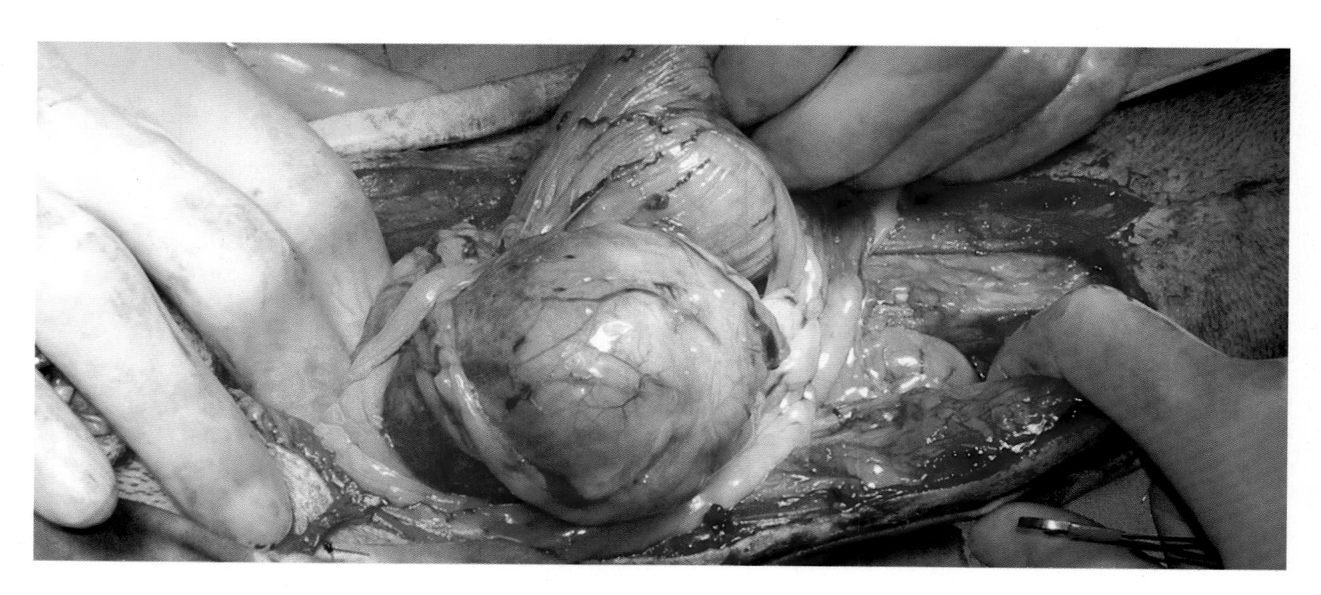

图2-1 打开腹腔后和剥离前所看到的前列腺脓肿。

# 前列腺肥大

| 患病率 | ■■■■ |
|---|---|

5岁以上犬的前列腺肥大或增生非常普遍，患病率接近60%，且多数是由睾丸分泌的雄激素和雌激素水平失衡引起的。

**临床症状**

前列腺肥大减小了骨盆腔直径，并将结肠/直肠挤向背侧，使患犬排便困难，引起便秘或里急后重（图2-2）。

在有些病例中，可通过促使产生液体粪便避免肠梗阻的发生，但这不应与消化道原因所产生的腹泻相混淆。

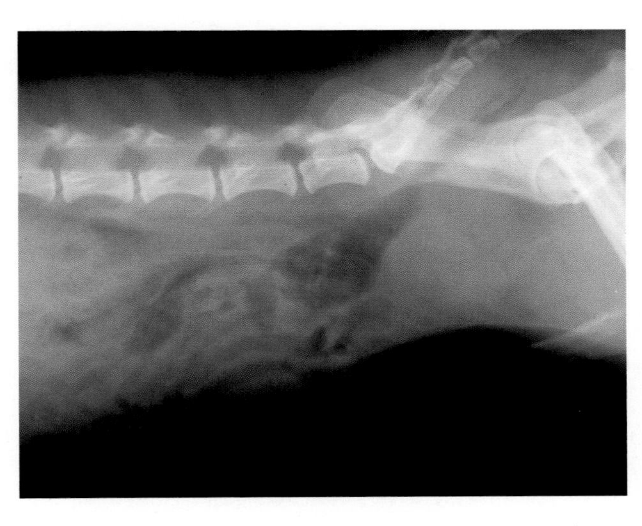

图2-2　前列腺肥大减小了骨盆腔直径，并累及结肠和直肠，导致大便失禁。

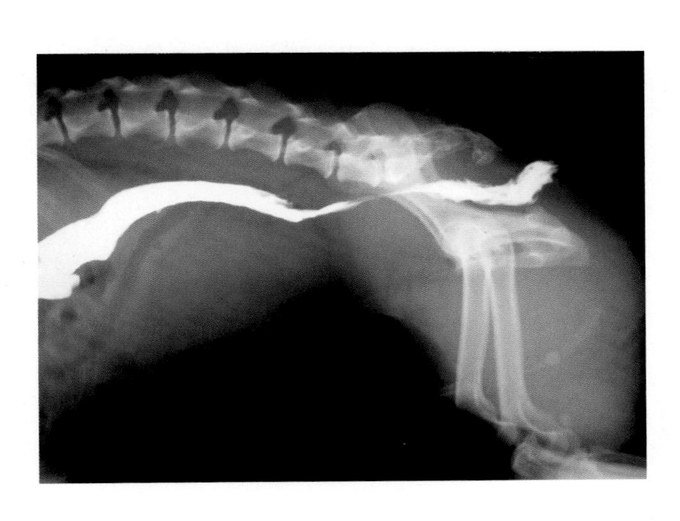

尿潴留在晚期病例中才可以见到，主要是由尿道前列腺部变窄以及膀胱顶部发生移位引起的。患病动物可能会出现膀胱炎、血尿、膀胱结石以及膀胱无力。

> 不是所有患前列腺肥大的病犬都有临床症状

**诊断**

根据患犬的年龄、病史和临床症状，如里急后重、尿失禁、血尿及运动或跛行进行诊断。

通过直肠或腹部触诊判定前列腺的大小。在前列腺肥大的病例中，尽管前列腺在解剖学形态上还可以维持表面光滑、质地均匀，但会显著增大。

X线和超声检查对于测量前列腺的大小及其对腹部器官的影响是非常有用的方法（图2-3）。

**治疗**

选择外科去势术治疗前列腺肥大，术后2 ～ 3周可观察到前列腺的退化。在这期间，需要使用缓泻药或灌肠和流食促进排便。

患犬一旦发生尿潴留，应定期进行膀胱导尿（1次/8h）。另外，可以采取留置导尿管的方法，但应至少每3d更换1次，以防生物膜产生的细菌定植。一旦发生细菌慢性感染，则很难治疗。

给予患犬肾排泄率较高的抗生素，如阿莫西林/克拉维酸、头孢类等。

如果膀胱扩张且收缩无力，应给予拟副交感神经的药物，如苯丙醇胺（每天1mg/kg，口服）。

前列腺肥大也可使用下列药物治疗：

■非那雄胺：每天0.1mg/kg。

■雌激素：己烯雌酚每2 ～ 3d 0.2 ～ 1mg，服用3 ～ 4周。注意：可能的并发症或治疗的副作用包括血小板减少、化生性改变和前列腺囊肿、脱毛及雌性化迹象。

图2-3　钡剂灌肠显示：由于前列腺肥大而引起的腹部肠道高密度影像。尿潴留不如观察到的结石那么严重。

# 前列腺囊肿与前列腺旁囊肿

患病率 ■■■□□

应将前列腺囊肿与前列腺旁囊肿相区分。

前列腺囊肿很大，在前列腺腔内充满液体，可继发良性前列腺增生、鳞状上皮化生、慢性前列腺炎或前列腺肿瘤（图2-4、图2-5）。

前列腺旁囊肿与前列腺没有关系，与尿道或膀胱也没有关系（图2-6）。

> 前列腺囊肿时，几乎所有的组织都被破坏了，只留下薄薄的皮质层

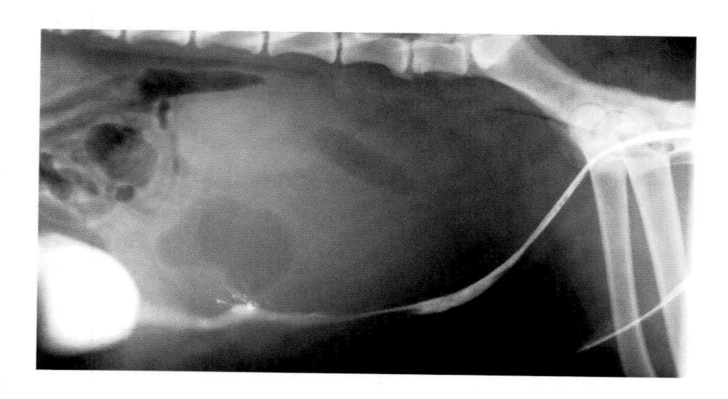

图2-4　硕大的前列腺囊肿占据了整个腹腔中部，并取代了膀胱顶部的位置。膀胱和尿道的双重造影显示空气和造影剂泄漏进入前列腺囊肿。本病例囊肿与前列腺癌有关。

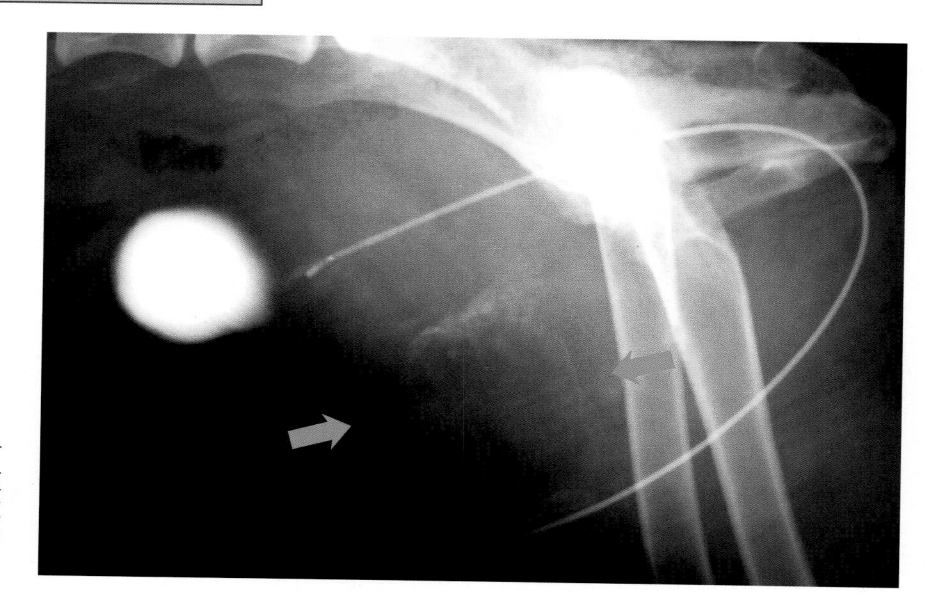

图2-5　中度增大的囊肿引起前列腺肥大。肥大的前列腺卡在腹股沟疝中（橙色箭头）。用于尿道膀胱造影的造影剂已扩散到囊肿腔内。

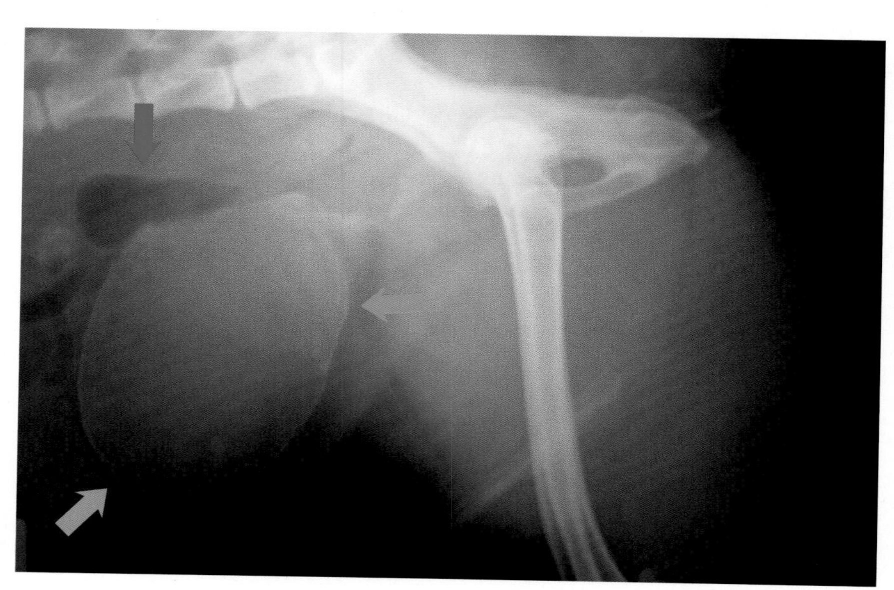

图2-6　后腹部前列腺旁囊肿（橙色箭头）。膀胱充气图像清晰呈现膀胱已背向移位（蓝色箭头）。

## 临床症状

泌尿功能障碍，如痛性尿淋沥、血尿及尿失禁。

盆腔前部的许多疾病可以通过直肠触诊进行诊断。

## 诊断

X线检查可提供充分的信息，特别是同时使用阴性和阳性造影剂的情况下（图2-4至图2-7）。

组织活检可诊断某些囊肿是否为肿瘤（图2-8）。

## 治疗

### 开放引流术

| 技术难度 | ■ | □ | □ | □ | □ |
|---|---|---|---|---|---|

前列腺囊肿的开放引流技术相对简单，然而由于其潜在的副作用和并发症，因此，很少使用。

对犬主人来说，通过皮肤瘘管不断分泌囊液是难以忍受的。如果犬在室内生活，更是如此。

另外，施行开放引流技术有可能导致逆行感染，引发泌尿系统感染和脓肿形成。

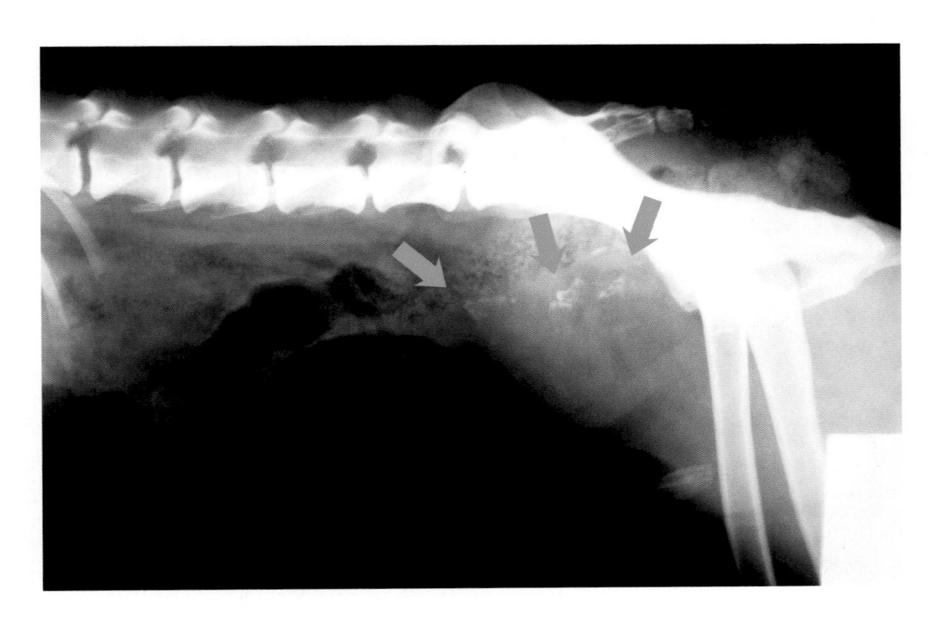

图2-7　中等大小的前列腺囊肿。X线片清晰显示前列腺内囊壁发生矿化（橙色箭头）。这种现象在患犬中很常见。

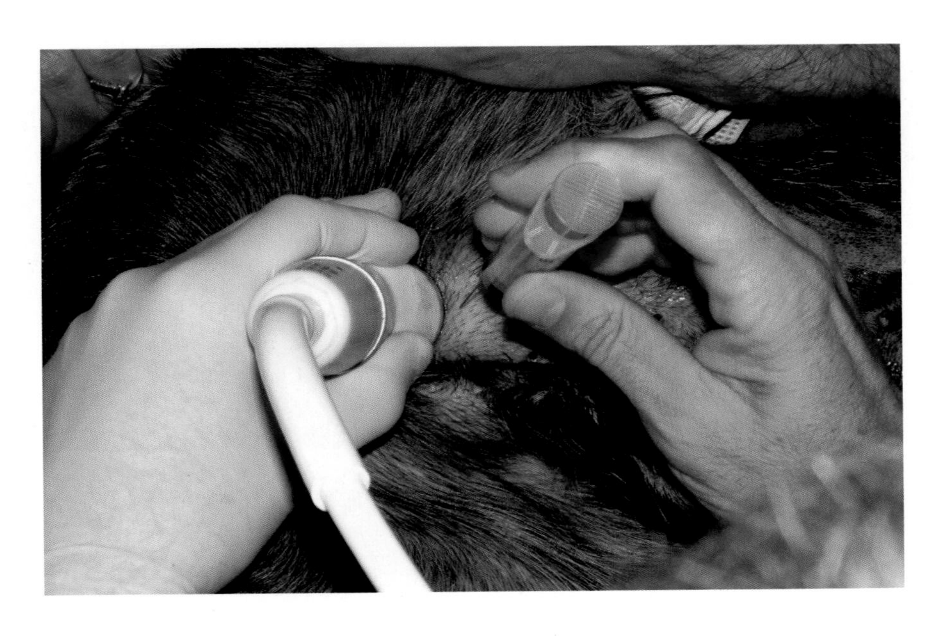

图2-8　应该由熟练的超声检查操作者小心地对前列腺进行细针抽吸活检。

## 引流和手术切除

| 技术难度 | ■■■□□ |
|---|---|

对于前列腺旁囊肿，选择手术切除并不难(图2-9至图2-13)。

> ✱ 如果输尿管与膀胱颈或前列腺大面积粘连，完全采用切除术可能会增加血管、神经损伤、尿失禁或潴留的风险

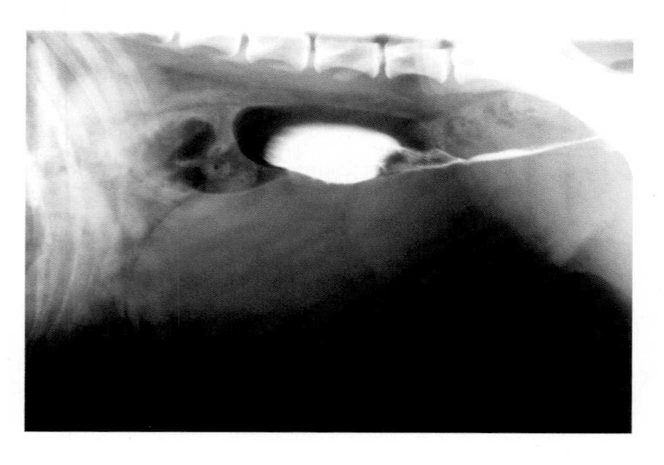

图2-9 硕大的前列腺旁囊肿占据了整个后腹部。双重造影使尿道和膀胱清晰可见，并证实与前列腺囊肿无关。

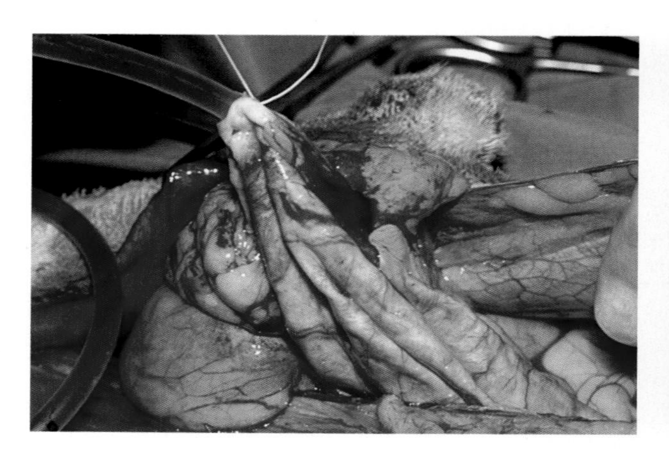

图2-10 囊肿穿刺抽吸其内容物，防止污染腹腔。

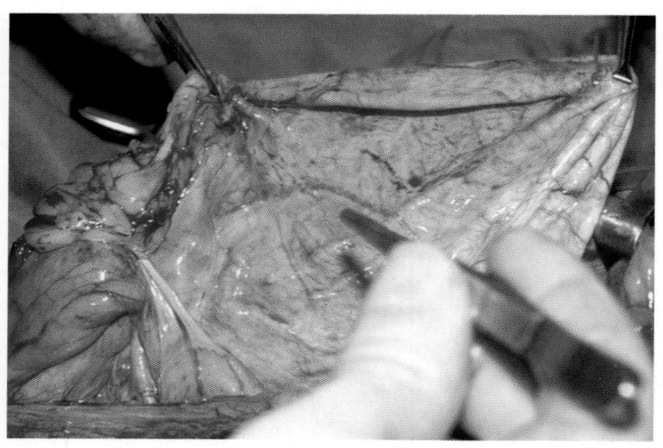

图2-11 囊肿内容物吸出后，需要检查囊肿的整个表面以及粘连的组织结构。

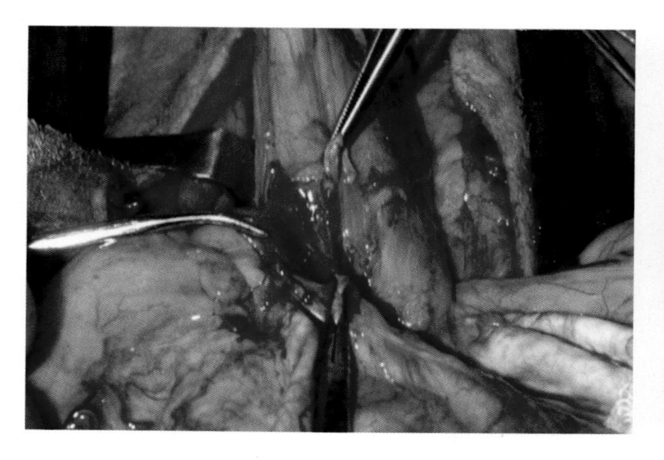

图2-12 显示膀胱的分离。当接近膀胱远端部分时应格外小心，避免损伤血管、神经、输尿管以及前列腺。

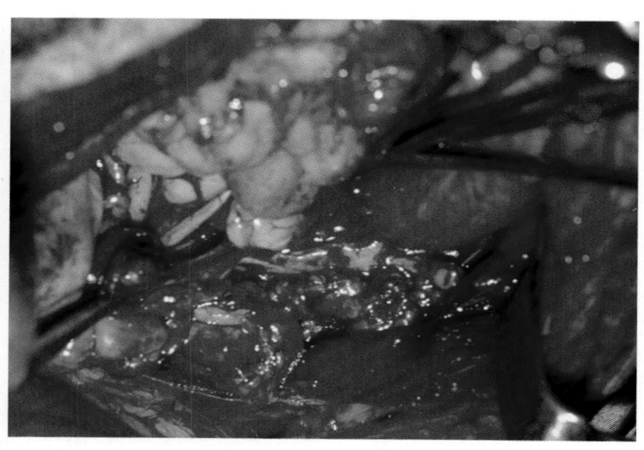

图2-13 切除囊肿后，确保在其余组织上无明显出血。

### 局部切除与网膜化

技术难度 ■■□□□

如果担心粘连并想降低术后泌尿系统功能障碍的风险而不想切除囊肿，可选择囊肿部分切除和网膜化。这种技术能防止囊肿与其他腹部器官粘连复发（图2-14至图2-19）。

即使患病动物手术成功，尿失禁也是常见的并发症。可每天口服苯丙醇胺（1mg/kg）增加尿道括约肌弹性。

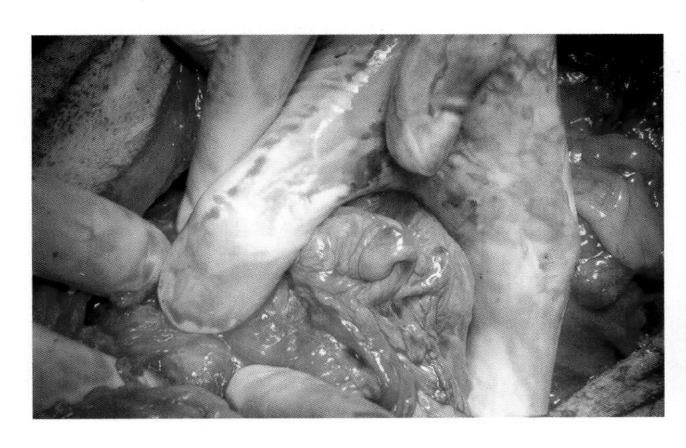

图2-14　本病例囊肿与后腹部结构有很多粘连，剥离会更复杂和费力。

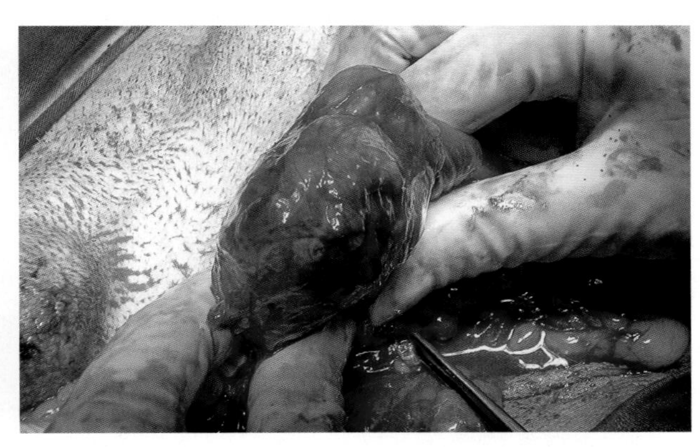

图2-15　抽吸囊肿内容物后可防止腹腔感染，囊壁的很大一部分被切除。

图2-16　在进行前列腺手术时应触诊，如果怀疑是肿瘤，应进行活检。

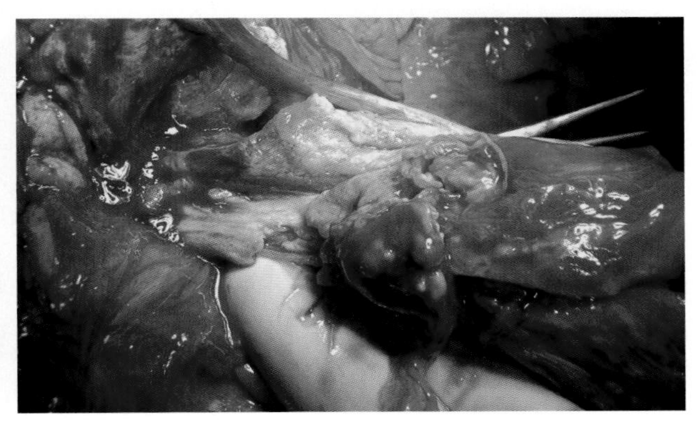

图2-17　为减少对神经的损伤，尽量不要在靠近膀胱颈部进行分离。

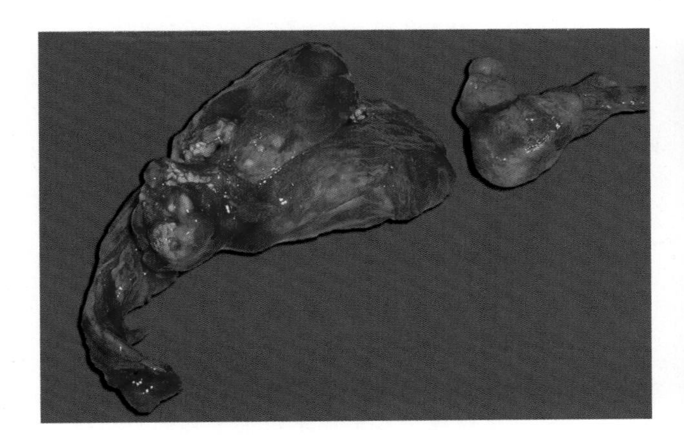

图2-18　从左侧的前列腺区域切除潴留性囊肿。

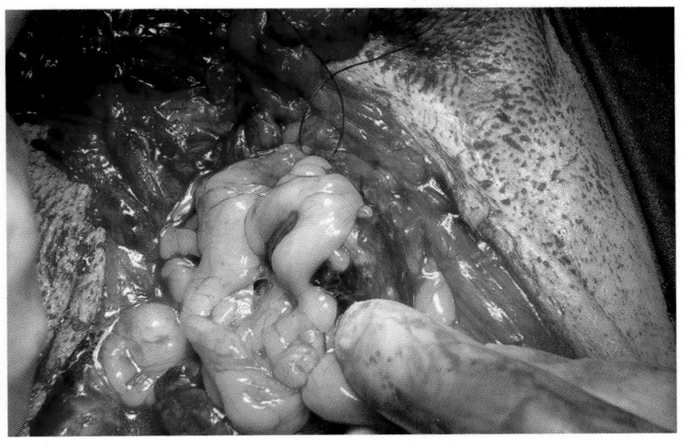

图2-19　切除部分囊肿壁后，将网膜带放在保留的前列腺腔上面并用可吸收缝线做间断缝合固定。

## 前列腺炎与前列腺脓肿

患病率 ■■■□□

前列腺的感染通常与患有前列腺增生或弥漫性实质性囊肿相关，由尿路逆行感染而引起。

患有产生高水平雌激素的睾丸支持细胞肿瘤的犬易患前列腺炎

前列腺炎通常会化脓并有形成微脓肿的倾向。

**临床症状**

患犬表现出小步走，后腹部疼痛（图2-20）。

患犬精神沉郁、厌食，出现里急后重、便秘及尿潴留或尿失禁的症状。常见有血尿，并可能有脓性分泌物从阴茎流出。

直肠触诊痛感显著，可触摸到形状不规则的“面团状”的前列腺。大的脓肿与周围组织发生粘连。

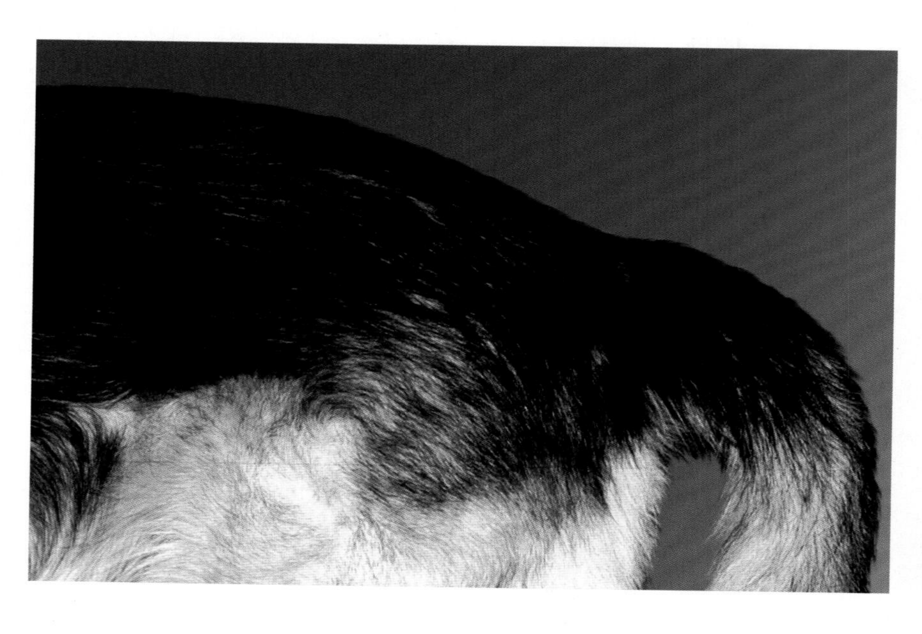

图2-20 该犬患前列腺脓肿，后腹部疼痛，尾根部上举并将后肢前伸至腹下以舒缓可能发生水肿的肌肉。

**诊断**

根据临床症状和直肠触诊前列腺进行诊断。

可使用针刺抽吸的方法采集样品，做细胞学检查及微生物培养，但操作应小心谨慎，以降低患腹膜炎的风险。

超声检查可提供更多关于潴留液体位置和组织密度的信息。

白细胞增多与血液指标并不一致

**治疗**

可采取促进患犬排便和排尿的措施缓解消化系统和泌尿系统症状。治疗需要持续数周。主要使用能快速扩散到前列腺（甲氧苄啶、头孢菌素类或组合的恩诺沙星和林可霉素）的抗生素进行治疗，但要做细菌培养和药敏试验，因为随着前期的治疗可能会产生耐药性。

对此类病例，建议进行去势，特别是发生慢性感染时，更应如此。

✱ 此类患犬有可能发展为感染性休克，因此，需要特殊护理。在术前要纠正血流动力学的改变，在术中要采取预防感染性休克的措施

技术难度 ■■□□□

单独用药物治疗前列腺脓肿的效果很差。脓肿引流需要消除感染的内容物，既可以单独采用引流（图2-21、图2-22），又可以通过与脓肿网膜化结合进行引流（图2-23、图2-24）。

> ✱ 网膜化可作为前列腺囊肿和脓肿的生理治疗法，网膜自身的淋巴和血液供应也可抵御局部感染

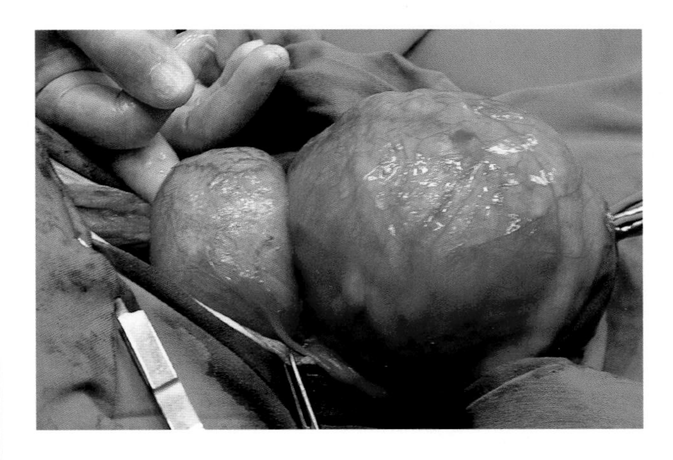

图2-21　前列腺脓肿延伸至膀胱尾端。

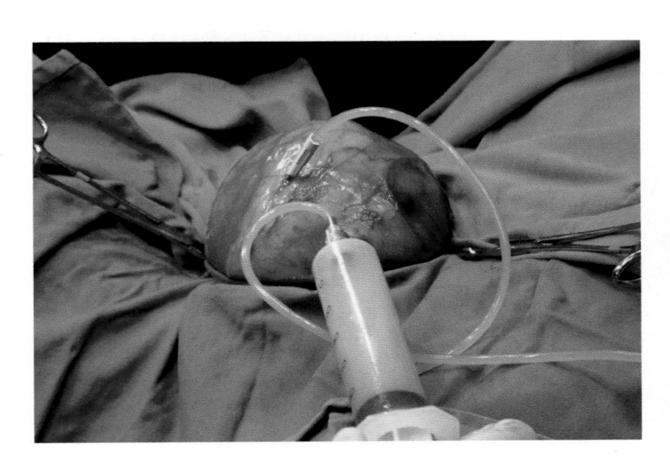

图2-22　用无菌手术创巾将脓肿与腹腔隔离。当抽吸脓肿内容物时，应注意避免腹膜感染。

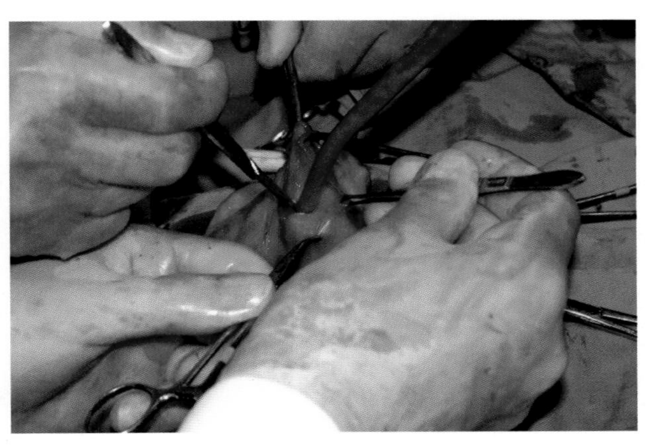

图2-23　将脓肿与腹腔隔离后，外科吸引器的管口置于切开组织的手术刀旁。以这种方式清除化脓性物质可避免前列腺外面受到污染。

闭合剖腹术切口后，对患犬施行去势术。

图2-24　通过切口用无菌生理盐水冲洗脓肿。用手指压碎脓肿内小梁，前列腺被网膜化。

## 前列腺肿瘤

| 患病率 | ■ | | | | |
|---|---|---|---|---|---|

腺癌和移行细胞癌是中老年犬最常见的肿瘤。

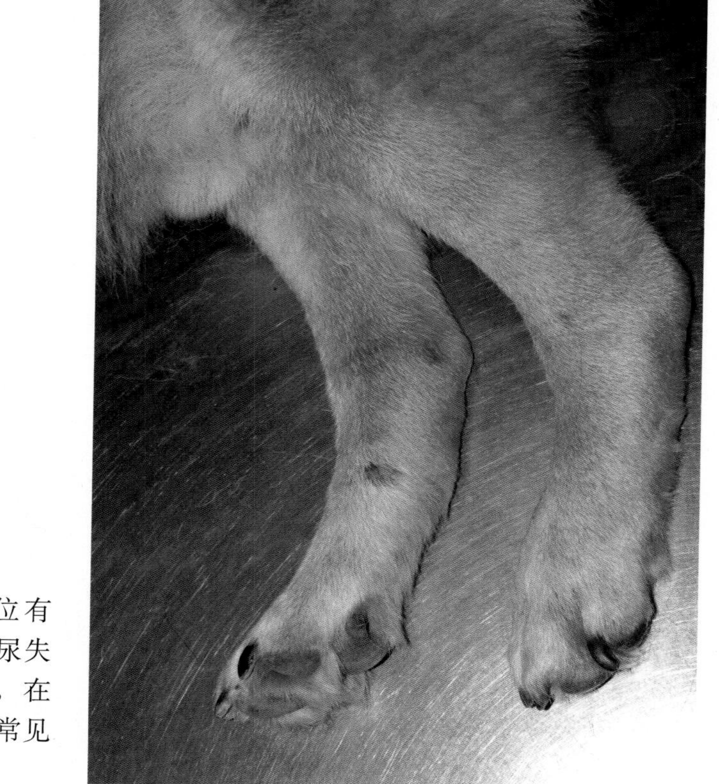

图2-25 臀部容易无力，后肢尤其是左后肢容易水肿。触诊前列腺时非常疼痛，活组织检查可确诊是否患前列腺癌。

**临床症状/诊断**

临床症状与受影响的泌尿系统的部位有关，还与癌转移的部位有关，尿痛、血尿、尿失禁、后肢无力、水肿以及恶病质（图2-25），在膀胱、直肠、淋巴结和腰椎发生局部转移较常见（图2-26、图2-27）。

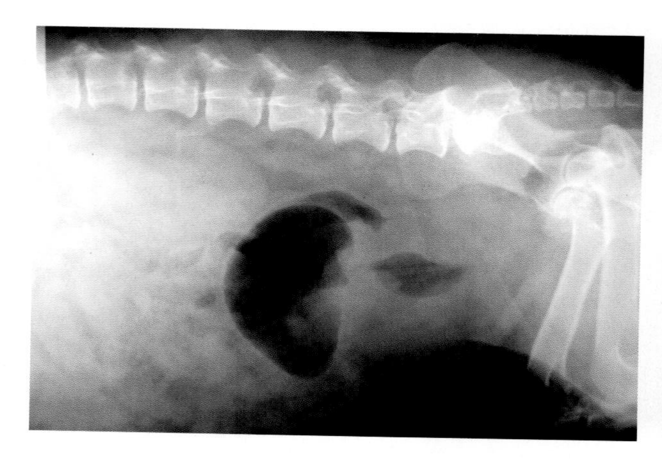

图2-26 前列腺增大。膀胱充气造影清晰地显示前列腺疾病开始累及膀胱。

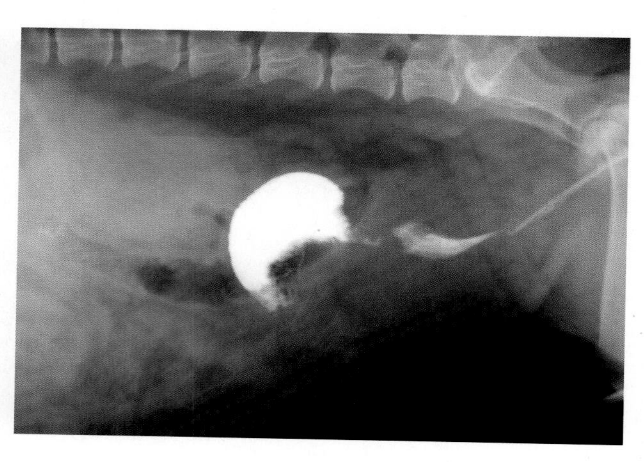

图2-27 阳性造影的X线图像确诊肿瘤肿块已累及膀胱颈部，确诊是前列腺癌。

超声检查提供了很多关于前列腺的结构信息，有助于细胞学检查的精确采样（图2-28）。

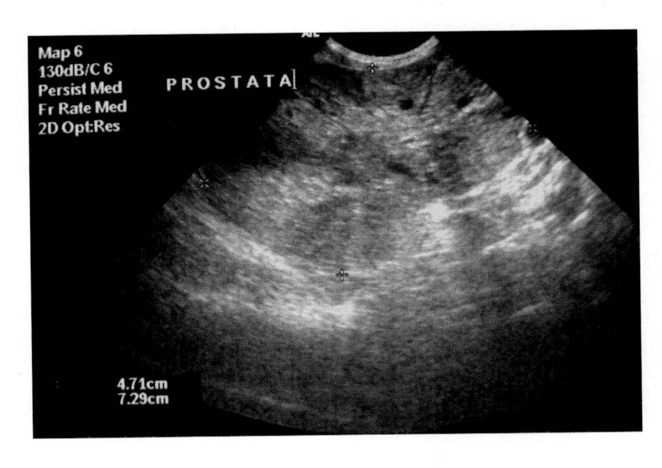


图2-28　超声图像显示前列腺增大（4.7cm×7.3cm），可见符合肿瘤特征的不对称叶及高度异质性的纹理。

**治疗**

手术治疗包括前列腺切除术。由于前列腺肿瘤的侵袭性，往往预后不良（图2-29）。

去势术不能预防前列腺癌

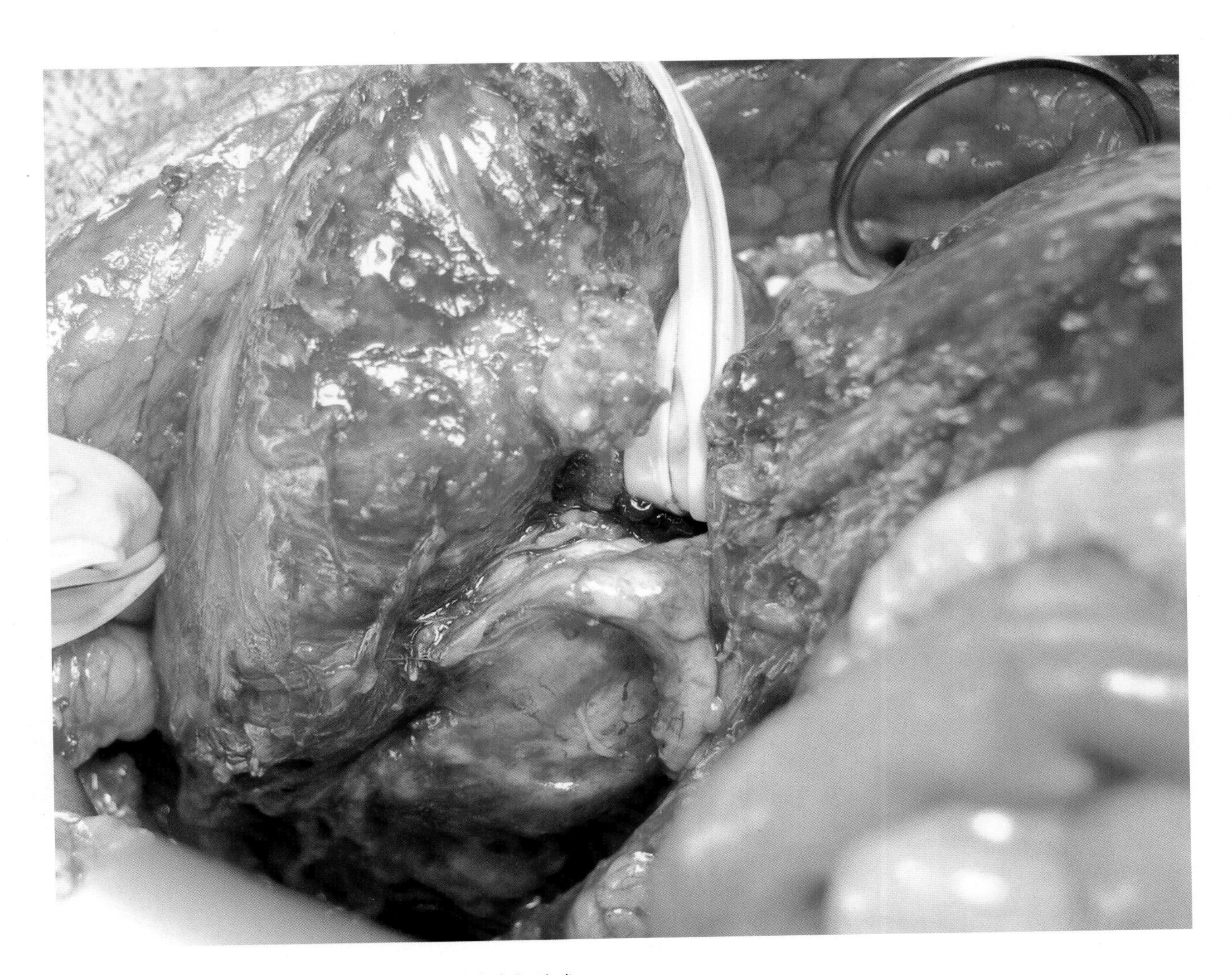

图2-29　膀胱肿瘤。本病例施行的是前列腺癌根治术。

# 泌尿生殖系统

## 公犬

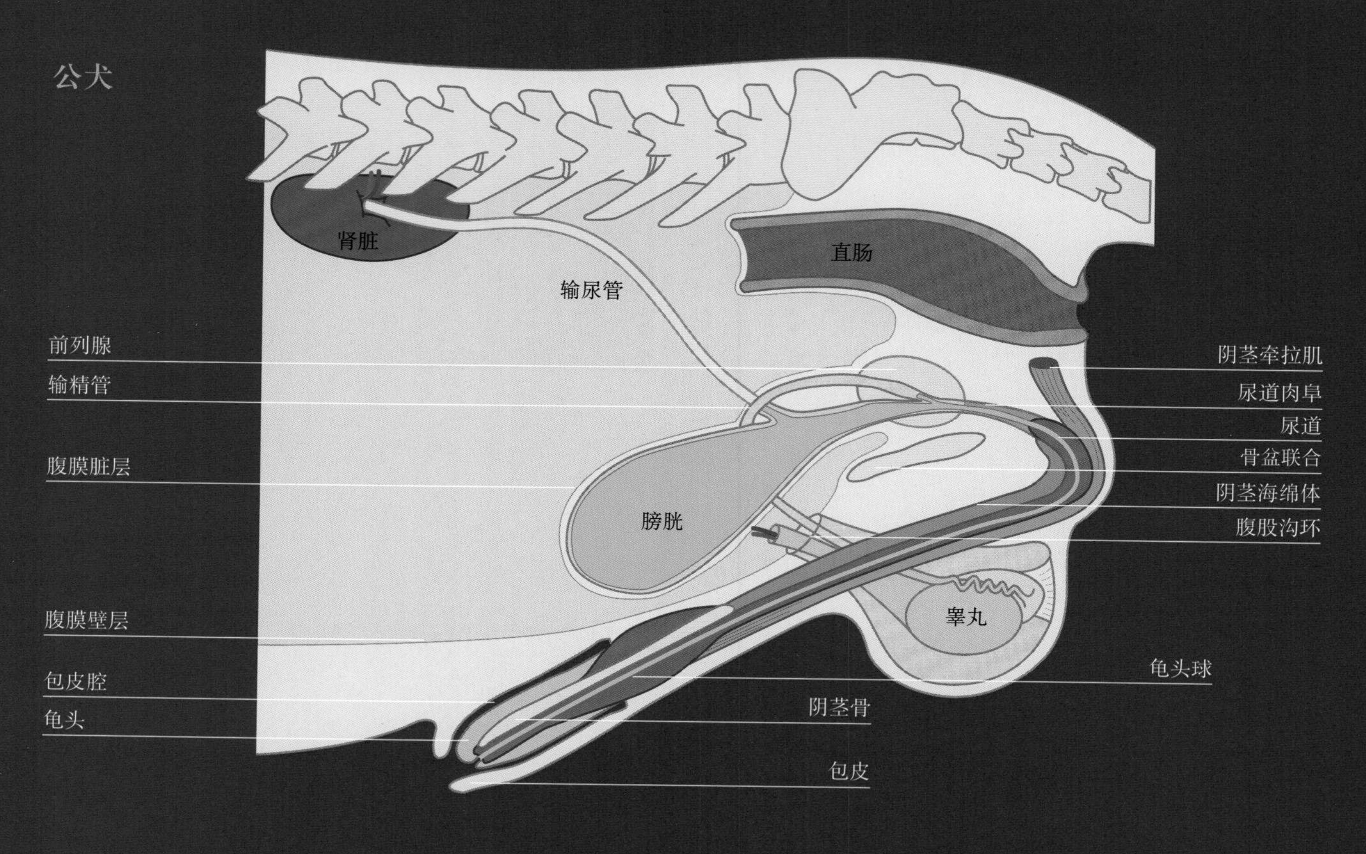

肾脏
直肠
输尿管
前列腺
输精管
腹膜脏层
膀胱
腹膜壁层
包皮腔
龟头
阴茎牵拉肌
尿道肉阜
尿道
骨盆联合
阴茎海绵体
腹股沟环
睾丸
龟头球
阴茎骨
包皮


## 母犬

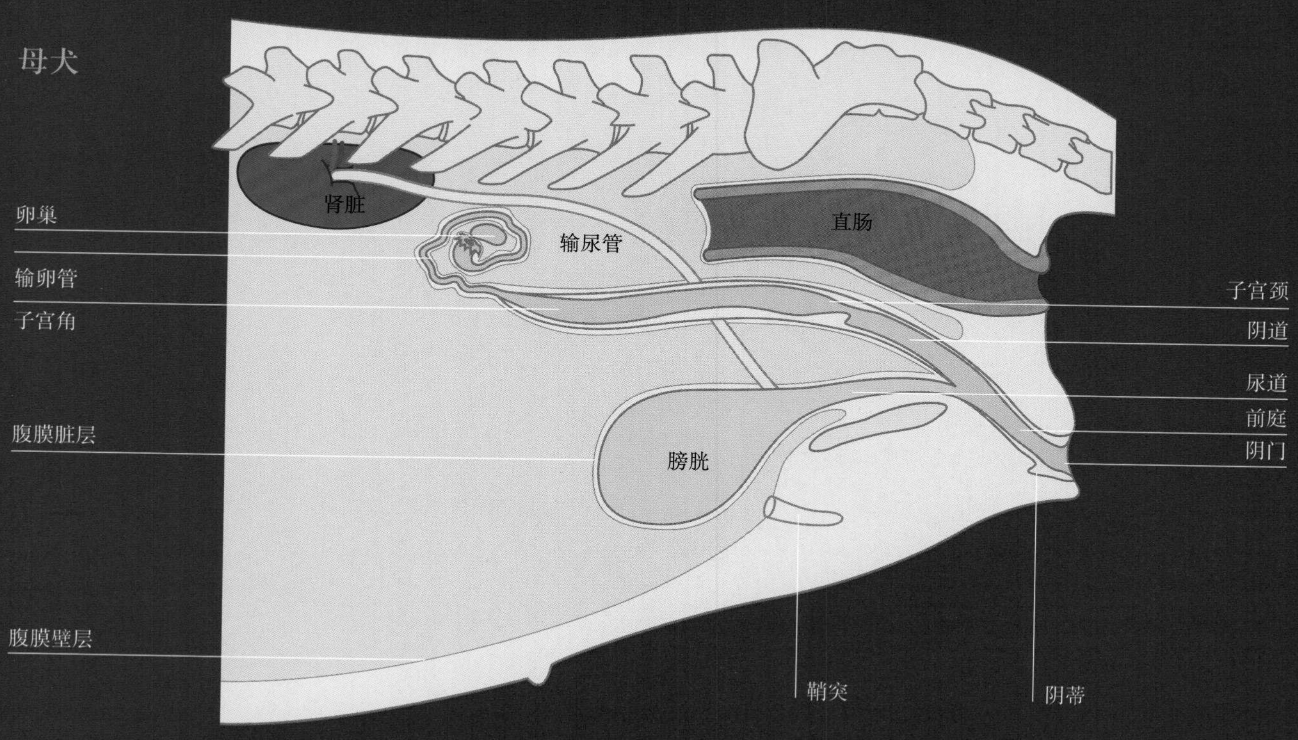

肾脏
直肠
卵巢
输尿管
输卵管
子宫角
腹膜脏层
膀胱
腹膜壁层
子宫颈
阴道
尿道
前庭
阴门
鞘突
阴蒂

# 第三章　膀胱疾病及其治疗

膀胱和尿道的腹侧平面观

输尿管
膀胱
输尿管口
膀胱三角区
输尿管嵴和精索
前列腺
前列腺管口
输精管孔
尿道球腺
尿道球腺管孔

膀胱和输尿管正中切面

尿道
膀胱壁
膀胱颈
膀胱腔

尿道
膀胱壁
膀胱颈
膀胱腔

## 膀胱结石

母犬膀胱单个尿结石
多结石引起公犬尿道阻塞
磷酸铵镁/草酸盐混合尿结石
猫胱氨酸尿结石

## 膀胱肿瘤

多发性乳头状瘤：膀胱部分切除术
平滑肌肉瘤：膀胱切除术

## 膀胱修复

车祸引起的膀胱破裂
高空坠落引起的猫膀胱破裂
尿道插管和水压冲洗引起的膀胱破裂
医源性膀胱破裂
切除与修复：胃膀胱成形术

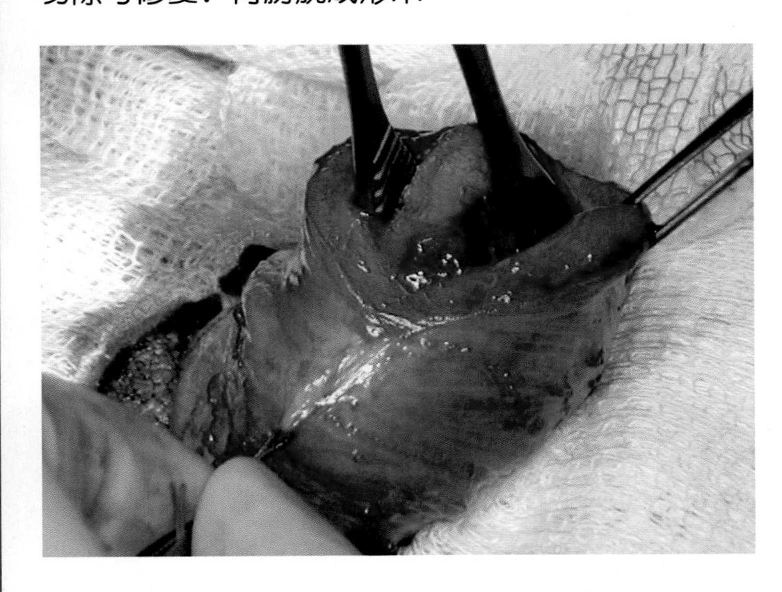

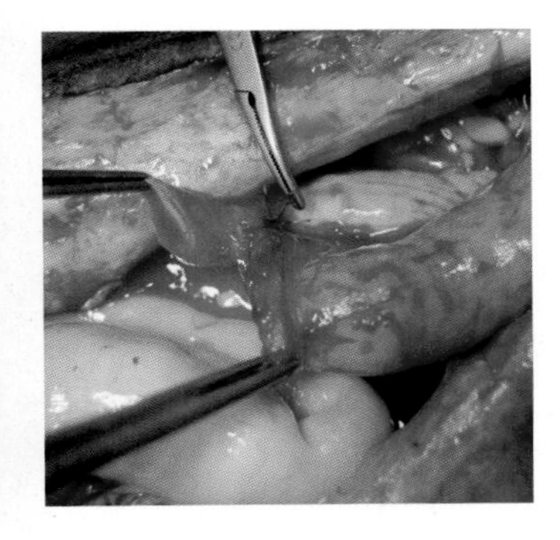

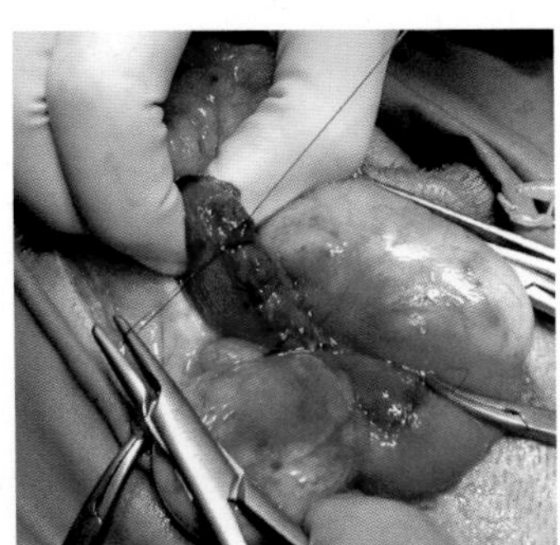

## 膀胱结石

患病率

犬的多数结石位于膀胱或尿道，最常见的是磷酸铵（磷酸铵镁）结石，其次是草酸钙。尿酸盐、胱氨酸、硅酸盐及其他类型的不多见。

确诊的结石病例中，约50%是磷酸铵镁结石，不足1岁犬所占比例超过60%。因为犬的脲酶可将尿素分解为氨和二氧化碳，所以，产生尿素的细菌（如葡萄球菌、变形杆菌）引起的尿道感染在磷酸铵镁结石形成中起着重要作用。铵根离子可使尿液偏向碱性，这会降低磷酸铵镁结石的溶解度。这些结石在母犬中较常见，因为它们的尿道更容易感染（图3-1至图3-3）。不过由于尿道较窄而导致尿道阻塞的结石在公犬中较常见（图3-4）。然而，猫的结石形成与尿道感染并不相关，相反与餐后尿液碱性化相关。

草酸钙结石的发病率仅次于磷酸铵镁结石，约占总数的35%。约克夏犬、迷你雪纳瑞犬、拉萨犬、西施犬，尤其是其中的中年公犬，最容易患这种结石。遗传因素可能是重要因素，这可能是某些品种的犬易患此病的原因。这种结石发生于高钙尿症、肾小管钙重吸收不足、高草酸盐饮食和尿柠檬酸盐水平低的犬。通常情况下，结石发生前没有泌尿系统感染，即使有，也是结石造成的结果。

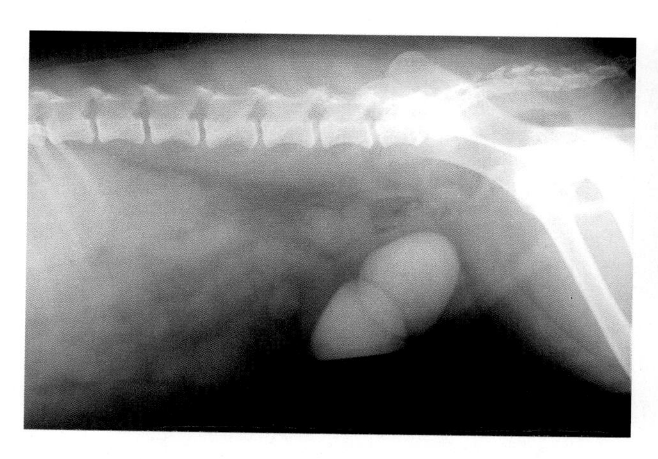

图3-1　X线图像显示迷你雪纳瑞母犬膀胱内有2个很大的结石，这2个结石占据了整个膀胱。

图3-2　上图患犬取出的结石。尽管结石相对较大，但临床表现的尿失禁是由膀胱腔体积减小而引起的。

▲
图3-3　取出的结石，注意磷酸铵镁结石的特征。

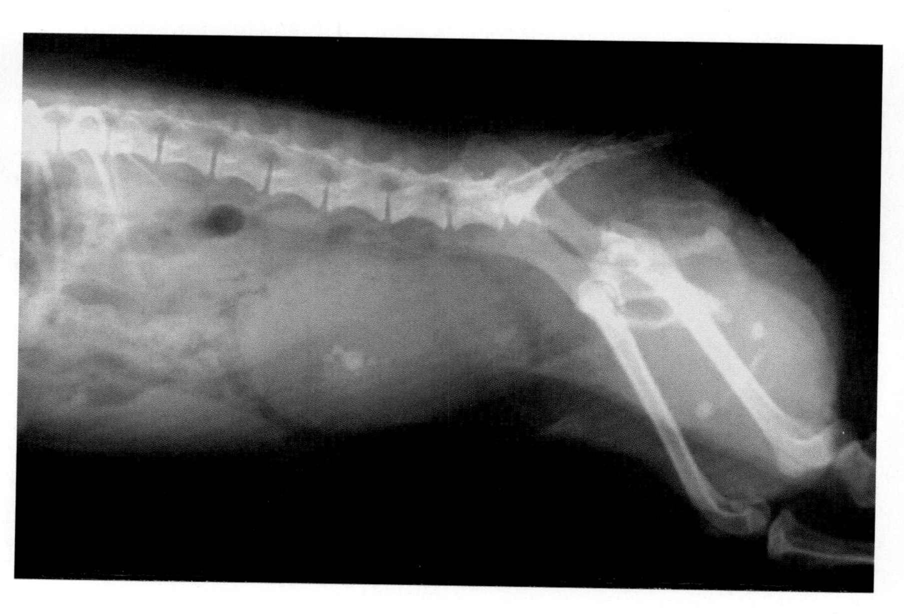

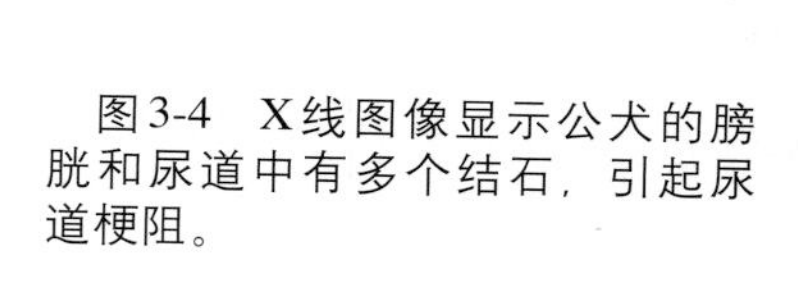

图3-4　X线图像显示公犬的膀胱和尿道中有多个结石，引起尿道梗阻。

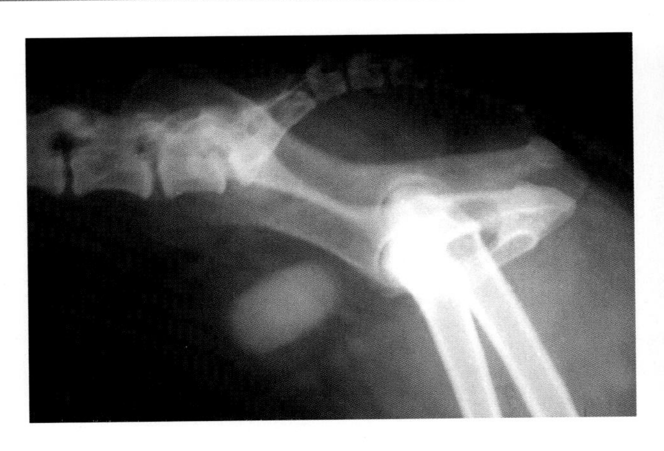

图3-5 母犬，X线图像显示占据整个膀胱腔、引起尿失禁的单个结石。

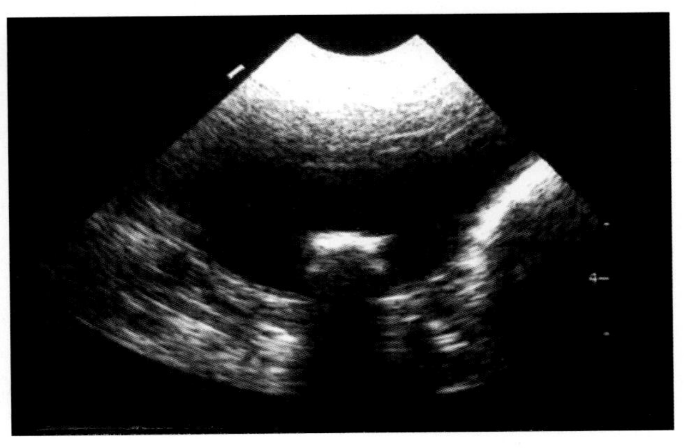

图3-6 膀胱结石的超声图像。通过超声检查，很容易识别膀胱结石，因为结石周围都是液体，凸显出了超声"阴影"。

尿pH酸性促进了草酸钙晶体的形成。为了减少尿结石的形成，限定患犬饮食或给予药物而使尿pH呈酸性，事实上可能会导致草酸钙的形成。近年来，有观察显示，这类结石患病率的增加是由为防止结石形成而采用过度的饮食控制所致。

尿酸盐结石由尿酸铵组成。尿酸铵由饮食和内源性核苷酸所分解的核酸而产生。大麦町犬将尿酸氧化为尿囊素的能力介于人和其他品种犬之间，导致尿中尿酸盐过量，使该品种犬尿液中更易形成这类结石的晶体。另一种易患尿酸盐结石的犬是英国斗牛犬。接受门静脉分流术的犬由于血液直接通过消化系统进入体循环，使血液尿酸盐水平高，造成了肝脏将尿酸转化成尿囊素的减少以及肾脏尿酸盐排泄的增加。

胱氨酸结石通常是由胱氨酸在肾小管转运发生紊乱而引起的。这种结石是在酸性尿条件下形成的，在腊肠犬、猎犬和斗牛犬中较常见。

患膀胱或尿道结石的犬通常有尿路感染病史，伴有血尿、多尿或尿淋沥等临床症状。患尿道结石公犬，可观察到尿道梗阻现象，表现为腹胀、腹痛、反常性尿失禁以及肾后性氮质血症。

用X线检查患尿结石的动物是必不可少的（图3-5）。草酸钙结石的放射密度最大，尿酸盐结石的放射密度最小，磷酸铵镁和胱氨酸结石的放射密度居中。虽然逆行膀胱造影可显示X线可透的结石，超声检查也已较为常用，特别是用于X线可透的结石检查，但膀胱造影仍被认为是检查膀胱结石最敏感的技术（图3-6）。

尿道感染既可以是结石的起因（磷酸铵镁结石），也可以是尿结石形成（所有其他类型的结石）的后果。这种病很常见，应予以治疗。

> 任何伴有尿道感染、血尿、尿淋沥、尿频和尿道梗阻症状的患病动物都应进行尿结石检查

虽然通常情况下是经手术取出结石并对其进行分析，确定防止结石复发的治疗措施，但采取使结石溶解的治疗措施是可行的。首先应解除尿道梗阻，如果膀胱内尿液潴留，还应排空膀胱内潴留的尿，可以通过膀胱穿刺以及术前或术中的尿道水压冲洗完成（图3-7至图3-9）。

> * 最好的办法是尽量将结石冲洗回膀胱内，进行膀胱切开术，而不是尿道切开术

虽然可通过饲喂处方日粮来溶解磷酸铵镁晶体，但考虑成本、需要进行反复的X线或超声检查、公犬尿道梗阻的风险以及主人常不按照要求饲喂处方日粮等因素，建议优先选择外科手术进行治疗。

手术前要进行尿结石检查。如果决定选择用药物治疗磷酸铵镁结石，首先应排除潜在的感染，可根据尿液的细菌培养和药敏试验选择使用抗生素。

由于抗生素并不能作用于结石内的细菌，所以，抗生素治疗应持续进行，直到结石完全溶解为止。如果结石完全溶解前就停止治疗，则会造成复发性感染和结石溶解的中断。只有在消除感染及因感染而产生的氨之后，给予溶解结石的饮食才有可能实现尿液酸化。虽然目前尿酸化剂（氯化铵、甲硫氨酸）已不常使用，但这也是实现尿液酸化的一种选择。

外科手术适用于尿道梗阻，尤其是引起尿路感染的病例。然而，可能会引起尿道的上行感染，导致肾盂肾炎、肾功能不全或败血症的发生。药物难以溶解的尿结石，如草酸钙、硅酸盐及磷酸钙结石，若过大而无法通过尿道排出，应通过手术取出。

草酸钙结石是不溶性的，因此，需采用手术治疗。为了防止复发，应提高尿液的pH。给予低钙和低草酸盐日粮，并在日粮中添加盐，以降低尿密度以及尿中钙和草酸盐水平。一些商品化的日粮可满足这些要求。噻嗪类利尿剂可以通过促进钙的肾小管重吸收来减少尿中钙的水平。要通过定期进行尿检监控预防性治疗的结果，以确定尿液的碱性pH及缺乏典型的草酸钙晶体。尿酸盐结石的药物治疗基于溶结石日粮、别嘌呤醇与碱化尿液。适于尿酸盐结石的市售溶结石日粮的嘌呤含量低，而且不酸化尿液。别嘌呤醇是黄嘌呤氧化酶抑制剂，可通过抑制次黄嘌呤向黄嘌呤的转化以及黄嘌呤向尿酸的转化而减少尿酸的产生，可用碳酸氢钠或柠檬酸钾实现尿的碱化，其目的是要使尿液pH达到7.0左右。主人的合作对监测尿液pH是非常必要的，因为尿液pH达到7.5时，极易促进磷酸钙尿结石的形成。

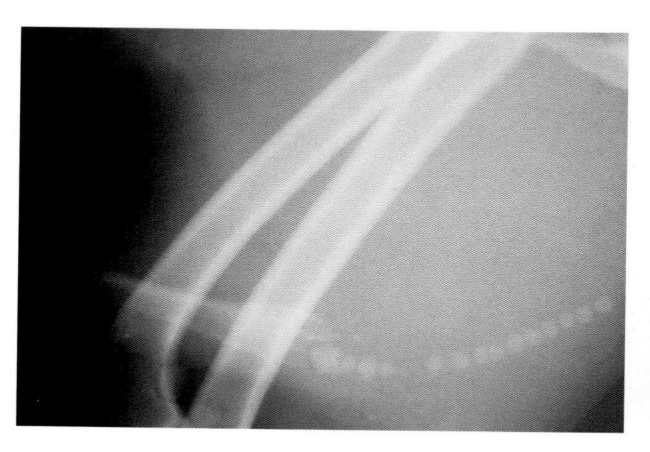

图3-7 在尿道水压冲洗之前，X线侧位平片显示有多个磷酸铵镁结石将患病动物的尿道堵塞。

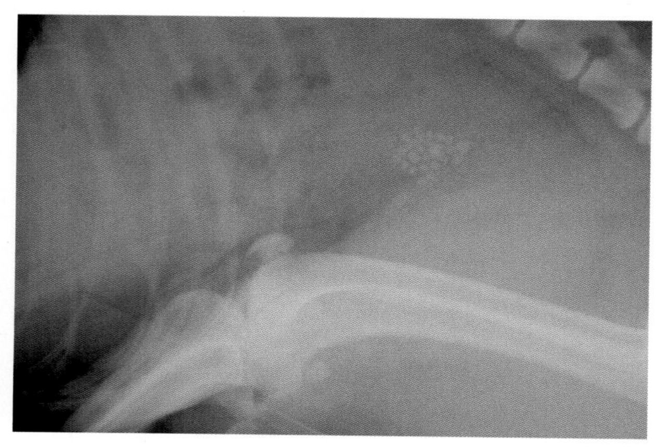

图3-8 上图病例经尿道水压冲洗后，所有的结石都在膀胱内。

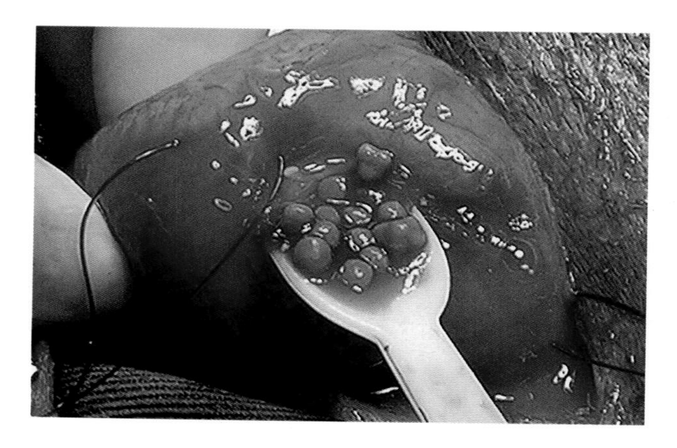

图3-9 上图病例，采用膀胱切开术去除尿结石。

> 尿结石应立即分析，并用适当的药物进行治疗，以防复发

由于胱氨酸尿症是一种代谢缺陷性疾病，手术去除胱氨酸结石后的复发是很常见的。因此，有必要进行预防性治疗。最简单的办法是使用商用的碱化低蛋白饲料。

磷酸钙结石所占比例不到结石总数的1%，几乎不会出现单一的磷酸钙结石，通常是其他结石中的一部分，如草酸钙尿结石。手术去除是最好的选择，就像预防草酸钙结石一样，应使尿液碱化以防磷酸钙结石的复发。

混合结石占所有病例的6%以上。如果条件不利于形成一种类型的尿结石，它们通常会形成另一类结石。例如，草酸钙结石可引起泌尿系统感染，进而改变尿液pH，再加之细菌产生的脲酶，会使草酸钙结石周围形成一层磷酸铵镁结石。反之，磷酸铵镁结石的药物治疗会使尿液酸化，可使草酸钙沉积在磷酸铵镁结石周围。

**术前**

- 纠正肾后性氮质血症。
- 纠正高钾血症。
- 根据细菌培养和药敏试验结果进行抗生素治疗。
- 用逆行尿道水压冲洗将结石冲进膀胱内。

> 为防止各类结石发生，应使尿液呈碱性。但磷酸铵镁结石除外，其尿液应呈酸性

**术后**

- 注意尿失禁的症状。膀胱过度膨胀会导致逼尿肌失去弹性。
- 注意尿道梗阻的症状，尿道也可能被来自膀胱的血凝块堵塞。
- 尿沉渣和pH的常规检查。
- 继续使用抗生素治疗尿道感染。
- 在去除结石后，应尽早开始饲喂适当的日粮和药物治疗。

为了有效预防某类结石的复发，治疗应防止形成结石的晶体的过饱和，可采取的措施有调整日粮、尿液pH并增加尿量。适用于各种类型尿结石的商业化日粮极大地方便了兽医的工作。虽然结晶尿并不等同于结石的形成，但晶体在尿沉渣中存在是医疗控制和尿结石预防的一个重要参数。

膀胱切开术的并发症相当少见。血尿是最常见的并发症，并可能在持续1周后自愈。

尽管磷酸铵镁结石和草酸钙结石的复发率较高（前者约为18%，后者约为25%），但预后良好。胱氨酸结石（47%）和尿酸盐结石（33%）的复发率更高。预防磷酸铵镁结石的关键是预防泌尿系统感染。

## 母犬膀胱单个尿结石

5岁，雌性比利牛斯山犬，表现为多尿、血尿和尿淋沥数周。

触诊腹部膀胱区有坚硬圆润的螺母大小的团块。后腹部X线图像显示膀胱内单个结石（图3-10），决定实施膀胱切开术去除结石（图3-11至图3-20）。

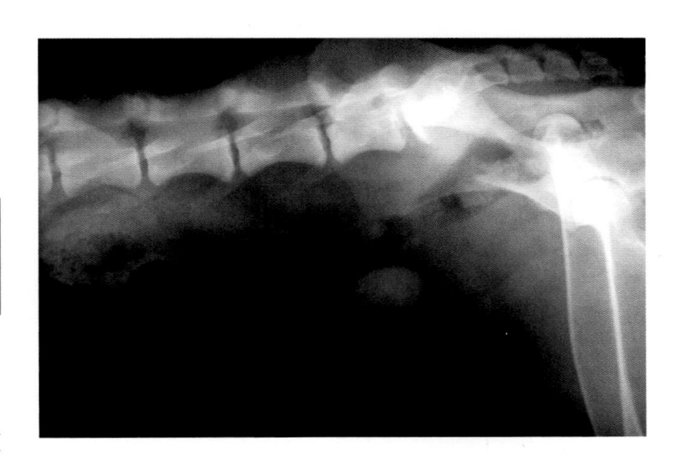

图3-10　X线侧位平片显示膀胱内有1个大的结石，由于膀胱内腔减小而引起排尿困难、血尿及尿频。

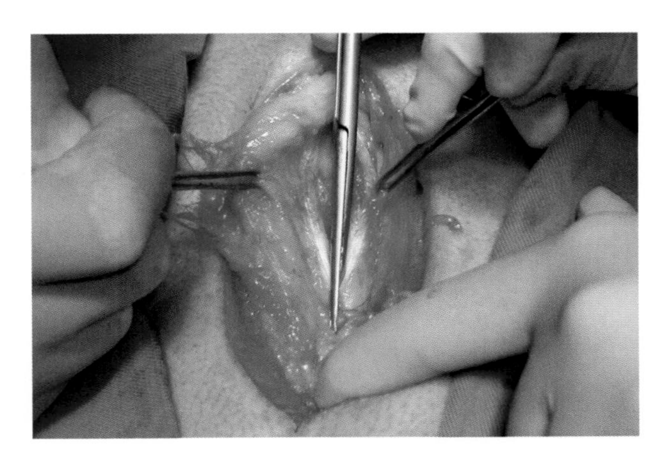

图3-11　按照手术常规做脐下腹部切口。

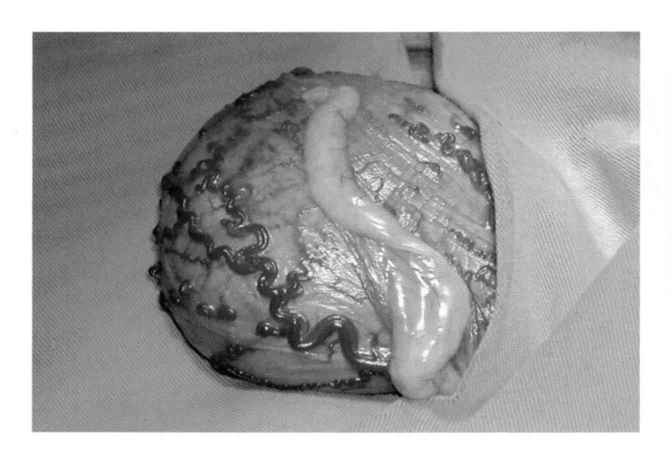

图3-12 将膀胱完全显露，在打开膀胱之前用无菌手术创巾将其与腹腔完全隔离。

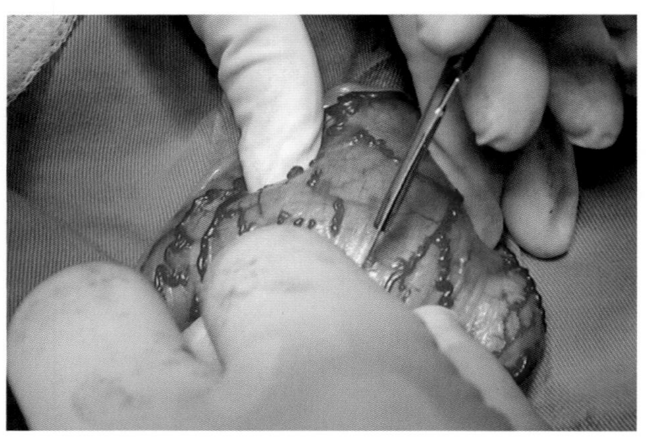

图3-13 用手术刀在膀胱腹侧做切口，避开血管丰富的区域。

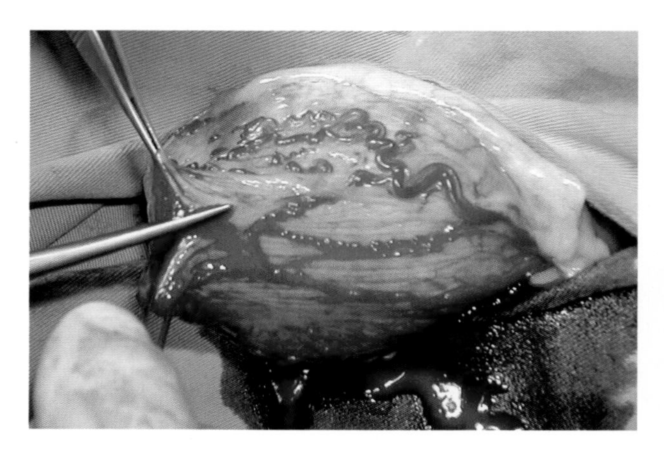

图3-14 用手术刀扩大切口，注意不要损伤大的血管。

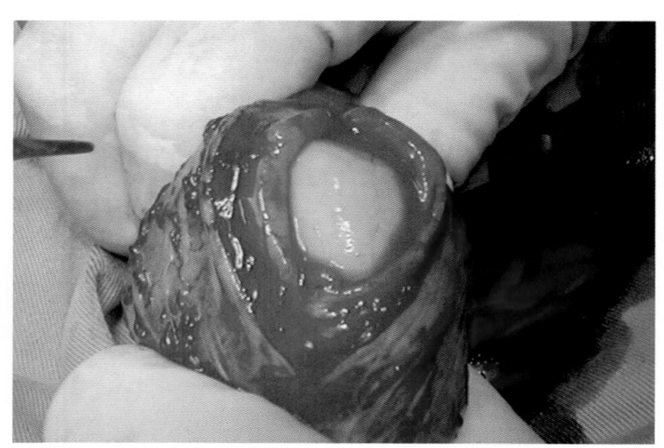

图3-15 切口的大小以能满足从膀胱下部将结石取出为宜。

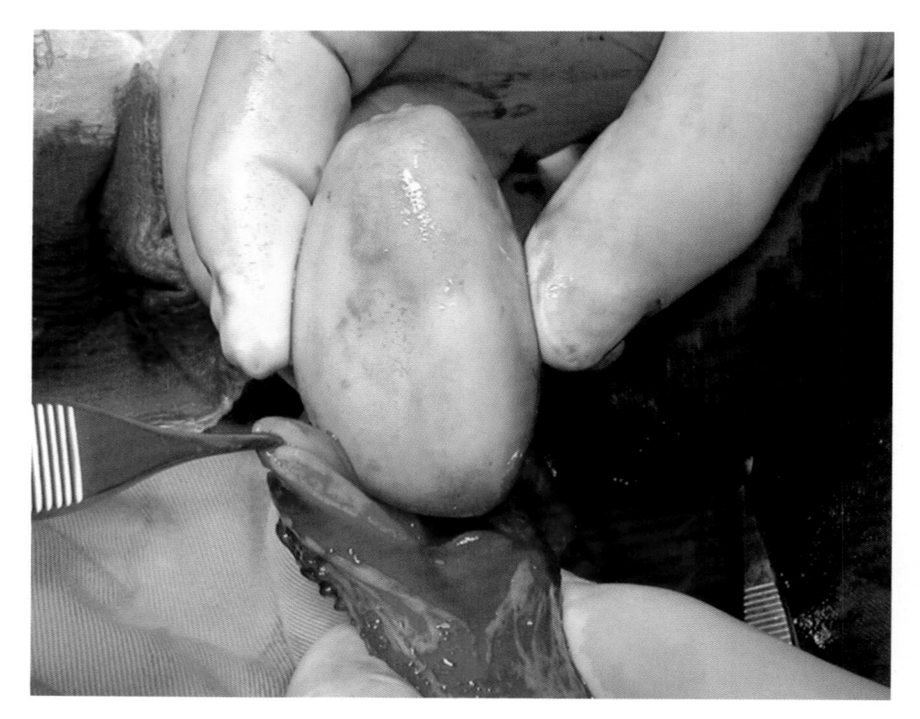

图3-16 注意变厚的膀胱壁，这是由尿结石导致的慢性膀胱炎所引起。

## 术后

术后2周内给予阿莫西林和克拉维酸。分析确定结石成分（磷酸铵镁）后给予处方日粮，以降低复发的风险。术后10d拆除缝线，切口愈合。

> 母犬膀胱有单个大结石时，常由于膀胱容量减小而表现尿失禁

图3-17　取出的尿结石外观。分析确定是磷酸铵镁。

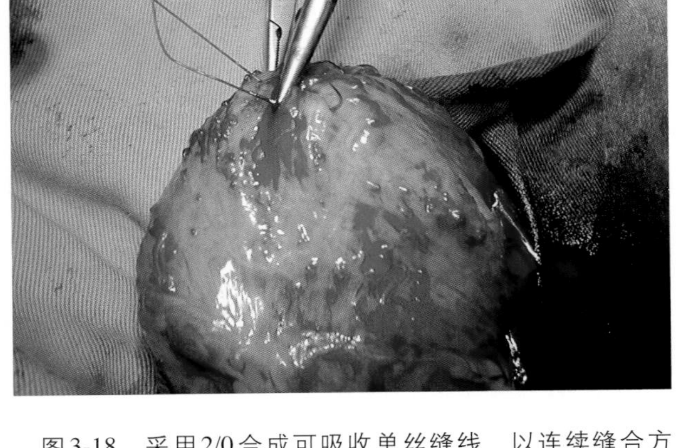

图3-18　采用2/0合成可吸收单丝缝线，以连续缝合方式对膀胱切口做第一道缝合。

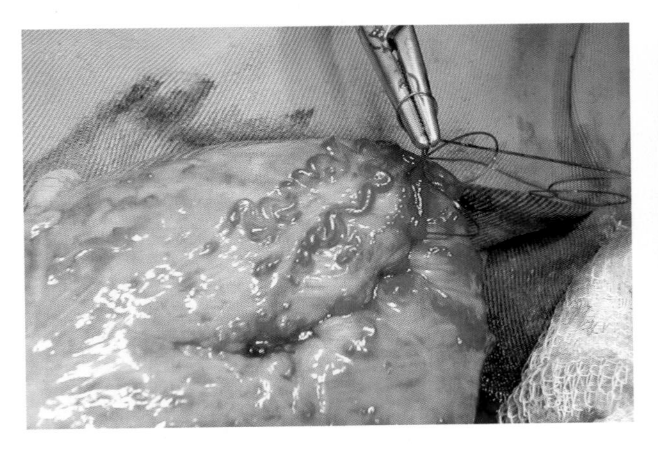

图3-19　采用相同的缝线，以连续内翻缝合方式对膀胱切口做第二道缝合，使膀胱切口边缘内翻。

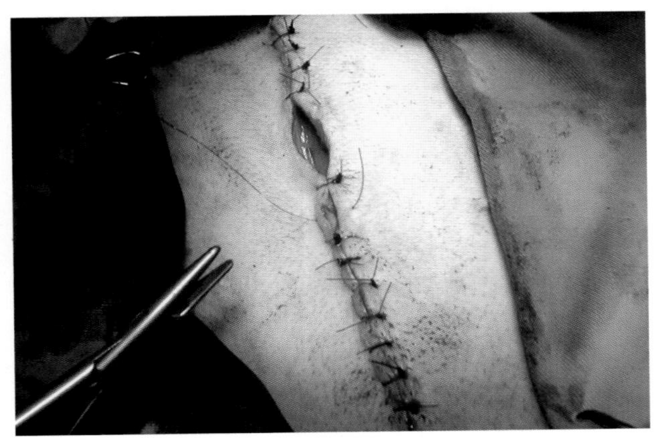

图3-20　按照常规分层闭合腹壁切口。

## 多结石引起公犬尿道阻塞

一只迷你雪纳瑞公犬出现了多尿、血尿和持续数小时无尿的症状。临床检查显示膀胱扩张，触诊其内容物有“噼啪”音。

超声检查显示膀胱内有大量大小不同的结石（图3-21）。

会阴区X线检查尿道，显示此区域有大量结石（图3-22）。

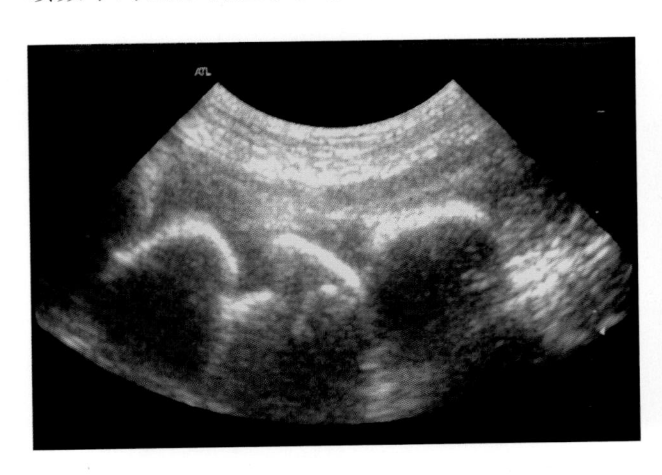

图3-21　膀胱超声图像显示数个大小不等的结石。

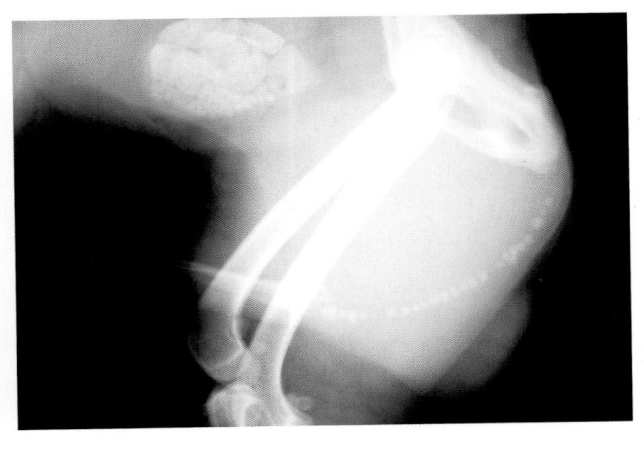

图3-22　本病例犬的尿道完全被数量众多的结石阻塞。小的结石可以从膀胱排出去，大的结石足以堵塞尿道。

在全身麻醉状态下进行尿道水压冲洗，将所有尿道结石冲回到膀胱内。本病例反复冲洗了4次将所有的结石冲回到膀胱内（图3-23、图3-24）。

一旦所有的结石都被冲回到膀胱内，可采用膀胱切开术将其取出（图3-25至图3-29）。

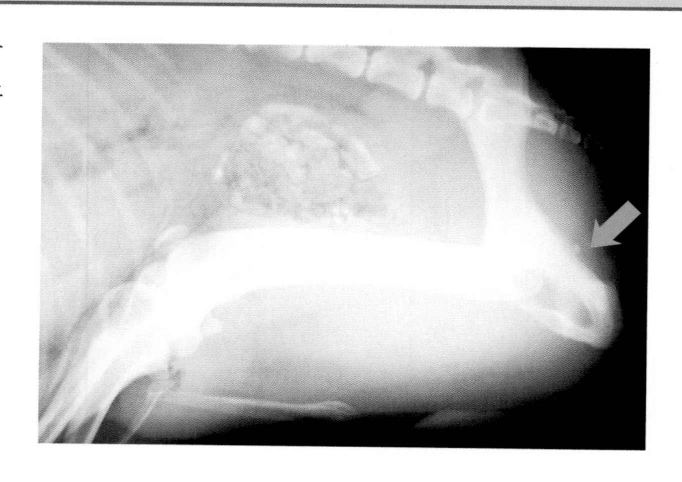

图3-23 尿道水压冲洗后，X线检查确认所有结石是否已被冲回膀胱内。本病例仍有一个结石留在膜性尿道中（箭头），有必要再次进行尿道水压冲洗。

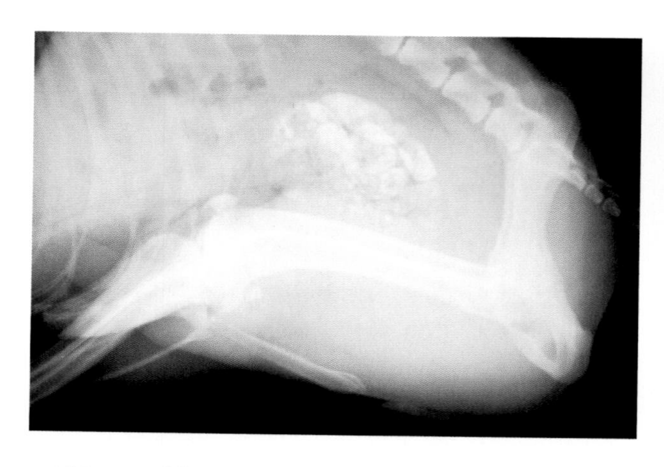

图3-24 重复冲洗4次后，所有尿道结石均被冲回膀胱内。

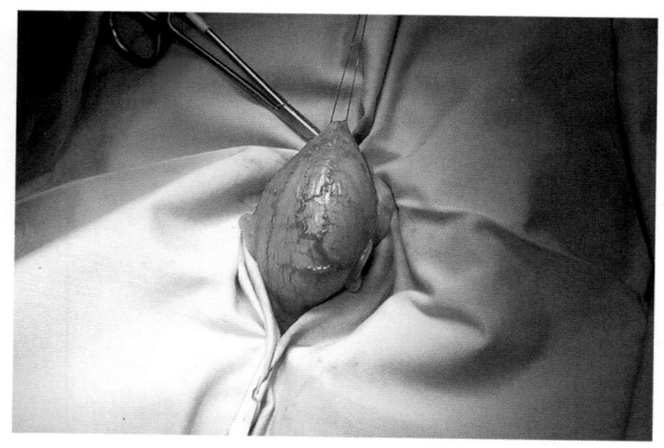

图3-25 用无菌手术创巾将膀胱与腹腔隔离，以防尿液意外泄漏入腹腔。采用无损伤缝合闭合膀胱切口。

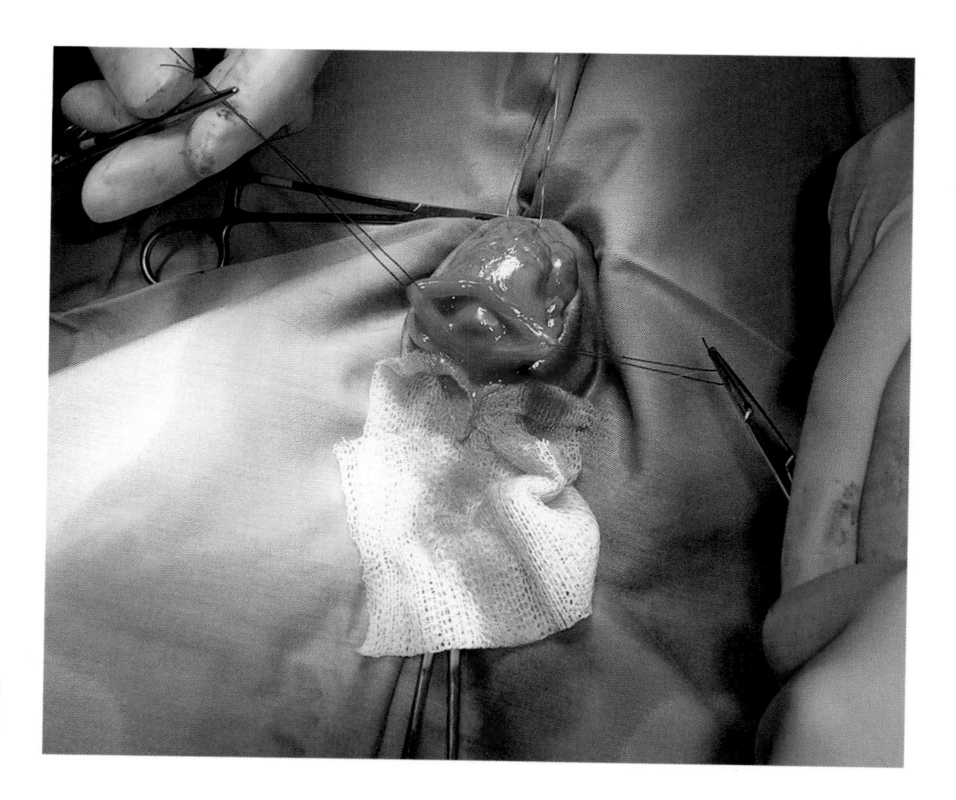

图3-26 选择血管少的区域将膀胱切开，并用镊子取出较大的结石。

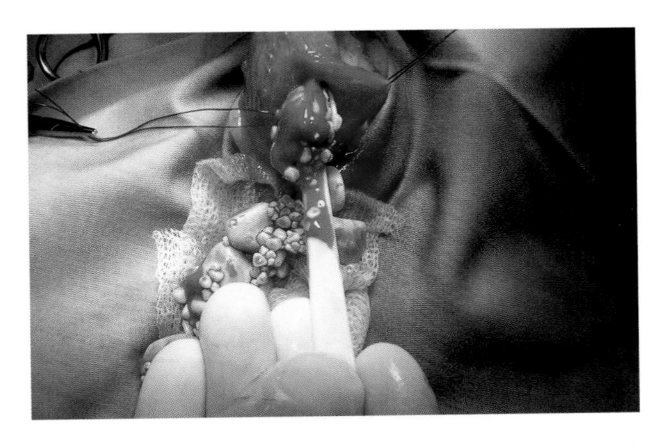

图3-27　对很难用镊子夹出的较小的结石，用无菌塑料茶匙将其取出。

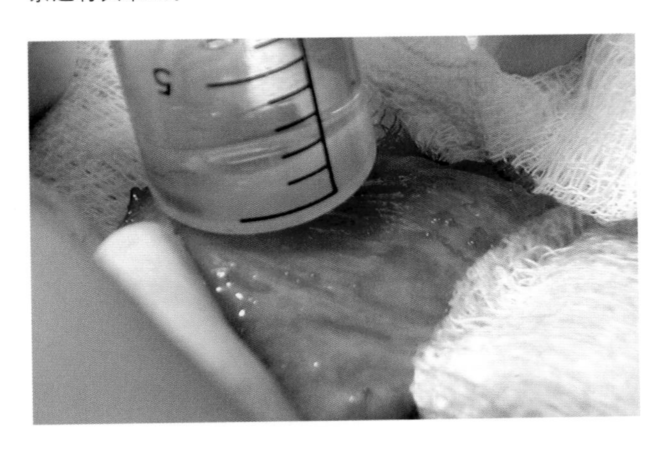

图3-28　取出所有结石后，交替冲洗和抽吸膀胱，将卡在膀胱黏膜皱襞中的所有砂砾除去。

采用单丝合成可吸收缝线，按照手术要求闭合膀胱切口。常规闭合腹壁切口。术前使用抗生素治疗，并一直持续使用至完全控制感染为止。

> 存在多量小的尿结石情况下，确认膀胱内没有结石是非常重要的

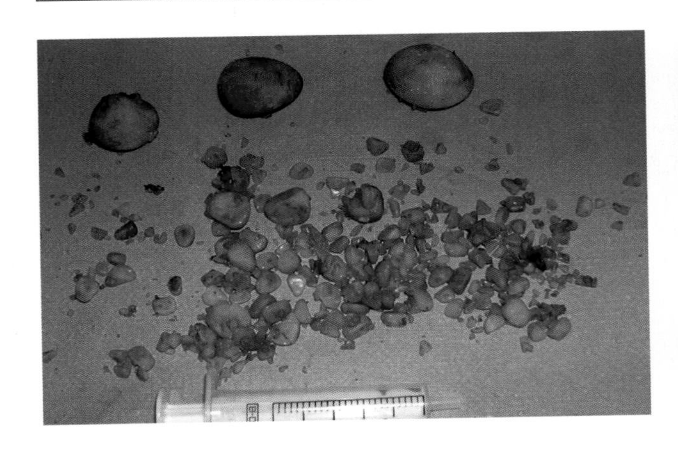

图3-29　从患犬膀胱内取出的所有结石。

## 磷酸铵镁/草酸盐混合尿结石

Cali，9岁，雌性哈巴狗，有复发性膀胱炎病史（图3-30）。

患犬表现血尿和多尿症状。由于患犬过于紧张以及触诊膀胱区时引发疼痛，腹部检查没有提供任何有价值的信息。通过X线和超声检查等辅助诊断方法，发现了一个圆盘形的尿结石（图3-31至图3-33）。建议采用膀胱切开术取出尿结石（图3-34至图3-43）。

图3-30　在医院就诊的Cali。

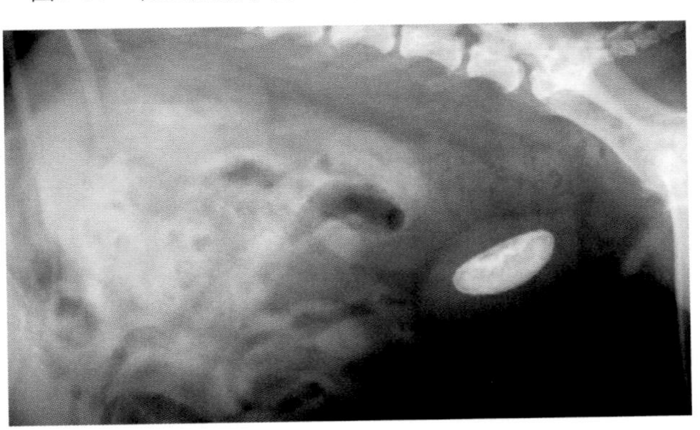

图3-31　侧腹部X线片显示有一个圆盘形的尿结石。

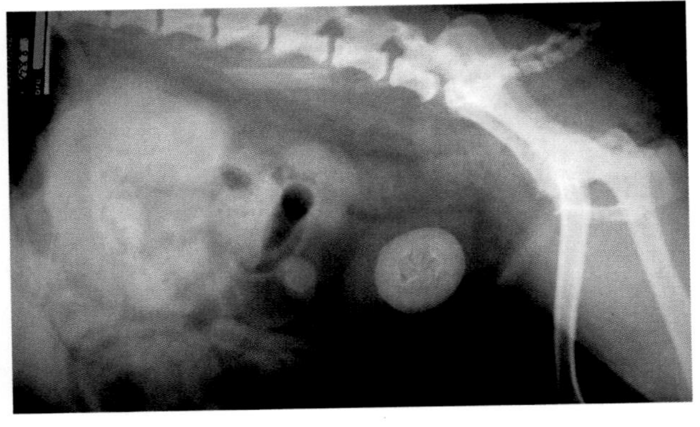

图3-32　X线片再次证实了圆盘形的尿结石，其核心与边缘之间的密度差表明该结石为混合物。

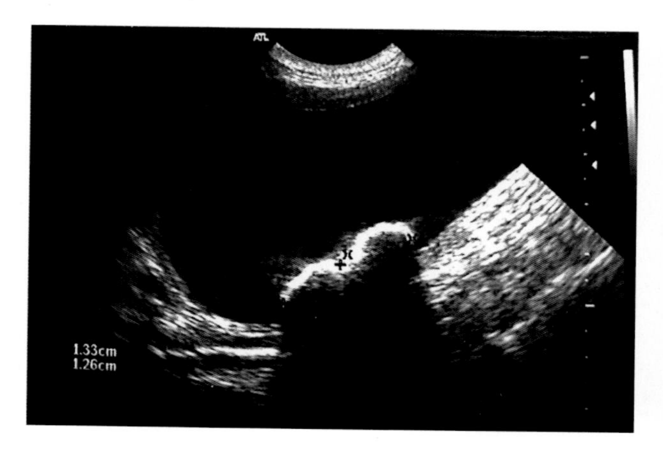


图3-33 超声图像显示尿结石的大小及其背后特征性的阴影。

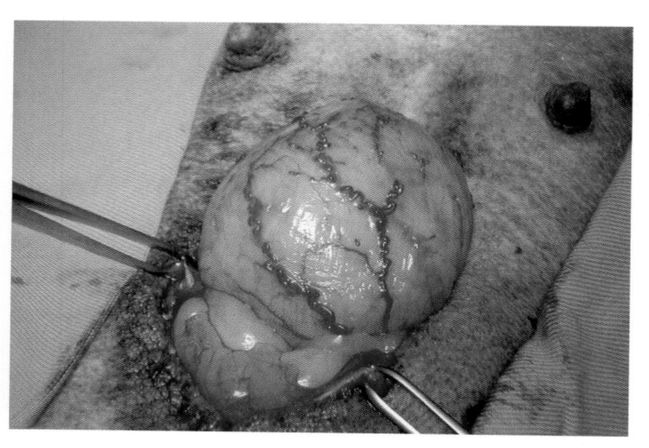

图3-34 后腹部腹中线切口，切口要足够大，以便充分显露膀胱。本图片显示膀胱充血。

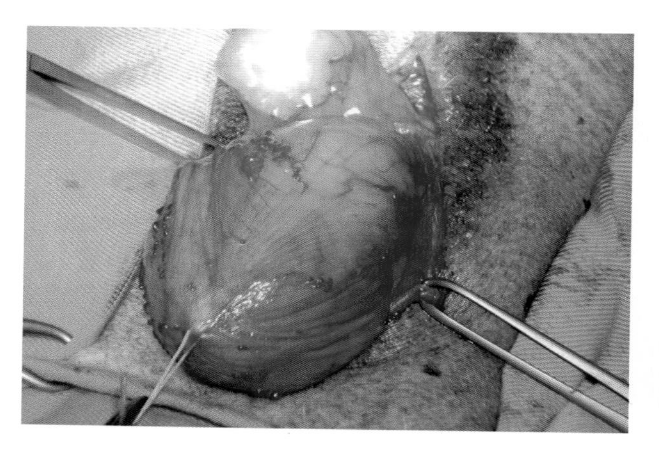

图3-35 在膀胱顶部做一针牵引固定缝合，以便于进行无创伤操作。切口选在膀胱腹侧血管最少的区域。

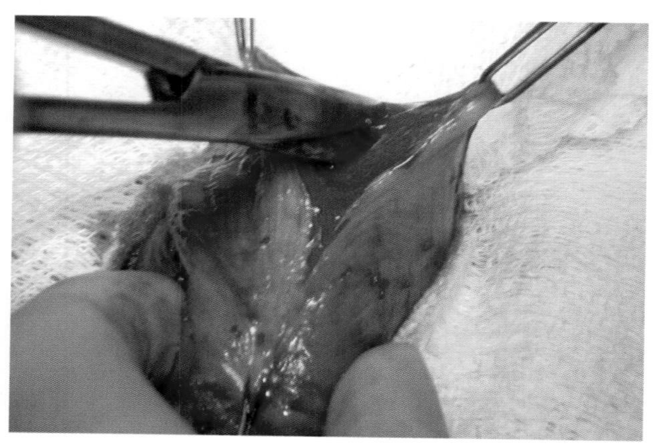

图3-36 将膀胱与腹腔充分隔离后，先用手术刀在膀胱壁做一个小切口，然后根据取出结石需要，用剪刀扩大切口。

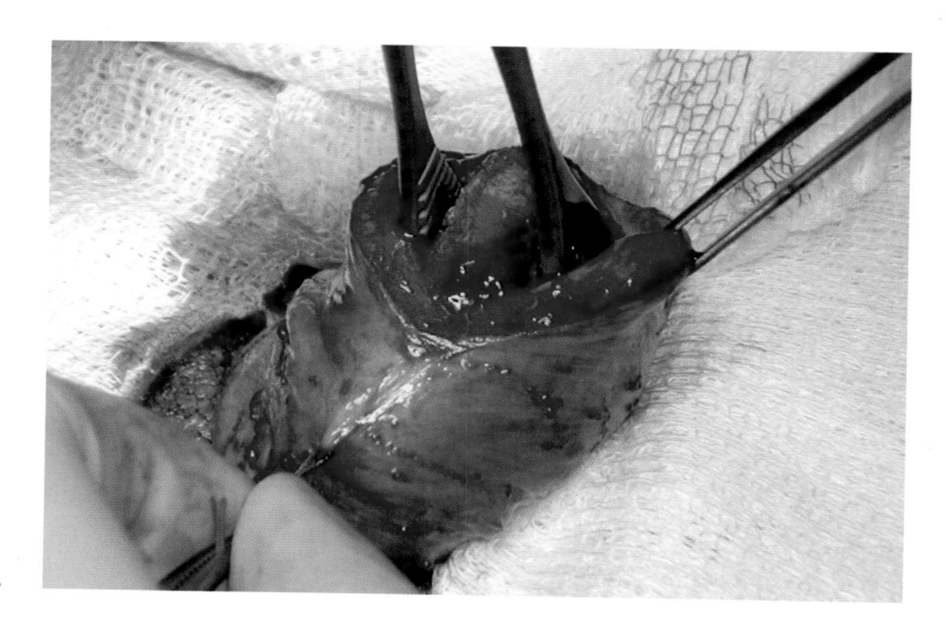

图3-37 取出结石。

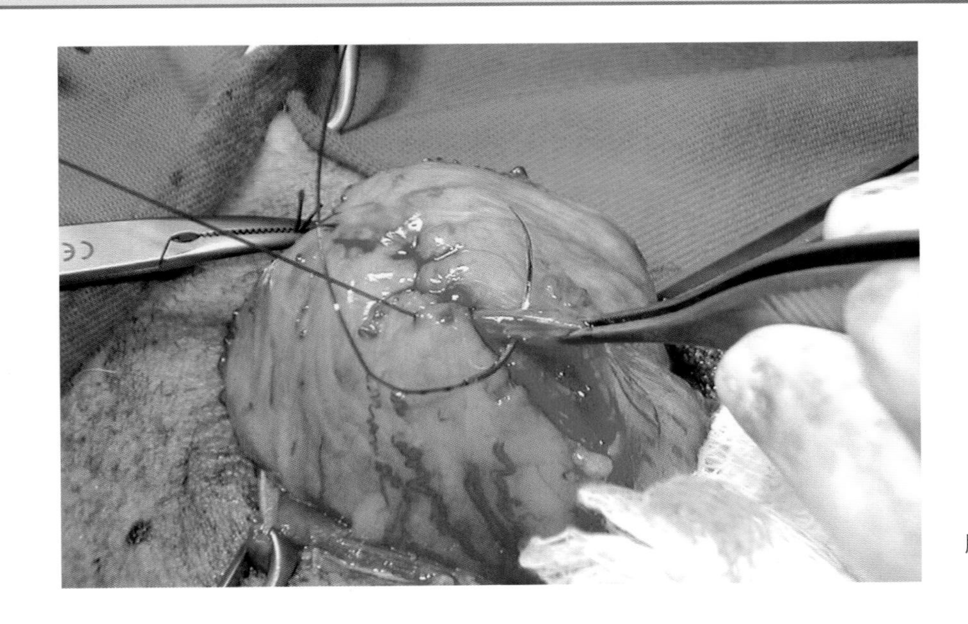

图3-38　最后按常规闭合膀胱切口。第一层缝合用施米登（Schmieden）缝线。

用超声检查膀胱结石比X线检查更实用，尤其是对X线可透过的结石

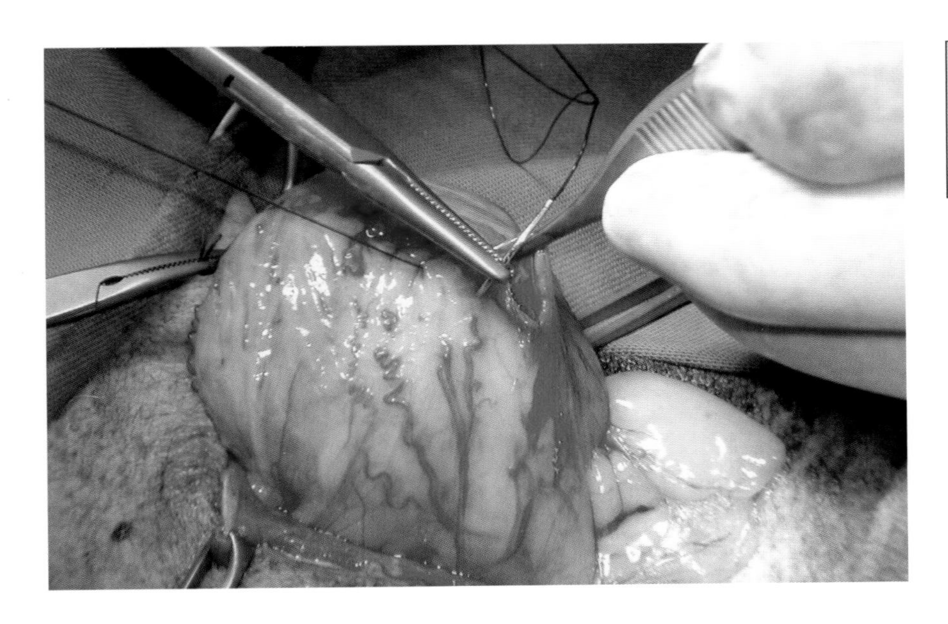

图3-39　用施米登缝线由里向外穿透膀胱壁全层，用单丝可吸收缝线和无损伤圆针做连续对接缝合。

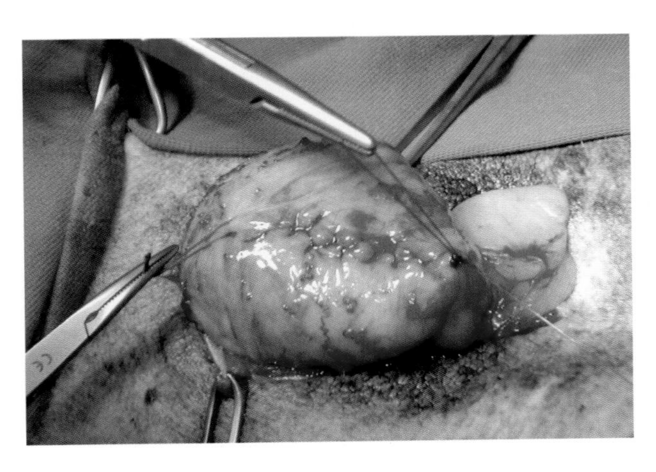

图3-40　第一道缝合的最后一个结是第二道缝合的第一针。

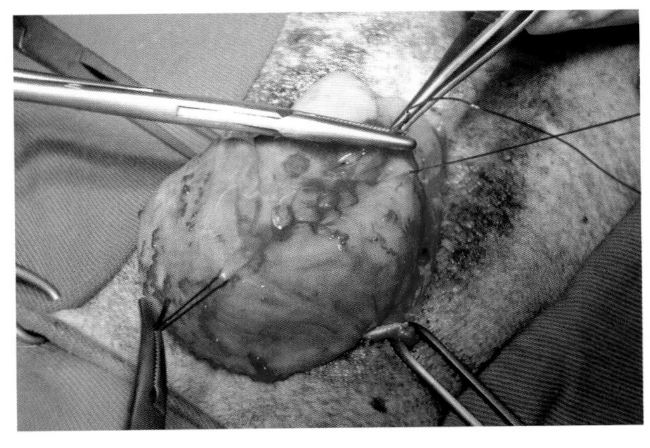

图3-41　第二道缝合用连续库兴氏缝合法。

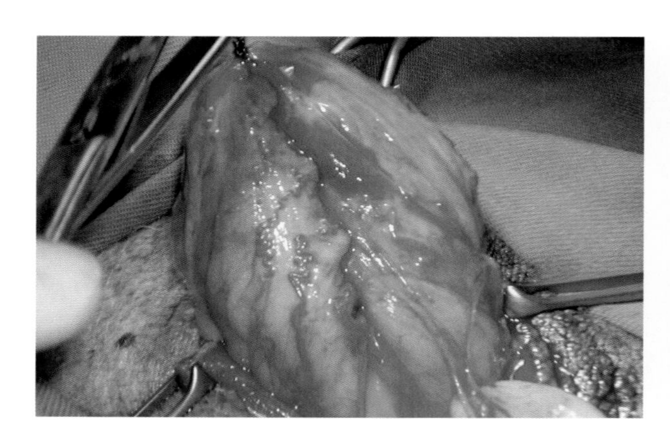

图3-42 缝合后的膀胱外观。所述的2种缝合方法相结合可使膀胱切口密闭。

图3-43 将取出的结石送实验室进行分析，以便选择合适的日粮防止复发。本病例结石为磷酸铵镁与草酸盐的混合尿结石。

## 猫胱氨酸尿结石

5岁，雄性暹罗猫，因持续1个月的血尿和多尿而就诊。

腹部X线检查发现有尿结石（图3-44）。决定采用膀胱切开术去除尿结石（图3-45至图3-52）。

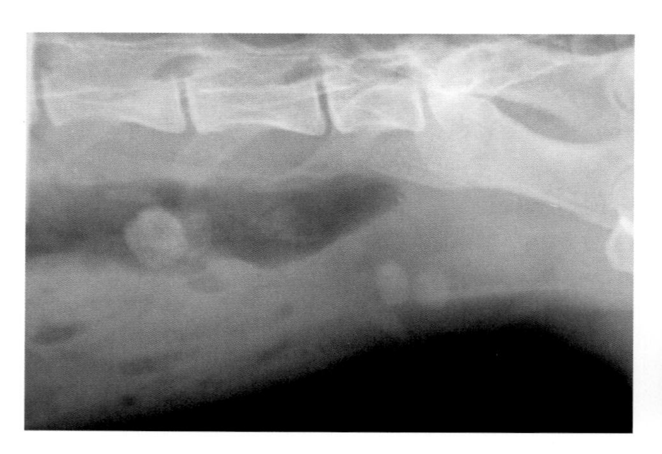

图3-44 后腹部X线侧位图像显示膀胱内有2个结石。

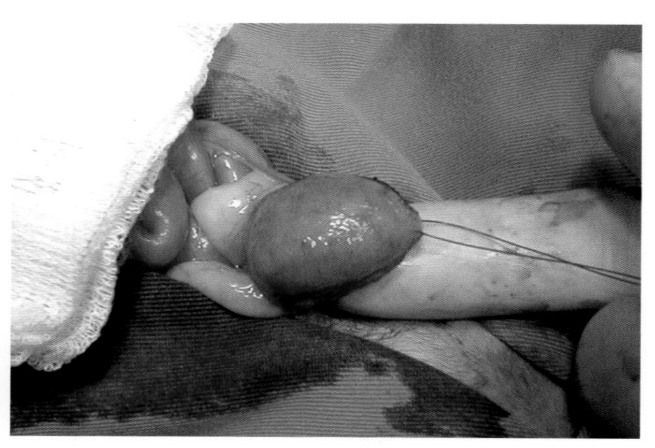

图3-45 后腹部切开腹腔，显露膀胱。在膀胱顶部放置牵引线，以便将膀胱向尾端翻转过来。

图3-46 用无菌手术创巾将膀胱与腹腔严密隔离，并在背侧面做切口。

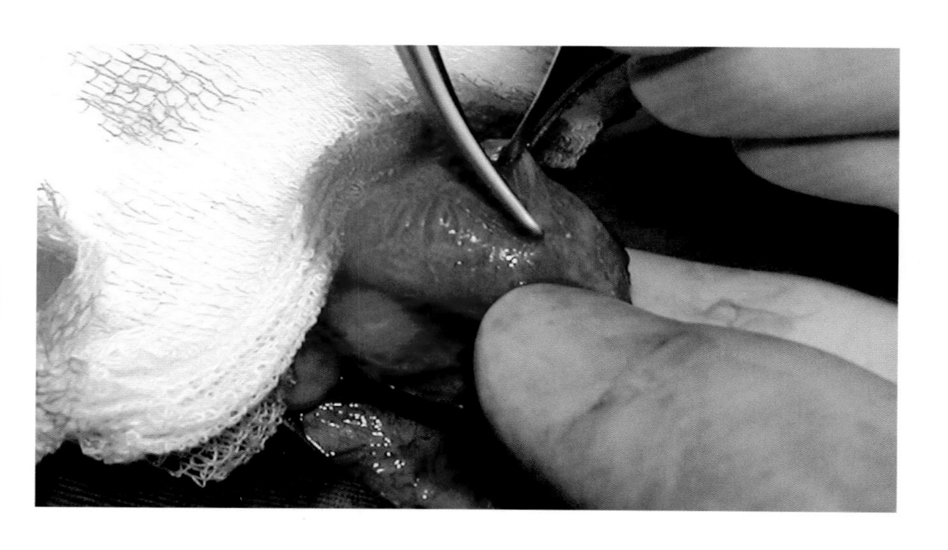

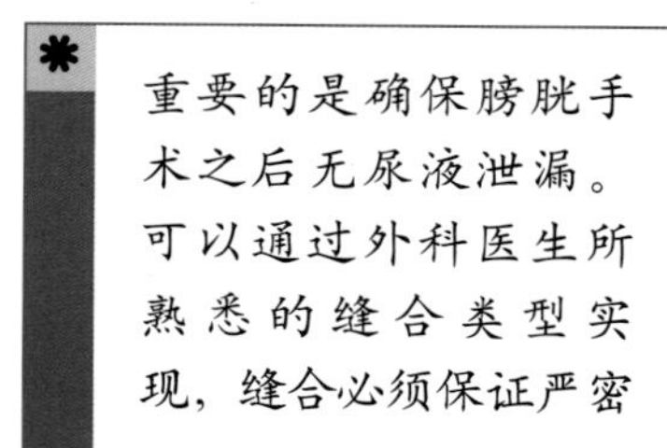

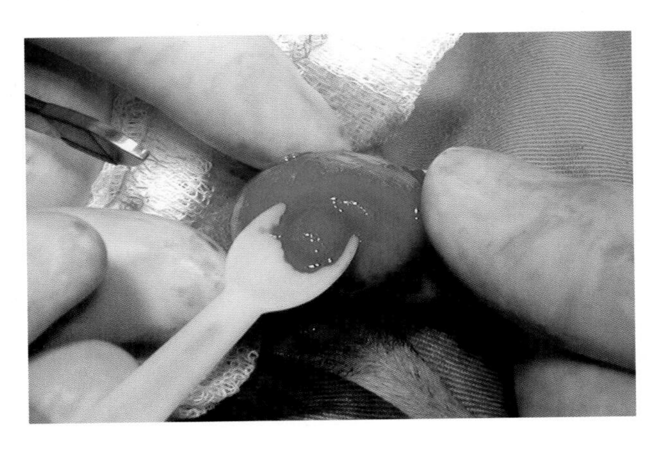

图3-47　用茶匙取出2个尿结石。

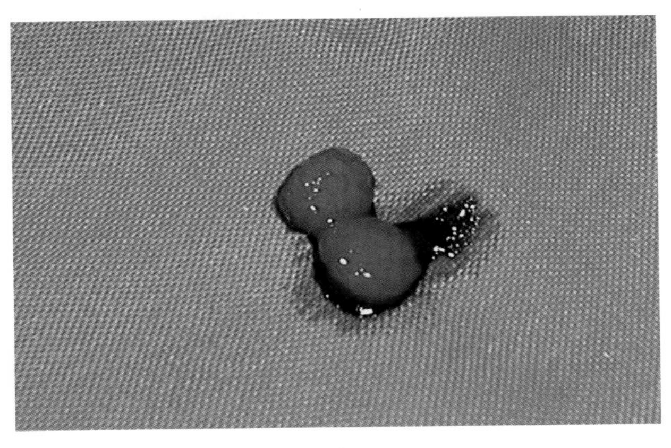

图3-48　取出的尿结石，实验室分析显示其为胱氨酸结石。

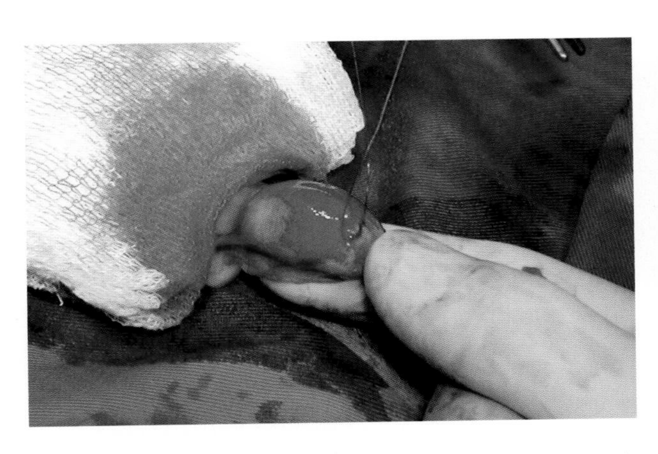

图3-49　使用3/0合成可吸收单丝缝线连续缝合，闭合膀胱。

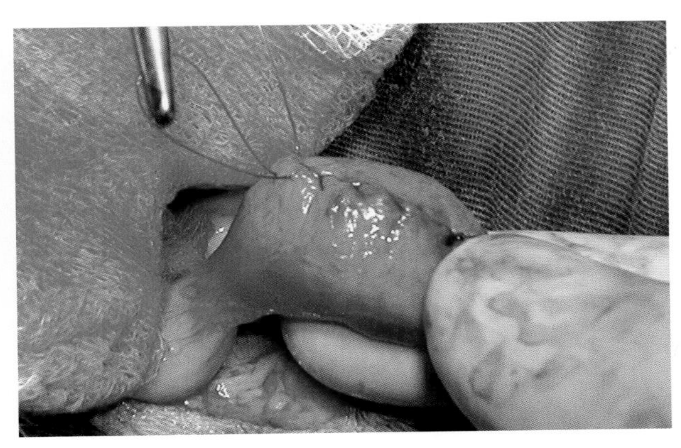

图3-50　施米登缝线用于第一道缝合，因为此缝合非常紧密，能够使切口的切缘非常好地对合，且不会造成内翻。

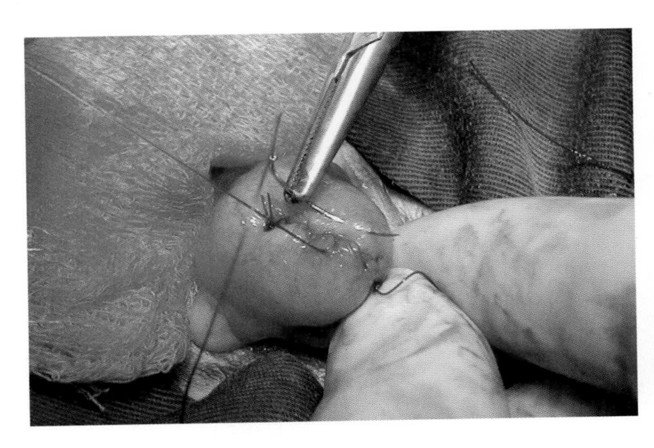

图3-51　第二道缝合采用相同的缝合材料进行库兴氏缝合。这种缝合方法是在与切口平行的两侧切缘进行交替缝合。

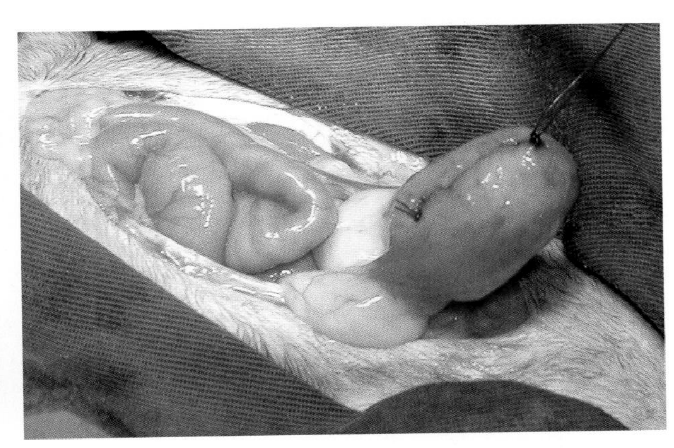

图3-52　第二道的库兴氏缝合可使切口边缘内翻，有助于切口愈合和防止与其他组织粘连。

## 膀胱肿瘤

患病率 ■□□□□

在小动物临床实践中，膀胱肿瘤非常罕见，诊断出的膀胱肿瘤约有1%。猫的膀胱肿瘤比犬更少见。

膀胱肿瘤多数属于上皮组织的原发性恶性肿瘤。最常见的膀胱肿瘤为移行细胞癌。最常见于大中型品种的成年犬和老年犬，母犬比公犬更易患这种肿瘤。

**临床症状**

最初的症状是非特异性的，类似于在感染性膀胱疾病中观察到的症状。

- 里急后重。
- 尿痛。
- 多尿。
- 血尿。
- 尿失禁。

如果有物质阻塞输尿管口或尿道，可导致尿潴留、输尿管积水、肾积水并可能发展为肾盂肾炎（图3-53）。

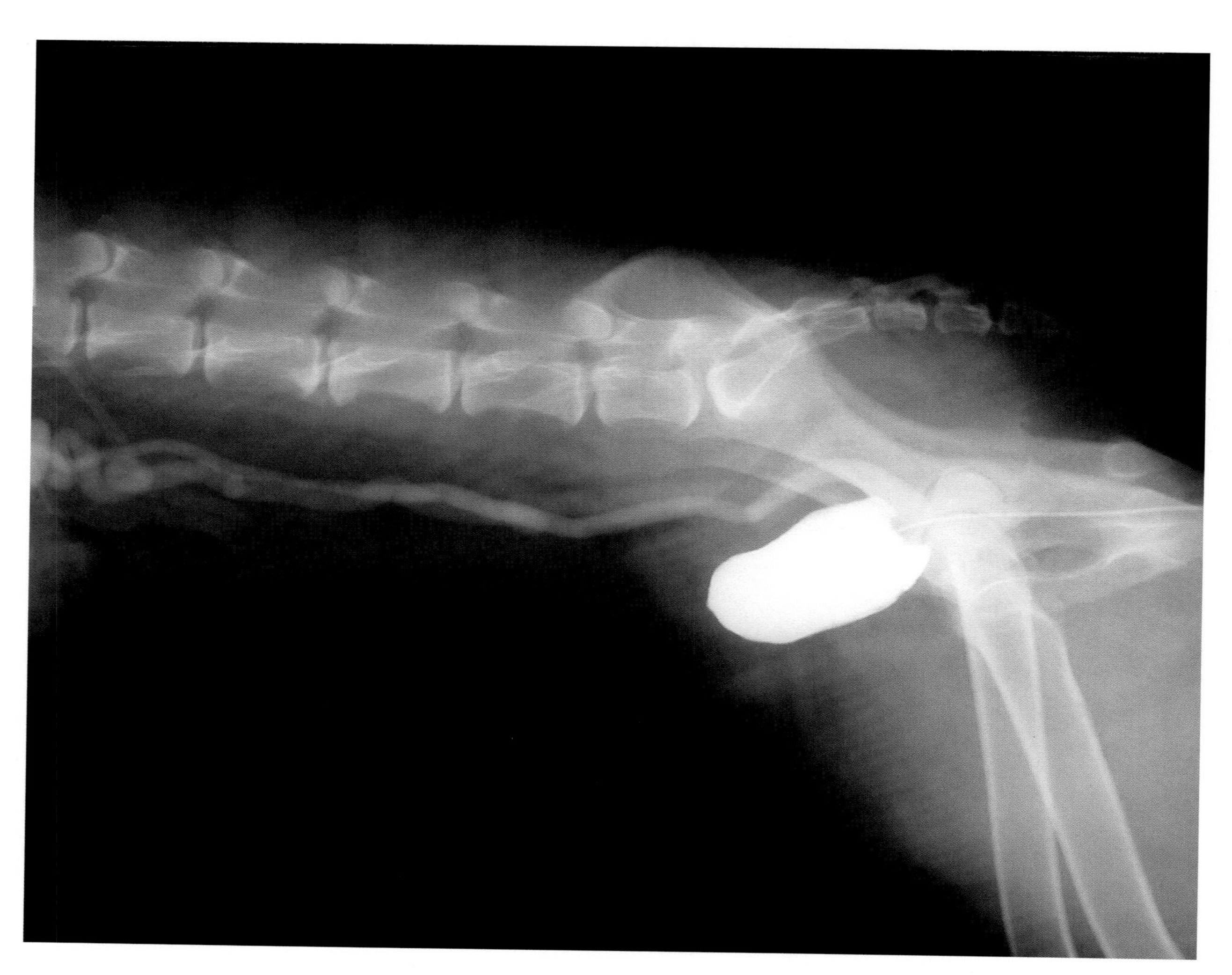

图3-53　本病例肿瘤位于膀胱三角区并阻塞输尿管（特别是在左侧），继发输尿管堵塞性肾积水。

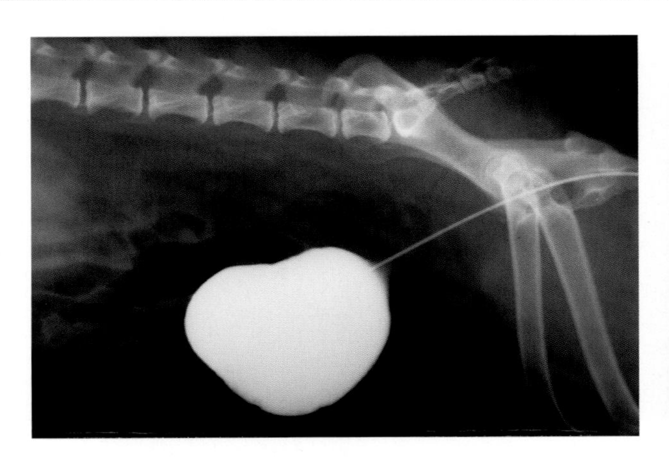

图3-54　在弥散性肿瘤病例中，X线检查并不是特异性的。本图片显示了膀胱充盈时的变化，但其原因无法确定。

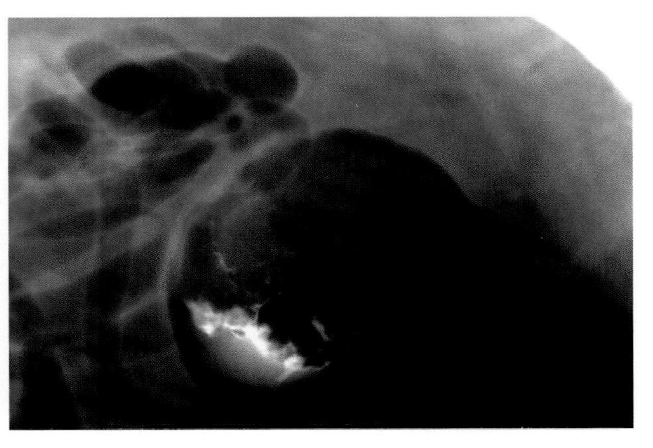

图3-55　X线双重造影对比显示侵袭膀胱腔的肿瘤，这属于移行细胞癌。

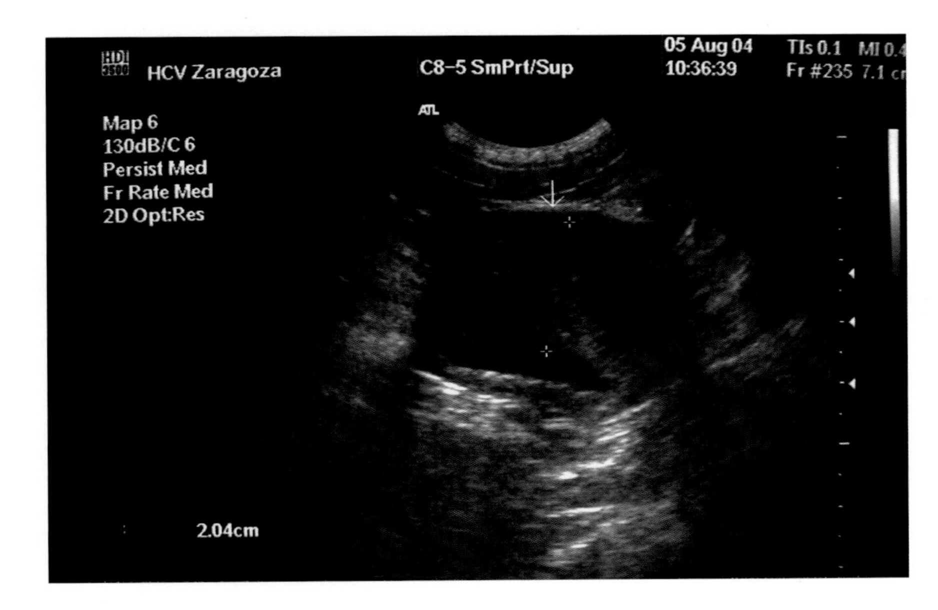


图3-56　膀胱超声检查显示，有一个2cm×5cm大小的肿块，与肿瘤特征一致。

## 诊断

尿检分析显示存在膀胱炎，尿沉渣细胞学检查对于诊断膀胱癌非常有用，因为可看到大团未分化的上皮细胞。

如果肿块突出进入膀胱腔内，X线检查才有用。这时双重对比造影技术也许更有用（图3-54、图3-55）。

超声检查可用于确认膀胱内肿瘤性物质的外形以及测量其大小（图3-56）。

基于在尿沉渣、穿刺活检或用导尿管刮取膀胱黏膜中识别出肿瘤细胞而确诊。

应用超声检查患犬的局部淋巴结（髂内淋巴结和腰淋巴结）是否有肿瘤的转移，还可以通过胸部X线进行检查。

> * 手术后膀胱壁有较大面积的缺失，膀胱可以很好地适应

## 治疗

治疗取决于肿瘤的类型和位置。移行细胞癌最初用消炎药治疗，如吡罗昔康，每天0.3mg/kg。但这可能导致胃肠道和肾功能紊乱。治疗应给予保护胃的药物，不要使用有肾毒性的药物。

对可显露的局部肿瘤，用膀胱部分切除术切除。

膀胱壁的浸润性肿瘤和影响膀胱三角区的肿瘤需要采取根治性膀胱全切除术和膀胱修复（回肠膀胱成形术或胃膀胱成形术）或者输尿管移位至肠段。

# 多发性乳头状瘤：膀胱部分切除术

| 患病率 | ■ | □ | □ | □ | □ |
|---|---|---|---|---|---|

在猫和犬，膀胱肿瘤要比癌症少见。尽管任何年龄都有可能患膀胱肿瘤，但在老年犬中更常见。肿瘤的生物学表现是未知的，但在切除肿瘤的病例中，没有观察到复发。

肿瘤在大小和数量上各不相同。大的肿瘤可能会溃烂并感染，从而引起治疗无效的持续性出血。

图3-57 膀胱X线检查之前，在等待室里的Yoco。

Yoco，8岁，英国雄性小猎犬（图3-57），持续血尿数周。主人使用了各种抗生素进行治疗，无任何疗效。

除尿液中存在大量红细胞外，血液和尿液的所有实验室检测指标都正常。超声和X线检查结果均显示几个肿瘤性肿块突入膀胱腔内（图3-58、图3-59）。

尿沉渣细胞学检查呈阴性，在胸部X线检查和腹部超声检查中没有发现肿瘤转移。

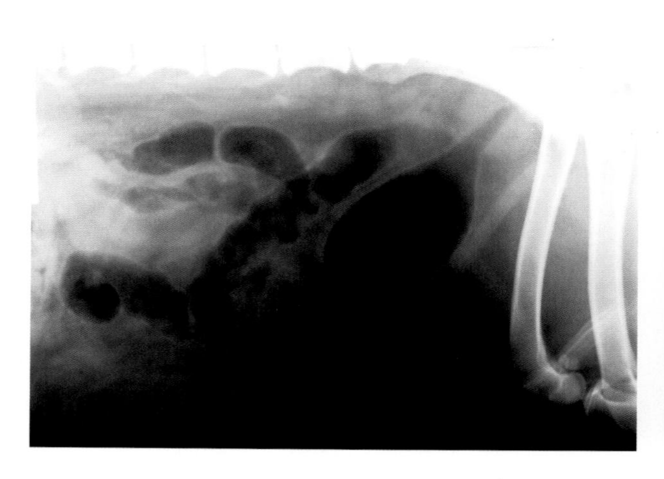

图3-58 膀胱充气造影术显示膀胱腹侧部密度增加。

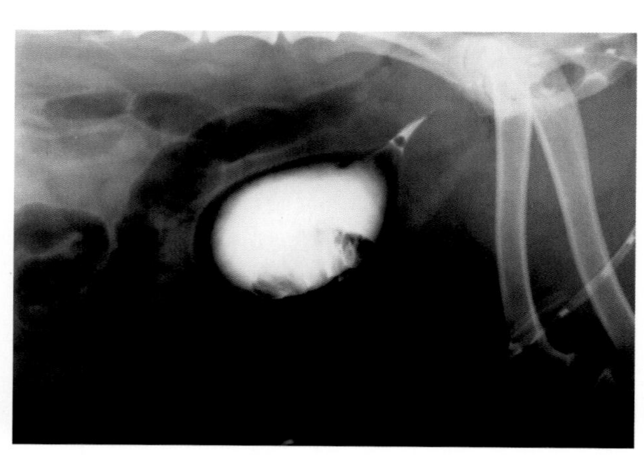

图3-59 通过注入碘造影剂，可以清楚地看到膀胱里有一个新生肿瘤块。

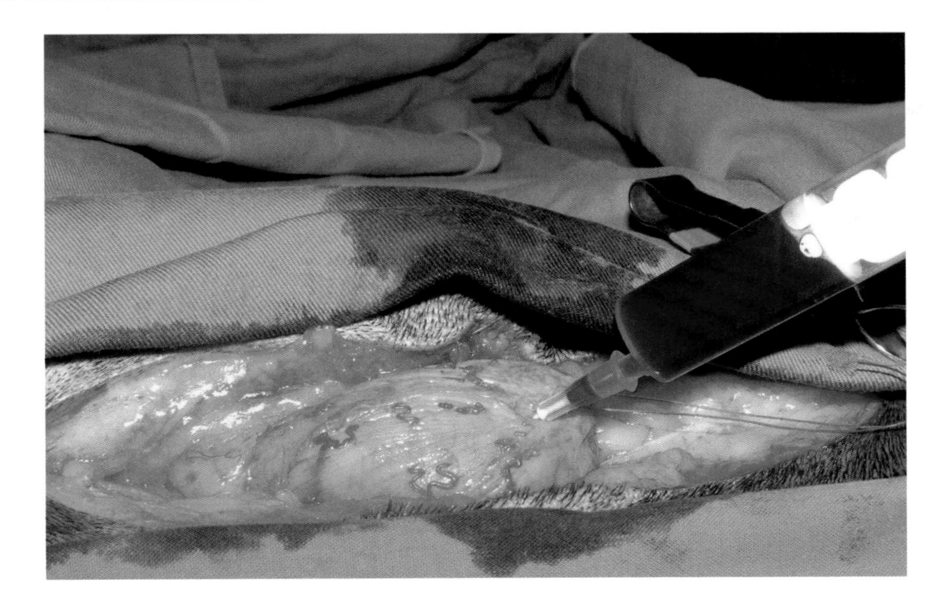

**手术**

完成脐下剖腹术后，通过膀胱穿刺取得尿样并进行培养和药敏试验（图3-60）。

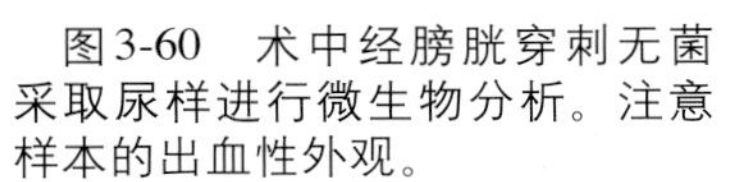

图3-60　术中经膀胱穿刺无菌采取尿样进行微生物分析。注意样本的出血性外观。

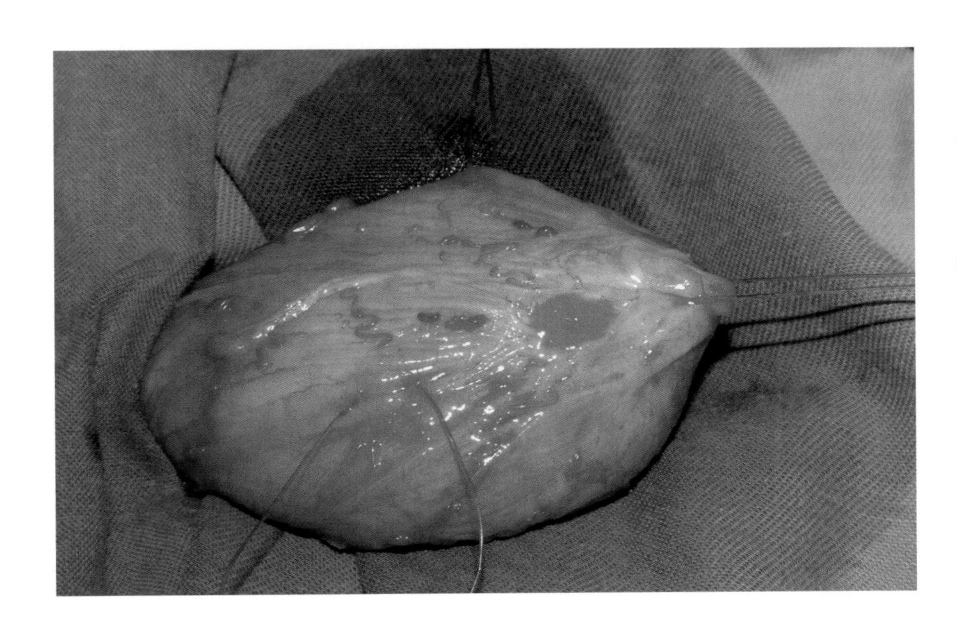

将膀胱用无菌手术创巾隔离，放置牵引线以方便操作（图3-61）。选择在膀胱血管较少的腹侧做切口。发现有3个手指状、坏死和出血的组织（图3-62、图3-63）。

图3-61　为避免污染腹腔，用无菌手术创巾将膀胱与腹腔严密隔离。可放置3根牵引线。

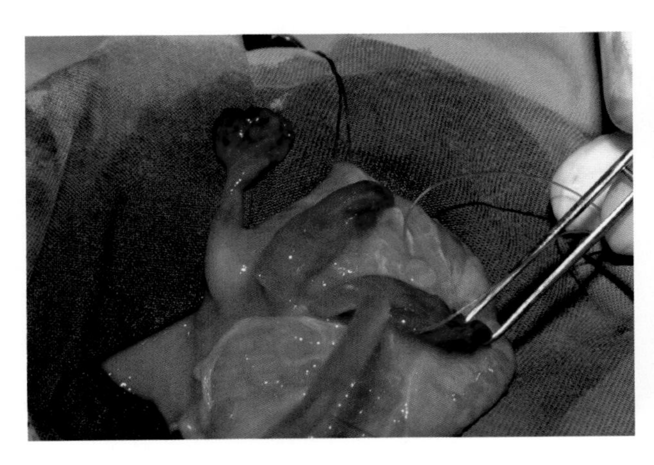

图3-62　切开膀胱后，抽吸膀胱内容物进行肿瘤检查。如图所示，肿瘤外观光滑、顶端坏死。

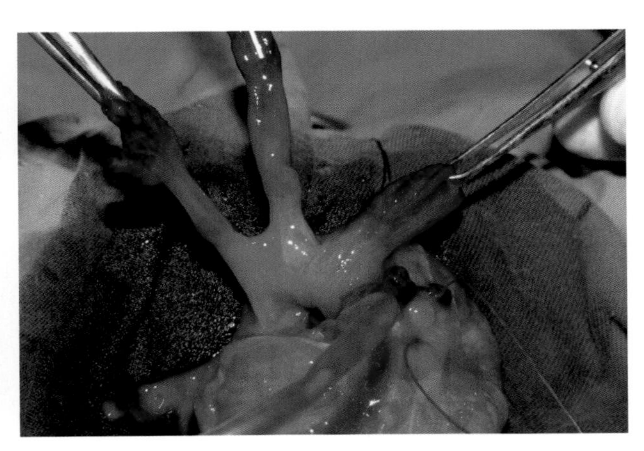

图3-63　肿瘤呈乳头状结构，像是膀胱黏膜的延伸。坏死端导致持续性血尿。

用电烧灼法从基部去除所有的肿瘤组织（图3-64）。缺损的黏膜不必缝合，因为再生的上皮会很快将创面覆盖。

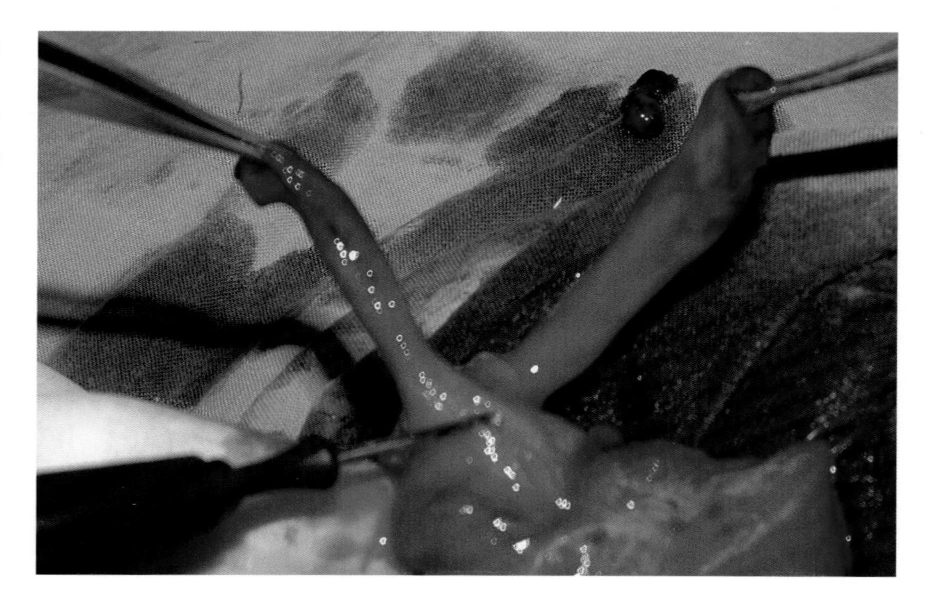

图3-64 肿瘤要大范围切除，采用单极电烧灼法在切割肿瘤的同时使周围正常的膀胱黏膜凝固。

切除乳头状瘤后，用可吸收缝线连续缝合膀胱切口，并向膀胱内注入适度压力的生理盐水以检查是否泄漏（图3-65、图3-66），将膀胱进行网膜化并按常规闭合腹腔切口。

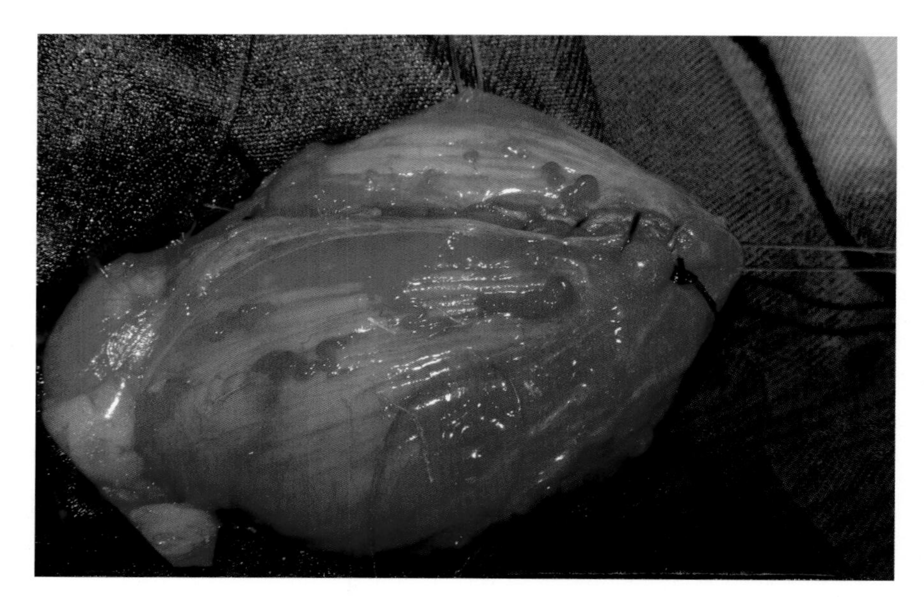

图3-65 用可吸收缝线连续缝合膀胱切口后，不应存在泄漏现象。

## 跟踪随访

术后，将封闭的导尿管留置48h，每4h导尿1次。Yoco接受了7d的广谱抗生素治疗，患犬的康复令人满意。1年后进行检查，没有复发的迹象。

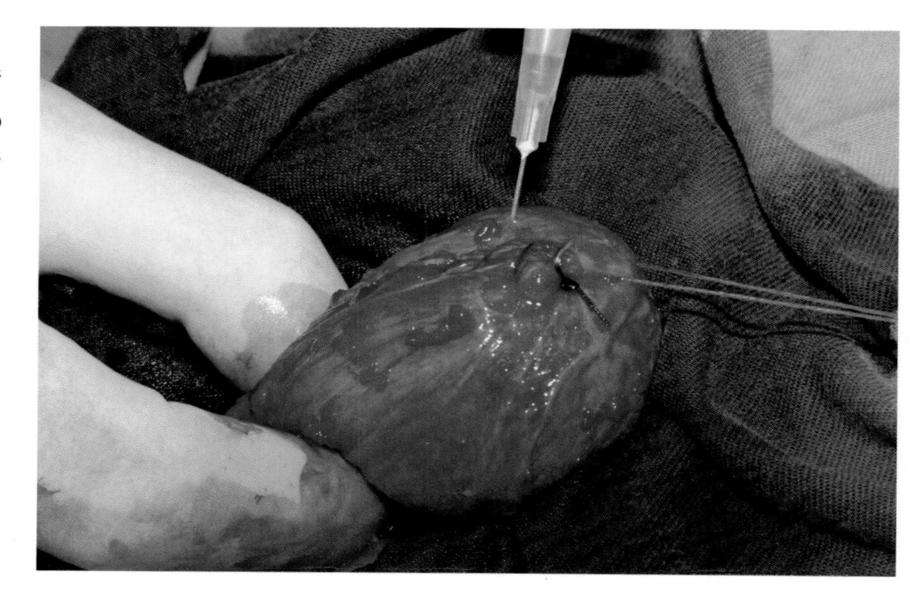

图3-66 向膀胱内注入适度压力的生理盐水，同时压迫尿道近端检查膀胱的密闭性。

## 平滑肌肉瘤：膀胱切除术

患病率 ■□□□□

膀胱平滑肌肉瘤是一种恶性肿瘤，可能转移至局部淋巴结和肺脏。

Kira，15月龄，雌性大丹犬，因排尿困难和多尿症而就诊，之前无特殊临床病史。未进行尿液采样，按照膀胱炎给予抗生素治疗（恩诺沙星治疗2周）。2周之后，患犬的病情恶化并且出现了厌食、呕吐和血尿症状。X线和超声检查发现膀胱内有一个大的肿块。超声引导下穿刺取样进行活检，未能取到符合要求的样本。因此，决定进行膀胱部分切除术，以促进尿液从输尿管排出并采取符合组织活检的样本。

最初患犬的恢复令人满意，但鉴于组织病理学结果确诊为平滑肌肉瘤，建议进行膀胱全切除术治疗，起初犬主人并不同意。2个月后，患犬病情恶化，被送往医院接受根治性的膀胱全切除术，这时恶性肿瘤已转移至局部淋巴结。入院当天血液检查显示有感染和肾功能衰竭（表3-1）。

表3-1 血液检查结果

| 指标 | 检查结果 | 参考值 |
|---|---|---|
| 白细胞（$\times 10^3/mm^3$） | 30.32 | 5.50 ~ 16.90 |
| 淋巴细胞（$\times 10^3/mm^3$） | 1.94 | 0.50 ~ 4.90 |
| 单核细胞（$\times 10^3/mm^3$） | 6.10 | 0.30 ~ 2.00 |
| 中性粒细胞（$\times 10^3/mm^3$） | 21.70 | 2.00 ~ 12.00 |
| 红细胞压积（%） | 22.5 | 37.0 ~ 55.0 |
| 红细胞（$\times 10^6/mm^3$） | 3.31 | 5.5 ~ 8.5 |
| 血红蛋白（g/dL） | 8.9 | 12.5 ~ 18.0 |
| 尿素（mg/dL） | 81 | 7 ~ 25 |
| 肌酐（mg/dL） | 5.1 | 0.3 ~ 1.4 |
| 磷（mg/dL） | 9.1 | 2.9 ~ 6.6 |
| 白蛋白（g/dL） | 3.0 | 2.5 ~ 4.4 |
| 碱性磷酸酶（U/L） | 57 | 20 ~ 150 |

膀胱X线对比检查显示膀胱三角区肿瘤部位充盈缺损（图3-67）。超声检查证实双侧输尿管肾盂积水，右侧尤为严重。

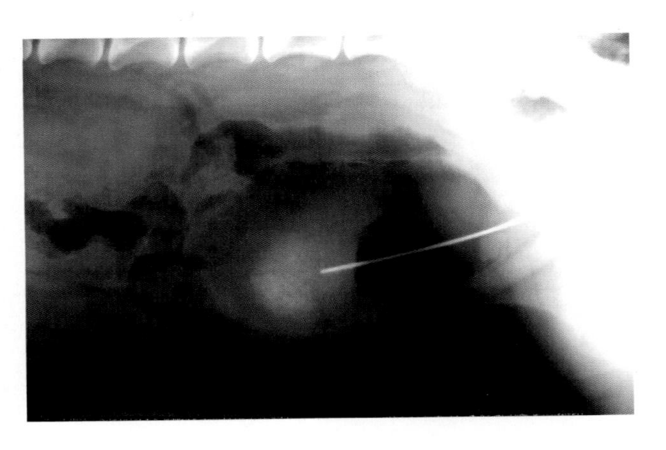

图3-67 图像显示膀胱尾部有肿瘤，引起充盈缺损（造影剂显示的轮廓）。

### 治疗

技术难度 ■■■■■

手术包括右肾切除术、膀胱全切除术和左侧输尿管移位至回肠末端。

沿腹中线切开腹腔之后，找到膀胱、右侧扩张的输尿管和衰竭的右肾（图3-68、图3-69）。

在切除右肾前，分离肾门与邻近组织或右肾（图3-70至图3-75）。

准备用于重建膀胱的肠段。选择回肠末端的一部分，在保持血液供应的情况下，切取长度为15cm的肠段（图3-76至图3-80）。

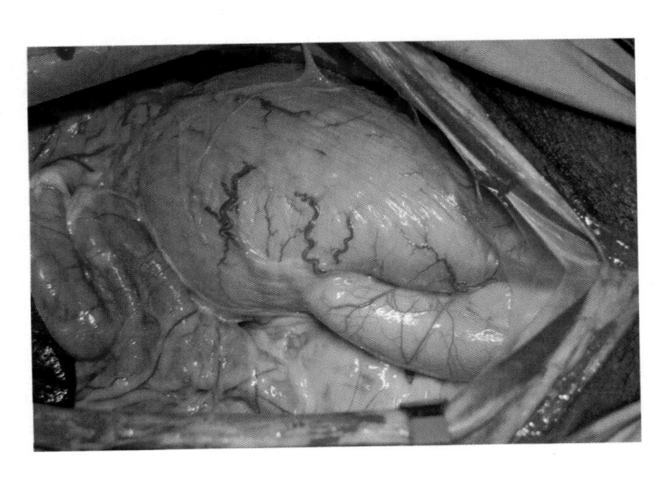

图3-68 显示右侧输尿管在进入膀胱的部位明显扩张。

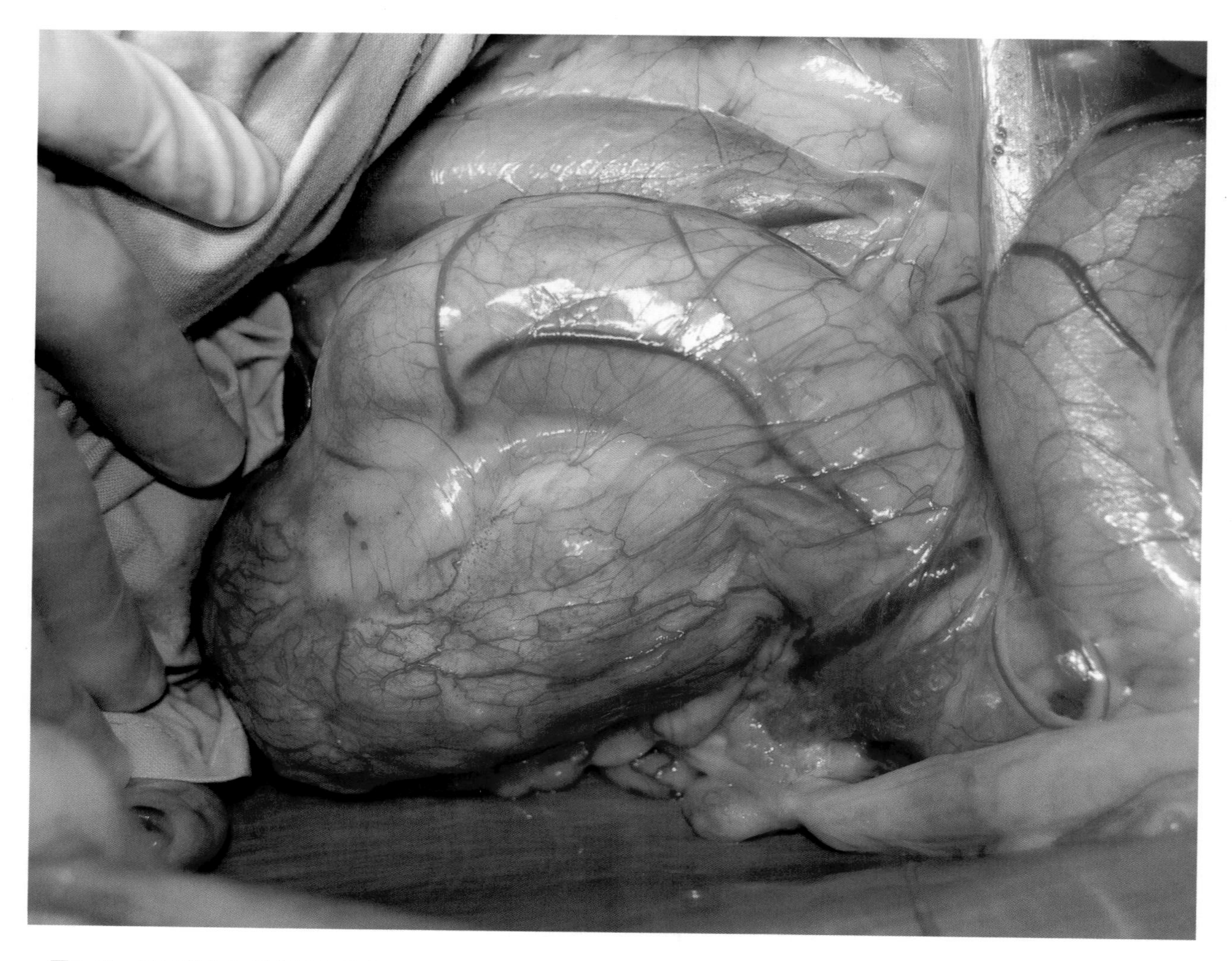

图3-69　显示整个输尿管显著扩张。

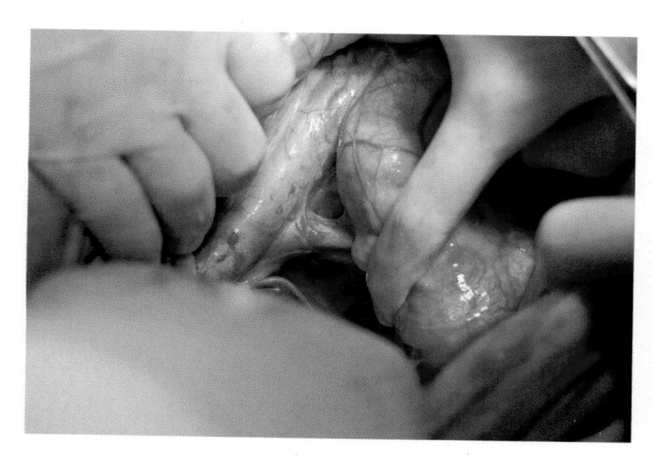

图3-70　分离肾门，可见通向腔静脉的肾静脉，以及与这条腹部大血管平行的巨输尿管。

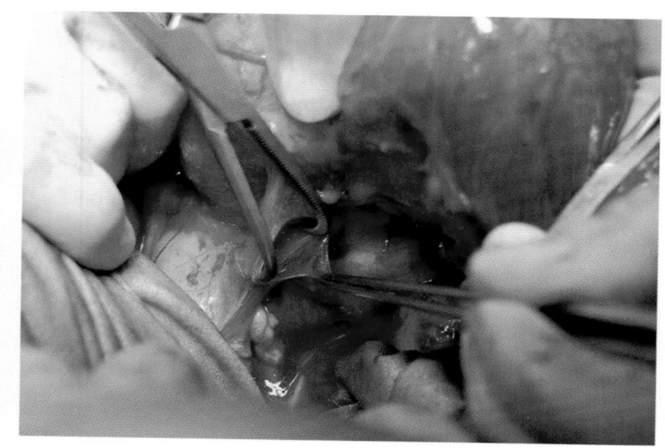

图3-71　从肾脏背侧接近肾动脉较易分离。将肾动脉沿着中后方的方向从腹侧附着物中分离出来。

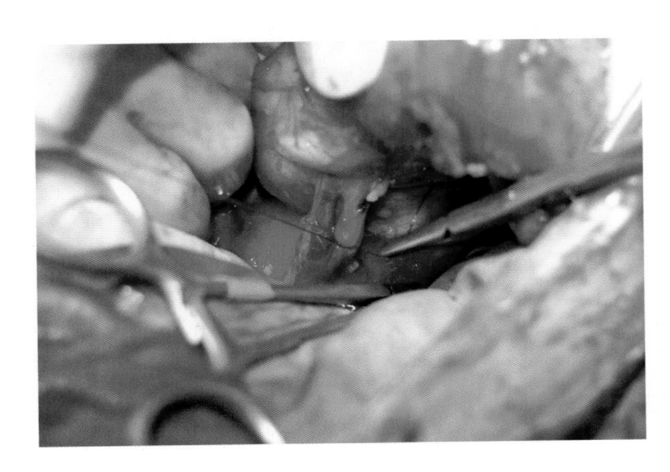

图3-72　用合成可吸收材料结扎动脉。

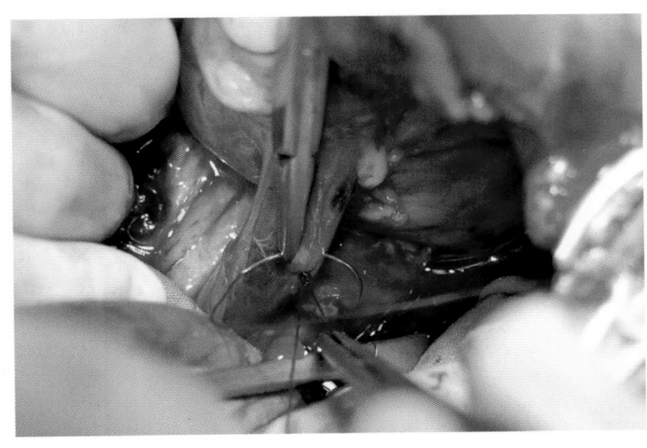

图3-73　为了防止结扎线滑脱，用相同的缝合材料通过动脉壁做贯穿结扎。

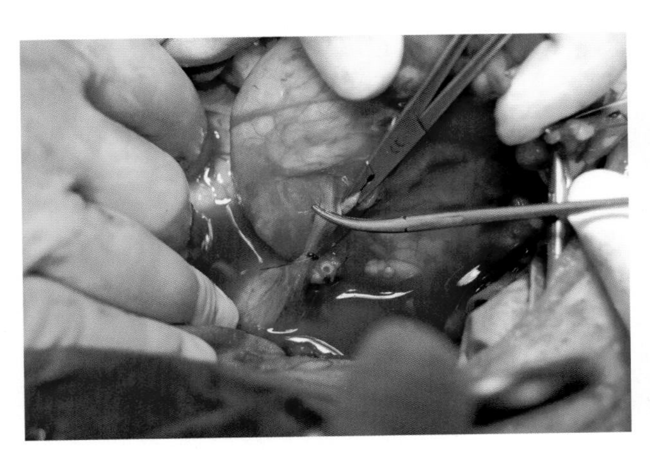

图3-74　切断动脉后，结扎并切断肾静脉。本病例由于静脉压力低，不必做贯穿结扎。

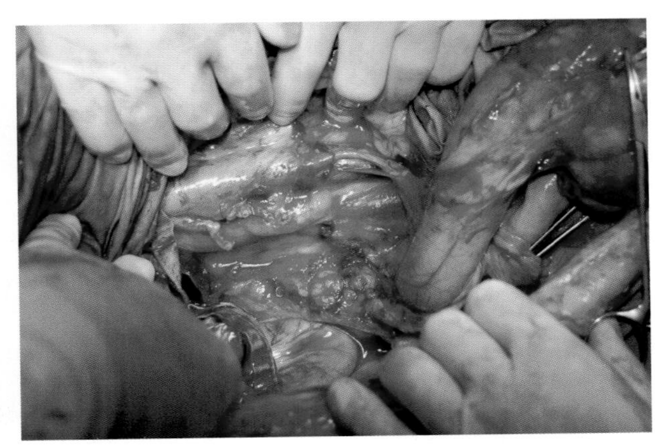

图3-75　切除肾脏后，观察到止血效果良好。随后将输尿管从腹膜分离出来，用电凝法对周围出血的血管进行止血。

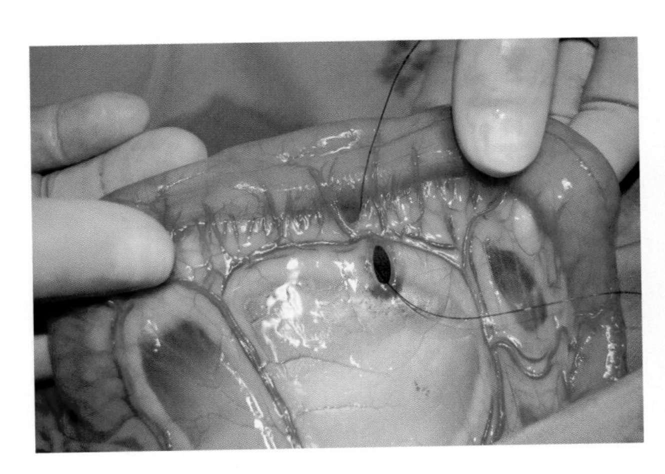

图3-76　选择一段血液供应良好的肠段并分离，用可吸收缝线对肠系膜的主要血管进行结扎。

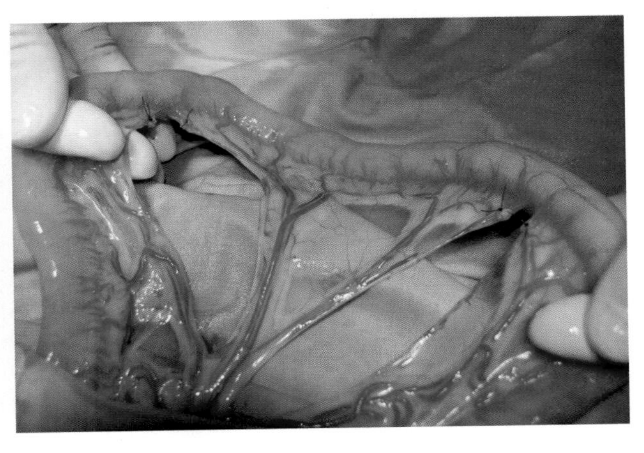

图3-77　显示所选择的、已为肠切除术做好准备的肠段。肠系膜主要血管已结扎，肠系膜也已切开。

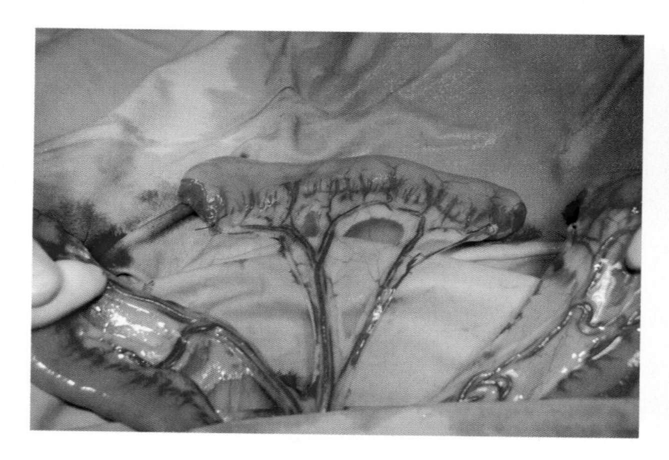

图3-78 为避免损伤，在切断回肠时，由一名助手用手夹紧肠管。所有这些操作均在腹腔外进行。

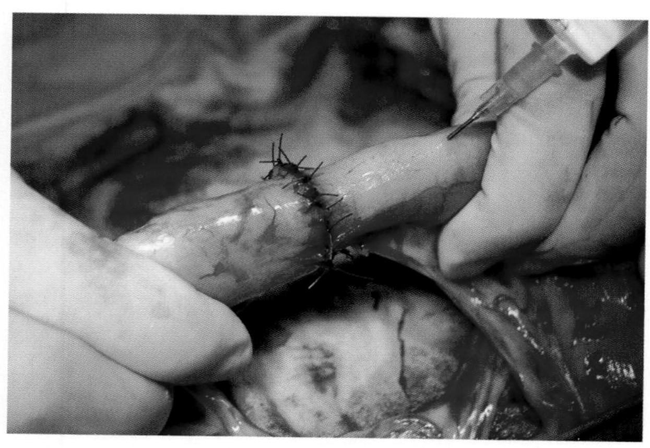

图3-79 用单丝可吸收缝线，以单纯对接缝合的方式进行肠管的端端吻合。向肠管内注入适当压力的生理盐水，检验缝合切口的密闭性。

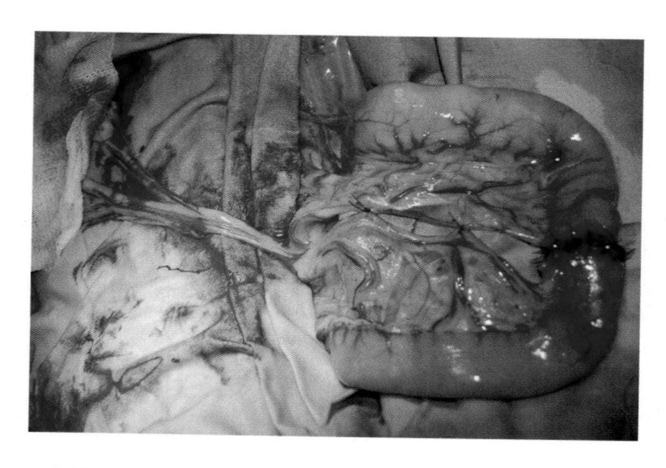

图3-80 显示肠切除术后的外观，左边的肠段用于膀胱重建。

由于犬会被放在户外，术后护理少，不适于重建一个低压贮尿器。因此，肠段的准备仅限于高压冲洗与抽吸，以去除肠段的内容物并降低其微生物负荷（图3-81）。

这些操作是完成膀胱切除术后进行的。为此，将左侧输尿管结扎并切断（图3-82），同时夹住近端尿道并切断（图3-83、图3-84）。

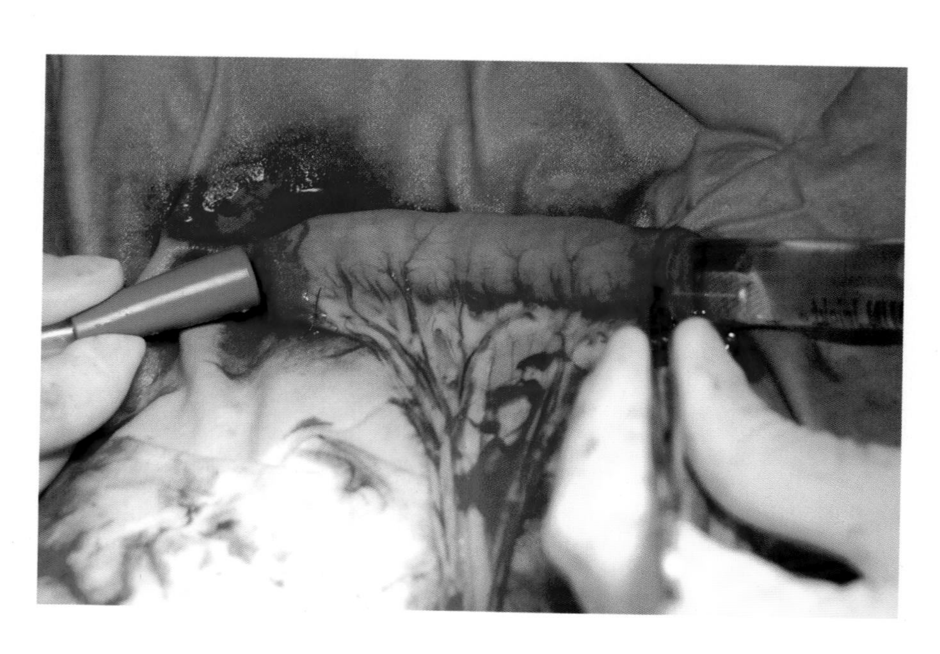

图3-81 从肠管的一端注入灭菌生理盐水，并从另一端抽出，机械地对肠腔进行清洗。

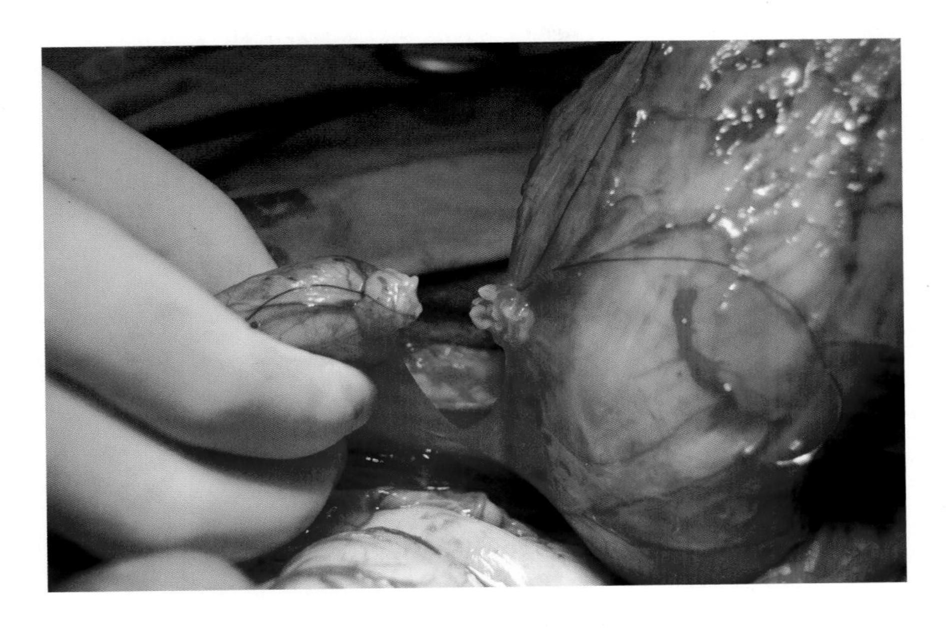

图3-82　结扎并切断靠近膀胱的左侧输尿管。

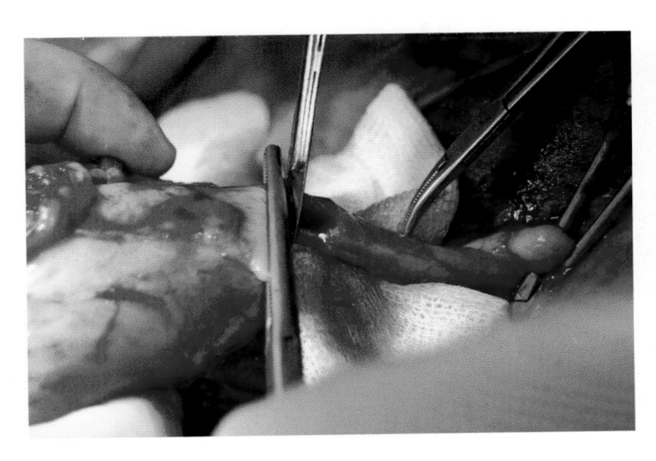

图3-83　夹住近端尿道并切断。

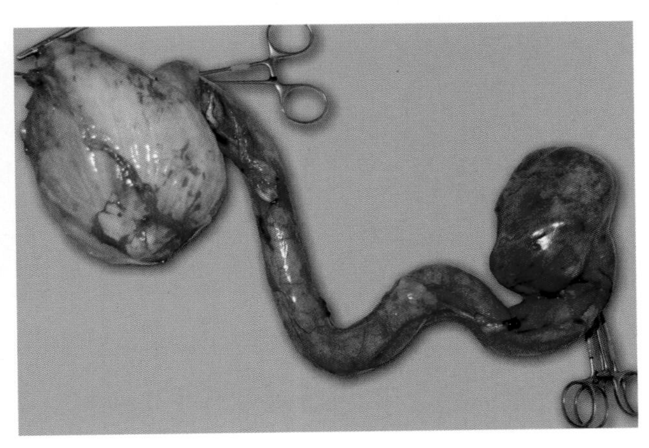

图3-84　切除的组织有右肾、输尿管和整个膀胱。

用单丝合成可吸收缝线，以单纯间断缝合的方式，将肠段的远端与尿道缝合。

由于尿道的直径小于所选肠段的直径（图3-85），所以，回肠缝线间的距离要大于尿道缝线间的距离。通过这个方法，使肠腔的直径近似于尿道的直径（图3-86）。

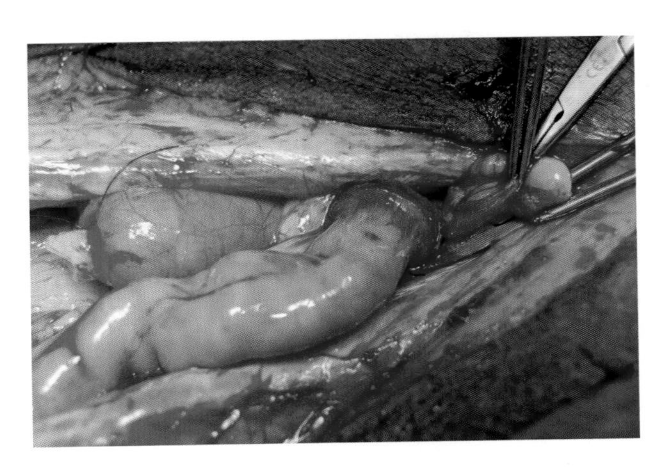

图3-85　回肠远端和尿道的端端吻合术。

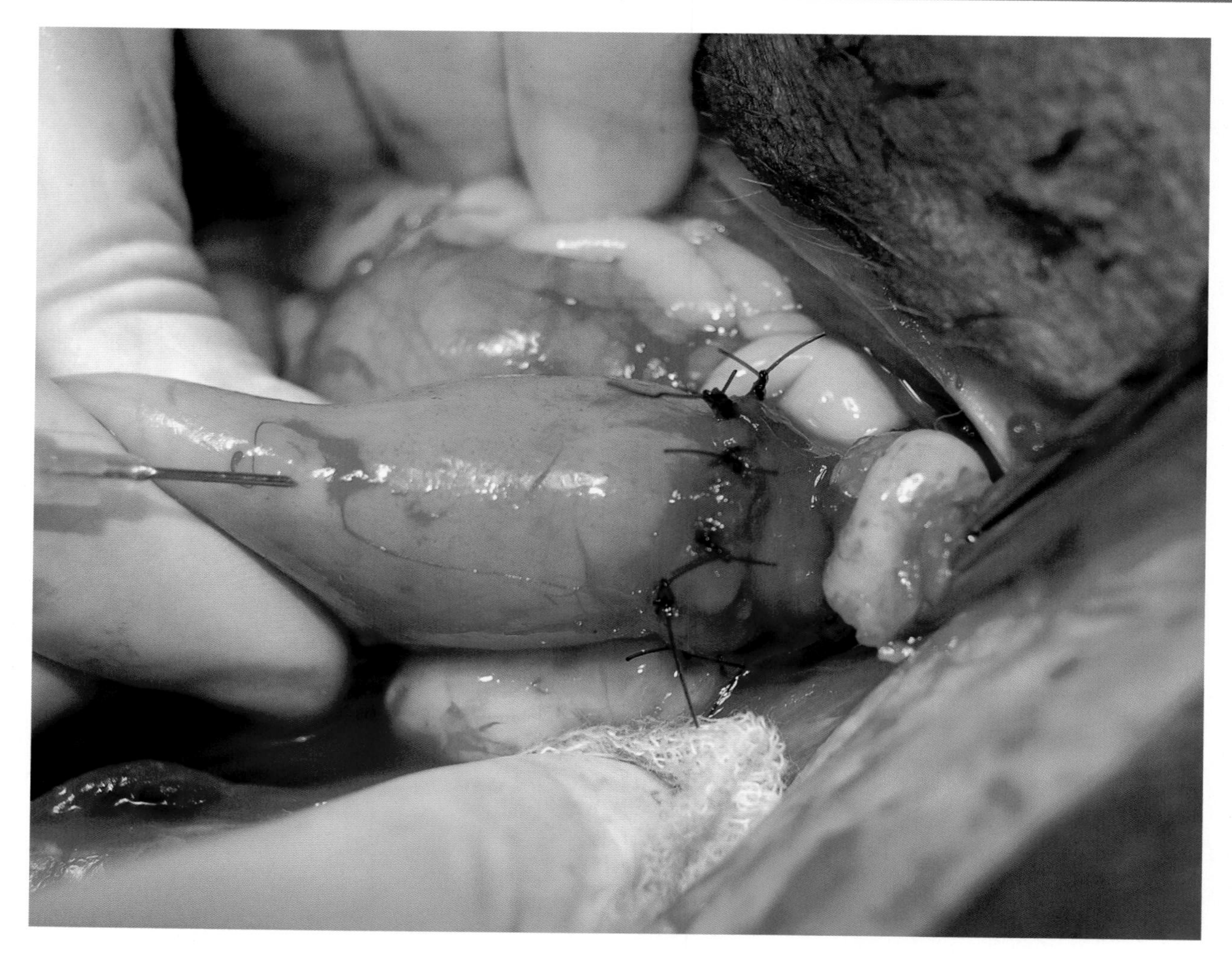

图3-86 缝合之后，将生理盐水注入肠腔内，检测吻口处是否泄漏。

下一步是让尿液进入肠腔。由于输尿管能显著扩张，其直径与肠管直径相当，因此，设计吻合术便于输尿管进入回肠。其目的是，在新膀胱内的输尿管游离端仅允许有尿液的排出，在肠腔内压力增大时，可使其塌陷，从而防止尿液逆行至肾脏。第一步是靠近结扎处切断输尿管(图3-87)。

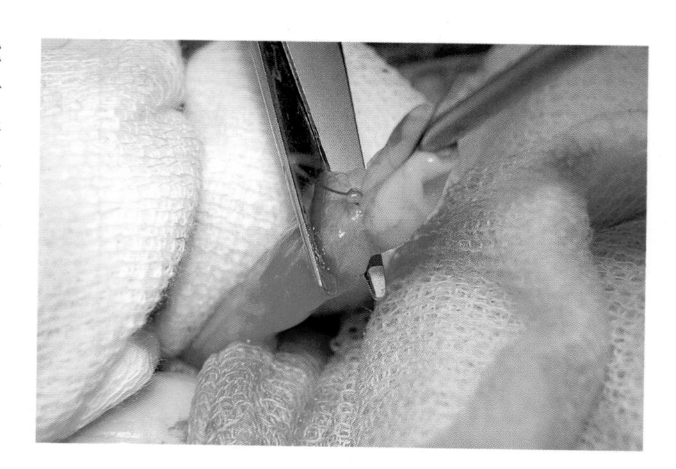

图3-87 切断左侧输尿管，抽出尿液，采取一定的预防措施避免腹腔污染。

然后，在距输尿管远端约15mm处做一针固定缝合（图3-88），该固定缝线随后被固定到肠段的近头端（图3-89）。

使用这种嵌入技术可使输尿管末端在肠管内保持游离（图3-90至图3-92）。

这种技术将尿液转移到隔离的肠段中，同时保留了肠管的自然蠕动，使得这只犬不需要主人的帮助就能排出尿液（图3-93）。

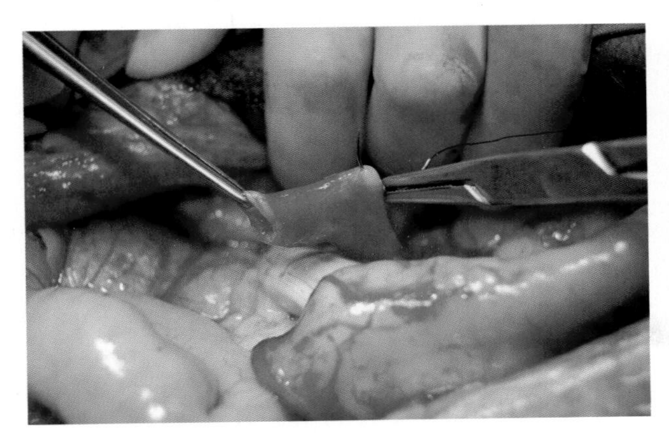

图3-88 缝线置于距输尿管15mm处的游离端。

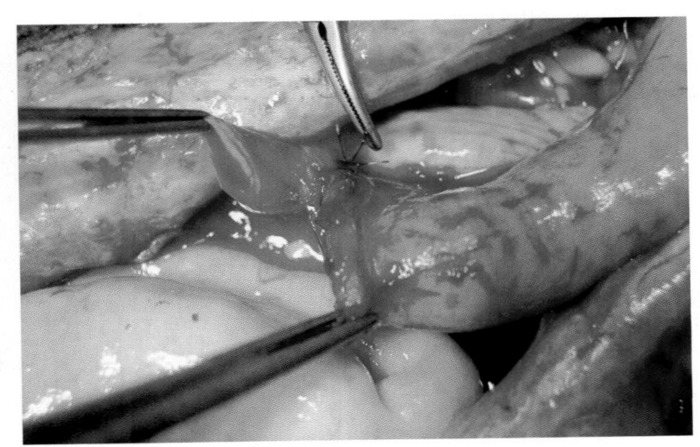

图3-89 第一道缝合用单丝合成可吸收缝线，将输尿管缝合至肠管上。

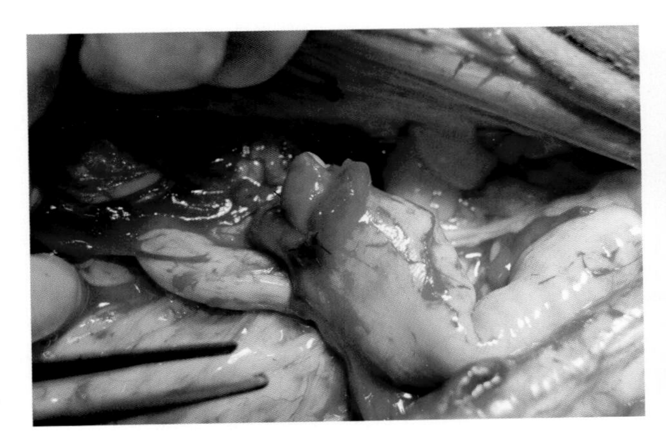

图3-90 首先在背侧进行吻合缝合，这是最难接近的部分。随后分别缝合左右两侧。

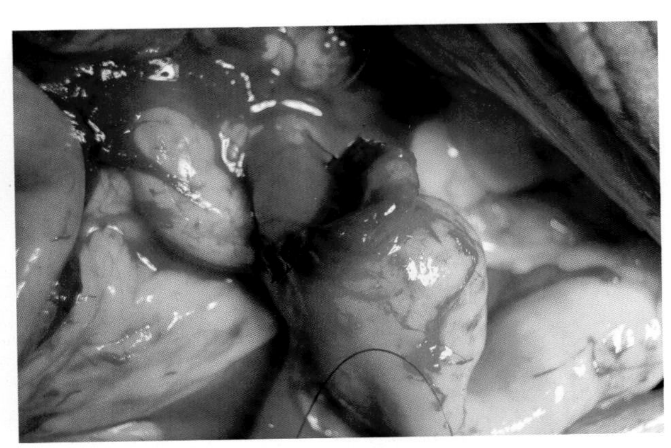

图3-91 在进行尿道-肠管吻合术时，回肠和尿道的大小需要调整。为此，肠管缝线间的距离应比输尿管的缝线间距大。

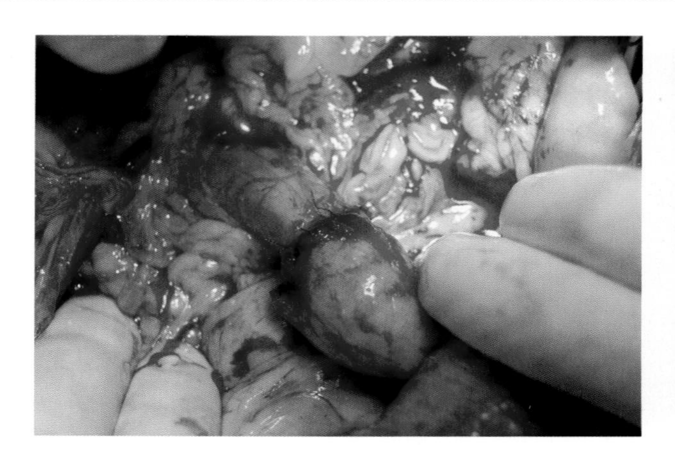

图3-92 完成尿道-肠管吻合术后的外观。

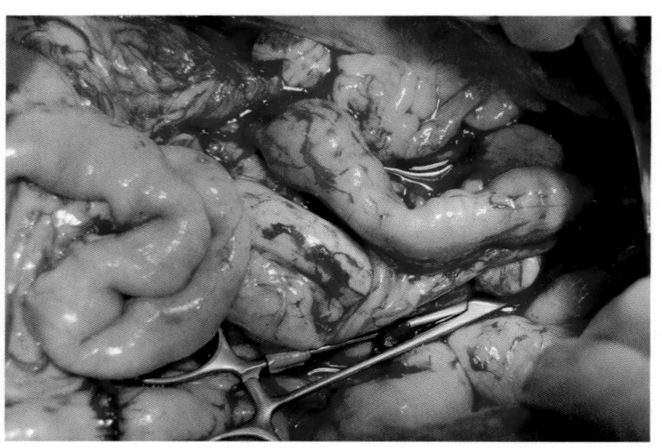

图3-93 手术完成时的外观，显示功能性回肠段可使尿液排出，不需要主人插入导管或其他外部操作。

在清理腹腔后（冲洗和抽吸），常规闭合腹腔切口。术后12d内用第二代头孢菌素进行抗生素治疗。

> 这种技术使用的前提是确保尿液或多或少地连续流出。由于患犬是尿失禁，因此，应用这种技术的患犬不能放在室内饲养

**跟踪随访**

患犬的术后恢复令人满意。虽然尿素、肌酐及血磷的含量没有恢复到正常水平，但也有所下降，只是贫血更为严重了。

尽管如此，这只犬能够正常生活。在术后前3周内，仍不间断地排尿，但这并未引起会阴部的皮肤问题。据主人介绍，此犬憋尿的能力日益提升，尽管它不可能完全恢复。术后3个月，患犬病情突然恶化，死亡。

**讨论**

良性间质肿瘤，如纤维瘤或平滑肌瘤，很少会影响到膀胱三角区。而恶性肿瘤，如纤维肉瘤、平滑肌肉瘤及横纹肌肉瘤则会侵袭膀胱远端，因而不能从输尿管排出尿液，引起尿潴留、肾功能衰竭（图3-94）。由肠段重建的新膀胱应该能保留几小时的尿液，但会使腹部显著膨胀。

当患犬排尿时，如果主人没有通过挤压腹部给予帮助，患犬腹部的膨胀会逐渐增大，重建的新膀胱的收缩力则会减弱。

出于这个原因，在本病例中我们没有让尿液进入功能性肠段中，以确保尿液的连续流出。然而，患犬变成了尿失禁。

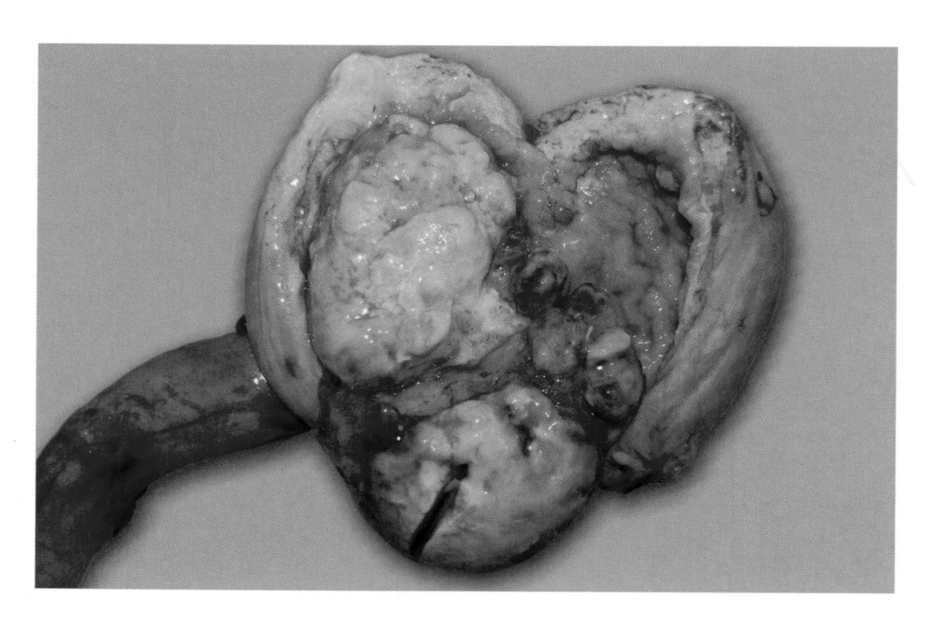

图3-94 本病例肿瘤主要影响了右侧输尿管，阻断了右侧输尿管尿液的流出，导致了输尿管扩张和继发性肾功能衰竭。

# 膀胱修复

| 患病率 | ■ | □ | □ | □ | □ |
|---|---|---|---|---|---|

外伤（如道路交通事故），或内伤（如膀胱插管或压力过大）、膀胱异位，或肿瘤均可造成膀胱损伤和破裂（图3-95）。

在这些病例中，如果发生膀胱坏死，应进行膀胱修复或部分切除，这会使膀胱的储尿量减小。在有些病例中，膀胱储尿量的减小会引起患犬漏尿，需要施行膀胱成形术，以增加膀胱容积。

反复或粗暴的插管、尿道堵塞（猫下泌尿道疾病、尿石症）、尿道水压冲洗压力过大均可导致膀胱的损伤

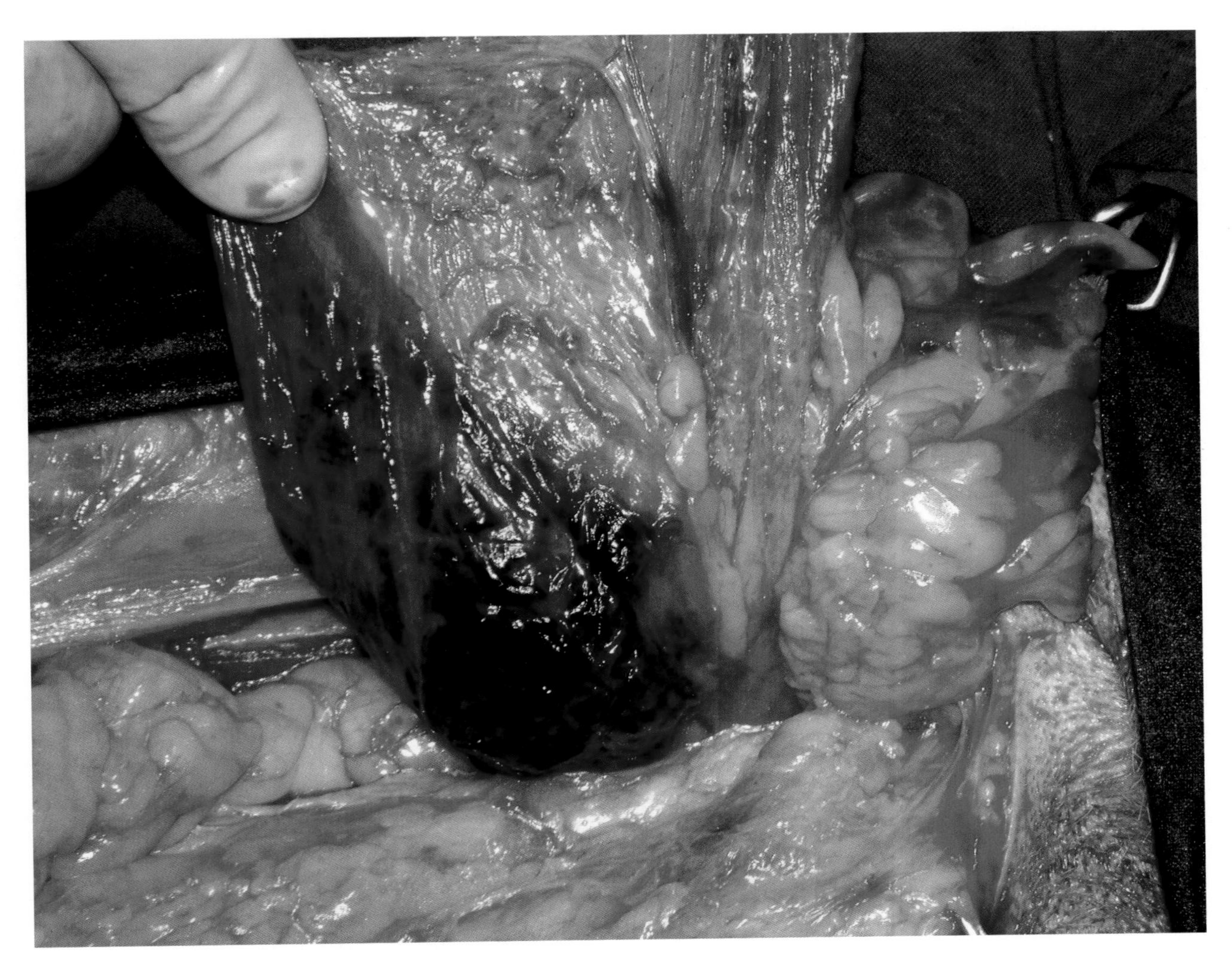

图3-95　持续几天的会阴疝引起膀胱的缺血性病变。复位后，需要评估血管的恢复情况，若怀疑膀胱坏死，则建议做膀胱部分切除。

交通事故是引起膀胱破裂最常见的外部创伤（图3-96、图3-97）。如果膀胱充盈，它就像一个实质器官，像肾脏或脾脏一样，外力的冲击会使其破裂（图3-98）。

> 即使患犬仍能排尿，也不能排除膀胱破裂，因为病变可能较小或位于背侧，仍可使膀胱正常地膨胀

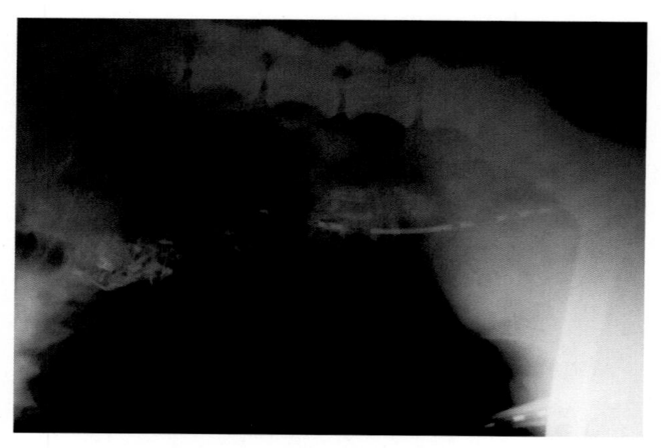

图3-96　交通事故后应检查膀胱的完整性。检查显示导尿管可在腹腔内自由移动。

图3-97　本病例膀胱颈部破裂，所以，导管直接进入腹腔。因此，需要在膀胱颈部和前列腺尿道间施行端端吻合术。

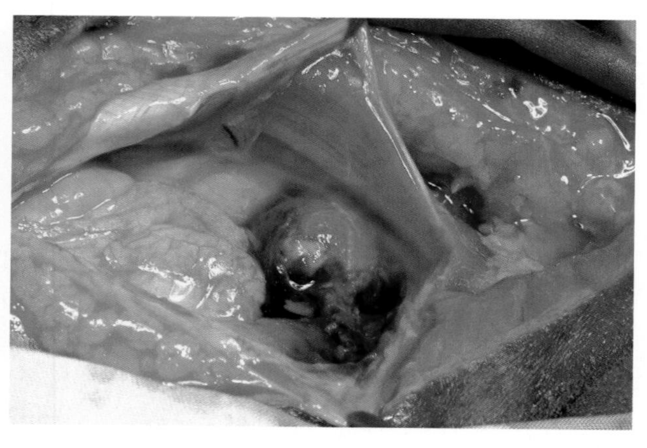

图3-98　膀胱前端的病变是最常见的。爆裂式膀胱破裂的修复会使膀胱容积变小。

膀胱破裂最严重的后果是发生腹膜炎，可通过比较腹腔液和血液中肌酐、尿素及钾水平进行诊断。腹腔液和血液中的尿素和钾含量均升高，而肌酐则在腹腔液中的含量更高。与人们所想的相反，腹膜炎不是外科急诊。然而，急需在麻醉和手术之前，通过补液和/或腹膜血液透析纠正电解质失衡和尿毒症。

> ✱ 膀胱破裂是医学上的病症，而不是外科的紧急情况，要求术前患犬状态稳定

患犬可能患有高钾血症（表3-2），术前必须进行积极治疗，以降低血钾水平（表3-3）。

| 表3-2　高钾血症患犬的心电图结果 |
| --- |
| 心动过缓 |
| 波峰变平 |
| PR波间隔变长 |
| QRS波群复杂性增加 |
| T波波峰变高变宽 |
| 心律失常 |

| 表3-3　控制高钾血症的建议（可选择1种） |
| --- |
| 生理盐水补液治疗 |
| 胰岛素缓慢静脉注射（0.25～0.5 U/kg），随后加入50%葡萄糖（每单位胰岛素4mL） |
| 缓慢静脉注射10%葡萄糖酸钙（心电监护下，0.5～1.0 mL/kg） |

### 手术治疗

技术难度 ■■□□□

通常情况下，膀胱修复属于简单外科手术。在去除坏死组织后，用单丝合成可吸收材料对受损的膀胱部位进行缝合（图3-99）。

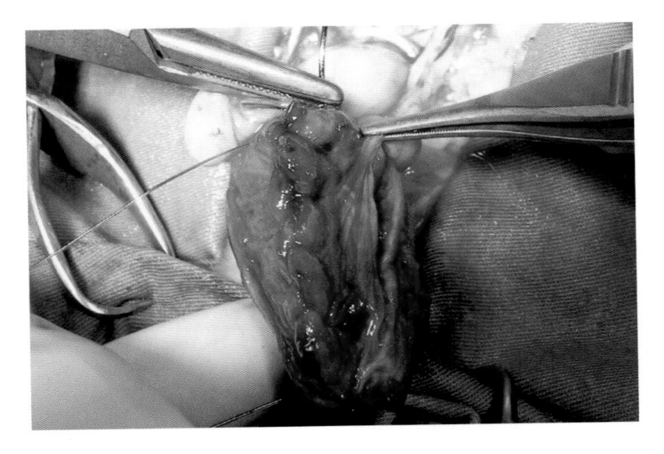

图3-99　缝合膀胱时，除黏膜层外，其他所有层都要进行缝合。单层缝合可能就足够了，或者为了更好的抗渗性，可缝合两层。

> ✱ 膀胱可耐受大范围切除，对其容量和自控性没有太大影响

有些病例在缺血或肿瘤切除术后，可能需要实施膀胱修复。用保持血液供应的肠段进行修复。使用已去除黏膜层的血管化肠段，可防止废物的吸收（图3-100至图3-104）。

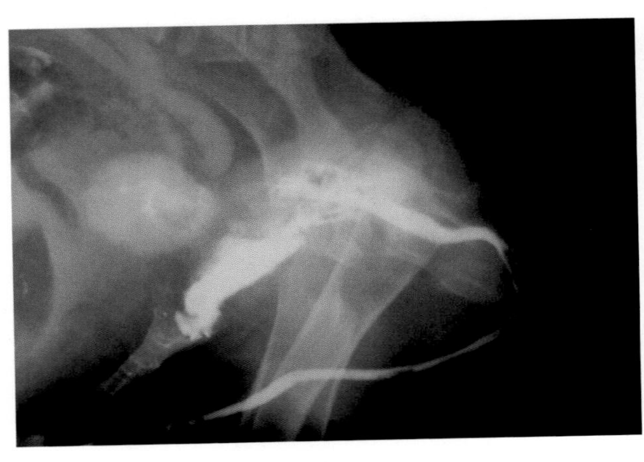

图3-100　3d前受伤的德国牧羊犬幼犬，伤后不能排尿。

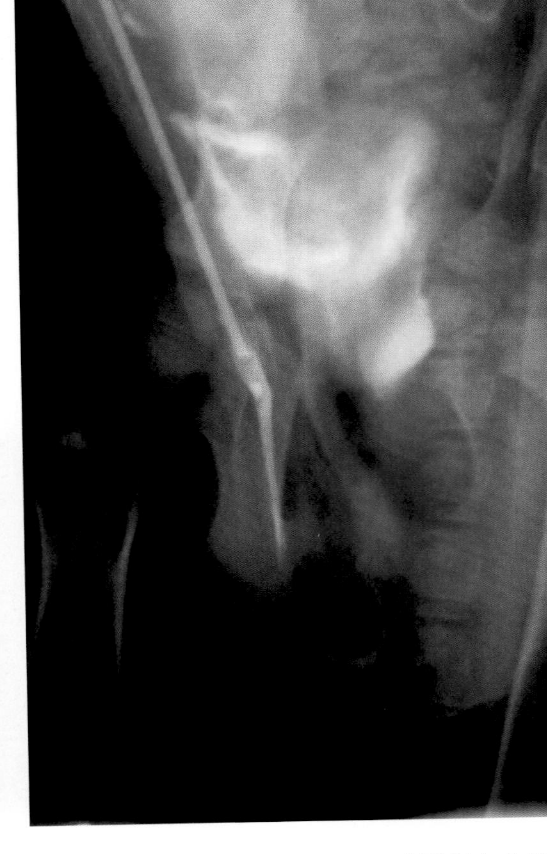

图3-101　尿道逆行造影显示，造影剂自由进入腹腔，只有少量造影剂进入膀胱。

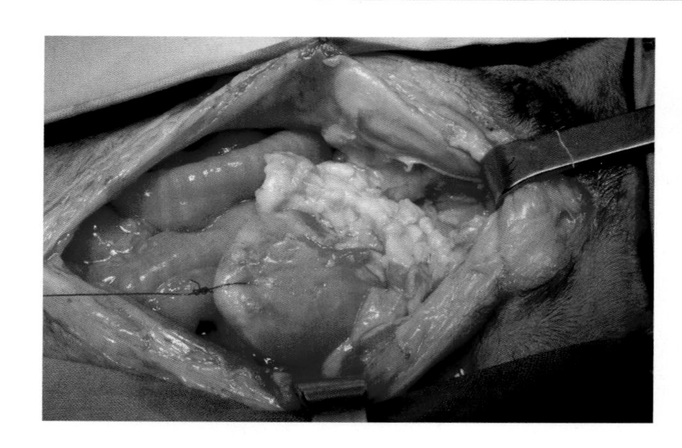

图3-102 膀胱后部检查显示左侧有缺血性病变。

图3-103 去除坏死组织后造成膀胱缺损，需要进行膀胱修复。

> 数周内用于膀胱重建的肠段（没有黏膜）将被膀胱上皮覆盖

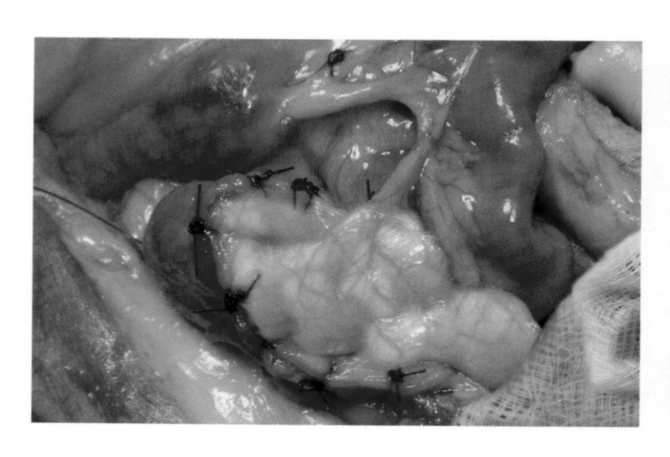

图3-104 本病例从回肠末端切除一段4cm长的肠段（采用端端吻合术确保肠段移位）。在肠系膜对侧缘切开该段肠，切除黏膜后，用可吸收单丝材料，以间断缝合的方式将该肠段缝合到膀胱的缺损部位。

## 车祸引起的膀胱破裂

技术难度 ■■□□□

由交通事故引发的膀胱破裂并不常见，但如果患犬后躯受到严重撞击，应检查膀胱的完整性（图3-105）。

Tomy，9月龄，混血公犬，早晨跑步穿越马路时被一辆小轿车撞倒，躯体后部受创但并未造成骨折（图3-105）。

Tomy看上去安然无恙，直到主人在事故发生2d后才注意到患犬自事故发生以来都没有排尿，随即来就诊。

怀疑是膀胱破裂，所以，进行了膀胱尿道逆行造影。造影显示造影剂进入了腹腔（图3-106）。

> 充盈的膀胱更易破裂。这种情况见于在动物排尿前发生事故

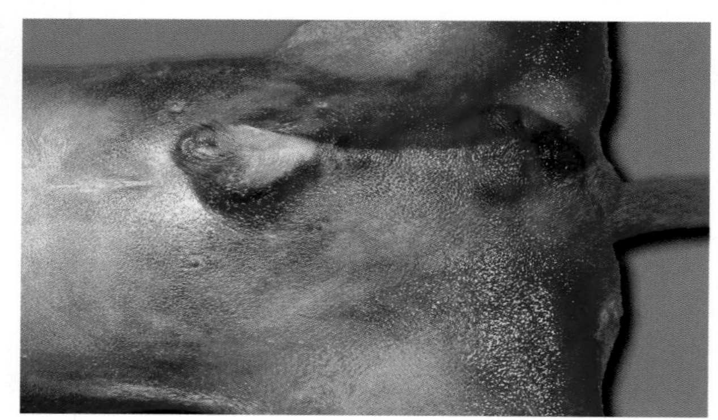

图3-105 2d前的车祸造成了后腹部大的血肿。

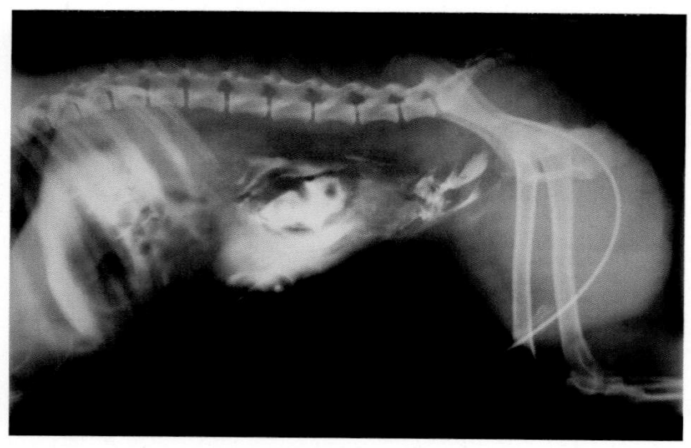

图3-106 用阳性对照水溶性造影剂进行膀胱逆行造影，证实膀胱受损。本图片显示碘化造影剂因膀胱破裂而扩散进入腹腔内。

**治疗**

从后腹部腹中线切开腹腔（图3-107、图3-108）。

检查后腹部时，发现腹腔中有漏出的尿液及膀胱前端破裂（图3-109）。

先将腹腔内的尿液抽出并用生理盐水灌洗，然后清除膀胱破裂周围坏死的残留物和纤维蛋白（图3-110）。用单丝合成可吸收缝线缝合膀胱（图3-111至图3-113）。通过导尿管向膀胱注入适量生理盐水，对缝合后膀胱的密闭性进行检查（图3-114）。

紧接着，缝合腹壁切口以及腹壁损伤的组织（图3-115、图3-116）。

术后留置导尿管2d。为了防止滑出，将它用两根缝线固定在包皮上（图3-117）。

全身应用抗生素治疗12d（阿莫西林+克拉维酸）。患犬恢复良好，2周后痊愈。

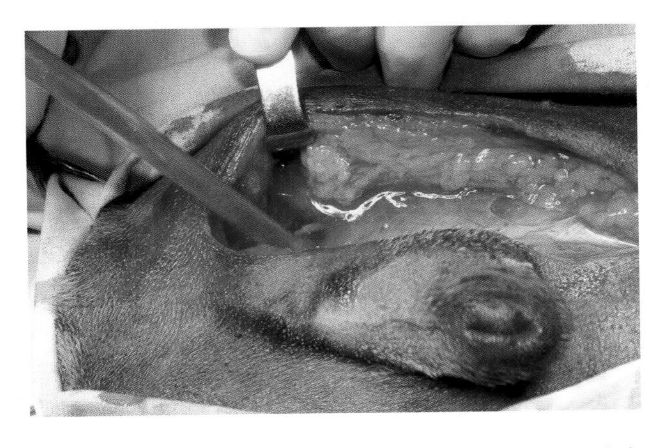

图3-107　阴茎右侧旁切口，切开皮肤可见皮下间隙中有大量尿液，吸除尿液使切口中的组织显露清楚。

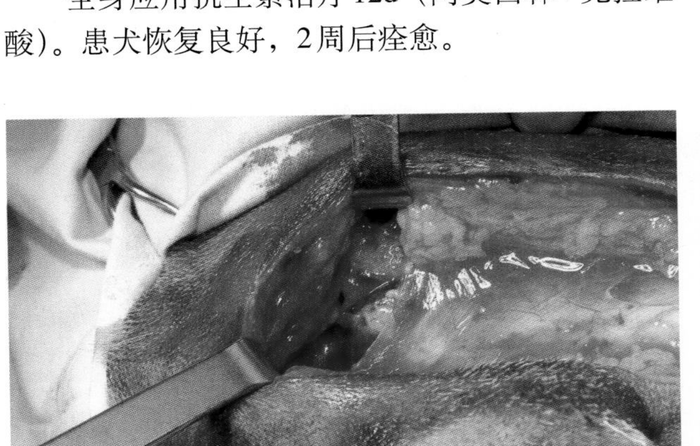

图3-108　右侧腹股沟环撕裂，尿液通过撕裂的腹股沟环渗漏到皮下间隙。

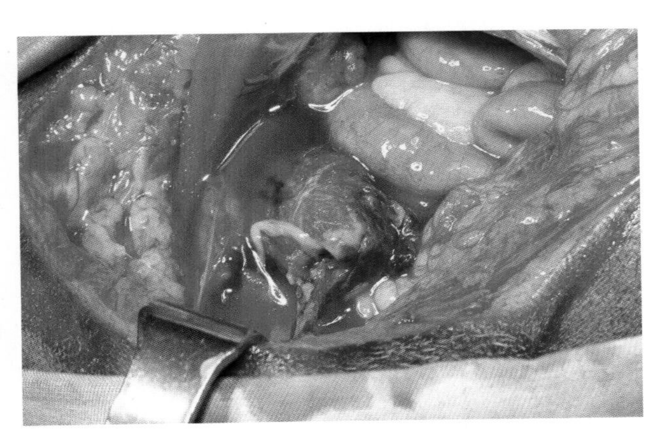

图3-109　由于膀胱前端破裂，腹腔内有大量尿液。注意纤维蛋白覆盖的坏死区域。

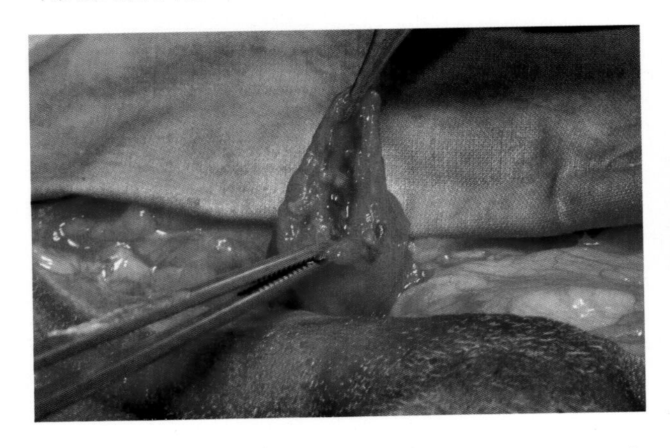

图3-110　膀胱修复的第一步是去除膀胱破裂部位所有的坏死物和纤维蛋白组织。

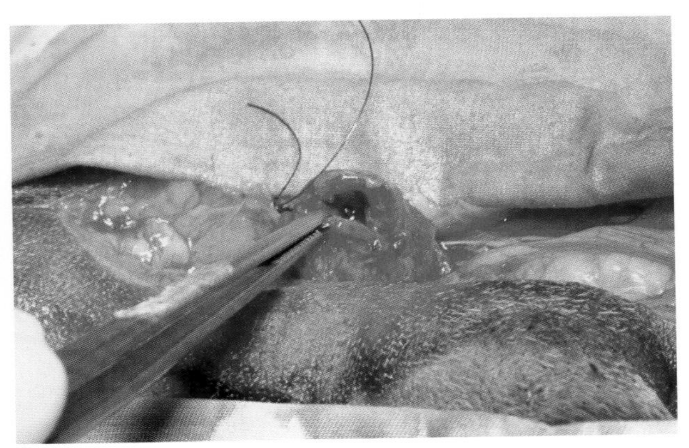

图3-111　采用连续缝合将黏膜下层和一部分肌层进行缝合，本图显示第一道缝合。

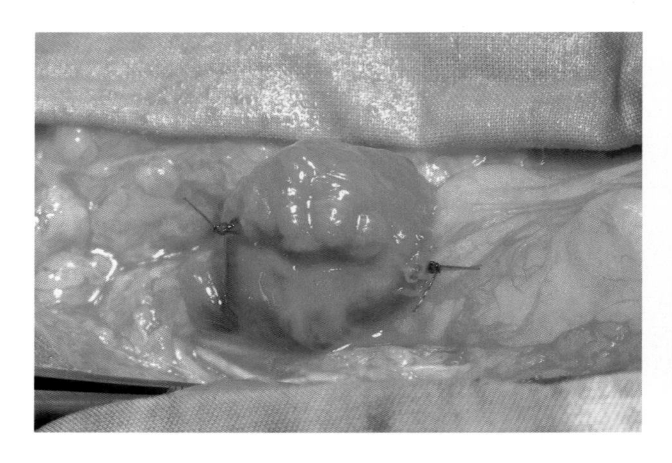

图3-112 第一道缝合的目的是实现膀胱的密闭性。

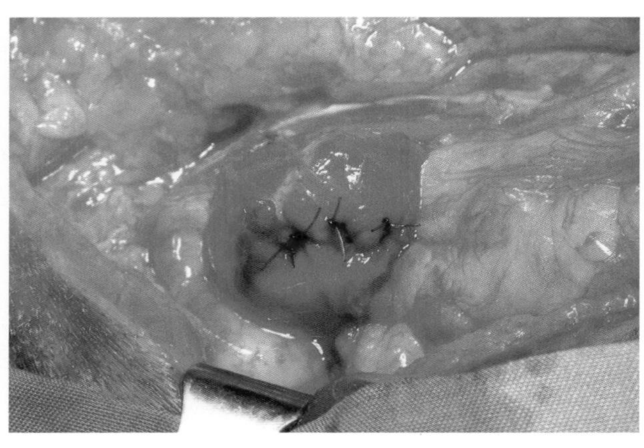

图3-113 采用间断水平褥式缝合加强第一道缝合，防止膀胱充盈时伤口裂开。

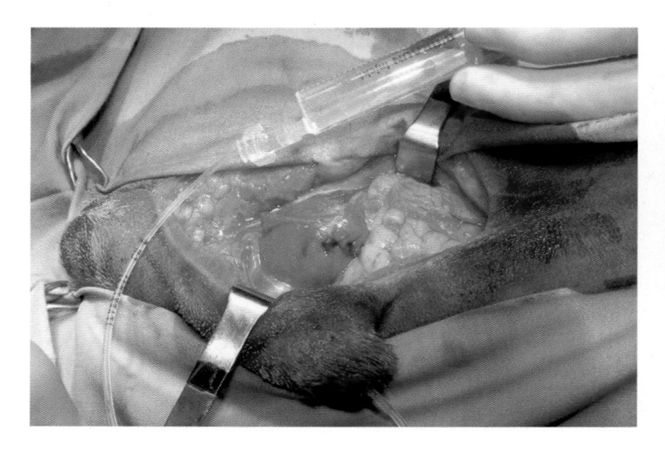

图3-114 向膀胱内注入生理盐水，检查缝合处是否有渗漏。

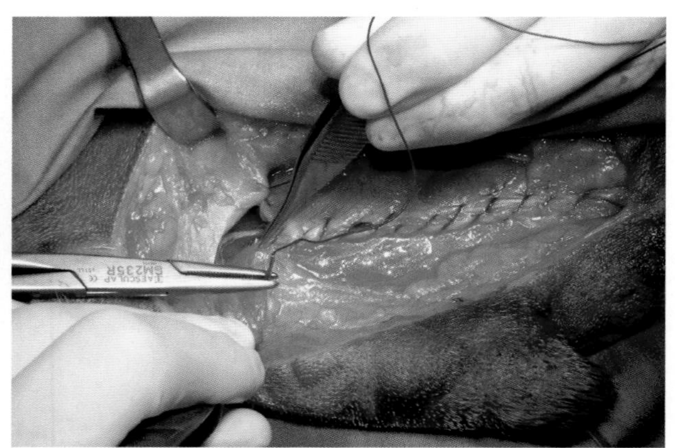

图3-115 用可吸收合成复丝缝线常规闭合腹壁切口。

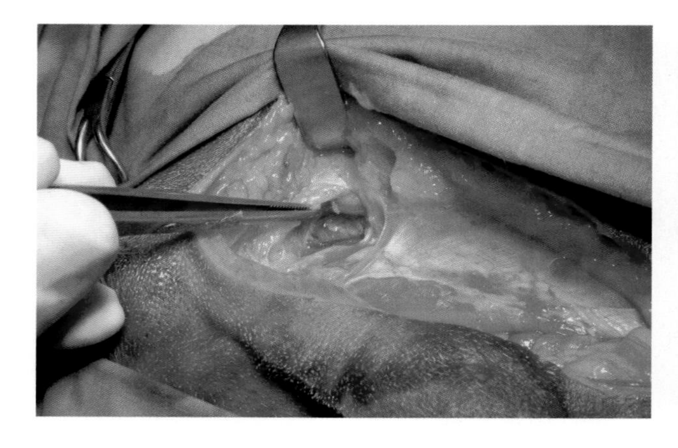

图3-116 处理并缝合腹壁损伤部位。本病例撕裂的右腹股沟环需缝合，以防止发生继发性疝。

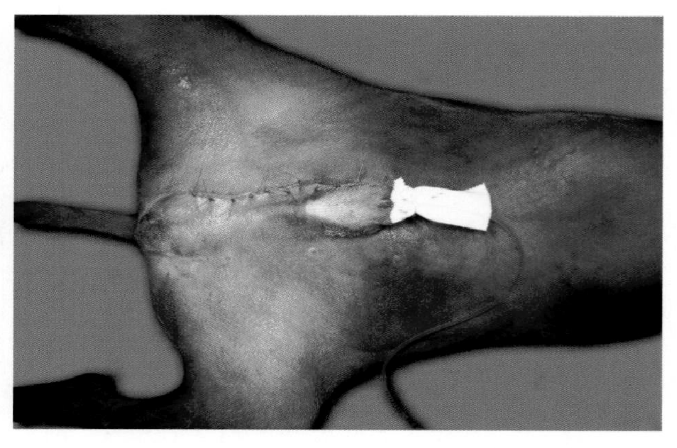

图3-117 手术结束，用缝线将导尿管固定在包皮上。

为防止上行性感染，膀胱导尿管口要闭合

# 高空坠落引起的猫膀胱破裂

技术难度 ■■□□□

2岁，雄性家养短毛猫。因数小时前从四楼坠落而就诊。经一般检查后怀疑是膀胱破裂。膀胱造影检查确诊为膀胱破裂（图3-118）。

决定用剖腹术修复破裂的膀胱。以常规方式为患猫做术前准备后，用剪刀沿腹中线将脐部到耻骨之间切开。确定膀胱及周围组织的位置并评估损伤情况（图3-119至3-121）。

猫高空坠落最常见的并发症之一是膀胱破裂，对此类患猫应检查膀胱的完整性

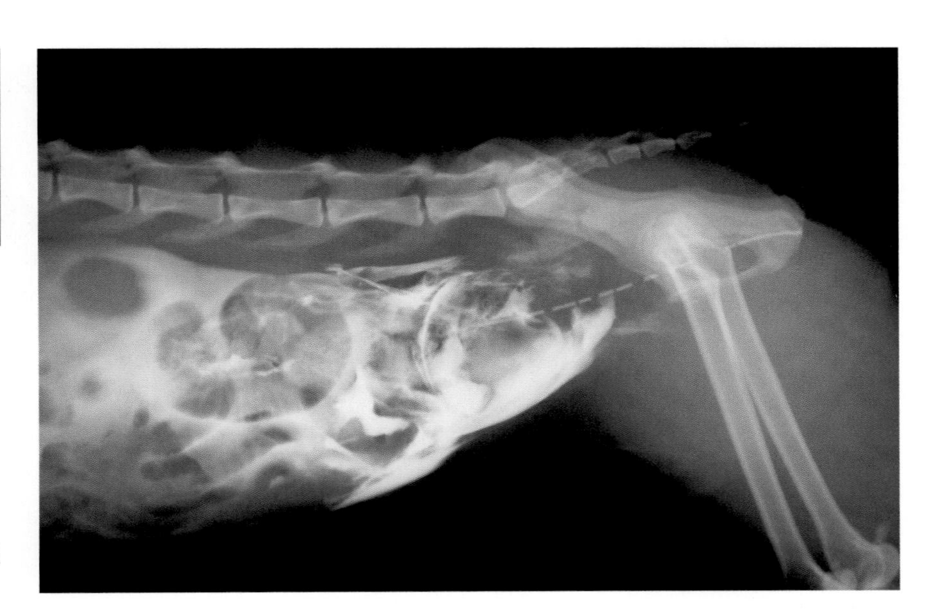

图3-118 腹部X线侧位平片显示造影剂从膀胱泄漏进入腹腔内。

图3-119 膀胱完全是空的，周围有大的血凝块，妨碍损伤的评估。

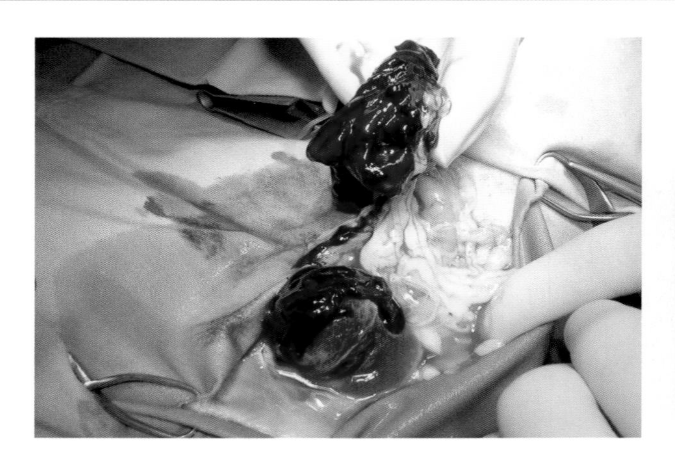

图3-120 除去血凝块，显露出膀胱壁。

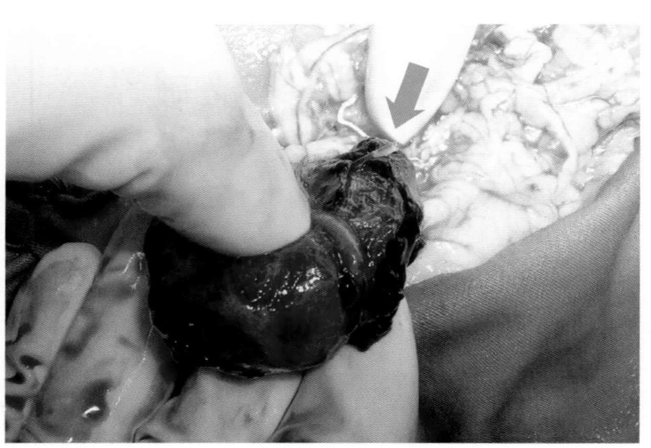

图3-121 使用导尿管探查确定膀胱破裂的位置（箭头）。

去除血凝块后，评估膀胱损伤情况。该病例的血凝块相当大（图3-122至图3-124）。

用单丝可吸收合成缝线进行连续缝合，修复膀胱壁。谨防将黏膜层缝入，以免造成对缝合材料的异物反应或形成结石（图3-125至图3-128）。

图3-122 图示从损伤部位清除最后的血凝块后，膀胱破裂口边缘清晰可见。

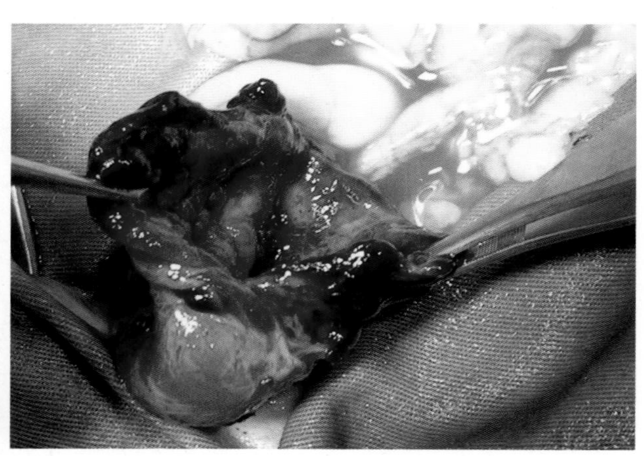

图3-123 膀胱破裂要比原先评估的更为严重。缝合前应仔细清除所有剩余的坏死组织、血凝块和粘连。

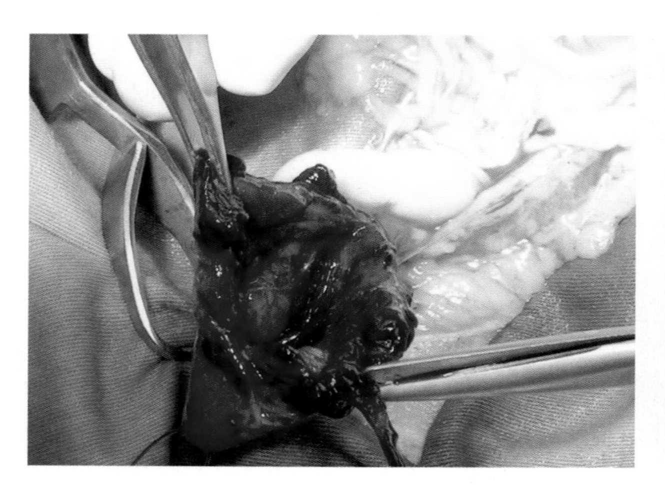

图3-124 用剪刀对破裂伤口边缘进行修整，除去所有坏死组织，将有助于康复，并防止伤口裂开。

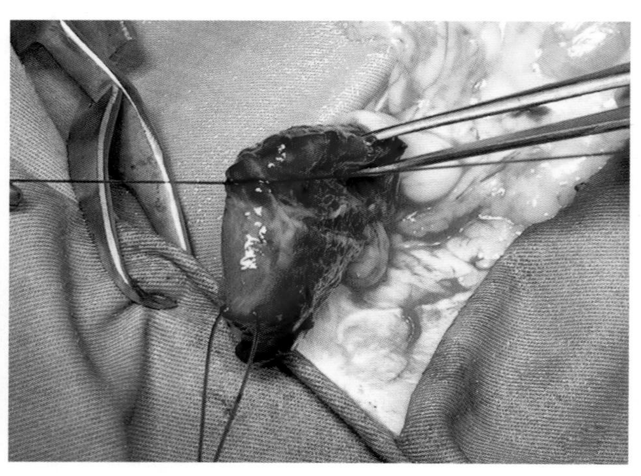

图3-125 在膀胱顶部放置牵引线以便于操作。本图展示了第一道缝合的开始。

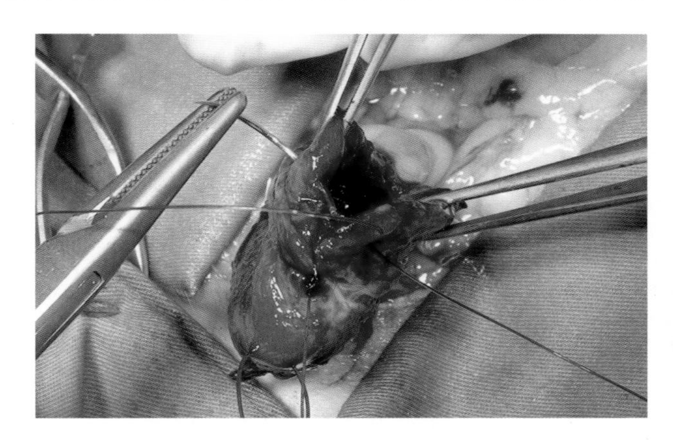

图3-126　第一道采用连续对接缝合。这道缝合不包括黏膜层。

图3-127　第一道缝合使用3/0单丝可吸收缝线。本图显示的是这道缝合最后的打结。

完成膀胱修复后，必须彻底灌洗腹腔，以除去事故发生后所累积的尿液、血凝块和可能污染的细菌（图3-129）。

闭合腹腔前，应对膀胱进行网膜化，以促进愈合并防止粘连（图3-130、图3-131）。

使用可吸收缝合材料闭合腹壁肌层。为避免缝线脱落，皮肤缝合使用皮内缝合。

> 在任何情况下，腹腔都有可能污染，所以，需要充分冲洗。用等渗溶液尽量进行反复循环冲洗/抽吸

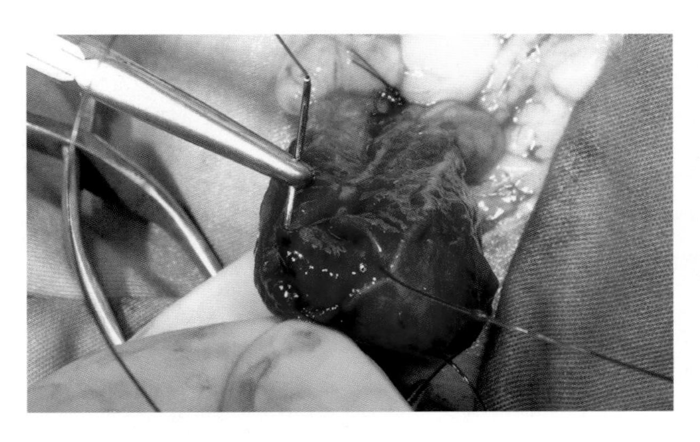

图3-128　第二道采用连续内翻缝合，如库兴氏缝合法（水平内翻缝合）。

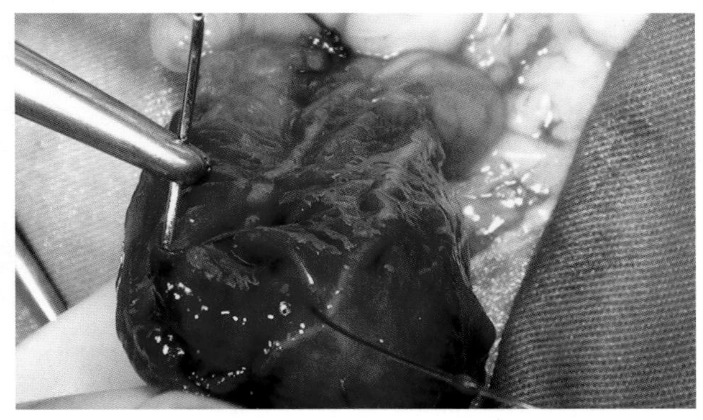

图3-129　闭合膀胱后，必须用大量温生理盐水冲洗腹腔，将所有残余的尿液从腹腔彻底清除。

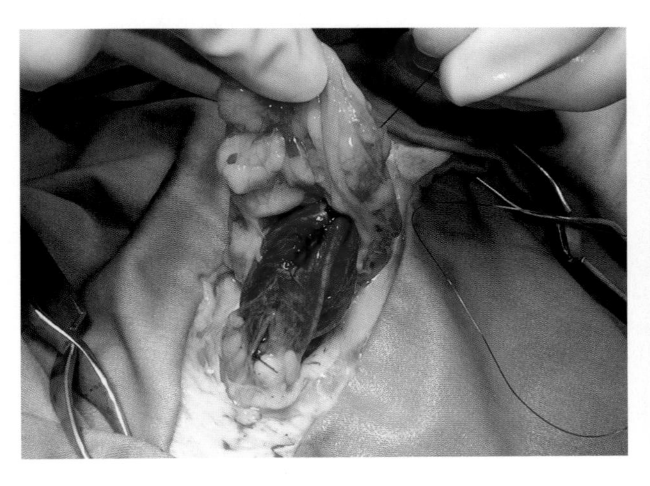

图3-130　闭合腹腔前，对膀胱伤口进行网膜化，以防粘连并使膀胱尽快获得良好的密闭性能。

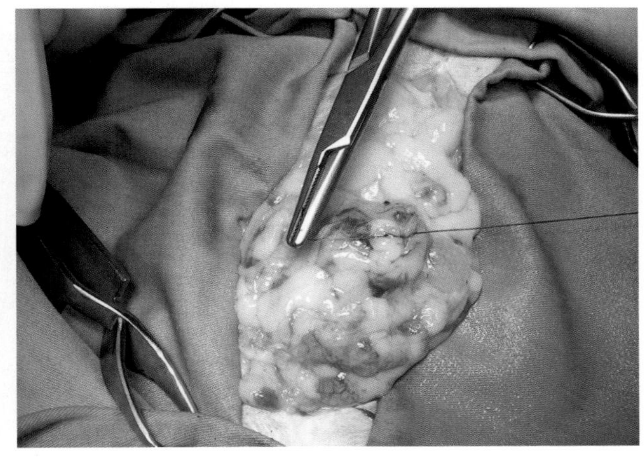

图3-131　用1 ～ 2针将网膜缝合到膀胱上，完成膀胱网膜化。

# 尿道插管和水压冲洗引起的膀胱破裂

技术难度 ■■■□□

膀胱破裂是尿结石患猫或患犬导尿管插管和水压冲洗导致的一种罕见的并发症，在这些患病动物中应予以注意。

> 尿道梗阻可能导致患病动物的膀胱局部缺血，很容易在导管插管和移除结石时引起膀胱破裂

Boris，8岁，雄性拳师犬，因排尿困难就诊。临床及X线检查确诊是尿道结石。采用尿道水压冲洗进行治疗，然后实施膀胱切开术取出尿石。

患犬恢复良好，但从术后第2天开始尿量减少而且变得越来越少。X线片显示，由于膀胱破裂而致造影剂泄漏进入腹腔内，患犬被送回医院（图3-132、图3-133）。

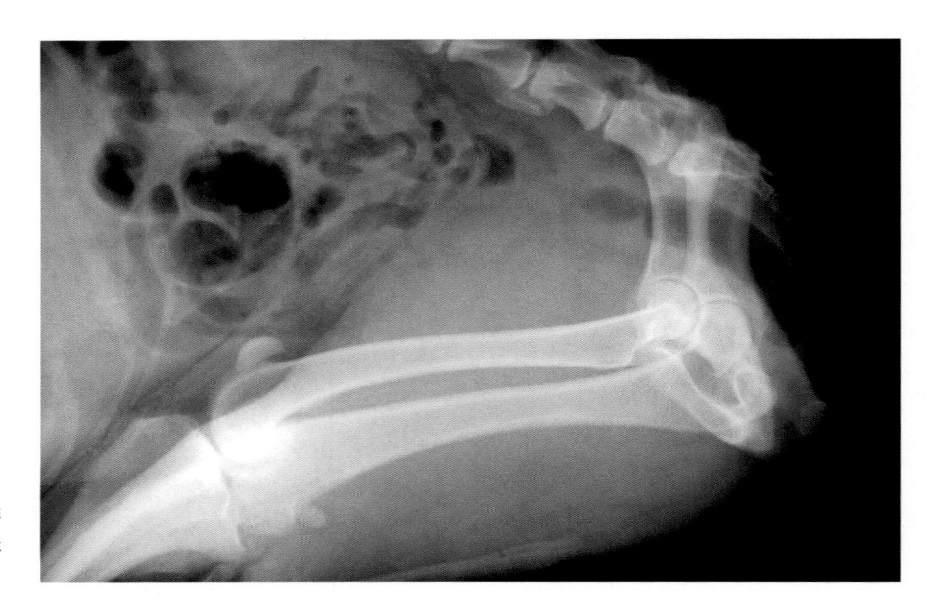

图3-132 X线检查尿道和膀胱的完整性。X线片显示无特殊病变。

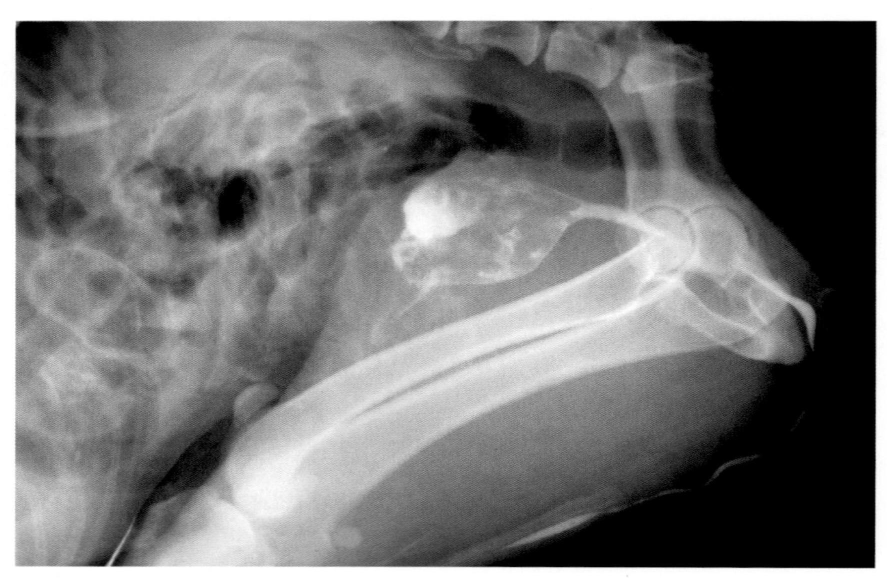

图3-133 逆行注入碘化造影剂，显示造影剂通过尿道进入膀胱并渗入腹腔内，从而确诊为膀胱破裂。

就诊当天的分析报告显示，患犬有严重的肾功能不全（表3-4）。

留置腹腔导管，每8h进行1次腹膜透析，目的是改善生化指标。

腹膜透析24h后，血液检测指标显示有所改善（表3-5），可以按计划第2天进行手术，同时继续进行腹腔灌洗。

术前进行输血和使用广谱抗生素。

**手术方法**

经之前的腹壁切口进入腹腔（图3-134），可识别出覆盖有网膜的膀胱（图3-135）。

表3-4 相关项目的初步检查结果

| 项目 | 检查结果 | 参考值 |
|---|---|---|
| 白细胞（$\times 10^3/mm^3$） | 11.25 | 5.5 ~ 9.5 |
| 淋巴细胞（$\times 10^3/mm^3$） | 0.67 | 0.4 ~ 6.8 |
| 中性粒细胞（$\times 10^3/mm^3$） | 9.63 | 2.5 ~ 12.5 |
| 红细胞压积（%） | 14.0 | 37 ~ 55 |
| 红细胞（$\times 10^6/mm^3$） | 2.16 | 5 ~ 8.5 |
| 血红蛋白（g/dL） | 5.9 | 12 ~ 18 |
| 尿素（mg/dL） | 145 | 7 ~ 25 |
| 肌酐（mg/dL） | 8.1 | 0.3 ~ 1.4 |
| 磷（mg/dL） | 22.8 | 2.9 ~ 6.6 |
| 白蛋白（g/dL） | 1.1 | 2.5 ~ 4.4 |
| 碱性磷酸酶（U/L） | 341 | 20 ~ 150 |

表3-5 腹腔灌洗24h后的检测结果

| 项目 | 检查结果 | 参考值 |
|---|---|---|
| 白细胞（$\times 10^3/mm^3$） | 5.37 | 5.5 ~ 19.5 |
| 淋巴细胞（$\times 10^3/mm^3$） | 0.77 | 0.4 ~ 6.8 |
| 中性粒细胞（$\times 10^3/mm^3$） | 3.73 | 2.5 ~ 12.5 |
| 红细胞压积（%） | 19.7 | 37 ~ 55 |
| 红细胞（$\times 10^6/mm^3$） | 2.94 | 5.5 ~ 8.5 |
| 血红蛋白（g/dL） | 7.1 | 12 ~ 18 |
| 尿素（mg/dL） | 135 | 7 ~ 25 |
| 肌酐（mg/dL） | 7.4 | 0.3 ~ 1.4 |
| 磷（mg/dL） | 20.2 | 2.9 ~ 6.6 |
| 白蛋白（g/dL） | 1.1 | 2.5 ~ 4.4 |
| 碱性磷酸酶（U/L） | 343 | 20 ~ 150 |

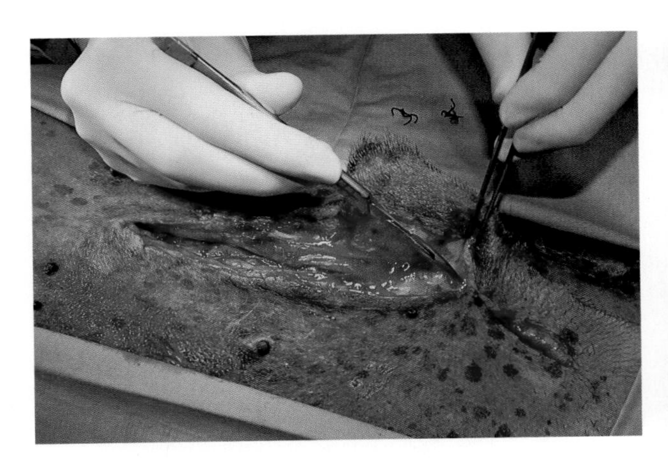

图3-134 第2次手术时，拆除第1次手术时的腹壁切口缝线，打开腹腔，注意避免损伤而造成与腹壁的粘连。

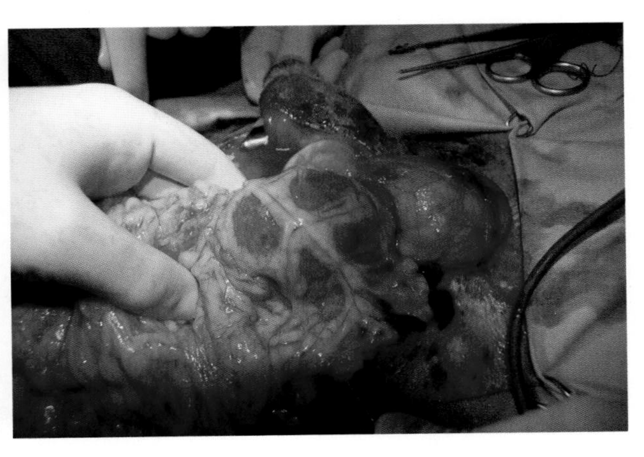

图3-135 轻轻移除包裹在膀胱上的网膜。

仔细分离粘连的膀胱，注意避免意外损伤输尿管（图3-136）。

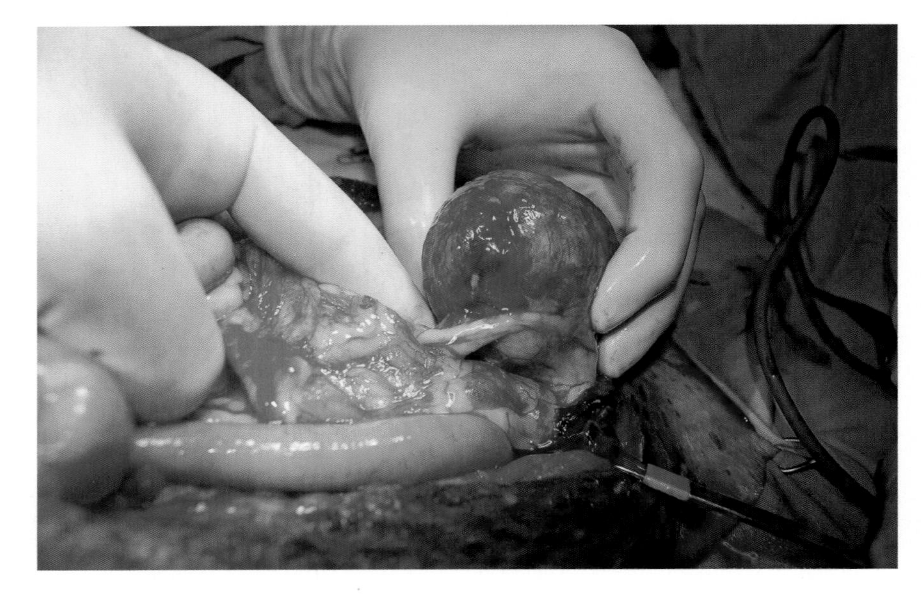

图3-136 用手指从网膜中将粘连的膀胱分离出来，使损伤降到最低。

在膀胱尾端、靠近膀胱颈的位置，可见到之前的缝线已经裂开（图3-137）。

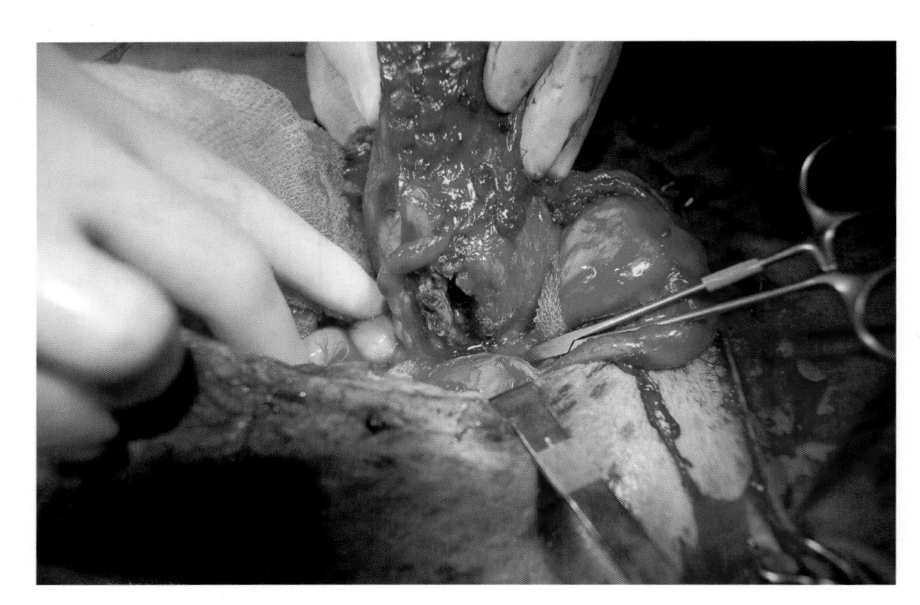

图3-137 膀胱颈部附近损伤，导致尿液进入腹腔内。

移除之前手术位置的缝线后，可见一块几乎充满整个膀胱腔的大血凝块（图3-138）。

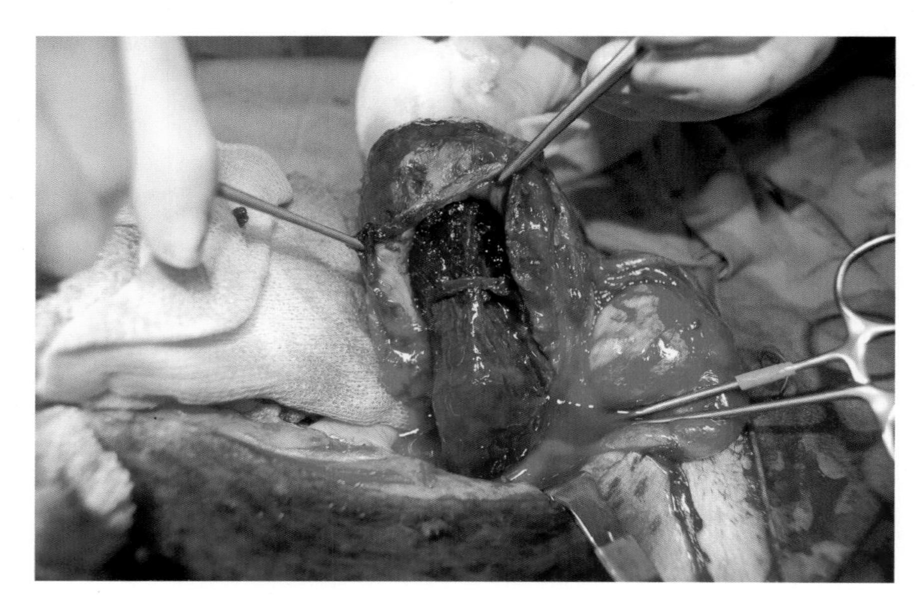

图3-138 在膀胱里发现一个大血凝块，立即将其移除。

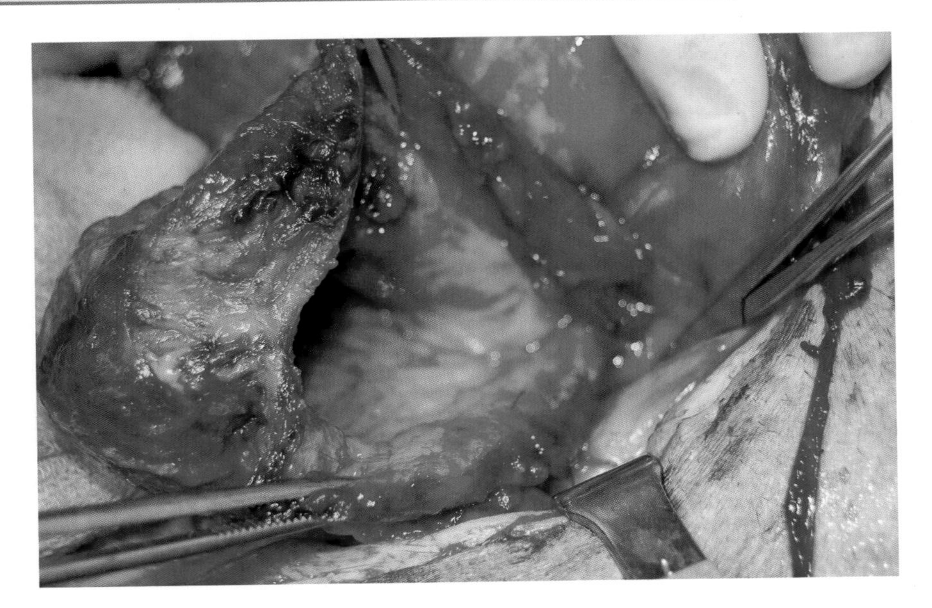

检查膀胱发现顶部（近头端）有坏死。需要将坏死的组织切除，因为这将导致尿液渗漏（图3-139）。用剪刀剪除缺血性组织至边缘良好的血管周围标志是切除时膀胱壁有出血（图3-140）。

图3-139　本图显示膀胱顶部坏死的区域。

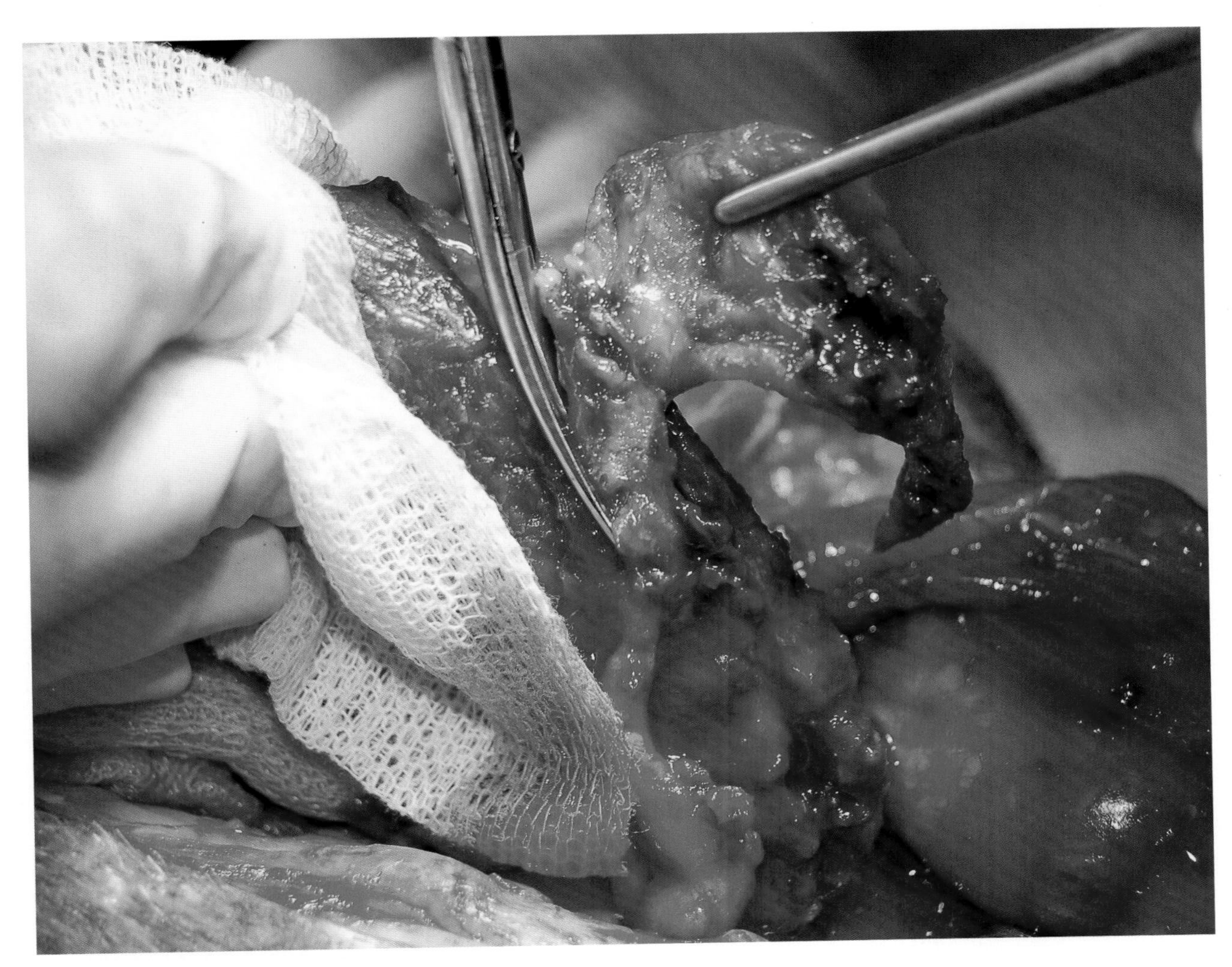

图3-140　用剪刀去除膀胱顶部坏死的区域，膀胱切口边缘有出血。

用单丝合成可吸收缝线和无损伤圆针以连续锁边缝合的方式闭合膀胱（图3-141、图3-142）。

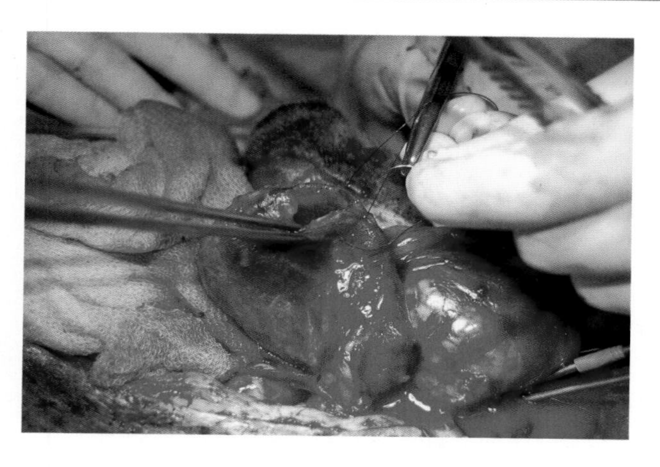

图3-141　连续锁边缝合并将缝线穿过前一针缝合留下的缝线环，使缝线连在一起。

Ford连续锁边缝合技术较之单纯连续缝合速度快，切口边缘对合良好，密闭性好且更牢固

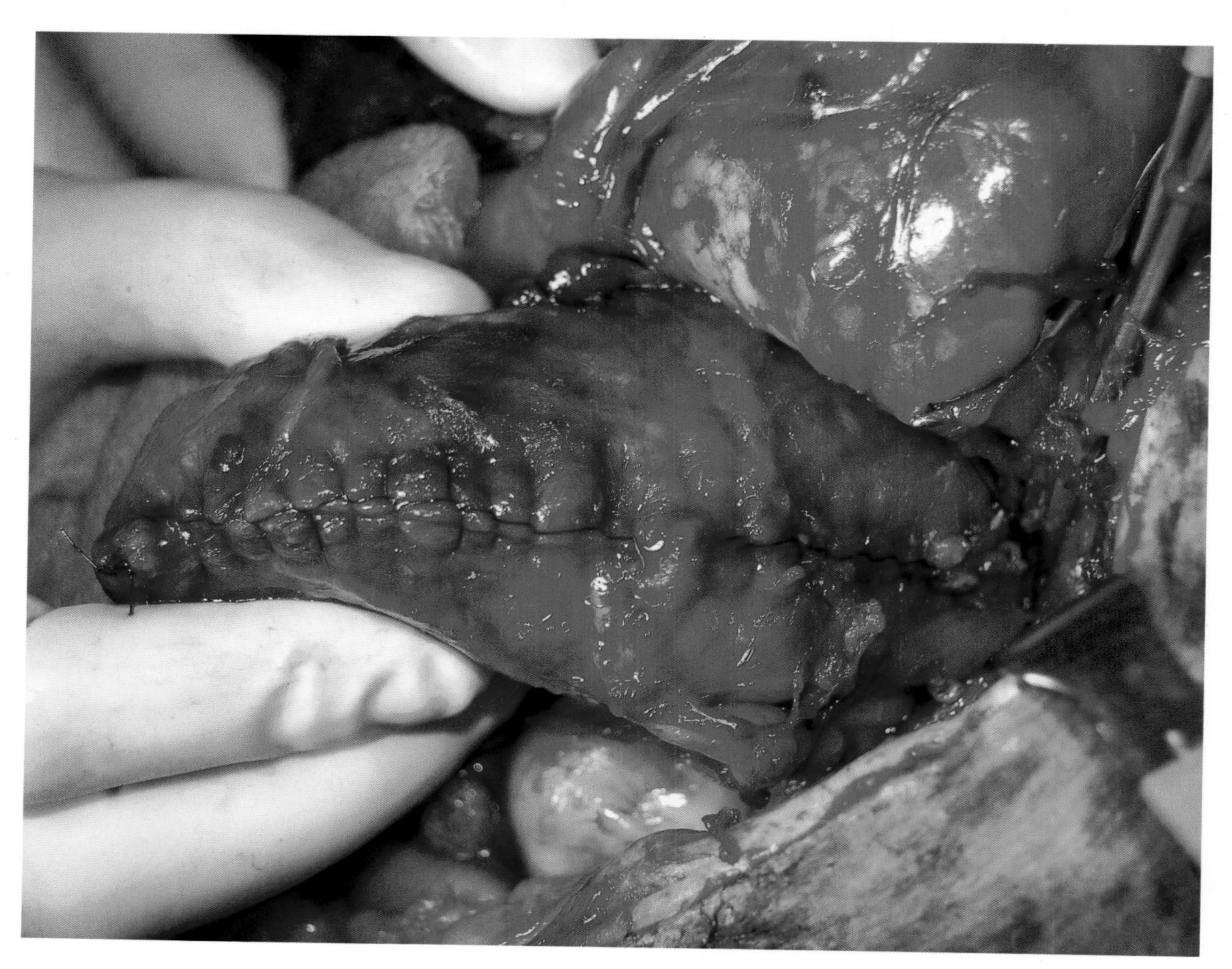

图3-142　连续锁边缝合与单纯连续缝合相比，可防止泄漏，其抗张力强度更大。

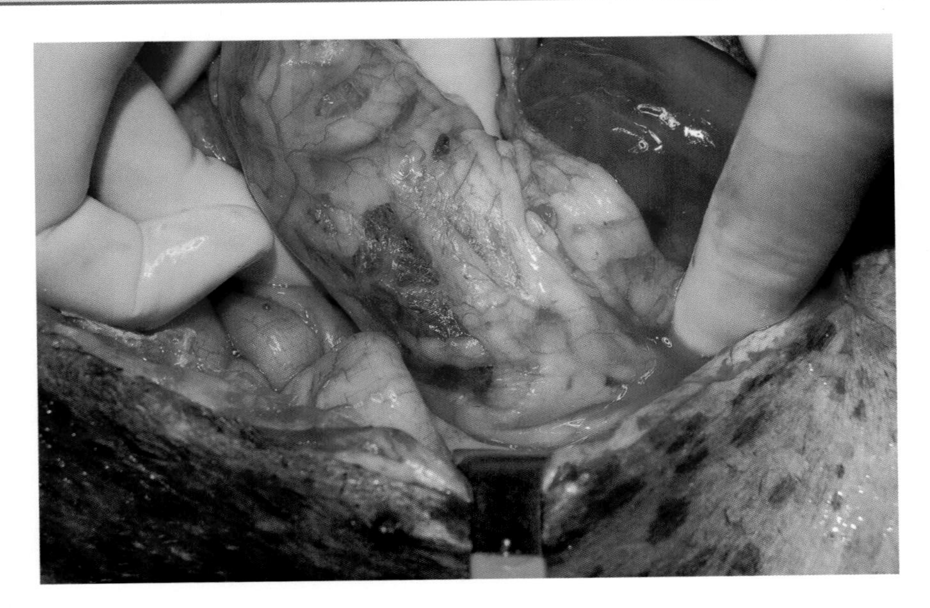

闭合腹腔切口之前，对膀胱进行网膜化（图3-143），并用温的无菌生理盐水对腹腔进行彻底冲洗。术后留置腹膜透析管，对腹腔进行连续灌洗。

图3-143 用网膜覆盖膀胱以降低与附近组织发生粘连的风险，并可促进膀胱损伤的愈合。

**术后**

腹膜透析用22 mL/kg温乳酸林格氏液，每8h重复1次。血液生化指标恢复正常，3d后由患犬的主治兽医进行术后护理。手术8d后，Boris因为无法排尿再次就诊。表现出严重的里急后重，仅滴出几滴尿液。

腹部超声检查显示，另一个大的血凝块堵塞了膀胱出口并扩展到附近尿道。由于导尿管插入术较易实施，所以，尝试用尿激酶灌洗膀胱溶解血凝块。连续重复使用3d。

**尿激酶灌洗膀胱**：①膀胱插管并用无菌生理盐水充分冲洗膀胱，排除尿液及小的血凝块。②用100mL无菌生理盐水溶解50 000IU尿激酶。③排空膀胱后，由导管注入尿激酶溶液，关闭导管并放置20min。④排出尿激酶溶液并用大量的无菌生理盐水冲洗膀胱。⑤重复步骤②、③和④。

3d后超声检查结果令人满意。3周后患犬康复，最初不正常的血液检查结果已恢复正常。

**病例讨论**

造成膀胱缺血性损伤的原因并不确定，可能在兽医治疗之前，膀胱就已经发生了缺血性病变。在这些病例中，移除阻塞物时发生膀胱破裂的原因极有可能是阻塞物引起的损伤，而并非医源性原因。因此，我们建议插入导管和/或用水压冲洗尿结石使其返回膀胱后，用碘化造影剂检查膀胱的完整性。

血凝块形成并充满整个膀胱，甚至阻塞尿路是这些病例罕见的并发症，应考虑到这种情况的发生。

较好的选择是使用纤维蛋白溶解剂，避免再次手术去除血凝块，再次打开膀胱会导致进一步的出血。

## 医源性膀胱破裂

技术难度 ■■■□□□

Eiko，6岁，雄性迷你雪纳瑞犬（图3-144），有复发性尿道阻塞病史，曾通过膀胱镜检查和导管插入进行过反复治疗。后腹部X线片显示膀胱和尿道有多个结石（图3-145）。

采用尿道水压冲洗将结石冲回到膀胱中，解除阻塞，以减轻临床症状。随后实施膀胱切开术。

> 尿道水压冲洗的最大风险是膀胱破裂，可能由于炎症，膀胱壁已经变得脆弱了

患犬就诊时呈现衰弱的状态。基于病情的恶化，进行了血液学检查。检查结果显示，医源性膀胱破裂引起了明显的尿毒症。膀胱造影也证实存在膀胱破裂（图3-146）。

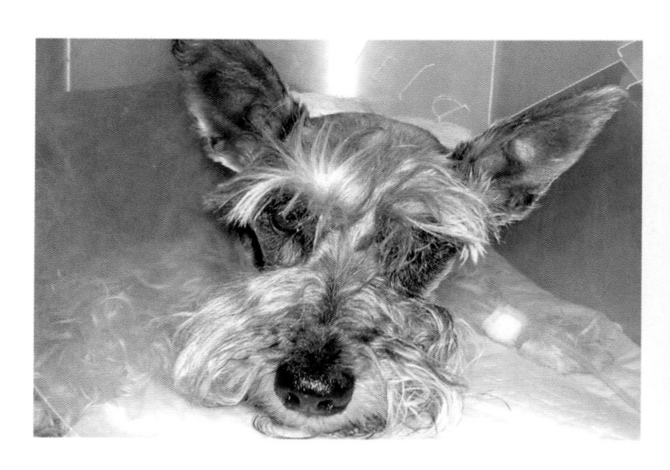

图3-144　在住院病房中的患犬。

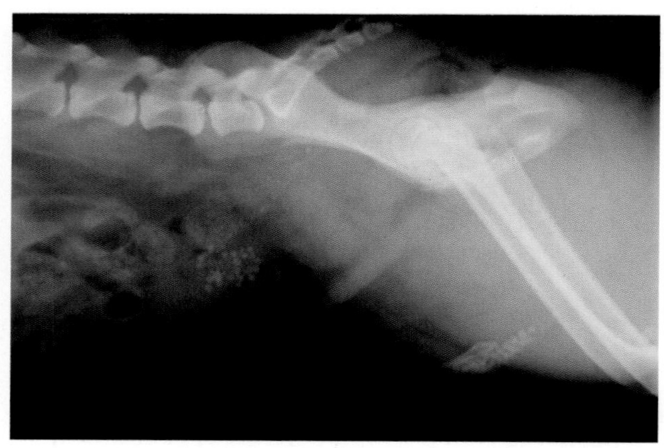

图3-145　腹部侧位X线平片显示，尿道和膀胱有结石，膀胱壁明显增厚。

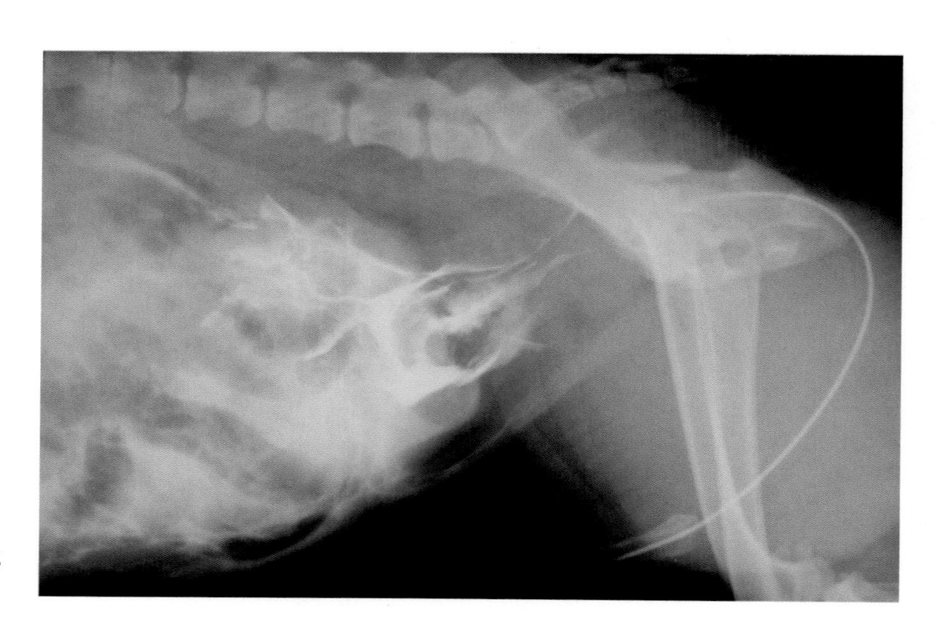

图3-146　渗漏进入腹腔的碘化物造影剂确证了膀胱破裂。

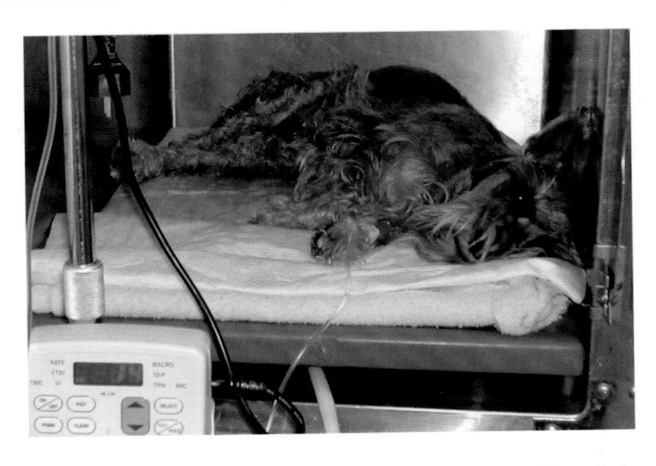

图3-147 术前给Eiko补液，使血钾和尿素保持正常水平，改善其全身状况。

在对膀胱破裂进行手术修复之前，有必要对患犬进行补液及腹腔透析，以改善其全身状况（图3-147），然后施行剖腹术，移除结石和修复膀胱破裂（图3-148至图3-154）。

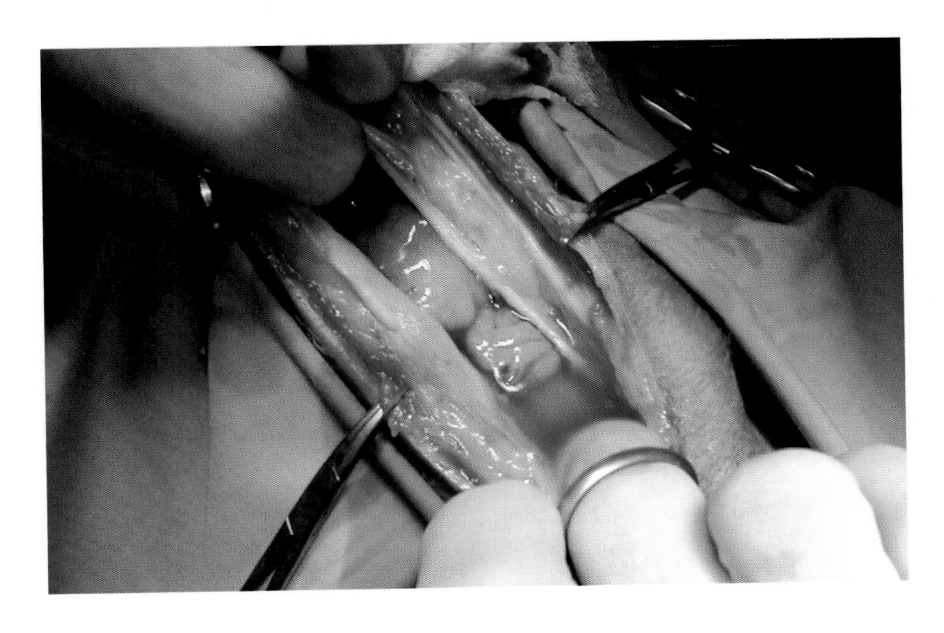

图3-148 后腹部腹中线切口，常规打开腹腔，显露膀胱。公犬则取腹中线旁切口。手术过程中保持膀胱插管。打开腹腔时，腹腔内若有游离液体，可用生理盐水灌洗腹腔。

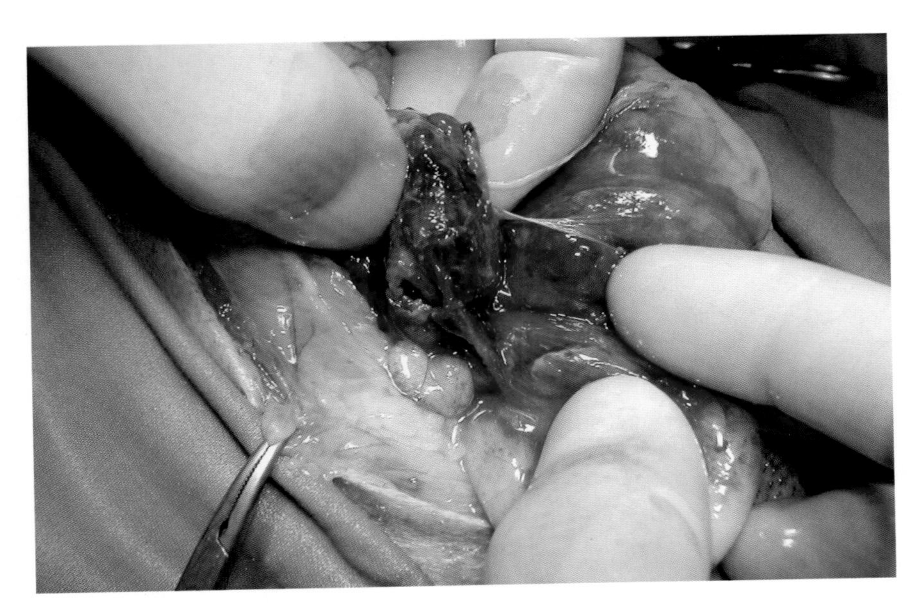

图3-149 向外牵引膀胱时，发现膀胱与周围组织发生粘连。粘连的颜色表明已接触尿液多日，这说明在进行尿道水压冲洗前膀胱就已受损。对粘连采取钝性剥离。

> ✱ 在闭合所有中空的腹部器官后，建议采取网膜化措施。网膜作为一种非常好的生物绷带，可防止粘连，也可快速阻止缝线处的渗透

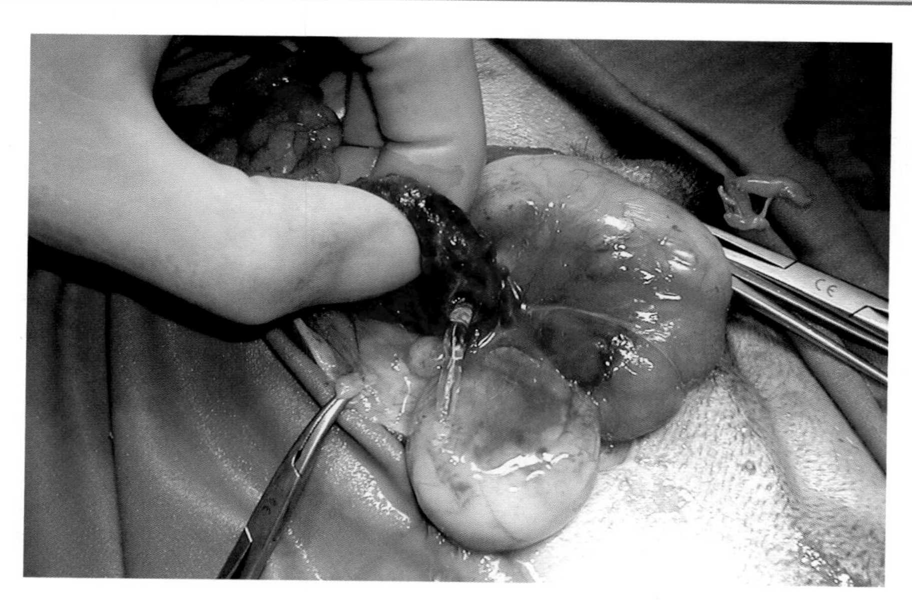

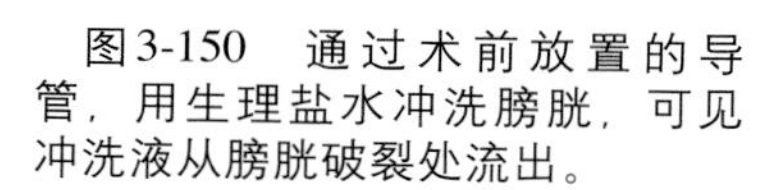

图3-150 通过术前放置的导管，用生理盐水冲洗膀胱，可见冲洗液从膀胱破裂处流出。

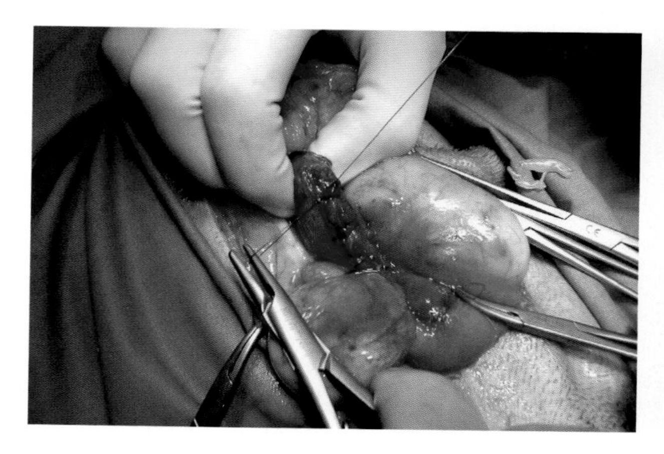

图3-151 用手术剪将膀胱破裂的边缘修剪整齐，用常规方式闭合膀胱缺口，即第一道用单丝合成可吸收缝线进行单纯连续缝合。

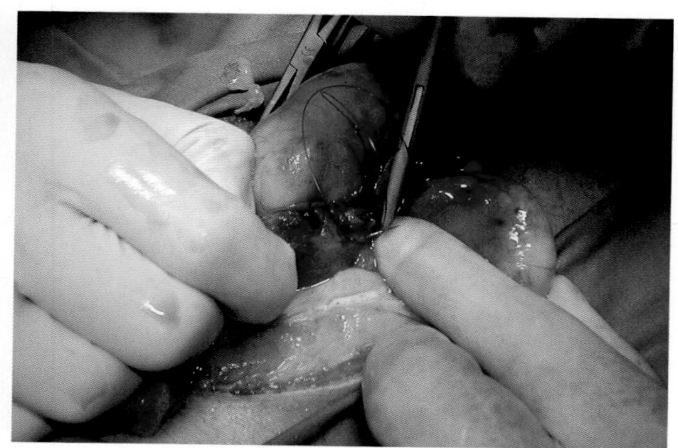

图3-152 第二道用水平连续内翻缝合。

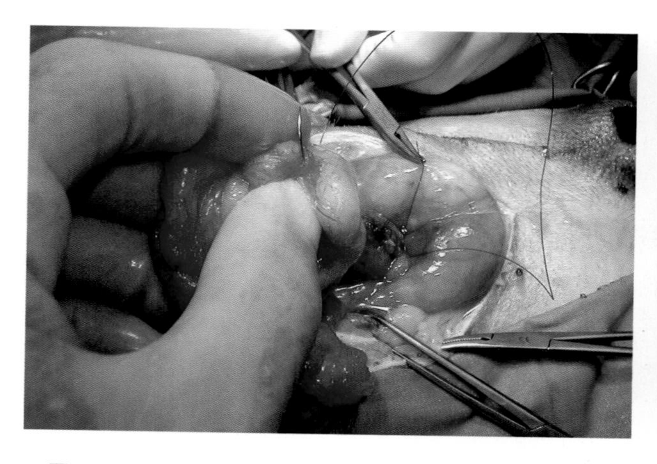

图3-153 闭合腹腔前，对膀胱的缝合处进行网膜化，以防止粘连。用两针缝合将网膜固定在膀胱壁上。

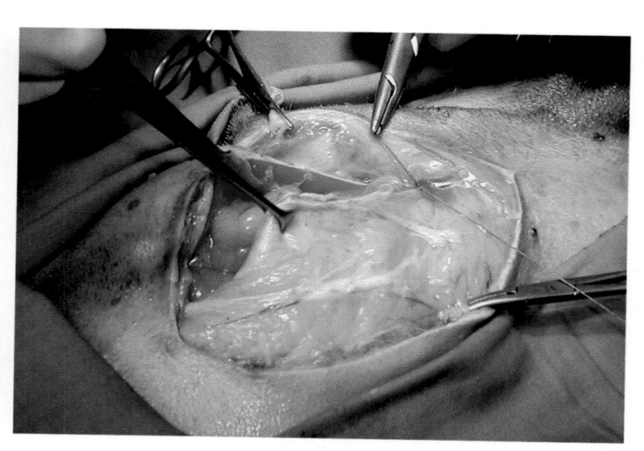

图3-154 最后，常规闭合腹壁切口。患犬恢复令人满意。

## 切除与修复：胃膀胱成形术

技术难度

使用血管化的胃或肠段进行膀胱修复，从而扩大膀胱储存尿液的能力。

Shilkam，4岁，雄性德国牧羊犬，绝大部分膀胱已切除，由于部分膀胱缝线裂开而导致尿失禁和腹腔积尿。主治兽医认为是膀胱扩张（图3-155、图3-156）。

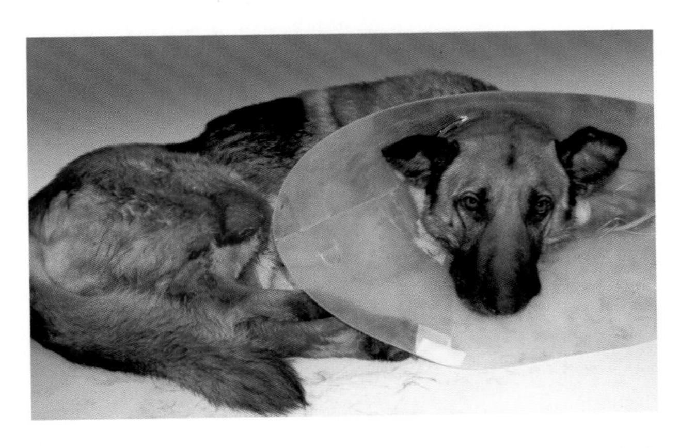

图3-155　Shilkam表现精神沉郁、脱水，有液体从腹壁切口处流出。

在改善患犬全身状况后，通过腹中线切口打开腹腔，切口大小以能显露胃和膀胱为宜。

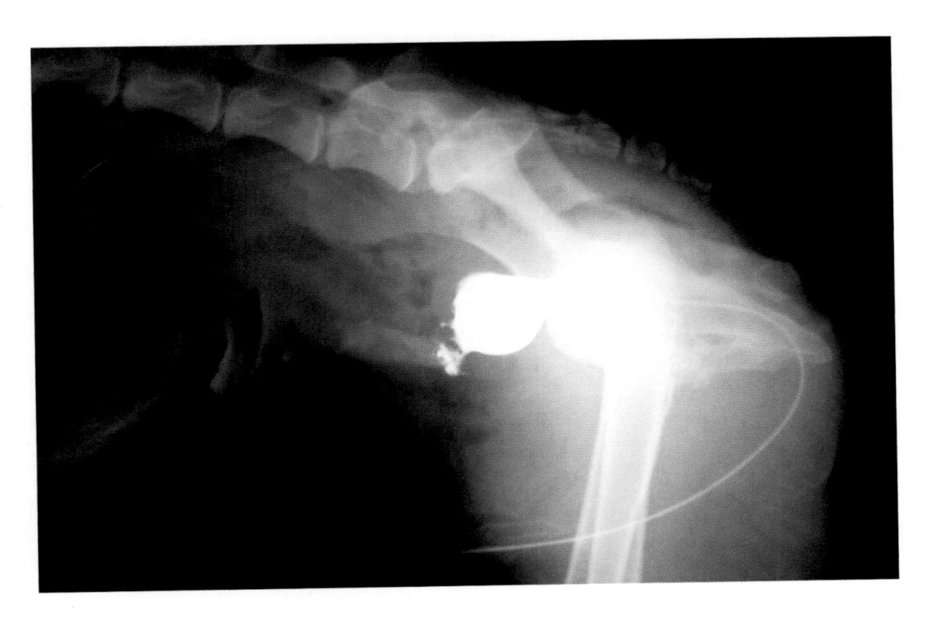

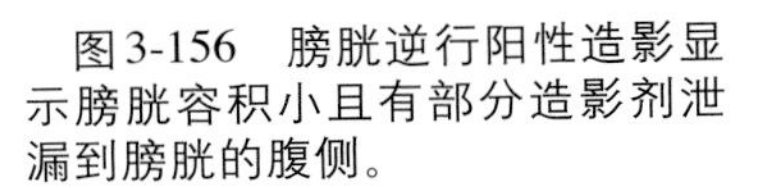

图3-156　膀胱逆行阳性造影显示膀胱容积小且有部分造影剂泄漏到膀胱的腹侧。

后腹部检查发现腹腔中有尿液，膀胱内有少量残余尿液（图3-157）。

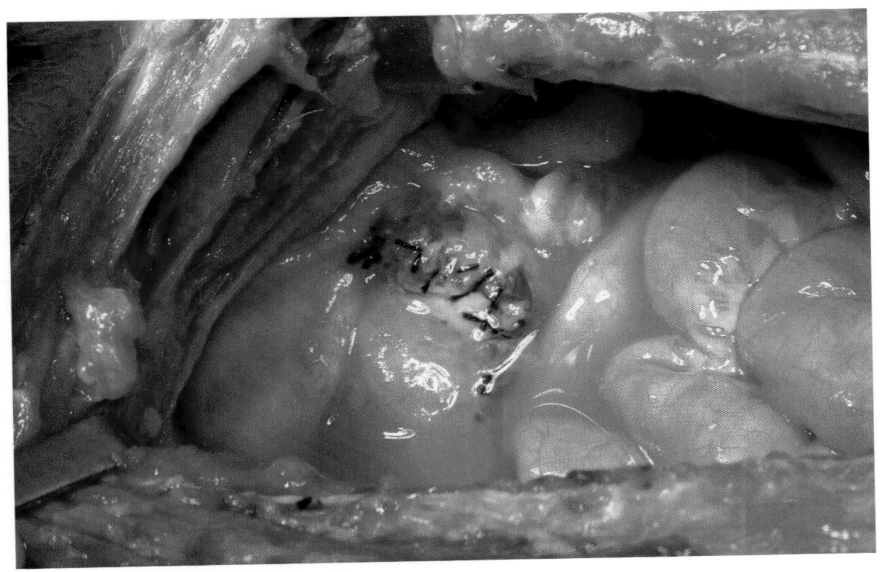

✱ 对腹腔进行充分灌洗和抽吸，彻底排除腹腔中的尿液，减轻对腹膜的化学刺激

图3-157　尿液引起的腹膜炎和以前手术残留的缝线。

在腹前部找到沿胃大弯走向的胃短血管（来自脾脏，见图3-158）。

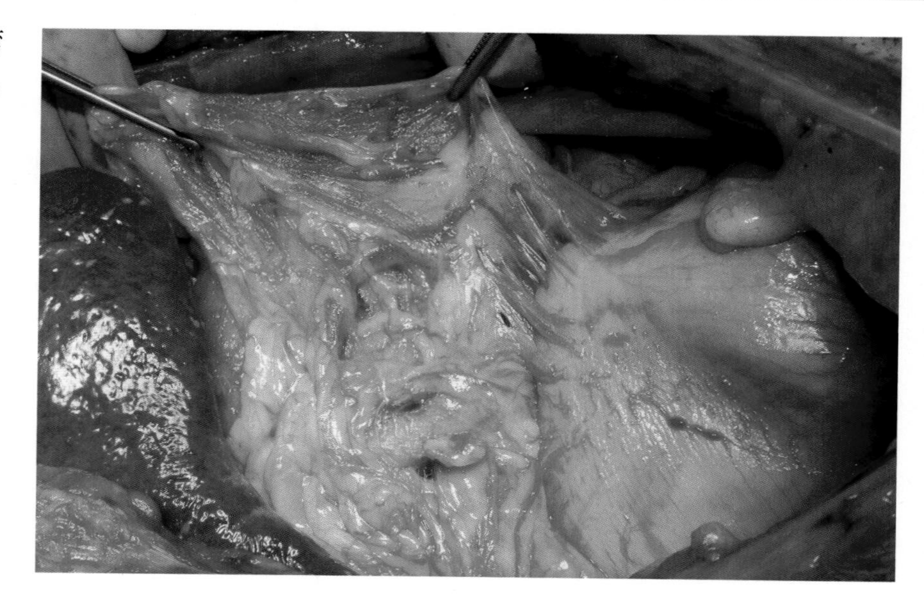

图3-158 显示沿胃大弯走向的不同血管。选最长的那支血管。

选择一根又长又直的胃血管（图3-159、图3-160）并识别出该血管在胃上分布的区域。

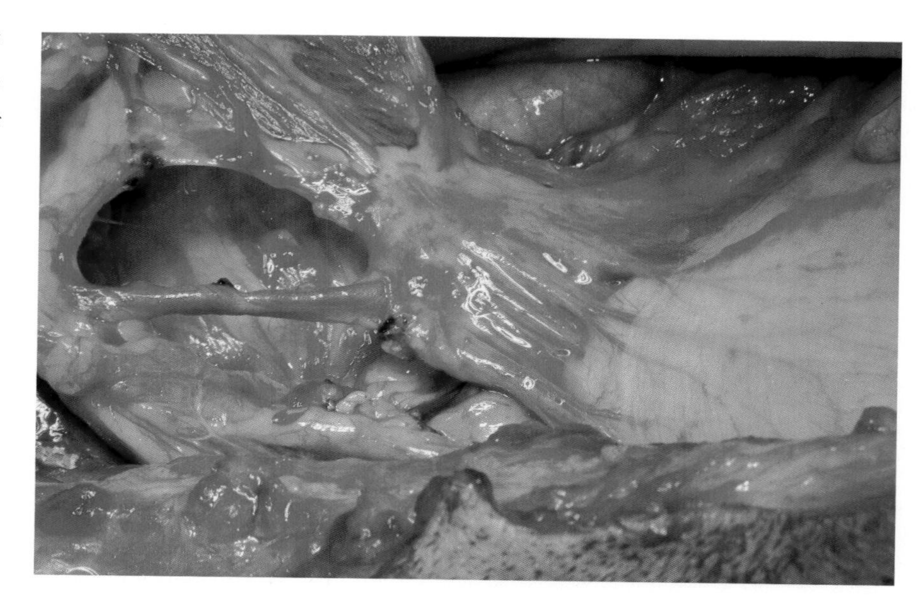

图3-159 分离出胃大弯处源自于脾脏血管的动脉和静脉。

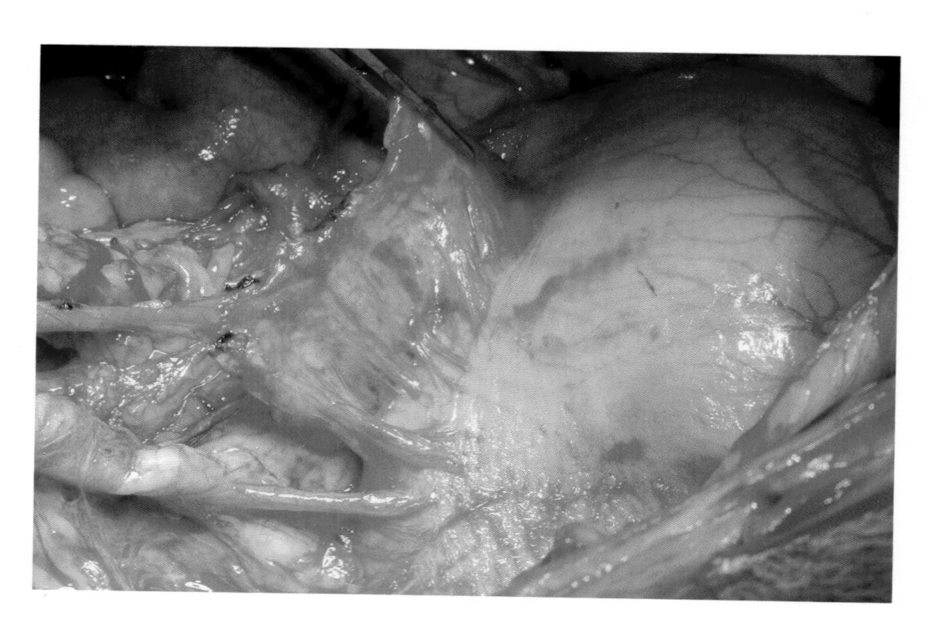

图3-160 对选定的血管进行灌注，识别出该血管在胃的分布区域。

用2个无损伤钳夹持选定的这部分胃，使之与胃的其他部分隔离（图3-161），并用手术刀做一个7cm × 7cm的切口（图3-162）。

用手术剪将选定区域胃的浆膜肌层与黏膜分离（图3-163），并用蘸有生理盐水的棉签进行清洗。双层连续缝合闭合胃切口，第1层是包括黏膜下层的单纯缝合，第2层是包括肌层和浆膜的水平褥式缝合（图3-164）。

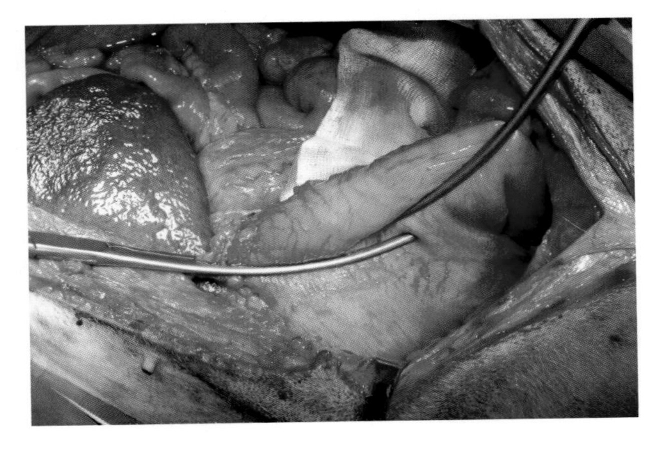

图3-161　无损伤钳夹持胃体的选定区域，以防止胃内容物泄漏进入腹腔。

> ✱ 最好是只切开浆膜和肌层而不要切开黏膜，但由于组织非常松弛，要做到这一点并不容易

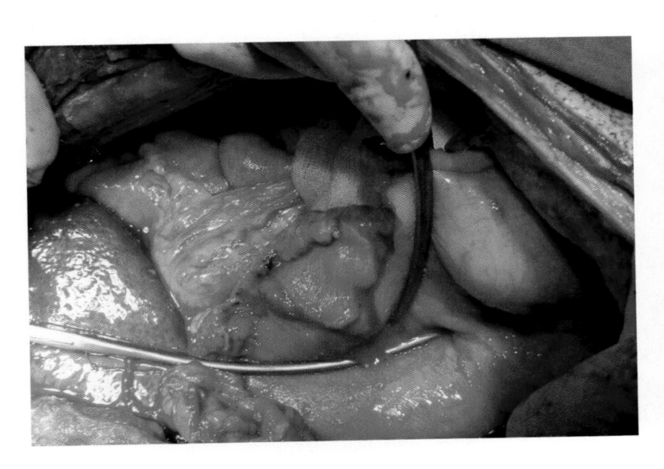

图3-162　7cm × 7cm的方形切口。

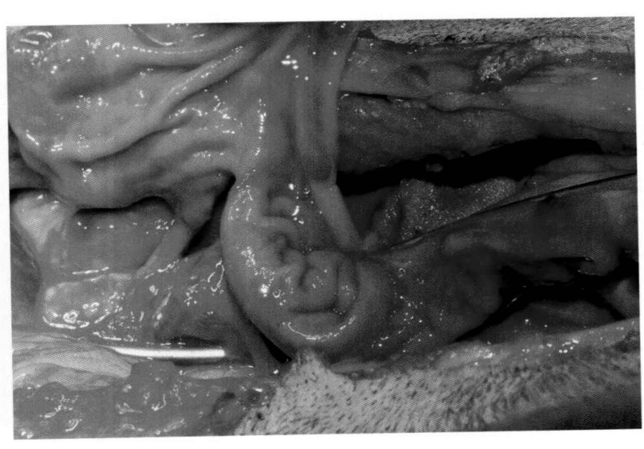

图3-163　在本图上部可看到用剪刀剪出的胃瓣。

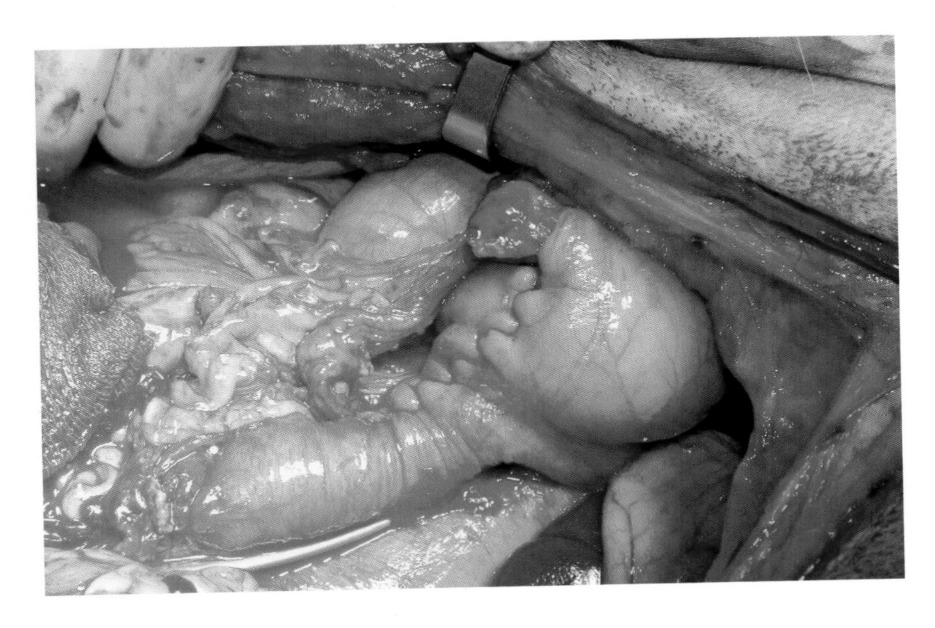

图3-164　用单丝合成可吸收缝线对胃切口分两层进行缝合，要确保第1层缝合时缝线不穿过胃黏膜。

将胃瓣向后腹部牵引，确保供血的血管不受张力的影响（图3-165）。

图3-165 将胃瓣向后腹部牵引时，确保血管没有张力。

去除黏膜瓣，以防胃黏膜分泌盐酸损伤膀胱（图3-166）。

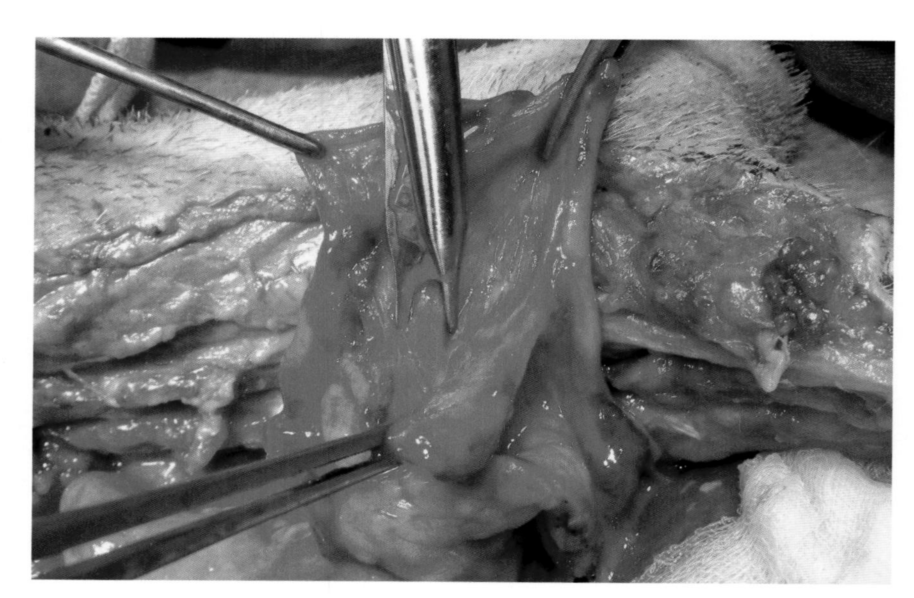

图3-166 彻底去除胃瓣上的黏膜，以防分泌盐酸。

用单丝合成缝线进行双层连续缝合，将膀胱连接到胃瓣上进行膀胱修复（图3-167至图3-169）。

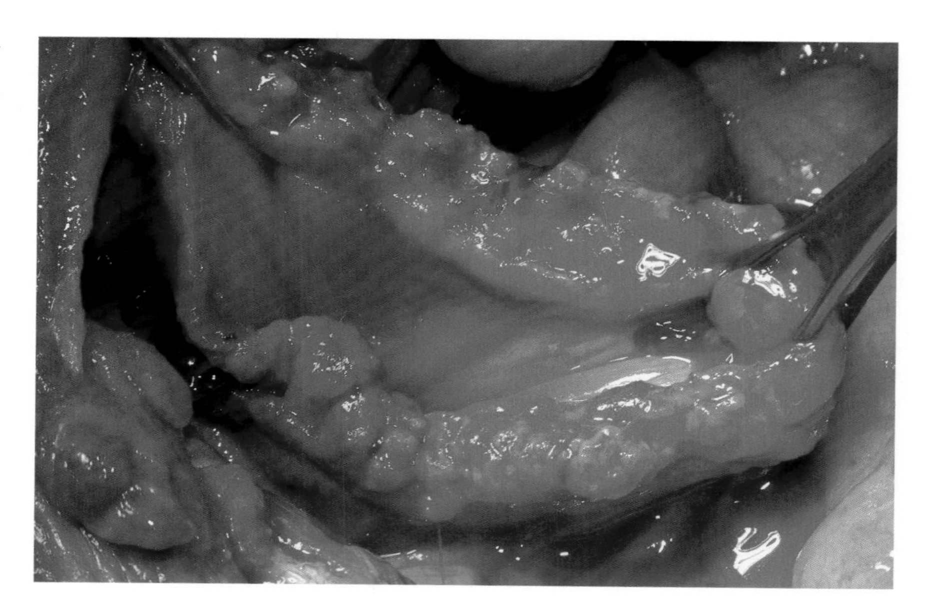

图3-167 拆除膀胱上原来的缝线后，可见膀胱很小。

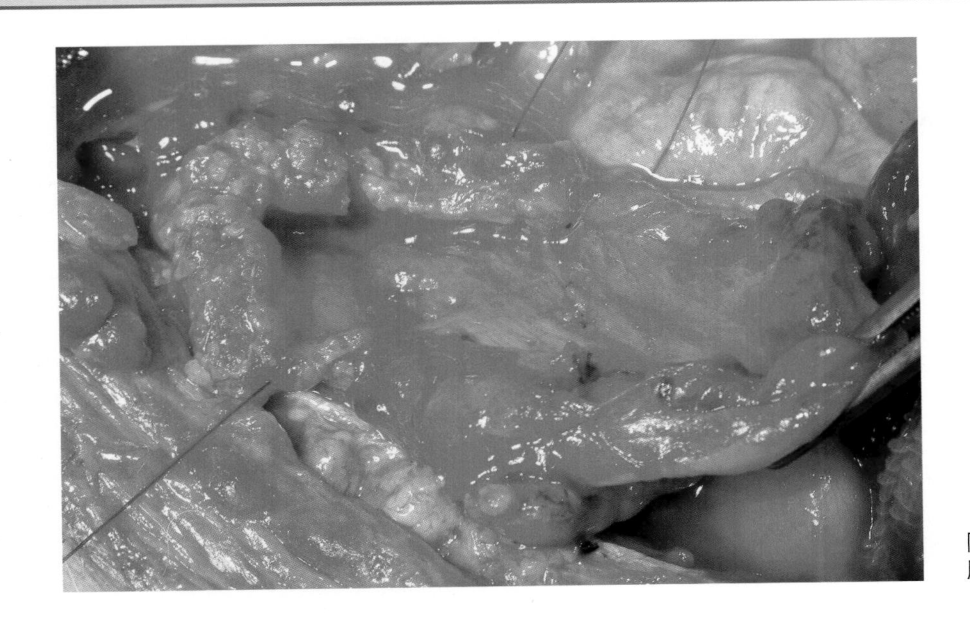

图3-168　在背侧做一针缝合，随后用连续缝合对尾侧的胃和膀胱进行吻合。

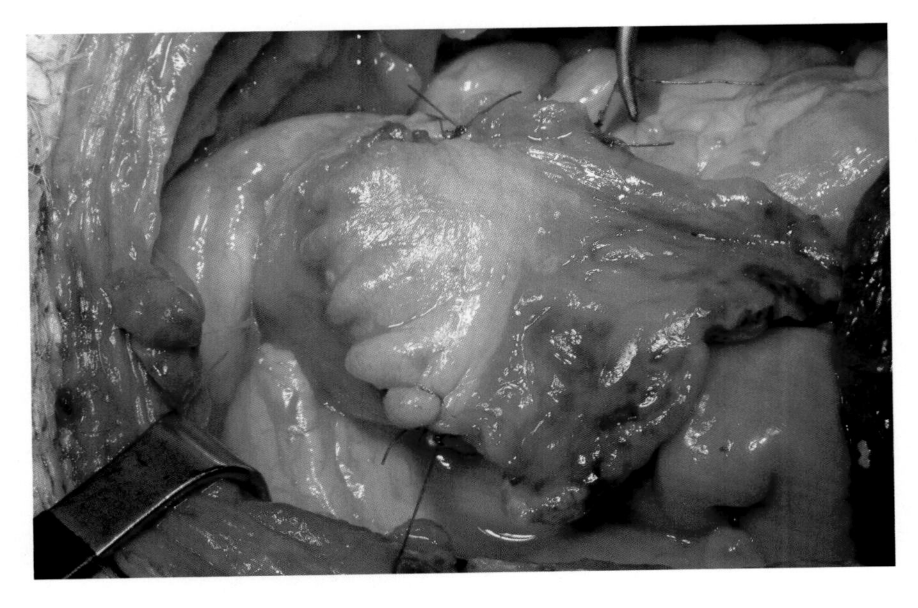

图3-169　缝合近头端完成膀胱修复。

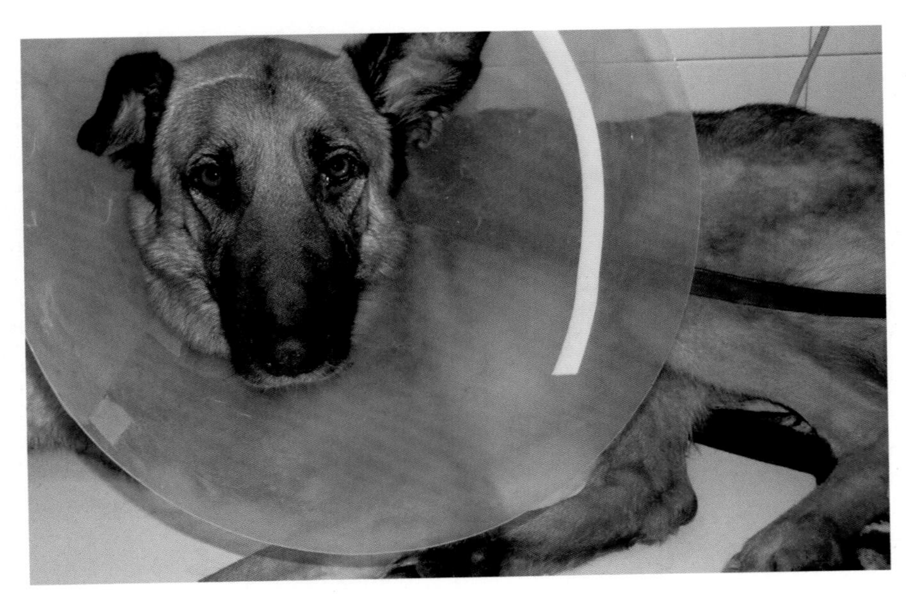

腹腔灌洗之后，常规闭合腹壁切口，不必留置腹腔引流管。

患犬的恢复令人满意（图3-170）。术后第1天，储尿时间为4 ~ 5h，但在4周之后，储尿时间增加到8 ~ 10h。患犬的超声复查显示胃瓣充分灌注，膀胱上皮化良好。

图3-170　Shilkam血液指标恢复正常，术后3d出院。

## 泌尿系统的器官和血管

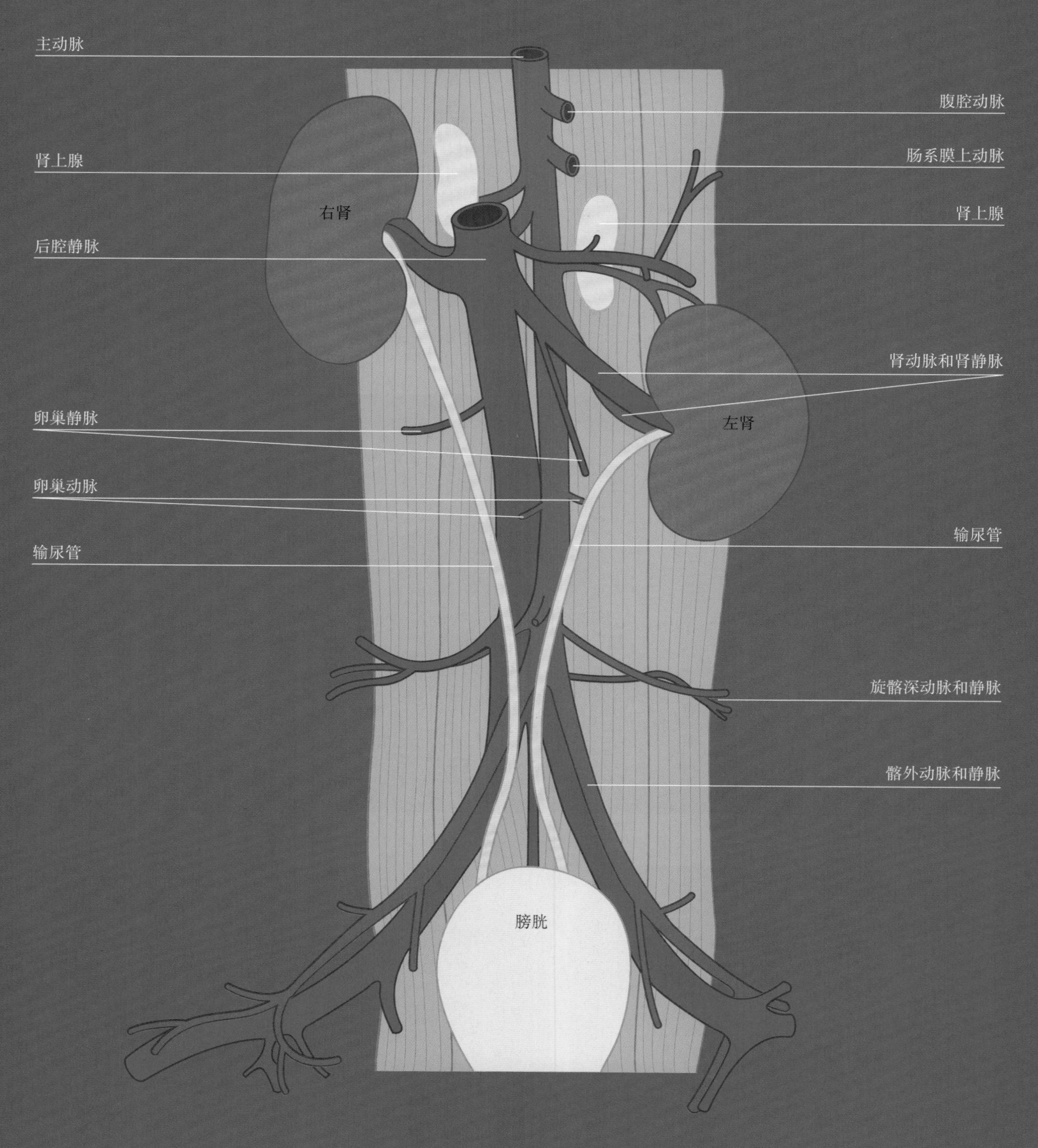

主动脉
腹腔动脉
肾上腺
肠系膜上动脉
右肾
肾上腺
后腔静脉
肾动脉和肾静脉
左肾
卵巢静脉
卵巢动脉
输尿管
输尿管
旋髂深动脉和静脉
髂外动脉和静脉
膀胱

# 第四章　输尿管疾病及其治疗

## 输尿管积水：医源性狭窄

病例1　医源性输尿管周围纤维化

病例2　输尿管周围纤维化：输尿管切除术和端端吻合术

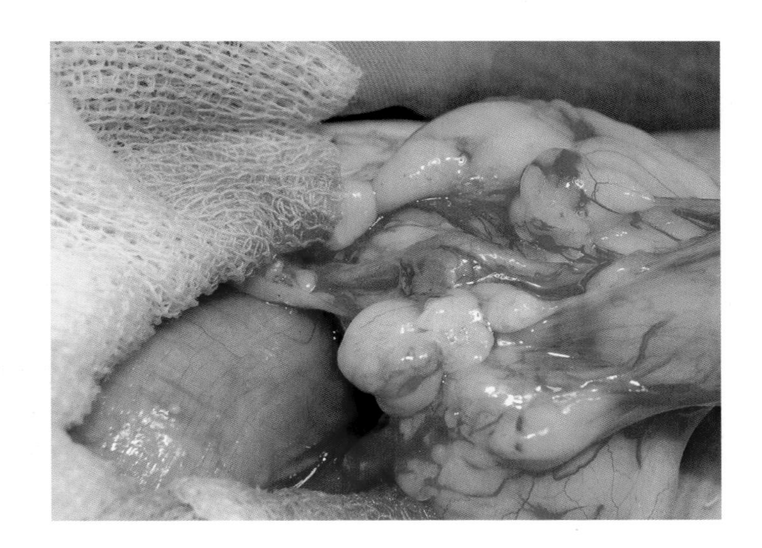

## 输尿管异位

壁内输尿管异位：输尿管膀胱吻合术

病例　壁内输尿管异位

壁外输尿管异位：输尿管膀胱吻合术

病例　壁外输尿管异位

肾切除术

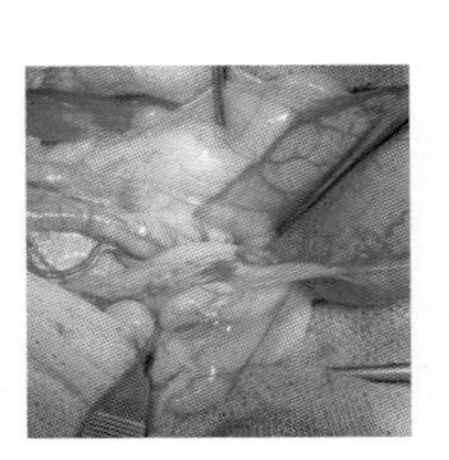

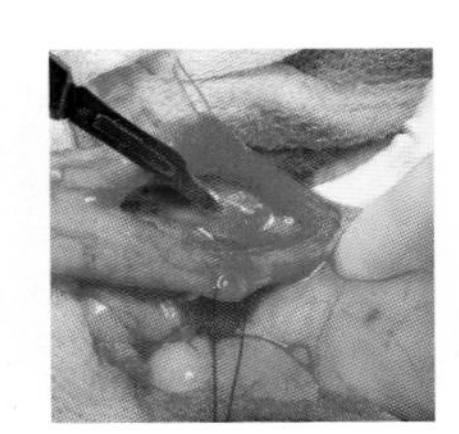

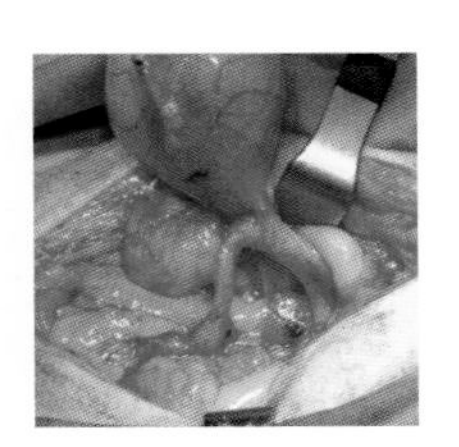

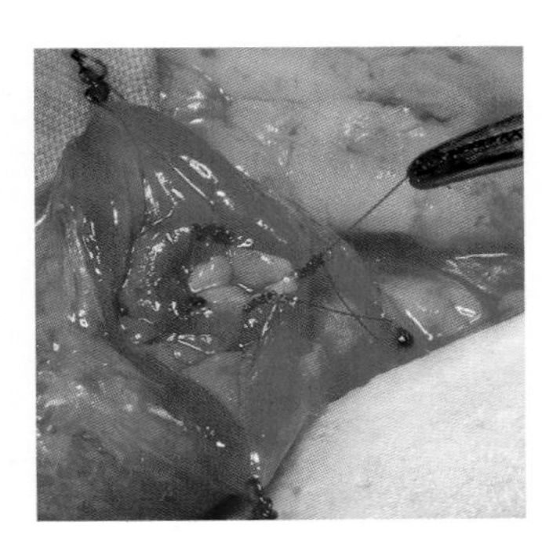

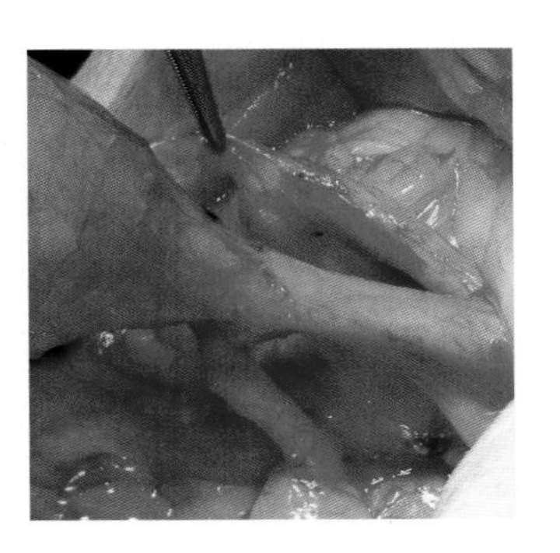

犬肾脏和输尿管示意图

肾小囊
肾皮质
髓质
肾小盏
小叶间动脉
肾盂
肾静脉
肾动脉
输尿管
外膜
平滑肌
黏膜

输尿管膀胱再植术

膀胱壁
输尿管斜孔
输尿管
膀胱腔

# 输尿管积水：医源性狭窄

患病率

发生输尿管扩张或输尿管积水时（图4-1、图4-2），输尿管中尿液排出不畅。导致此现象的原因可能有：

- ■输尿管异位。
- ■膀胱肿瘤。
- ■输尿管或膀胱结石。

外科手术尤其是卵巢子宫切除术引起的继发性损伤。后腹部手术后可能发生的并发症包括：

- ■输尿管意外结扎导致输尿管积水。
- ■非吸收性复丝材料的使用导致瘘管和组织纤维化。
- ■子宫残端与膀胱粘连，继而导致尿失禁。

前两个并发症是手术方法导致的直接后果，这正是实施手术和选用材料时应当谨慎的原因。

* 输尿管阻塞导致尿潴留及继发性肾损害

尿液无法从输尿管顺畅排入膀胱，将首先导致输尿管积水，然后引起肾盂积水这可能会通过上行性感染促进肾盂肾炎的发生

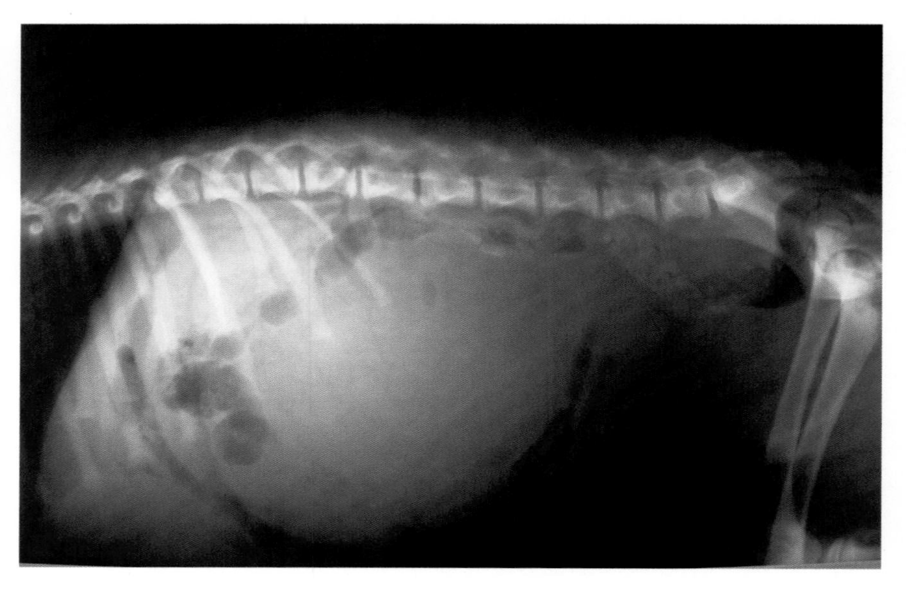

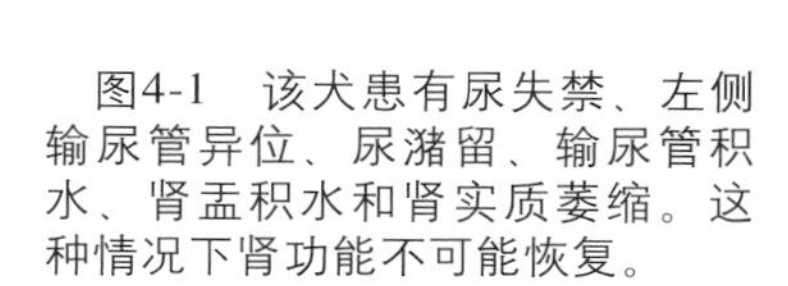

图4-1　该犬患有尿失禁、左侧输尿管异位、尿潴留、输尿管积水、肾盂积水和肾实质萎缩。这种情况下肾功能不可能恢复。

图4-2　继发于肾积水的肾实质萎缩。肾盂尿潴留导致肾实质扩张和损坏。

如果出现这些并发症，应尽早诊断并实施适当的手术，以避免发生不可逆转的肾衰竭（图4-3至图4-6）。

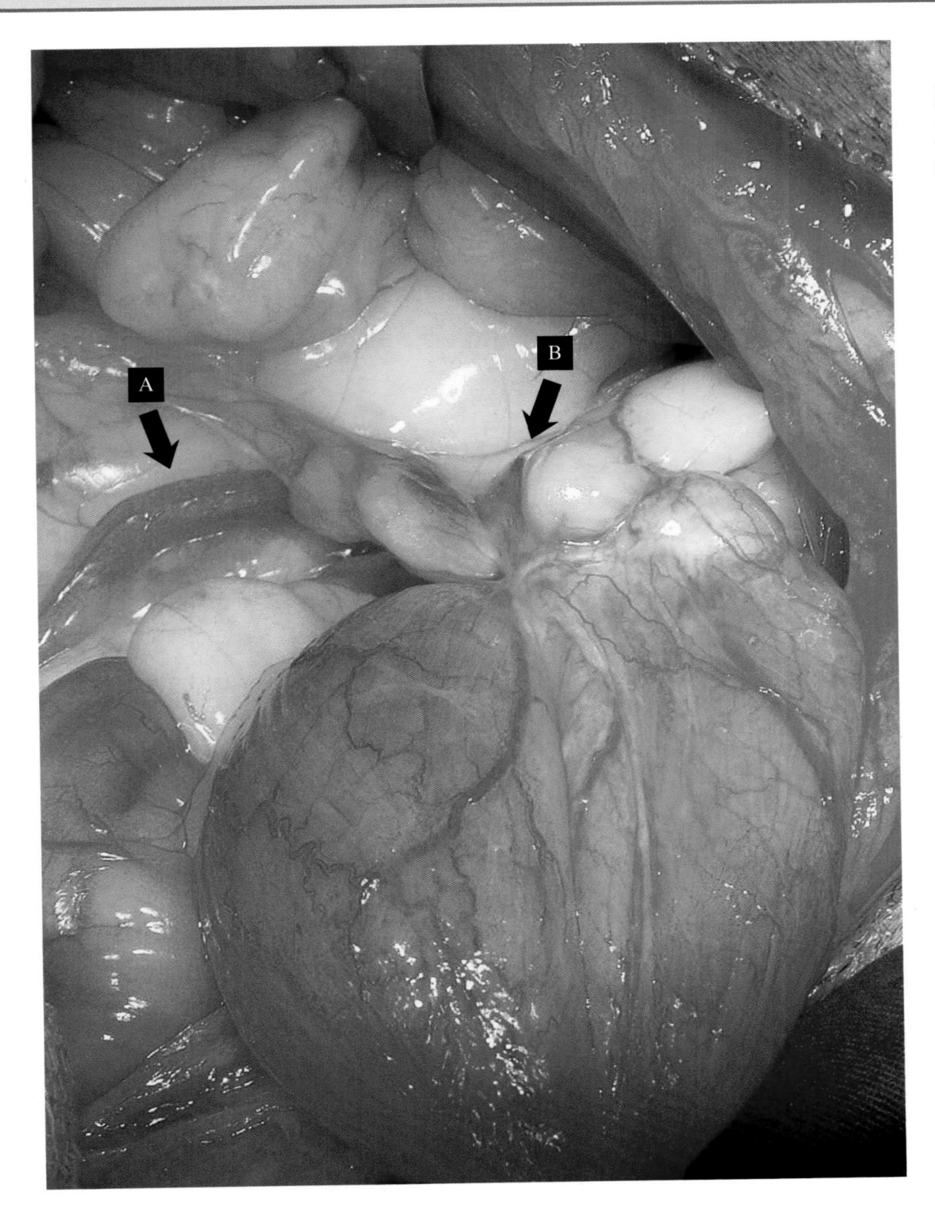


图4-3　输尿管积水。
A.继发于膀胱纤维化　B.造成膀胱三角区入口附近的输尿管阻塞。这一并发症出现于卵巢子宫切除术后

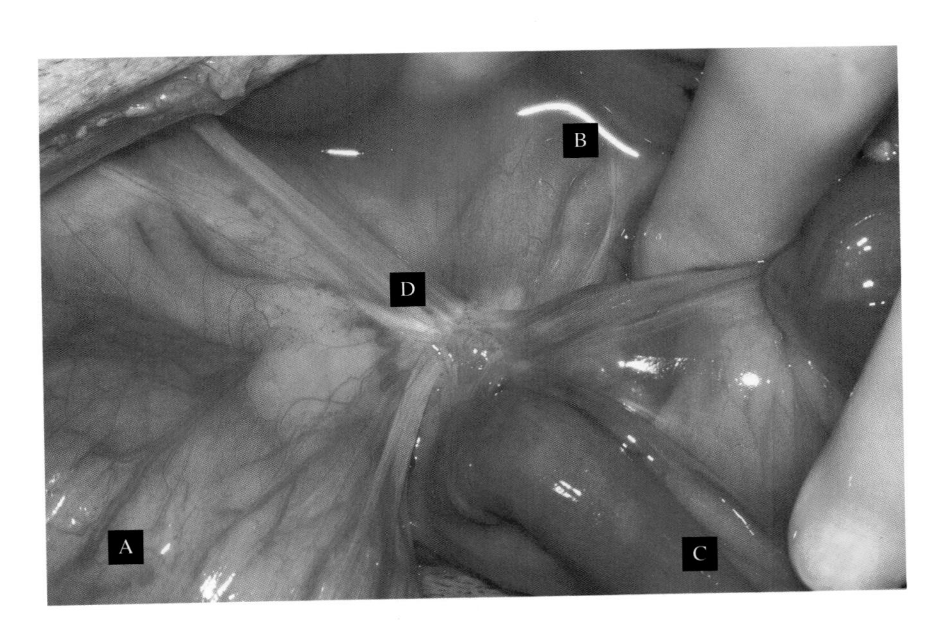


图4-4　右侧输尿管扩张，由继发于膀胱背侧瘢痕组织的尿潴留引起。
A.膀胱　B.右侧输尿管积水　C.纤维化的肠管　D.阻塞尿液进入膀胱的纤维组织

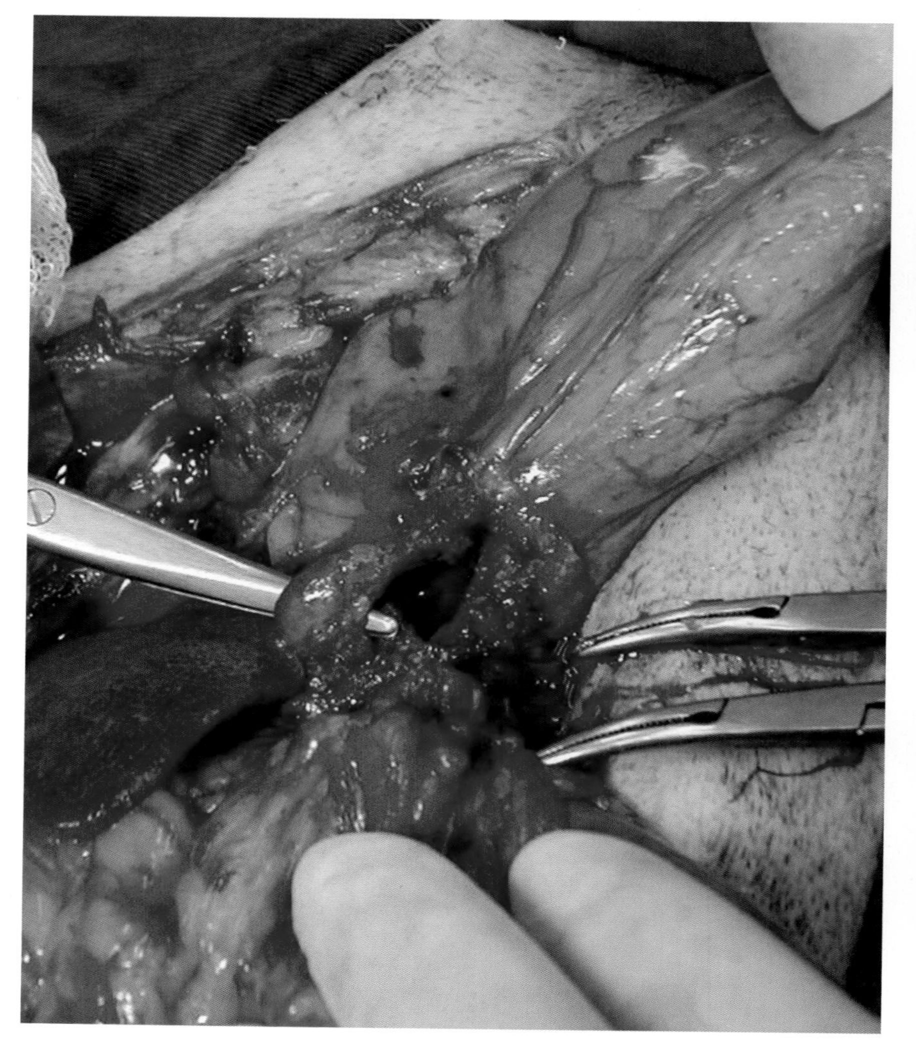

图4-5 子宫蓄脓患犬接受卵巢子宫切除术后，因非吸收性缝合材料的存在而导致过度纤维化，进而引起输尿管尿潴留。

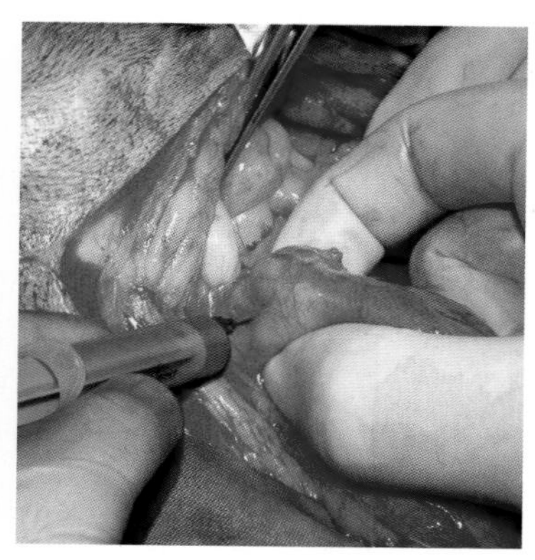

图4-6 在手术中，对引起输尿管尿潴留的膀胱增生进行细针穿刺抽吸活检，以确诊增生物的组织来源。本病例输尿管周围纤维化是由外源性异物肉芽肿所致，源于前期手术中非吸收性缝合材料的使用。

为预防这些并发症，应采取所有可能的措施，包括严格消毒、正确识别腹部结构和使用可吸收材料

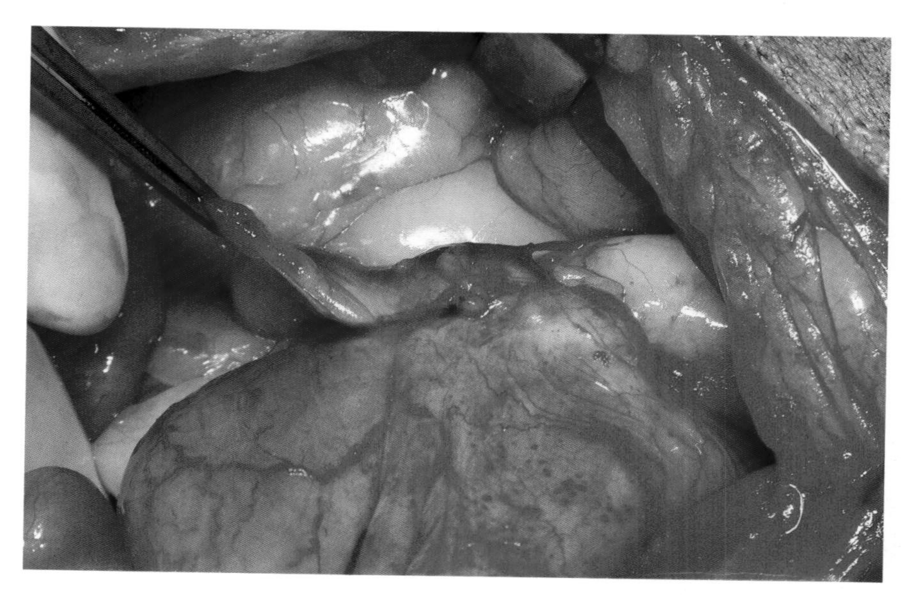

粘连会限制尿液输送过程中输尿管的扩张，因此，手术中要避免粘连的发生(图4-7)。如果因肾实质完全损害而继发的肾损伤严重且不可逆转，建议切除受累的肾脏。

图4-7 清除阻塞左侧输尿管的纤维化组织。尿道恢复正常，尿潴留和继发性输尿管积水消除。

## 病例1 医源性输尿管周围纤维化

技术难度

Mirna是1只切除卵巢的12岁母犬，体重7 kg。因主人注意到它的左腰部近头端髂嵴肿胀而就诊。虽然食欲很好，表现欢快，但在过去6d里至少每天呕吐1次。病历记录显示该犬5年前因子宫蓄脓实施过卵巢子宫切除术，3年前因淋巴细胞性浆细胞性肠炎而接受过治疗。近2年犬状况良好，但偶尔发生呕吐。

体格检查仅发现该犬存在前已提及的肿块。

表4-1为血液检查结果。注意高水平的尿素和肌酐。

表4-1 血液检查结果

| 指标 | 检查结果 | 参考值 |
|---|---|---|
| 红细胞压积（%） | 37.3 | 37 ~ 55 |
| 红细胞（$\times 10^6/mm^3$） | 5.6 | 5 ~ 8.5 |
| 血红蛋白（g/dL） | 12.1 | 12 ~ 18 |
| 白细胞（$\times 10^3/mm^3$） | 10.2 | 5.5 ~ 19.5 |
| 尿素（mg/dL） | 130 | 7 ~ 25 |
| 肌酐（mg/dL） | 5.68 | 0.3 ~ 1.4 |
| 钾（mg/dL） | 4.4 | 3.7 ~ 5.8 |
| 磷（mg/dL） | 5.8 | 2.9 ~ 6.6 |
| 钙（mg/dL） | 8.6 | 8.6 ~ 11.8 |
| 总蛋白（g/dL） | 8.4 | 6 ~ 7.5 |
| 白蛋白（g/dL） | 3.0 | 2.5 ~ 4.4 |
| 总胆固醇（mg/dL） | 232 | 125 ~ 270 |
| 尿密度 | 1.020 | 1.020 ~ 1.045 |
| 尿蛋白 | + | 低于1+ |
| 尿白细胞 | – | 阴性 |

卵巢子宫切除术的不当操作可能会导致局部过度纤维化，如果纤维化位于膀胱三角区附近，则会影响输尿管排尿，导致输尿管及肾盂积水

外科手术与输尿管发生问题的时间间隔可能是数月甚至数年

**超声检查**

超声检查时，在紧邻膀胱的腹膜后间隙，发现有均匀强回声的游离液体存在。超声引导抽吸术证实了化脓性物质的存在。

两侧肾脏增大（5.7cm × 2.74cm），伴有显著的肾盂扩张（4.3cm）。肾皮质扁平（0.7cm），伴有明显的增强回声。双侧肾动脉的频谱多普勒检查表明存在明显的收缩化（收缩期峰值速度增加），并伴有动脉阻力模式的改变。

两侧肾脏的阻力指数（0.82）增加（高于0.73的半定量指标值，表明有严重肾损害）。此外，检查发现双侧输尿管全长扩张（0.5cm）。在膀胱头端处输尿管终止的部位，发现以游离形式存在的1个微钙化圆形异质肿块（4cm × 2.6cm）。

根据上述检查可以初步诊断为阻塞性尿路病，伴有巨输尿管症和继发性肾盂积水。

**手术方法**

沿腹中线以较大切口打开腹腔，同时显露后腹部和肾。在膀胱背侧尾端、三角区上方，发现1个富含血管的纤维性肿块（图4-8）。

向游离的输尿管方向分离肿块左侧区域时，软囊破裂且有脓汁流出，表明有脓肿存在（图4-9）。脓汁流入腹腔内，需要立即抽吸并用无菌生理盐水反复冲洗，清除干净。

向尾端方向继续分离粘连直至膀胱三角区，发现了5年前卵巢子宫切除术时的缝合材料残余物（图4-10）。

在分离膀胱背侧粘连之后，找到并分离输尿管，清晰地显露输尿管进入膀胱的位置（图4-11、图4-12）。

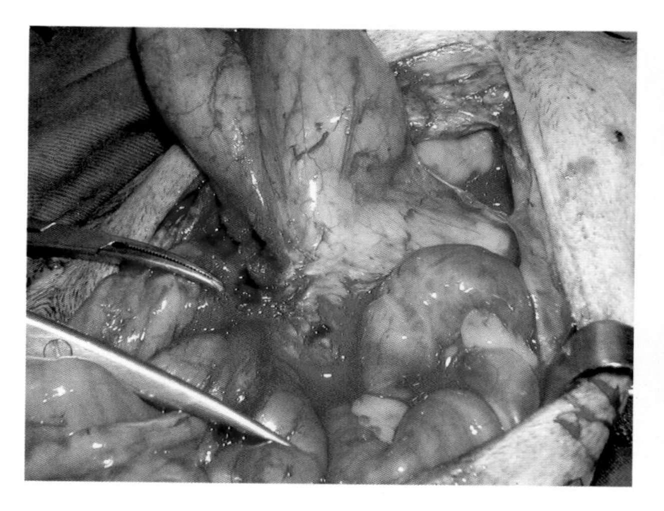

图4-8　膀胱检查显示，紧邻膀胱三角区有高度血管化的纤维样结构。

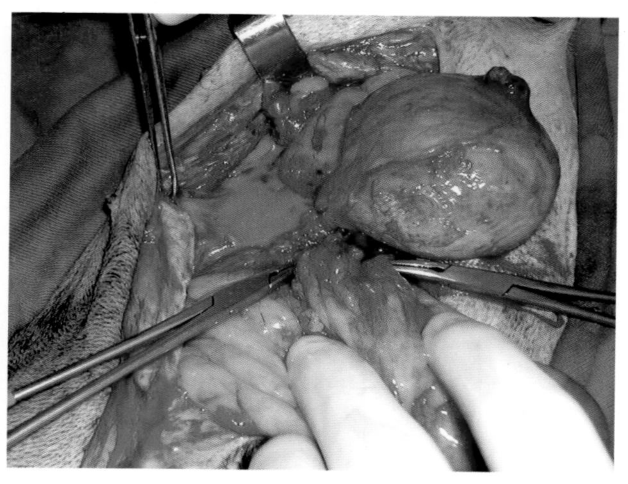

图4-9　脓肿破裂后脓汁流入腹腔内，需要立即用无菌生理盐水冲洗和抽吸。

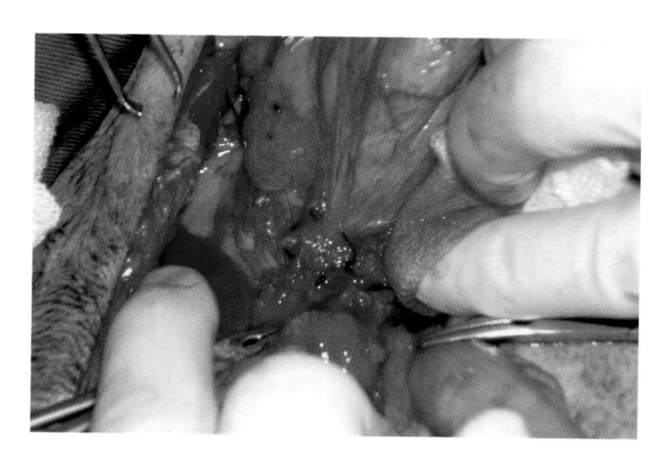

图4-10　以前手术中缝合子宫所用的缝线作为异物，促进了纤维化和细菌的包埋，这是发生局部脓肿的原因。

用于腹腔内缝合的非吸收性复丝缝线可能是导致局部纤维化、感染和腰下瘘管的原因

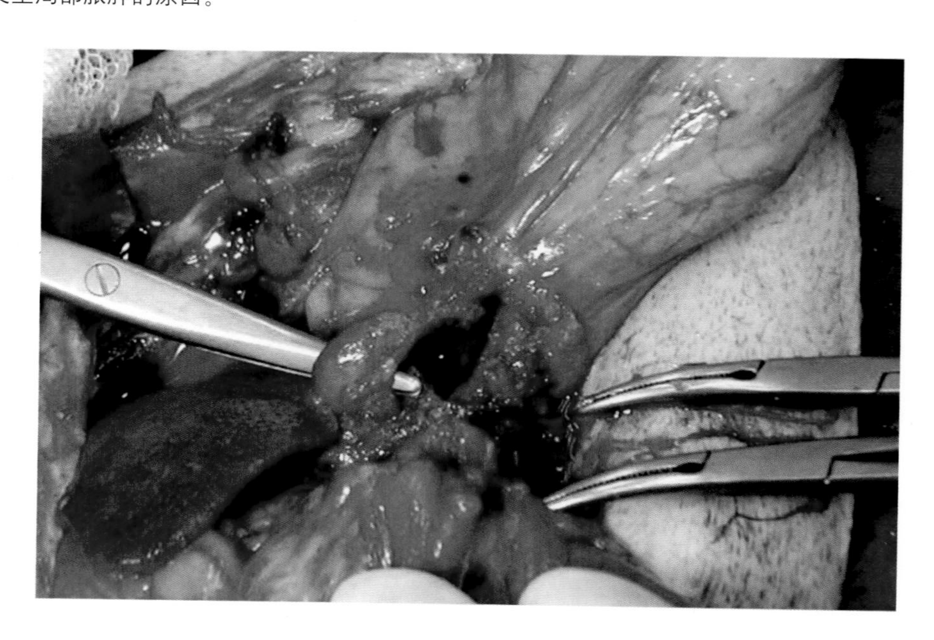

4-11　找到并分离左侧输尿管，将输尿管从引起其远端狭窄的纤维化组织中游离出来。

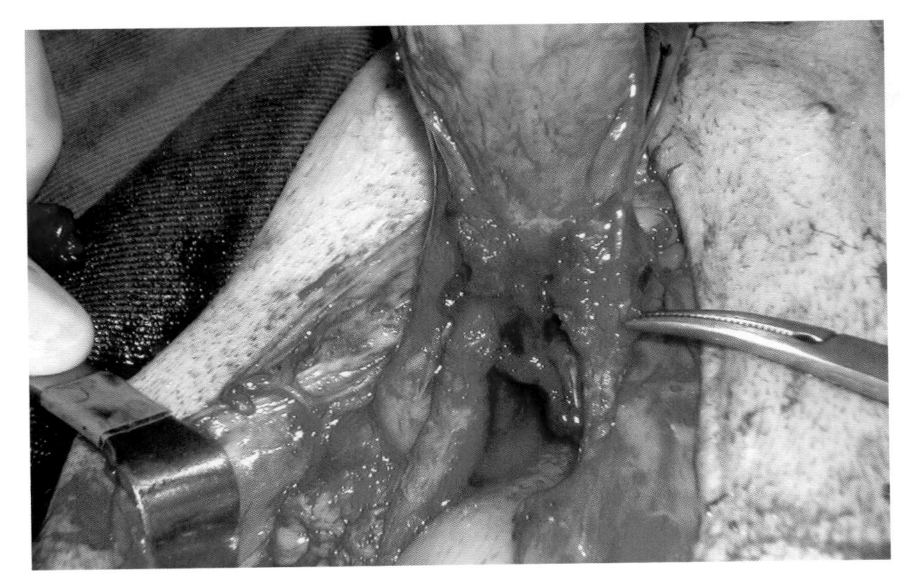

> 分离输尿管时，应保留周围脂肪组织，因为脂肪中含有血管

图4-12　显示两侧输尿管均已分离，引起输尿管狭窄的粘连已清除。

接下来的手术目的就是确保正常排尿。在膀胱的腹侧切开，两侧输尿管中各插入一根导尿管（图4-13、图4-14）。两根导尿管相对的一端通过膀胱，经由尿道，固定到阴唇上（图4-15）。

留置导尿管3d，用于排尿并控制膀胱三角区术后可能发生的炎症。

**术后超声检查**

术后，肿块及腹膜后的液体已消失。超声检查显示肾脏的状况显著改善，特别是左肾；肾盂已变小（3cm），皮质层增加（0.85cm），肾动脉回波纹理与光谱征象已改善。左肾阻力指数已正常（0.64），右肾也得到了改善（0.78）。

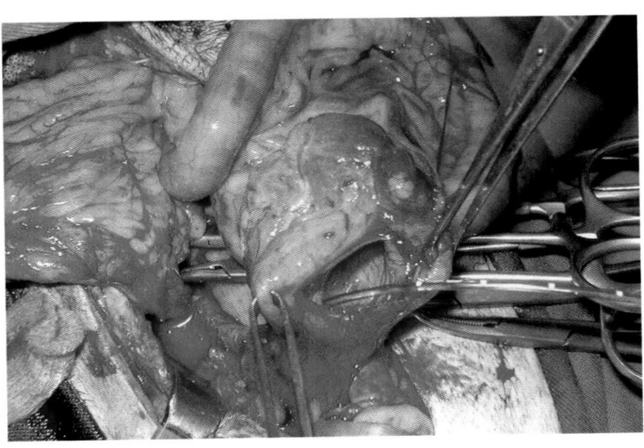

图4-13　经由腹侧膀胱切口，导尿管插入右侧输尿管。

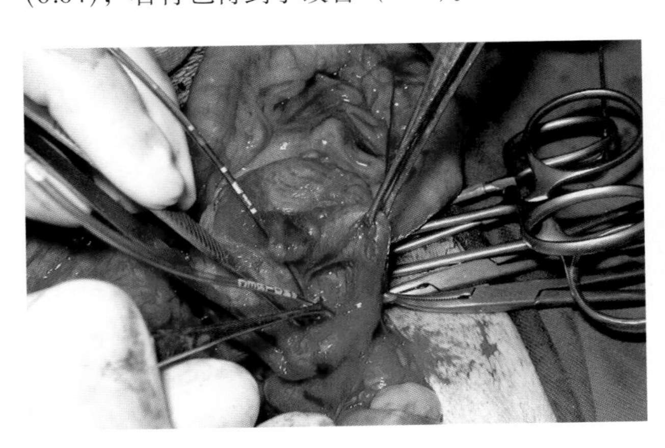

图4-14　两侧输尿管中各有一根导尿管。

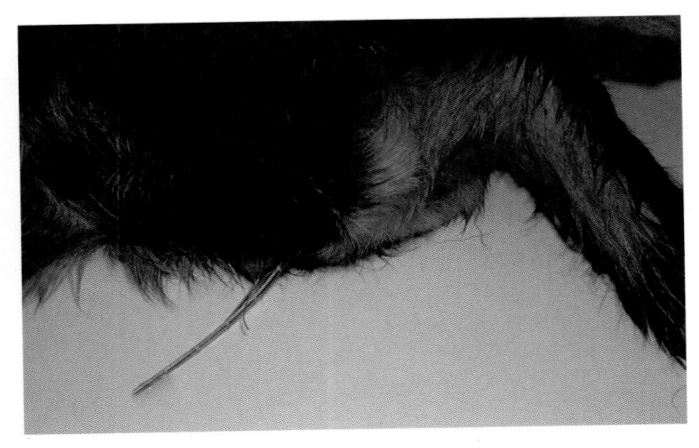

图4-15　导尿管固定于阴唇上的术后观。

> 本病例涉及脓肿形成、腹腔内非吸收缝合材料周围纤维组织粘连和增生/感染反应。炎症反应导致远端输尿管狭窄，引起肾盂积水和肾功能不全

> 在卵巢子宫切除术中，必须使用无菌手术技术，使用可吸收材料进行腹腔内缝合，并使用网膜覆盖子宫残端，这些都是必要的

## 病例2 输尿管周围纤维化：输尿管切除术和端端吻合术

技术难度 ■■■■■□

本病例是1只3个月前实施了去势术的雌性猫。最近表现食欲废绝，主治兽医进行超声检查发现两侧输尿管尿潴留。血液检查发现尿素和肌酐水平中度升高。患猫来医院做远端输尿管减压。腹中线切口，显露后腹部腹腔。

用生理盐水浸湿的敷料隔离手术区域后，在膀胱上做一针牵引固定缝合。将膀胱牵引至切口外后，可见膀胱背侧面显著的纤维化（图4-16）。仔细分离以去除左侧输尿管周围的纤维化组织（图4-17、图4-18）。

> ✱ 分离输尿管时要非常细心，最好使用微型手术器械，如果可能，可以使用外科放大镜

> 卵巢子宫切除术可能的并发症是子宫颈与膀胱的粘连，形成的粘连包裹输尿管，导致排尿困难

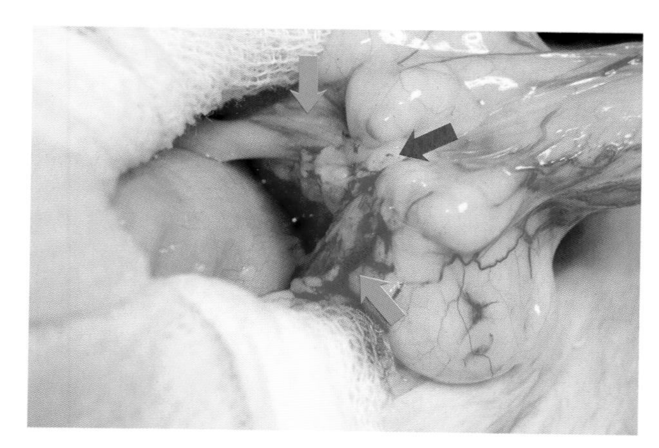

图4-16 膀胱背侧区可见广泛性粘连（灰色箭头），包括两侧的输尿管（蓝色箭头）。

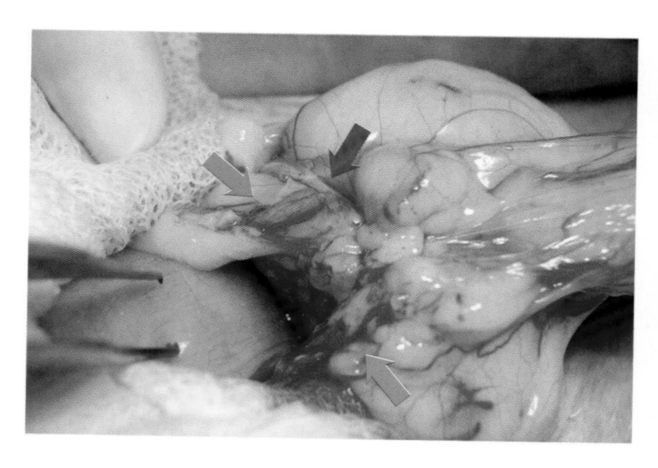

图4-17 蓝色箭头指示输尿管。在初步分离膀胱背侧区后，可见膀胱对侧包裹左侧输尿管的纤维带（灰色箭头）。

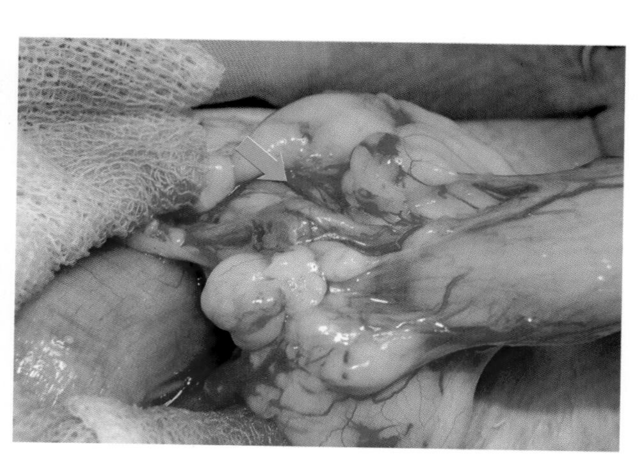

图4-18 仔细、精准分离纤维化的组织，游离输尿管，使尿路恢复通畅。图中显示输尿管进入膀胱三角区的正确路径（蓝色箭头）。

右侧输尿管的远端部分与膀胱粘连在一起，环绕输尿管的纤维组织太厚，以至于无法识别输尿管（图4-19）。因此，决定切断位于纤维化组织近侧和远侧的输尿管（图4-20）。将近侧输尿管从腹膜壁分离，以便能在远侧移动它，这样可以保证输尿管吻合处不存在张力。使用6/0单丝合成可吸收材料进行五针单纯缝合，重建输尿管（图4-21、图4-22）。

应采用优质材料缝合输尿管，同时避免使用过多的缝线

当缝针穿过输尿管吻合处一端时，应注意勿将对侧管壁缝合在内

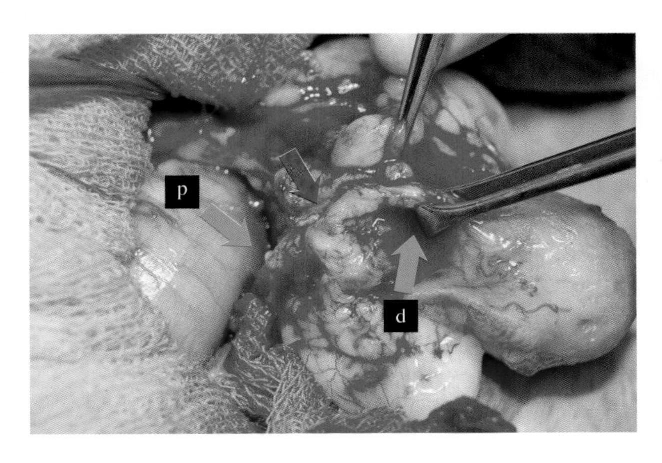


图4-19　右侧输尿管周围的纤维组织非常致密，而且与膀胱粘连在一起（灰色箭头）。输尿管只能在近端（p）和远端（d）部分得以正确分离。

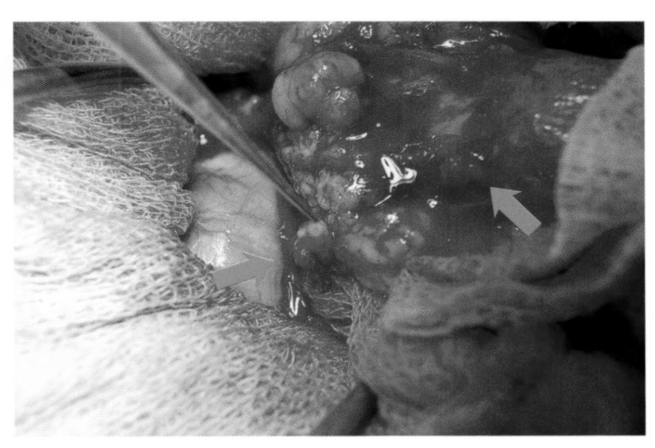

图4-20　由于无法从纤维样组织区域分离输尿管，决定将其切断并实施吻合术。蓝色箭头指示被切断输尿管的近端和远端。

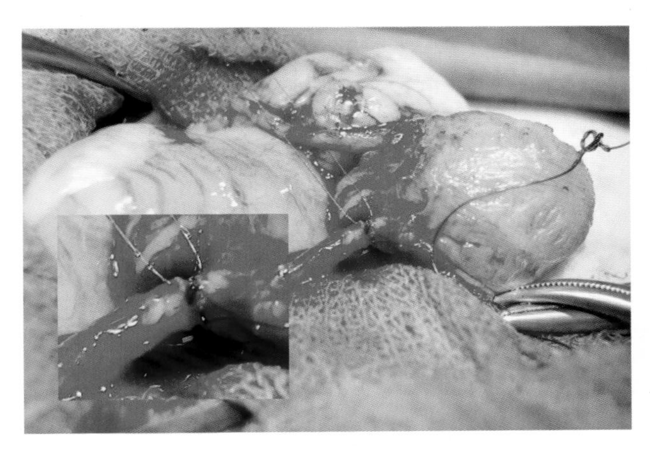

图4-21　图中显示的是吻合处近头端的前三个缝合。左边的缝线打结全部系在吻合口的后侧。

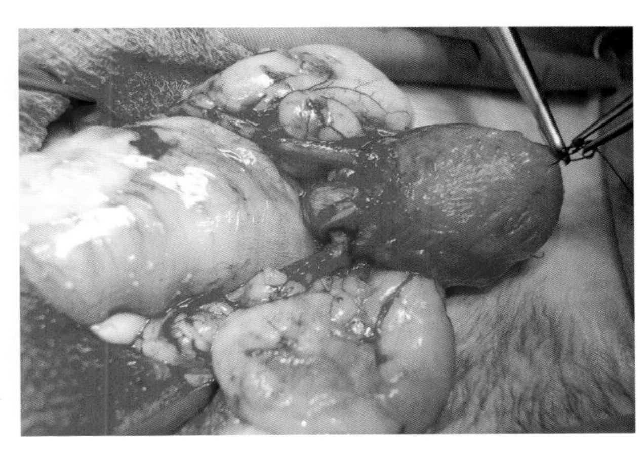

图4-22　输尿管端端吻合术的术后观。随后进行网膜化，以避免发生粘连和促进愈合。

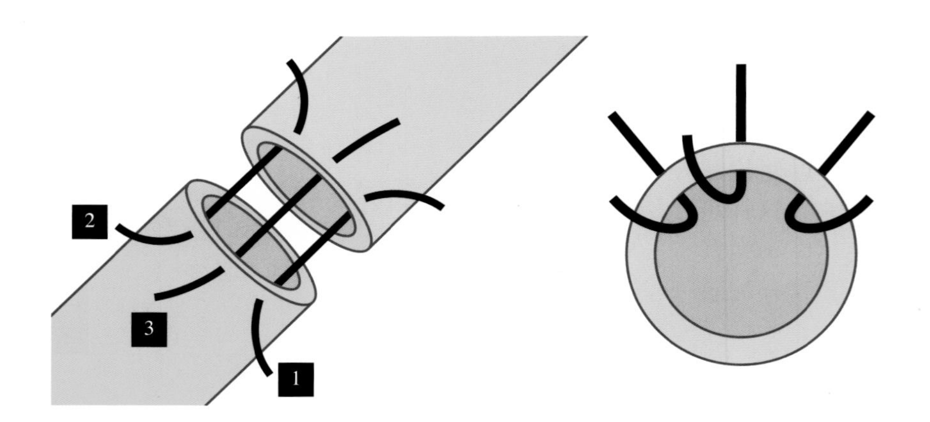


**输尿管端端吻合术**

■ 在吻合处的近头端部位，做两针牵引缝合，两者之间夹角120°（①和②）。

■ 在这两针牵引缝合之间，做第三针缝合（③）。

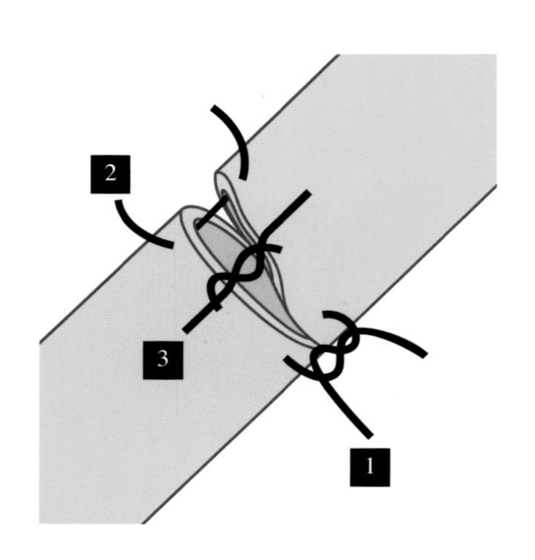


■ 将其中一针牵引缝合（①）以及第三针缝合（③）打结。

■ 第二针牵引缝合不要打结（②），以便从另一侧能较好地看清楚吻合端。

■ 牵引缝线的两端应留有足够长度。

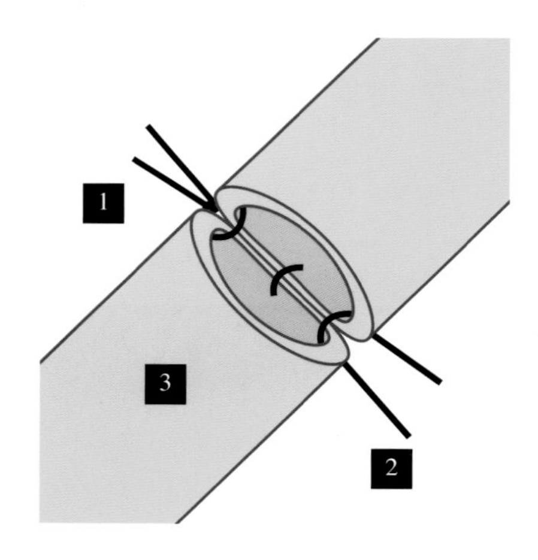


■ 接下来，翻转输尿管。为此，将第一针打结后缝线的末端从输尿管下方穿过，而第二针缝线的末端则从输尿管上方搭过。牵拉两针牵引缝线末端即可翻转输尿管，进而可看到吻合部位的后侧。

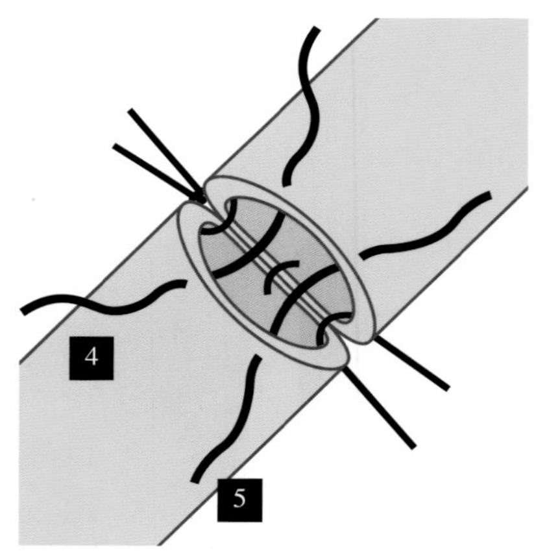


■ 保持第二针牵引缝线不打结，以便清晰地显露输尿管。

■ 再做两针缝合（④和⑤），小心不要带入之前的缝线，以免减小吻合管腔的腔径。

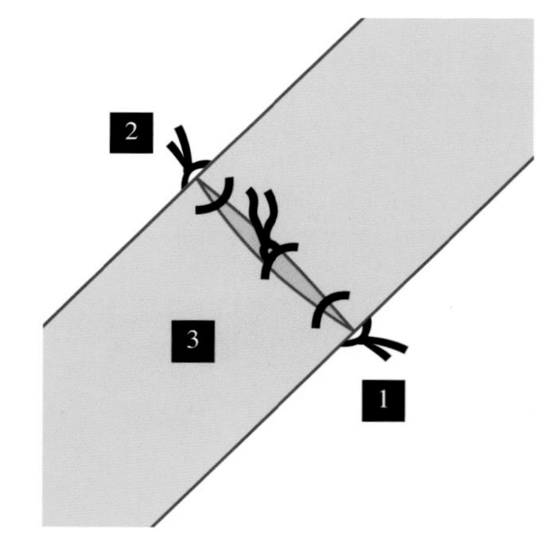


■ 后侧缝线打结后，将输尿管恢复到其解剖位置，然后将第二针牵引缝线打结（②），结束吻合术。

# 输尿管异位

患病率

输尿管异位是一种先天性异常，输尿管没有通向膀胱三角区，而是直接进入尿道、子宫或阴道。70%～80%输尿管异位是单侧的。

> 雌性动物患输尿管异位的情况更为常见，比雄性动物高25倍

此异常现象会导致持续性或间歇性尿失禁，这取决于动物性别和输尿管的位置（表4-2）。

表4-2　不同性别动物尿失禁的类型

| 性别 | 位置 | 尿失禁的类型 | |
|---|---|---|---|
| 雄性 | 尿道 | 间歇性 | |
| 雌性 | 尿道 | 间歇性 | 持续性 |
| | 阴道 | | 持续性 |

> 70%患病雌性动物，其输尿管通入阴道

这些患病动物能否正常排尿，取决于尿液返回膀胱的难易程度和尿液排出的远端阻力大小。如果患病动物躺下，特别是睡眠时，尿失禁最为明显。

> 因为雄性动物的尿道较长，排尿遇到较大阻力且更容易回流到膀胱。因此，患病雄性动物会有间歇性尿失禁

由于排尿口的阻力增大，输尿管异位几乎总是引起输尿管和肾扩张（输尿管积水和肾盂积水）。尿道感染是很常见的。应该对通过膀胱穿刺术获得的样品进行尿液分析（沉淀和培养）。

> 在对这些患病动物实施手术之前，应该对尿液进行药敏测试，并启动有针对性的抗生素治疗

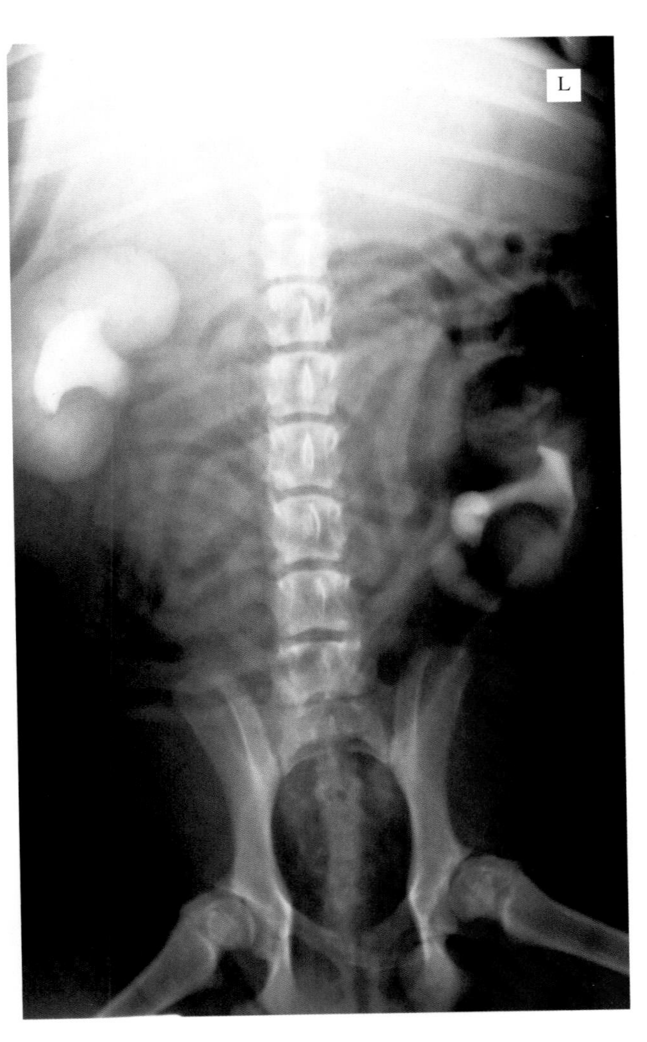


图4-23　X线片显示肾脏和肾盂的解剖结构。右肾肾盂扩张最为显著。

通常很难确定输尿管植入的确切部位或沿膀胱的异位输尿管的路径是定位于壁内还是壁外(60%病例是位于壁内)。但可以通过排泄性尿道造影进行诊断（图4-23至图4-26）。

> 排泄性尿道造影基于一系列X线片，通过这些拍摄的照片观察造影剂沿尿道的走向

在某些情况下，可能有必要进行逆行造影(阴道造影或尿道造影）以突出异位的输尿管，或有必要进行内窥镜检查（阴道镜检查见图4-27)。

## 手术方法

### 术前

患有输尿管异位的动物通常有正常的肾功能，但应检测血液尿素和肌酐水平予以确定，还应测定尿密度。在所有这些患病动物中，应怀疑可能存在并发性尿路感染。应该对穿刺或术中从输尿管获取的尿样进行尿液分析、细菌培养及药敏试验。

在这些病例中，应从脐下至耻骨前缘做腹壁切口，打开腹腔，进行膀胱切开术，在膀胱三角区接通输尿管（壁内异位）或将输尿管重新植入这一区域（壁外异位）。

> 因为可能存在尿道括约肌功能不全，输尿管进入膀胱的再植术并不能保证排尿节制。应在术前与动物主人说明。在这些病例中，每8h使用苯丙醇胺（1～2mg/kg）通常会有改进

> 如果苯丙醇胺引起过度兴奋、气喘或厌食，应减少剂量并延长给药间隔

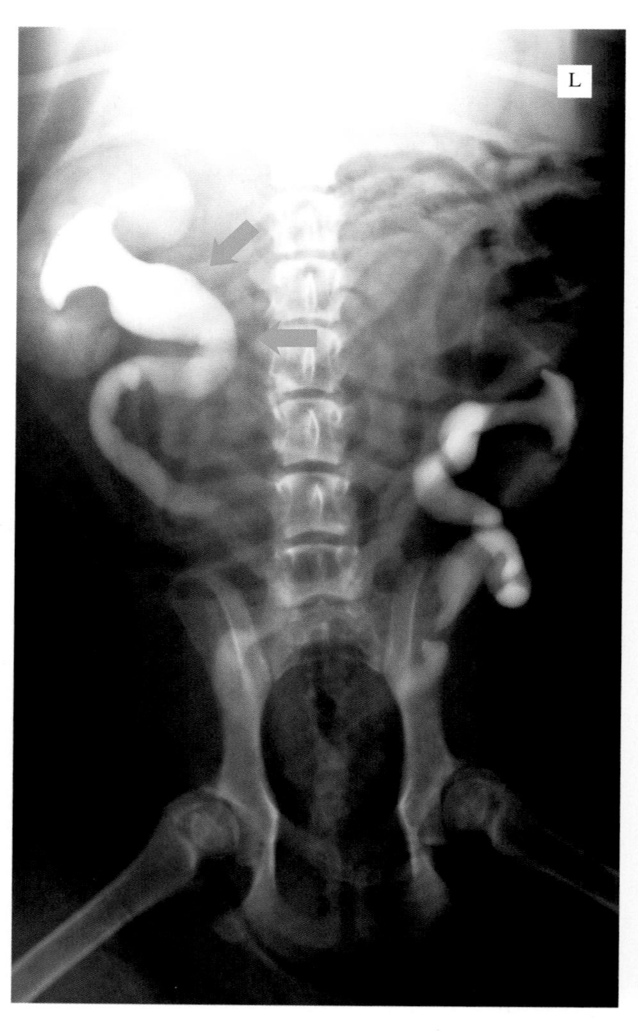


图4-24 X线片显示两侧输尿管扩张（输尿管积水）。右侧输尿管（箭头）扩张最为显著。

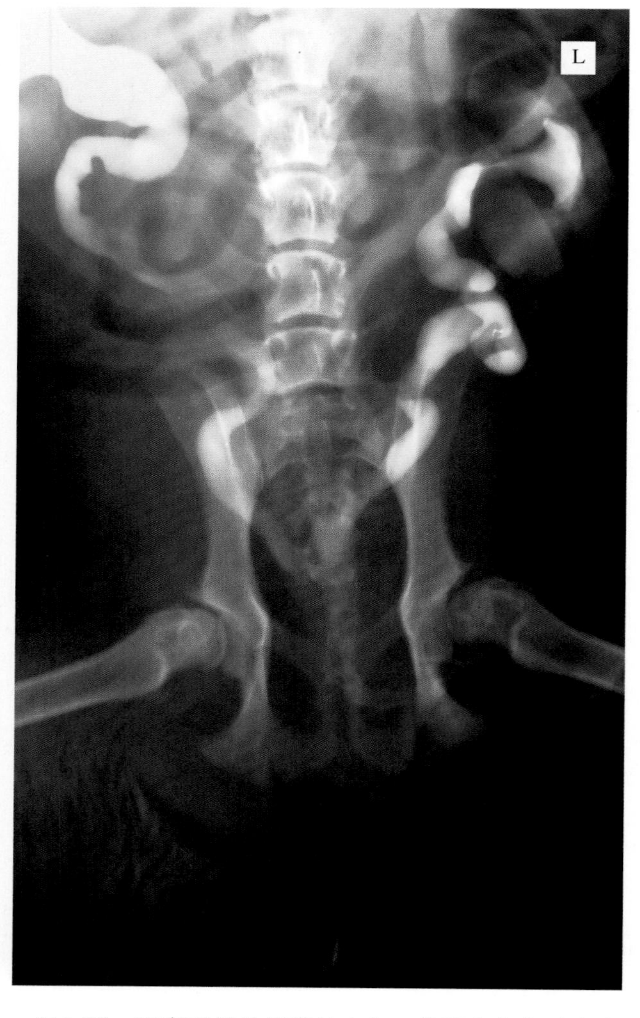


图4-25 观察两侧输尿管的走向，发现它们绕过膀胱（在腹腔内）解剖学植入部位，终止于骨盆区域。

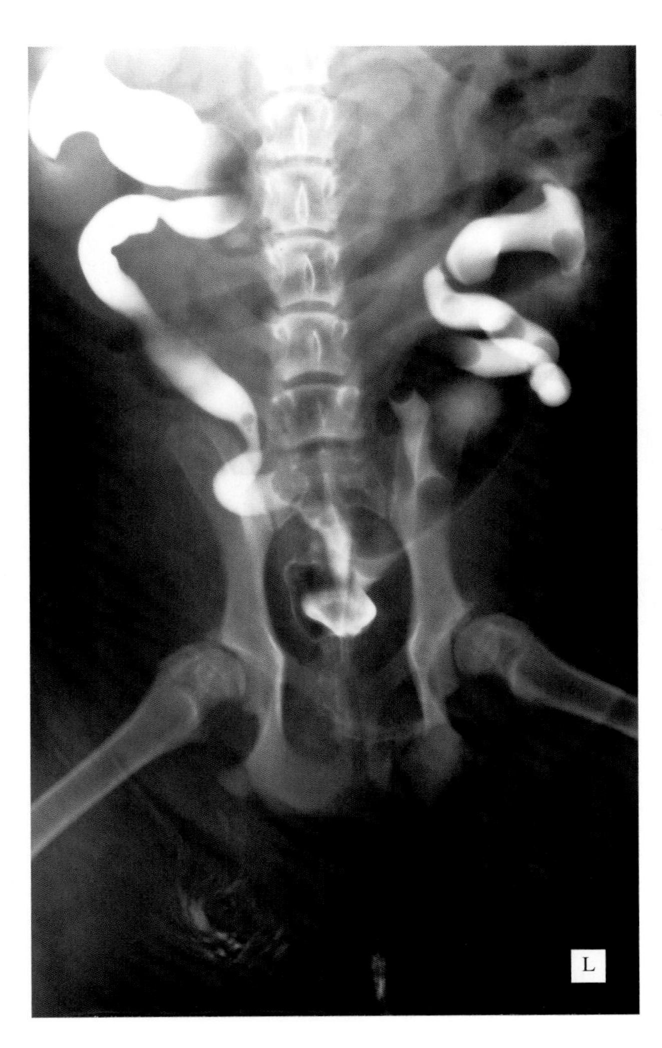


图4-26 本病例输尿管植入尿道，靠近膀胱颈。部分造影剂流入膀胱内（为了得到最佳观察效果，拍摄了膀胱充气造影照片）。

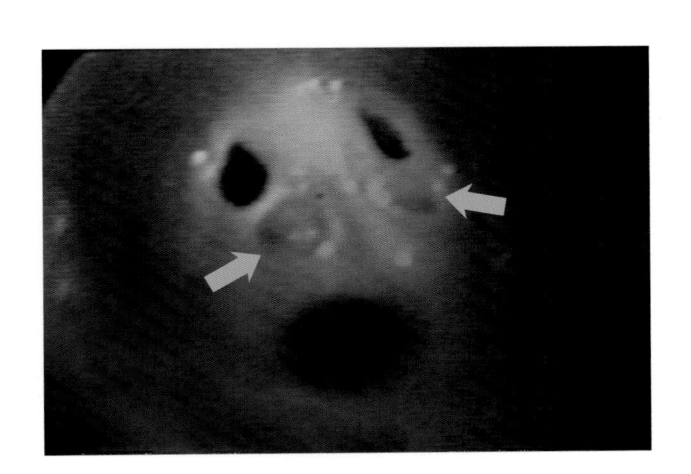

图4-27 对患有双侧壁外输尿管异位（橙色箭头）的雌性犬实施阴道镜检查。在输尿管口背侧能够看见子宫角，在输尿管口中央能够看到尿道。

## 输尿管膀胱吻合术

技术难度 ■■■■□□

大多数异位的输尿管在背侧（正常入口）进入膀胱，但并未在膀胱三角区开口，而是继续后行并进入膀胱外的泌尿生殖道。

✱ 应仔细分离远端输尿管，以正确鉴定其植入位置

✱ 应用单丝合成可吸收缝线缝合

■ 剖腹术和膀胱切开术之后，检查膀胱三角区（图4-28、图4-29）。为扩张输尿管并更好地观察其在膀胱三角区的位置，用卷烟式引流管将膀胱颈结扎，同时静脉输液或注射呋塞米利尿。
在膀胱三角区，很容易找到异位的输尿管（图4-29的箭头处）。
■ 在膀胱三角区找到扩张的输尿管，切开上覆的膀胱黏膜直至输尿管管腔，并估算通过切口排出的尿量。
■ 用手术剪剪去一块输尿管管腔大小的膀胱黏膜。
■ 用5/0单丝合成可吸收缝线，以单纯间断缝合方式，将输尿管黏膜与膀胱黏膜缝合（图4-30）。
■ 为触诊并跟踪输尿管尾端走向，通过输尿管造口术朝尾端方向插入1根导管（图4-31）。这样就可以在靠近膀胱而又不损伤尿道或膀胱的情况下，贯穿结扎膀胱外的输尿管。使用4/0单丝合成非吸收性缝线进行贯穿结扎。
■如前所述，将膀胱缝合，并覆以网膜。

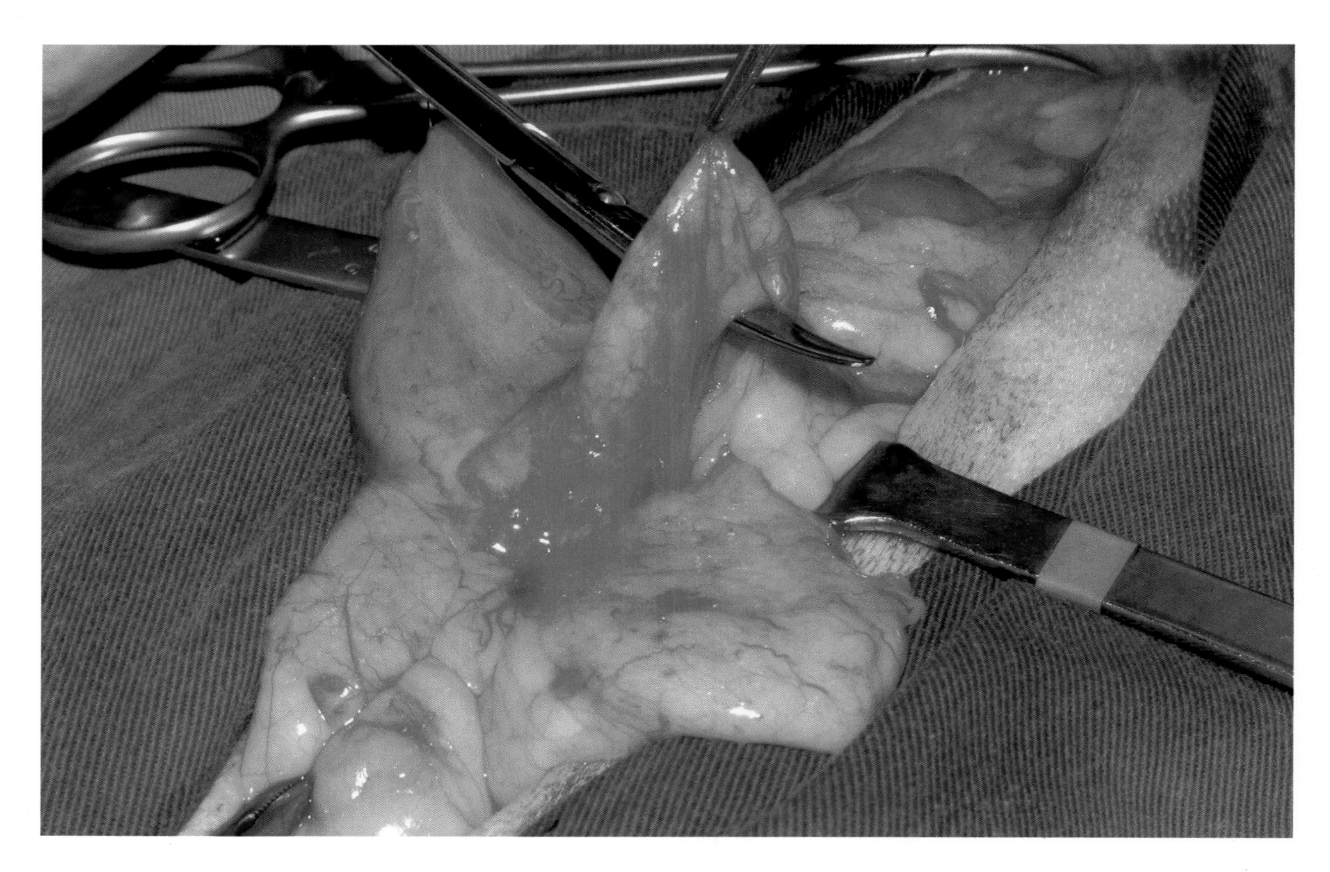

图4-28 显示巨输尿管及其通向膀胱的入口。

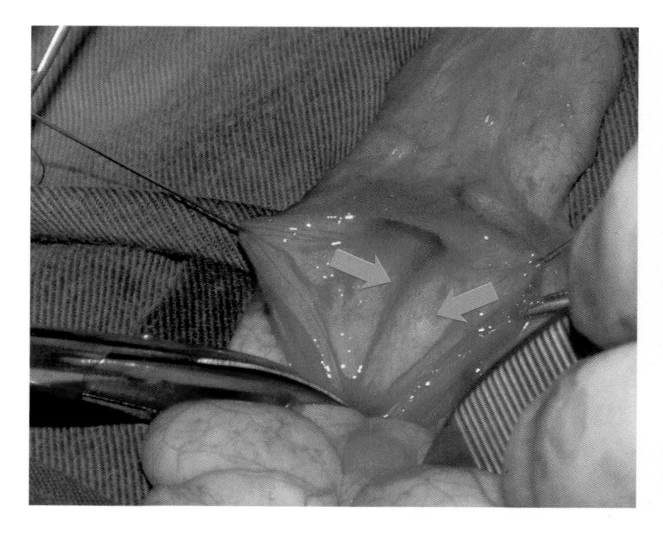

图4-29 在膀胱颈附近切开膀胱，膀胱壁上放置牵引线，以更好地显露膀胱内部。因输尿管突出于膀胱黏膜（箭头）表面，在膀胱三角区得以识别。

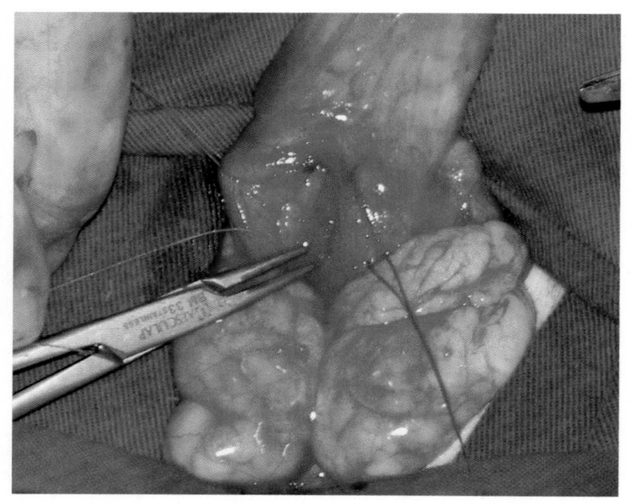

图4-30 切开覆盖输尿管的膀胱黏膜，用5/0单丝可吸收材料，以间断缝合方式将膀胱与输尿管黏膜缝合。

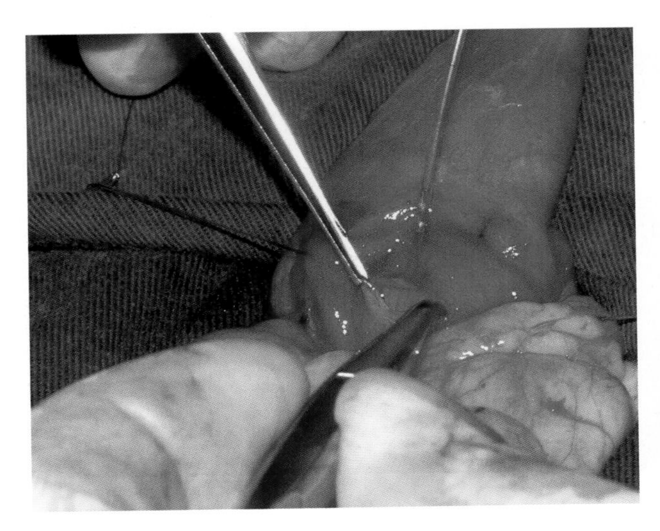

图4-31　将猫的导尿管插入输尿管内，以确认输尿管的远端走向，便于对输尿管远端进行结扎。

## 壁外输尿管异位

技术难度 ■■■■□

在发生壁外输尿管异位的病例中，应尽可能向远末端分离。在输尿管做两处结扎，然后在两处结扎之间切断输尿管。如前面病例中那样，进行腹侧膀胱切开术，然后从膀胱三角区切去一小片圆形黏膜。用蚊式止血钳从膀胱内部向近头端方向在膀胱壁上钻一通道，从而开辟一条引入输尿管的斜向路径（图4-32）。

> 缝合泌尿道时，总是使用单丝合成可吸收材料，以避免因非吸收性材料或复丝缝线的毛细管作用而引起结石形成和尿渗漏

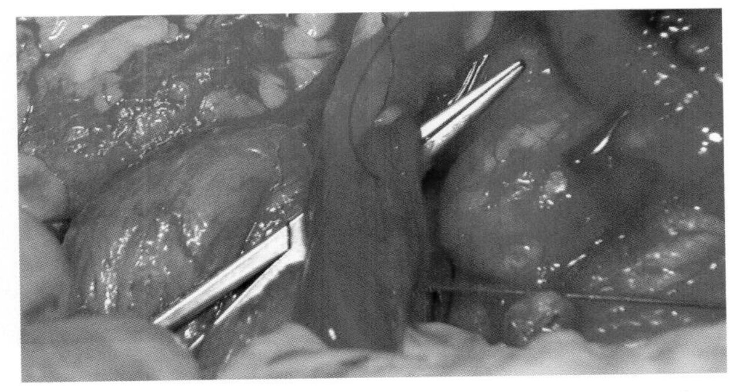

图4-32　在膀胱壁创建的斜向通道。通过这一通道可将异位的输尿管引入膀胱内。

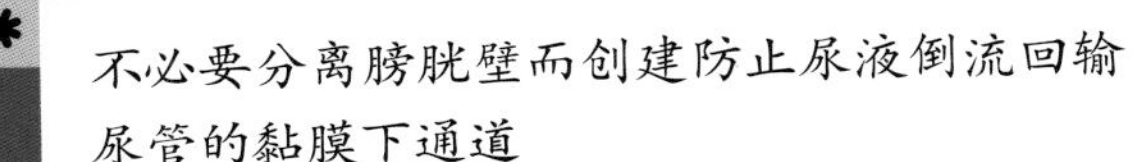

> * 不必要分离膀胱壁而创建防止尿液倒流回输尿管的黏膜下通道

用止血钳将输尿管缝线夹紧，将其拉入膀胱内（图4-33）。

> 在输尿管分离和穿过通道时，应格外谨慎，以保持其灌流并避免旋转

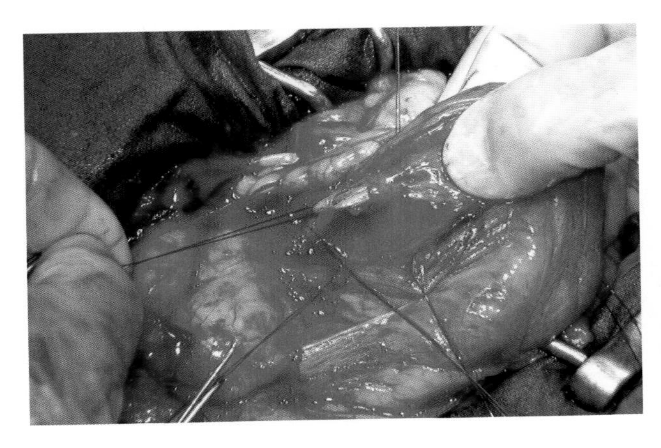

图4-33　通过轻拉输尿管末端周围的结扎线，用止血钳将输尿管拉过膀胱壁。

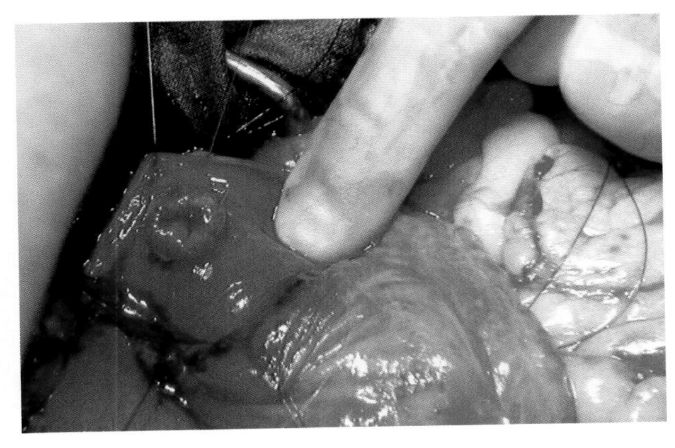

图4-34　采用单丝合成可吸收缝线将输尿管黏膜与膀胱黏膜缝合。为防止医源性狭窄，建议使用间断缝合。

在靠近结扎处将输尿管切断，并缝合到在膀胱创建的无黏膜区。利用5/0或6/0单丝合成可吸收缝线进行单纯间断缝合（图4-34至图4-36）。

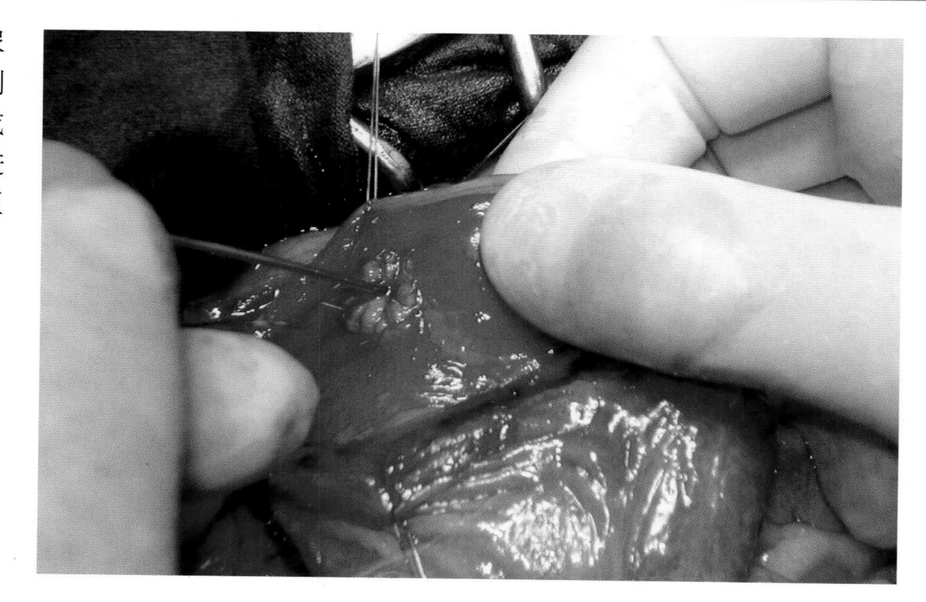

图4-35 为检验输尿管通畅度，将一根导尿管插入输尿管管腔内。

手术以闭合膀胱切开术和剖腹术切口而结束。

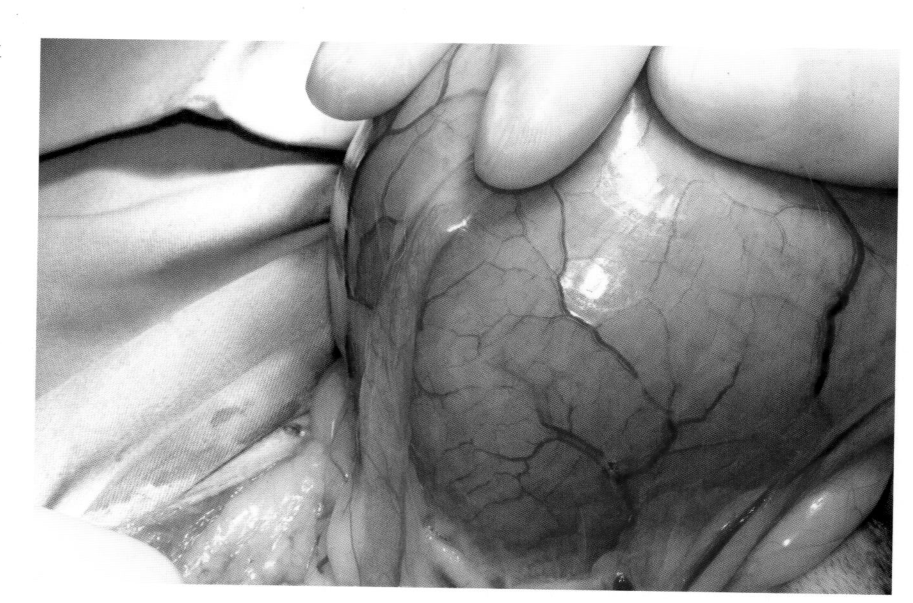

图4-36 4年前植入膀胱的壁外异位输尿管病例。

## 术后

根据药敏试验选择抗生素，对泌尿系统感染进行较早控制。

可能出现的并发症包括：

- 持久性泌尿系统感染。
- 吻合处瘢痕性狭窄。
- 尿结石形成。
- 持续尿失禁。

> ✱ 因未扩张的膀胱很小，重植输尿管有时存在难度。为便于手术操作，建议用生理盐水扩张膀胱数分钟

> 在某些病例中，纠正异位的输尿管后，尿失禁可能依然持续存在。这可能是因为膀胱颈和尿道部位存在神经肌肉缺陷

## 肾切除术

技术难度 ■■■■□

如果肾盂积水引起的肾脏损伤非常严重或者肾脏感染治疗无效，若对侧肾脏尚有代偿能力，提示可以进行肾切除术（图4-37至图4-40）。

> 一些作者建议对患有单侧输尿管异位的患病动物采取肾切除术。然而，在考虑切除患病肾脏之前，还是应先考虑输尿管再植术

> 仅在病变严重且不可逆转的情况下，才进行肾切除术。移除肾脏之前，应确保对侧肾脏功能正常

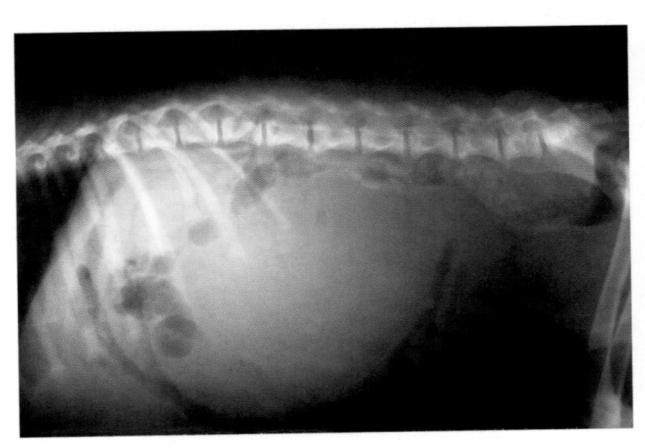

图4-37　该动物患有尿失禁。清晰的X线片显示腹部中央有一个大肿块，疑似为一侧肾脏。

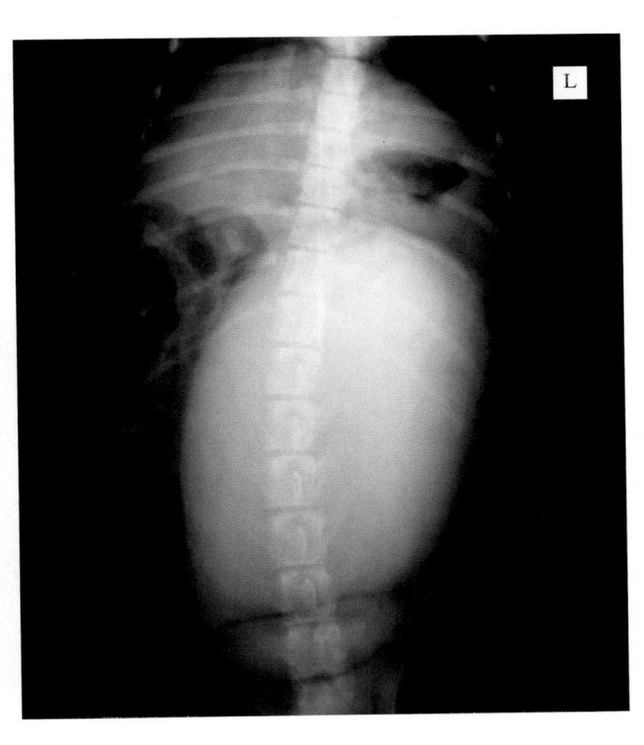


图4-38　腹背位X线片显示的是输尿管异位所导致的左肾扩张和输尿管积水。

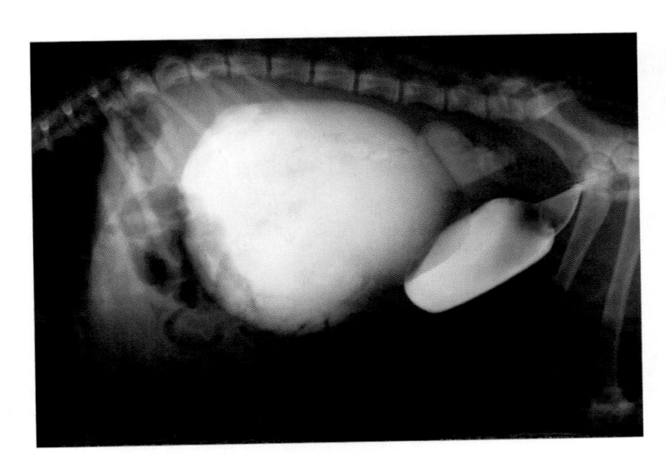

图4-39　为突显膀胱、输尿管和患病肾脏，实施逆行尿道造影术，证实存在肾盂积水。因另一侧肾脏正常且输尿管良好植入膀胱，决定对患病肾脏实施切除术。

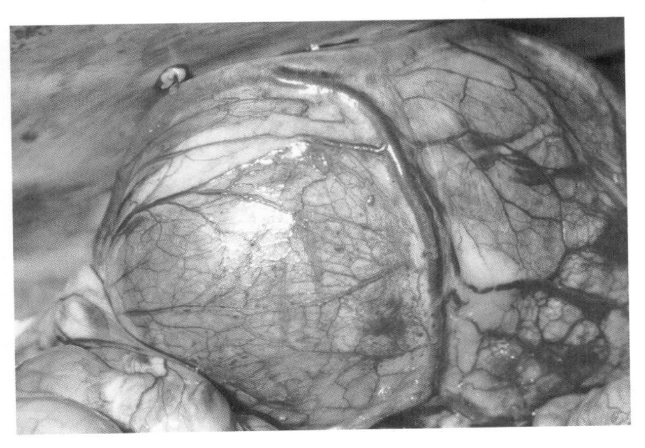

图4-40　肾盂积水的肾脏，周围有明显的血管反应。在这样的病例中，考虑到控制血管出血的难度，肾切除术更为复杂。

## 壁内输尿管异位：输尿管膀胱吻合术

患病率 ■■□□□

在尿失禁的情况下，特别是幼龄动物，通常应考虑可能发生了输尿管异位。可通过排泄性尿道造影予以确诊（图4-41至图4-43）。

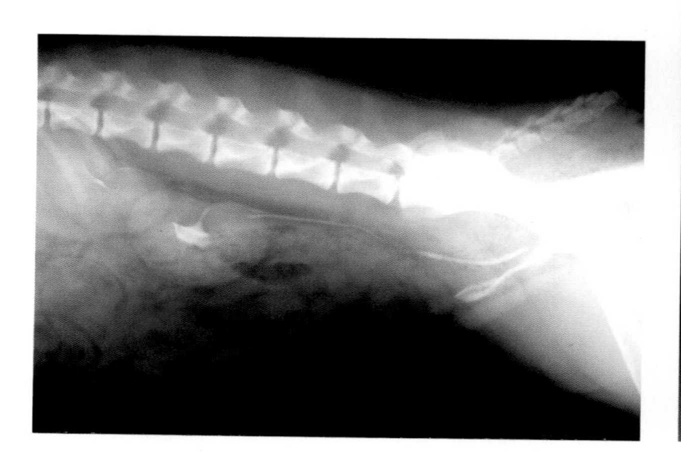

图4-41　本病例输尿管并未终止于膀胱，膀胱内不含任何造影剂。

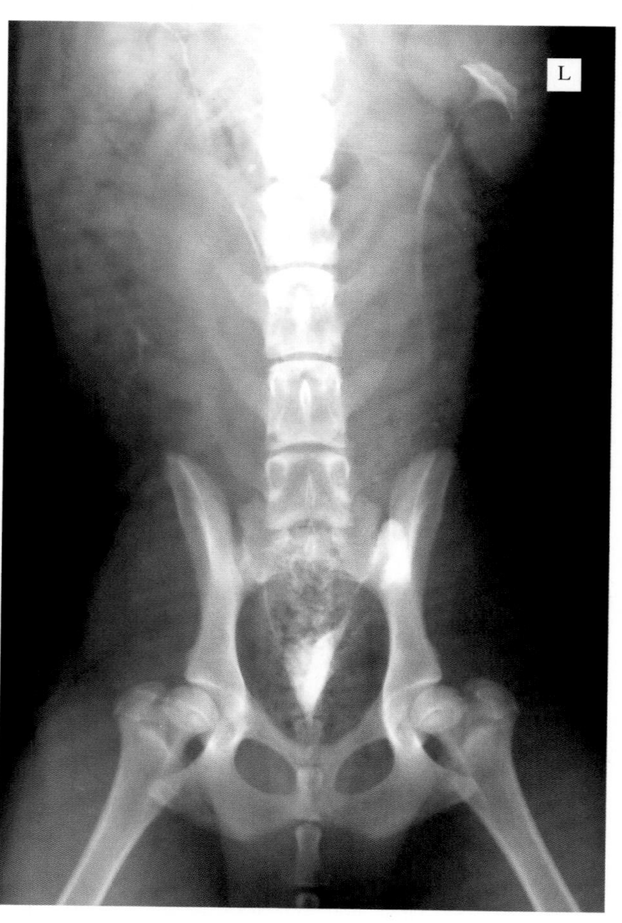


图4-42　造影剂直接经尿道排出，只有一部分回流到膀胱内，这是该患病动物间歇性尿失禁的原因。

通过静脉尿道造影术很难区分壁内输尿管异位和壁外输尿管异位。该技术仅能揭示输尿管植入异常及其对泌尿系统可能的影响

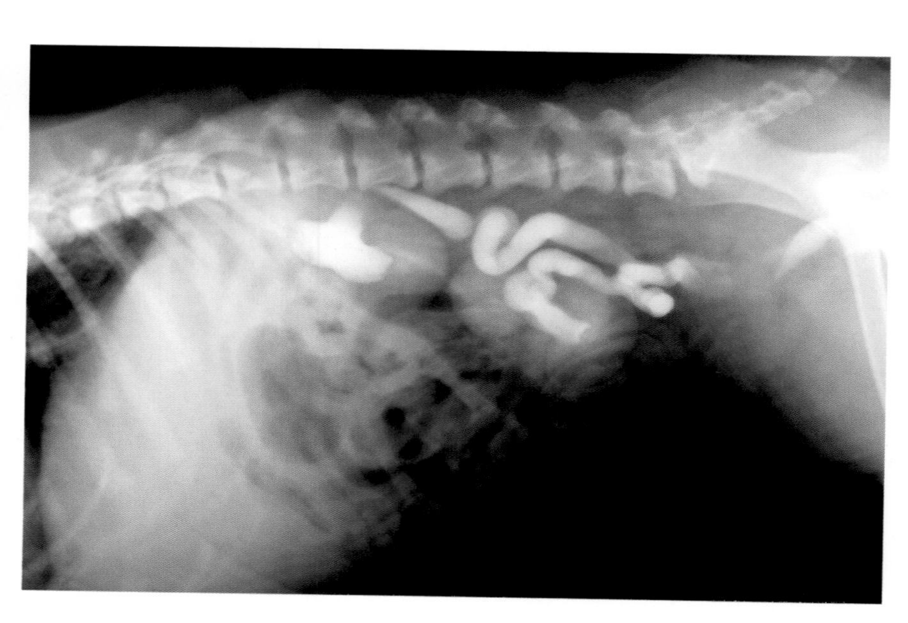

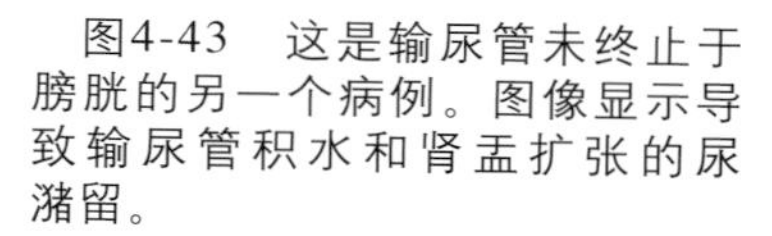

图4-43　这是输尿管未终止于膀胱的另一个病例。图像显示导致输尿管积水和肾盂扩张的尿潴留。

## 输尿管膀胱吻合术

技术难度

### 手术方法

沿脐下至耻骨前缘做切口，打开腹腔后将膀胱隔离（图4-44）。朝近尾端方向翻转膀胱，并通过牵引缝合将其固定，以显露膀胱的背侧面。然后找出输尿管的远端通路及其插入膀胱的位置（图4-45至图4-47）。

应仔细钝性分离输尿管，因为其血液供应周围的脂肪组织。如果这些组织损伤，可能导致膀胱的局部缺血和坏死以及手术失败

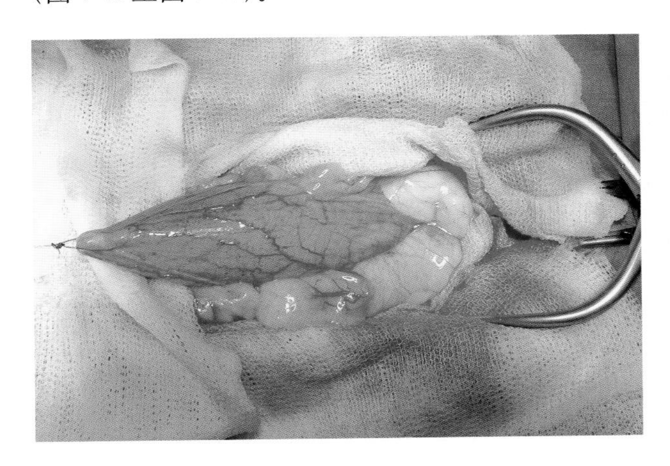

图4-44 为清晰地观察并分离手术所涉及的组织（膀胱、输尿管和尿道），要使用Gelpi型组织牵开器并在膀胱顶端做牵引缝合。

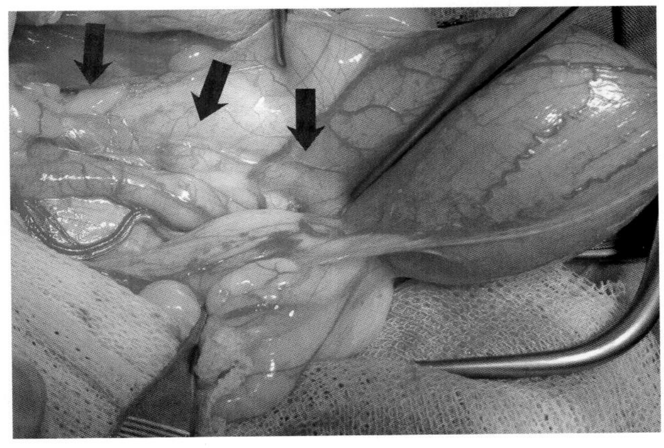

图4-45 显露膀胱背侧面，可使输尿管通路及其插入膀胱的位置清晰可见。在中间左侧，可以看到左侧输尿管的远端通路（灰色箭头）。

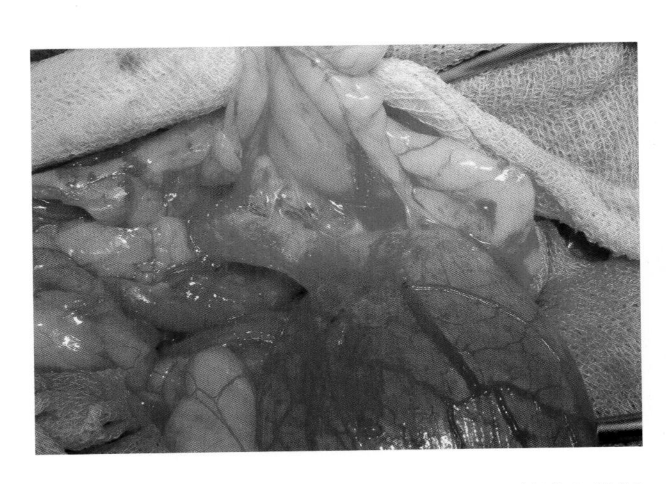

图4-46 仔细分离左侧输尿管远端，显示其进入膀胱壁，为壁内异位输尿管。

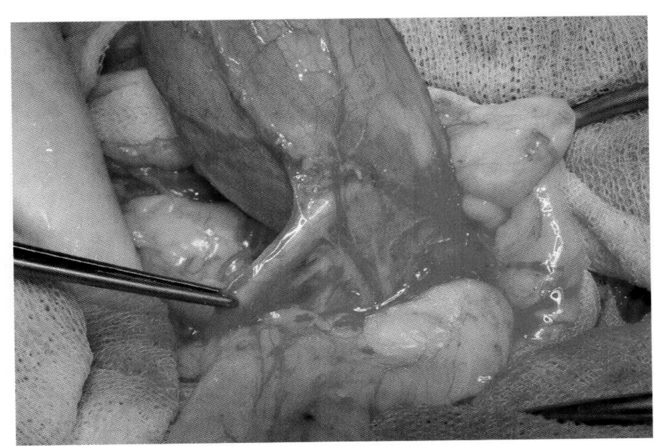

图4-47 右侧的输尿管异位也是壁内性的。输尿管在正确位置进入膀胱，但并未开口于膀胱。

将膀胱恢复到解剖位置，然后进行膀胱切开术以暴露膀胱三角区（输尿管开口和尿道基部之间的区域，见图4-48、图4-49）。

为了易于识别输尿管口的位置，将尿道用卷烟式引流管结扎或用手压紧（图4-50），以便封闭输尿管的膀胱外通路并使尿液蓄积。输尿管扩张有利于输尿管造口术位点的识别。用精细手术刀切开膀胱黏膜直至扩张的输尿管（图4-51）。

✱ 记住要定时用温的无菌生理盐水冲洗组织

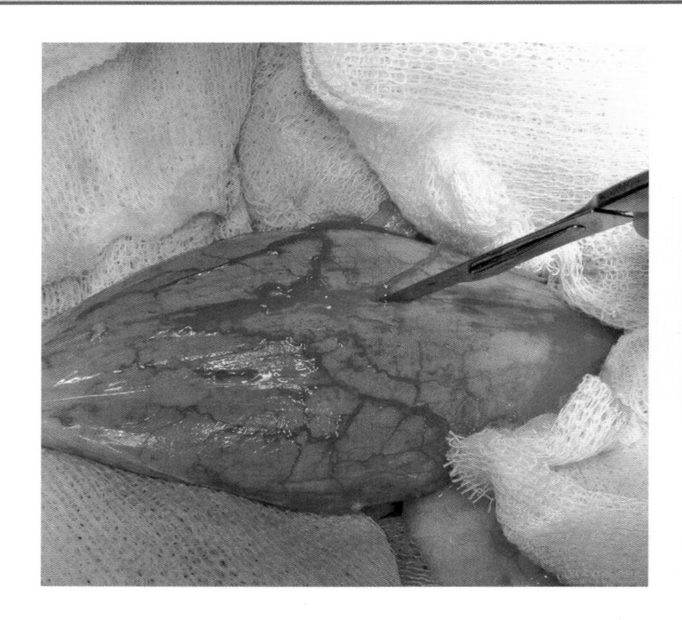

图4-48　在膀胱近尾端腹侧实施膀胱切开术，注意不要损伤其主要血管。

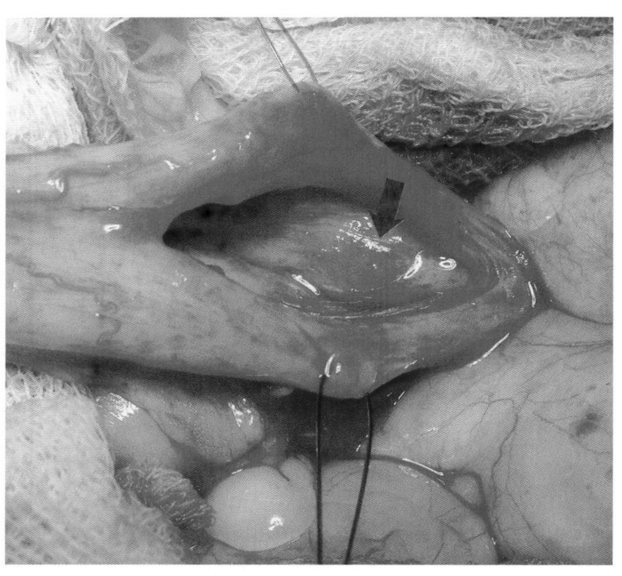

图4-49　为使膀胱切口保持开张，使用4/0单丝缝线做两针牵引缝合。在此区域，本应看到输尿管口但并未看到。箭头所指为左侧输尿管口本应可视的区域。

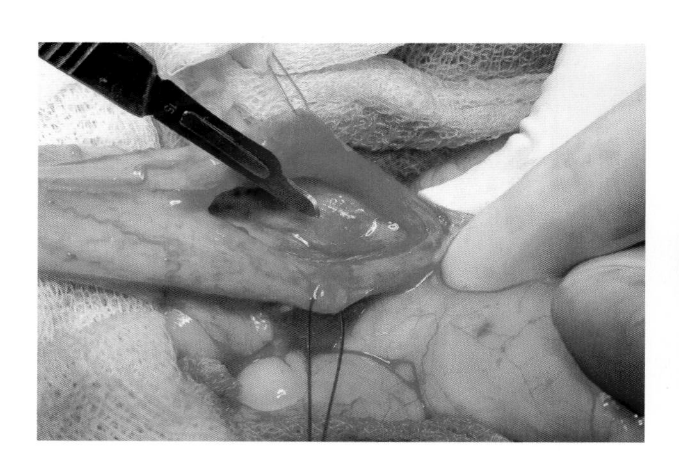

图4-50　尿道受压导致输尿管中尿液潴留，有助于确定膀胱黏膜切开的位置。

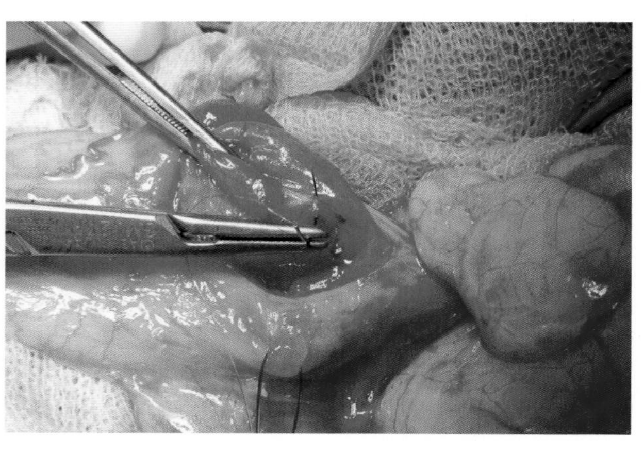

图4-51　切开左侧输尿管之后，用极细的单丝可吸收缝线以单纯间断缝合法将输尿管黏膜和膀胱黏膜缝合。

然后用5/0单丝合成可吸收缝线，以间断缝合法将输尿管黏膜与膀胱黏膜缝合（图4-51、图4-52）。

所有用于泌尿道的缝线都应该是单丝的（以避免毛细管作用引发的渗漏和细菌污染的风险）、可吸收的（以防止尿结石和导致过度纤维化和脓肿的异物组织反应）

在两侧输尿管均完成此项操作以后，将猫导尿管向尾端方向插入输尿管内，探查膀胱外的输尿管部分（图4-53）。

然后，用4/0合成非吸收缝线对经导尿管探查的膀胱外输尿管部分进行缝合，以防止尿液从膀胱流入输尿管异位部分。为简化缝合并确保缝线不涉及尿道，可以将较粗的导尿管插入尿道内（图4-54）。

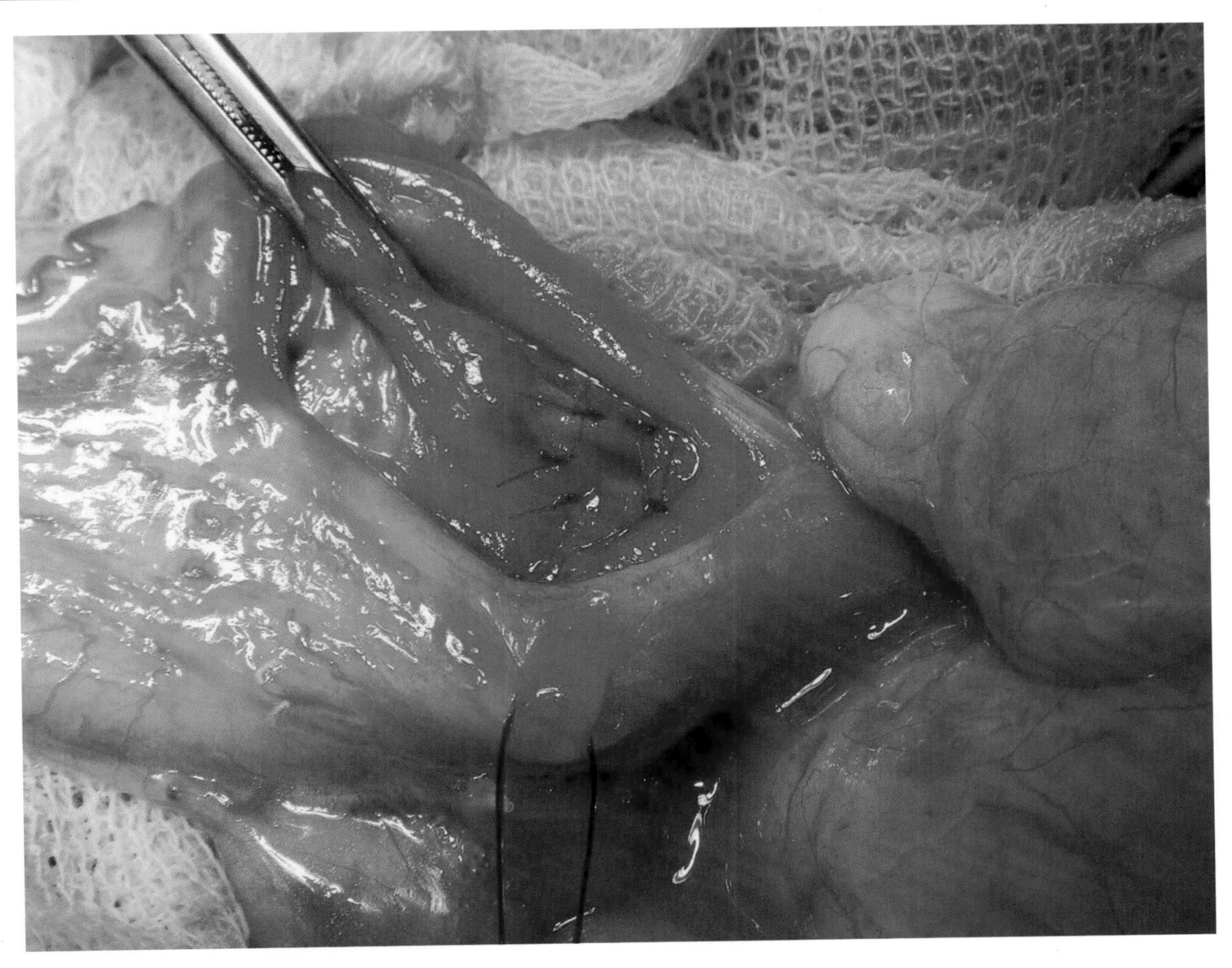

图4-52　输尿管造口术的术后观。用5/0单丝合成可吸收缝线做了5针间断缝合。

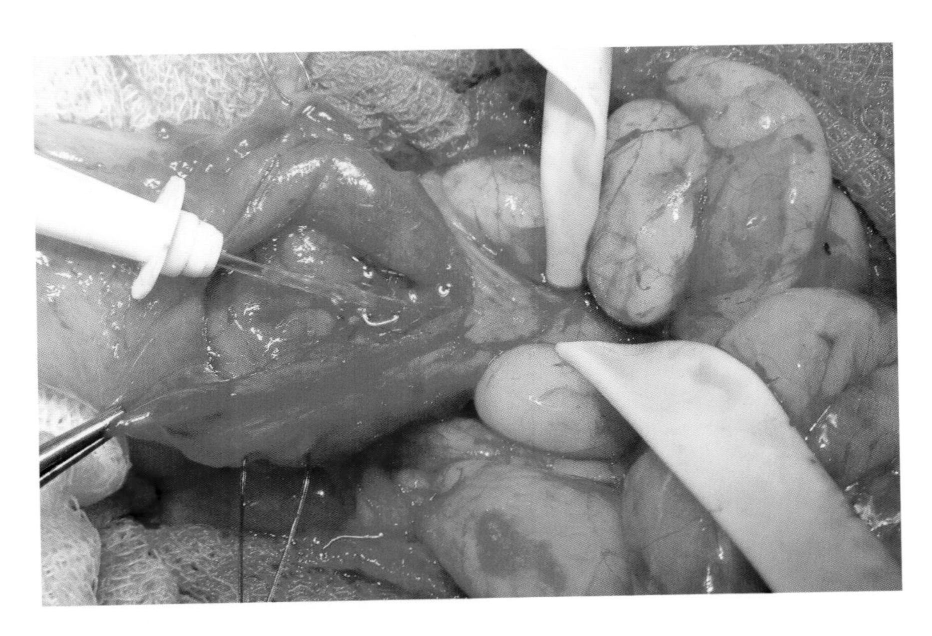

图4-53　结扎输尿管的异位部分，以避免尿液流向膀胱外。通过输尿管造口插入猫导尿管，探查输尿管沿尿道移行的路径。

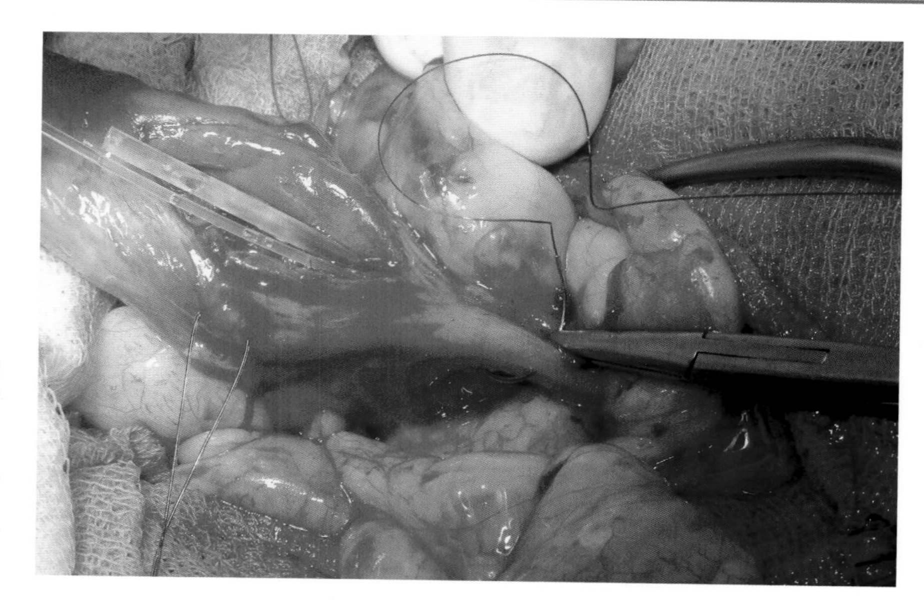

图4-54　在非直视条件下，对与尿道并行的膀胱外输尿管进行封闭性缝合。为避免将尿道缝入，输尿管和尿道均必须辨识清楚，这也是为什么要将导尿管插入输尿管的原因。当触到导尿管时，在其上方进行单纯缝合。在打结之前，将导尿管移出。

> 为易于找到与尿道并行的输尿管，在两个输尿管中均要插入导尿管。

结扎异位的输尿管后，将膀胱切口分两层缝合（图4-55至图4-57）

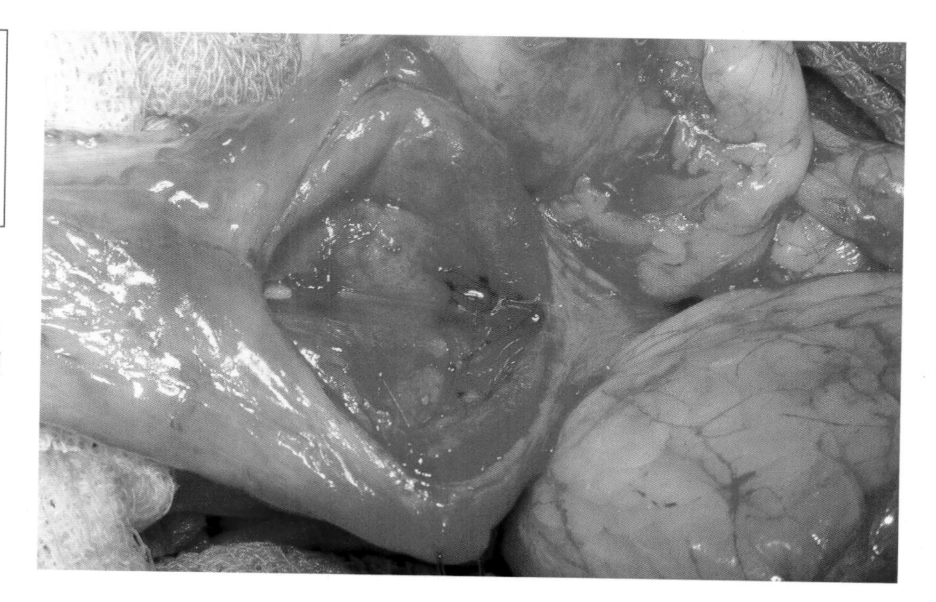

图4-55　术后24h内在膀胱留置导尿管。

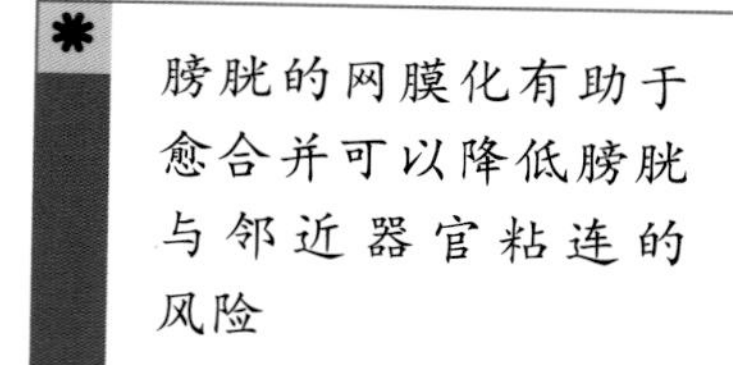

膀胱的网膜化有助于愈合并可以降低膀胱与邻近器官粘连的风险

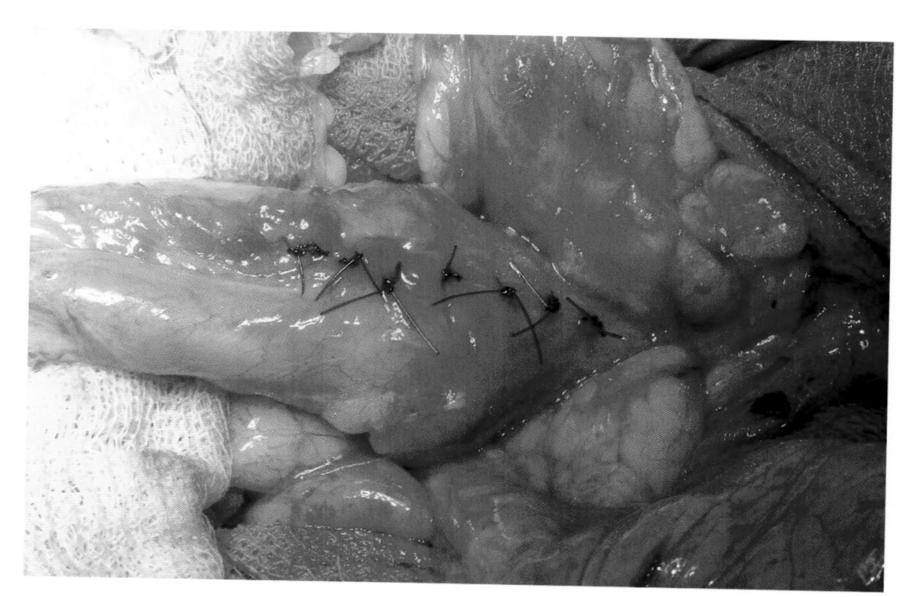

图4-56　采用单丝可吸收缝线，以常规方式缝合膀胱。

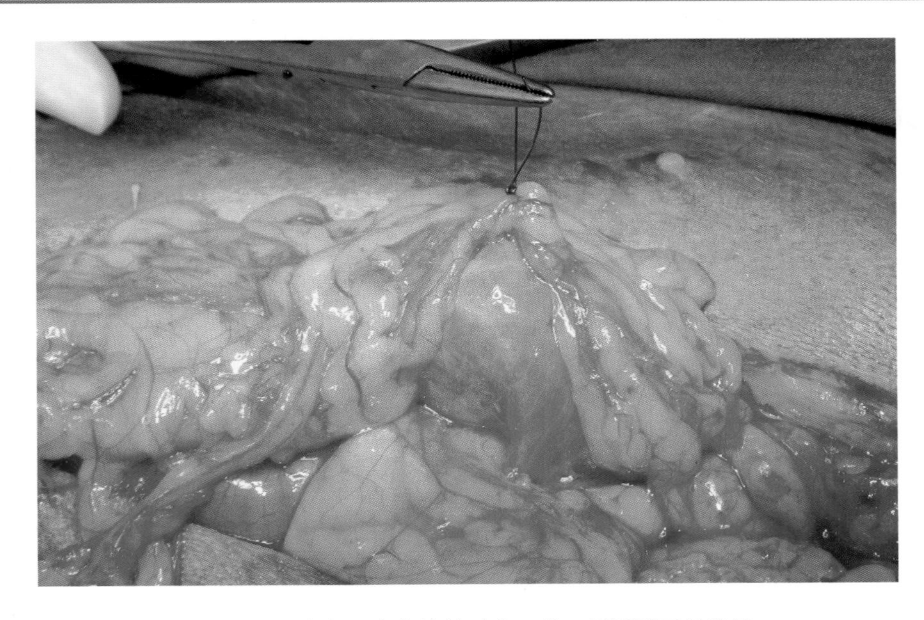

图4-57　与通常对中空腹部器官实施的手术一样，用网膜覆盖膀胱。

术后24h内留置导尿管，以避免膀胱过度扩张而引起缝合裂开

手术后第2天拔除导尿管，用抗生素持续治疗2周（根据培养和药敏测试情况）。

患病动物在术后几天内即可恢复排尿节制。然而，少数患病动物依旧会排尿失禁，这主要是由膀胱颈神经肌肉衰竭或膀胱发育不全所导致的。在这种情况下，应使用苯丙醇胺。

## 病例　壁内输尿管异位

Sara，6月龄，雌性斗牛犬。就诊原因是自从主人把它买回家，就注意到它有点儿持续性尿失禁。它曾因复发的尿路感染而用过不同的抗生素治疗。Sara行走时排尿正常，但其会阴区总有尿湿现象（图4-58）。

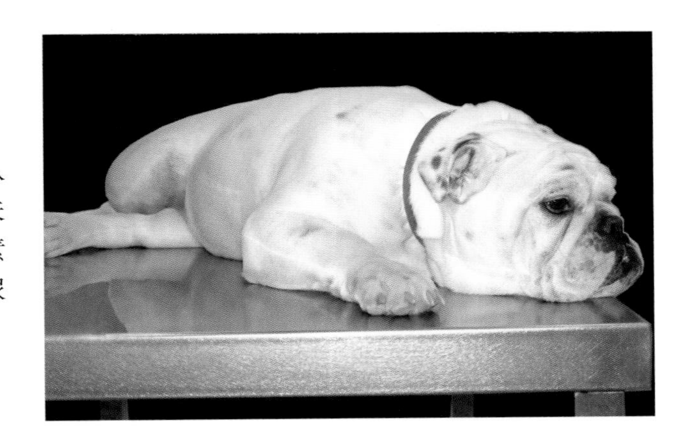

图4-58　就诊当天的患犬。

体格检查和血液检验均没有发现任何异常。会阴区检查显示尿液持续向外滴漏，浸湿了被毛（图4-59）。当犬躺卧或夜间睡眠时，这种症状会加重（图4-60）。

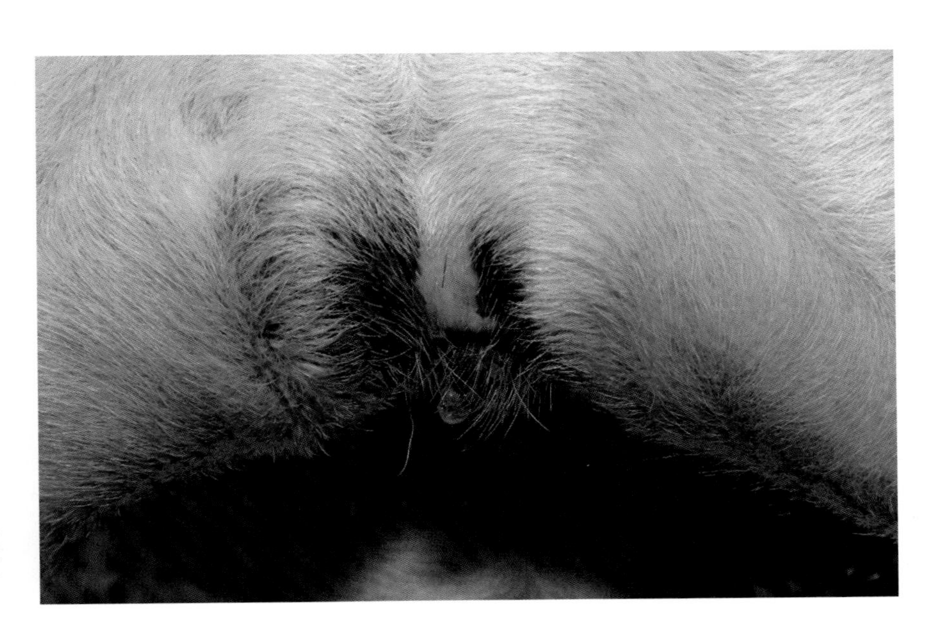

图4-59　患犬尿失禁。会阴区被毛被尿液染黄。因为有异味，主人不得不对其定期清洁。

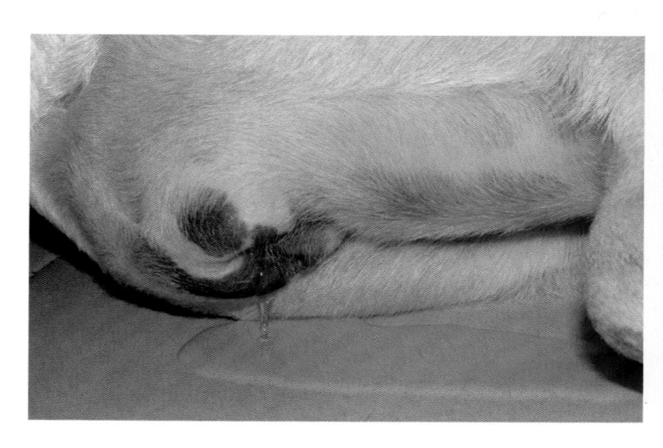

图4-60　躺卧时，膀胱承受的腹压增加，尿失禁会变得更加严重。患犬在医院候诊室躺卧的时候，有大量的尿液流出。

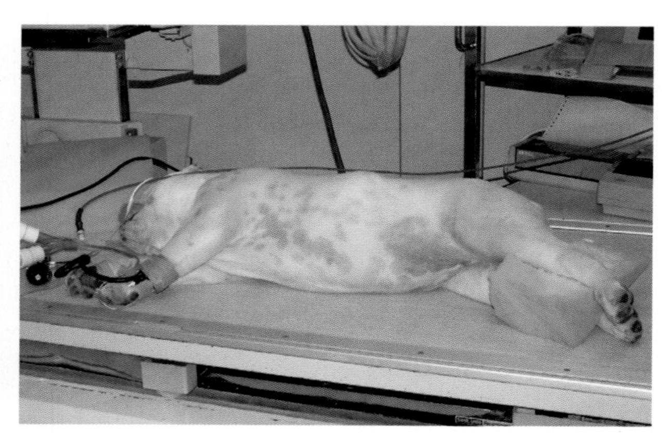

图4-61　为清晰观察尿路和输尿管植入位置，在全身吸入麻醉下进行排泄性尿道造影。

为了确诊是否为输尿管异位，在全身麻醉下进行排泄性尿道造影（图4-61至图4-64）。

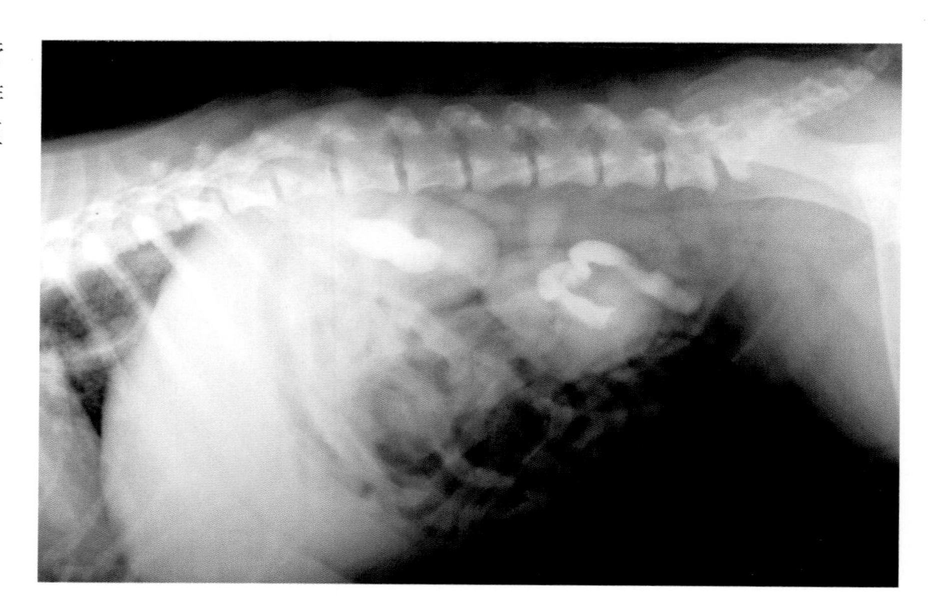

图4-62　拍摄系列X线片，以观察造影剂的清除过程。

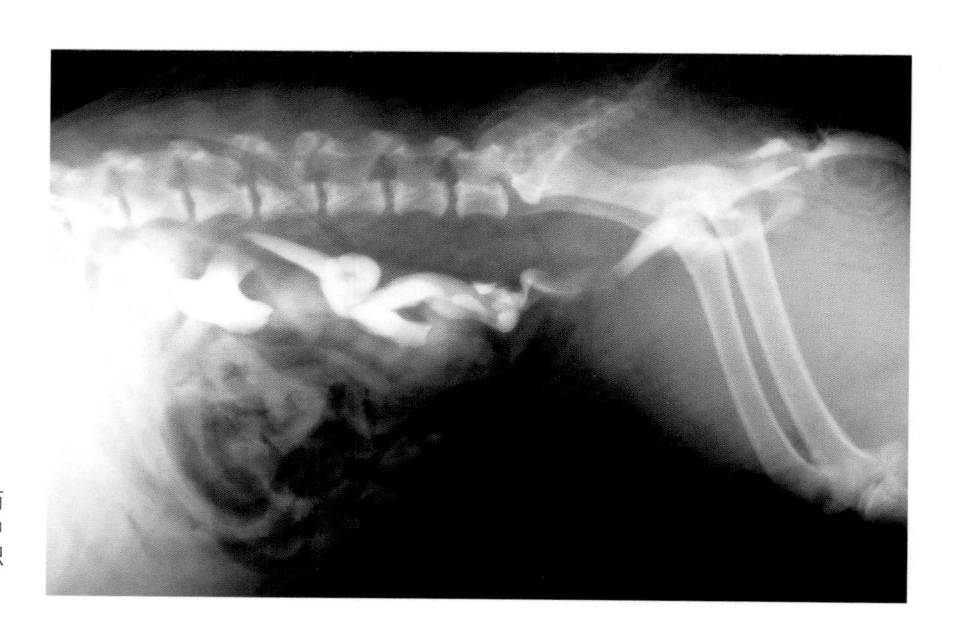

图4-63　可观察到因尿潴留而导致的肾盂轻微扩张及输尿管中度扩张。造影剂并未在膀胱积聚，而是进入阴道。

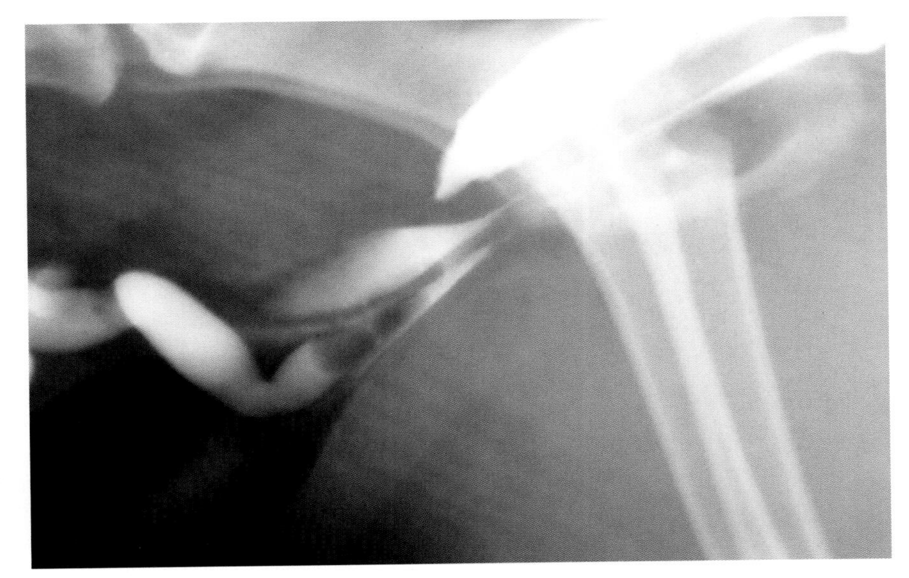

图4-64　为更好地观察该区域结构，将空气导入膀胱内。图片显示输尿管终止于尿道。因尿液逆行，阴道内充满造影剂。

实施脐下剖腹术。证实该输尿管异位属于壁内性之后，在膀胱三角区切开输尿管（图4-65）。

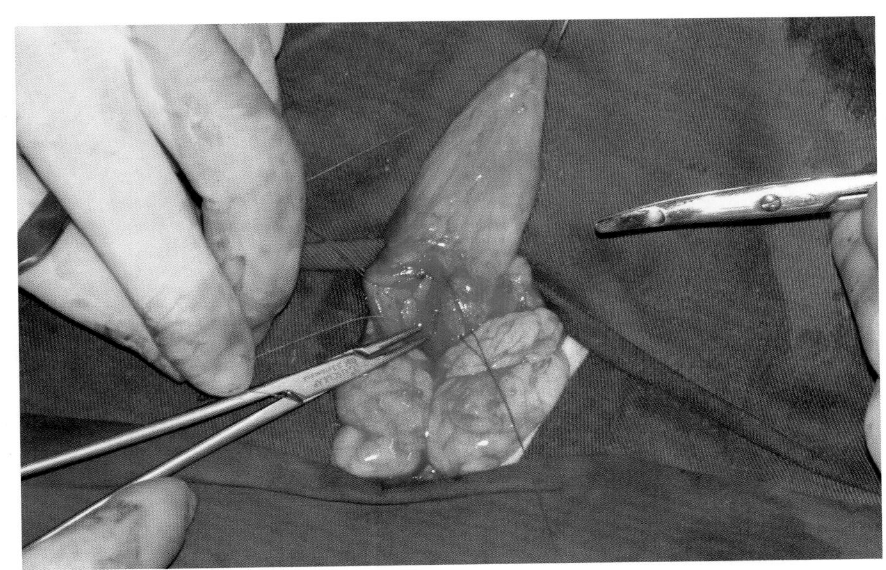

图4-65　在膀胱三角区切开输尿管之后，用5/0单丝可吸收缝线缝合。

术后，根据尿液培养和药敏测试结果，给患病动物施以阿莫西林/克拉维酸治疗，以12h每千克体重15mg剂量，持续2周

## 跟踪随访

从术后第1天起，Sara的排尿自控能力逐渐好转，7d后能够完全控制排尿（图4-66）。它的术后状况已跟踪监测了4年多，其排尿自控能力一直维持良好。

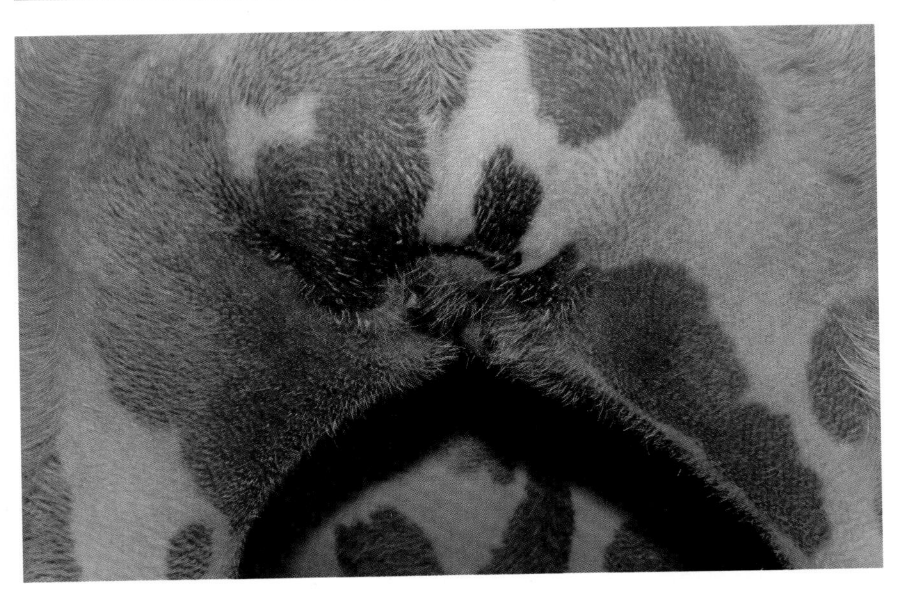

图4-66　术后7d，患病动物已能完全控制排尿，即使腹内压升高也是如此。

# 壁外输尿管异位：输尿管膀胱吻合术

技术难度 ■■■■□

**手术方法**

在脐后与耻骨前缘间切开腹腔，显露膀胱并定位输尿管（图4-67）。

> ✱ 为便于对膀胱的操作，用单丝缝合材料在膀胱顶端做一针牵引固定缝合

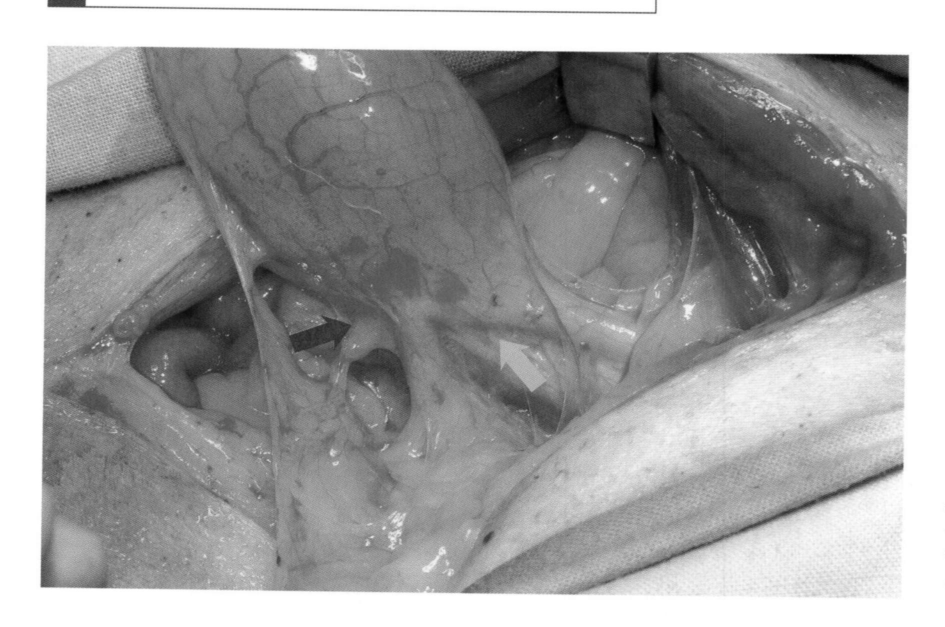

图4-67 右侧输尿管看起来是在正确的解剖位置进入膀胱（灰色箭头），但近距离观察发现，它与膀胱并行且终止于尿道（橙色箭头）。

一旦确定输尿管的位置，即将其末端的1/3分离，以方便移动并确定它在膀胱外的插入点（图4-68）。

> ✱ 对输尿管的分离应谨慎操作，以免损伤输尿管周围的脂肪组织，该组织含有灌注输尿管的血管

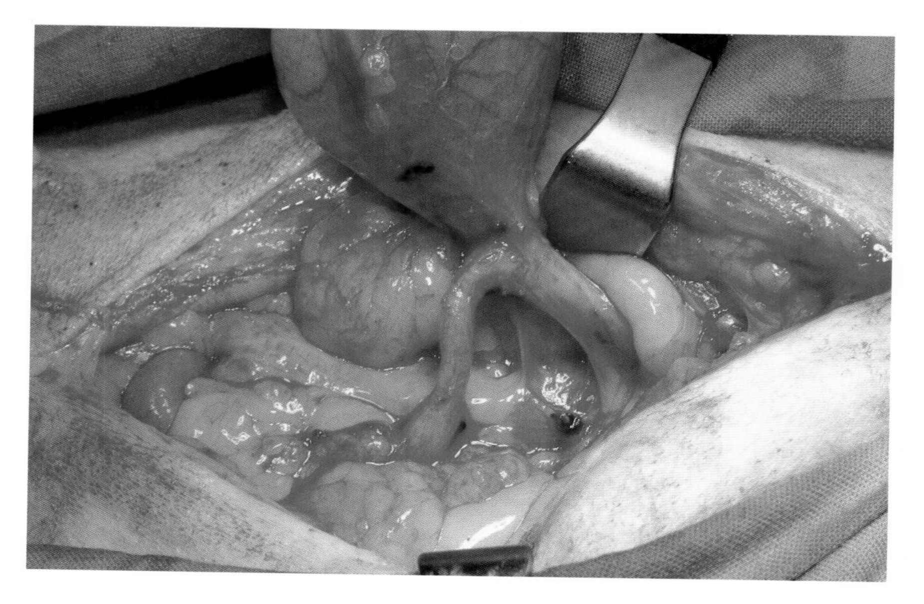

图4-68 分离右侧输尿管的末端，找到输尿管在尿道近端的终止点。

接着，在输尿管最末端部位做两道结扎（其中相对近端的结扎要保留一个长线头），并在两道结扎之间将输尿管剪断（图4-69、图4-70）。

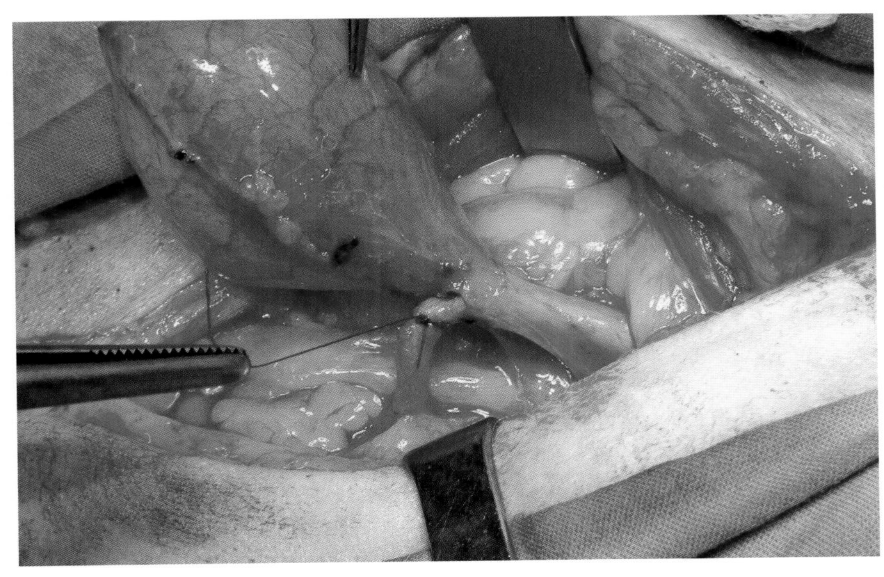

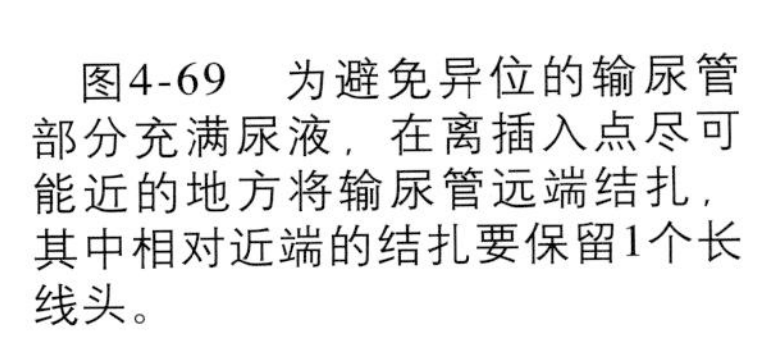

图4-69　为避免异位的输尿管部分充满尿液，在离插入点尽可能近的地方将输尿管远端结扎，其中相对近端的结扎要保留1个长线头。

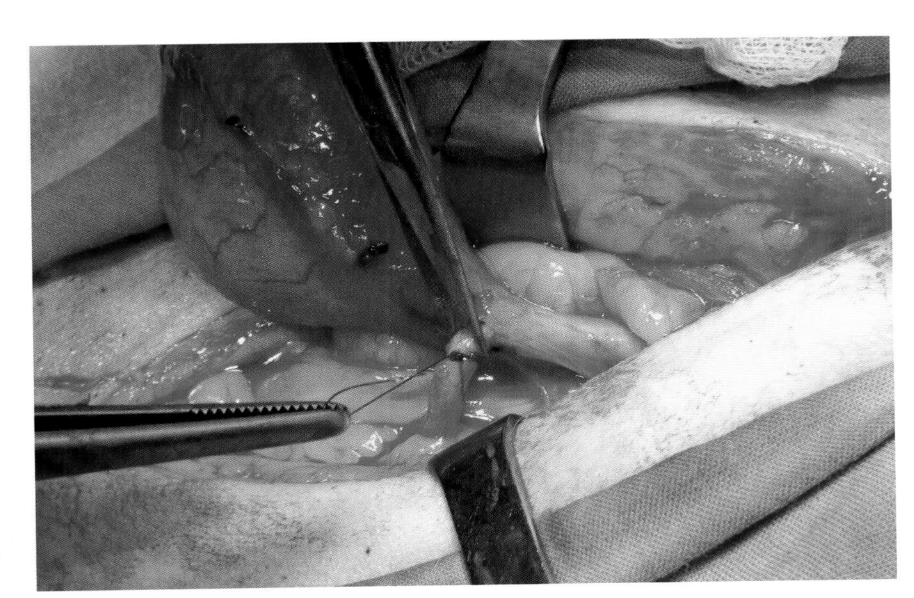

图4-70　在两道结扎之间将输尿管剪断。

如果输尿管异位是双侧的，对另一侧输尿管也进行同样的操作（图4-71）。

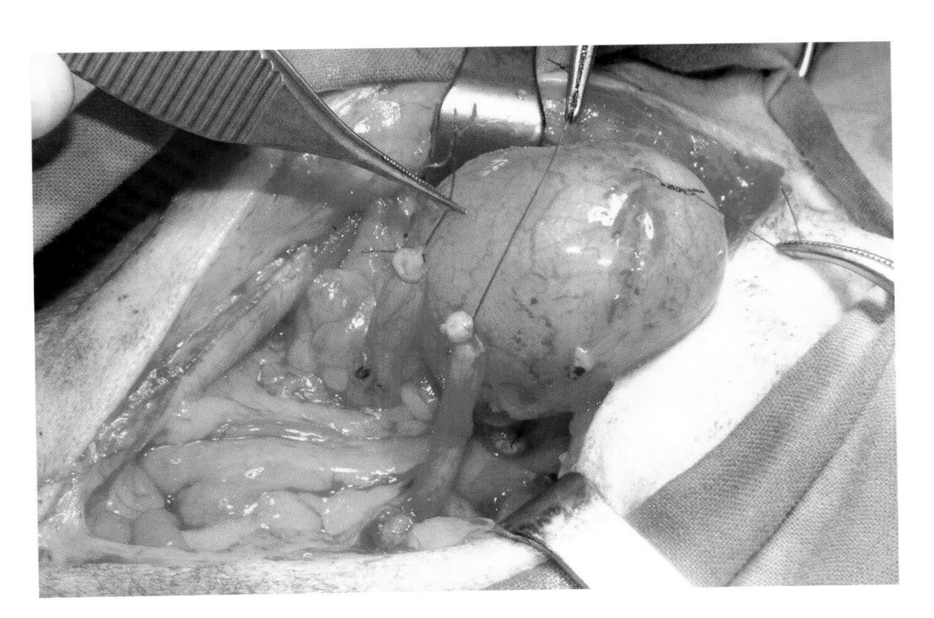

图4-71　在植入膀胱之前，经剪断而结扎的两侧输尿管。左侧输尿管比右侧输尿管的扩张更为明显。

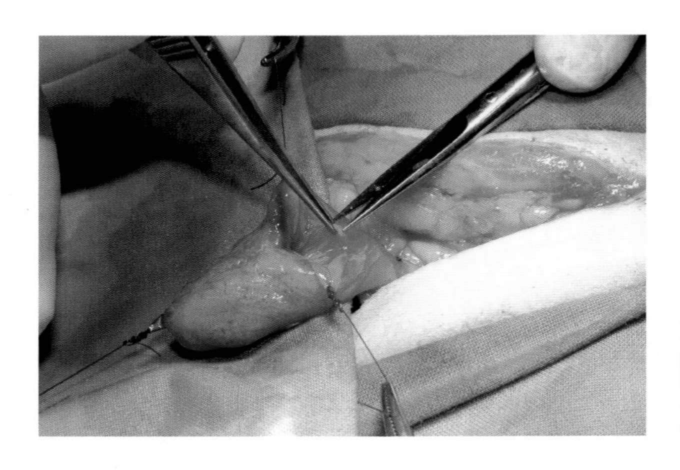

图4-72　通过两针牵引缝合使膀胱切口保持打开状态。在输尿管吻合处，去除小块膀胱黏膜。

手术的下一阶段，穿刺排净膀胱内尿液，并在膀胱后腹侧进行膀胱切开术。在切口边缘做牵引缝合以保持切口打开。在膀胱三角区从膀胱黏膜切除2个圆形小块，此处即为进行输尿管膀胱吻合的位置（图4-72、图4-73）。

*

膀胱切开术应在几乎没有血管分布的区域进行

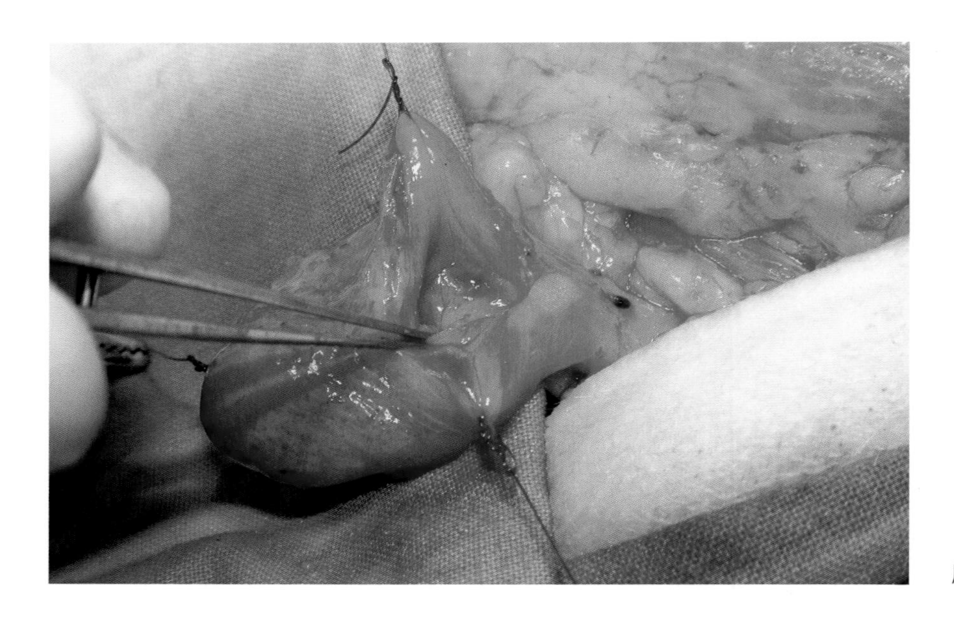

图4-73　左侧膀胱去除一小块膀胱黏膜后的外观。

在切去黏膜之处，用细止血钳朝近头端方向在膀胱壁上钻一个斜行通道（图4-74）。

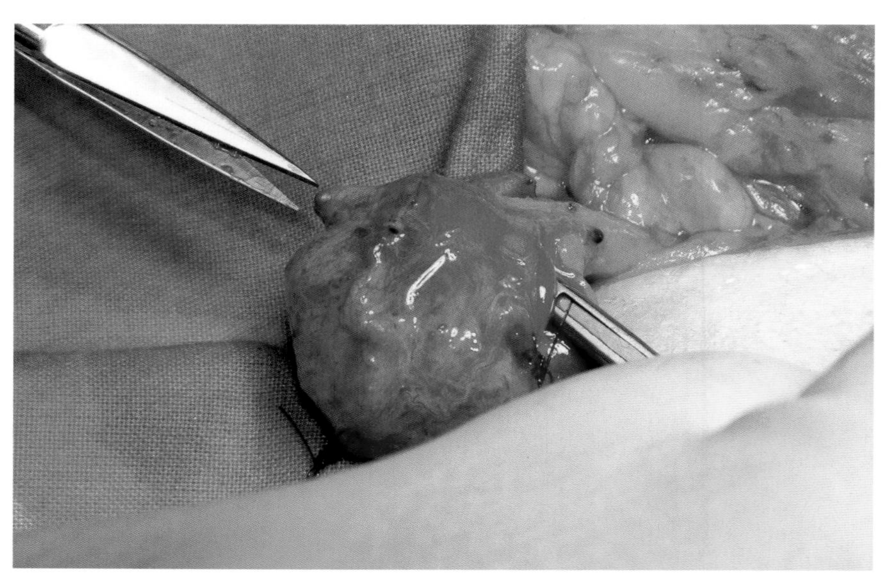

图4-74　在切去黏膜之处，朝膀胱顶端方向，斜向插入细止血钳。

然后用止血钳将同侧输尿管的结扎线长末端夹住（图4-75）并拉回，在无张力下将输尿管引入膀胱内（图4-76），然后在结扎线附近切断输尿管。

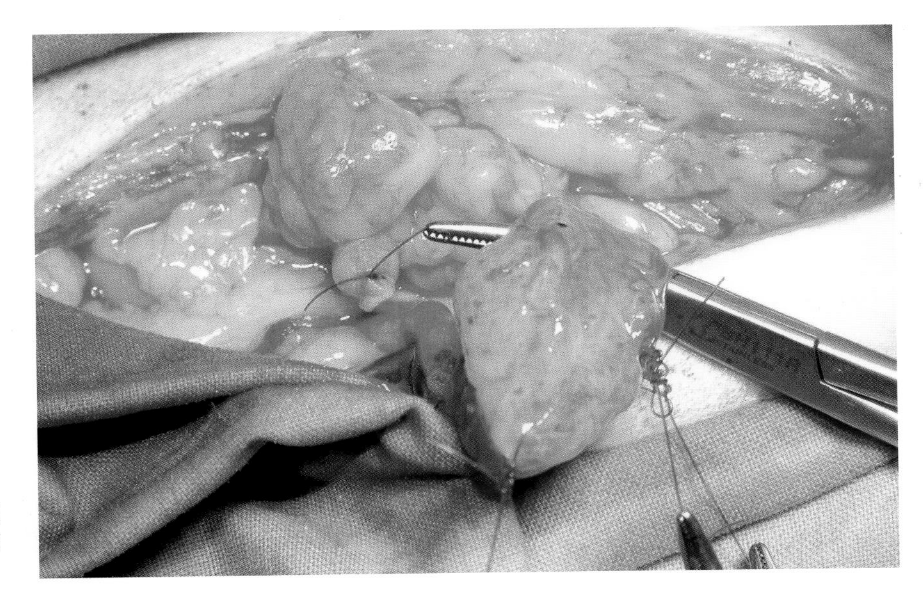

图4-75　穿过膀胱壁做一斜行通道，用止血钳夹住输尿管上的结扎线长末端。

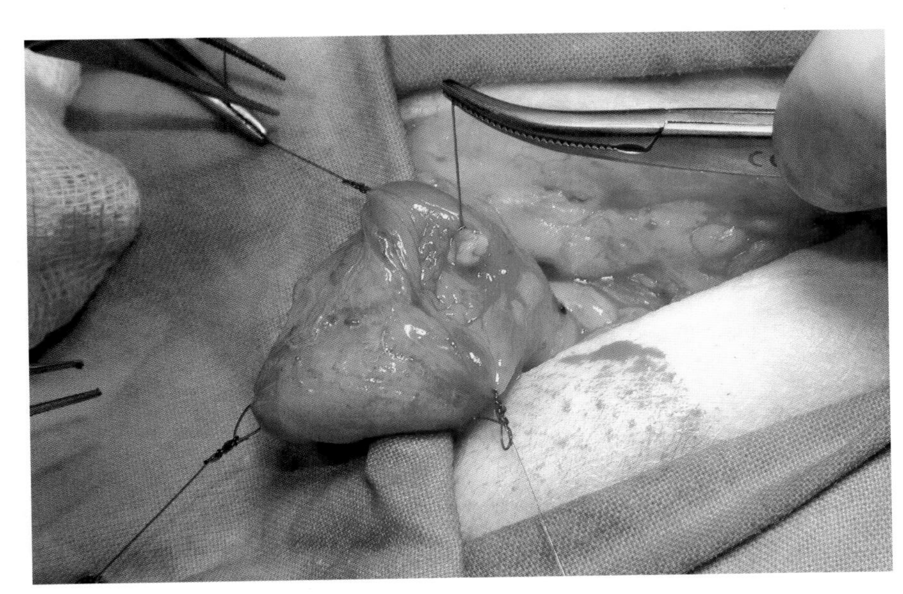

图4-76　通过拉回止血钳，将输尿管引入膀胱内。然后切除末端输尿管被结扎的部分。

用无损伤圆针、5/0或6/0单丝合成可吸收缝线以单纯间断缝合方式将输尿管和膀胱吻合（图4-77）。

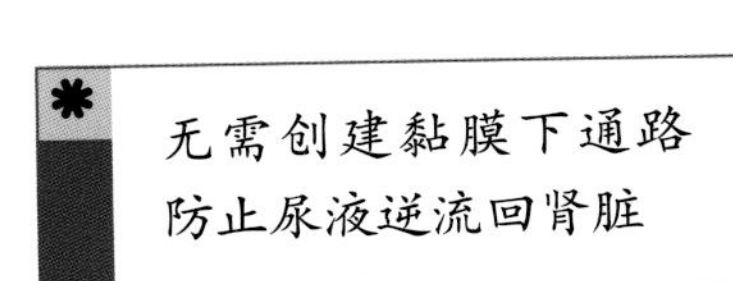


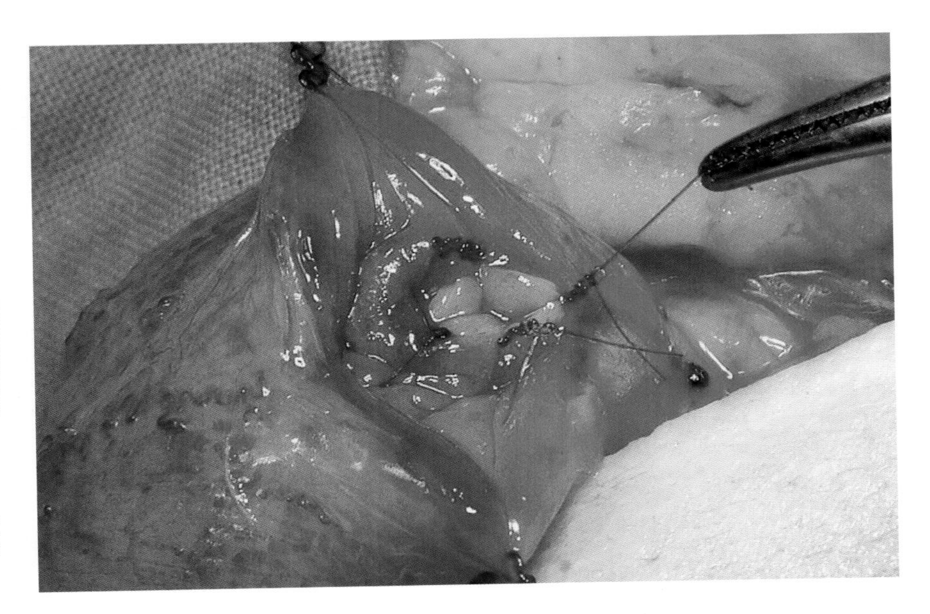

图4-77　用6/0单丝合成可吸收缝线以单纯缝合方式吻合输尿管与膀胱。

在另一侧，以同样的操作钻取膀胱通道，将输尿管插入膀胱内。如果输尿管未扩张且管径较小，可以通过在其管壁做纵向切口来扩大吻合口（图4-78）。然后，按照前述的方式实施输尿管膀胱吻合（图4-79）。

> 如果输尿管因尿潴留而扩张，则管腔变大，更易于缝合。如果没有积水，则输尿管管径较小。在这种情况下，建议通过斜向剪切或做1个小的纵向切口扩大输尿管末端管腔

使用同样的缝线做两针缝合，将输尿管固定于膀胱壁上，以降低由于输尿管逆行而撕裂吻合处的危险（图4-80）。缝合膀胱并覆以网膜，以防止可能的尿液渗漏或与其他腹腔器官的粘连（图4-81）。

在缝合腹壁切口之前，用温的无菌生理盐水冲洗腹腔，以除去手术过程中可能污染腹膜的尿液。术后24 ～ 36h内留置膀胱导尿管，以避免膀胱过度扩张。

手术后，至少使用两周抗生素。

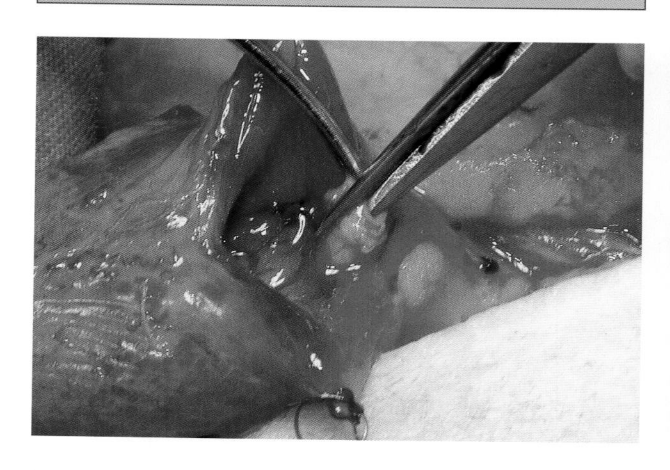

图4-78 为使输尿管与膀胱易于缝合，可以在管壁做1个纵向小切口而扩大输尿管管径。

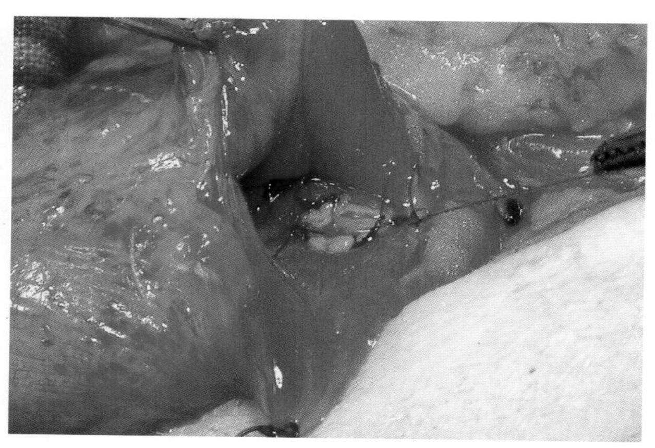

图4-79 右侧新输尿管膀胱吻合的最终外观。使用6/0单丝可吸收缝线，需要5～6针缝合。

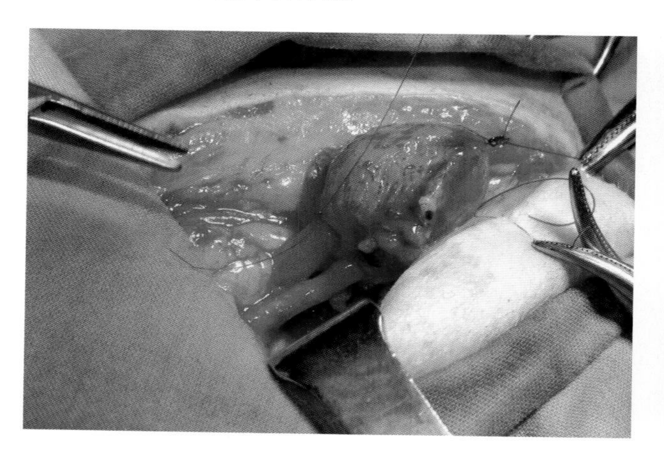

图4-80 将输尿管固定于膀胱壁上，以防止逆行滑移及吻合处裂开。

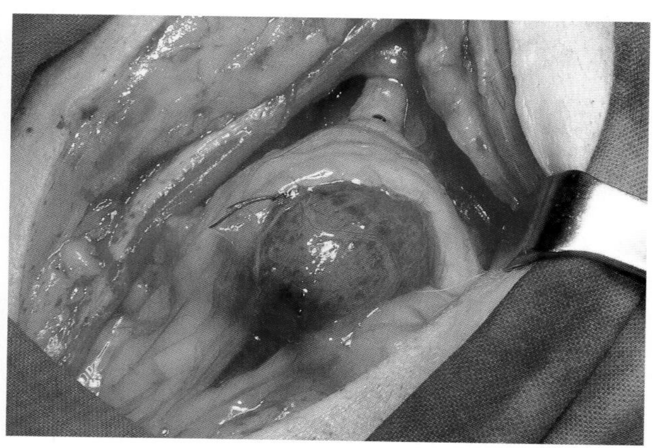

图4-81 用3/0单丝合成可吸收缝线缝合膀胱切口，并对膀胱覆以网膜，以防止发生尿瘘和腹腔粘连。

## 病例 壁外输尿管异位

Pinchi，1岁，雌性玛尔济斯比熊犬，自幼患有持续性尿失禁。在户外行走时，除少量尿渗漏以外，它也能自主排尿（图4-82、图4-83）。

兽医怀疑问题可能与输尿管异位有关，将其送交动物医院进行必要的诊断检查。尿道超声检查显示，两侧输尿管均未进入膀胱；一侧输尿管通向近端尿道，另一侧则通向超声未能显示出的更远端部位。检查发现左肾和输尿管由于尿潴留而扩张。实施排泄性尿道造影，证实了诊断并确定输尿管的末端插入位置（图4-84至图4-88）。

图4-82　Pinchi是1只母犬，自从出生就患有尿失禁。

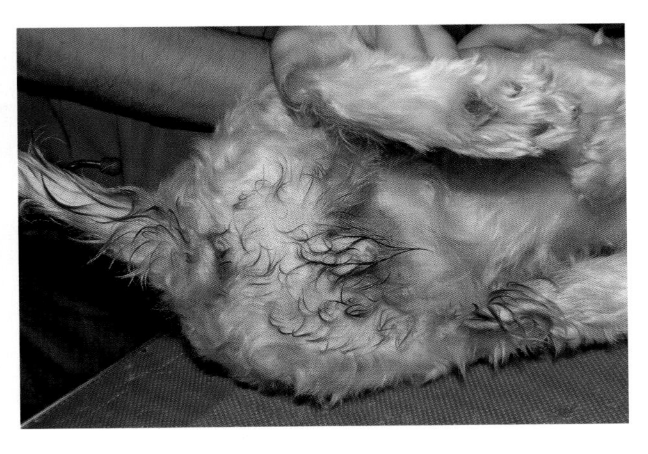

图4-83　由于尿液从外阴持续滴漏，会阴区总是湿的。

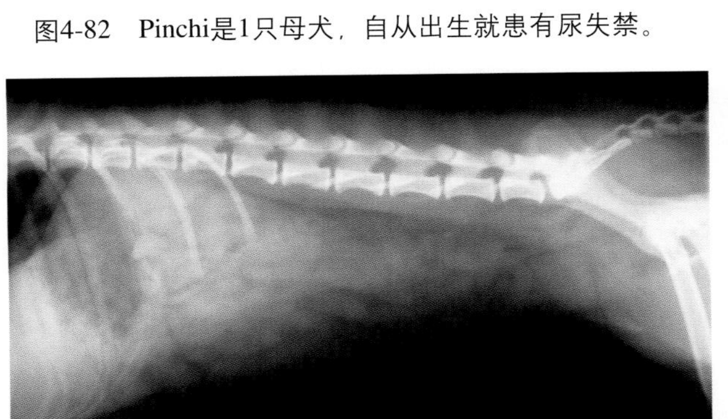

图4-84　清晰的X线图像，用于定位腹腔器官并确认没有粪便或气体存在。粪便或气体的存在将干扰放射学的解释。

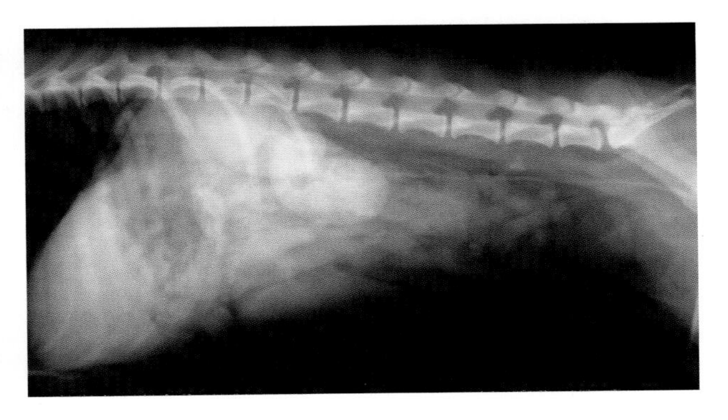

图4-85　注射碘造影剂后立即拍摄的X线图像。清晰可见造影剂被肾脏摄取。

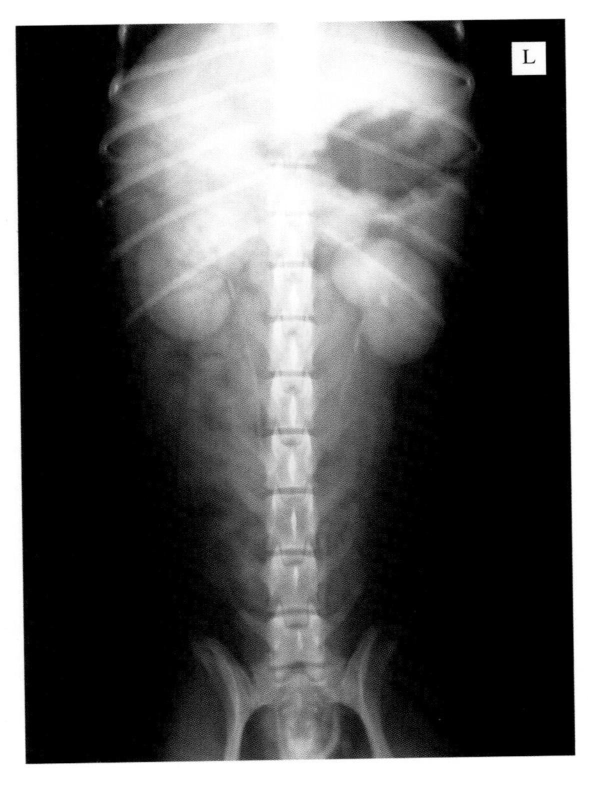


图4-86　两侧肾脏形态正常，输尿管明显终止于盆腔某处。

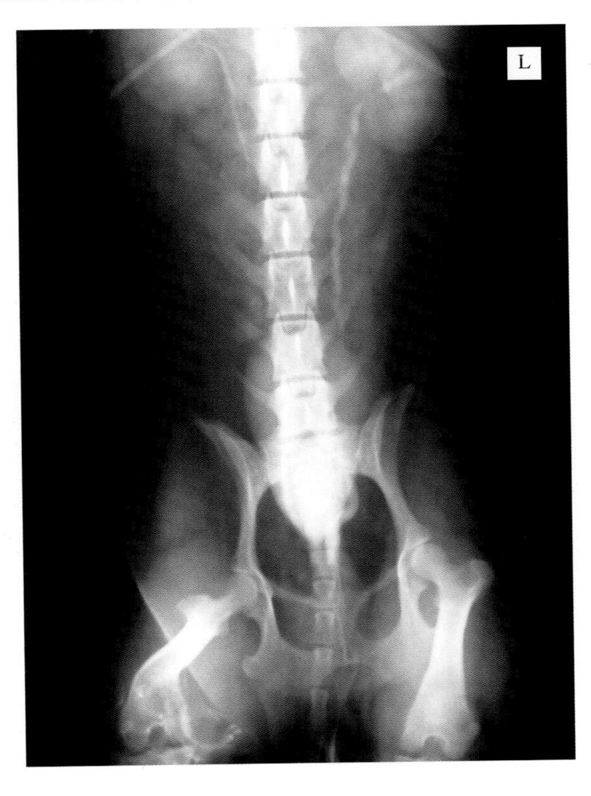


图4-87　两侧输尿管绕过膀胱三角区并插入尿道内。

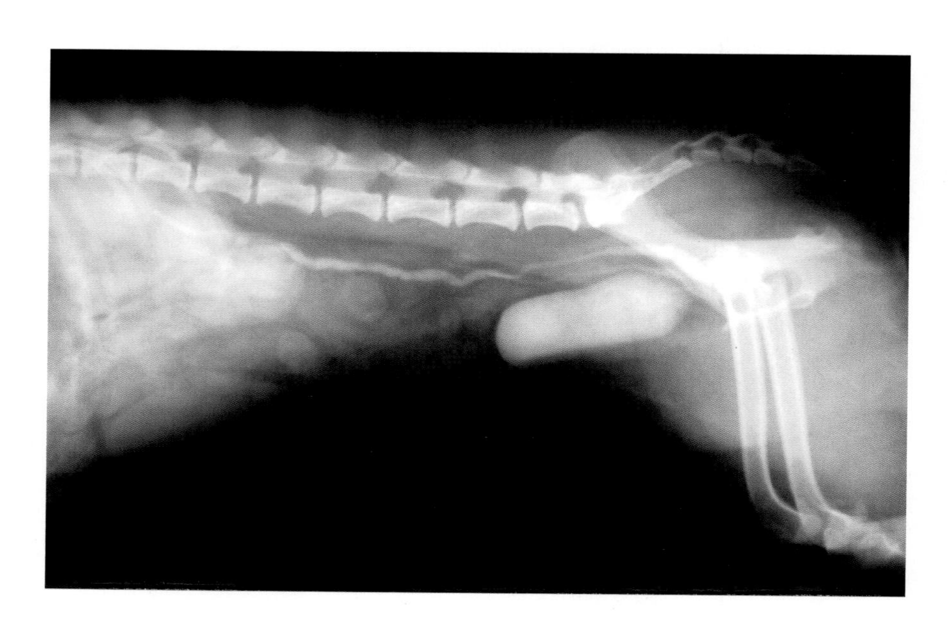

基于这些检查结果，可得出诊断：尿失禁由双侧输尿管异位引起。根据末端输尿管的影像推测，可能是壁外性异位。

图4-88　右侧输尿管在尿道近端插入尿道内，而左侧输尿管在更远端的部位插入。另外，可见左侧输尿管中度积水。

**手术方法**

脐下腹中线切口打开腹腔，然后仔细分离末端输尿管。注意保护输尿管周围含有血管的脂肪组织。分离后，输尿管在尿道的插入点变得清晰可见（图4-89）。输尿管异位是双侧的和壁外性的。然后将输尿管植入膀胱三角区（图4-90、图4-91）。

**跟踪随访**

术后3d，患犬不再表现出尿失禁，会阴区干燥（图4-92）。但主人注意到，当犬躺卧时依然有尿液渗漏。患犬愈合进展顺利，尽管在3周后因躺卧时持续尿渗漏又被送回医院。对经穿刺获得的尿样进行培养和药敏试验，并制订了相应的治疗方案。尿失禁得到了显著改善，但并未完全制止。腹部超声检查显示，左侧输尿管严重扩张，并有明显的肾盂积水现象。医院建议重新将输尿管植入膀胱或者切除患病肾脏，但主人拒绝任何进一步的手术治疗。

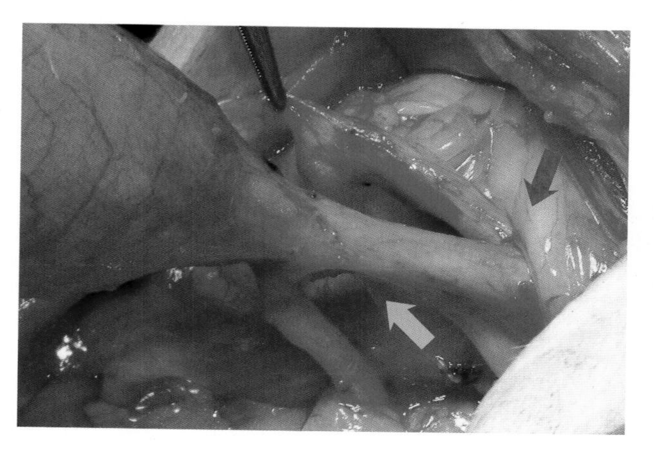

图4-89　右侧输尿管在近端尿道的插入点（橙色箭头），而左侧输尿管的插入点在更远端（灰色箭头）。

在出现输尿管异位的所有病例中，都应告知动物主人，即使手术成功，患病动物仍有可能因尿路的其他异常而表现出某种程度的尿失禁，如膀胱扩张困难或膀胱括约肌张力缺乏

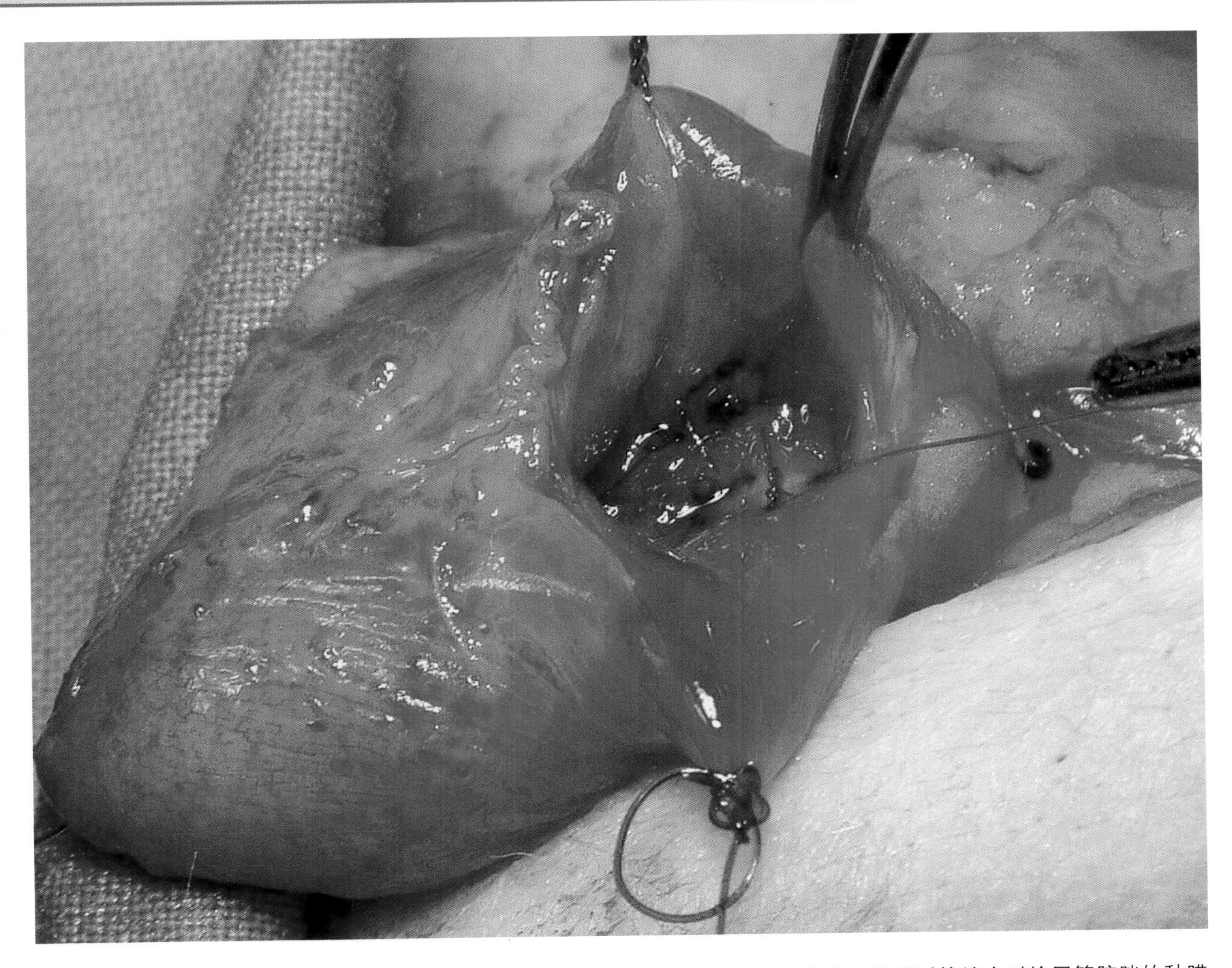

图4-90　经膀胱壁上相应的斜行通路将输尿管引入后，用6/0单丝合成可吸收缝线，采用对接缝合对输尿管膀胱的黏膜进行吻合。

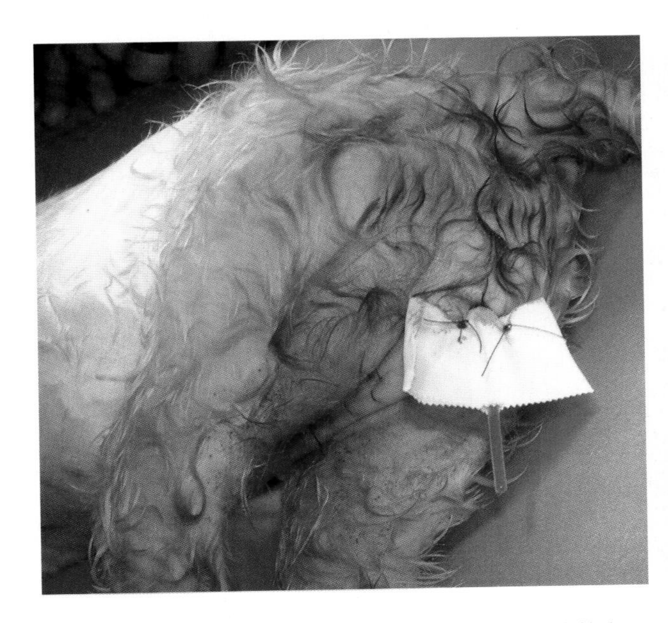

图4-91　术后24h内，留置导尿管，以避免膀胱过度扩张。

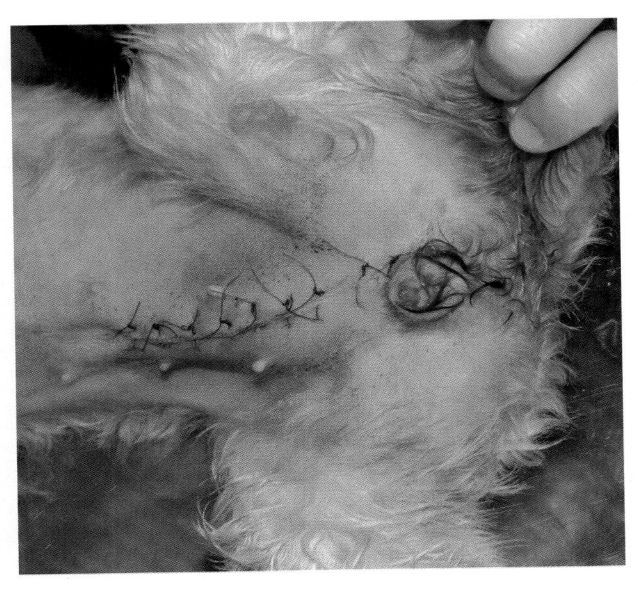

图4-92　尿滴漏已停止，会阴区是干燥的。

## 肾切除术

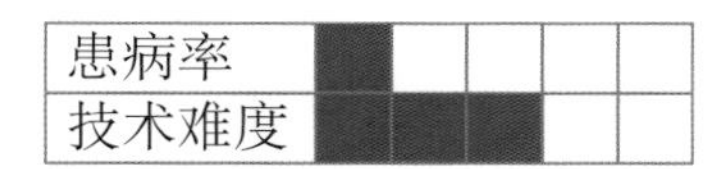


本病例是一只雄性比利时牧羊犬，它在夜间有尿漏现象，但在白天排尿控制正常。血液检验和尿液分析结果均正常。接下来的诊断步骤是尿道放射影像检查。清晰的X线片显示腹腔中心有一肿块（图4-93）。肿块疑似一侧肾脏和可能异位的输尿管，因此，实施了排泄性尿道造影术（图4-94、图4-95）。根据这些检查结果，诊断为左侧肾盂积水，建议进行手术。

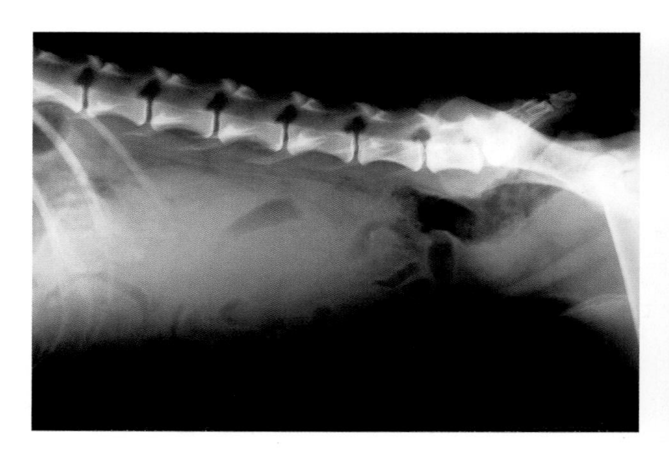

图4-93　腹部X线图像清晰显示腹腔中心有一肿块，占据了腹侧肠管的位置。

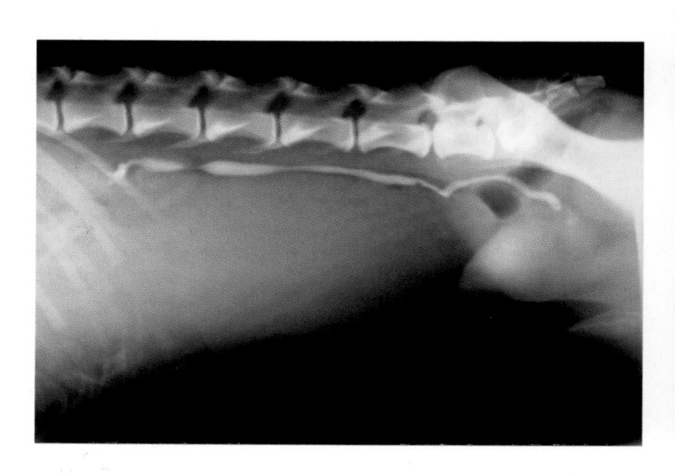

图4-94　X线图像清晰显示其中一个肾脏、输尿管及其与膀胱的接合点。

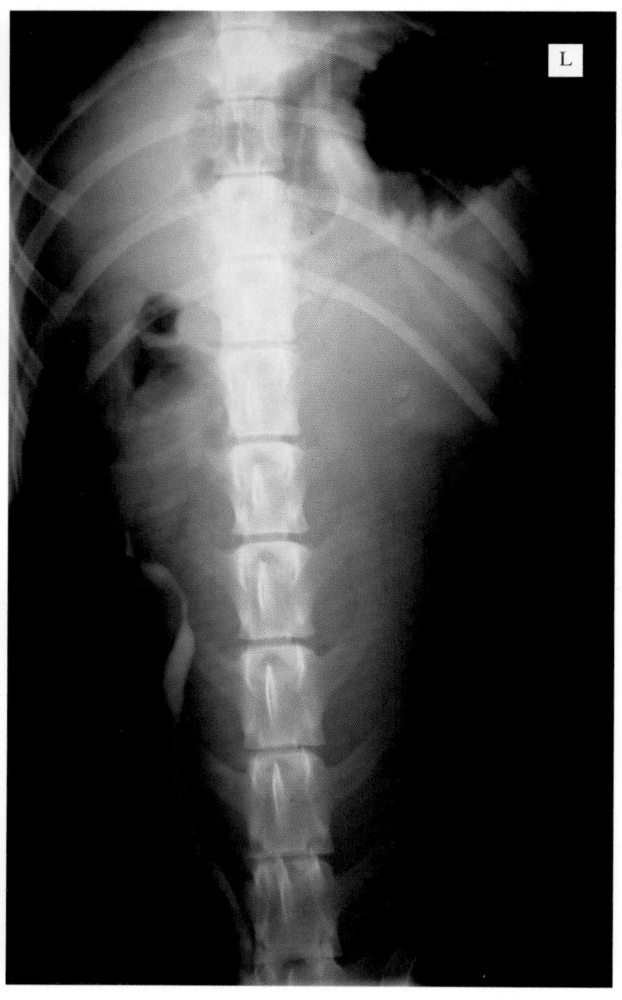


图4-95　腹背侧X线图像清晰显示右肾（在图像的左边），而左肾几乎没有积聚任何造影剂。

在腹中线打开腹腔，左肾检查发现输尿管扩张，管内尿液直接排入尿道，同时肾盂积水显著（图4-96）。右肾及输尿管正常，没有异位。

图4-96　肾盂积水和输尿管积水显著，输尿管插入前列腺尿道。

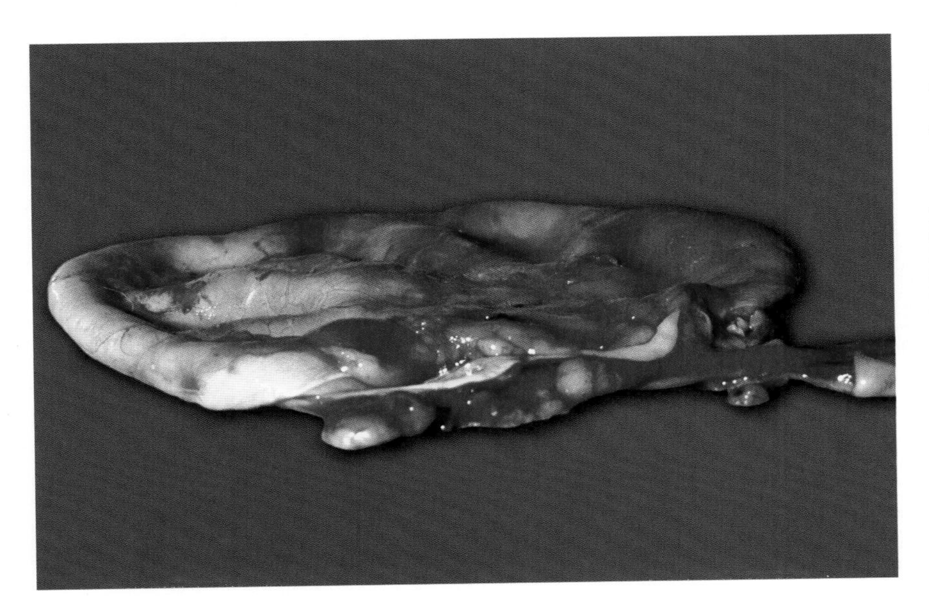

考虑到病变进行性发展，决定施行左肾切除术（图4-97、图4-98）。

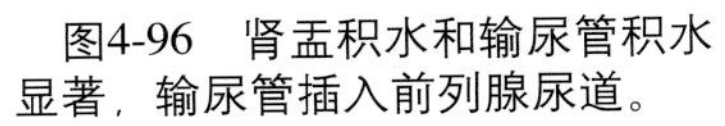

计划做肾切除术时，应确保另一侧肾脏是正常的

图4-97　无尿的被切除肾的外观。注意肾实质损坏的程度。

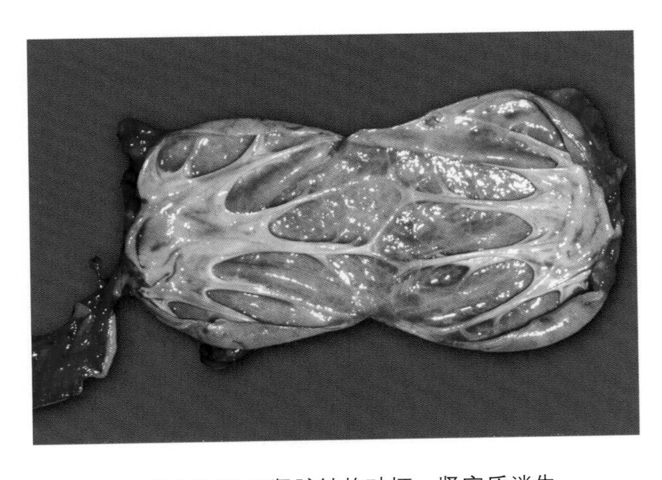

图4-98　横切面显示肾脏结构破坏，肾实质消失。

**跟踪随访**

术后患犬恢复良好，10d后治疗结束，漏尿问题已解决。

**病例点评**

公犬输尿管异位较少引起尿失禁。较长的尿道给排尿造成了较大的阻力，促进尿液向膀胱逆行，因此，排尿更正常。然而，这一阻力也阻碍了输尿管的尿液外流，这些尿液积聚在输尿管而引起输尿管扩张和继发性肾盂积水。因此，雄性幼犬在继发性肾损伤发展到不可逆转之前，应尽早做出诊断。

## 母犬卵巢和子宫的腹面观

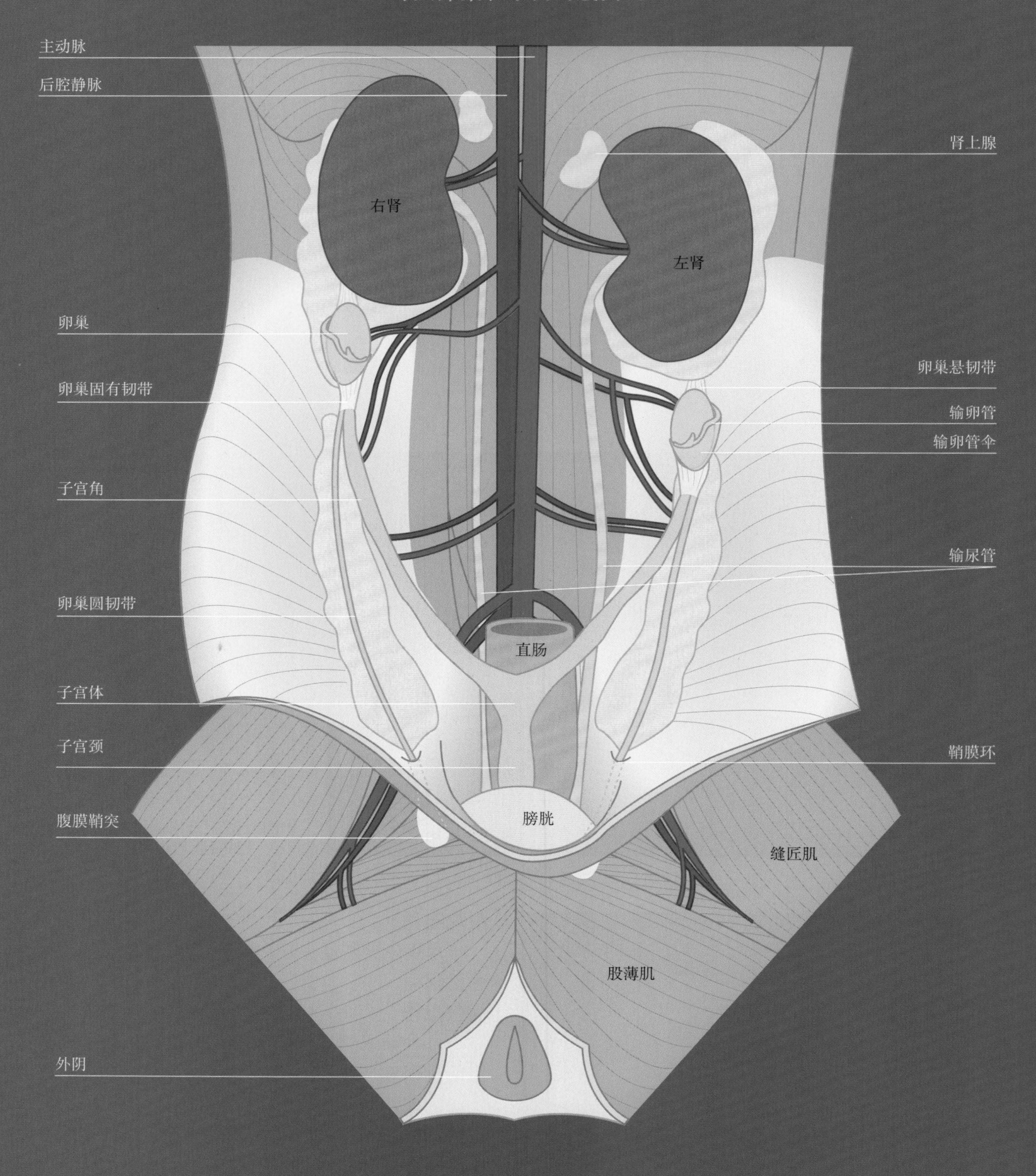

# 第五章 子宫疾病及其治疗

## 剖腹产术

病例1 斗牛犬剖腹产术：子宫切开术
病例2 胎儿死亡剖腹产术：子宫切开术
病例3 胎儿死亡剖腹产术：卵巢子宫切除术

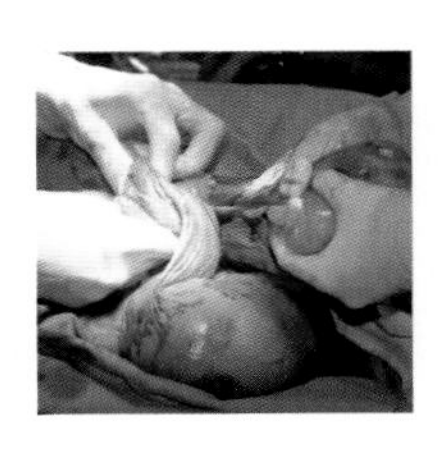

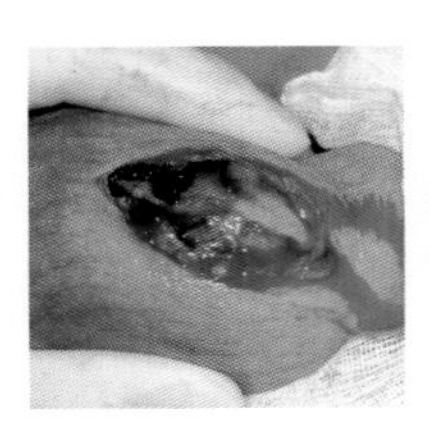

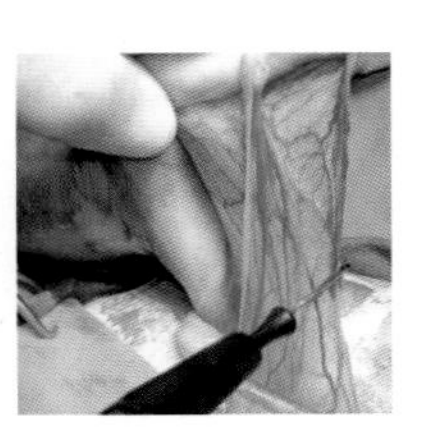

## 子宫蓄脓/子宫内膜囊性增生

病例1 子宫蓄脓
病例2 子宫蓄脓/腹膜炎

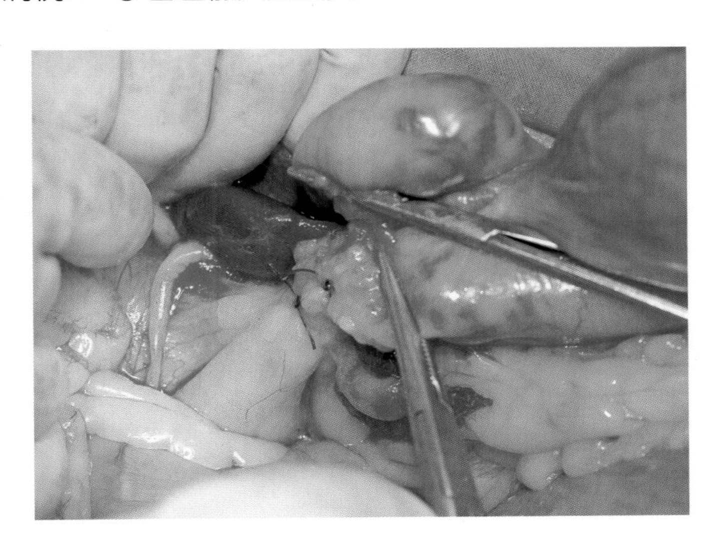

## 子宫瘤

病例 子宫平滑肌瘤

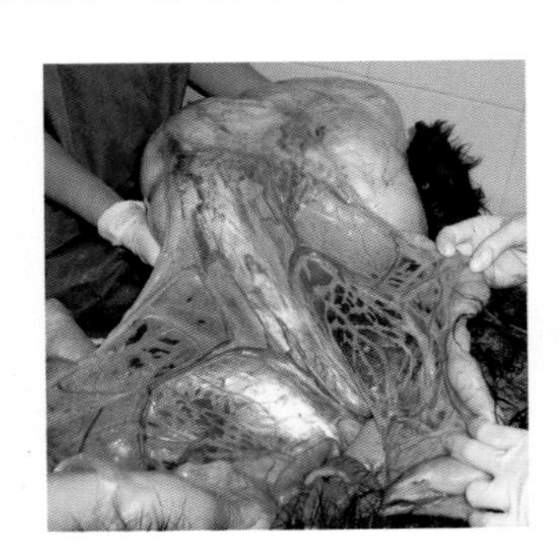

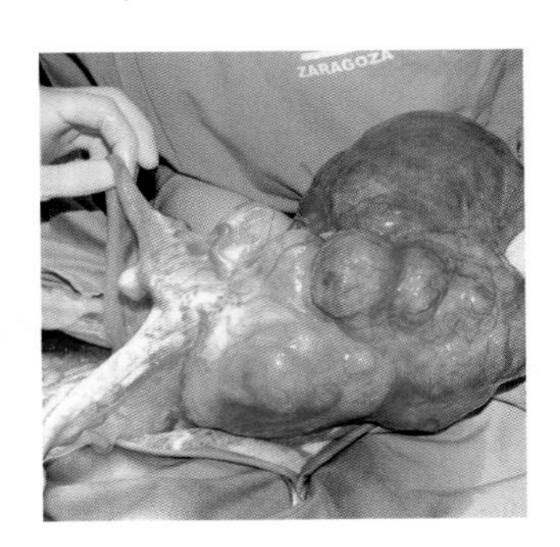


生殖系统的血液供应

卵巢动脉和静脉
子宫动脉和静脉
直肠
子宫角
膀胱
子宫体
主动脉
后腔静脉
卵巢动脉和静脉的子宫支
阴道动脉和静脉

母猫生殖系统的腹面观

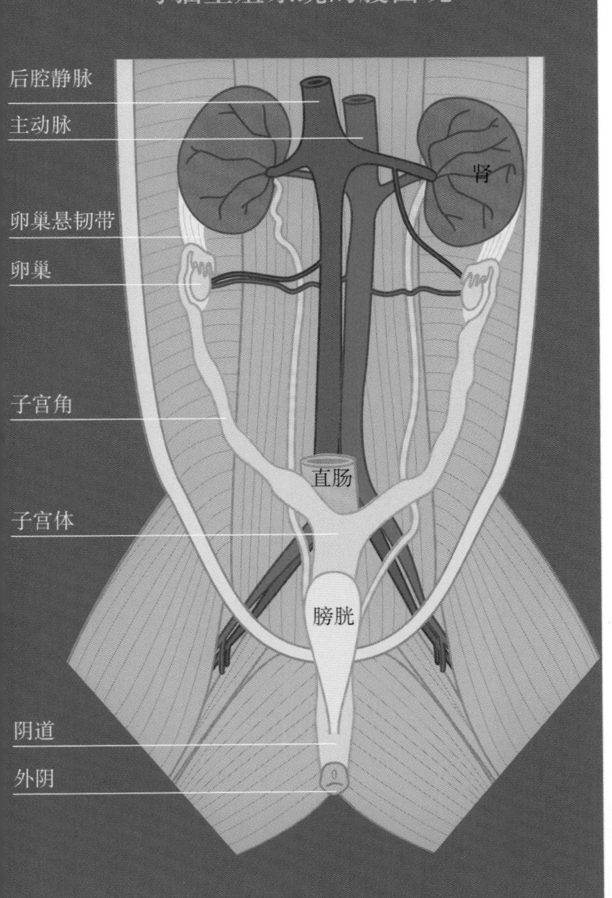

# 剖腹产术

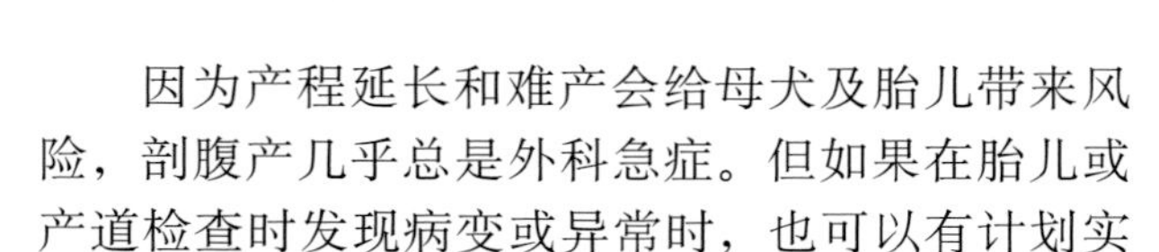

| 患病率 | ■■■■□ |
| --- | --- |
| 技术难度 | ■■■□□ |

因为产程延长和难产会给母犬及胎儿带来风险，剖腹产几乎总是外科急症。但如果在胎儿或产道检查时发现病变或异常时，也可以有计划实施剖腹产。

> 剖腹产很少是提前计划好的，外科医生应做好随时进行手术的准备

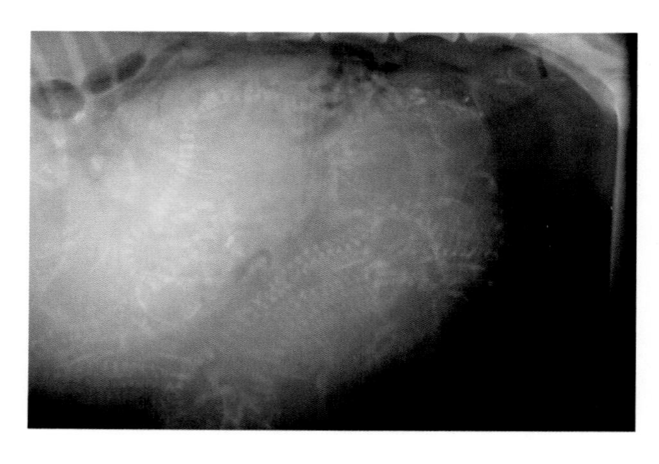

图5-1　确定胎儿数量的X线片。

剖腹产的适应证：

■ 缺乏子宫收缩。

■ 产程延长（>24h）。

■ 因胎儿较大或母体骨盆直径狭窄而造成梗阻性难产。

■ 胎儿死亡。

**术前**

腹部超声检查确定胎儿的生存能力和胎儿的宫内窘迫程度。

> 胎儿心率应为母体心率的2倍多。如果胎儿心率较低，这是胎儿窘迫的症状，这时必须进行紧急外科手术

患病动物的生理状况往往不佳。静脉输注乳酸林格氏液纠正低血容量症，如果血糖低，还需补充2.5%葡萄糖溶液。要意识到有可能需要输血。如果胎儿死亡或疑似宫内感染，可静脉注射抗生素（甲硝唑10mg/kg或头孢噻肟20mg/kg）。

腹部侧位X线片统计胎儿数量，以避免将某一胎儿遗留在子宫或骨盆腔内（图5-1、图5-2）。征询主人意见，决定是否进行子宫切开术或卵巢子宫切除术。

图5-2　有9只幼犬，尽量在X线片中确定胎儿位置。

**麻醉技术**

剖腹产通常都是急诊，无法对母犬提前做准备。母犬往往是年轻健康的，但分娩时却累得筋疲力尽。任何情况下，麻醉的目标应该是：肌肉良好松弛，无知觉、无痛觉，同时确保在整个围手术期间母犬的安全（最低限度的心脏和呼吸抑制）和舒适，以便于快速康复。实现所有这些目标时应同时考虑要将麻醉对胎儿机能的影响控制到最低限度（图5-3）。

> 剖腹产时麻醉的成功在很大程度上取决于患病动物的状况、手术的速度以及对所用麻醉技术的熟练程度

**腰部硬膜外麻醉**

主要目的是避免胎儿暴露于全身麻醉剂中，并减少对胎儿的抑制。其主要的缺点是：对患病动物手术体位的安置难，需要一定程度的镇定或镇静，可能会出现低血压和呼吸抑制。安全注射麻醉需要丰富的临床经验，而且不给患病动物插管。常用的麻醉药物有利多卡因、甲哌卡因和丁哌卡因。

**全身麻醉**

一般情况下，给怀孕动物使用的麻醉剂会透过胎盘屏障，对胎儿造成的影响比母体更强烈、更长期。因此，麻醉母体时不影响到胎儿是不可能的。应通过限制从开始引产到取出胎儿的时间，将这种影响保持在最低限度。这将有助于把麻醉对子宫血液灌注、胎儿氧合作用和新生幼犬中枢神经及呼吸系统的影响降到最低。

依据母犬的性情，麻醉前要尽可能限制其运动，避免使用诸如吩噻嗪类和 $\alpha_2$- 肾上腺素能激动剂之类的镇静剂或镇定剂。如果必要的话，合适的药剂有苯二氮卓类药物（地西泮或咪达唑仑）。关于镇痛，在幼犬产出之前，可用的阿片类药物有如丁丙诺啡的部分激动剂，较之纯激动剂的呼吸抑制作用要小。对于抗拒处理的猫科动物，可用低剂量苯二氮卓和氯胺酮配合注射。

理想的麻醉诱导剂是异丙酚，是一种速效药剂，容许给患病动物立即插管，使返流风险最小化，并且能够从体内（包括幼犬）快速清除。

> 麻醉和插管应快速进行，以最大限度地降低在引产过程中因呕吐而导致吸入性肺炎的风险

通过持续静脉注射异丙酚或使用低剂量的异氟醚等吸入性麻醉剂可以维持麻醉，直到将幼犬移出母体。可使用肌肉松弛剂，因为该药剂几乎不能透过胎盘屏障。

以每小时每千克体重10mL的速率给予如乳酸林格氏液这样的等渗溶液进行液体治疗，可能的话，应同时监测动脉血压。

在麻醉苏醒期间，应监测患病动物，并使其胸骨着地而斜卧，以防止吸入胃内容物。为避免幼犬发生意外和窒息，应尽可能缩短母犬的苏醒期，尽快哺乳幼犬。

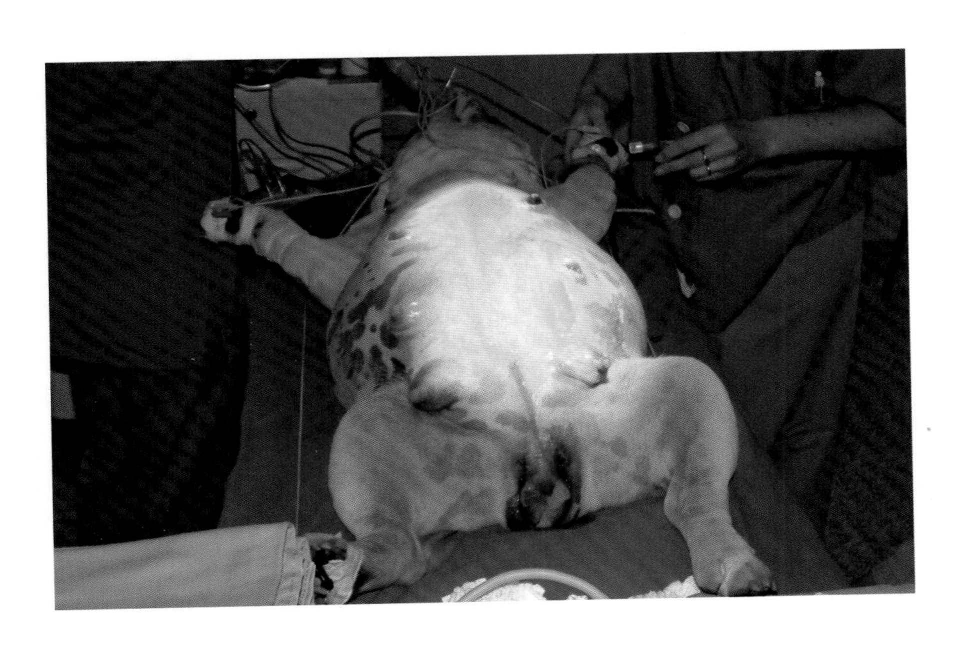

图5-3　对患病动物手术和麻醉的准备应该完全同步进行，以缩短患病动物从麻醉后失去意识到打开子宫取出胎儿的时间。

### 手术方法

准备好从胸骨剑突到耻骨间的手术区。患病动物仰卧，不必向任何一侧倾斜，因为母犬不会像女性那样出现仰卧位低血压综合征。

从脐部开始沿腹中线切开。为避免损伤子宫，用Mayo剪刀剖开腹腔（图5-4）。剖腹术区域的大小取决于妊娠子宫的大小。

> 手术速度至关重要。胎儿取出时间的延长会增加胎儿抑制和窒息的危险

> 因为妊娠动物的腹壁经撑拉而变薄，做腹部切口时要小心，否则可能损伤子宫

切开腹部后，用另一层无菌手术创巾隔离，保护切口边缘，小心地将两个子宫角相继拉出（图5-5）。

> 如果操作不轻柔，可能会撕裂子宫角

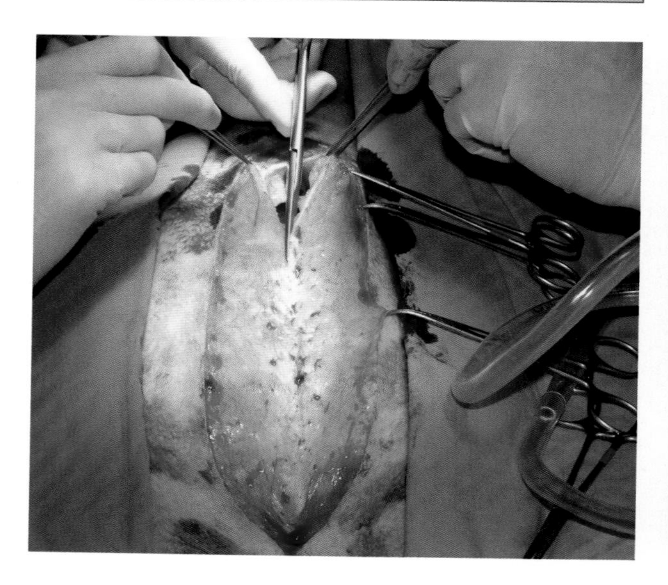

图5-4　用Mayo剪刀沿腹白线剪开，避免划破扩张的子宫。

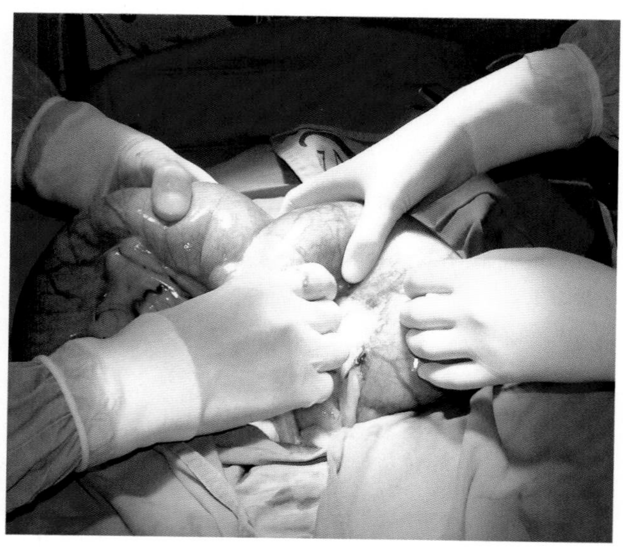

图5-5　将另一层无菌手术创巾放在切口边缘，避免污染腹部。小心地将两个子宫角相继拉出。

### 子宫切开术

技术难度 ■■■□□

用手术刀切开子宫体背侧或腹侧的无血管区域（图5-6、图5-7）。

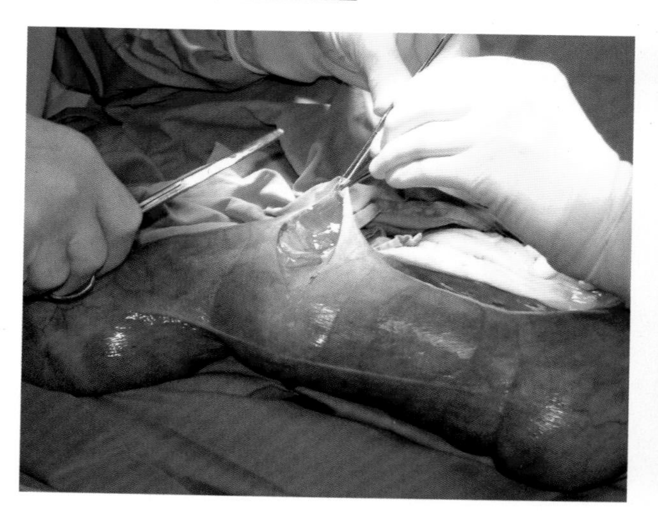

图5-6　从腹腔拉出子宫后，对子宫体背侧实施子宫切开术。本病例是纵向切口。

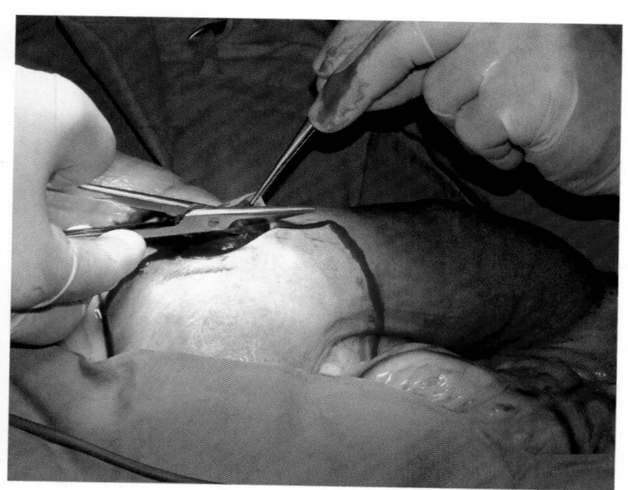

图5-7　子宫体的横向切口，用剪刀延伸切口至子宫角。

✱ 在2个子宫角之间做切口。切口无论是纵向还是横向、在背侧还是腹侧都无关紧要，选择操作最方便的即可

如果猫和犬难产，利用子宫切开术进行剖腹产是首选技术

切开子宫时应小心，防止伤到胎儿。如果必要的话，可用剪刀延长切口，以免取出胎儿时撕裂子宫。

开始取出子宫体中的胎儿，如果胎儿被卡在骨盆腔，操作时要特别小心（图5-8）。

接下来通过轻微挤压子宫角，将胎儿相继移向切口。当胎儿靠近切口时，用一只手将其抓住，轻轻拉出子宫（图5-9）。然后打开羊膜囊，夹住脐带并在距胎儿腹壁2 ~ 3cm处将其切断（图5-10），把幼犬交给负责照料它复苏的助理。

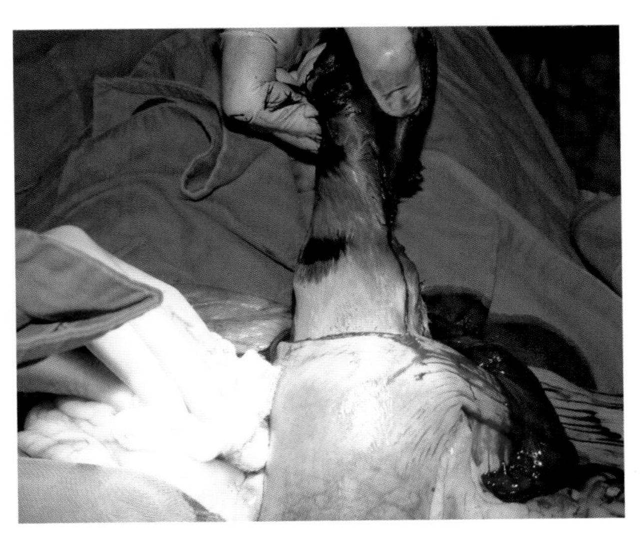

图5-8　将堵塞骨盆腔而使正常分娩不可能进行的胎儿取出。在这个病例中，胎儿已经死亡。

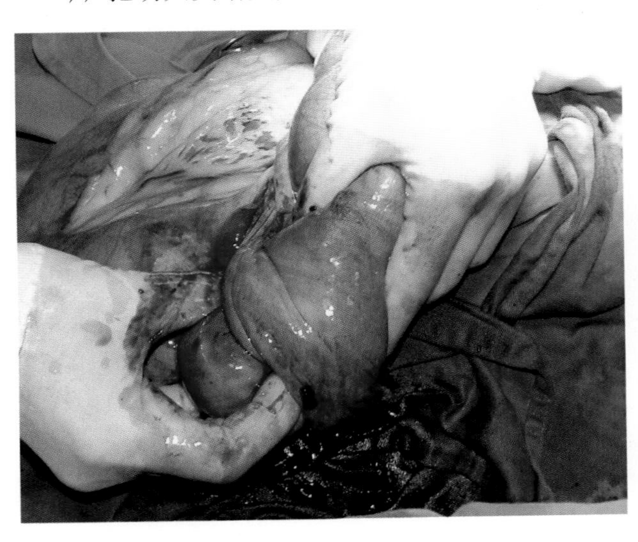

图5-9　应该像"挤奶"似的将离切口最近的胎儿向子宫后部挤压，一旦靠近子宫体，就用一只手将其抓住并拉出。

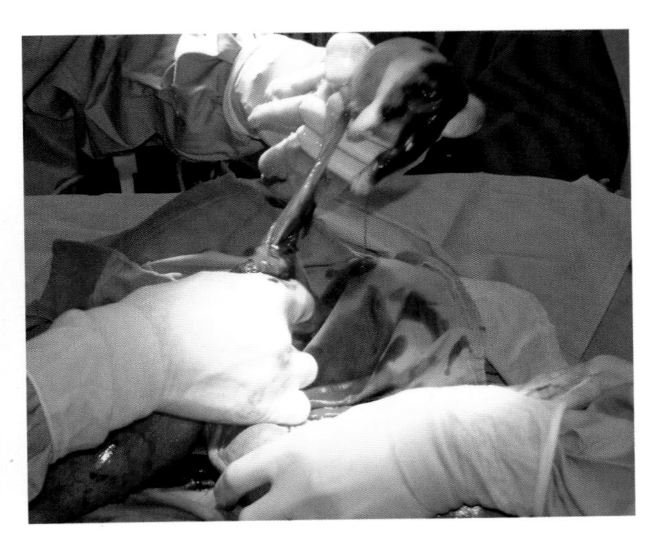

图5-10　羊膜囊破裂后，在距幼犬腹壁2～3cm处将脐带切断，以降低发生脐疝的风险。

外科兽医应只负责取出胎儿，护理交由助理负责。把取出胎儿和复苏胎儿两者协调好，否则，一整窝胎儿都可能会夭折

✱ 抓住胎儿下巴处，注意不要损伤其颈部。不要抓其四肢，因为这样可能会造成损伤

为使子宫出血降到最低，取出胎盘时也应小心。缝合子宫切口之前，应从子宫体到卵巢对子宫进行触诊，以确保所有胎儿和胎盘均已取出（图5-11）。

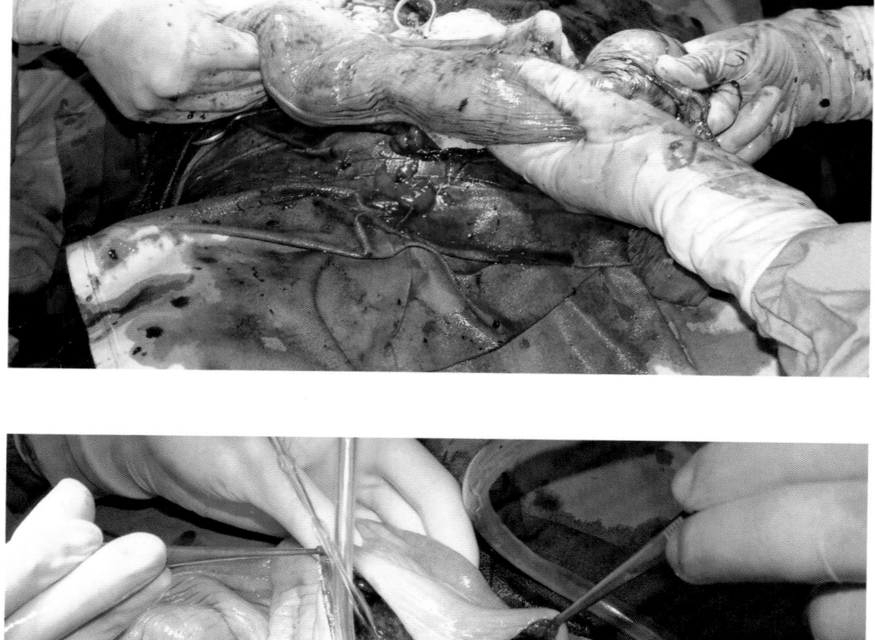

> 在缝合子宫前，要核实没有遗留的胎儿，尤其是查看子宫颈和阴道区域

图5-11　核实所有的胎儿和胎盘均已取出。此项检查也应包括子宫体和骨盆腔区域。

为减少管腔内致病性负载和降低术后感染的风险，冲洗并吸出两个子宫角中的内容物（图5-12）。

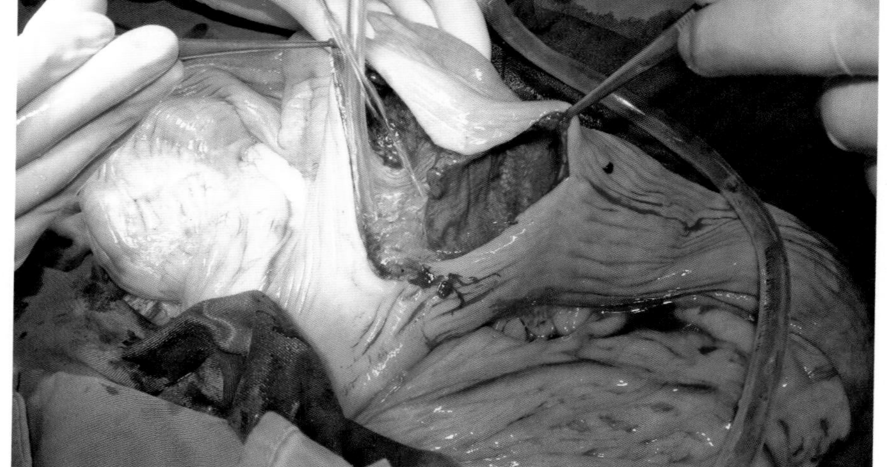

图5-12　为防止宫内感染，用无菌生理盐水对子宫内部充分冲洗并将冲洗液吸出。

一旦取出所有的胎儿，子宫会迅速收缩而控制出血。如果情况并非如此，可注射缩宫素（1 ～ 2 IU/ kg，肌内注射或静脉注射）。用无创圆针、可吸收合成缝线缝合子宫。每位外科兽医都会有自己偏爱的缝合方式，但通常使用连续内翻缝合（图5-13至图5-15）。

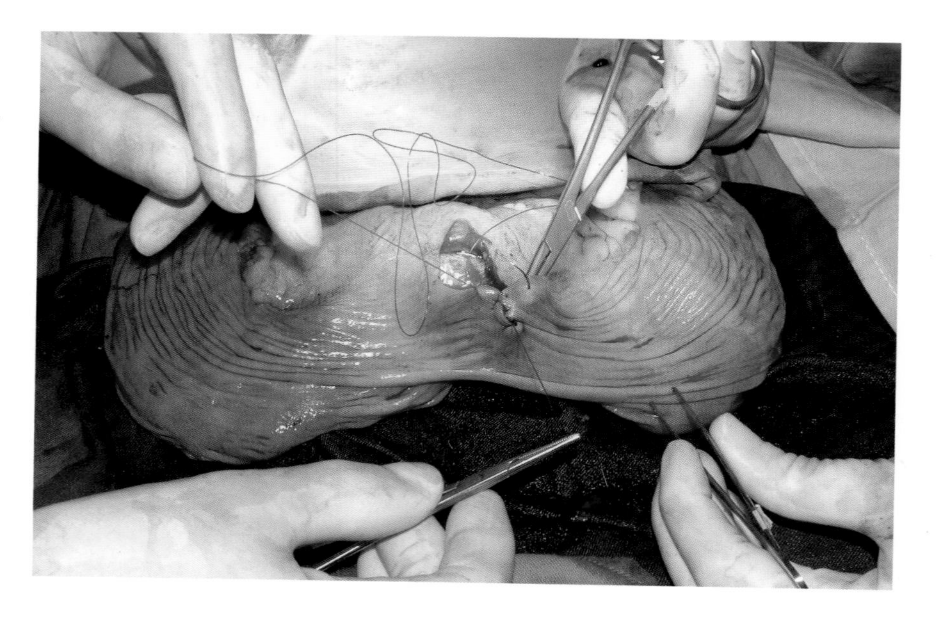

图5-13　连续库兴氏缝合用于缝合子宫背侧的纵向切口。

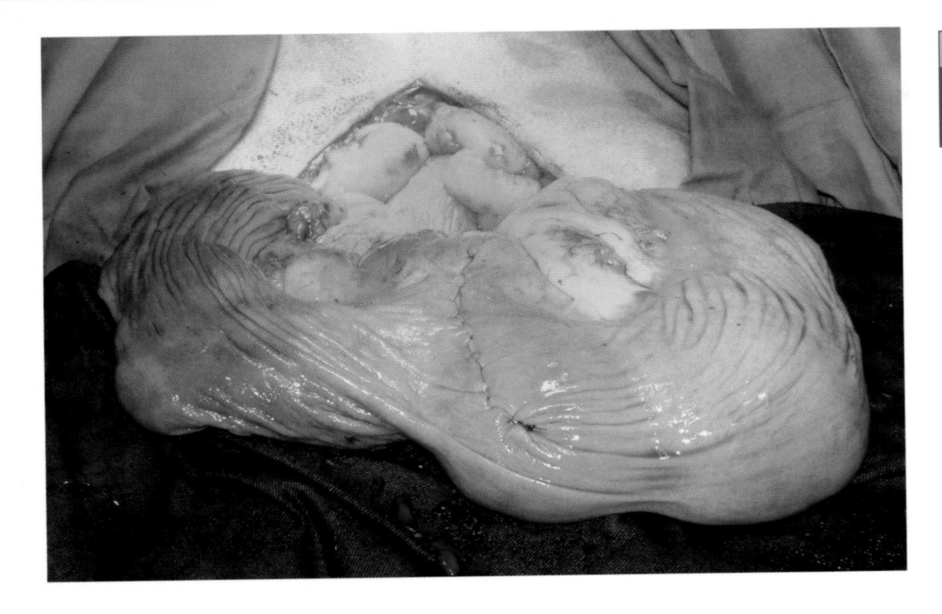

常用连续缝合法缝合子宫

图5-14　本病例在第一道缝合处用连续伦勃特缝合做第二道缝合。

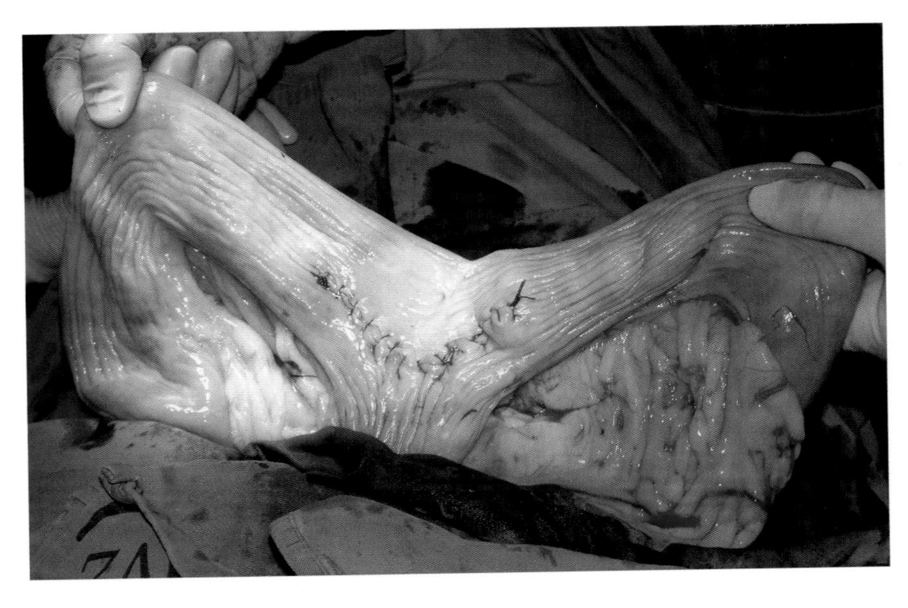

图5-15　子宫体腹侧横向子宫切口缝合的外观。本病例使用单纯连续缝合法。

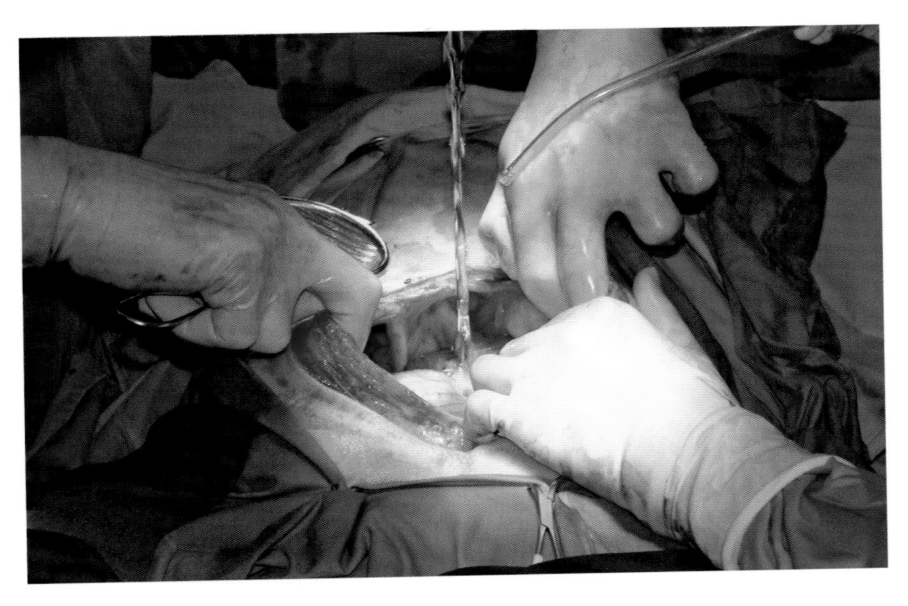

用温的无菌生理盐水系统地冲洗腹腔（图5-16）。在子宫缝合处覆盖网膜，以常规方法闭合腹腔切口。

图5-16　用温的无菌生理盐水冲洗腹腔，去除术中可能溢入腹腔的任何液体。

## 卵巢子宫切除术

患病率

相比于子宫切开术，采用卵巢子宫切除术（图5-17）并快速取出胎儿的剖腹产方式有其优点，也有其缺点（表5-1）。

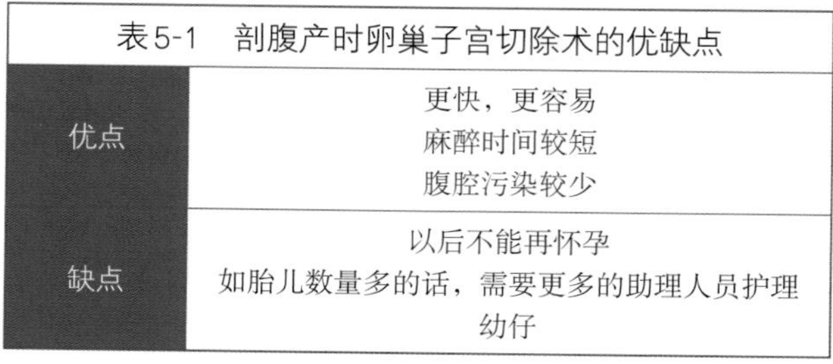

| 表5-1 剖腹产时卵巢子宫切除术的优缺点 | |
|---|---|
| 优点 | 更快，更容易<br>麻醉时间较短<br>腹腔污染较少 |
| 缺点 | 以后不能再怀孕<br>如胎儿数量多的话，需要更多的助理人员护理幼仔 |

同之前所描述的手术一样，打开腹腔显露子宫并将其牵引至腹腔外（图5-18），然后迅速实施卵巢子宫切除术（图5-19至图5-22）。

胎儿数量少的情况下，卵巢子宫切除术的结果比较理想。如果胎儿死亡和子宫感染，则强烈表明需要实施卵巢子宫切除术

*

结扎子宫血管与取出并复苏胎儿的时间间隔不应超过90s

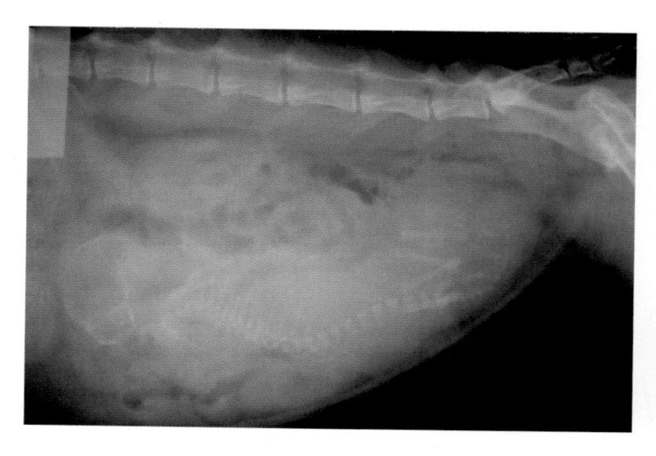

图5-17 猫的难产。因为主人不希望这只猫再次进入发情期，便采用卵巢子宫切除术对其进行剖腹产。

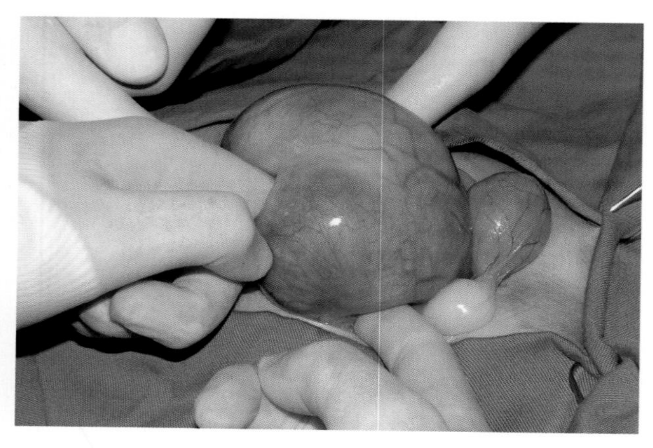

图5-18 轻轻取出妊娠子宫。

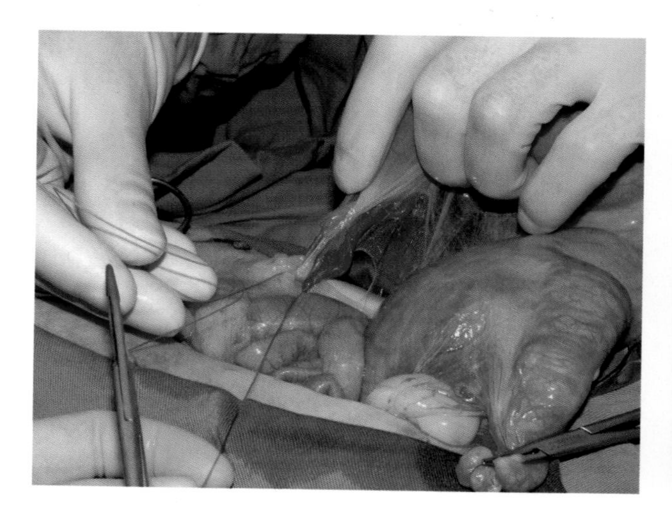

图5-19 用可吸收材料将卵巢血管结扎。

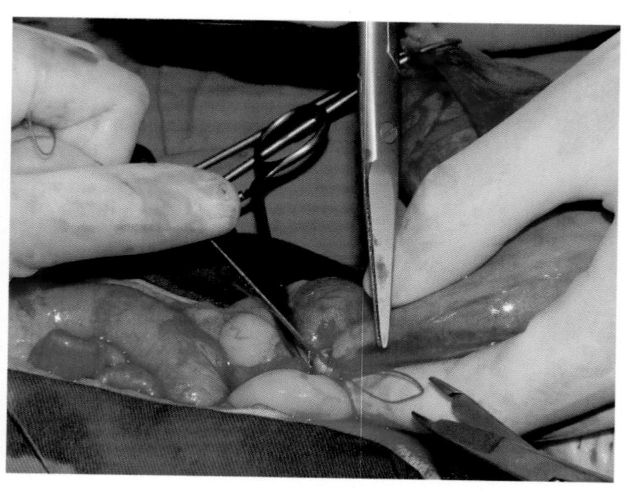

图5-20 结扎子宫并在子宫颈处切断，然后从腹腔移出。

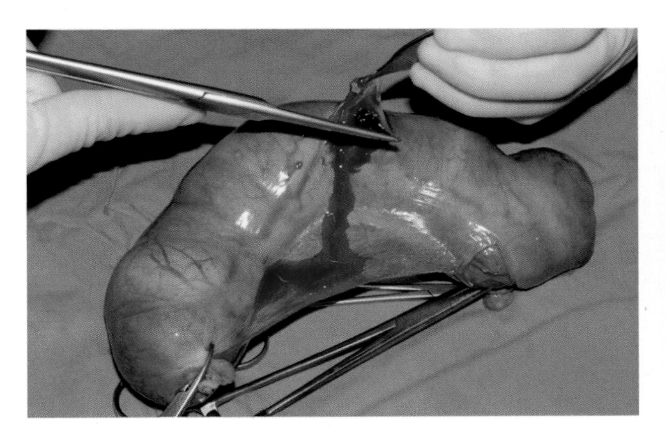

图5-20 将子宫置于单独的手术盘中，纵向切开以取出胎猫。

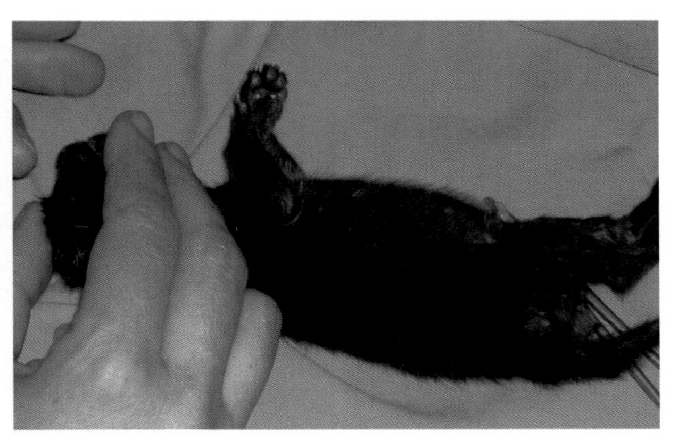

图5-22 尽快使幼猫复苏。每只幼猫需要1名护理人员。

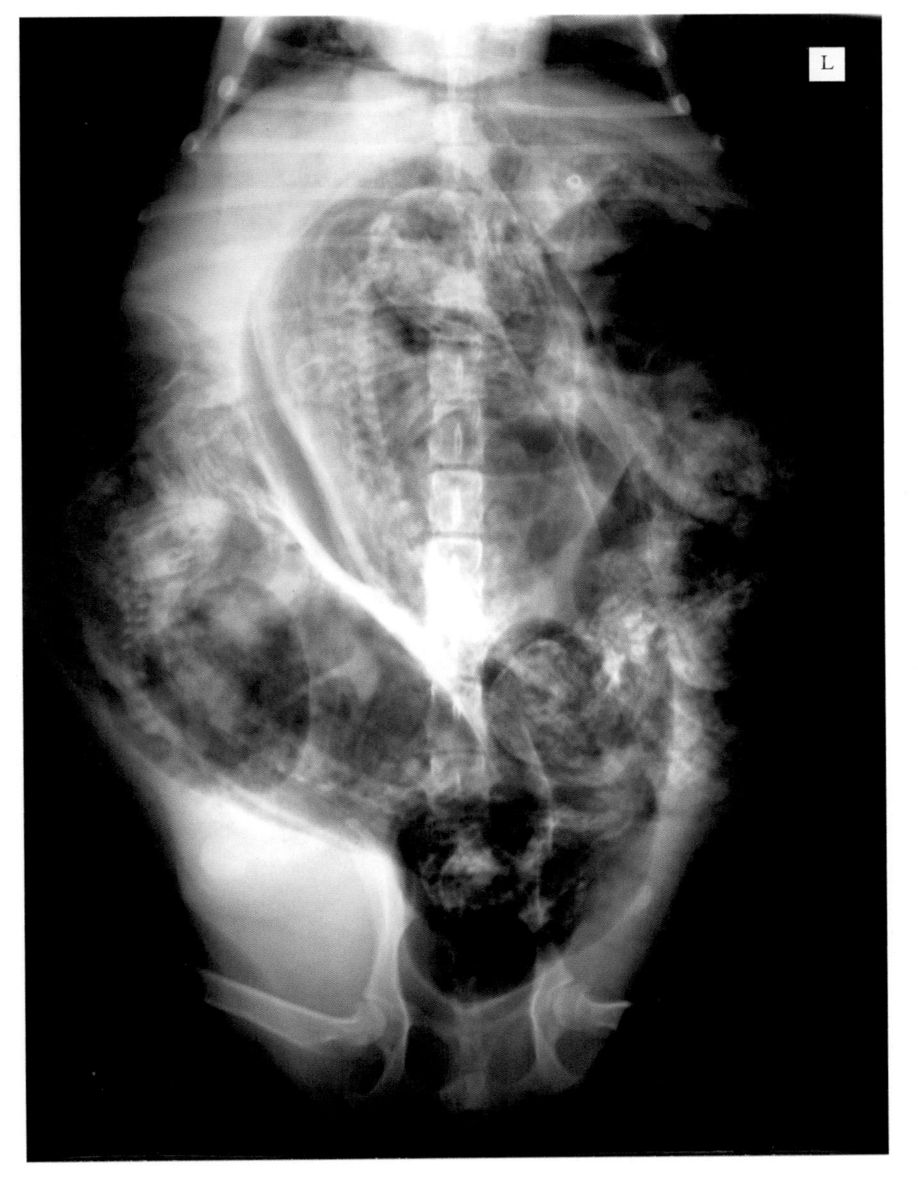


在胎儿死亡和子宫感染的情况下，尤其需要采用卵巢子宫切除术进行剖腹产(图5-23、图5-24)。

图5-23 妊娠子宫内有气体存在（子宫积气），表明子宫内已感染且胎儿已经死亡。此时需要采用卵巢子宫切除术。

图5-24　本病例在胎儿畸形或死亡和子宫感染的情况下，表明需要采用卵巢子宫切除术进行剖腹产。

**幼犬复苏**

首先，如果外科兽医还没有夹住并结扎脐带的话，应该将脐带夹住并结扎，以便在幼犬复苏期间不会有夹钳妨碍操作（图5-25）。应该用毛巾或一次性吸水垫将幼犬擦干，以防止体温降低并刺激呼吸（图5-26）。

缺氧是剖腹产术后新生动物死亡的主要原因

用低压抽吸器或注射器、静脉注射导管将口腔和上呼吸道内的液体和黏液清除。如果还不能完全清除，可抓住幼犬的头部和颈部来回摆动，利用离心力清除呼吸道内的液体。

幼犬现在应该开始呼吸并尖叫，其黏膜应该是粉红色的，脉搏应该是强劲的。如果幼犬仍然没有呼吸，可使用诸如多沙普仑的呼吸兴奋剂，每只幼犬脐静脉注射0.25mg，也可直接肺部用药。如有必要，可重复使用。如果发生呼吸衰竭，可气管插管进行通气（图5-27）。

幼犬兴奋剂：0.25～1mg多沙普仑，静脉注射或肺内用药

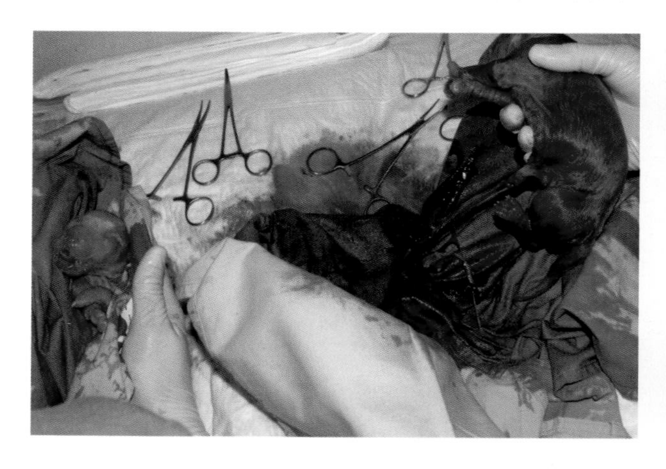

图5-25　将幼犬放在无菌手术巾上交给助理，助理在远端结扎脐带并开始复苏幼犬。

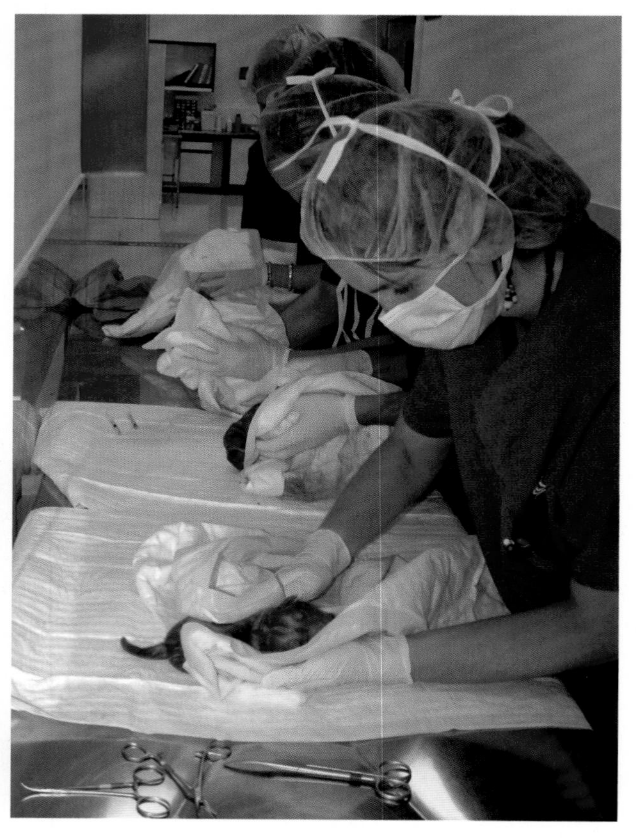

图5-26　擦搓幼犬的胸部，刺激呼吸，同时擦干躯体，避免体温降低。

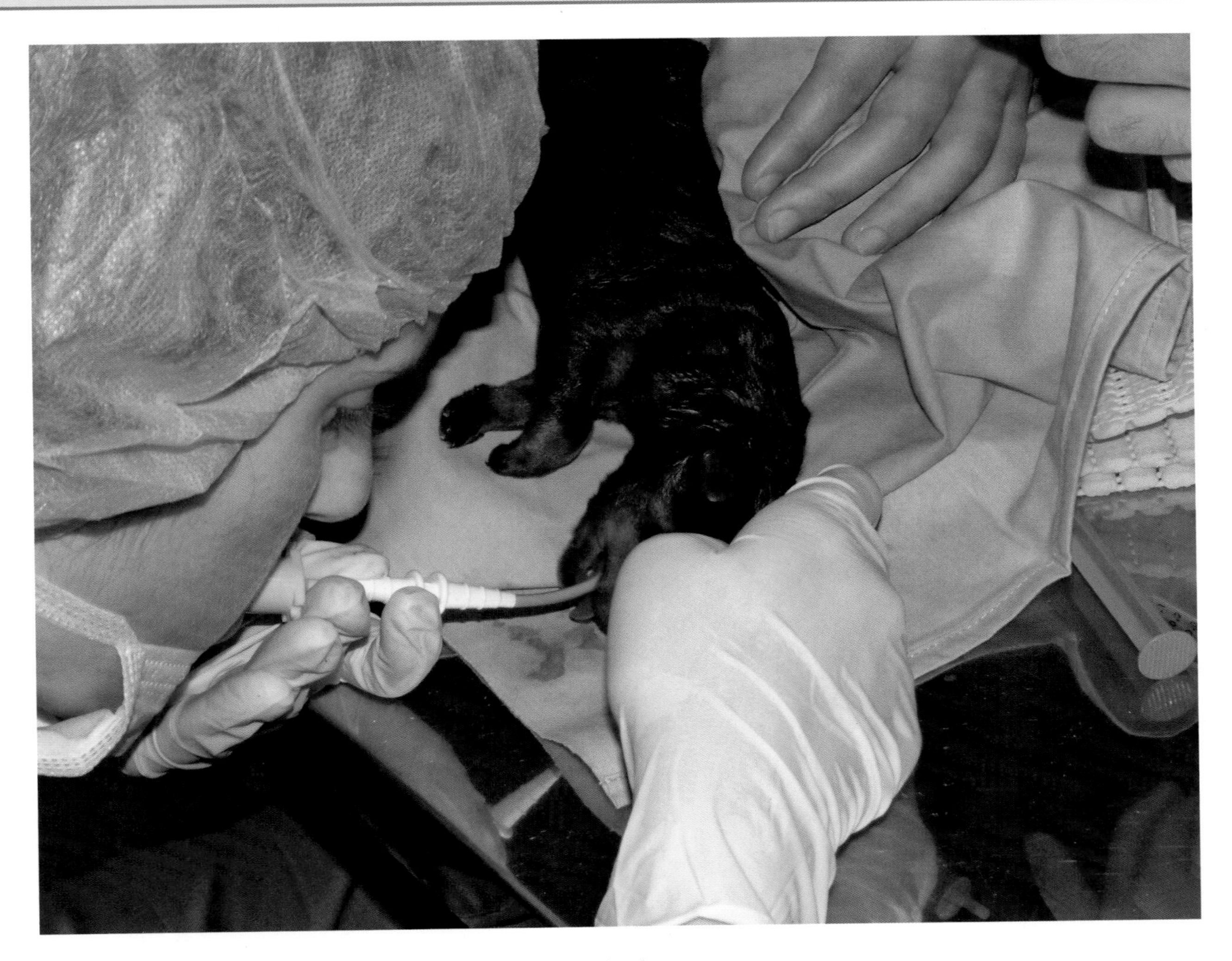

图5-27　如果用揉搓刺激呼吸仍不见效，则必须进行辅助通气。

图5-28　当母犬从麻醉中苏醒后，幼犬开始吸吮乳汁。在术后的最初几个小时，应密切监测母犬有无子宫出血症状。

**术后护理**

在母犬的麻醉苏醒过程中，用水和肥皂清洗其乳腺，除去所有消毒剂、血液和胎儿液体的痕迹。当母犬恢复意识后，让它与幼犬重新团聚，以便幼犬可以开始吸吮乳汁（图5-28）。在母犬与幼犬出院之前，仔细检查幼犬，核实没有畸形（如腭裂或肛门闭锁）。

## 病例1 斗牛犬剖腹产术：子宫切开术

技术难度

雌性斗牛犬剖腹产术通常是有计划的。因此，明确交配日期、监测妊娠、在怀孕后期进行X线检查、测定直肠温度，特别是在妊娠后期进行系列超声检查，对确定手术时间是极其重要的。

剖腹产术的时间安排不妥，会增加手术失败率。如果做得太早，幼犬会因呼吸系统发育不全而死亡。如果做得太晚，胎儿所遭受的痛苦增加也会死亡，同时母犬也可能发生休克。预产时间到了，超声检查也证实是该做手术的时候了。做好术前一切准备（图5-29、图5-30）。

取脐下剖腹术切口，切口要足够大，便于将两个子宫角取出（图5-31）。从子宫背侧纵向切开子宫体，助理做好接应幼犬的准备时，将幼犬逐一取出（图5-32至图5-35）。

一旦取出所有胎儿并检查证实子宫内没有遗留胎盘，即冲洗和吸出子宫内容物，以减少感染的风险（图5-36）。然后用可吸收缝线以连续缝合方式缝合子宫。缝合方式的选择并不重要，因为子宫在产后会迅速恢复原状且子宫切开术愈合很快（图5-37）。

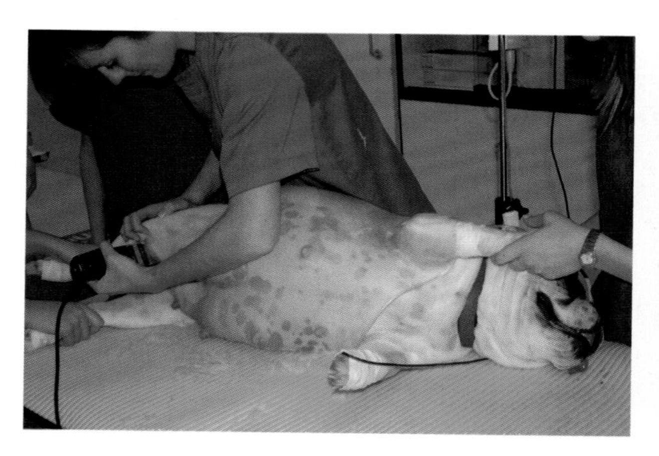

图5-29 注射任何麻醉药之前，要对患病动物进行剃毛和腹部消毒。

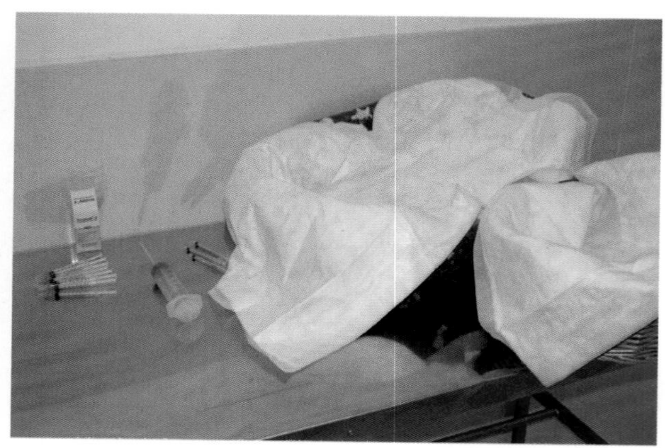

图5-30 供幼犬复苏的区域也要准备好，同时还要准备好装有苏醒剂的注射器、液体和黏液抽吸器具以及与母犬重聚之前幼犬的安置场所。

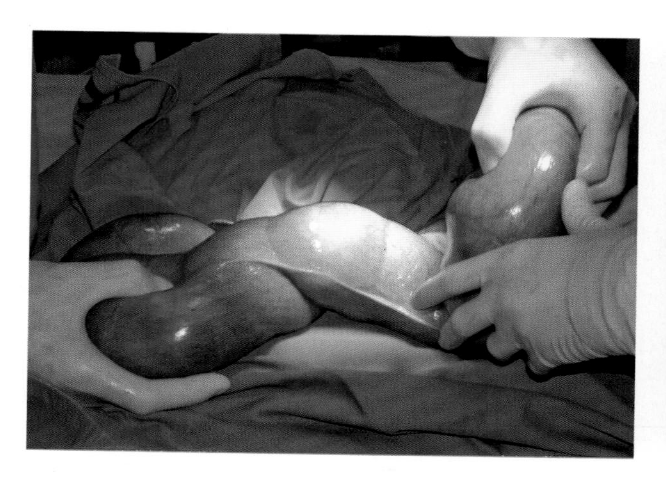

图5-31 取出子宫角并用另一层无菌手术巾将其隔离。

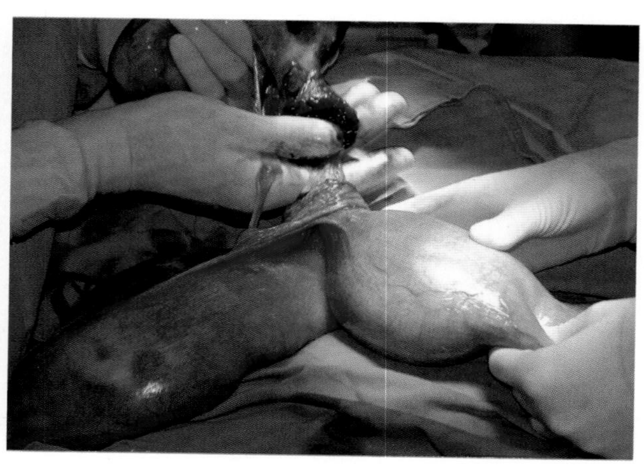

图5-32 小心取出羊膜囊中的幼犬，本病例有胎盘附着。一旦取出，使囊膜破裂，将幼犬移交给助理。

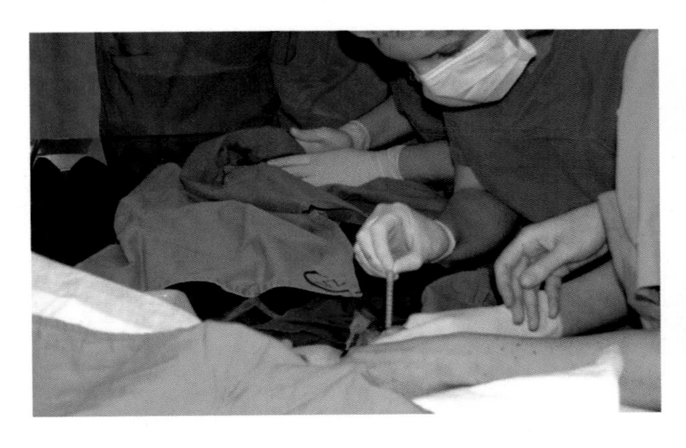

图5-33　在附近区域，助理负责幼犬复苏，刺激呼吸，并擦干。

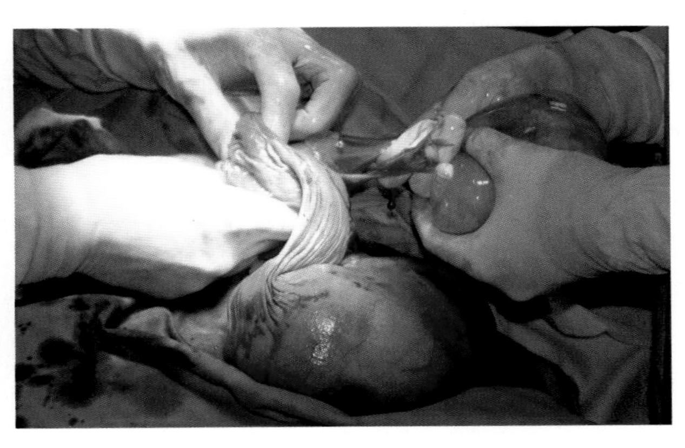

图5-34　取出幼犬的速度取决于助理的人数和幼犬恢复的速度。如图，正在取出第二只幼犬。

图5-35　幼犬复苏良好，呼吸正常，皮肤粉红，令人欣喜。

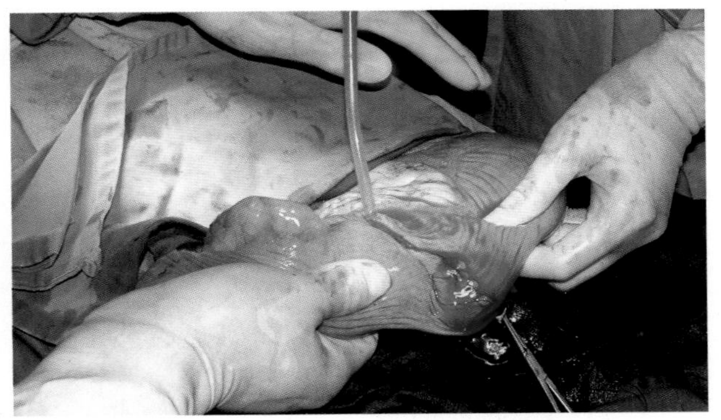

图5-36　冲洗和抽吸子宫腔，以降低微生物负载和继发性感染的风险。

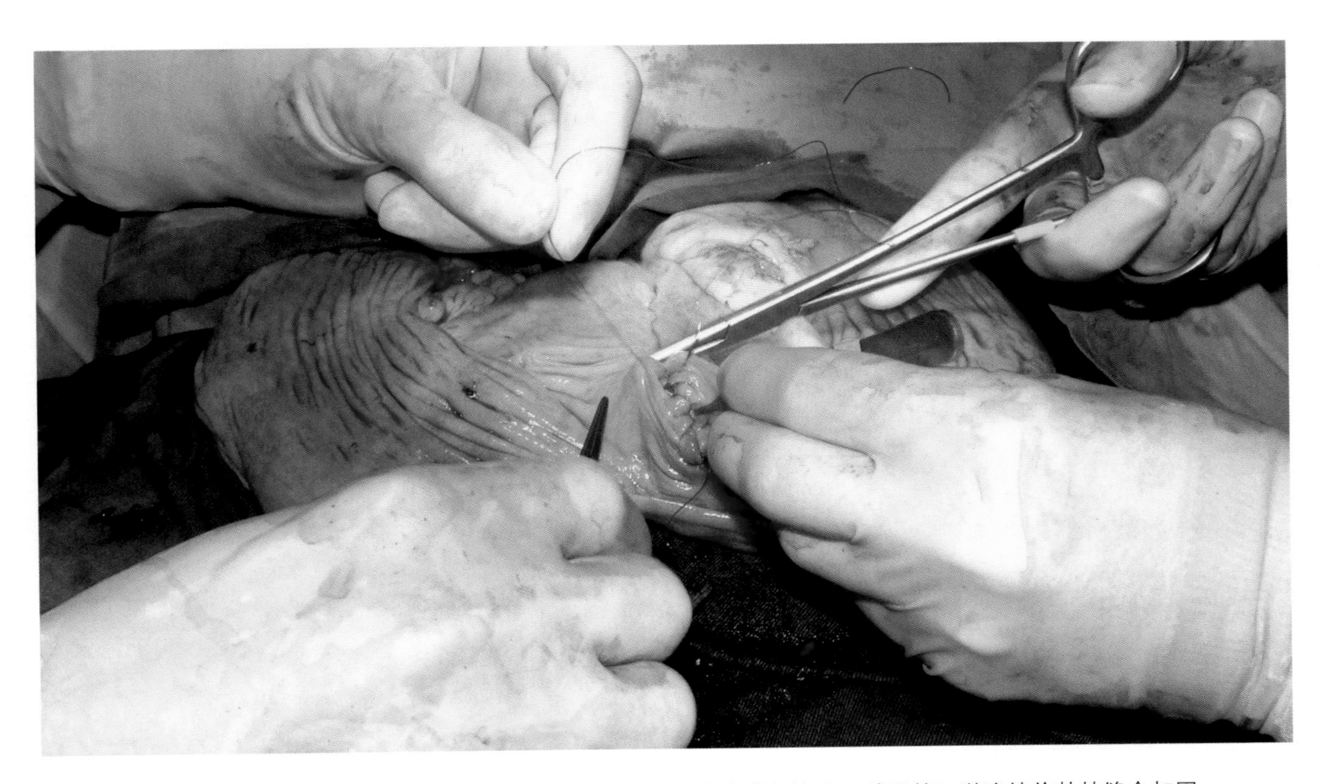

图5-37　本病例用单丝合成可吸收缝线，连续Schmieden缝合方式进行缝合，并用第二道连续伦勃特缝合加固。

清洗腹腔后，以常规方式闭合腹腔（图5-38）。一旦患犬苏醒，将其从手术室转移到温热的犬笼中与幼犬重聚，幼犬会立即开始吸吮乳汁（图5-39）。

**术后**

术后初期，定期检查患犬是否有腹膜炎、子宫感染或产后惊厥的症状。

> 如果哺乳期间出现抽搐，极有可能是因为血钙含量低。静脉注射葡萄糖酸钙，反应迅速且效果可观

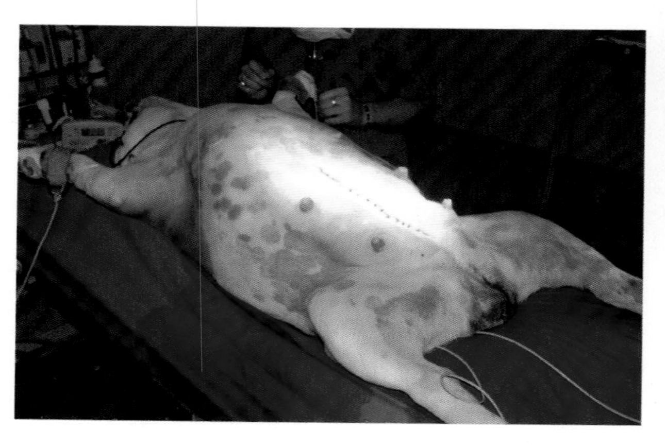

图5-38 术后，等待患犬从麻醉中苏醒以便拔管。等待的同时，用水和肥皂清洗患犬腹部，以除去之前所用消毒剂的一切残余。

图5-39 勿让热源直接接触幼犬，因为可能会被灼伤。

## 病例2 胎儿死亡剖腹产术：子宫切开术

Kika，8岁，杂种母犬（图5-40）。几天来，气色不佳，无精打采，时而呕吐。

腹部触诊发现腹腔有1个团块，疑似妊娠子宫。问诊时，动物主人没有意识到这一可能性。X线影像证实是怀孕（图5-41）。血液检查显示血液浓稠、中性粒细胞增多、尿素和肌酐水平升高。将这些情况及各种取出胎儿的手术方案告知动物主人。与外科医师讨论后，决定实施子宫切开术。

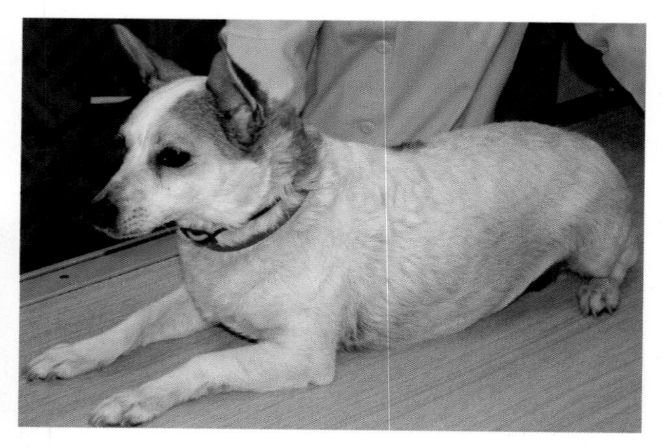

图5-40 正在接受诊断检查的患犬。

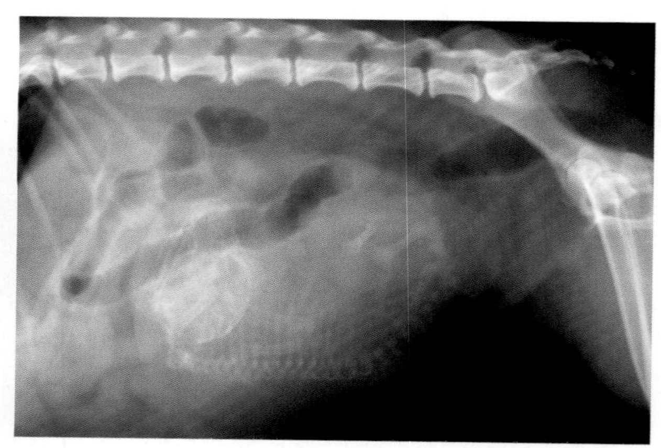

图5-41 影像显示，1个足月胎儿处于臀位分娩状态，导致难产和该犬死亡。

将患犬保定后，按照之前描述的步骤实施手术，拉出并隔离妊娠子宫（图5-42）。

在子宫角尾端上方做1个纵向切口，实施子宫切开术。找到幼犬，将其小心取出（图5-43至图5-45）。

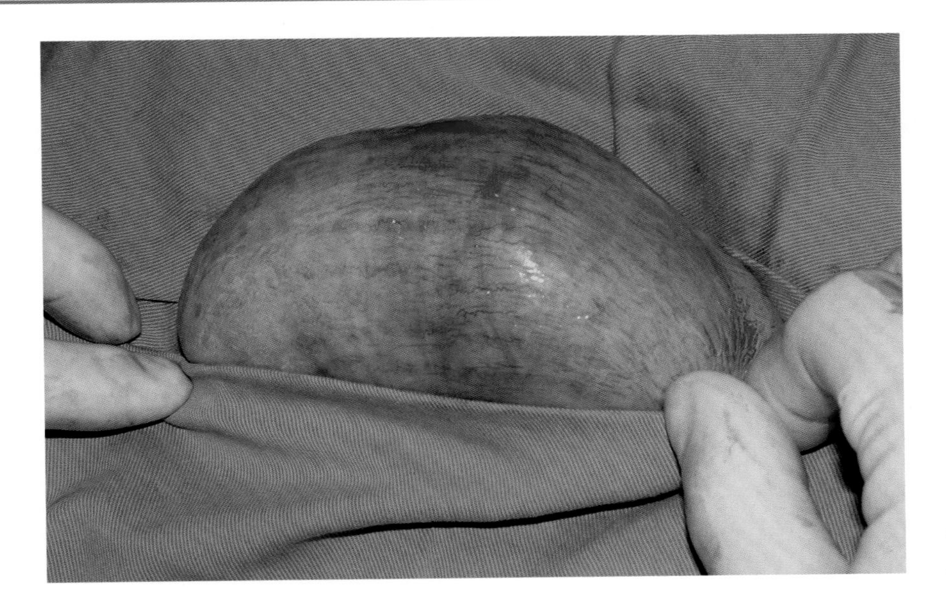

图5-42 脐下剖腹术之后，将右侧子宫角拉出并用手术巾将其与腹腔隔离。

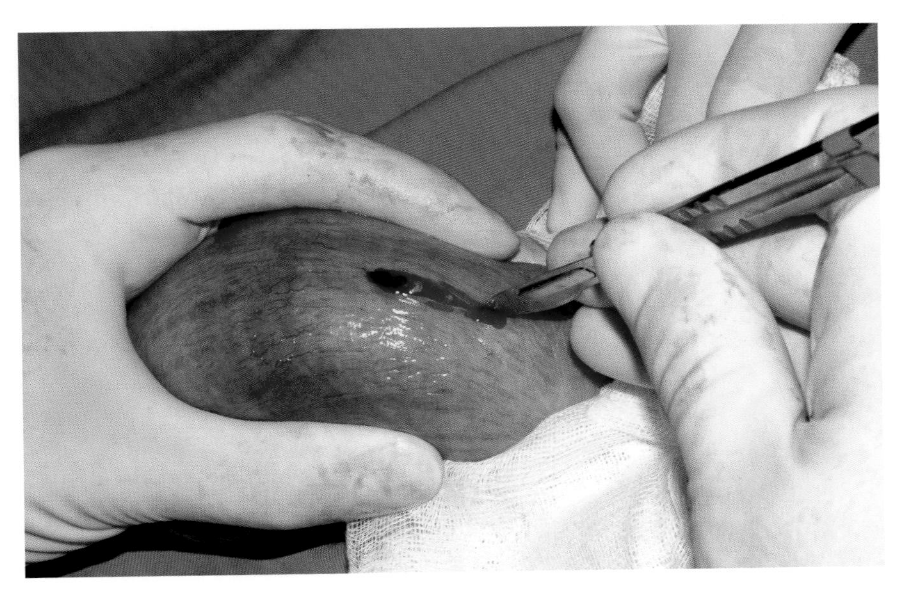

在胎儿死亡的情况下，羊水被吸收。这是1例“干的”剖腹产术

图5-43 在子宫体附近的患病子宫角上做子宫切开术。

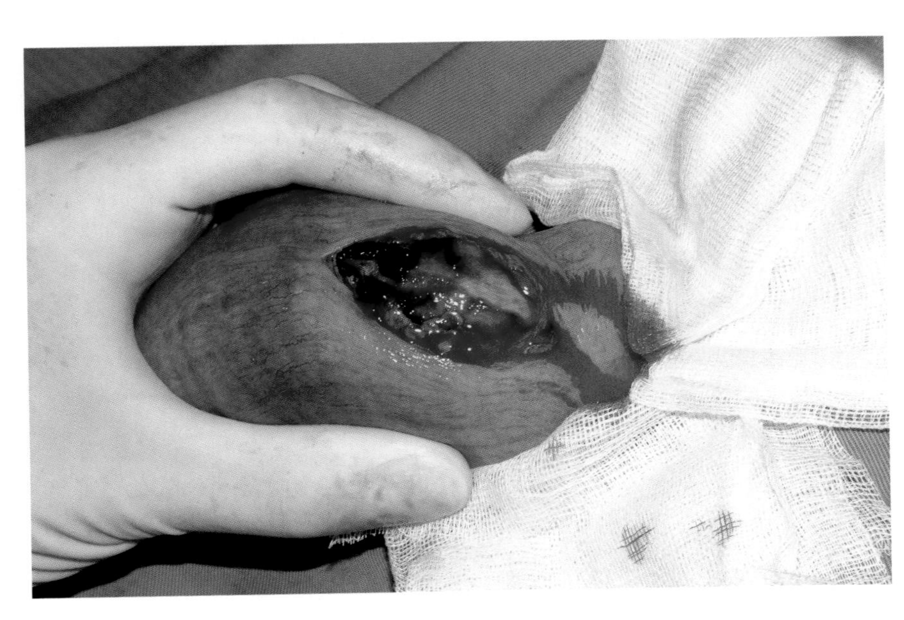

图5-44 切开子宫壁后，可立即确定该胎儿的位置。羊膜囊内没有液体。

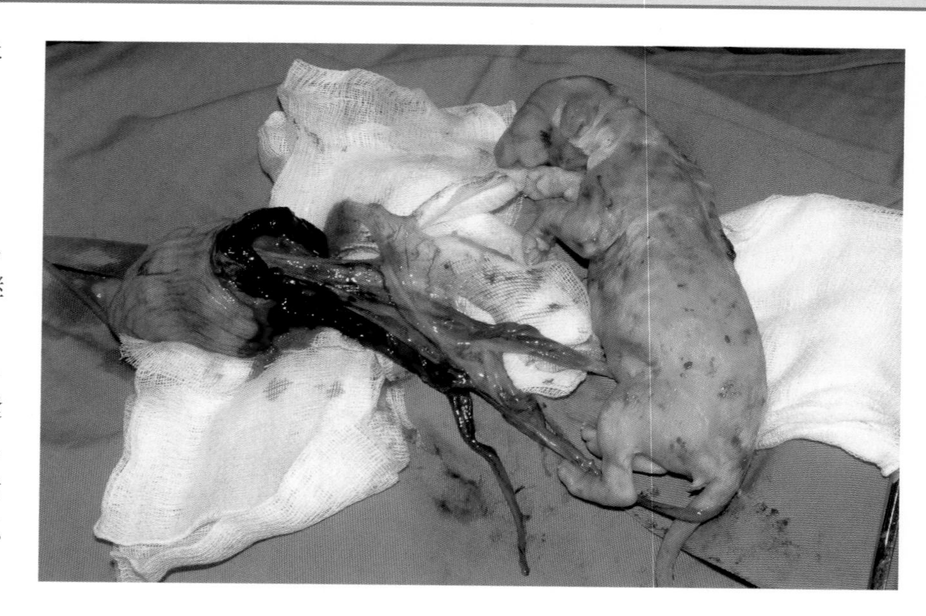

图5-45　取出该幼犬后的术野：没有羊膜液体的剖腹产术。

与所有剖腹产术一样，移除胎盘，重要的是防止继发性感染（图5-46、图5-47）。

与所有剖腹产术一样，用可吸收缝线以1 ~ 2道缝合闭合子宫切口（图5-48）。Kika的恢复令人满意，9d后拆除皮肤缝线。但不知道以后Kika是否能再次怀孕。

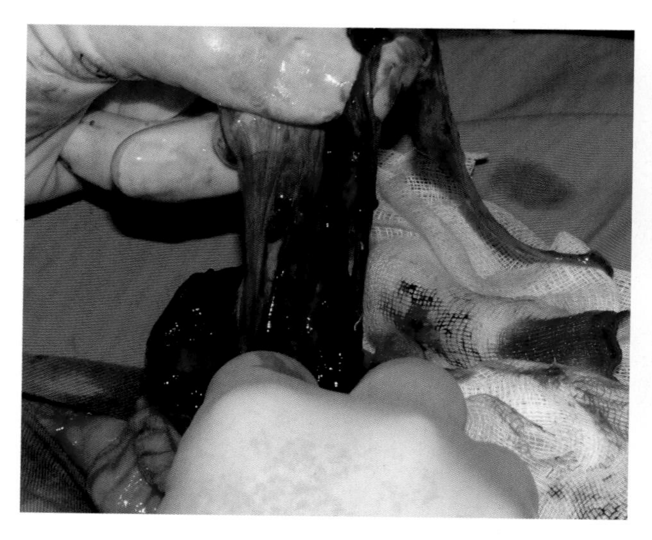

图5-46　要轻拉胎盘，以避免子宫损伤和过量出血。

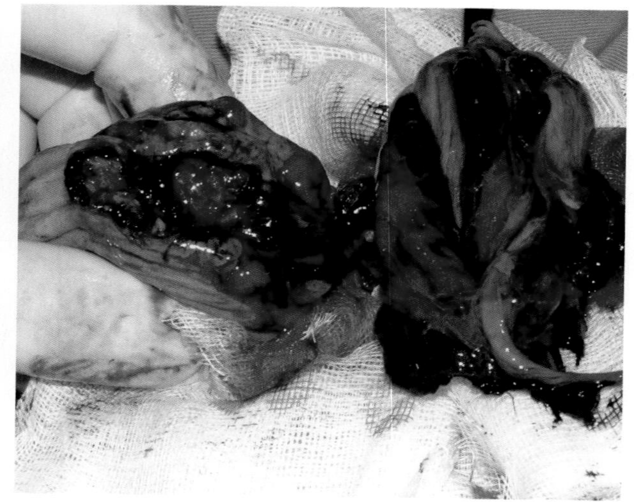

图5-47　移除胎盘后，用温的生理盐水冲洗子宫。

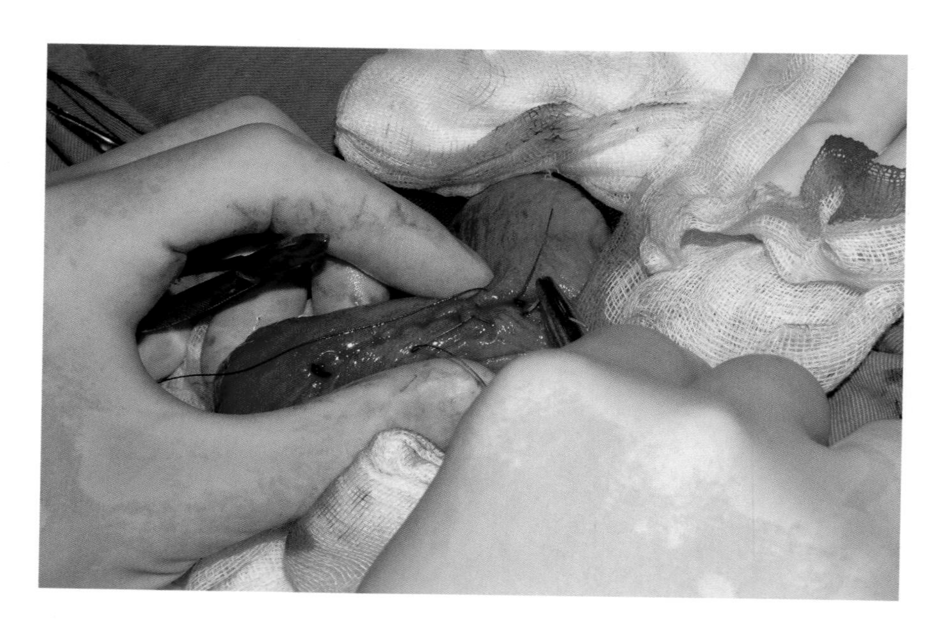

图5-48　用两道缝合闭合子宫切口。本病例实施了连续水平褥式缝合。

图5-49　在医院就诊的Camila。

## 病例3　胎儿死亡剖腹产术：卵巢子宫切除术

Camila，家养长毛母猫，本来几天前就应该产仔，但没有任何分娩征兆，主人很担心小猫的状态（图5-49）。

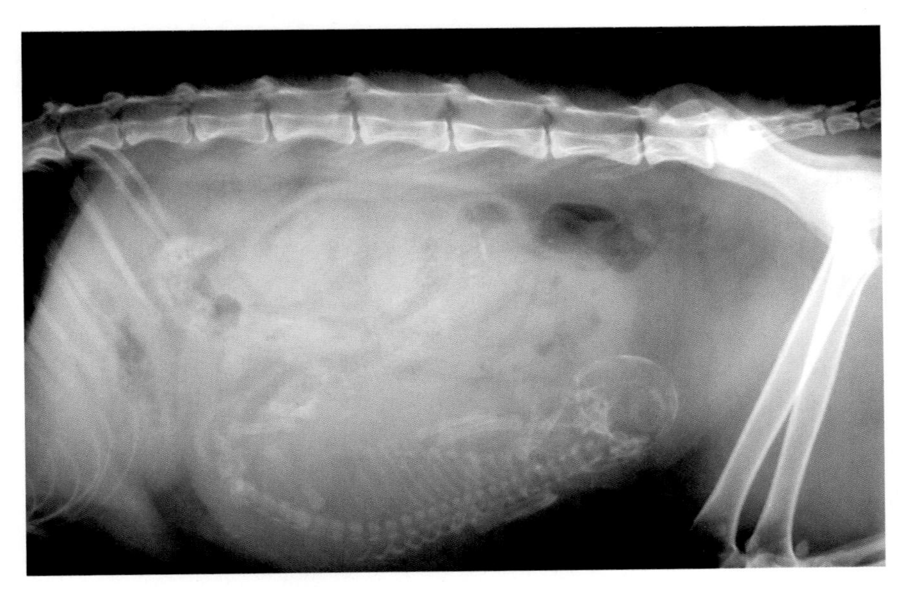

图5-50　腹部X线片显示有两只胎儿，一只已经完全发育成形，另一只还未成形。

进行X线影像和超声检查，确诊为妊娠晚期和胎儿已死亡（图5-50）。

在这种情况下，动物主人选择了实施卵巢子宫切除术，因为不希望猫再次发情（图5-51至图5-57）。

用常规方式缝合剖腹术切口。然后切开子宫检查其内容物（图5-58）。患病动物的恢复令人满意，10d后治疗结束。

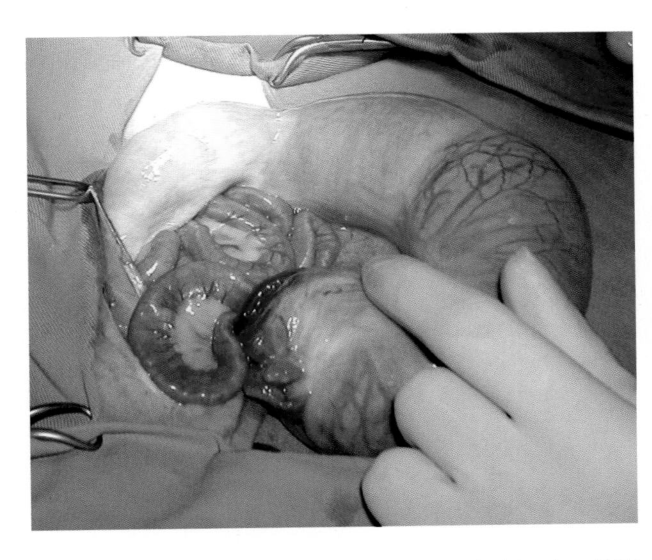

图5-51　腹中线切口打开腹腔后，将子宫角取出，找到即将结扎的血管。

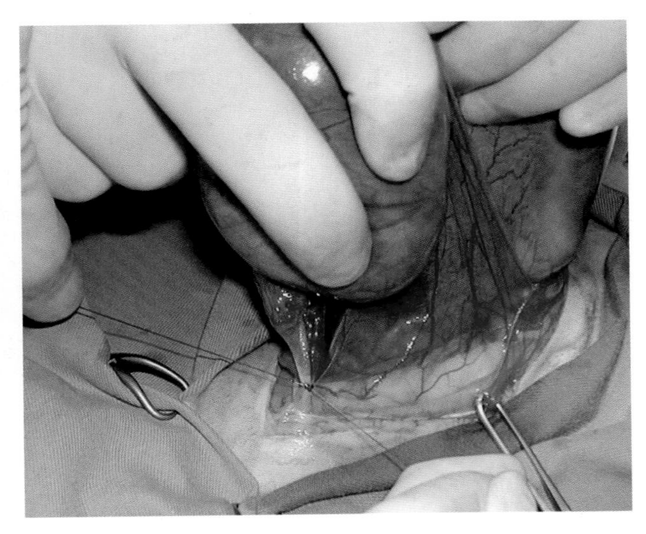

图5-52　显示切断右侧子宫角卵巢血管前所做的结扎。

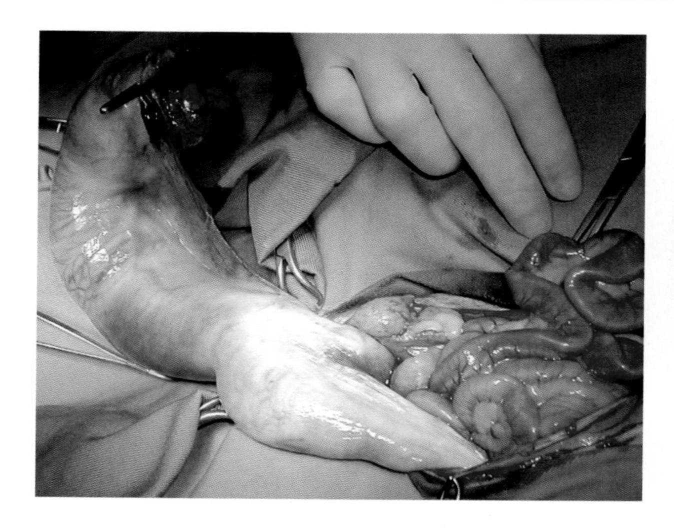

图5-53　子宫系膜的血管已凝固或结扎之后，将子宫角从腹腔拉出。

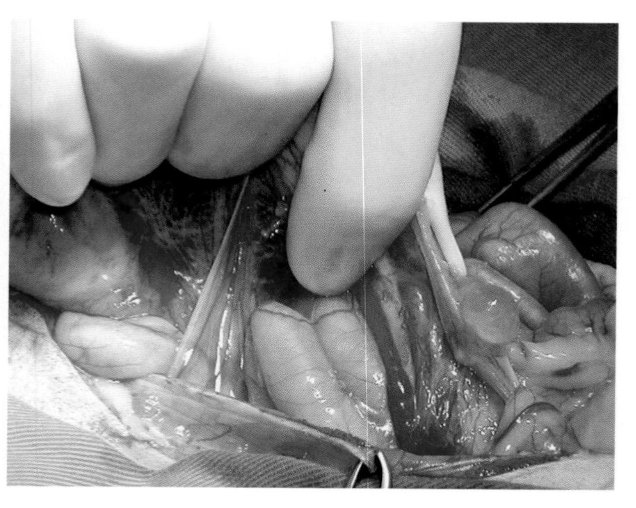

图5-54　找到左侧卵巢血管，结扎并切断。注意卵巢表面的囊肿。

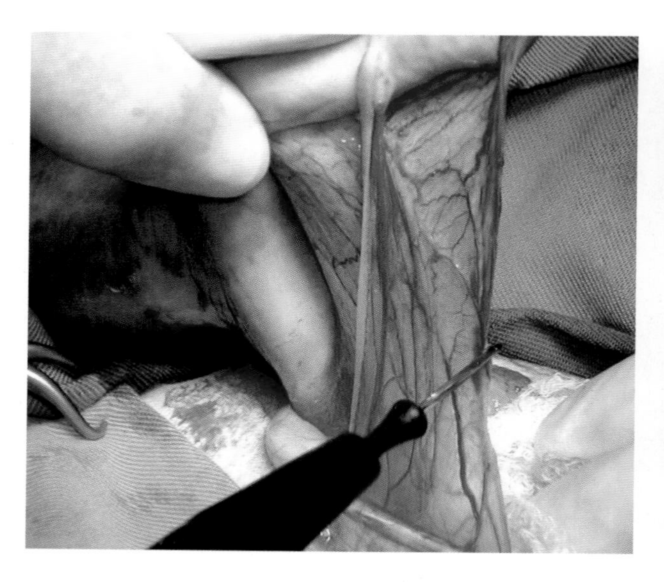

图5-55　这些病例的子宫系膜通常布满血管。为防止失血，建议采取血管凝固术或结扎术。

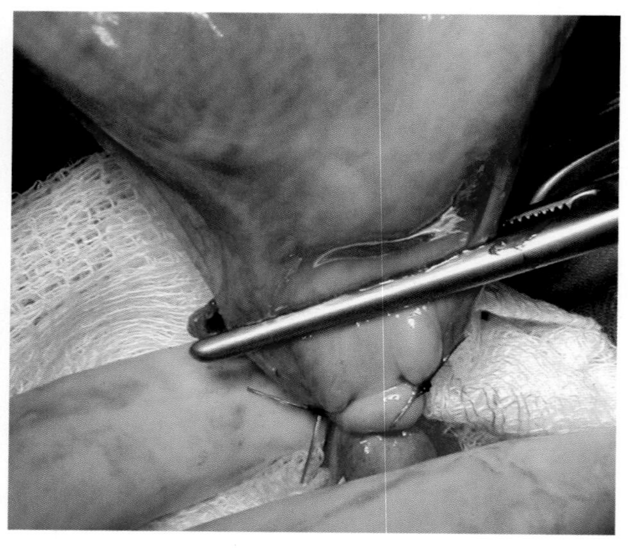

图5-56　像任何卵巢子宫切除术一样，贯穿结扎子宫尾端血管，在子宫颈部分离子宫体。

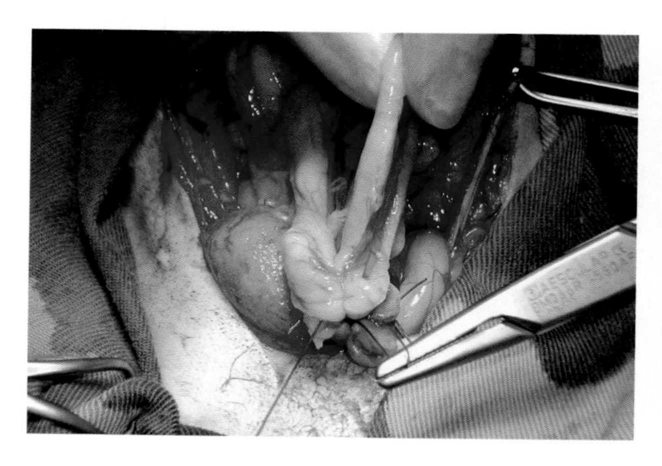

图5-57　建议对子宫残端覆盖网膜，以减少局部感染的风险并防止粘连膀胱等其他腹部组织。

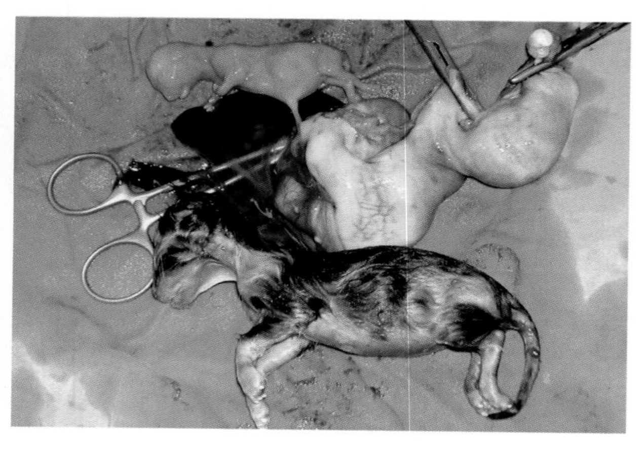

图5-58　X线片鉴定出的两只胎儿。其中一只明显发育不全。

## 子宫蓄脓/子宫内膜囊性增生

患病率

子宫内膜囊性增生或子宫蓄脓是可能致命的子宫疾病。该病发生于孕酮分泌过高的发情间期或外源性孕酮注射后。该激素会增加子宫分泌物、减少肌肉收缩和促进子宫颈闭合。起初，它是一种无菌性失调，但来自阴道的上行污染会导致子宫蓄脓。

子宫蓄脓可以是开放性的或闭合性的。开放性子宫蓄脓的子宫扩张小（图5-59），可见脓性有时带血的外阴排泄物。而闭合性子宫蓄脓的症状更为严重。这些患病动物的临床症状包括由于宫内蓄脓而引起的腹胀（图5-60）、内毒素血症，或败血症引起的厌食、脱水、多尿症和烦渴症。体温并不是一个可靠的指标参数，因为它可能是正常的，也可能是升高或降低的。

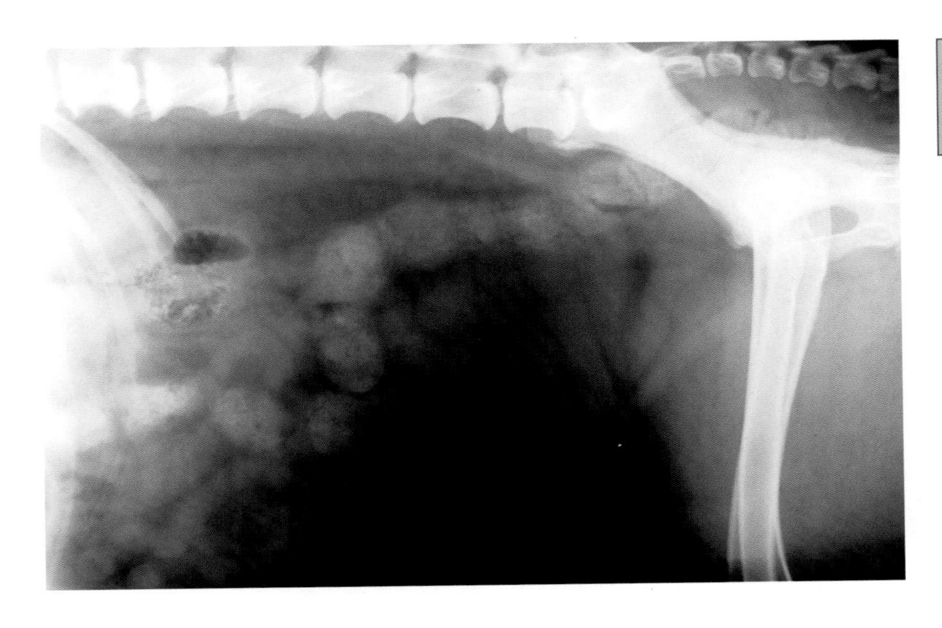

大肠杆菌是子宫蓄脓中最常见的病原

图5-59 慢性开放性子宫内膜囊性增生，可以从子宫排出脓液。在这些病例的结肠和膀胱之间很容易看到一个扩张的子宫。

对患有多尿症和烦渴症动物的鉴别诊断应包括糖尿病、肾上腺皮质机能亢进和广泛性肝病

发热并不是子宫蓄脓的一个重要临床症状。只有20%的病例会有发热

子宫蓄脓可以发生在动物发情后的前2～3个月。可发生于各种年龄的动物，包括初次发情后的动物

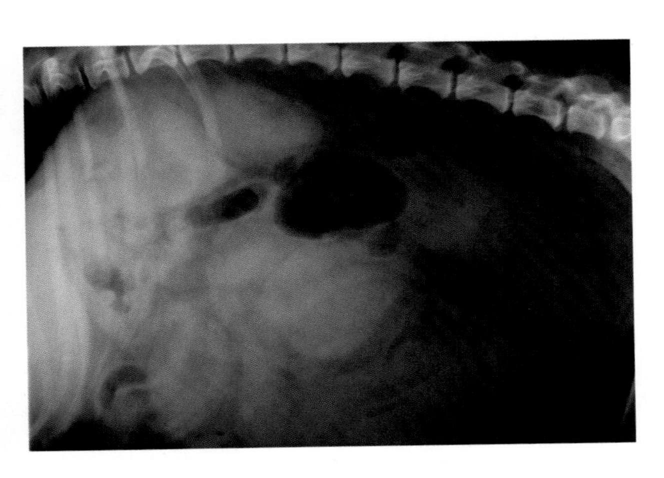

图5-60 子宫颈保持闭合状态，子宫增大，占据了腹腔的中腹侧区域，取代了头背侧方向肠道的位置。

**实验室检验**

这些患病动物通常会出现核左移白细胞增多症和中毒性中性粒细胞。然而在某些情况下，由于白细胞向子宫扩散会使白细胞计数正常，或因败血症，白细胞数量甚至降低。

可能发生非再生性贫血、正色素性贫血和红细胞性贫血。

血液生化变化的特点是：

- 高蛋白血症。
- 高球蛋白血症。
- 高尿素水平。
- 高肌酐水平。
- 中度增加的谷丙转氨酶和碱性磷酸酶水平。

尿液分析可能显示蛋白尿、等渗尿和细菌尿。

**诊断**

诊断依据是影像学和超声检查结果，以及临床症状和自上次发情以来的时间长度。

患子宫蓄脓的猫和犬腹部影像显示，有一均质的管状结构占据后腹腔（图5-59至图5-61）。然而，这可能与产后子宫或妊娠40d胎儿钙化之前的子宫相混淆（图5-62）。

> 超声检查是区别这些情况的最可靠的诊断方法

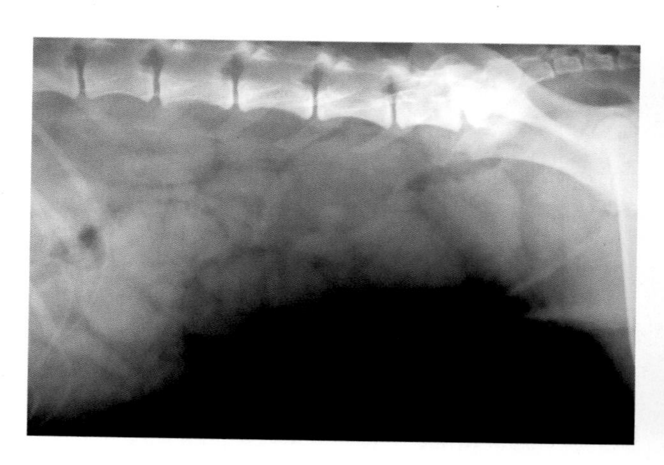

图5-61 闭合性子宫蓄脓，伴有明显的子宫扩张。

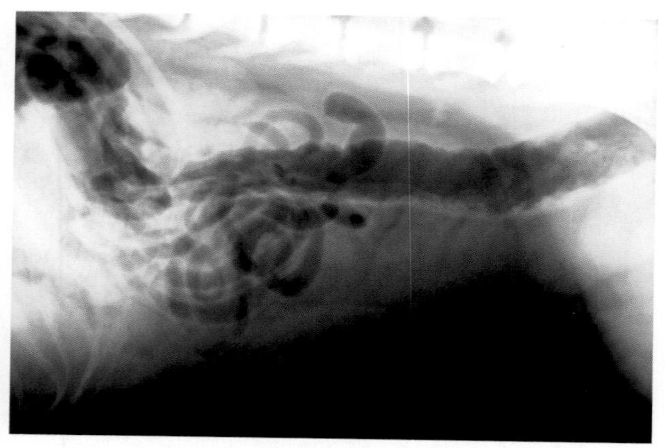

图5-62 怀孕前几周扩张的子宫。

**治疗**

尽管有药物疗法，但针对这些病例最常用的治疗方法是卵巢子宫切除术（图5-63）。

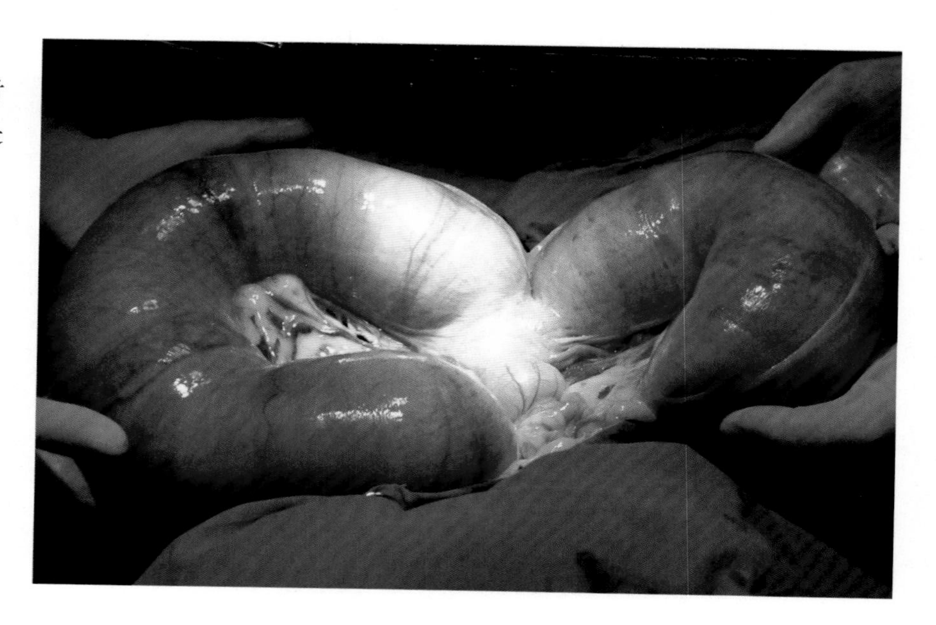

图5-63 患有严重子宫蓄脓的动物将接受卵巢子宫切除术。

**术前**

纠正水电解质失衡，确保麻醉时足够的肾灌注。应尽快开始针对大肠杆菌的抗生素疗法，如氨苄青霉素或阿莫西林-克拉维酸治疗。

> ✱ 子宫蓄脓的子宫十分脆弱，手术时要小心操作以防止撕裂

> ✱ 分离子宫之前，用无菌纱布将其与腹腔隔离

**技术要点**

手术中，结扎血管时要特别小心。确保没有因子宫脓性物质引起腹腔污染，清除任何可能造成感染的子宫残留物，即所谓的子宫蓄脓。

为此，选择在子宫颈对子宫结扎或凝固（手术方法1见图5-64至图5-67），或者用Parker-Kerr缝合法结扎器官（手术方法2见图5-68至图5-71）。在闭合腹腔之前，用温的无菌生理盐水进行充分的冲洗和抽吸。

**手术方法1**

图5-64　在子宫颈处结扎子宫尾端和子宫体血管后，夹住子宫末端并用无菌纱布与腹腔隔离。

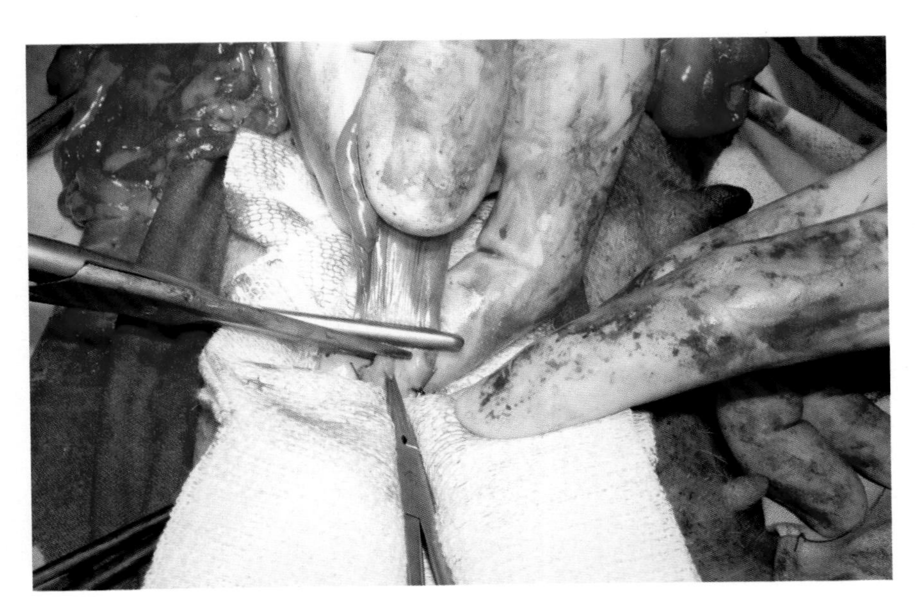

图5-65　为防止子宫残端滑脱，在切除子宫前用动脉钳固定子宫颈。

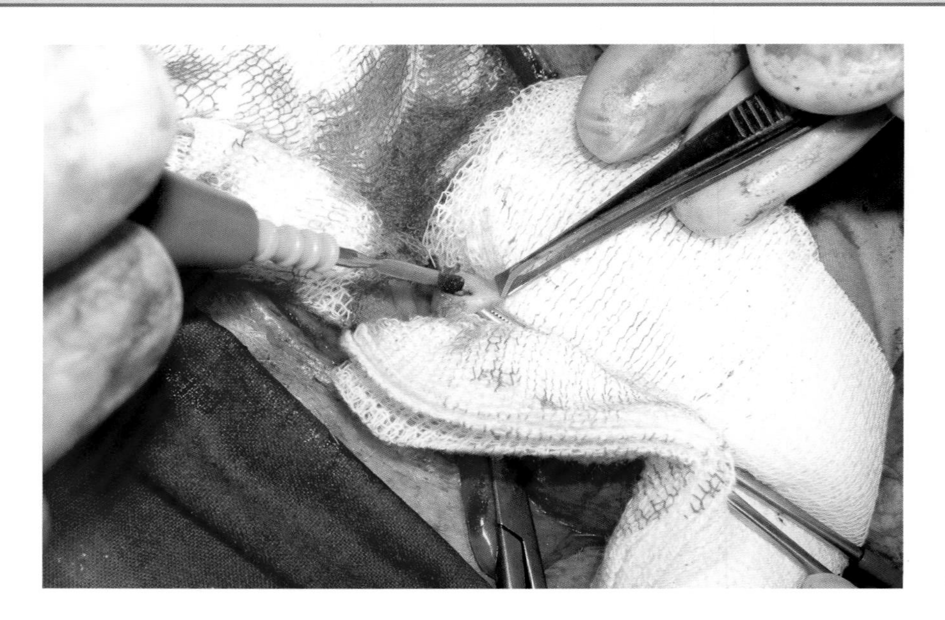

图5-66　对子宫残端实施单极电凝，去除任何可能残留的细菌。

图5-67　在子宫残端覆以网膜，以促进愈合、抵抗感染和防止与其他腹部组织粘连。

## 手术方法2

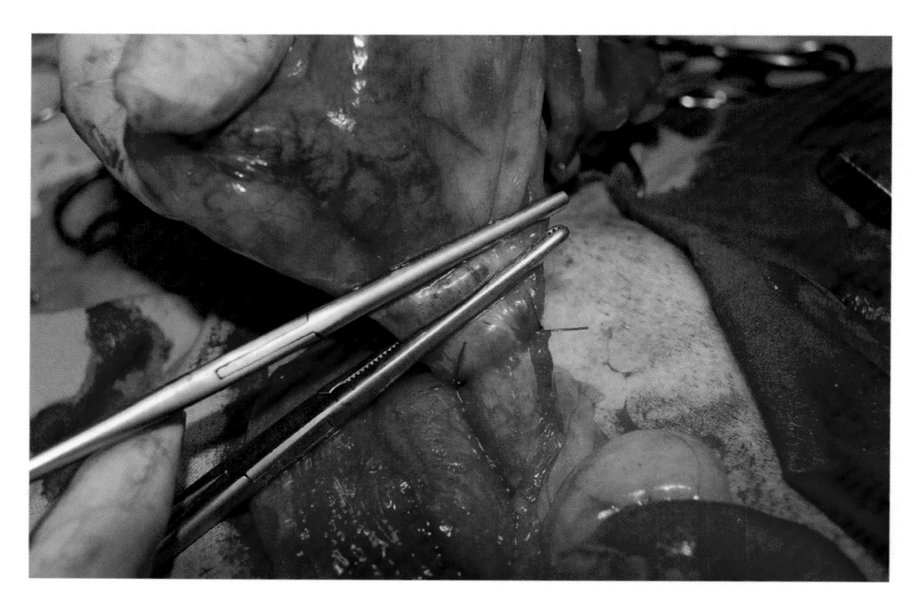

图5-68　为防止子宫内容物渗漏，用两把止血钳夹住子宫颈。确保近尾侧的止血钳夹在子宫颈上。

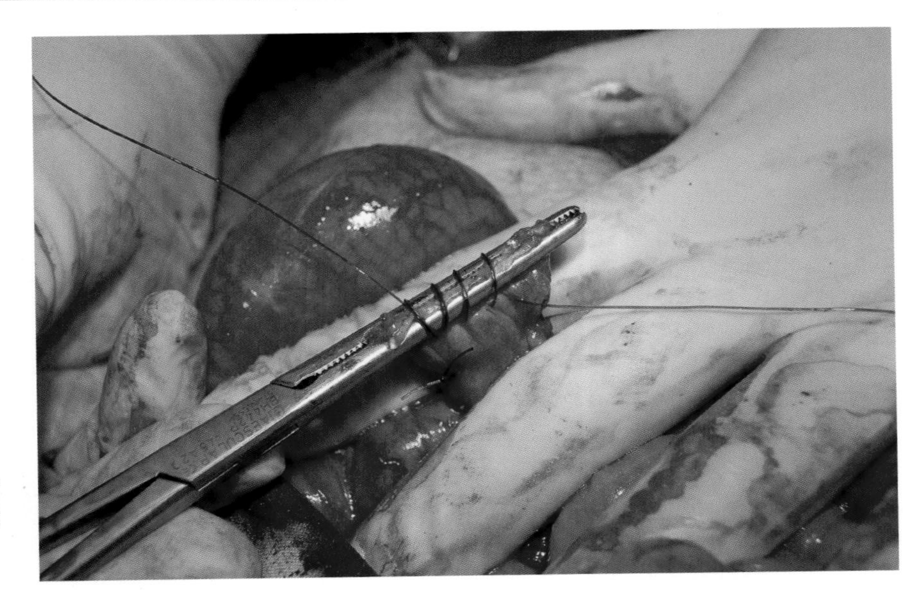

图5-69　在两把止血钳间将子宫颈切断，用单丝/线合成可吸收缝线在留存的止血钳处进行缝合，第一针不打结。

图5-70　移去止血钳后，向相反方向拉紧缝线，闭合子宫残端。然后将缝线的两端打结。

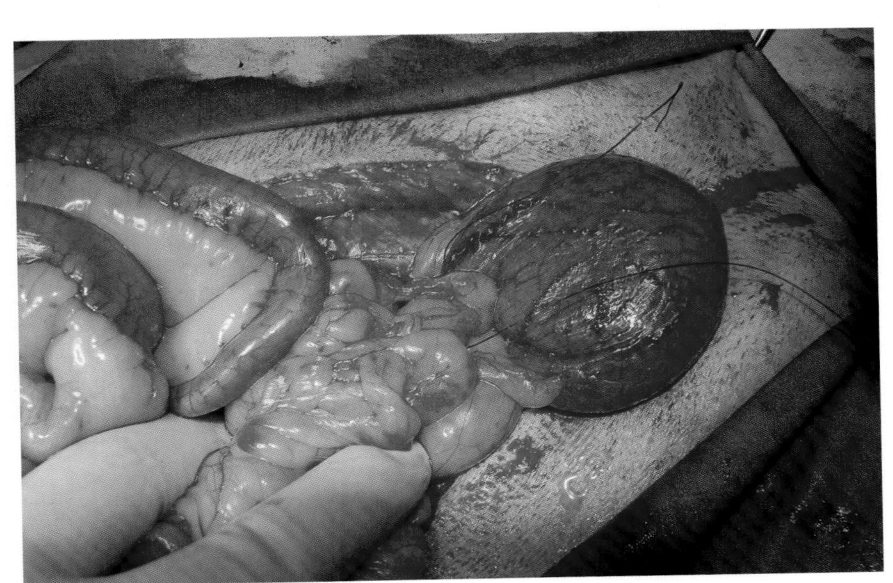

图5-71　如所有这类病例一样，在子宫残端覆盖网膜。本病例将一块网膜置于缝合处上方，并在上部再打一个结。

## 病例1 子宫蓄脓

Maya，3个月前发情，近来饮水和排尿多于平时，已有1周时间。

考虑到可能是子宫蓄脓，进行腹部X线检查（图5-72）。

血液检验表明有显著的白细胞和中性粒细胞增多症。用马波沙星治疗后，进行卵巢子宫切除术（图5-73至图5-84）。

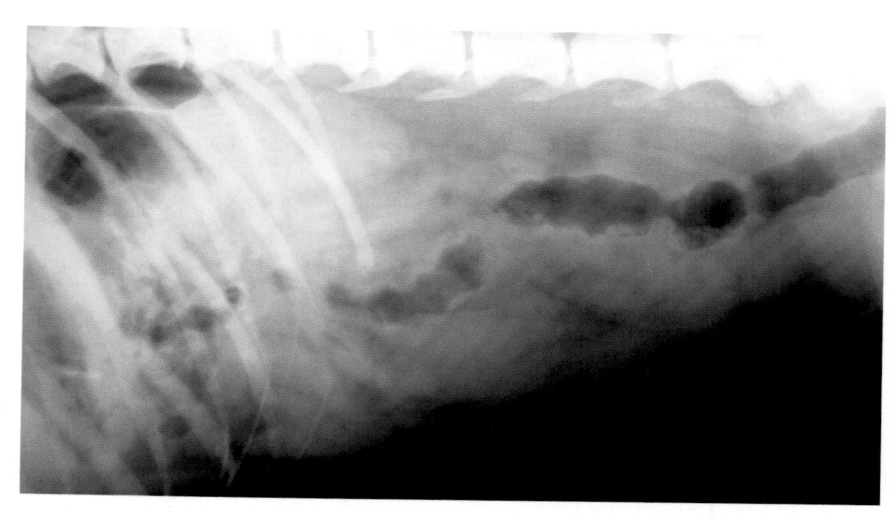

图5-72 腹部X线片显示膀胱头侧有一管状结构，占据了背侧方向肠道的位置。证实了子宫蓄脓导致子宫扩张的猜测。

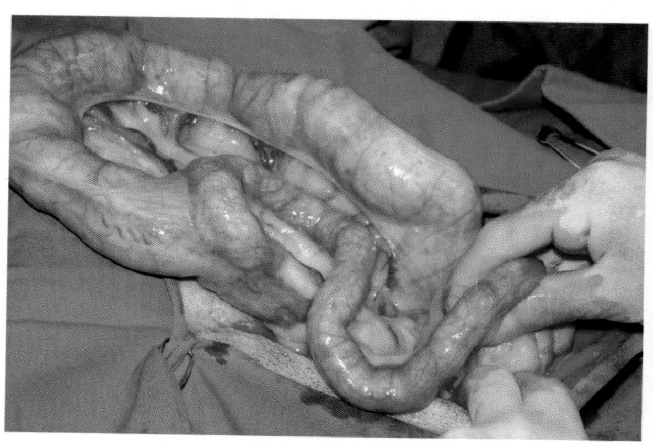

图5-73 腹中线剖腹术后，找到子宫角并将其从腹腔拉出。本病例右侧子宫角严重蓄脓。

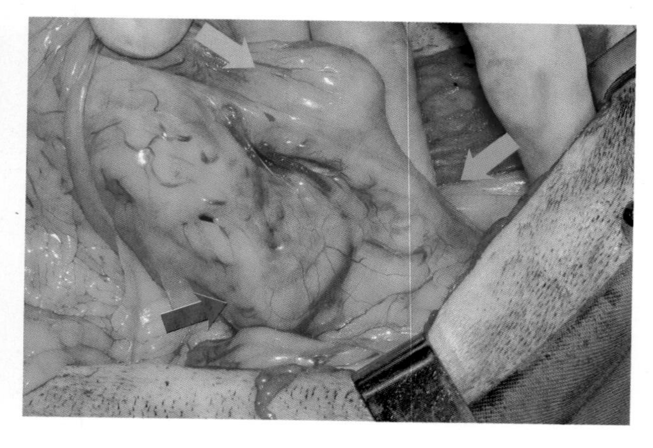

图5-74 首先找到右侧卵巢（橙色箭头），以及卵巢悬韧带（蓝色箭头）和血管（灰色箭头）。

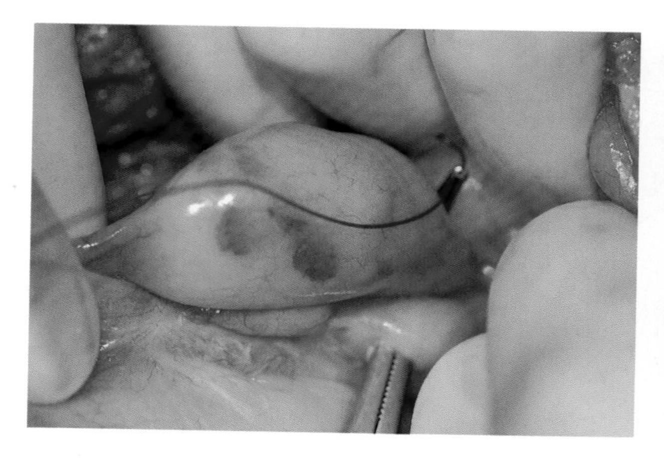

图5-75 为防止进一步出血，在两结扎之间切断卵巢悬韧带。图片显示在上述韧带周围所做的第一处结扎。

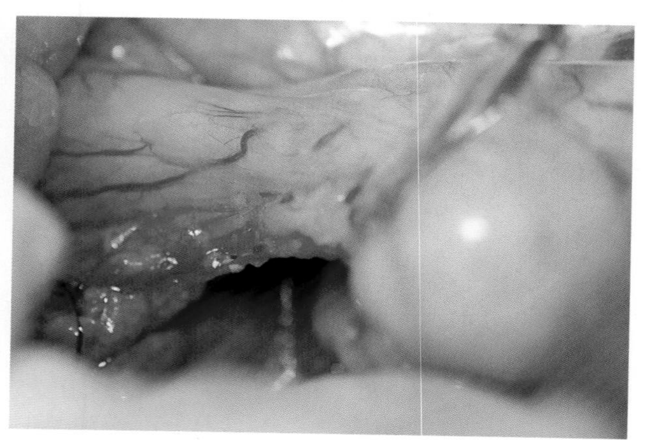

图5-76 切断连接卵巢与肾脏的韧带后，找到肾脏血管。对这些血管不需要进行单个血管的分离。

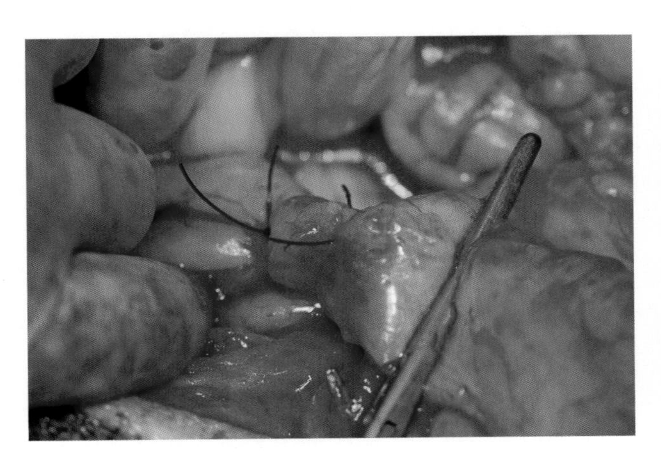

图5-77　在血管带的邻近部位进行两处结扎并在远端夹一个动脉钳。在第二处结扎和动脉钳之间将组织切断。

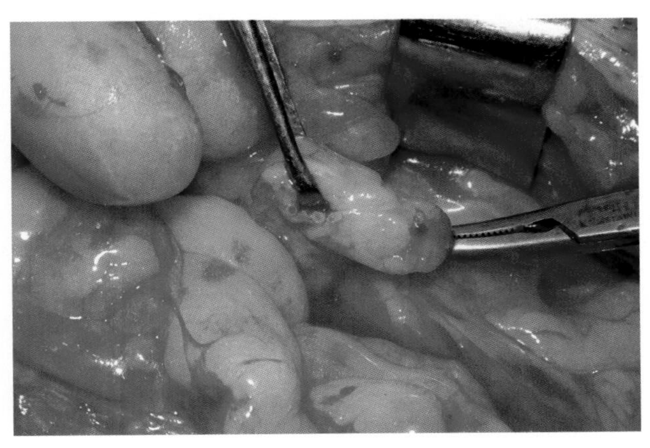

图5-78　切断血管带后，检查有无出血。要绝对确保这些血管没有出血。

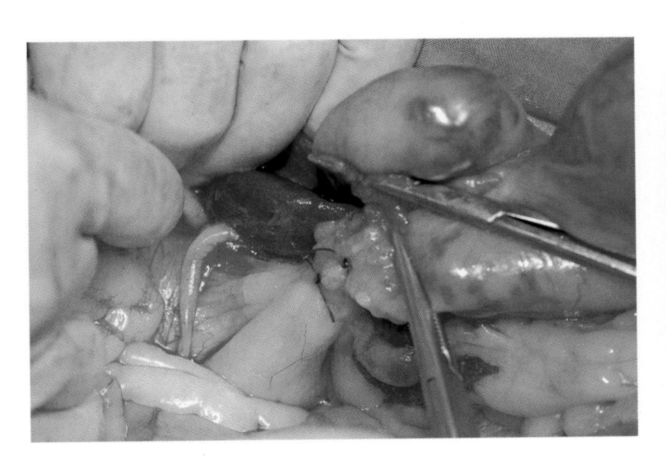

图5-79　在另一侧重复相同的操作，游离出卵巢和子宫头侧部。图片显示对悬韧带的结扎和切断，以及卵巢茎切断之前的两处结扎。

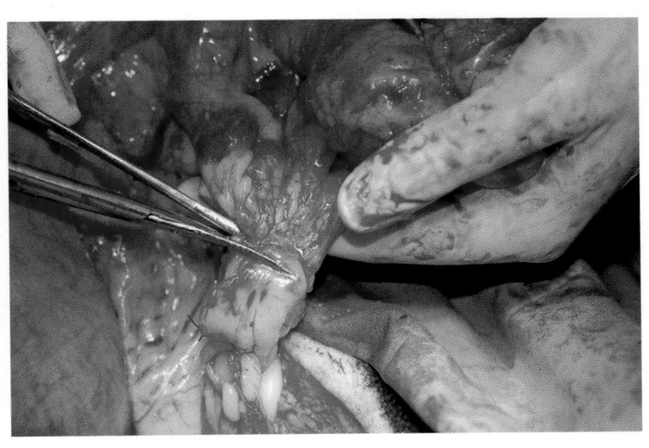

图5-80　在两处结扎之间切断子宫系膜（子宫与腹壁之间的悬韧带），以防止患病动物术后继发出血。

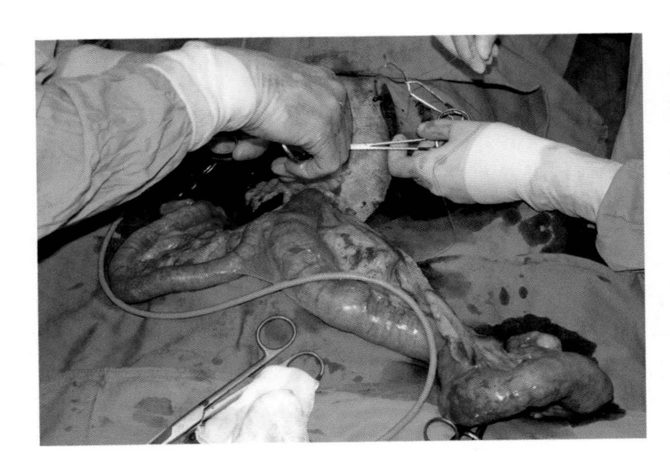

图5-81　显示切断卵巢与子宫系膜的连接物后，子宫完全分离。

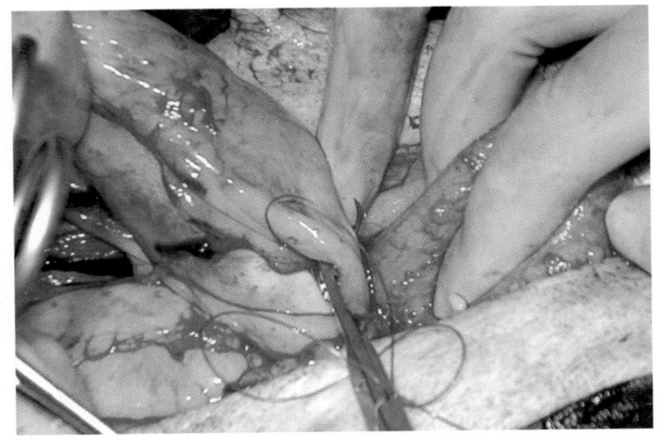

图5-82　为防止尾端的子宫血管出血，在子宫颈两侧进行贯穿结扎。

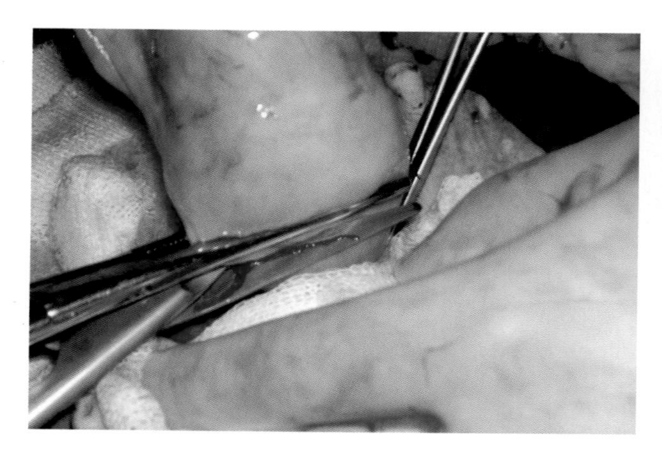

图5-83 为防止可能引起的腹腔污染，用无菌纱布隔离子宫尾部，夹住子宫颈并用剪刀剪断。助理用周围的纱布将子宫移除。

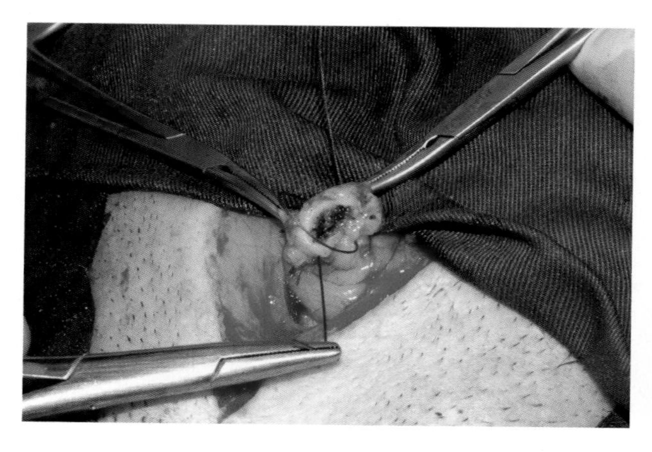

图5-84 使用可吸收缝线缝合子宫残端并覆盖网膜。

✱ 含有脓性物质的子宫应远离腹腔

患病动物恢复情况令人满意。持续涂抹抗生素软膏5d，10d后拆除缝线。

## 病例2 子宫蓄脓/腹膜炎

Mara，8岁，雌性雪纳瑞犬，因精神萎靡、不能行走并呕吐而急诊入院（图5-85）。

患病动物瘫卧，腹部膨胀，触诊时表现出极大的疼痛（急腹症）。血液检验表明红细胞压积和红细胞数量增加，并有显著的白细胞减少症。腹部放射影像证实为腹膜炎，但并未揭示其根源（图5-86）。

图5-85 急诊时的Mara。

子宫蓄脓可能的并发症之一是由子宫破裂或细菌血液传播引起的严重的脓毒性腹膜炎

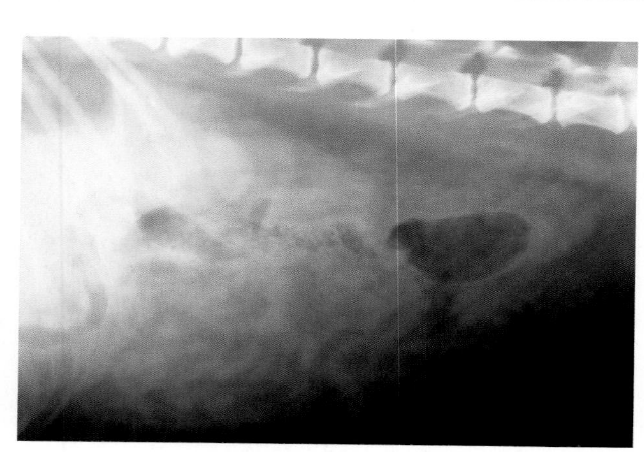

图5-86 侧位和腹背位X线片均与腹膜炎一致（腹部结构不清，好像透过磨砂玻璃看到的一样）。

进行诊断性腹腔灌洗，抽样检查显示有大量的中性粒细胞以及被吞噬的细菌（图5-87）。超声检查证实有腹膜炎以及中度的子宫角扩张。

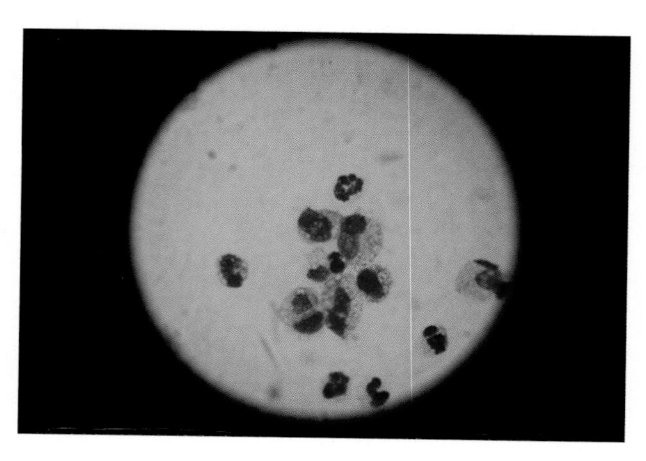

图5-87 通过腹腔灌洗所获得的样品中有大量白细胞。大多数中性粒细胞退化变性。

在纠正电解质紊乱和脱水并静脉注射抗生素（甲硝唑10mg/kg＋阿莫西林22mg/kg）后，施行外科手术（图5-88至图5-90）。卵巢子宫切除术后，用3L温的乳酸林格氏液冲洗腹腔（图5-91）。

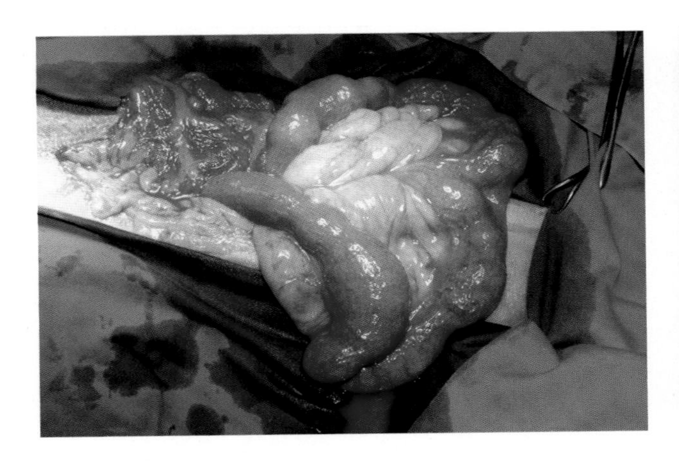

图5-88　打开腹腔后的子宫外观。检查并未发现引起腹膜炎的坏死或穿孔。

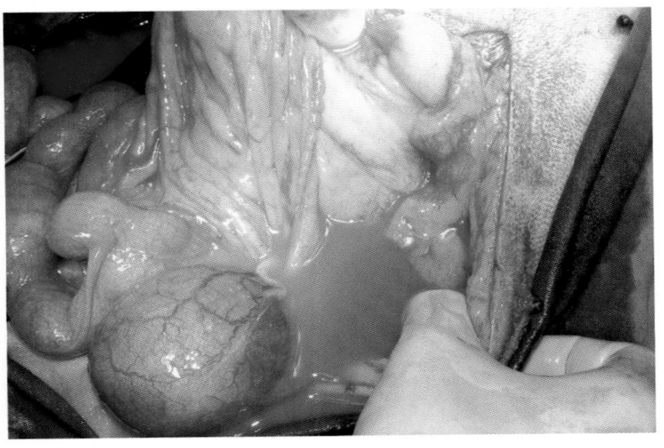

图5-89　清晰显示由于子宫感染而产生的大量脓性腹膜渗出物。

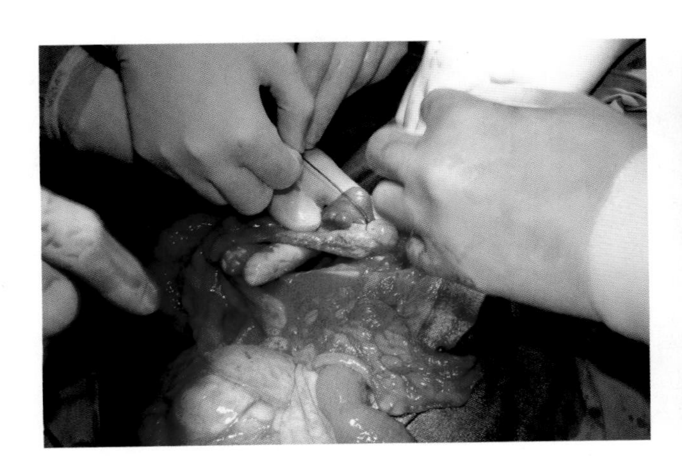

图5-90　右侧卵巢血管蒂的结扎。

> 在腹膜炎存在的情况下，有必要用温的无菌生理盐水充分冲洗和抽吸腹腔

本病例没有必要放置腹膜透析引流管。

**跟踪随访**

Maya入院4d，接受了静脉输液及静脉注射抗生素治疗。由于Maya恢复良好，回家继续接受抗生素治疗。12d后拆除缝线，没有必要再做进一步治疗。

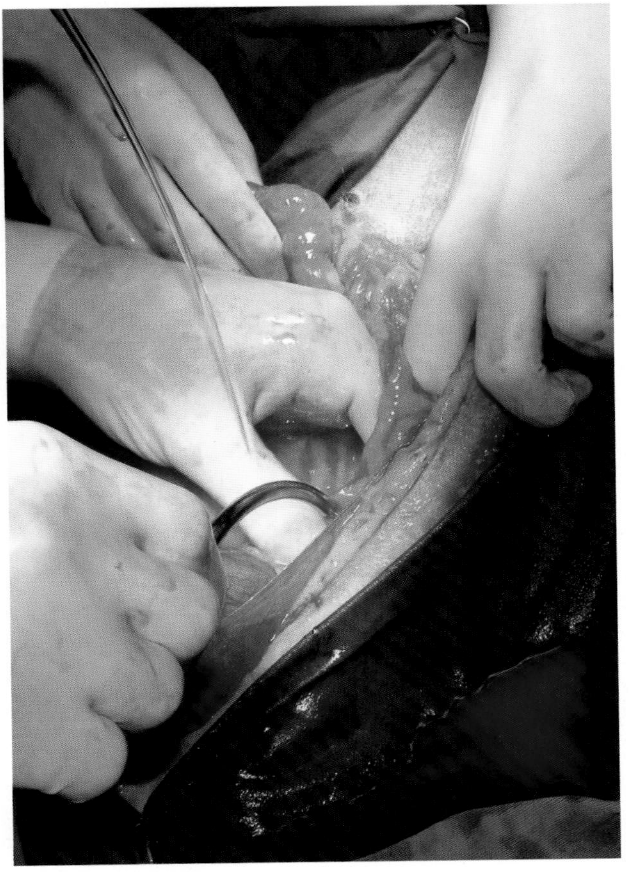

图5-91　切除感染的子宫后，对腹腔反复进行冲洗与抽吸，直至吸出的液体变得清亮为止。

# 子宫瘤

| 患病率 | ■ | □ | □ | □ | □ |
|---|---|---|---|---|---|

子宫瘤的患病率很低，最常见的是子宫平滑肌瘤。

> 大多数子宫瘤（90%）是良性的，术后预后良好

患病动物表现腹围增大，腹部可触诊到肿块（图5-92）。如果肿块封堵了子宫腔，则引起子宫积液或子宫蓄脓（图5-93）。许多病例是在给动物绝育时偶然发现的，母犬并没有表现出任何前期症状。

> 子宫瘤的治疗方法包括卵巢子宫切除术

因为子宫平滑肌瘤是良性的，预后通常良好。

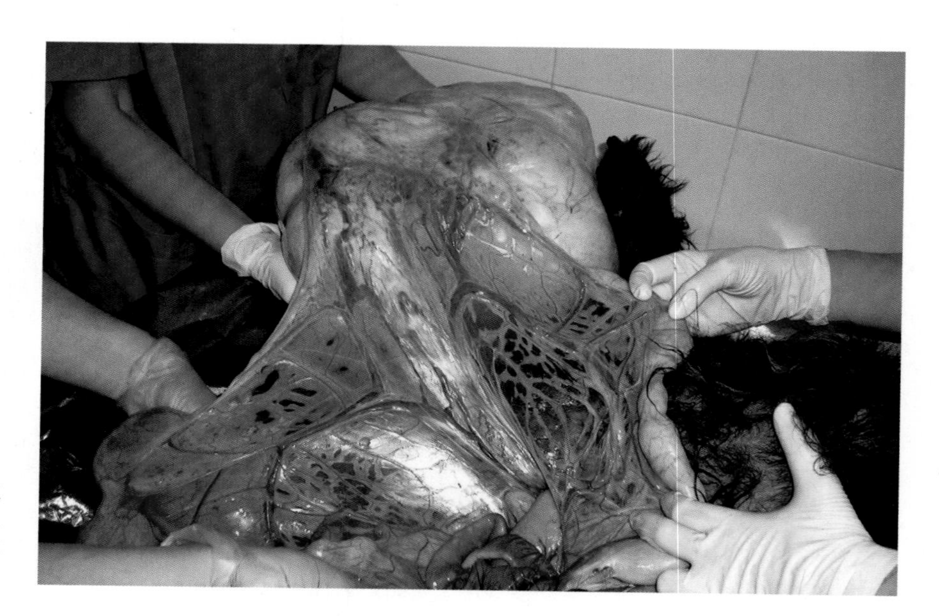

图5-92　一只雌性比利时牧羊犬的巨大子宫瘤。主人认为该犬只是肥胖（尸体解剖图片），并没有带去看兽医。

图5-93　左侧子宫角尾端和子宫体起始端的平滑肌瘤，导致继发性子宫积液。这些情况表明需要实施卵巢子宫切除术。

## 病例　子宫平滑肌瘤

Laika，9岁，杂种母犬，因腹腔有一持续生长的实体肿块被送到动物医院。最近，它的排尿和排便也出现问题。

除了腹部触诊到肿块以外，一般检查没有发现其他异常。腹部放射影像和超声检查显示与子宫有关的大肿块。没有发现肿瘤转移（图5-94）。对患病动物施行卵巢子宫切除术。全身麻醉和腹中线剖腹术后，发现肿瘤块与膀胱粘连（图5-95）。

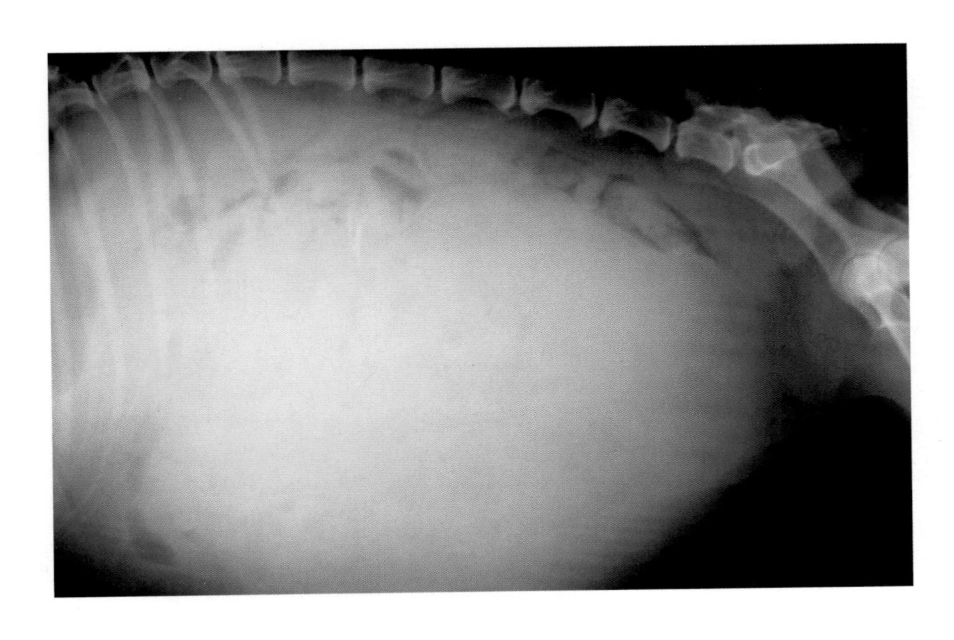

图5-94　X线影像证实有一个大肿块，占据了腹腔的中腹侧区域，使肠道向头背侧方向移位。

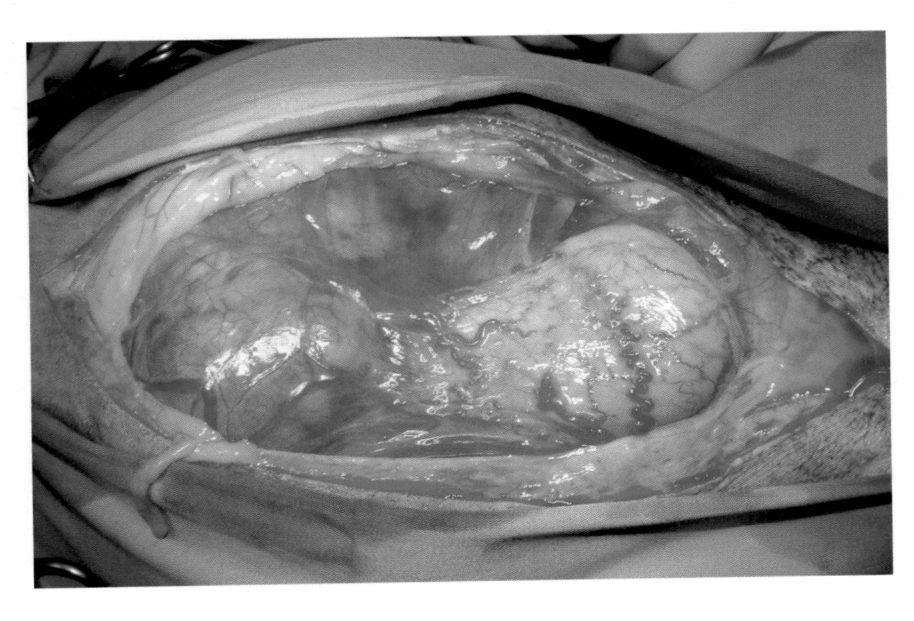

图5-95　剖腹手术发现肿块与膀胱发生粘连。最初的切口太小，不能移除肿瘤，必须扩大切口。

剖腹术需要从脐部一直延伸到耻骨前缘，以便取出肿瘤并确定其组织来源（图5-96至图5-98）。检查腹腔尾侧部分时，发现肿瘤与膀胱广泛粘连，粘连也涉及左侧输尿管（图5-99、图5-100）。

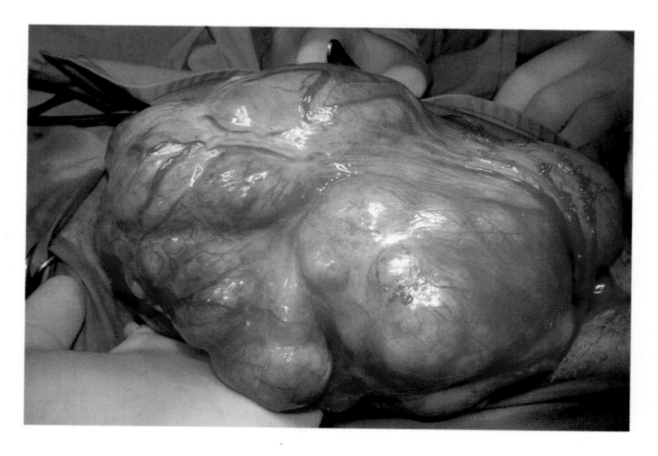

图5-96 通过扩大腹壁手术切口，对肿瘤进行谨慎处置。特别注意与肿瘤粘连的组织结构。

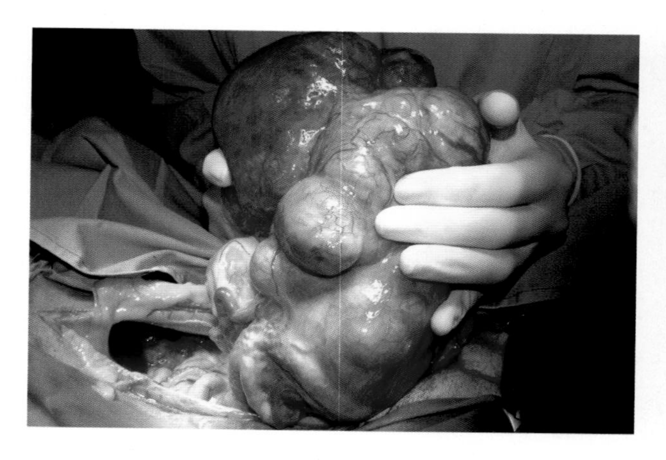

图5-97 将大肿块从腹腔取出，以确定其组织来源及与其他器官的粘连。

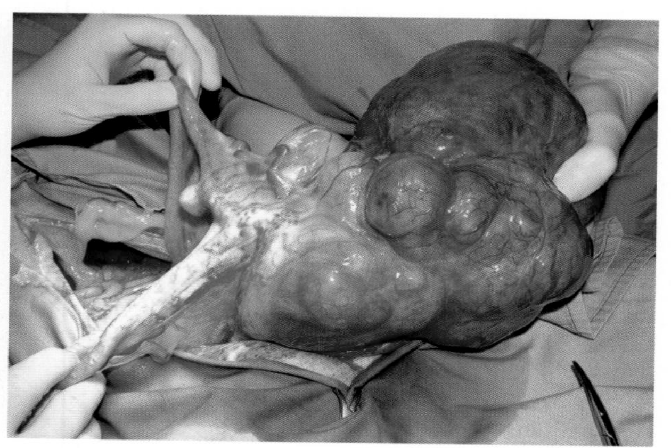

图5-98 本病例肿瘤附着于子宫体上。有必要进行卵巢子宫切除术。

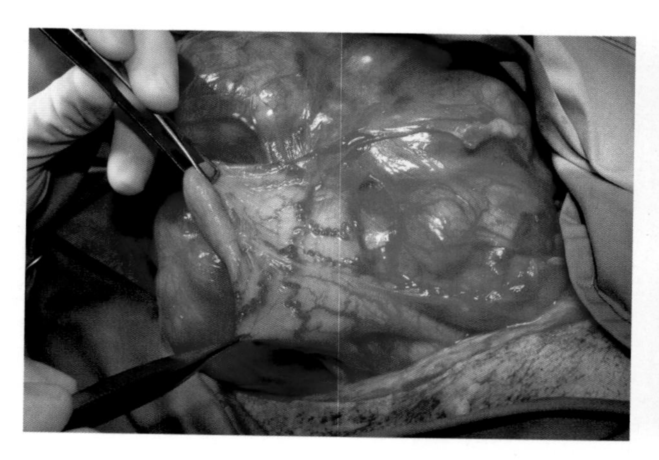

图5-99 膀胱尾端与肿瘤广泛粘连。这步操作的重点是找到和分离输尿管以避免损伤。

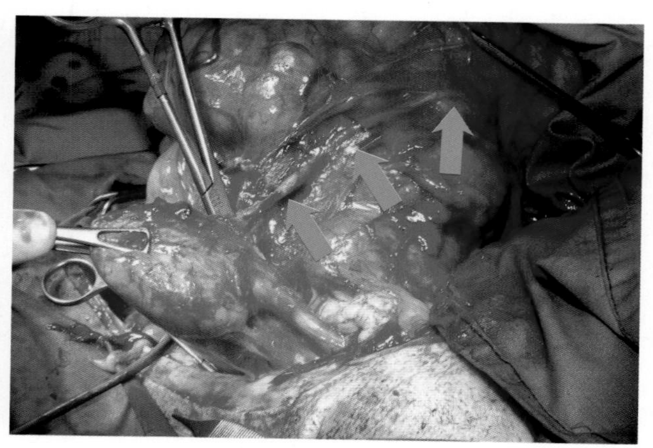

图5-100 显示左侧输尿管的位置（箭头）及其与肿瘤块的粘连。

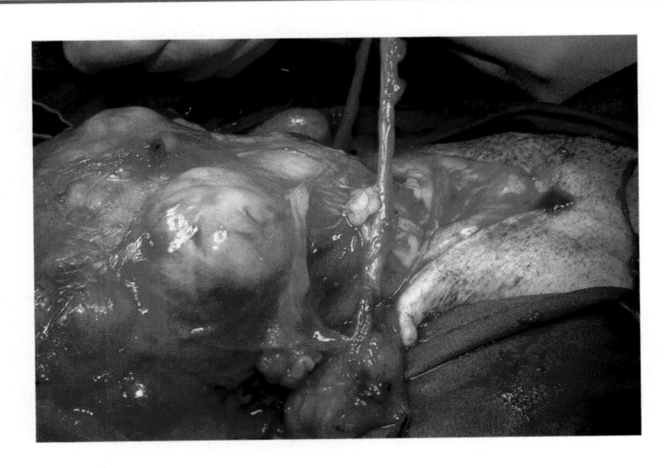

图5-101　仔细分离输尿管，避免损伤周围供应其血液的脂肪组织。

一旦找到左侧输尿管，仔细分离粘连，不要损伤肿瘤块（图5-101）。分离出左侧输尿管后立即进行卵巢子宫切除术（图5-102至图5-104）。术后，患病动物住院36h（图5-105），随后回家给予术后护理。术后9d，不需要再做进一步治疗。

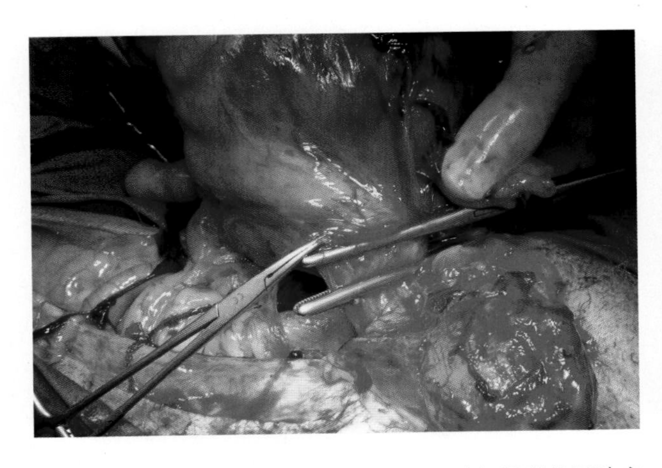

图5-102　分离并隔离子宫和卵巢，同时保留附着于肿瘤的泌尿系统组织结构，之后实施卵巢子宫切除术。在子宫颈处切除子宫体。

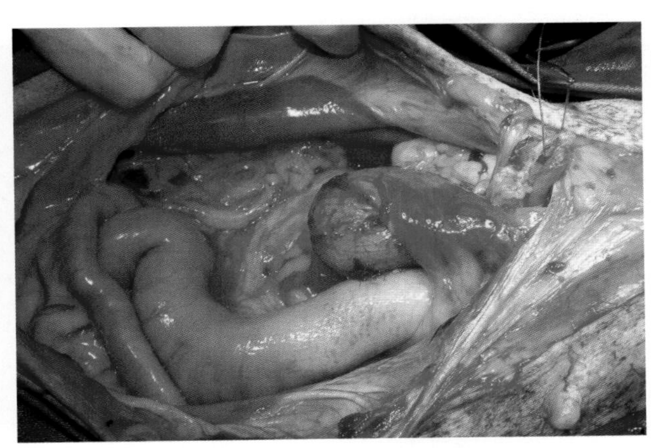

图5-103　显示切除生殖道后的腹腔空间。闭合腹腔切口之前，检查卵巢或子宫残端，确保没有出血。

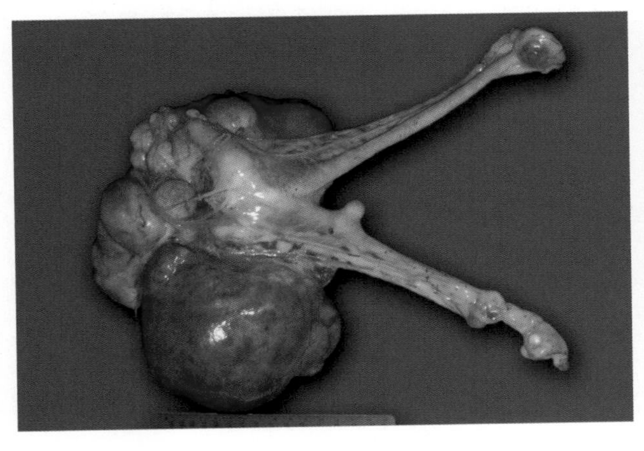

图5-104　切除的子宫和卵巢。证实肿瘤为平滑肌瘤，预后良好。

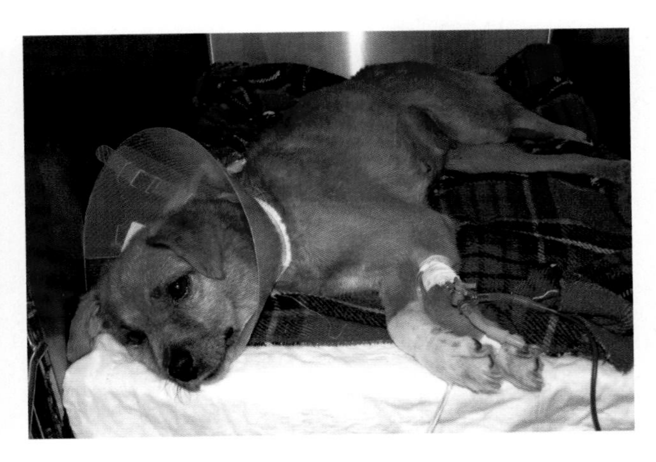

图5-105　Laika术后恢复良好。在术后早期，给其输入300mL全血，以减轻红细胞压积。

## 切除空肠后的腹部器官腹面观

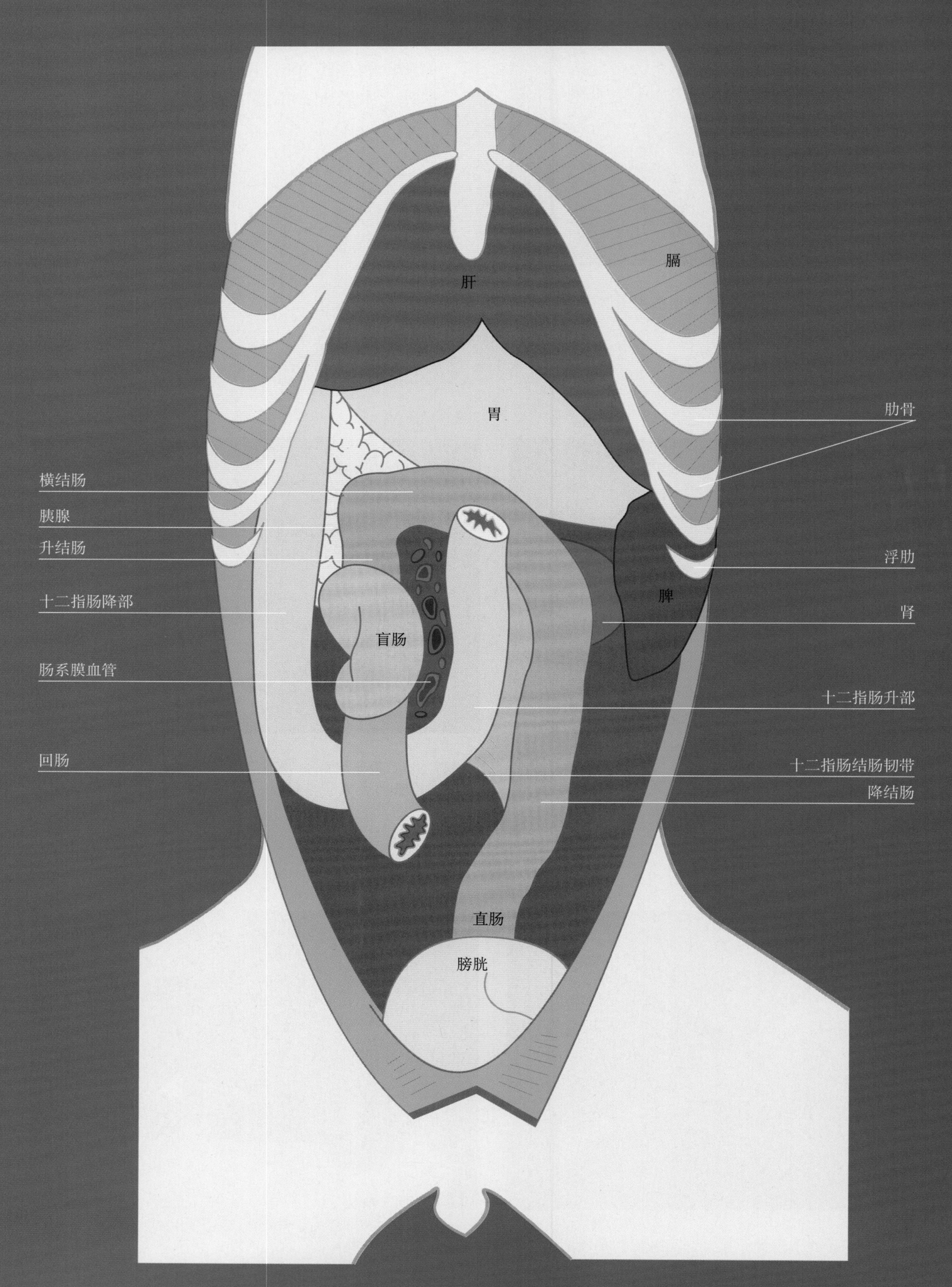

# 第六章　大肠疾病及其治疗

## 一般原则

## 结肠切开术

## 回肠结肠吻合术

病例　便秘：顽固性便秘

## 结肠和直肠狭窄/肿瘤

病例1　直肠牵引/翻转术
病例2　经肛门的直肠切除术
病例3　结肠切除术
病例4　直肠狭窄：支架置入术

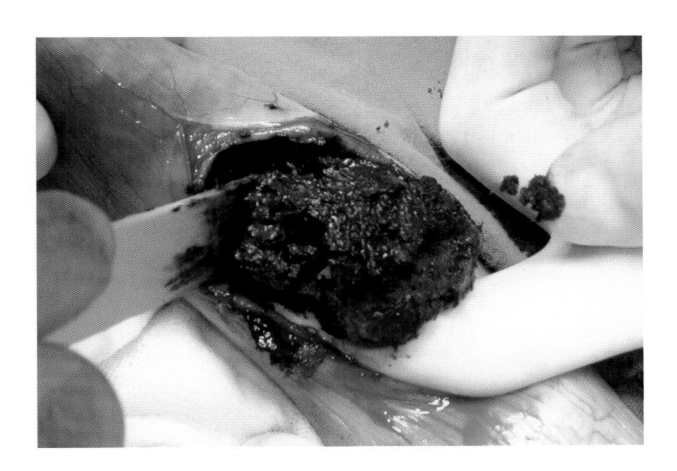

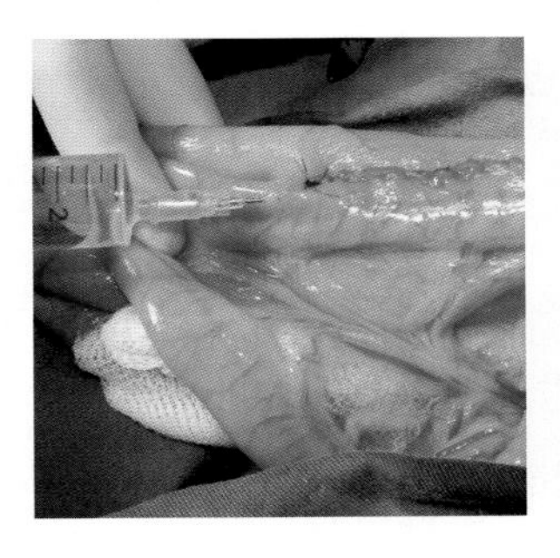

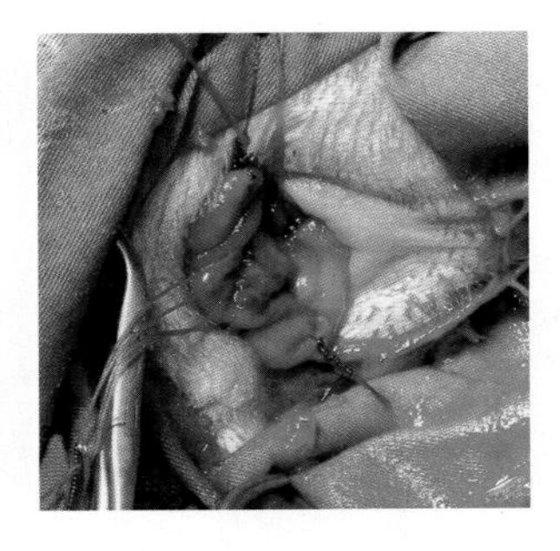

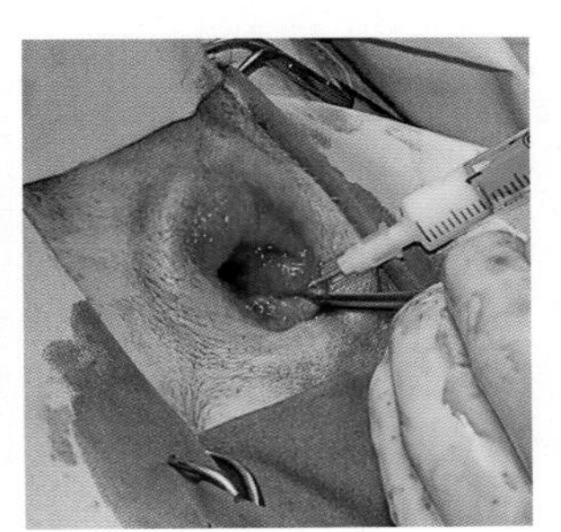

公犬骨盆区正中矢状面图

荐骨
直肠生殖腔
直肠旁窝
肛腺
球海绵体肌
肛门
直肠
尿道
骨盆联合
前列腺
耻骨膀胱陷窝
膀胱
腹膜脏层
输精管
腹膜壁层

肛门的水平切面图

髂骨
坐骨神经
直肠
臀肌尾侧动脉和静脉
肛门内括约肌
肛门柱状区
肛门
肛门外括约肌
肛囊
肛门皮肤区

# 一般原则

## 便秘/顽固性便秘/巨结肠

患病率

便秘是指结肠和直肠蠕动减慢而形成的排便困难。可能由不当饮食和摄入的骨头在到达结肠后仍消化不彻底产生粪块嵌塞而引起。淋巴结增生性肿大、前列腺肿大，特别是骨盆骨折愈合不良造成的压迫是小动物发生便秘最常见的原因(图6-1至图6-4)。

由于饲喂不当或年老、缺乏运动且伴有肠道蠕动缓慢而导致急性便秘多次发作的小动物，也可能发展为慢性便秘。顽固性便秘是指动物发生便秘时，硬的粪块不能排出。在这些病例中，仅仅依靠药物治疗是不够的，需要进行手术治疗。

如果大肠的肠径超过了腰椎长度的2倍就可以诊断为巨结肠，临床表现为严重便秘和肠道运动不足。巨结肠可能是原发性的，也可能是继发性的。原发性的是由结肠神经支配缺陷而引起，继发性的是由便秘多次发作导致收缩能力丧失而引起。本章相关术语见表6-1。

表6-1　术语

| 常用术语 | 表现 |
|---|---|
| 里急后重 | 排便或排尿困难 |
| 便秘 | 排便时疼痛 |
| 便血 | 排便带鲜血 |
| 黑粪症 | 排便黑色或带暗红色血液 |
| 结肠切开术 | 切开结肠 |
| 结肠切除术 | 部分或完全切除结肠 |
| 结肠造口术 | 结肠在身体的另一部位开口 |
| 结肠固定术 | 将结肠附着在腹壁上 |

注意，高钙血症、低钾血症或甲状腺功能减退等非消化道变化和疾病也可引起结肠收缩弛缓

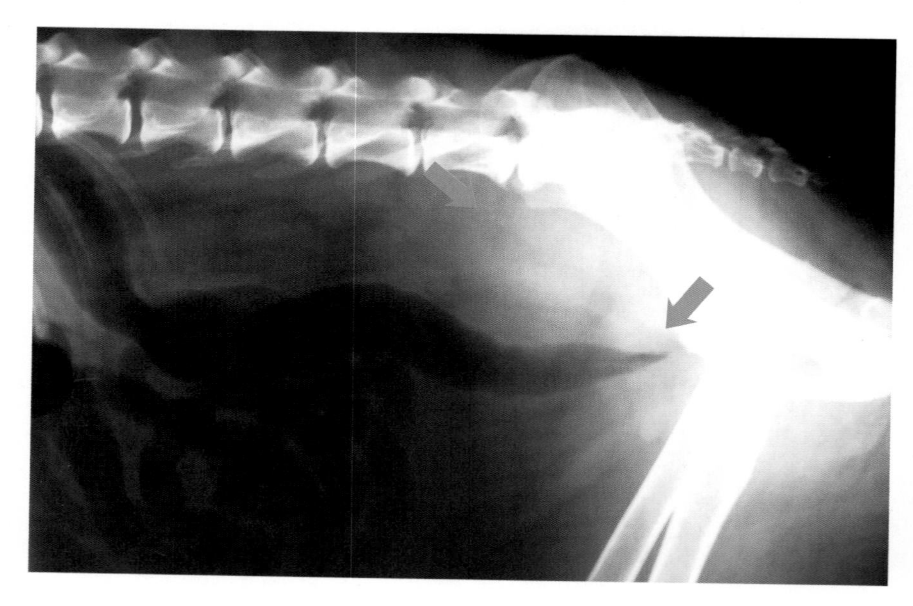

图6-1　乳腺肿瘤（蓝色箭头）转移可致髂内淋巴结肿大。肿大的淋巴结挤压结肠向腹侧方向移位，引起盆腔狭窄（橙色箭头）。

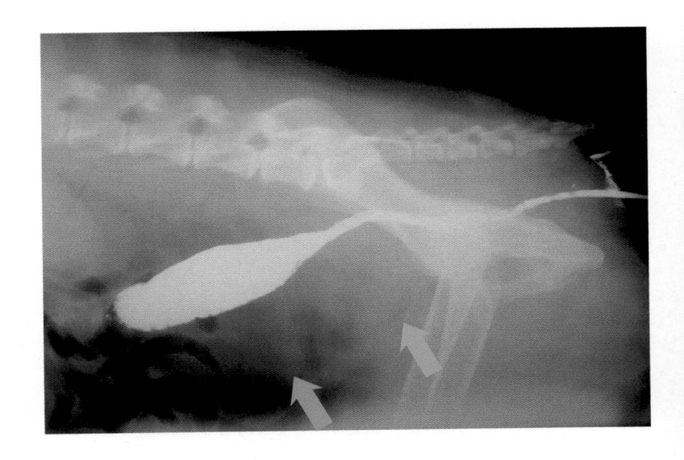

图6-2　10岁雄性犬因不能正常排便就诊。X线片显示消化问题是继发于前列腺增生（膀胱：蓝色箭头；前列腺：橙色箭头）。

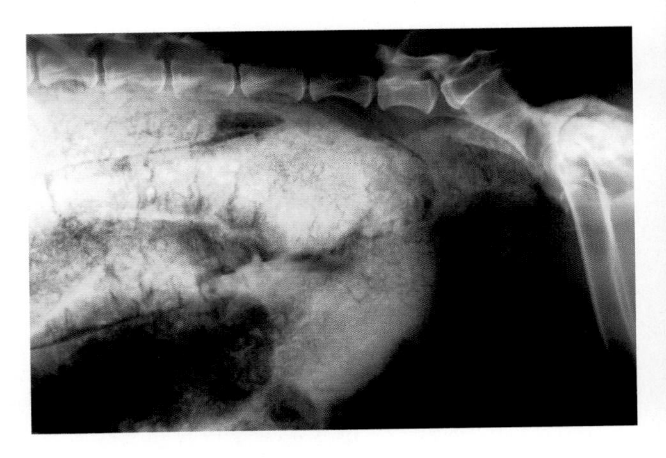

图6-3　继发于未治疗的陈旧性盆腔骨折的粪便嵌塞和巨结肠。

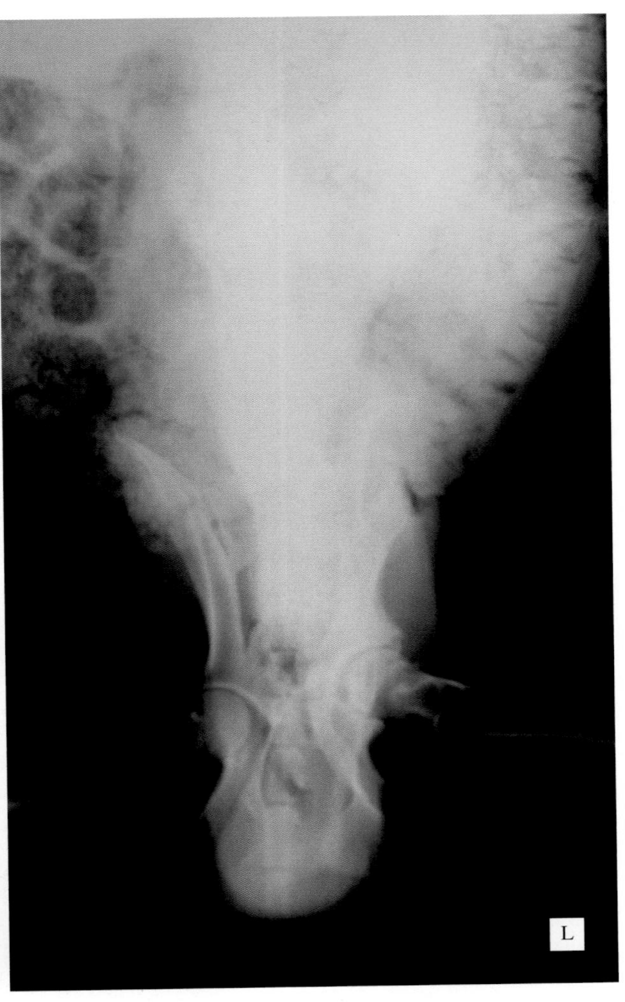


图6-4　腹背位X线片显示，本病例骨盆腔横径减小，这是由2年前发生的骨折愈合不良造成的。

需要深入检查患病动物的肛周及会阴部，以排除肿瘤、肛瘘或会阴疝等原因造成的里急后重症状（图6-5至图6-7）。

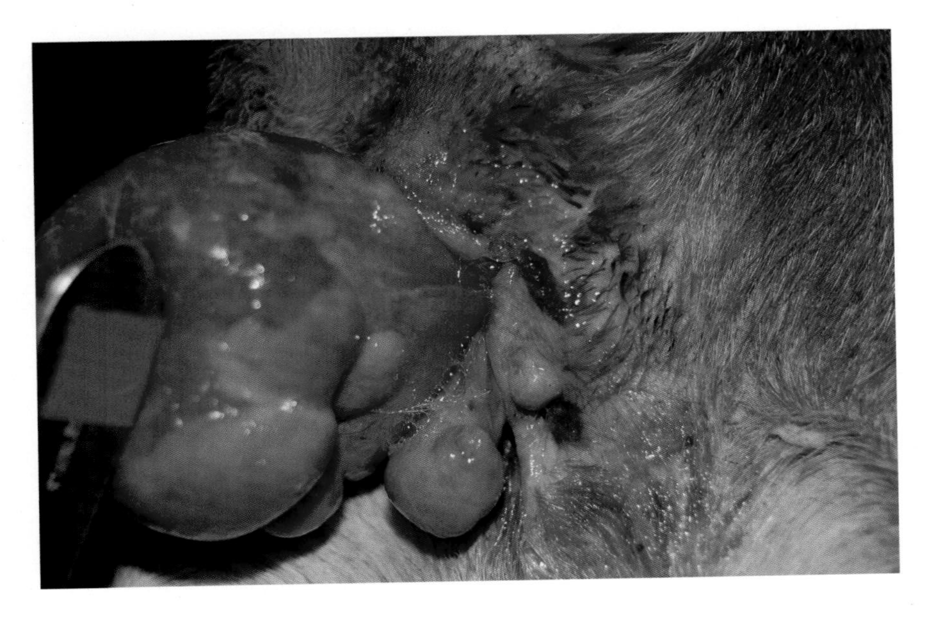

图6-5　肛门及肛周肿瘤可能引起排便疼痛，并导致粪便嵌塞。

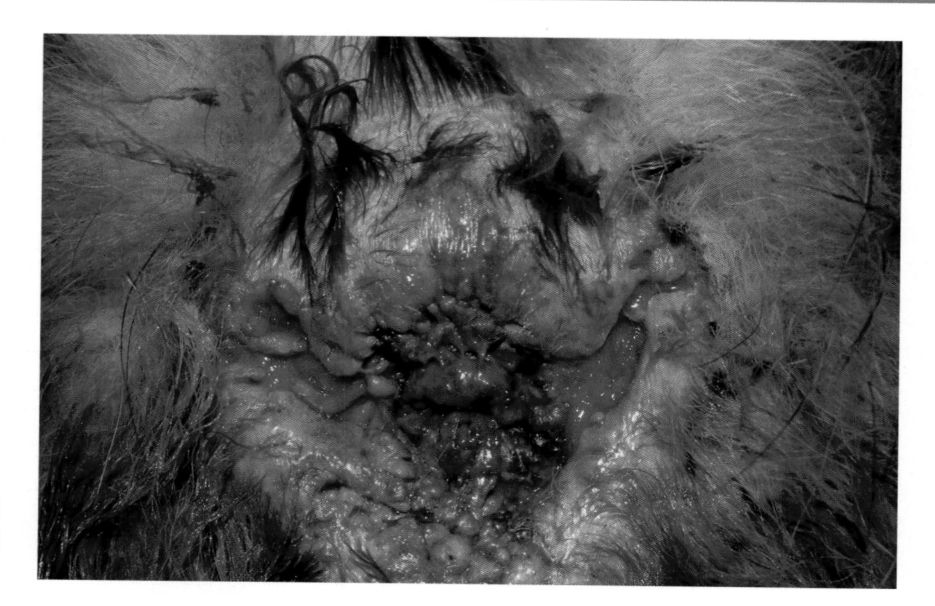

图6-6 患肛周瘘的5岁雄性德国牧羊犬。排便困难导致在直肠和结肠滞留大量的粪便。

干硬粪块和结肠壁之间会有少量带有黏液及血液的稀粪通过，类似腹泻

粪便滞留会导致细菌毒素的吸收，引起全身性临床症状，如精神萎靡、食欲不振、虚弱等。常表现出呕吐和异常腹泻。

如果粪便在结肠停留时间太长，持续的水分吸收会使粪便脱水和固化。这些干硬的粪便使排便更加困难，从而形成恶性循环。粪便积聚会导致结肠扩张，如果持续时间过长，可对结肠平滑肌和神经支配产生不可逆的损伤

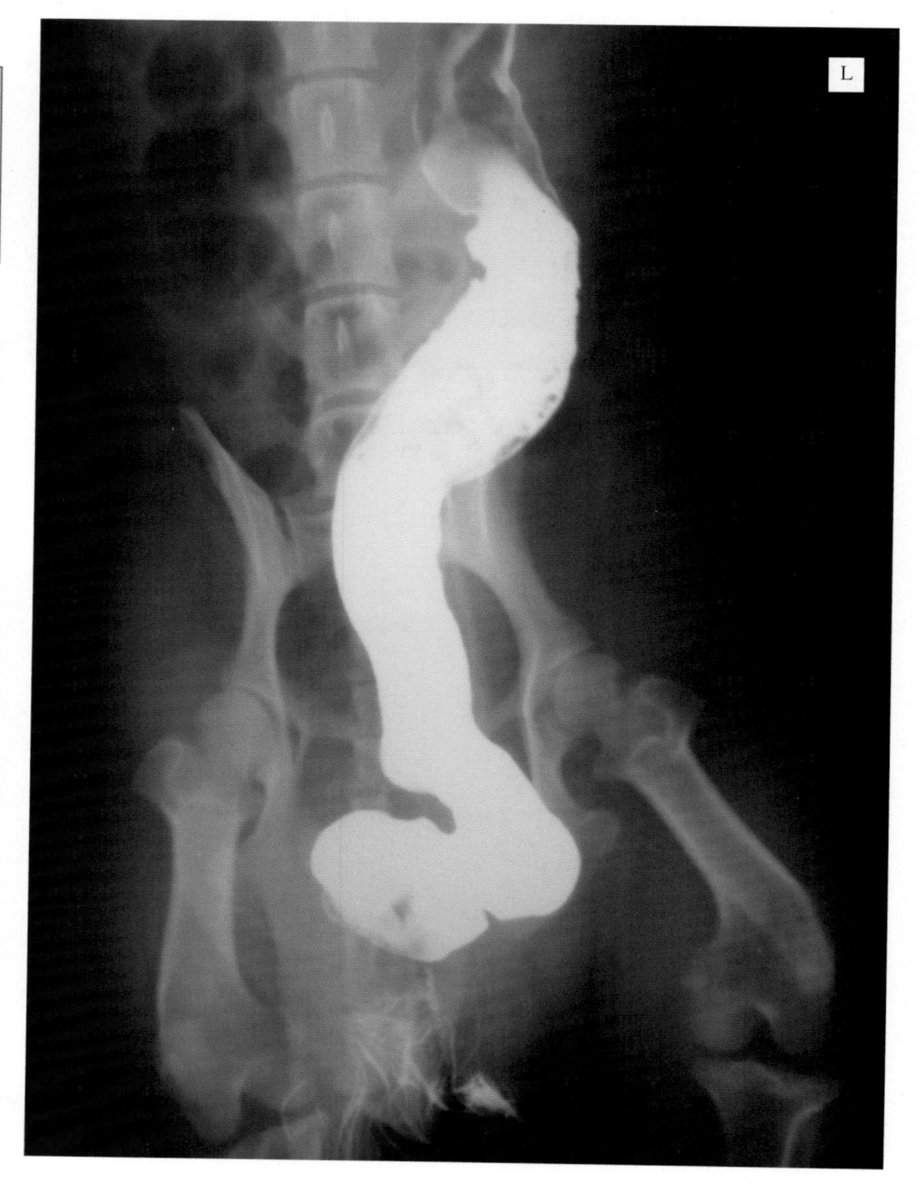


图6-7 继发于左侧会阴疝的直肠移位，影响了正常的粪便转运，从而导致便秘。

### 药物和饮食治疗

治疗上首先要补液和纠正电解质与酸碱平衡，接着用温肥皂水灌肠使结肠排空。通常情况下，因疼痛需要麻醉患病动物（图6-8）。为防止便秘的发生，高纤维饮食和渗透性泻药，如乳果糖或石蜡油，有利于促进排便。食物中的纤维有助于防止便秘。如果药物治疗不能排空结肠，则需要做结肠切开术，从肠道取出粪便。在复发病例和严重结肠扩张病例中，推荐采用回肠结肠吻合术。

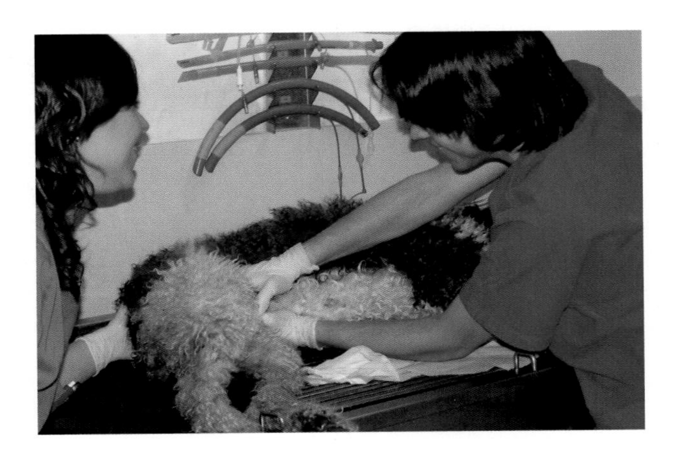

图6-8　对患犬进行镇静后用温肥皂水灌肠，并用手掏出阻塞在直肠壶腹部的粪块。

### 手术

> 结肠和直肠是肠道病原菌浓度最高的部位。因此，在这些部位进行手术会有很高的感染风险

### 术前

除非发生结肠梗阻或结肠穿孔，术前均应排空结肠，以减少肠腔中微生物的数量和避免继发性污染。术前3～4d内，给予患病动物高消化率、低残渣日粮。目前市场上有几种商品化专用日粮，或动物主人可自制碎肉末与熟米饭混合的日粮。

动物在术前24h禁食，自由饮水。

至少术前24h使用泻药或灌肠剂以清空结肠。在此之后不能再给予泻药，因其可使粪便变得非常稀，在手术过程中难以控制，增加腹腔污染的危险性。

> 对患肠梗阻的动物不应使用高渗性灌肠剂，因为可增加电解质失衡和脱水

### 抗生素治疗

结肠手术的术后感染风险非常高。尽管使用抗生素是有争议的，但仍推荐术前进行抗生素治疗：

- 每12h静脉注射头孢西丁（15～30mg/kg）。
- 每8h静脉注射氨苄青霉素（10～20mg/kg）+甲硝唑（10mg/kg）。

### 手术方法

#### 结肠切开术

技术难度 ■■□□□

若在药物和饮食治疗后，仍不能使患病动物排便，建议施行结肠切开术以去除嵌塞的粪便。对这些病例，建议改变饮食习惯，将复发的风险降到最低程度。

#### 回肠结肠吻合术

技术难度 ■■■□□

回肠结肠吻合术是回肠和降结肠之间的侧侧吻合。用这种方法使回肠内的液体性肠内容物经过吻合处与结肠中的粪便混合，从而降低粪便的坚硬程度。其结果是一种连续的自动灌肠。

## 结肠切开术

技术难度 ■■□□□

对接受药物治疗后仍不能正常排便的患病动物，应施行结肠切开术。脐后腹中线切口打开腹腔，将结肠牵引出腹腔并用无菌手术创布或止血巾与腹腔器官隔离。

> ✱ 这种严格隔离肠管的操作是为了防止腹腔受到污染

本病例的肠切开术（结肠切开术）中，用手术刀在结肠中后段的肠系膜对侧进行切口（图6-9）。用无菌纱布将手术肠段与周围组织严格隔离后，取出粪便（图6-10）。向近尾端方向小心地挤出嵌塞的粪便（图6-11），注意避免损伤肠道。小心取出粪便，以防止污染手术区域。通常这很难做到，肠内容物会接触到手术创布、手套和器械。因此，重要的是在结肠周围放置无菌手术创巾（不同于剖腹术时的方法）并用无菌纱布等严格将这个区域与周围组织隔离，同时将处置粪便的人员数减到最少（图6-12）。有时粪便较硬不能用手取出，需要外科器械或其他工具，如压舌板，甚至是外科医生的手指清空结肠（图6-13至图6-16）。用生理盐水浸湿的无菌拭子等清洗术区后，移除所有被污染的手术创巾并更换手套，闭合手术切口。用单丝合成可吸收材料进行两层连续缝合。首先闭合肠道切口，然后用内翻缝合覆盖第一层缝合部位（图6-17、图6-18）。闭合腹腔切口之前，先用无菌生理盐水对腹腔进行彻底的冲洗和抽吸。

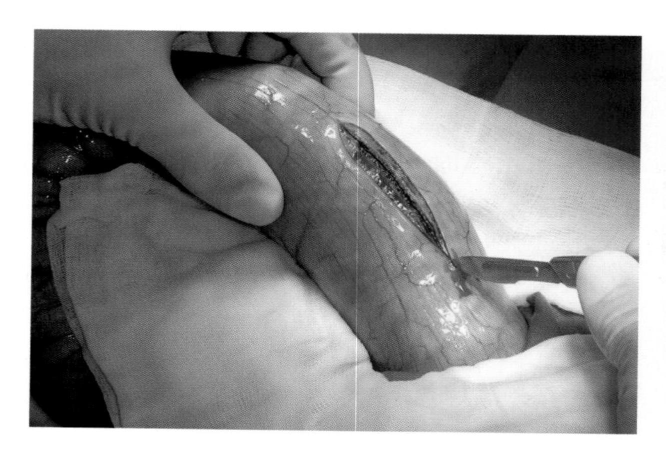

图6-9　将结肠牵引至腹腔外并用第二条无菌手术创布对其进行隔离，这样可以降低腹腔污染的风险。在降结肠肠系膜对侧做切口。

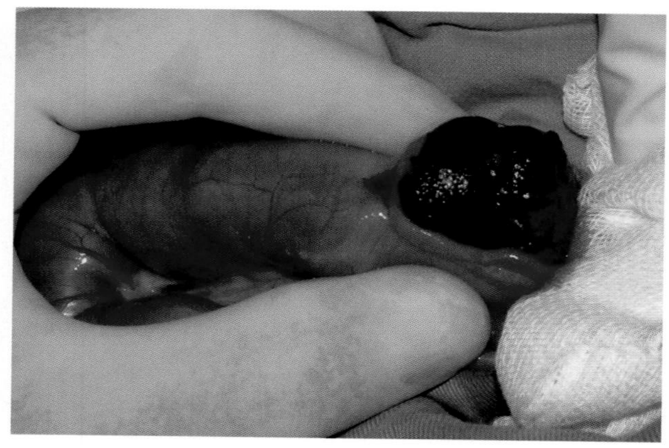

图6-10　结肠切开术切口周围区域，特别是后部，应严格隔离，以防止腹腔受到粪便污染。

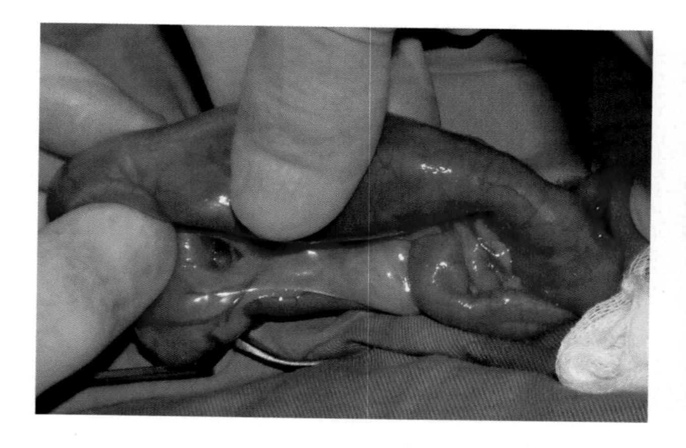

图6-11　通过轻轻地用手挤压，使粪便向近尾端方向移动。

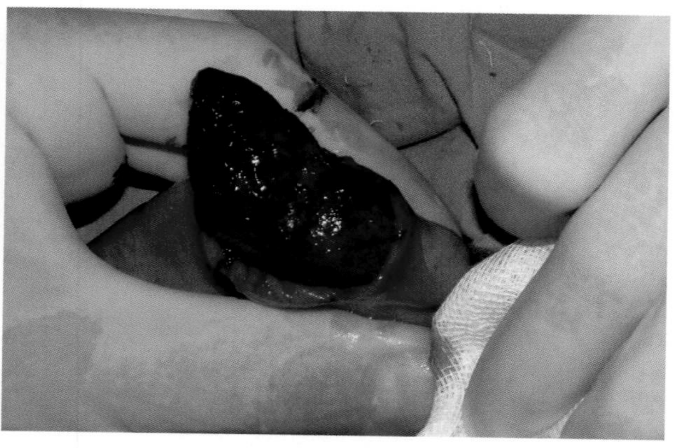

图6-12　在取出粪便的过程中，经常出现外科医生和使用的材料被意外污染，应尽量减少助手的数量。

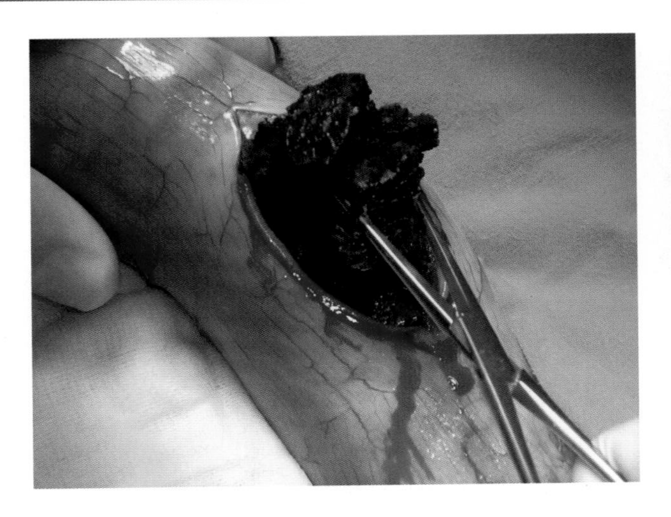

图6-13　使用Foerster钳清除粪便。

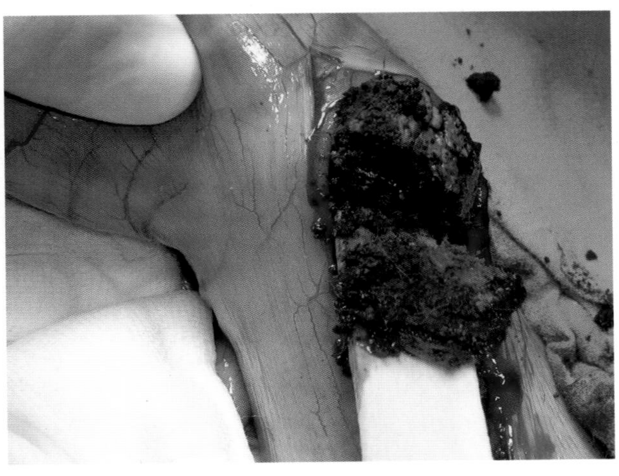

图6-14　有时勺或压舌板对清除肠道内容物是很有用的。

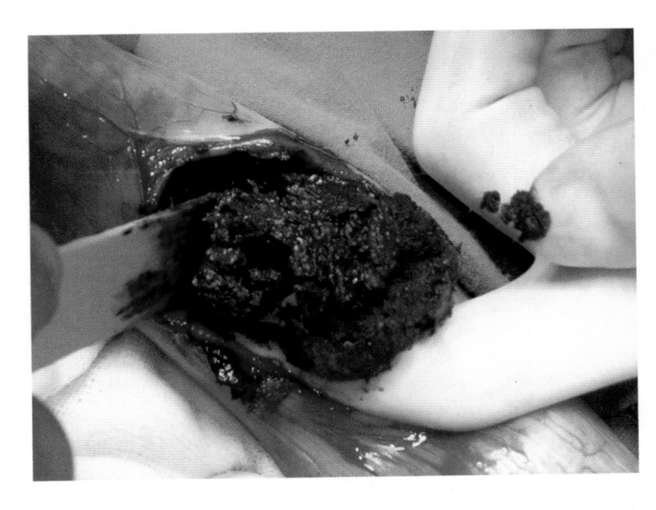

图6-15　如果绝对必要，可使用你的手指清除粪便。但触碰粪便后的手指随后不能再接触无菌的其他组织和器械。

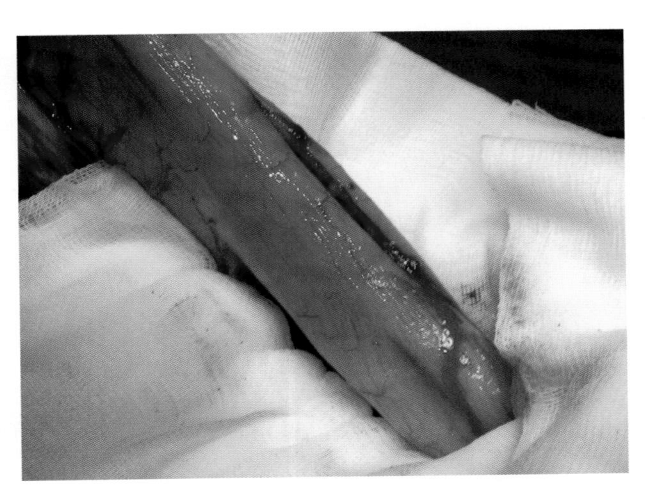

图6-16　清空整个肠道内容物要慢慢来，不能着急，注意避免损伤。

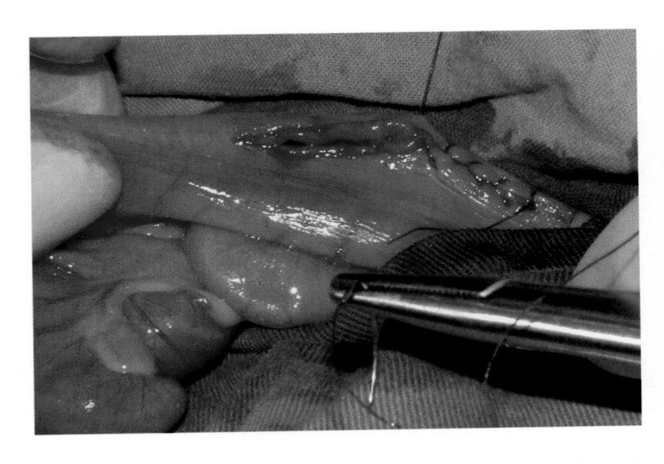

图6-17　使用单丝合成可吸收材料进行第一层缝合。缝合的目的是密闭结肠切开术的肠切口。

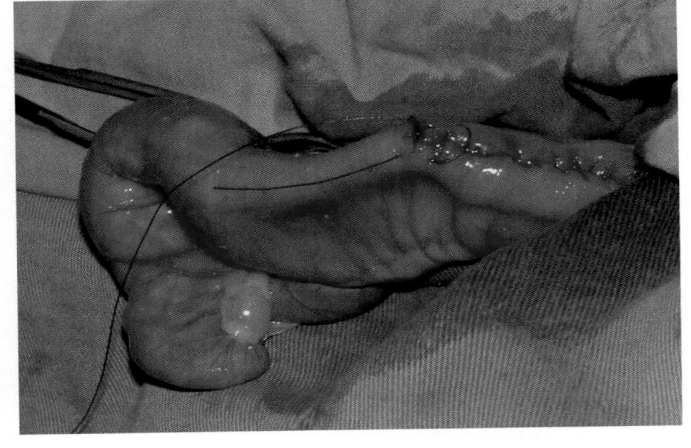

图6-18　进行第二道缝合，覆盖第一道缝合，使切口边缘内翻，促进愈合并防止伤口裂开。

> 取出粪块后，在进行后续操作之前，去除与结肠接触的手术创巾和敷料并更换手套

> 只要不泄漏和造成肠瘘，任何缝合类型都可以用于缝合肠切口（伦勃特缝合、康乃尔缝合等）

# 回肠结肠吻合术

技术难度

回肠结肠吻合术的目的是使坚硬的粪便软化，便于排出。它是通过促进肠道内容物从回肠到降结肠来实现的。

脐后腹中线切口打开腹腔，找到结肠并牵引出腹腔（图6-19），腹部切口应尽可能靠近耻骨前缘，甚至可切开耻骨上韧带，以达到对结肠最大程度的隔离。然后将结肠袢用无菌手术纱布隔离，减小继发腹膜炎的风险（图6-20）。

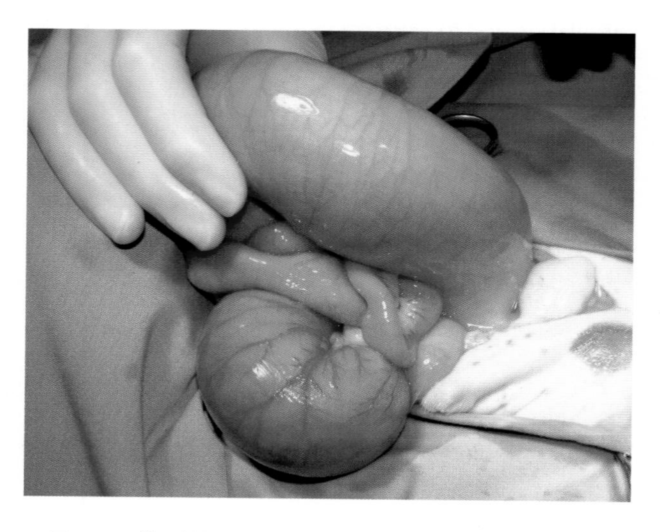

图6-19 找到结肠并将其牵引出腹腔。

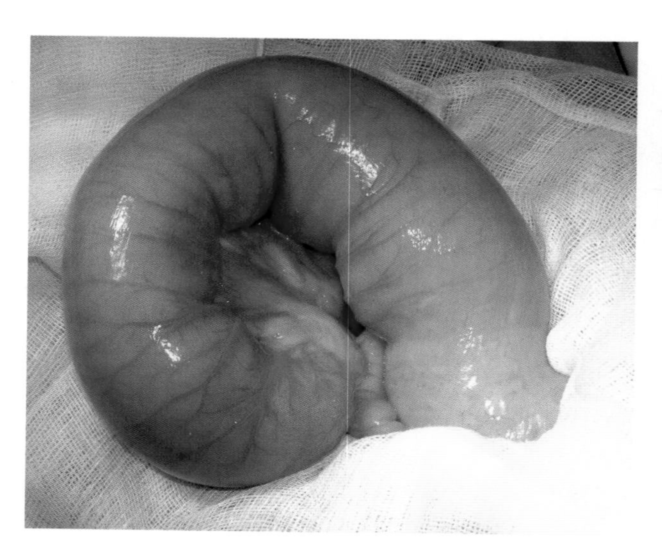

图6-20 隔离肠袢，减小肠内容物污染腹腔的风险。

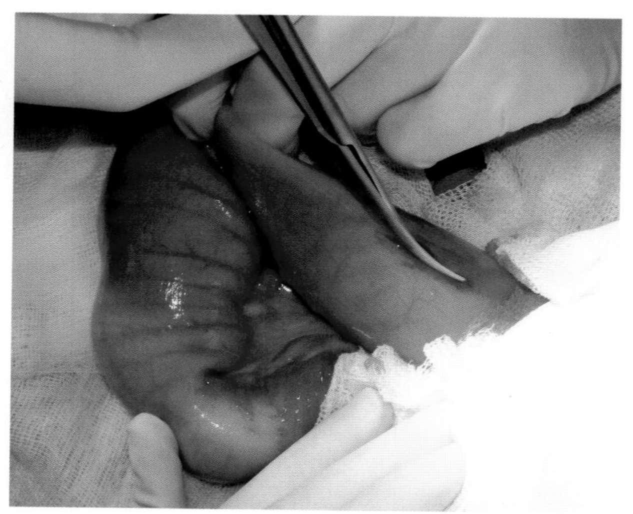

图6-21 结肠肠系膜对侧的切口用手术刀开口，接着用剪刀扩大切口。

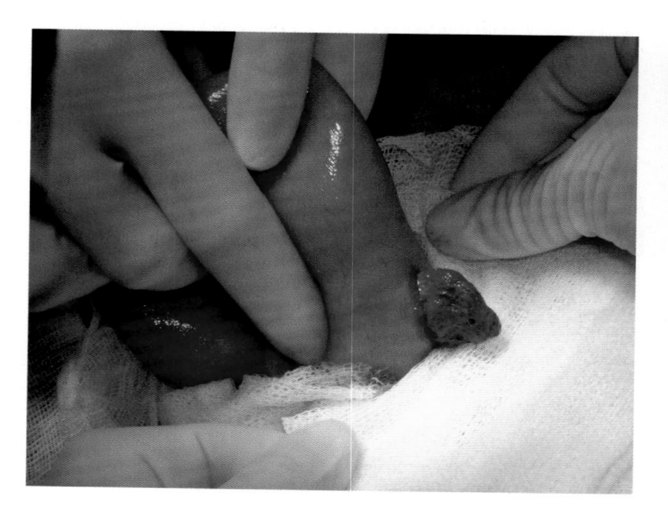

图6-22 取出粪便时，采取一切预防措施防止污染腹腔。

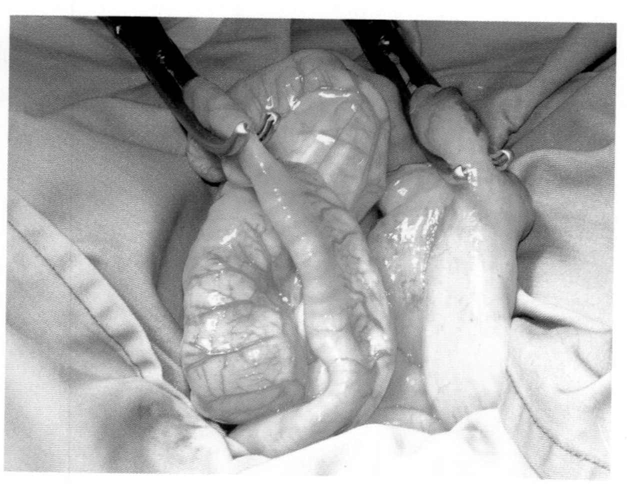

图6-23 在降结肠切开的位置和回肠末端回路分别放置无损伤性肠钳。

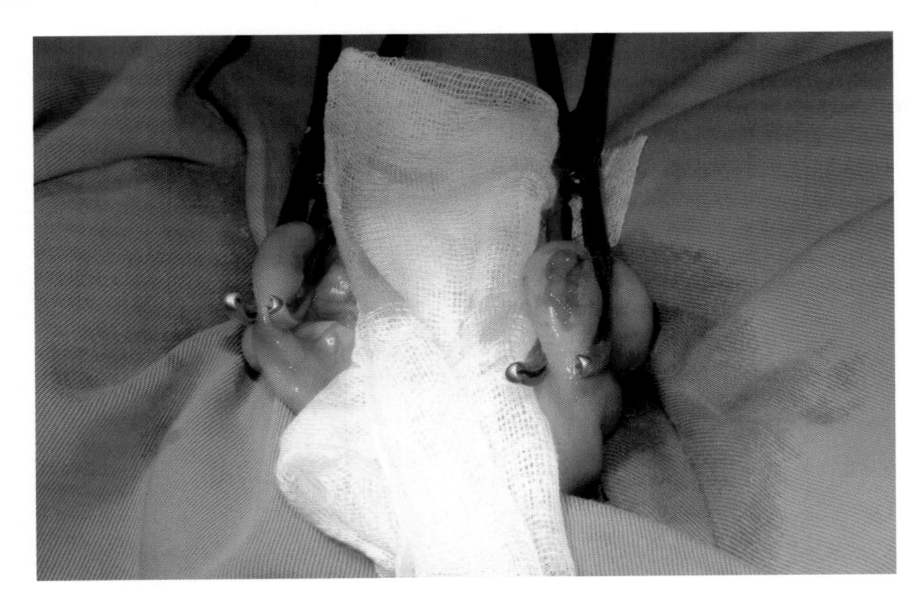

图6-24　先隔离肠道肠袢，再开口，随后进行吻合术。

在肠系膜对侧血管较少的区域中间切开降结肠。先用手术刀切开切口，再用剪刀将切口扩大（图6-21）。手术的下一个阶段是从结肠中非常小心地取出粪便，要防止粪便污染手术材料或医生的手（图6-22）。

清除肠腔内的粪便后，准备在回肠的后部和降结肠的中部进行侧侧吻合。为防止吻合过程中肠内容物的泄漏，需放置两把弯的无损伤性肠钳，使用时压力要适度，以防止造成组织缺血（图6-23）。

在打开腹腔内中空器官的时候，始终需要进行严密的隔离，以预防发生继发性腹膜炎（图6-24）。

侧侧吻合要在四个位面进行，每个位面均使用2/0或3/0单丝合成可吸收材料进行连续缝合（图6-25）。

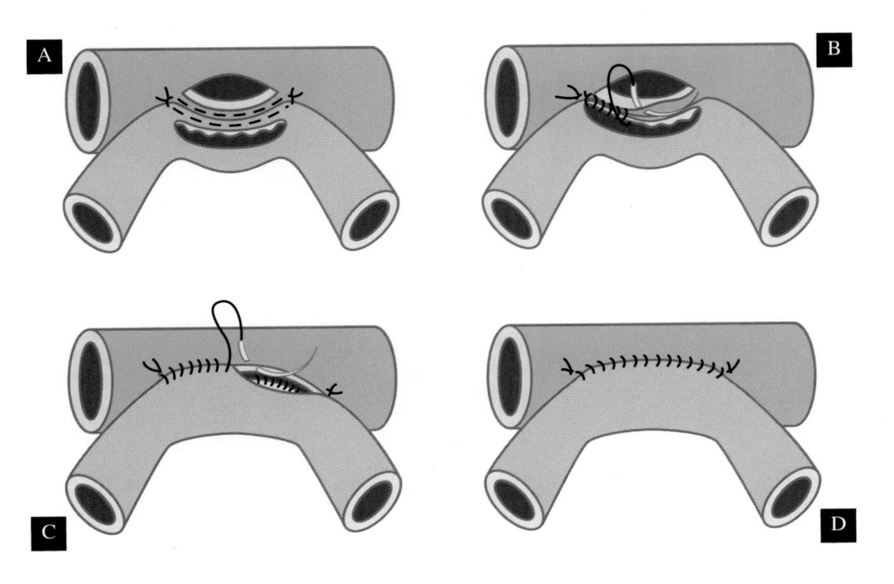


图6-25　回肠结肠吻合术的步骤。A.靠下一侧切口边缘的浆膜层缝合　B.靠下一侧切口肠壁的全层缝合　C.靠上一侧切口肠壁的全层缝合　D.靠上一侧切口边缘的浆膜层缝合

吻合时的第一道缝合是连接切口最远侧肠壁的浆膜层（靠下一侧切口边缘的浆膜层，图6-26）。

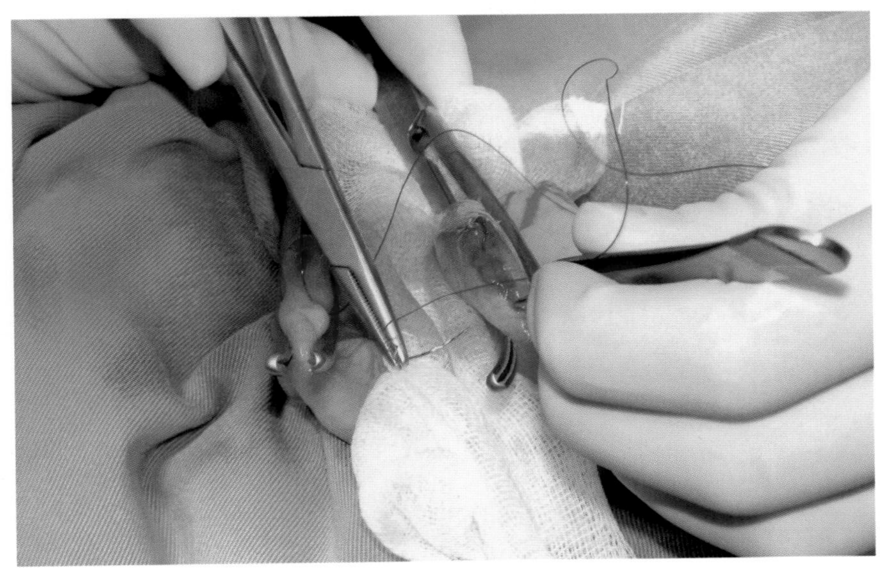

图6-26　使用水平褥式缝合法，首先连接两个肠段靠下一侧切口边缘的浆膜层。

在缝合时，第一针和最后一针的结都应打在离开切口两端一定距离的位置上。吻合的第二道缝合是缝合靠下一侧的肠壁切口。在这个病例中，使用了单纯连续缝合（图6-27、图6-28）。接着按照相同的方法，对靠上一侧的肠壁进行吻合（图6-29）。

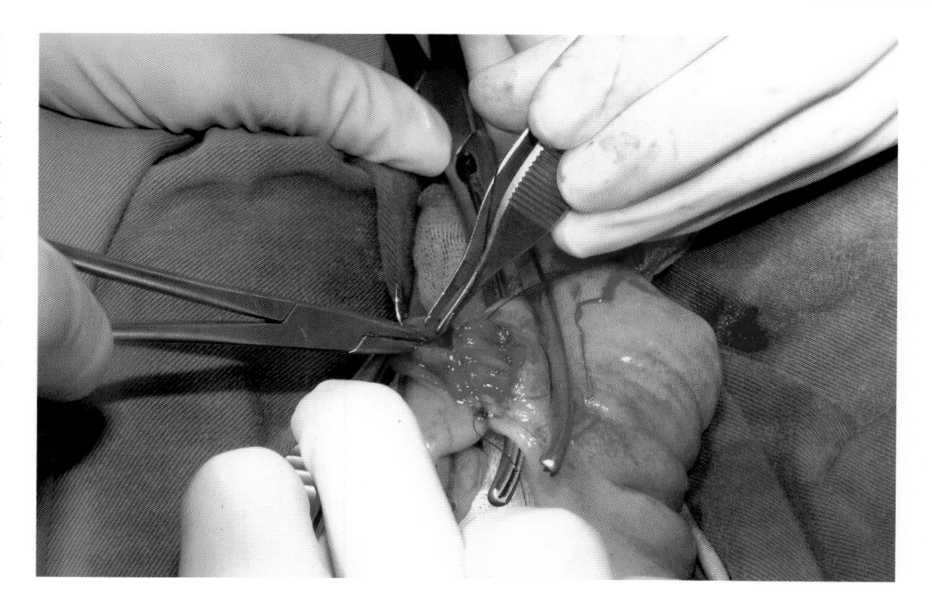

图6-27 使用单丝可吸收材料进行单纯连续缝合。

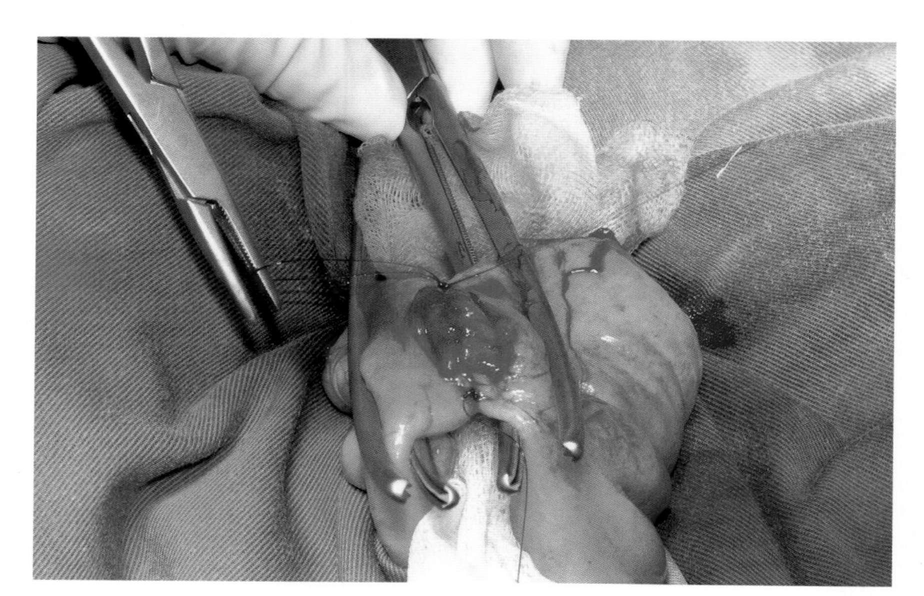

图6-28 完成靠下一侧肠壁吻合后的外观。

| * |
|---|
| 进行这种侧侧吻合时，要确保正确地闭合手术切口的两端 |
| 吻合区域的完全密闭是很难实现的 |

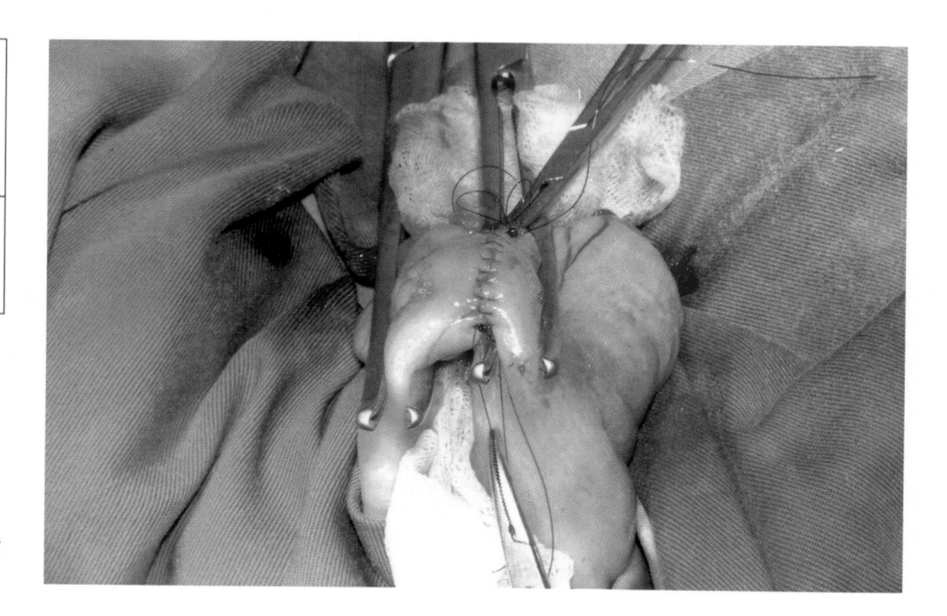

图6-29 本病例用相同的缝合方法吻合靠上一侧切口的肠壁。

吻合术的第四道缝合或最后一道缝合与第一道缝合相似，使用水平褥式缝合法（图6-30）。第一道和第四道缝合的长度要比内部第二道、第三道肠壁缝合的长度更长一些，其目的是使吻合端完全密闭（图6-31、图6-32）。闭合腹腔之前，必须充分冲洗腹腔，彻底清除来自肠道的污染。

*用肠钳夹住吻合端附近的肠袢，并将生理盐水注入肠腔内，检查缝合处是否有泄漏，特别注意检查吻合处的两端

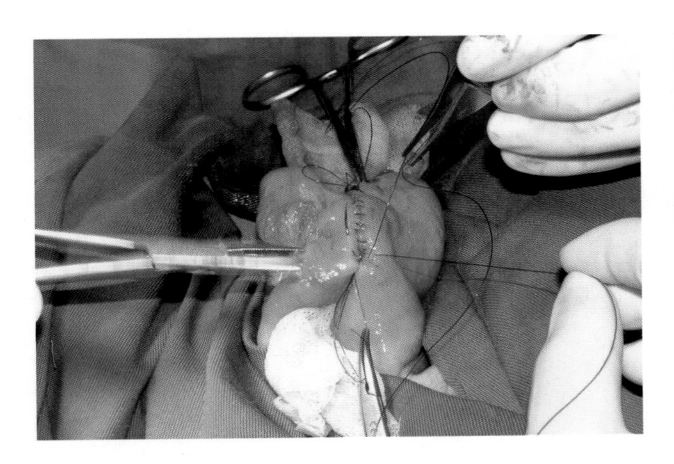

图6-30　第四道缝合与第一道缝合相似，使用水平褥式缝合法连接靠上一侧切口边缘的浆膜层。

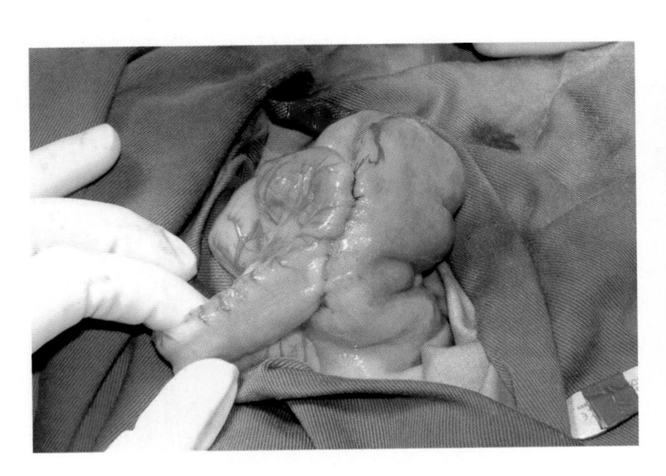

图6-31　回肠末端段和降结肠之间侧侧吻合后的外观。

用无菌的温生理盐水冲洗腹腔

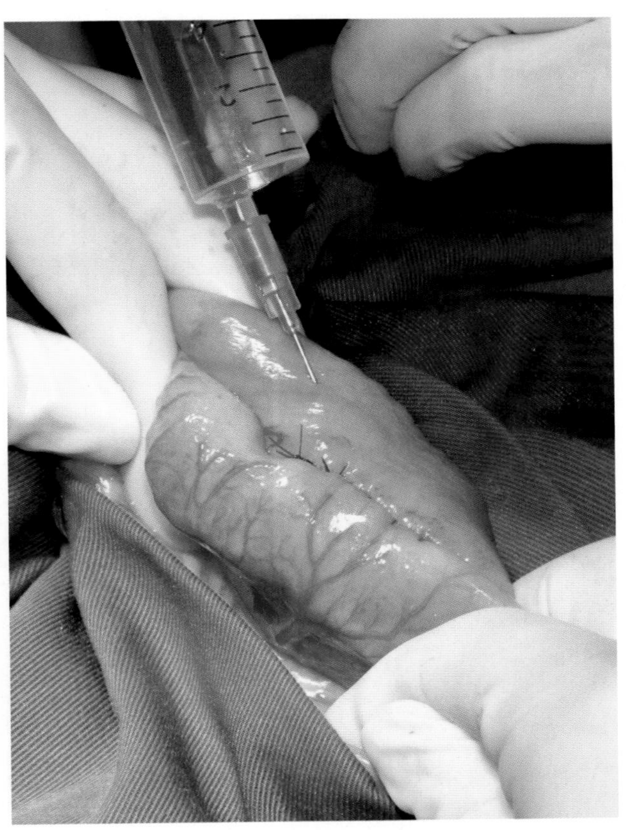

图6-32　完成吻合后，向肠腔中注入中等压力的生理盐水，检查缝合处的密闭性。应仔细检查吻合处的两端及下侧。

## 病例　便秘：顽固性便秘

Morico，6岁，混血公犬，因排便困难就诊。不能正常排便（里急后重），每次排便都伴有疼痛，每天至少会呕吐1次，且一般发生在进食数小时后（图6-33）。

病史显示，Morico两年前曾经历过一次车祸。Morico有脱水症状且很虚弱，并且触诊腹部有疼痛。

腹部检查发现Morico的结肠内嵌塞有一大的硬粪块，便秘及其原因可在X线片上显现（图6-34、图6-35）。

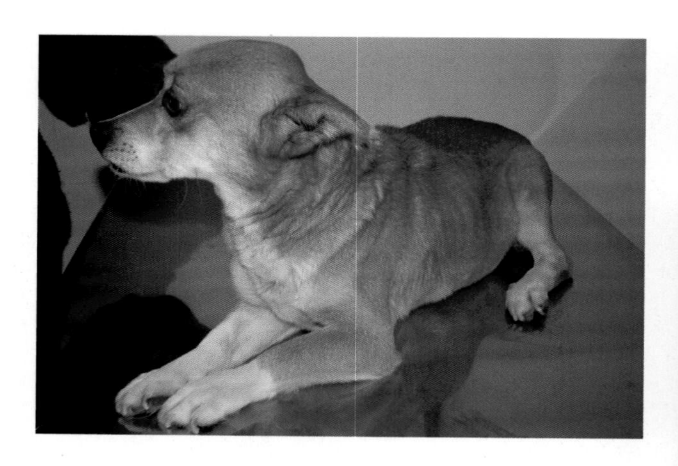

图6-33　Morico在医院的第一天。

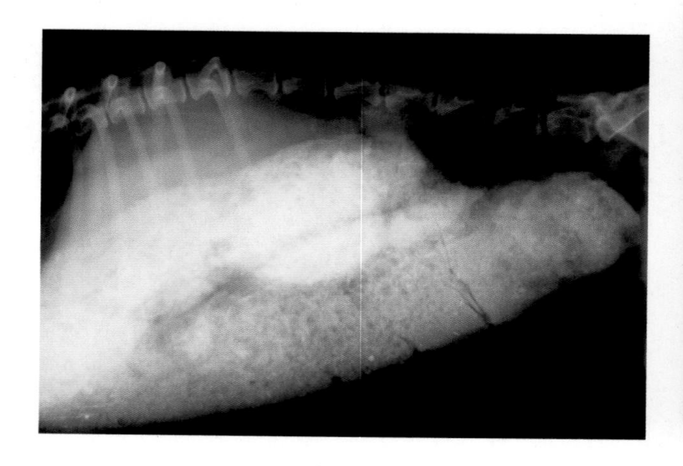

图6-34　整个结肠内粪便滞留，使得结肠过度扩张（巨结肠症）。

本病例患有巨结肠症：结肠肠径超过了腰椎长度的两倍

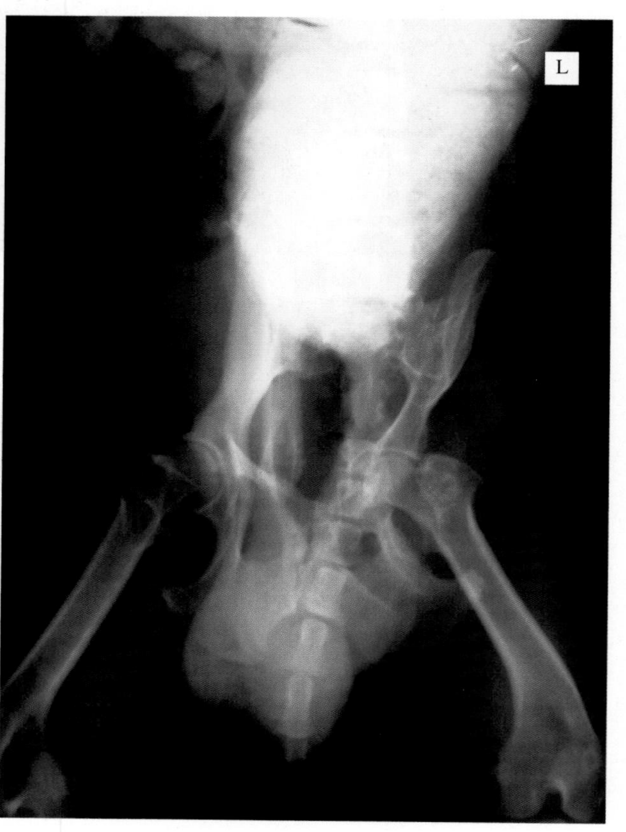


图6-35　腹背位X线片显示由于陈旧性骨盆骨折导致其盆腔直径缩小。注意左髋臼区域向盆腔中部发生了中线移位。

纠正电解质紊乱和给予适当的抗生素治疗（阿莫西林+克拉维酸15mg/kg，恩诺沙星5mg/kg），计划施行结肠切开术清除嵌塞的粪便后，再行回肠结肠吻合术，以促进粪便向骨盆腔的转运。术前，用导尿管排空膀胱内尿液，然后脐后腹中线切口打开腹腔（图6-36）。打开腹腔后，将结肠牵引至腹腔外。注意肠内容物阻塞和坚硬（图6-37）。然后使用无菌手术创巾、灭菌纱布等将结肠与腹腔严密隔离（图6-38）。在降结肠的中部施行结肠切开术，去除嵌塞的粪便。采取各种措施防止继发腹膜感染（图6-39）。

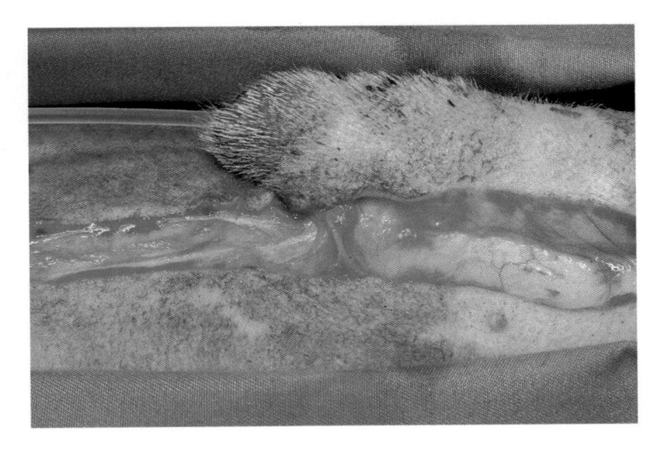

图6-36 插入导尿管确保将膀胱内尿液排空，这样就不会妨碍随后的手术操作。

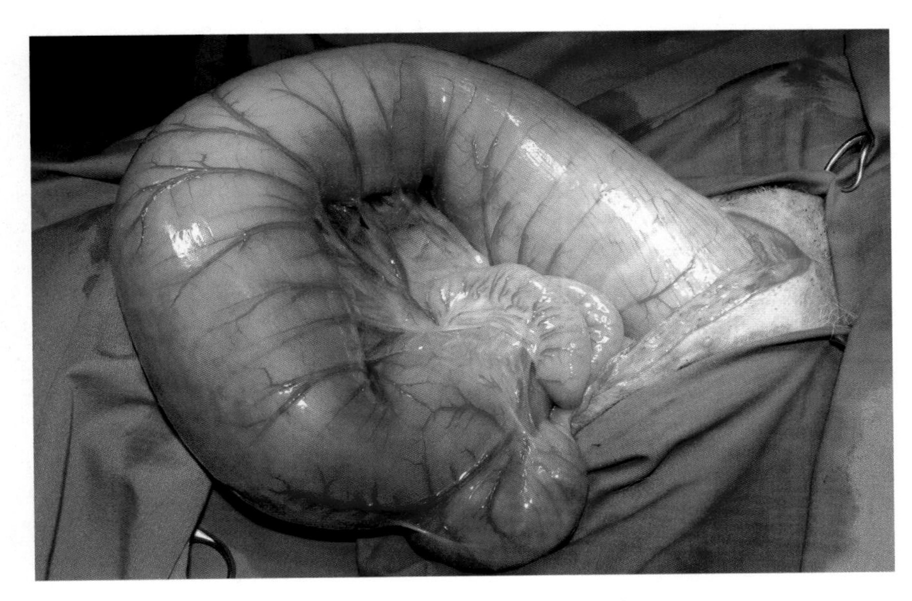

图6-37 本病例便秘严重，结肠显著扩张。

*隔离使用的无菌手术创巾的颜色要与第一次铺设的不同，以免混淆

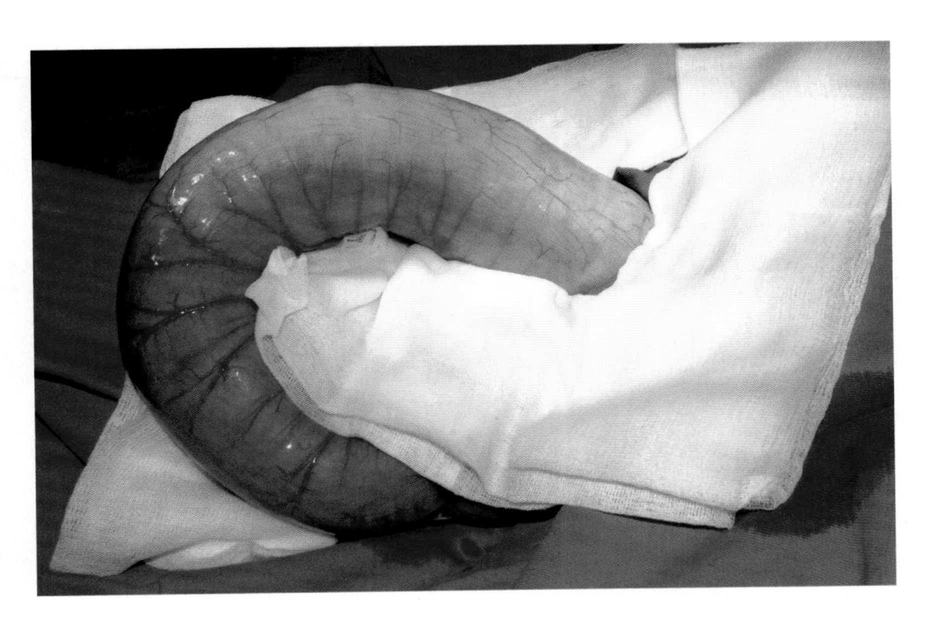

图6-38 使用第二块无菌手术创巾及手术敷料，将结肠与腹腔隔开，以防止结肠内的粪便污染腹腔。

由于嵌塞的粪便相当干硬，所以，清除的过程常常是比较困难的

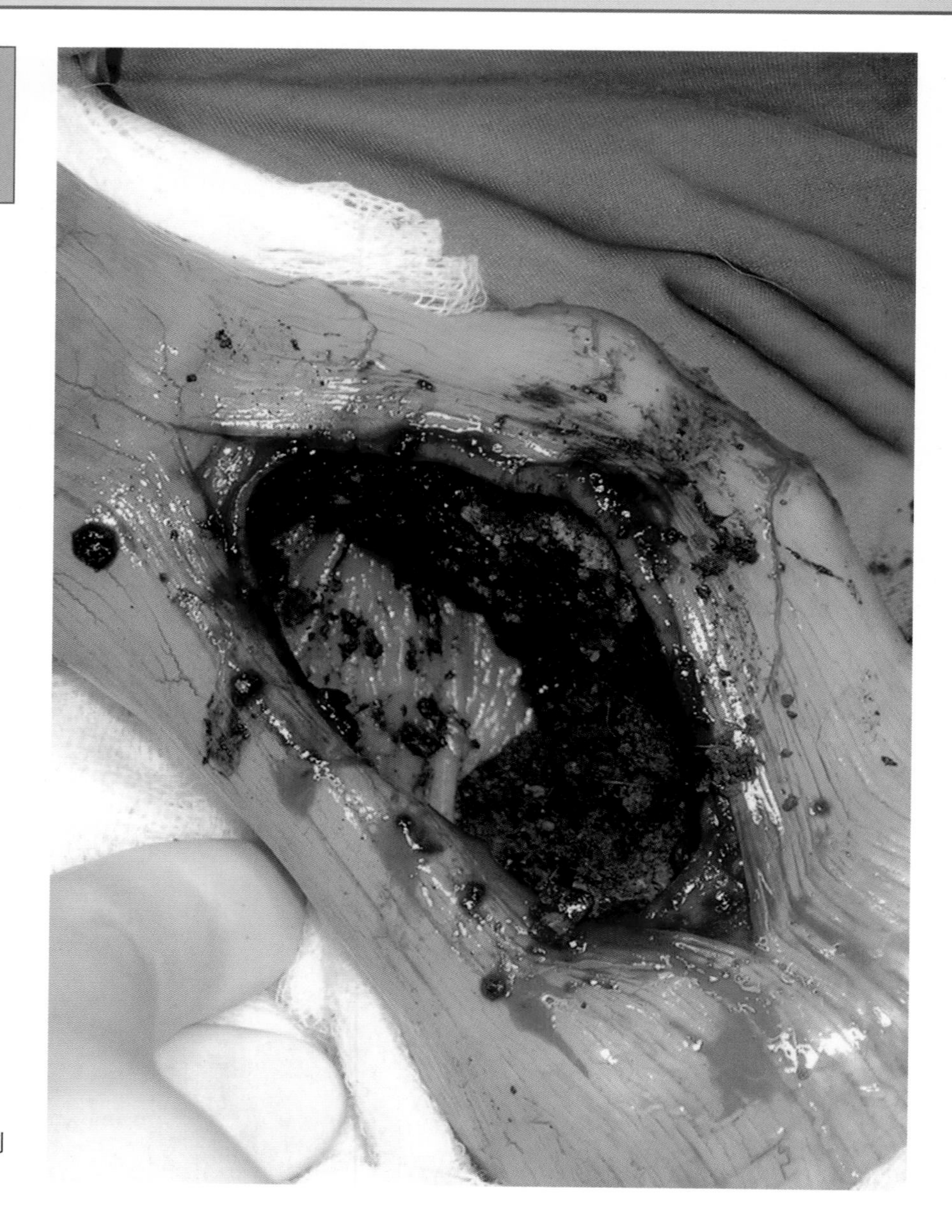

图6-39 在降结肠肠系膜对侧做切口，去除嵌塞的粪便。

清除结肠内的粪便后，撤除被粪便污染了的手术敷料和器械，然后用新的无菌手术创巾将手术区域重新隔离并更换新的手术器械（图6-40）。接着在回肠末端与已经切开的结肠间施行侧侧吻合术（图6-41至图6-43）。在闭合腹腔前，用温的灭菌生理盐水冲洗术部，术后7d内继续使用抗生素治疗。

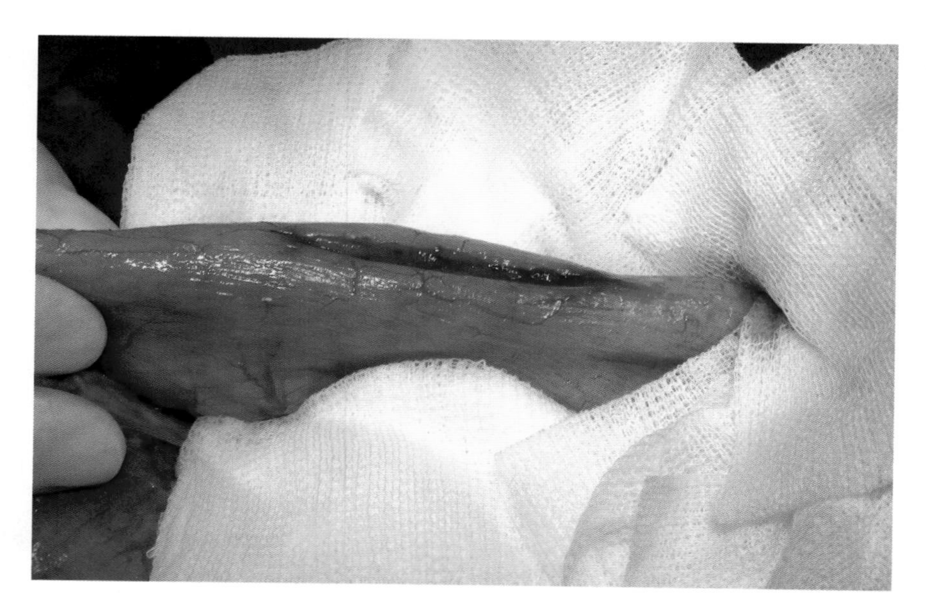

图6-40 用无菌手术创巾和纱布等将结肠重新隔离，然后开始回肠结肠吻合术。

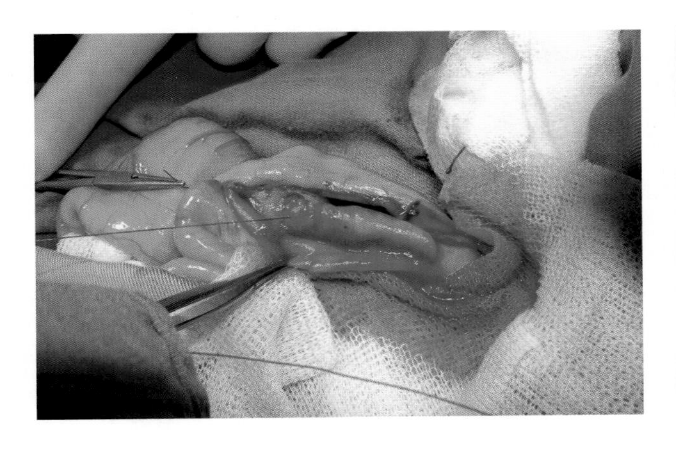

图6-41　用单丝合成可吸收材料连续缝合吻合处的近尾端部分，图片显示已缝合完两针。

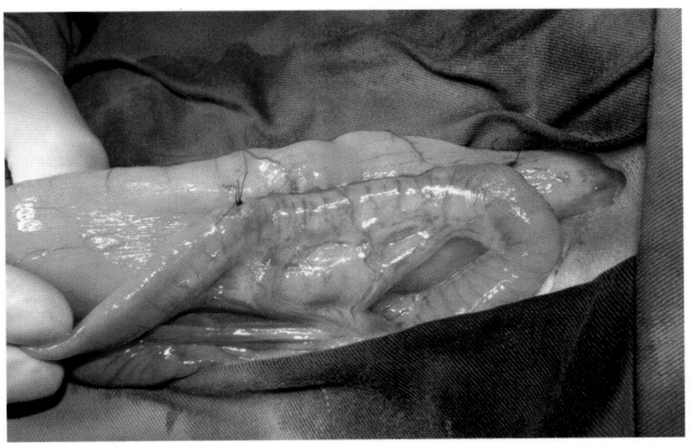

图6-42　近头端部分的第二道缝合，缝合这一部分后，吻合术就完成了。

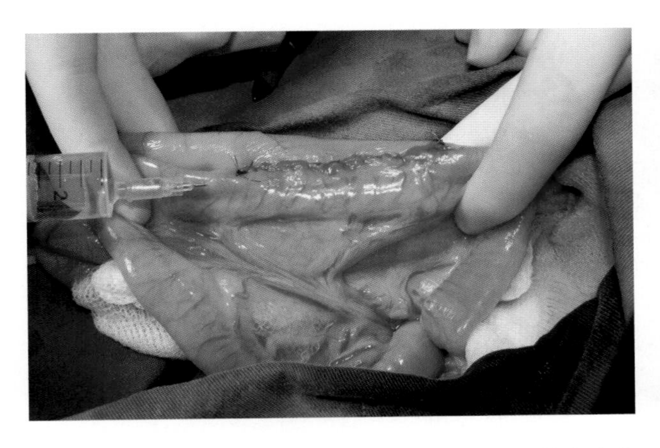

图6-43　向肠腔内注入适当压力的生理盐水，检查吻合处的密闭性。确保吻合处没有渗漏是非常重要的。

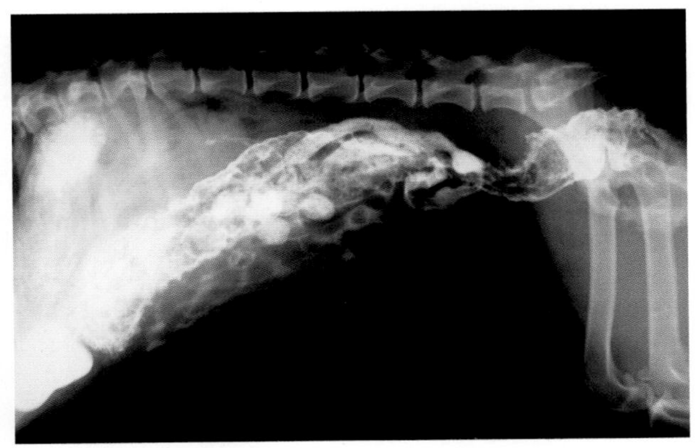

图6-44　术后第15天钡餐造影检查显示，手术部位肠道功能正常。

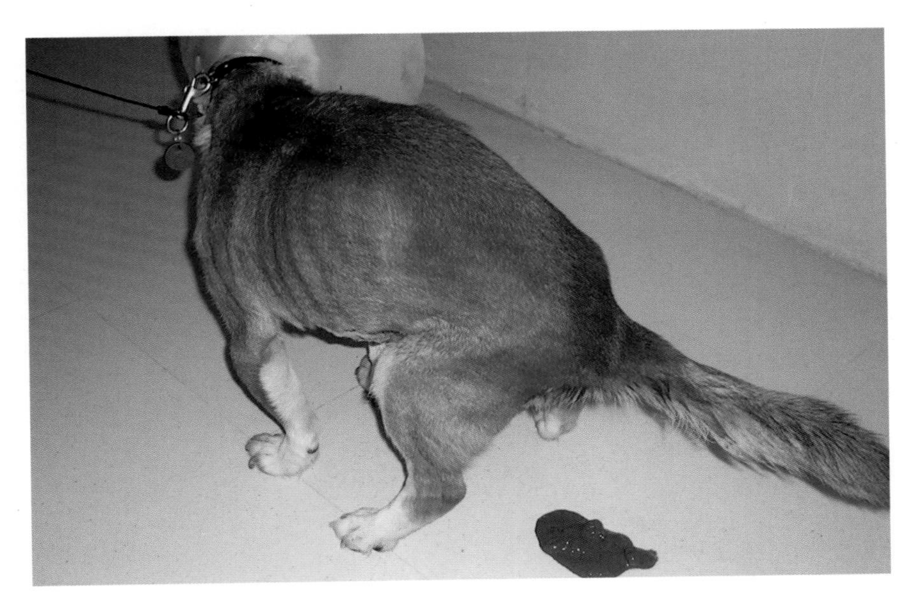

图6-45　粪便很松软，患犬不再出现排便不畅的问题。

## 跟踪随访

在术后前几天，给予Morico易消化的少渣饮食，从第7天起恢复正常饮食。定期X线检查，没有发现肠管有粪便滞留。

两周后的钡餐造影检查显示，肠道各部分功能运行正常（图6-44）。

Morico术后两年来排便正常，虽然有时候粪便偏软，但再也没有发生粪便滞留的问题（图6-45）。

# 结肠和直肠狭窄/肿瘤

| 患病率 | ■□□□□ |
|---|---|

结肠中段的主要功能是吸收水分，结肠末段的主要功能是储存粪便。直肠通常情况是空的，且肛门括约肌一般处于关闭状态。结肠与直肠的功能紊乱可引发动物表现里急后重，粪便一般覆有黏液并伴有少量血丝。在这类病例中罕见呕吐和体重减轻的症状。结肠肿瘤大多数是恶性的，临床不常见，有的可能会转移到附近的淋巴结和肝脏。肠道狭窄可能是由异物或局部感染所引发的炎症导致的。两者都会导致肠腔的缩小，进而引发排便困难。多数病例都需要接受患病肠段的切除术与吻合术。手术的路径取决于病症所处的位置。病症位于结肠和直肠中部的，要采取剖腹术（图6-46），而位于直肠末端的，则通过肛门实施切除术（图6-47）。

> 大肠中存在无数的细菌，肠道手术必须要考虑到这一点，因为细菌会导致局部或全身性感染

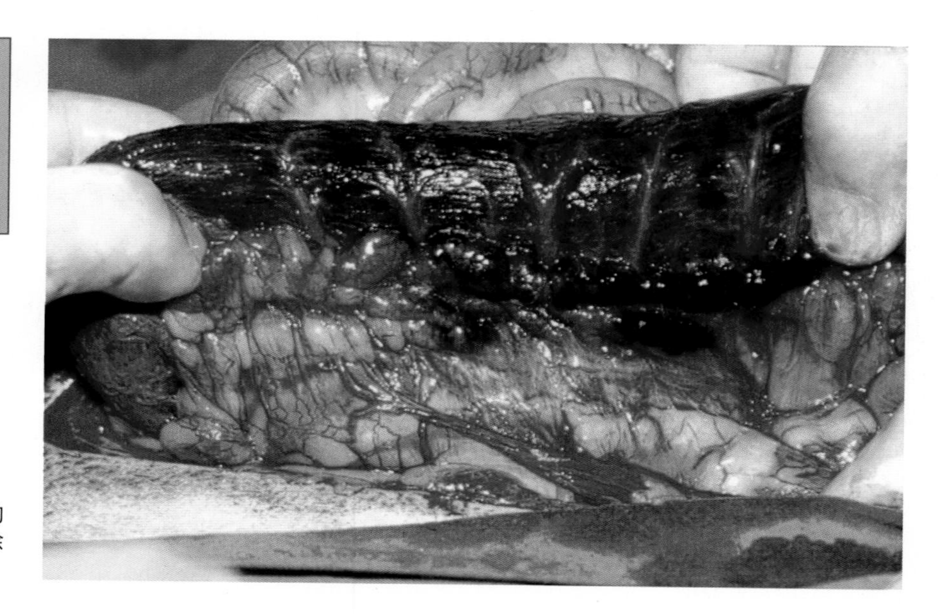

图6-46　实施接近结肠中后段的脐后腹中线切口打开腹腔，切除结肠中后段。

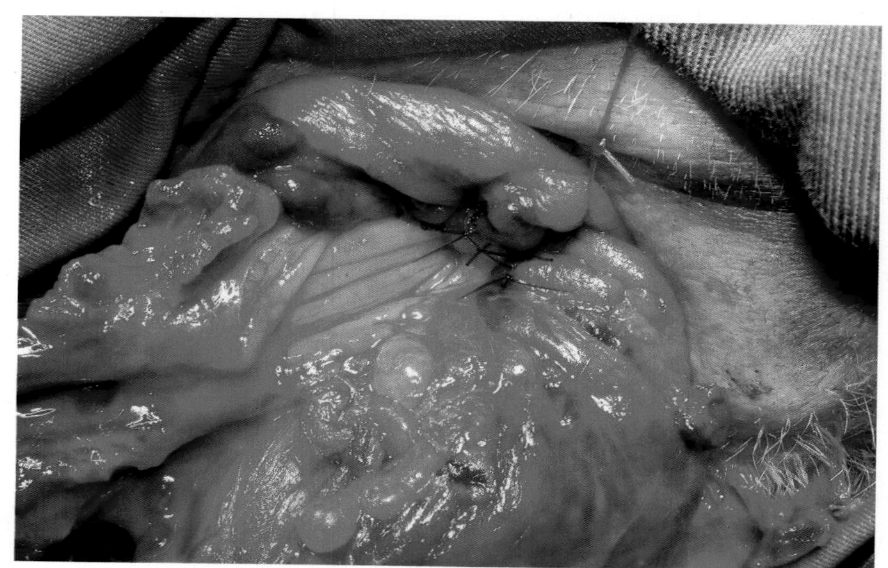

图6-47　经肛门切除直肠中部的环形狭窄。

**术前**

1g粪便中含有$10^9$个微生物，大部分属于厌氧菌。因此，清理肠道和预防性使用抗生素是非常重要的。

- 用作肠道灌洗的溶液会引起渗透性腹泻，应在术前24h使用。它们的主要缺点是在肠道内形成水性内容物，在切开肠道的时候，很难控制。
- 口服肠道不吸收的抗生素，减少粪便中的细菌数量。
  - 新霉素或卡那霉素+甲硝唑或四环素，术前24h开始口服。
- 为了在切开肠道时获得较好的抗生素覆盖，有必要在术前全身应用抗生素。
  - 阿莫西林+甲硝唑或林可霉素。
  - 第三代头孢菌素。

**术后**

谨慎插入直肠体温计，不要伤到接受手术的区域。术后5d内监测可能出现的腹膜炎症状：精神萎靡、厌食、腹痛、呕吐、发热等。术后12 ~ 24h开始饲喂易消化的低渣饮食，并持续2 ~ 3周，然后再恢复正常饮食。

检查粪便：在最初阶段，排出黑色带血的软粪便属于正常现象。粪便不应该太硬，如果太硬，使用乳果糖辅助治疗。

**可能的并发症**

初期最重要的并发症是感染（图6-48）和大便失禁。

- 引发感染最常见的原因是缝合处裂开。因此，要特别注意：
  - 正确的手术方法，阻止肠内容物污染。
  - 正确的缝合。
  - 吻合部位没有张力。
  - 无并发症的伤口愈合（低血蛋白、脱水等）。
  - 正确的术后护理。
- 大便失禁可能由以下原因引起：
  - 消化道的刺激或者肠道本身扩张能力的缺失，使病例有频繁排便的感觉。
  - 由不明原因的神经或肌肉问题引起的肛门括约肌功能紊乱所导致的不自主的肛门渗漏。

后期最严重的并发症是由肠壁缝合以及局部感染所导致的肠腔狭窄。造成肠腔狭窄的主要原因是所选择的缝合方法，优先选用像Gambee缝合这样的对接缝合。

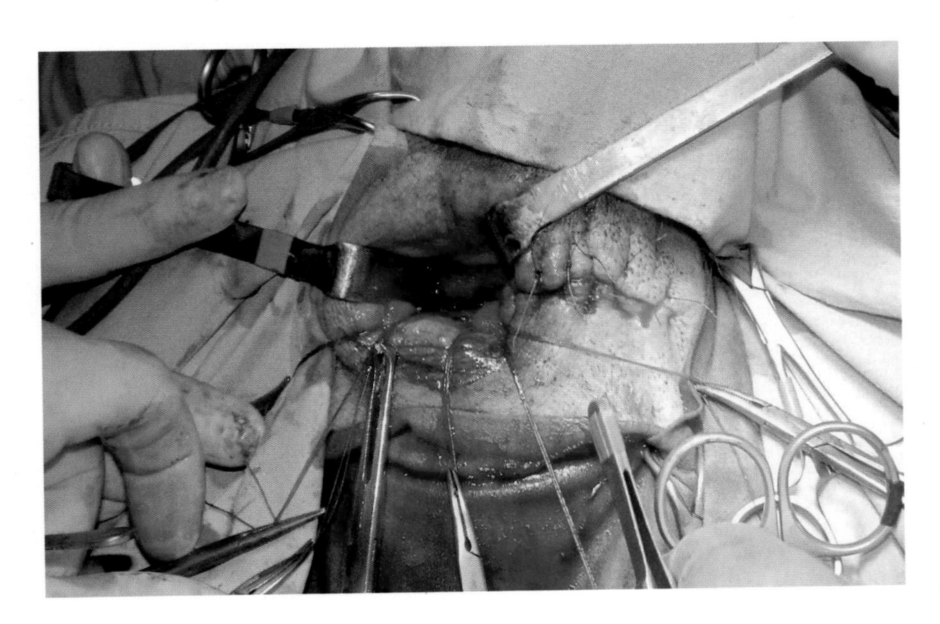

图6-48　在结肠和直肠的手术过程中，细菌污染是一个很重要的问题。在术前、术中和术后都要高度重视。动物的术前准备要充分，术中操作要谨慎，术后观察不可间断。

## 病例1 直肠牵引/翻转术

技术难度 ■■■□□

Nelson（图6-49），8岁，雄性可卡犬。直肠肿块引起排便困难、里急后重以及便血，Nelson的兽医推荐来院就诊。

经腹部超声检查和胸部、腹部X线检查（图6-50），未发现肿块转移，开始对Nelson做术前准备。

- 术前3～4d饲喂易消化的低渣日粮（商品犬粮，或者用肉末与煮熟的米饭混合）。
- 术前6h10%聚乙烯吡咯酮碘溶液灌肠。
- 术前24h给予抗生素：甲硝唑（10mg/kg）联合阿莫西林-克拉维酸合剂（15mg/kg/12h）。

直肠牵引/外翻术适用于未侵入肠壁的肿瘤的切除。

用Farabeuf牵引器扩张肛门（图6-51）找到肿瘤，使用有齿解剖钳将直肠壁向外拉，直至其外翻（图6-52）。然后用数针牵引固定缝合将直肠壁固定，防止直肠壁在手术过程中回缩盆腔内（图6-53）。牵引固定要缝合在尽可能临近病灶的健康组织上。然后用剪刀剪除黏膜和黏膜下层（图6-54）。为简化手术操作，建议在完全切除肿瘤之前就开始缝合：每切除1cm，就缝合1～2针，直到整个肿瘤被完全切除为止（图6-55、图6-56）。

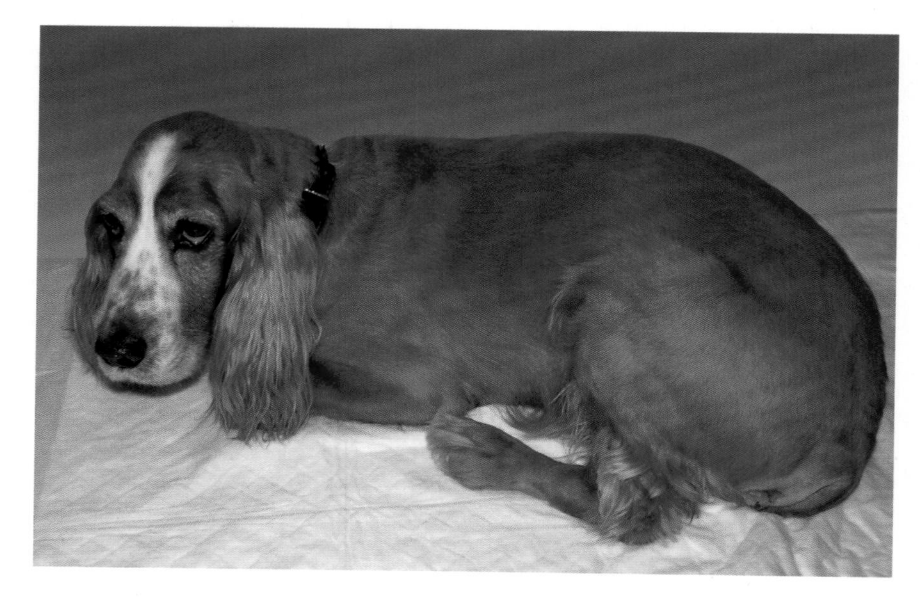

图6-49 入院时的Nelson。

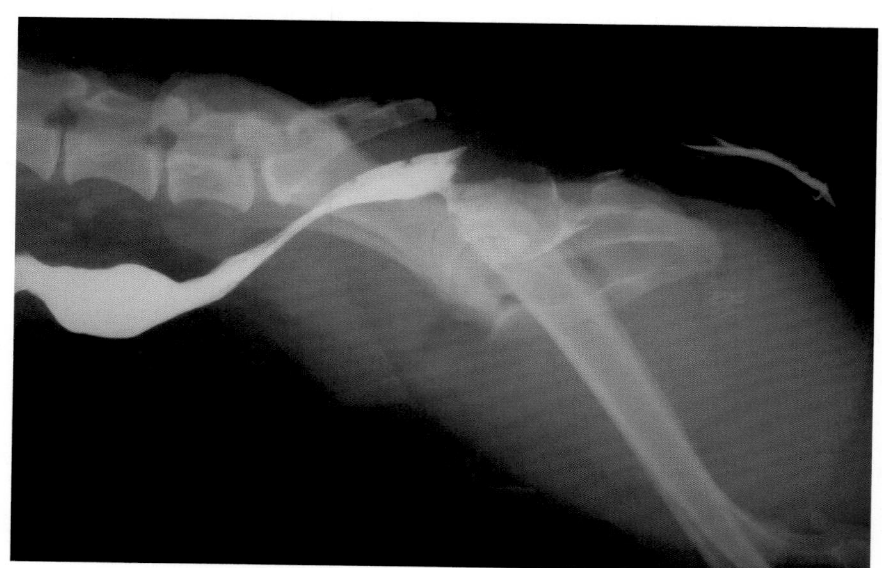

图6-50 钡餐造影显示肿瘤的大小与位置。

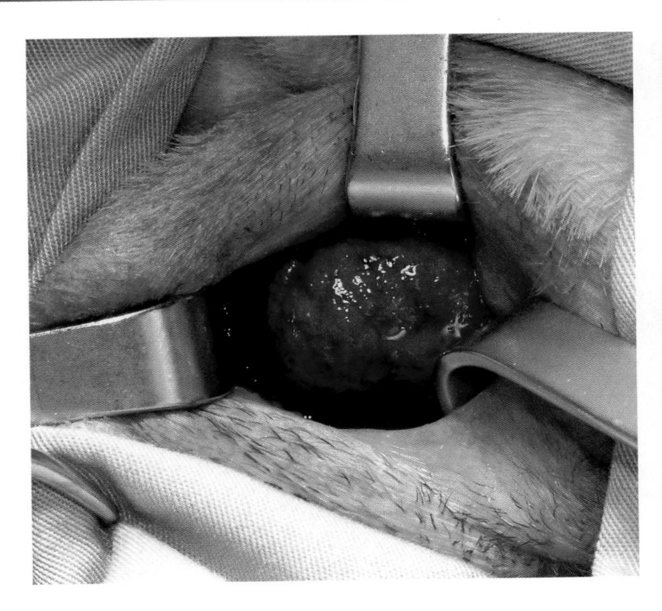

图6-51　小心扩张肛门括约肌，暴露直肠肠腔。注意几乎占据了整个肠腔的肿瘤。

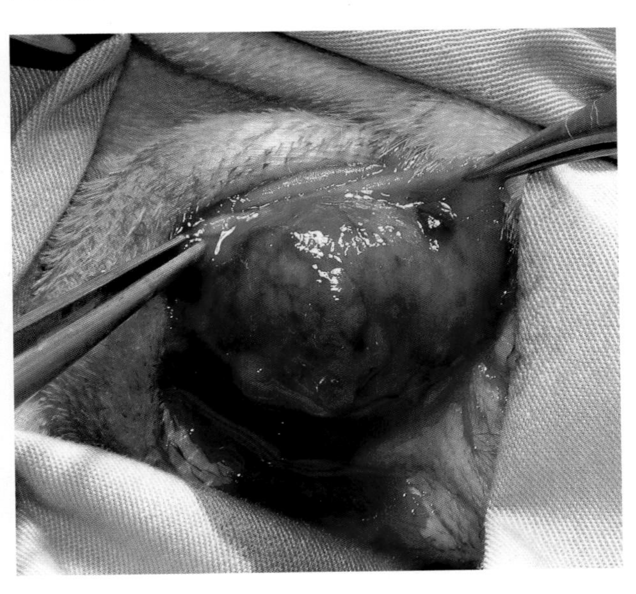

图6-52　轻轻牵引直肠黏膜使其外翻，摘除堵塞直肠的肿瘤。

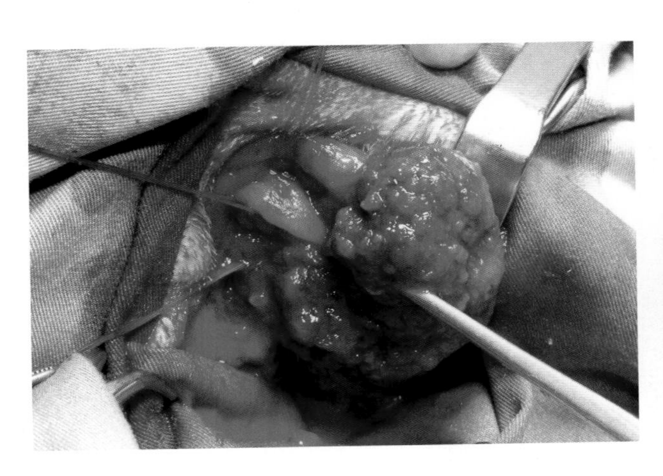

图6-53　用4～5针牵引固定缝合固定直肠，防止在手术中回缩。固定缝合可选用任何一种缝合材料，但建议使用单丝缝线。

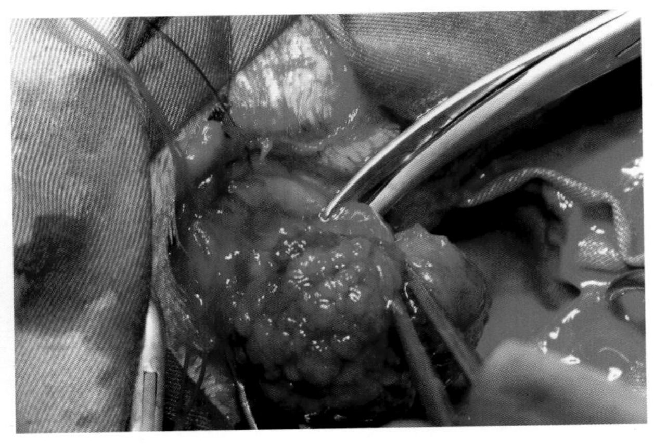

图6-54　用剪刀剪除肿瘤，包括肿瘤周围一定范围内的健康组织。

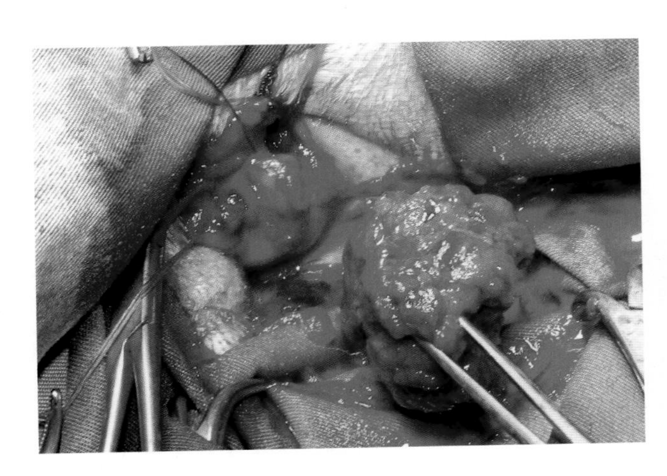

图6-55　整个肿瘤被切除，缝合直肠壁的缺口。

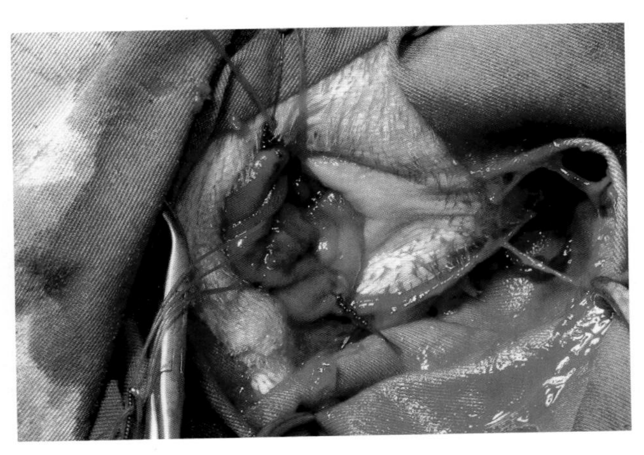

图6-56　手术结束时的术部外观，对术部进行检查，确保没有出血点和肠壁缺口缝合正确。

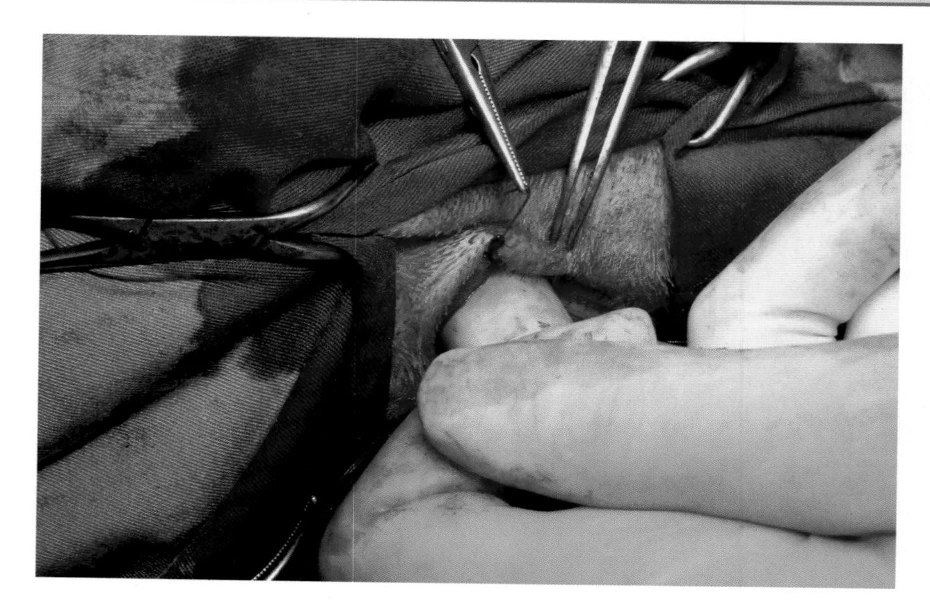

完成缝合后，一根手指插入直肠内，检查由缝合所致的肠腔狭窄程度，越窄越好。如图显示手术完成后的术部外观（图6-57、图6-58）。

图6-57　手术完成后，直肠触诊检查缝合引起的肠腔狭窄程度。

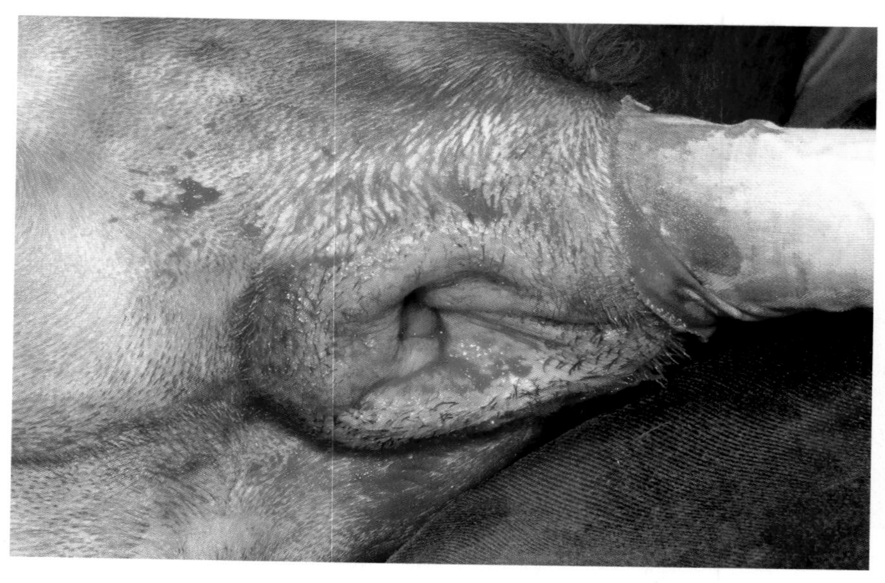

图6-58　手术结束后的术部外观。

**术后**

- 术后24h，患犬可以进食。
- 持续2 ～ 3周给予高纤维日粮，使粪便水分含量高，易于排出。
- 给予乳果糖类的缓泻药，促进肠内容物的排空，并避免直肠内张力过大，造成缝合部位受损。
- 抗生素治疗应该在术前就开始，且在术后至少持续7d。

病理组织学检查确诊本病例肿瘤为乳头状恶性腺瘤。

**跟踪随访**

患犬术后很快康复，并且排便正常。

建议动物主人每天给犬使用吡罗昔康(0.3mg/kg)，测试该药对此类肿瘤的治疗效果。持续服用3个月，期间定期检查，结果令人满意。动物主人给犬停用该药物3个月后，该犬因肿瘤复发，再次来院就诊。考虑到第一次手术的良好效果，动物主人同意对犬进行第二次手术。6个月后，患犬不再出现所有肠道的不良症状。

## 病例2　经肛门的直肠切除术

技术难度 ■■■■□

在这一临床病例中，患病动物表现为结肠或直肠梗阻的常见症状。直肠触诊发现在患犬直肠中部靠右背侧的区域有1个大约6cm×3cm的肿瘤。肿瘤基部很宽，其周围组织的界限不清。建议施行经肛门切除肿瘤的手术。患犬的术前准备如前所述。

**手术方法**

该技术用于切除侵入直肠壁的肿瘤，切除肿瘤后进行端端吻合。扩张肛门括约肌时要小心，避免损伤肌纤维和其中的神经（图6-59）。然后在靠近肛门内括约肌的直肠上做三针牵引固定缝合（图6-60），随后在近头端、距离第一组缝合约1cm的位置，做第二组牵引固定缝合（图6-61）。

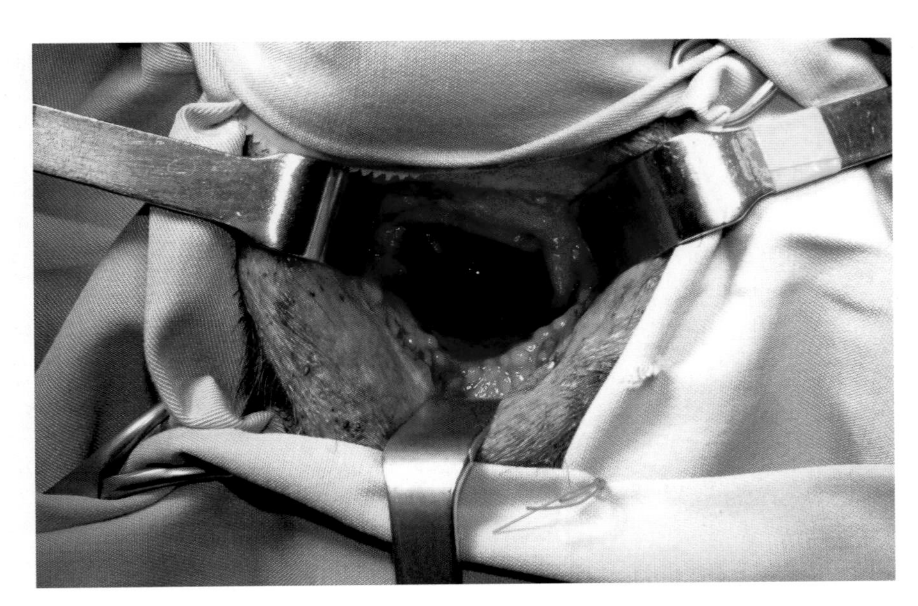

图6-59　扩张肛门，显露末段直肠。

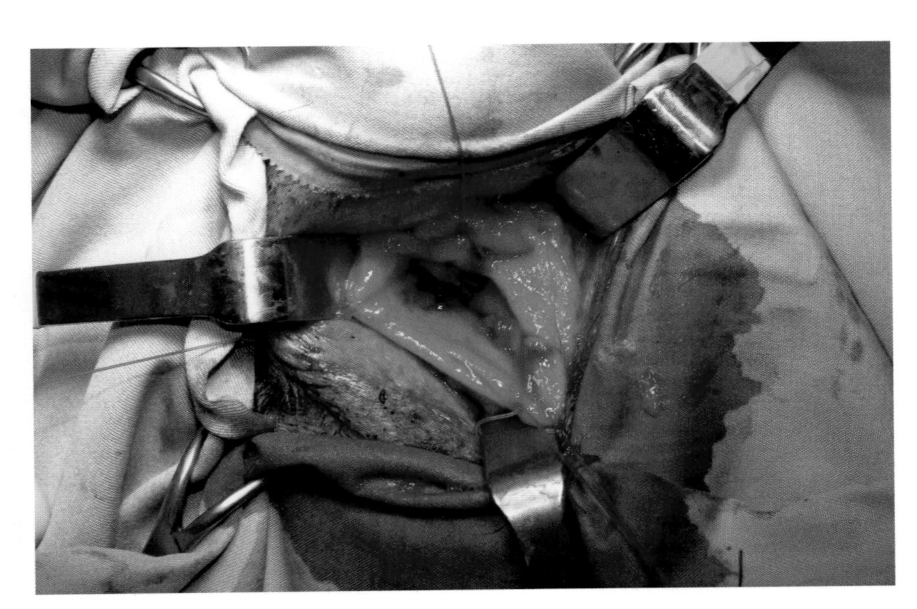

图6-60　在靠近肛门括约肌的位置，用数针牵引固定缝合固定直肠末端，手术创巾上可见缝线的末端。

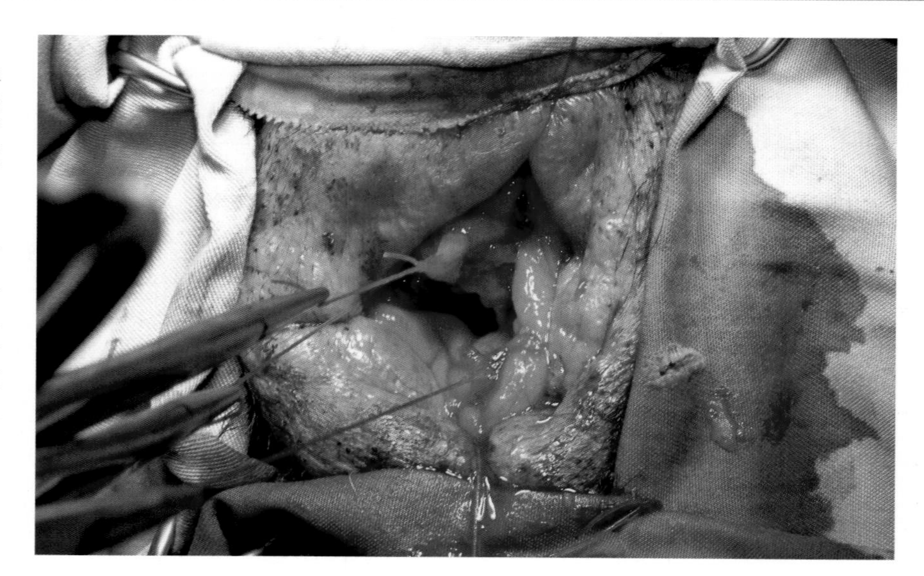

图6-61 在直肠更深的位置，即距离第一组牵引固定缝合约1cm的位置，数针牵引固定缝合。缝线头要保留的长一些，以便在后续的手术操作中将病灶牵引至肛门处。

在两排牵引固定直肠的缝线之间切开直肠壁。然后将直肠的外壁从其与骨盆腔的连接处通过已形成的环状病变剥离出来（图6-62）。整个直肠外壁完全分离出来后，借助牵引固定的缝线，用适当的力度将直肠慢慢向外牵引。这样可以清晰看到患病部位（图6-63、图6-64）。纵向切开直肠，显露病变区域并识别正常区域，直肠的切除和吻合都在此部位进行（图6-65）。一旦确定直肠组织的正常部位，环形切除发生病变的直肠部分，并立即将正常直肠与直肠末端进行吻合。用单丝可吸收材料合成缝线贯穿肠壁全层进行单纯缝合（图6-66至图6-68）。吻合完成后，用一根手指插入直肠检查吻合效果及缝合造成肠腔的狭窄程度（图6-69）。

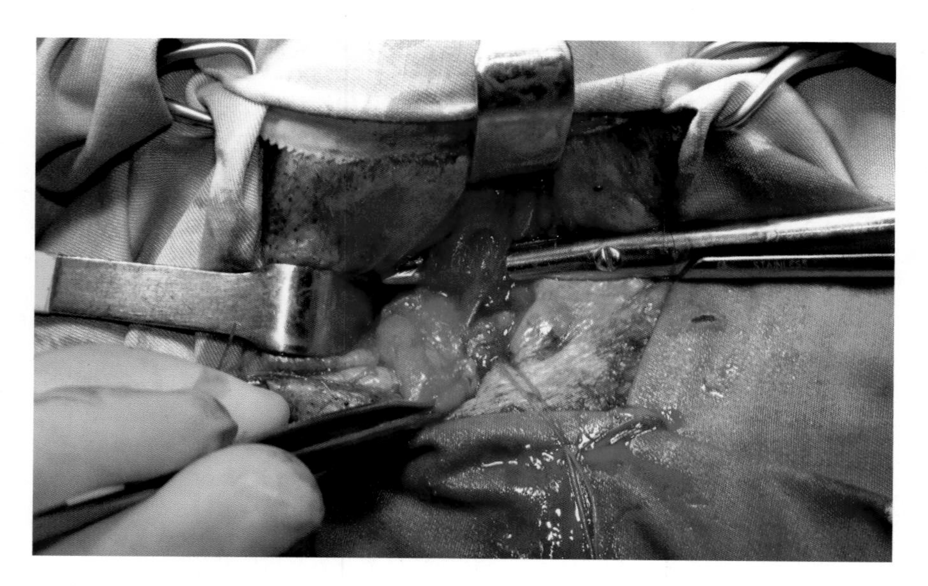

图6-62 分离直肠背侧粘连到盆腔的部分，将直肠从其外部连接中完全游离出来，以便于牵引且没有张力。

**跟踪随访**

患犬的术后护理措施与前1个例所描述的基本相同，且初期恢复的令人满意。然而，从术后第10天起，患犬再次出现了严重的里急后重和大便失禁的症状。直肠触诊患犬疼痛剧烈，直肠吻合部位肠腔严重狭窄，这很有可能是由局部感染所引起的。建议对患犬做进一步的诊断检查，但犬主人选择了对患犬实施安乐死。

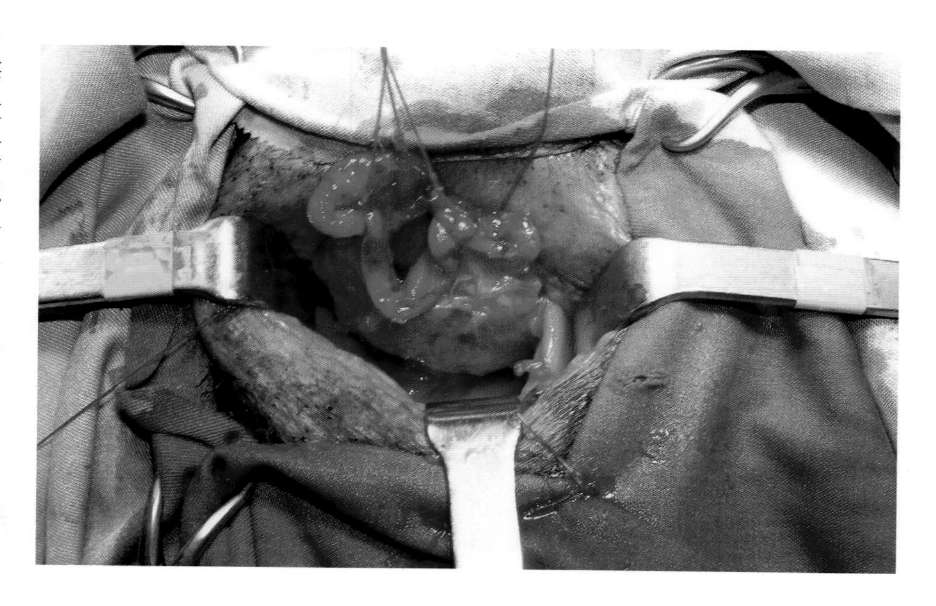

图6-63 直肠腹侧部分的分离。

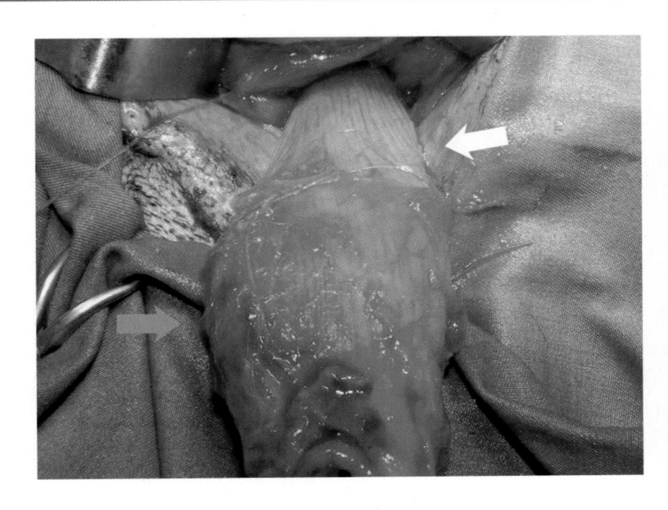

图6-64　受累于肿瘤的直肠部分被牵引到盆腔外（蓝色箭头），注意与正常直肠的区别（白色箭头）。

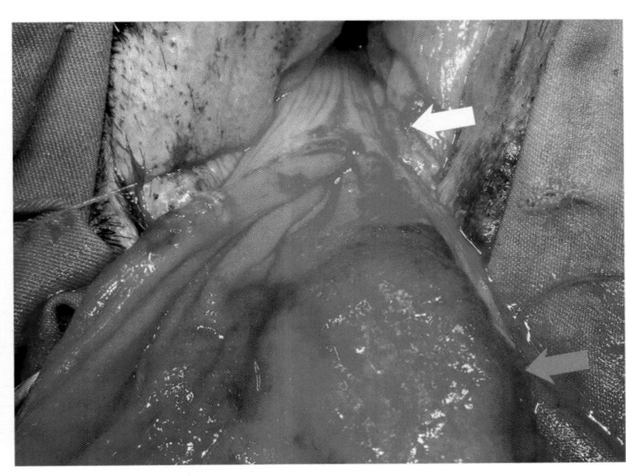

图6-65　纵向切开直肠，评估肿瘤扩散的范围（蓝色箭头），并决定切除病灶和进行吻合的部位（白色箭头）。

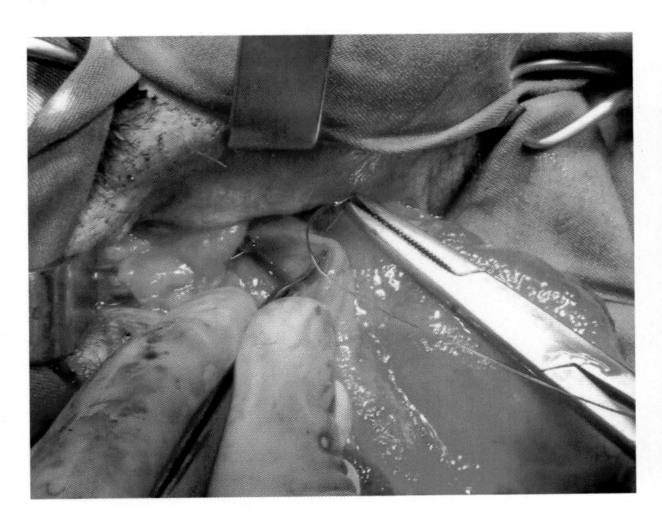

图6-66　在没有受到肿瘤影响的直肠中段未将直肠切断，并将正常直肠与肛门附近的直肠末端进行吻合。

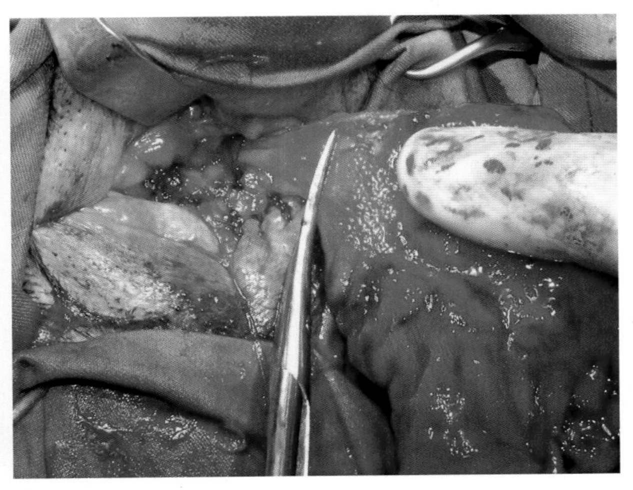

图6-67　这种手术方法减小了直肠在缝合完毕之前滑脱回盆腔内的风险。

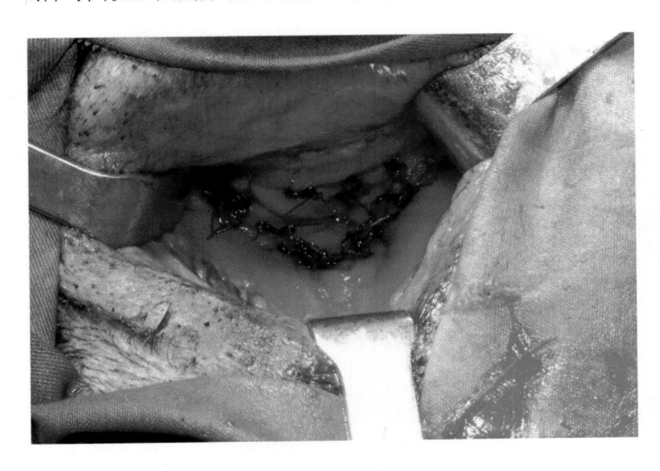

图6-68　完成端端吻合术的术后观。

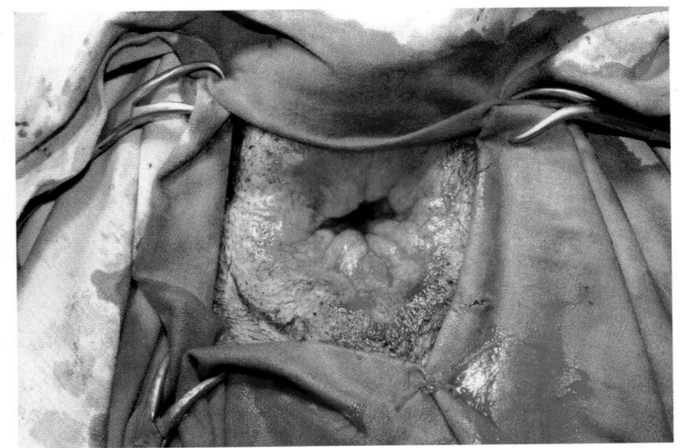

图6-69　手术完成后的外观。

这种吻合术不能出现差错，因为只要一针缝合出现问题，就可能导致难以治疗的局部感染

## 病例3 结肠切除术

技术难度

犬，11岁，雄性，就诊前两个月表现为便血和排便困难，且从上周开始病情恶化。

直肠触诊发现患犬直肠近头端腹侧有1个圆形肿块。胸、腹部X线检查及腹部超声检查均未发现肿块转移。由于肿块位于结肠与直肠相连接的位置，决定采用脐后剖腹术进行切除（图6-70）。打开腹腔后，向尾侧推移膀胱，找到降结肠，向近头端方向牵引结肠，显露肿块的部位（图6-71）。检查肿块周围的淋巴结以及供应肿块血液的肠系膜血管（图6-72）。为了向近头端牵引直肠并便于下一步操作，分离直肠与盆腔的连接并切断（图6-73）。找到供应肿块血液的血管，将其结扎并切断（图6-74）。尽可能在直肠最靠近尾端的位置做一针牵引固定缝合，目的是防止操作出现失误或松开钳子太快而造成直肠缩回盆腔内（图6-75）。

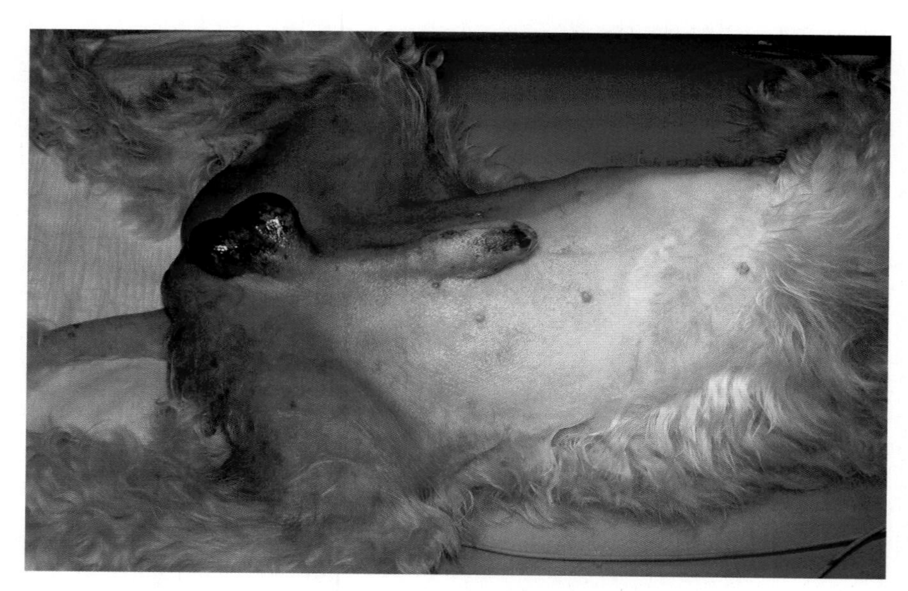

图6-70 脐后剖腹术术部准备及手术台上患犬的保定。

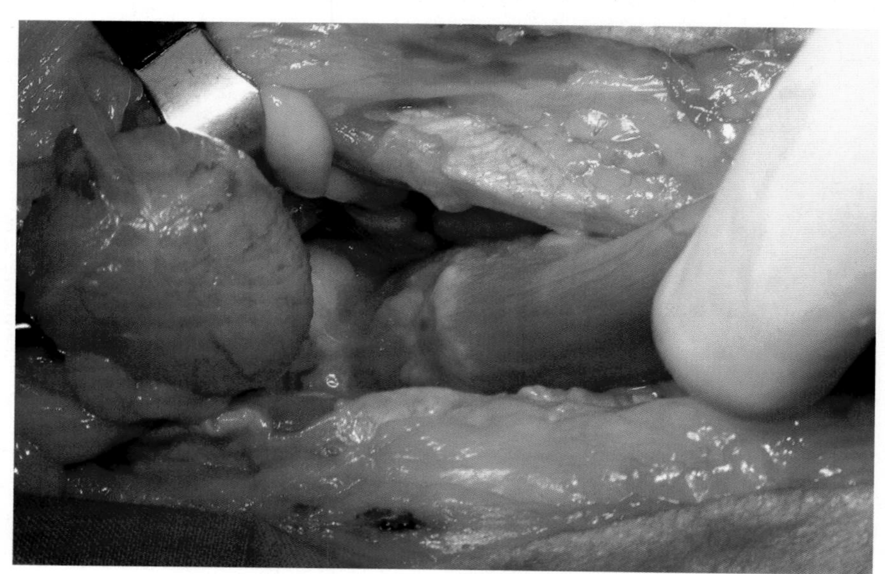

图6-71 向尾侧推移膀胱，找到在降结肠末段的肿块。

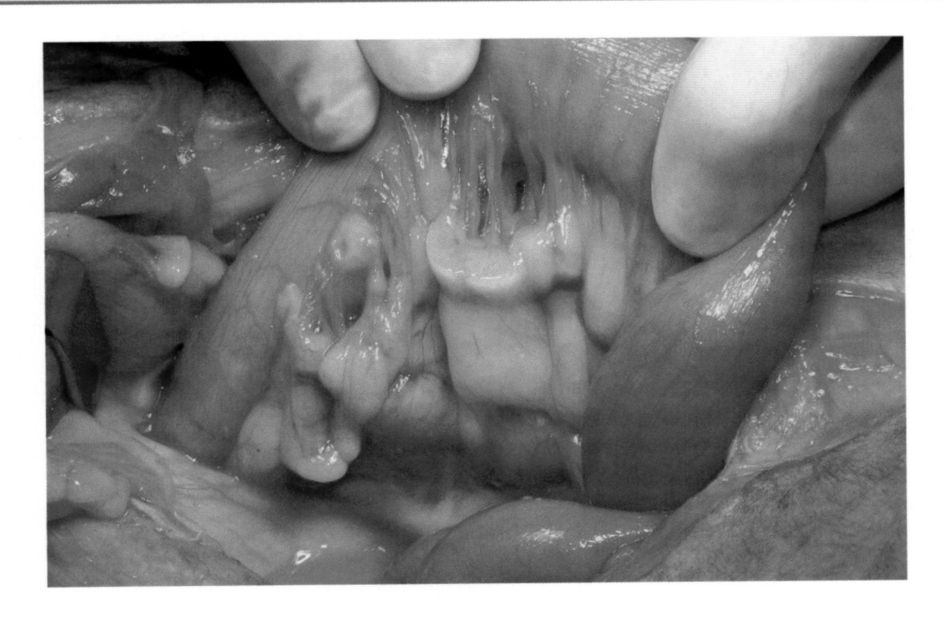

图6-72　显露相应的肠系膜血管及检查周围的淋巴结。

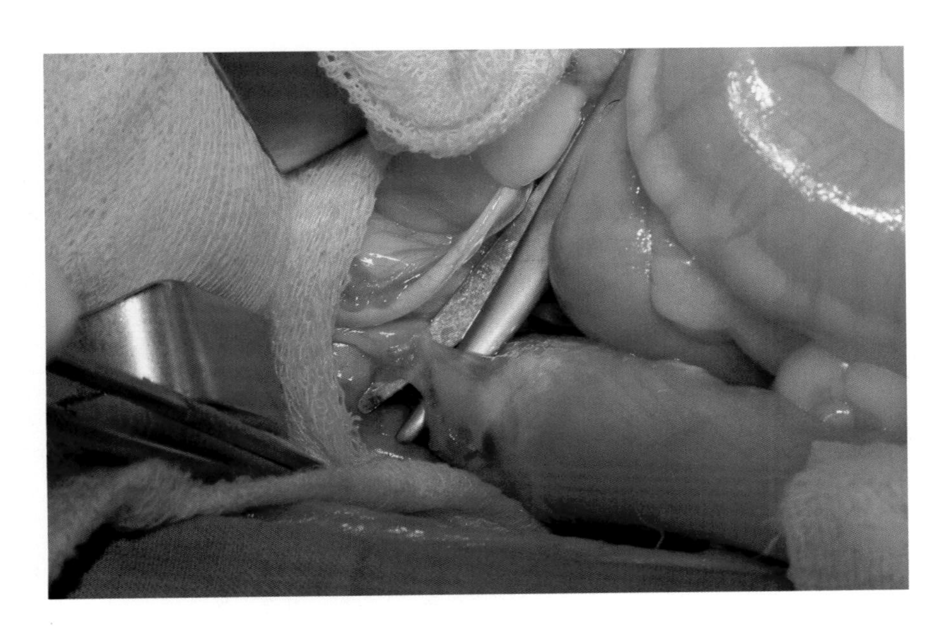

图6-73　分离并切断直肠与盆腔的连接。

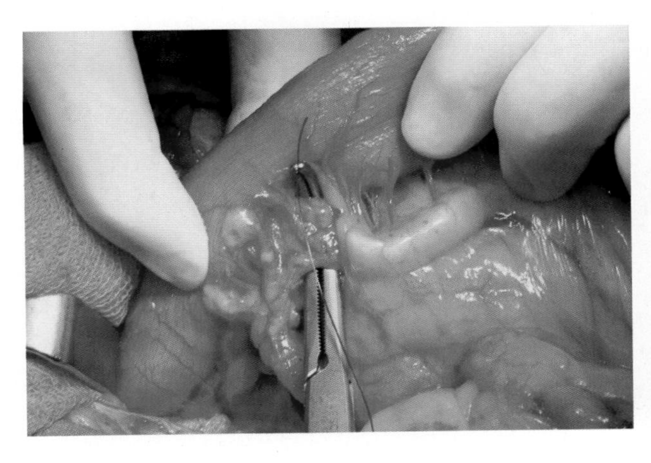

图6-74　用可吸收合成材料将供应结肠末端的血管结扎。

图6-75　在直肠近尾端做一针牵引固定缝合，防止手术过程中直肠缩回盆腔内。

为防止肠内容物泄漏入腹腔，在直肠近尾端和结肠末端放置无损伤肠钳，同时在切除肠段的两端装置两把动脉钳（图6-76）。从远端一侧切断肠管，将第一针缝合置于肠系膜缘的肠壁上（不打结）。在切除中间的肠段后，用第一针缝合时的针线，将这两段肠管肠系膜缘的肠壁缝合固定在一起（图6-77、图6-78）。用4/0单丝合成可吸收材料以连续缝合的方式，从吻合部位肠管断端的背面开始，结束于肠系膜对侧的部位（图6-79）。以相同的缝合方法吻合肠管断端的前面，从肠系膜缘肠管起针，结束于肠系膜对侧的肠管，与前述的缝合方法一样（图6-80）。在所有的肿瘤切除中，要尽可能地在远离病灶的正常组织部分实施切除术，以降低因肿瘤局部转移而引起复发的风险（图6-81）。

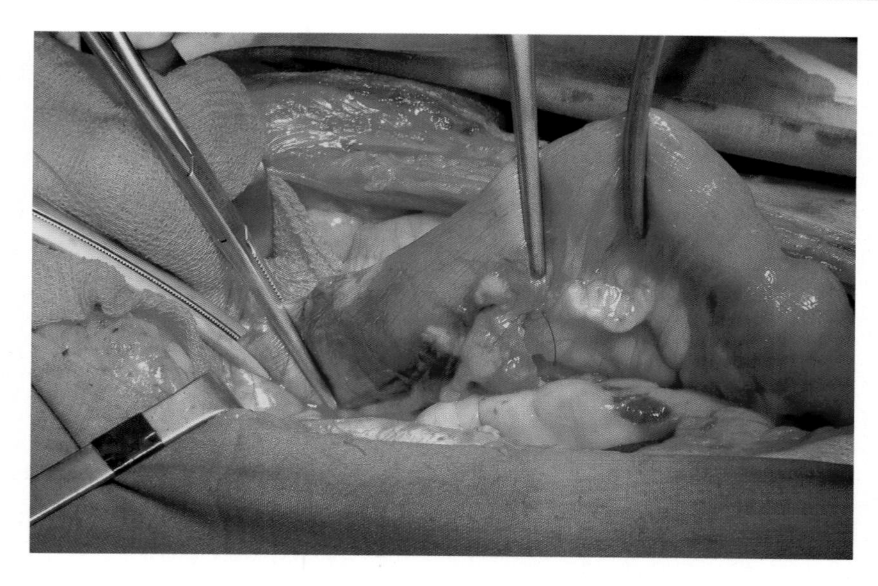

图6-76 钳夹肠段以防止肠内容物泄漏，污染腹腔。

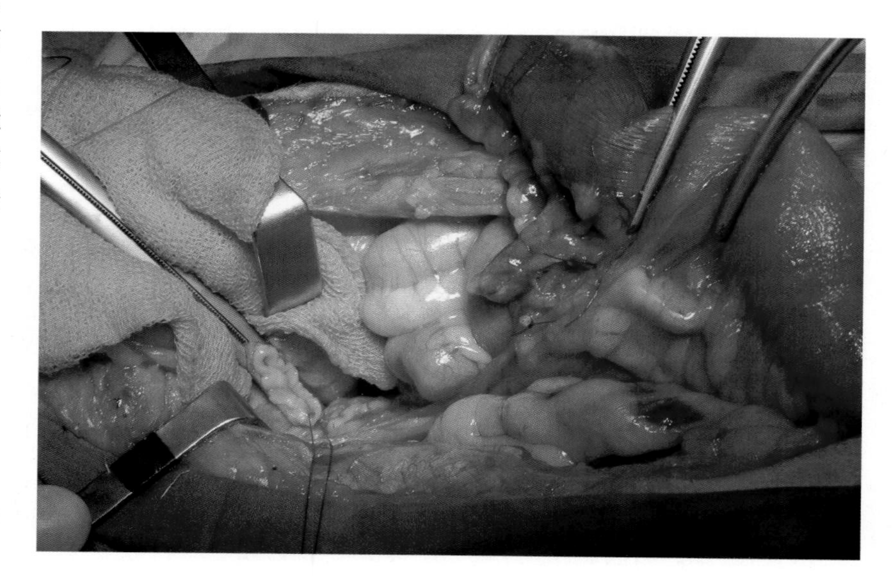

图6-77 切断直肠，在肠系膜缘的直肠壁上进行第一针缝合。

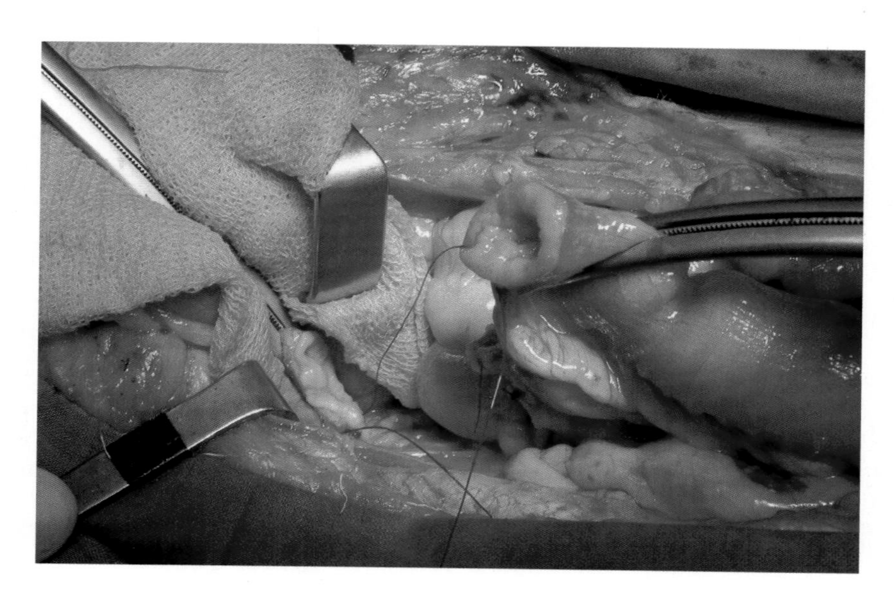

图6-78 切除病变肠段及吻合术的第一针缝合。特别注意的是在吻合过程中不要将肠系膜脂肪缝合进来。

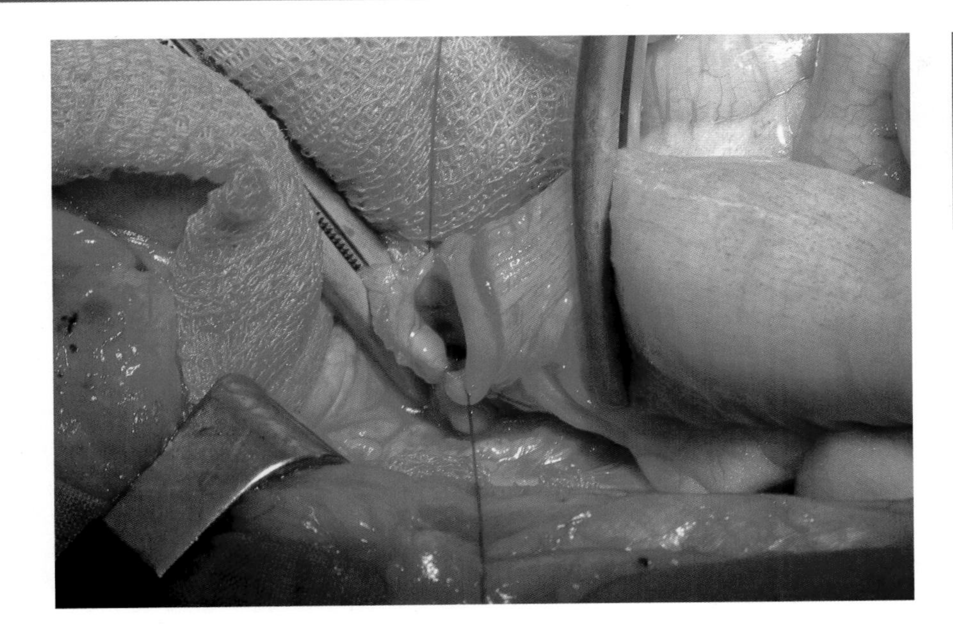

✱ 进行连续缝合时，缝线不要拉得太紧。缝线拉得越紧，吻合后的肠腔就越狭窄

图6-79　用单丝可吸收材料连续缝合吻合肠管断端的背面部分。

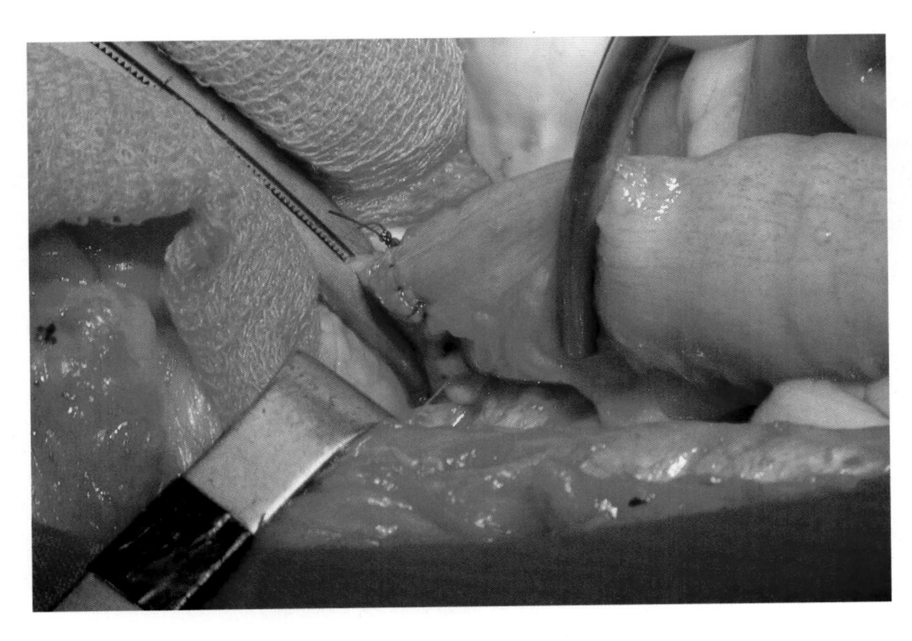

✱ 与所有的肠管吻合术一样，该例吻合术完成后，需要向肠腔内注入生理盐水，检查缝合部位的密闭性

图6-80　用两次单纯连续缝合完成端端吻合后的外观。

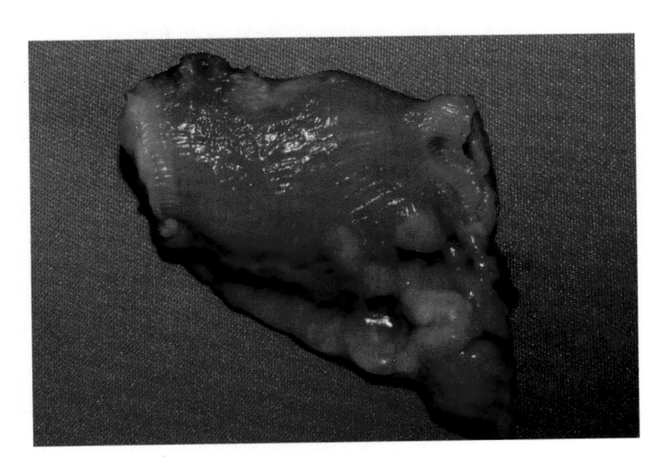

图6-81　切除的肠段。本病例由于尾侧部分在切除上的困难，近尾端正常组织的切除明显小于近头端。

**跟踪随访**

术后患犬恢复良好，排便恢复正常。虽然一切看起来都不错，但5周后患犬又因排便困难和便血就诊。犬主人拒绝了进一步的诊断检查，只是对其对症治疗。2周后患犬被实施了安乐死。

病理组织学检查确诊为恶性腺瘤

## 病例4　直肠狭窄：支架置入术

技术难度

Tom，8岁，雄性混血犬。排便异常已达数月，表现排便困难、里急后重、血便和带状粪便（图6-82）。

临床检查发现后腹部疼痛剧烈。因此，给予患犬镇静剂后，进行肛门和直肠检查。由于严重的肠管狭窄，不能对直肠进行触诊，直肠内仅可插入体温计的前端。为了对后躯进行X线造影检查，向直肠内插入导尿管并以荷包缝合的方式将导尿管固定在肛门周围上（图6-83）。直肠X线造影检查显示患犬2/3的直肠呈现狭窄（图6-84）。考虑到狭窄的长度以及犬主人无法保证足够的术后护理，决定在其直肠内植入自膨胀金属支架，以维持足够的直肠肠径（图6-85）。

图6-82　Tom是1只非常活泼的犬，但在过去的几周里一直无精打采，触碰后躯时表现为烦躁和易怒。

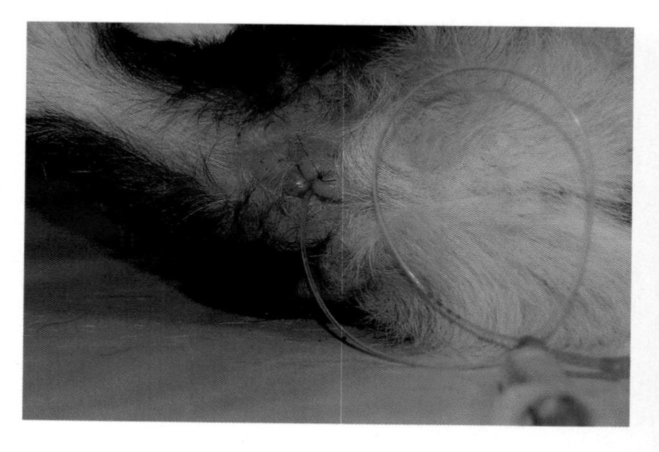

图6-83　唯一能插入直肠的是导尿管。为防止造影剂泄漏，以荷包缝合的方式将导尿管固定在肛门周围上。

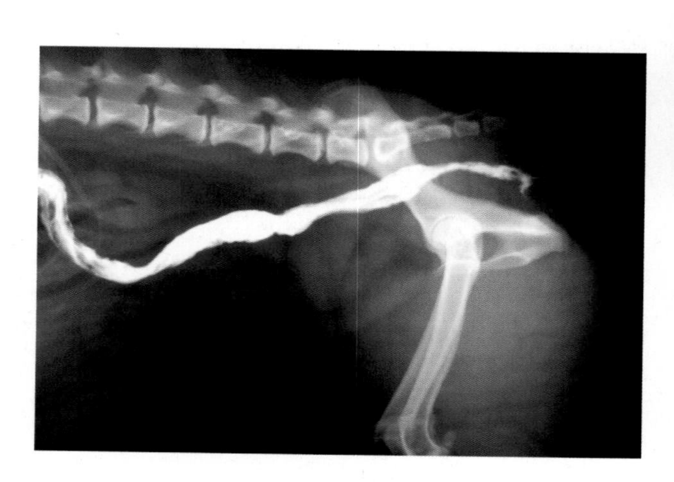

图6-84　X线片显示直肠严重狭窄，阻碍排泄物的排出。

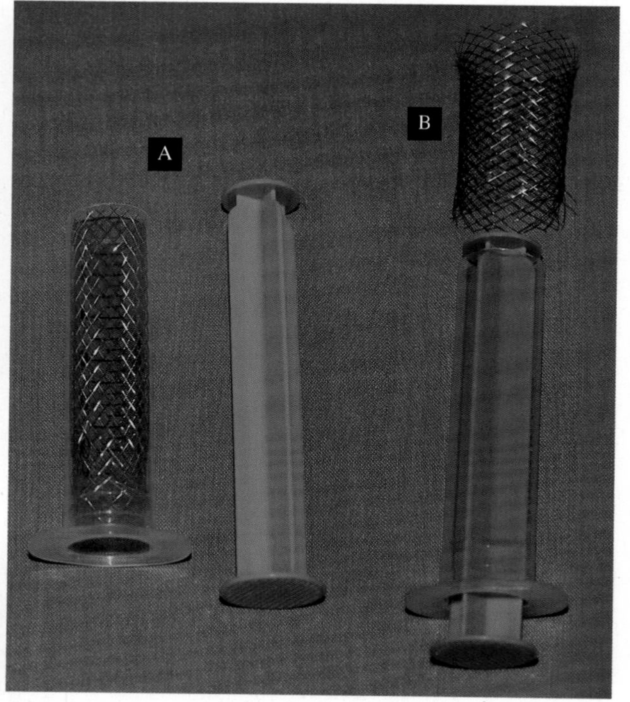


图6-85　A.将支架置于顶端已割除的10mL注射器套管内　B.为将支架置入直肠内，将内栓保持在原位不动，回抽注射器的套管

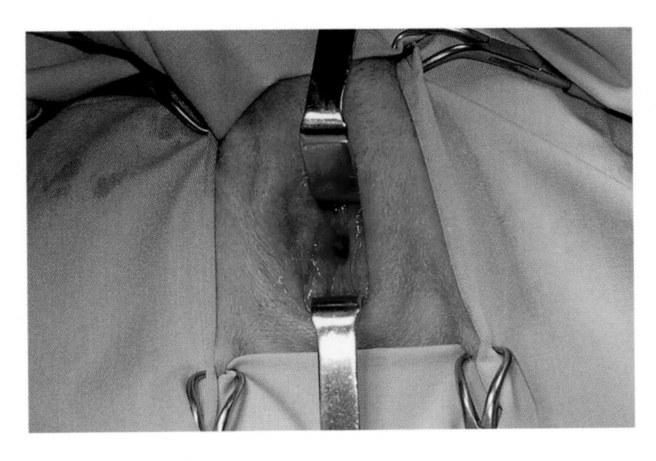

图6-86　牵开器扩张直肠，清晰显露直肠狭窄区。

患犬麻醉后取胸卧位，扩张肛门括约肌，显露直肠狭窄区（图6-86）。用长叶片阴道开膣器扩张直肠，使造成直肠狭窄的纤维组织断裂（图6-87、图6-88）。由医生来判定所需要的扩张程度（图6-89），并用长效类固醇药物浸润该区域，以降低扩张所造成的炎症和疼痛（图6-90）。然后，从肛门插入经改装后置入支架的注射器套管（图6-91），固定注射器内栓而回抽注射器套管（图6-92）。用这种方式将支架留置在狭窄的区域内（图6-93、图6-94）。

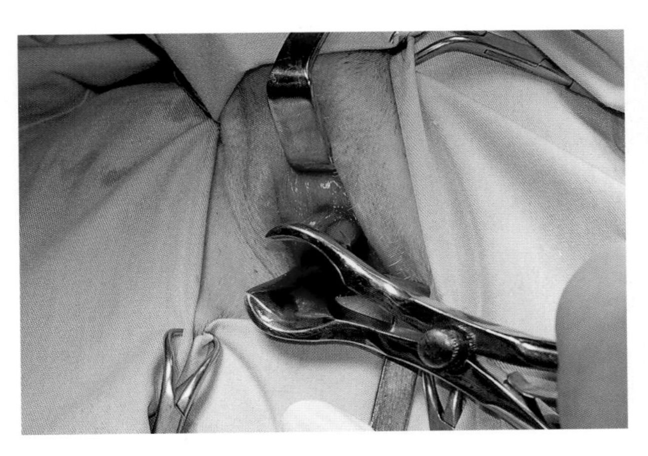

图6-87　用长叶片阴道开膣器扩张直肠，通过打开叶片，撕开造成狭窄的纤维组织。

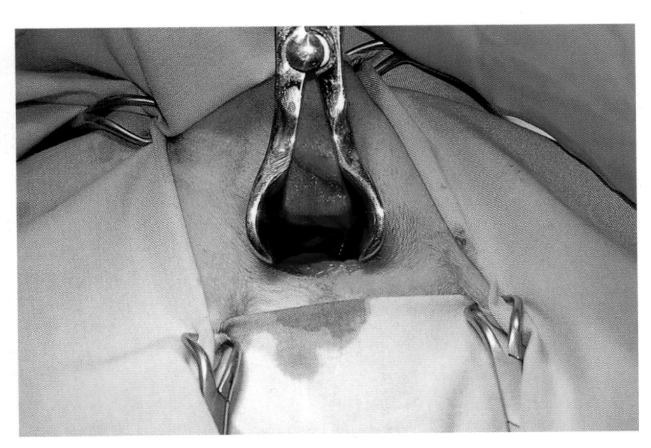

图6-88　从水平、垂直和倾斜等几个方向重复扩张操作。

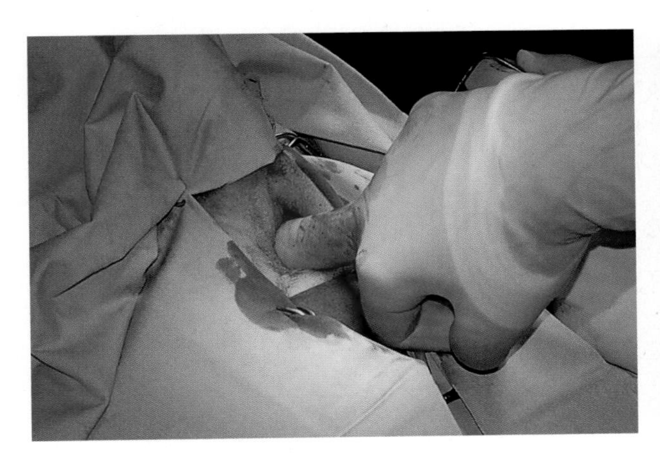

图6-89　直肠触诊证实直肠扩张充分。

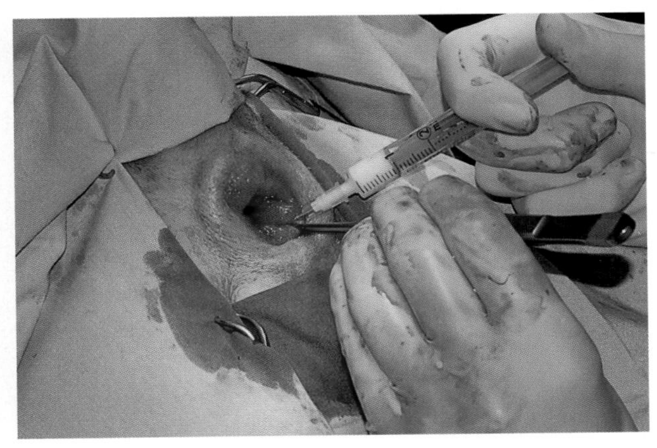

图6-90　长效类固醇药物浸润的目的是减小炎症和瘢痕组织形成，以及降低患犬的不适感。

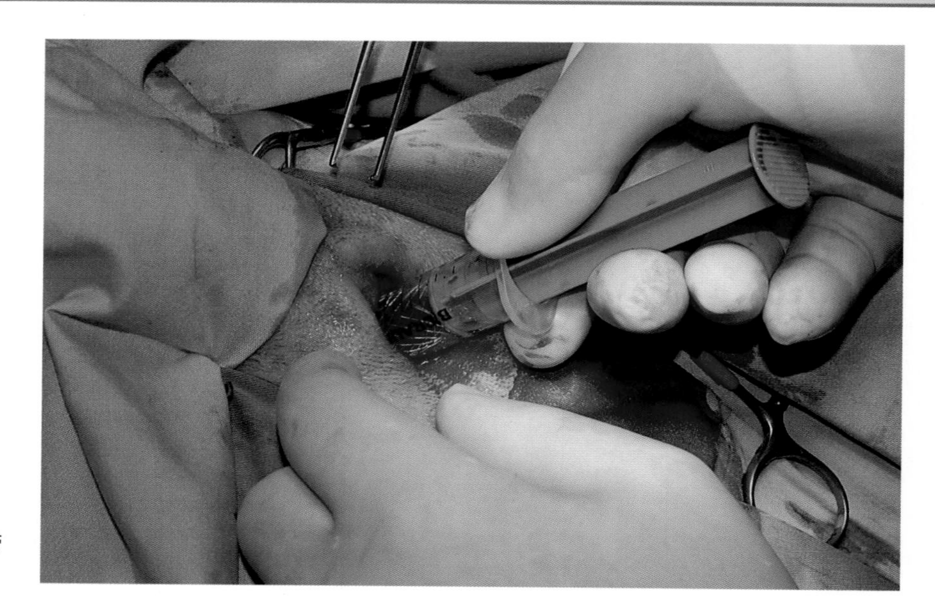

图6-91 置入支架的注射器套管经肛门插入直肠内。

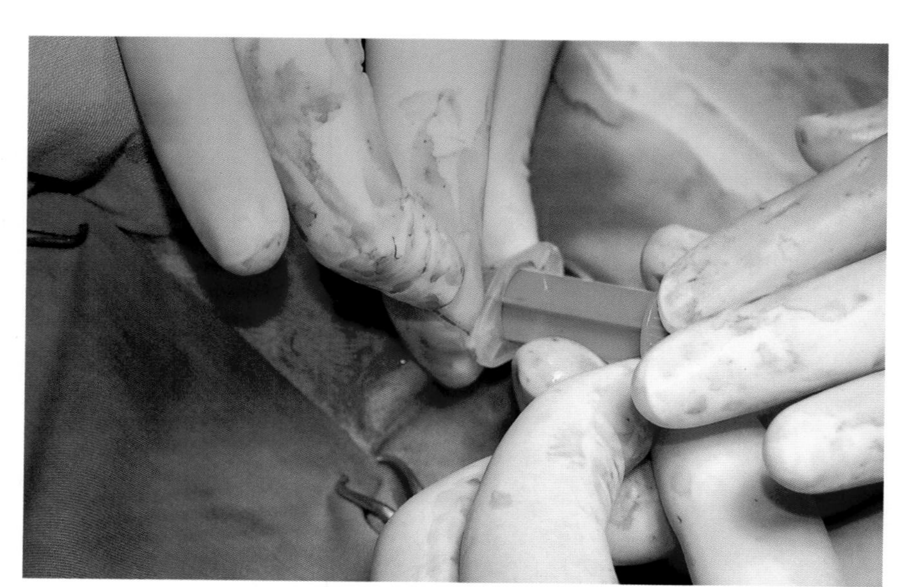

图6-92 固定注射器内栓，回抽注射器套管，使支架置入直肠内。

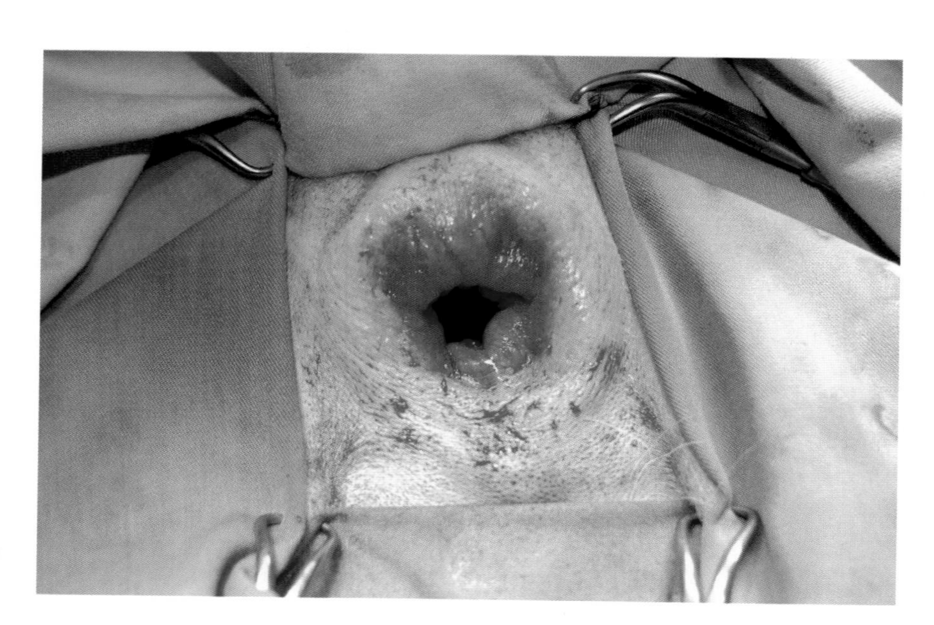

图6-93 置入支架后的直肠和肛门。

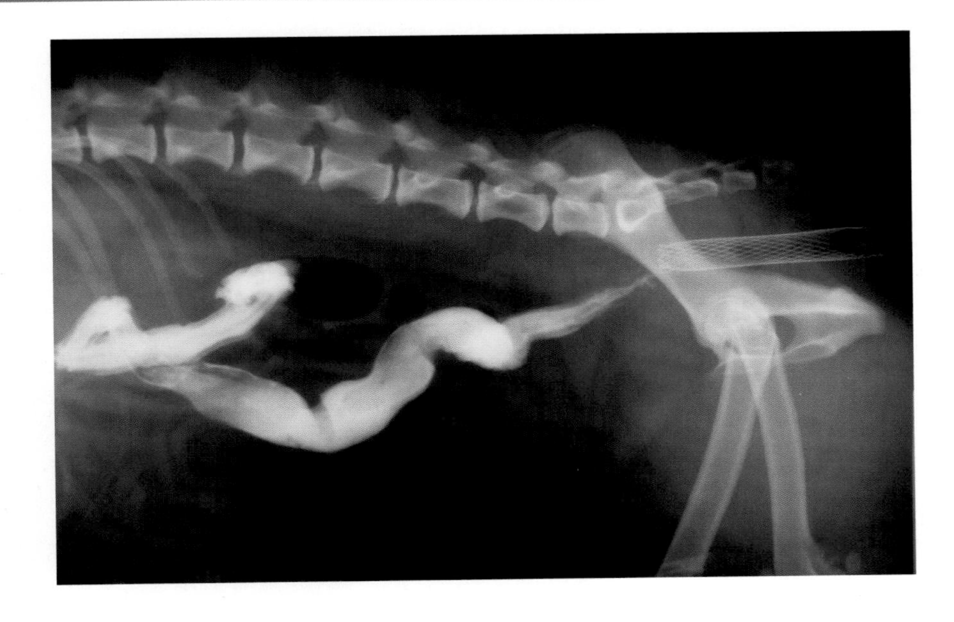

图6-94　术后立即进行X线检查，图片显示在直肠狭窄区域内的支架。

术后，给予患犬高纤维日粮，每天饲喂两次乳果糖帮助排便，并注射抗生素（阿莫西林+甲硝唑）。两周后，患犬仍表现中度排便失禁和粪便中含有新鲜血液(图6-95)。患犬通便良好，后躯X线检查显示支架开张，阻止了直肠狭窄的复发(图6-96)。

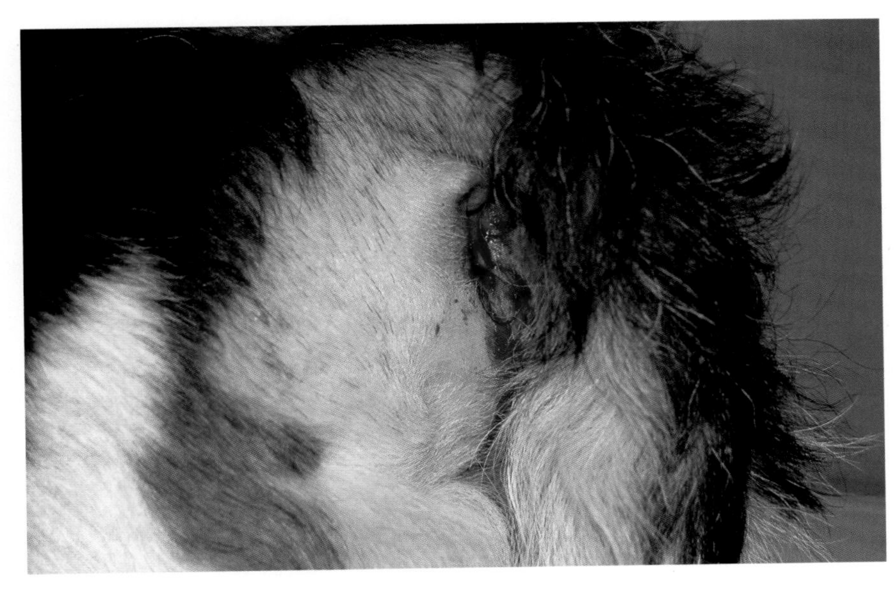

图6-95　术后大便失禁。

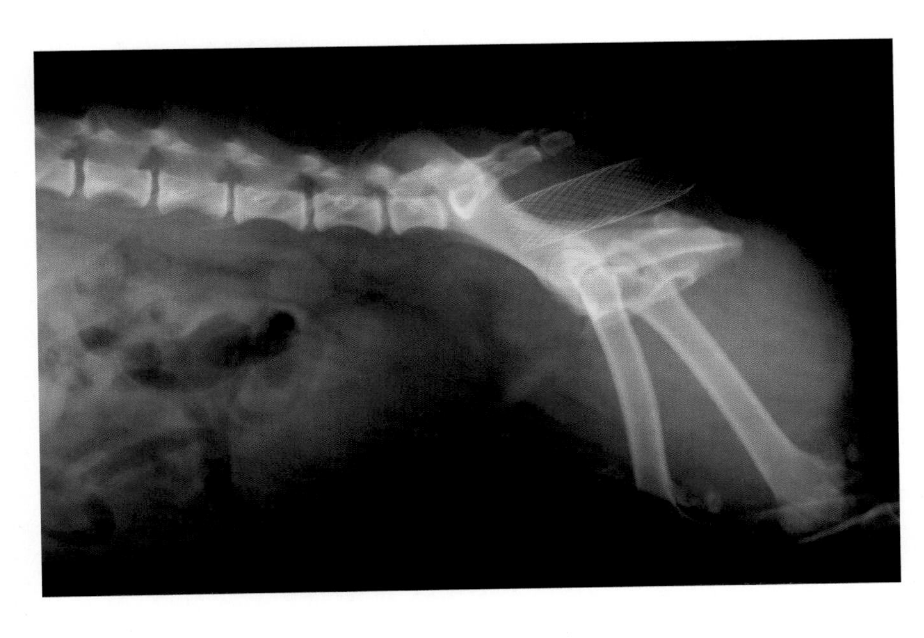

图6-96　术后X线片显示，结肠中没有粪便滞留，支架正常开张，阻止了直肠狭窄的复发。

## 腹腔器官的腹面观

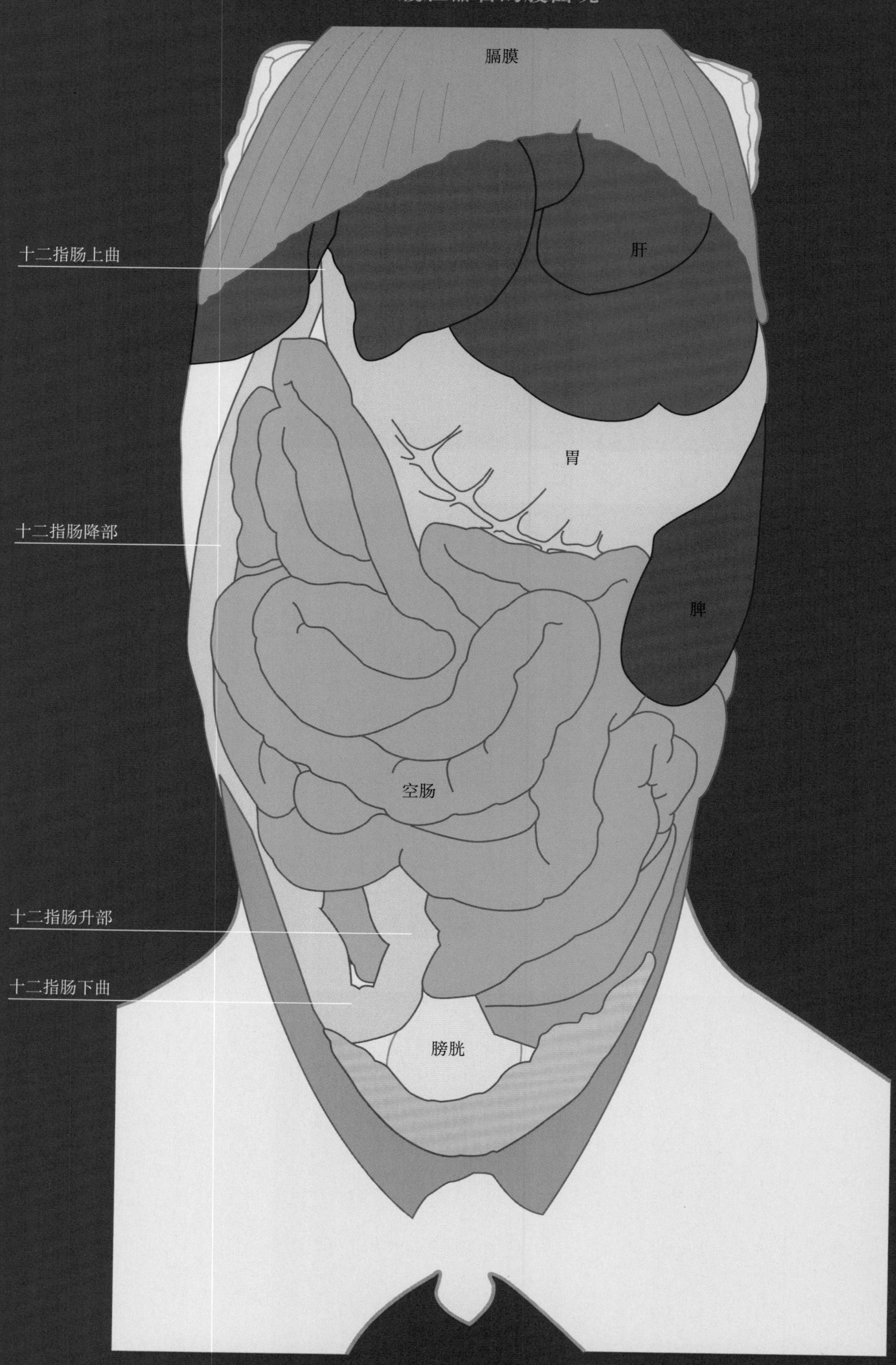

肠管的横切面

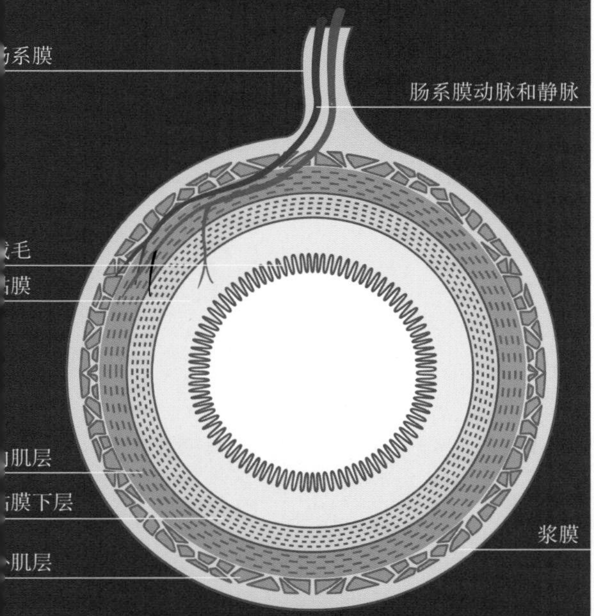

肠系膜动脉和静脉

浆膜

犬肠道示意图

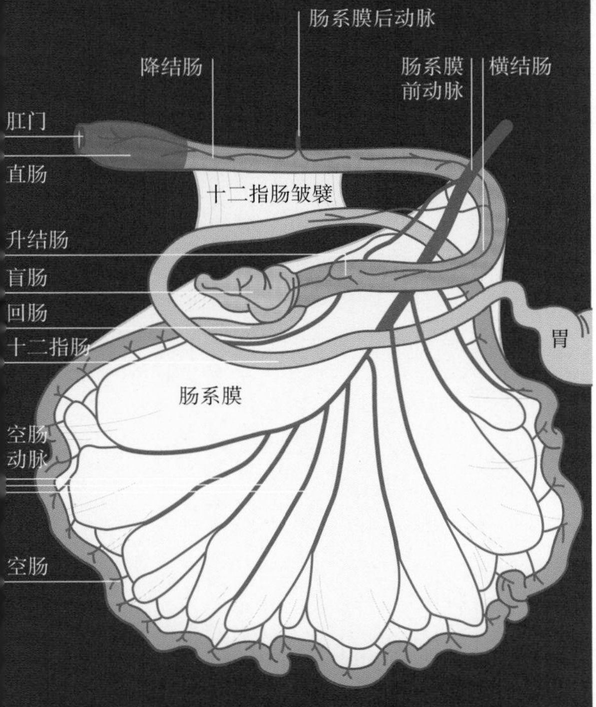

肠系膜后动脉

降结肠

肠系膜
前动脉

横结肠

肛门

直肠

十二指肠皱襞

升结肠

盲肠

回肠

十二指肠

胃

肠系膜

空肠
动脉

空肠

# 第七章　小肠疾病及其治疗

## 一般原则

肠切开术
肠切除术
肠切除术：缝合器

## 异物

非线性异物引起的肠梗阻
病例1　桃核引起的肠梗阻
病例2　石块引起的肠梗阻
线性异物引起的肠梗阻
病例1　弹性网引起的肠梗阻
病例2　引起多处肠穿孔的线性梗阻
病例3　短袜引起的线性梗阻

## 肠套叠

病例1　寄生虫性肠炎引发的肠套叠
病例2　先天性肠道疾病引发的肠套叠

## 肠扭转/肠系膜扭转

## 肠道肿瘤

病例1　肠腺泡腺癌
病例2　肠平滑肌肉瘤

## 肠异位

病例1　腹膜心包膈疝
病例2　穿孔脐疝
病例3　肠绞窄

# 一般原则

肠管的长度大约是体长的5倍。其中，小肠占到80%，分为3段：①十二指肠。此段较短，始于胃部出口，止于紧贴于腹壁的十二指肠韧带。胆管和胰管开口于十二指肠的近心端。②空肠。此段最长，游动性最大。③回肠。这部分非常短，从腹腔左侧横穿至右侧，在回结肠瓣与结肠连接。

小肠分布有来自腹腔动脉和肠系膜前动脉的大量血管。

黏膜的完整性非常重要，因为它是阻止毒素和细菌进入血液的屏障。黏膜下层有很强的抵抗力，有自己的血液供应，因此，所有的肠缝合都应包括此部位。浆膜负责肠损伤的快速愈合。

**麻痹性肠梗阻：肠梗阻**

患病率

肠梗阻是肠道的一种衰弱状态（图7-1），其病因可分为功能性因素和机械性因素（表7-1）。

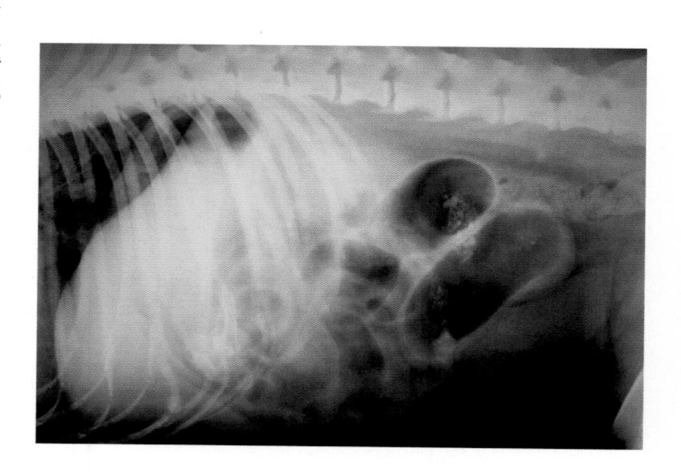

图7-1　麻痹性肠梗阻引起的肠道胀气。本病例是由肠套叠引起的肠梗阻。

表7-1　引起麻痹性肠梗阻的病因

| 功能性梗阻 | 机械性梗阻 |
|---|---|
| 麻醉药：甲苯噻嗪、氯胺酮、阿托品 | 肠管内梗阻：<br>■ 异物<br>■ 肠道寄生虫 |
| 手术或创伤 | 异位性梗阻：<br>■ 疝<br>■ 肠套叠<br>■ 肠扭转 |
| 腹膜炎 | 肠壁增厚引起的梗阻：<br>■炎症<br>■ 肿瘤 |
| 肠炎（出血性肠炎） | 外部挤压引起的梗阻：<br>■ 脓肿<br>■ 肿瘤<br>■ 骨折 |
| 低钾血症 | |
| 神经病变（椎间盘突出） | |
| 其他原因 | |
| 也有多种病因混合的可能 | |

**非特异性和多样化的临床症状**

呕吐、腹泻、厌食、脱水或体重减轻。肠套叠或肠穿孔病例表现为疼痛和休克。

**诊断**

腹部触诊可知疼痛、肠道扩张、异物和腹部肿块等症状。

> 别忘了触诊腹部，这是一种有效的诊断方法。切记肠袢有很大的游动性

要尽可能进行完整的血液和尿液检查。患病动物可能还存在需要及时治疗的其他病变或相关疾病。

- ■ 脱水。
- ■ 电解质紊乱。
- ■ 低钾血症。
- ■ 肾功能不全。
- ■ 肝脏疾病。
- ■ 胰腺炎。
- ■ 糖尿病。
- ■ 肾上腺皮质机能亢进。
- ■ 高钙血症。

普通X线可以显示X线不能透过的异物、肠袢异常（液态或气态填充物）、腹部肿块、腹膜液、肠袢异位或腹膜炎（图7-2）。

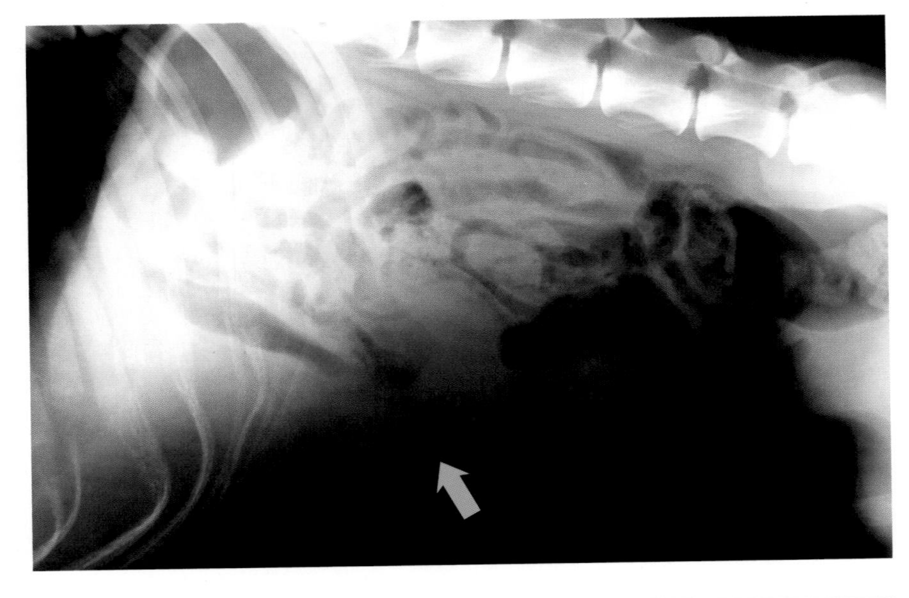

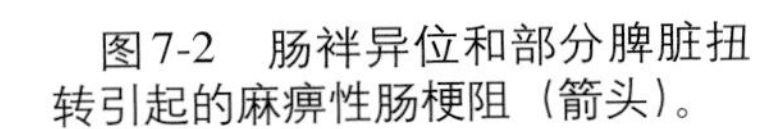

图7-2　肠袢异位和部分脾脏扭转引起的麻痹性肠梗阻（箭头）。

X线造影显示X线可透过的异物及其在肠道中的部位、肠壁厚度、蠕动功能和黏膜的改变（图7-3）。

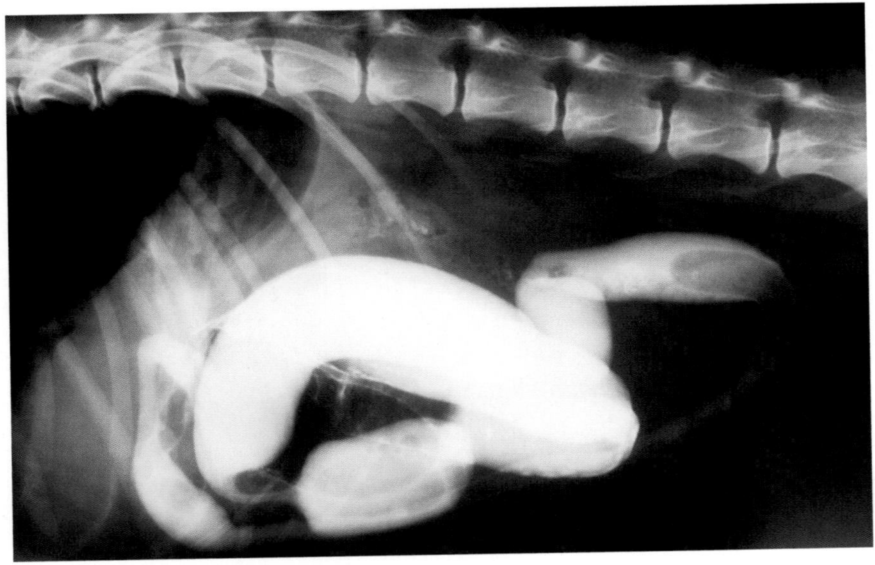

图7-3　球体残片引起的肠梗阻。注意梗阻部位近头端小肠的扩张。

超声检查对定位肠梗阻部位、阻塞物性质以及局部血液供应的变化是非常有用的（图7-4）。

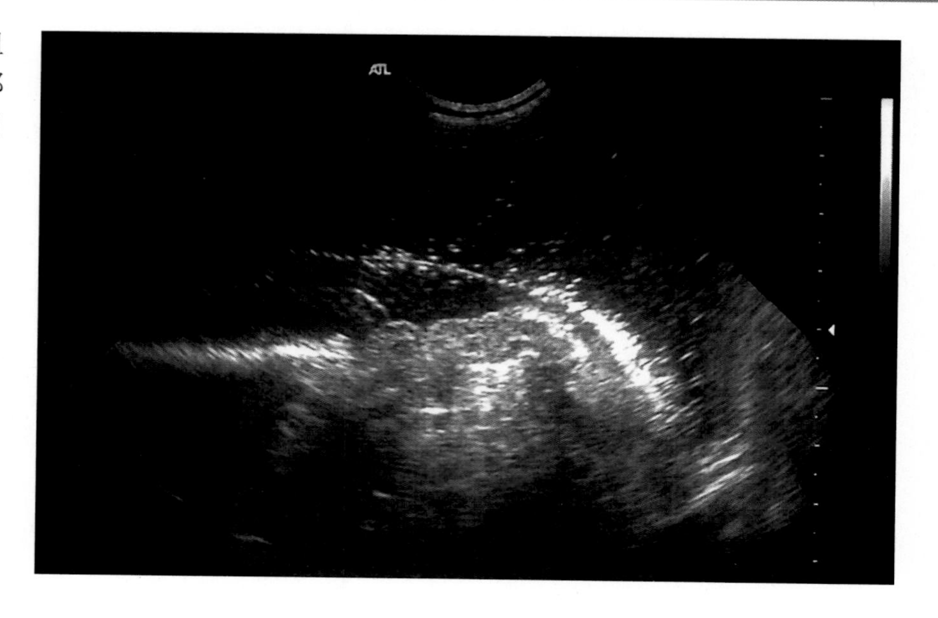


图7-4 由线性异物引起的肠梗阻的超声检查。注意异物的高回声密度以及肠袢的折叠。

**病理生理学**

发生麻痹性肠梗阻，尤其是由肠道阻塞引起的梗阻时，动物摄入的液体就会聚集在麻痹的肠道中。此时，气体也发生集聚（吞咽的气、发酵产生的气体），肠袢扩张并挤压静脉和淋巴管，但动脉不受影响。这将导致肠壁被动性充血、水肿，液体进入肠腔后又渗出到腹腔中。肠分泌物增加却不能被吸收，进而加剧了肠道内的液体潴留。血液供应逐渐减少，可能导致局部缺血和坏死。在扩张的肠袢内，细菌开始增殖。如果黏膜失去充足的血液供应，肠道屏障的通透性就会发生改变，结果细菌及细菌毒素就会进入血液和腹腔中。由于细菌解离胆酸盐，致使不同长度的脂肪酸不能被分解，引起了腹泻。如果发生呕吐，会加剧体液丢失和循环血量减少（周围血管功能不全）。当心输出量降低时，肠壁的血液供应将减少，可诱发肠道坏死和增加肠壁对细菌的通透性，进而加剧感染性休克的发生（图7-5）。

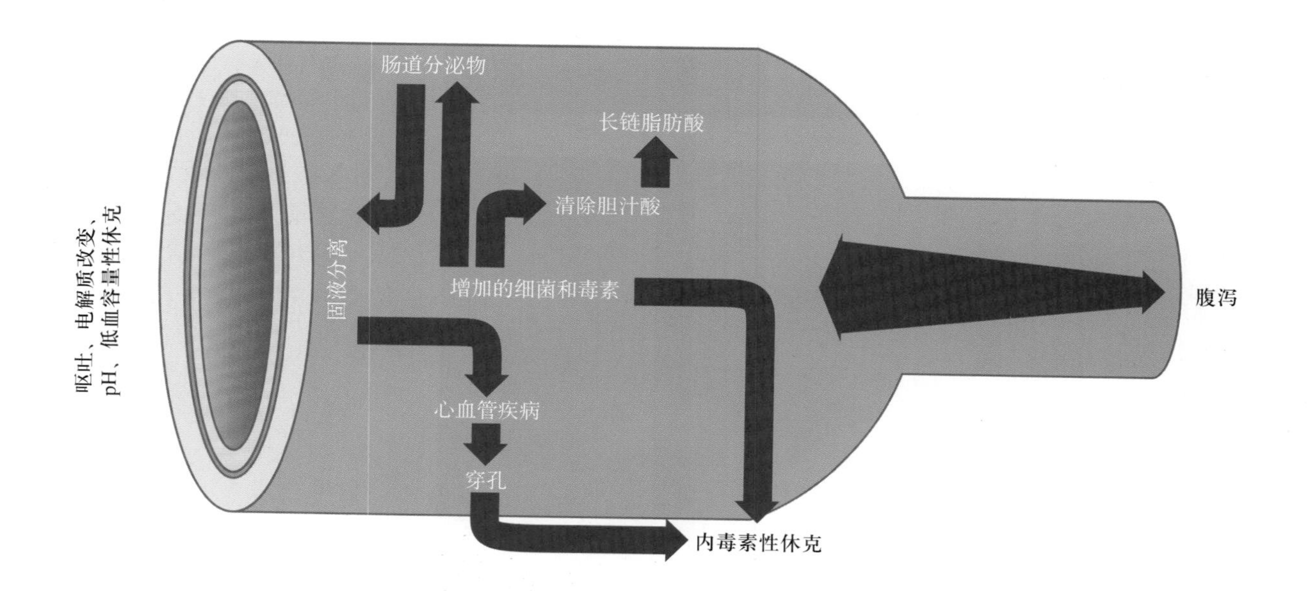


图7-5 小肠梗阻时机体变化与反应的示意图。液体的集聚及呕吐造成液体的丢失，引起了失血性休克。细菌增殖和肠道局部缺血诱发内毒素性休克，致使症状加剧，预后不良。

**梗阻的类型**

依据肠壁内的变化，肠梗阻可分为2种类型：

■ 单纯性肠梗阻时（图7-6），其肠壁血管损害程度最低。预后良好，可实施肠切开术处理。

■ 复杂性肠梗阻时（图7-7），发生肠壁穿孔，内容物渗漏至腹腔中。预后慎重，需实施肠切除术处理。

然而对大多数梗阻来说，分类并不容易（图7-8）。选择采用肠切开术还是选择肠切除术外科医生仍存在犹豫（表7-2）。

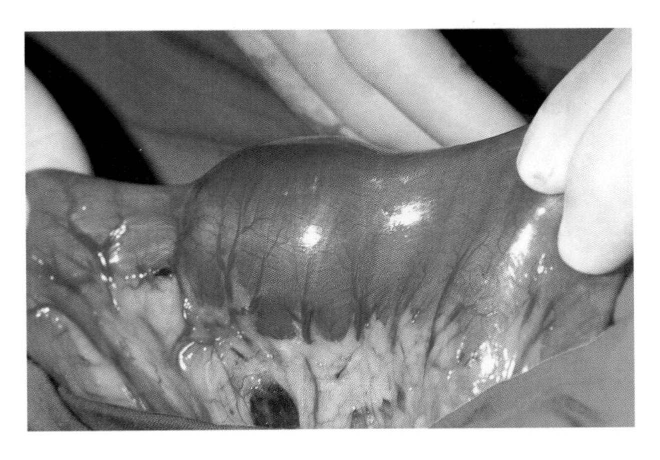

图7-6 单纯性肠梗阻。肠壁几乎不受影响，没有血管损害的外在表现。

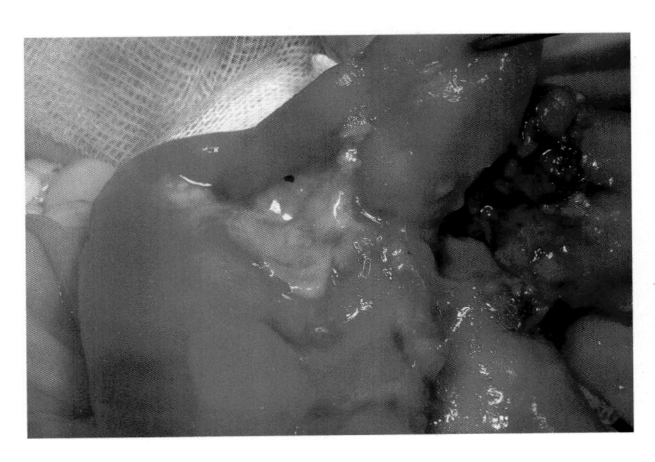

图7-7 阻塞引起的肠壁穿孔。脓性渗漏物和食糜导致了严重的腹膜炎。

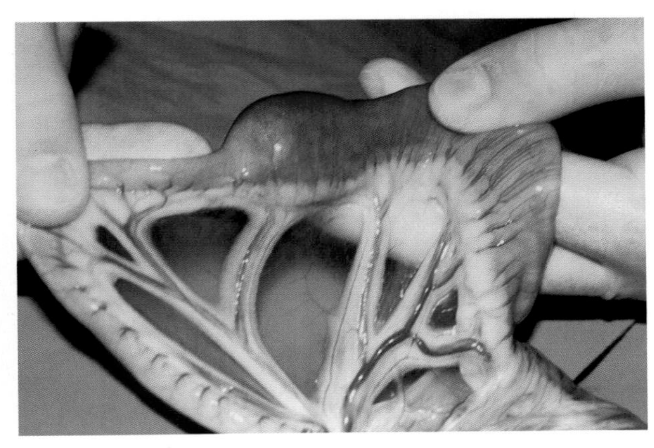

图7-8 肠梗阻通常与一定程度的血管损害相关联。对这些病例，外科医生会犹豫是否切除阻塞的这段肠管。

表7-2 选择肠切开术或肠切除术的关键因素

| | |
|---|---|
| 网膜黏附肠壁 | 肠切除术 |
| 肠管呈粉红或砖红色 | 肠切开术 |
| 肠管呈蓝色或黑色 | 肠切除术 |
| 肠壁一致性差且纹理紊乱 | 肠切除术 |
| 肠系膜血管正常搏动 | 肠切开术 |
| 肠切开时有红色血液流出 | 肠切开术 |

> 肠道血管的恢复能力非常强。不要急于决定切除肠管，移除阻塞物后，要耐心等几分钟
>
> 若过了一定的时间，医生仍有怀疑，那就进行肠切除术

有一些技术，如多普勒超声或血氧定量法，能够准确地检测肠段的血液供应状况，但大多数兽医很难接触到这些技术，所以，现阶段仍是不切实际的。

通过图7-9至图7-14来比较两种方案。

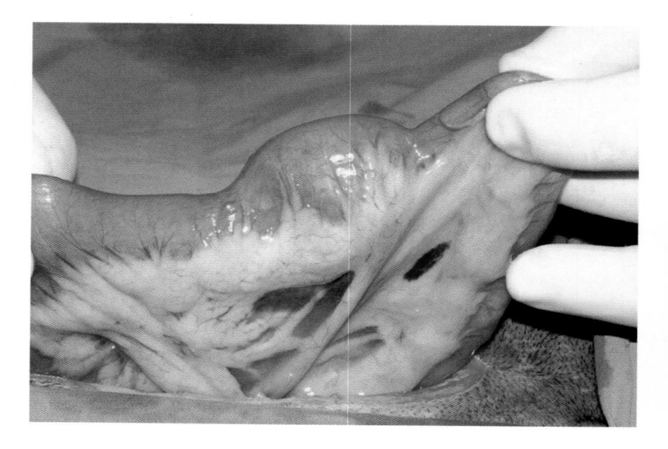

图7-9

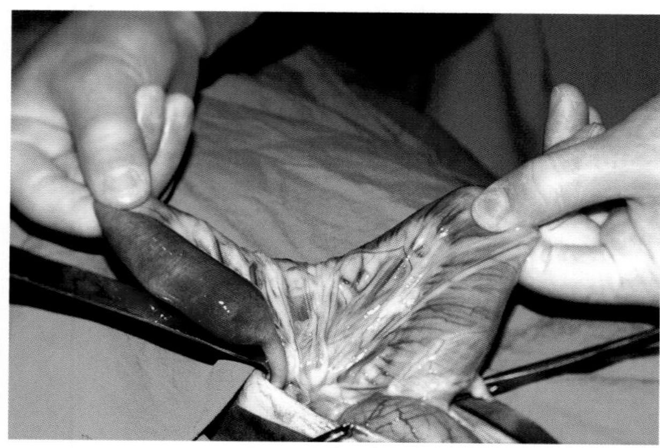

图7-10

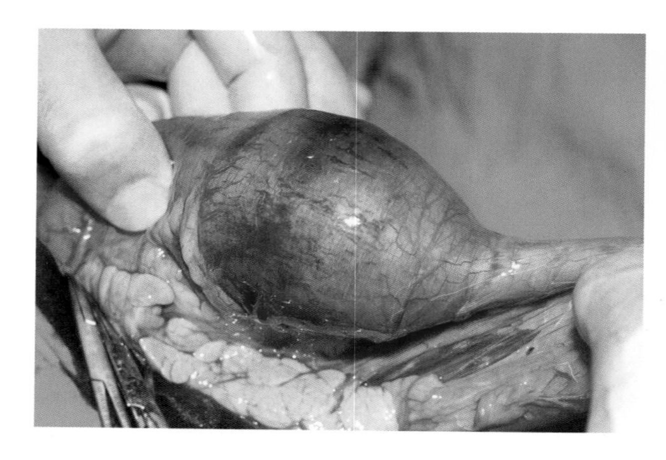

图7-11

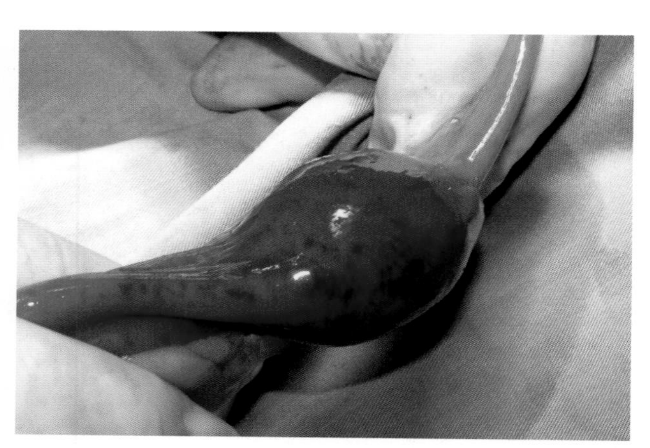

图7-12

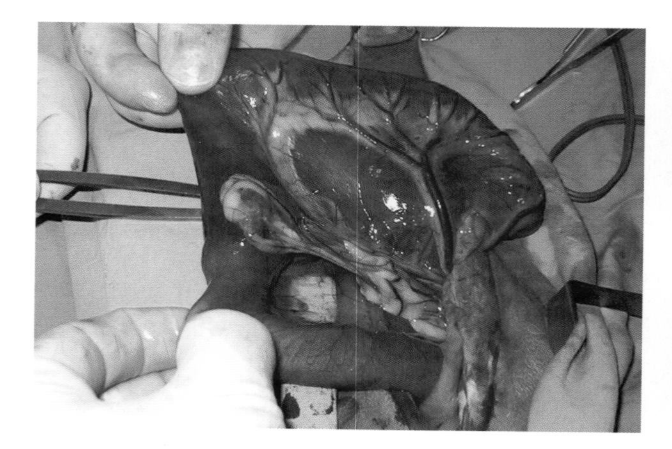

图7-13

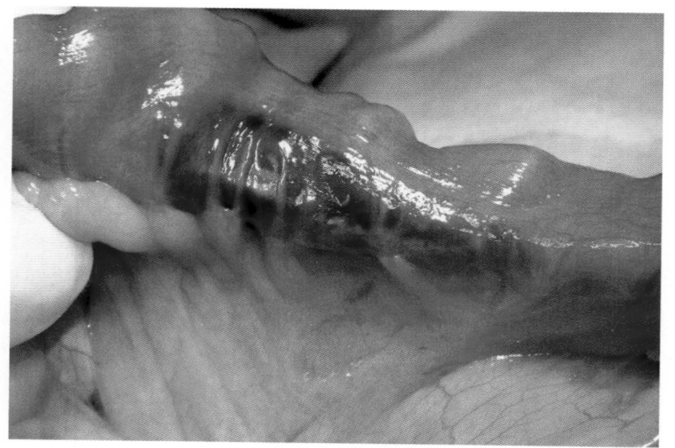

图7-14

| 肠切开术 | 图7-9、图7-10、图7-12 |
| --- | --- |
| 肠切除术 | 图7-11、图7-13、图7-14 |

**术前**

■ 纠正水和电解质平衡紊乱。

■ 用头孢菌素进行预防性抗生素治疗。麻醉诱导前，静脉注射头孢唑啉20mg/kg或甲氧噻吩头孢菌素15 ~ 30mg/kg。

**术中**

■ 不要用一氧化二氮（$N_2O$）作麻醉剂，$N_2O$易于在空腔器官中蓄积。

■ 牵拉肠管时要注意。这可能会引发迷走神经反应和心动明显过缓。

■ 用温的生理盐水冲洗腹腔，以避免体温降低和蒸发失水。

> ✱ 患病动物体温要保持在34.5℃以上

■ 将受损肠段与腹腔严密隔离，以避免继发腹膜炎。

■ 钳夹梗阻部位两端的肠袢。助手用手指夹持肠管产生的损伤是最小的，但如果没有助手，就用Doyen型肠钳。

■ 用单丝合成可吸收材料，以单纯间断缝合的方式，对小肠进行单层缝合。

■ 向肠腔注入适度压力的生理盐水，检查缝合处的渗透性及密闭性。

■ 手术最后，进行腹腔冲洗，去除可能渗漏入腹腔的肠内容物。

**术后**

■ 如果发生任何的术中并发症或者出现中度到重度的肠道损伤，就要持续使用抗生素治疗5 ~ 10d。

■ 术后24h开始给予易消化的软质食物。

■ 监测肠蠕动的恢复。

■ 监测患病动物，以尽快发现并发症。

**肠管手术的并发症**

预估在术中和术后可能出现的并发症，以便采取必要的预防措施，避免并发症的发生或最大限度地减少并发症的发生。

**术中腹膜炎**

术中腹膜炎是由不当的手术技术而引起的。在没有对器官进行严密隔离、钳夹肠管和腹腔冲洗抽吸（如前所述）不充分等情况下，错误的无菌措施，肠内容物泄漏入腹腔，均可污染腹腔。

**缝线裂开**

缝线裂开是术后可能出现的最严重的并发症。全身性原因可能有低血容量症、低蛋白血症、休克或感染；局部原因包括吻合处血液供应不足、未切除缺血和坏死组织、缝线张力大、吻合处缝线过多以及麻痹性肠梗阻。

> 腹膜炎的临床症状有沉郁、冷漠、高热、腹痛、呕吐

**麻痹性肠梗阻**

麻痹性肠梗阻是肠道蠕动停止，导致血管改变和细菌增殖。肠道麻痹是肠道自身紊乱的结果，全身麻醉和手术操作可加重麻痹。对这些病例，应口服抗生素控制细菌过度增殖，纠正全身钾水平，并治疗所有相关疾病，例如，因十二指肠操作不当导致的医源性急性胰腺炎。

**瘢痕狭窄**

如果手术使用内翻缝合甚至不太适合的外翻缝合，但只要操作正确，则很少发生瘢痕狭窄。这个问题可能会发生在幼犬和幼猫身上。

> 如果继发性肠狭窄引起肠梗阻，则没有选择，只能重新开腹，切除受损肠段

**短肠综合征**

短肠综合征是因切除大段小肠而引起的，如在肠套叠时切除大段坏死的肠管。

患病动物表现为腹泻、营养不良、体重减轻。康复所需时间不同，可能需要几个月来适应新的营养条件。同时，每天少量多次给予极易消化的食物，并补充维生素及其他营养元素。再给予抗腹泻的阿片类药物、$H_2$型受体阻断剂以及控制细菌增殖的抗生素。

## 肠切开术

技术难度 ■■□□□

如果肠壁的变化是可逆的，或进行了肠壁组织活检，可实施肠切开术取出异物。

为取得最佳效果，应当：①确定受损肠袢并牵引至腹腔外，用浸有温的无菌生理盐水的手术敷料或无菌手术创巾将其与腹腔器官隔离（图7-15）。②向两边轻轻按压肠内容物，以清空术部肠段，同时阻断肠内容物的转运。这台手术需要一位助手用食指和中指像钳子一样夹住肠管（图7-16）。如果没有助手帮助，则使用无创肠钳。③选择损伤最小的肠段，即阻塞物后部作肠切开术的切口（图7-17A）。如果异物不能从远端取出，则可以在阻塞物前部作切口（图7-17B）。肠切开术的切口不应在阻塞处，因为此处缝合裂开的风险高。④肠壁的切口应该选在肠系膜对侧。⑤肠切开术切口的大小要与异物大小相适应，要避免取出异物时伤及肠壁（图7-19）。从小切口取出阻塞物时可能会导致切口撕裂，影响切口闭合。⑥许多异物被黏膜包裹，黏附于肠壁。因此，需要轻轻地将其牵引出来（图7-20、图7-21）。⑦然后抽吸或移除肠管内容物，以确保在缝合时不发生渗漏，造成腹膜污染。⑧任何一种缝合方式都可用于肠切开术的缝合，但需要考虑不同缝合方式造成的肠管狭窄程度（表7-3）。

> ✱ 在切开肠管之前，需将受损肠袢与腹腔严密隔离

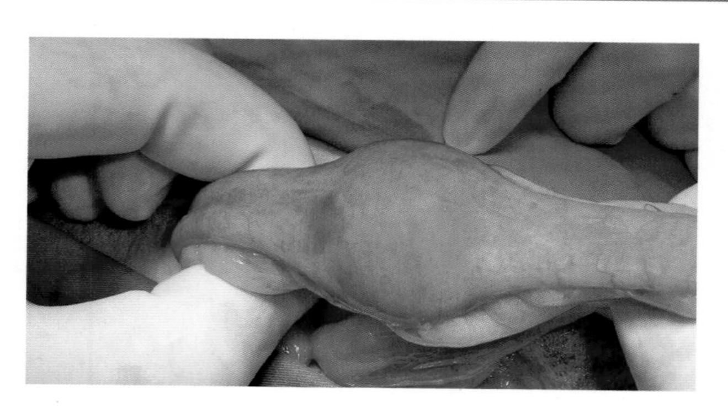

图7-15 在腹中线作一个小切口，将肠袢牵引至切口外。一边向外牵引肠管一边再还纳入腹腔内，直至找到阻塞部位，然后用无菌手术敷料或手术创巾将患病肠段与腹腔隔离。

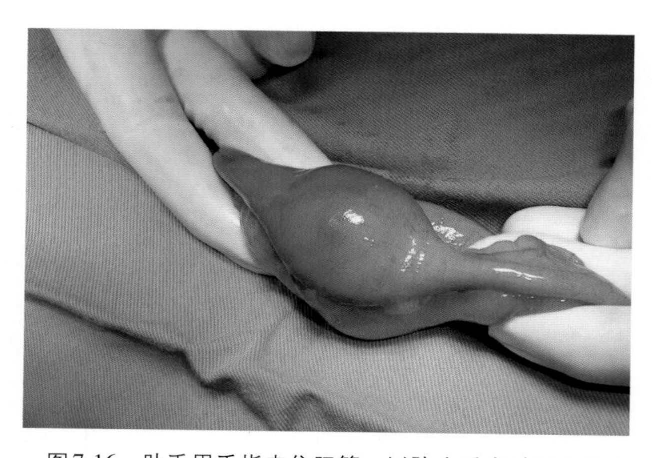

图7-16 助手用手指夹住肠管，以防止手术过程中肠内容物污染腹腔。如没有助手协助，可用此类手术的专用肠钳。

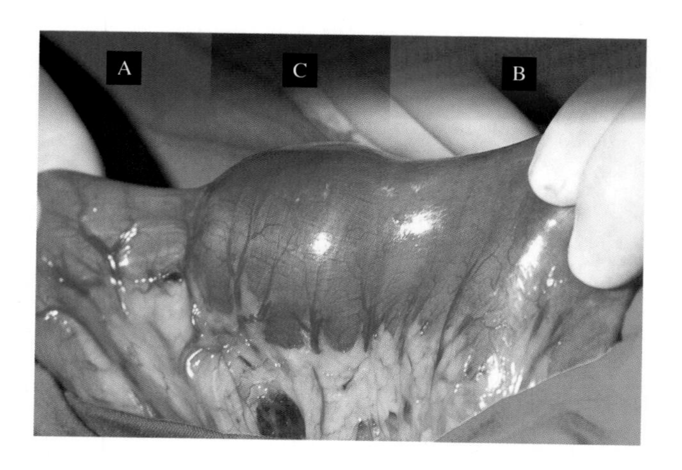


图7-17 A.梗阻远端，此处是取出异物的最佳部位 B.梗阻近端，此处为取出较大异物的可选部位 C.梗阻处，避免在此处切开肠管

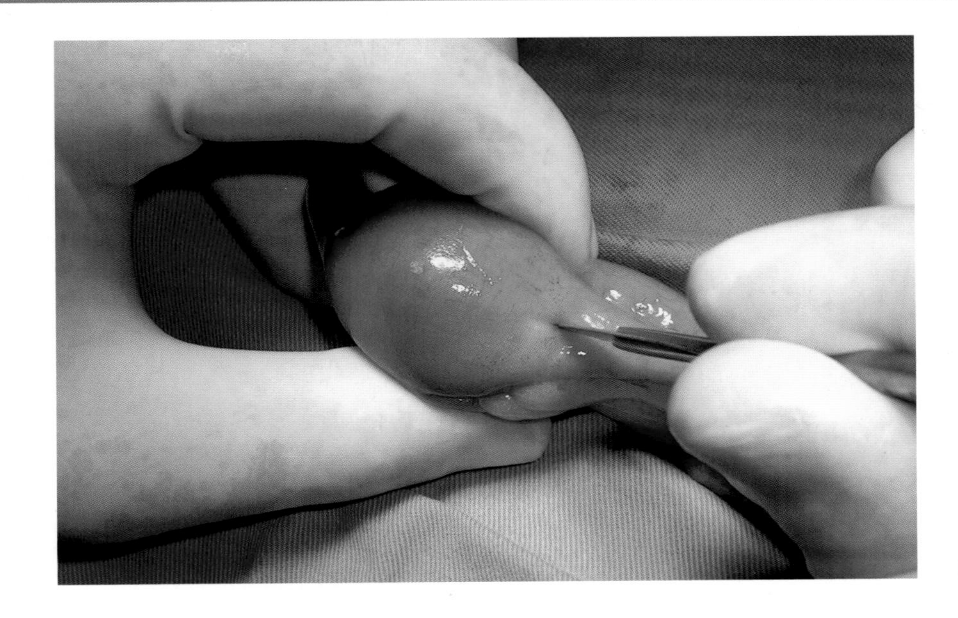

图7-18　肠切开术，在肠系膜对侧肠壁做一个纵向切口。

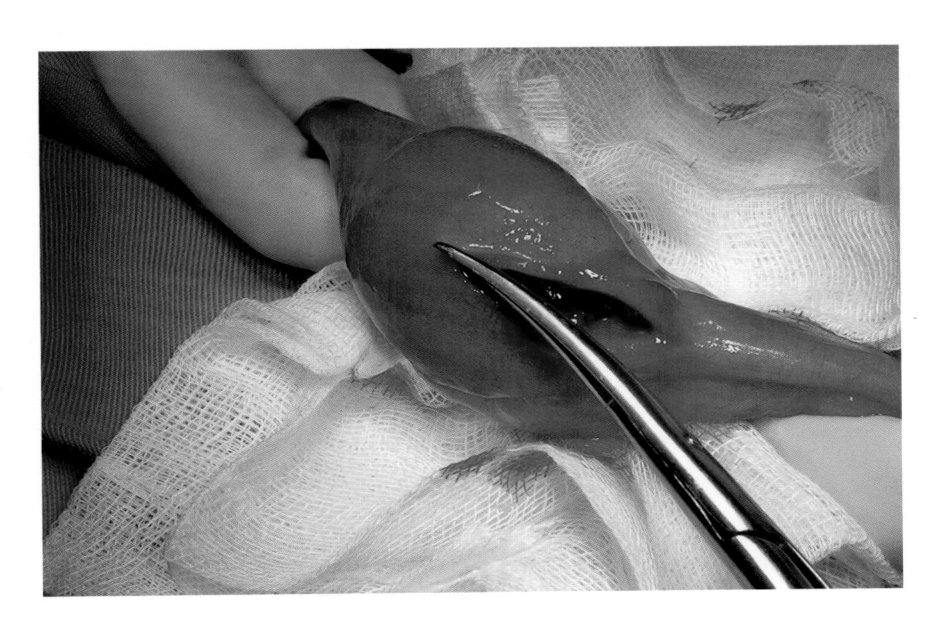

图7-19　肠壁切口大小应适合取出异物又不会撕裂肠壁。

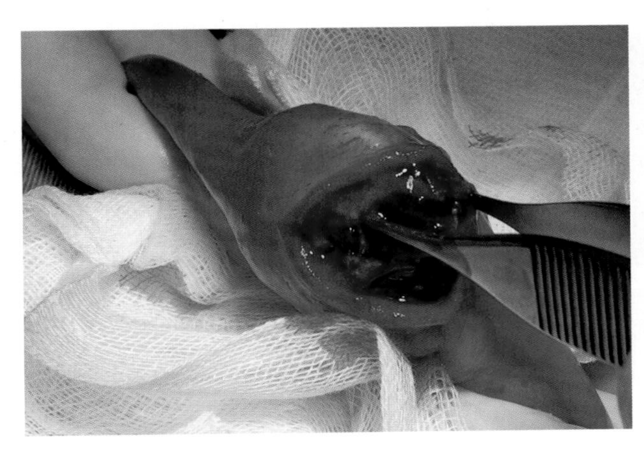

图7-20　异物可能粘连在肠黏膜上。在取出时，先将其从肠壁上轻轻地剥离下来。

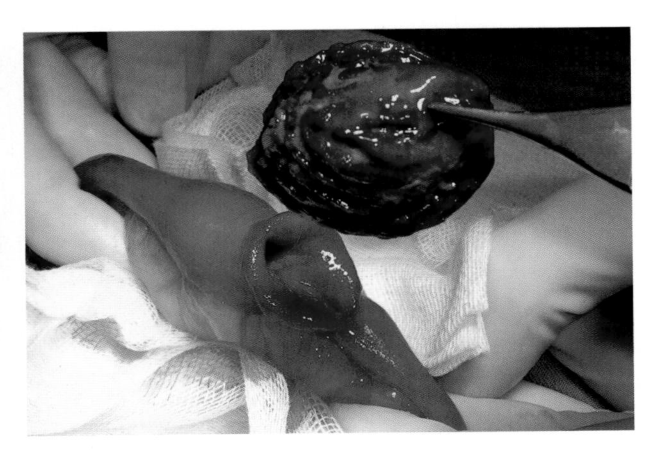

图7-21　本病例中引起肠梗阻的是桃核。

表7-3 缝合方法对肠管狭窄程度的影响

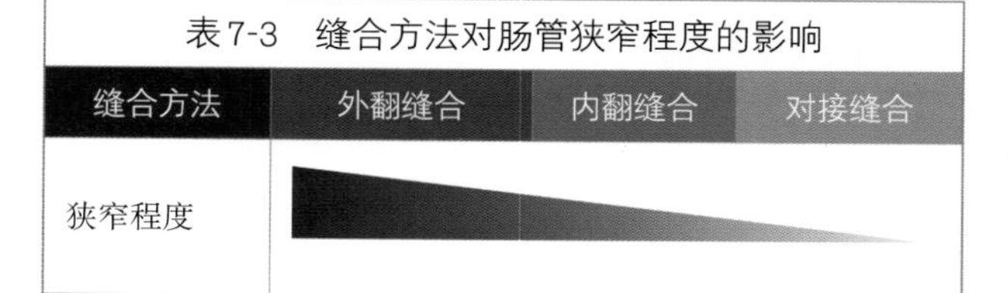

| 缝合方法 | 外翻缝合 | 内翻缝合 | 对接缝合 |
|---|---|---|---|
| 狭窄程度 | | | |

*

用单丝合成可吸收材料穿在无创圆针上（患严重低蛋白血症的病例用不可吸收材料）

推荐使用对接缝合

Gambee缝合两次穿过黏膜下层，抗性强。同时，这种缝合方法造成的狭窄程度最小

下框图示意如何用Gambee缝合法（对接缝合）闭合肠切开术的切口，图7-22至图7-26为操作步骤。⑨缝合结束后，向肠腔内注入适当压力的生理盐水，检查缝合处的密闭性。观察缝合处是否渗漏（图7-27）。如发现渗漏，应补缝切口，直至没有液体漏出。⑩在将肠管还纳入腹腔之前，应冲洗肠袢。如怀疑有腹腔污染，可用大量温的无菌生理盐水冲洗腹腔。⑪检查肠管的其余部分，确保没有因异物通过而产生的其他损伤，还要检查手术显露的其他腹腔器官。⑫最后，用一段网膜覆盖肠袢，封闭缝合处，以防止切口处与其他腹腔组织发生粘连（图7-28）。

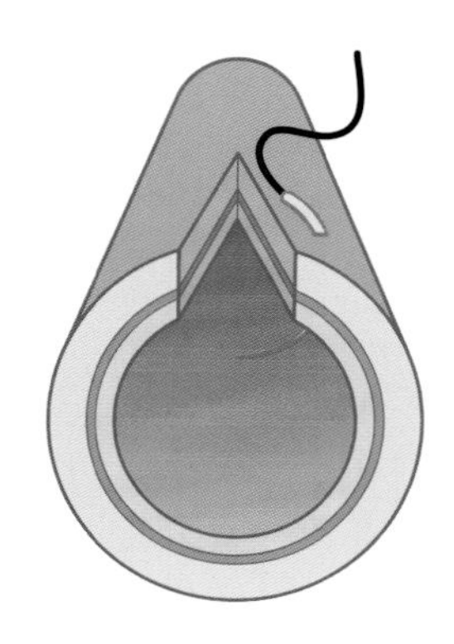

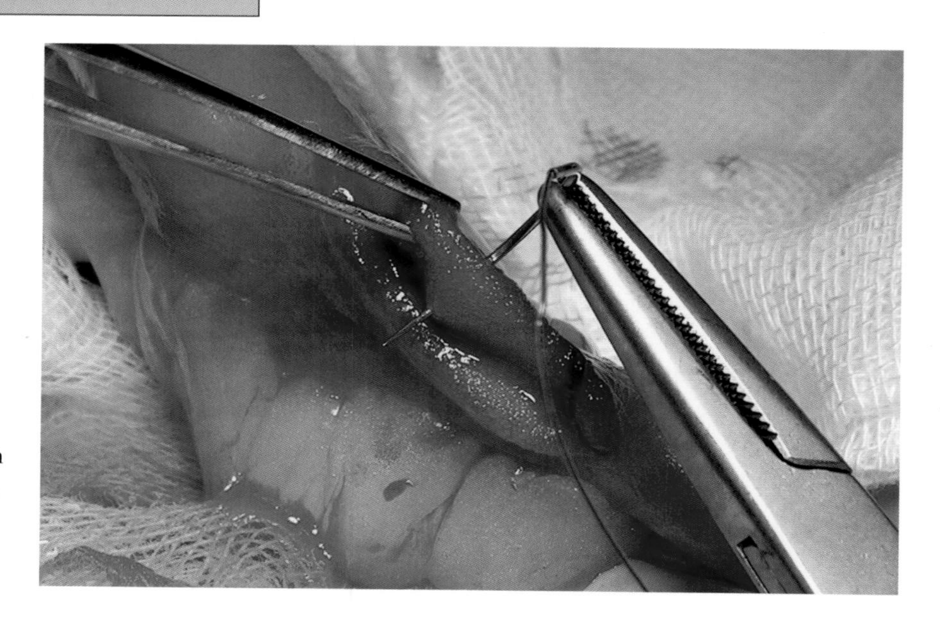

图7-22 在距离切口边缘3mm处的浆膜入针，穿过肠壁各层，在切口的黏膜侧出针。

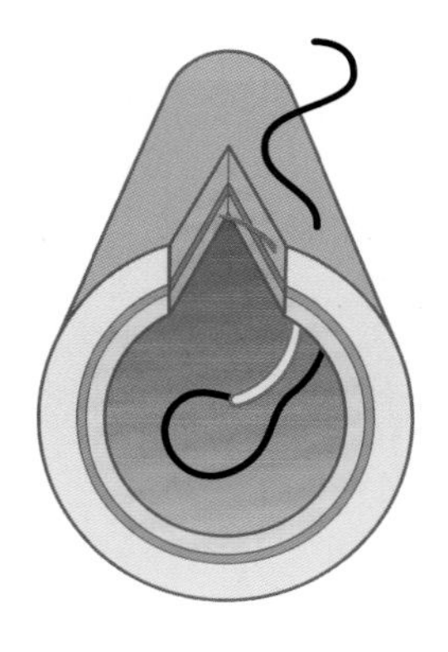

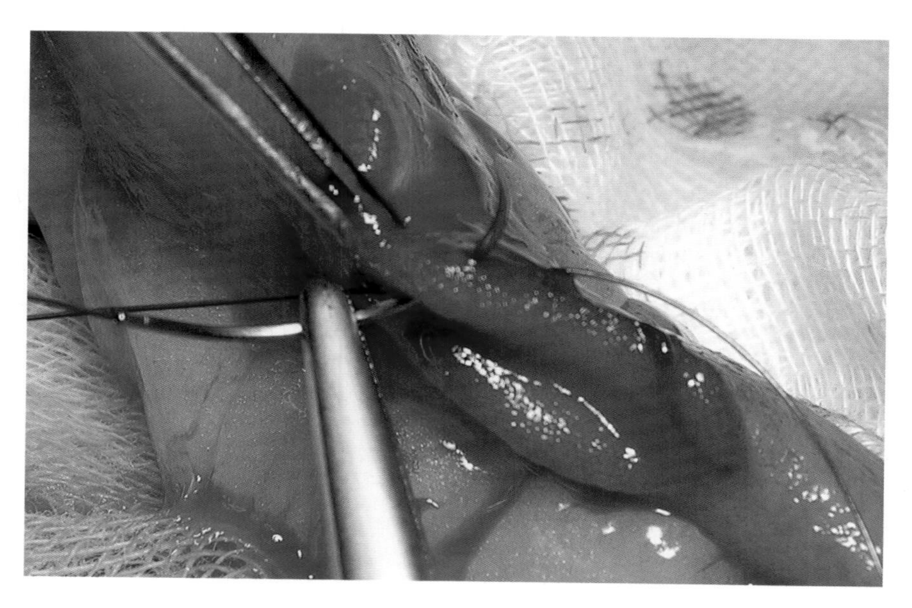

图7-23 接着调转入针的方向，从距离切口边缘1mm处的黏膜入针，从浆膜下穿出肠壁，缝针不要穿入浆膜。

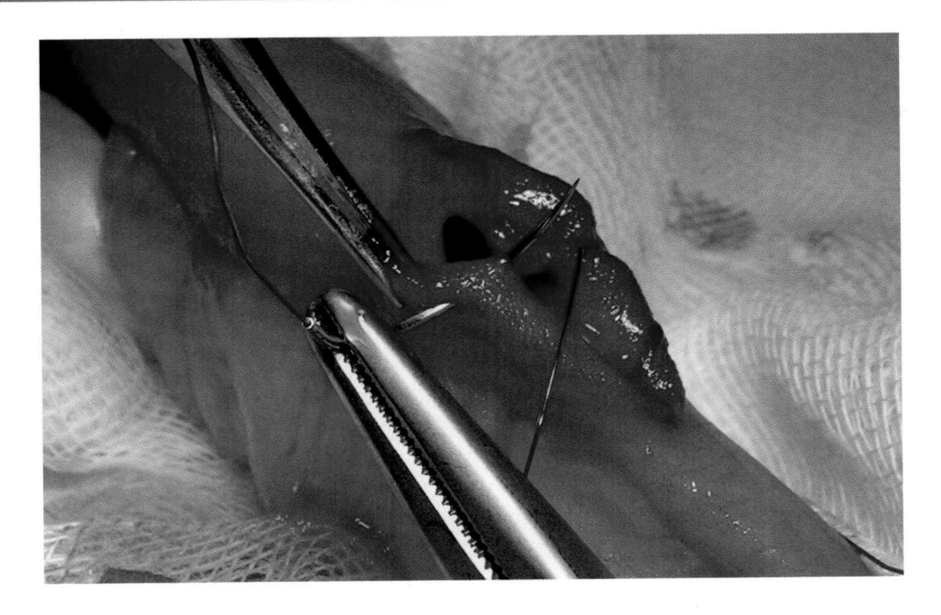

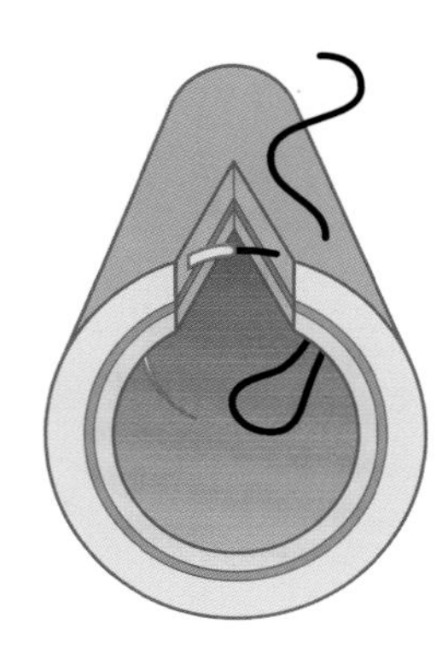

图7-24　用相同的操作方法，但不同的方向，在对侧肠壁入针、出针。在对侧肠壁切口的浆膜下层入针，从距离切口边缘1mm的黏膜侧出针。

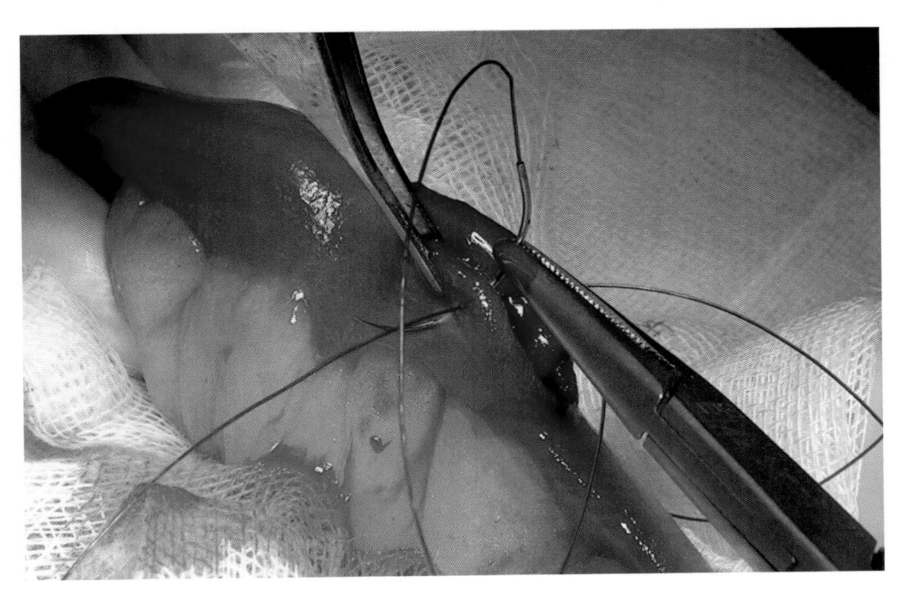

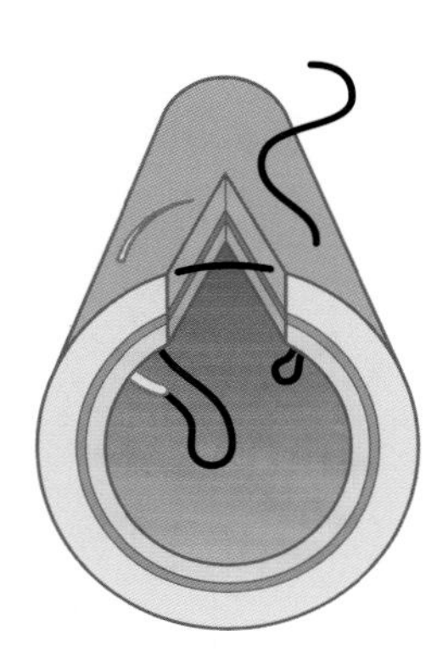

图7-25　接着调转入针的方向，从距离切口边缘3mm处的黏膜入针，穿过肠壁各层，从距离切口边缘3mm处的浆膜出针。

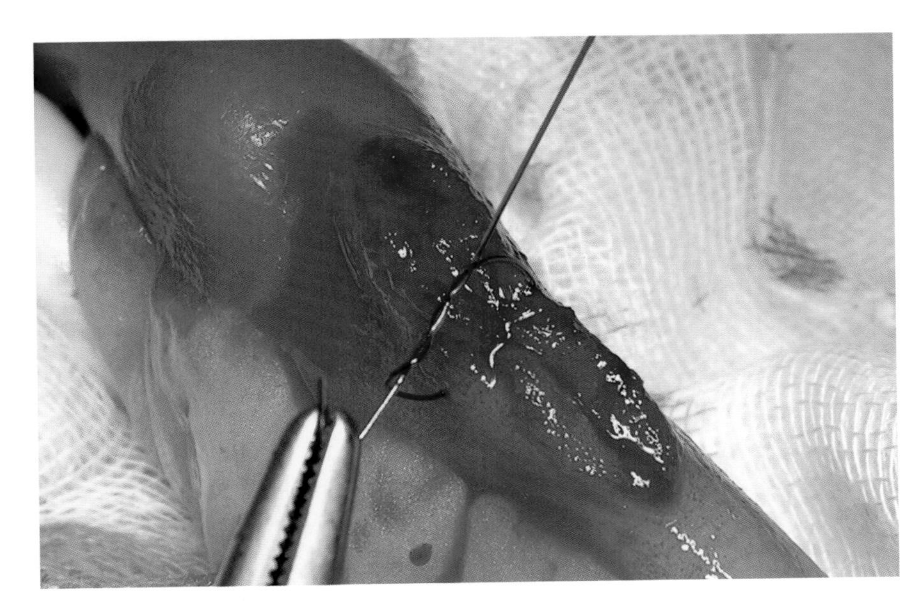

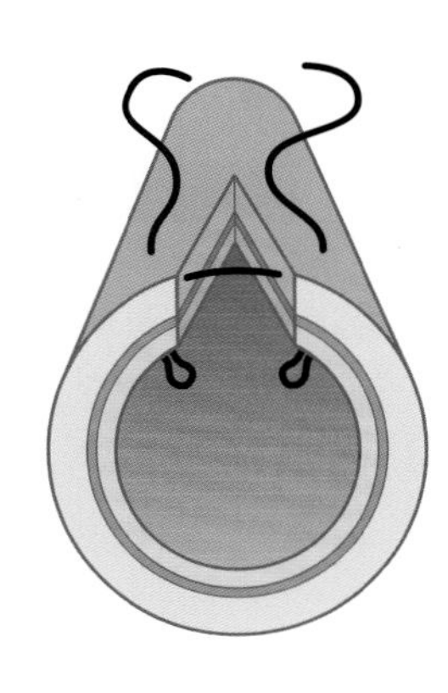

图7-26　抽紧缝线使切口边缘对合、固定，在足够的张力下打结，但不能撕裂组织。

在闭合腹壁切口之前，应检查整个肠道，以确保所有问题都解决了

✱ 手术结束时，检查是否有其他的腹腔疾病或损伤

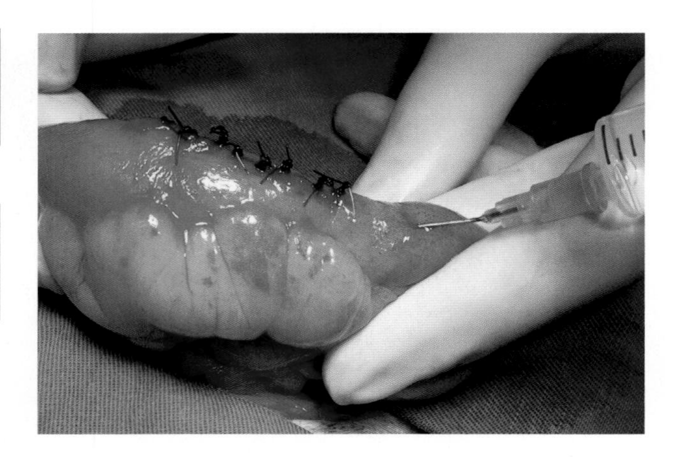

图7-27　向肠腔注入适当压力的生理盐水，检查缝合处的密闭性。在缝合处不应发生渗漏。

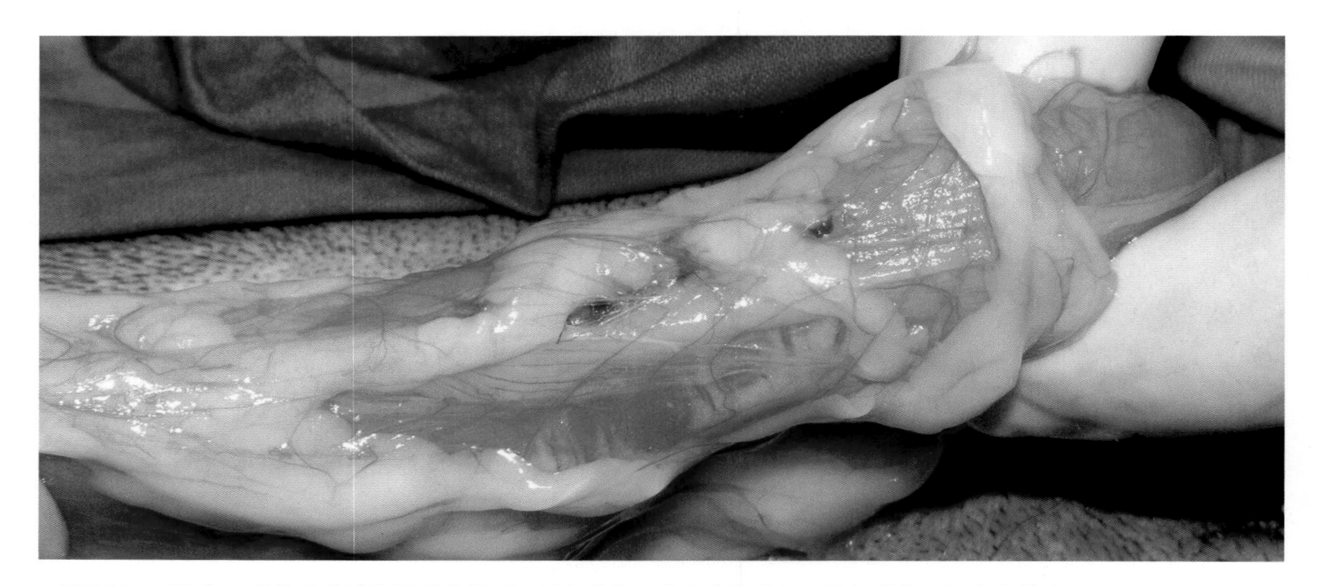

图7-28　对肠切口的缝合处进行网膜化处理，以促进伤口愈合和防止切口处与其他组织发生粘连。

## 肠切除术

技术难度 ■■■□□

肠切除术用于切除因不同病理过程而导致的缺血或坏死的肠段。为取得最佳效果，应当：①用前面描述过的方法将肠袢牵引至腹腔外。②如果肠道没有发生穿孔，检查肠血管的复原能力。在合理怀疑的情况下，建议切除受损肠段（图7-29）。③确定切除肠段的长度。这取决于肠道的受损程度及血液供应情况（图7-30至图7-37）。④切开肠系膜的位置应尽可能远离灌流吻合处的血管。记住在吻合术后应缝合肠系膜，以免发生肠嵌闭（图7-38、图7-39）。⑤采取挤奶一样的挤压方式，用手指排空切除肠段两端两侧的肠内容物。⑥用肠钳（无损伤Doyen型钳）钳夹肠段或在助手协助下，中断肠内容物的转运，以免肠内容物从肠管流出（图7-40、图7-41）。⑦在切除部位肠段的两侧各夹一把肠钳，以避免肠内容物流出。⑧在阻塞物的头尾两端切断肠管。若吻合的肠管两端直径相同，可做垂直切断；若直径不同，则直径较小的一端肠管做斜形切断。⑨切除梗阻的肠段，切勿污染腹腔。⑩抽吸并用湿纱布去除吻合处肠管断端的肠管内容物。⑪建议缺乏经验的外科医生切除肠管断端外翻的黏膜，并切除肠系膜边缘的脂肪，但不能损伤其中的血管（图7-40）。⑫从肠系膜缘肠管开始进行吻合缝合，注意一定不要将此部位的脂肪缝合进来。第一针打结时的线头要留的长一些，以便保持张力

并进行牵引（图7-41）。⑬第二针在肠系膜缘对侧的肠管，与第一针呈180°，这是第二针牵引缝合（图7-42）。⑭用选好的缝线，缝合吻合端靠近外科医生一侧的肠管。⑮完成这一侧的缝合后，将肠管翻转，缝合吻合端另一侧的肠管（图7-43）。⑯完成吻合后，检查缝合处是否渗漏。操作如下：不移去肠钳，向肠腔中注入适当压力的生理盐水，检查缝合处是否有渗漏（特别注意观察肠系膜区域，图7-44）。⑰缝合肠系膜上的缺口，以免发生肠嵌闭。特别要注意的是不要将附近的血管缝合进来（图7-45）。⑱冲洗肠袢并将其还纳入腹腔。⑲如果担心腹腔被渗漏的肠内容物污染，可用大量温的无菌生理盐水对腹腔进行冲洗和抽吸。⑳网膜化肠管切除术的吻合部位（图7-46）。㉑常规闭合腹壁切口。

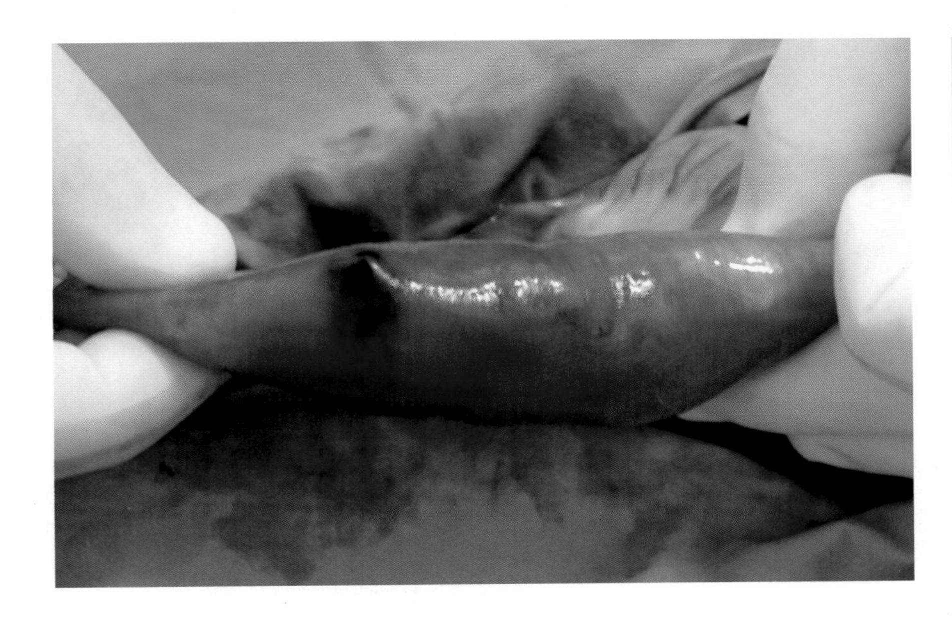

记住，一旦去除梗阻，肠血管复原能力很强。若怀疑血液供应无法恢复，在决定切除肠段之前，先耐心观察

图7-29　坏死部位在肠系膜对侧肠管，因异物压迫肠壁而引起。将病变肠段牵引至腹腔外，并将其与周围组织严密隔离。

图7-30　请注意，图片显示需要切除的受损肠段及灌流该肠段的血管。

图7-31　很显然，本病例需要结扎标记上红点的血管，因为它们为坏死区域供血。标记上橙色点的血管也应该结扎，因为怀疑这些血管供血的区域发生了坏死。

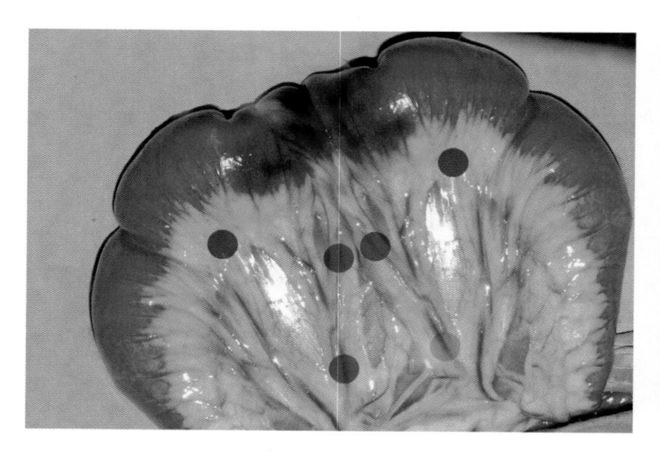

图7-32　最后，向坏死区域灌流血液的肠系膜弓形血管也需要结扎（蓝色圆点）。

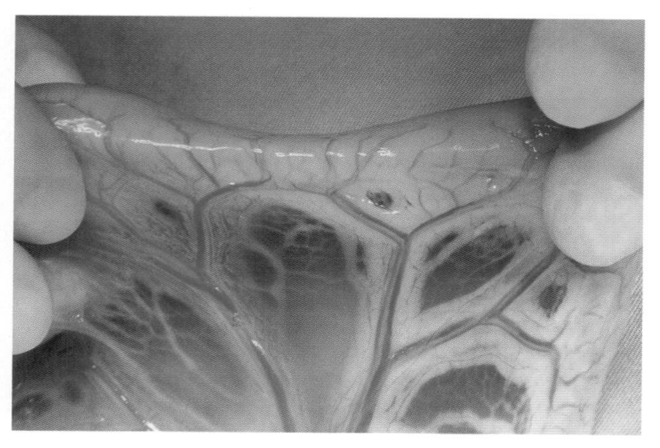

图7-33　确定需结扎的肠系膜弓形血管。

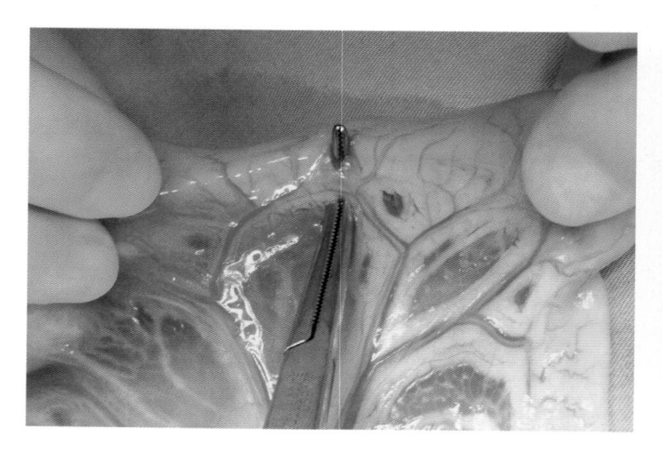

图7-34　用弯止血钳在结扎部位的肠系膜上做必要的穿孔。

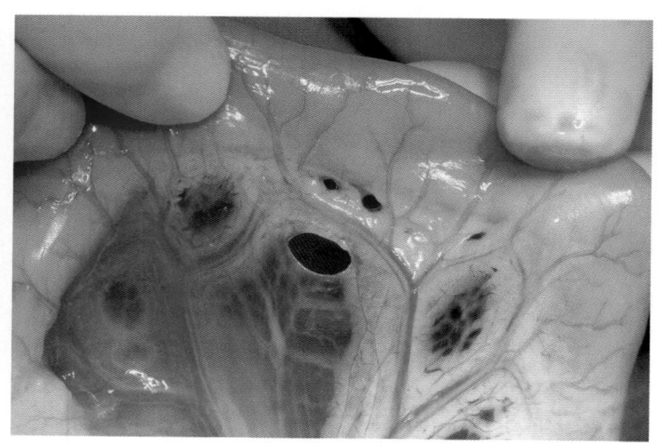

图7-35　肠系膜的分离和穿孔应尽可能接近肠管。

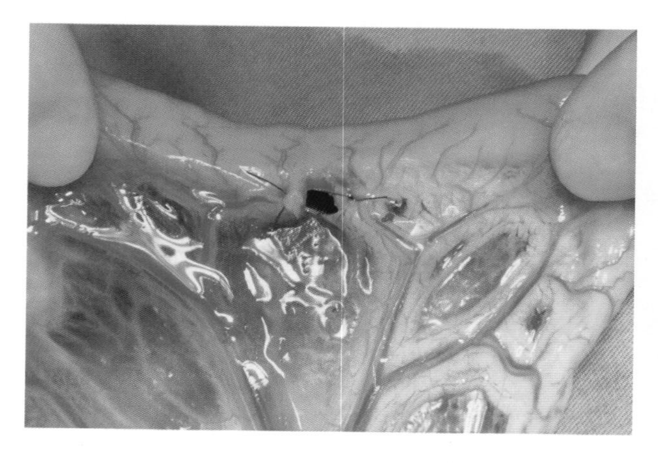

图7-36　可吸收材料对肠系膜弓形血管的结扎不能阻碍血液对吻合处肠管的灌流。

图7-37　上述血管全部结扎后，肠管血液供应中断的区域。用这种方法可以清楚地确定要切除肠段的边界。

在切除肠管之前，确定要结扎那根血管是很重要的。记住要保持肠管吻合端的血液供应，并且吻合端的血管越直越好

✱ 如果切除部分中包括十二指肠，则要保留胰十二指肠血管的胰腺支；只有灌流十二指肠的侧支血流可以结扎或凝固

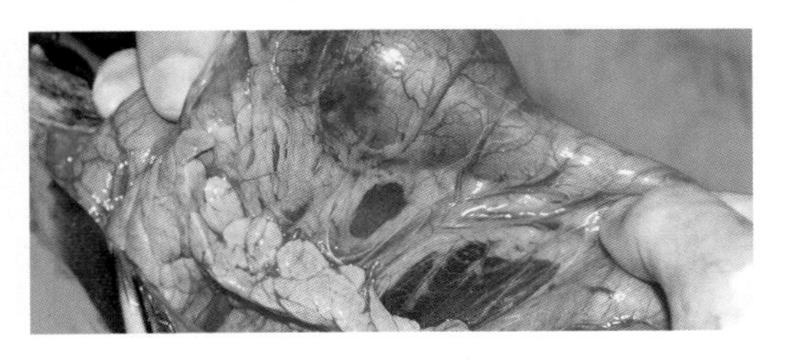

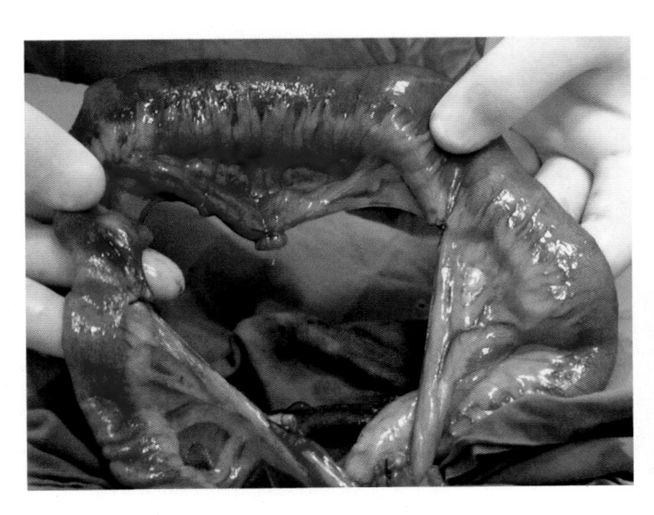

图7-38　结扎导致缺血，显露切除部位的边界。沿着血管切开肠系膜，尽可能多的保留组织，以便于缝合。

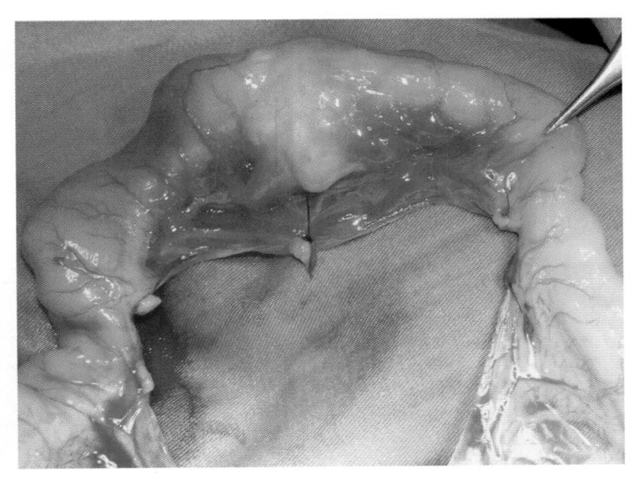

图7-39　肠切除术用于切除肠道肿瘤时，应切除肿瘤两侧约4cm的正常肠管。

✱ 使用无损伤圆针和单丝合成缝线。虽然原则上应使用可吸收缝线，但对于腹膜炎和低蛋白血症的患病动物，建议使用非吸收缝线

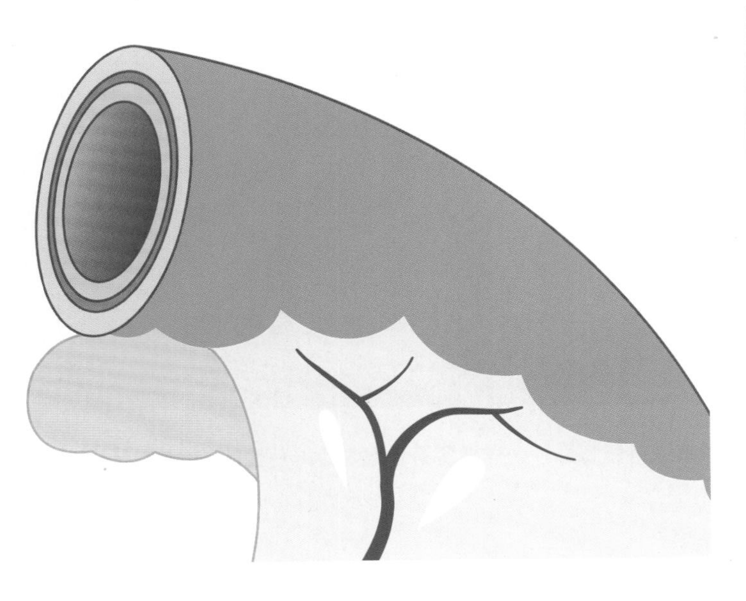

图7-40　格外留意肠系膜缘的脂肪，甚至可以切除脂肪。如果吻合端缝线中有脂肪，后期可能发生肠瘘和腹膜炎。

一定要确保吻合端缝线中没有肠系膜缘的脂肪。如果缝线上夹带着脂肪，那么肠内容物将会漏入腹腔中

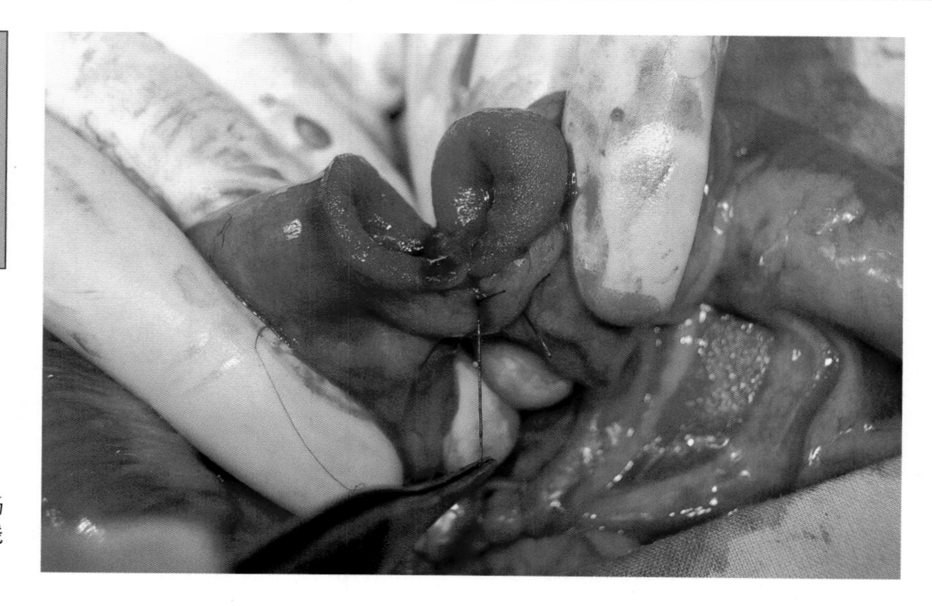

图7-41　吻合术的第一针从肠系膜缘的肠管开始，要确保缝线上绝对没有脂肪。

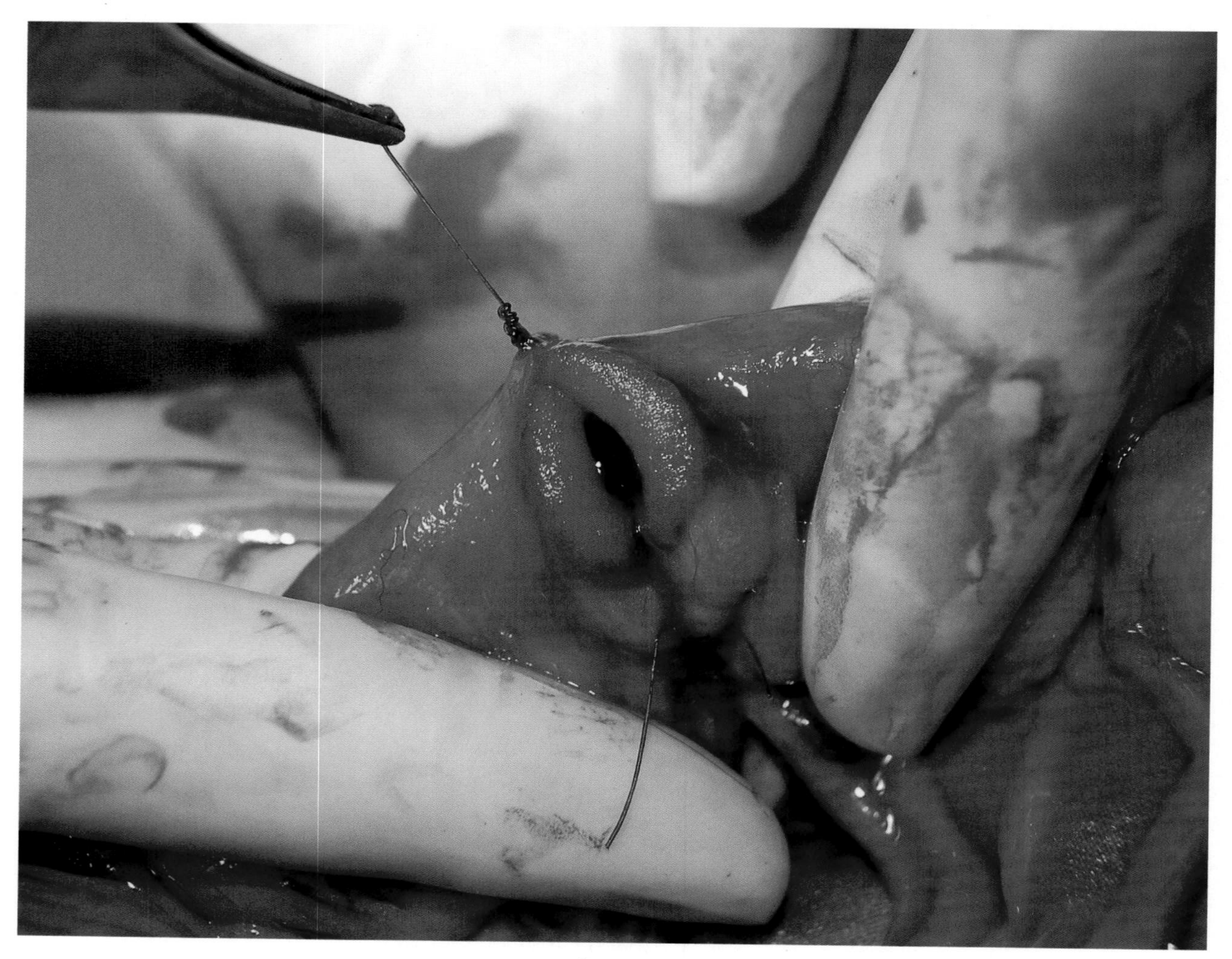

图7-42　第二针牵引固定缝合在肠系膜缘对侧肠管，这样很容易分配吻合端两侧的缝合。

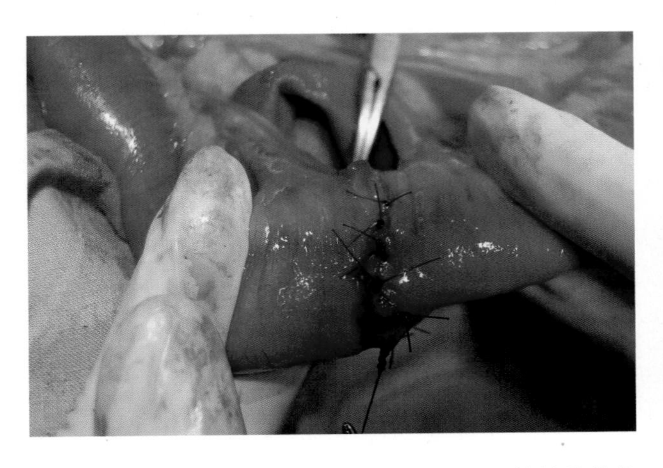

图7-43 完成端端吻合术的患猫，采用4/0单丝缝线的单纯间断缝合。

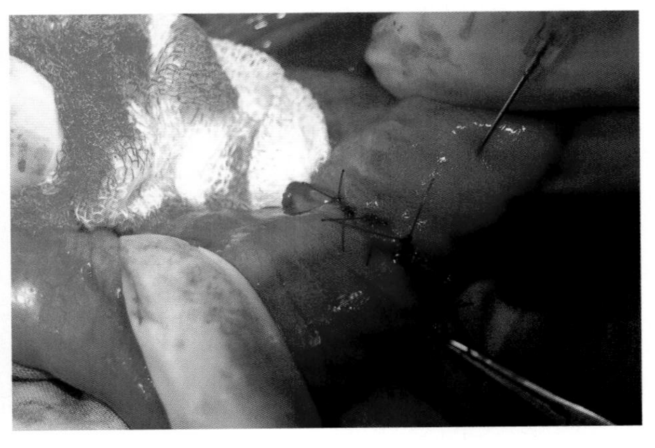

图7-44 吻合术结束后，向肠腔中注入适当压力的生理盐水，检查缝合处是否渗漏。

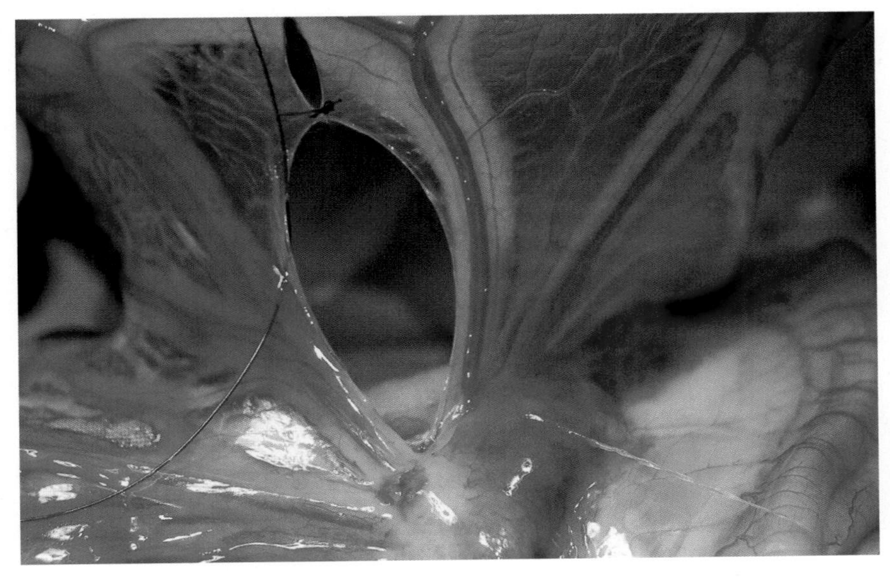

图7-45 缝合肠系膜的缝线与肠管吻合术相同。进行3 ~ 4针单纯间断缝合，注意不要伤及附近的肠系膜血管。图片显示的不是肠切除术，而是创伤后的肠系膜破裂。

*

肠管吻合端的缝合要精确且分布均匀。打结时，抽紧缝线以组织紧密对合为宜，不能对组织产生压迫。缝线过紧会导致组织缺血、缝线裂开和发生腹膜炎

肠切除术完成后，检查肠道的其余部分以及其他腹腔器官

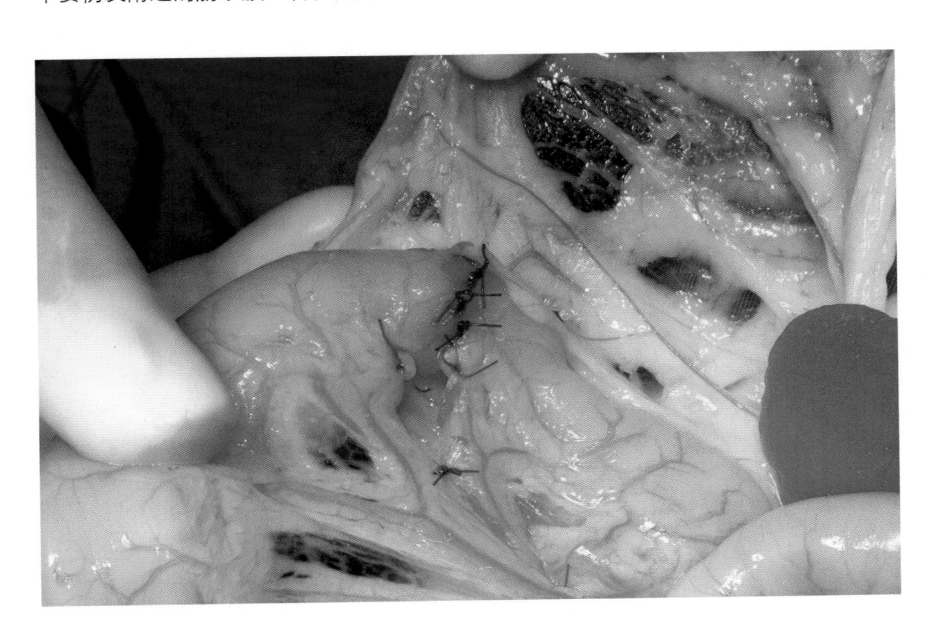

图7-46 为了促进局部伤口愈合，减少发生肠瘘的风险，并防止伤口与其他腹腔脏器粘连，可将一块网膜覆盖在吻合术的缝合部位上。

## 肠切除术：缝合器

技术难度 ■■□□□

切除肠管后，可由手工缝合或采用缝合器缝合完成吻合。缝合器缝合需要采用不同的肠切除技术。具体操作举例如下（图7-47至图7-61）。

这种操作需要特殊的器械：

- GIA型外科缝合器，可置入2排U形钉，并切断和分隔2排U形钉之间的组织。
- TA型无刀外科缝合器，可置入2～3排U形钉，但无切割肠管的功能。

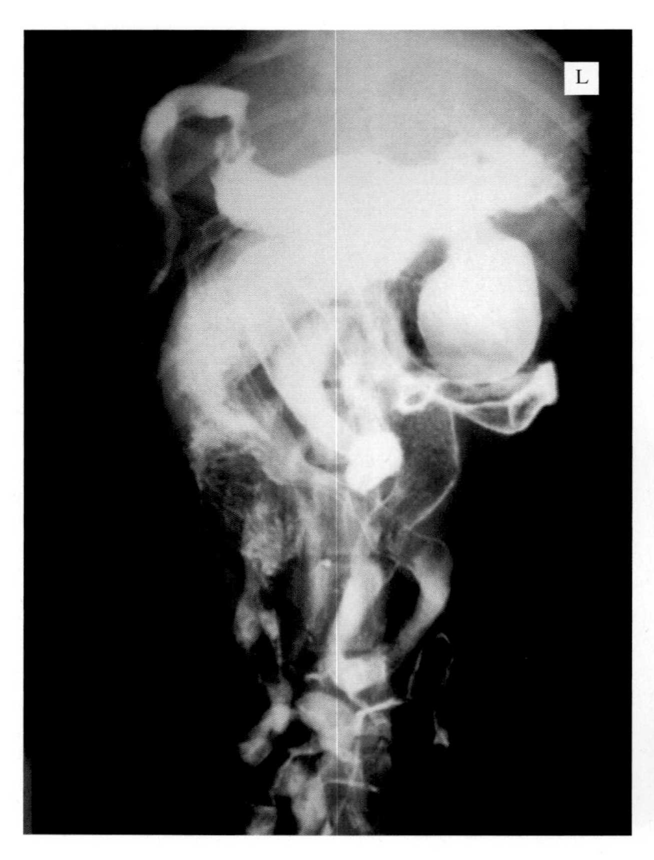


图7-47 患犬小肠发生部分梗阻。积聚的造影剂突出了阻塞物前方的肠扩张部分。

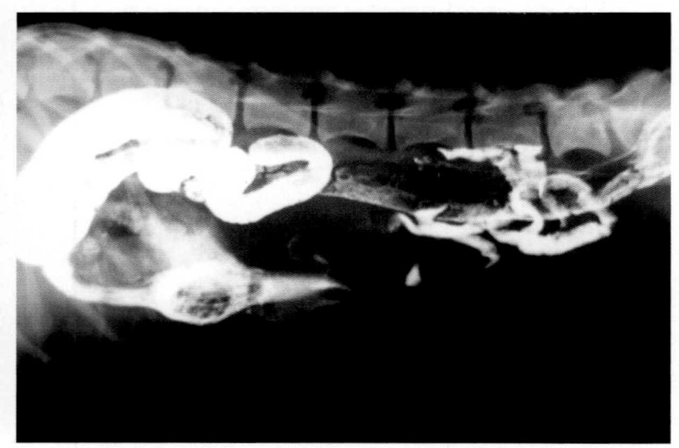

图7-48 侧位X线片上的异物清晰可见（1个桃核），以及灌注入大肠的造影剂。

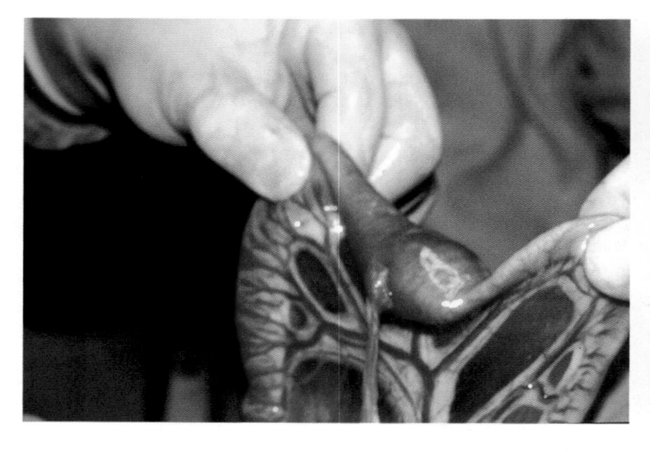

图7-49 腹中线切口打开腹腔后，找到梗阻的肠袢。肠壁肉眼未见异常，但有一块网膜粘在上面（缺血指征并有可能发生了穿孔），提示需进行肠切除术。

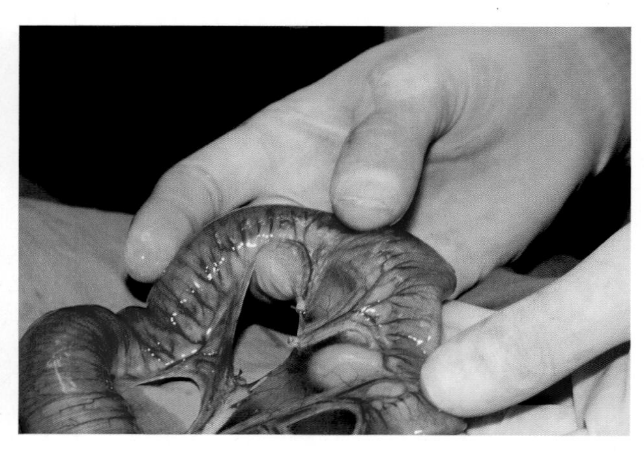

图7-50 与所有的肠切除术一样，确定要切除的肠段并进行肠系膜血管的结扎。

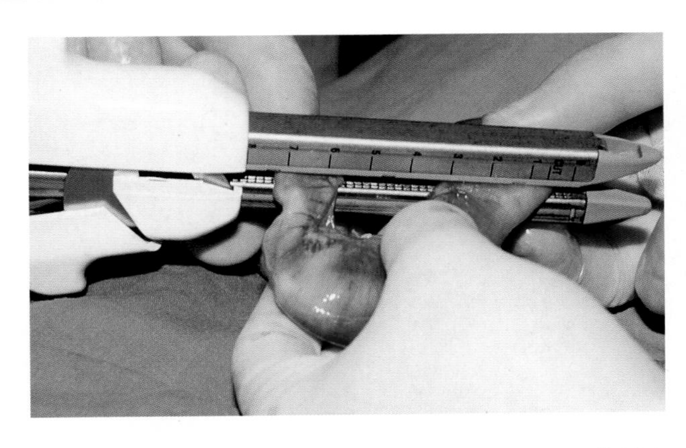

图7-51　用GIA型外科缝合器去除受损肠袢。肠管断端保持密闭性闭合，没有肠内容物漏出。

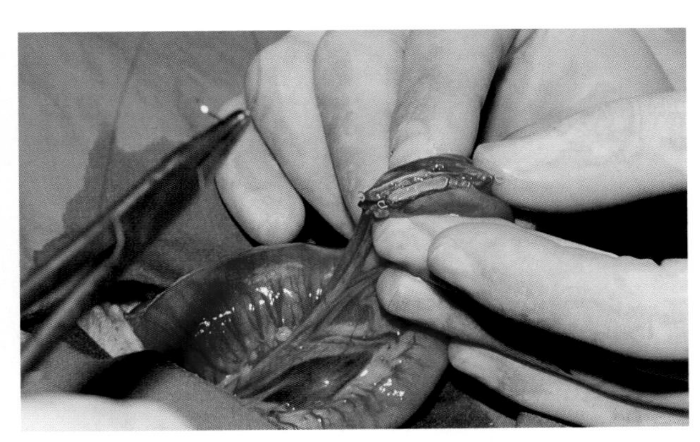

图7-52　将需要吻合的两个肠段侧侧对齐。

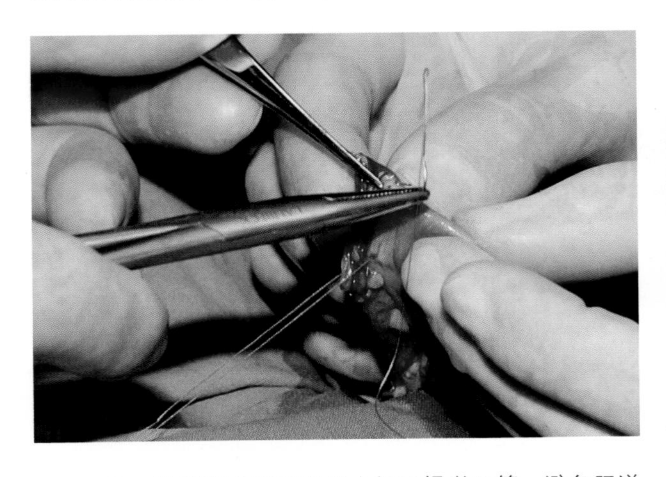

图7-53　做两针牵引固定缝合便于提举肠管，避免肠道内容物漏出，也有利于安装下一个缝合器对肠管进行的操作。

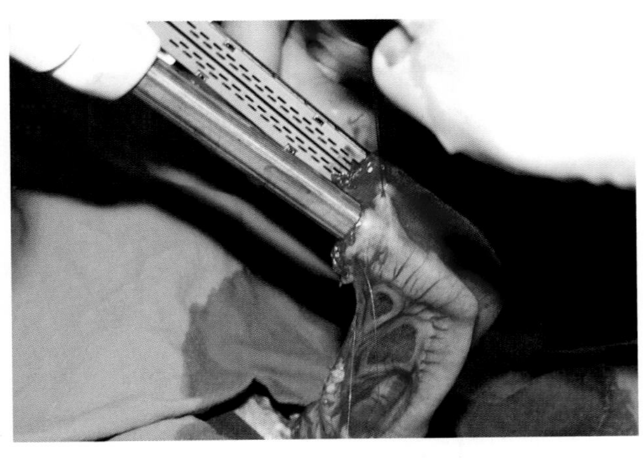

图7-54　在放置缝合器的部位，从肠系膜对侧肠管方向，用手术剪做一斜形切面，将GIA型外科缝合器的两支插入两个肠段中。

第一针缝在肠系膜缘靠近切口表面的肠管上，第二针缝在肠系膜对侧肠管离切口约1cm的部位，因为肠系膜对侧肠管的这个角会被剪掉，以便放置缝合器进行吻合

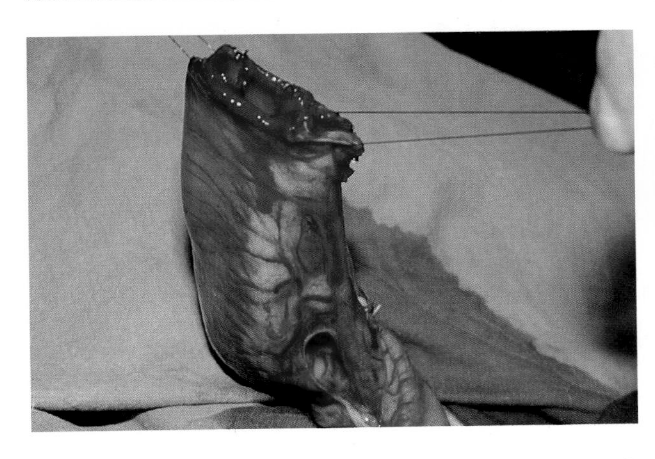

图7-55　两排U形钉已将每一边缝合在一起，取下缝合器后，两个肠段已连接在一起。

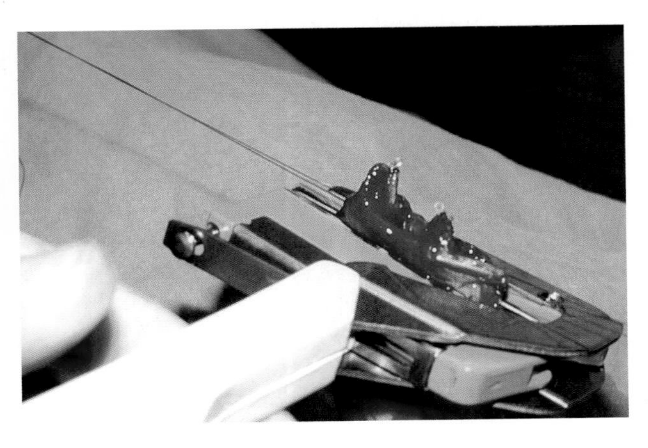

图7-56　用TA缝合器向肠道植入两排U形钉，将肠道完全闭合。

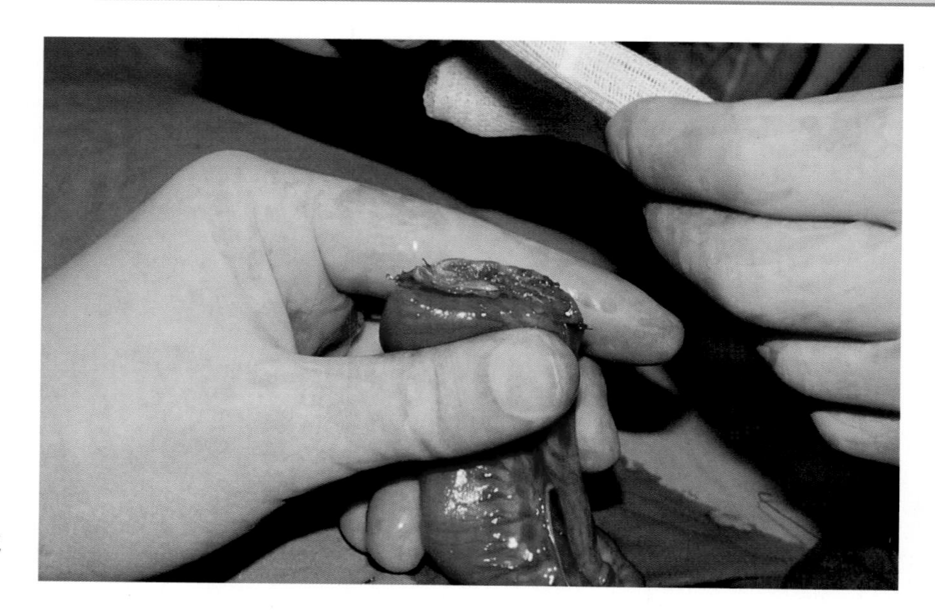

图7-57 在取下缝合器之前，用手术剪剪去多余的组织，完成侧侧吻合。

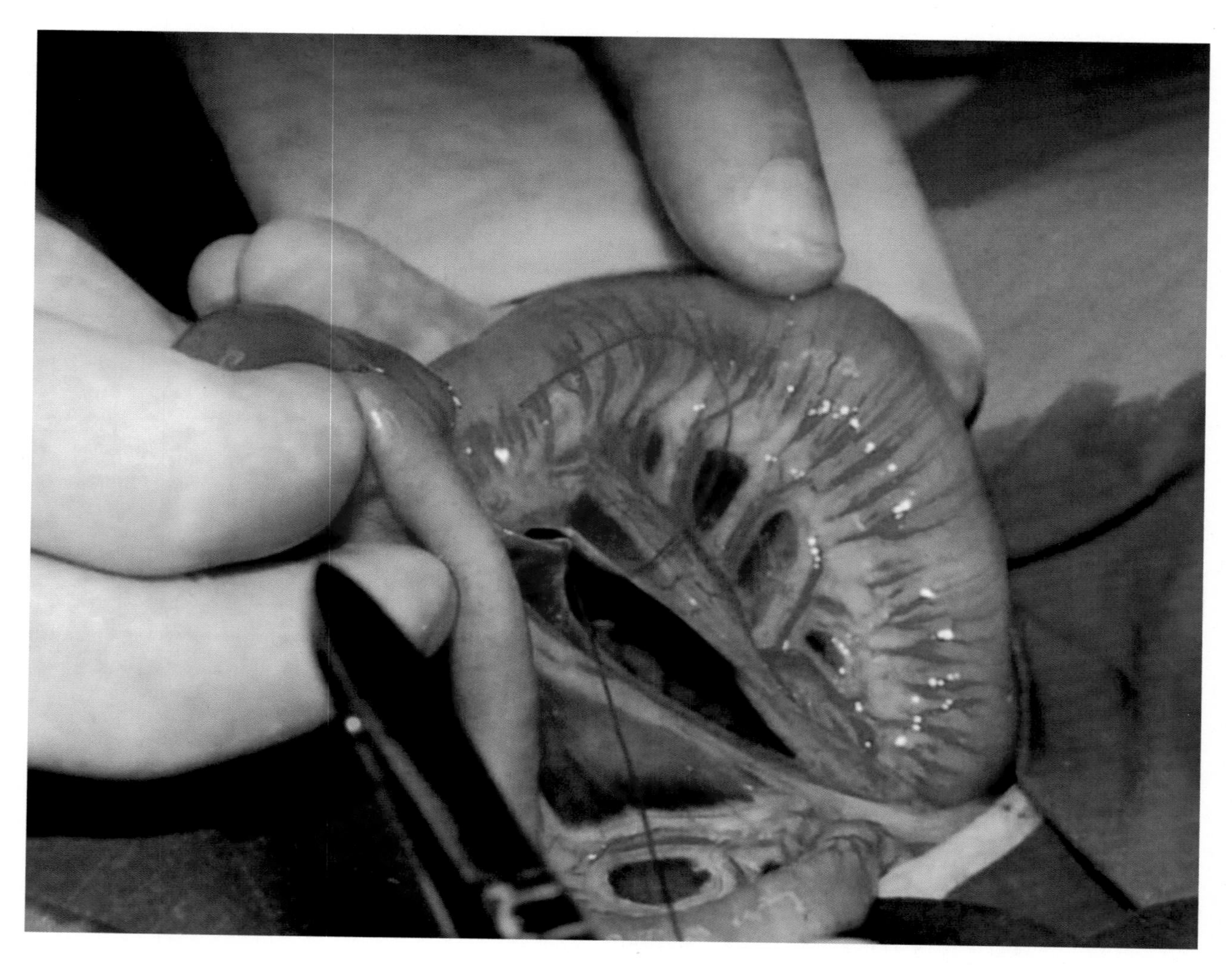

图7-58 随后用穿有3/0单丝缝合材料的圆针，以单纯间断缝合闭合肠系膜切口。

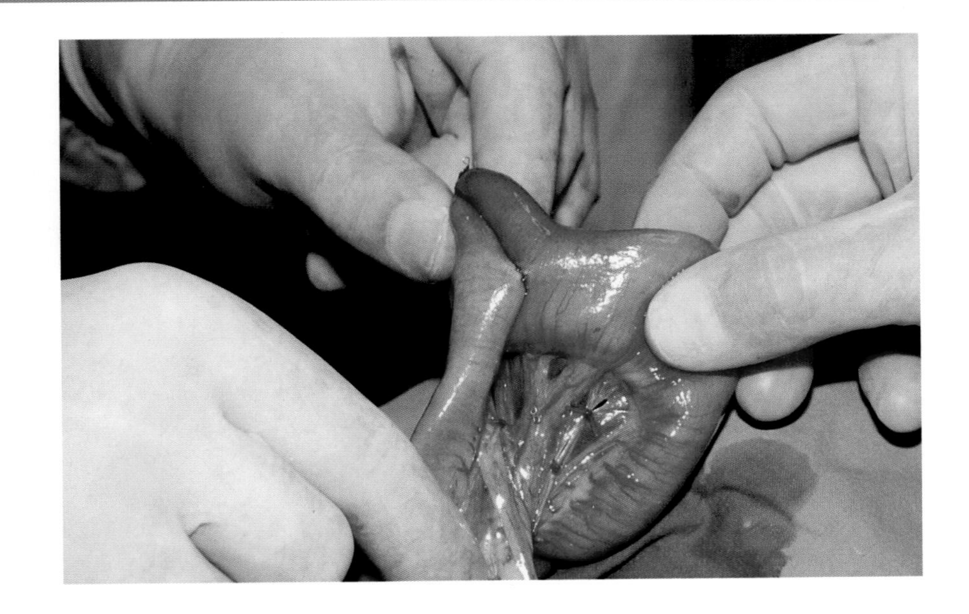

图7-59　侧侧吻合完成后的外观。

桃核常引起肠梗阻，因其粗糙的表面易于黏附在肠绒毛上

图7-60　引起梗阻的桃核。

使用缝合器的优点是操作速度快，可获得肠管断端的完全密闭，不会发生因切口裂开而引起的继发性并发症。主要缺点是成本高，不易于肠径较小的肠道使用。

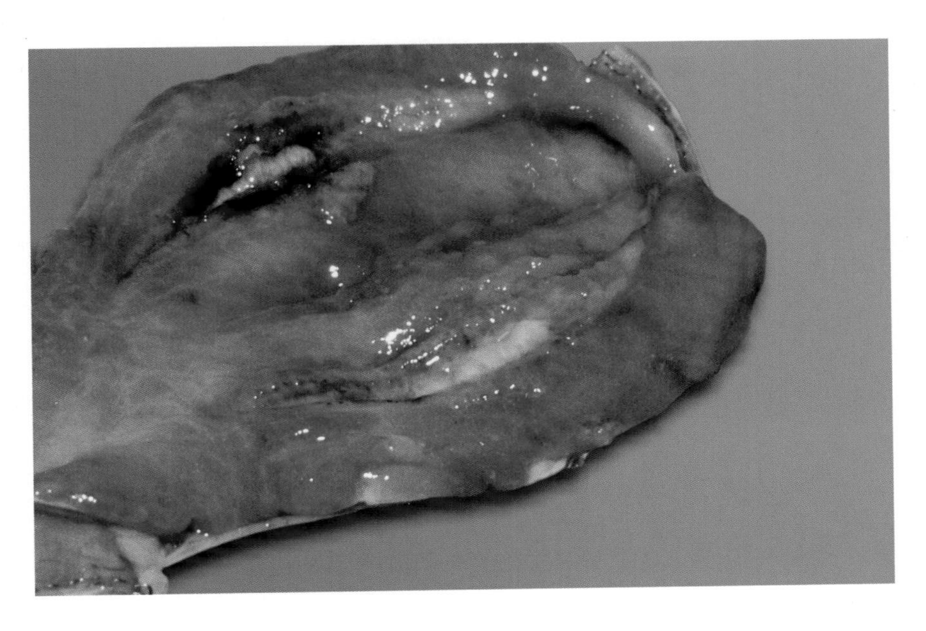

图7-61　注意桃核可能引发的肠壁损伤。本病例虽未发生肠道穿孔，但已造成严重的肠管坏死。

# 异 物

## 非线性异物引起的肠梗阻

患病率

在小动物临床病例中，异物引起的肠梗阻十分常见。

肠管的直径小于食管或胃腔，因此，能通过食管或胃腔的异物可能会卡在肠道内。

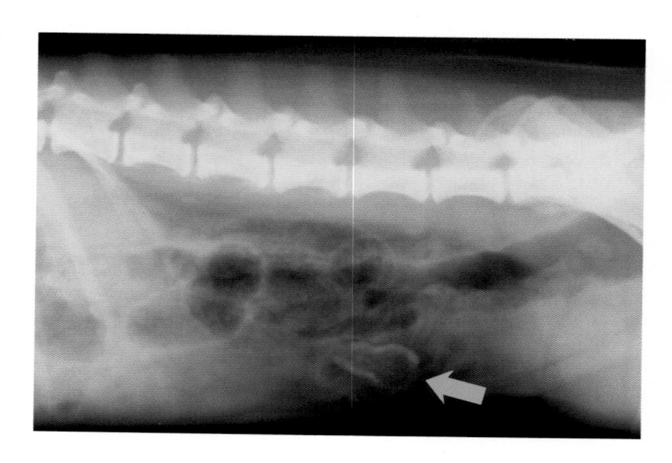

图7-62 橡皮奶嘴引起的肠梗阻。X线可穿过薄的材料，异物的轮廓清晰可见。

### 临床症状

依据阻塞物的位置，肠梗阻的临床症状差异较大，有的症状不明显，有的很严重。

小肠梗阻：

- ■ 持续呕吐。
- ■ 脱水，电解质紊乱。
- ■ 腹痛。

大肠梗阻：

- ■ 厌食、沉郁。
- ■ 粪样呕吐。
- ■ 体重减轻。
- ■ 腹痛。

### 诊断

主要采用X线检查进行诊断（图7-62至图7-64），但需注意肠梗阻的X线片表现（如肠臌气、发卡样肠袢、钡剂转运延迟）也可能会出现在非梗阻性肠麻痹中（如腹部手术或创伤、骨髓损害、血清钾变化、尿毒症、腹膜炎，见图7-65、图7-66）。因此，超声诊断逐渐受到重视。因为超声诊断在检测异物的同时，还能评价肠壁的状况以及继发性腹膜炎的可能性。血液检查结果见表7-4。

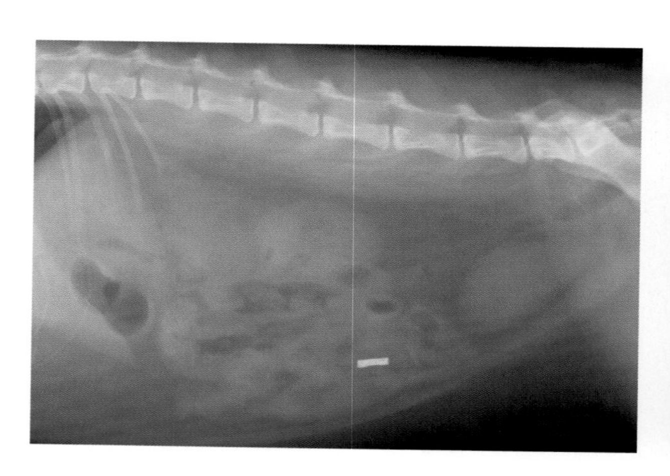

图7-63 小肠中的金属异物。

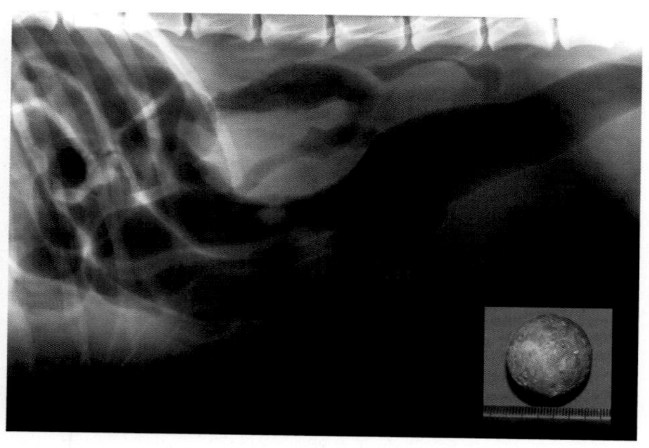

图7-64 麻痹性肠梗阻及梗阻物近端肠袢扩张中的球。可在X线片中找到异物。

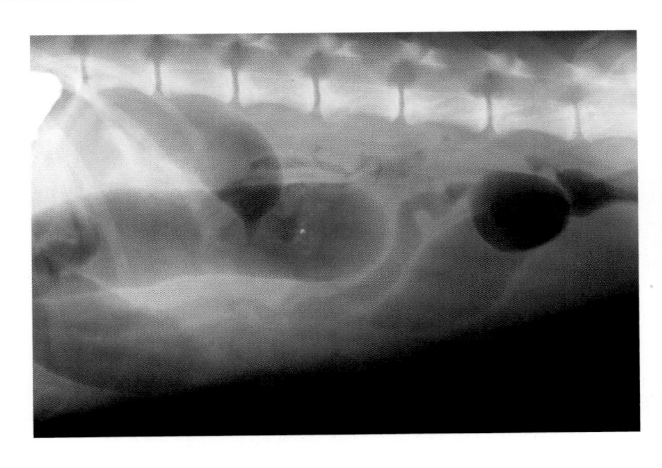

图7-65 麻痹性肠梗阻。由肝脂肪沉积引起的胃轻瘫。

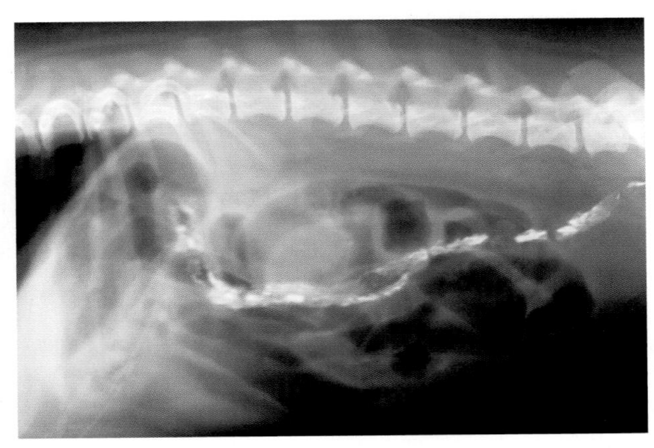

图7-66 肠袢臌气是之前的外科手术造成的。钡剂的正常运转证明没有发生肠梗阻。

表7-4 血液检查结果

| 指标（项目） | 样本值 | 参考值 |
| --- | --- | --- |
| 白细胞（$\times 10^3$/mm$^3$） | 20.61 | 5.5 ～ 16.9 |
| 淋巴细胞（$\times 10^3$/mm$^3$） | 1.02 | 0.5 ～ 4.9 |
| 单核细胞（$\times 10^3$/mm$^3$） | 3.73 | 0.3 ～ 2 |
| 中性粒细胞（$\times 10^3$/mm$^3$） | 15.56 | 2 ～ 12 |
| 嗜酸性粒细胞（$\times 10^3$/mm$^3$） | 0.20 | 0.1 ～ 1.49 |
| 嗜碱性粒细胞（$\times 10^3$/mm$^3$） | 0.11 | 0 ～ 0.1 |
| 红细胞压积（%） | 57.6 | 37 ～ 55 |
| 红细胞（$\times 10^6$/mm$^3$） | 8.60 | 5.5 ～ 8.5 |
| 血红蛋白（g/dL） | 20.3 | 12 ～ 18 |
| 血小板（$\times 10^3$/mm$^3$） | 301 | 175 ～ 500 |
| 总蛋白（g/dL） | 8.1 | 5.4 ～ 8.2 |
| 白蛋白（g/dL） | 3.9 | 2.5 ～ 4.4 |
| 球蛋白（g/dL） | 4.2 | 2.3 ～ 5.2 |
| 碱性磷酸酶（U/L） | 55 | 20 ～ 150 |
| 丙氨酸转氨酶（U/L） | 23 | 10 ～ 118 |
| 淀粉酶（U/L） | 404 | 200 ～ 1 200 |
| 总胆红素（mg/dL） | 0.5 | 0.1 ～ 0.6 |
| 尿素（mg/dL） | 47 | 7 ～ 25 |
| 钙（mg/dL） | 10.8 | 8.6 ～ 11.8 |
| 磷（mg/dL） | 6.5 | 2.9 ～ 6.6 |
| 肌酐（mg/dL） | 1.0 | 0.3 ～ 1.4 |
| 葡萄糖（mg/dL） | 124 | 60 ～ 110 |
| 钠（mmol/L） | 128 | 144 ～ 160 |
| 钾（mmol/L） | 3.0 | 3.5 ～ 5.8 |
| 氯（mmol/L） | 79 | 109 ～ 122 |

超声检查可通过阻塞物近端蓄积的液体识别低回声的异物和肠管的扩张，还可观察肠管的蠕动状态。通过多普勒观察肠壁的血液供应情况

## 治疗

许多异物不需要外科手术就能通过肠道（图7-67）。在这些病例中，需要用X线检查异物通过肠道的情况以及异物排出中遇到的阻碍。

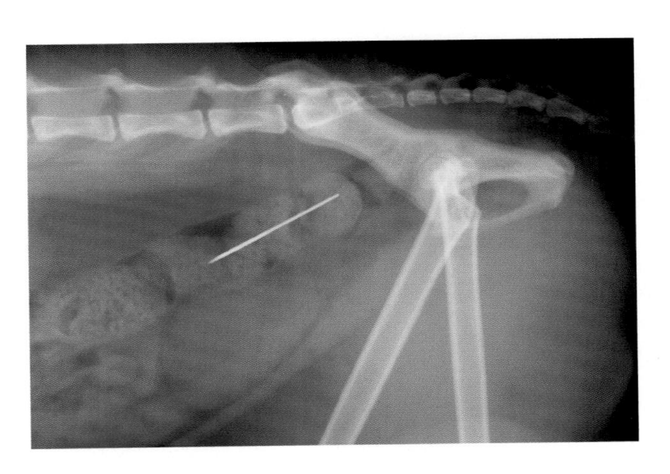

图7-67 只要缝纫针上穿的线没有缠在某段肠道上（通常在口腔中），针会随粪便排出而不伤及脏器。

观察到以下情况时，提示需要实施外科手术：

- 明显的嵌塞、阻塞物近端肠扩张、全肠麻痹性肠梗阻、呕吐、腹泻、腹痛等。
- 肠穿孔、腹膜炎、白细胞增多等。
- 异物在6 ～ 8h内没有改变位置。

如检查到肠道异物，但患病动物并未出现呕吐、腹痛、发热等症状，则不需要外科手术，因为异物可能会随粪便排出

## 术前

纠正水及电解质平衡紊乱。预防性应用抗生素：恩诺沙星（5～10mg/kg）和氨苄青霉素（22mg/kg）。

## 手术方法

经腹中线切口打开腹腔后，向后拨动大网膜，将肠袢牵引至切口外（图7-68）；向着一个方向向外逐渐牵拉肠管并同时还纳入腹腔中，寻找梗阻部位（图7-69）。找到梗阻部位后，依据肠管的状况，确定施行肠切开术或肠切除术。移除阻塞物后，应检查肠道的其余部位，确保没有其他损伤（图7-70至图7-72）。

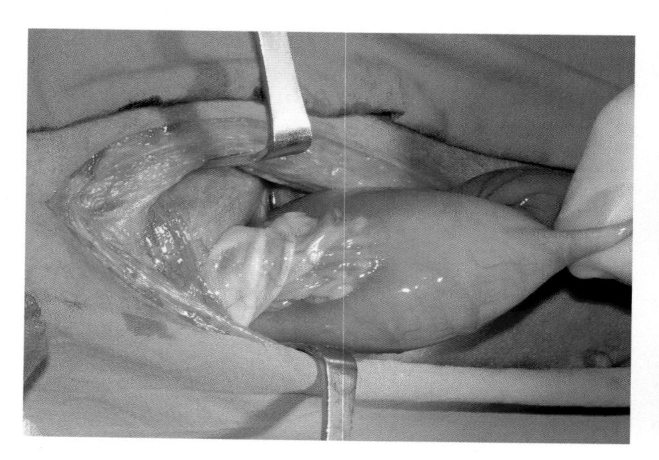

图7-68　显示一段臌胀的肠袢，这是阻塞物的近端。

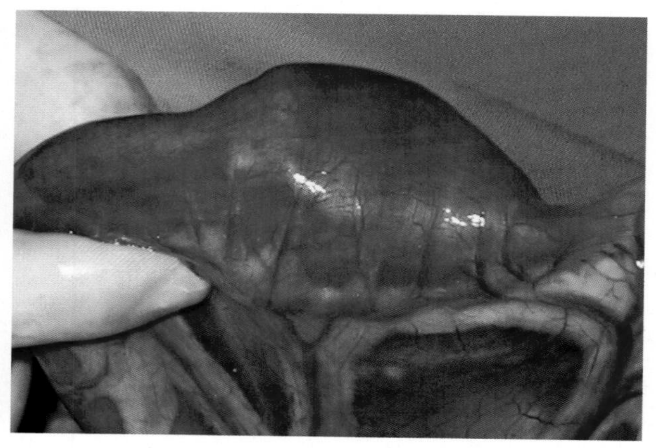

图7-69　确定梗阻部位，随后施行肠切开术，去除异物。

梗阻肠道血管的恢复非常快。但如存疑虑，可以施行肠切除术。在这种情况下，你怎么做呢？

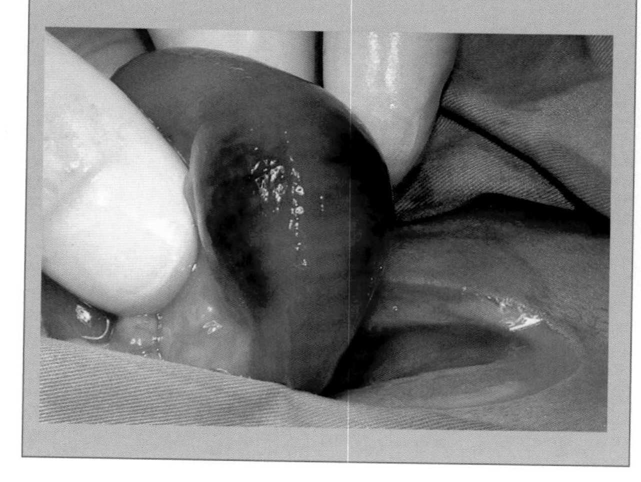

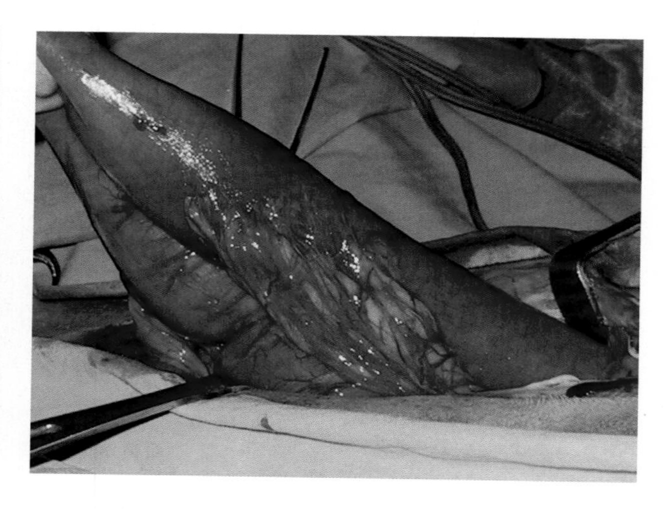

图7-70　本病例网膜与肠管粘连，这表明组织的损伤严重，需要手术切除这一段肠管。先对患犬施行肠切开术去除异物，再进行肠切除术切除受损肠段。

在完成手术、闭合腹壁切口前，外科医生需完全确定其他肠段绝对没有损伤

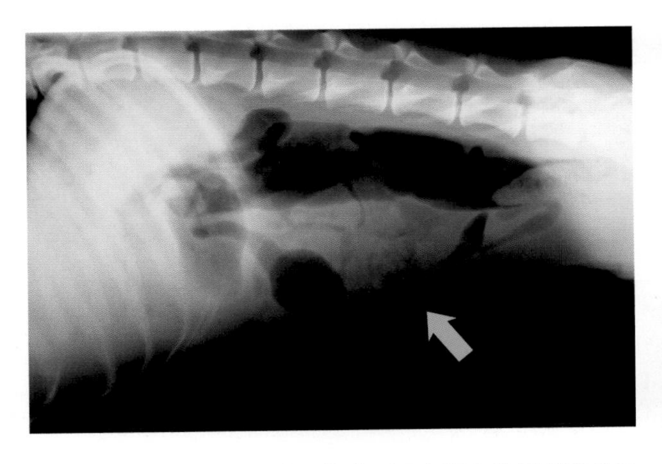

图7-71　图7-70病例的X线片，可在腹中部看到引起肠梗阻的异物。

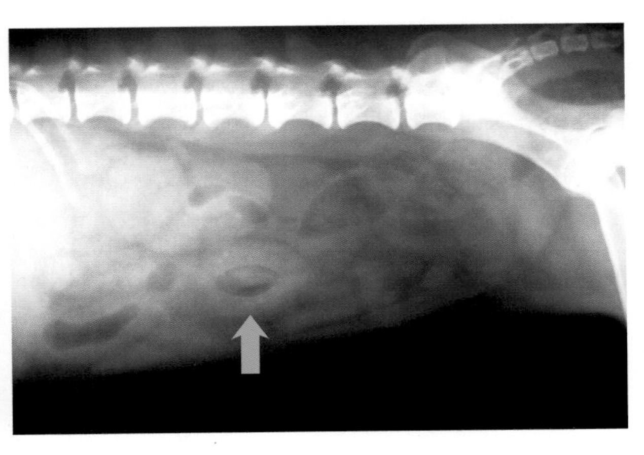

图7-73　腹腔中部有异物（箭头）。

图7-72　由橡皮球引起的肠梗阻。

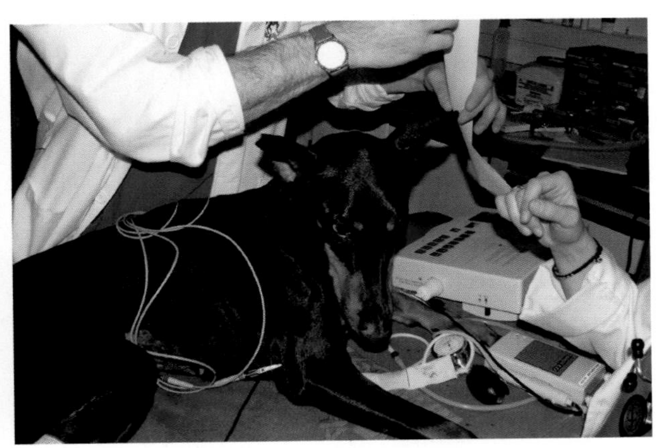

图7-74　Fanny正在接受心电图及动脉血压检查。

## 病例1　桃核引起的肠梗阻

Fanny，1岁，雌性杜宾犬。每天呕吐数次，已有至少10d。表现厌食、脱水。临床检查发现有剧烈腹痛，体温正常。

腹部X线片显示异物结构与桃核一致（图7-73）。血液检查显示中性粒细胞增多，红细胞压积略高，尿素和谷丙转氨酶小幅增加，血清钾下降。心电图和血压均未见异常（图7-74）。术前给患犬静脉补液，纠正脱水和低钾血症。

经腹中线切口打开腹腔后，向后拨动网膜，牵引肠袢至切口外；向着一个方向逐渐牵出并同时还纳肠袢入腹腔中，检查肠段，找到梗阻部位（图7-75、图7-76）。一旦找到梗阻肠段，将其牵引至腹腔外，以避免因肠内容物意外渗漏而造成腹腔污染（图7-76）。然后如前所述（图7-77至图7-80），对患犬施行肠切开术，去除肠道异物。

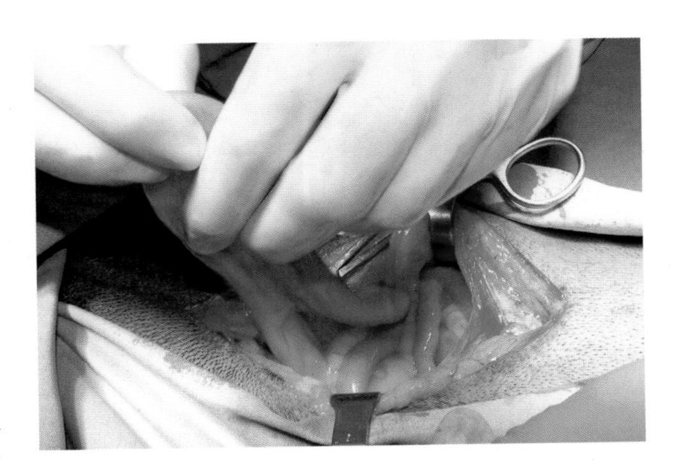

图7-75　经腹中线切口打开腹腔后，首先牵引哪段肠袢至切口外并不重要。先牵引最靠近术者的肠管。向着一个方向在术者指间移行肠管，同时不断地向腹腔中还纳已检查过的肠管。

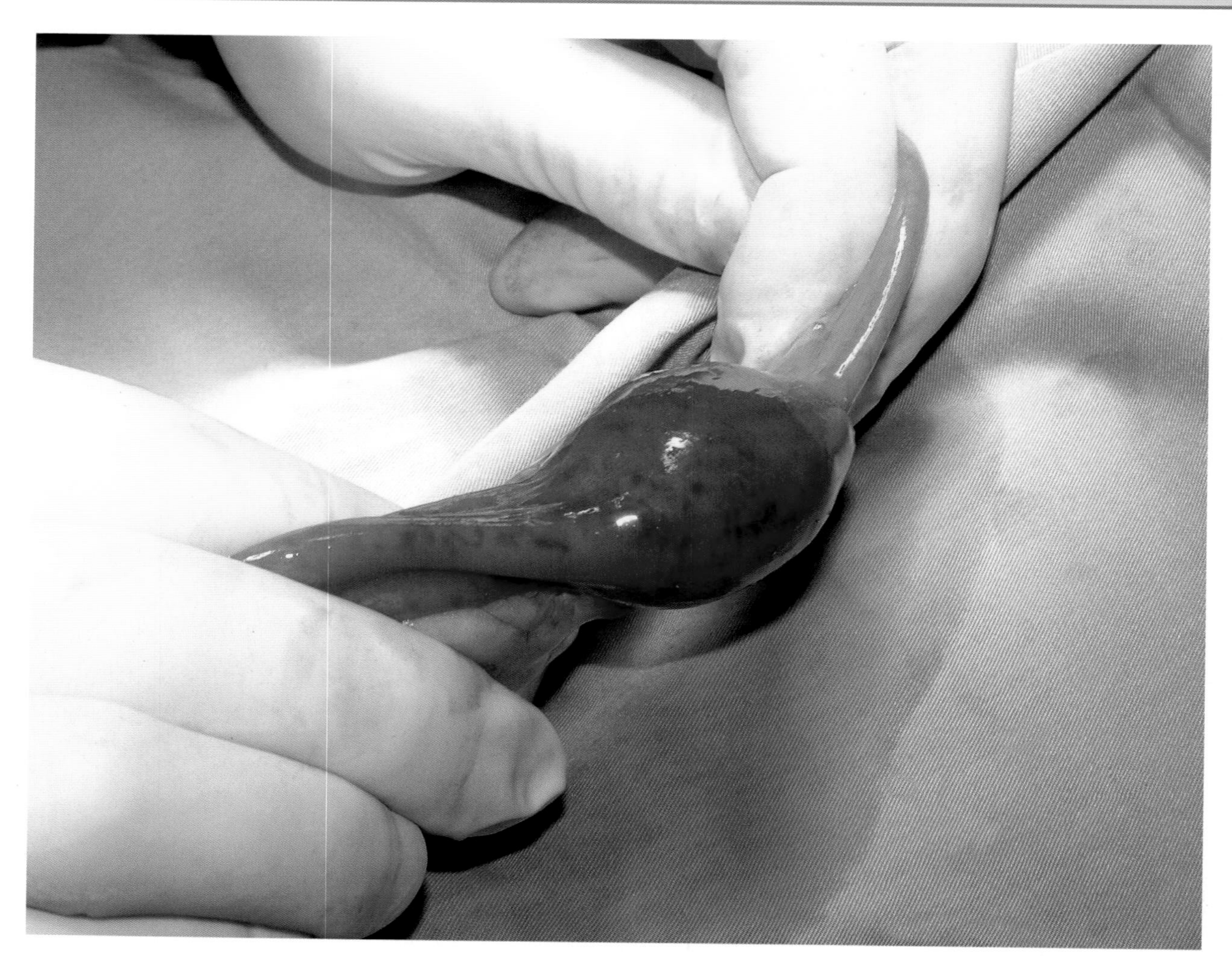

图7-76　将牵引至腹腔外的梗阻肠袢与腹腔隔离，助手用手指夹紧肠管，避免肠切开术中肠内容物的溢出。

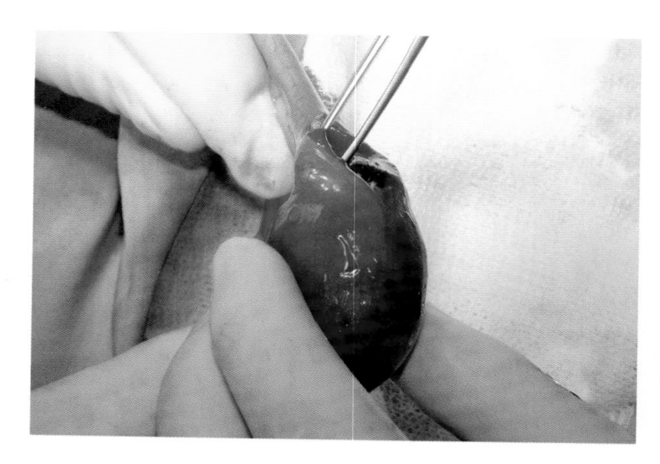

图7-77　在梗阻肠段远端的肠系膜对侧肠壁做切口。

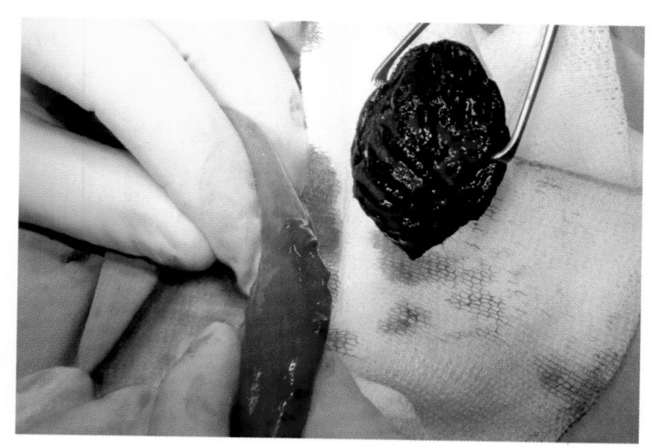

图7-78　小心地拨动异物，将其从肠壁上剥离下来，然后去除异物，不要撕裂肠壁切口。

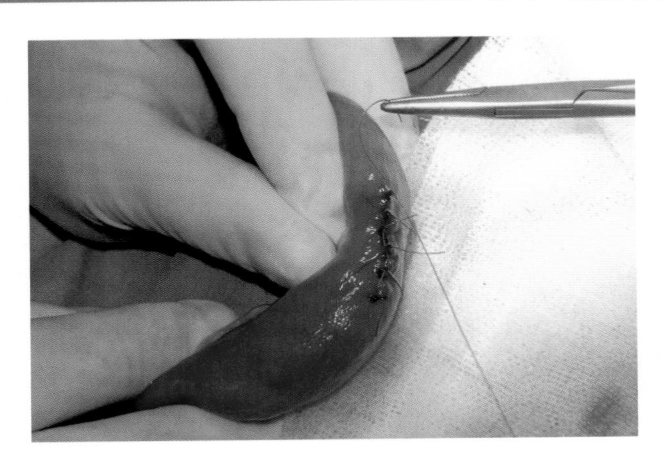

图7-79　用4/0单丝合成可吸收缝合材料对肠道切口进行单纯间断缝合。

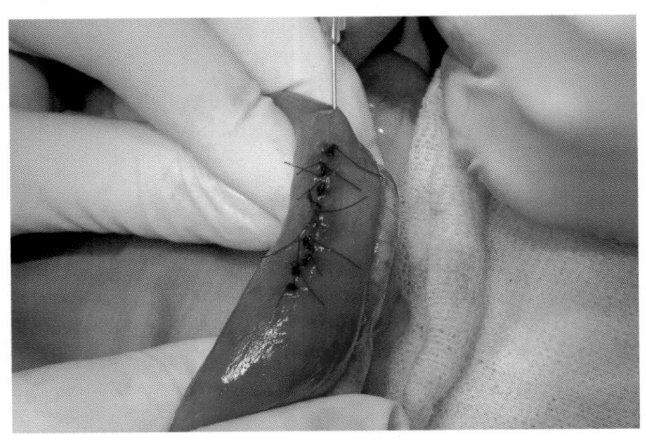

图7-80　向肠腔中注入适当压力的温生理盐水，以检查缝合处是否有渗漏。用无菌生理盐水冲洗术部。

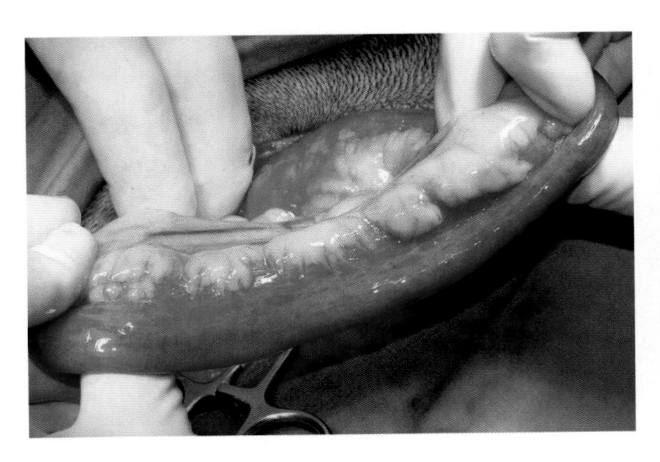

图7-81　由异物引起的肠损伤。梗阻肠段损伤不严重，无需进行肠切除术。

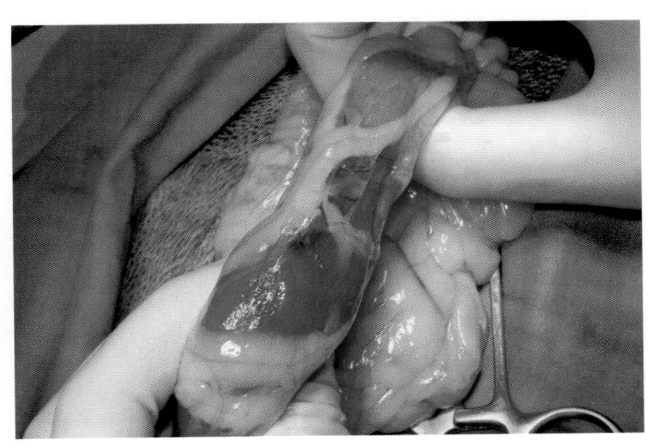

图7-82　网膜化肠管的缝合部位，确保伤口愈合并防止伤口与其他腹腔脏器发生粘连。

完成肠管手术后，检查肠道的其余部位及梗阻近端，观察桃核经过而导致的损伤情况（图7-81）。由于损伤不严重，故对肠切开术区内的肠管进行网膜化，以防止并发症的发生（图7-82）。

## 跟踪随访

- 术后24h，患犬开始饮水，呕吐停止。从第2天起，开始采食干的康复营养日粮。
- 术后5d持续使用抗生素治疗。
- 术后10d拆除缝线，治疗结束。

图7-83 Thor是一只极其温顺的犬。尽管腹痛，但还是很好地配合医生的临床检查。

## 病例2 石块引起的肠梗阻

Thor，6岁，雄性罗特维尔犬。因吞咽了石块，患肠梗阻已有很长时间，并为此经历过2次手术（图7-83）。

Thor在就诊前2d表现呕吐、厌食，并且腹泻了1d（图7-84）。腹部触诊发现腹中部有异物，与X线影像相符（图7-85）。刚一切开腹膜并且腹壁回缩后，就看到了膨胀的肠袢（图7-86），说明是发生了肠梗阻。

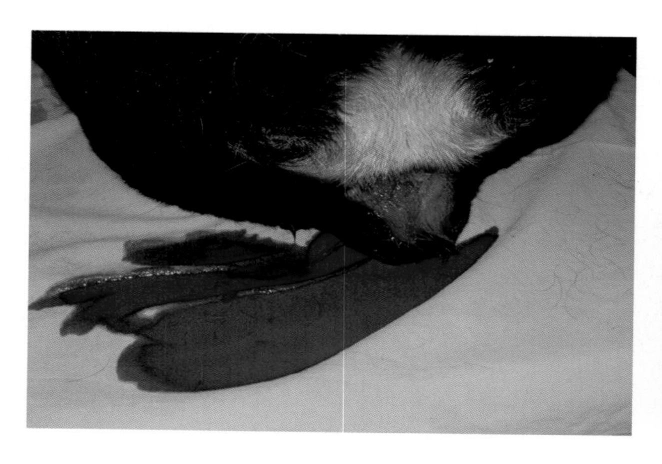

图7-84 当患犬被抬到手术台上进行麻醉时，开始出现液样腹泻。

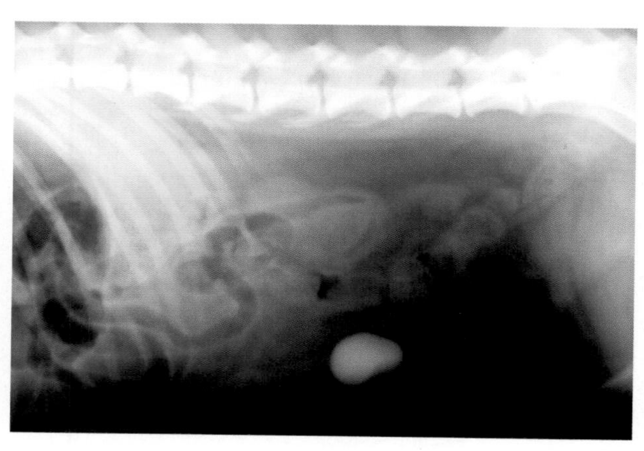

图7-85 侧位X线片显示这是由一个不透X线、类似石块的异物引起的肠梗阻。

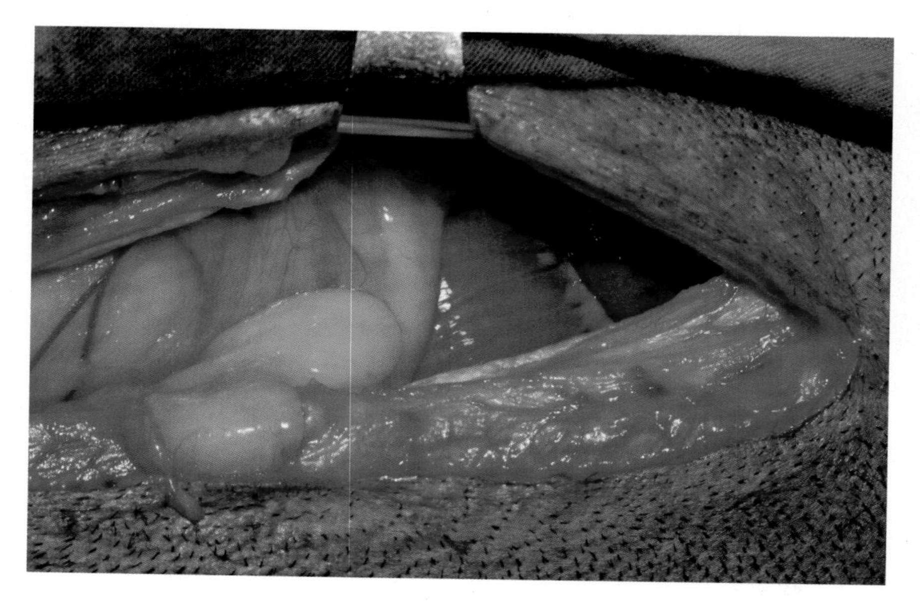

在患有肠梗阻的动物中，腹泻十分常见。这是因为肠腔内不但有大量的液体被阻隔，而且在梗阻部位，微生物过度生长，与胆酸竞争性降解长链脂肪酸

图7-86 在网膜下可见膨胀的肠袢。

向后移行大网膜，显露受损肠管并牵引至腹壁切口外，将其用无菌手术创巾与腹腔严密隔离，形成第二个术野（图7-87、图7-88）。

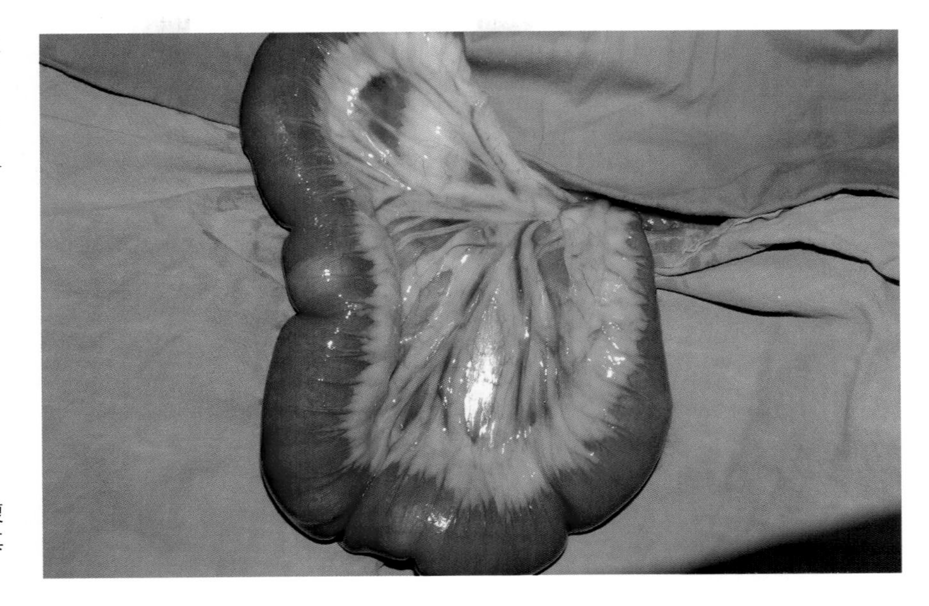

图7-87　将受损肠管牵引至腹壁切口外，用无菌手术创巾将其与腹腔严密隔离。

> *为避免因肠内容物溢出而污染腹腔，必须将梗阻肠袢与腹腔严密隔离

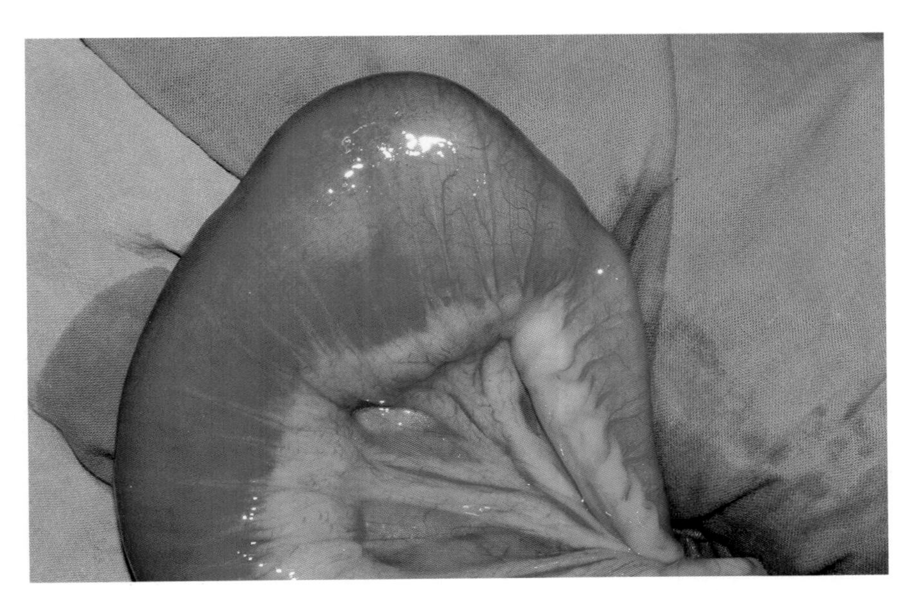

图7-88　异物引起了轻微的肠壁损伤，未发生严重的血管充血或局部缺血。

本病例可在梗阻近端施行肠切开术，因为石块太大，不能从梗阻远端取出（图7-89）。

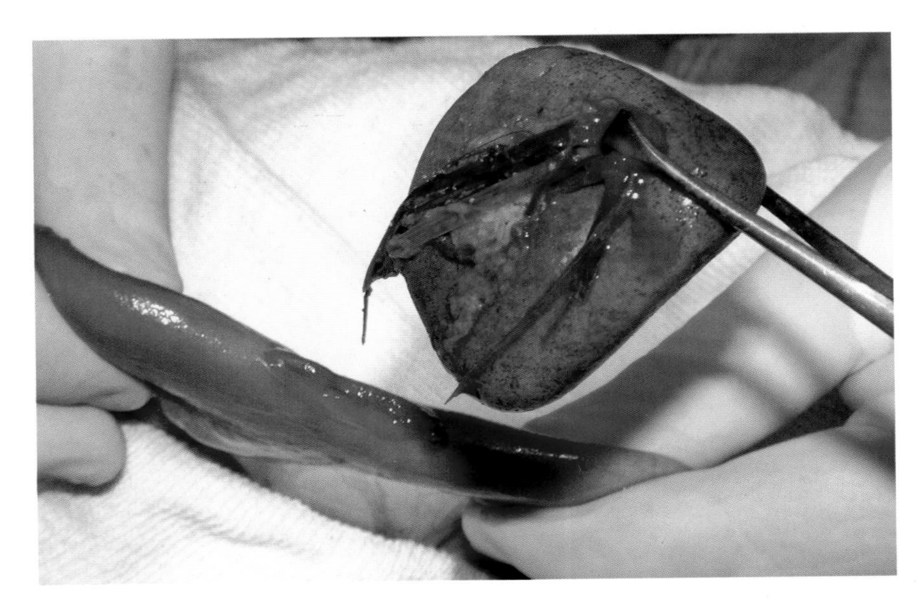

图7-89　经梗阻近端切口轻易地取出了石块。

按照前面所描述的方法，缝合肠切开术的切口，并向肠腔中注入温的生理盐水，检查缝合部位的密闭性（图7-90）。用网膜覆盖肠袢进行网膜化，以防止切口部位的组织与其他腹腔脏器发生粘连，结束此阶段的手术（图7-91）。闭合腹壁切口后，结束手术（图7-92）。患犬的恢复令人满意，术后24h开始进食固体食物。连续4d持续使用抗生素治疗。术后9d治疗结束。

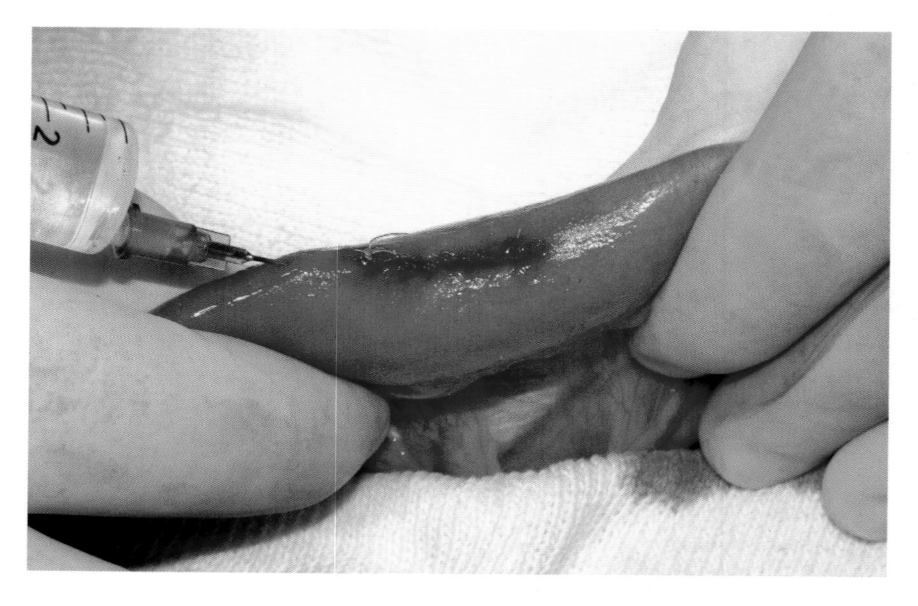

图7-90　用单丝合成可吸收材料缝合肠切开术的切口，并检查缝合处是否有渗漏。

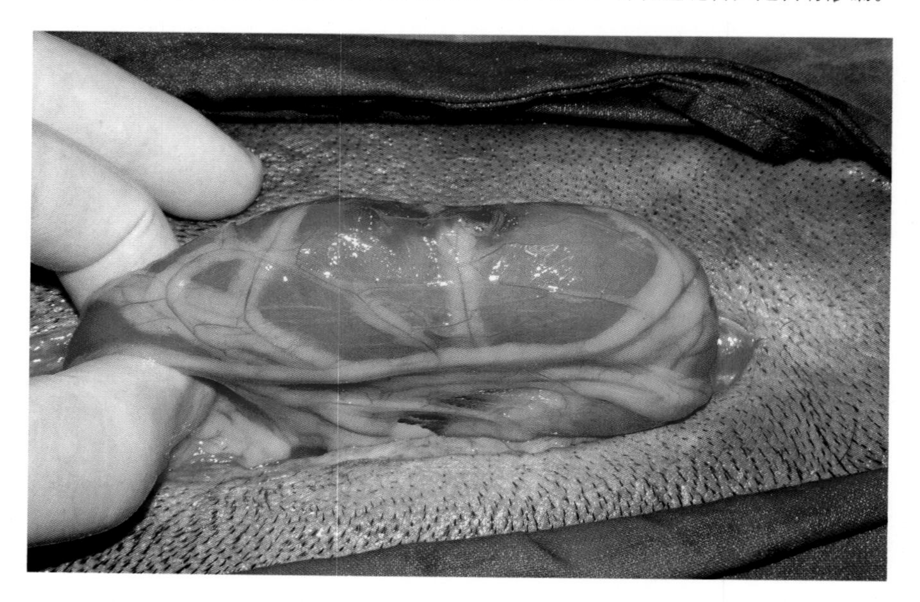

图7-91　用网膜覆盖肠管的手术部位，降低发生粘连的风险并促进局部伤口愈合。

再次告知犬主人勿让爱犬玩耍石块

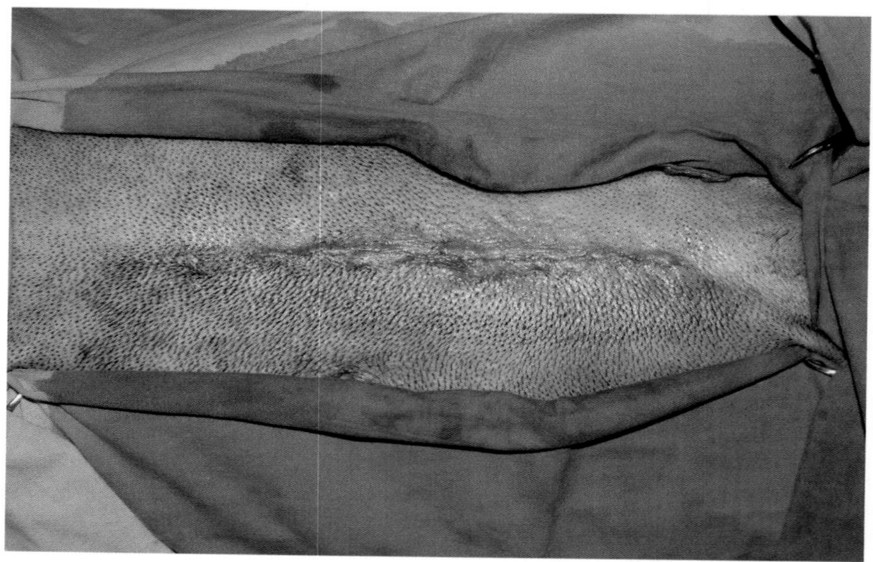

图7-92　术后术部外观。本病例皮肤实施皮内缝合。

## 线性异物引起的肠梗阻

| 患病率 | ■ | ■ | □ | □ | □ |
|---|---|---|---|---|---|

线性异物引起的肠梗阻的治疗可能会非常困难

肠系膜缘肠管损伤可能非常多发，而且难以检查。因为肠系膜上附着脂肪。线性异物越细，引起的损伤就越大。要特别注意缝纫线

不像犬，猫很少吞咽异物，但如果猫出现了肠梗阻的症状，则应考虑可能是吞咽了像线头或毛线这类的线性异物，因为猫有玩耍这些东西的习惯。如果线性异物卡在肠道，会引起肠套叠、梗阻以及肠系膜缘损伤（图7-93）。切记要检查患猫的口腔，尤其是舌下（图7-94），甚至可对此部位拍X线片（图7-95）。看到线头时，不要拉它，因为这可能造成肠道损伤（图7-96至图7-98）。当肛门处出现异物的一端时，要同样保持警惕，不要去拉它。

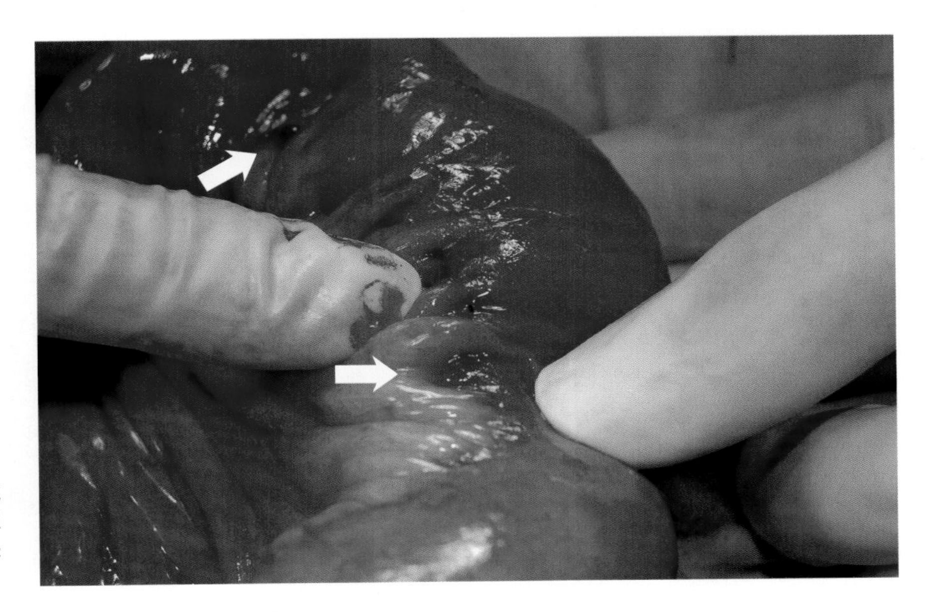

图7-93　线性异物肠梗阻造成的肠系膜缘肠管的损伤。外科医生手指及箭头所指处为吞咽线头而引起的肠损伤部位。

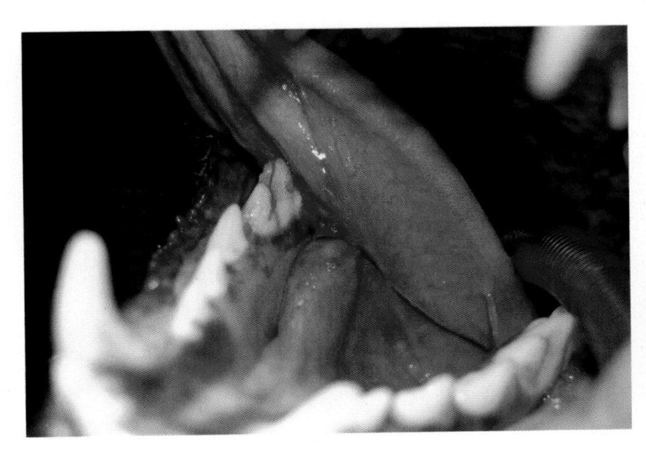

图7-94　猫吞下的缝纫线或毛线可能会留在舌基部或咽部，引起肠梗阻。

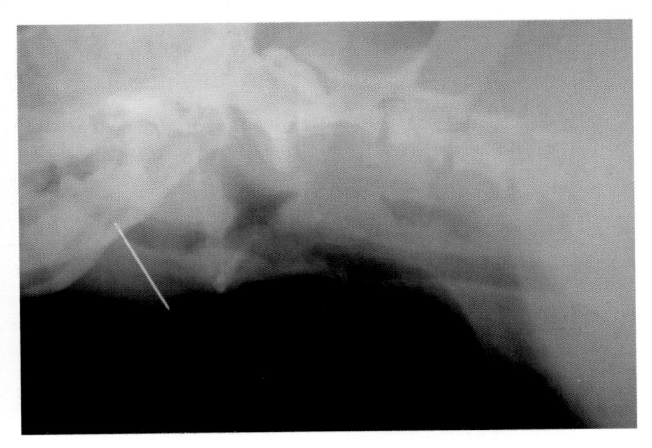

图7-95　卡在咽部的缝纫针，针上线头引起肠梗阻。

图7-96 线性异物在肠腔中的移行。

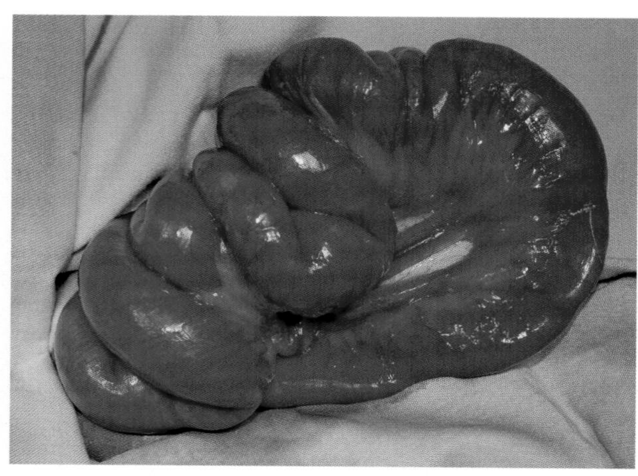

图7-97 如果异物的一端被卡住，肠管会皱起，并绕着线性异物折叠起来。

若在动物口腔内发现缝纫线或毛线时，不要牵拉，因为这可能会造成难以修补的肠道损伤

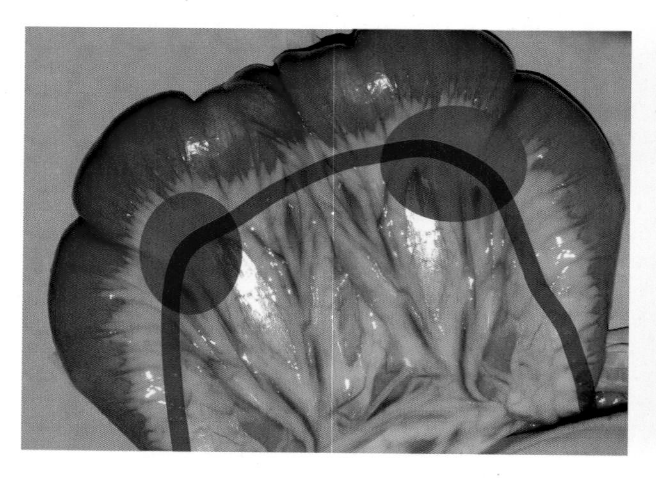

图7-98 如果牵拉异物，线绳会绷紧，并严重割伤肠系膜侧的肠管，而肠系膜上的脂肪可能遮盖了创伤。在手术时，这些损伤可能被忽视。

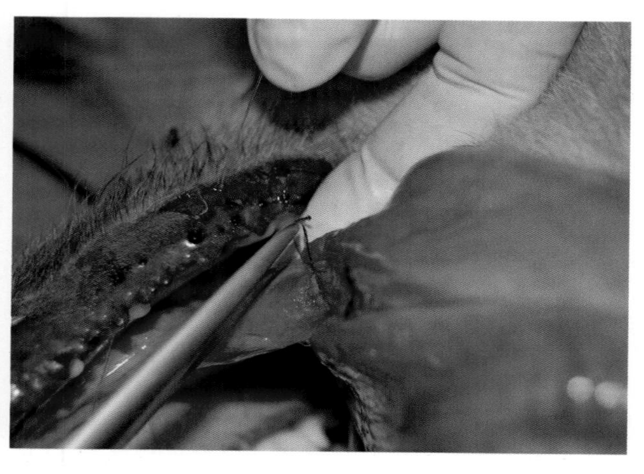

图7-99 卡在舌根周围的缝纫线。小心将其切断，不要牵拉。注意线头导致的舌损伤。

## 手术要点

从检查口腔和舌基部开始。如发现线头，将其剪断，而不要拉出（图7-99）。对这样的患猫，异物要分段取出。根据需要，可进行多处肠切开术取出异物，但不要伤及肠系膜侧的肠管（图7-100、图7-101）。如果肠系膜侧肠管的损伤较多，则采用肠切除术切除整个损伤部位（图7-102至图7-104）。

不要牵拉线性异物，以免割伤肠系膜侧的肠管

图7-100 施行肠切开术取出线性异物。这个病例的肠梗阻是由吞咽了一团纱线引起的。根据需要进行多处肠切开术取出异物，并且不损伤肠系膜侧的肠壁。

本病例需要在肠管做多个切口，将异物分段取出

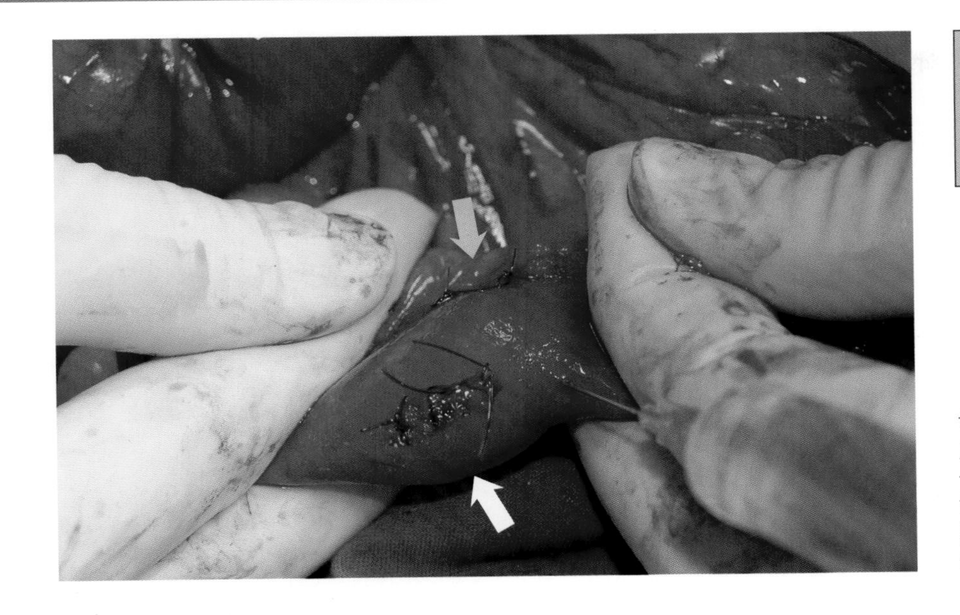

图7-101 缝合1个切口后，再切开下1个，以免污染腹腔。图片展示如何检查缝合处是否渗漏。一针缝在肠系膜侧的肠管上闭合切口（橘色箭头），另一针缝在肠系膜对侧、部分异物被取出的部位（白色箭头）。

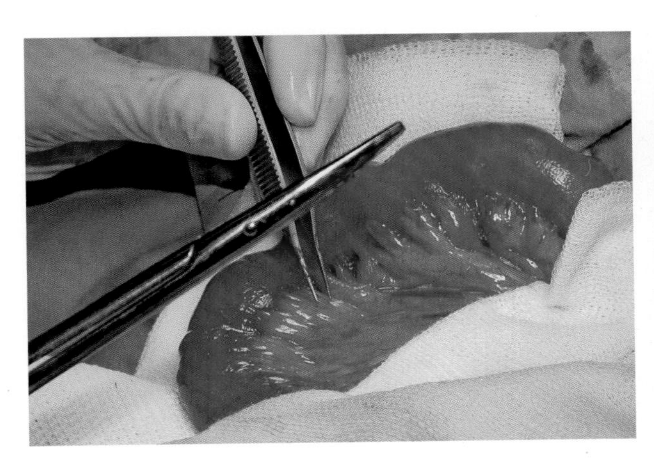

图7-102 在这段肠管中，肠系膜侧的肠管有大量损伤。由于损伤位于血管近端，很难解决。

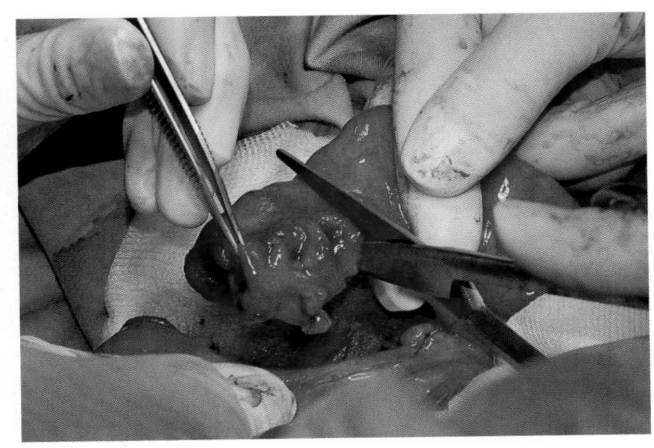

图7-103 对此肠段实施肠切除术。

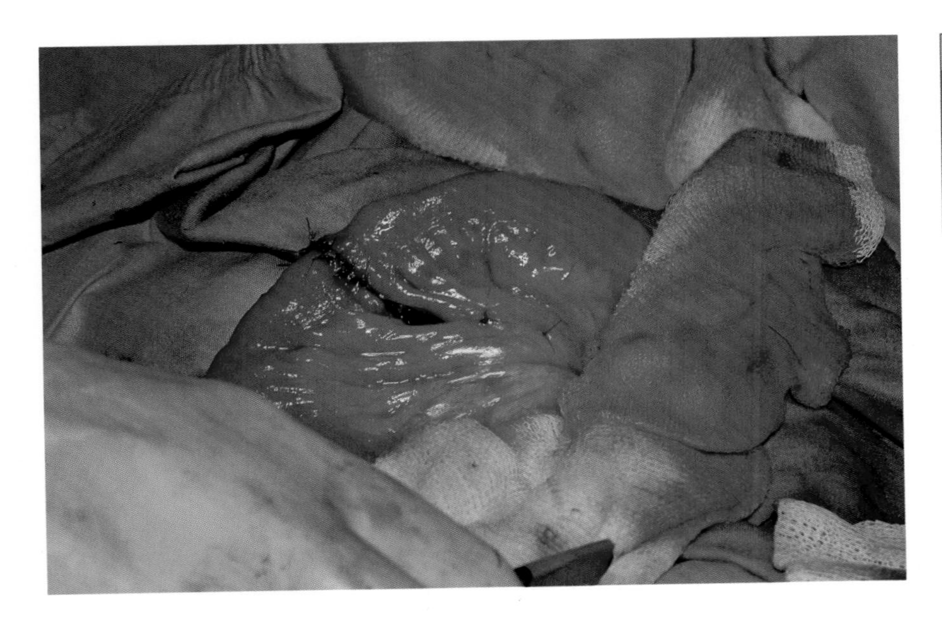

＊ 仔细检查受线性异物影响的整个肠系膜侧肠管，发现受损伤的组织

图7-104 切除受损肠段，完成端端吻合后的外观。检查缝合处是否渗漏，闭合肠系膜切口。

在有些病例中，需要打开胃腔取出剩余的线性异物（图7-105）。用大量液体冲洗、抽吸腹腔（图7-106），常规闭合腹壁切口。患猫住院2～3d，监控其康复情况。只要发现任何腹膜炎的症状，应该立即实施手术。

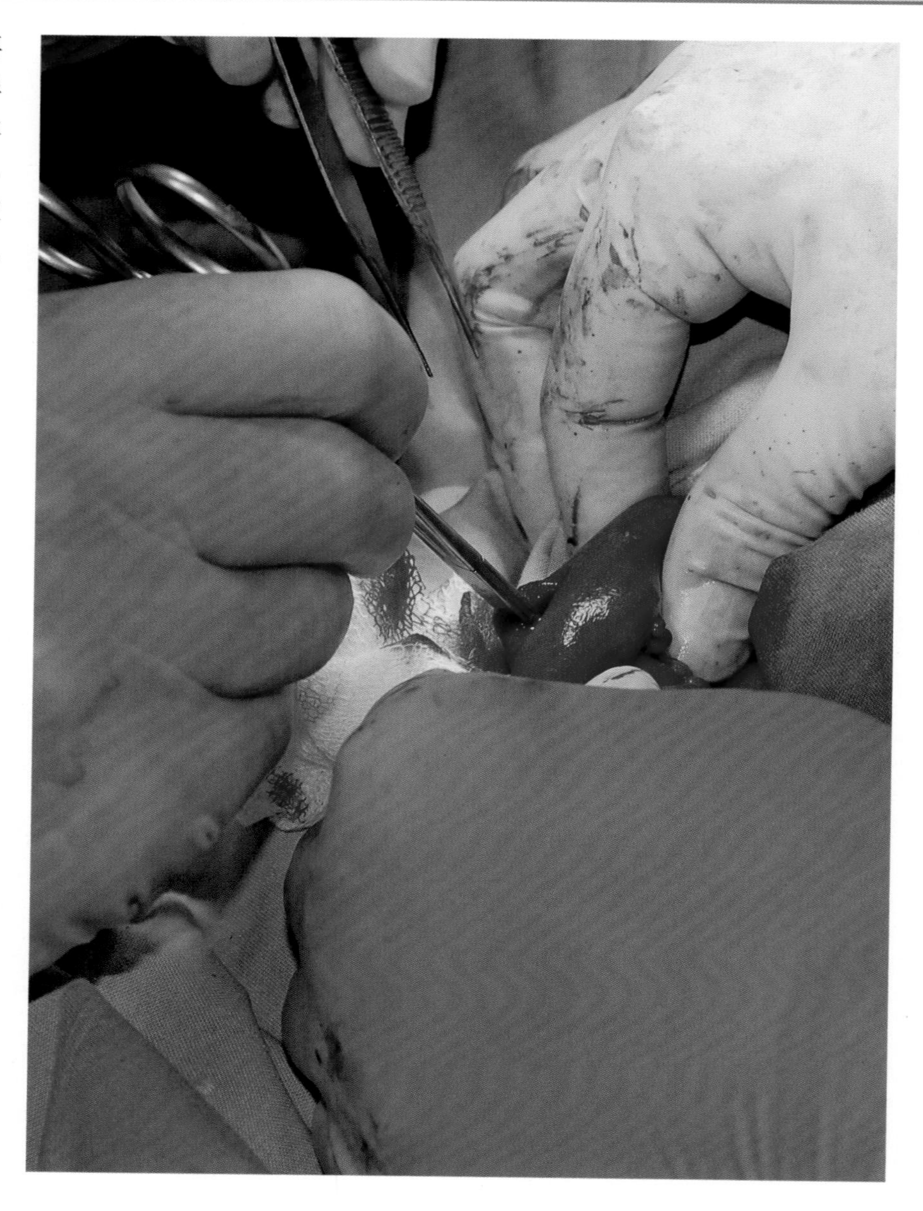

图7-105　实施胃切开术取出卡在胃腔内的第一部分线性异物。

发生腹膜炎的病例可能是由手术中漏检的肠系膜侧损伤的肠管造成的；因为肠系膜上的脂肪妨碍了检查

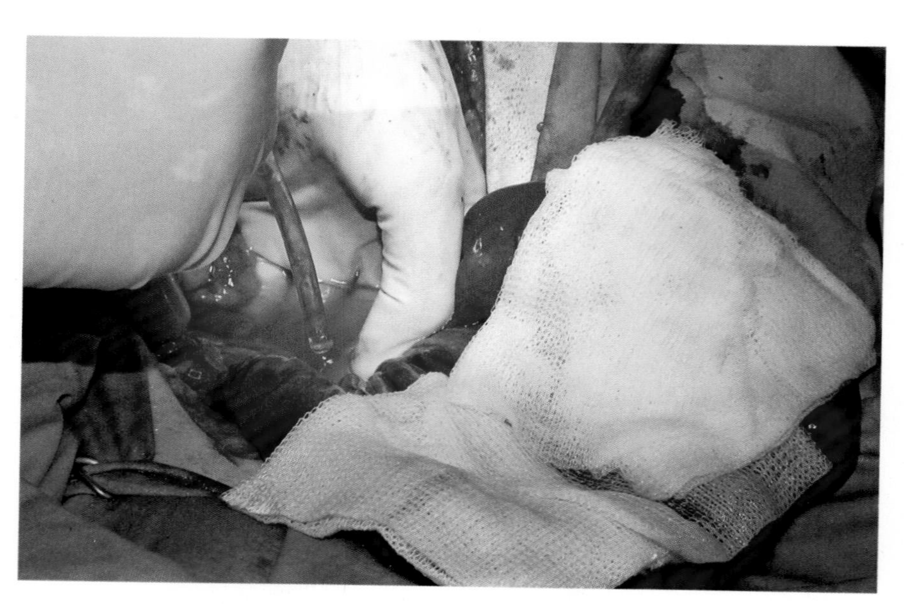

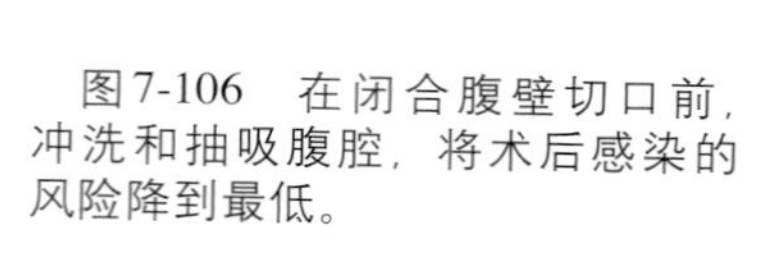

图7-106　在闭合腹壁切口前，冲洗和抽吸腹腔，将术后感染的风险降到最低。

## 病例1 弹性网引起的肠梗阻

Peluso，雄性，4岁，是1只生活在农场的杂种犬。进行过免疫接种，日粮是干犬粮和剩饭。

剧烈呕吐已2d，数小时前体况开始恶化，昏睡、抑郁，对外界刺激失去反应（图7-107）。临床检查显示脱水、高热（39.5℃）、眼窝凹陷、眼结膜充血（图7-108），腹部触诊有痛感，并发现痛区肠袢比正常肠袢厚（可能是肠套叠）。

图7-107 Peluso就诊时的状态，俯卧并对周围环境反应冷淡。

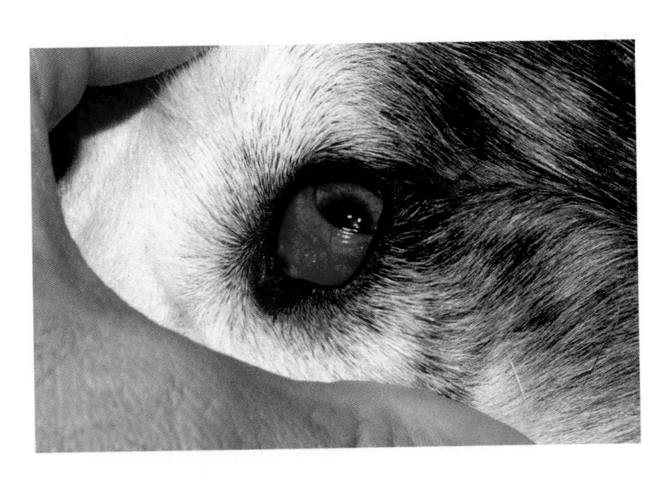

图7-108 眼窝凹陷及眼结膜充血。

血液检查结果见表7-5、表7-6（只显示异常值）。

检查结果表明，患犬存在脱水、感染、肾功能不全、肝功能改变及组织缺血（乳酸浓度表示细胞损伤程度）。

表7-5 入院当天Peluso的血细胞计数结果

| 指标 | 样本值 | 参考值 |
| --- | --- | --- |
| 白细胞（$\times 10^3/mm^3$） | 18.25 | 5.5 ~ 16.9 |
| 中性粒细胞（$\times 10^3/mm^3$） | 13.87 | 2 ~ 12 |
| 红细胞压积（%） | 62.6 | 37 ~ 55 |
| 红细胞（$\times 10^6/mm^3$） | 9.53 | 5.5 ~ 8.5 |
| 血红蛋白（g/dL） | 22.1 | 12 ~ 18 |
| 血小板（$\times 10^3/mm^3$） | 501 | 17.5 ~ 500 |

表7-6 入院当天Peluso的血液化学检查结果

| 指标 | 样本值 | 参考值 |
| --- | --- | --- |
| 丙氨酸转氨酶（U/L） | 295 | 10 ~ 118 |
| 尿素（mg/dL） | 62 | 7 ~ 25 |
| 肌酐（mg/dL） | 4.6 | 0.3 ~ 1.4 |
| 磷（mg/dL） | 19.0 | 2.9 ~ 6.6 |
| 钠(mmol/L) | 115 | 138 ~ 160 |
| 钾(mmol/L) | 3.6 | 3.7 ~ 5.8 |
| 葡萄糖(mg/dL) | 173 | 60 ~ 110 |
| 乳酸(mmol/L) | 3.90 | 0.5 ~ 2.5 |

腹部X线检查并未显示明显的肠梗阻迹象（图7-109）。

超声检查显示肠套叠以及肠袢折叠，证明存在肠梗阻。

患犬保定后，补液纠正电解质失衡，给予术前常用抗生素，然后实施腹中线剖腹术。

肠袢牵引至切口外，清晰显露由线性异物所导致的肠梗阻，以及几处充血或/和缺血的部位（图7-110）。在接近异物远端的位置，实施肠切开术，找到肠管内的异物。不要用力过大，要轻轻从切口将异物拉出，并用手术剪将其剪断（图7-111、图7-112）。然后，轻轻地取出异物的远端部分，不要伤及肠系膜侧肠管，采用"肠切开术"所描述的方法闭合切口（图7-113、图7-114）。在异物的近头端方向，找到超声检查观察到的肠套叠。在肠套叠的近头端再次实施肠切开术并剪断异物。按照有关章节描述的方法进行操作，完成套叠肠管的复位（图7-115至图7-117）。

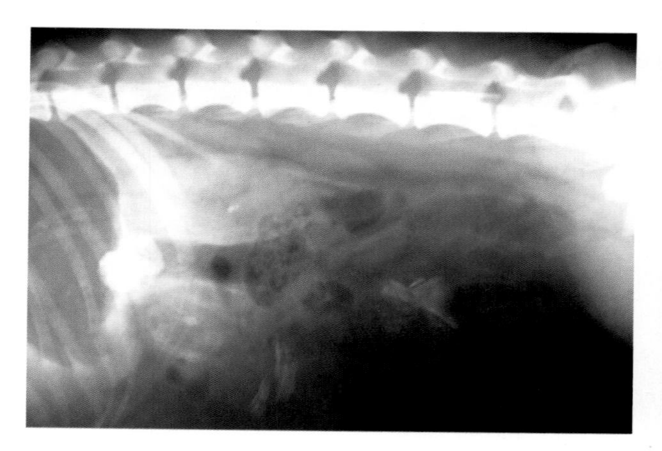

图7-109　侧位X线图像显示，除了几个不透过X线的不同异物（骨骼）外，没有明显的肠梗阻迹象。

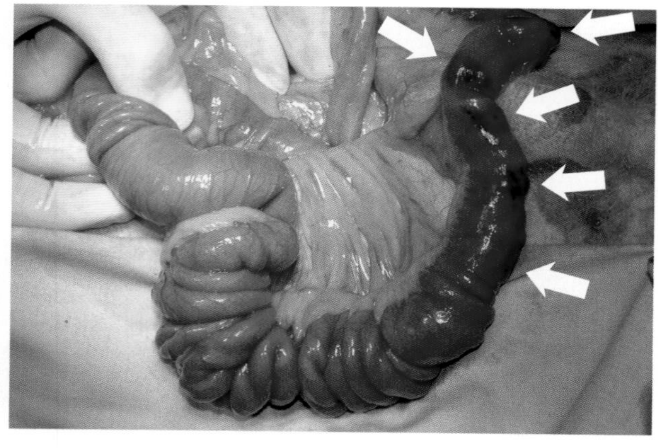

图7-110　由肠道内异物引起的肠套叠。随后对充血部位（箭头）进行评估，确定是否需要施行肠切除术。

超声检查是一种探测肠道异物非常好的辅助诊断方法

依据受损肠道的长度以及被卡异物的最近端位置，决定进行不同部位的肠切开术取出异物

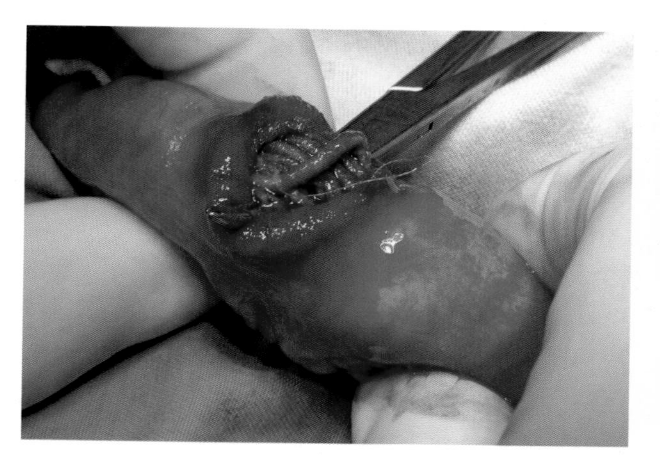

图7-111　找到靠近肠系膜一侧肠道内的异物，用止血钳向肠切开术切口方向牵引。

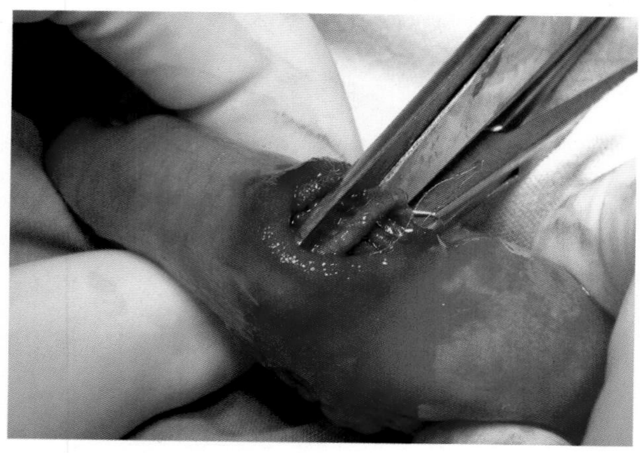

图7-112　稍稍放开止血钳，用手术剪剪断异物。

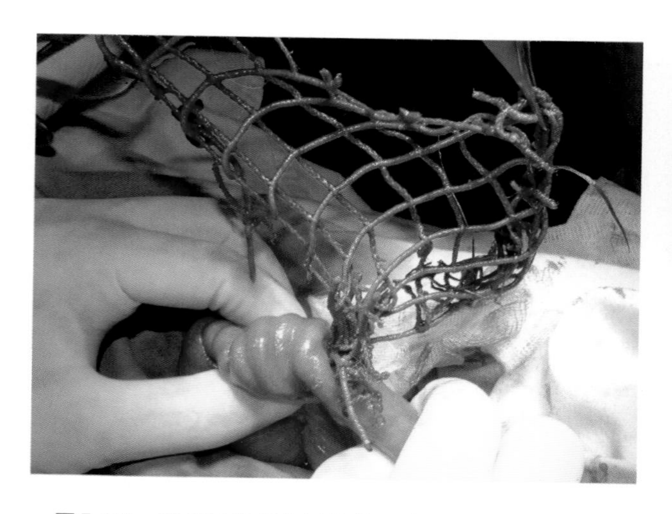

图7-113　取出阻塞部位异物的远端，不要伤及肠系膜侧的肠管。

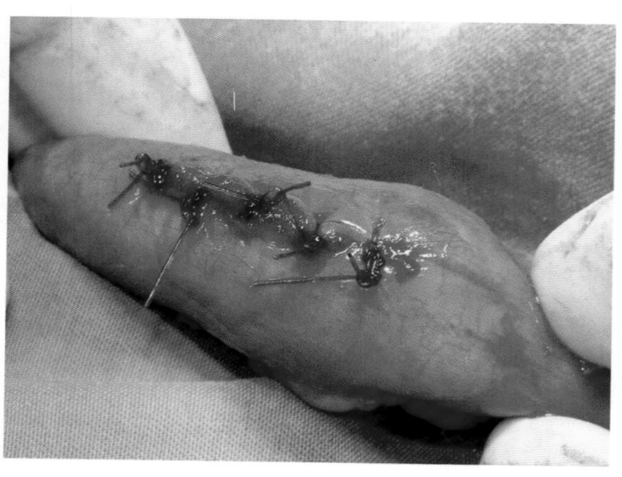

图7-114　用单丝合成可吸收材料，以单纯间断缝合闭合肠切开术的切口。

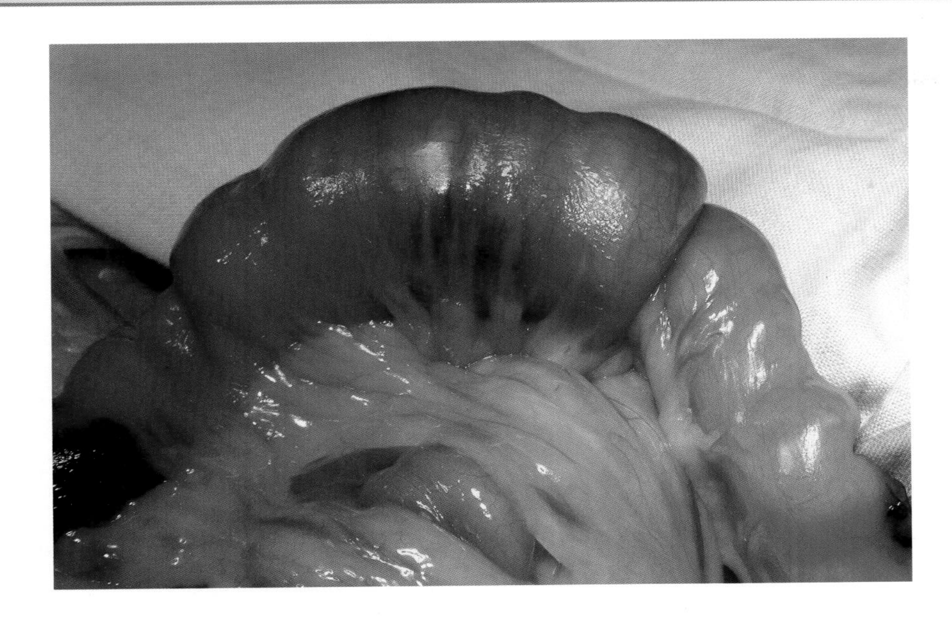

图7-115　由线性异物引起的肠套叠。

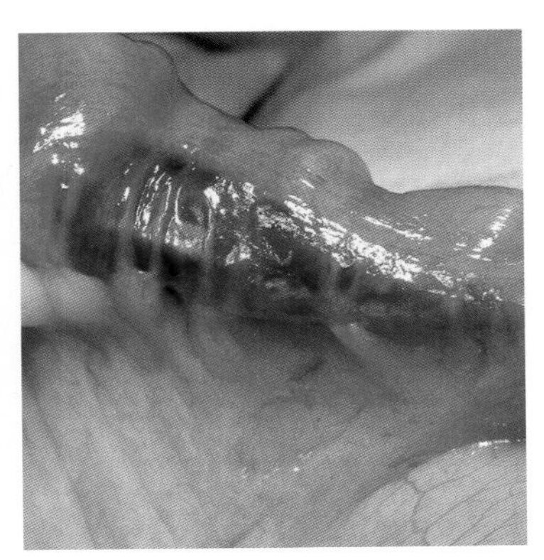

图7-116　剪断异物，释放肠管内张力，套叠的肠管复位。尽管肠系膜侧肠管的情况看起来不是很好，但恢复的程度令人满意，无需切除。

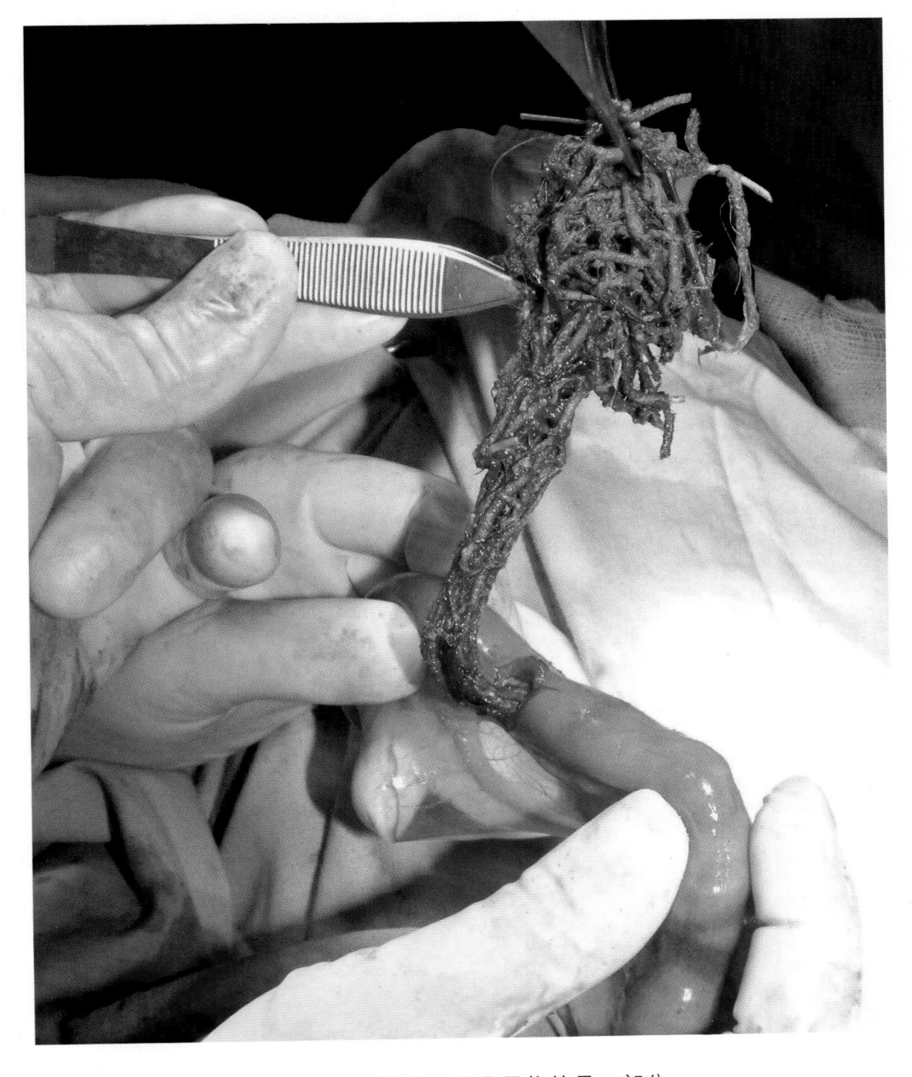

图7-117　从肠套叠近头端的肠管切口取出异物的另一部分。

＊ 肠道血管的复原能力很强，先稍等片刻再决定是否进行肠切除术

向着近头端方向进行检查，一直到胃腔，结果发现异物的近端就卡在这里。进行胃切开术，取出异物的第一部分（图7-118至图7-121）。然后，对有缺血现象的肠管进行全面检查，确认这些肠管的血管恢复令人满意。这台手术没有进行肠

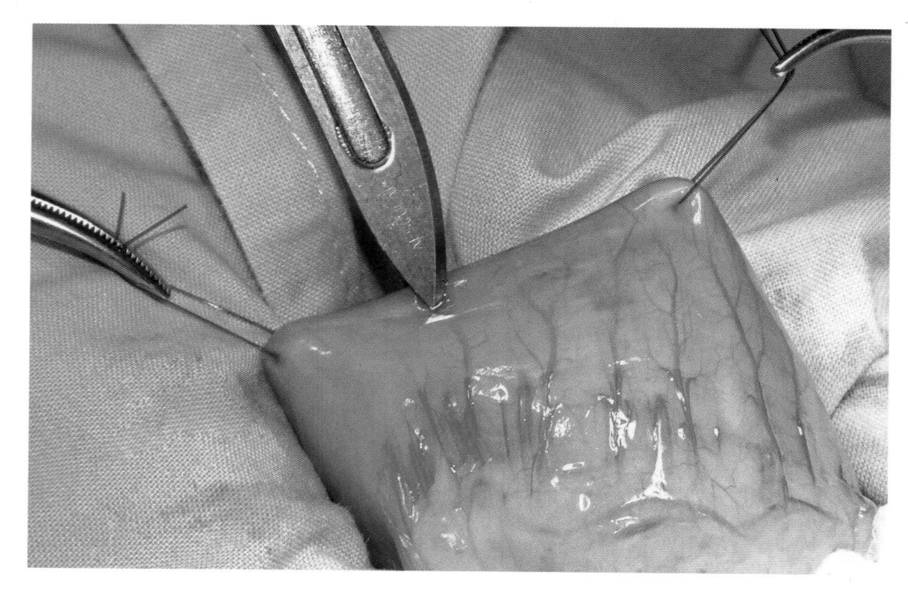

图7-118　向切口外牵引胃部，并用无菌手术创巾将其与腹腔严密隔离。在胃体中部进行两针牵引固定缝合，以便于手术操作，并防止胃内容物渗漏。

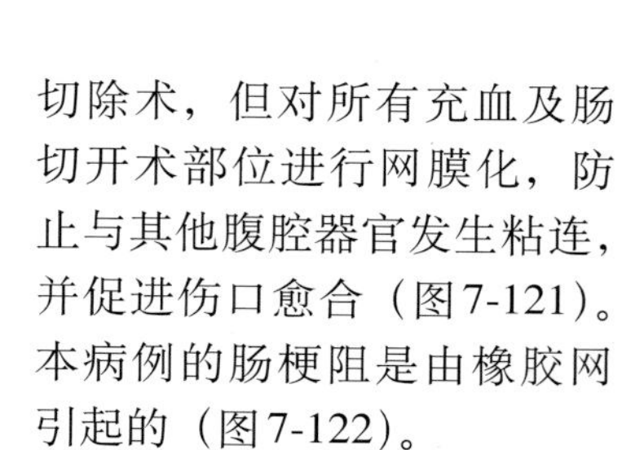

切除术，但对所有充血及肠切开术部位进行网膜化，防止与其他腹腔器官发生粘连，并促进伤口愈合（图7-121）。本病例的肠梗阻是由橡胶网引起的（图7-122）。

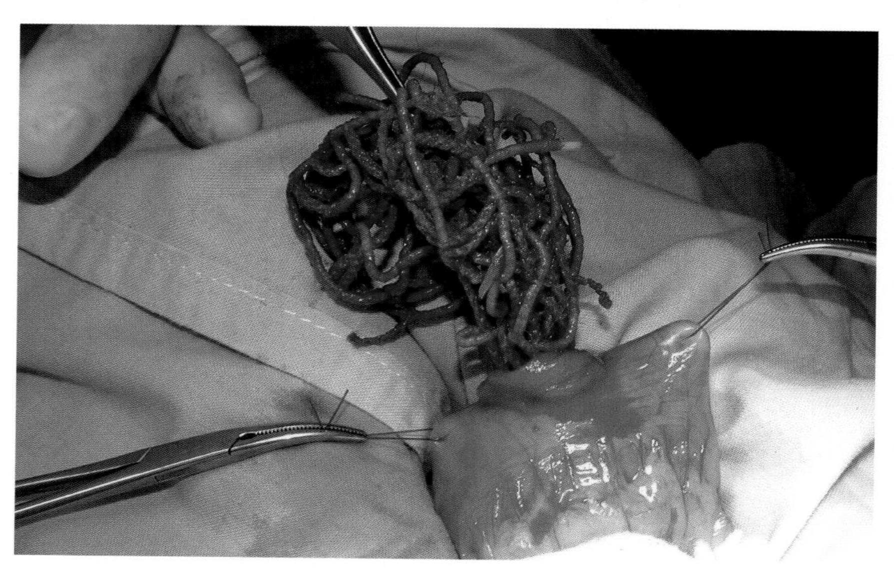

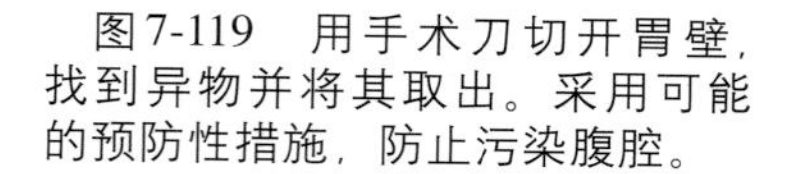

图7-119　用手术刀切开胃壁，找到异物并将其取出。采用可能的预防性措施，防止污染腹腔。

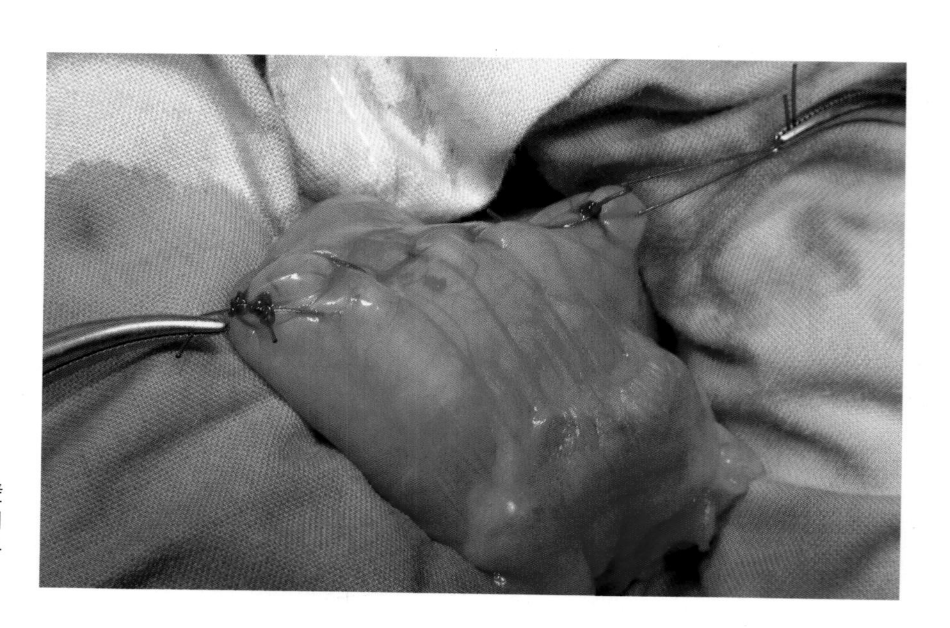

图7-120　用两道缝合闭合胃壁切口。第一道用单纯连续缝合闭合黏膜下层。第二道用连续水平褥式缝合闭合肌层和浆膜层。

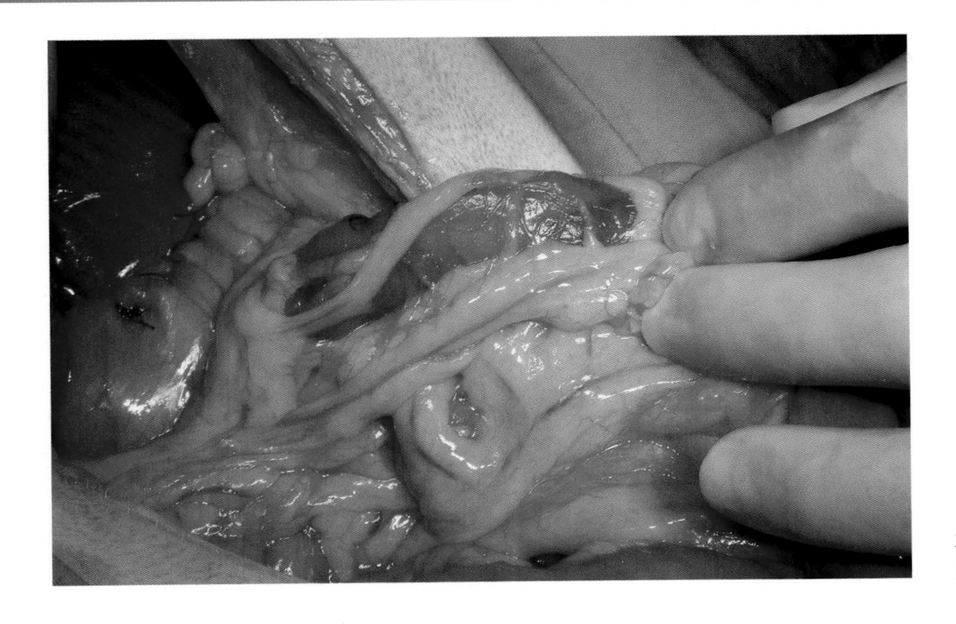

图7-121　对胃、肠管切口及手术中发现的充血、缺血部位进行网膜化。

图7-122　将异物剪成片段后取出，图示拼接的异物。

患犬住院48h，在术后24h开始摄入流食，恢复令人满意（图7-123）。术后第3天出院，在家继续接受治疗（广谱抗菌药，营养恢复餐）。术后10d治疗结束。

图7-123　术后24h，Peluso恢复得很好，行为发生了很大的变化。

## 病例2 引起多处肠穿孔的线性梗阻

本病例是一只公猫，经诊断，患有线性异物引起的肠梗阻。打开腹腔后，发现折叠的肠袢、漏入腹腔的肠内容物及继发性腹膜炎（图7-124）。异物导致肠系膜侧肠管的很多部位发生坏死，引起肠内容物渗漏（图7-125、图7-126）。

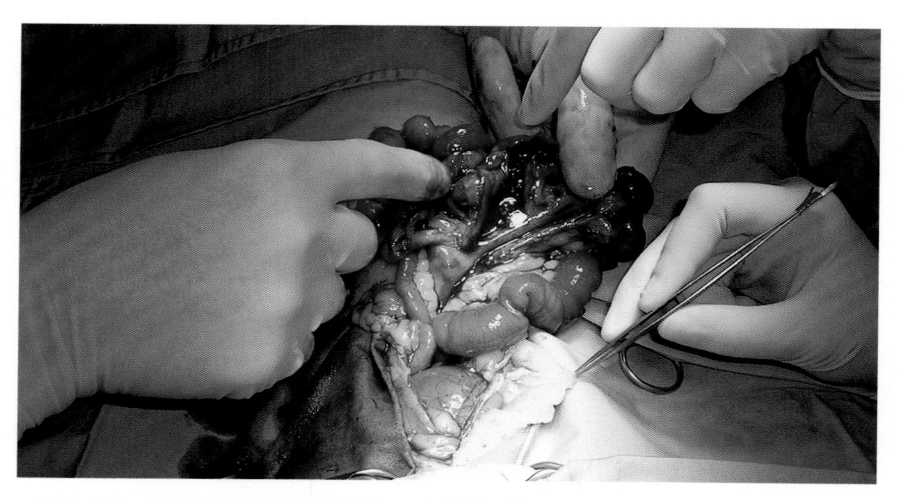

图7-124 肠穿孔导致肠内容物从肠系膜侧肠管漏出。

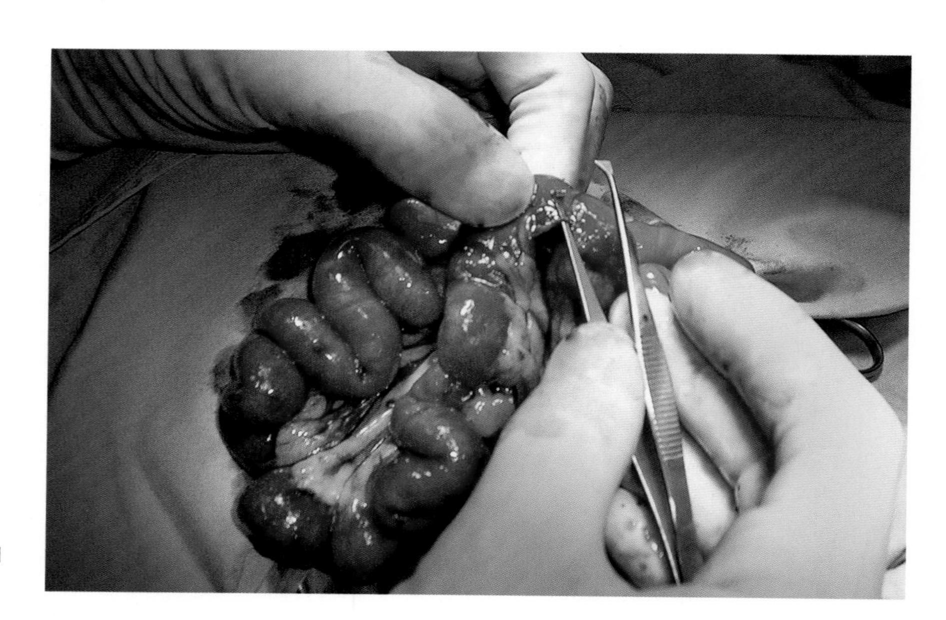

图7-125 肠系膜侧肠管多处由异物引起的破裂孔。

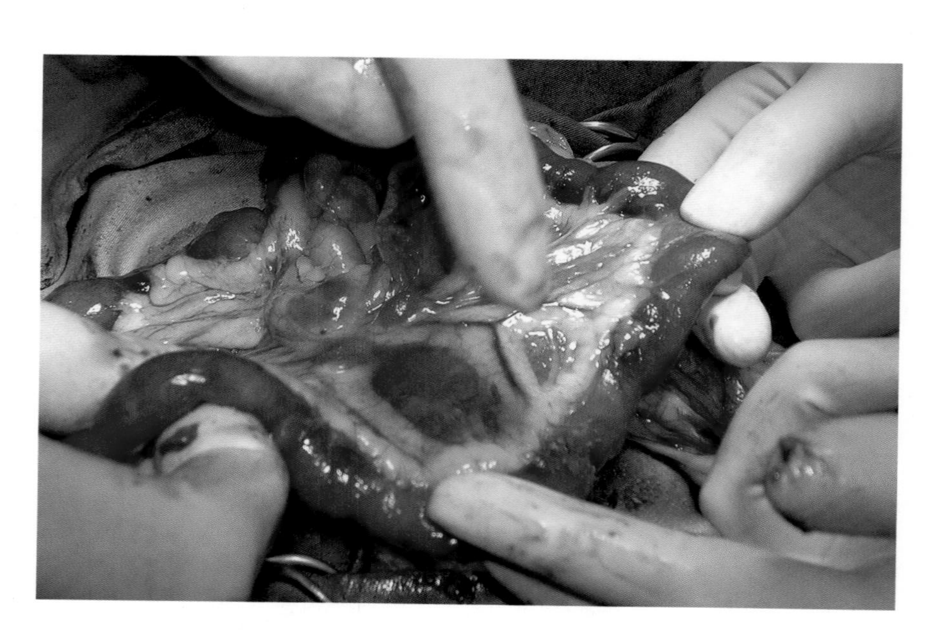

图7-126 严重的继发性腹膜炎。多处坏死，经此部位漏出的肠内容物清晰可见。

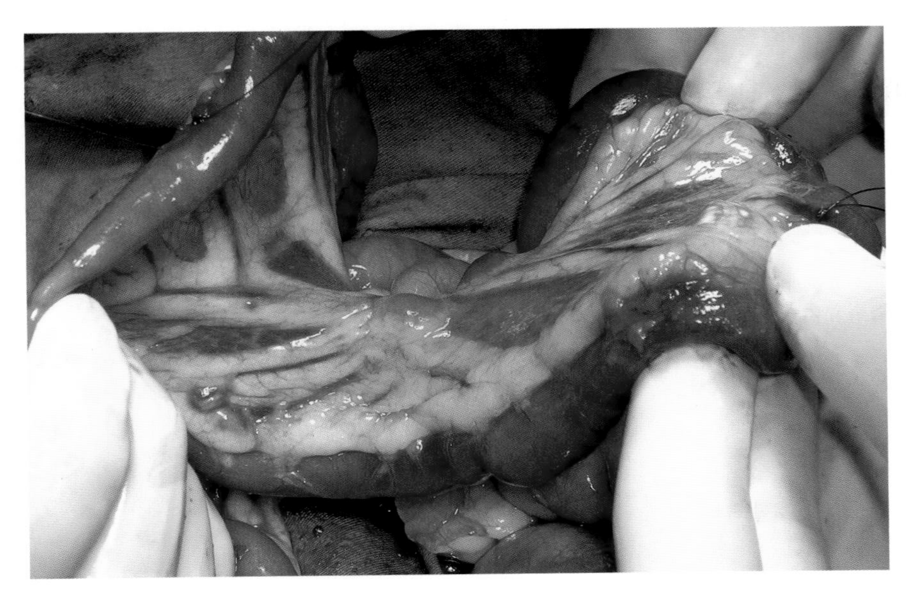

图7-127　采用相同的步骤处理各处穿孔：清理、确定边界、缝合并检查是否渗漏。

找到肠管的每处缺损，将异物剪成小段后逐一取出。然后，清理每一处坏死的穿孔点（图7-127、图7-128），用4/0单丝合成可吸收材料将其缝合。肠管缝合结束后，用37℃的3L无菌乳酸林格氏液冲洗腹腔，将漏入腹腔的肠内容物全部清除，从而降低发生继发性腹膜炎的风险。不使用腹腔引流管，用常规方法闭合腹壁切口。术后48h内，在麻醉还未苏醒之前，开始进行静脉补液和输注抗生素（图7-129）。患猫逐渐苏醒，36h后开始少量多次进食湿的营养康复餐。4d后出院，12d后结束治疗。

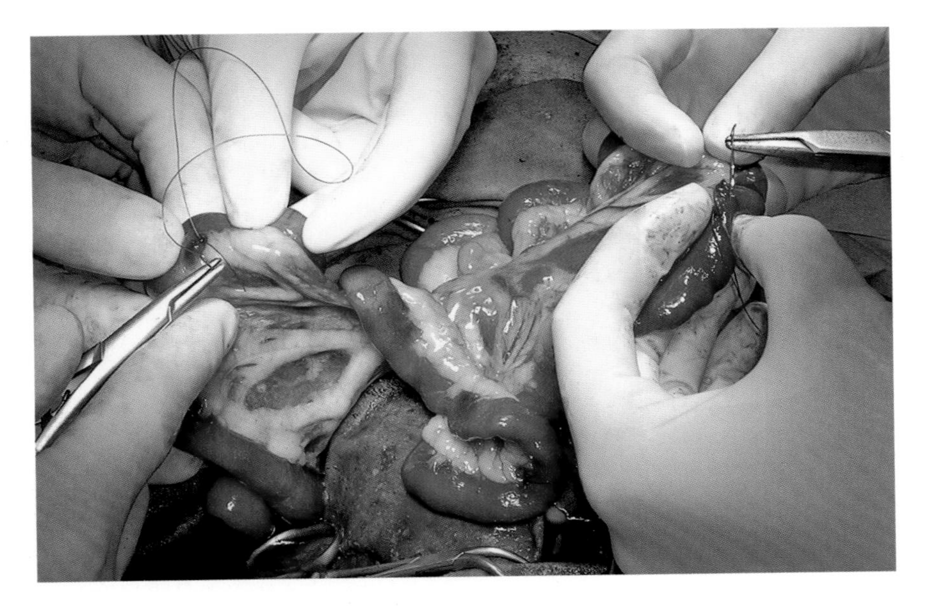

图7-128　本病例发现了28处肠穿孔，均被逐一清理、缝合。

> 本病例异物是在肠穿孔处被截断和取出

图7-129　患猫逐渐康复，术后24h开始进流食。

## 病例3 短袜引起的线性梗阻

Paton，雄性猎狐幼犬，因进食后呕吐、倦怠、脱水而就诊（图7-130）。

图7-130 补液和静脉输注抗生素期间的Paton。

腹部触诊发现1处比正常肠管硬的肠段，拍了多张X线片（图7-131、图7-132）。血液检查显示轻微的白细胞增多，中性粒细胞适中。血清尿素、钙和磷轻度升高，血清肌酐、血清钾和总胆红素下降。患犬住院观察并进行手术。腹部超声检查证实是由线性异物引起的肠梗阻，建议采用手术治疗。需要施行多处肠切开术，分段将异物取出（图7-133至图7-136）。重复相同的操作，在十二指肠进行肠切开术，再取出1段异物。线性异物粘连在胃部，因此施行胃切开术取出最后一段异物（图7-137至图7-140）。检查肠管缝合的密闭性，用温的无菌生理盐水冲洗腹腔，然后对肠管切口进行网膜化（图7-141），常规方法闭合腹壁切口。

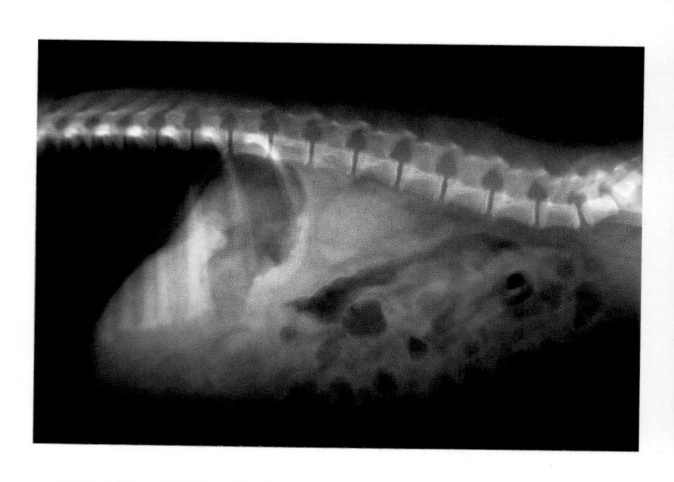

图7-131 侧位X线片显示胃腹侧部的放射密度增加。

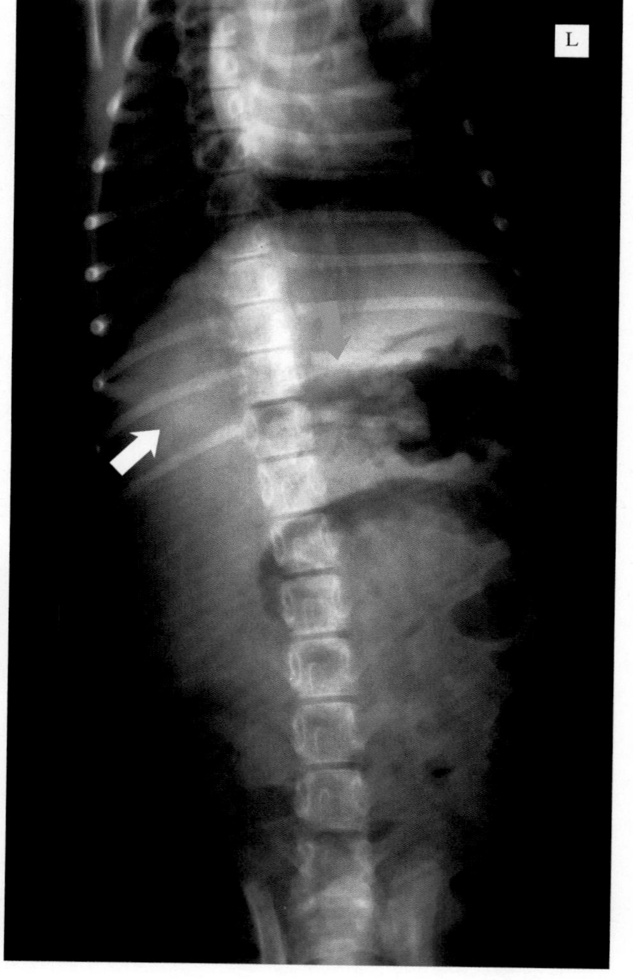


图7-132 背腹侧X线片再次显示幽门窦放射密度增加（白色箭头），以及右侧腹部近头端放射密度增加（蓝色箭头）。

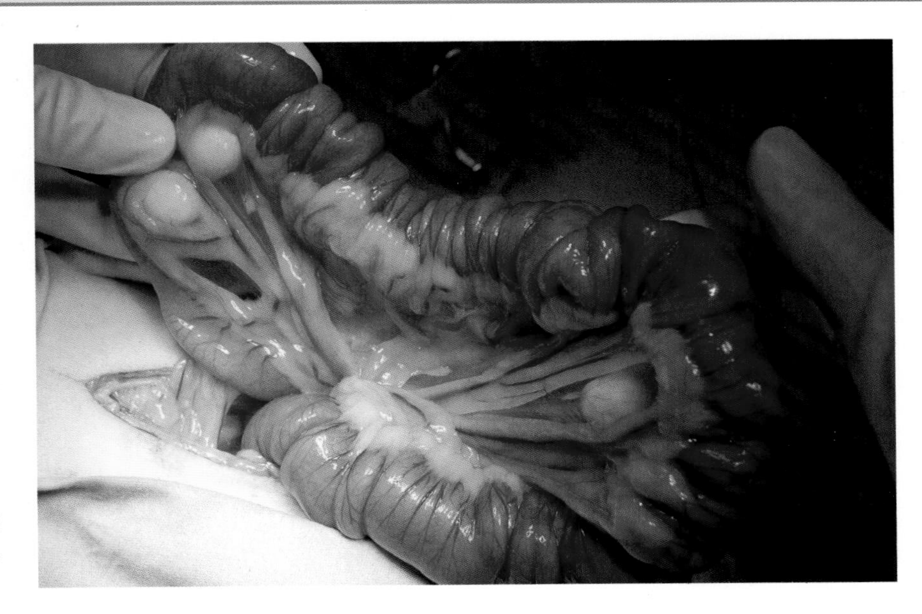

图7-133　经腹中线切口打开腹腔后，直接显露出了线性异物阻塞的肠段。

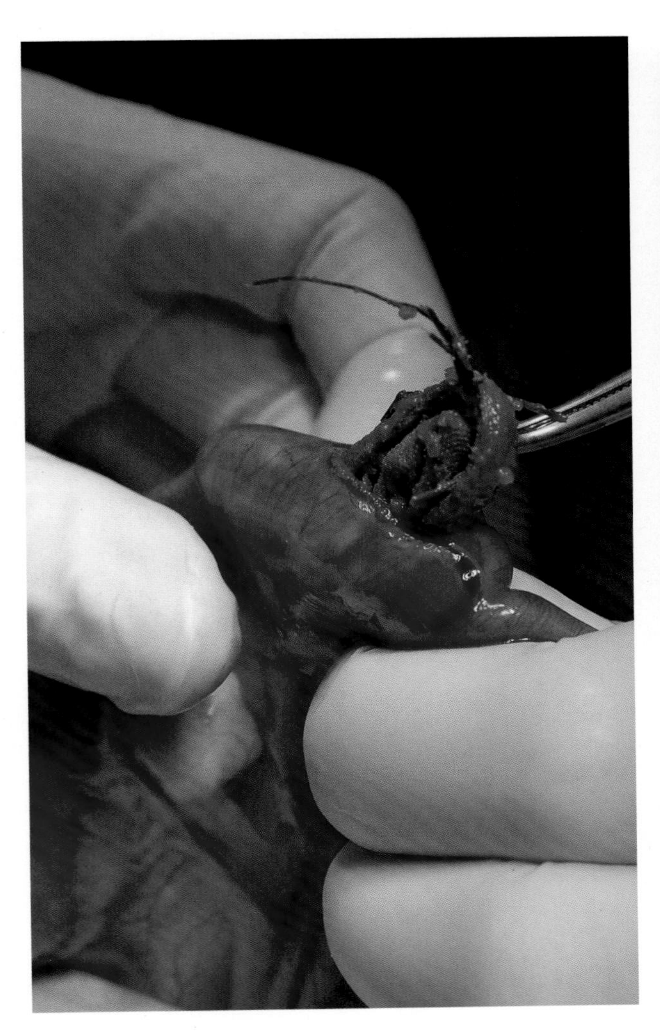

图7-134　尽可能将异物的末端向梗阻的近头端方向推移，在肠系膜对侧肠壁做一个切口，取出异物。

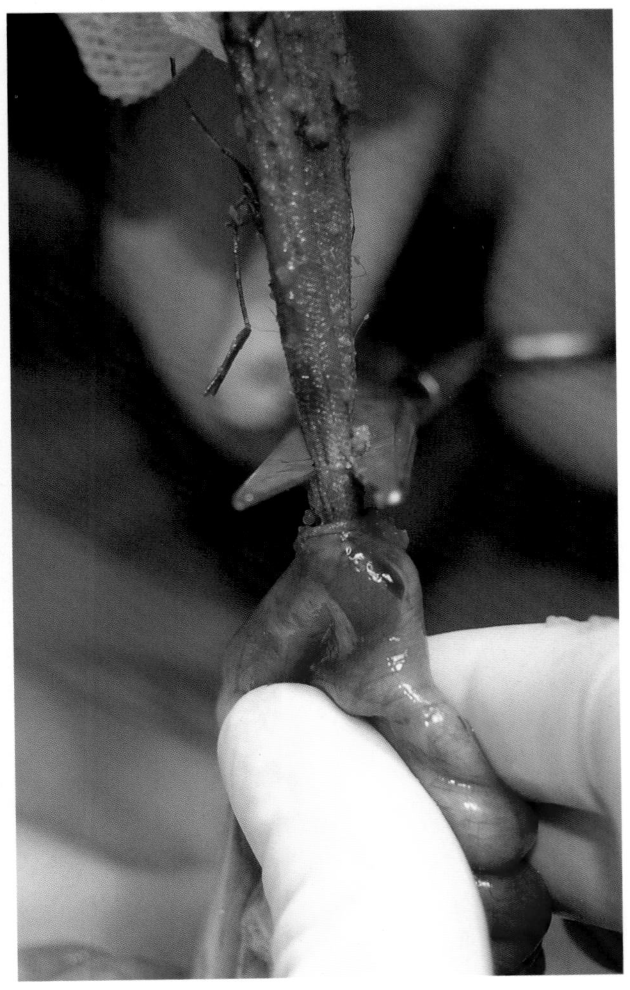

图7-135　小心地拉出异物，当稍微感到有阻力时，沿肠水平面将其剪断。

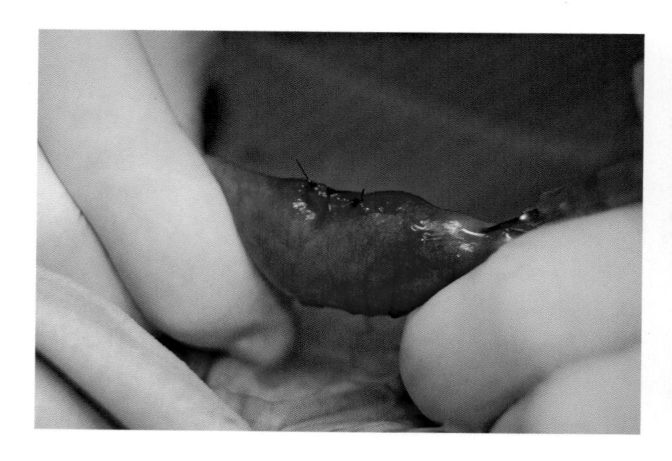

图7-136 用可吸收缝合材料，以单纯间断缝合方式，闭合肠切开术的切口，然后向肠腔内注入适当压力温的生理盐水，检查缝合处是否有渗漏。

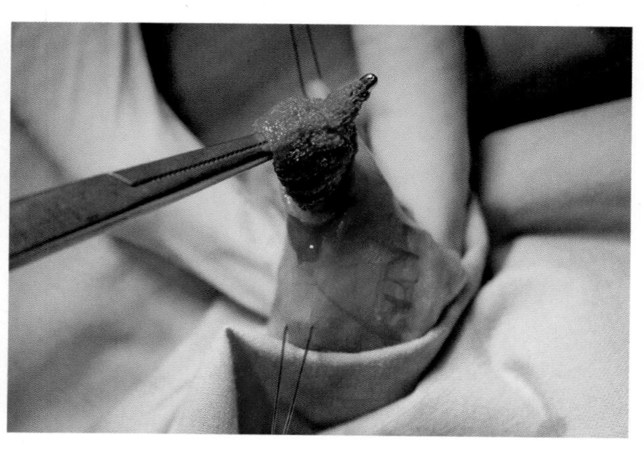

图7-137 将胃与腹腔严密隔离之后，在胃体中部进行胃切开术。从切口找到异物并轻轻将其拉出。

图7-138 轻柔而缓慢地向外牵引异物，以免引起医源性内翻或肠撕裂。图片显示牵出引起肠梗阻的线性异物的最后一段。

向外牵引线性异物时，要十分注意肠系膜侧的肠管，因为易发生肠管撕裂，且由于脂肪覆盖而很难发现

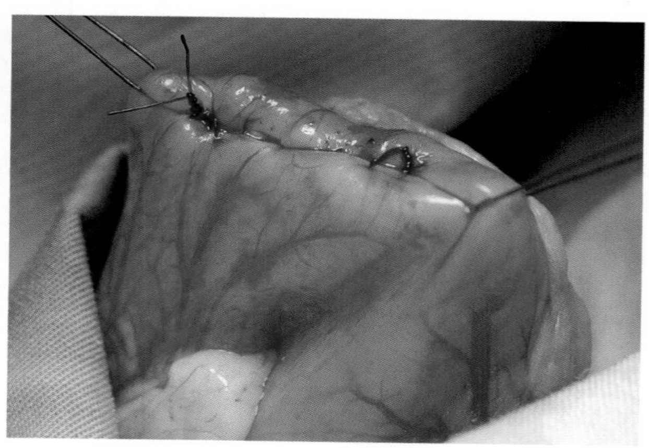

图7-139 用单丝合成缝合材料，对胃切开术的切口进行2层闭合。第一层用单纯连续缝合，闭合黏膜下层和肌层。第二层用连续库兴氏缝合，闭合肌层和浆膜层（浆肌层）。

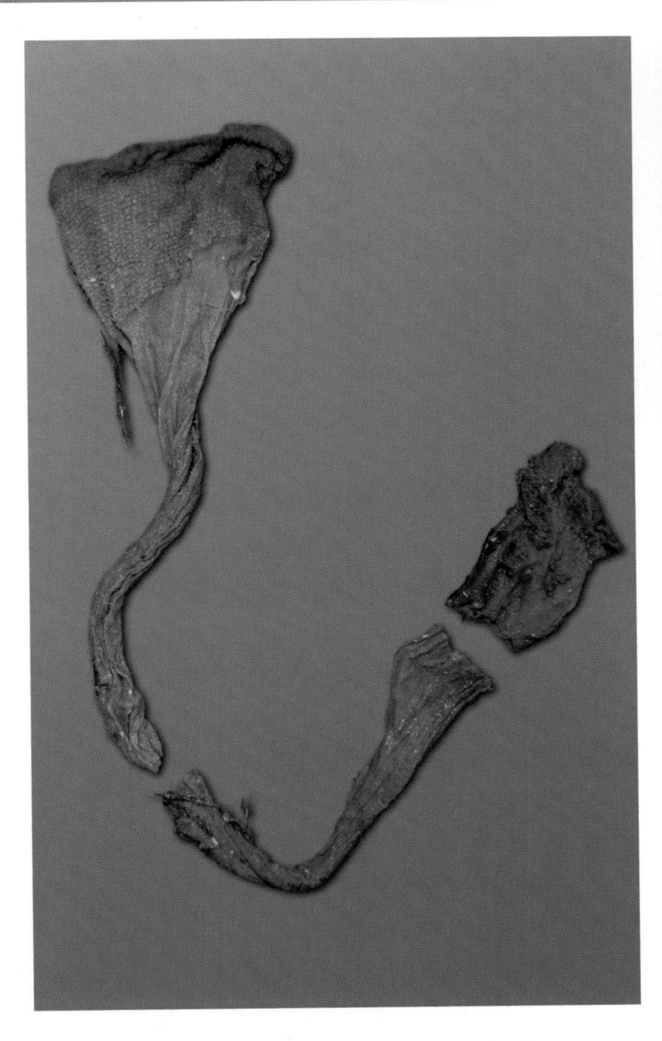

图7-140 从Paton的胃和小肠近端取出的短袜。

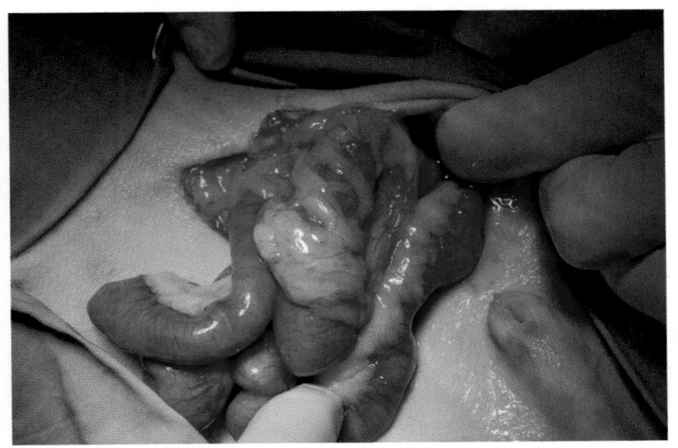

图7-141 对取出线性异物后的肠道切口进行网膜化。

## 跟踪随访

Paton术后继续住院，接受补液、镇痛剂和抗生素治疗。第2天，患犬俯卧，腹痛剧烈。没有发热，血液检查正常。超声检查仅见麻痹性肠梗阻。强化镇痛，继续住院观察至次日。

24h后，由于患犬仍然没有好转，决定再次打开腹腔检查缝合情况（图7-142、图7-143）。

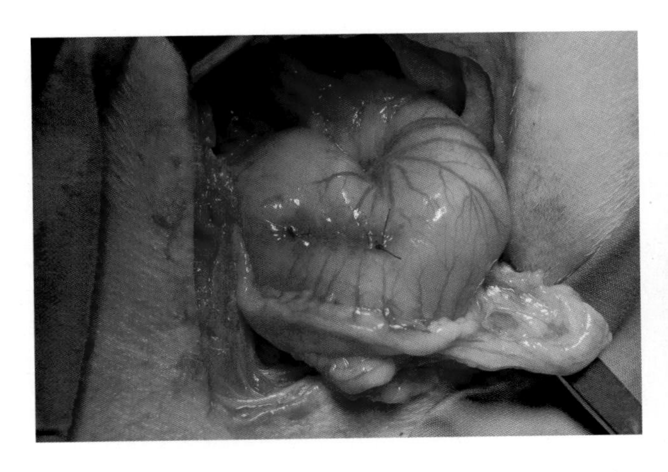

图7-142 胃部缝合完好。

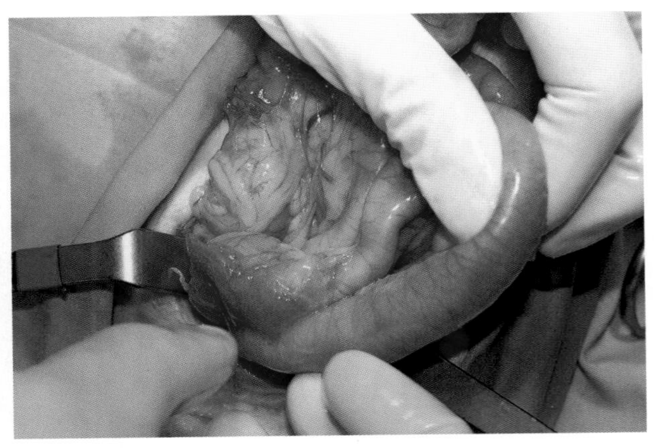

图7-143 在肠管的一处缝合部位，肠袢间发生粘连，切口肠段周围有大量纤维蛋白沉积。

在一处缝合的周围出现强烈的炎症和纤维蛋白反应，怀疑发生了肠瘘（图7-143）。打开腹腔后发现缝合肠切开术切口的四针缝合中有一针裂开（图7-144）。拆除所有缝线并重新缝合。本病例依据患犬的体格大小和严重的局部炎症，决定施行狭窄成形术，以降低由疤痕组织而导致肠管狭窄的风险（图7-145、图7-146）。

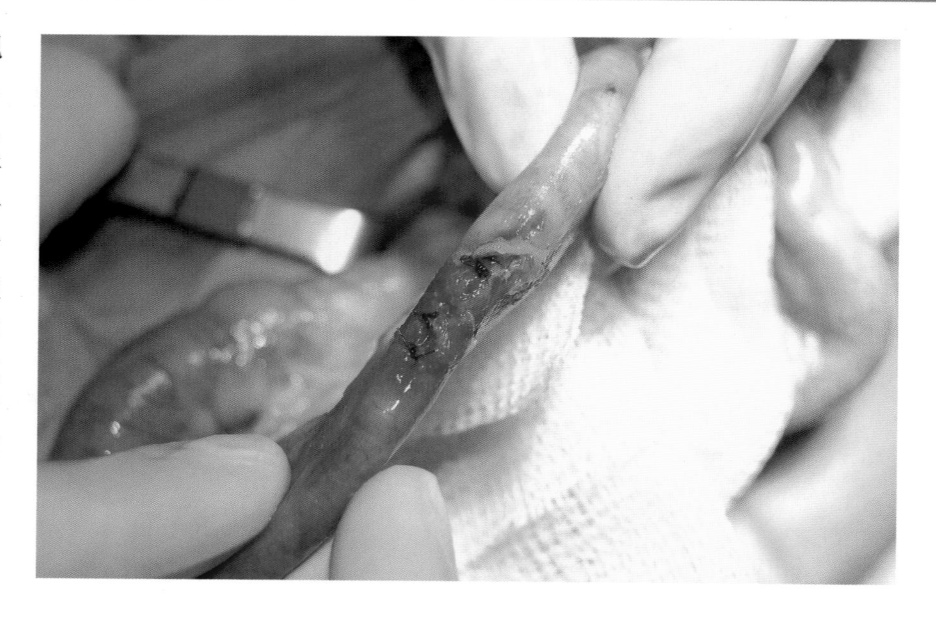

图7-144 顶端的第二针裂开，且发生炎症和蛋白水解反应。

用大量的液体冲洗、抽吸腹腔，闭合腹壁切口，不需留置引流管。24h后，患犬开始进流食；肠道转运功能逐渐有规律。术后3d，患犬所有的生理功能恢复正常。

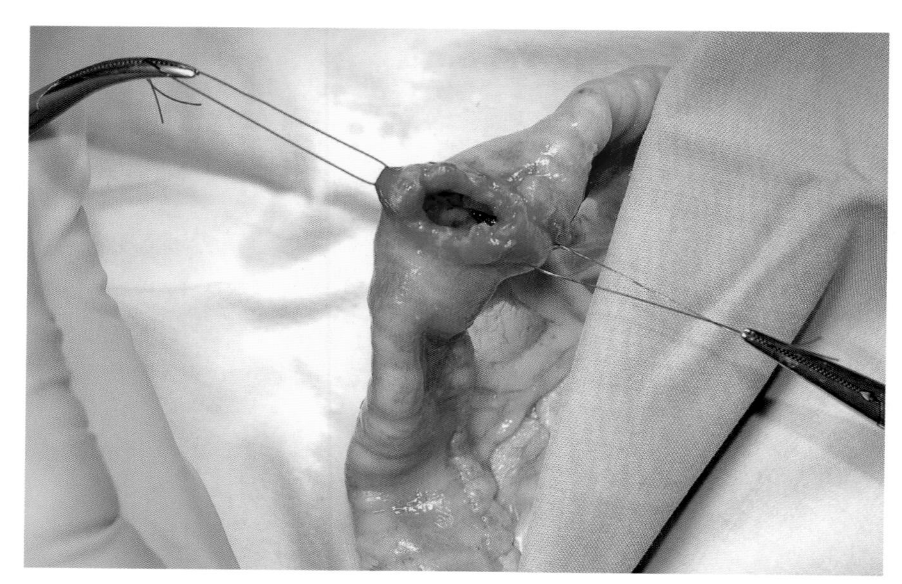

图7-145 在切口的两侧各做一针牵引固定缝合，向两边牵引缝线，肠切开术的纵向切口则变成了横向切口。

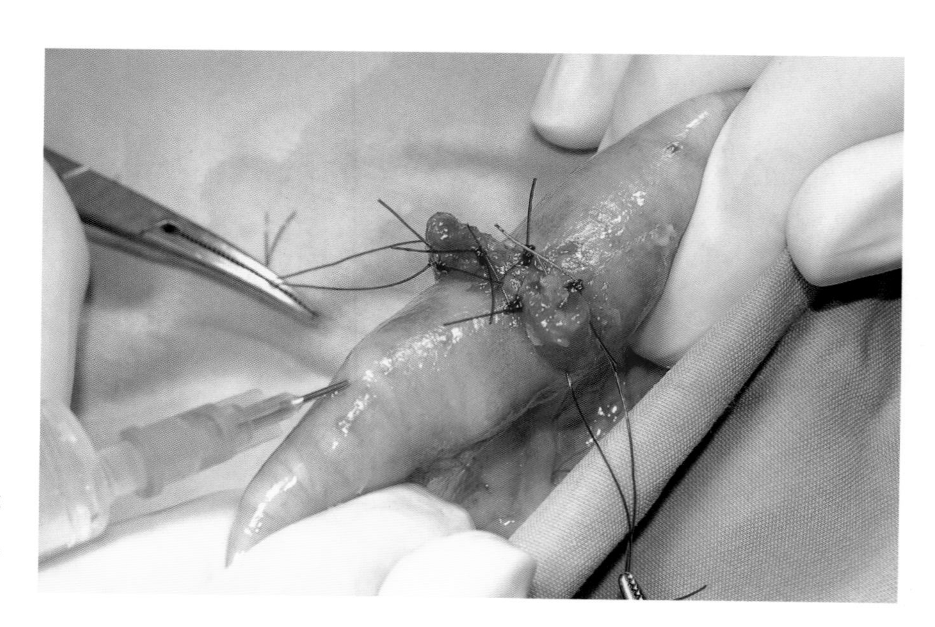

图7-146 用单丝合成可吸收缝合材料对肠管切口进行单纯缝合。只要是切开中空器官，完成缝合后始终要检查是否渗漏。

# 肠套叠

| 患病率 | ■■■□□ |
|---|---|

肠套叠是指一段肠管套入另一段肠管内，常常是其近尾端肠段套入近头端的肠段内。肠套叠可能引起肠梗阻或肠绞窄。

通常情况下，肠套叠的发生与刺激或炎症有关。

- 肠道寄生虫。
- 细小病毒。
- 饮食改变。
- 异物。
- 腹部外科手术。

如果肠管发生套叠，血管塌陷，导致肠袢血液灌注不足。肠壁水肿和脆弱。如果问题得不到解决，则造成组织坏死并继发腹膜炎。肠套叠多发生于有消化紊乱病史或近期做过腹部手术的幼龄动物。临床症状不十分典型，依损伤程度而异：

- 腹痛。
- 黑便。
- 呕吐、厌食。
- 抑郁。
- 体重减轻。

**诊断**

腹部触诊，发现腊肠形的硬块，与套叠的肠段相对应。尽管不易确诊，但腹部X线检查仍能看到团块（图7-147、图7-148）。

腹部超声检查可确诊肠套叠（图7-149）。

> 超声检查是确诊肠套叠的一种很好的诊断手段

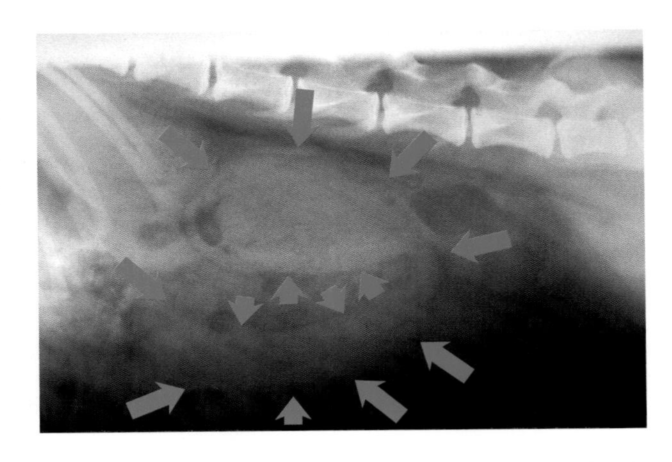

图7-147　腹腔中部有1个呈倒C形不透X线的团块，与肠套叠特征相符。

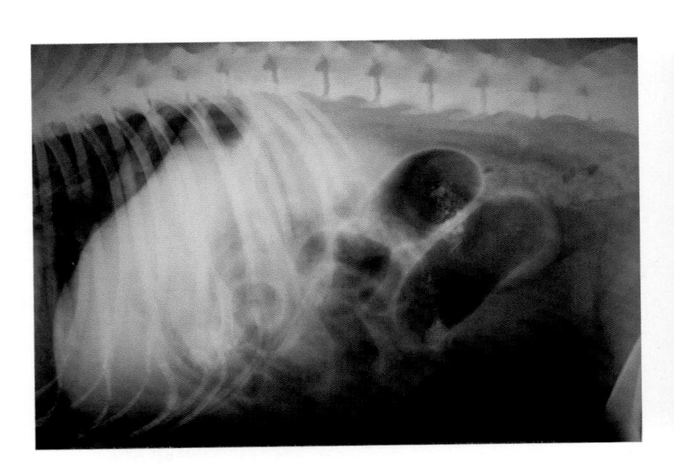

图7-148　本病例X线片没有显示典型的腊肠形态。

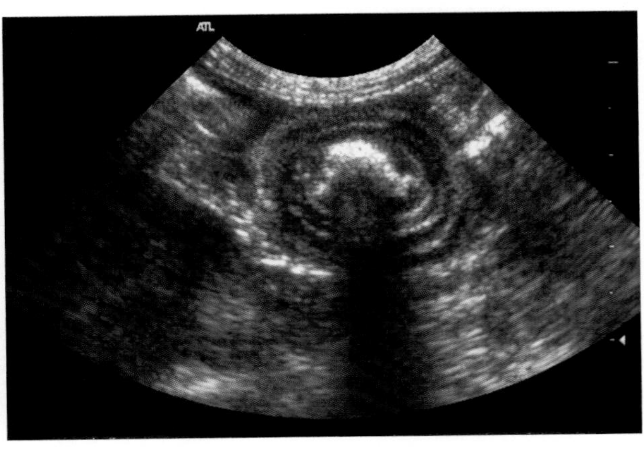


图7-149　超声检查显示洋葱形横切面形状的肠管图像，这是典型的肠套叠图像。

**手术治疗**

<table>
<tr><td rowspan="2">技术<br>难度</td><td>复位</td><td>■</td><td></td><td></td><td></td><td></td></tr>
<tr><td>肠切除术</td><td>■</td><td>■</td><td>■</td><td>■</td><td></td></tr>
</table>

由于存在严重的肠道并发症，因此，应尽快进行手术。

术前纠正水和电解质失衡，并进行预防性抗生素治疗。

如果套叠部位肠管水肿不严重，而且没有纤维性粘连，可直接进行手术

腹中线切口打开腹腔后，将发生套叠的肠管与腹腔严密隔离（图7-150），试着用手复位套叠的肠管。

由于肠管水肿，组织变脆，因此，对肠道的所有处理和操作都应小心进行（图7-151至图7-157）。

✱ 不要单纯依靠牵拉进行复位，因为这可能会撕裂肠管

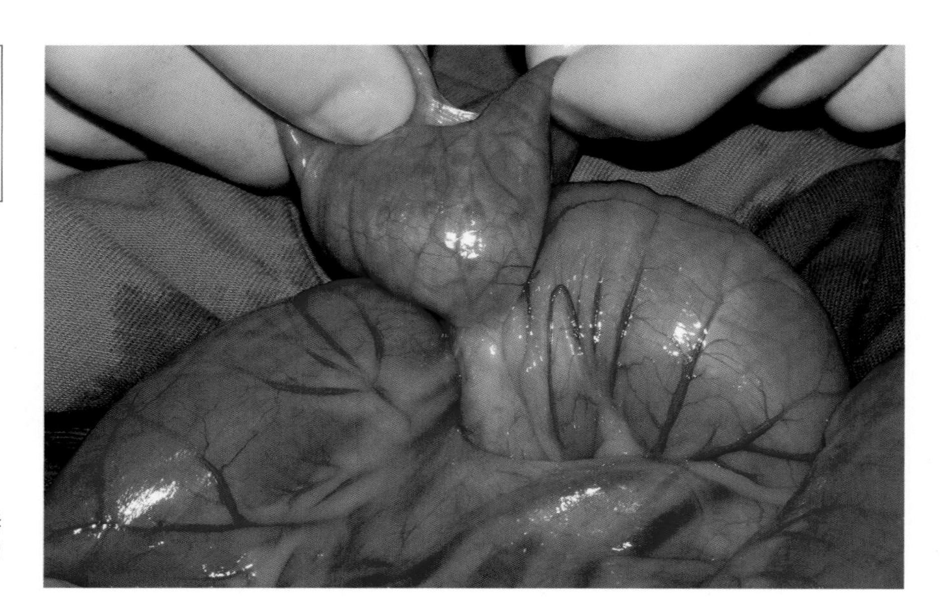

图7-150 本病例是回结肠套叠。发病时间短，未发生明显的血管损伤。原则上预后良好。

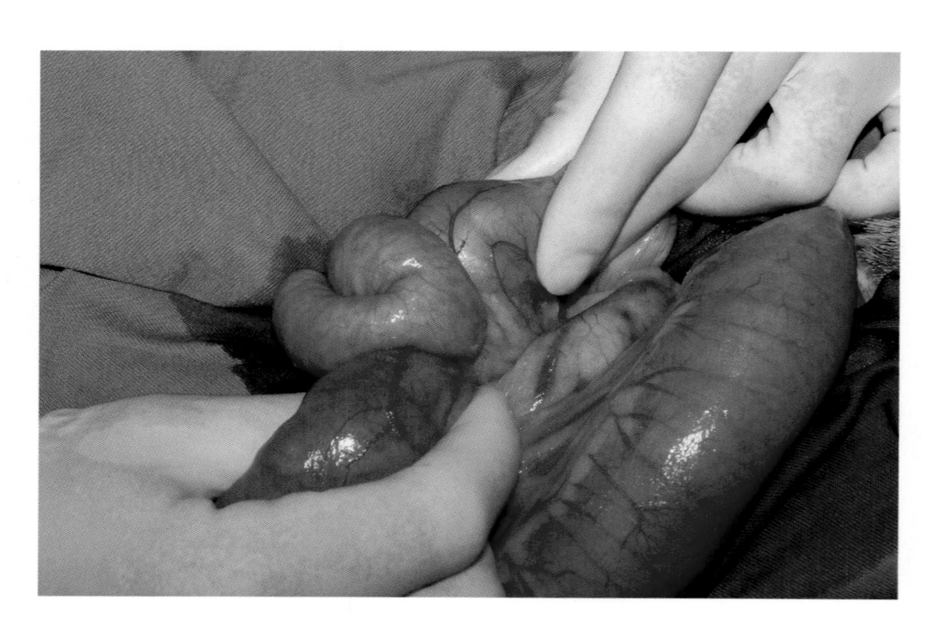

图7-151 为了避免损伤套叠的肠管，可以像挤奶一样将套叠肠管从远端挤出来（似挤牙膏一样）。

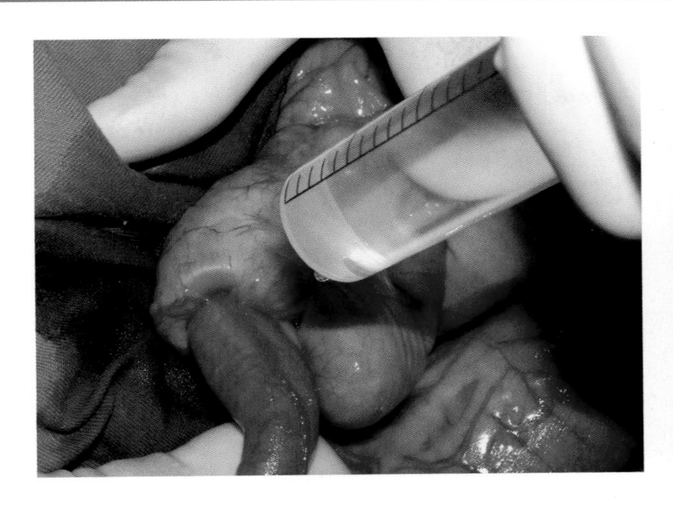

图7-152　对套叠的部位进行冲洗，防止脱水干燥，也有助于向外牵引嵌套的肠段。

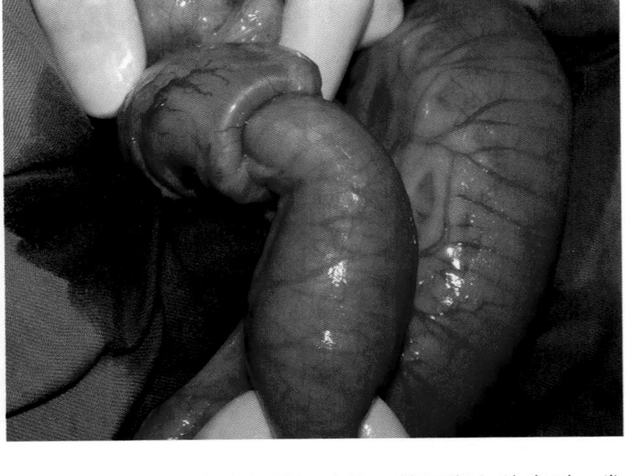

图7-153　耐心地从套叠远端将肠管逐渐向外牵引。发生套叠与施行手术之间的时间越短，肠管越易牵出。

✱ 挤压套叠肠管的远端，同时轻轻地牵拉近端，使套叠肠管复位

刺激可引起肠套叠，为避免复发，可将肠袢附着在腹壁上（肠固定术）或其他肠管上

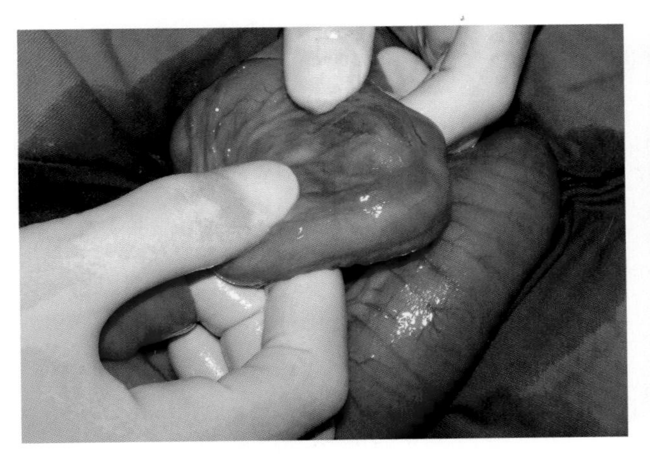

图7-154　刚将肠管复位，就在肠壁上发现了一处小损伤，但不需手术。

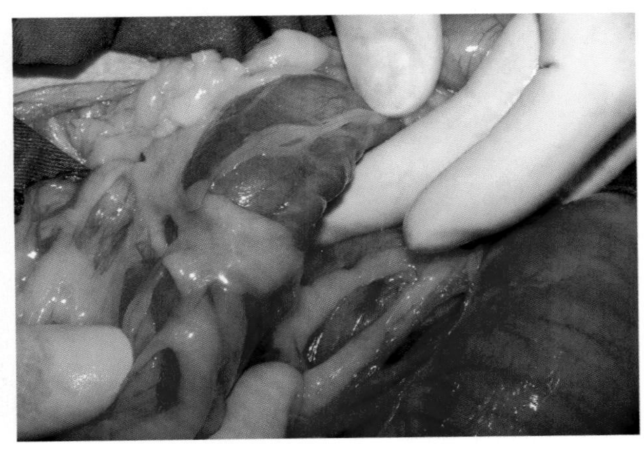

图7-155　本病例中，网膜化复位后的肠管，促进伤口愈合并加速患病动物康复。

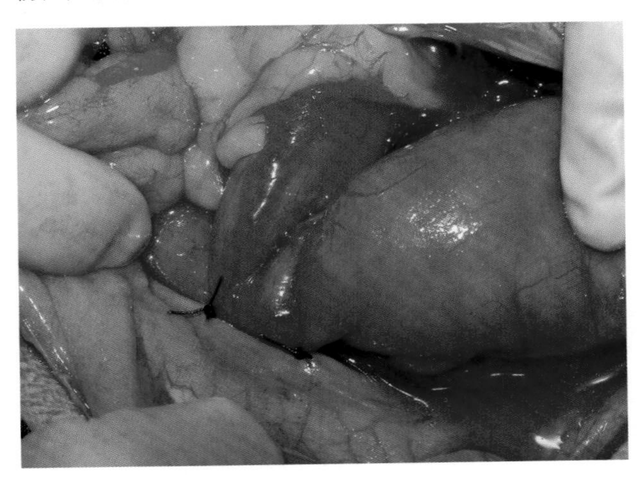

图7-156　为防止肠套叠复发，将肠袢固定在腹壁上。

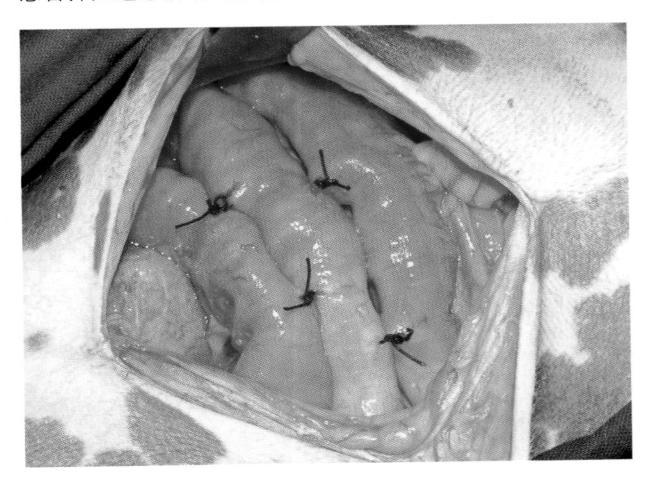

图7-157　用可吸收缝合材料，以单纯缝合的方式，将复位后的肠管固定于其他肠段上。

如果手工复位无果或组织损伤严重，应施行肠切除术（图7-158、图7-159）。

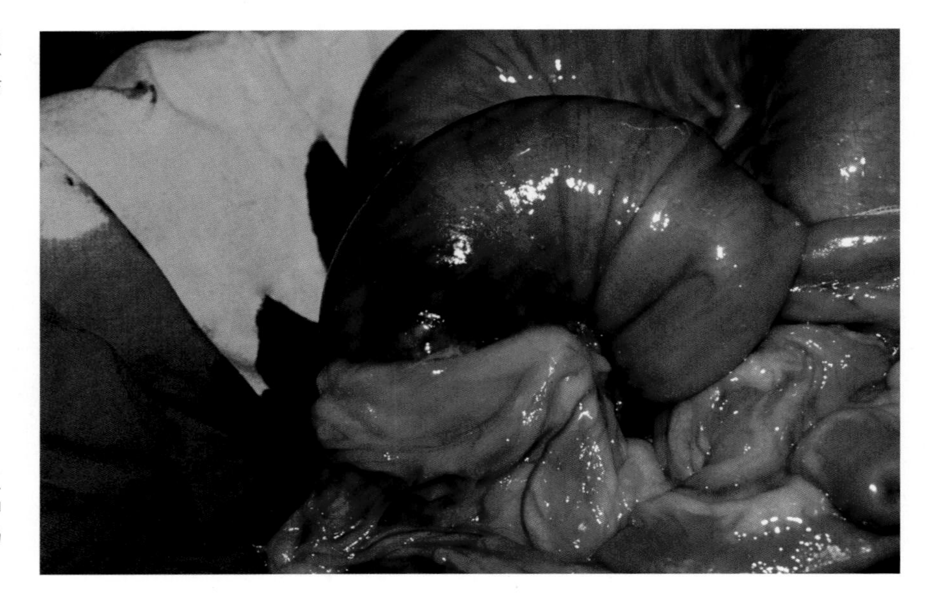

图7-158 本病例无法采用手工复位的方法，肠壁的充血、水肿以及肠袢的纤维性粘连阻碍了肠套叠复位术的进行。

有时，切除一大段肠管可能会引发短肠综合征，这是一种术后并发症。

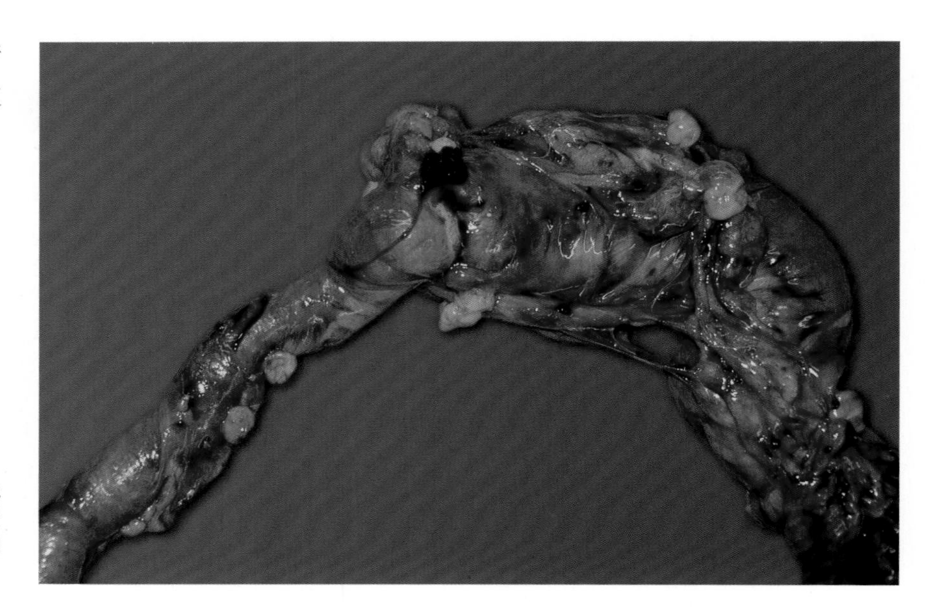

图7-159 对这些病例没有其他选择，只能施行肠切除术去除受损肠段。本图片由西班牙赫罗纳犬科兽医院Carro博士提供。

**并发症**

如果在患病早期得以确诊，并且立即做手术，术后患病动物的恢复通常会很快，而且没有肠套叠复位术引起的并发症。

如果需要进行肠切除术，那么可能会出现以下并发症：

■ 腹膜炎。

■ 吻合切口狭窄。

■ 如果切除一大段肠管，引发短肠综合征。

## 病例1 寄生虫性肠炎引发的肠套叠

Laika，雌性，塞特幼犬（图7-160）。肠道寄生虫导致呕吐和腹泻而就诊。

患犬起初接受对症治疗，口服驱虫药。治疗的最初几天有明显好转，但很快又恶化。X线片显示与肠套叠的特征相符（图7-161）。

在纠正水和电解质失衡后，施行手术。

图7-160　入院当天的Laika。

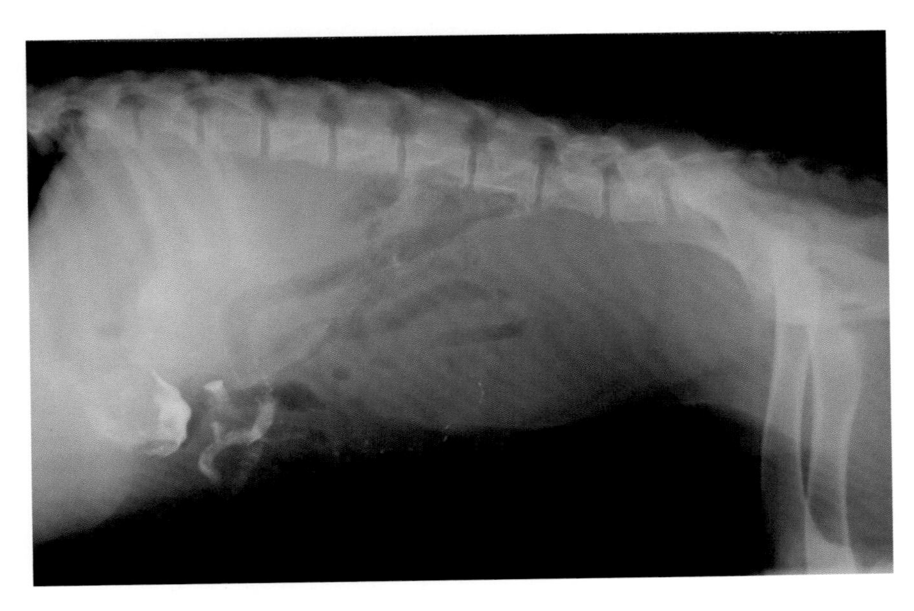

图7-161　腹腔侧位X线检查显示腹腔近尾端有一个不透X线的团块，取代了近头端肠道应在的地方。图片所见与肠套叠相符。

腹中线切口打开腹腔后，清晰显露扩张的肠袢（图7-162）。

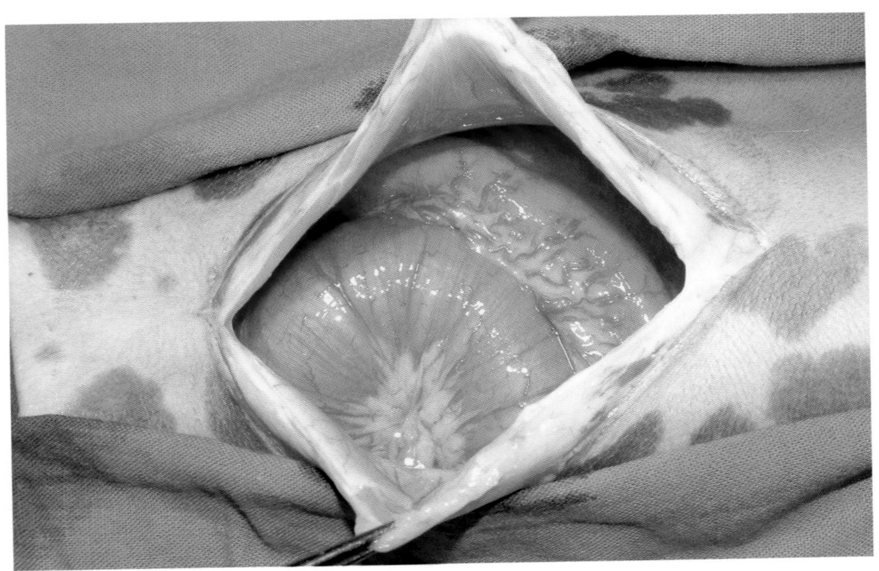

图7-162　肠管扩张充血，与肠套叠相符。

显露受损肠段后，用无菌手术创巾将其与腹腔严密隔离，对套叠的肠管进行复位（图7-163、图7-164）。

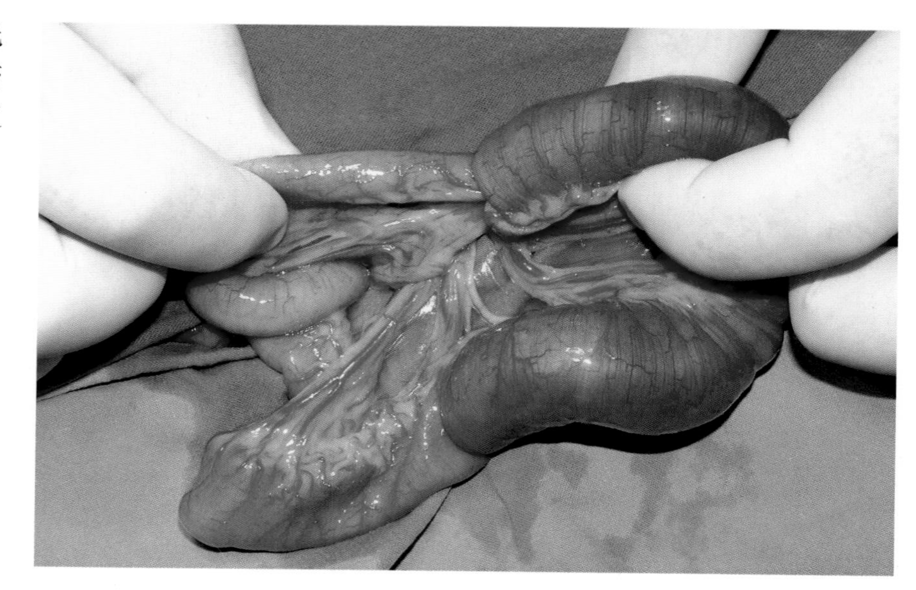

图7-163 由于充血的肠管易破裂，对套叠肠管的复位操作要非常谨慎细心。

轻轻挤压套叠肠管的近尾端，同时尽量少牵拉近端，将套叠肠管牵出

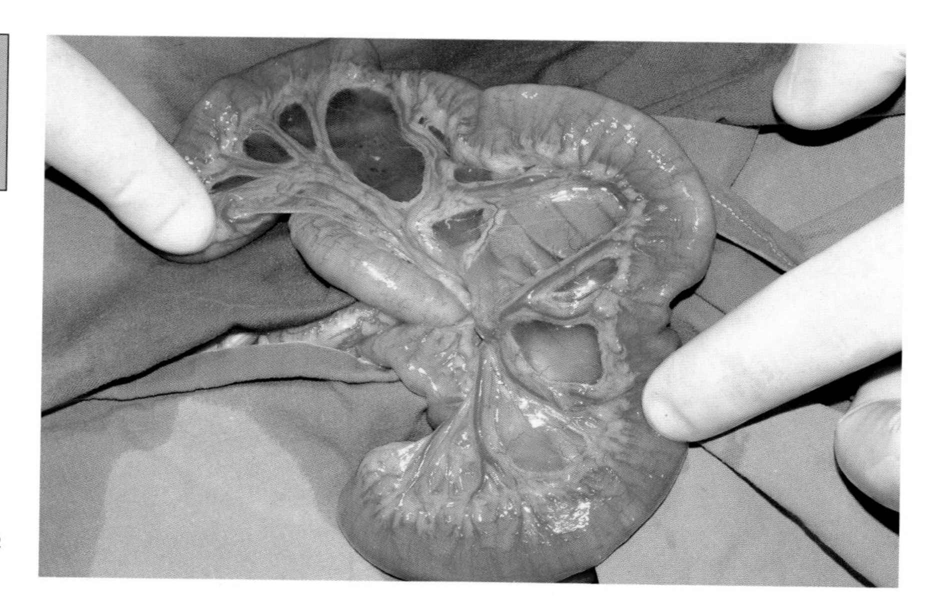

图7-164 医生用手指指出套叠肠管的长度。

本病例的组织损伤小，只将肠袢彼此附着固定，以防复发（图7-165）。患犬的恢复令人满意而且没有复发，7d后治疗结束。

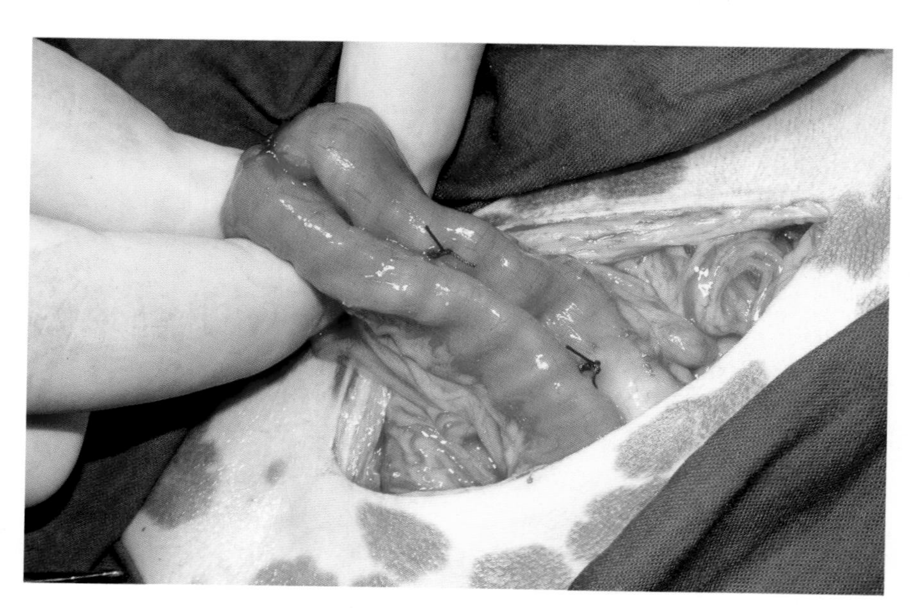

图7-165 用3/0合成可吸收缝合材料做缝合，对受损肠袢进行局部固定。

图7-166　Nanuk昏睡，对周围环境冷漠，几乎没有反应。

## 病例2　先天性肠道疾病引发的肠套叠

Nanuk，3岁，公犬。持续呕吐2周，最近2d表现粪样呕吐。主诉未见患犬腹泻，也没有采食任何异常食物。

患犬体重明细减轻、沉郁、虚弱和脱水（图7-166），体温39.5℃，毛细血管再充盈时间超过4s。

血液检查结果见表7-7。

表7-7　Nanuk入院当天血液检查结果

| 指标 | 样本值 | 参考值 |
| --- | --- | --- |
| 白细胞（$\times 10^3/mm^3$） | 22.05 | 5.5 ~ 16.9 |
| 中性粒细胞（$\times 10^3/mm^3$） | 15.87 | 2 ~ 12 |
| 红细胞压积（%） | 63 | 37 ~ 55 |
| 红细胞（$\times 10^6/mm^3$） | 9.70 | 5.5 ~ 8.5 |
| 血红蛋白（g/dL） | 22.5 | 12 ~ 18 |
| 丙氨酸转氨酶（U/L） | 315 | 10 ~ 118 |
| 尿素（mg/dL） | 70 | 7 ~ 25 |
| 肌酐（mg/dL） | 4.0 | 0.3 ~ 1.4 |
| 钾（mmol/L） | 3.0 | 3.7 ~ 5.8 |

腹部触诊显示后腹部中度疼痛。

X线片显示肠袢明显膨胀，与肠梗阻相符。因此，决定进行X线造影诊断（图7-167、图7-168）。

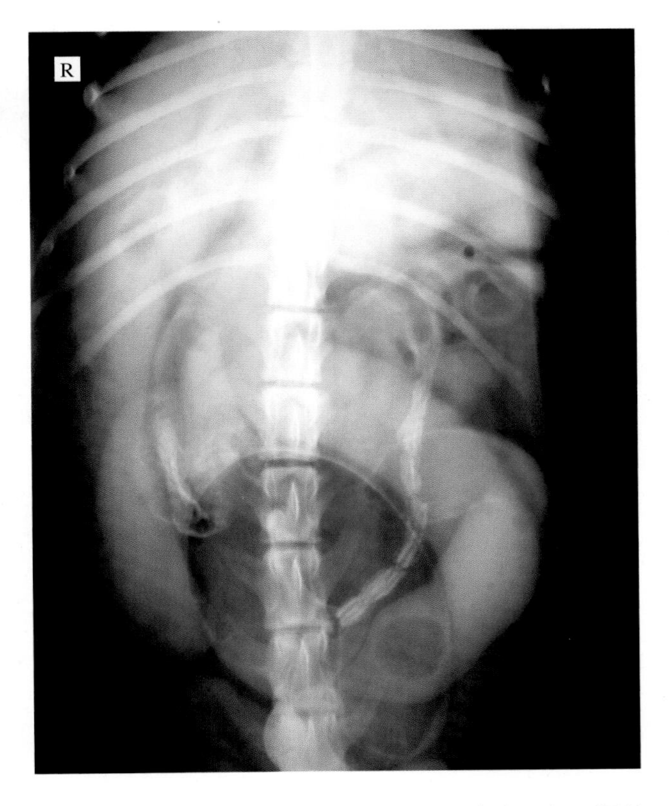


图7-167　在后腹部中央位置可见肠袢膨胀，与肠梗阻相吻合。

检查结果支持肠梗阻的诊断。因此，进行剖腹探查术。

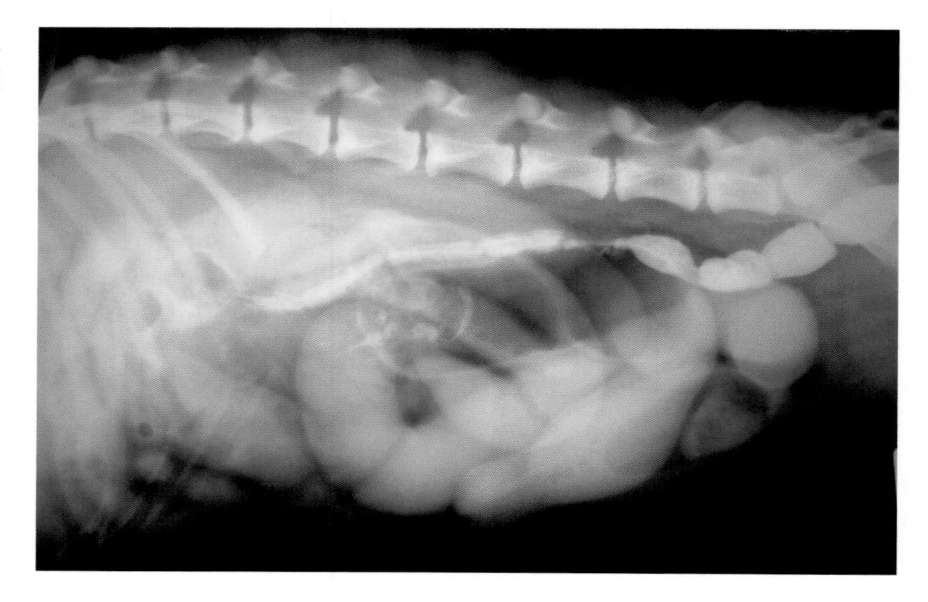

图7-168 侧位X线造影显示肠管膨胀；造影剂进入结肠，表明是部分梗阻。

像其他病例一样，经腹中线切口打开腹腔后可见膨胀的肠袢（图7-169）。

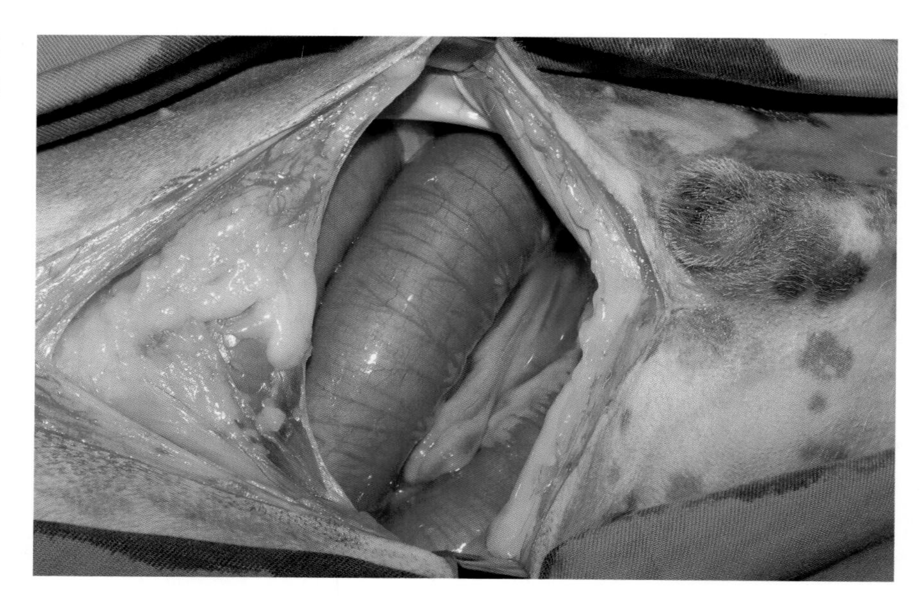

图7-169 在大部分病例中，肠袢扩张发生在梗阻的近头端。

仔细地牵引肠袢，找到梗阻的原因是结肠套叠（图7-170）。

按照前面描述的方法，对套叠的肠管进行复位，矫正肠套叠。无需实施肠切除术，因为套叠肠段的血液供应恢复迅速。

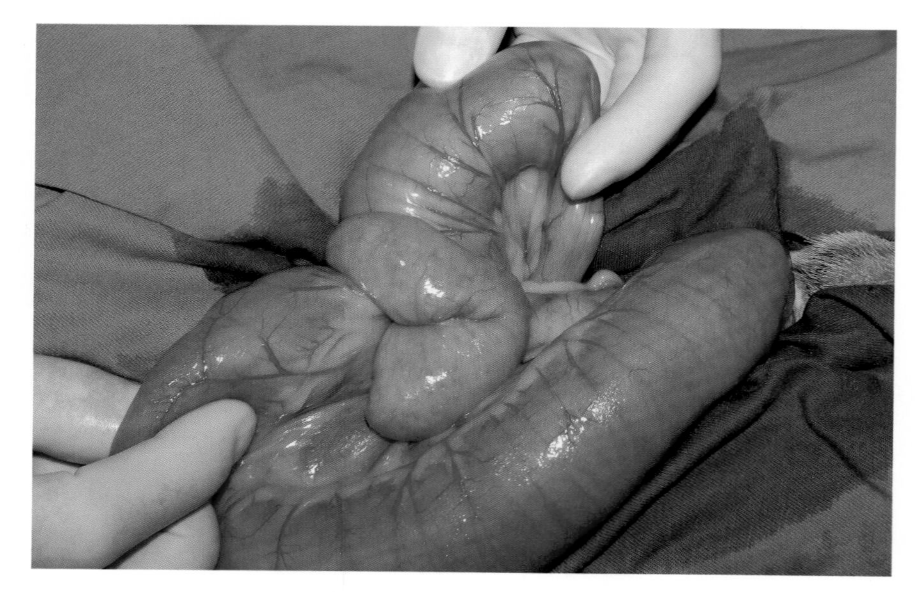

图7-170 本病例小肠的近尾端伸进了结肠中，造成梗阻。

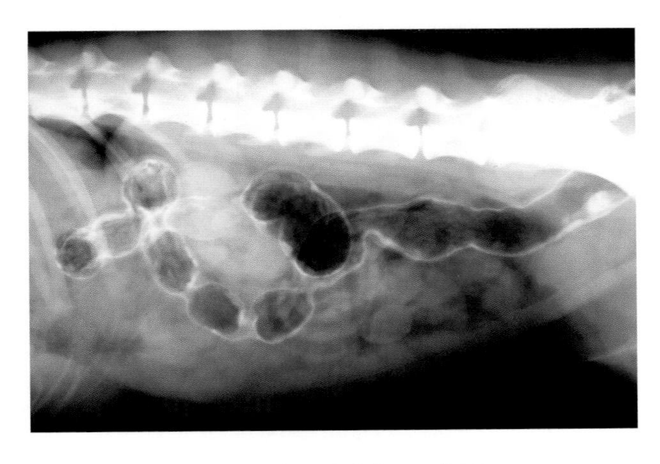

图7-171 24h后，侧位X线片未见肠梗阻。

实施肠固定术，用3/0合成可吸收缝合材料，将回肠固定在右侧腹壁上。采用常规方法闭合腹壁切口。Nanuk恢复迅速。手术次日，肠道转运恢复正常（图7-171至图7-173）。

术后护理期间，每12h口服阿莫西林-克拉维酸12.5mg/kg。

术后第1天，患犬出现腹泻，这是去除肠梗阻的结果，但不需特殊治疗，此症状很快消失（图7-173）。术后10d，患犬痊愈。3周后体重和行为恢复正常（图7-174）。

牢记，经直肠脱出的肠管，除直肠脱垂外，也可能是一种结肠套叠。可用体温检测进行鉴别诊断

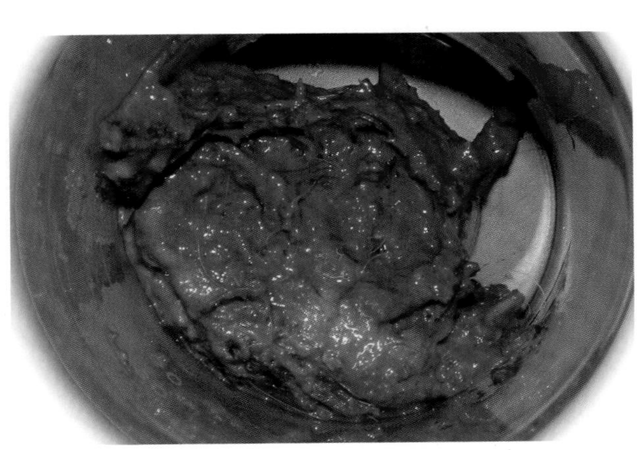

图7-172 术后数天，粪便逐渐恢复正常。

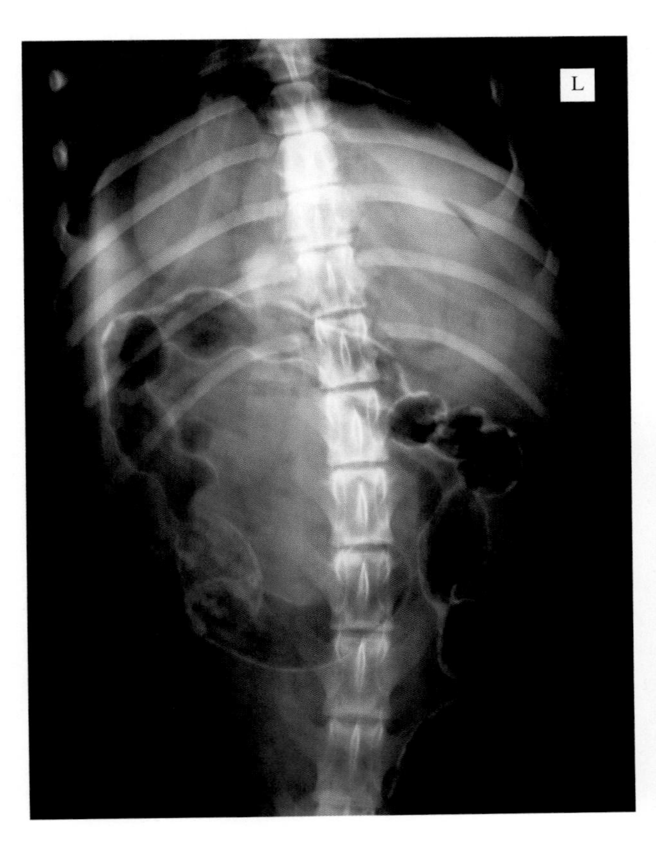


图7-173 肠道转运正常，肠功能恢复令人满意。

图7-174 术后3周，Nanuk完全康复。

# 肠扭转/肠系膜扭转

患病率 ■□□□□

肠扭转是指一段肠管绕其轴扭成一束。当这种扭转发生在局部肠系膜时，称为肠系膜扭转。因为小动物的肠系膜很短，在小动物临床实践中两者均不常见。

> 这是一种非常严重的疾病，死亡率很高

幼龄犬、运动型犬和工作犬易患此病。通常有消化不良和疝的病史（肠疝或腹股沟疝）。

肠扭转可能发生在腹腔或疝囊中。如果发生肠系膜扭转，就会发生血管阻塞和血栓，黏膜发生缺血损伤。由于黏膜损伤，毒素、蛋白水解酶、炎性细胞因子、细菌及其内毒素进入血液，引发败血症和内毒素性休克，导致心血管功能不全和死亡。患病动物就诊时通常表现为休克，预后不良。X线造影无法提供更多诊断信息，不应作为首选（图7-175）。

> 血浆乳酸检测可能是判定预后的可靠指标。参考值是0.5～2.5mmol/L

应尽快开始治疗。首先，纠正水、电解质和酸碱平衡紊乱，静脉输注抗需氧菌和厌氧菌的抗生素：

- 7%高渗盐水（5 ～ 7 mL/kg，15min以上），快速纠正低血容量症，可使患病动物稳定45min。
- 如果没有高渗盐水，每小时每千克体重可用乳酸格林氏液90mL。
- 每小时每千克体重使用乳酸格林氏液10mL进行维持。
- 补钾，速率每小时每千克体重不超过0.5mEq*。
- 用氟胺烟酸葡胺对抗休克。
- 抗氧化剂（超氧化物歧化酶、别嘌呤醇、维生素E、卡托普利、心得安和N-乙酰半胱氨酸）。
- 广谱抗菌药：静脉注射，先锋霉素V（20mg/kg）或恩诺沙星（5mg/kg）+氨苄青霉素（22mg/kg）。

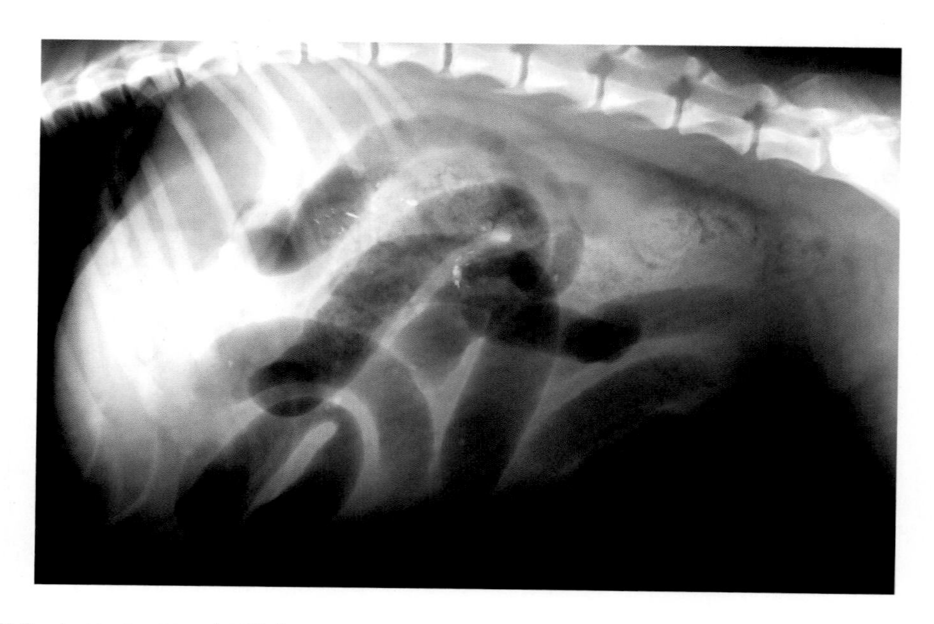

图7-175　患急腹症的动物表现严重腹胀，怀疑发生了肠扭转。

* mEq（毫克当量）为非许用计量单位，1mEq=1mol/L×离子价数。

保定患犬后进行手术。麻醉风险很高。手术中，不要纠正肠扭转，以最大限度地减少内毒素和缺血组织产生的有毒物质进入血液的量。一长段肠管发生了扭转并伴有坏死表现，表示预后不良（图7-176），患病动物康复的可能性不大。如果扭转肠段的长度有限（图7-177），可通过肠切除术去除受损肠段（图7-178、图7-179）。记得用大量温的无菌生理盐水冲洗腹腔。

> ✱ 在这些病例中，由于术后动物面临的营养问题，应采用非吸收缝合材料。伤口愈合缓慢

预后谨慎，可能的并发症有：

- 短肠综合征。
- 外周血管功能不全。
- 肾功能不全。
- 肠坏死。
- 腹膜炎。
- 感染性休克。
- 1个或1个以上这样的并发症都可能会导致患病动物死亡。

图7-176 这个病例肠系膜扭转影响了占全长7/8的肠管，建议安乐死。

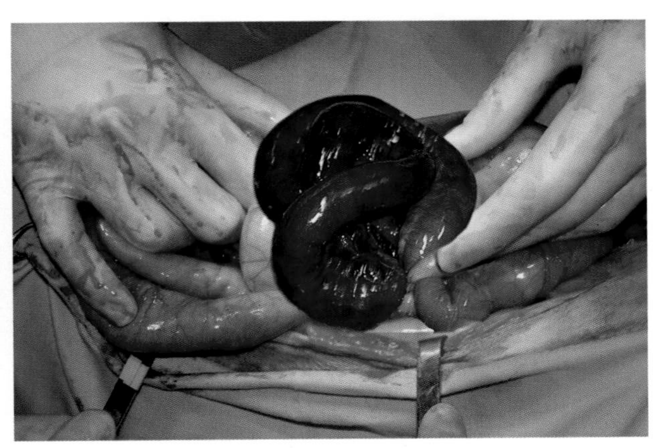

图7-177 如果肠扭转只影响到肠管的远端，可采用肠切除术将其切除。

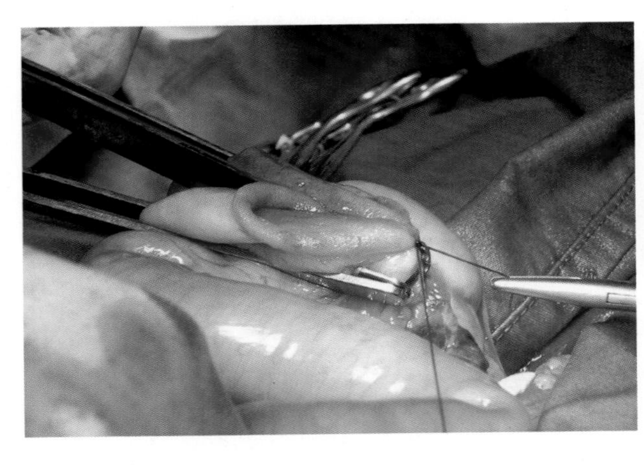

图7-178 应尽快施行肠切除术。用单丝合成非吸收材料进行连续缝合比较好。

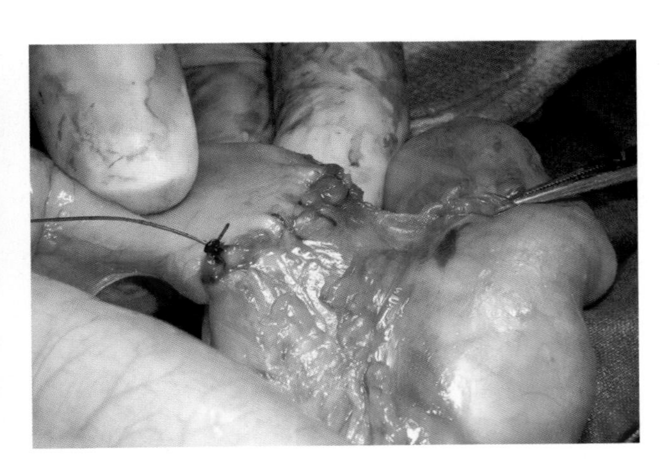

图7-179 即使手术要快，仍然必须检查缝合处的密闭性，以防止发生严重的并发症和继发性腹膜炎。

# 肠道肿瘤

患病率 ■□□□□

在犬、猫的所有肿瘤疾病中，肠道肿瘤的比例不足10%。一些研究表明，猫的肠道肿瘤比犬的发生率高。犬的肠道肿瘤更多发生在大肠，而猫主要发生在小肠。在许多病例中，肿瘤是恶性的。淋巴瘤是这2种动物最常见的类型，尤其是猫。恶性腺瘤是第二种常见的类型。肉瘤不常见，其中，平滑肌肉瘤是主要类型。对猫而言，也可能是肥大细胞瘤。据称，暹罗猫易患淋巴瘤和恶性腺瘤。

肠道肿瘤的临床症状与肠炎或肠梗阻的病例相似，如呕吐、腹泻（黑粪症）、厌食、体重减轻。虽然就诊时也可能是肠穿孔和腹膜炎引起的急性症状，但起初肠道肿瘤的症状通常不明显（图7-180），也可能表现出与腹腔积液及肿瘤转移到肝、淋巴结和肺脏的临床症状（图7-181），但肺部转移性癌一般不常见。

> 不是所有的肠道结节状病变都是瘤。肉芽肿可能是由炎症的某一进程（炎性肠病）、猫传染性腹膜炎、真菌感染或异物卡在肠壁上，甚至是非肿瘤的腺瘤息肉等原因导致的

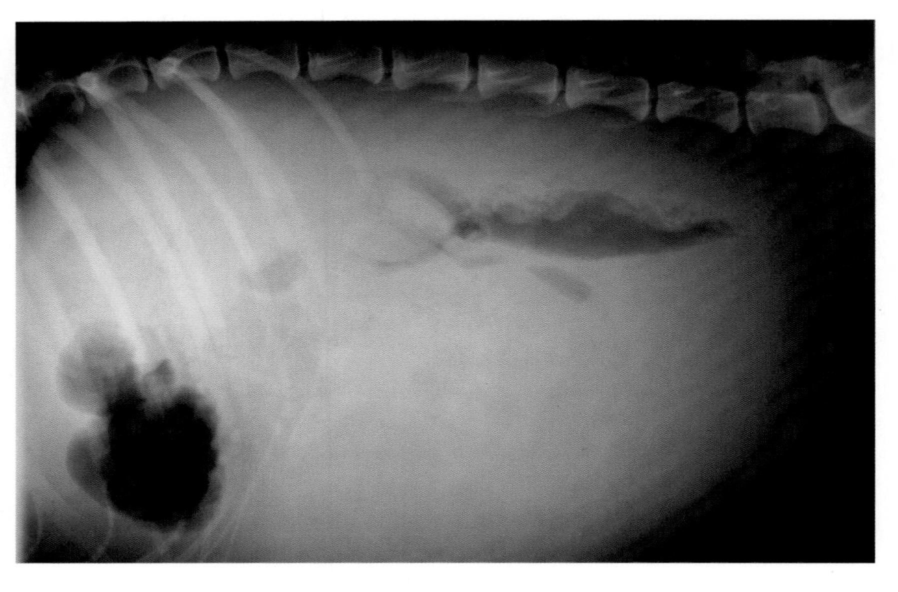

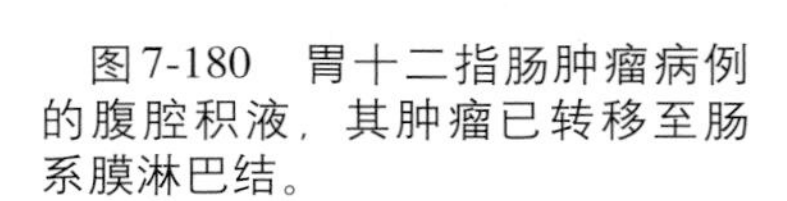

图7-180　胃十二指肠肿瘤病例的腹腔积液，其肿瘤已转移至肠系膜淋巴结。

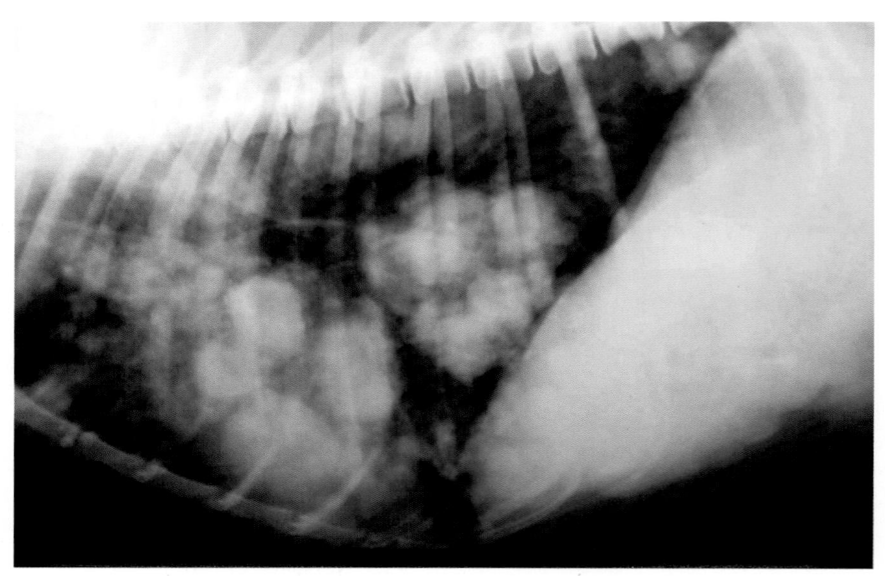

图7-181　检查肿瘤是否转移到了肺脏，需要做胸部三维X线检查。图片显示肿瘤已扩散至整个肺实质。

**诊断**

有经验的兽医可能通过腹部触诊就能发现肿瘤团块，尤其是当动物体重减轻时。但大多数情况下，检查猫就比较困难。由于慢性失血，全血计数会出现轻度到中度贫血，并伴有中性粒细胞增多。血液生化检查结果可能显示低钾血症、低蛋白血症、碱性磷酸酶增加，若有淋巴瘤，还会出现高钙血症。X线片和造影可检测壁内肿块、梗阻、充盈缺损及肠壁增厚或不规则，或腹水。腹部超声检查是检查肠道肿块以及肝、脾或肠系膜淋巴结的转移性肿瘤最简单、最敏感的技术。可在超声引导下获取可供细胞学检查的组织样本。内镜检查只适用于诊断小肠近端肿瘤。确诊可用穿刺术获取腹腔液进行细胞学检查，或在超声引导下获取肿块样本进行活组织检查（图7-182）。但在大多数情况下，最终的诊断要依赖于术后对切除的组织进行病理学检查或切取活组织进行病理学检查。

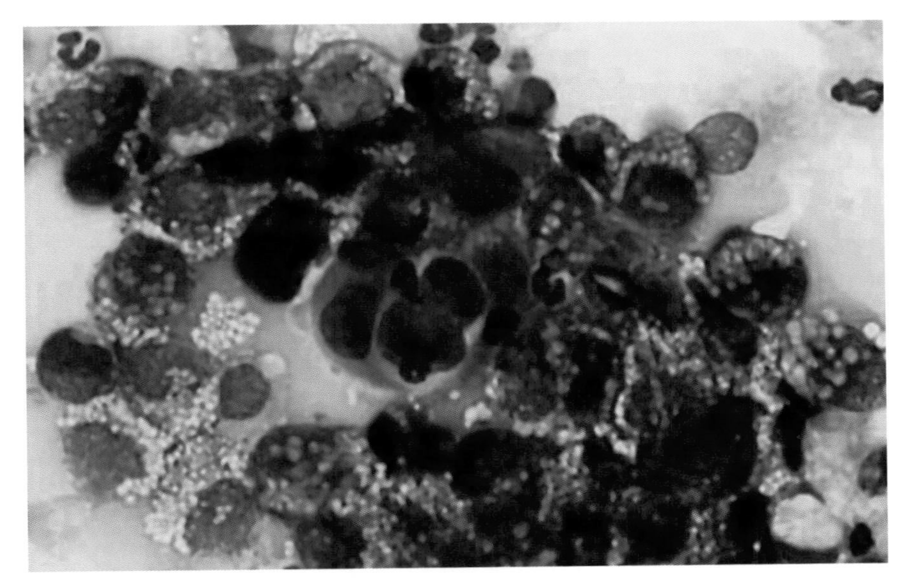

图7-182　腹水的细胞学检查。异常上皮细胞的聚集与十二指肠腺癌一致。

**腺癌**

腺癌通常表现侵入肠腔的肿块，导致肠梗阻。这是一个浸润到肠壁、扩散到相邻组织的恶性新生物，并转移到局部淋巴结（图7-183）。

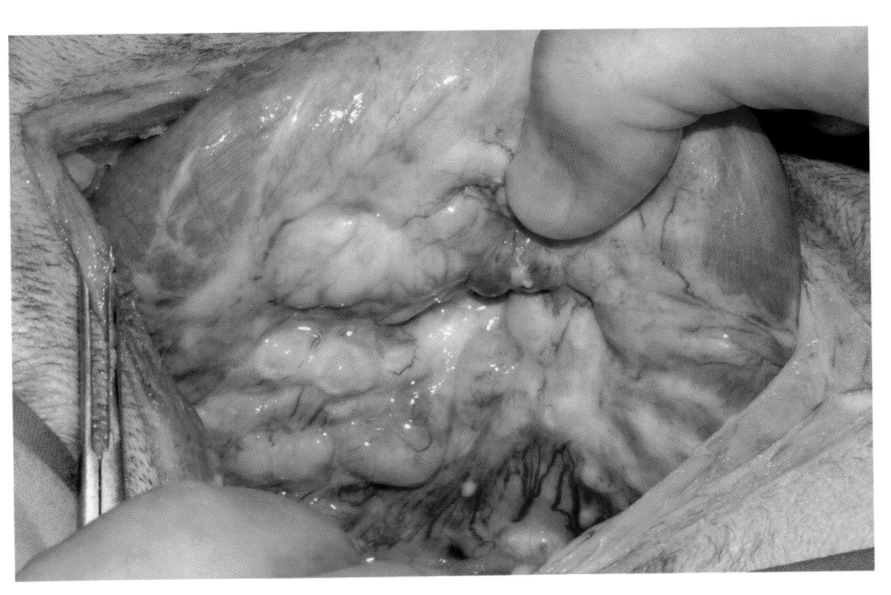

图7-183　十二指肠腺泡腺癌呈圆周生长。十二指肠壁增厚，肿瘤向肠系膜、局部淋巴结和胰腺扩散。

由于肿瘤的大小、浸润性和/或浆膜外侵袭或粘连，通常不可能采用手术切除腺瘤，这些病例的预后不良。即使完全切除肿瘤，平均存活1年的犬仅占40%。猫的腺癌，50%转移到局部淋巴结，30%转移到腹膜腔，不到20%转移到肺脏。这类肿瘤的化疗效果不好。现有的少数研究报告手术切除后，用阿霉素做辅助治疗。对癌扩散病例，可用腔内治疗法，猫用卡铂，犬用顺铂或氟氯嘧啶。

**淋巴瘤**

淋巴瘤主要发生于猫。罹患这种肿瘤与感染或暴露于猫白血病病毒有关。肠淋巴瘤可能以2种不同的形式出现：扩散型或结节型。扩散型是一种对固有层和黏膜下层的浸润性损伤，导致吸收障碍、腹泻、脂溢和体重减轻。临床症状通常与猫淋巴瘤一致。结节型的可导致局部肠管增厚，尤其是在回肠区，出现部分肠梗阻的症状（图7-184）。这是猫淋巴瘤最典型的症状。

犬淋巴瘤逐渐扩散，伴有黏膜下层和固有层浸润性损伤；通常影响肝、脾等脏器和肠系膜淋巴结。

> 肠淋巴瘤是一种十分常见的全身性疾病。大约80%的猫淋巴瘤表现其他器官同时发病。排除其他器官疾病，才能做出正确预后

犬肠淋巴瘤预后不良。治疗其全身症状，化疗是唯一的选择。经典化疗方案包括长春新碱、环磷酰胺、强的松和阿霉素。化疗后平均存活时间不足16周。

猫肠淋巴瘤的治疗和预后取决于肿瘤的病理类型和临床症状。结节型淋巴瘤常见，但大多数情况下，因为肿瘤影响了淋巴结、脾或肝，不能外科手术切除。用经典化疗方案（长春新碱、环磷酰胺、强的松和阿霉素），其存活时间与犬类似。然而，口服强的松和瘤可宁的化疗方法对淋巴瘤（扩散型淋巴瘤以小成熟淋巴细胞为特征）的效果良好，平均存活时间为16 ~ 17个月。

推荐治疗猫肠淋巴瘤的化疗方案见表7-8。

表7-8　推荐治疗猫肠淋巴瘤的化疗方案

| 药物 | 剂量 |
|---|---|
| 瘤可宁 | 每天15mg/m$^2$，每3周连续4d |
| 强的松 | 每天10mg/只 |

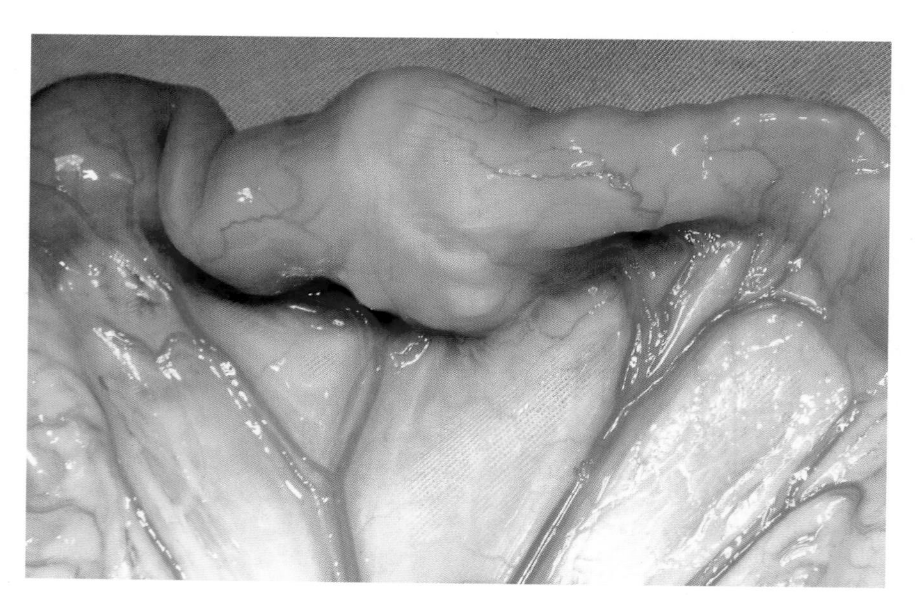

图7-184　这只猫因呕吐、体重减轻和腹泻就诊，患有结节型肠淋巴瘤，已成功切除。

## 病例1　肠腺泡腺癌

本病例是1只9岁的雌性猫，定期驱虫但从未接种过疫苗。

因数周时间表现虚弱、体重减轻和呕吐，近几日表现厌食和腹泻而就诊。

临床检查发现黏膜苍白、脱水。腹部触诊未发现肿块。X线检查显示与肠梗阻一致（图7-185）。超声检查证实是肠梗阻，在小肠内检测到大约1.5cm的肿块以及局部淋巴结肿大。在超声引导下采取肠肿块和受影响的肠系膜淋巴结样本进行活组织检查。肠肿块样本显示分化非常低的细胞结构，是成群的中度非典型性上皮细胞。淋巴结样本只发现一团非典型性细胞，因此，细胞学诊断为疑似恶性肿瘤（图7-186、图7-187）。

胸部X线片图像显示正常，没有肿瘤转移。

建议手术去除引起肠梗阻的肿块（图7-188至图7-194）。

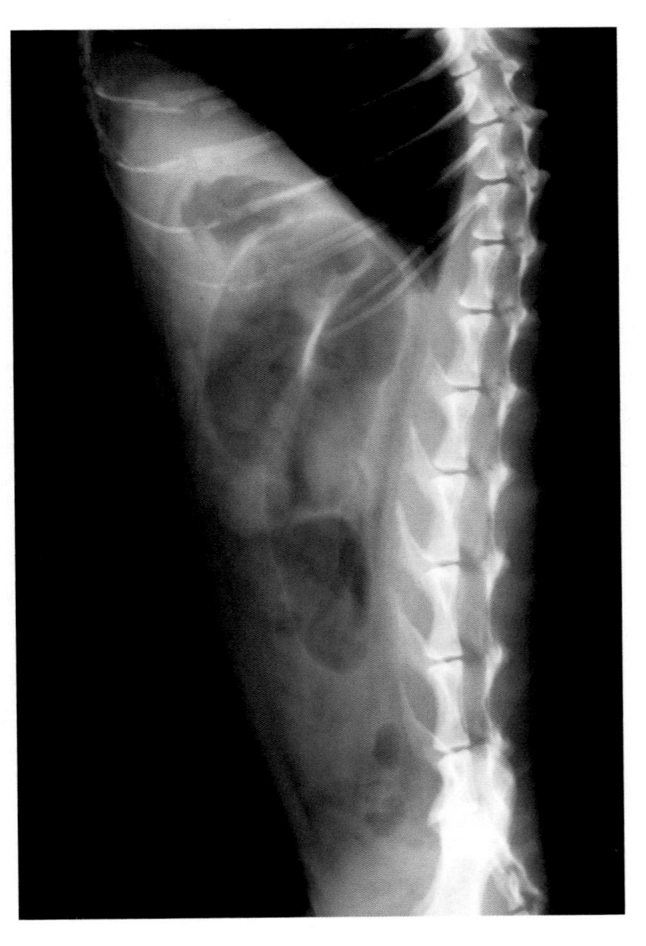

图7-185　X线检查显示小肠明显臌气，可能为更远端的肠梗阻。

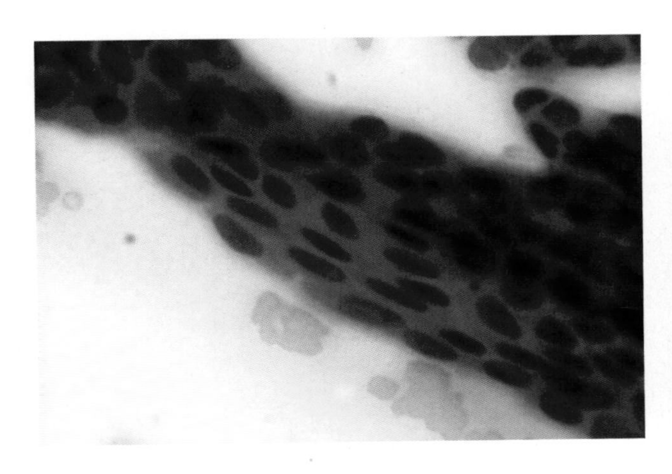

图7-186　肠道肿块的细胞学检查。一团中度非典型性上皮细胞（轻度非结构化细胞团，一定程度的核不均或核多形性），疑似恶性肿瘤。

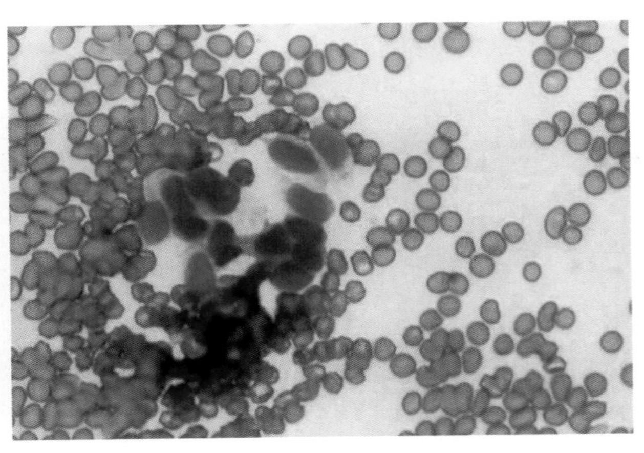

图7-187　肠系膜淋巴结样本。只检测到这一团非典型性细胞，疑似恶性肿瘤（非结构化细胞团、核不均、轻度深着色和细胞核不规则）。

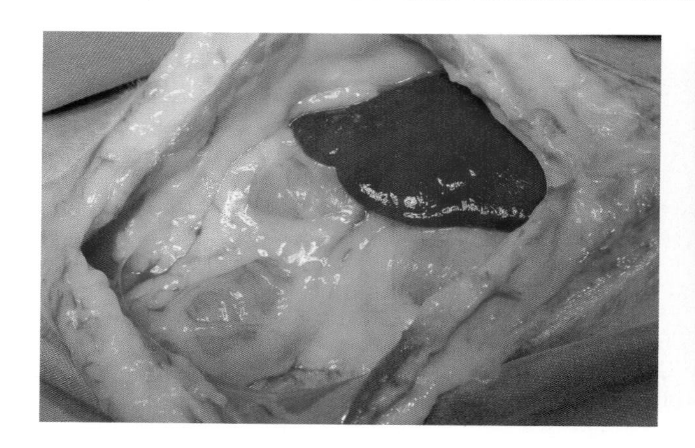

图7-188　腹中线切口打开腹腔后，发现以前卵巢子宫切除术残留的非吸收缝线。最明显的是整个腹腔组织极度苍白。

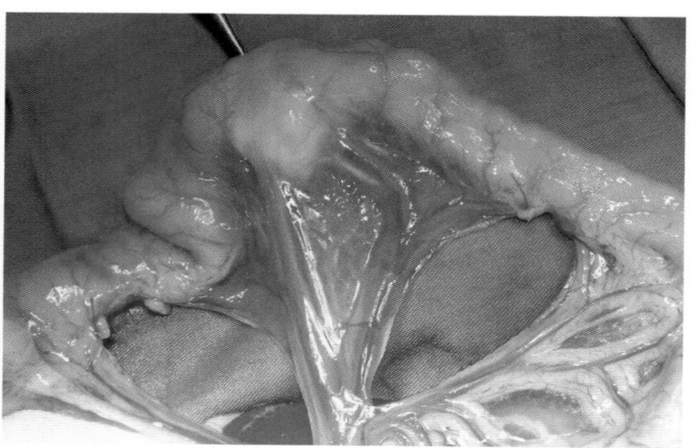

图7-189　肠道检查仅在空肠发现一个肿块，可以进行治疗。

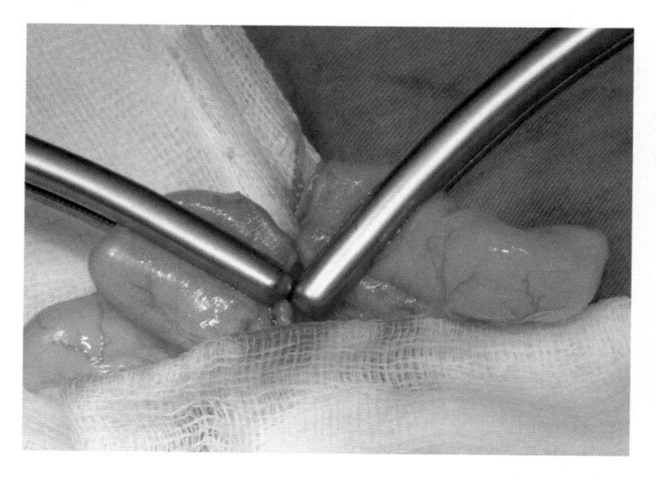

图7-190　实施肠切除术切除肿瘤，包括去除肿瘤两边各4cm的正常肠道（安全范围）。

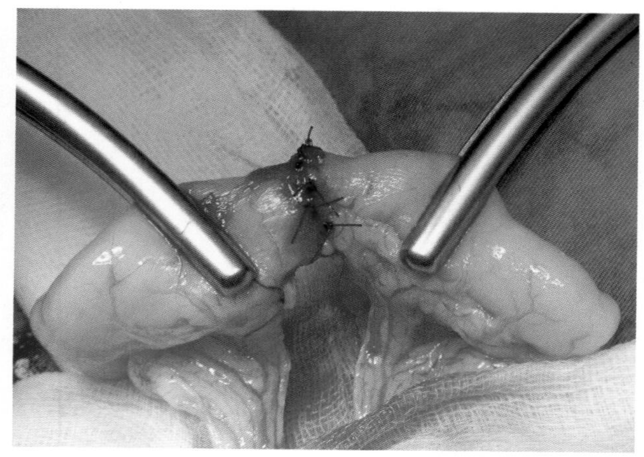

图7-191　用4/0单丝缝合材料，以单纯缝合的方式对肠道全层进行端端吻合。

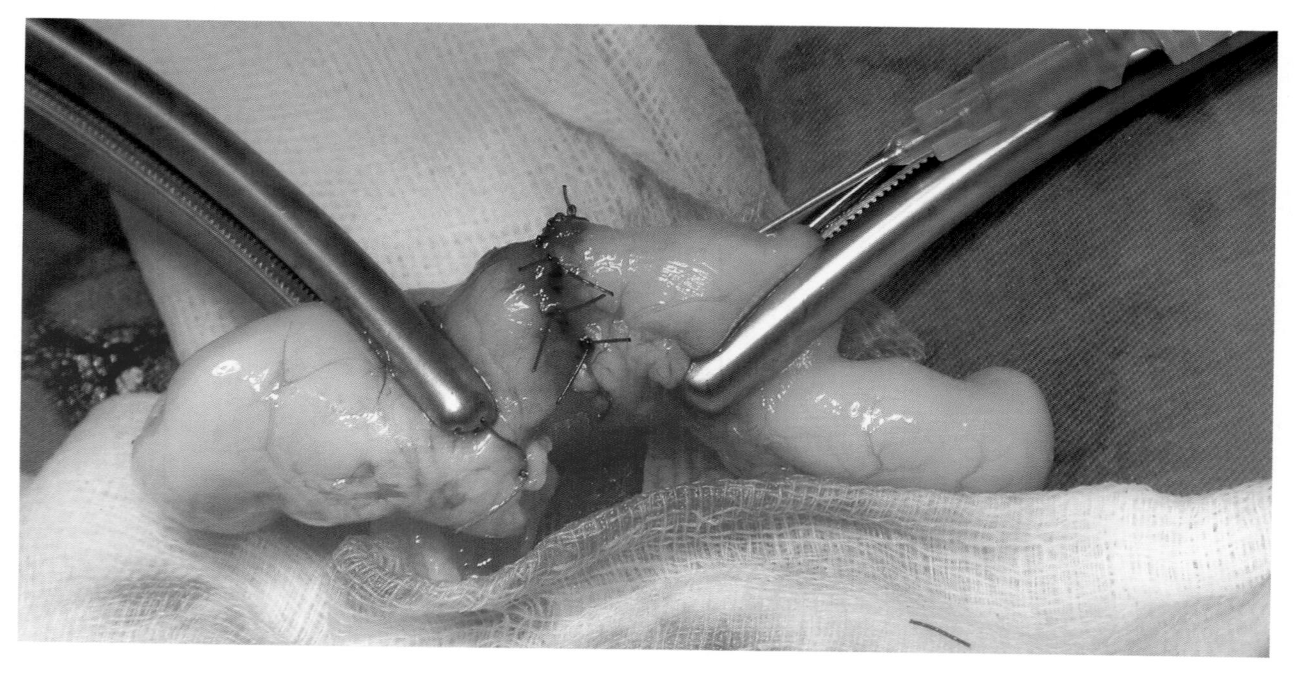

图7-192　始终建议检查腹腔脏器缝合处是否有渗漏。在肠切除术中，要特别注意肠系膜区。

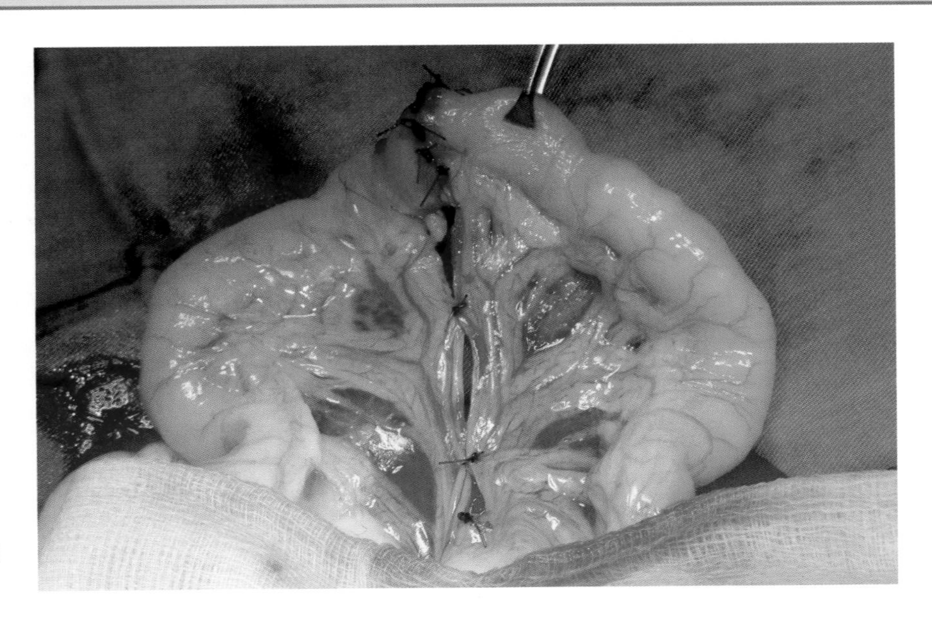

图7-193 用单纯缝合闭合法肠系膜缺损，以防止发生肠嵌闭。

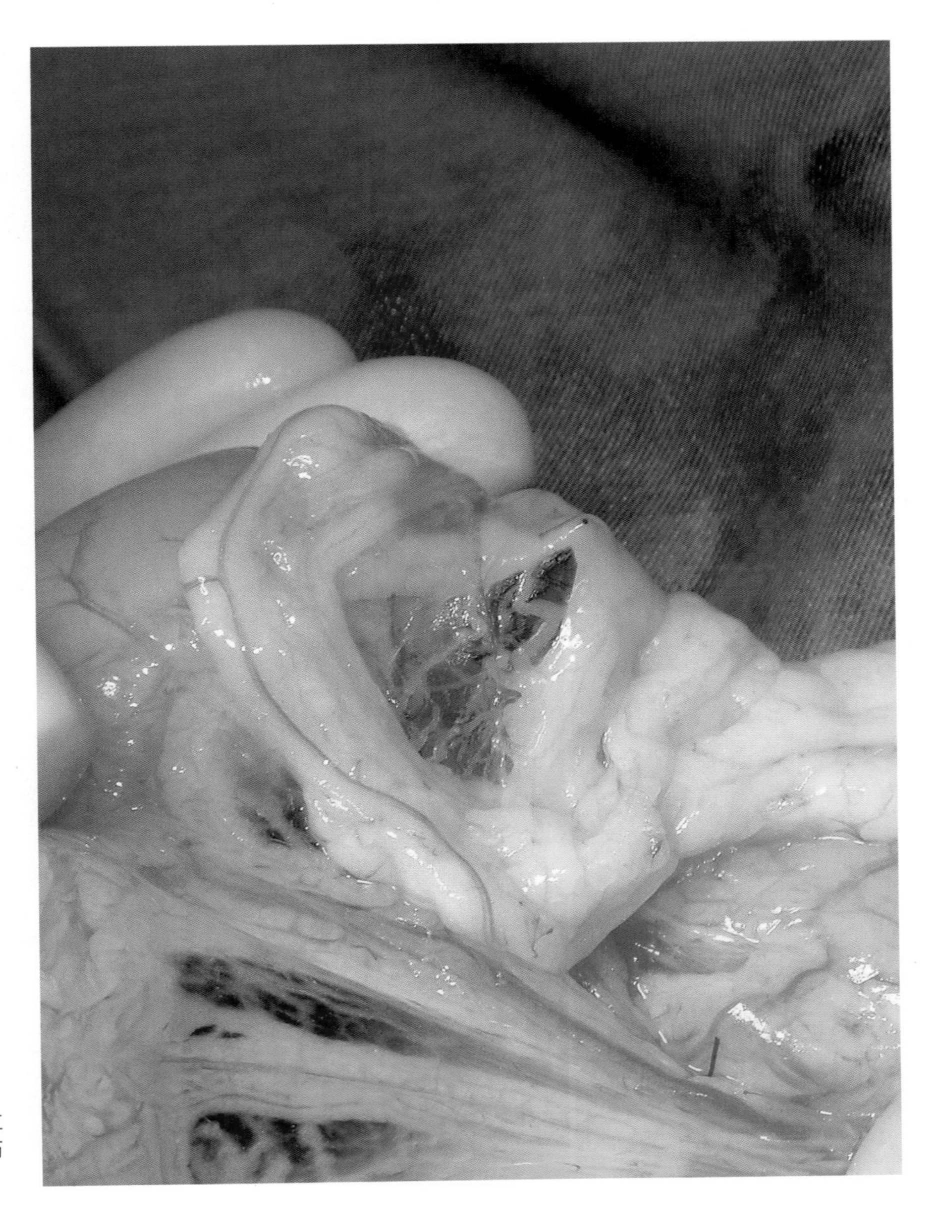

图7-194 网膜化肠管吻合部位是一项额外的安全措施，可促进伤口愈合并防止发生粘连。

在手术过程中，置入胃导管，改善患猫的营养状况，防止因厌食而引发的并发症，如脂肪肝。

患猫恢复令人满意（图7-195），4d后出院。主人在随后的10d里继续通过胃导管给猫喂食。12d后拆除皮肤缝线，16d后取出胃导管。

肿瘤的组织病理学检查表明是肠腺泡腺癌。肿瘤表现浸润性生长，侵入黏膜下层和整个肌层，直达浆膜，但在肠道远端未检测到癌细胞。

1个月后，猫体重增加，体况良好。6个月后，猫体况极好。10个月后，尽管猫的总体状况很好，但超声检查发现有腹水。腹水细胞学检查显示存在反应性间皮细胞和成群的非典型性上皮细胞，细胞学成像与恶性肿瘤一致，可能是复发，或者是已切除肿瘤的转移所致（图7-196）。

从做细胞学诊断时开始，猫的体况开始恶化，出现厌食和沉郁。

15d后决定实施安乐死。验尸检查证实了细胞学诊断，在肠道发现了其他肿块，在腹腔发现了广泛的癌细胞扩散。

图7-195 患猫住院4d，监测术后恢复情况，并通过胃导管喂食。

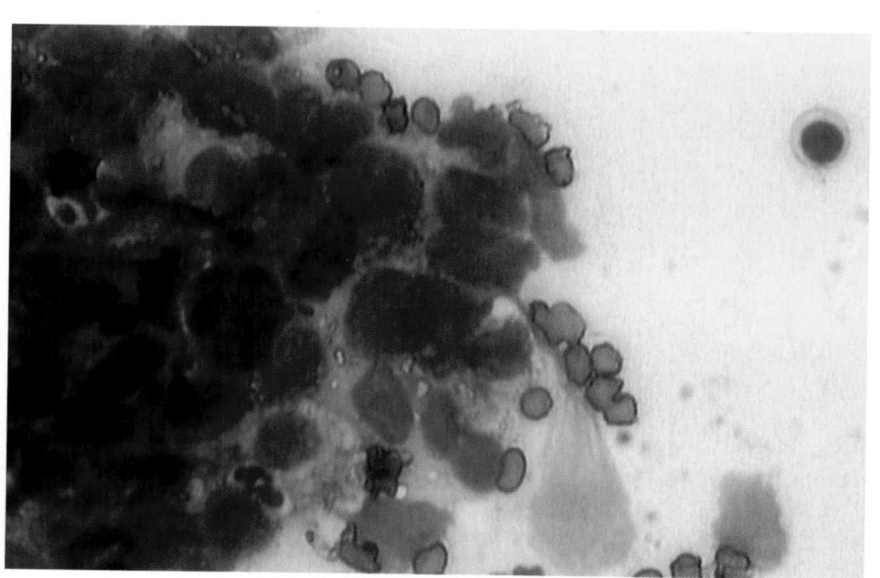

图7-196 上皮细胞团，能清晰可见3种以上的恶性肿瘤迹象（非结构化、同质性的细胞团、核增大、核不规则、核仁突起、嗜碱性粒细胞增加以及细胞质液泡化），这与恶性肿瘤相一致。

## 病例2　肠平滑肌肉瘤

本病例是肠套叠引起的肠梗阻，并施行了相应的手术。

打开腹腔后发现回结肠套叠（图7-197），然后复位肠管（图7-198）。肠管复位完成后，在回肠远端发现1个肿块，这可能是引起肠套叠的原因（图7-199）。按照前面描述的方法，施行肠切除术切除此段肠管（图7-200至图7-202）。

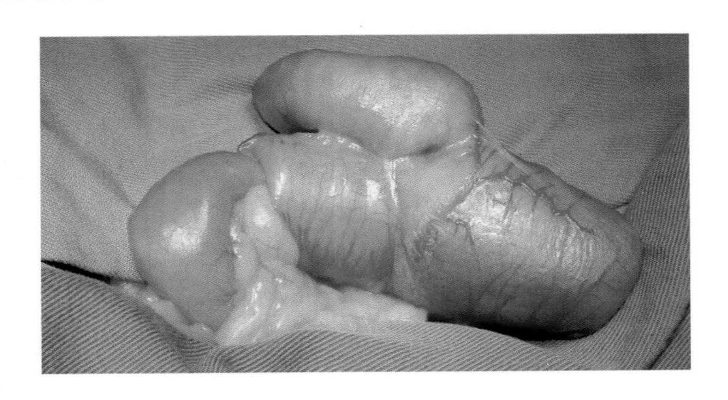

图7-197　回肠套入结肠引起肠梗阻。

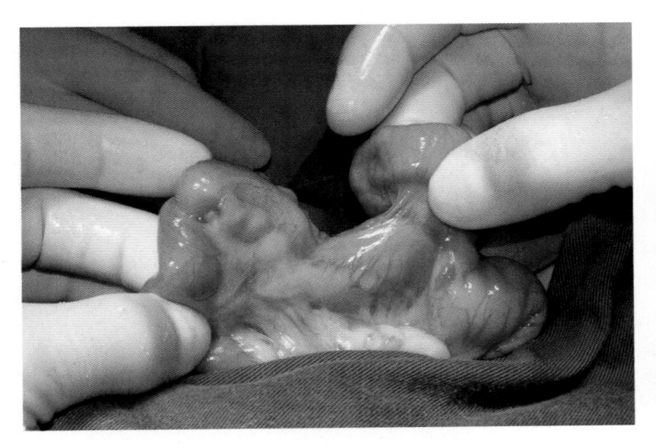

图7-198　肠管复位后，回肠恢复到正常的解剖学位置。

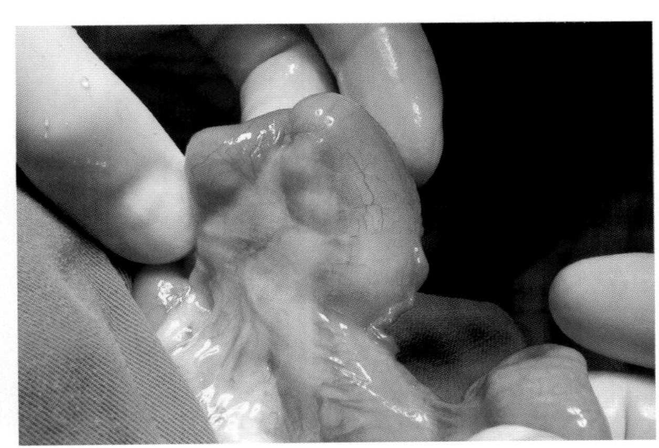

图7-199　回肠远端的肿块。

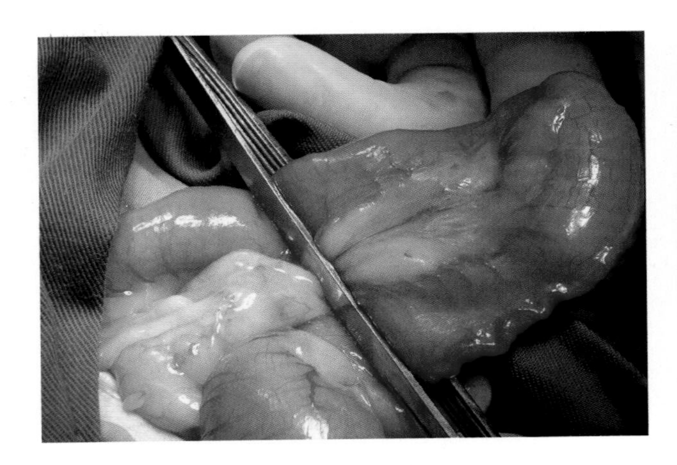

图7-200　本病例中，在切除肠管之前，最好先用一把肠钳封闭肠管。

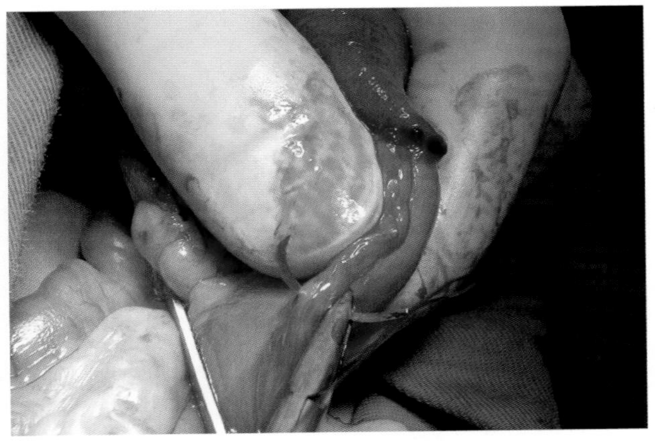

图7-201　回肠末段的血液供应来自肠系膜和肠系膜对侧，应该结扎灌注肿瘤的血管。图片显示的是贯穿结扎分布在回肠系膜对侧的侧支血管（分支为盲肠动脉）。

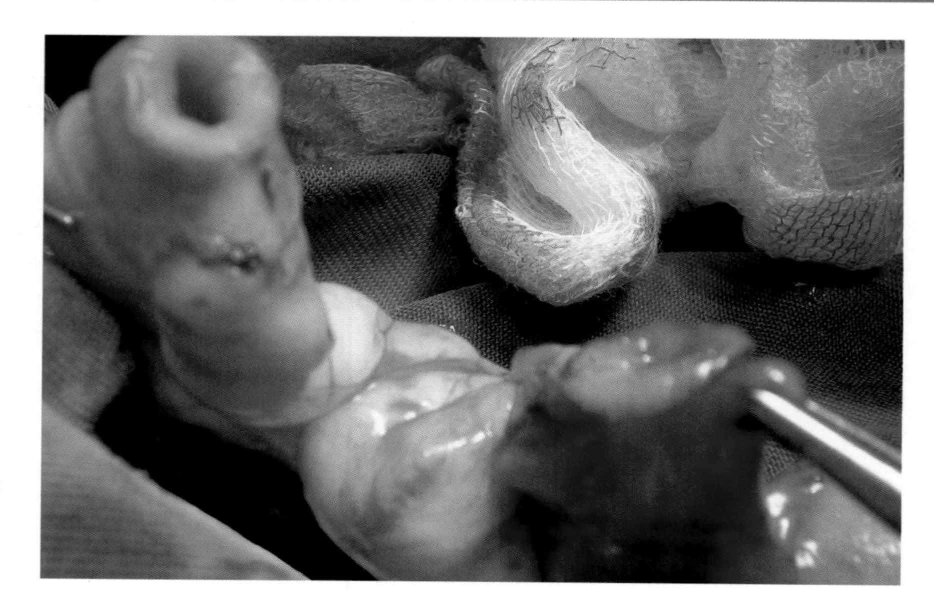

图7-202　切除受损肠段及其左右两边安全界限内的正常肠管。应该去掉吻合处肠系膜区的脂肪（否则切口不会愈合）。

确诊是肠平滑肌肉瘤的肿瘤组织（图7-203）。

> 肿瘤组织需要进行平滑肌瘤和平滑肌肉瘤的鉴别诊断，因为两者的预后完全不同

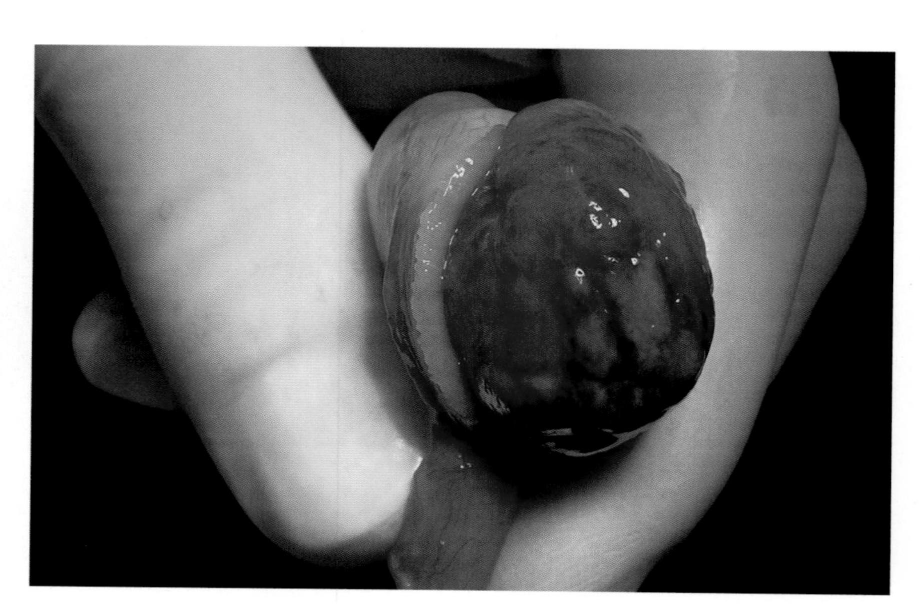

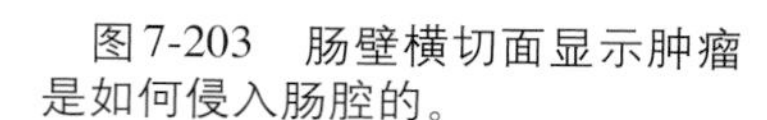

图7-203　肠壁横切面显示肿瘤是如何侵入肠腔的。

肠平滑肌肉瘤是最常见的肉瘤，主要发生在远端空肠、回肠和盲肠。肠平滑肌肉瘤是平滑肌的恶性肿瘤，可侵入邻近的肠管。肿瘤转移不常见，一旦转移，速度缓慢。

> 预后不良。这些病例通常几个月后死亡

# 肠异位

患病率 ■■□□□

肠袢在腹腔中的异常位置可能会导致肠管的功能性和缺血性紊乱，改变肠道转运（梗阻），引起坏死和继发性腹膜炎。

这类肠异位包括的疾病有肠套叠或肠扭转，以及由肠道外肿块和疝引起的移位。

由腔外压迫引起的肠移位在大肠最常见（图7-204至图7-207），因疝而导致的肠移位几乎只影响小肠（图7-208）。

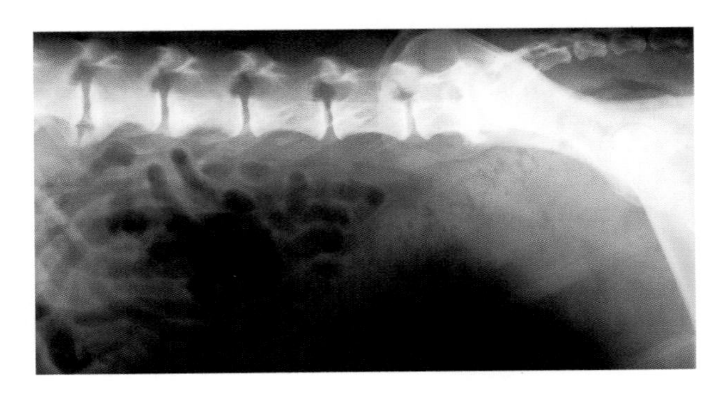

图7-204 由前列腺肥大而引起的结肠和直肠的背侧移位，导致结肠内粪便滞留以及小肠臌气。

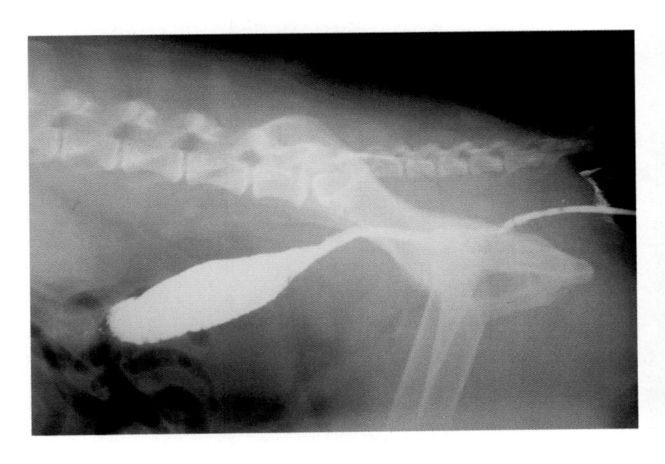

图7-205 本病例的结肠和直肠均发生移位：增大的前列腺导致结肠移位，直肠肿瘤产生肠远端压迫，引起直肠背侧移位。

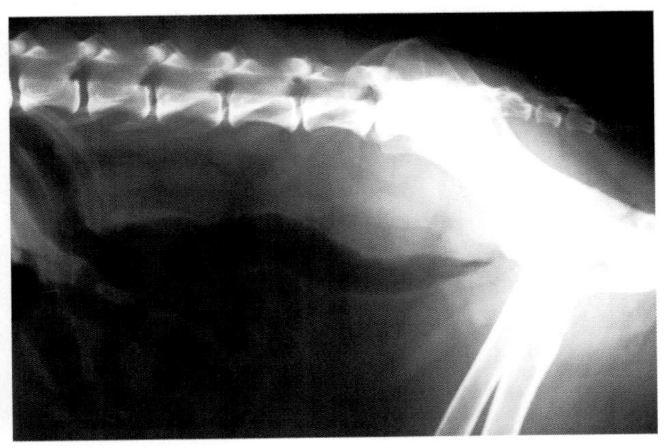

图7-206 本病例特征与腹股沟淋巴结增大（疑似肿瘤转移）而引起的结肠远端压迫相吻合。除了治疗消化紊乱，还应调查淋巴肿瘤的成因。

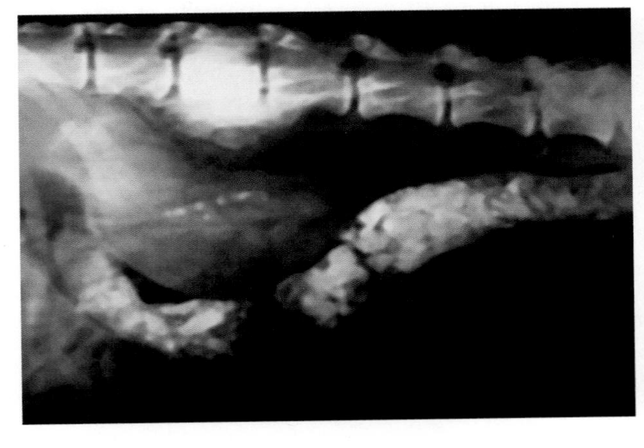

图7-207 由左肾挤压引起结肠向腹侧移位，而左肾又因腰椎肿瘤的压迫向下移位。

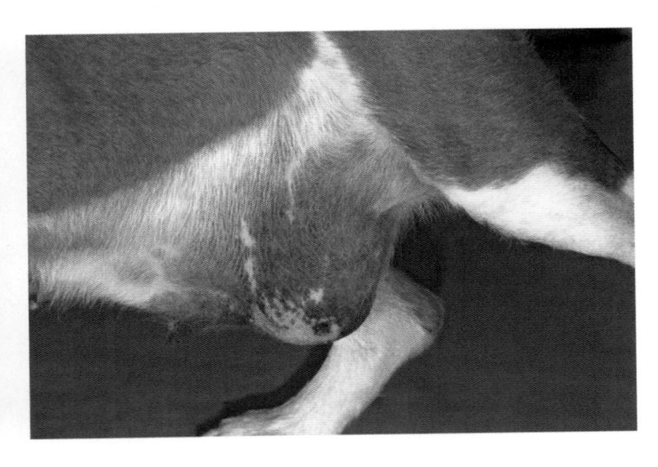

图7-208 腹股沟疝。内容物为肠袢和子宫角。

> 虽然异物可以增加肠扭转或嵌闭的风险，但疝内容物是肠管时，并不意味着会发生肠梗阻

建议对疝内容物是一段肠管的病例施行手术治疗，以防止发生并发症。尤其是对所有的雌性动物，因为妊娠会加重病情。

如果肠袢不在其正常位置，肠道转运会发生改变，异物引起梗阻的概率会增加。假如存在消化问题和腹腔问题，应尽快实施手术，解决异位导致的后果（梗阻、局部缺血等），然后进行疝缝合术。肠袢穿过肠系膜或子宫系膜裂孔会引发肠嵌闭。裂孔可能是由于腹部受到猛击的结果，如车祸（图7-209、图7-210），穿透性创伤（刀伤、咬伤等）或外科手术遗留的没有缝合的肠系膜缺损。

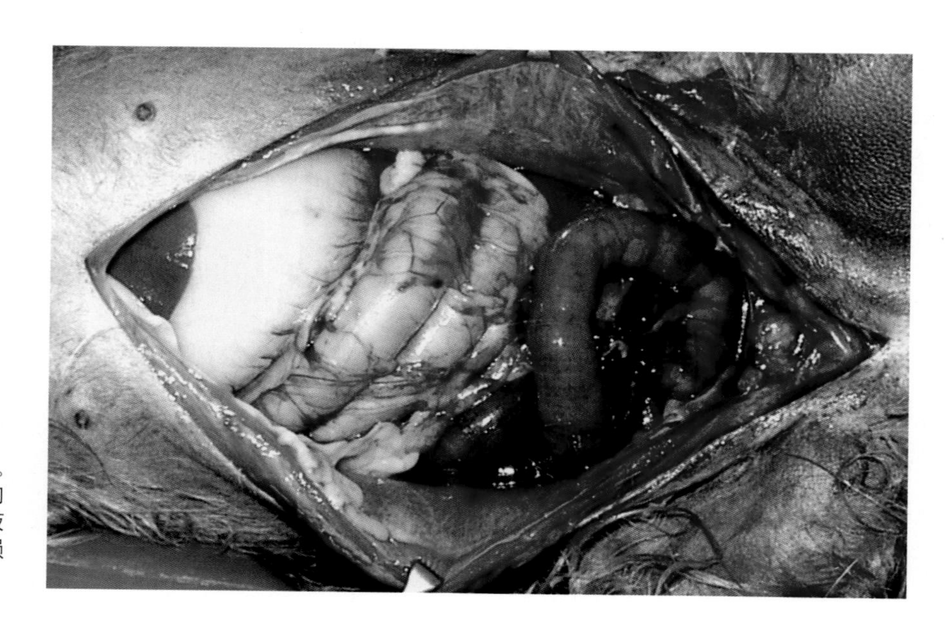

图7-209 被摩托车撞了的犬。车祸后的监测期间没有检测到内伤，X线检查、超声检查、血液和尿液检查等诊断也没有发现损伤部位。

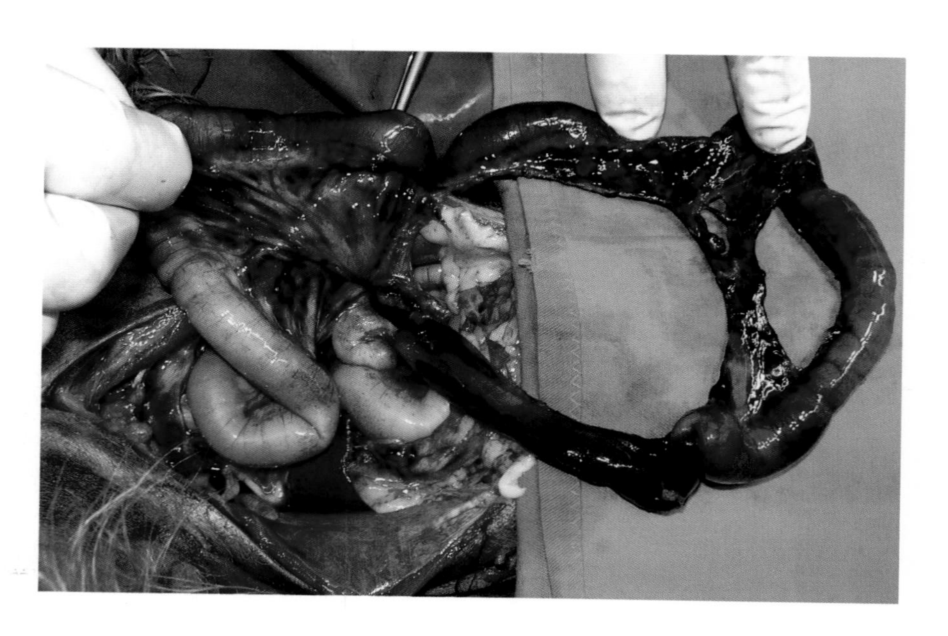

图7-210 18h后犬死亡。尸检发现肠系膜破裂，局部血管撕裂，相应肠段坏死。

## 病例1 腹膜心包膈疝

患病率 ■■■□□

4岁波斯猫，近5d表现为呕吐、体重减轻而就诊。无病史及其他健康问题。

患猫沉郁、脱水、高热（39.8℃）。血液检查表明机体脱水以及发生感染（表7-9）。

表7-9 血液检查结果

| 指标 | 样本值 | 参考值 |
|---|---|---|
| 白细胞（$\times 10^3/mm^3$） | 35.17 | 5.5 ~ 16.9 |
| 淋巴细胞（$\times 10^3/mm^3$） | 6.91 | 0.4 ~ 6.8 |
| 中性粒细胞（$\times 10^3/mm^3$） | 25.25 | 2.5 ~ 12.5 |
| 红细胞压积（%） | 50.2 | 37 ~ 55 |
| 红细胞（$\times 10^6/mm^3$） | 11.12 | 5 ~ 10 |
| 尿素（mg/dL） | 41 | 10 ~ 30 |
| 葡萄糖（mg/dL） | 203* | 70 ~ 150 |
| 钠（mmol/L） | 134 | 142 ~ 164 |

注：* 血糖升高是由保定应激引起的，尿检结果正常，与术后检查结果一致。

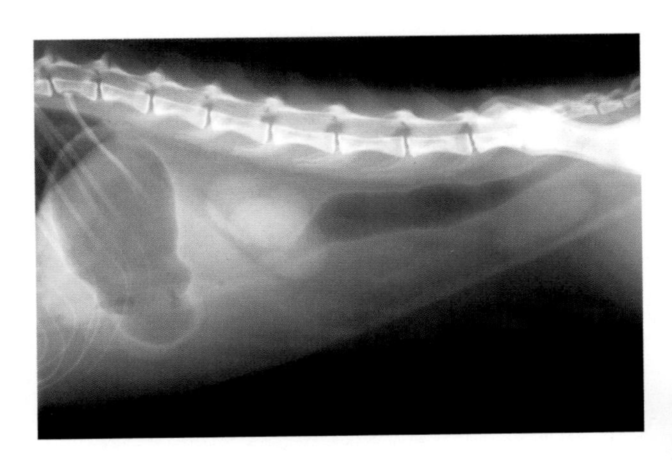

图7-211 侧位X线造影未见肠袢（"空虚的腹腔"）。

腹部X线造影检查，以确定是否有肠梗阻（图7-211）。由于没有在腹腔观察到任何肠袢，因此，进行胸部造影检查（图7-212、图7-213），发现腹膜心包膈疝和左半胸有不透X线的异物。

基于以上信息，诊断为肠梗阻和腹膜心包膈疝。

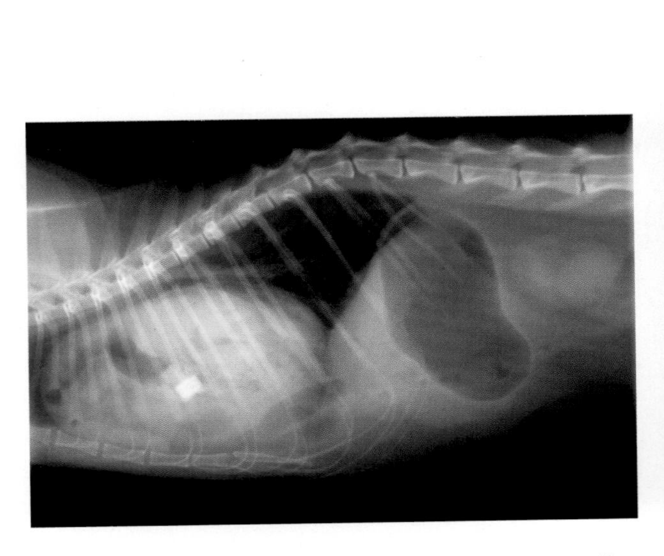

图7-212 胸部X线片显示在心区突起处可见肠袢，并且中部有一个不透X线的异物。

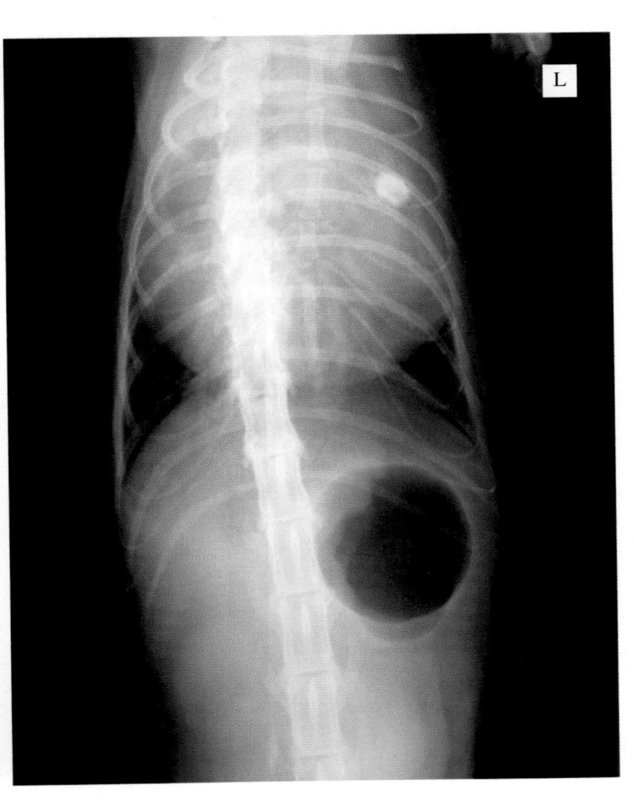


图7-213 背腹位X线造影可见心区明显增大，心包内有臌气的肠袢以及左侧的异物。

**手术治疗**

通过脐前腹中线切口打开腹腔，进行腹膜心包膈疝的手术修复。在横膈膜腹侧部发现了腹腔脏器进入胸腔的裂孔（图7-214）。轻轻地牵拉疝内组织，将其还纳入腹腔内（图7-215、图7-216）。

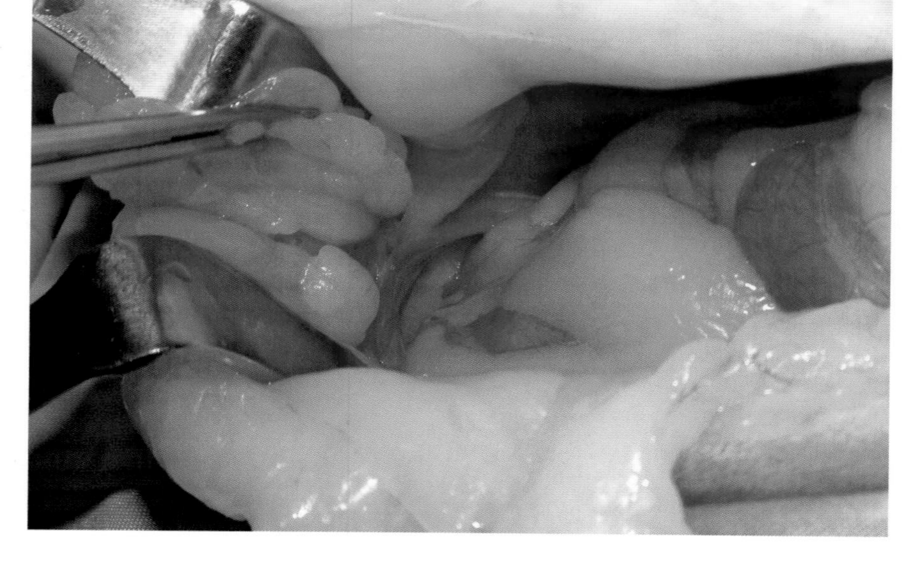

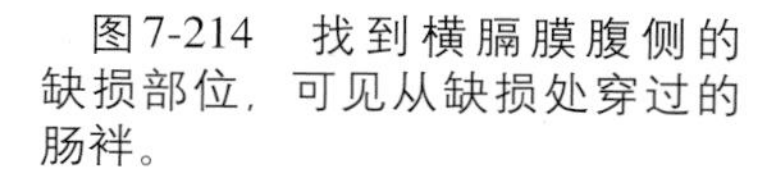

图7-214　找到横膈膜腹侧的缺损部位，可见从缺损处穿过的肠袢。

> 虽然肠袢没有进入胸膜，但仍应在麻醉期间全程监测肺通气状况

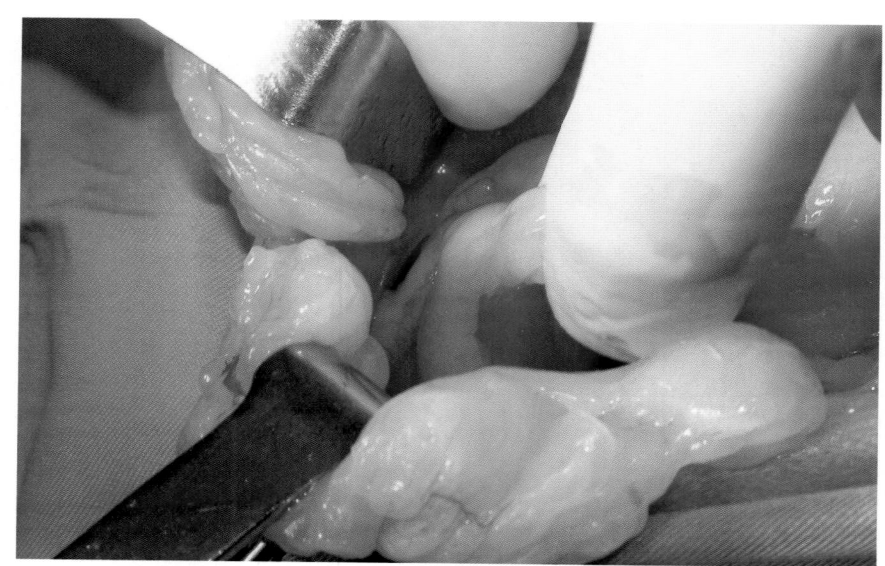

图7-215　应细心地将腹腔组织逐一还纳于腹腔内。

> 应谨慎地处理组织，避免造成损伤

> 腹腔组织与心包的粘连很少见，因为腹膜心包膈疝是非外伤性的

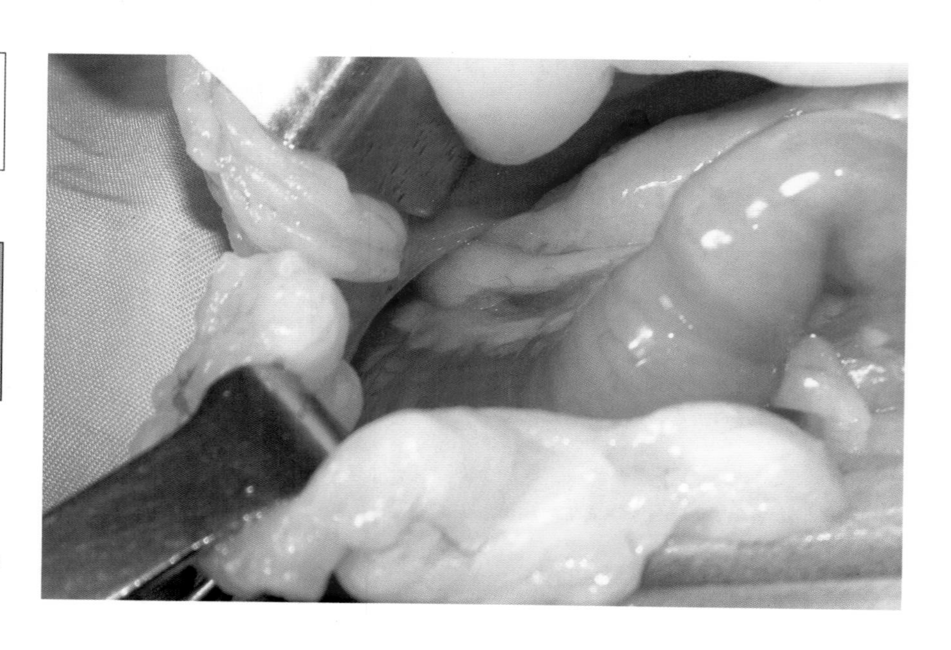

图7-216　左侧肠段严重充血，提示附近肠段存在梗阻。自此，操作要更加谨慎，不要损伤肠道。

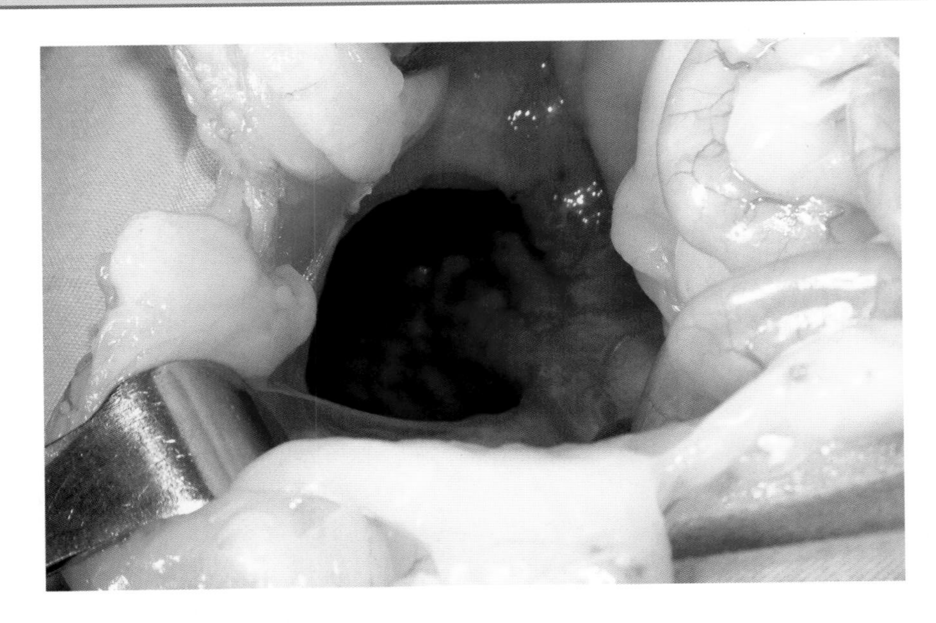

本病例中，肝脏也进入了疝囊（图7-217），肝出现轻度水肿并变脆，但仍能通过钝性器械将其还纳于腹腔内（图7-218）。

图7-217　图片显示胸廓中的肝脏。谨慎地从胸腔中向外牵引肝脏，还纳入腹腔其正常的解剖位置。

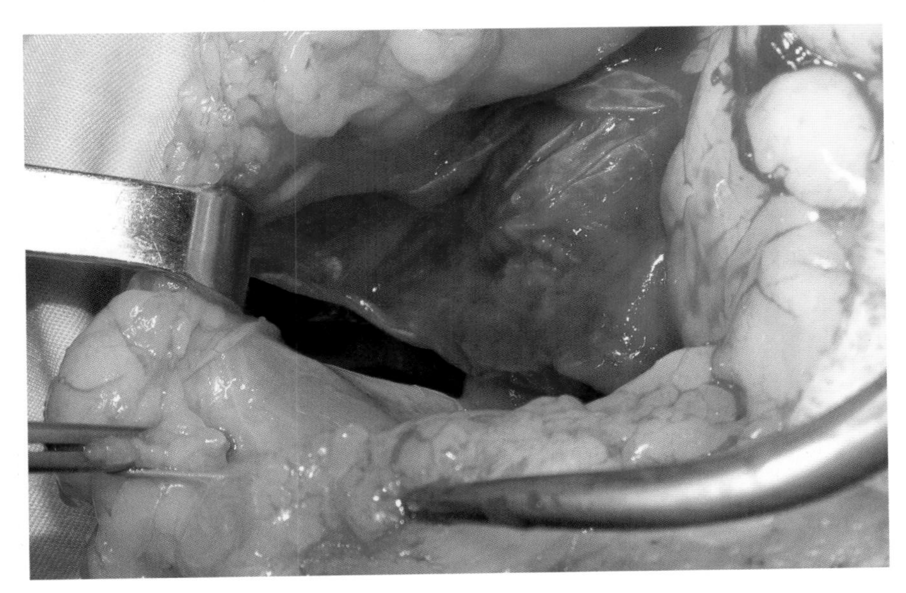

> 如果从胸腔中向外牵引腹腔脏器遇到困难，就用手术剪向胸骨方向扩大横膈膜的裂口。如果裂口还不够大，也可以再向背侧扩大，但注意不要伤及腔静脉

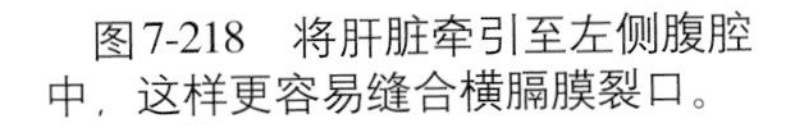

图7-218　将肝脏牵引至左侧腹腔中，这样更容易缝合横膈膜裂口。

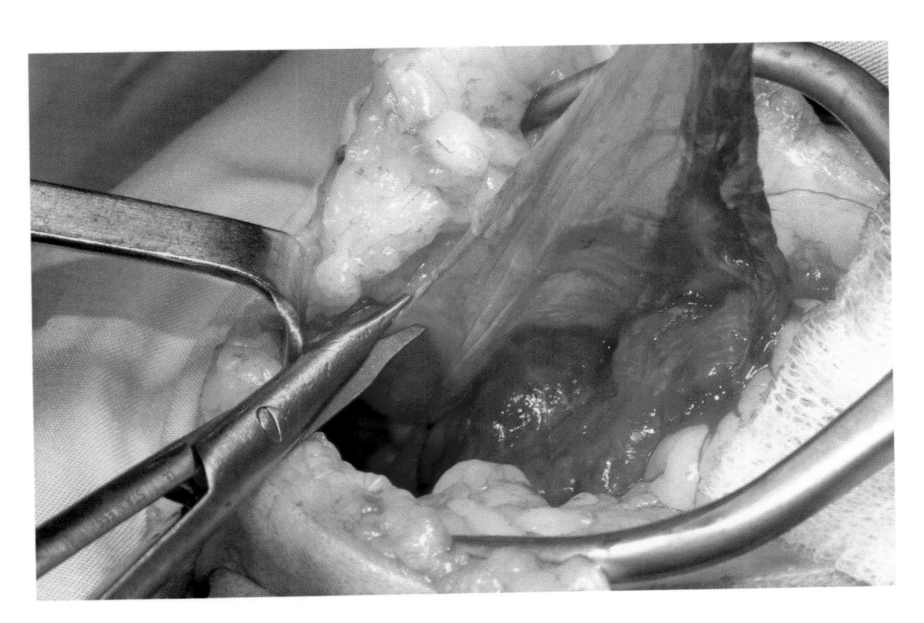

为重建横膈膜，应仔细分离可能的粘连部位（图7-219），但无需修整创缘，因为纤维化的边缘可以很好地支持缝合（图7-220）。

图7-219　精准分离横膈膜的粘连，以使裂口边缘清晰可见。

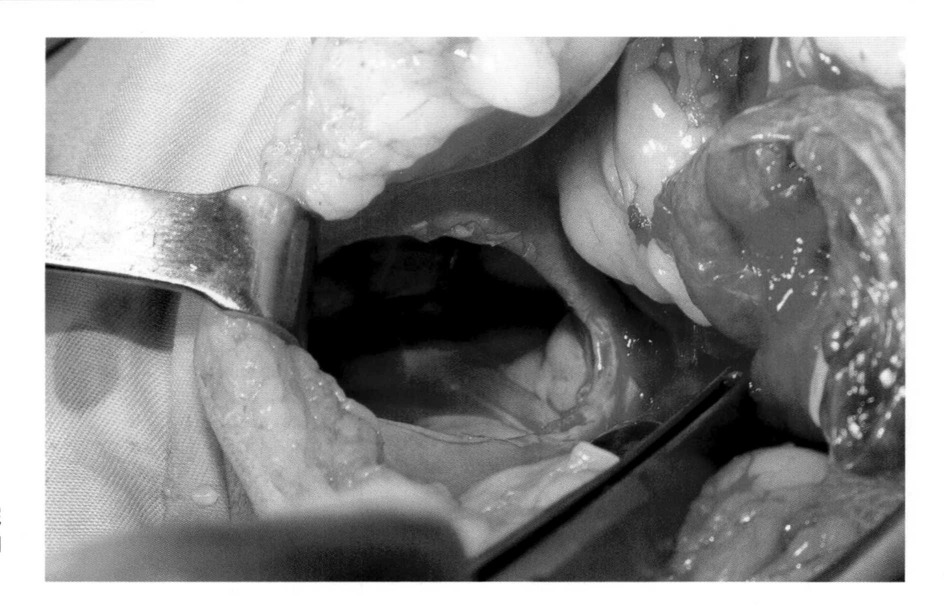

图7-220 横膈膜裂口的边缘完整，裂口周围的纤维环有助于加固疝修复术的缝合。

用3/0单丝合成非吸收缝合材料，以水平褥式缝合闭合横膈膜裂口（图7-221）。然后，检查缝合处密闭性（图7-222）。

缝线应为非吸收材料。用单丝还是多丝缝线取决于医生

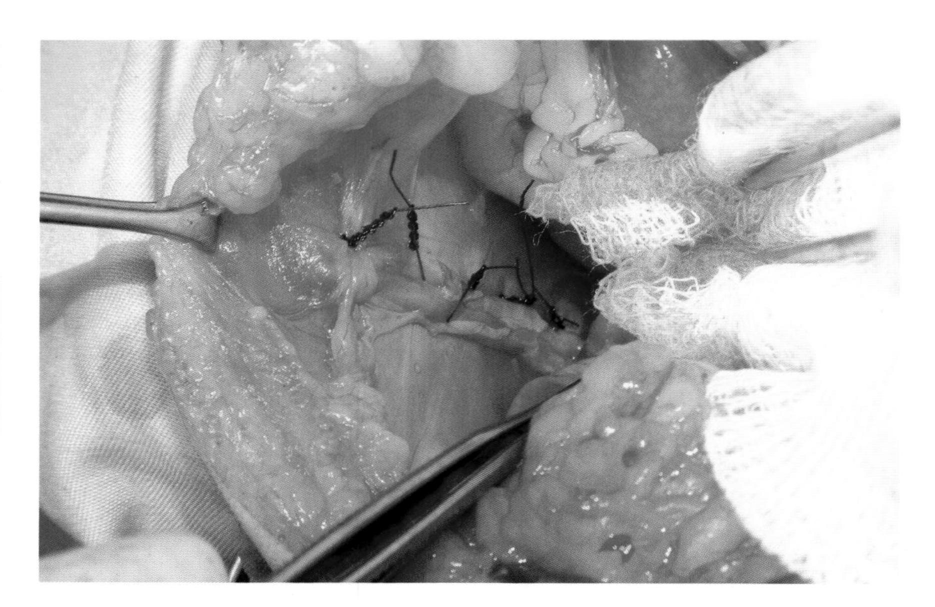

图7-221 采用水平褥式缝合闭合横膈膜裂口，从患病动物的背侧开始（术野中最深的部位）。

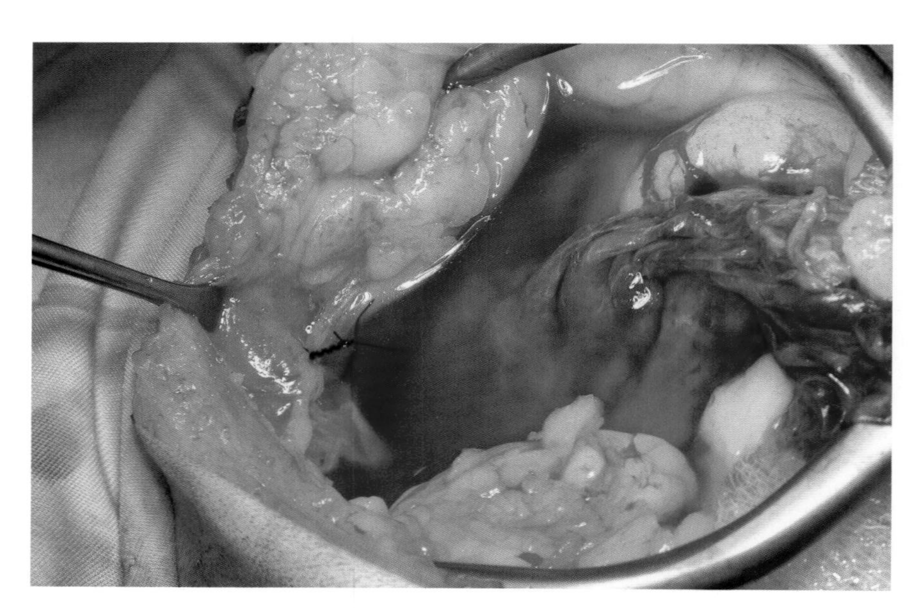

图7-222 为判定横膈膜裂口的密闭性，向腹腔的近头端注入温的生理盐水。麻醉师用力吹气，检查缝合处是否出现泡沫。

接下来，找到阻塞的肠袢，按照本章关于异物部分中描述的方法，清除异物(图7-223至图7-228)。

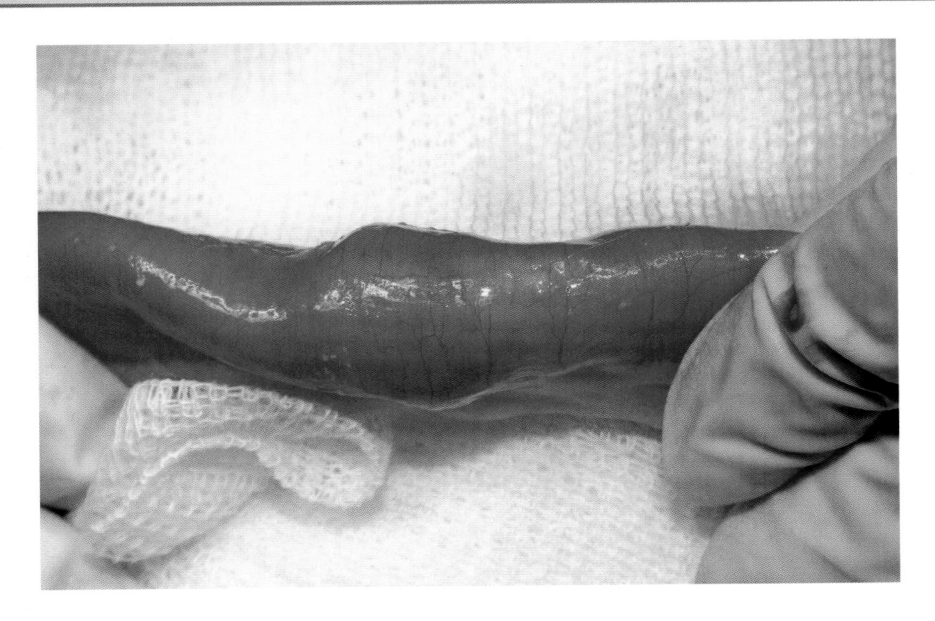

图7-223　将肠袢牵引至腹腔外并严密隔离，用无损伤肠钳夹住阻塞部位的两端。

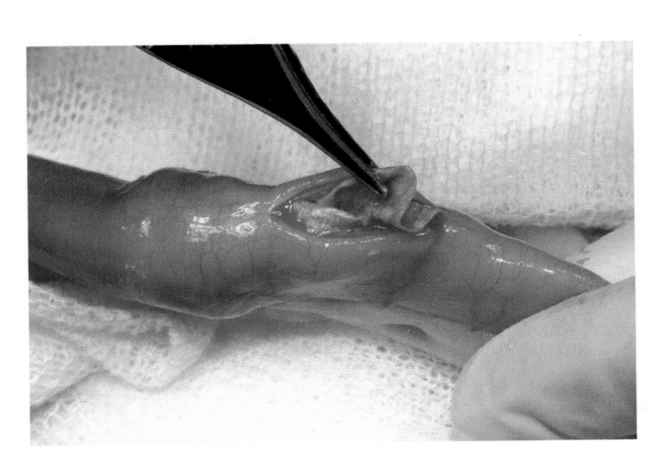

图7-224　在阻塞部位后端的肠系膜对侧肠壁切开肠管，从远端取出异物。

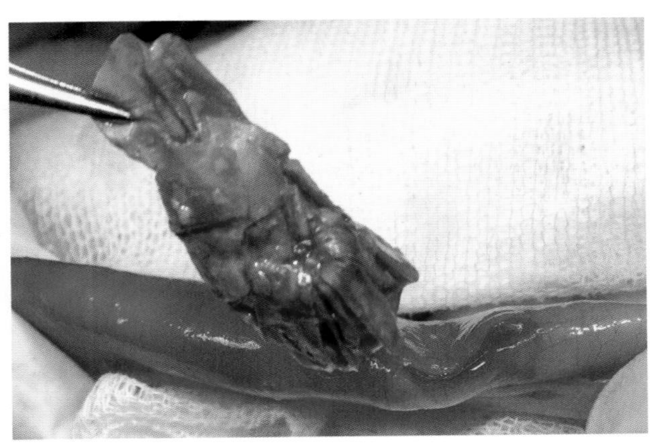

图7-225　取出异物，评估肠管的状态。

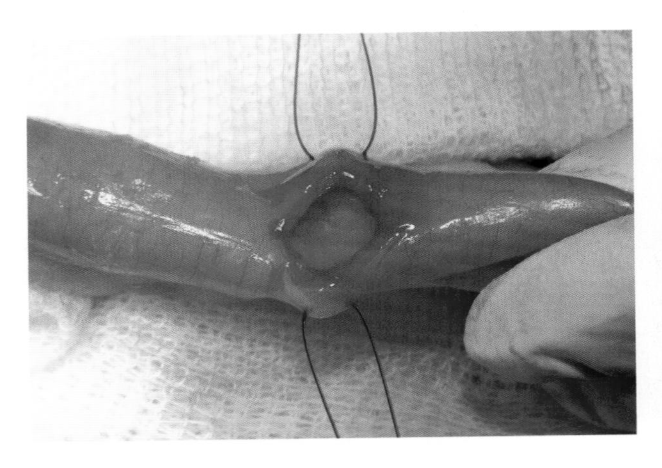

图7-226　考虑到小肠的直径，决定取横向缝合。在纵向切口的两侧各做一针牵引固定缝合，向两侧牵拉，将纵向切口变成横向切口。

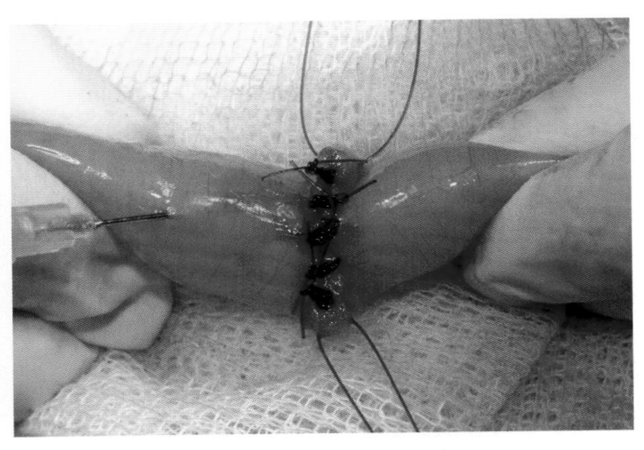

图7-227　用4/0单丝合成可吸收缝线，以单纯缝合闭合肠管切口。向肠管内注入适当压力温的生理盐水，检查肠管缝合处是否有渗漏。

在可以充分拉伸腹壁肌肉时，按照常规方法闭合腹壁切口。在有些病例中，闭合腹壁切口很困难，因为腹腔是“空”的，腹壁肌肉不能充分拉伸到原来的位置以覆盖腹腔内脏器。遇到这种情况时，分离内外腹直肌或使用网筛。

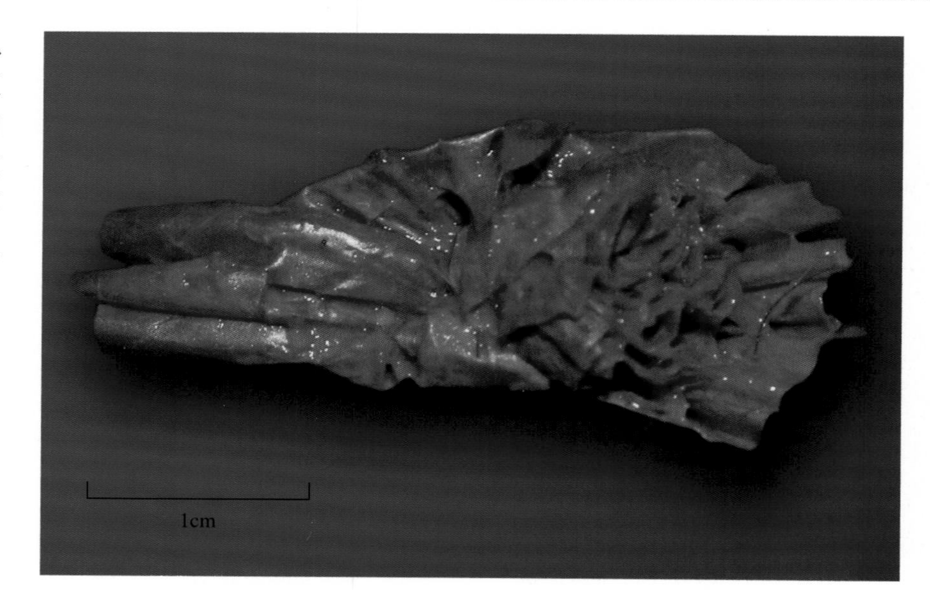


图7-228 异物为甜食包装纸。

若胸膜腔内没有空气，胸廓内没有积液，就不必放置胸腔引流管。本病例放置胸腔引流管是因为发现有中度的心包渗出液

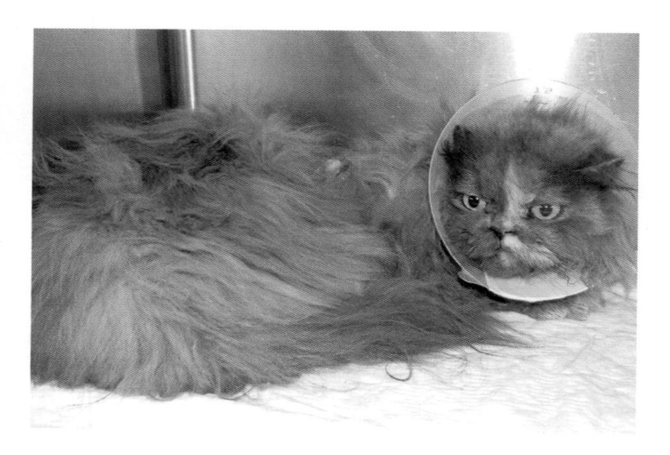

图7-229 术后护理期间，定期抽吸胸腔积液，确保积液和空气逐渐减少。

**跟踪随访**

患猫术后康复情况良好（图7-229），24h后拔出胸腔引流管（图7-230）。回家继续治疗，10d后停止治疗。

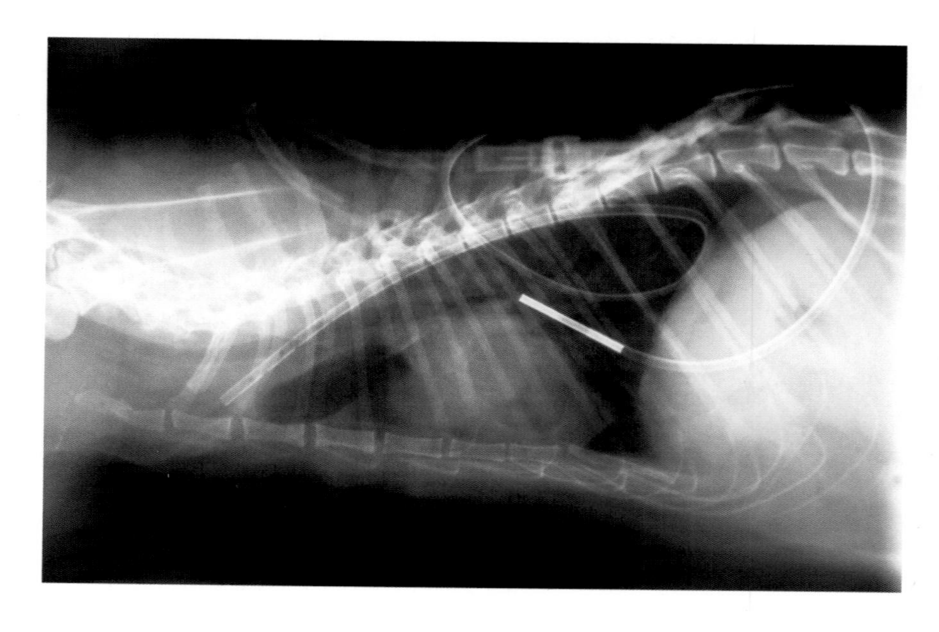

图7-230 24h后，引流管端口已无渗出物流出。虽然胸腔引流管不在正确位置，但胸部X线片显示正常，且没有气胸和积液症状。

## 病例2　穿孔脐疝

Linda，8岁，母犬。腹底中部始终有1个凸起，动物主人也未留意，因为Linda从未有异常表现，也没有怀孕。

动物主人带Linda来急诊是因其精神沉郁，有绿色液体由疝的部位漏出。临床检查发现是中间有皮肤瘘管的脐疝，肠内容物由此漏出（图7-231、图7-232）。

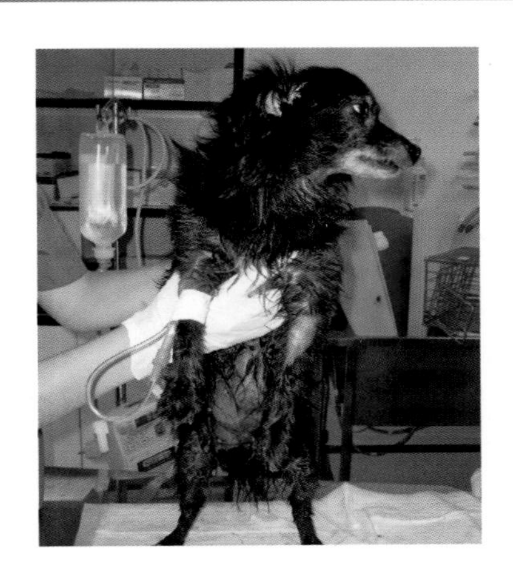

图7-231　Linda腹底部又脏又湿。

改善患犬全身状况，从脐上和脐下沿腹中线做切口，打开腹腔，复位肠管和找到肠瘘的位置（图7-233至图7-235）。

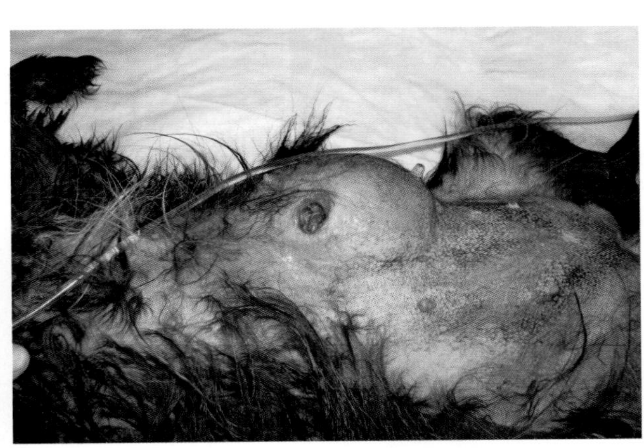

图7-233　术部准备前的脐孔疝与肠瘘。

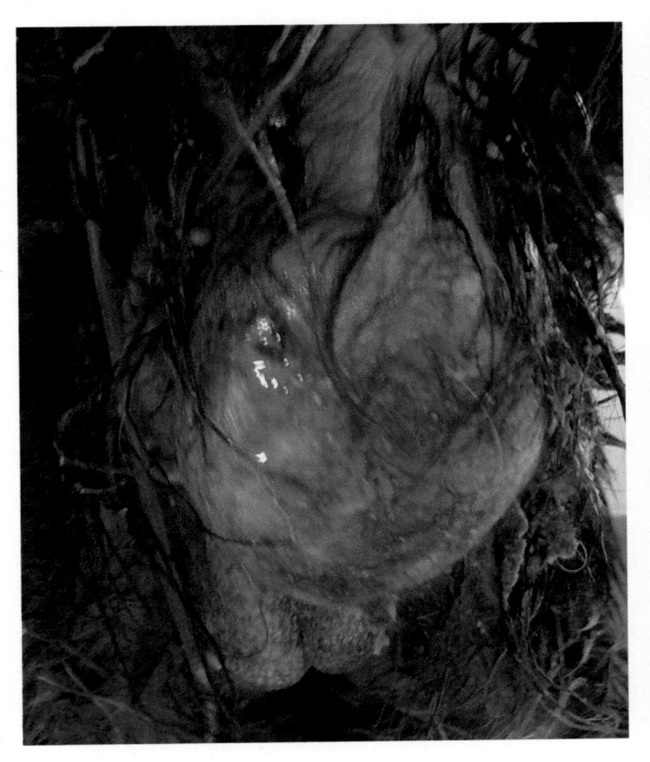

图7-232　脐疝处皮肤有缺损，从缺损处有肠内容物漏出。

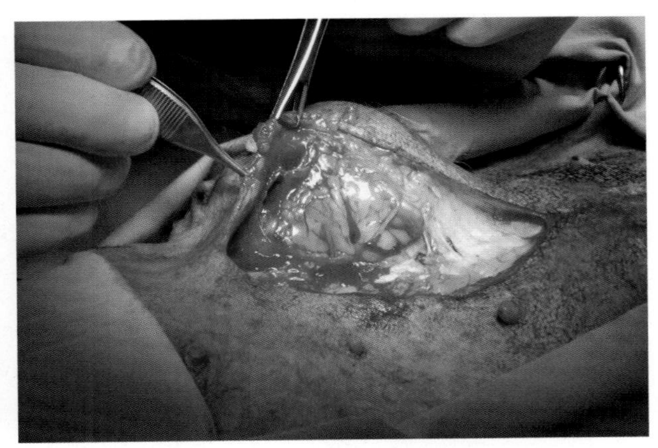

图7-234　疝囊与皮肤有多处粘连。打开疝囊，显露疝内容物与疝孔。

本病例中，腹膜变化不明显，因为肠内容物经皮肤瘘管渗漏到了体外，而不是渗漏至腹腔内。

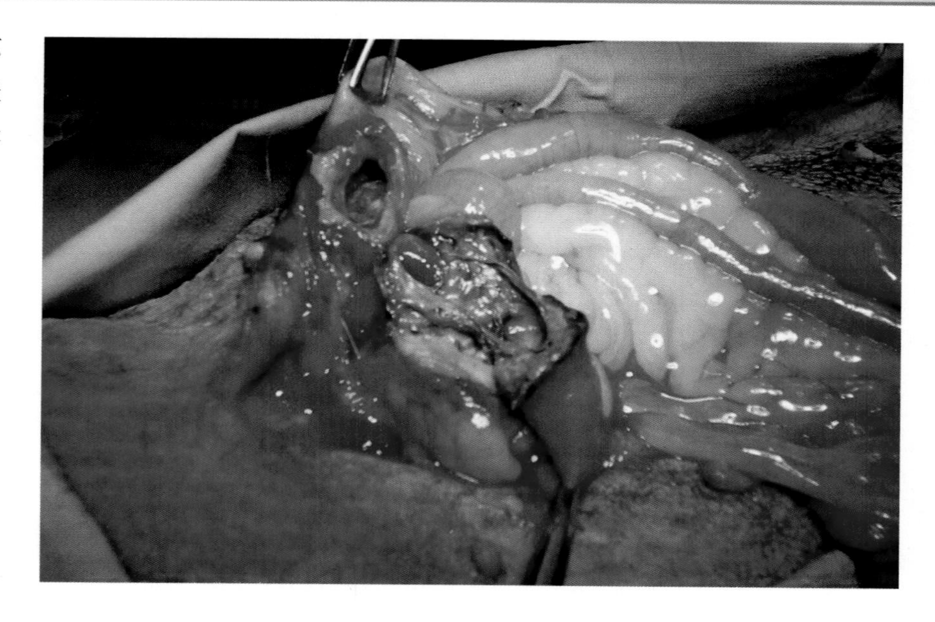

图7-235 打开腹腔，分离粘连到皮肤的肠袢后，显露出肠管的坏死区域及肠瘘的外孔。

与所有需要切开肠道的病例一样，将相关肠段牵引至腹腔外并用无菌手术创巾与腹腔严密隔离（图7-236）。

按照之前描述的方法，为保证肠管吻合端的血液供应，确定要切除肠袢的长度。切除后，进行肠管的端端吻合和肠系膜缝合（图7-237、图7-238）。然后用大量温的生理盐水充分冲洗腹腔，闭合腹壁切口和疝孔。切除疝囊周围多余的皮肤，改善缝合后的切口外观。

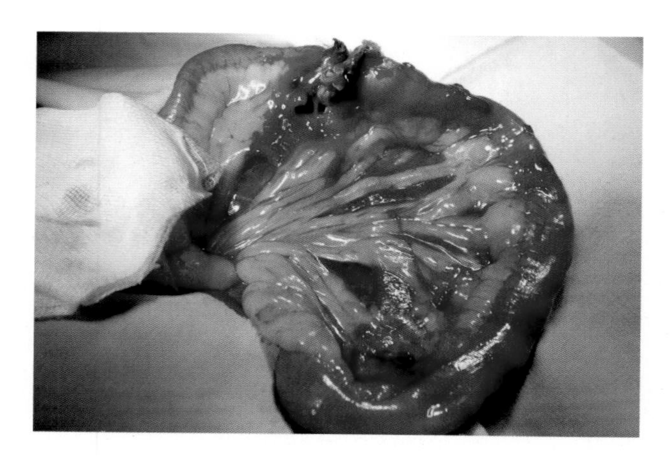

图7-236 牵引至腹腔外的肠袢以及与腹腔的隔离，避免污染腹腔。注意坏死及穿孔部位。

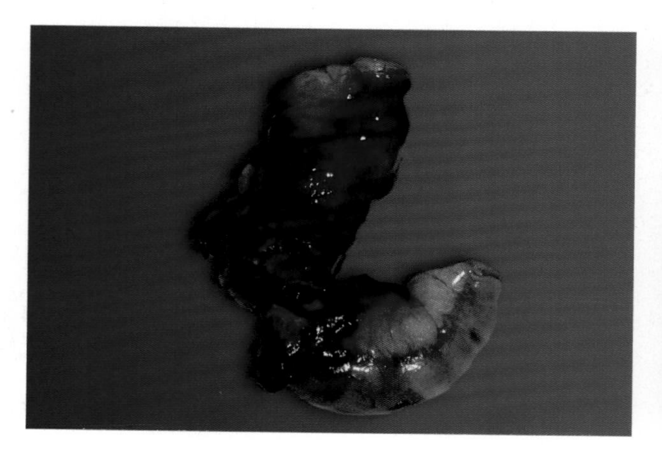

图7-237 切除的肠段。

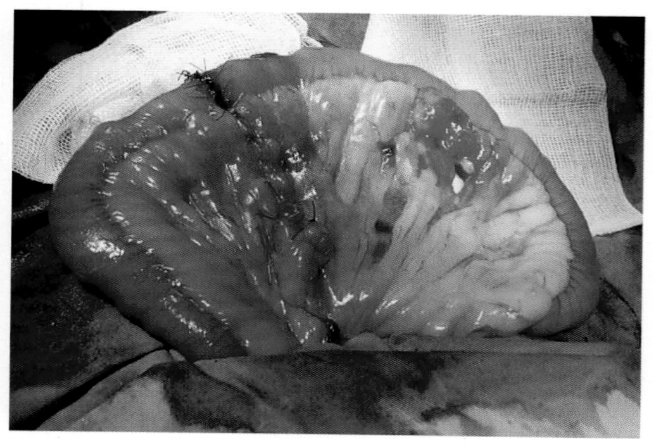

图7-238 用可吸收缝线，以单纯缝合完成端端吻合。

## 病例3　肠绞窄

患病率 ■■■■■□

Pepa，1岁，雌性英国斗牛犬。呕吐胆汁已有2周时间，但与消化食物无关。有时腹泻，饮水、排尿正常。

临床检查发现右腹部近头端有1个肿块，但没有疼痛表现。钡剂造影检查肠内容物，发现胃排空时间在24h后有所延迟。因怀疑胃内有异物，对患犬进行胃镜检查。在医院里，投喂造影剂36h后进行X线检查，图像显示与胃内异物特征一致（图7-239、图7-240）。检查腹部除肿块外，未见其他异常。

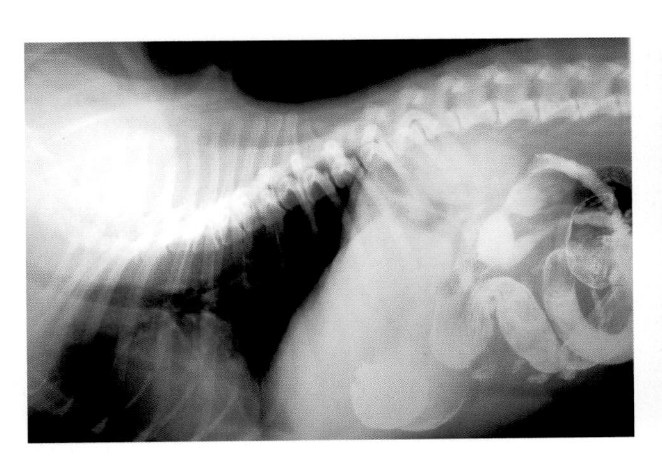

图7-239　投喂造影剂36h后，造影剂在胃内滞留的情况。

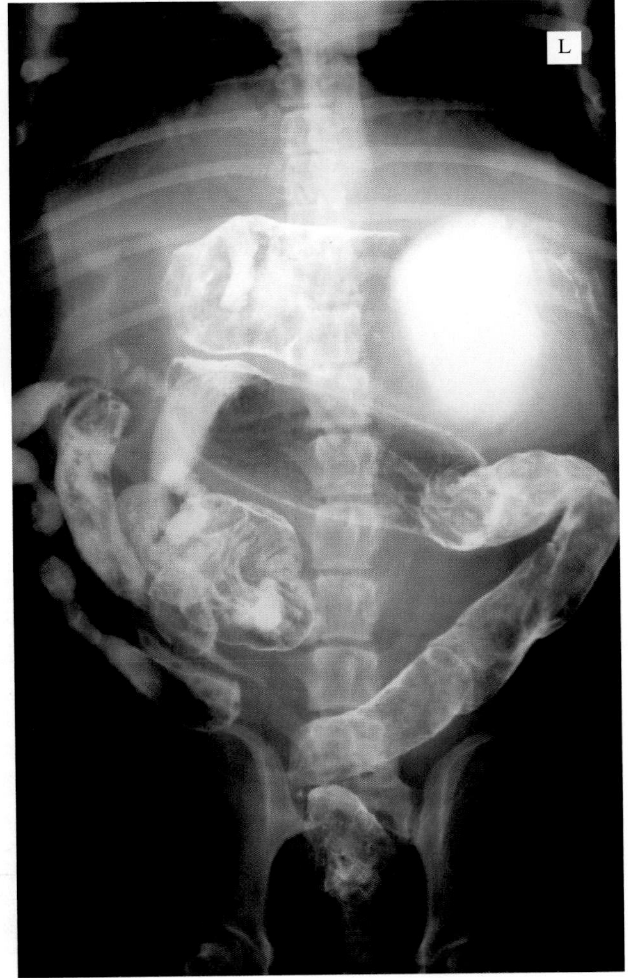


图7-240　腹背位X线造影检查发现造影剂已到结肠和直肠，而胃内仍有造影剂滞留；扩张的幽门窦图像提示有异物滞留了造影剂。

血常规和血液生化参数恢复到正常值。胃镜检查发现有严重的胃炎，没有异物。

腹部超声检查发现腹水以及肠内有异物和肠臌气。鉴于上述原因，决定施行剖腹术。

> 超声检查是诊断肠阻塞的特异方法

**手术治疗**

脐部腹中线切口打开腹腔，立刻可见到腹膜反应及出血性渗出液（图7-241）。

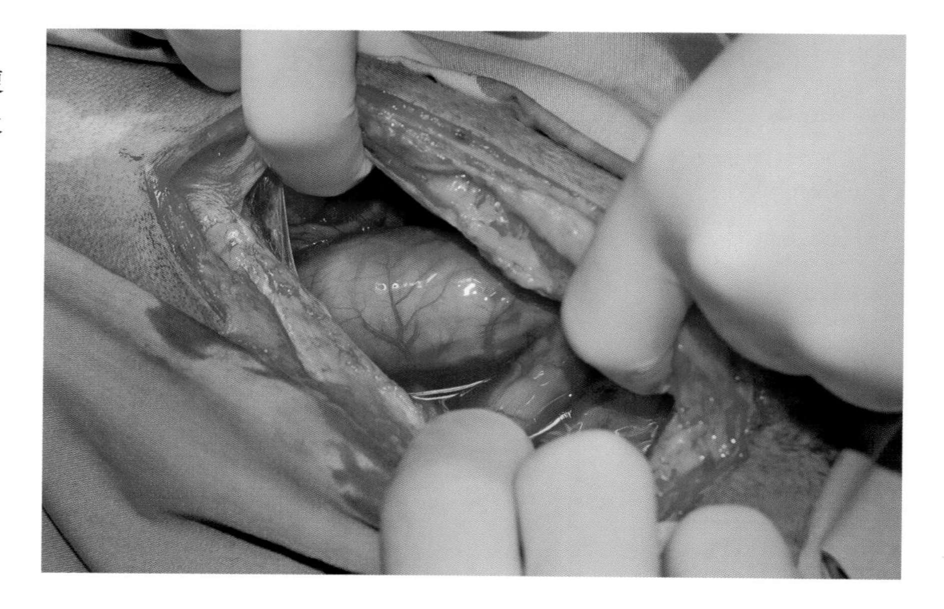

图7-241 剖腹术打开腹腔。可见腹膜反应及出血性渗出液。

直接显露受损的肠管，并将其牵引至腹腔外（图7-242至图7-245）。

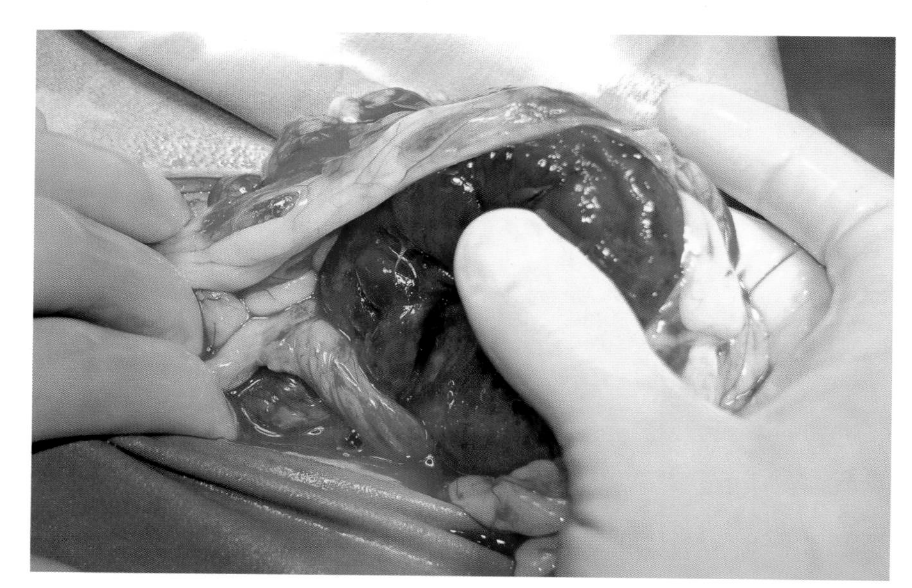

图7-242 发现一个坚硬、充血的肠管肿块。

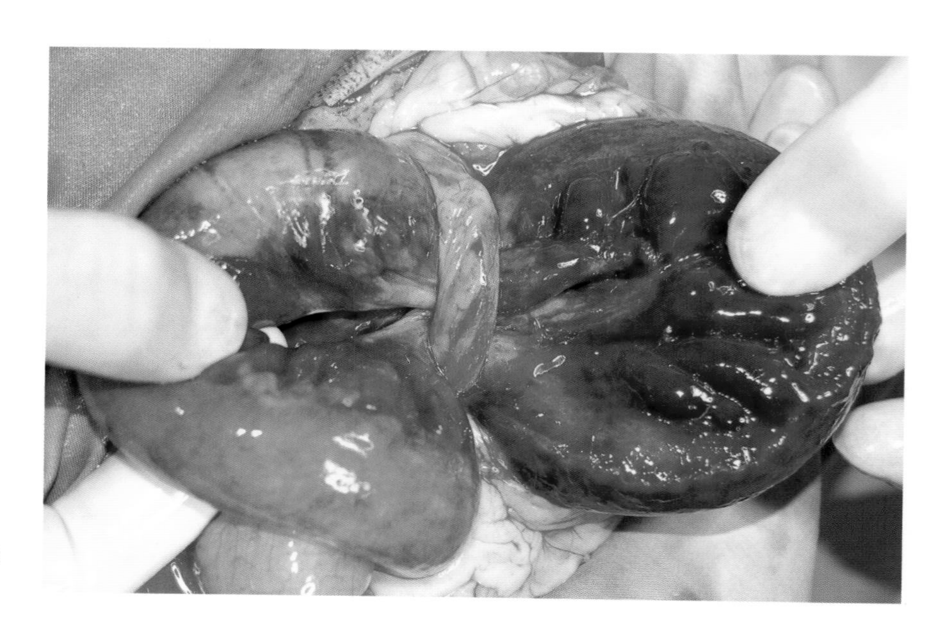

图7-243 这是嵌闭在肠系膜缺损中的一段缺血肠管。

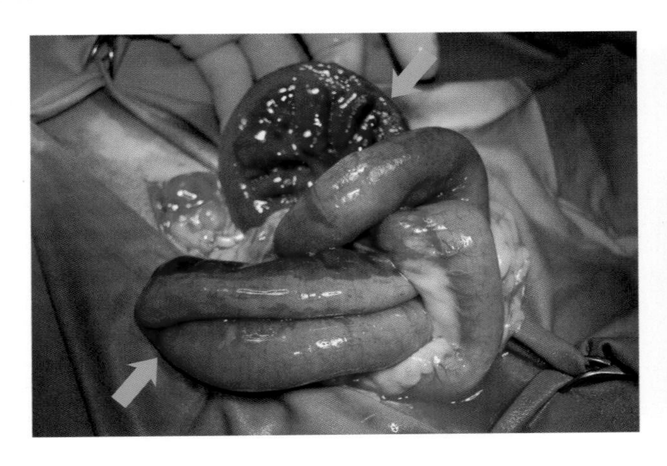

图7-244　仔细检查相邻的肠道部位，找到问题的原因。如图所示，两个肠袢（橘色箭头）从各自的肠系膜破口处滑过。

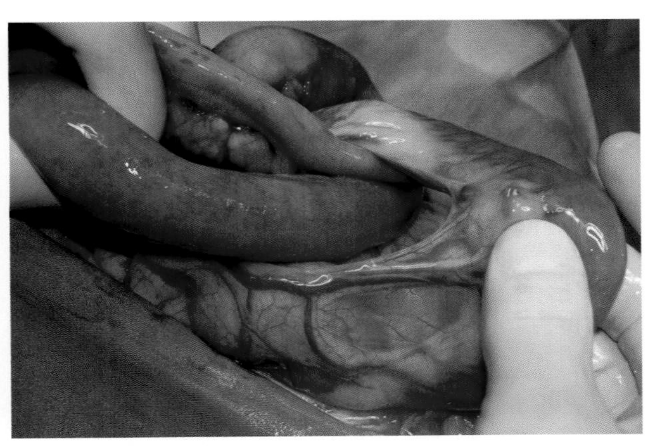

图7-245　在肠系膜远端有两处损伤。图上的肠袢是正常的，完全可以恢复到正常位置。

图7-246　分离绞窄的肠袢，避免血管活性物质进入血液循环中，结扎并切断缺损的肠系膜（箭头指示结扎位置）。

另外一处绞窄的肠段看上去有明显的缺血坏死，因此，确定手术切除。为避免毒素进入血液，切除之前，在坏死肠段两端的正常肠段上放置两把无损伤肠钳，并结扎引起绞窄的肠系膜缺损处（图7-246至图7-248）。

禁止毒素和血管活性物质进入血液循环中，避免坏死肠段的再血管化

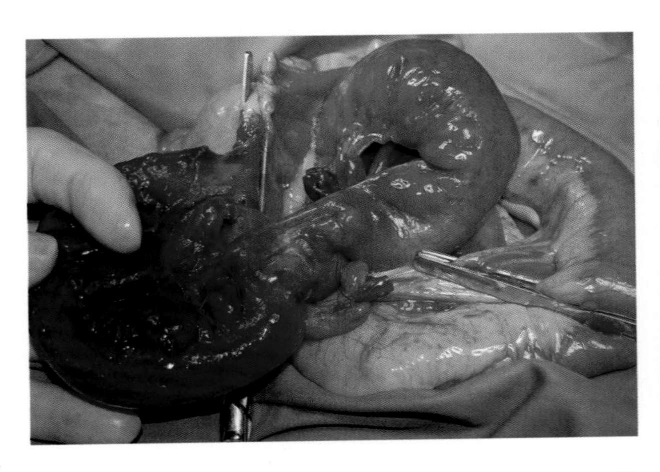

图7-247　在切断肠系膜根并夹持相邻的肠段后，显露整个受损的肠段。

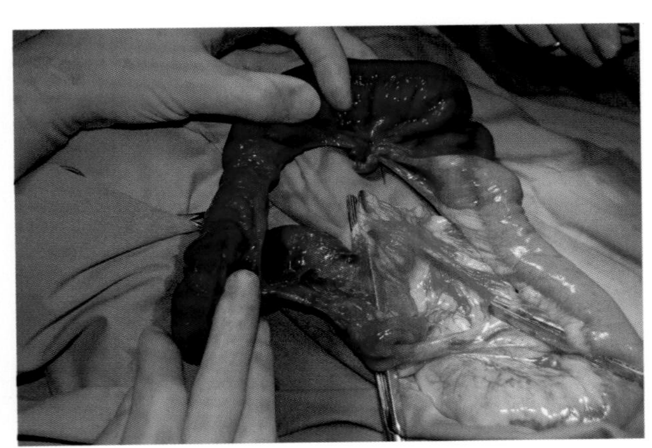

图7-248　显示要切除的肠管的长度和进行端端吻合的位置。

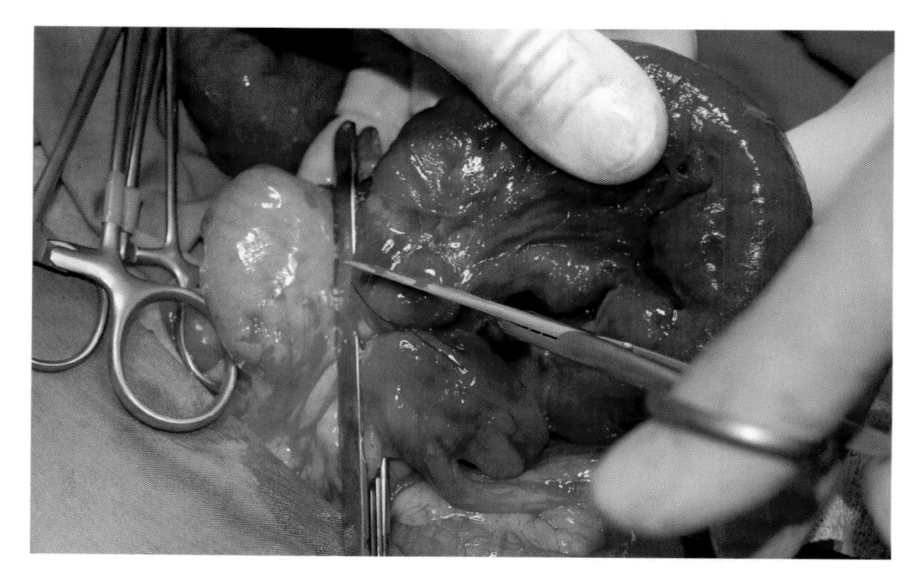

接着进行受损肠段的切除。本病例中，回肠结肠瓣保留完整，以免结肠细菌回流到小肠内，导致上行感染并发症（图7-249至图7-254）。

图7-249 结扎供应切除肠段血液的肠系膜血管，切断靠近肠钳处的回肠。

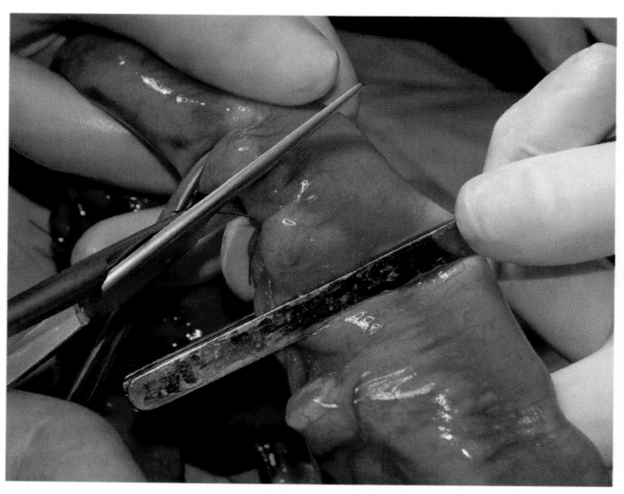

图7-250 在回肠邻近区域施行相同的操作，千万注意勿使肠内容物污染腹腔。

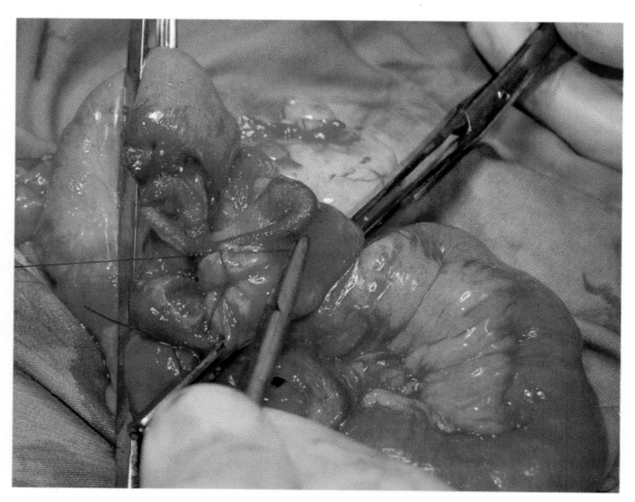

图7-251 从肠系膜侧肠管开始端端吻合，缝合时不要带入脂肪。

使用单丝合成可吸收缝线和无损伤圆针

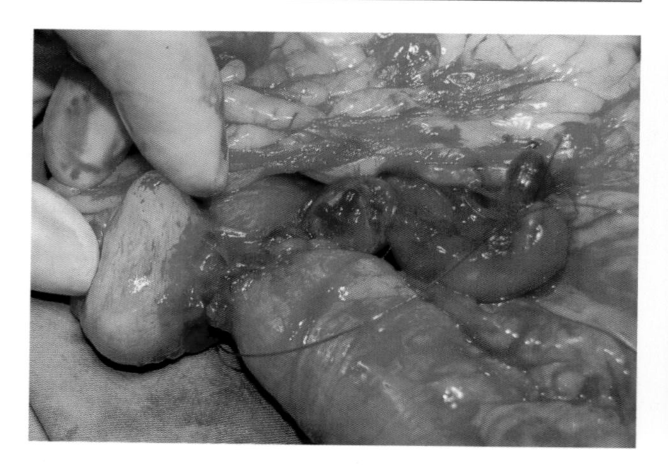

图7-252 完成肠管吻合后，立刻检查吻合处有无渗漏。本病例肠系膜侧有少许渗出，加补两针缝合使闭合完全。

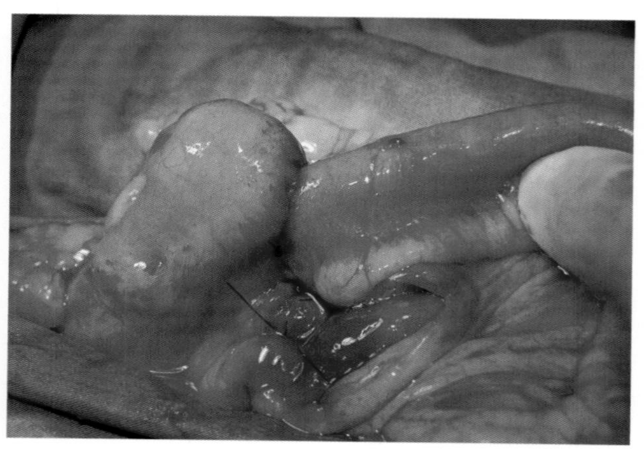

图7-253 为确保缝合处不渗漏，在第一针缝合的位置再加一针缝合。

> ✱ 吻合肠管的过程中，避免带入肠系膜脂肪，否则，会导致肠瘘、腹膜炎，还可能发生败血症

为促进伤口愈合，防止手术部位与腹腔器官粘连，对手术区域进行网膜化（图7-255）。

闭合腹壁切口前，用温的生理盐水充分清洗和抽吸腹腔，清除术中可能产生的任何污染。打开切除的肠段，取出超声检查探查到的异物（图7-256）。

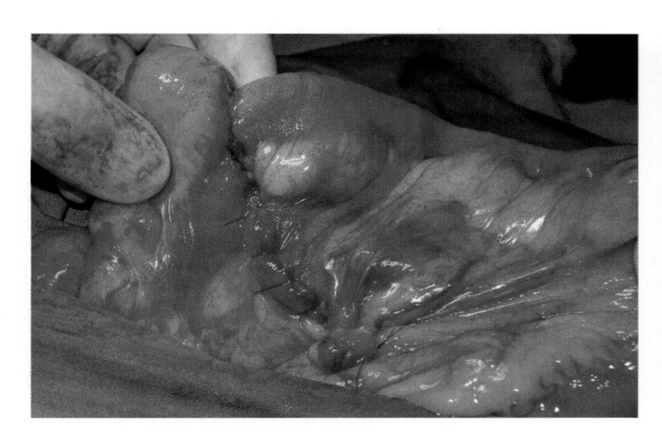

图7-254　完成肠管吻合后，闭合肠系膜缺口，以免另一段肠袢从中滑出，引发肠嵌闭。

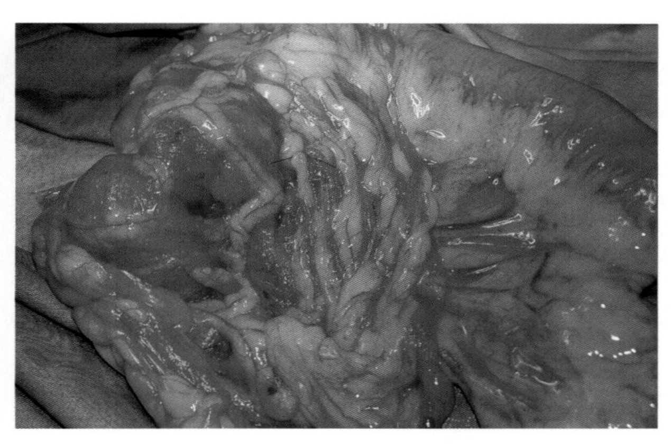

图7-255　将一段网膜覆盖在吻合处，以避免继发并发症和促进切口愈合。

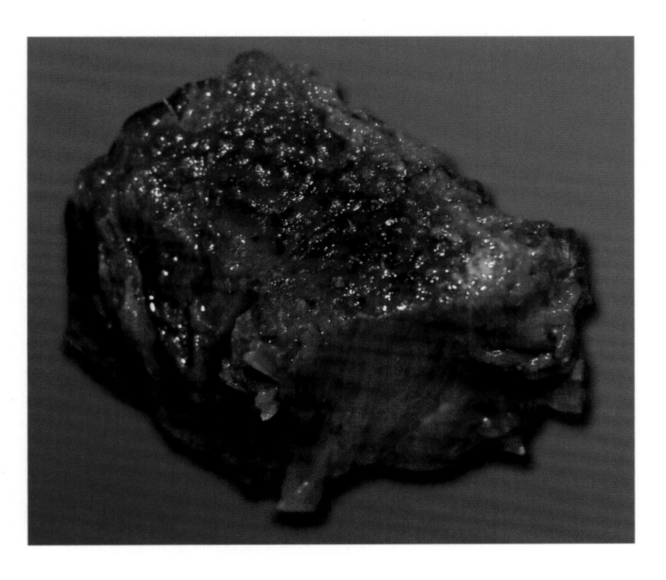

图7-256　异物是2.5cm×3cm的致密橡胶碎片。

**跟踪随访**

患犬住院48h，补液，对胃损伤的治疗（胃保护剂和$H_2$受体拮抗剂）以及抗生素治疗。患犬麻醉苏醒8h后就开始少量多次进食流食。出院后在家恢复，9d后拆线。

**病例点评**

仍然不清楚肠系膜缺损的原因。据动物主人介绍，Pepa从未经历事故和受到剧烈撞击，也没有其他犬造成创伤的经历。然而，肠袢突入了肠系膜缺损处。肠管的某一部位阻碍了在肠管中移行的异物，就会发生肠梗阻。肠管的膨胀影响了自身血液供应，形成了术中见到的病变。

以下几点值得注意：

■ X线片显示造影剂在幽门窦处滞留，说明有异物存在。
■ 发生肠道缺血和绞窄而腹部缺乏痛感。
■ 血液检查无异常。
■ 先天性原因。

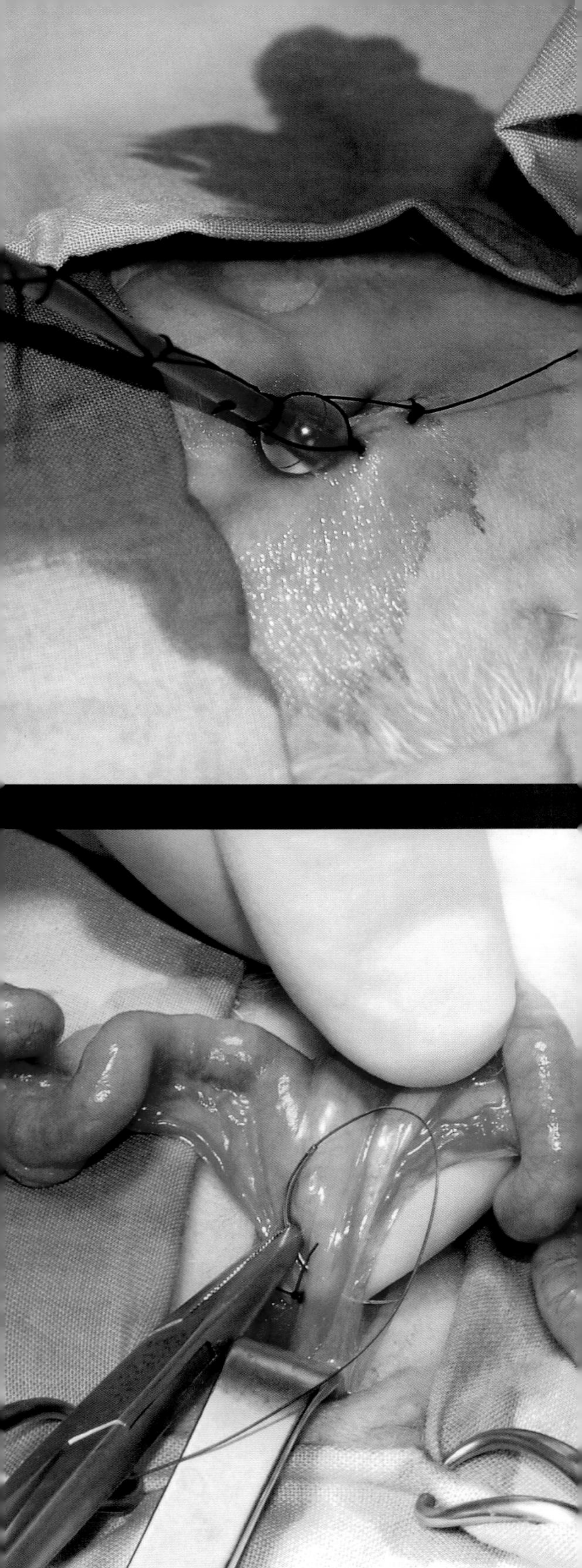

# 第八章　常用技术

## 腹部放射检查

## 腹部超声检查

诊断性超声概述
泌尿道超声检查：肾、输尿管和膀胱
生殖道超声检查：子宫和前列腺
肠道超声检查：小肠和大肠
超声介导的细针抽吸活检

## 细胞诊断学

## 腹腔穿刺术/腹腔灌洗和透析

## 经皮穿刺膀胱导尿术

## 尿道水压冲洗

## 剖腹术

## 卵巢子宫切除术

犬卵巢子宫切除术
猫卵巢子宫切除术
雪貂卵巢子宫切除术

## 肾切除术

## 膀胱切开术

## 网膜化

## 强制饲喂：造口胃饲管

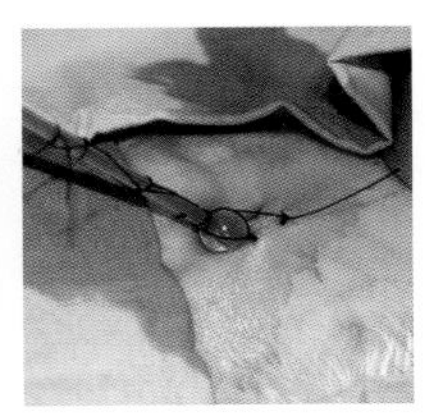
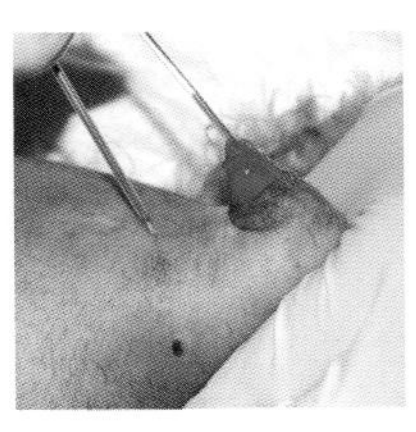
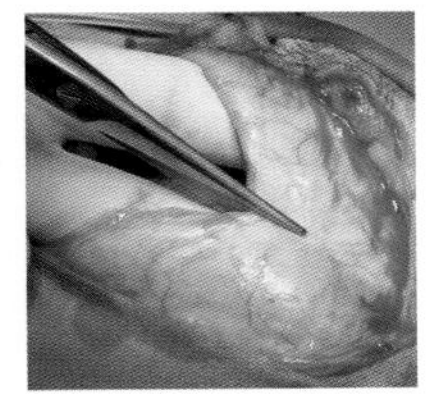

# 腹部放射检查

本书所讨论的各种组织结构的X线检查方法，能够为某些疾病的诊断提供有价值的信息。

本章所描述的是本书所涉及且符合X线检查要求的犬、猫腹部器官的X线解剖学，介绍了正常以及发生病理变化器官的X线特征。此外，还介绍了X线造影技术。一般来说，要得到效果好的腹部X线片，其最合适的设置是毫安秒值高、千伏值低，这样才能得到最大对比度的腹部X线片。

腹部检查常用的体位是侧位（L）和腹背位（VD）。后腹部侧位X线片可检查的器官包括髂内淋巴结、降结肠、直肠、膀胱、尿道、前列腺和子宫。如果这些器官出现病理变化，则在普通X线片上可能看不到这些组织结构（图8-1、图8-2）。

> 注意：X线片呈现的是一个三维物体的二维图像，获取能够增加诊断信息的两个垂直投影很重要

除了上面提到的后腹部组织结构的检查外，本章还包括小肠梗阻的X线诊断。

**髂内淋巴结**

一般来说，正常的腹部淋巴结在普通X线片中是看不到的，因为它们的个体小、X线不透性低而无法与其他腹腔器官区分。肠系膜淋巴结位于腹腔中部的腹膜内而很难发现，对其进行X线检查的意义很小。但其他腹腔淋巴结，如髂内淋巴结，位于腰后腹壁间隙、第6与第7腰椎腹侧（图8-1），由于这种位置关系以及较大的个体和X线不透性，因而易于发现。

> 髂内淋巴结位于第6与第7腰椎腹侧

腹部侧位X线片上，增大的髂内淋巴结与X线不透性的尾侧腹膜后间隙、第6及第7腰椎腹侧软组织呈现出相同的结构（图8-3）。很大的淋巴结会引起降结肠和直肠的腹侧移位。

腹背位图像一般不会提供额外的诊断信息。

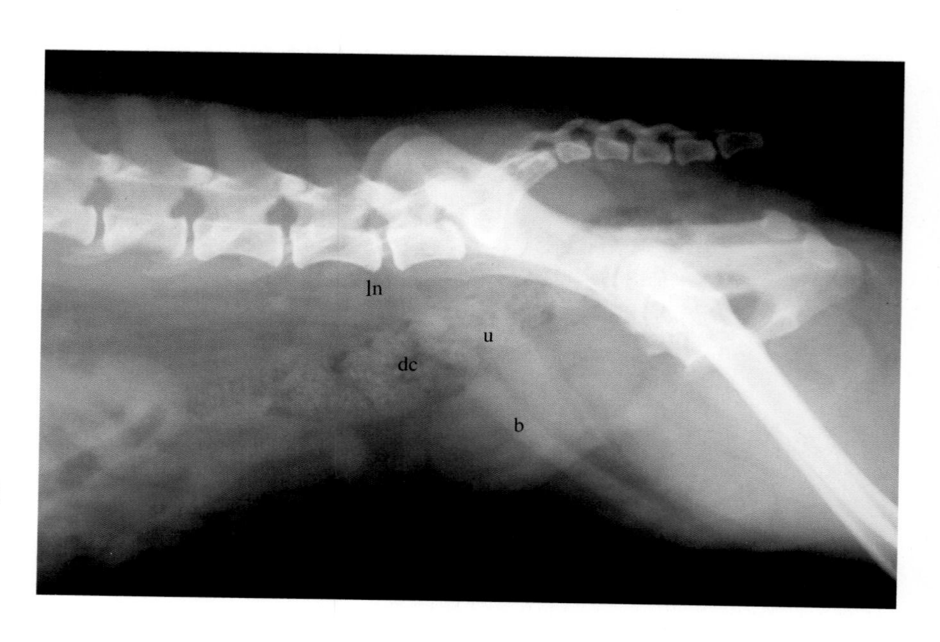


图8-1 健康母犬腹部侧位X线图像。
ln.髂内淋巴结 u.子宫
b.膀胱 dc.降结肠/直肠

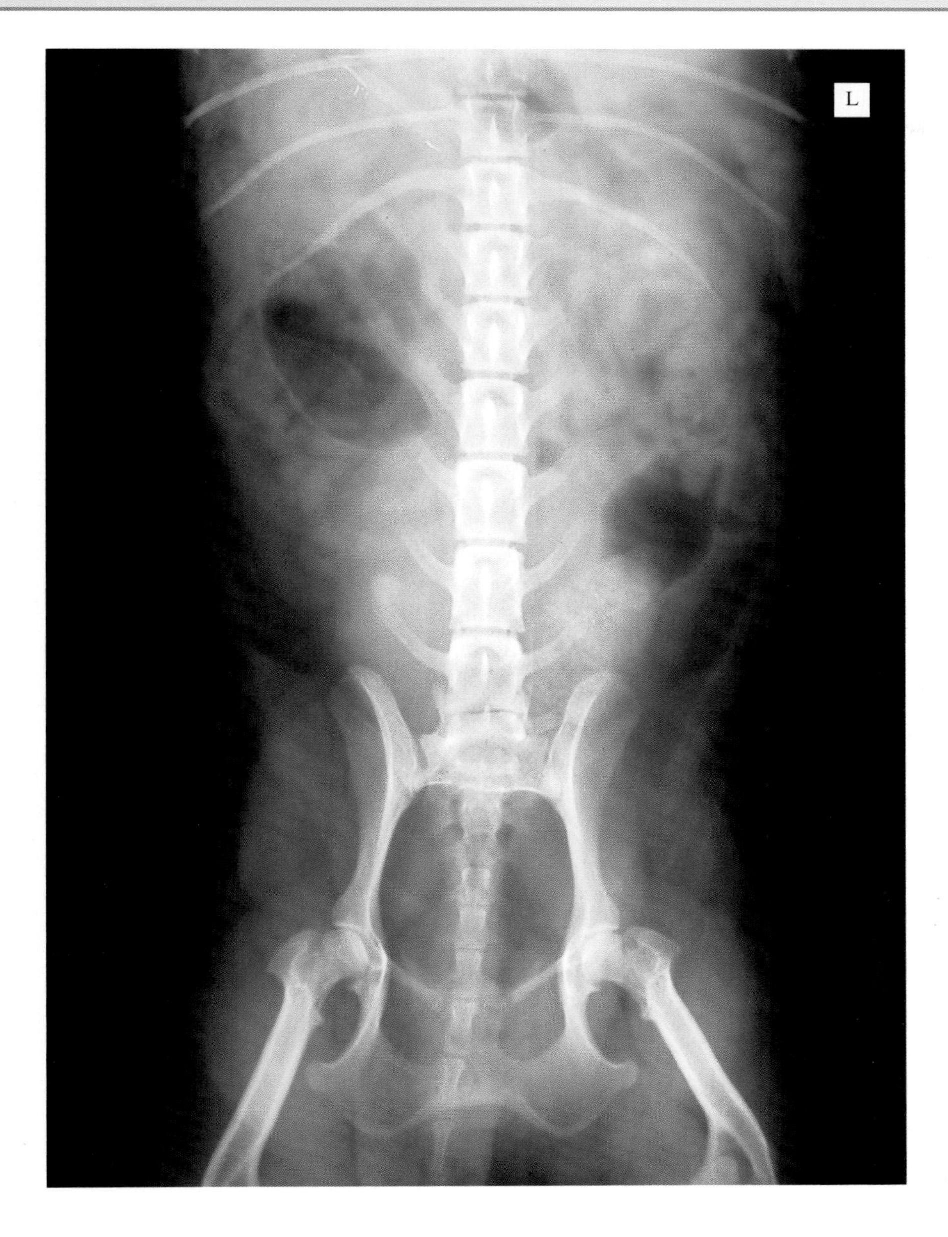


图8-2　健康母犬腹部的腹背位X线片。

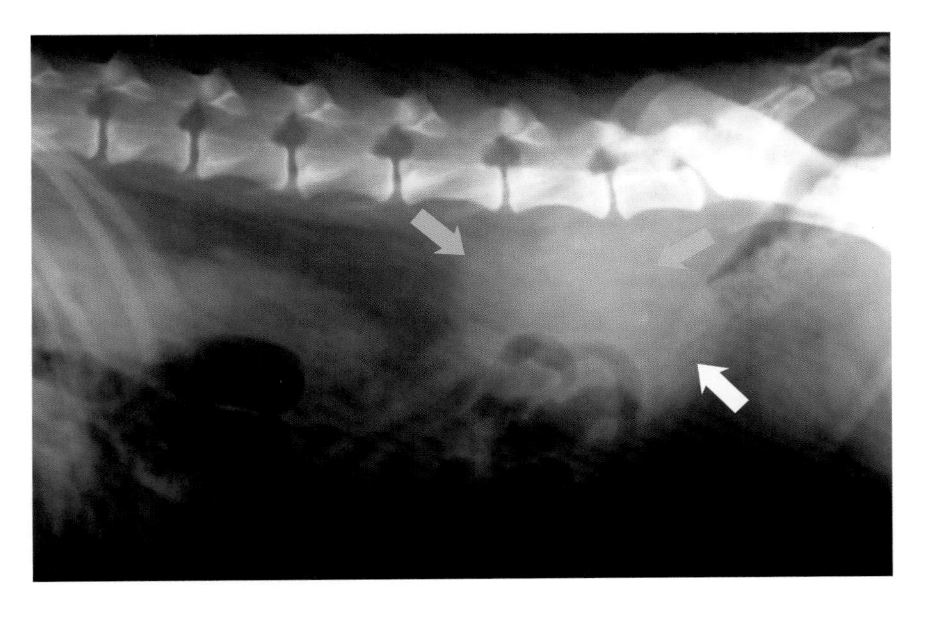

> 增大的髂内淋巴结，与X线不透性的尾侧腹膜后间隙、第6及第7腰椎腹侧软组织呈现出相同的结构

图8-3　犬腹部侧位X线片。橘色箭头指的是第6和第7腰椎腹侧与尾侧腹膜后间隙的X线不透性软组织均匀分布，呈圆形结构的界限，白色箭头指的是增大的髂内淋巴结，降结肠发生移位至腹侧。

## 子宫

正常子宫位于膀胱和结肠之间（图8-1）。在X线图像上看不到体积很小的正常子宫角。如果子宫角膨胀，直径超过了邻近的肠袢，X线片显示与X线不透性软组织相同的扭曲的管状结构。子宫角位于腹腔后腹侧，在侧位X线片上可取代头背侧方向的小肠（图8-4），在腹背位图像上是头侧（或是中间）方向。需谨慎解释子宫扩张的X线片，某种生理状态，如妊娠，可以引起子宫扩张；许多病理过程，如子宫蓄脓、子宫积液、子宫残端脓肿和肿瘤，也可以引起子宫扩张（图8-5）。正是由于有许多不同的诊断结果，子宫的X线检查需要与超声检查配合进行。

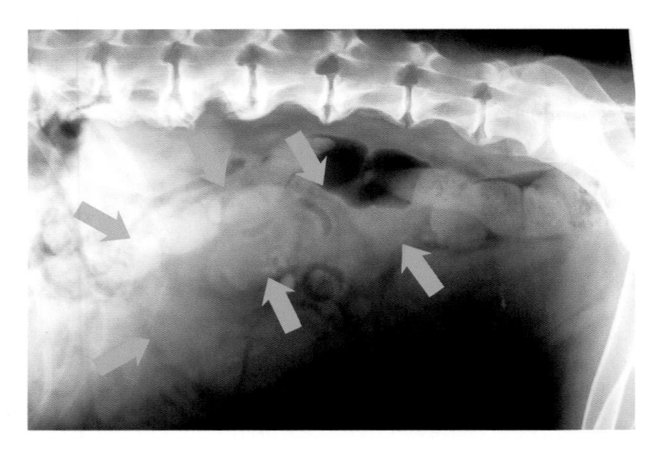

图8-4　母犬腹部侧位图像。与软组织X线不透性一致的扭曲的管状结构符合子宫角明显扩张的特征，扩张的子宫角占据腹腔后部和中部（箭头指向）。

| 子宫位于膀胱背侧和降结肠腹侧 |
| --- |
| 由于软组织对X线的不透性，腹部后腹侧增大的子宫角为扭曲的管状结构 |

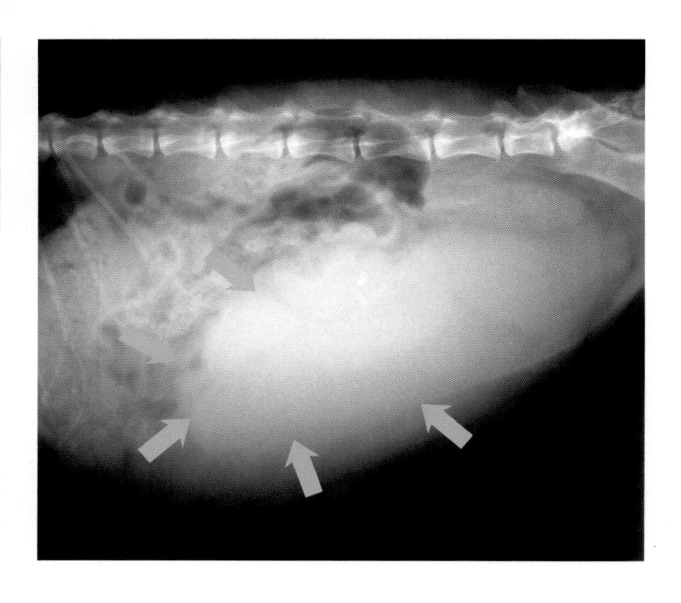

图8-5　母猫腹部侧位X线图像。橘色箭头指示与软组织X线不透性一致的1个大块均质体的前界，这个团块从骨盆区延伸，取代了头背侧的小肠肠袢的位置。团块的位置及肠袢移位的方式均表明这是1个子宫肿块。是否为子宫肿瘤可通过剖腹术确诊。

X线片显示扩张的子宫内有骨骼矿化明显的40 ～ 45d以上的胎儿（图8-6）。因此，X线用于检查死胎和木乃伊胎是很有意义的（图8-7）。一般来说，如果X线检查显示骨骼轴排列较差或头侧骨骼塌陷，表明是死胎；而某个区域胎儿结构发生重叠和明显的压缩现象，使其比正常结构小，则表明是木乃伊胎。X线检查有助于估计胎儿大小和盆腔大小之间的相对比例，对是否施行剖腹产提供依据，或者用于诊断难产，为决定是否立即施行剖腹产提供依据（图8-8）。

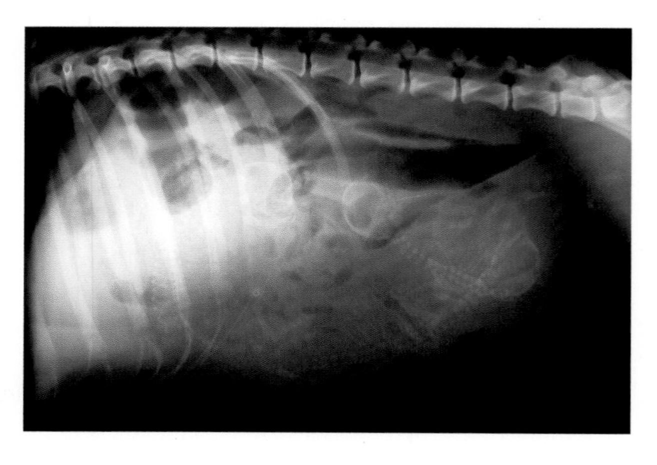

图8-6　待产母犬腹部侧位X线片，可见胎儿矿化。

| 妊娠40～45d后可见胎儿矿化 |
| --- |

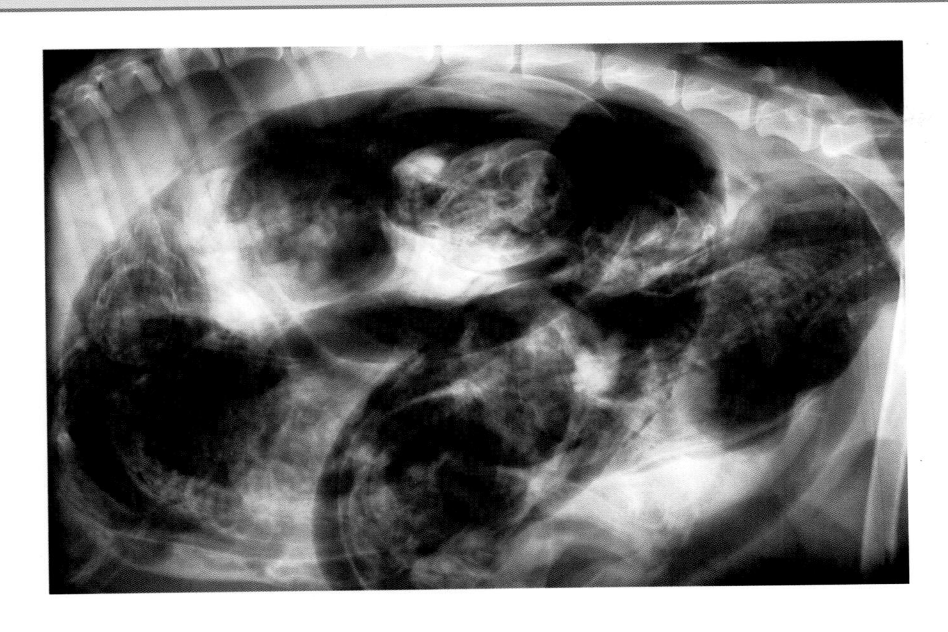

图8-7 母犬腹部侧位X线片。矿化胎儿和大量的气体表明是死胎。超声图像可确诊。

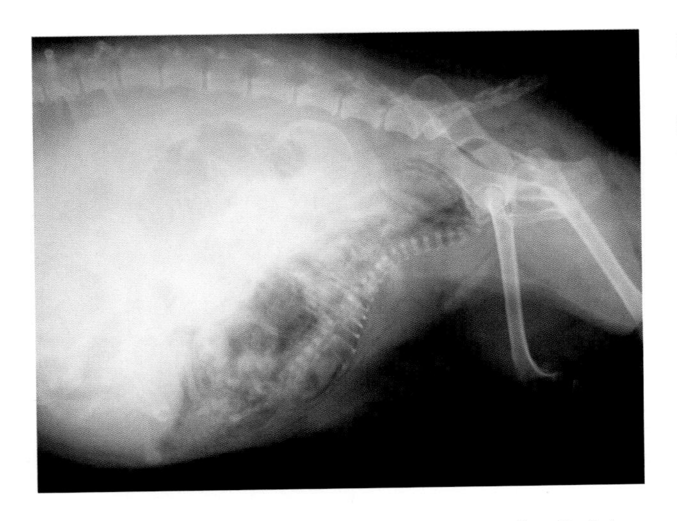

图8-8 难产犬的侧位X线片。胎儿的头部已进入盆腔内。

**前列腺**

前列腺位于骨盆腔内。从X线片可观察到病理性体积增大的前列腺。所有的前列腺疾病均可导致其体积增大，但有的是均质的（前列腺肥大、前列腺炎），有的是非均质的（肿瘤、囊肿）。在普通侧位X线片中，均质的前列腺增大可见与软组织一样X线不透性团块，这个团块可能是同质性的，也可能是异质性的结构（如果发生了矿化）。这个团块起始于骨盆腔，常引起膀胱的头侧移位和直肠的背侧移位（图8-9）。在非均质的前列腺增大中，膀胱可能发生背侧、腹侧或轻微头侧移位。许多情况下，X线检查结果很难解释，需进行超声检查（图8-10）。

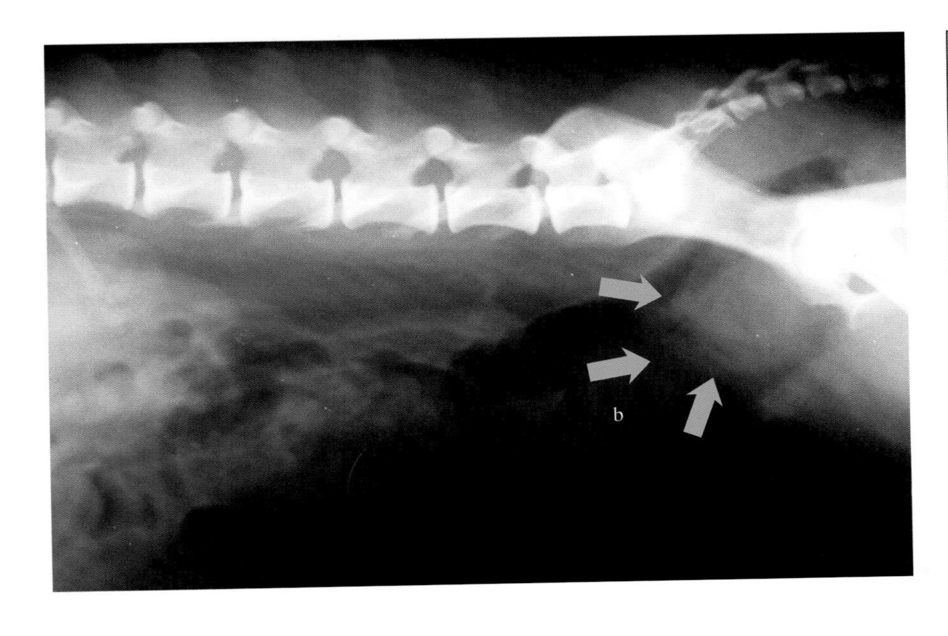


前列腺增大呈现与起始于骨盆腔的软组织一样的密度，膀胱发生头侧、背侧或腹侧移位；偶见结肠背侧移位

图8-9 犬后腹部侧位X线片。箭头指的是增大的前列腺界限。可见膀胱头侧移位（b）。

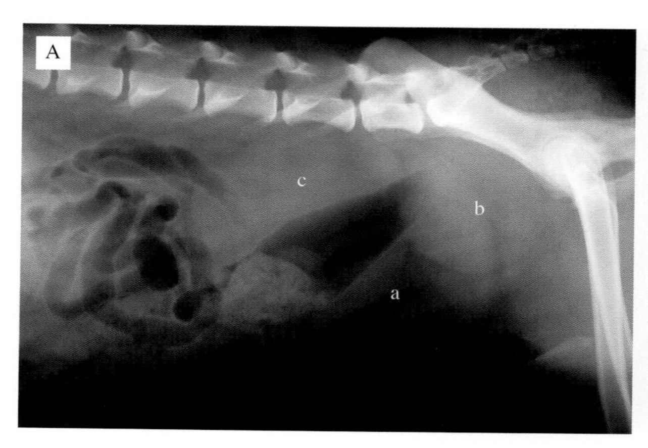


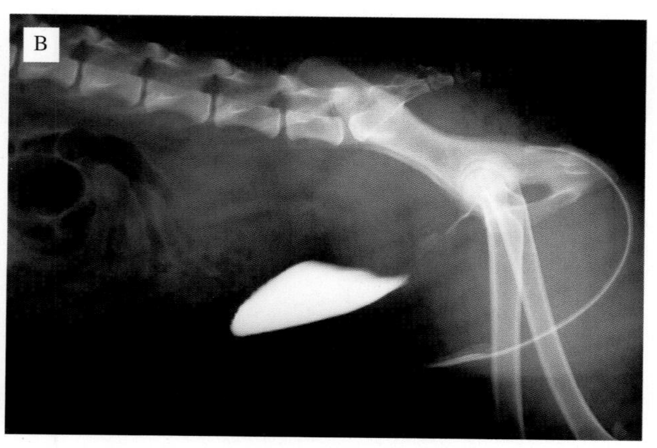


图8-10　犬后腹部侧位X线片。
A.X线不透的3种软组织结构 a.膀胱　b.起始于盆腔的团块，与前列腺相符　c.大的前列腺周炎囊肿　B.通过阳性造影剂获得的图像

**膀胱**

X线检查时，膀胱扩张的程度决定了膀胱的位置和大小。如果膀胱是空的，则位于盆腔而不易于观察；如果膀胱内有尿液充盈而扩张，侧位片可见与软组织一致的椭球形均质结构，位于腹腔后腹侧（耻骨头侧、腹直肌腹侧、小肠尾侧、降结肠腹侧）。

> 充盈的膀胱位于腹腔后腹部，具有软组织X线不透性的椭球形结构

X线检查发现膀胱形态、位置或大小发生改变始终是有意义的；这些改变可能是由于膀胱本身的异常，也可能是由邻近组织结构发生变化而引起的。

X线检查发现膀胱移位是有价值的，从移位的方向可以分析出有价值的信息。例如，公犬发生膀胱头侧移位，则可能患有前列腺疾病；尾侧移位则可能由腹腔的异常团块、会阴疝或先天性尿道异常（短尿道、输尿管异位开口、肠瘘）而引起；背侧移位可能是发生了间叶细胞样块状物；腹侧移位可能是发生了腹股沟疝。

膀胱过度扩张则表明远端尿路梗阻或神经异常，膀胱变小则可能由先天性异常（输尿管异位开口、肠瘘）、弥漫型膀胱壁疾病、肿瘤或破裂而引起。

X线检查时，评估膀胱状态必须要考虑的另一个问题是X线不透性。正常情况下，膀胱因尿液充盈而具有软组织X线不透性结构。X线不透性增强是膀胱壁矿化所致（表示有肿瘤、炎症），或者在膀胱腔内存在不透X线的结构，与草酸钙、硅酸钙或磷酸钙结石一致（图8-11）。另一方面，膀胱腔内存在不透X线的结构是由于医源性或细菌滋生而产生的气体（图8-12）。

在普通X线片上，膀胱在形态、位置或X线不透性等方面出现任何变化时，需配合使用阳性、阴性或双造影技术进行进一步的确诊。

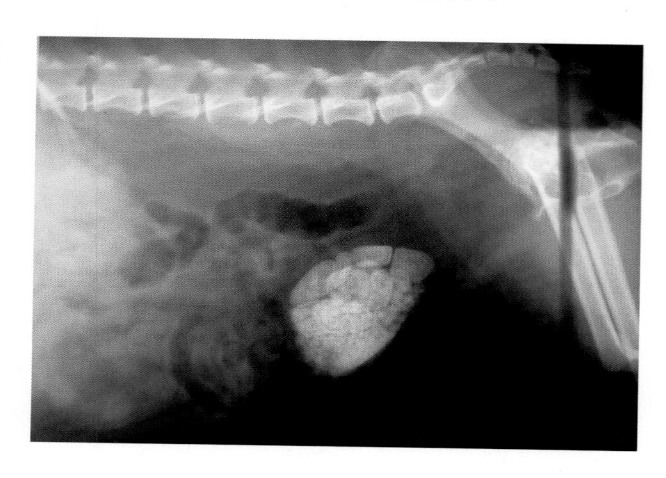

图8-11　母犬膀胱腹部侧位X线片（其中有许多不透X线的结石）。

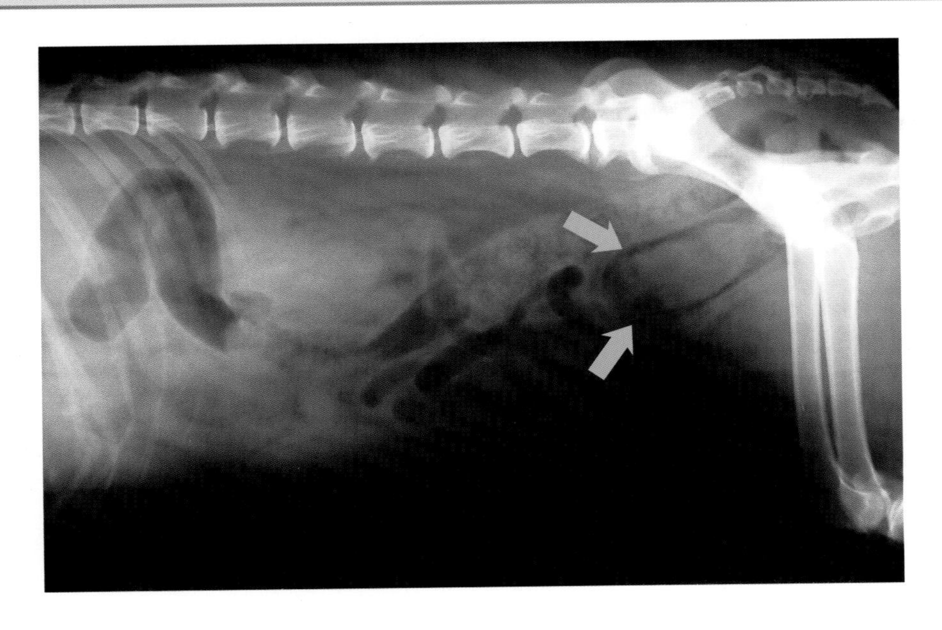

图8-12 母犬腹部侧位X线片显示膀胱内有气体（箭头），患气肿性膀胱炎。

**膀胱逆行造影**

膀胱逆行造影是将造影剂通过导尿管注入膀胱内。造影前12h禁食固体食物并灌肠，避免粪便叠加到尿道并优化清晰度。

插入导尿管前，需对患病动物的生殖器进行清洗。膀胱排空后，注入造影剂。造影可以是阳性的（阳性造影）、阴性的（阴性造影）和混合的（阳性和阴性双造影）。阳性造影剂是20%有机碘溶液，根据动物个体大小，用量为5 ～ 15mL。确定用量最好的方法是通过腹壁触诊膀胱，直到能感觉到适度扩张的膀胱。

膀胱双造影需要较少的阳性造影剂（根据动物个体大小而定，为1 ～ 10mL），然后用阴性造影剂（空气、NO或$CO_2$）扩张膀胱。

选择哪种膀胱造影方法取决于怀疑是哪种病以及膀胱的普通X线片特征。阳性造影用于确定膀胱位置（图8-13）、是否发生破裂（图8-14）或是否与相邻器官之间有相通的窦道。尽管可以用超声对膀胱壁的变化进行快速而详细的检查，但膀胱双造影用于检查膀胱壁和膀胱腔内充盈缺损是有价值的（图8-15）。

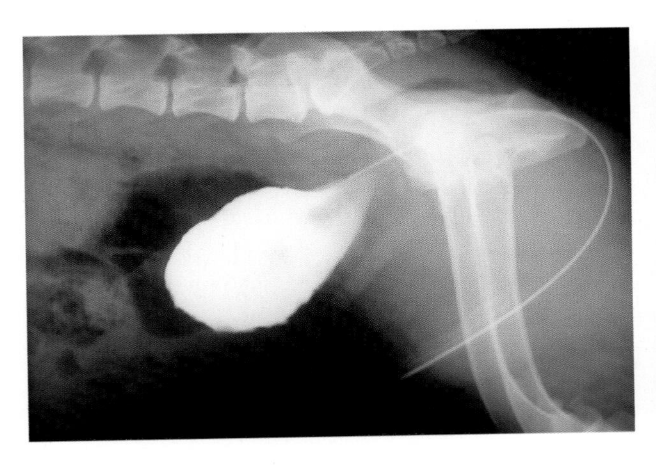

图8-13 公犬膀胱阳性造影侧位片。

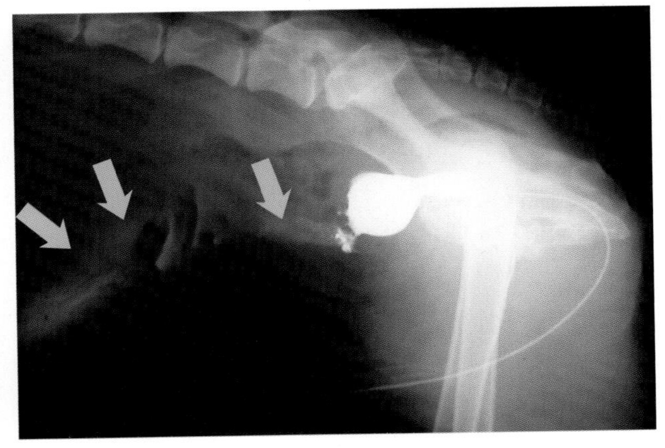

图8-14 公犬膀胱阳性造影侧位片，部分造影剂灌注到膀胱并漏出到腹腔内（箭头）。

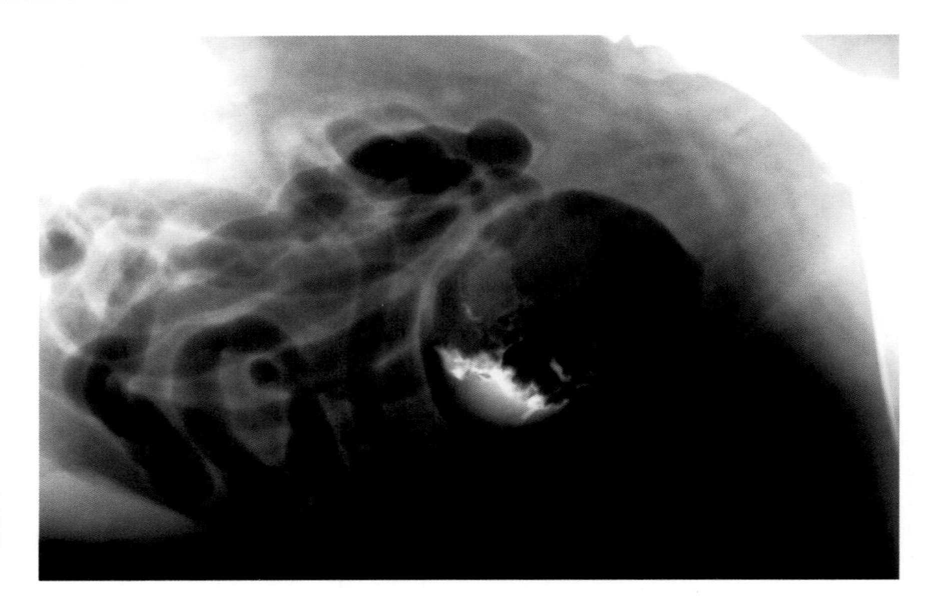

图8-15 膀胱双造影异常图像。超声介导的细针采样活检确诊为膀胱癌。注意阳性造影剂显示肿瘤表面的溃疡。

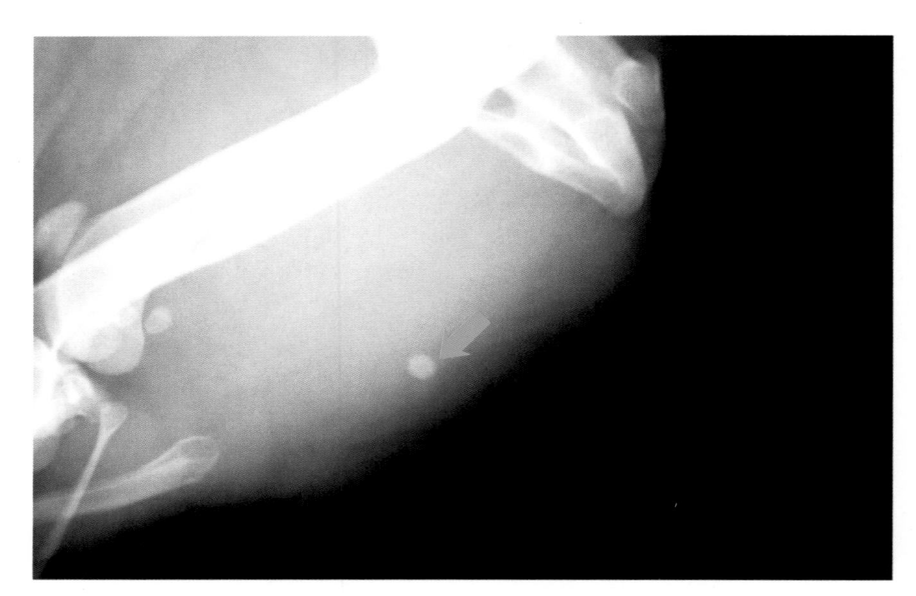

图8-16 公犬侧位图像（后肢前伸）。尿道海绵体部可见不透X线的尿结石。

## 尿道

尿道X线检查几乎仅用于雄性动物，尤其是犬。公犬、公猫尿道的解剖学结构分为三部分，即从膀胱到前列腺尾端的前列腺尿道、延伸到坐骨后缘的膜性尿道以及止于阴茎顶端的阴茎尿道（尿道海绵体）。

尿道的普通X线检查最简单，后肢前伸的侧位片最有用。然而，对于检查X线不透性的结石所能获得的信息是有限的（图8-16）。如果怀疑有尿道疾病，普通X线片又没有检查到病理变化，需进行尿道造影确诊。

## 尿道造影术

将阳性造影剂注入尿道的X线造影技术，犬的剂量为10 ~ 15mL，猫为5 ~ 10mL，导尿管插入尿道约10cm。患病动物取侧卧位，后肢前伸，造影剂通过导尿管注入，剩下最后1 ~ 2mL时进行曝光。尿道造影图像显示的尿道改变可能有：由于破裂（图8-17）或瘘管（图8-18）或膀胱腔内、壁内或壁外变化引起的充盈缺损（图8-19），致使造影剂从尿道漏出到相邻器官。

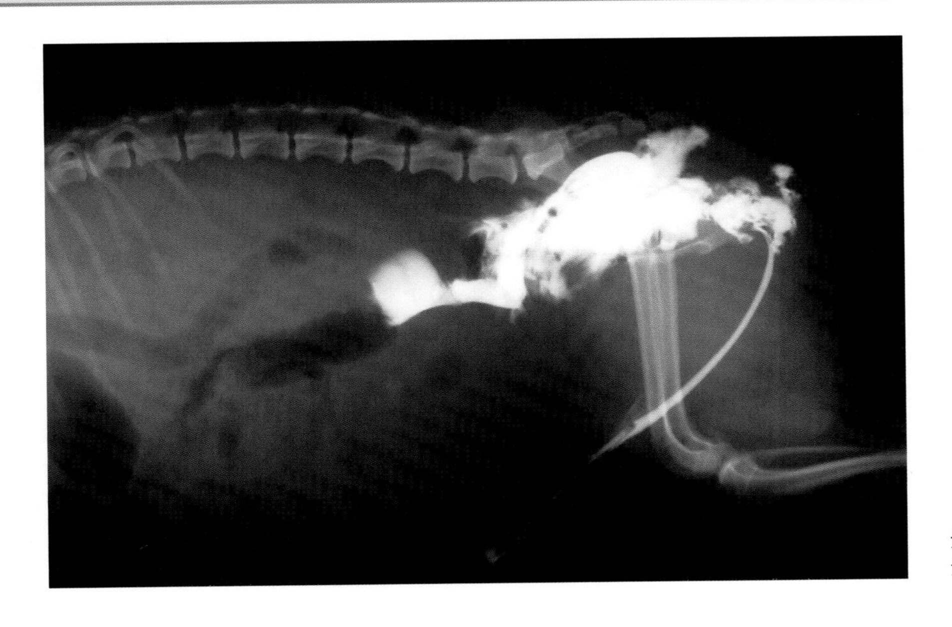

图8-17　公犬尿道阳性逆行造影图像。显示尿道破裂而造成造影剂漏出。

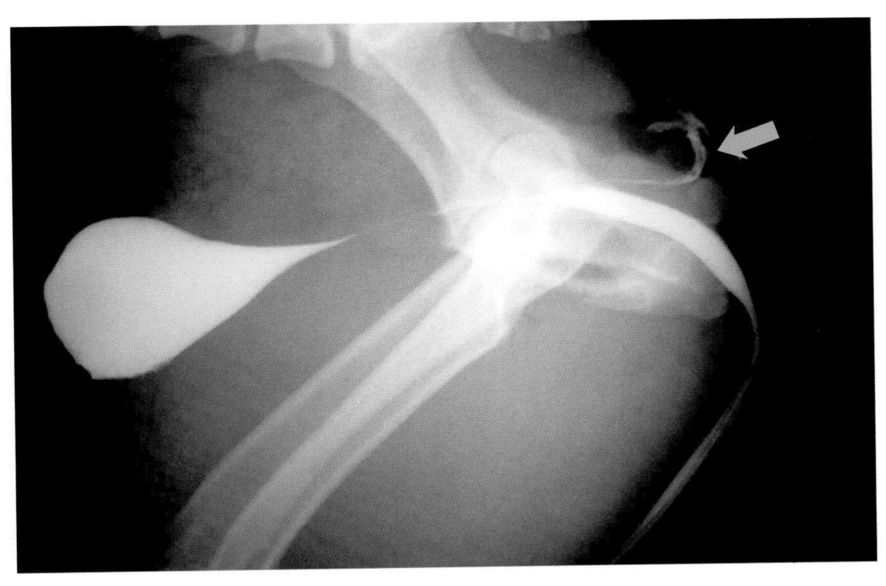

图8-18　公犬尿道阳性逆行造影图像。箭头处造影剂从尿道漏出至直肠内，检查结果有助于诊断尿道直肠瘘。

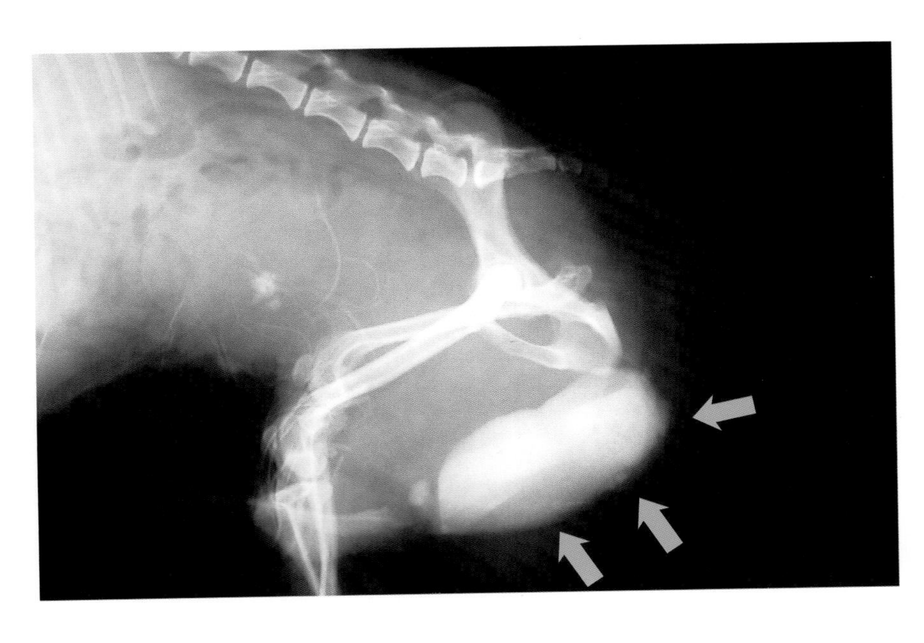

图8-19　公犬尿道阳性逆行造影图像。箭头处造影剂聚积在尿道海绵体部，符合尿道憩室的特征。

## 输尿管

输尿管体积细小且具有软组织的X线不透性，在普通X线图像中看不到。可采用阳性造影术即排泄性尿道造影检查输尿管，这项技术也可提供肾功能的信息。接受X线检查的动物常患有尿毒症，给这些患病动物补液很重要，但这不是排泄性尿道造影的禁忌证。

> 进行排泄性尿道造影检查之前，患病动物需要充分补液

### 排泄性尿道造影

这项技术要求静脉注射阳性造影剂，但X线是否会透过肾、输尿管和膀胱，取决于肾富集和排泄造影剂的能力。该技术必须使用碘化物造影剂。通常情况下，推荐使用非离子碘化物（碘苯六醇、碘异酞醇），对高风险的患病动物，也可以使用离子碘化造影剂（如泛影酸钠）。造影剂的推荐剂量为每千克体重450 ～ 880mg。

患病动物进行排泄性尿道造影检查前要做一些准备工作。为了优化肾和输尿管的清晰度，排空肠管是必要的，这也是做该造影前需禁食固体食物24h的原因。在做造影前12h和3h需进行灌肠处理。

在头静脉或颈静脉置入导管后，快速注射造影剂。然后按照以下时间获取图像：

- 造影剂注射后立即获取（腹背位图像）。
- 注射15s后获取（腹背位图像）。
- 注射5min后获取（腹背位、侧位和斜位图像）。
- 注射15min后获取（腹背位和侧位图像）。
- 注射30min后获取（腹背位和侧位图像）。

注射造影剂后，肾的乳浊化程度取决于肾功能，肾功能越差，乳浊化就越差。因此，如果患病动物肾功能不全，则可能需要增加造影剂的剂量。如果正确地实施了排泄性尿道造影，就可确诊尿道疾病，如输尿管扩张或狭窄，或输尿管异位（图8-20）。

图8-20　母犬排泄性尿道造影。左侧整个输尿管扩张（白色箭头），尾端连接到膀胱三角区（橘色箭头）。确诊为输尿管积水和输尿管异位。

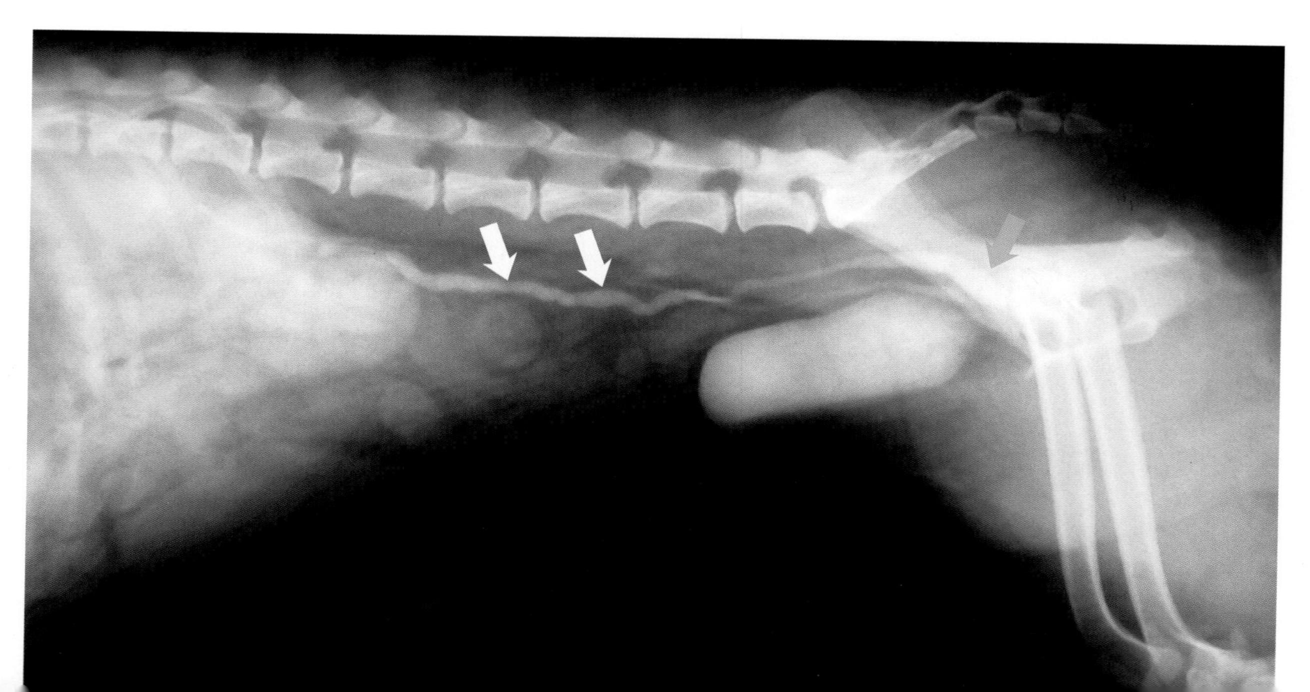

**小肠**

普通X线检查可显示小肠肠袢整齐分布在腹腔内，呈弯曲的管状结构、圆形结节或环状。根据其内容物不同，小肠肠袢X线的不透性也不同，从X线透过（气体）到可能是均质的（液体）或颗粒的（食物）软组织X线不透性都有。

本书介绍的小肠疾病X线检查主要是因肠梗阻引起的小肠异常扩张。X线检查很难区分机械性肠梗阻（肠腔的物理阻碍）和功能性肠梗阻（小肠麻痹）。除X线不透过的外源性阻碍物外（图8-21），机械性和功能性肠梗阻均呈现相同的X线检查特征，即小肠肠袢呈气体膨胀。

> 小肠肠袢的气体膨胀是小肠梗阻的X线检查特征

功能性肠梗阻不算外科急诊，应基于病史、临床症状和实验室检查结果进行诊断。

机械性肠梗阻是由异物、肠套叠或肠道肿块引起的部分或完全阻塞。小肠扩张的长短及程度取决于是部分梗阻还是完全梗阻，以及梗阻发生的位置。梗阻越接近尾侧越完全，则肠袢扩张的范围和程度越大（图8-22）。部分梗阻的X线片不明显。如果临床检查怀疑是肠梗阻，则需要进行X线造影检查或超声检查。

**阳性造影**

如上所述，阳性造影可以补充完善普通X线片的诊断信息。然而，如果普通X线检查显示是肠梗阻，则应考虑立即施行手术，因为确定肠梗阻的位置和损伤的类别需要时间，这可能会使患病动物的全身状况恶化。

诊断小肠梗阻所选择的造影剂是硫酸钡混悬剂，这种造影剂的主要优点是成本低，X线不透性明显。但是，由于这种造影剂对腹腔组织有强刺激作用，因此，当疑似胃肠穿孔时，千万不能使用此造影剂，而应该使用对腹腔组织没有刺激性的碘化造影剂。但碘化剂有几个缺点：X线不透性低于硫酸钡，诊断价值有限；碘化剂是离子造影剂（钠盐和三碘苯甲酸葡甲胺盐），因而是高渗的。这一特征促使液体向胃肠道集聚，尤其是血容量减少的动物，将加剧脱水。非离子碘化剂（碘苯六醇或碘异酞醇）没有上述缺点，但价格昂贵。检查肠道的造影剂需口服使用。根据造影剂特性和患病动物的性情，可使用注射器或胃管投喂。如果患病动物配合的话，硫酸钡混悬剂可使用注射器投喂，但由于钡盐不能被重吸收，因此，要注意避免意外吸入造影剂。

> 硫酸钡是检查肠道最合适的造影剂，除非疑似胃肠穿孔
>
> 如果肠道疑似穿孔，可用碘化剂代替硫酸钡

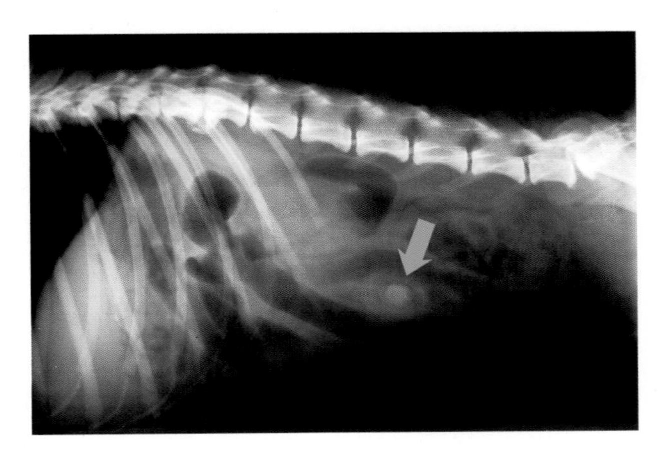

图8-21　犬腹部侧位X线片。肠道内可见不透X线的异物，剖腹术时发现是1个橡胶塞。

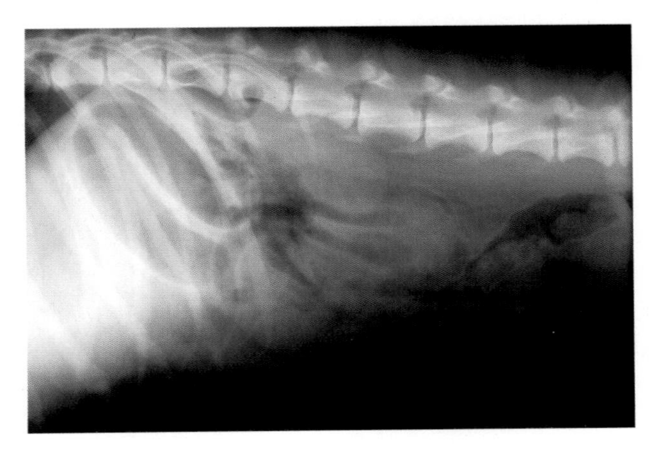

图8-22　犬腹部侧位X线片。犬发生与肠梗阻特征一致的肠臌气。

在检查严重脱水的动物时，最好用非离子碘化剂

对于不配合的患病动物，意外吸入的概率较高，使用易被吸收的碘化剂较安全。插入胃管前对患病动物进行镇静，但要注意许多镇静剂影响胃肠蠕动。投喂造影剂后，取侧位和腹背位进行X线摄片。消化道（胃、小肠和大肠）逐渐变得不透明。根据使用的造影剂，获取图像的大概顺序见表8-1。

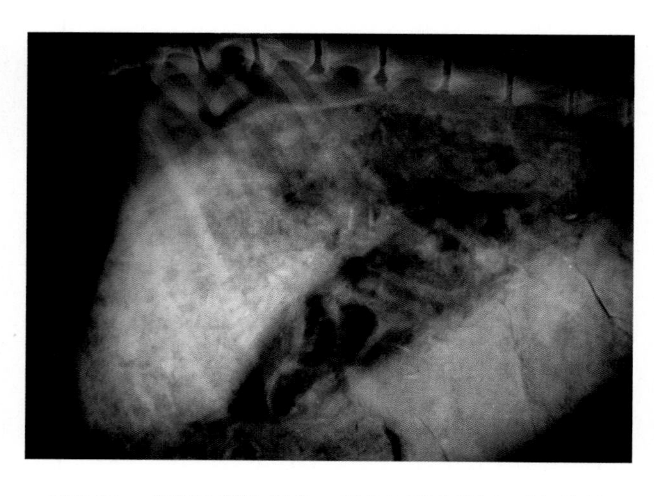

图8-23 犬腹腔侧位图像，显示因粪便嵌塞引起的结肠肠径普遍增大，诊断为巨结肠。

表8-1 不同造影剂获取图像的顺序

| | 钡 | 碘 | 不透明结构 |
|---|---|---|---|
| 犬 | 立即 | 立即 | 胃 |
| | 30min | 15min | 胃、十二指肠、空肠 |
| | 2h | 30min | 胃、小肠 |
| | 4h | 1h | 小肠、结肠 |
| 猫 | 立即 | 立即 | 胃 |
| | 5min | 5min | 胃、十二指肠 |
| | 30min | 30min | 整个小肠 |
| | 1h | 1h | 小肠、结肠 |

**降结肠/直肠**

降结肠和直肠的X线检查需要从侧位和腹背位两个方位进行投射。侧位图像显示位于后腹部的结肠远端与髂下淋巴结、前列腺、尿道、子宫和阴道的解剖学关系。腹背位图像显示位于腹中线左侧的降结肠中间部分，而远端部分向腹中线移行，在进入盆腔时转为直肠。

普通X线图像可提供这段肠道大小、位置或形态变化的信息。正常结肠的肠径随粪便量而变化，但一般要小于第7腰椎的长度。结肠肠径的普遍增大是由便秘所致的嵌塞而引起的。

“巨结肠”一词用于描述结肠肠径异常增大（图8-23）。结肠局部扩张表明由机械性阻塞或盆腔变窄（骨折、结肠肿瘤、器官狭窄或外源物）引起的粪便嵌塞或局部变化。结肠位置或形态的变化是由相邻器官的体积增大而引起的，如前列腺、子宫或髂内淋巴结。通常，普通X线检查不足以达到诊断目的，需要通过阳性（钡灌肠剂）、阴性（气结肠）或双造影进行深入的检查。

正常结肠肠径小于第7腰椎的长度

肠道进行阳性造影检查前，需要对患病动物进行必要的处置，以确保大肠内没有粪便。造影前口服泻药，禁食固体食物24h，并进行灌肠。该技术的操作可引起患病动物疼痛，因此，需进行麻醉。

大肠检查时最常用的造影剂是硫酸钡混悬剂，通过插入直肠尾端带有直肠球的插管注入，以避免造影剂倒流。关于钡剂的剂量问题，建议用X线检查法做剂量-药效关系预估，可按每千克体重7 ～ 15mL计算。注意，如果怀疑发生肠穿孔，要用碘化剂替代刺激性的钡剂。

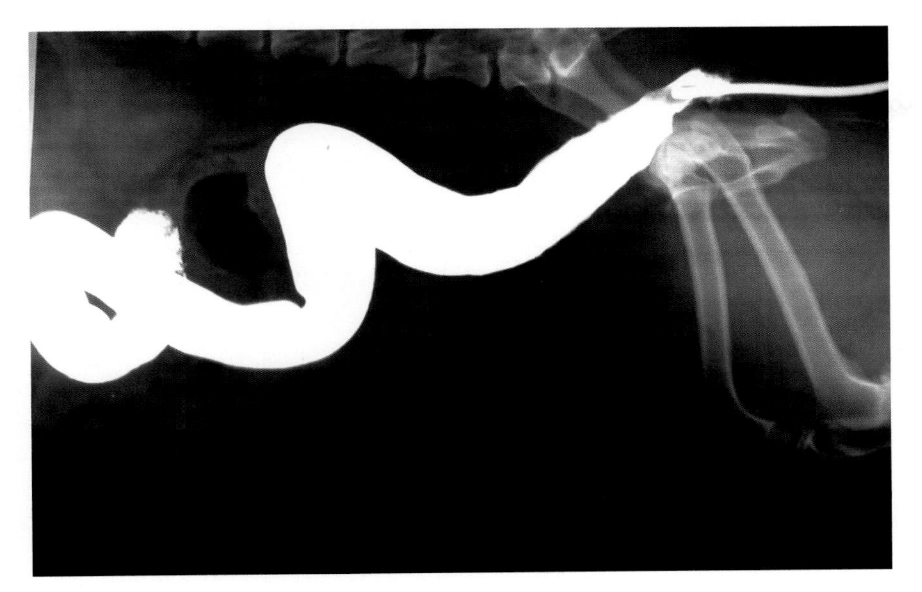

一旦结肠发生大幅扩张，需做左侧位（图8-24）和腹背位投照（图8-25），如有必要，还需做斜位投照（右腹/左背和左腹/右背）。进行双造影时，尽可能少注入钡剂而多注入空气，随后在相同条件下投照。目前，结肠和直肠的X线检查已被更敏感的诊断技术，如超声或内镜代替。

图8-24 钡剂灌肠，犬侧位X线图像。

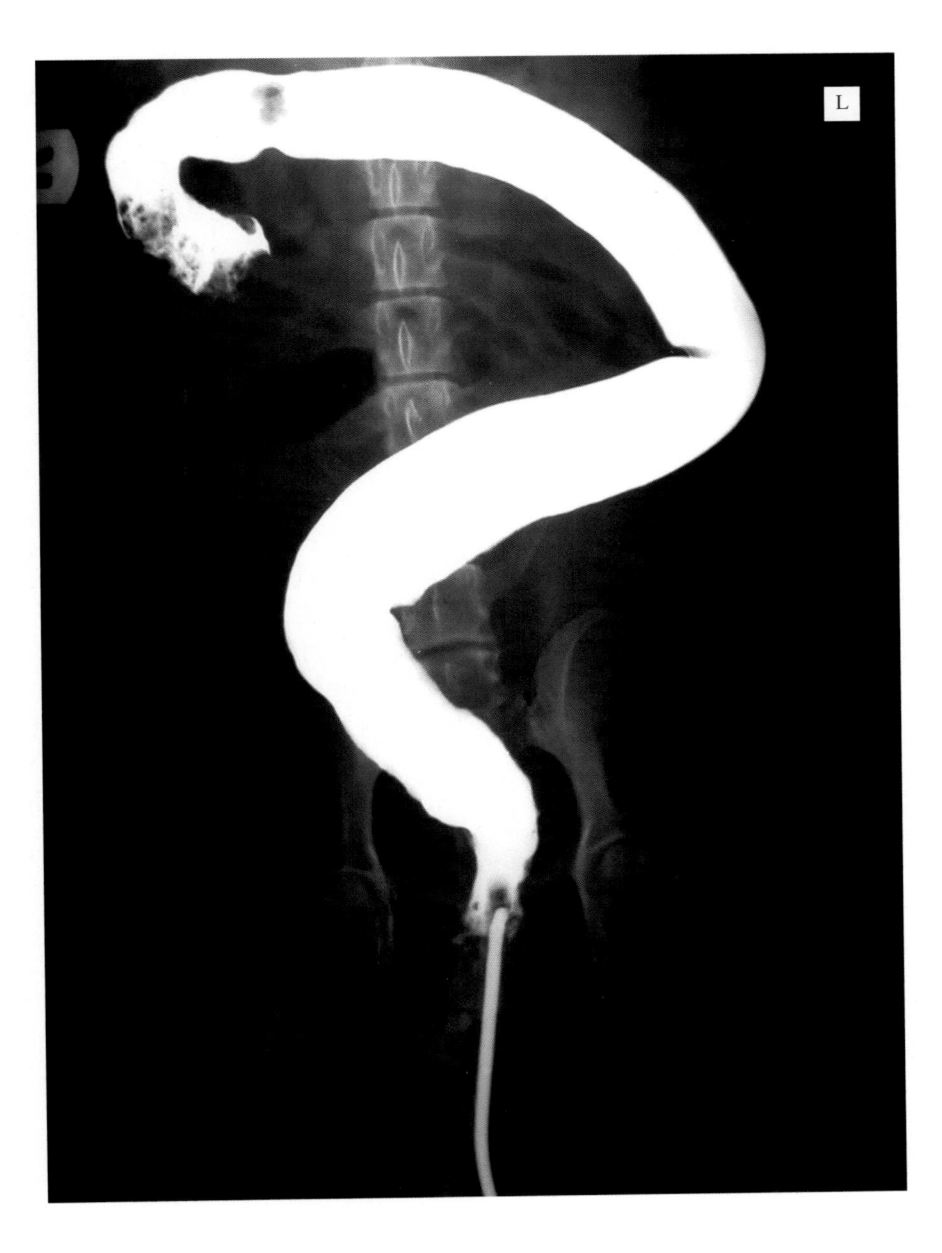


图8-25 钡剂灌肠，犬腹背位X线图像。

# 腹部超声检查

## 诊断性超声概述

本章仅是从临床角度介绍诊断性超声检查，不会详细介绍复杂的超声物理原理和对病变进行详尽的描述，仅基于很少的回声图像知识而提供合理的诊断方法。本书描述了一些基本概念，为诊断过程提供视觉帮助和支持。在过去几年中，超声检查已成为兽医临床检查的重要方法。随着新技术的引进，如计算机断层扫描、磁共振成像和超声检查，诊断图像得到革新，这些新的技术提供了新的诊断方法和方案，填补了放射学和剖腹探查术的空白。

超声检查可提供有价值的诊断信息，尤其是腹部检查。在许多方面，超声检查比放射检查提供的诊断信息更多。新设备的引入，如脉冲多普勒和能量多普勒将会提供比传统超声更有诊断价值的信息。

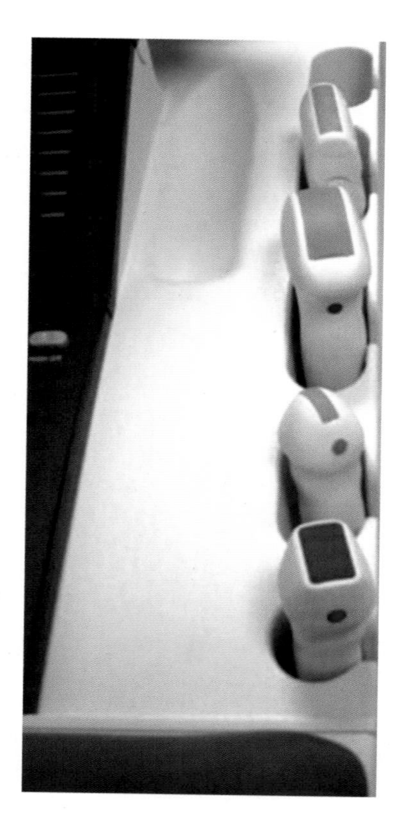

图8-26　几种不同形状和频率的超声探头，线性的、凸面的、微凸面的、相控阵的。

**回声模式**

传统意义上，超声有3种回声模式：A模式（振幅）、M模式（运动）、B模式（亮度）。最后一种模式用于腹部检查，是通常意义上的超声，产生由白色、灰色和黑色点组成的图像。其他2种模式中，A模式呈现回声的密度，虽然对眼睛的检查和肿瘤的诊断非常有用，但现已不再使用；M模式是实时在带状记录纸上呈现B模式图像的横切面扫描，这种模式用于超声心动扫描，检测心动周期不同阶段、心肌收缩和瓣膜心脏病发生时心室的大小。

**探头**

超声检查中最重要的因素之一是所用探头的类型。探头的形状和大小很重要，有多种不同的类型。对小动物而言，大多数传感器是微凸面的。关键的是频率，目前，许多传感器设置为不同的频率以探测不同的深度。频率越高，穿透力越差，但分辨率越好。大多数犬可用5 ～ 8MHz的探头进行检测（图8-26）。

**动物准备**

选择好探头后，患病动物需做正确的准备。肠内的气体和胃内容物会阻碍超声检查，因此，在进行超声检查前需禁食固体食物12h。其他措施，如饮水、灌肠或口服药物会极大地干扰检测，而且价值不大。在许多情况下，由于急诊检查或动物主人疏忽，没有对动物做任何准备就进行超声检查。目前，先进的设备、在有孔台上患病动物的配合或给予镇静剂，使腹部超声检查几乎在任何情况下都可以完美进行。

**回声特性**

在进行超声检查时，必须能够识别各器官的回声特性和模式。本书不是关于超声检查方法的，只是简要概述回声特性和超声伪影的基本概念。从根本上来说，超声的2个主要敌人是气体和骨骼（图8-27）。另一个极端是超声通过液体时不产生回声，设备收不到任何返回信号。因此，黑色代表液体。纤维或脂肪组织呈白色或高回声。在这2个极端情况之间，根据各器官的组织构成不同，出现完全灰色的区域（图8-28）。

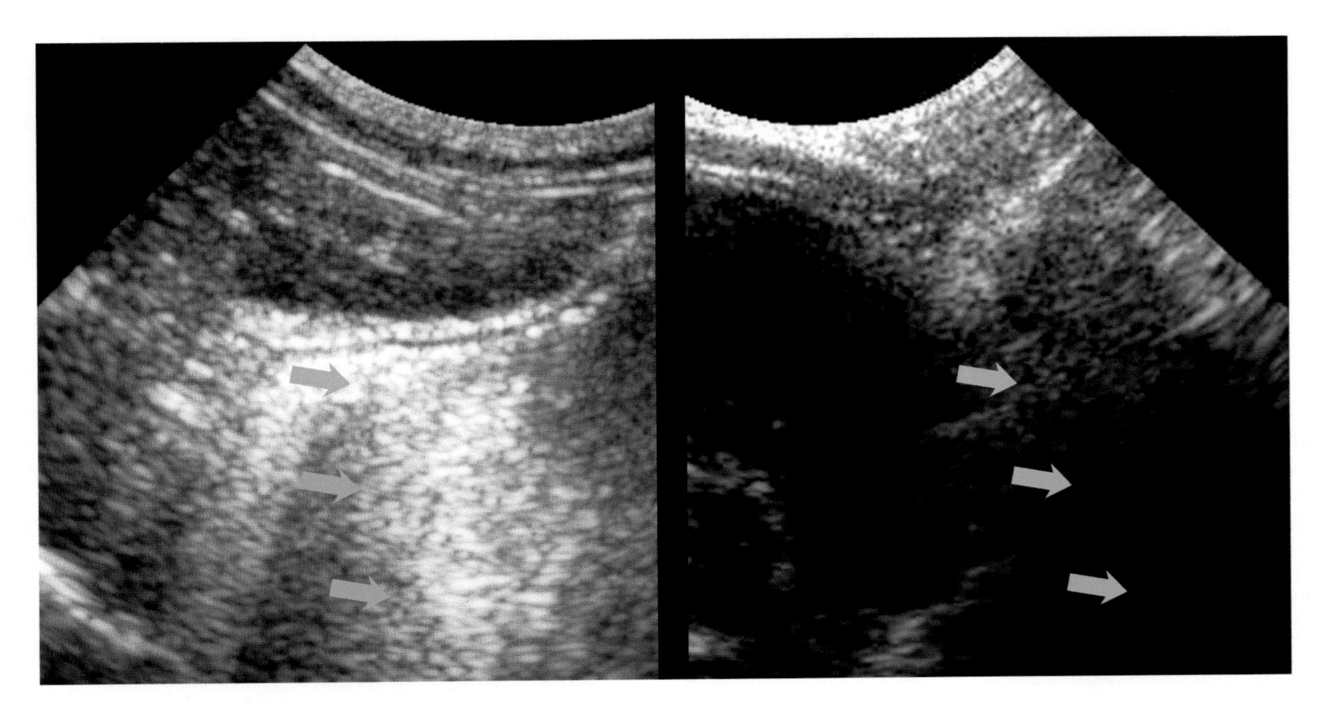

图8-27　图示胃内气体和肋骨产生的阴影。两者均导致下层的组织器官不可见。

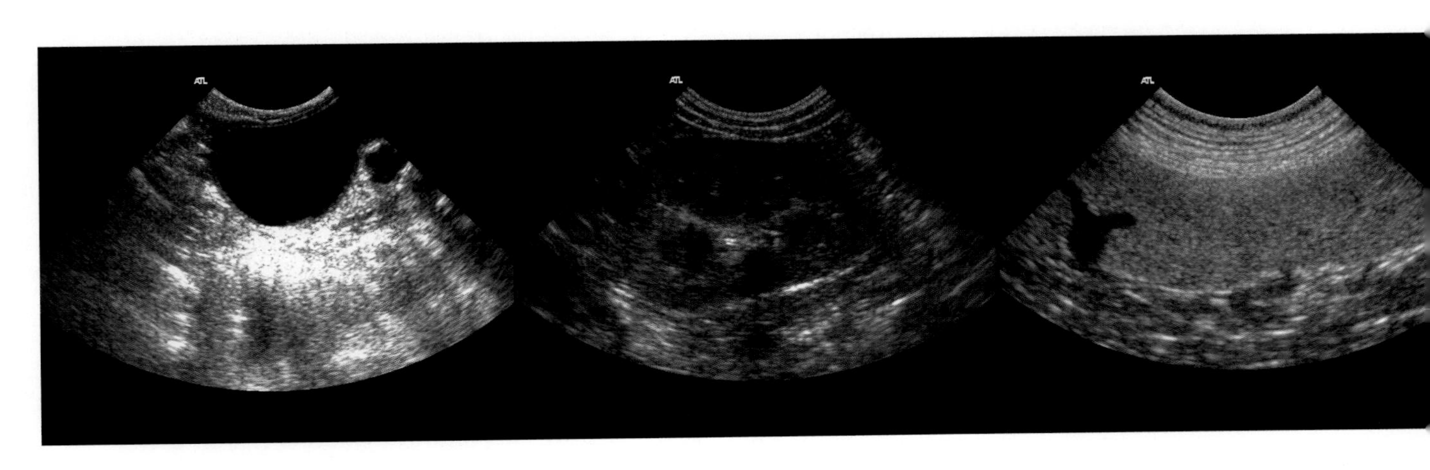

图8-28　膀胱、肾、脾。可鉴别出这些器官的不同回声特性。

**超声伪影**

多种情况下，超声扫描图像不是真实的反映，这就是所谓的超声伪影。虽然大约有20种超声伪影，但本章仅介绍后腹部检查常遇到的几种。

- ■ 声影区：当所有超声被阻碍其通过的表面反射时，就产生了声影区。虽然结石是最典型的例子，但声影并不局限于钙化，橡胶或塑料等异物也可能产生（图8-29）。
- ■ 回声增强：回声增强是出现在充盈液体的器官下面的回声区。通常可以在膀胱、胆囊后面观察到，这对于探查囊肿是一种非常有用的伪影（图8-30）。
- ■ 彗星尾：彗星尾是小肠肠袢中常见的典型现象，是有气体存在时产生的反射，沿屏幕从上至下出现垂直的白线（图8-31）。
- ■ 折射：当超声在器官或血管边缘被折射和改变方向时，就产生了折射。折射不被反射至探头，所以，不能获得图像。不要误解为声影区（图8-32）。

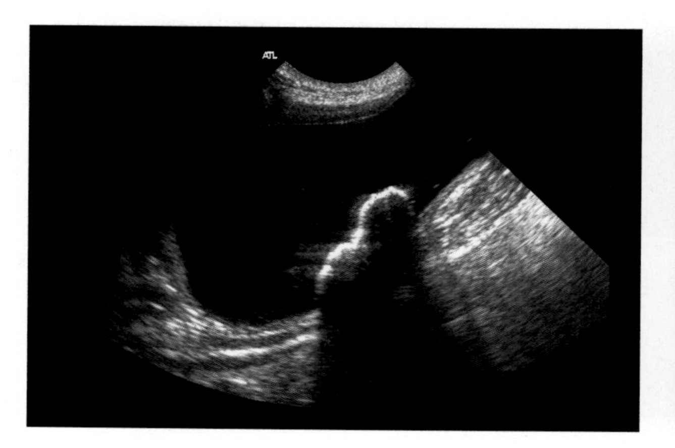


图8-29　声影区是最易辨认的超声伪影之一。图像上可见膀胱结石。

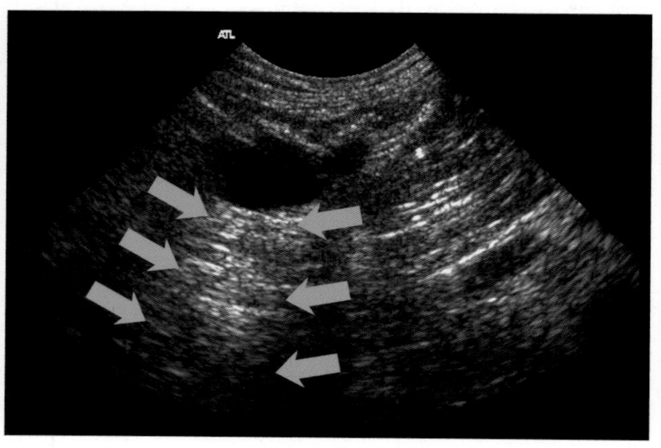


图8-30　回声增强。箭头之间，在一个充盈液体的器官下面可见到典型的回声增强区。该病例为卵巢囊肿。

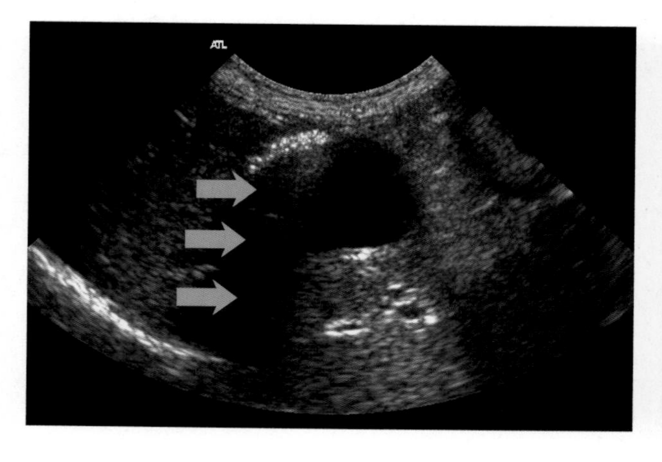


图8-31　胆囊中因气体而产生的彗星尾，这在产气菌所致的胆囊炎中很典型。

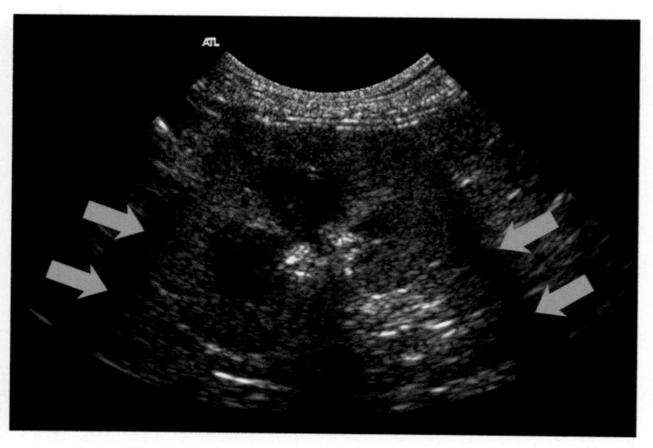


图8-32　折射。超声波被折射和改变方向而不能返回探头。图像丢失。

## 泌尿道超声检查：肾、输尿管和膀胱

泌尿系统的超声检查一般是从膀胱开始，膀胱位于结肠腹侧（雌性位于子宫背侧），很容易探查到（图8-33）。由于膀胱上皮为假复层上皮，检查膀胱的唯一要求是扩张膀胱，这样才能检测膀胱壁的厚度。检查器官的完整性后（图8-34），再探查膀胱壁及其内容物。因膀胱结石可产生声影区，因此，很易识别（图8-35）。有时结晶沉淀物产生声影区会被认为是尿结石，这就是移动探头时要用力按压探头的原因，这样可搅动膀胱内容物（图8-36）。慢性感染可致膀胱壁钙化，引起阴影，不要误认为是结石（图8-37）。膀胱内发现肿瘤生长和息肉也很常见（图8-38）。虽然膀胱壁厚度变化很小的大面积浸润现象已有报告，但在膀胱头侧或三角区突出到腔内的肿块是最常见的（图8-38至图8-40）。无论何时发现肿块，都要检查输尿管口的完整性以及是否发生浸润（图8-41）。用能量多普勒很容易探查健康犬输尿管的通畅性（图8-42）。虽然超声检查可用于探查输尿管异位或壁内插入（图8-43），但X线造影检查更有助于确诊。而且，X线造影检查可看到从肾到膀胱的完整尿道（不管是正常的还是异常的）。输尿管只有在发生扩张时超声检查才能观察到（图8-44、图8-45）。

肾是尿道检查的最后一部分。定位时，探头应放在最后肋骨的后方、腰肌的下方。有些品种的犬胸腔较深，肾脏常位于最后肋骨下方，这就增加了检查的难度（图8-46）。可能的损伤包括盆腔结石、脓肿、血肿、囊肿、肾盂积水及肿瘤（图8-47至图8-49）。回声特性、有无血管以及临床征象均有助于识别损伤。

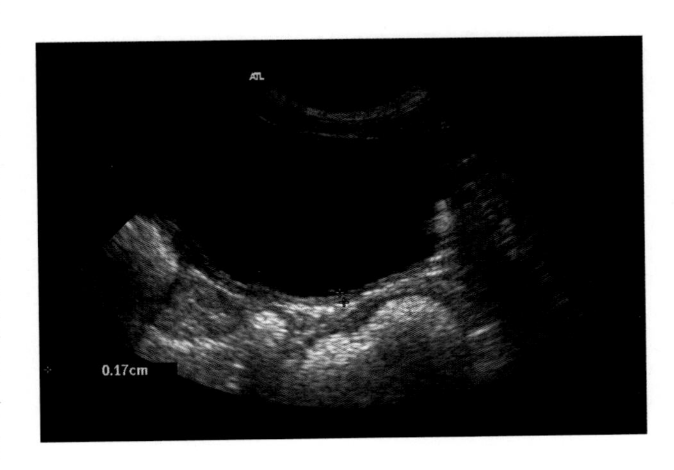


图8-33　正常膀胱。无回声的尿液和光滑的膀胱壁。

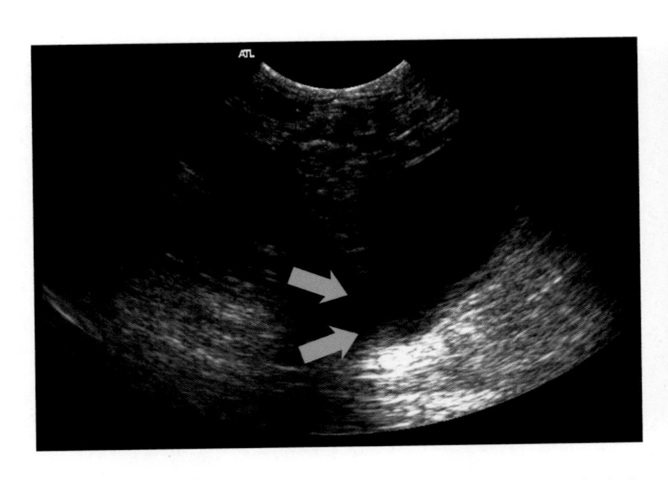


图8-34　膀胱破裂。图像显示破裂的膀胱和流入腹腔内的尿液。

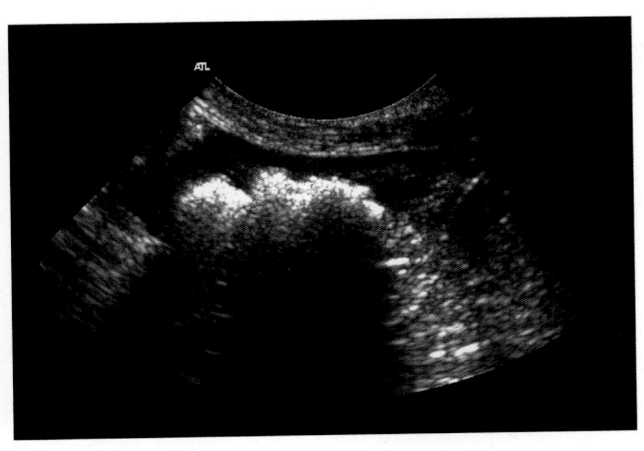


图8-35　结石形成的声影区，很易识别。

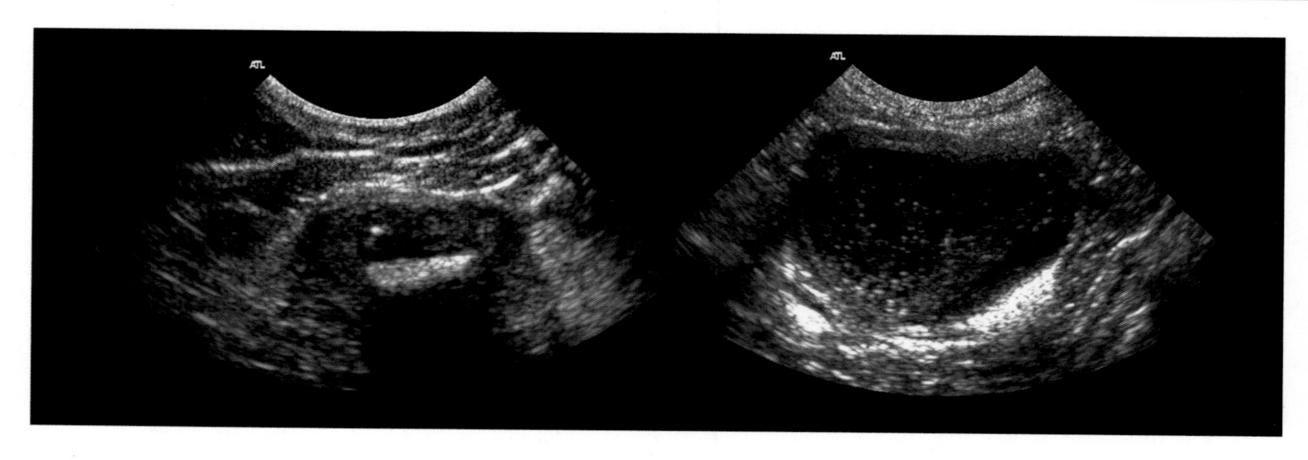

图8-36 左图，大量沉积物形成的声影区；右图，用探头用力按压腹部，搅动膀胱内的沉积物后的膀胱图像。这个小诀窍可用于区别结晶物与结石。

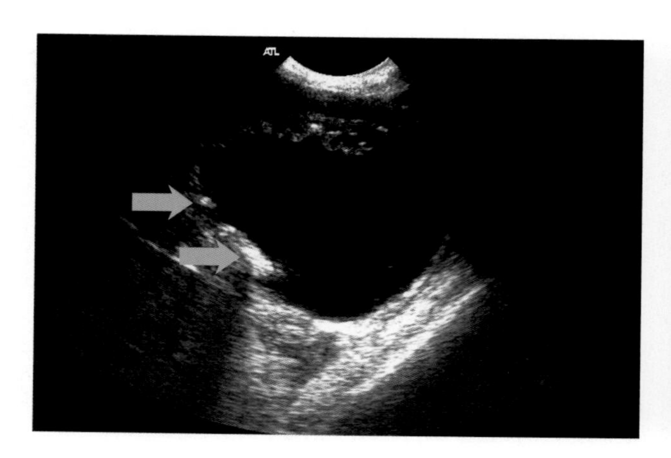

图8-37 慢性膀胱炎钙化的膀胱壁。

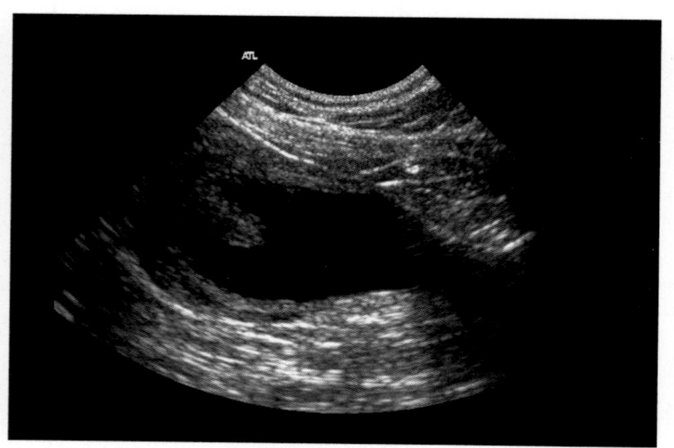

图8-38 膀胱息肉，基部在膀胱壁内的蒂状结构。

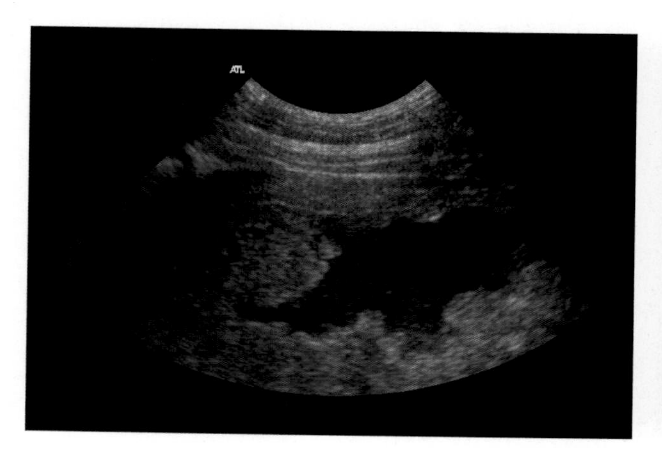

图8-39 非均质肿块。正常膀胱壁和细胞浸润膀胱壁的区别。这是移行细胞癌。

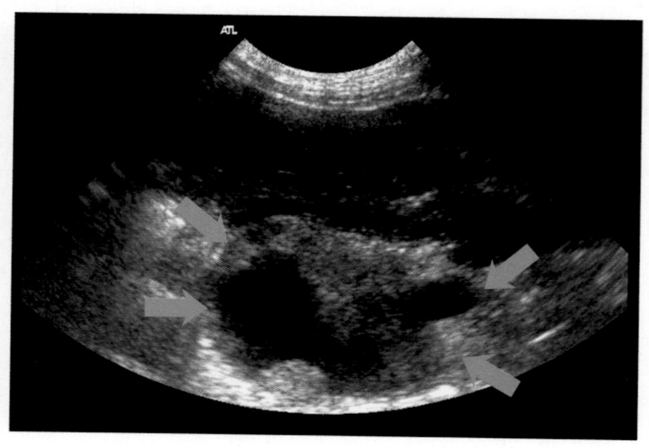

图8-40 癌细胞转移至髂内淋巴结（蓝色箭头），本图与上图来自同一只患病动物（膀胱移行细胞癌）。

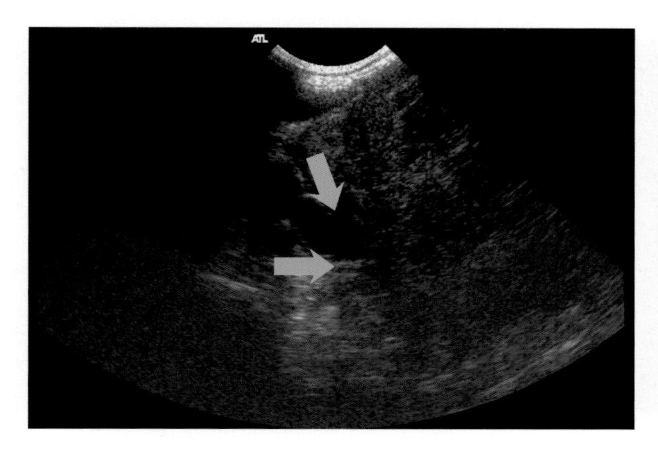


图8-41　肿瘤浸润到其中一个输尿管口。输尿管扩张。

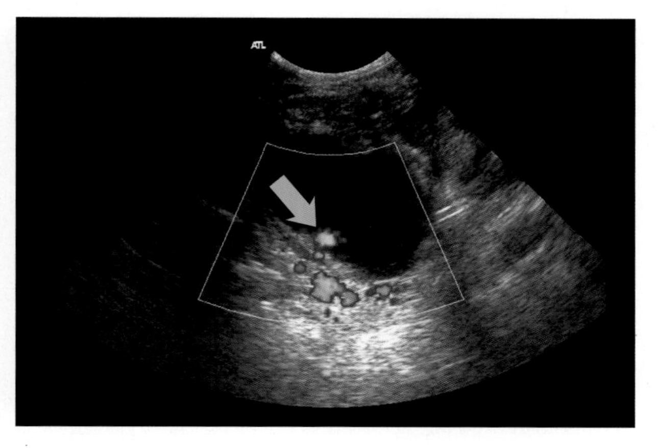


图8-42　正常的输尿管口（能量多普勒图像）。

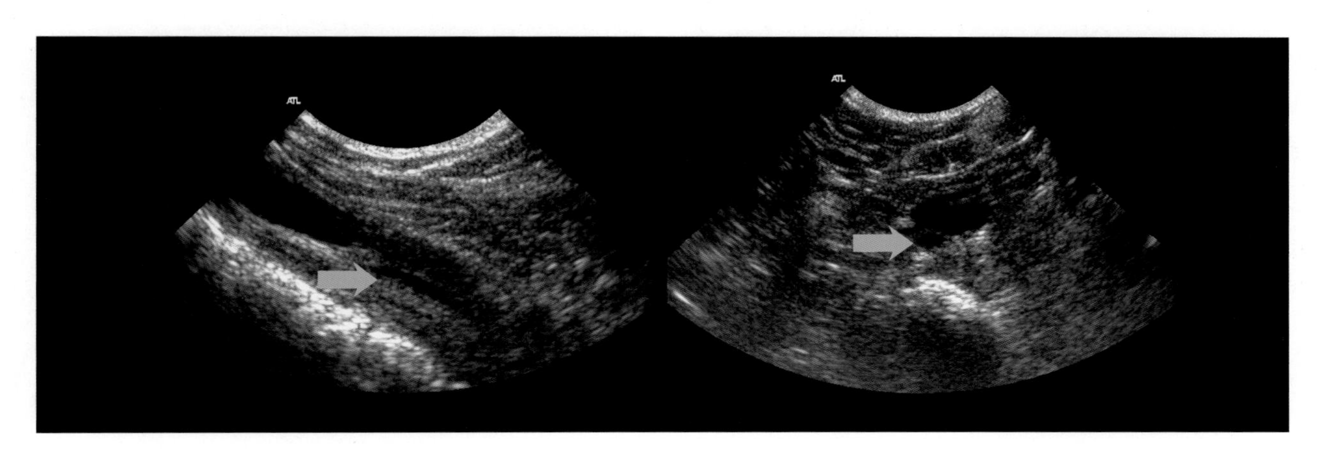


图8-43　输尿管异位。输尿管植入膀胱三角区尾侧壁内的纵向和横向图像。

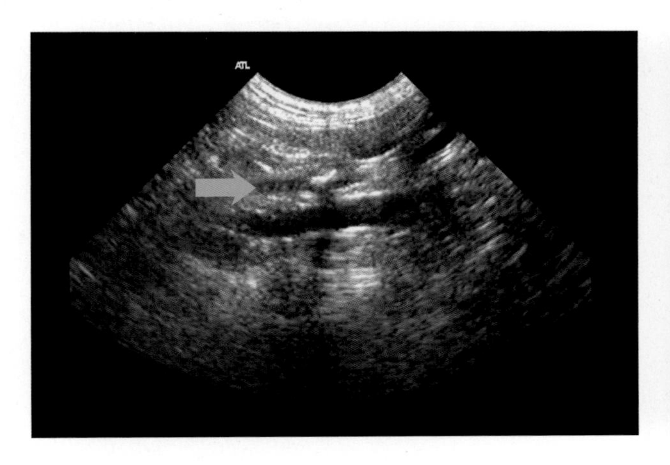


图8-44　由输尿管远端结石而引起的轻度扩张，可观察到结石的声影区。

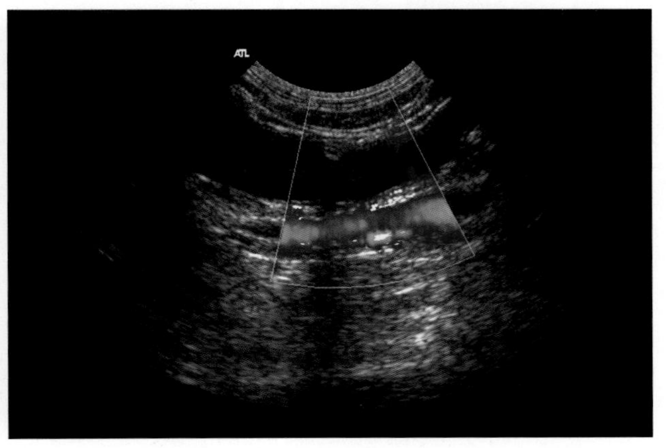


图8-45　输尿管积水，显著扩张。能量多普勒显示液体不流动，可与血管相区别。

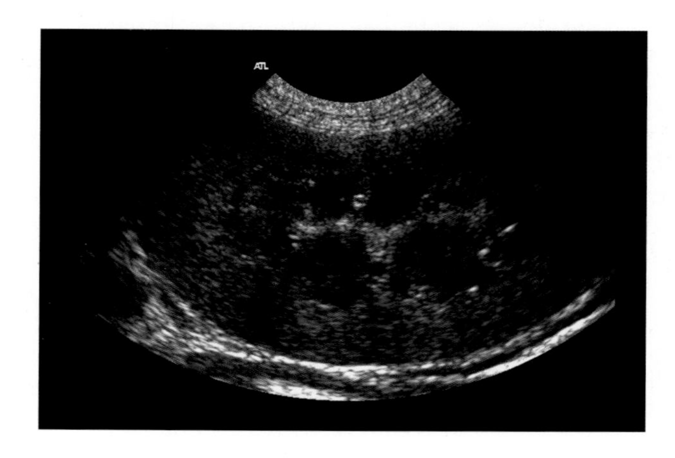

图8-46 正常肾脏，皮质和髓质有明显的区别。

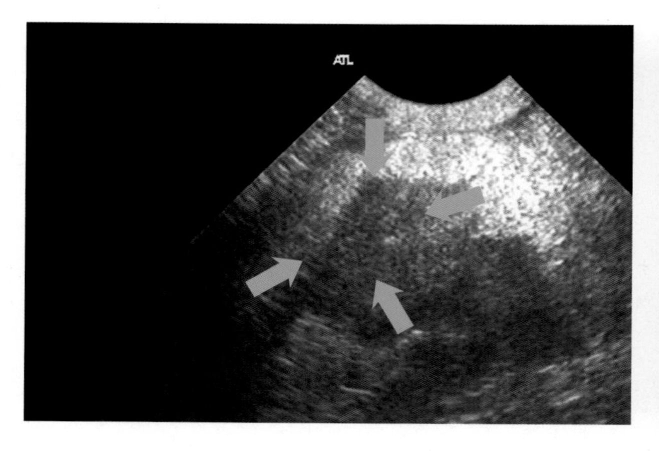

图8-47 挫伤引起的肾血肿，被膜已破裂。本病例中，虽然血肿回声低，但一般来说是动态的，几乎可以呈现任何回声特性。

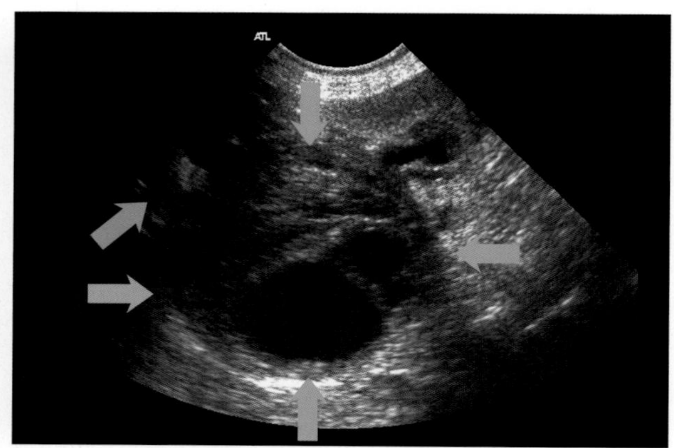

图8-48 肾癌。无组织结构，不均质。

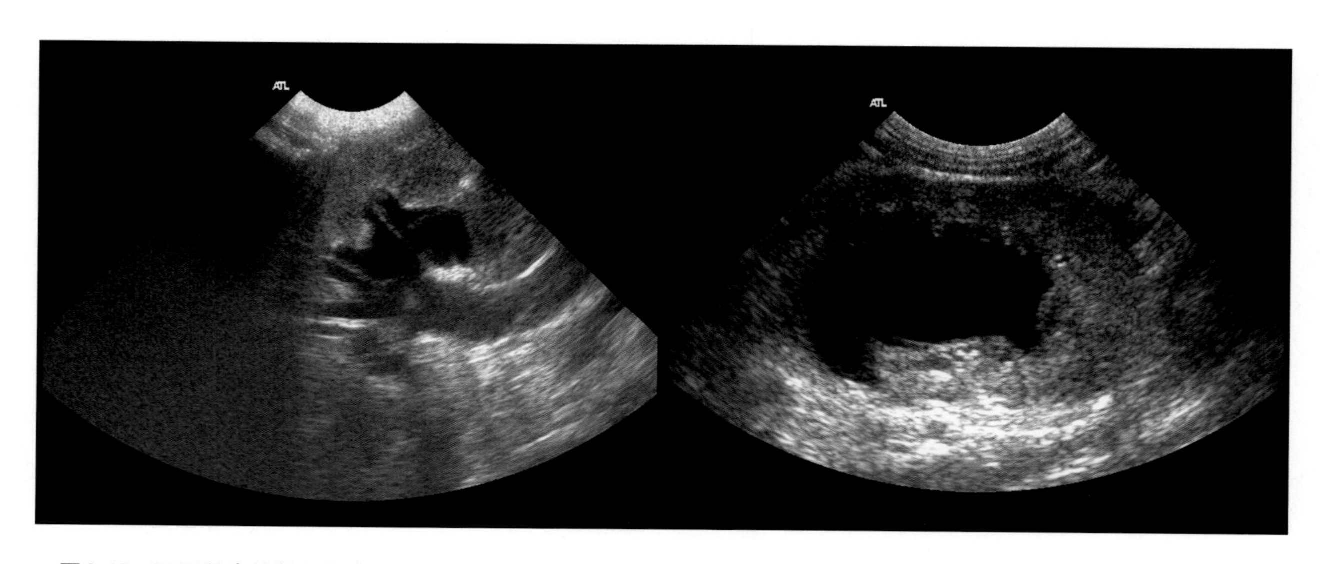

图8-49 不同程度的肾盂积水。左图，皮质和髓质可分开；右图，肾组织结构几乎完全破坏。

## 生殖道超声检查：子宫和前列腺

超声技术可用于这两种器官的检查。

横切面上，子宫呈圆形（看到的是环形的子宫颈），位于膀胱和结肠之间。如果探头向尾侧移动，则看到的是阴道底部；如果向头侧方向移动，则看到子宫体、分叉处和子宫角（图8-50、图8-51）。最重要的子宫疾病是子宫蓄脓，可见子宫膨胀，内容物呈混合的回声反射（图8-52）；依据膨胀程度、内容物性质和黏膜状况，子宫蓄脓表现不同的严重程度（图8-53至图8-56）。另外一种情况是剖腹产，超声检查有重要作用。术前超声检查可提供胎儿窘迫（图8-57、图8-58）或死胎等信息（图8-59）。

子宫肿瘤会引起一定程度的扩张，通常超声检查很容易探查到大的团块（图8-60）。

膀胱尾侧方向的横向扫描可定位前列腺，主要检查前列腺的形状、包膜完整性以及实质的回声特性（图8-61）。囊肿是最常见的前列腺疾病，可能是腺内的（图8-62），也可能是腺周的（图8-63）。在囊肿中发现出血很常见，还常发生感染而形成脓肿（图8-64）。小动物前列腺肿瘤很罕见，其特征为异质化，包膜形失去形态（图8-65）。

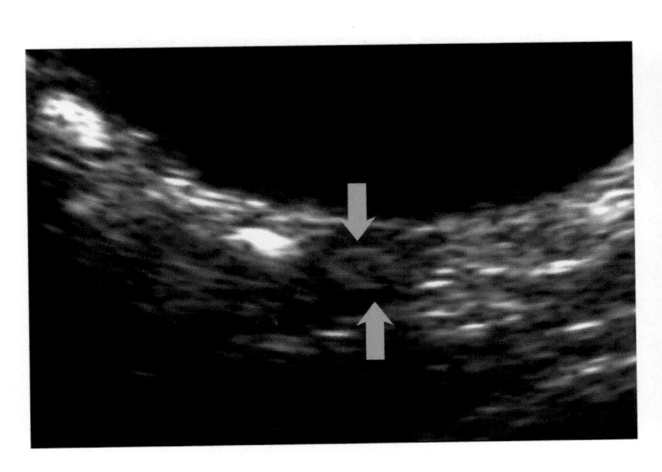

图8-50 正常子宫颈的横切面，常位于膀胱背侧。

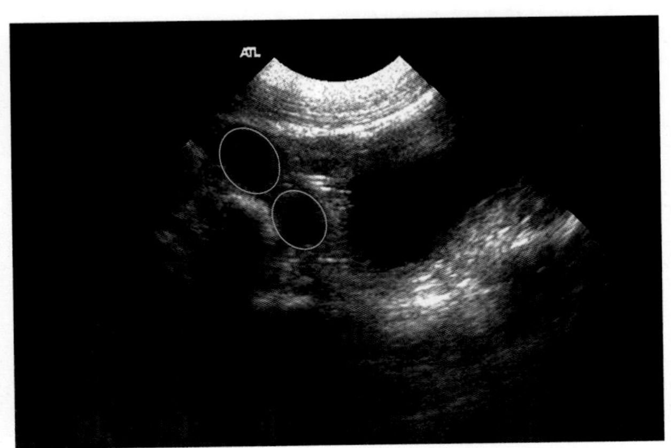


图8-51 子宫分叉口，接近子宫角的横切面。

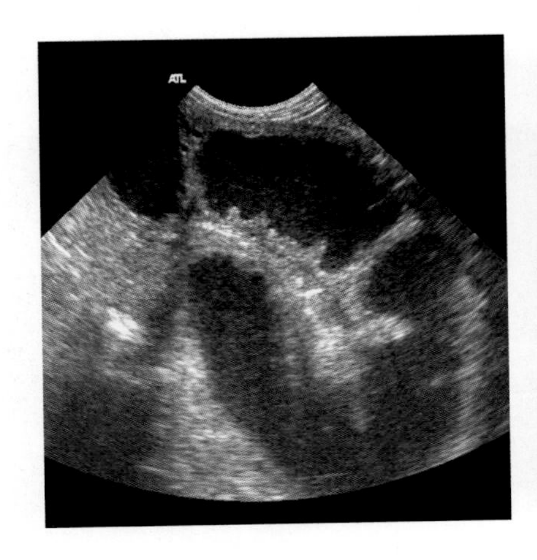


图8-52 子宫膨胀，内有异质物：子宫蓄脓。

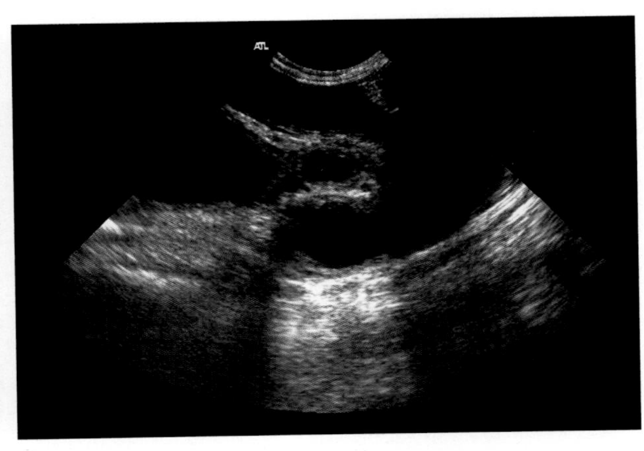


图8-53 子宫积血。虽然回声纹理的密度能提供一些提示，但很难确定内容物是否感染。本病例内容物完全无回声。

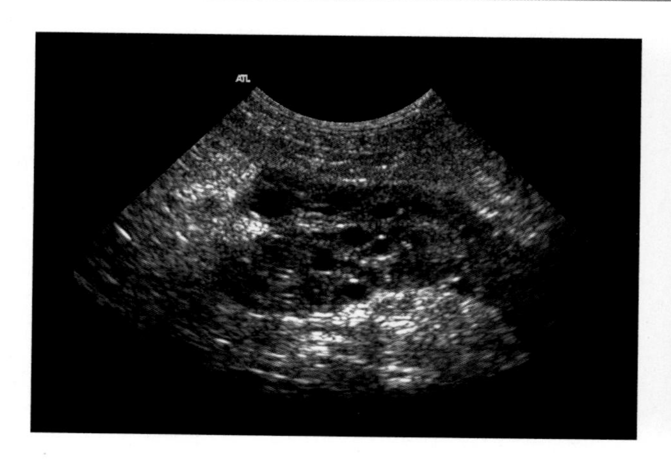


图8-54 囊性子宫内膜增生。沿子宫可见无回声的环形子宫腺。

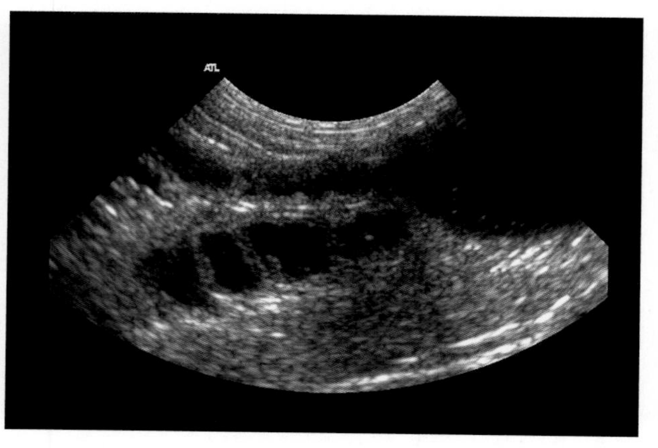


图8-55 子宫蓄脓，稍显扩张。子宫扩张程度取决于蓄脓发生时间的长短以及子宫颈是开放还是闭合状态。

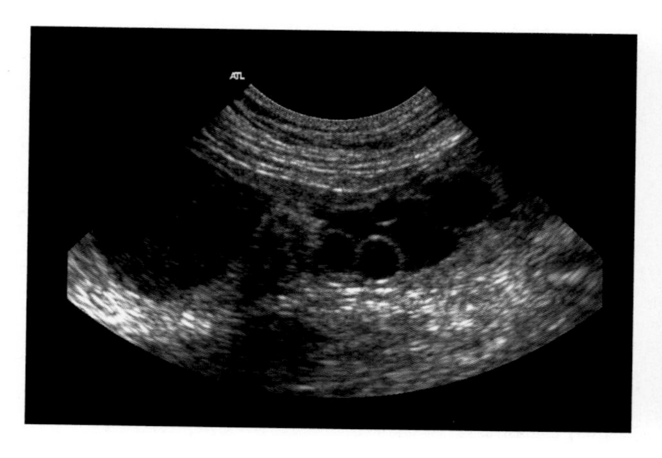


图8-56 子宫蓄脓和囊性子宫内膜增生。由于蓄脓发生时激素产生影响，这种情况很常见。

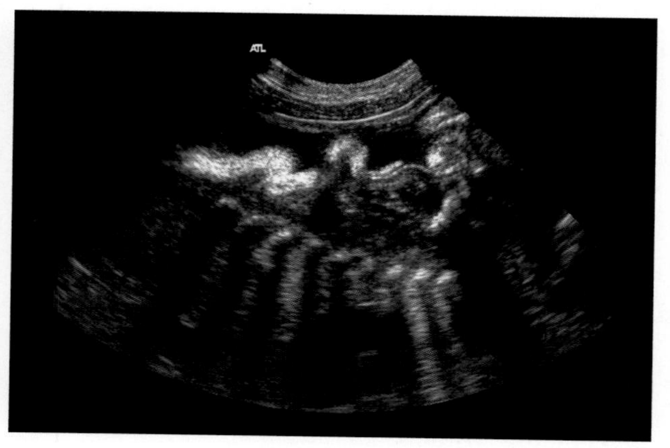


图8-57 足月胎儿。肋骨产生声影区，羊膜结构漂到胎儿附近。

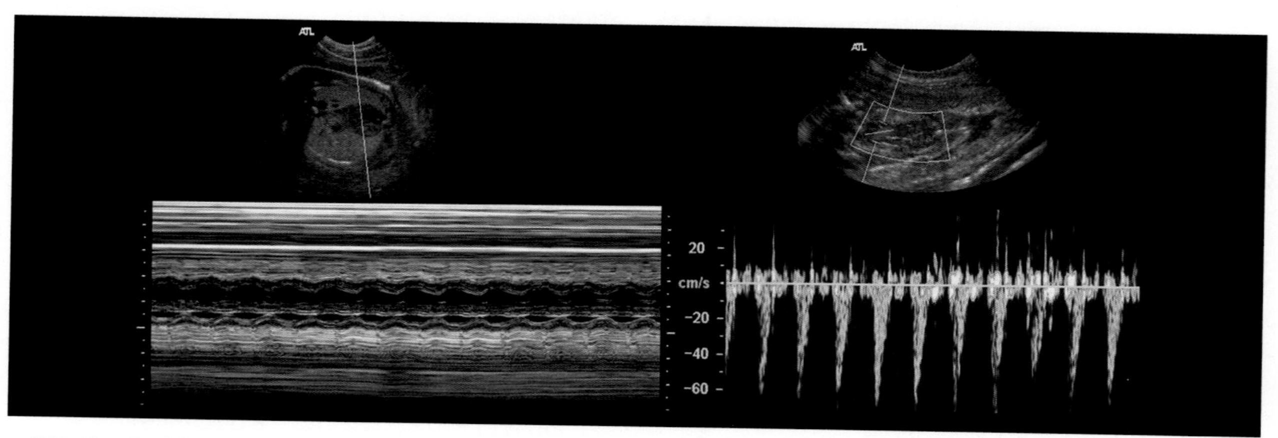


图8-58 通过监测胎儿心跳频率估计胎儿生命。左图，M模式；右图，脉冲多普勒的光谱追踪。

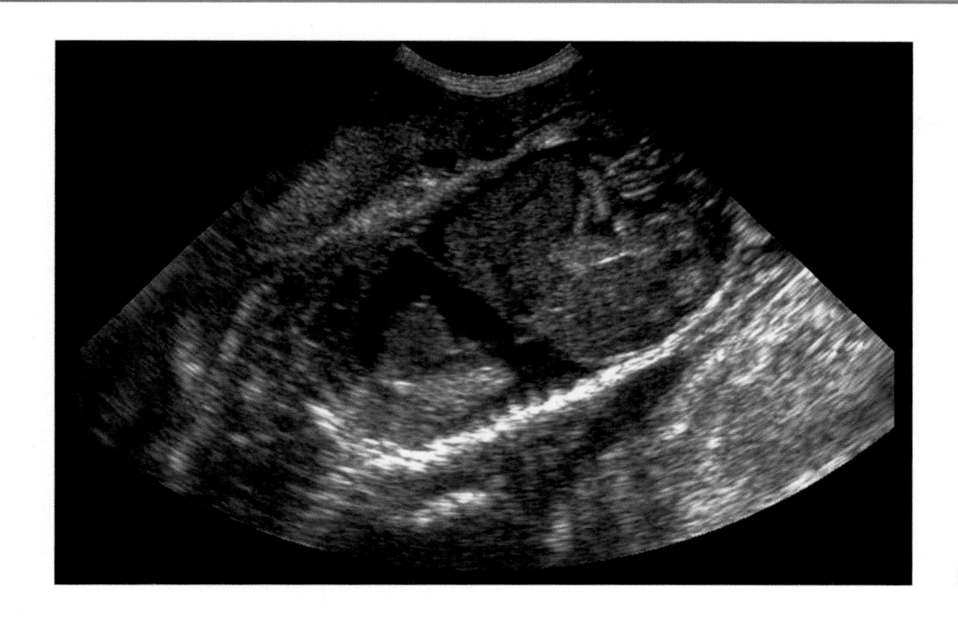

图8-59　死胎。胸腔内和腹腔内可见液体。

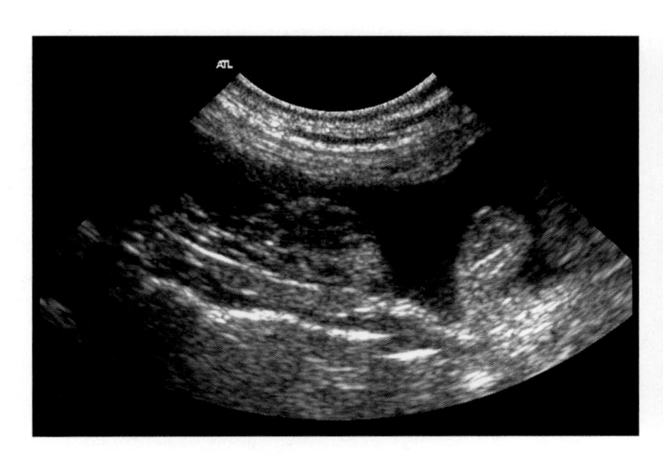


图8-60　子宫肿瘤。组织病理学检查确诊为子宫平滑肌瘤。

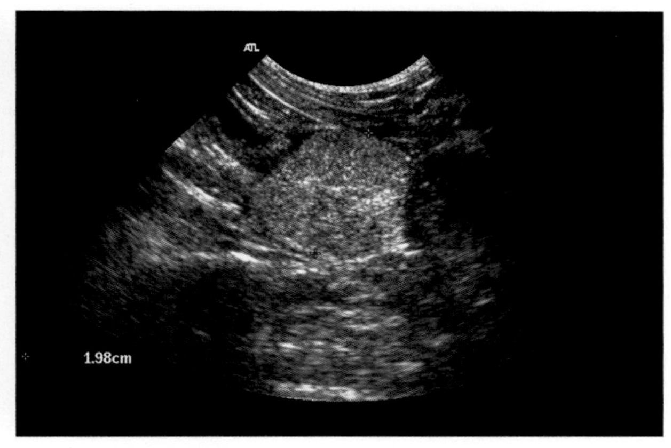


图8-61　正常的前列腺位于膀胱尾侧。

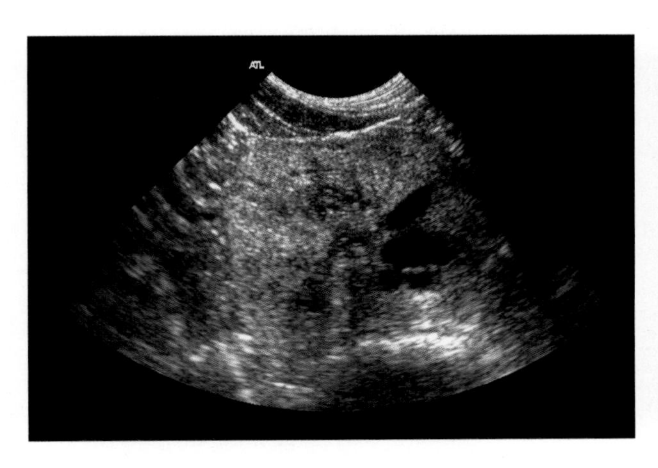


图8-62　前列腺内囊肿。伴有回声增强的无回声结构。

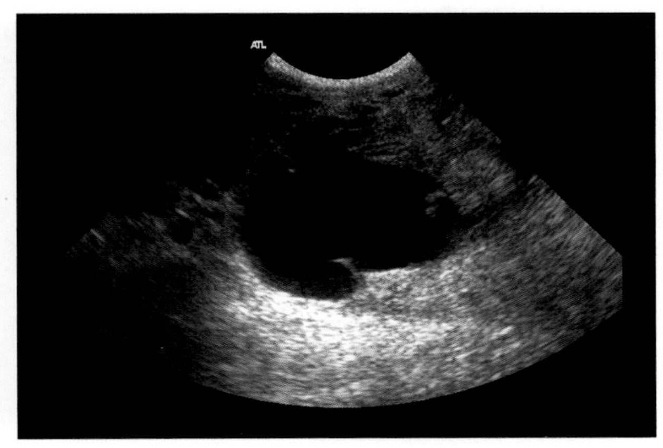


图8-63　大的前列腺周囊肿。

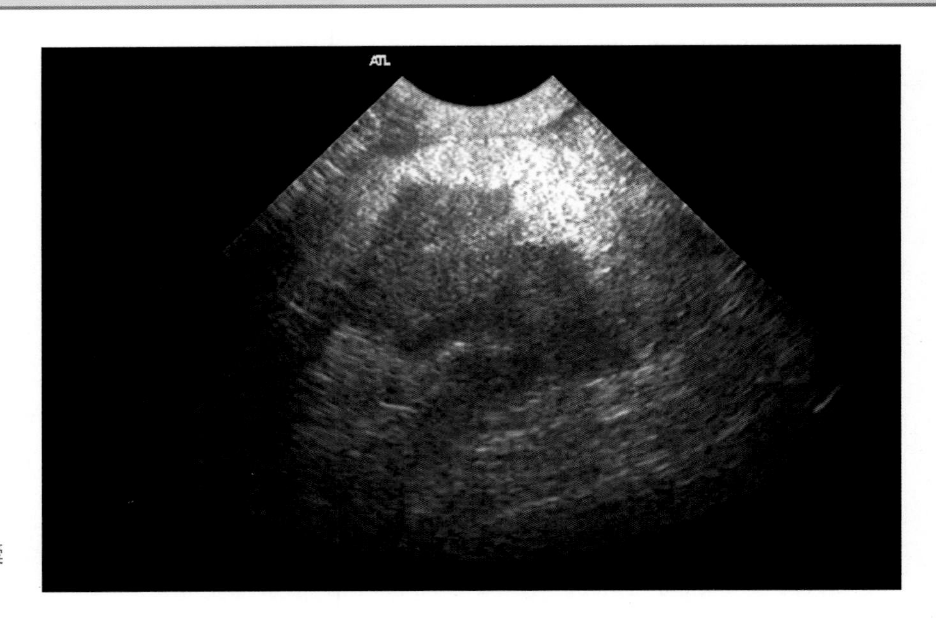


图8-64 脓肿化的前列腺周囊肿。内容物呈混合回声反射。

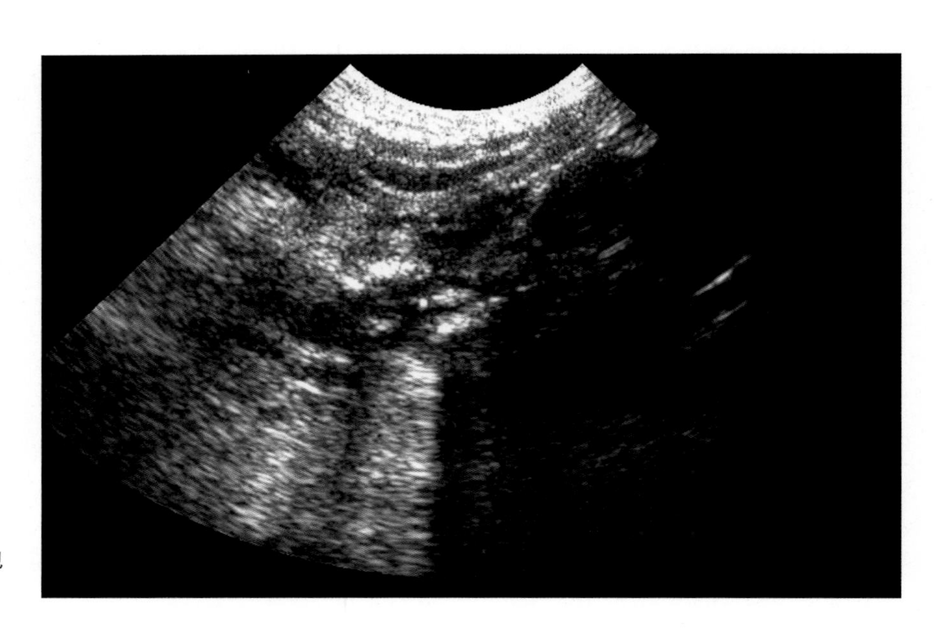

图8-65 前列腺肿瘤。常见包膜的变形和不规则形状。

## 肠道超声检查：小肠和大肠

肠道是最难实施超声检查的组织结构之一。气体和重叠结构使超声检查获取的诊断信息不如X线造影检查的有用。

小肠的正常图像包括好几层低回声和高回声结构（图8-66）。管壁增厚并伴有这几层回声结构常认为是炎症，而没有这几层回声结构则认为是肿瘤（图8-67），但现已发现严重的炎症也会导致回声这几层结构的丧失。如果临床病史显示发生了肠梗阻，可用超声探查液性扩张（图8-68），沿着液体找到梗阻的肠袢。梗阻的原因包括：异物（图8-69）、肿瘤、肠套叠（图8-70）、绞窄性疝或肠扭转（图8-71）。

大肠内因含有大量气体，超声检查的意义不大。如果需要对结肠进行全面检查，则检查前需做灌肠处理。详细检查可能会发现肿块（图8-72）或憩室（图8-73）。

超声可对疝内容物进行快速检查，可发现是否有陷入疝内的肠袢以及肠袢的血管损伤程度和炎症，为决定采用何种外科手术提供依据（图8-74）。

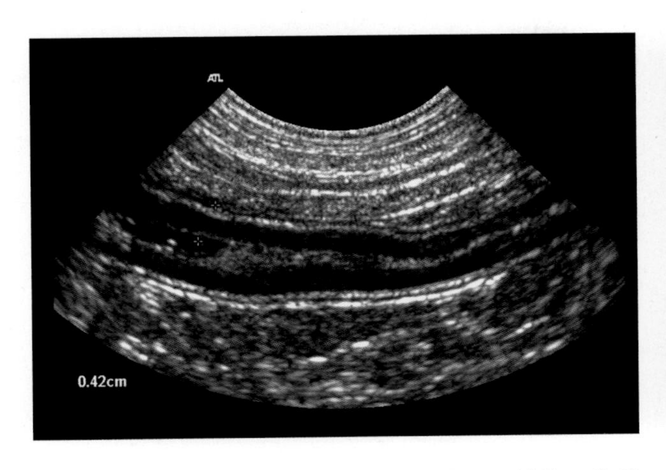


图8-66　小肠。超声检查可见小肠的几层结构：黏膜层、黏膜下层、肌层和浆膜层。

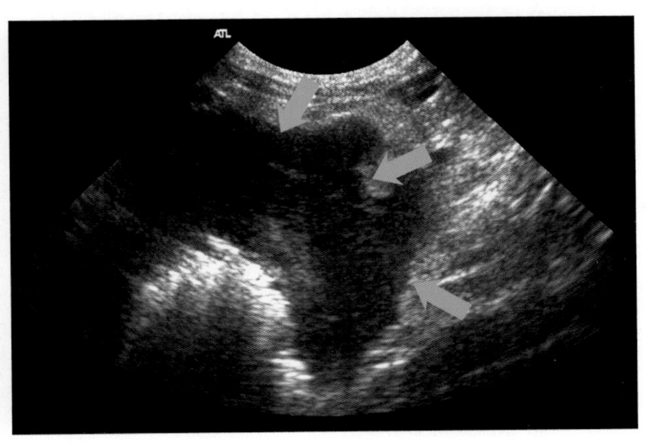


图8-67　肠道癌。肠袢内有气体，肠壁失去多层回声结构。本病例没有肠梗阻的临床症状。

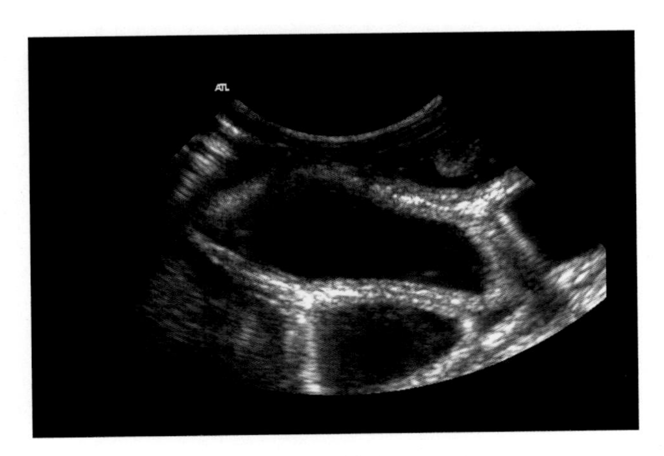


图8-68　小肠肠袢的液体性扩张。

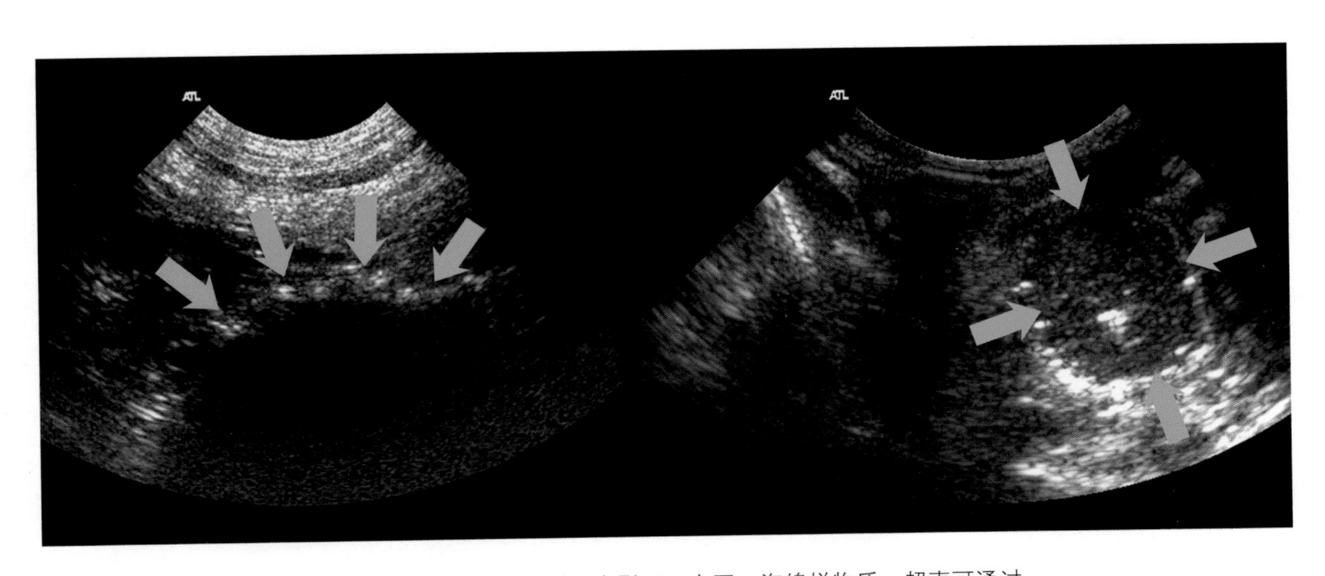


图8-69　左图，桃石超声图像，显示表面不规则和声影区。右图，海绵样物质，超声可通过。

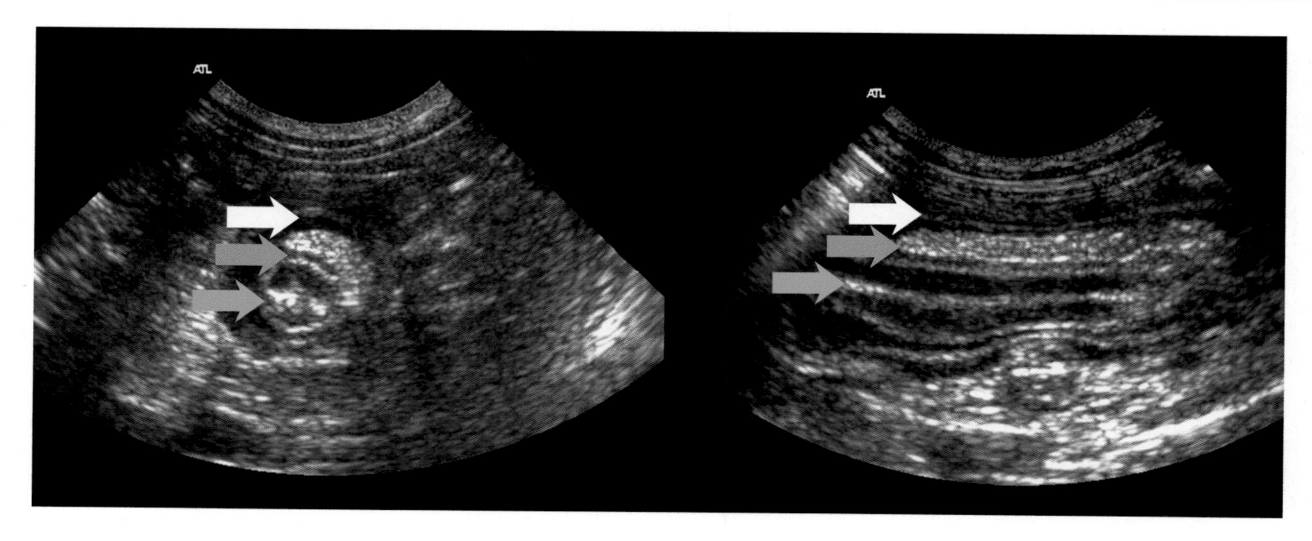


图8-70 肠套叠。"公牛眼"图像。橘色箭头和白色箭头分别指已套叠和正在套叠的肠袢；蓝色箭头指陷入的肠系膜脂肪。

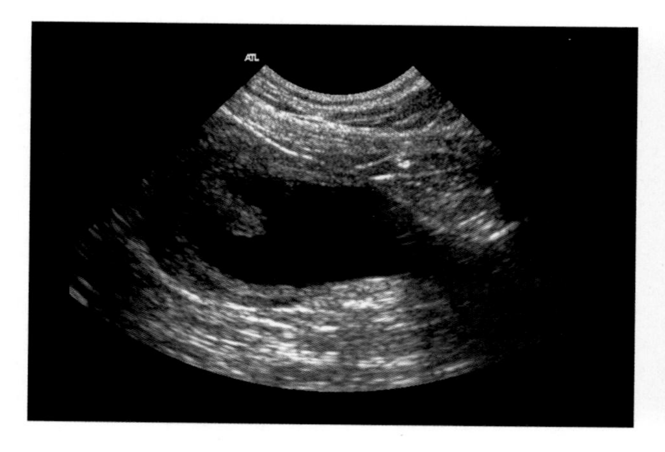


图8-71 肠扭转。积液使肠袢显著扩张，本病例中是血液，各肠袢呈平行走向。

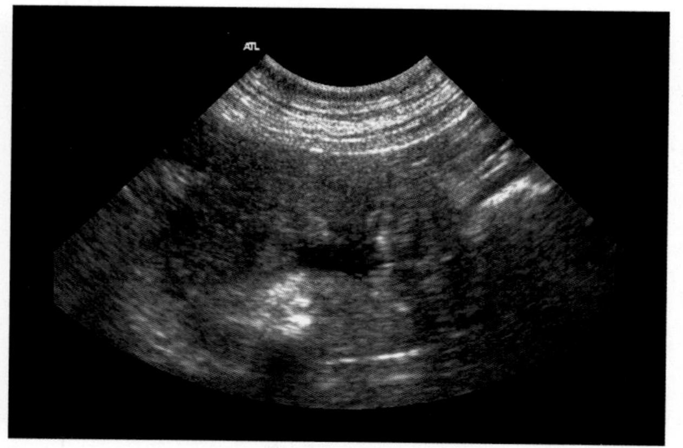


图8-72 结肠的肿瘤浸润。可见液体内容物和肠壁轻微钙化。

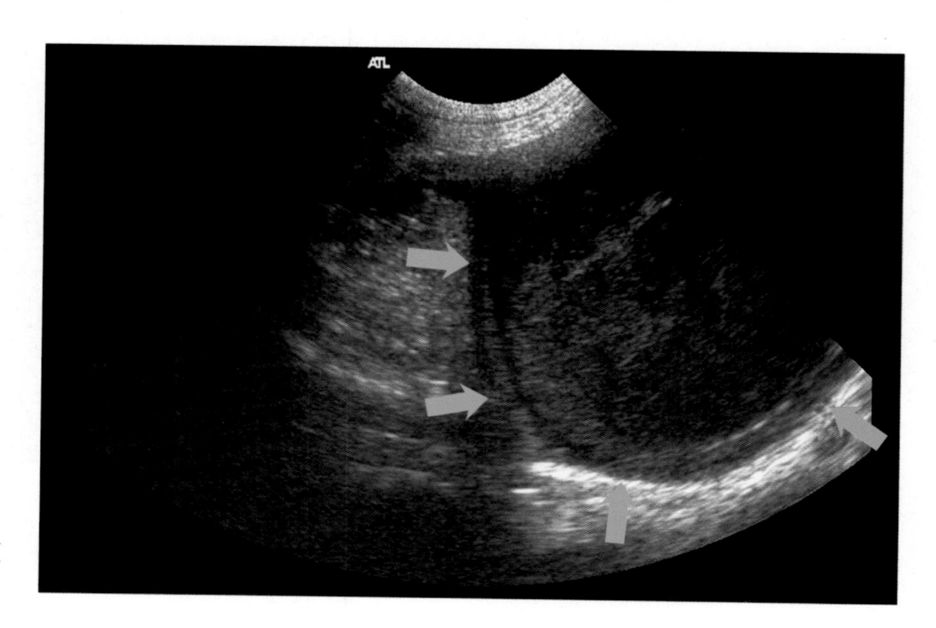


图8-73 结肠憩室。伴有粪便滞留的肠道圆形损伤。

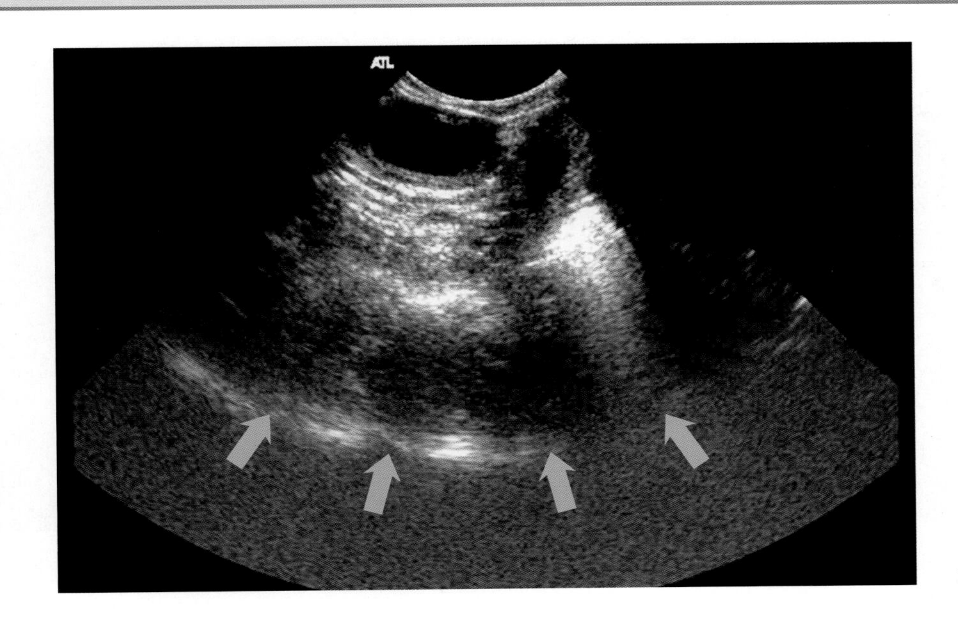

图8-74　腹股沟疝。超声检查发现疝囊内有肠袢。

## 超声介导的细针抽吸活检

超声介导的细针抽吸活检在现代兽医临床实践中是非常有价值的诊断工具，这种技术并不难掌握。关键点是要把细针保持在探头扫描的横切面内。首先，找到活检的采样部位，扫描邻近区域是否有大血管或高度血管化的组织。使用直径大约为22G的长针（40mm）。消毒细针刺入的区域，并将细针从探头的头侧位置刺入，针尖始终保持在探头扫描可见的范围内。一旦进入病理组织内，做快速而小的刺穿动作。如果怀疑是肉瘤或没有取样成功，可以在细针上连接注射器，在做刺穿动作时用注射器抽吸（图8-75）。首次进行细针采样活检时，普遍的担心是出血的风险。用这个规格的针，不必检测凝血时间，稍有经验再加上谨慎操作，细针采样活检任何组织都是可能的（图8-76）。另一个风险是肿瘤扩散至腹腔或沿着针刺的路径扩散。这种并发症是罕见的，但在进行操作时要时刻记在脑海里（图8-77、图8-78）。

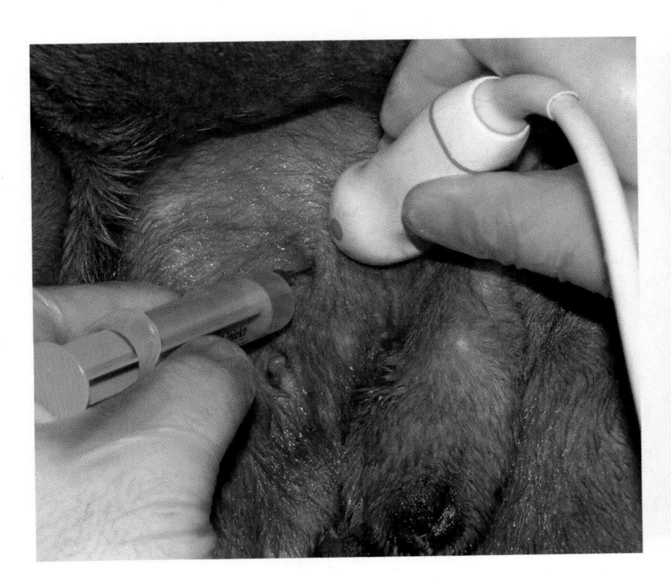

图8-75　用22G-40mm的细针进行膀胱穿刺。为了能看到针，要使针和探头保持直角。

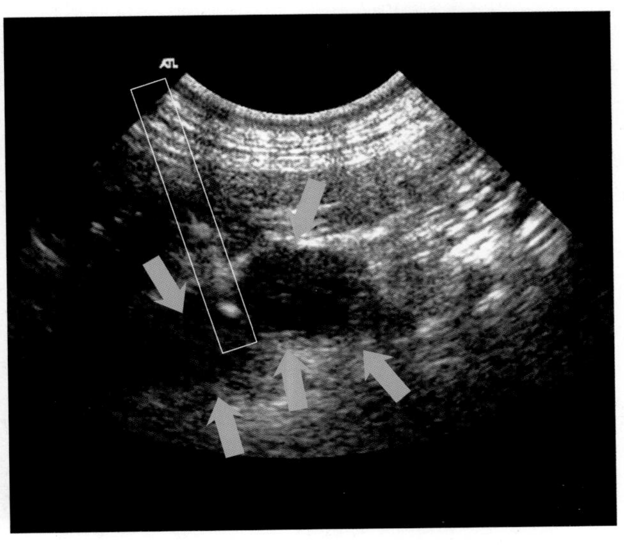

图8-76　患淋巴瘤犬，腹腔淋巴结的超声介导的细针采样活检。白色矩形表示针的路径。

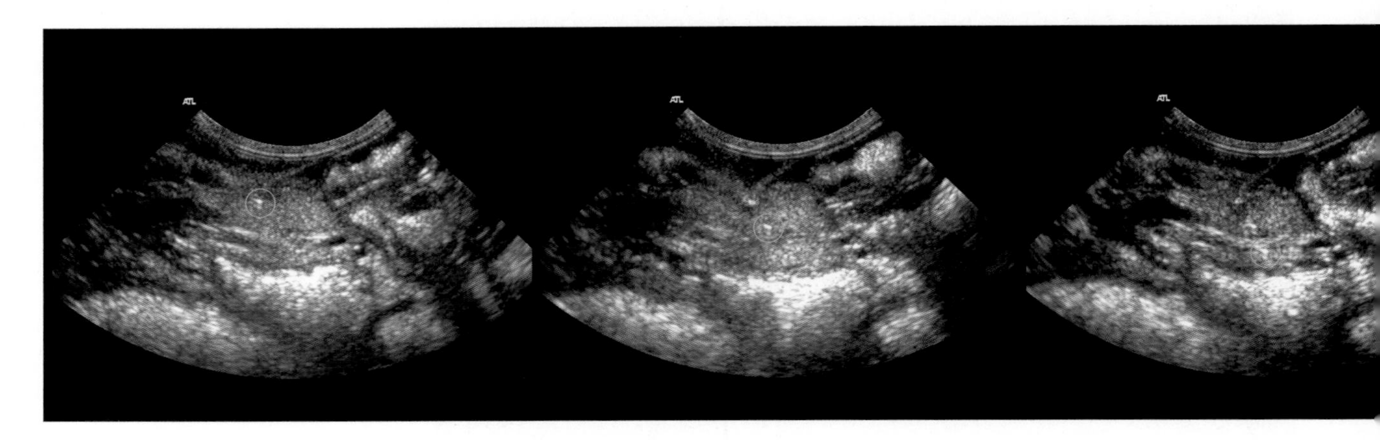

图8-77　针在反应性淋巴结的穿刺动作。橘色圆圈指针尖。在拔出针之前，穿刺动作同样要迅速。

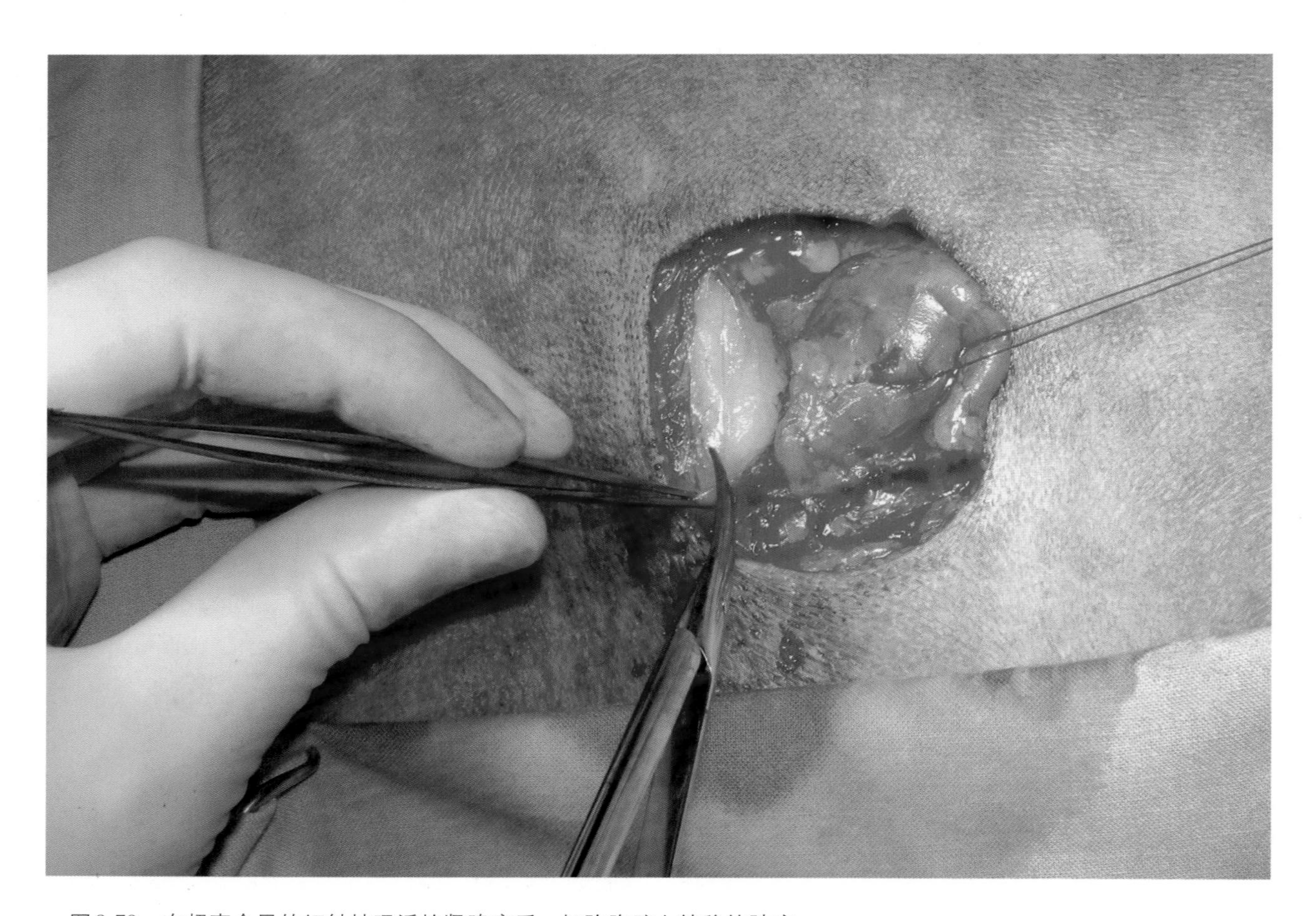

图8-78　在超声介导的细针抽吸活检肾腺癌后，切除腹壁上转移的肿瘤。

# 细胞诊断学

细胞诊断学是对组织中分离出的细胞或细胞群的形态学研究，目的是至少获得对病变的大致性诊断，甚至确诊。

兽医学中，细胞诊断学是非常有用的技术，具有如下优点：采样快且容易，对动物没有危险；成本小，能快速得到结果。细胞学检测可帮助兽医确立治疗方案，例如，拟定手术方案或者分析是否为手术的适应证。细胞诊断学的主要缺点是解释细胞变化的困难以及由于有限的样本大小和细胞架构的完全丧失所造成的样本质量问题。

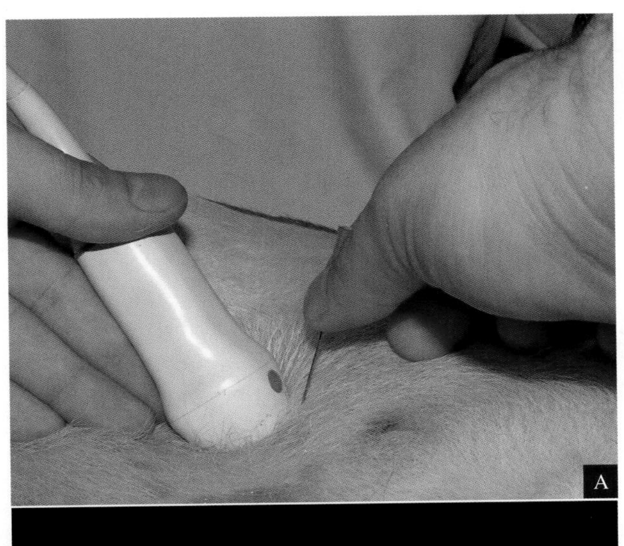

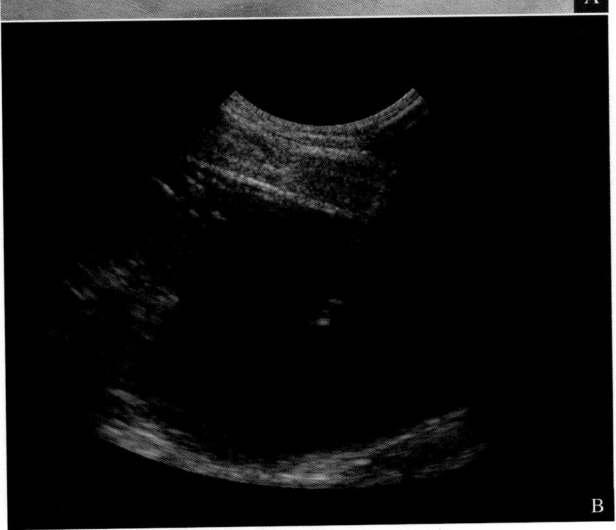

图8-80　超声介导的细针采样。A.显示细针直接刺向采样的病变组织　B.超声图像

## 采样技术和样品处理

采集细胞诊断学样品所需设备仅仅是1个20 ~ 25G的针头、1个小注射器、皮肤消毒剂和1张载玻片。可利用超声介导的细针毛细管作用获得腹腔细胞学样品，不带注射器的针头刺入损伤部位或肿块中（图8-79、图8-80），细胞通过毛细管作用吸入到针头里。

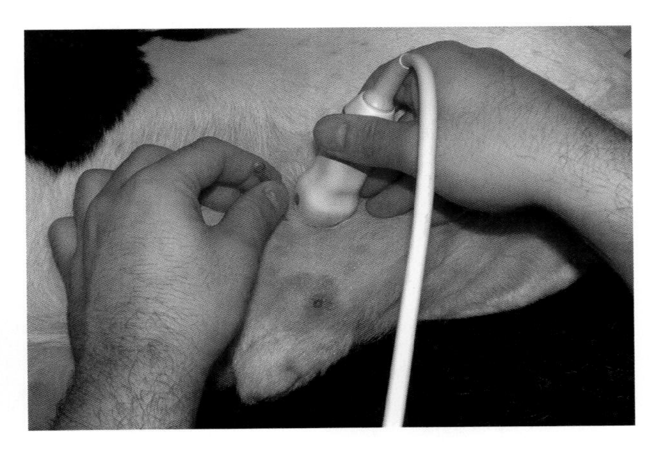

图8-79　显示细针刺入。

> 在进行超声介导的细针采集样品操作前，要彻底清理皮肤上残留的医用耦合凝胶，以免干扰诊断（图8-81）

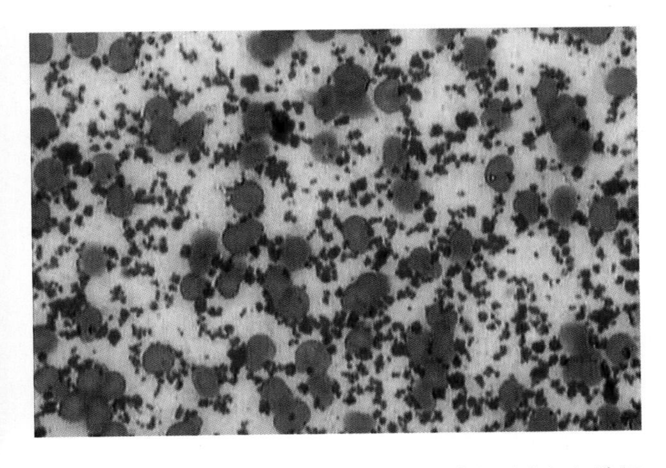

图8-81　残留的医用超声耦合凝胶，染色后在红细胞间以及附着在红细胞上呈嗜苯胺蓝/嗜酸性颗粒，严重干扰结果的判读，并导致检测失败。

然后将细胞样品置于载玻片上：将针头与注射器连接，对着载玻片推动注射器内栓，将针头内的样品滴到载玻片上。

如果超声检查发现腹腔内有液体，也可采样进行细胞学检查；穿刺腹腔即可将液体吸入到注射器内。

样品用压片法铺开：取另一张载玻片，在样品载玻片上呈直角或平行拖拉，将样品在载玻片上铺开（图8-82、图8-83）。

如果样品是尿液或腹腔液体，建议用细胞离心机离心聚积细胞。如果不可行，则将样品低速（1 000 ～ 1 500r/min）离心5min。之后，尽可能轻地倒掉上清液，用移液器将沉淀物置于载玻片上，再用上述方法将细胞铺开。样品置于空气中干燥并染色。兽医细胞诊断学中最常见的参考染料是罗曼诺夫斯基染色剂（Giemsa、May-GrÜnwald-Giemsa、Wright、Diff-Quik染色或快速染色剂）。

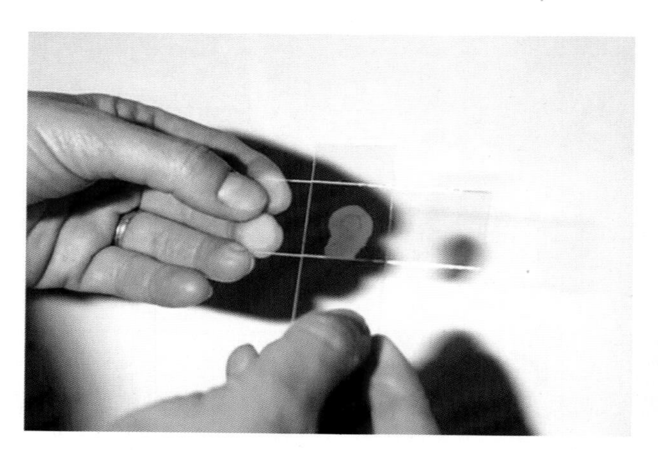

图8-82、图8-83 压片法将细胞学检查样品铺开。

需特别说明一下膀胱内的肿块。在这种情况下，不推荐采用经腹壁的超声介导的细针抽吸活检，因为如果是转移性细胞癌，即使风险很小，仍然是存在细针经腹腔扩散肿瘤细胞的风险。解决的办法是在超声引导下，用导尿管多次刮擦损伤处并用注射器吸出样品。在吸出的尿液中，可发现有来自于肿块或膀胱损伤处的细胞。

需要平滑地将样品压紧和铺开，期间不能有中断，压力也不能过大。聚集在铺片中央的大多数细胞具有诊断意义或能代表病变情况

**细胞学诊断的读片**：3种主要损伤类型（炎症、增生、肿瘤）都具有一般的有助于诊断的细胞学特征，与样品来源无关。下面的内容是概述。

**炎症反应**：特征是有大量的中性粒细胞、淋巴细胞、单核细胞、巨噬细胞、嗜酸性粒细胞或浆细胞。从细胞学角度，每种细胞类型的不同比例是不同类型炎症的特征。

- 化脓性炎症：85%以上的炎症细胞是中性粒细胞。
- 急性炎症：70%以上的炎症细胞是中性粒细胞。
- 亚急性炎症：30%～50%的炎症细胞是单核细胞、巨噬细胞和淋巴细胞。
- 慢性炎症：50%以上的炎症细胞是单核细胞和巨噬细胞。
- 肉芽肿炎症：出现大量的上皮样细胞和巨噬细胞。
- 脓性肉芽肿炎症：伴有上皮样细胞和巨噬细胞的化脓性炎症。
- 嗜酸性或过敏性炎症：嗜酸性粒细胞构成10%以上的炎症细胞。

**增生细胞学**：由于增生细胞几乎与正常细胞一样，因此，用细胞学不易鉴定增生。

**肿瘤细胞学**：肿瘤细胞学应回答以下问题。

- 该损伤是真正的肿瘤吗？
- 如果是肿瘤，是良性的还是恶性的？
- 肿瘤的起源是什么？

有一些确定病变是肿瘤还是别的损伤（如炎症）的常规指标，如炎症细胞过多、炎症细胞过少或没有，或者肿瘤细胞多形性。然而，回答第一个问题并不总是那么容易，尤其是当样品中含有炎症细胞和变性细胞时。这表明存在继发于肿瘤的炎症，但也可能是伴随细胞发育异常的炎症，如肿瘤伴有另一种炎症或炎症伴有细胞发育异常。

关于第二个问题，由于没有某项指标就可确诊肿瘤是否为恶性的，因此，要使用恶性肿瘤的诊断指标。诊断是基于表8-2中的指标。对于恶性肿瘤，最好的指标是核变化，最差的特征是间接指标。

表8-2 恶性肿瘤的细胞学指标

| | |
|---|---|
| 细胞群体的指标 | 多形性<br>无结构的细胞群<br>许多或不规则的有丝分裂<br>细胞过多 |
| 细胞指标 | **核标准**<br>核增大<br>高的核/胞质比例<br>核着色过度<br>多核<br>不规则核<br>多叶型核<br>核突出<br>核仁数量增加<br>核仁增大<br>核仁不规则 |
| | **胞质标准**<br>胞质嗜碱性粒细胞增多<br>胞质液泡化 |
| 间接指标 | 出血<br>坏死<br>细胞物质的噬菌作用增强 |

依据这些指标进行是否为恶性肿瘤的判定，问题来了：哪一个或哪几个指标可用于确认恶性肿瘤？大多数作者认为至少有3个，尤其应包括核指标。然而，需要注意的是：强烈的炎症反应过程可能伴有重要的异常、非典型或细胞发育异常等现象，而分化很好的恶性肿瘤仅表现出很少的细胞变化，没有全部表现出恶性肿瘤的3个指标。因此，在没有炎症的情况下，如果组织出现了特征性的恶性肿瘤指标，则可以认为是恶性肿瘤，但表现出很少变化的组织不能推定是良性的。因此，下列诊断分类是可以接受的：

- 阴性细胞学：没有观察到诊断为恶性肿瘤的指标。
- 疑似细胞学：诊断为恶性肿瘤的指标少于3个。
- 阳性细胞学：样品中含有恶性肿瘤细胞，诊断为恶性肿瘤的指标多于3个。

> 良性肿瘤用组织学进行诊断，而不是用细胞学诊断

肿瘤细胞诊断学的最后一步是确定肿瘤的类型，这基于细胞群的构成特征以及细胞特征，如大小、形态以及胞质和核的特征。在细胞学上，基于其起源，肿瘤分为3种类型：上皮肿瘤、结缔组织肿瘤和圆细胞肿瘤。以下内容描述的是每种肿瘤的主要细胞学特征，具体内容总结见表8-3。

**上皮肿瘤**：上皮肿瘤样品中，细胞密度大，聚集成群。如果细胞来源于腺体，这些细胞群呈腺泡状；如果细胞来源于表皮，细胞分离程度高或呈扁平样结构。上皮肿瘤细胞大而圆，界限清楚，核也是圆形的。

**结缔组织肿瘤**：结缔组织或间充质来源的肿瘤样品中，分化程度高的细胞或小的非黏性细胞群少。中等大小的细胞呈梭形或双极形，胞质界限不明显，核为卵圆形。

**圆细胞肿瘤**：圆细胞肿瘤样品中，细胞密度大，圆形的或稍卵圆形的细胞常常是分离的和独立的。这类型肿瘤包括淋巴瘤、肥大细胞瘤、组织细胞瘤和可传染性性病瘤。基于细胞学研究，一些作者也将基底细胞瘤、黑素瘤和浆细胞瘤包括在其中。

表8-3　3种肿瘤的细胞学特征

| 特征 | 上皮肿瘤 | 结缔组织肿瘤 | 圆细胞肿瘤 |
|---|---|---|---|
| 细胞高度 | 高 | 低 | 高（除组织细胞瘤外） |
| 细胞聚集 | 是 | 不 | 不 |
| 组织形成 | 是 | 不 | 不 |
| 细胞大小 | 大 | 中/小 | 中/小 |
| 细胞形态 | 圆形 | 梭形 | 圆形 |
| 核形 | 圆形 | 卵圆形 | 圆形 |
| 胞质嗜碱性 | 是 | 不 | 不（除淋巴瘤外） |
| 胞质颗粒 | 有时 | 有时 | 不（除肥大细胞瘤外） |

接下来描述腹腔器官细胞学检查能够识别的主要病变。

**膀胱**

细胞学检查样品来源于尿沉渣，但通过超声介导的尿导管采集的样品更具代表性。

> 采集转移性细胞癌样品时，穿刺针可能在腹腔中植入肿瘤细胞而引起肿瘤扩散

- 移行性细胞增生、息肉和乳头状瘤：这些是在膀胱腔内的膀胱上皮损伤，是良性的。由于缺乏显著的细胞学特征，诊断主要依据临床症状、X线和组织学检查征象。通常情况下，下尿道的慢性炎症可引起细胞增生，样品中的细胞为炎症细胞（中性粒细胞）和呈簇状的反应性膀胱上皮细胞，这些细胞核圆形而大小不等、染色质疏松、核仁不明显。细胞大小变化适中，胞质轻微嗜碱性（图8-84、图8-85）。
- 扁平上皮化生：常伴发慢性炎症，在移行性细胞癌中也会出现。这些细胞与其他部位的表面扁平上皮细胞相似：细胞大，胞质丰富、染色淡、界限呈角状。

> 解释慢性膀胱炎中膀胱上皮细胞发生的反应性变化需谨慎，这些变化不应列为判断恶性肿瘤的指标。样品中同时出现炎症细胞（中性粒细胞）是诊断的关键

- 肿瘤
- 移行细胞癌：移行细胞癌是膀胱最常见的肿瘤。生长方式是乳头状的、非乳头状的或侵袭性的。常见的发生部位在三角区，但也会在整个尿道发生。通常情况下，大部分细胞是去角质的，分布在多形的细胞群中。细胞大小和着色程度的差异很明显，细胞核与胞质的比值有差异（图8-86至图8-91）。
- 扁平上皮细胞癌：这种肿瘤不常见。如果扁平上皮细胞未表现出恶性肿瘤的显著特征，可被误认为是扁平上皮化生。
- 横纹肌肉瘤：这种恶性肿瘤来源于膀胱壁的平滑肌，具有明显恶性肿瘤指标特征的结缔组织细胞（分离的、卵圆形的或纺锤形的）。细胞去角质程度低，增加了诊断的难度。

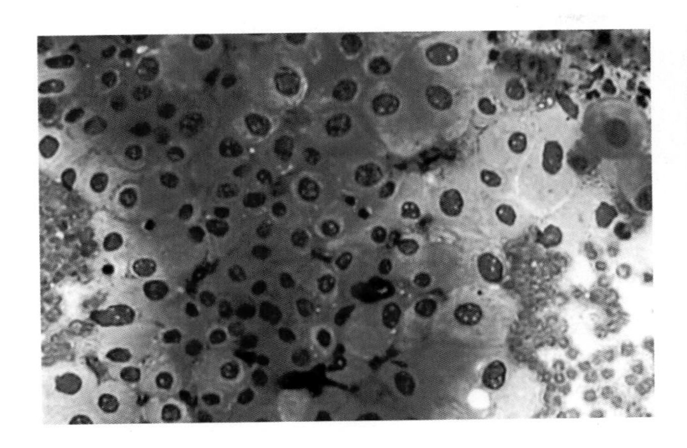

图8-84 显示反应性变化的膀胱移行上皮细胞。注意细胞和核的大小有中度改变以及细胞质嗜碱性的改变。

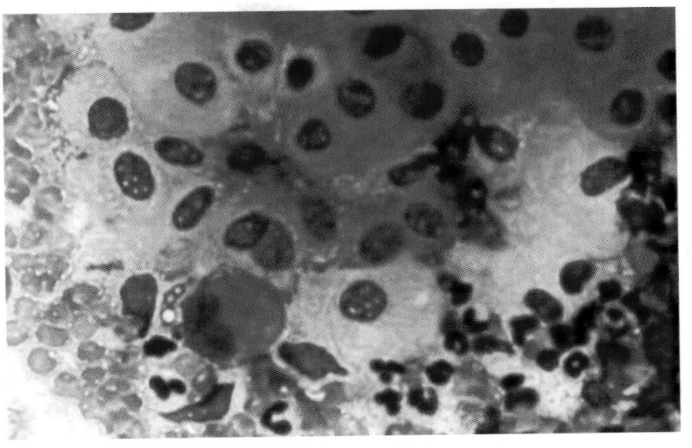

图8-85 显示反应性变化的膀胱移行上皮细胞：细胞大小和细胞质嗜碱性有轻度变化，这些变化与分叶型中性粒细胞为代表的炎症相关。

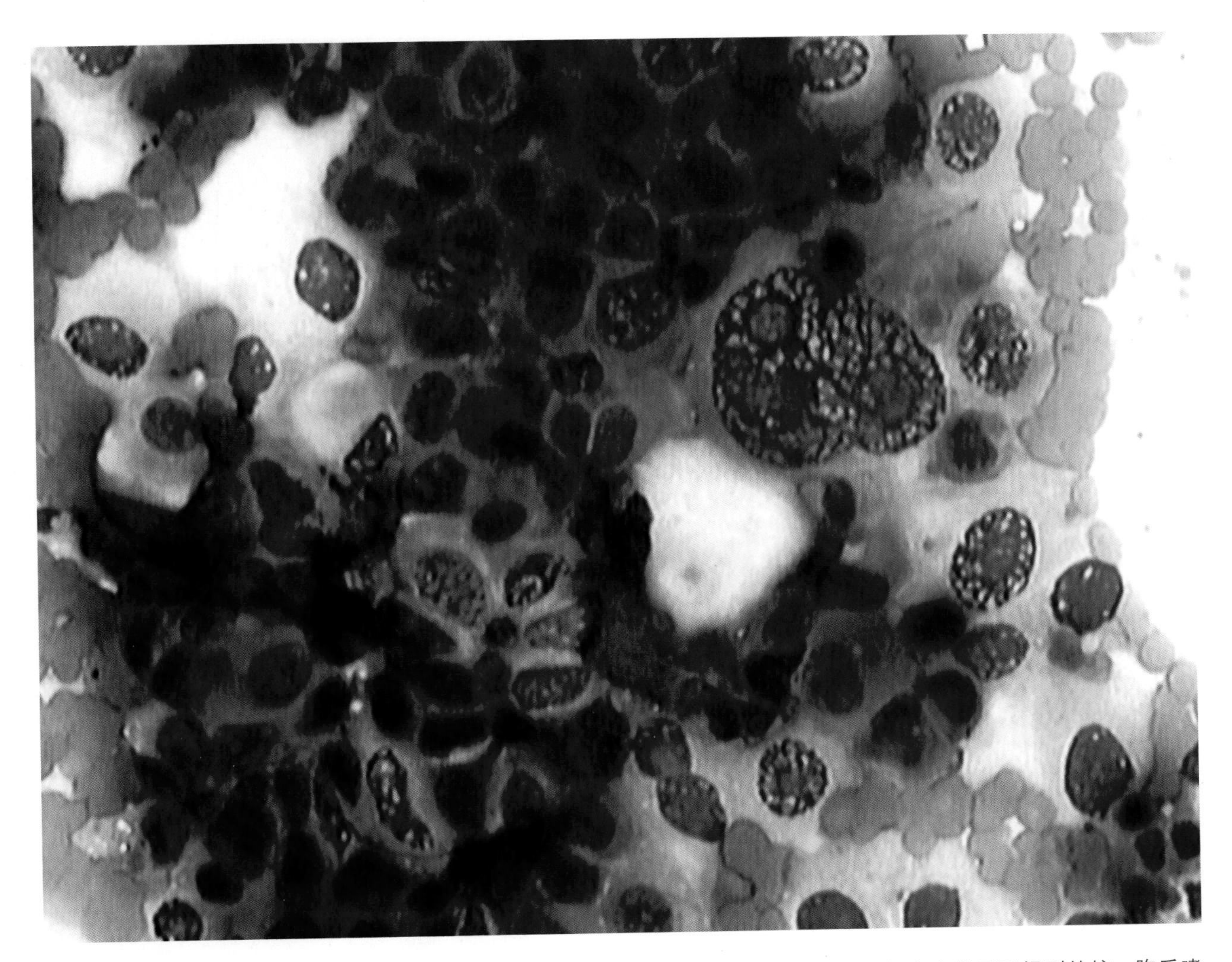

图8-86 犬膀胱移行细胞癌。恶性肿瘤特征明显可见，如细胞过多、细胞大小变化、突出的且不规则的核、胞质嗜碱性。

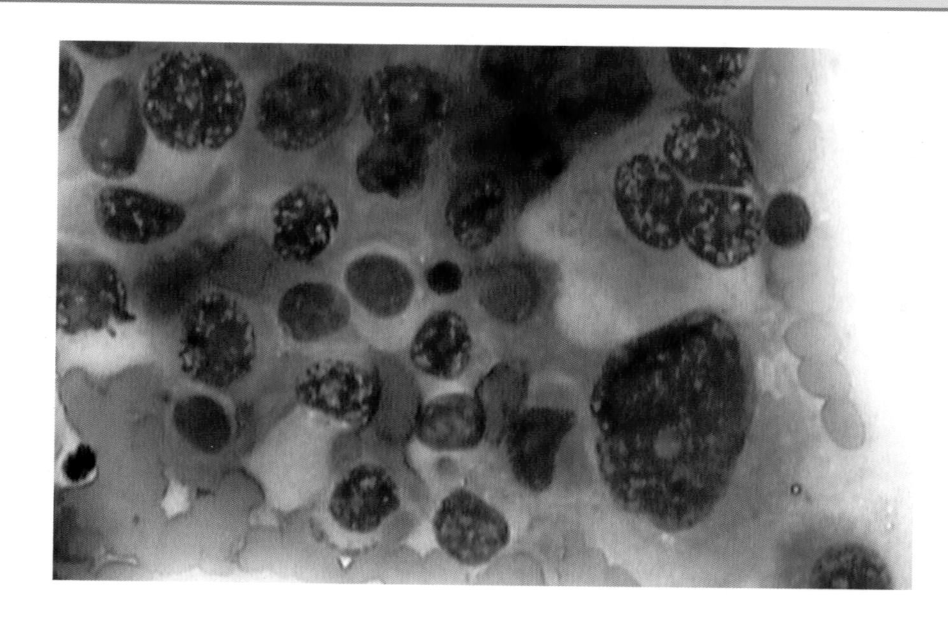

图8-87　与图8-86为同一个病例，犬膀胱移行细胞癌。高倍镜下观察恶性肿瘤特征。

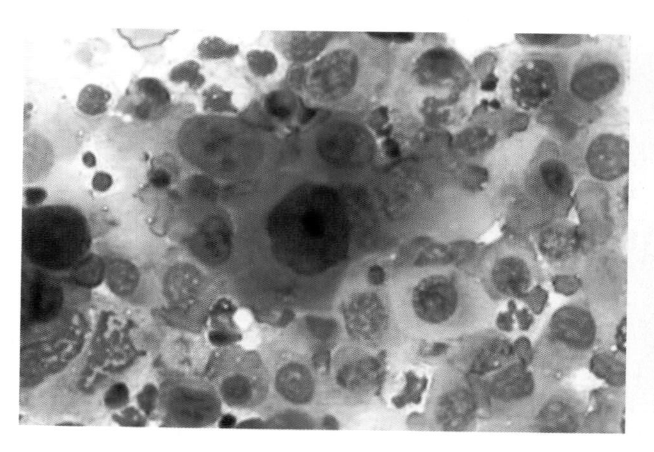

图8-88　母犬膀胱移行细胞癌。可以观察到很重要的恶性肿瘤指标，发生的变化不仅仅是由感染的炎症所引起。

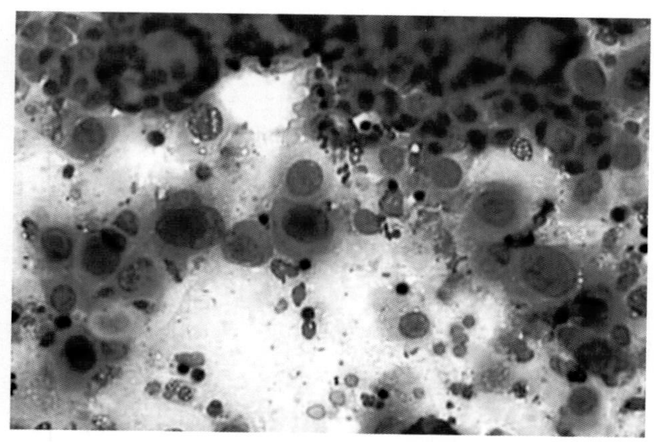

图8-89　公犬膀胱移行细胞癌。细胞过多、呈多形细胞、核仁很明显。

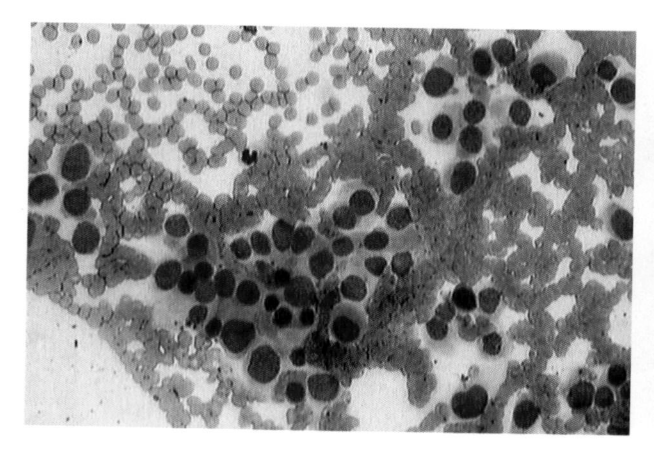

图8-90　猫膀胱移行细胞癌。细胞大小和核大小有明显差异。

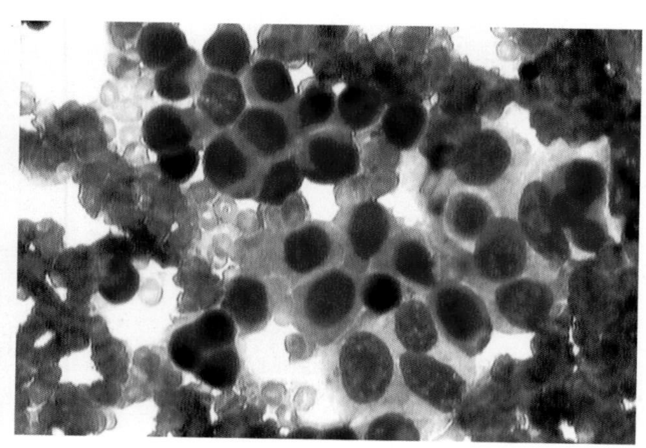

图8-91　与图8-90来源于相同的病例，放大观察可见明显的核仁，部分核仁形态不规则，胞质嗜碱性。

**前列腺**

按摩或冲洗法采集前列腺样品实际上已被经腹、经会阴或直肠的超声介导取样法代替。主要的损伤包括：良性增生、前列腺囊肿、前列腺炎、前列腺脓肿和肿瘤形成。

- 良性前列腺增生：特征为上皮细胞聚集成的不同大小的簇状上皮细胞群，细胞形态均匀，核圆形，核与胞质比值低至中等。由于是良性损伤，细胞学检查不能作出确诊（图8-92、图8-93）。
- 前列腺囊肿：样品中的液体常为浆液性出血性的，包括少量一样的上皮细胞，与增生见到的细胞相似，有时伴有中性粒细胞（图8-94、图8-95）。
- 前列腺炎和前列腺脓肿：像所有炎症损伤一样，其特征为含有大量中性粒细胞。细胞内细菌的出现是败血性炎症过程的重要指标，在犬中常见。败血性炎症或前列腺囊肿可导致前列腺脓肿。在这种情况下，中性粒细胞呈现退化性变化，如核溶解或核破裂。炎症过程伴有少量因炎症而发生变化的上皮细胞。谨慎解释观察到的现象，以免误诊为肿瘤。然而，如果临床怀疑前列腺炎或前列腺脓肿，一般不用细针抽吸活检，因其可引起腹膜炎或感染可能会沿着针扩散。

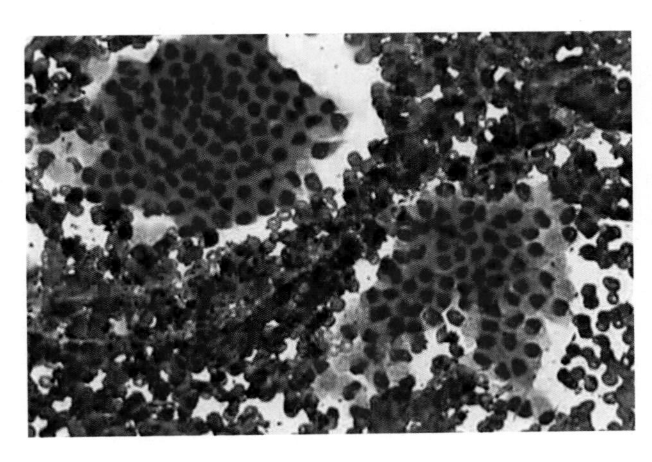

图8-92　犬簇状前列腺上皮细胞，外观均匀，与良性前列腺增生一致。

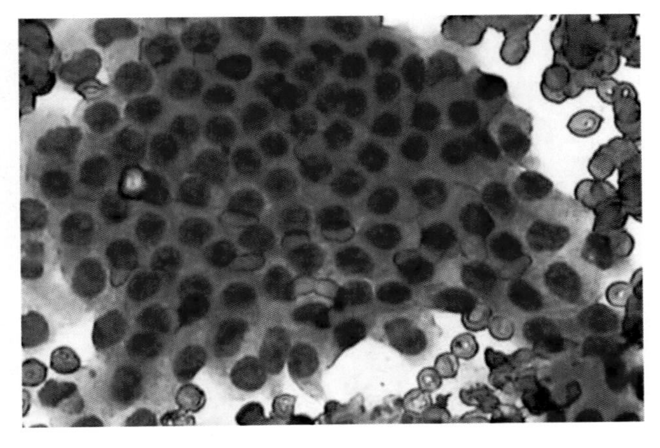

图8-93　高倍镜下观察的簇状前列腺上皮细胞，与图8-92为同1个病例，特别注意细胞的均匀性。

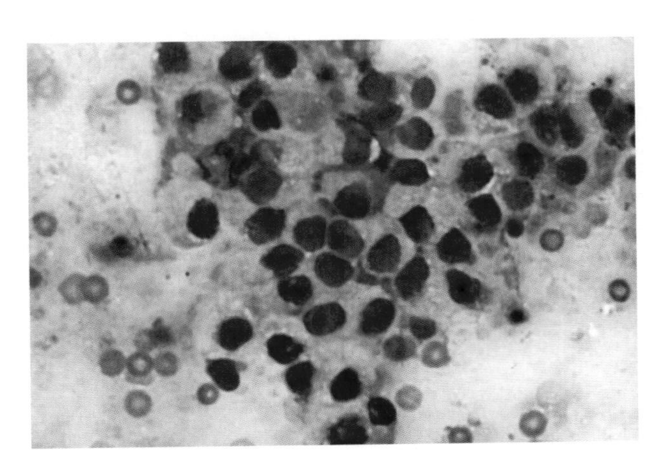

图8-94　前列腺囊肿病例的簇状前列腺上皮细胞。因已存在于囊肿液中，同质细胞群显示离散变化。

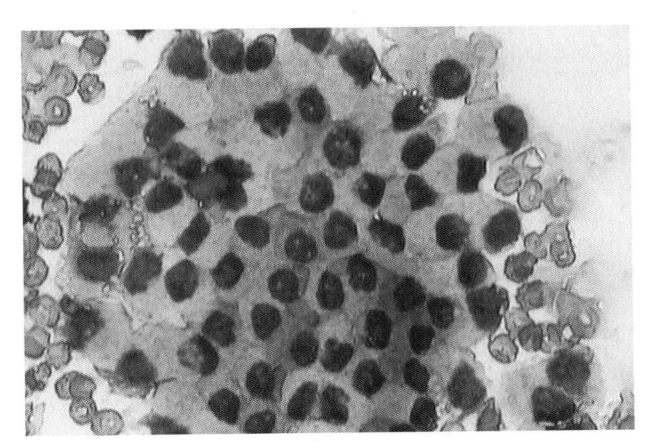

图8-95　前列腺上皮细胞显示轻微变化，如核着色过度、胞质嗜碱性、核不规则。依此诊断时需谨慎，以免误诊为肿瘤。

■ 肿瘤

■ 癌：最常见的癌是腺癌和移性细胞癌，由前列腺尿道扩散而来，两者很难区分，因为细胞学损伤是任何癌的代表性特征。细胞学误诊是常见的，与样品小、癌病灶分布、同时发生的前列腺炎或良性前列腺增生有关（图8-96）。

**子宫**

细胞学很少用于诊断子宫的主要损伤（子宫炎和子宫蓄脓）。

雌性犬最常见的子宫瘤起源于间叶细胞，有80%～90%的病例为良性的，常为平滑肌瘤。由于这些肿瘤脱落的细胞量少，细胞学图像不具代表性，因此，细胞学诊断很少能确诊。猫更易于患恶性肿瘤，主要是腺癌，对任何癌而言，其细胞学特征都很典型。

**淋巴结**

发现腺体肿大时，通过超声介导的活检法从淋巴结取样，主要检查相邻器官恶性肿瘤的转移，但不要忽视淋巴瘤的可能性。

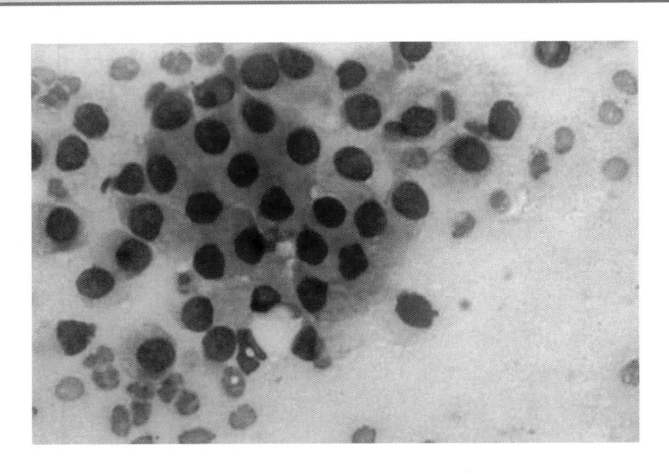

图8-96 细胞特征不太典型的前列腺上皮细胞，该患犬诊断为前列腺癌。

细胞学可判定如下损伤情况：

■ 淋巴结增生：由于淋巴结增生既是对腹腔器官炎症过程的反应，也是全身淋巴结病的一部分，因此，这种病变很少在腹腔淋巴结中被诊断。在任何情况下，细胞学图像表现有多形的或同质的淋巴细胞群，这些淋巴细胞主要由小的、成熟的淋巴细胞以及一些稍大的、不太成熟的淋巴样细胞和淋巴样浆细胞构成（图8-97至图8-99）。

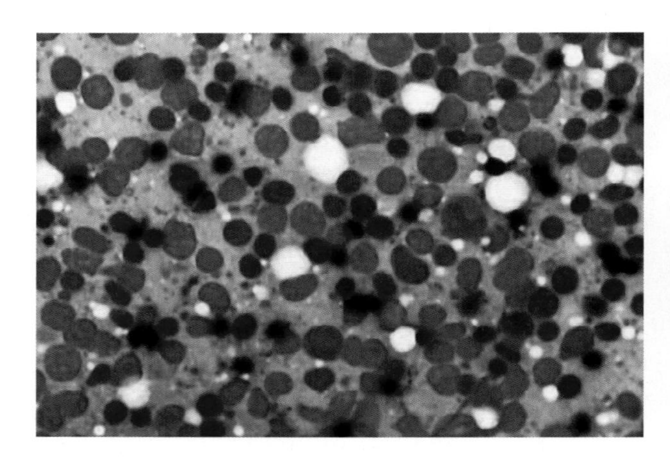

图8-97 多形的淋巴样细胞群，其特点是伴有成熟的淋巴细胞，与反应性淋巴样增生一致。

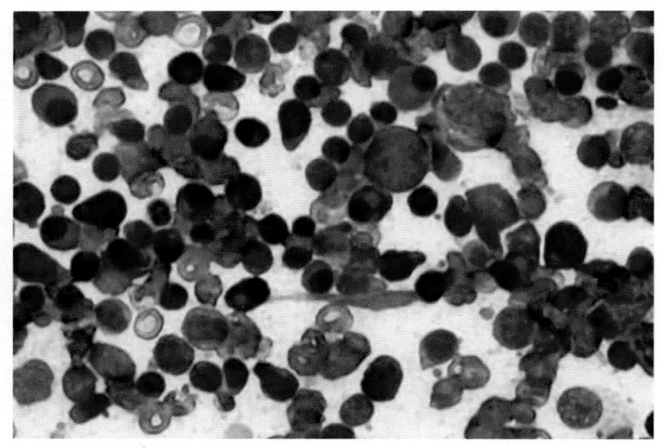

图8-98 淋巴样增生：其特点是可见淋巴样细胞，伴有小的、成熟的淋巴细胞，也可见浆细胞。

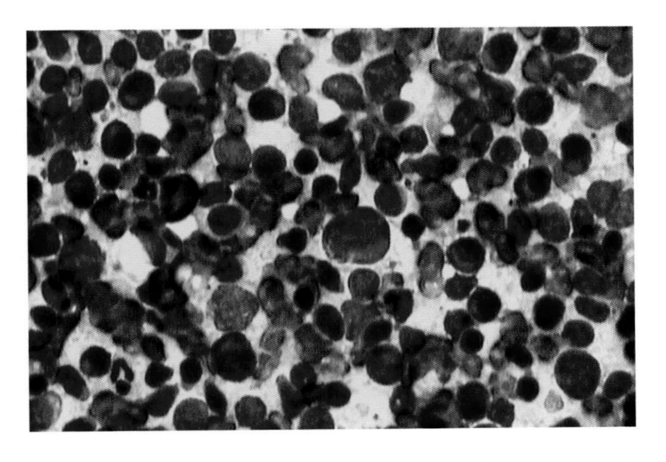

图8-99　淋巴样增生：异质的淋巴样细胞群，主要由小淋巴细胞和淋巴样浆细胞构成，也有稍大的、不成熟的淋巴细胞。

■ 肿瘤

■ 淋巴瘤：胃肠淋巴瘤常涉及肠系膜淋巴结。其细胞学特征是多形的淋巴样细胞群，常伴有不成熟细胞，出现淋巴腺体或作为淋巴细胞胞质碎片的嗜碱性颗粒（图8-100至图8-103）。

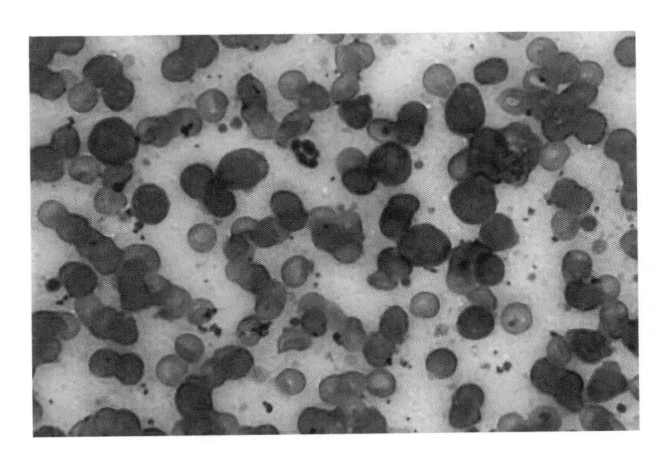

图8-100　肠道淋巴瘤患犬肠系膜淋巴结中分离出来的不成熟的淋巴样细胞群，可见超声用的耦合凝胶（嗜酸性颗粒），这可能会误诊为淋巴母细胞间的淋巴腺体（嗜碱性或蓝色颗粒）。

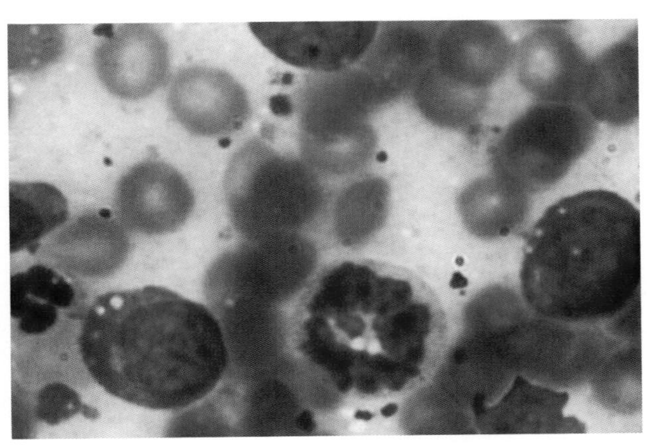

图8-101　肠道淋巴瘤，与图8-100是同一个病例。高倍观察可见不成熟的淋巴样细胞和有丝分裂。

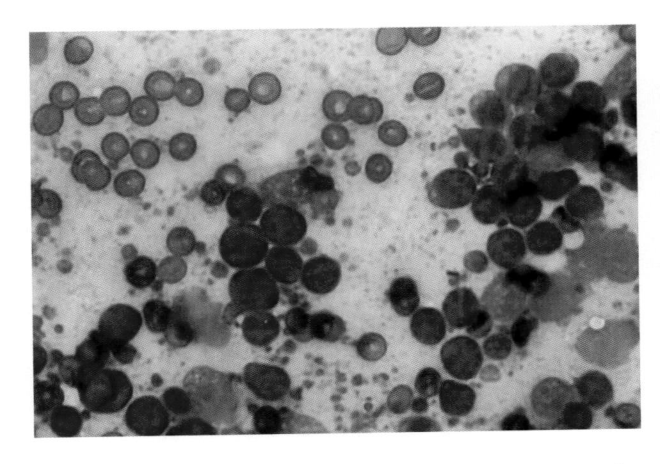

图8-102　肠系膜淋巴结的细胞学图像。犬肠道淋巴瘤：同质样的淋巴母细胞，无核物质，含大量的淋巴腺体，样品来自肠系膜淋巴结。

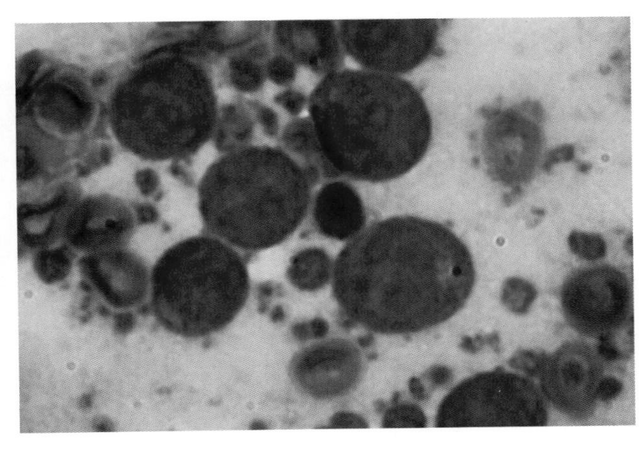

图8-103　与图8-102是同一个病例。可见淋巴腺体和不成熟的淋巴样细胞（与图像中心的成熟淋巴细胞相比，个体较大，核仁明显，胞质强嗜碱性）。

■ 转移：不属于淋巴组织的淋巴结细胞的存在足以诊断肿瘤转移。通常情况下，进行性转移引起淋巴结变大时，能获得肿瘤细胞。因此，在诊断腺体肿大时，临床发现优先于阴性的细胞学诊断结果。癌是淋巴结内最常见的肿瘤（图8-104至图8-116）。

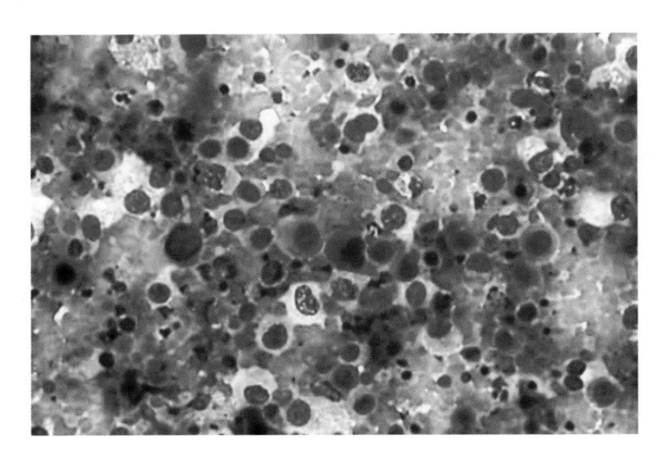

图8-104　淋巴结。图8-88中的膀胱移行细胞癌转移。伴有少量淋巴细胞，上皮细胞群的形态学特征与图8-88描述的相似。

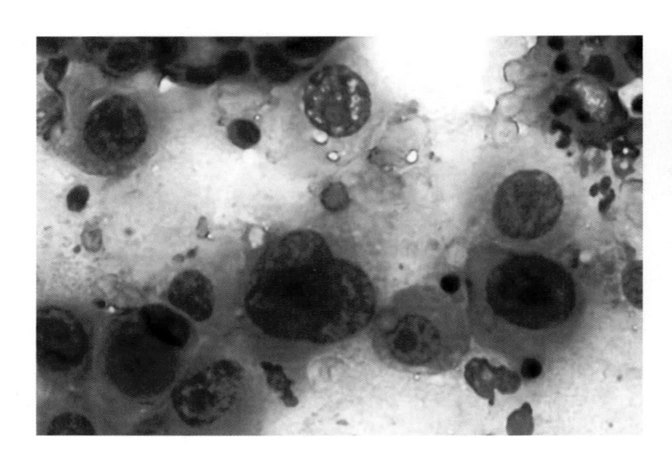

图8-105　淋巴结。图8-86和图8-87中膀胱移行细胞癌转移，其形态学的恶性特征清晰可见。

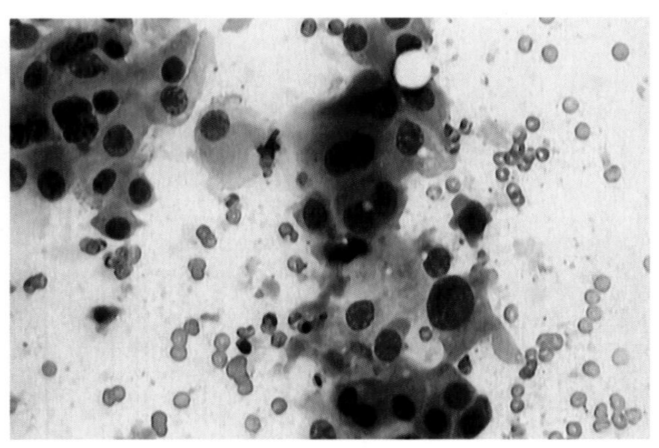

图8-106　淋巴结。图8-90和图8-91中移行细胞癌转移。

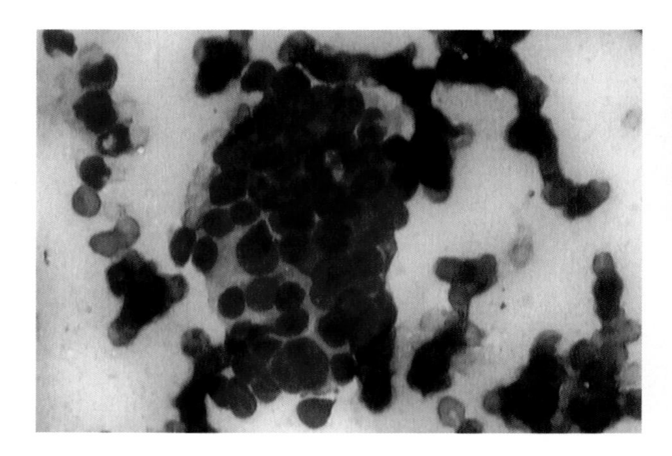

图8-107　髂下淋巴结。偶见核大小差异明显的上皮细胞群，该样品来源于淋巴结肿大的犬，并进行过乳腺癌手术，其特征与肿瘤转移一致。

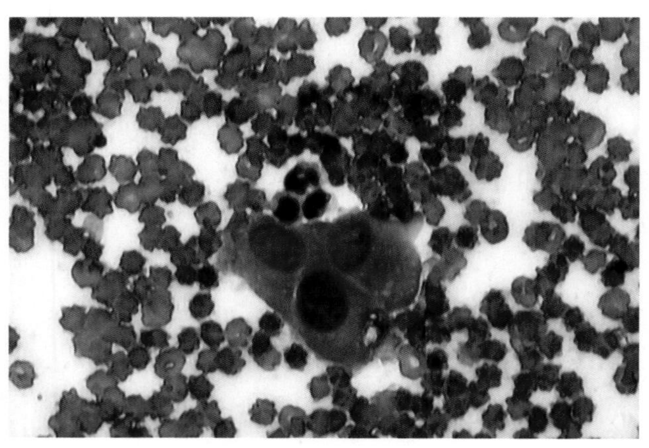

图8-108　髂下淋巴结。一小群不规则的上皮细胞，与乳腺癌转移相符。

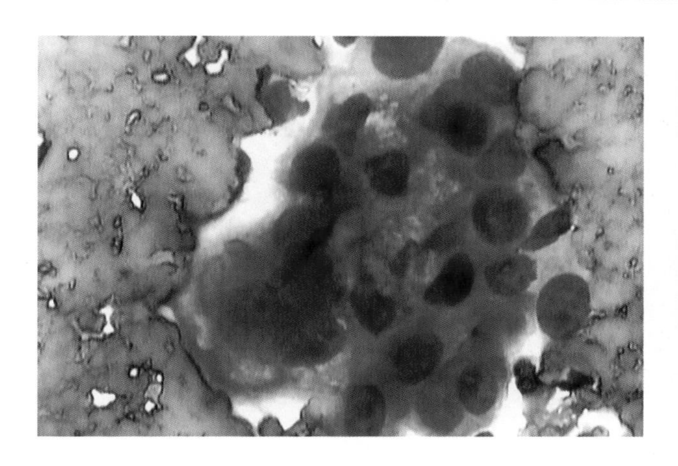

图 8-109　病例与图 8-108 相同。

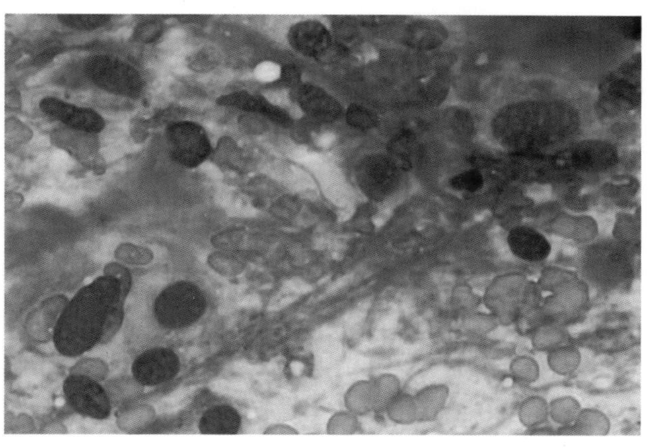

图 8-110　肠系膜淋巴结。出现明显异型的结缔组织细胞，与小肠平滑肌肉瘤转移相符。

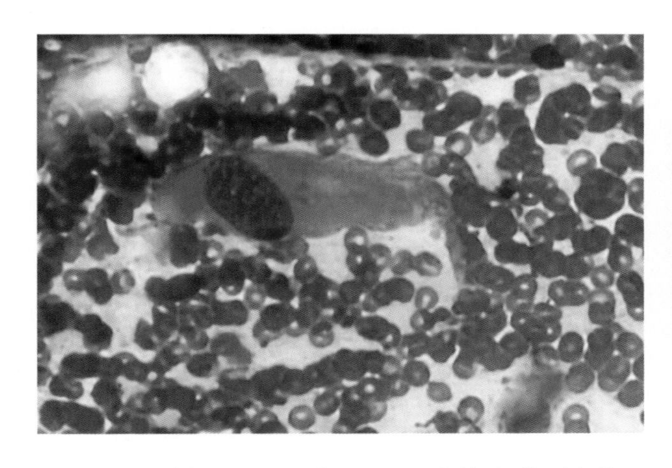

图 8-111　病例与图 8-110 相同。可见大的异型间叶细胞。

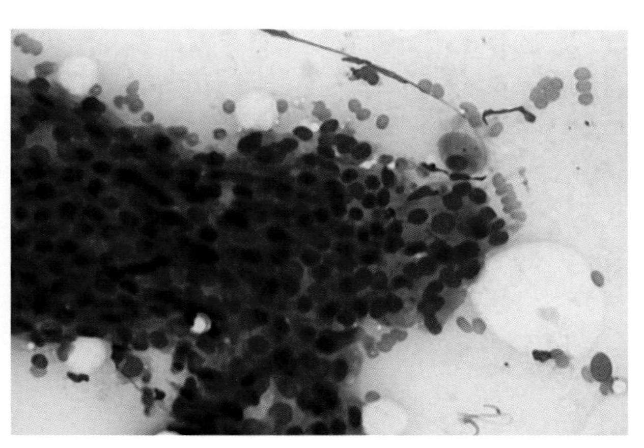

图 8-112　髂总淋巴结。淋巴结中有中度异型性的上皮细胞群，这与肿瘤转移的细胞学诊断一致。该病例来源于肛门腺癌患犬。

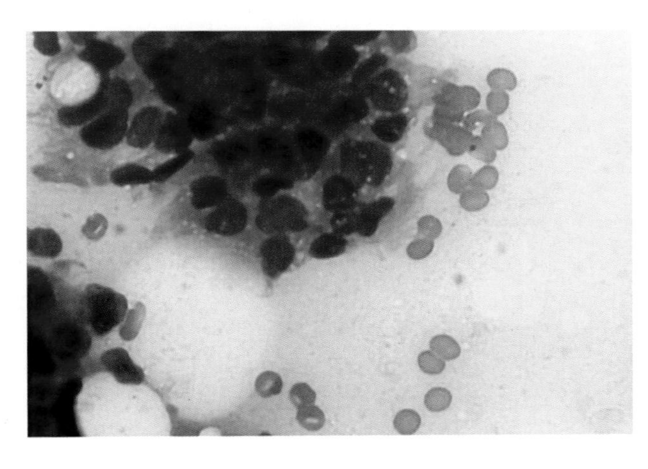

图 8-113　病例与图 8-110 相同。清晰可见细胞异型性或恶性肿瘤的特征。

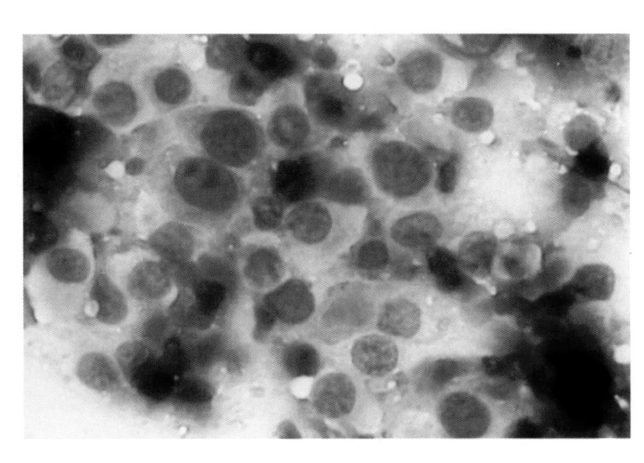

图 8-114　淋巴结。移行细胞癌转移。

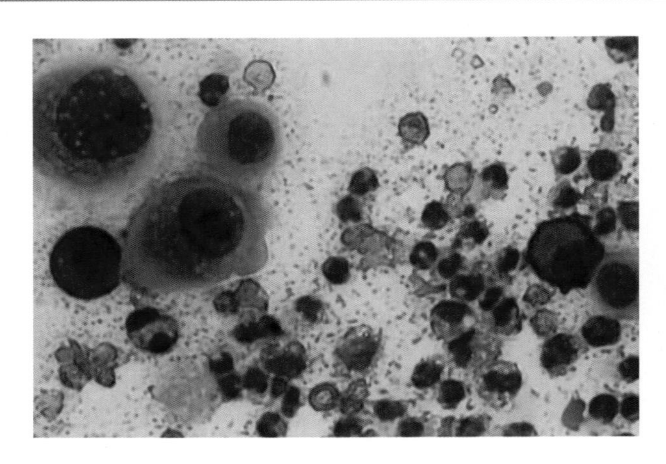

图8-115　淋巴结。异型性上皮细胞，与雌性犬乳腺癌转移一致。

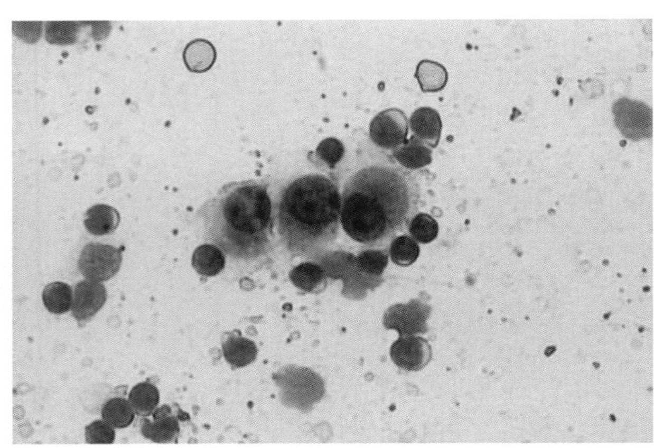

图8-116　淋巴结。淋巴细胞呈上皮样，核仁明显、胞质嗜碱性，这些情况完全是异常的，与肿瘤转移一致。本病例原发性肿瘤是乳腺癌。

**腹腔渗出液**

腹腔渗出液的细胞学分析非常有用，尤其是分泌液（表8-4）。

表8-4　腹腔渗出液的分类

| 类型 | 颜色与性状 | 总蛋白(g/dL) | 细胞数量(/mm$^3$) | 相对密度 |
|---|---|---|---|---|
| 渗出液 | 透明/清澈 | <2,5 | <1.000 | <1.017 |
| 变性的渗出液 | 浅草黄色/玫瑰红色，混浊 | >2,5 | >1.000 | 1.017～1.025 |
| 分泌液 | 橘色/出血，混浊 | >3 | >5.000 | >1.025 |

腹腔渗出液中的细胞有以下几种：

- 中性粒细胞：在大多数渗出物中均可见中性粒细胞，是炎症相关渗出液最主要的细胞。
- 间皮细胞和巨噬细胞：间皮细胞排列在腹膜表面，大部分渗出液中都含有数量不等的间皮细胞。间皮细胞大而圆，成簇或单个存在，核大，常为双核，有时核仁明显（图8-117至图8-119）。胞质嗜碱性，边缘有小突起。炎症情况下（同时出现大量中性粒细胞），间皮细胞的反应性变化很常见且很明显（图8-120），而有丝分裂不常见。激活的间皮细胞可转化为吞噬细胞，吞噬细胞与巨噬细胞很难区分。但即使区分开，也对诊断没有意义。

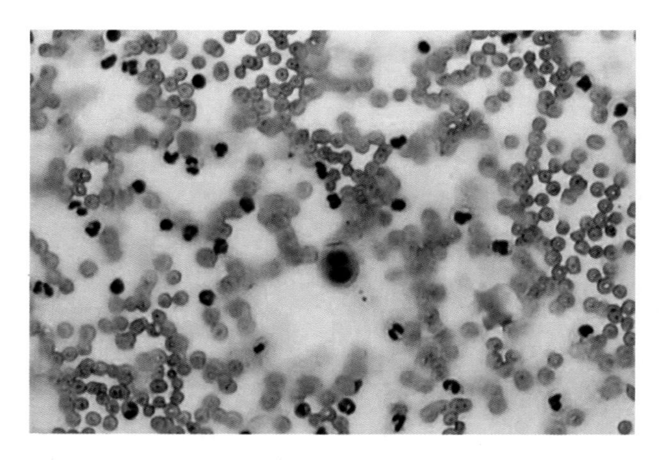

图8-117　腹腔液。炎症细胞主要是中性粒细胞。图像中央可见双核的反应性间皮细胞。

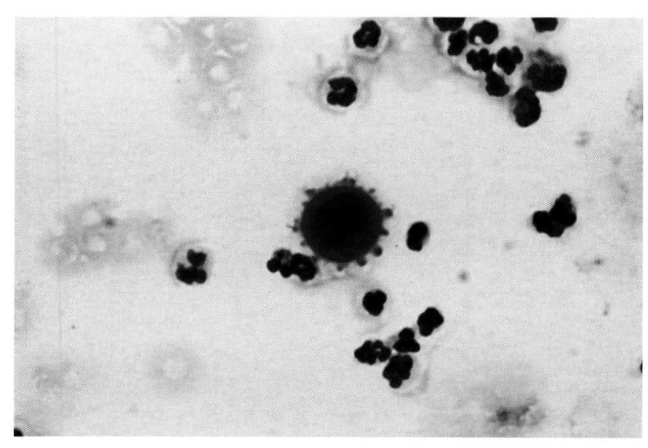

图8-118　腹腔液。反应性间皮细胞（大的、双核、胞质强嗜碱性）和中性粒细胞。

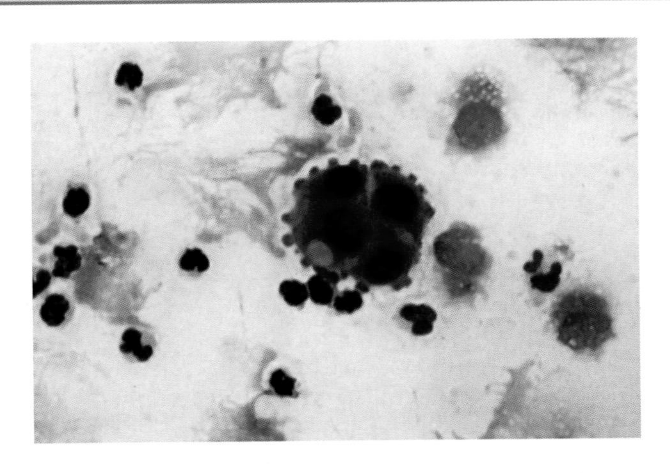

图8-119　腹腔液。4个间皮细胞与一些中性粒细胞和巨噬细胞聚集。

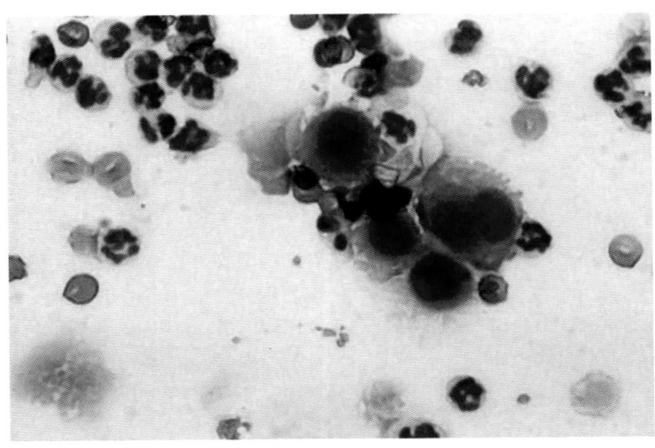

图8-120　腹腔液。反应性间皮细胞。注意：细胞组成和炎症类型（中性粒细胞）间出现的差异，这些变化是由恶性肿瘤所致。

反应性间皮细胞趋于出现明显的异型性。这些细胞不可误认为是与间皮瘤或癌扩散一致的恶性肿瘤细胞

- 淋巴细胞：淋巴细胞是乳糜样渗出物（更常见于胸部）和淋巴瘤中的主要细胞，这些细胞的主要区别是成熟程度不同。乳糜样渗出物中，淋巴细胞小而成熟；而淋巴瘤中，渗出物的细胞常是淋巴母细胞（图8-121）。但淋巴瘤很少出现伴有瘤细胞的腹腔液。
- 嗜酸性粒细胞：大量嗜酸性粒细胞出现在肥大细胞瘤、丝虫病、过敏反应或超敏反应引起的渗出物中。
- 肥大细胞：肥大细胞因其易染性或紫色颗粒而易于识别。在影响犬腹部的系统性肥大细胞增多症中，尤其是猫脾肥大细胞瘤中，可见渗出物中有大量的肥大细胞（图8-122）。肥大细胞可见于多种炎症疾病中。
- 肿瘤细胞：许多不同类型肿瘤的渗出物中可出现肿瘤细胞；腹腔器官癌、腺癌、脾或肝的血管肉瘤以及间皮瘤均可使肿瘤细胞脱落并进入腹腔。其诊断依赖于恶性肿瘤的指标和可见的细胞类型（图8-123至图8-136）。

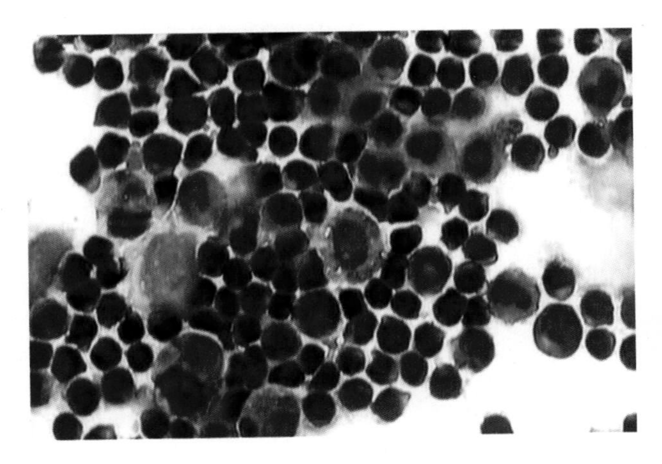

图8-121　腹腔液。未成熟淋巴样细胞的单形群，伴有一些单核细胞和巨噬细胞。本病例犬是广泛转移的晚期肠道淋巴瘤。

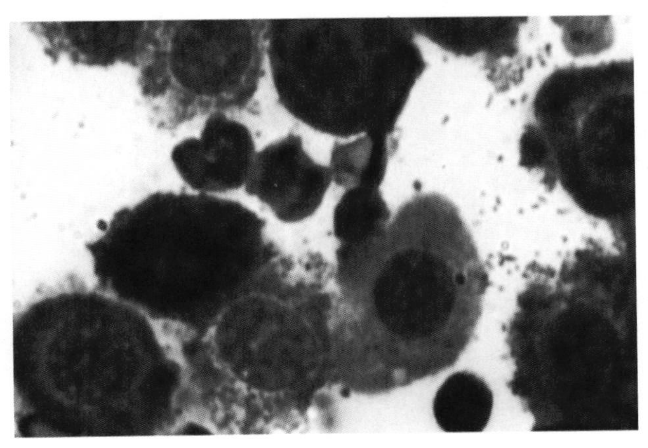

图8-122　腹腔液。与猫脾肥大细胞瘤对应的肥大细胞。

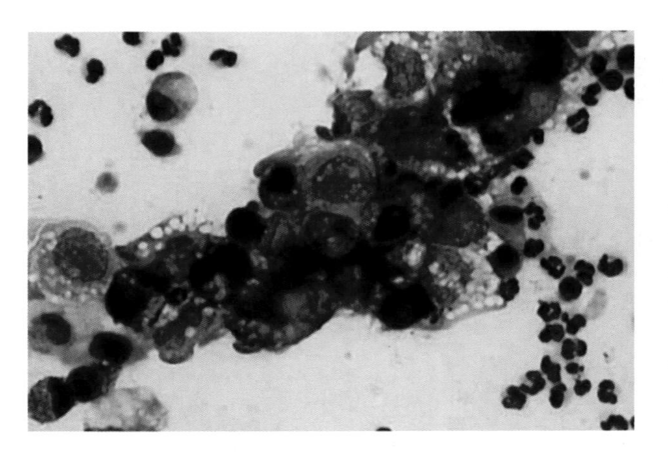

图8-123 腹腔液。犬腹腔渗出物的多形上皮细胞群，有明显的恶性肿瘤标志，该犬发生十二指肠腺癌引起的肠穿孔。

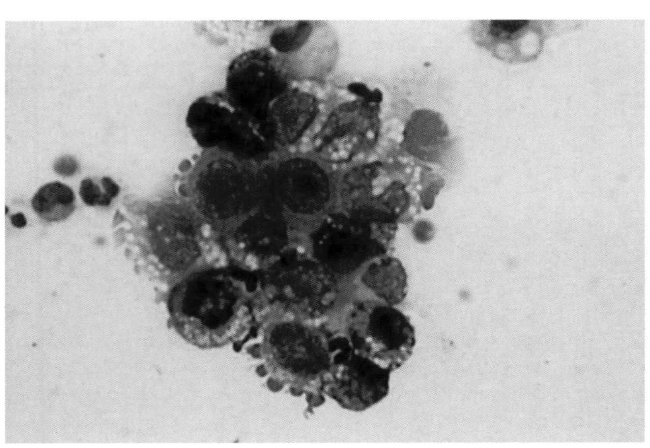

图8-124 病例与图8-123相同。

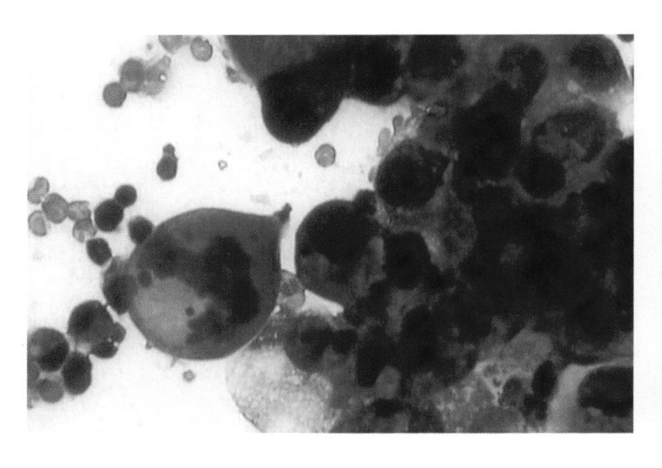

图8-125 腹腔液。猫肠腺癌的渗出物中上皮细胞群有明显的异型性（包括迅速的有丝分裂）。

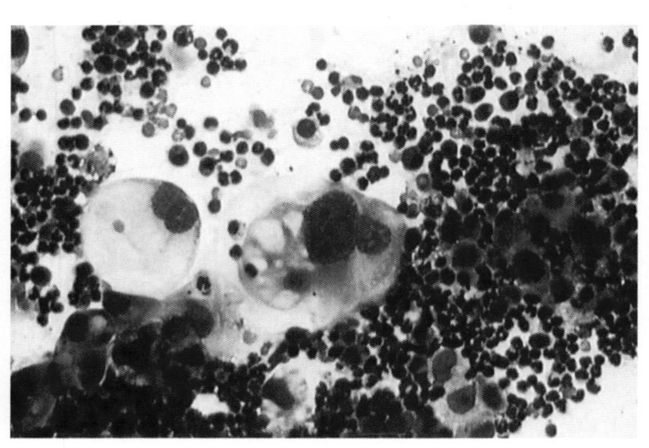

图8-126 病例与图8-125相同。细胞的异型性很明显，不是由伴发的炎症所致。

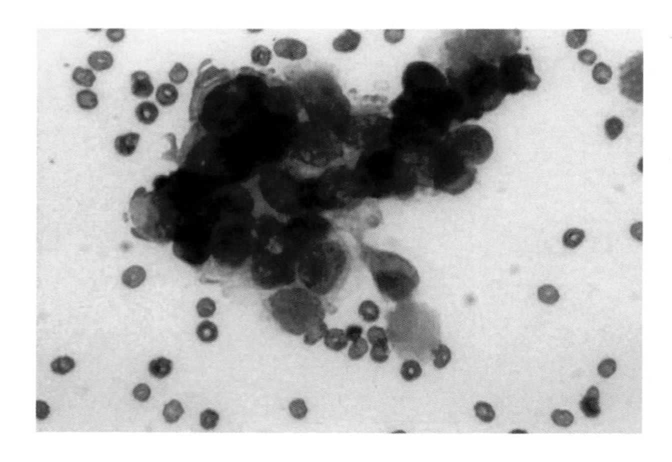

图8-127 腹腔液。偶见的上皮细胞群，上皮细胞的胞核大而不规则、核仁明显、胞质嗜碱性，这与猫肠腺癌相符。

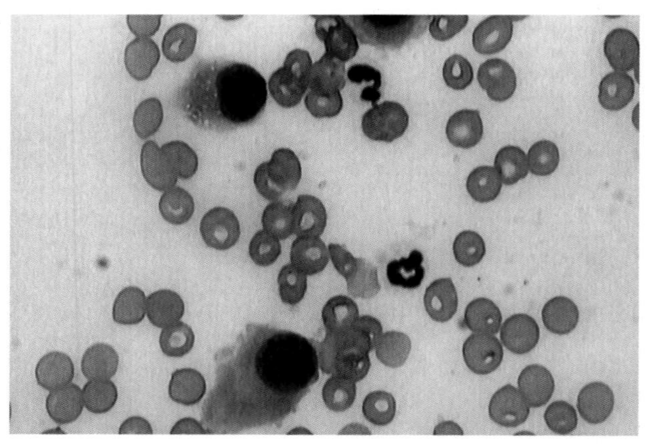

图8-128 出血性腹腔液。猫脾血管肉瘤的异型性结缔组织。

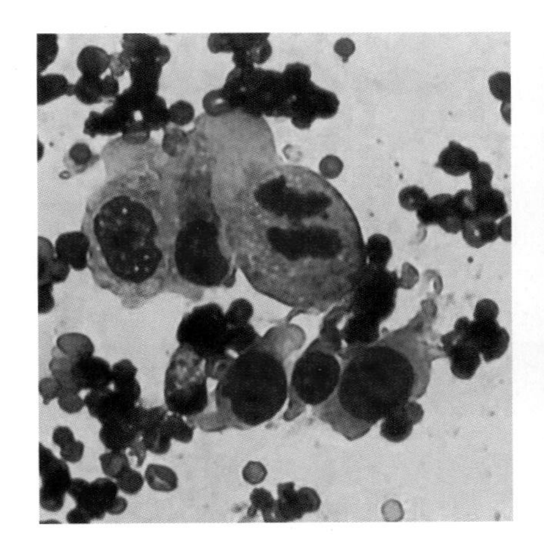
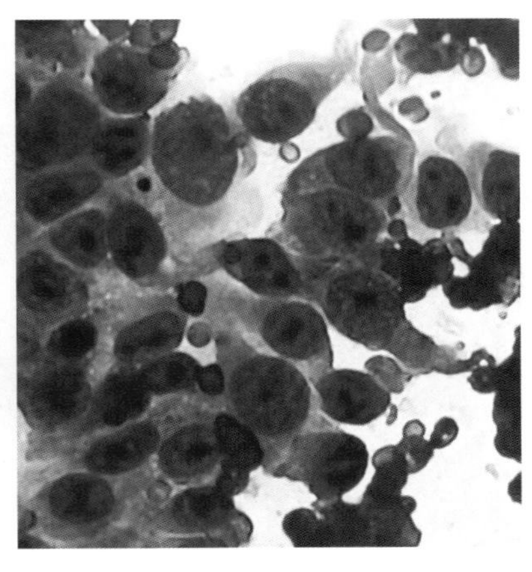
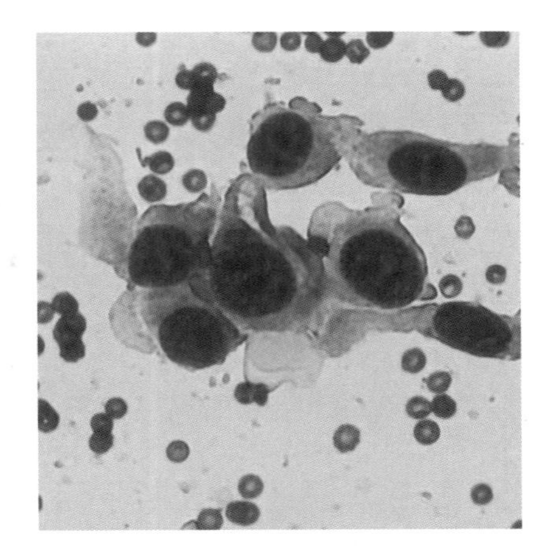

图8-129、图8-130和图8-131 猫腹腔液。成群分布和单个存在的高度异型性阳性细胞图像，细胞呈梭状，核卵圆形，细胞形态学提示为肉瘤。超声检查发现团块物，似乎与小肠有关，但死后组织病理学检查为退行性胰腺癌。

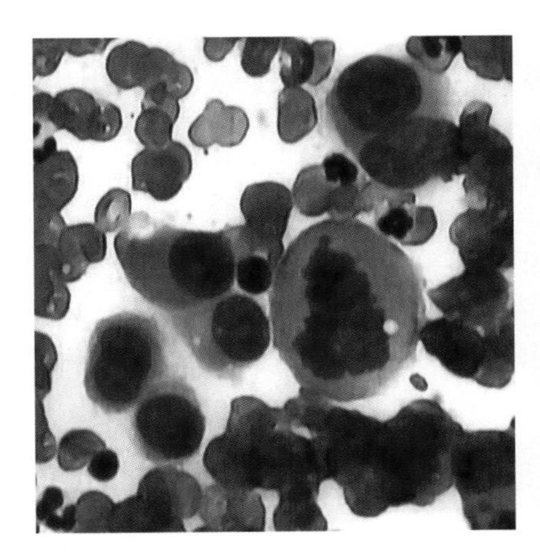
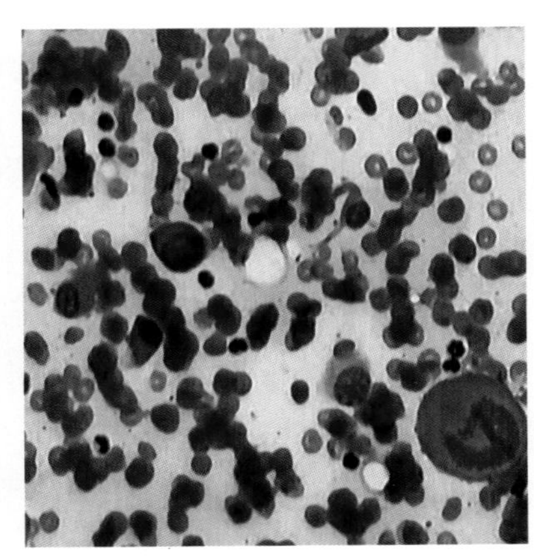
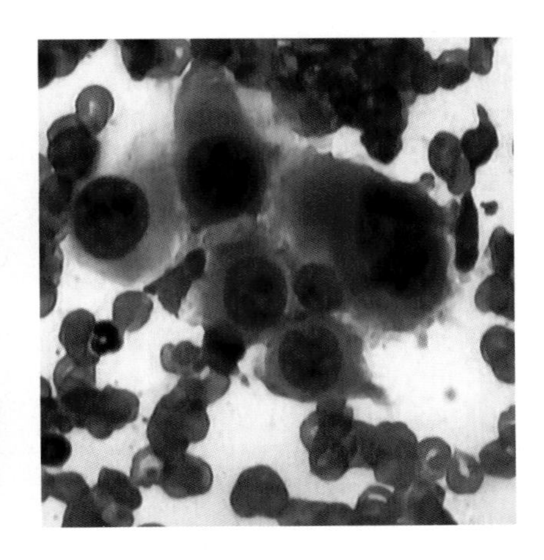

图8-132、图8-133和图8-134 超声介导下从后腹部采集的肿块样本，肿块与任何器官不相关，但似乎起源于腹膜。该病例是在对犬体检过程中发现的，该犬6个月前手术切除了血管肉瘤，并经阿霉素化疗。注意：大的间叶细胞核不规则，核仁很明显，非典型细胞分裂。细胞学诊断与血管肉瘤转移相一致，与死后检查结果也一致。

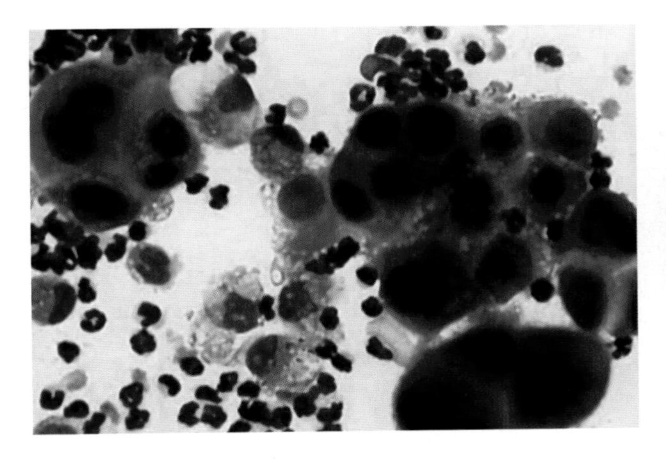

图8-135 腹腔液。间皮细胞明显异型性，不是由伴发的炎症反应所致（许多中性粒细胞）。这是与间皮瘤相符的恶性肿瘤标志。

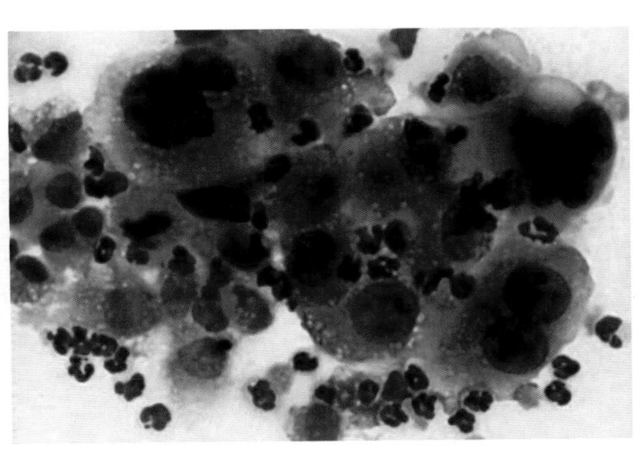

图8-136 腹腔液。与图8-135一致的间皮瘤。

## 腹腔穿刺术/腹腔灌洗和透析

技术难度 ■□□□□

本技术用于经全身性临床检查和补充性诊断检查仍不能确诊的急腹症或腹部臌胀的患病动物（图8-137）。对采集的腹腔样品（经穿刺或灌洗获得）进行分析，可提供有用的诊断信息，帮助鉴别诊断和拟定治疗方案。

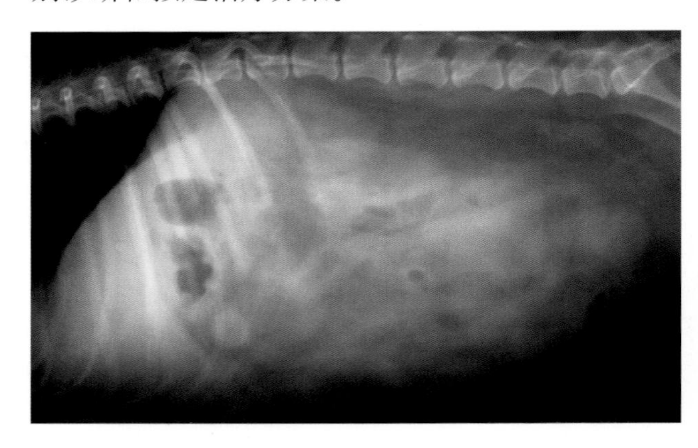

图8-137　X线图像中，腹腔结构清晰度不高，疑似腹膜炎，但不能确诊。

> ✱ 导管上的开孔一定要小。如果太大，导管将在腹腔中卷曲，使采样变得困难

### 穿刺术

#### 所需材料

静脉导管：用无菌手术刀在18 ～ 20G静脉导管一端切一些侧孔，以避免腹腔脂肪将导管堵塞，易于取样（图8-138）。

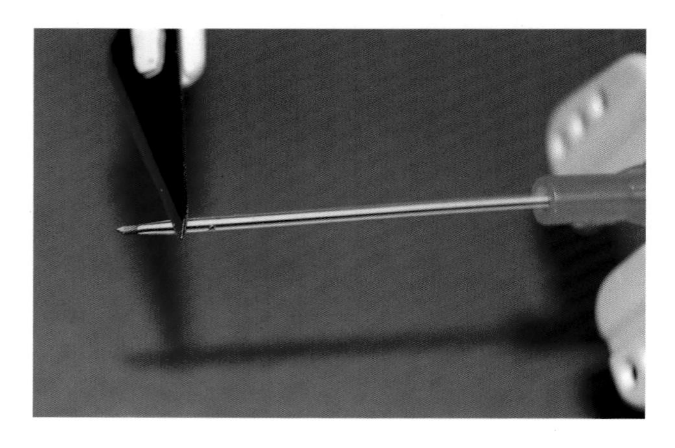

图8-138　20G静脉导管，侧孔便于采样。

- ■ 优点：价格低，便于准备，方法可行。
- ■ 缺点：易堵塞，如果没有液体，很难取样；不能在腹腔内停留时间太长；易滑出；不是腹腔灌洗/透析的最好选择。

样品分析有助于缩小鉴别诊断的范围（表8-5）。

表8-5　样品分析与可能的病因

| 样品 | 可能的病因 |
|---|---|
| 渗出物 | 心功能不全<br>肾功能不全<br>低蛋白血症 |
| 分泌物 | 腹膜炎<br>术后的 |
| 淋巴 | 肠道肿瘤 |
| 血液 | 脾破裂<br>肝肿瘤 |
| 尿液 | 膀胱破裂 |

Graus系统：该系统由Graus博士发明，循环利用腹腔穿刺针，通过穿刺针将2mm导尿管引入腹腔内（图8-139）。

使用再次灭菌的腹腔穿刺针进行穿刺，将导尿管插入腹腔内，退出穿刺针，让导尿管留在原处。

- ■ 优点：成本低，便于准备，不易堵塞；适合于腹腔灌洗/透析；可在腹腔内留置数日。
- ■ 缺点：穿刺针需回收和再灭菌；退出穿刺针时可能会损伤患病动物或兽医。

腹膜透析管：虽然腹膜透析管的主要用途是腹膜灌洗（图8-140），但仍是3种方法中最好的1种。可通过腹壁插入或剖腹术置入。

- ■ 优点：材料软硬适度，不易卷曲；头端有许多孔，不易被腹腔脂肪堵塞；易采样；适于腹膜灌洗/透析；可在腹腔内留置数日。
- ■ 缺点：价格较贵；使用前需做好准备，需要练习确定正确位置。

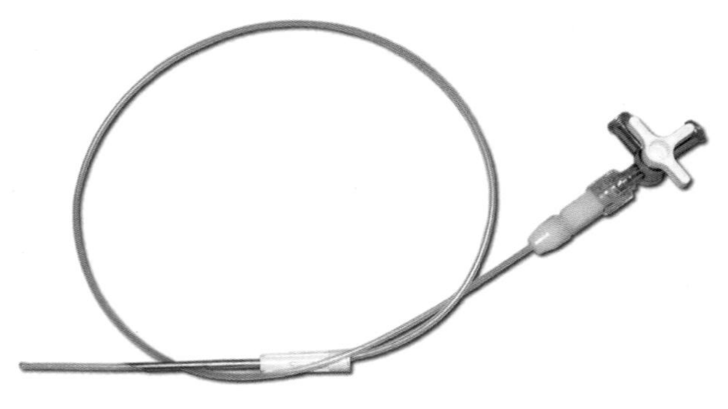

图8-139　用于腹腔灌洗的Graus系统，包括灭菌的穿刺针、2mm导尿管和三向开关。

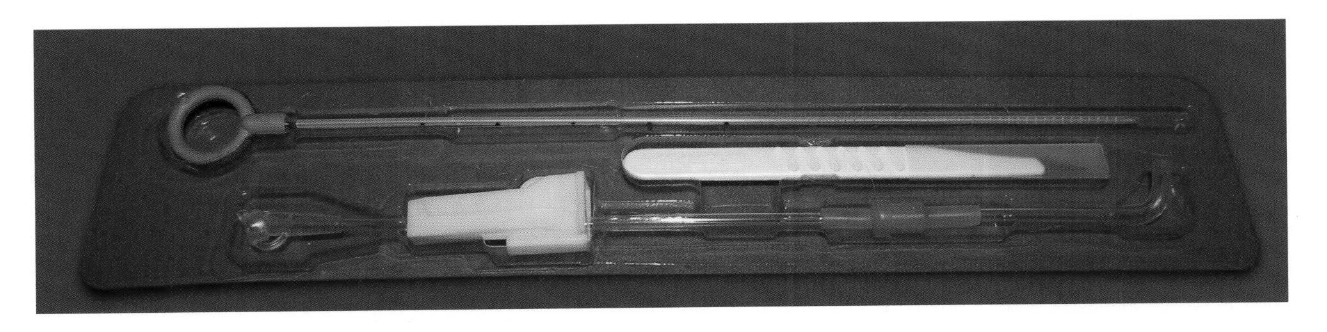

图8-140　腹膜透析系统，包括多孔导管、通管针、手术刀、连接头。

**腹腔穿刺部位**

- 紧邻脐孔后方的腹白线上。
- 避开镰状韧带的脂肪，既不要损伤胃，也不要损伤左侧的脾或尾侧的膀胱。
- 腹壁的腹白线位置穿刺可避免损伤血管，血管出血易误认为是腹腔积血。

**穿刺技术**

- 如果进行盲穿，穿刺针需斜向刺入腹壁，针头斜面朝向腹内（图8-141），这种方式可以避免刺破实质器官，如脾。
- 如果使用腹膜透析管，所对应的部位可开放，也可闭合。

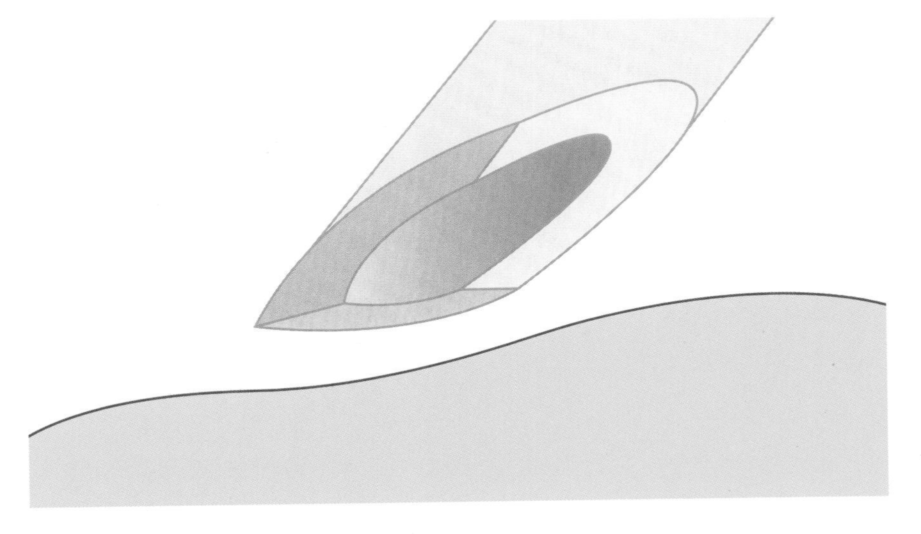

＊ 穿刺针或套管针应倾斜刺入，指向尾部和右侧

图8-141　穿刺针针头斜面朝向腹内，这种方式可使针尖滑离器官光滑的表面，如脾、肝。

**封闭技术**

- 如果兽医熟悉此项技术，适用于体重20kg以上的患病动物。
- 用手术刀做1个小的皮肤切口，以使导管刺入皮肤（图8-142）。

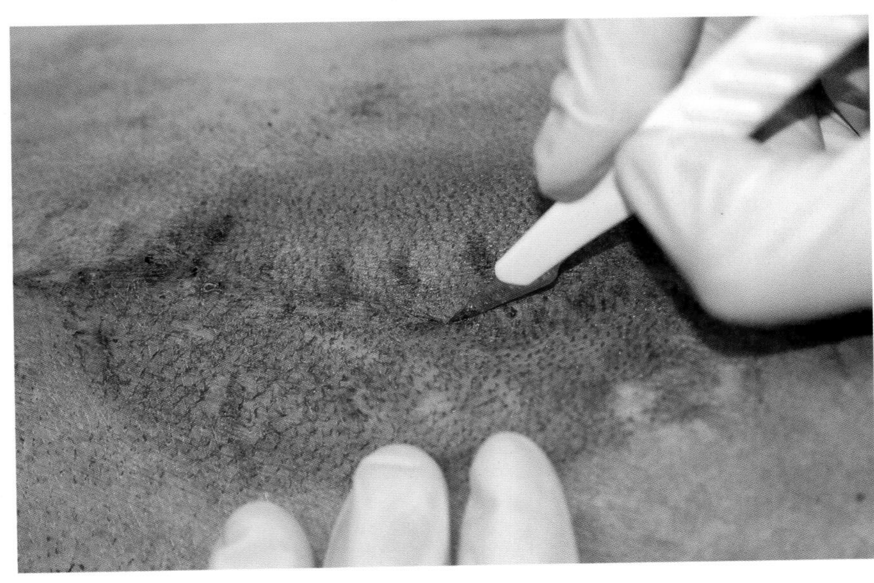

图8-142　小的皮肤切口便于套管针穿过腹壁。

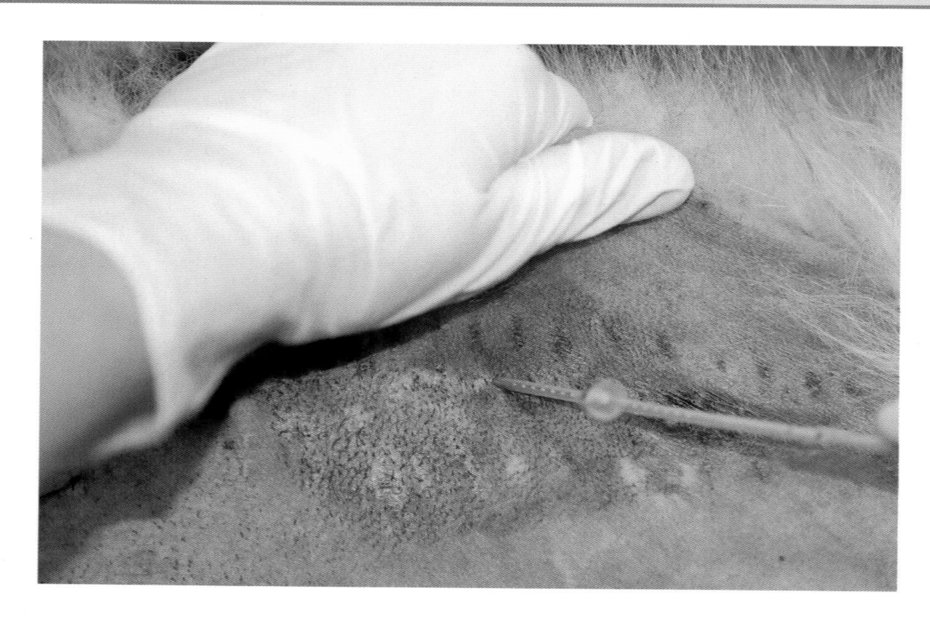

■ 在导管上做长度标志，以测量导管刺入的深度（避免损伤内脏）；要握紧导管和导管管芯（图8-143）。

图8-143　握紧套管针和导管，拉起腹壁，刺入时动作要轻、稳。

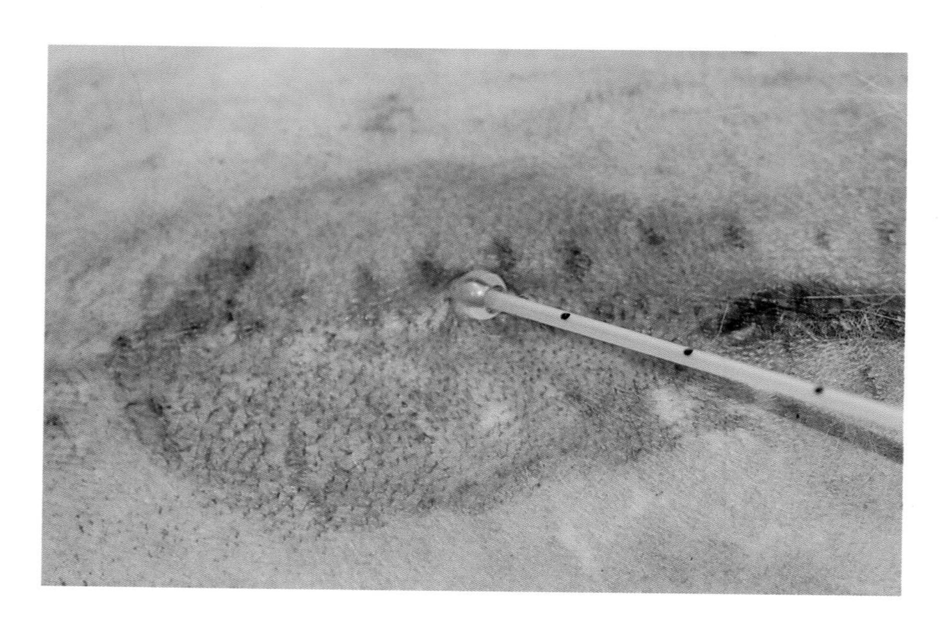

■ 当导管轻轻刺入时，要抓紧拉起的腹壁（图8-143）。

■ 一旦导管进入腹腔内，抽出管芯，将系统的其余部分连接起来（图8-144至图8-146）。

图8-144　将该装置引入腹腔后，撤回管芯，留置腹膜透析管。

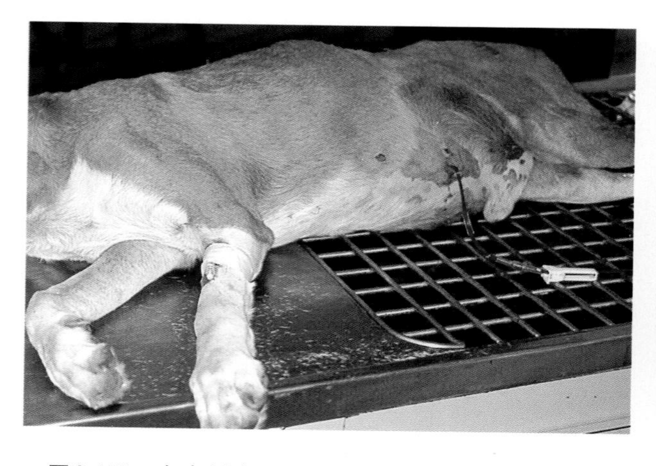

图8-145　本病例中，留置腹腔导管，用于诊断和处理由腹腔创伤引起的腹腔积血。

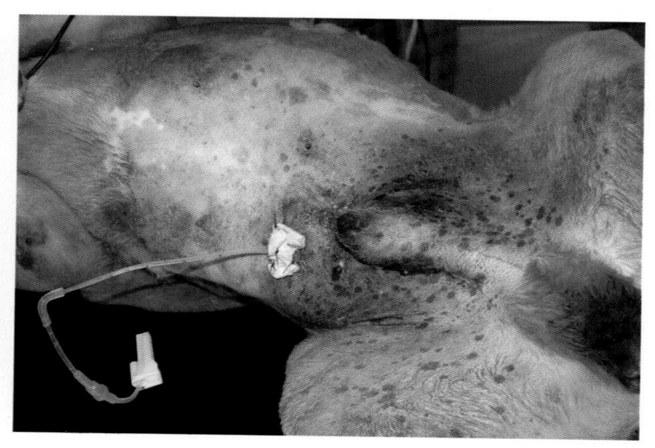

图8-146　该患病动物表现严重的肾后性尿毒症，是由膀胱破裂引起的。术前需做腹膜透析以降低尿素和肌酐水平。

### 微创技术

适用于体重20kg以内的动物。皮肤和腹壁局部麻醉后，做一个小的腹壁切口，不带通管针的导管从切口置入腹腔内（图8-147至图8-154）。这项技术也适用于剖腹术的过程中，如果需要对腹腔重复进行灌洗，可将导管留置。

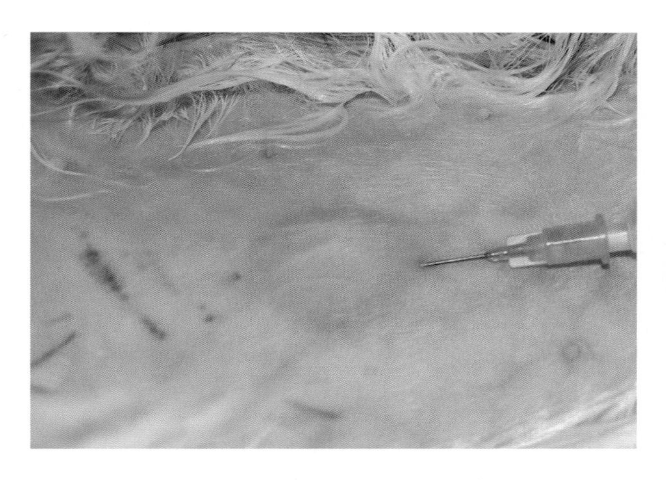

图8-147 在皮下组织和腹肌注射利多卡因麻醉脐后部位。

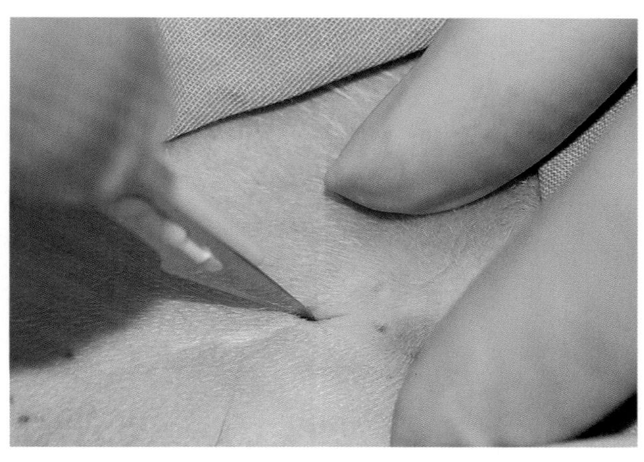

图8-148 10min后，在皮肤上做一个小切口。

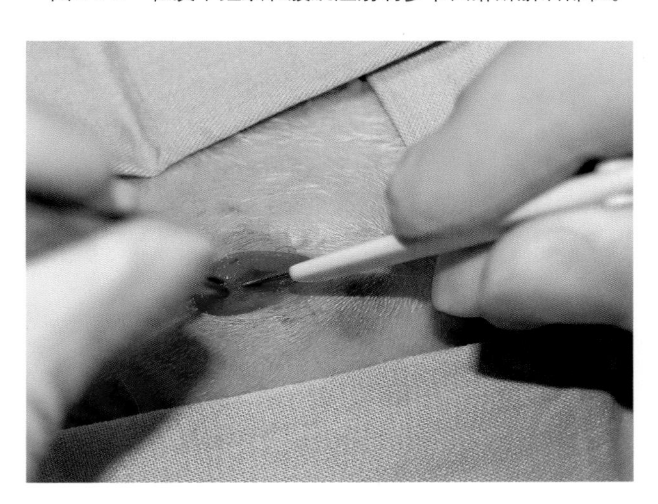

图8-149 用镊子拉起腹壁，切开腹白线。

图8-150 为确定是否已打开腹腔，用闭合的止血钳插入切口内，若已经打开腹腔，则止血钳可在腹腔内自由活动。

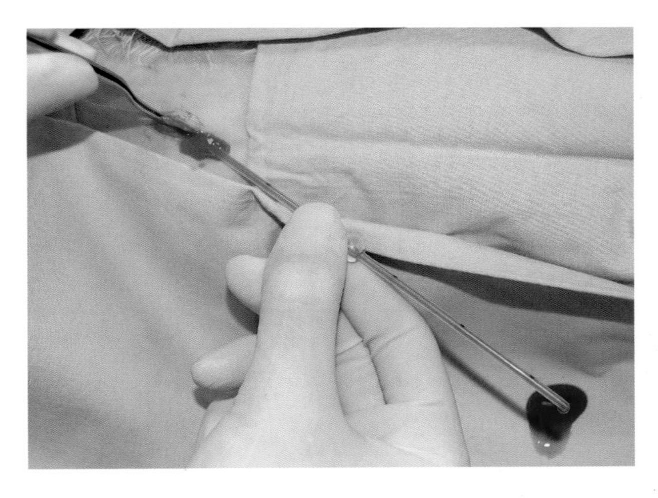

图8-151 不带套管针的腹腔导管通过小型腹壁切口导入腹腔，确保整个穿孔尖端进入腹腔内。

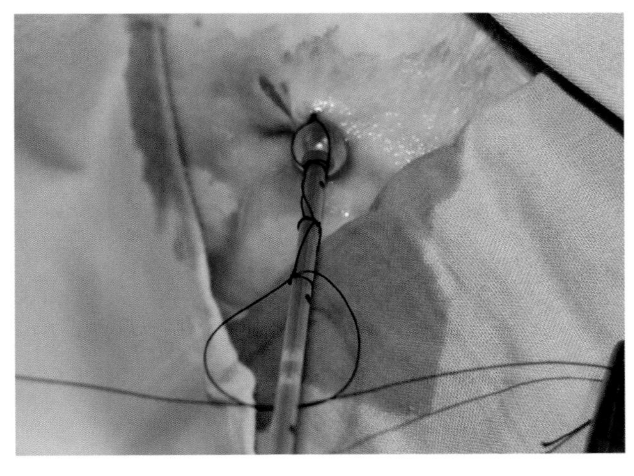

图8-152 导管用十字缝合法固定在皮肤上。

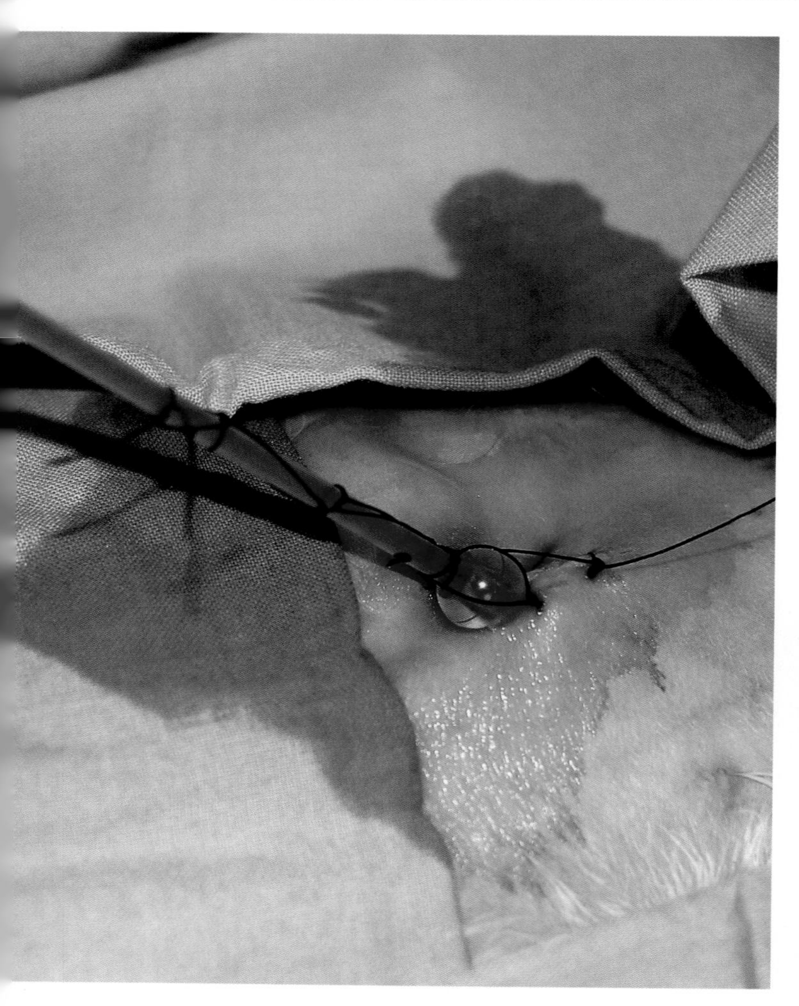

图8-153　固定导管的十字缝合，这种固定方法可避免导管滑出。

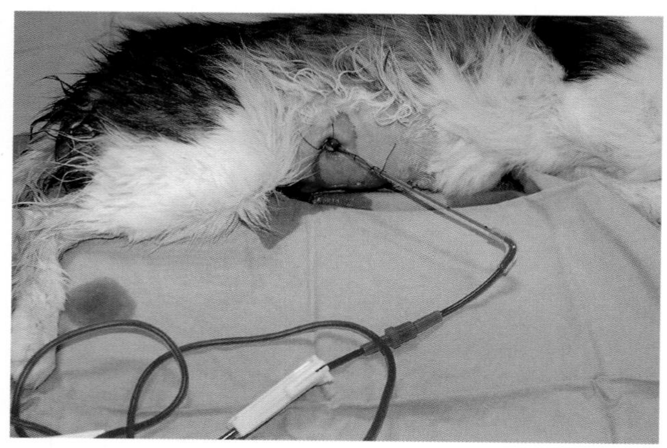

图8-154　图片显示完整的装备。利用此技术，可将腹腔液（这里是出血）导出，必要时实行灌洗。

## 潜在并发症

- 由于技术应用不当，引起医源性细菌污染。
- 刺伤肠袢。如果技术应用得当，即使穿刺针接触到了肠袢，也不可能刺伤肠管。
- 刺伤膀胱。为了避免刺伤膀胱，在腹腔穿刺前，膀胱应插入导尿管排空尿液。
- 损伤肝或脾而引起腹腔出血。为了区分是医源性出血，还是病理性出血，需对红细胞压积和凝固特点进行分析（表8-6）。

表8-6　腹腔出血的原因分析

| 腹腔出血 | 红细胞压积 | 凝固特点 |
| --- | --- | --- |
| 病理性出血 | 小于全身性红细胞压积 | 没有凝固 |
| 医源性出血 | 与全身性红细胞压积相同 | 有凝固 |

如果腹腔出血是由病理性出血引起的，由于腹膜排除了凝血因子，样本不会发生凝固

### 诊断性腹腔灌洗、腹腔透析

将多孔的导管置于腹腔内，既可进行诊断性腹腔灌洗，又可进行治疗性腹腔灌洗。

> 当腹腔疾病无法诊断，穿刺术又不能取样时，诊断性腹腔灌洗对腹腔疾病的诊断是很有用的

### 诊断性腹腔灌洗步骤

- 注入20mL/kg温的无菌生理盐水。
- 多次翻动患病动物。
- 收集腹腔灌洗液。

**样品收集和分析**：收集样品时，腹腔内至少要有6mL/kg的液体。如果怀疑有内伤，收集不到样品时，应进行腹腔灌洗。

液体可收集到：

- 普通试管中。
- 含乙二胺四乙酸溶液（EDTA）的试管中。
- 用于微生物检查的无菌试管中（培养）。
- 载玻片上，制作涂片（图8-155）。

### 液体分析

- 表观：混浊意味着可能是腹膜炎，红色可能是腹腔出血。
- 检查红细胞压积和白细胞数（表8-7）。红细胞压积超过5%，则与内出血有关。
- 生化检查，如：
  - 腹腔漏尿：样品中肌酐值是血清中的两倍。
  - 胆红素确定胆小管破裂。
  - 胰腺炎或肠管缺血：液体中的淀粉酶含量比血液中的高。
- 样品需离心，在沉淀中寻找细胞、细菌和食物颗粒等。
- 如果怀疑有腹腔感染，可进行细菌培养和药敏试验。

表8-7　提示腹膜炎的诊断性腹腔灌洗结果

| 指标 | 未实施过剖腹术 | 剖腹术后第一天 |
|---|---|---|
| 颜色 | 混浊和/或白斑意味着感染 | 混浊是正常的，不意味着感染 |
| 白细胞数 | ＞1 000/μL=轻微或中度感染<br>＞2 000/μL=严重感染 | 7 000/μL=中度腹膜炎<br>＞10 000/μL=严重腹膜炎 |
| 细胞学 | 中毒性中性粒细胞、细菌、消化的食物颗粒=腹膜炎 | |

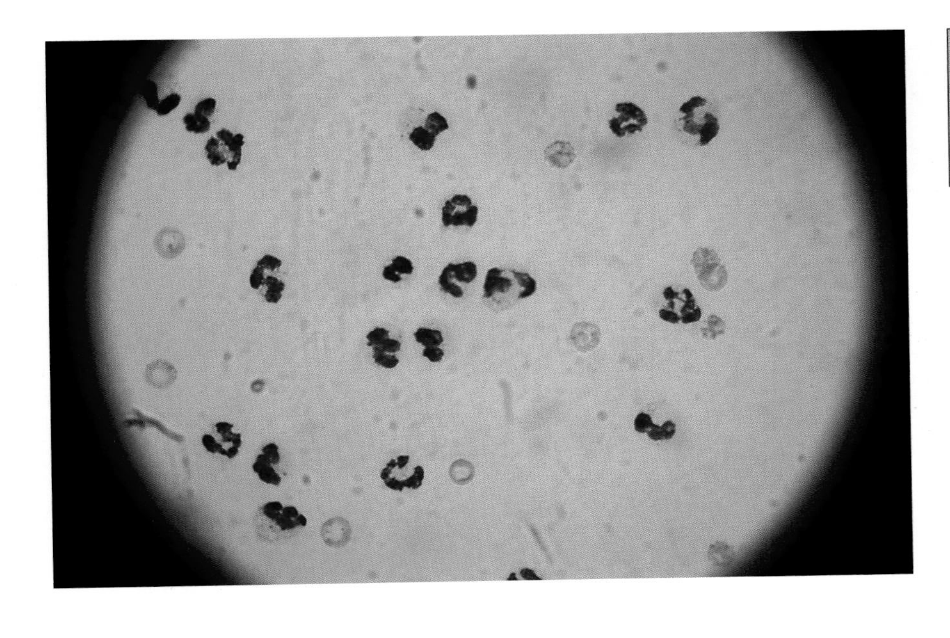

> 积液体积<6mL/kg时，液体陷入网膜和韧带中，不可能抽出来

图8-155　患病动物因急腹症而进行诊断性腹腔灌洗时采集的样品，样品中有大量的中性粒细胞。该病例为穿孔的子宫蓄脓。

# 经皮穿刺膀胱导尿术

使用率指数 ■■□□□

经腹壁插入膀胱导尿管的方法适用于发生尿道阻塞或创伤（尿结石、膀胱破裂、肿瘤等），无法实施尿道导尿管插入的患病动物（图8-156、图8-157）。

将包括套管针和套管的一套装置插入膀胱内，再通过套管将导尿管插入膀胱内（图8-158、图8-159）。

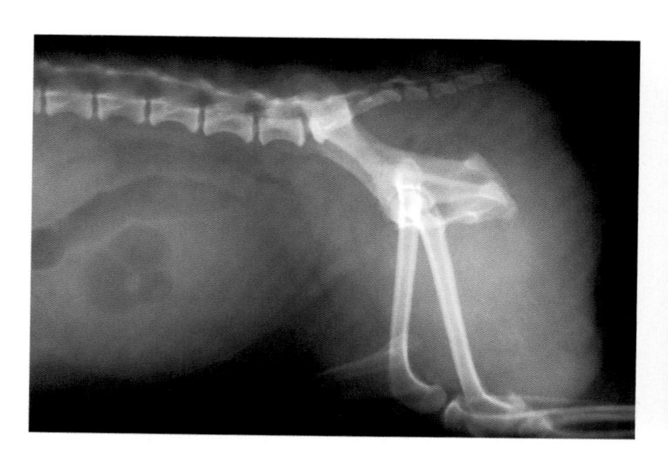

图8-156　患病动物尿潴留。由于导尿管卡在了坐骨区，不能经尿道插入导尿管。

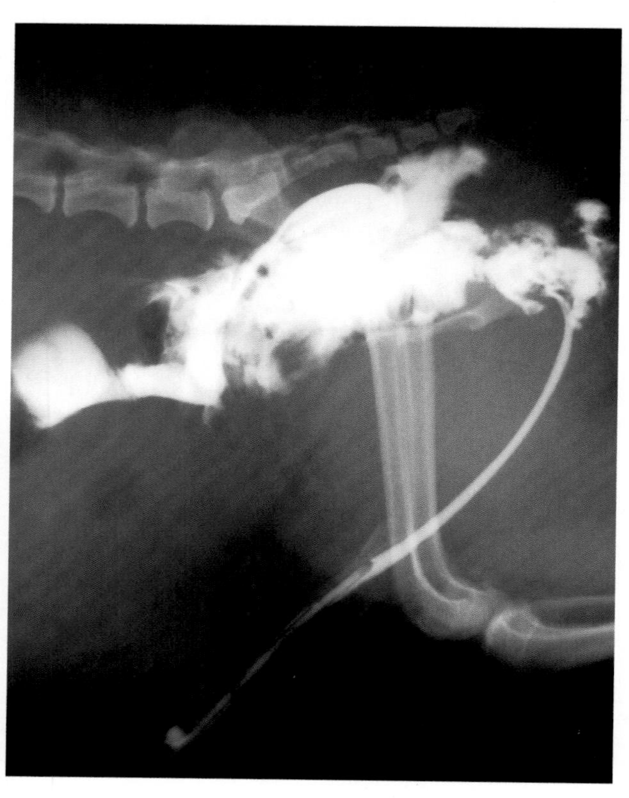

图8-157　由于怀疑有尿道损伤，用碘造影剂实施逆行尿道造影术。在X线片中，因尿道破裂，可见造影剂从尿道流入盆腔内。

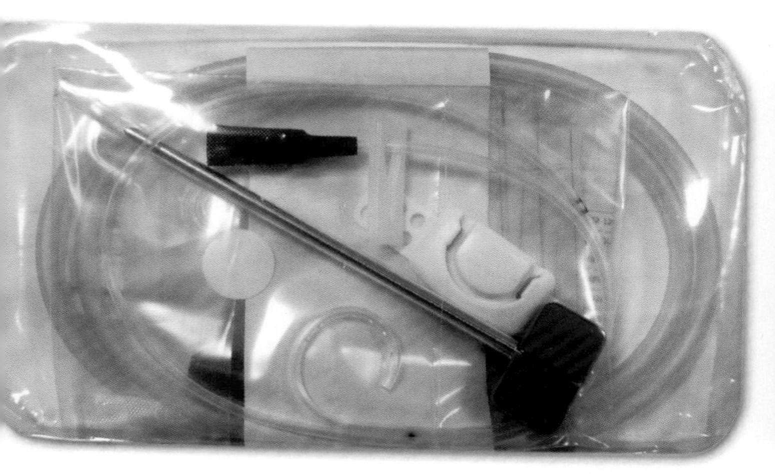

图8-158　经由皮肤放置导尿管的成套装置，包括套管针、套管、导尿管和尿液收集袋。

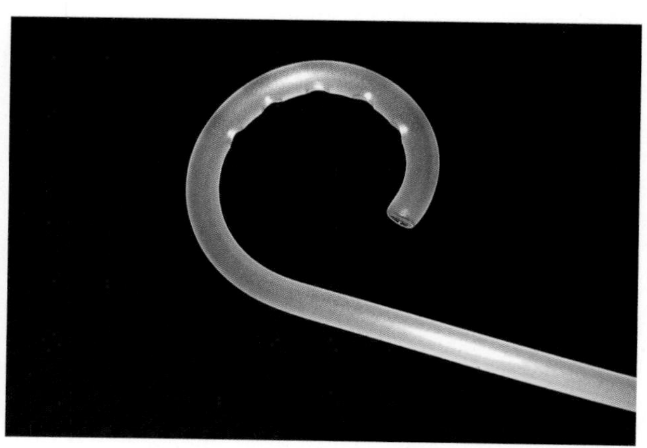

图8-159　导尿管头。当导尿管置于膀胱内时，其环状结构可使导管免于滑脱。

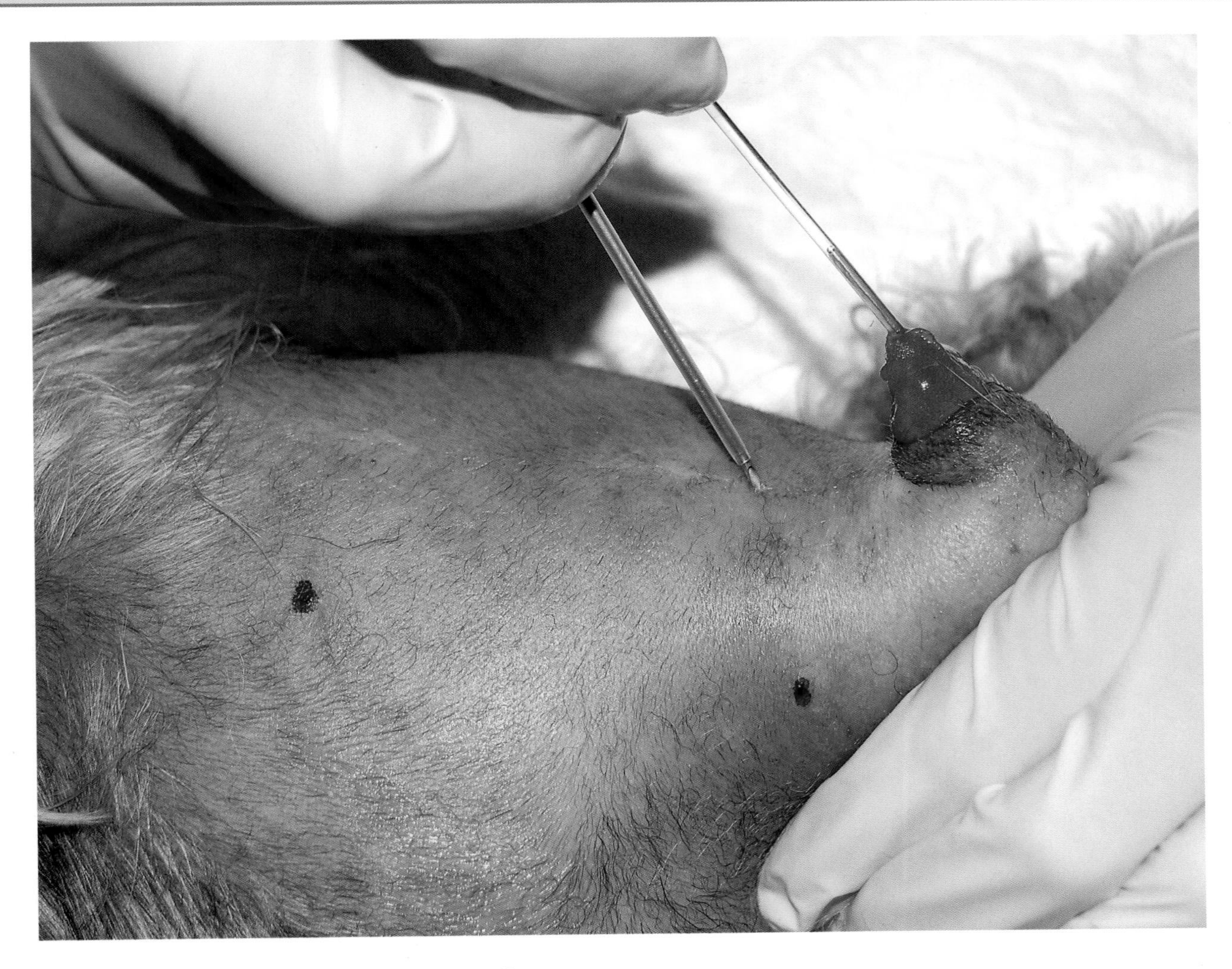

图8-160　用手固定膀胱，经腹白线插入导尿管。

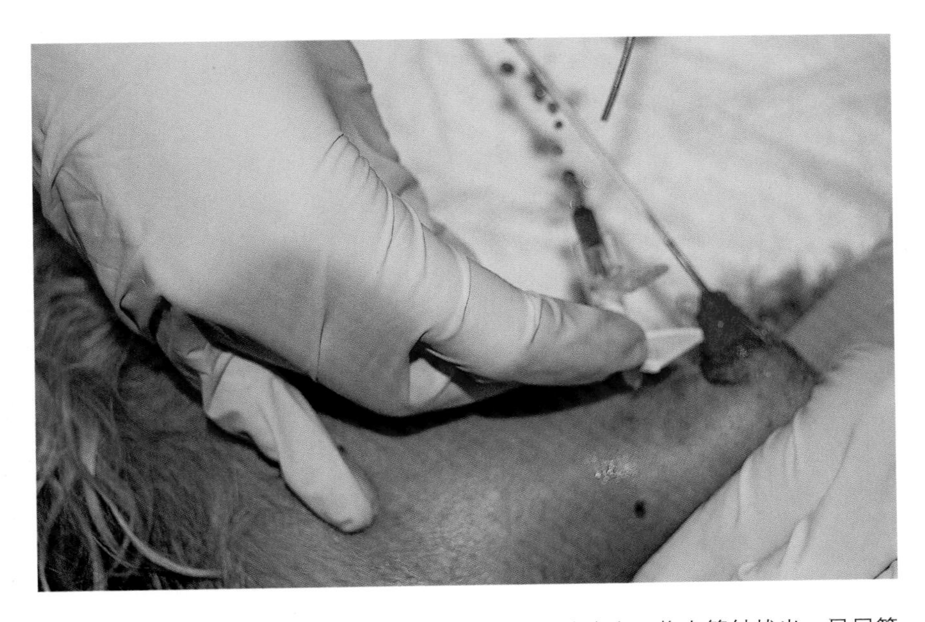

图8-161　导尿管和套管针插入膀胱后，尿液开始流出。将套管针拔出，导尿管留置在膀胱中。

**放置固定技术**

将膀胱固定在腹壁上，导尿管和套管针一起插入（图8-160、图8-161）。然后拔出套管针，导尿管通过套管插入膀胱内（图8-162）。为了拔出套管，将连接头分开，将套管纵向分成两半，使其易于从膀胱中抽出（图8-163、图8-164）。排空膀胱，收集不同的尿液样本进行尿液检查和尿液病原菌培养（图8-165）。最后，将导尿管固定于腹壁皮肤上，同时给患病动物戴上伊丽莎白项圈，以限制其活动（图8-166）。

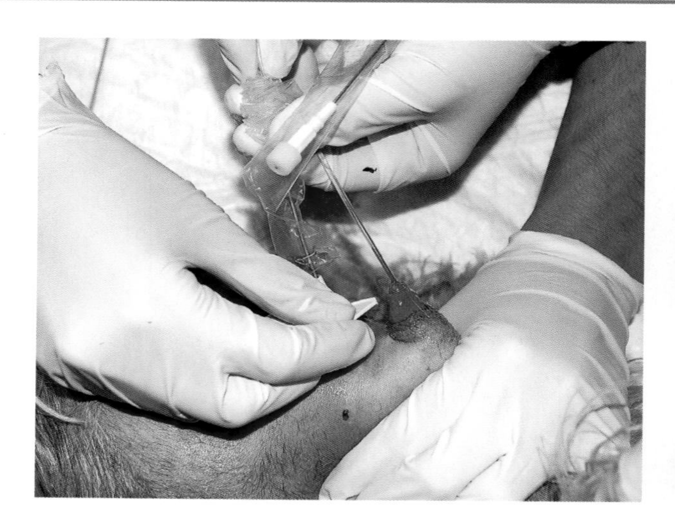

图8-162 导尿管通过套管插入膀胱内。手始终只接触塑料套管，以免造成污染。

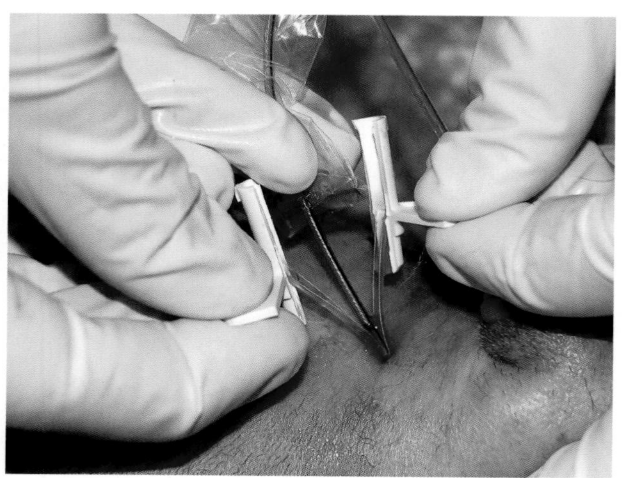

图8-163 连接头很容易分开，形成两半。

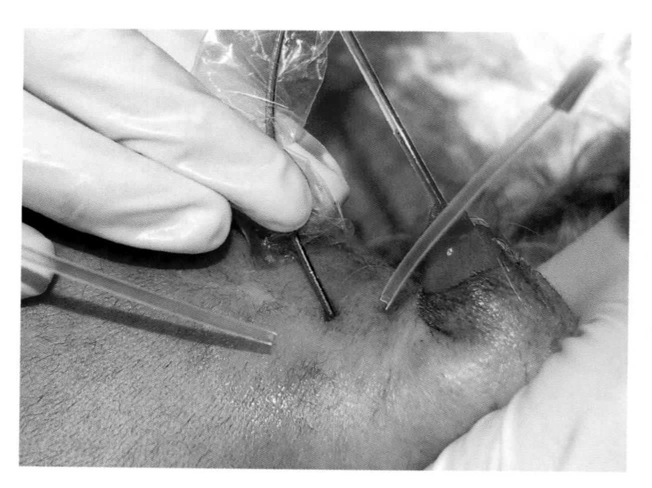

图8-164 将分开的两半连接头拉出，套管从膀胱抽出，而导尿管仍留在原位。

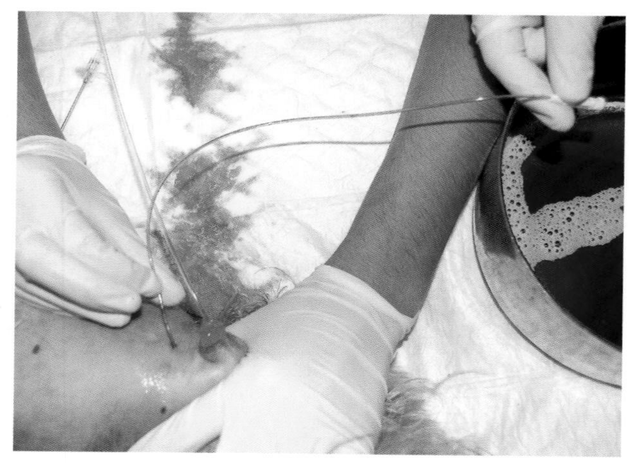

图8-165 排空膀胱，将导尿管连接到封闭的尿液收集袋中，将上行感染的风险降至最低。

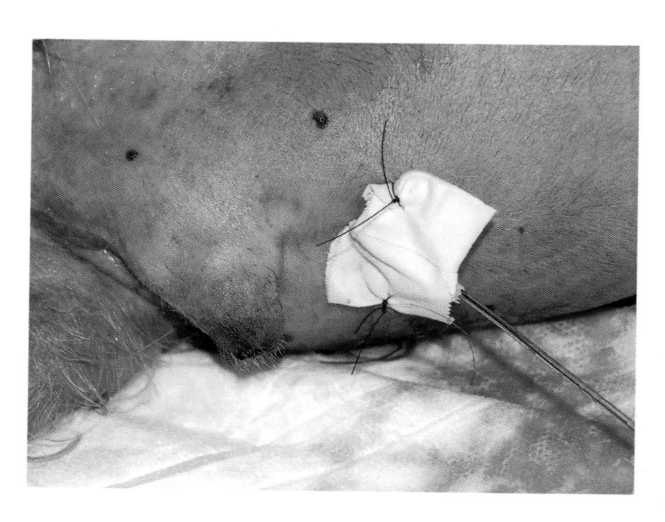

图8-166 为防止导尿管滑落，应将其固定在腹壁皮肤上。用医用胶带将导尿管粘到皮肤上，再将胶带缝合两针固定在皮肤上。

## 术后护理

- 装置导尿管后，进行全面的尿液检查，包括尿液病原菌培养和药敏试验。
- 进行补液，纠正脱水、尿毒症及电解质失衡。
- 为了避免逆行感染，要尽可能缩短导尿管在膀胱内的滞留时间。只有出现泌尿系统或全身性感染症状时，才建议使用抗生素进行治疗。

# 尿道水压冲洗

技术难度 ■□□□□

尿道水压冲洗用于清除阻塞尿道的结石，并将结石冲入膀胱内。进行这项操作时，最好对患病动物施行镇静或轻度麻醉。

**方法**

将导尿管插入尿道内，直至结石部位（图8-167至图8-169）。

通过直肠触诊，在骨盆腔底部找到尿道（图8-170）。然后，通过一定的压力将尿道紧压向骨盆腔底部，紧按阴茎的龟头，以免生理盐水回流（图8-170）。

切勿尝试用导尿管破碎结石。否则，导尿管很有可能会滑过结石，甚至导致尿道破裂

为了便于找到骨盆腔内的尿道，助手需向导尿管注入适量的生理盐水，兽医应能感觉到液体流过尿道

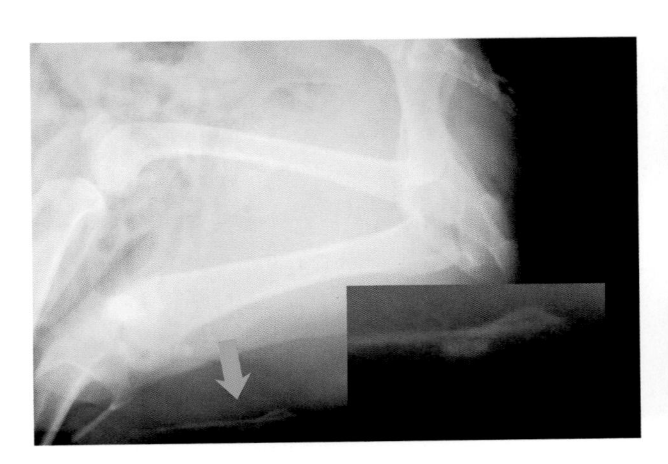

图8-167　注意阴茎骨旁边阻塞尿道的结石（箭头所示）。

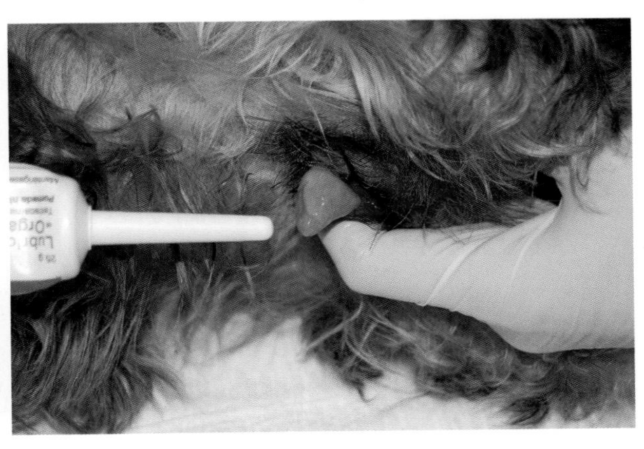

图8-168　润滑导尿管和尿道开口处。

图8-169　将导尿管小心插入至结石处。

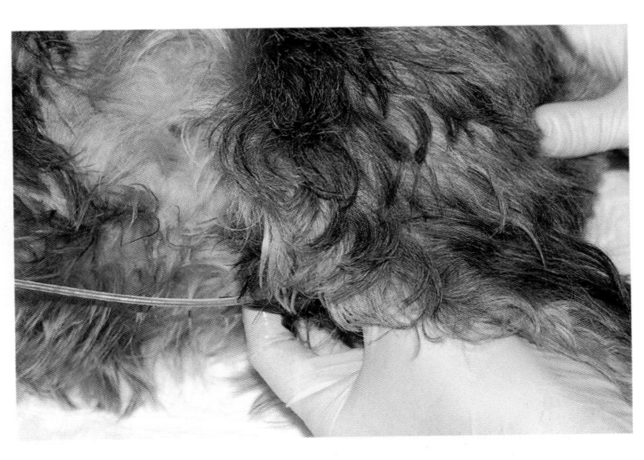

图8-170　手的中指伸入直肠内，找到位于骨盆腔底部中间的尿道。

之后，助手以适当压力将生理盐水注入导尿管，同时，兽医在骨盆腔内和龟头处压迫阻断尿道。

> ✱ 检查膀胱膨大：将大量液体注入因尿潴留已高度膨胀的膀胱

兽医感觉到骨盆腔内尿道高度膨胀几秒钟后，解除对骨盆腔内尿道的按压，让生理盐水流入膀胱内，从而将尿道结石冲入到膀胱内。然后再进行一次X线检查，查看尿道结石是否已经清除（图8-171）。如果没有将尿道结石冲入到膀胱中，应重复上述过程直至所有结石都被冲入到膀胱中（图8-172），然后实施膀胱切开术，从膀胱中取出结石。

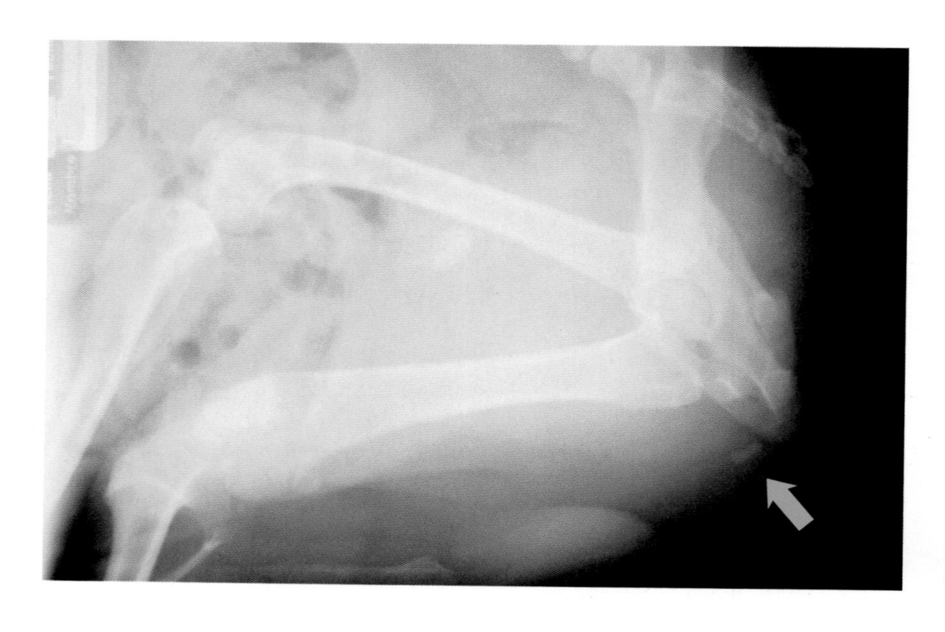

图8-171　此时，尿道结石已经从阴茎骨尿道转移到坐骨尿道内，但还没有被冲入到膀胱中。

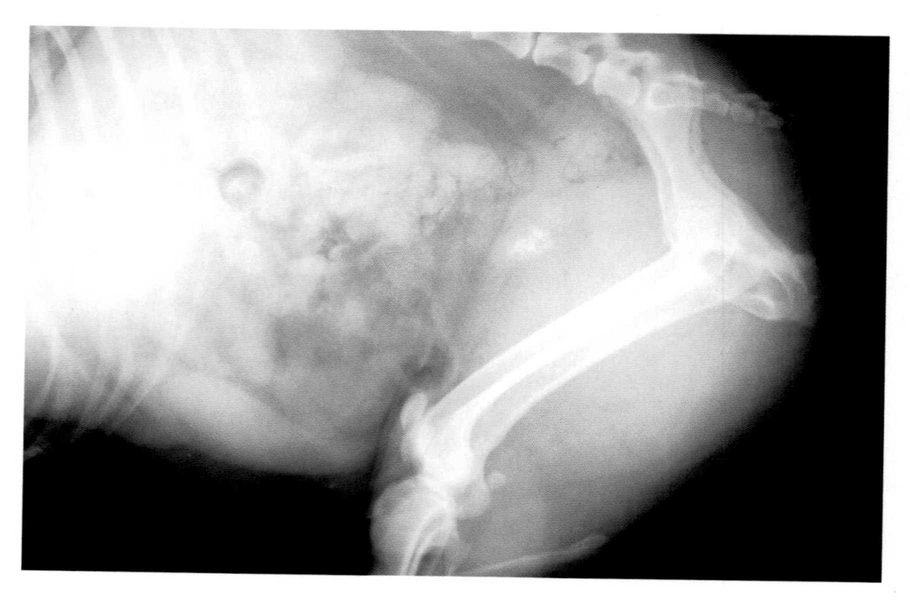

图8-172　重复冲洗两次之后，尿道结石已经冲入到膀胱中。

# 剖腹术

使用率指数

剖腹术是进入腹腔的手术通路，以便对腹腔器官进行检查、接近和手术，既可以用于诊断，又可以用于治疗。手术切口的大小取决于要接近的器官，尽管手术部位、动物品种或性别（雄性由于阴茎存在，需要进行微小变化）不同，但手术方法始终是相同的。

> 腹正中线剖腹探查是腹部手术的首选方法，此法最常用于犬、猫。这是接近所有腹部器官的一种简单而又便捷的方法

> ✱ 正确的剖腹术包括组织的仔细分离及完美的缝合，是确保手术成功的必要因素。经过漫长而复杂的手术后，术中的任何错误都可能导致手术失败

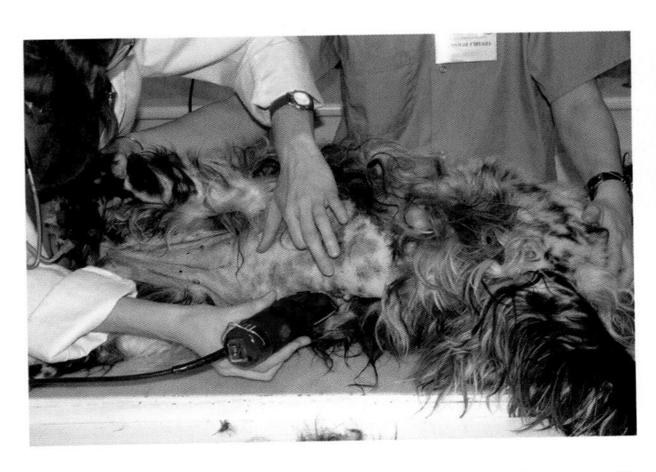

图8-173　剪毛时，当心不要划破或灼伤皮肤。尽可能避免所有可能影响患病动物术后恢复的非手术损伤。

**动物准备**

花费必要的时间对患病动物进行术前准备是很重要的。首先，在腹侧部近头端、距胸骨剑突3～4cm的部位至会阴区的范围内剪毛，包括大腿内侧，同时要特别注意雄性犬的包皮区域。剪毛时注意不要损伤皮肤，剪刀要锋利，以避免剪刀灼伤（图8-173、图8-174）。

> 如果可能，建议在术前排空膀胱，因为膀胱充满会增加腹部手术的难度，增加损伤的风险

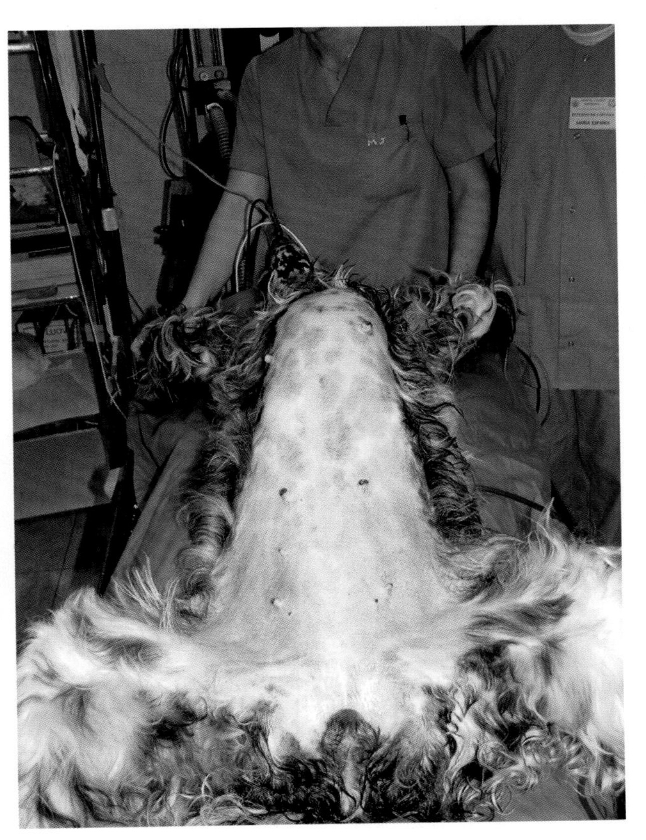

图8-174　整个腹部区域都应剪毛，尤其是长毛患病动物，以免手术过程中造成二次污染。

如果患病动物在术前没有排尿，应进行导尿排空膀胱。对雄性动物，尿道管导尿时用无菌纱布覆盖包皮（图8-175）。用真空泵清除松散的被毛，用消毒剂对手术区刷洗2 ~ 3次，去除所有污物并将皮肤菌群降到最低。患病动物在手术台上取仰卧位，手术台最好有一个可加热保温的台面，防止体温过低以及对肌肉或皮肤造成损伤。接着，用非气泡消毒剂对手术区进行消毒。首先沿着头尾方向以线形消毒腹正中线处，接着从中心向边缘画平行线（图8-176）。此过程重复2 ~ 3次。最后，将无菌手术创巾盖在腹部的切口部位(图8-177)。

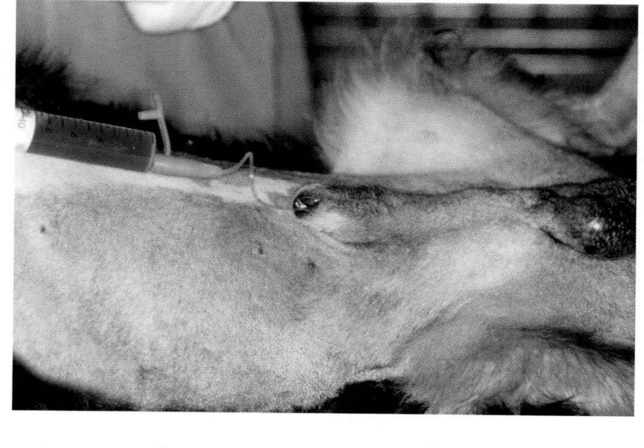

图8-175　膀胱导尿对避免医源性损伤是非常重要的，而且膀胱的大小可能会妨碍其他内脏器官的显露及分离。

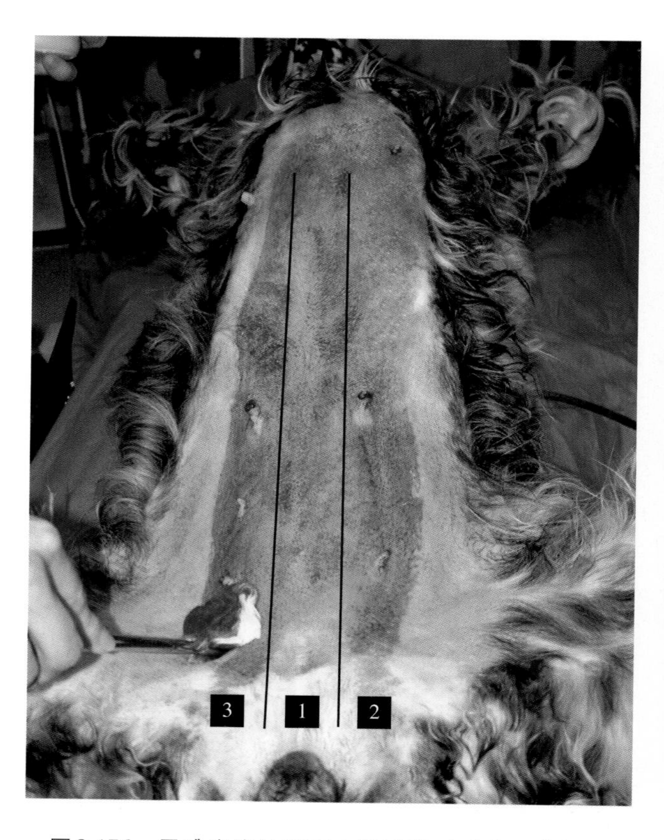


图8-176　用碘溶液从腹正中线开始对手术区进行无菌准备工作。接着，用消毒剂从中心区域开始并向两侧边缘以画平行线的方式反复消毒。

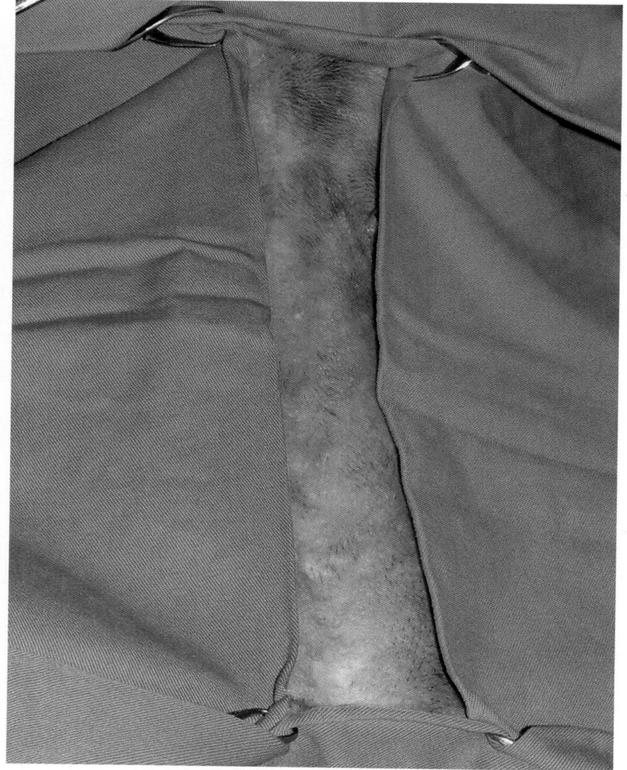

图8-177　病例中，手术区已做了充分的准备，因为剖腹术的切口是从胸骨剑突开始，止于耻骨联合。

## 手术方法

技术难度

术野良好的显露将使手术更加容易，所以，推荐较大的手术切口，但应该记住，过长的切口可能会增加发生并发症的风险。

一旦患病动物准备就绪并仰卧保定在手术台上，依据原定手术计划，确定切口的界线（图8-178)。

用手术刀切开皮肤。为了获得直线（不是斜的）切口，刀片应与皮肤垂直。按压在手术刀上的压力要以切开皮下组织但不切开肌层为宜（图8-179)。通常犬的脂肪多、皮肤较厚，很难切至肌肉。猫和妊娠动物，由于肌层已经失去了张力，所以，切开第一层组织时要格外小心。

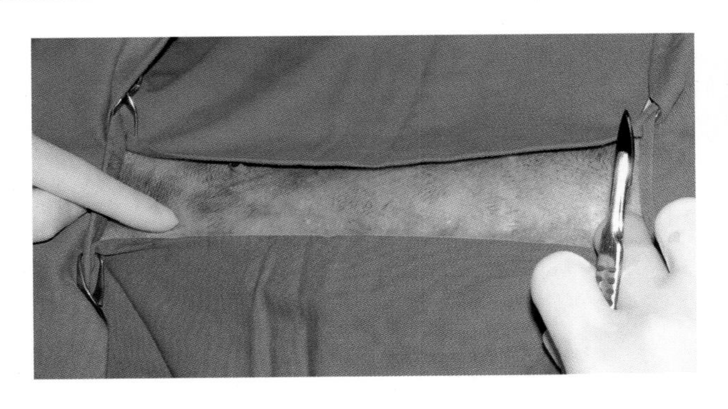

图8-178 确定皮肤切口的起点和终点。

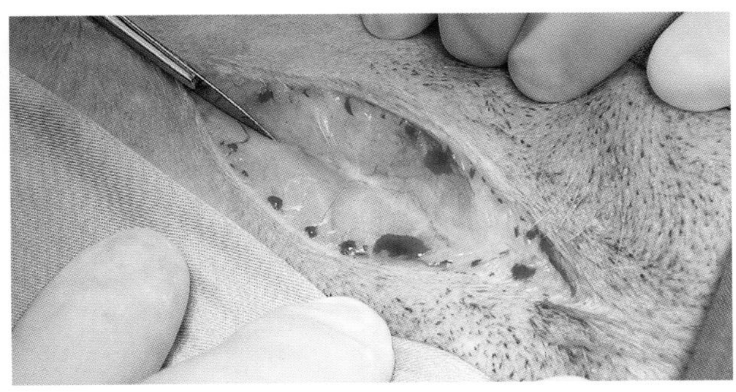

图8-179 切开皮肤和皮下组织。保持切口组织一定的张力，一次运刀即可切开一个直线切口。

* 切口过长会因蒸发而增加体液的丢失，增加体温过低和感染的风险

在雄性动物包皮区，切口方向应稍偏移，可以做一个小曲线，然后与阴茎平行延伸皮肤切口（图8-180）。原则上，切口向左或向右稍偏移都没有太大影响。

皮肤和皮下组织的血管往往会出血，用止血钳或烧灼可以成功止血。雄性动物会遇到包皮血管，这些血管都是与阴茎平行并且位于皮下组织表面的后腹壁浅动脉分支。根据这些血管的大小，采用烧灼甚至结扎的方法防止出血（图8-181）。分离皮下组织，其厚度取决于动物的脂肪量。接下来，找到腹白线。这是一条黄白色的纤维状条带，是腹部肌肉在腹壁中央汇合并经此进入腹腔的地方。继续分离皮下组织，直到清晰地显露将要切开的全部腹白线。切口的长度依手术计划而定（图8-182）。在腹白线的某一点做一个微切口，打开腹腔。切开时应特别注意不要损伤内脏器官，用鼠齿钳夹持腹白线切开点两侧的腹壁肌肉，提起腹壁，使其与腹腔内脏分开，然后用手术刀在腹白线挑开一个小孔（图8-183）。

通过腹白线的小孔，将手指伸入腹腔内，检查内脏与腹壁之间有无粘连。如果腹部曾做过外科手术，则内脏与腹壁可能发生粘连（图8-184）。然后用剪刀剪开所需长度的腹白线。还是要注意避免损伤内脏，手指伸入腹壁下，将腹壁与腹腔器官分开，保护内脏器官不受损伤（图8-185）。

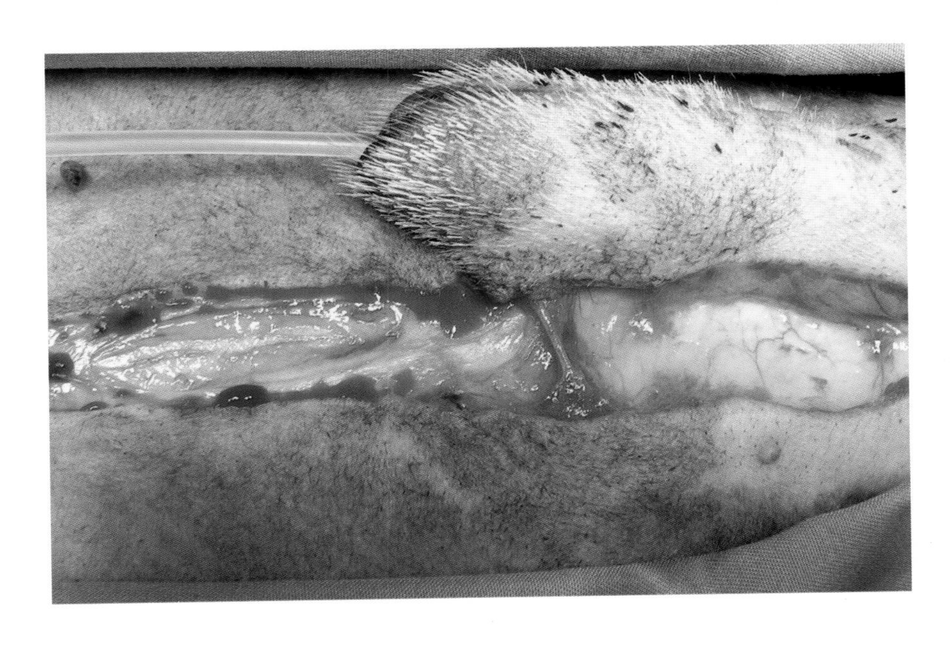

图8-180 将雄性动物的阴茎向一侧牵拉，延续皮肤的直线切口。图中清晰显示了一根流向包皮的血管。

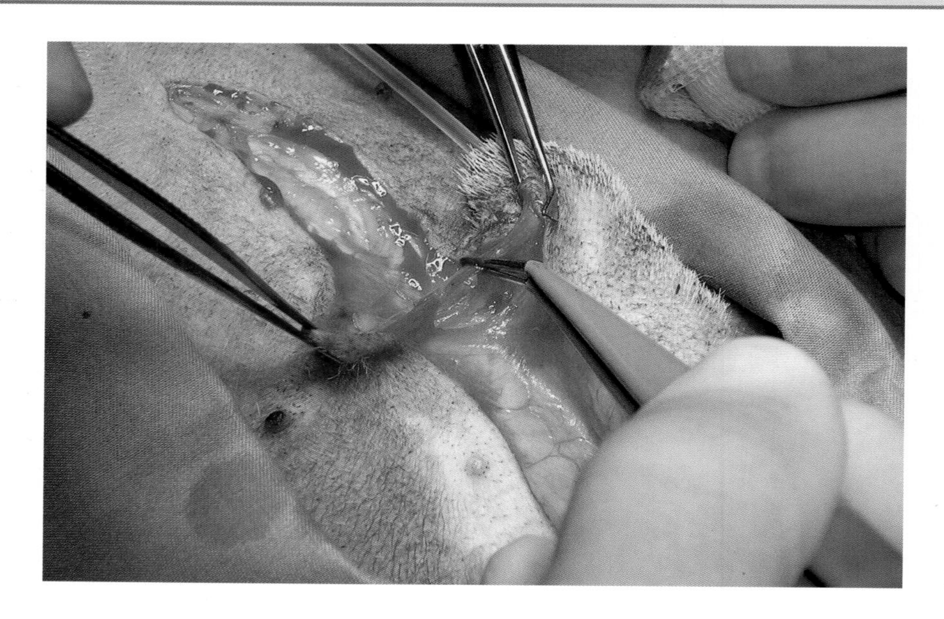

图8-181　用双极电凝器对包皮血管进行烧灼止血。

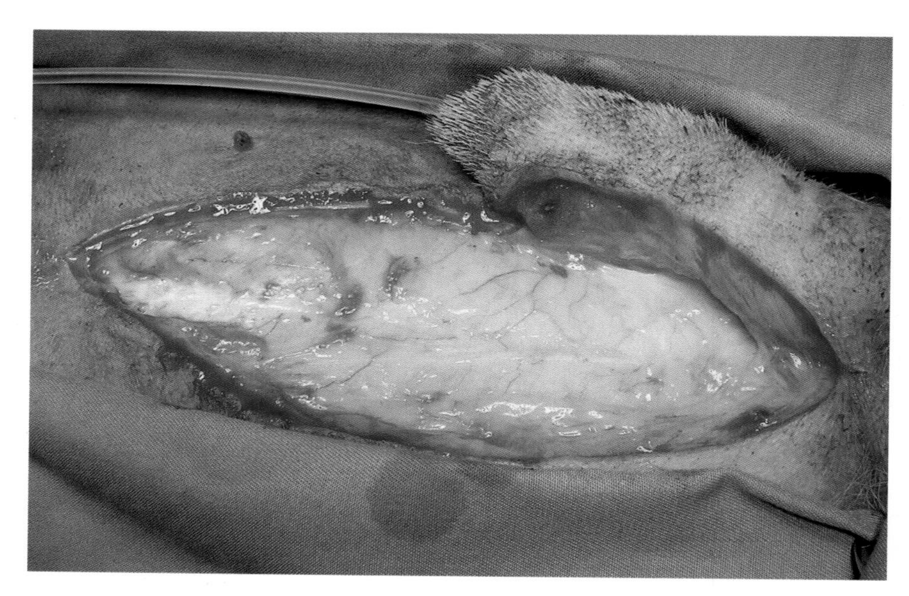

图8-182　分离皮下脂肪组织后，显露腹白线。腹白线的特征是颜色更白，位于整个腹部的中线。

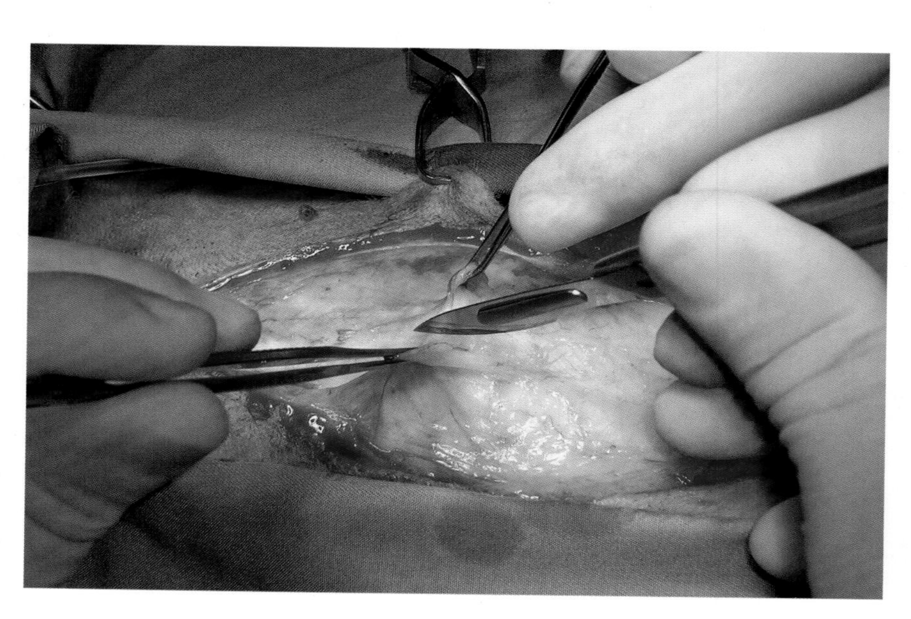

图8-183　用两把Adson镊子提起腹白线两侧的腱膜，使腹壁与腹腔内脏之间有一定的空间。接着用手术刀切开腹白线。

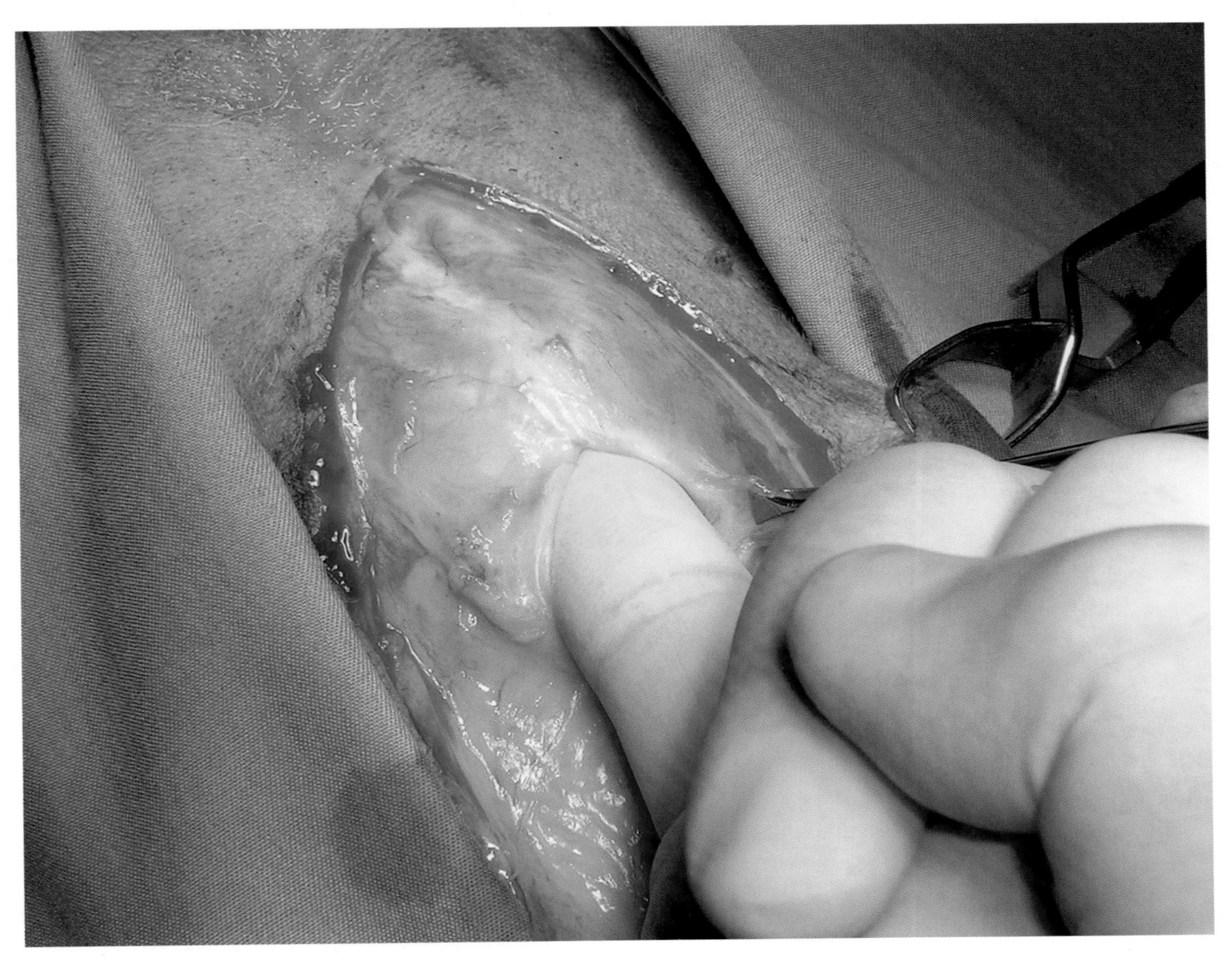

图8-184　切开一个3cm长的切口，手指伸进腹腔内检查内脏与腹壁之间是否有粘连，粘连会增加内脏器官损伤的风险。

图8-185　用剪刀切开腹白线。手指伸入内脏和腹壁之间以防止损伤内脏器官。

*切开腹白线进入腹腔检查时，应特别注意避免损伤内脏器官，尤其是那些可能有过生理性或病理性肥大或从正常解剖部位移位的器官

确保剖腹术过程中被切断的腹部血管的彻底止血。如果出血控制不住，要考虑是否准确找到了出血点。手术完成后，用温的生理盐水冲洗腹腔，目的是减少术后发生感染的风险，尤其是术中接触到中空器官的微生物，如肠切开术或子宫蓄脓（图8-186）。之后，闭合腹壁切口。缝合材料的选择取决于外科医生的喜好。一般来说，合成的单丝可吸收或复丝材料（聚葡糖酸酯或聚乙醇酸）的缝合效果好。缝线的粗细应适合患病动物。成功的缝合更多地取决于正确的缝合技术和良好的术后护理，而非缝合材料的类型。第一道缝合采用连续缝合。缝线的第一个结和最后一个结很重要，因为这两个结与缝合的严密性有关。推荐在未切开的组织部位打第一个结和最后一个结，即在切口的首尾处（图8-187）。不必要把打结的线抽得太紧；每个结缠绕4 ～ 5次并将缝线逐渐收紧。闭合腹壁切口时，只需要缝合切口两侧的腹直肌腱膜，为保持腹腔器官良好的可视度，从切口尾端开始缝合（图8-188）。缝合或打结时不应包括镰状韧带或皮下组织的脂肪，这会影响切口愈合或引起腹腔内脏膨出（图8-189）。

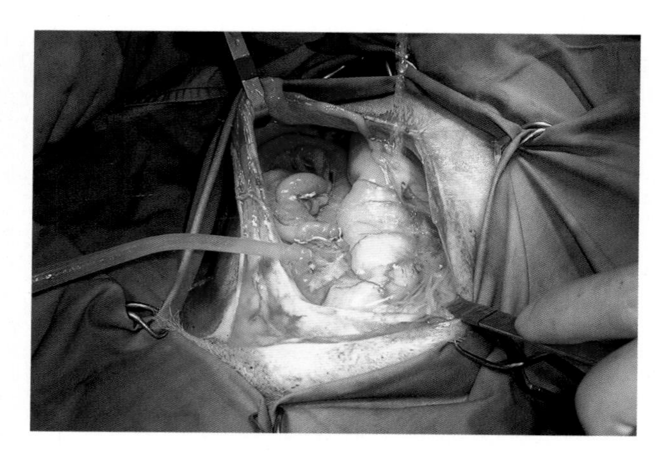

图8-186 完成手术后，建议用温的生理盐水冲洗腹腔以避免术后感染。

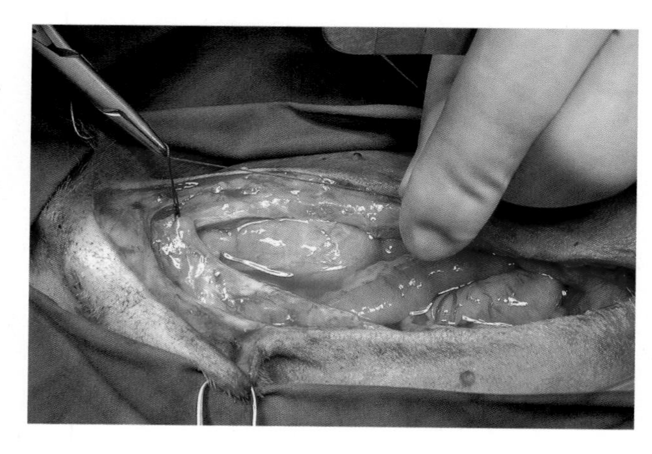

图8-187 缝合期间，为保持腹腔器官可视，从切口尾端开始缝合。为安全起见，第一个结打在手术未切开的组织上。

尽可能缩短手术时间：患病动物恢复快，并发症少

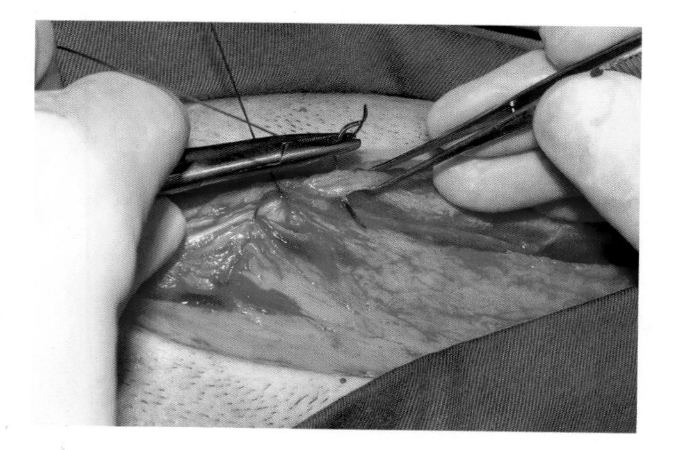

图8-188 向腹部头端方向缝合，以近似等距离的针脚缝合0.5 ～ 1cm宽度的腹直肌筋膜。

* 缝合不必要穿过整个肌层，因为这不会增加缝线的抗性，也不用包括腹膜壁层，因为这会增加发生炎症反应或粘连的风险

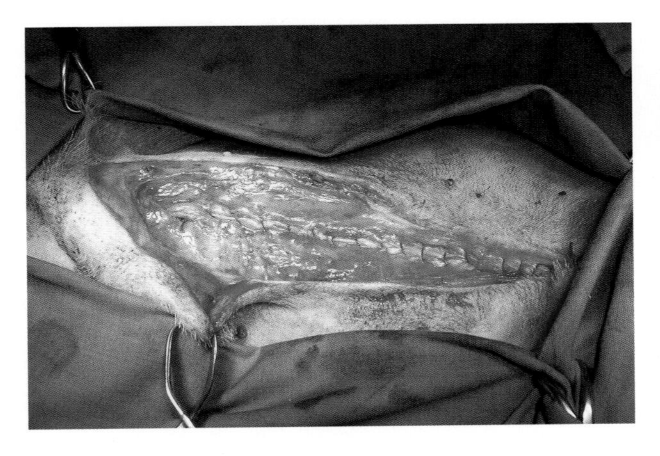

图8-189 第一道缝合后的外观。记住，缝合中不能包含脂肪是非常重要的。

✱ 腹肌腱膜缝合材料的正确固定、不包含脂肪的缝合及在缝线的首尾端安全打结对任何剖腹术切口的闭合都是最基本的要求

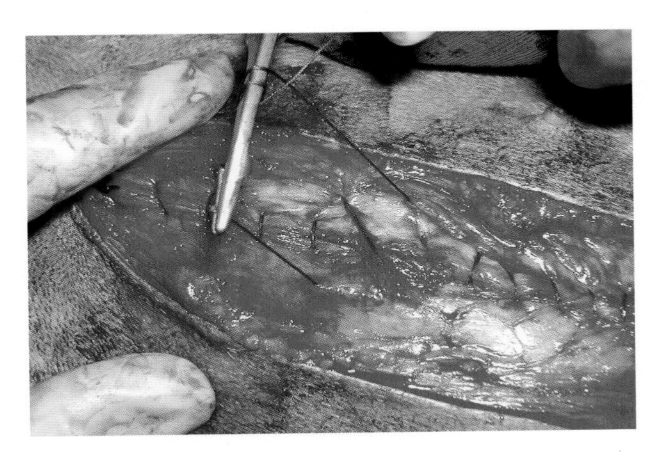

图8-190 十字缝合有助于加强闭合腹腔的连续缝合。

为使缝合更加安全，在第一道缝合后，使用相同的缝线进行十字缝合。唯一需要注意的是进出针时远离连续缝合的缝线，以避免切断缝线(图8-190)。至于皮下组织的缝合，每位外科医生应该决定缝合与否。对于雄性动物则需要一些缝合，使阴茎或包皮恢复到正常的解剖位置。最后，缝合皮肤。由于皮肤没有张力，可以使用任何类型的缝合。推荐使用非吸收单丝缝合材料。单纯间断缝合、水平或垂直褥式缝合或皮内缝合都可以使用（图8-191）。

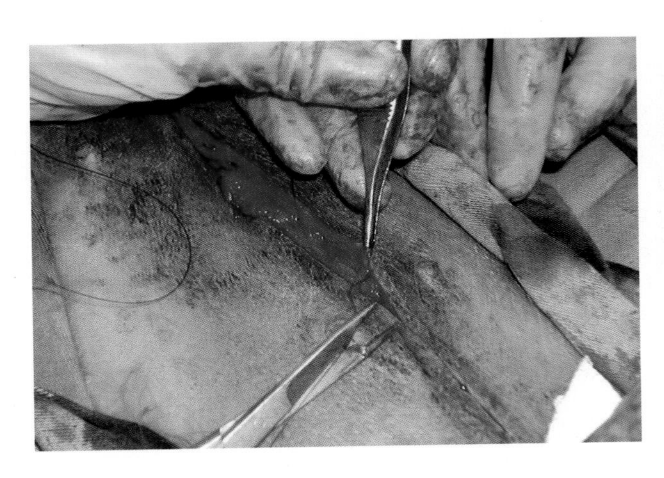

图8-191 根据外科医生的喜好缝合皮肤。皮内缝合是很好的选择，尤其是对那些棘手的患病动物。

因为单丝材料不具备复丝材料的毛细管现象，因此，单丝材料可降低皮肤感染的风险

最后，谨记手术的成功不仅取决于正确的手术方法，而且取决于严格的术后护理，这在很大程度上又取决于动物主人及给予动物的照顾。重视术后护理的重要性及其作用

# 卵巢子宫切除术

使用率指数

卵巢子宫切除术是指完全切除子宫和卵巢的外科手术。对于犬、猫，为了控制其数量和消除发情期性行为，动物主人对于用这种手术进行干预的要求相对比较高。但也有许多其他适应证，如子宫和乳腺疾病的预防和治疗，子宫蓄脓、子宫炎、子宫和乳房肿瘤、子宫扭转或脱出（图8-192、图8-193）。

在第一次发情之前进行早期去势可以降低后期乳腺肿瘤的风险，因为激素对这种类型肿瘤的发展是非常重要的。

有时，卵巢子宫切除术可能有助于控制全身性疾病，如糖尿病或行为异常。

雌性生殖道的切除可能是兽医实践中对雌性动物所做的最常见的外科干预

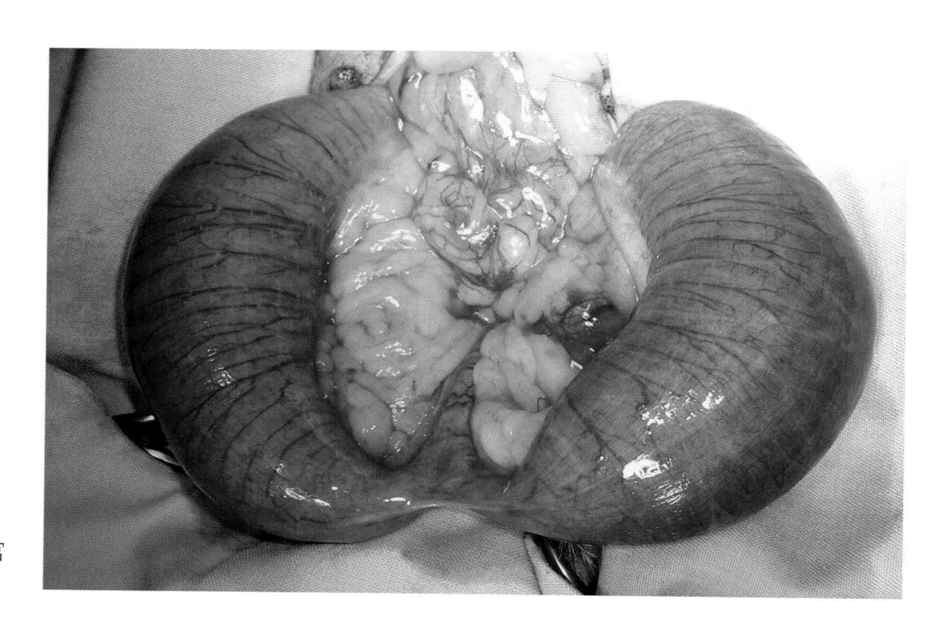

图8-192　子宫蓄脓引起的子宫显著膨胀。

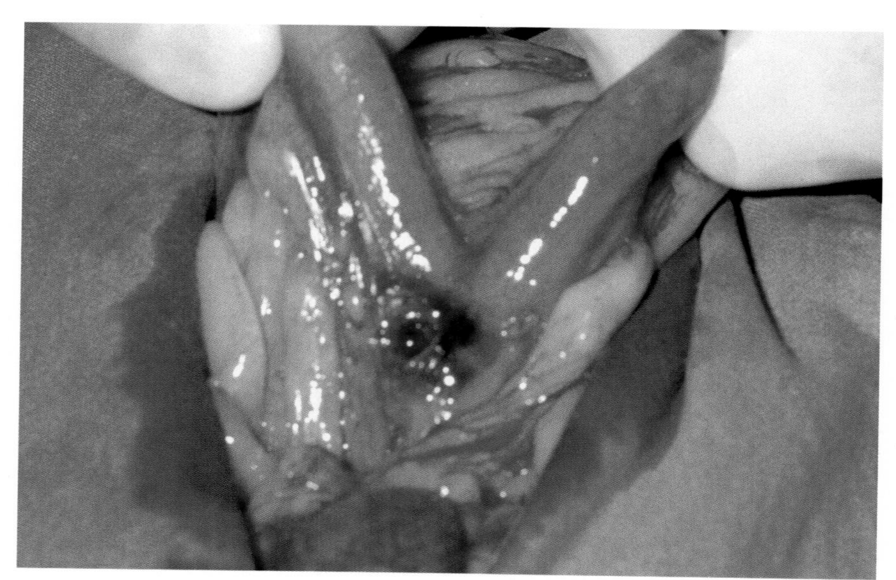

图8-193　人工授精继发的医源性子宫穿孔。

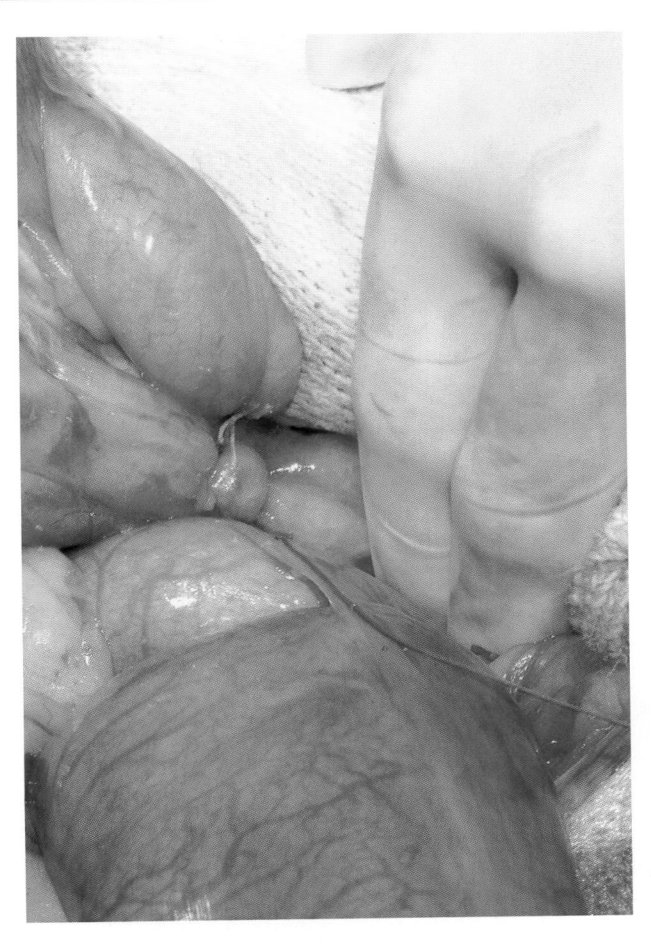

图8-194　肥胖是大型犬的另一个问题，因为很难对组织进行处置和显露卵巢血管。

## 犬卵巢子宫切除术

技术难度 ■■■□□

该手术的难点在于将腹腔深处的卵巢牵引至切口外并结扎卵巢蒂，这对于大型犬或肥胖犬来说更难，此时的手术充满挑战性（图8-194）。为显露卵巢和子宫，在脐部至耻骨联合处腹正中线做切口，打开腹腔。先将较难牵拉的右侧卵巢蒂牵引至切口外。为此，要对子宫角进行轻柔而坚决的牵引（图8-195）。在卵巢与腹壁连接处的脂肪组织中找到卵巢悬韧带和卵巢血管。原则上，

膀胱充盈会妨碍显露子宫，从而影响手术操作。因此，术前需排空膀胱

✱ 记住，牵引子宫韧带会引起迷走神经反射而引发心脏疾病

由于右侧卵巢蒂比左侧卵巢蒂更靠近腹部头侧的位置，因此，向外牵引稍难一些。对于含有大量脂肪组织的患犬来说，卵巢及其蒂的正确识别是比较困难的

图8-195　首先找到卵巢。双侧卵巢位于肾脏头侧的卵巢囊内，经卵巢蒂与腹部连接。

用适当粗细的单丝可吸收材料分开结扎卵巢蒂的动脉、静脉血管（图8-196）。用剪刀在卵巢系膜上剪个小孔，从孔中穿过结扎悬韧带的缝线（图8-197）。然后用蚊式钳夹住韧带远端并用剪刀剪断（图8-198）。

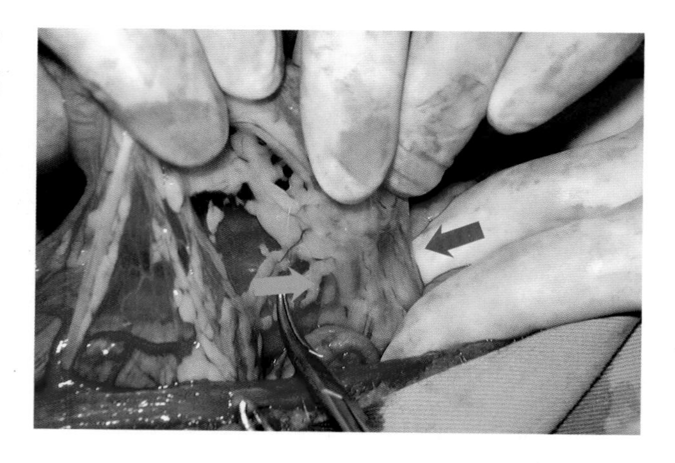

图8-196　卵巢蒂中有弯曲延伸的卵巢动脉和静脉（橙色箭头）及卵巢悬韧带（灰色箭头），可通过黄白颜色和紧绷着的结构识别卵巢悬韧带。卵巢悬韧带及其血管附着于肾脏的尾端。

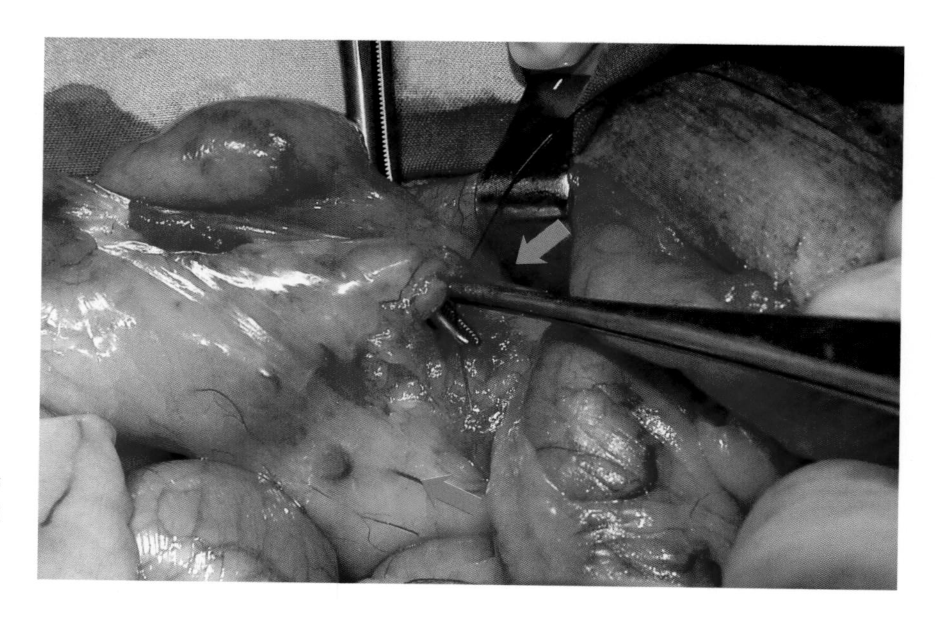

图8-197　用剪刀在位于悬韧带旁的卵巢系膜上剪个小孔。单丝可吸收结扎线绕过悬韧带从孔中穿过。

有些兽医喜欢不做任何结扎而撕下韧带。但要记住，这可能会导致出血，尤其是对于体型大的患犬更是如此

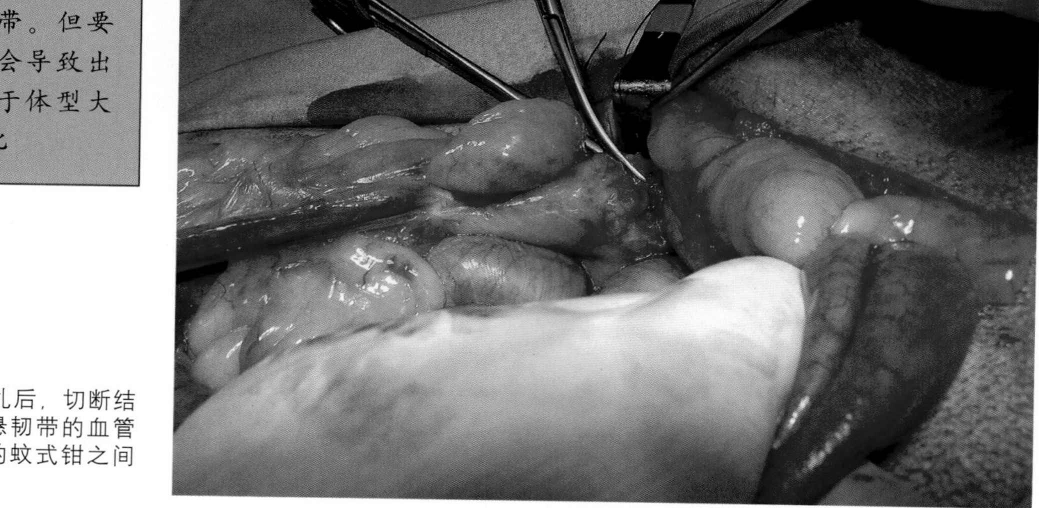

图8-198　完成结扎后，切断结扎线与为防止伴行悬韧带的血管出血而夹持在远端的蚊式钳之间的韧带。

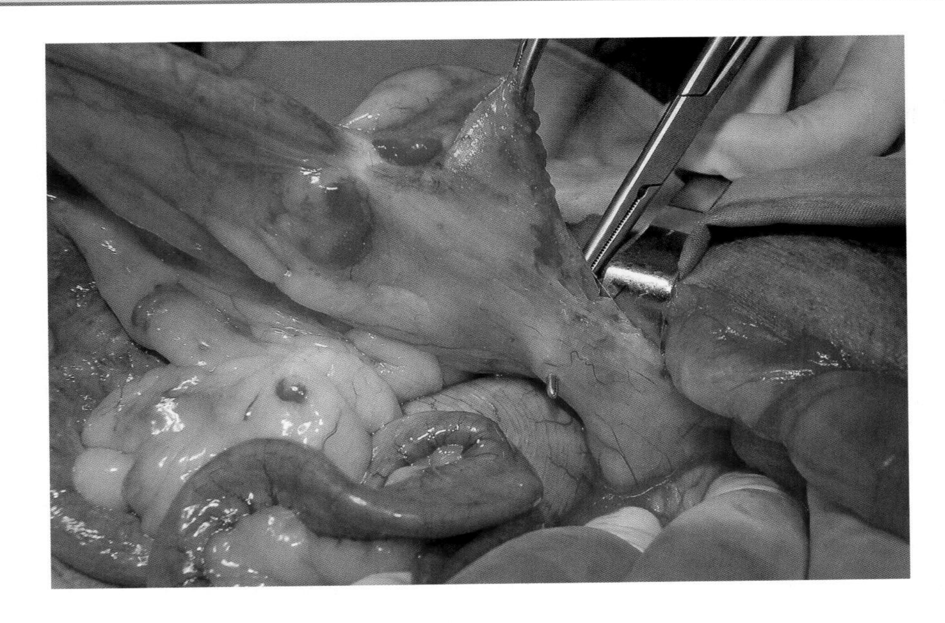

将卵巢血管一起结扎。为此，在更靠近尾端的卵巢系膜上再剪开一个孔（图8-199），单丝可吸收缝线穿过这个孔将血管结扎起来(图8-200)。对经验不足的兽医来说，建议在卵巢远端结扎两次，以确保卵巢带能够

图8-199　接着，在离卵巢尽可能远的卵巢系膜再剪开一个孔，在止血钳的帮助下，用相同材料的缝线穿过这个孔结扎血管。

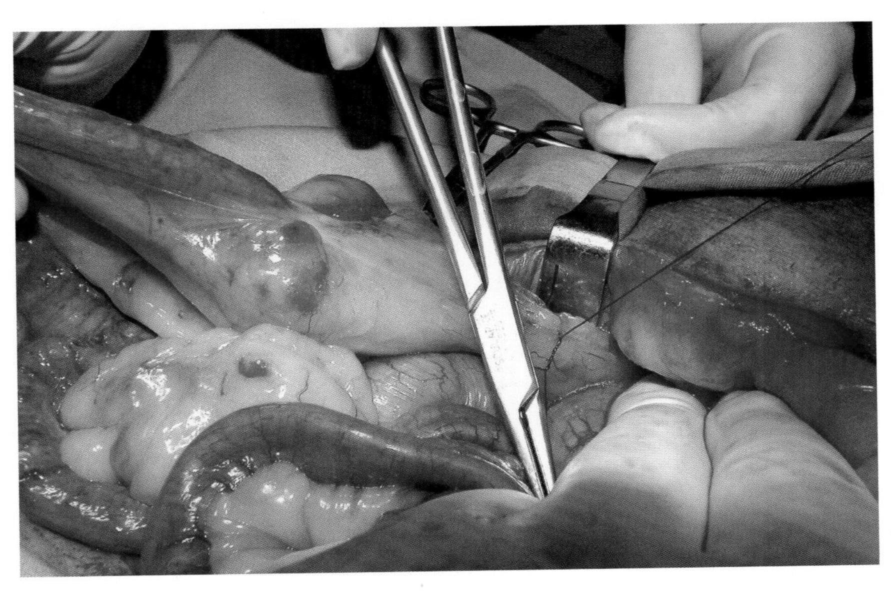

结扎的位置要尽可能在远端，以避免摘除卵巢时在体内残余卵巢组织

图8-200　结扎卵巢血管的结应尽可能打在靠近腹部大血管的位置。这样就使卵巢和结扎线之间有足够的空间，摘除卵巢会更加容易。建议打两个结，以确保卵巢血管彻底结扎。

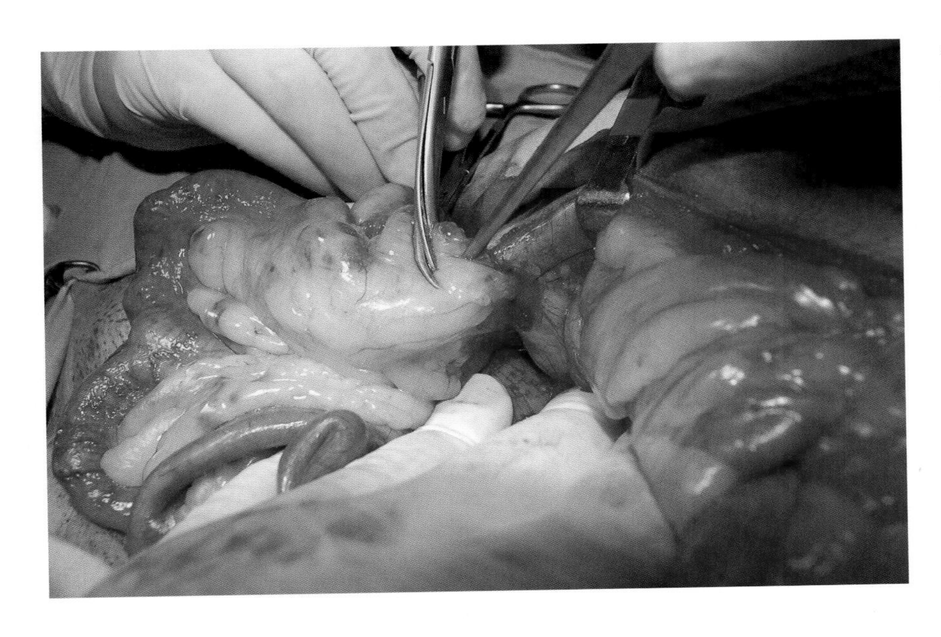

彻底止血。切断韧带前，在靠近卵巢处放置一把止血钳，以防止血液倒流回手术区域（图8-201）。切断卵巢血管

图8-201　在切断血管、摘除卵巢之前，在远离结扎的位置放置止血钳，以防止子宫出血。

后，检查结扎处是否有出血（图8-202）。现在将形成子宫系膜并把子宫角、子宫体与腹壁连接到一起的阔韧带和圆韧带切断。切断前用单丝可吸收材料进行集束结扎（图8-203）。

> 切断卵巢带时，注意不要遗留任何卵巢组织；这些组织仍保持其生理功能，会导致复发性发情，而且存在发生子宫蓄脓的风险

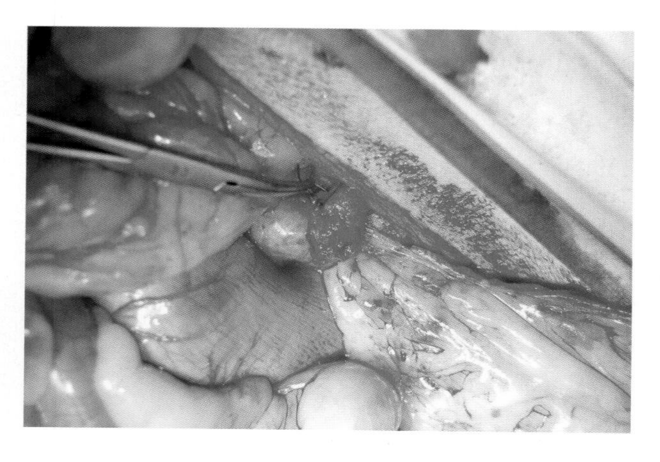

图8-202　用镊子夹持并定位卵巢带，然后将其切断。如果因结扎不好而出血时，可以迅速将其牵引出来。

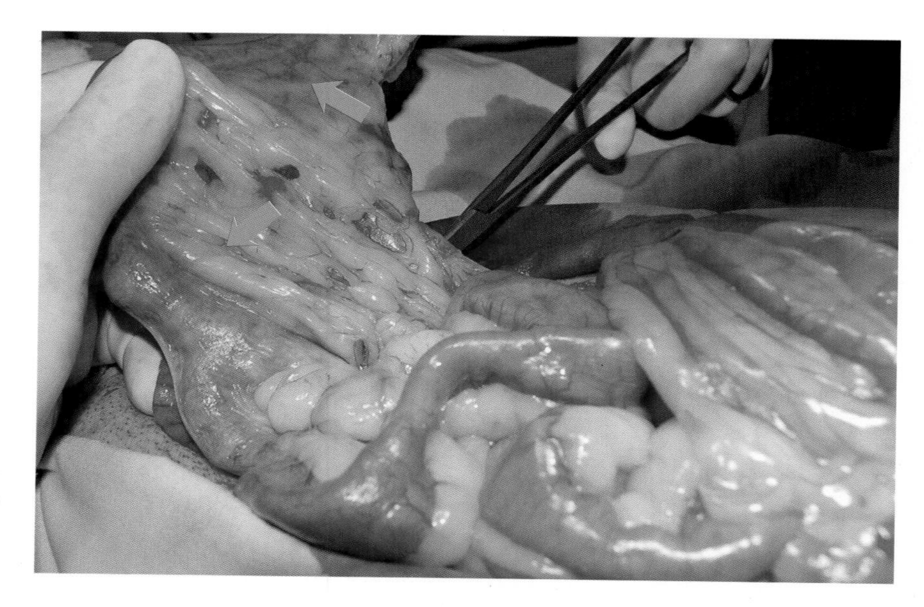

图8-203　沿子宫角和子宫体切断子宫系膜或阔韧带。必要时，结扎或烧灼血管，尽管这些方法通常仅用于怀孕、肥胖或发情的犬。

总的来说，除子宫血管外，其他血管都很细，但它们与子宫平行并靠近子宫（图8-204）。在子宫另一侧进行相同的手术操作，直到子宫角、子宫体完全游离。以下操作与位于膀胱

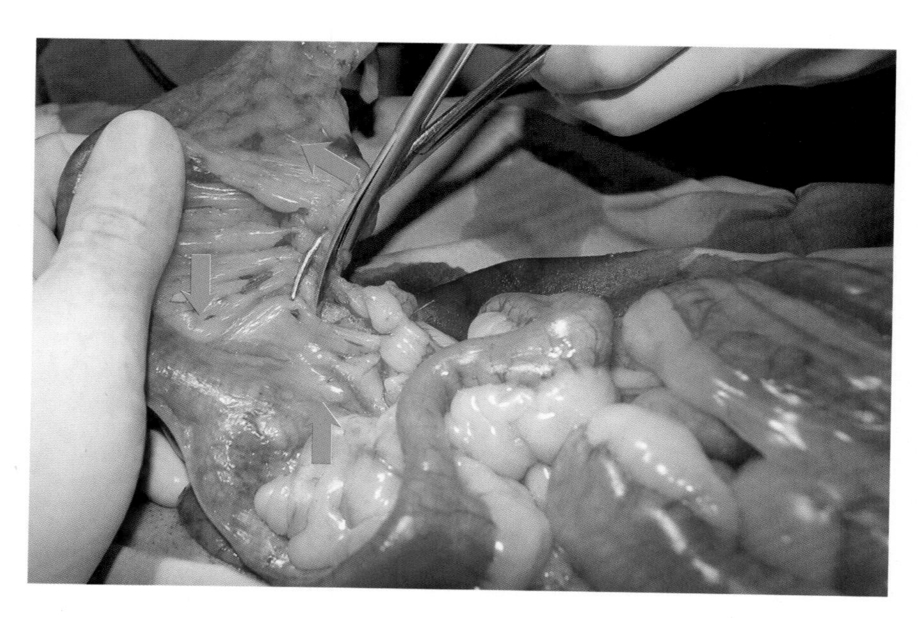

图8-204　手术过程中，子宫圆韧带也要切断。子宫血管在紧靠子宫的子宫系膜内（蓝色箭头），在切断子宫体附近圆韧带时要特别小心，以免损伤血管。

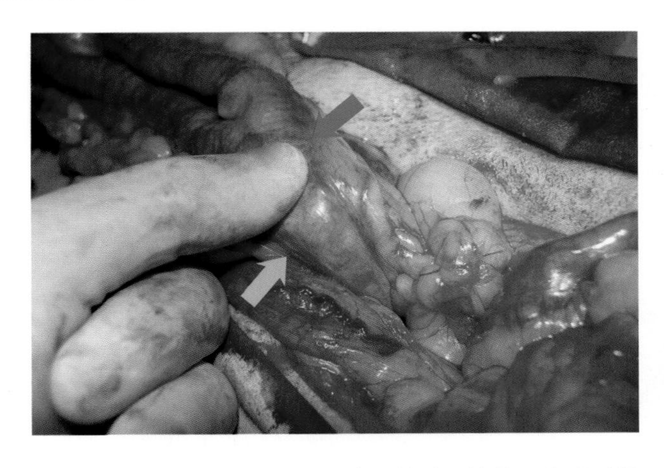

图8-205　双侧卵巢蒂结扎并切断后，结扎子宫颈（橘色箭头）。这个硬度均匀的膨大部分就是位于子宫体末端的子宫颈（绿色箭头）。

尾侧的子宫颈有关，触诊为一个椭圆球形的膨大结构（图8-205）。在子宫颈结扎子宫尾端的血管。做两针贯穿结扎，再用一针缝合使血管紧贴在子宫组织上，以防止结扎线滑脱（图8-206、图8-207）。

> ✱ 靠近膀胱的后腹部手术操作需谨慎，以免损伤输尿管。意外结扎输尿管是卵巢子宫切除术所不希望的并发症

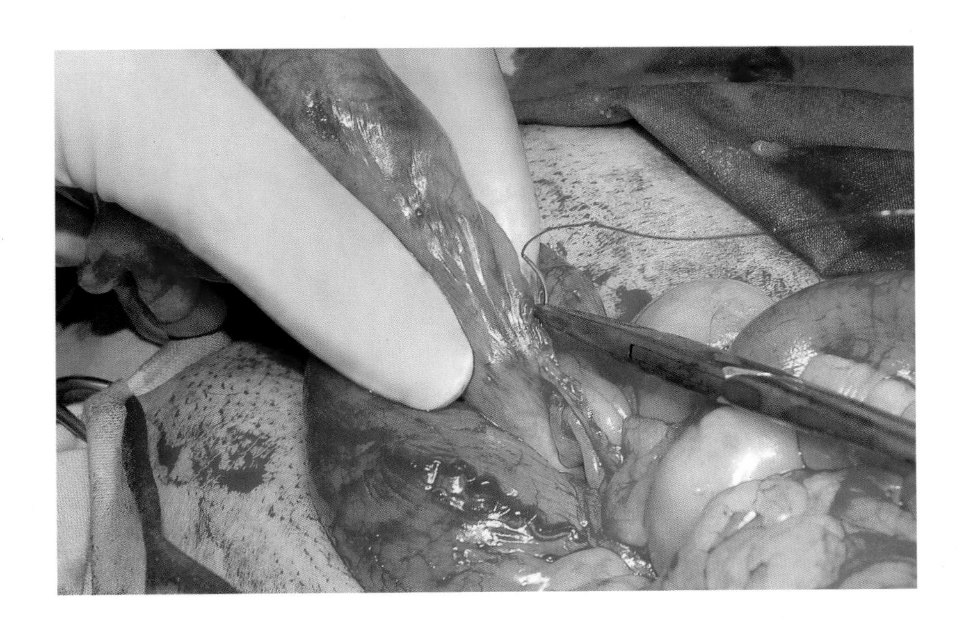

图8-206　用单丝可吸收材料从子宫颈中部做贯穿结扎，包括子宫动脉和部分子宫壁。

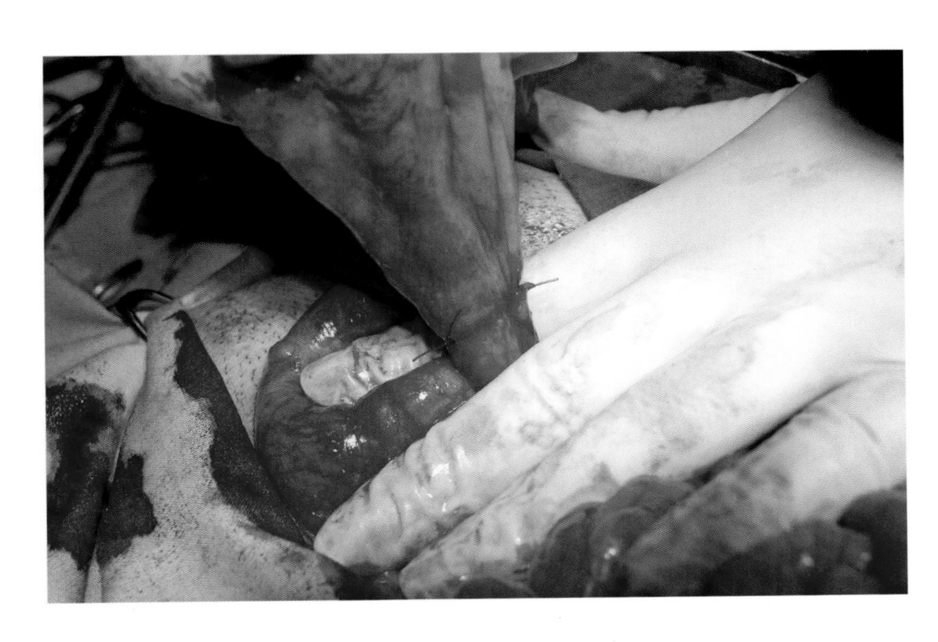

图8-207　另一侧进行同样的操作。结扎时，为防止可能发生的腹腔污染，应避免子宫腔穿孔。

切断子宫颈前，在结扎线头侧放置两把直的皮氏钳（图8-208），两把钳子之间要留出足够的空间以便能够切断子宫颈，从而避免子宫内容物泄漏到腹腔内(图8-209)。

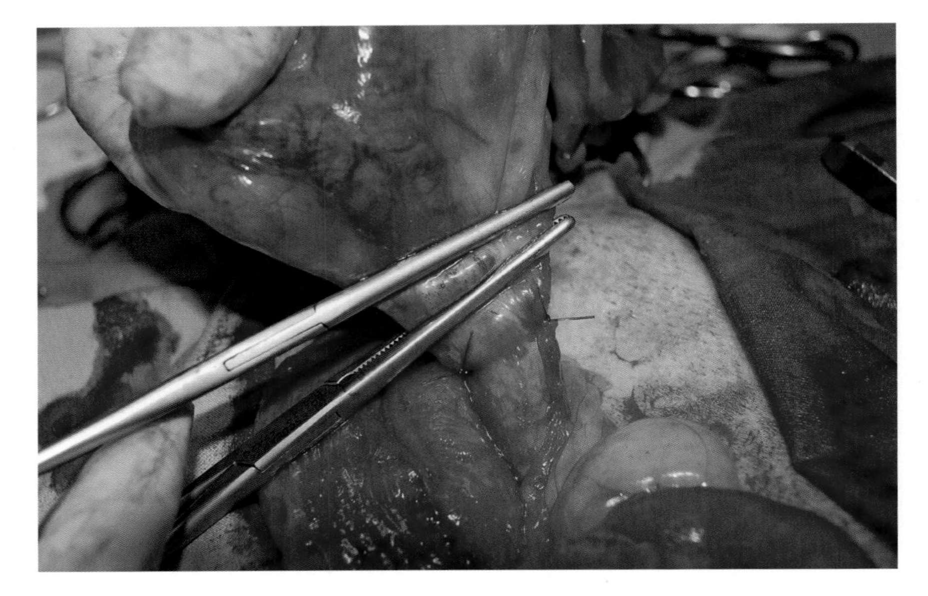

图8-208 在子宫颈放置两把直的皮氏钳，以避免切断子宫颈时子宫内容物溢出，尤其是有子宫蓄脓时。

✱ 仅在子宫体尾端进行钳夹和切断。子宫体应完全摘除

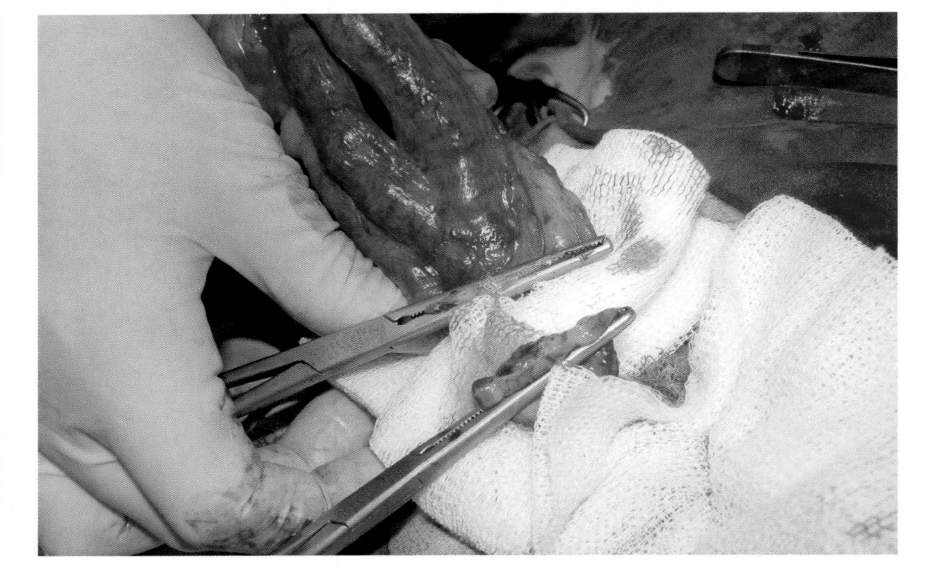

图8-209 在切断子宫颈位置的下方填塞灭菌纱布，即使切断时有些分泌物从切口泄漏，这样就可以保持手术区域不被污染。在两把钳子之间用手术刀进行切割，摘除子宫。

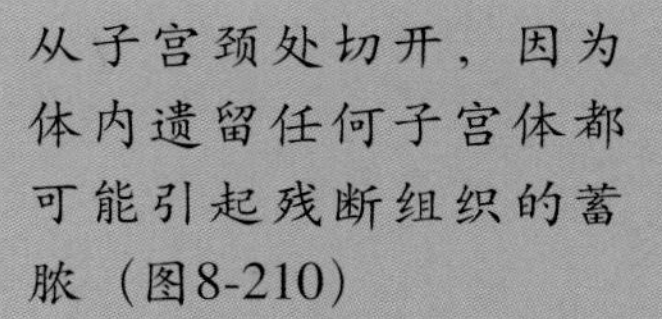
从子宫颈处切开，因为体内遗留任何子宫体都可能引起残断组织的蓄脓（图8-210）

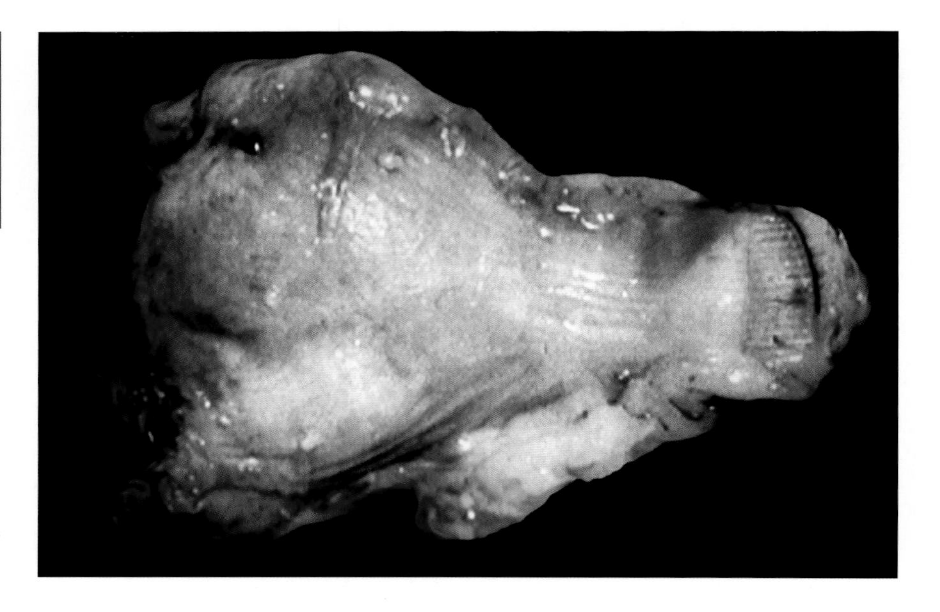

图8-210 卵巢子宫切除不完全导致的子宫体和部分子宫角蓄脓。

切除子宫后，用单丝可吸收缝线及圆体针对保持钳夹的组织施行Parker-Kerr缝合。这是一种连续缝合，缝线的两端不需要打结（图8-211）。在拆除止血钳的同时，助手牵拉缝线的两端，确保在钳子撤回时子宫颈完全闭合（图8-212）。将缝线两端打结，并将部分网膜固定在切口部位组织上，避免发生膀胱粘连（图8-213、图8-214）。最后，常规闭合腹壁切口。

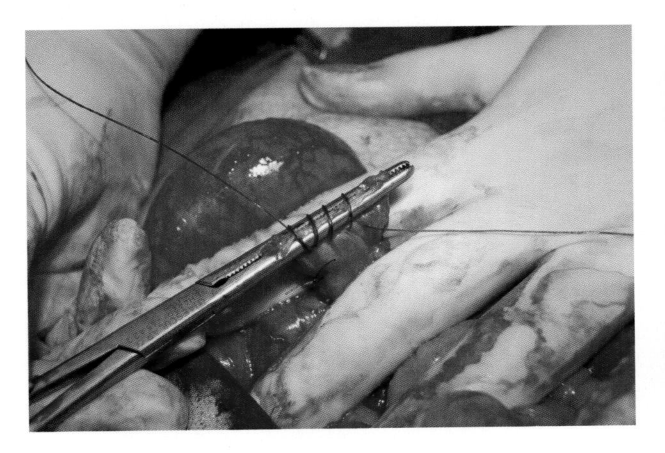

图8-211 在放置止血钳的位置做Parker-Kerr缝合，使子宫颈完全密闭。这是一种部分子宫颈的连续缝合，缝线末端不打结。

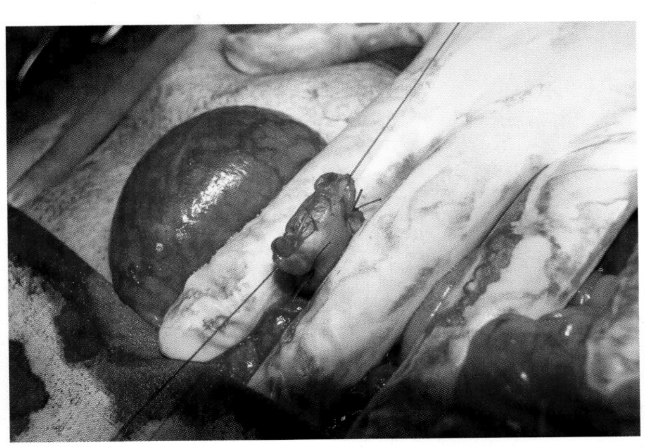

图8-212 拆除止血钳、拉紧缝线末端时的子宫颈。

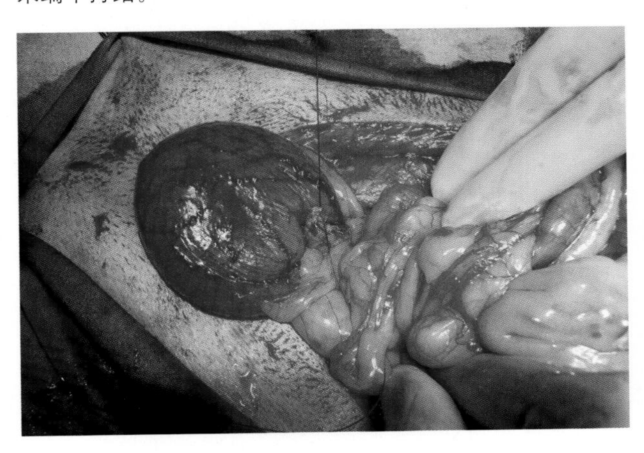

图8-213 将单丝缝合材料的两端打结，以相同的缝合方法将网膜的一部分固定在子宫的残端上。

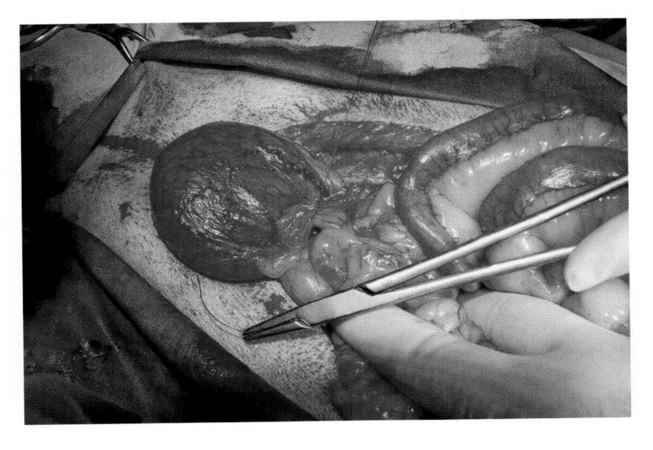

图8-214 将网膜固定于子宫颈，可避免子宫颈与膀胱之间的粘连，从而防止可能发生的尿失禁。

## 猫卵巢子宫切除术

| 使用率指数 | ■ | ■ | ■ | ■ | ■ |
| --- | --- | --- | --- | --- | --- |
| 技术难度 | ■ | ■ | □ | □ | □ |

可以采用与犬相同的方法进行猫的卵巢子宫切除术。猫的卵巢子宫切除术相对容易些，因为通常猫的脂肪含量较少，韧带也相对松弛，整个子宫的显露和牵拉更容易些（图8-215）。

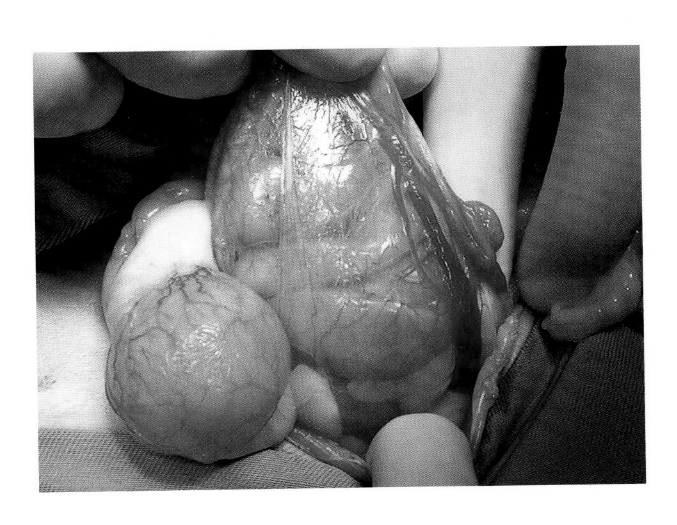

图8-215 找到猫的卵巢血管很容易，比找犬的卵巢血管容易。

本部分介绍了两个微创剖腹术给猫进行的卵巢子宫切除术。在脐后施行微创剖腹术，找到一个子宫角，通过牵引子宫角而显露卵巢（图8-216）。如前所述，用单丝合成可吸收缝线将卵巢血管与悬韧带结扎在一起。在卵巢附近进行第二个结扎，打结后的缝线头要留长一点（图8-217）。在另一侧进行同样的操作，分离双侧卵巢。将两处结扎的长线打结，连同生殖道一起还纳入腹腔内，推入到后腹部（图8-218）。

之后，在耻骨联合的头端施行第二个微创剖腹术。经腹壁切口，找到需要结扎的卵巢端并向外牵拉（图8-219）。用这种方式将子宫角牵引至切口外。结扎子宫尾端血管，在子宫颈处切断子宫体（图8-220、图8-221）。

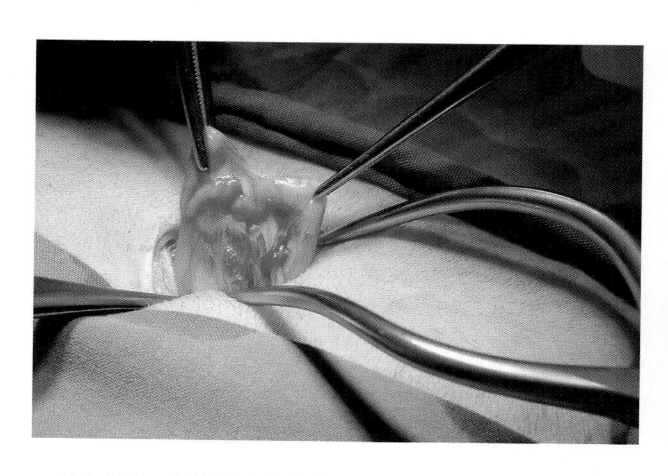

图8-216 在脐后腹中线做1.5cm切口，打开腹腔，通过牵引子宫角而显露一侧卵巢。

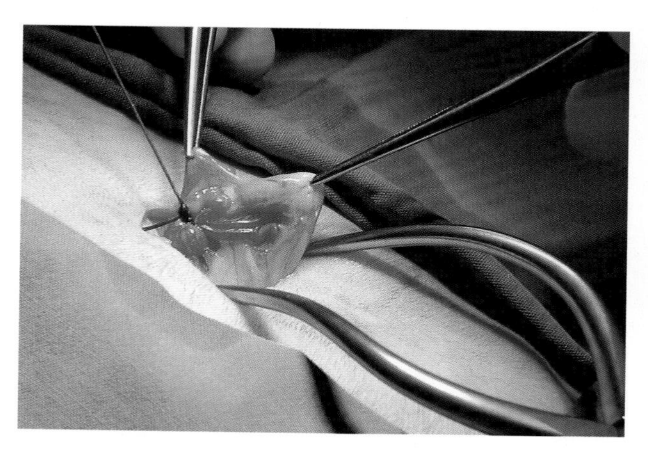

图8-217 在卵巢附近进行结扎可避免子宫侧的失血。将打结后的缝线头留长，在切除子宫时可以起到辅助作用。

> ✱ 将猫的悬韧带和卵巢血管一起结扎

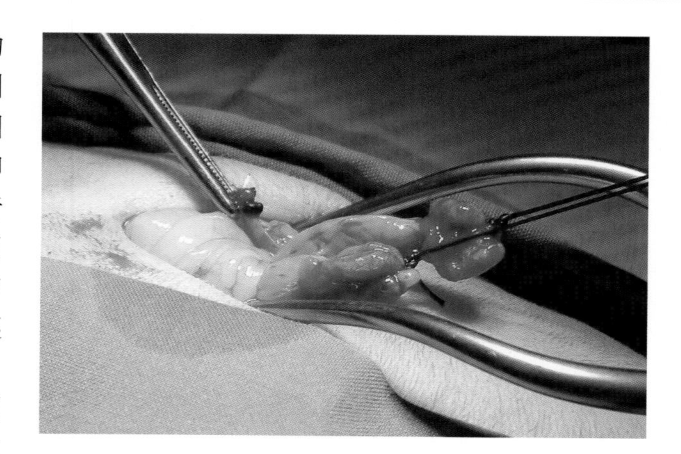

图8-218 卵巢血管的结扎、切除及将结扎的两根长缝线末端打结。

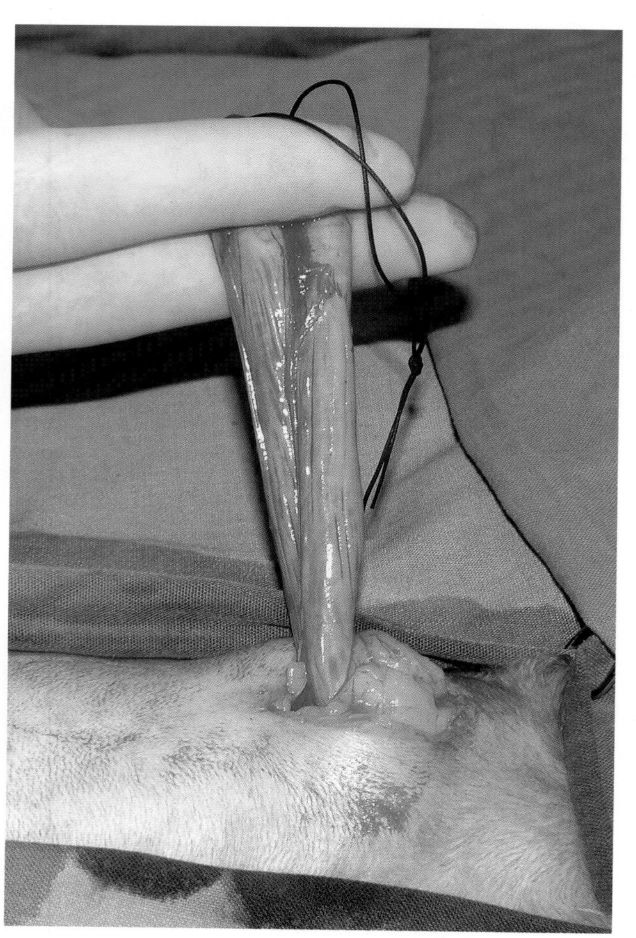

图8-219 经第二个微创剖腹术切口牵拉卵巢结扎线，将子宫角及子宫体牵引至切口外。

> 必须确保彻底切除所有卵巢组织。如果在腹腔遗留任何部分的卵巢组织，即使是没有血管的组织也能保持功能，导致猫依然会发情

图8-220　用合成可吸收缝合材料在宫颈处将子宫体结扎。

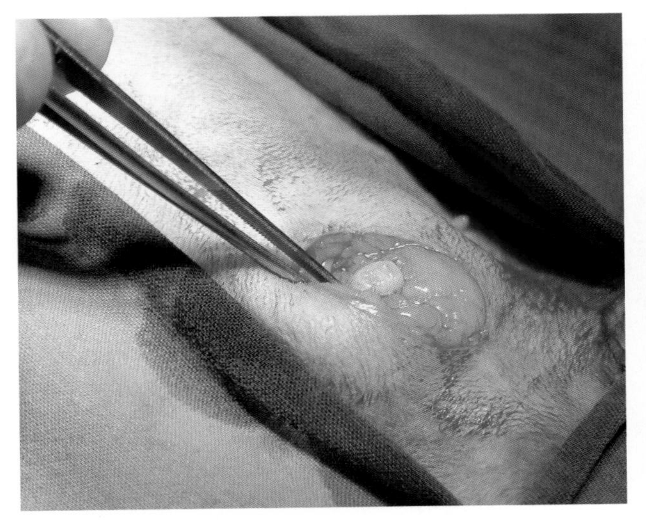

图8-221　检查对血管断端的止血是否彻底，对子宫残端进行网膜化。

用常规方法闭合两个腹壁微创切口完成手术（图8-222）。

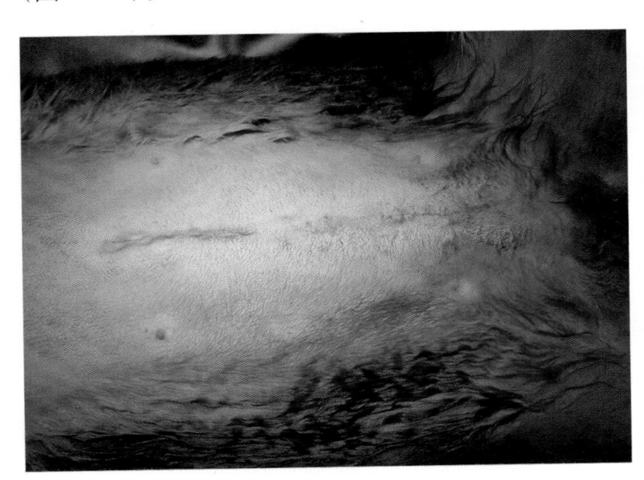

图8-222　闭合微创剖腹术切口后的外观。采用皮内缝合法将皮肤缝合。

## 雪貂卵巢子宫切除术

| 使用率指数 | ■ | □ | □ | □ | □ |
|---|---|---|---|---|---|
| 技术难度 | ■ | ■ | □ | □ | □ |

雪貂卵巢子宫切除术的适应证是控制种群数量和治疗子宫疾病，如子宫蓄脓或子宫内膜异位症，也建议用于治疗青年雌性雪貂的雌激素性贫血。这种病是在人工改变光周期时，导致雪貂连续和不间断的发情所引起的（图8-223至图8-228）。

图8-223　Nera是一只雪貂，因主人发现她情绪低落、食欲不振就诊。诊断结果为子宫感染，建议进行卵巢子宫切除术。

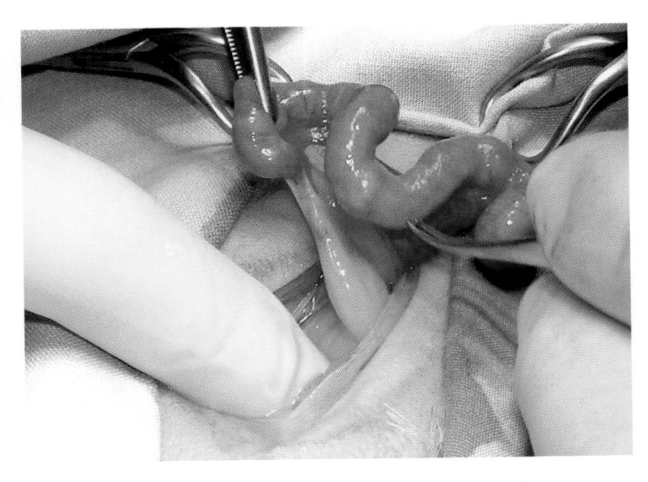

图8-224　进行脐后腹中线剖腹术打开腹腔，牵引子宫至切口外。本病例雪貂子宫由于蓄脓而肿胀。

> 雪貂由于不间断发情引起的雌激素过多可导致其死亡，这就是如果不打算用它们进行育种就应将其绝育的原因

雪貂卵巢子宫切除术的方法与猫卵巢子宫切除术非常相似。这些动物比犬脂肪含量少、韧带较松弛，手术相对来说比较容易。

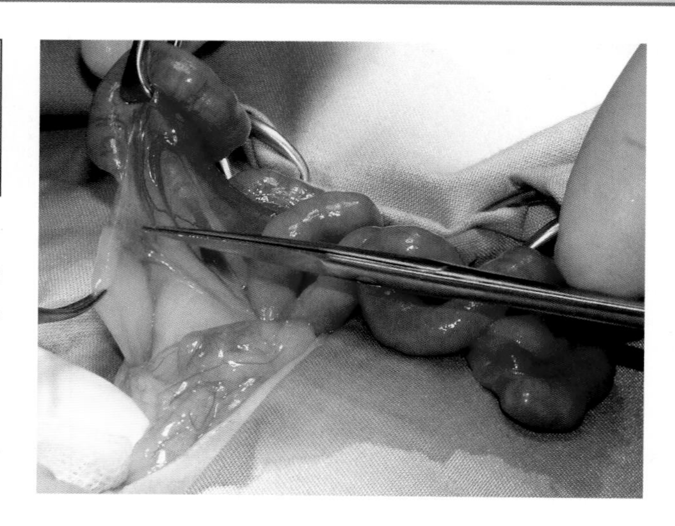

图8-225　找到卵巢蒂。由于脂肪很少，卵巢血管清晰可见。用3/0可吸收单丝缝合材料结扎卵巢蒂。

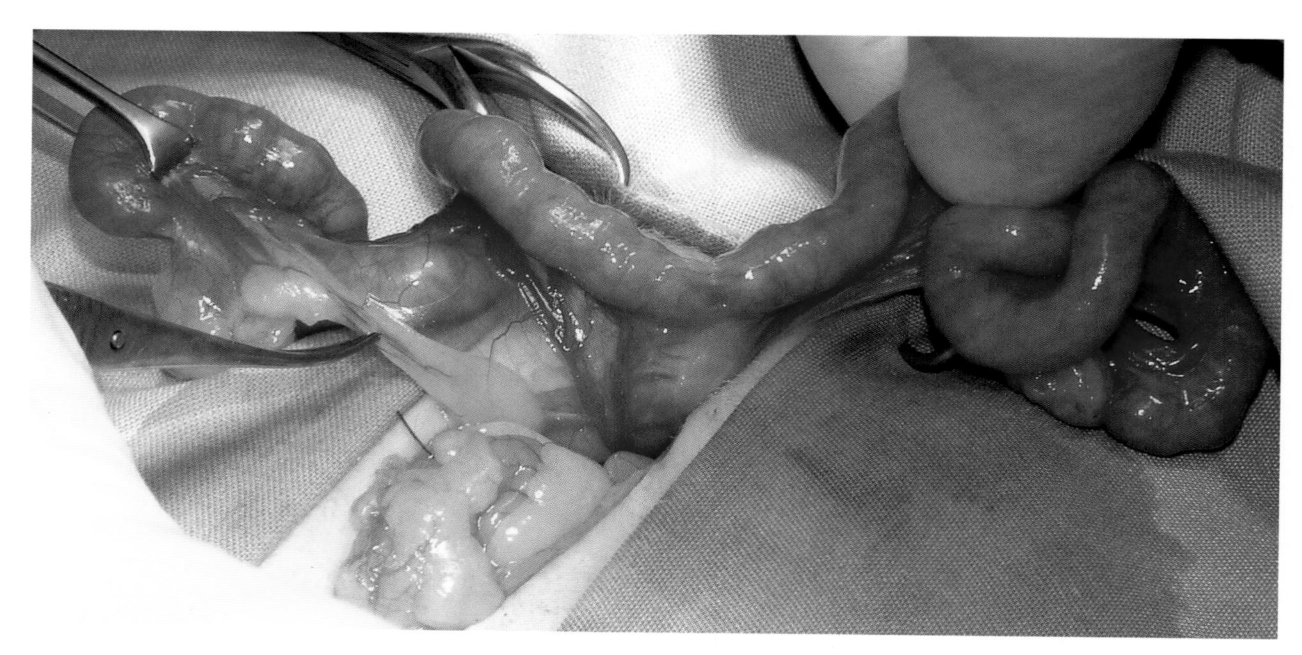

图8-226　切断卵巢血管。采用二次结扎或止血钳钳夹，防止血液倒流。由于子宫系膜中没有重要的血管，可将其撕开。

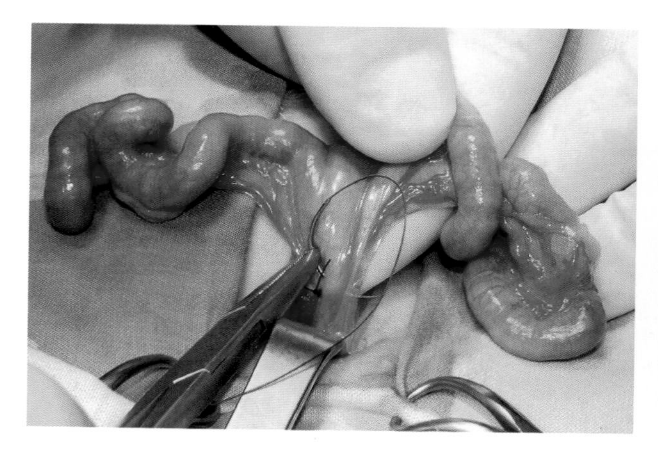

图8-227　用3/0可吸收单丝缝合材料结扎整个子宫颈。为了确保止血良好，可在子宫血管周围进行缝合。

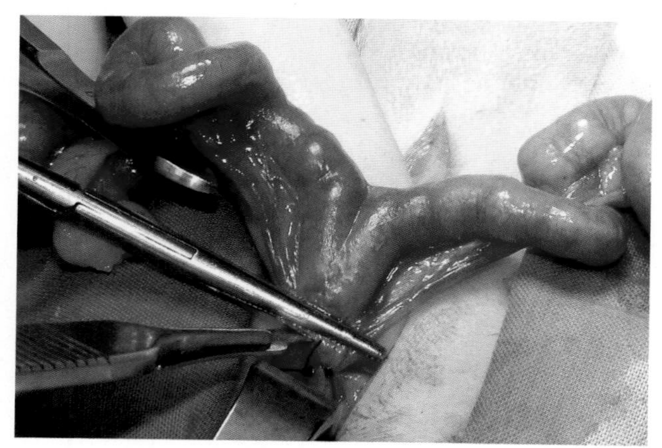

图8-228　从靠近头端结扎线的子宫颈中央切断子宫。在子宫上放置止血钳以避免内容物溢出。用网膜覆盖子宫残端，常规闭合腹壁切口。

# 肾切除术

使用率指数 ■■■■□□

当肾脏疾病无法治疗或损伤不可逆转时，建议进行肾切除术，如发生感染、肾盂积水或肿瘤。腹中线切口打开腹腔后，将肠道推向病变肾脏的一侧，检查对侧肾脏的形态和功能是正常的。然后将内脏移至另一侧，显露病变的肾脏(图8-229)。

仅在对侧肾脏功能正常时才可进行肾切除术

控制肾脏周围血管的出血（图8-230），距肾脏一定距离切开腹膜壁层，以便对肾脏进行处理，用止血钳分离覆盖肾脏的脂肪并牵引腹膜（图8-231、图8-232）。

图8-229 腹膜后脂肪覆盖的左侧肾脏。

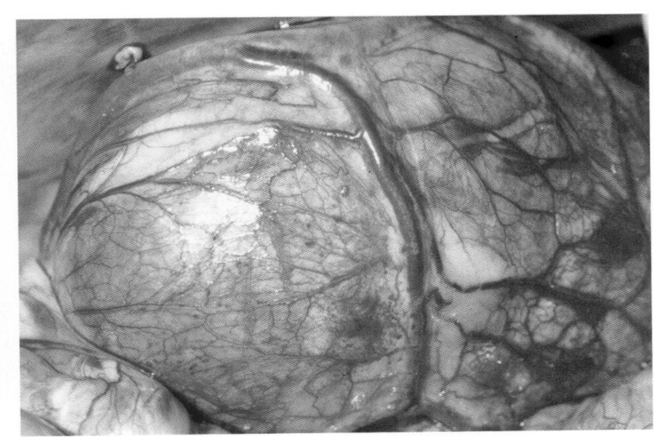

图8-230 肾积水时肾周血管充血。切开腹膜前必须彻底控制这些血管的出血，以获得没有血液的术野。

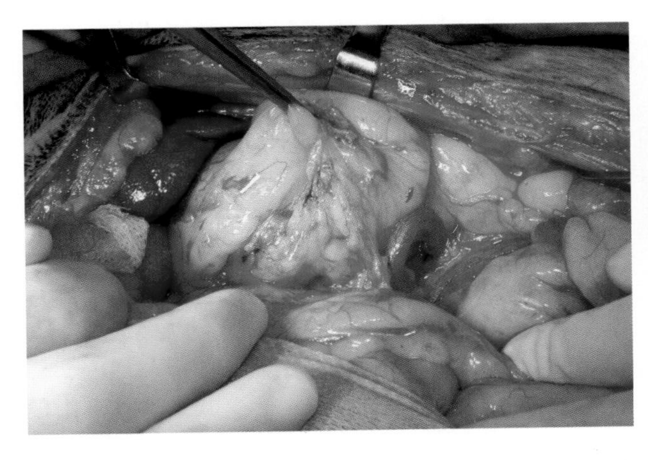

图8-231 距肾脏一定距离切开腹膜，在肾脏尾端和输尿管近端切除肾脏。

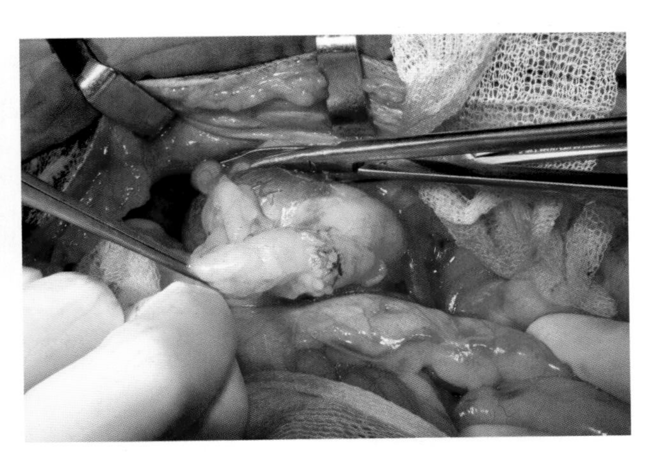

图8-232 切除肾脏的操作简单，并不复杂，但在抵达肾脏头端时要小心操作，因为附属血管及肾上腺位于肾脏的头端。

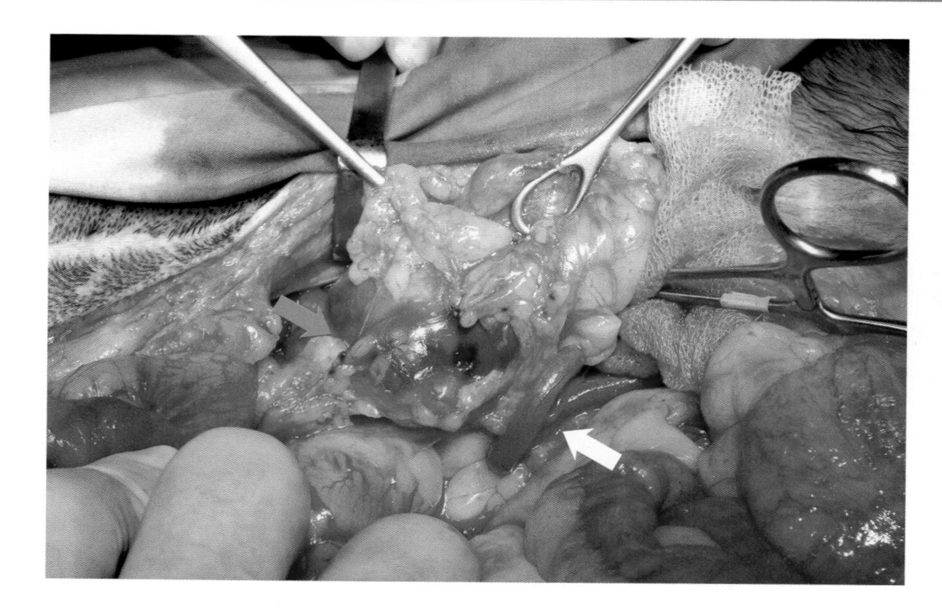

在肾门处找到肾静脉，肾静脉是最靠近兽医侧的血管。肾动脉位于肾静脉下方（图8-233）。静脉血管容易

细心分离肾门处组织，请记住，可能有两条肾静脉

图8-233 小心分离肾门以免损伤肾血管。首先看到的是静脉（蓝色箭头），动脉位于静脉下方。在肾尾端可见输尿管（白色箭头）。

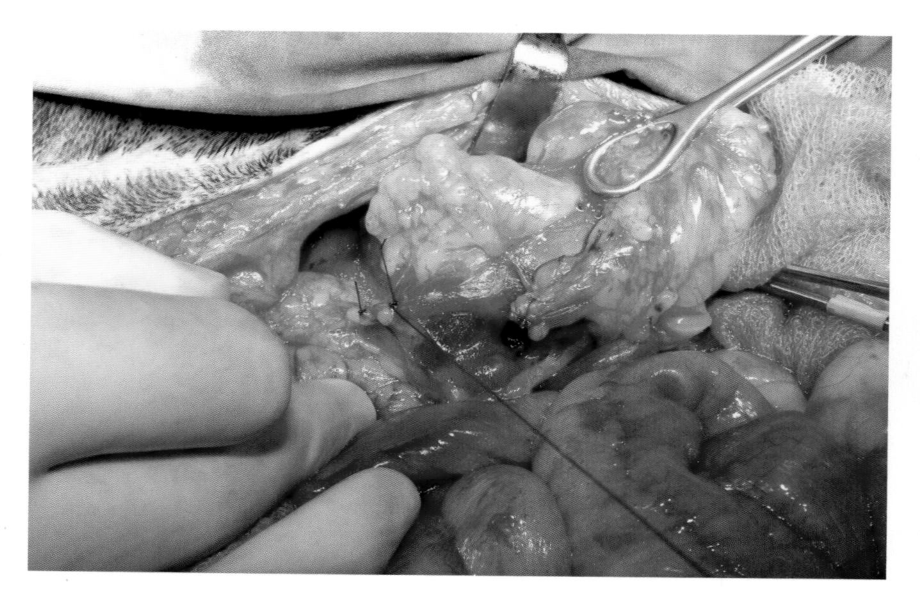

结扎，可用1～2个远端结扎，其中一个结扎靠近肾脏（图8-234）。切断肾静脉后，很容易分离并结扎肾动脉

应沿血管长度方向分离血管

图8-234 用合成非吸收缝线对肾静脉进行单结扎。

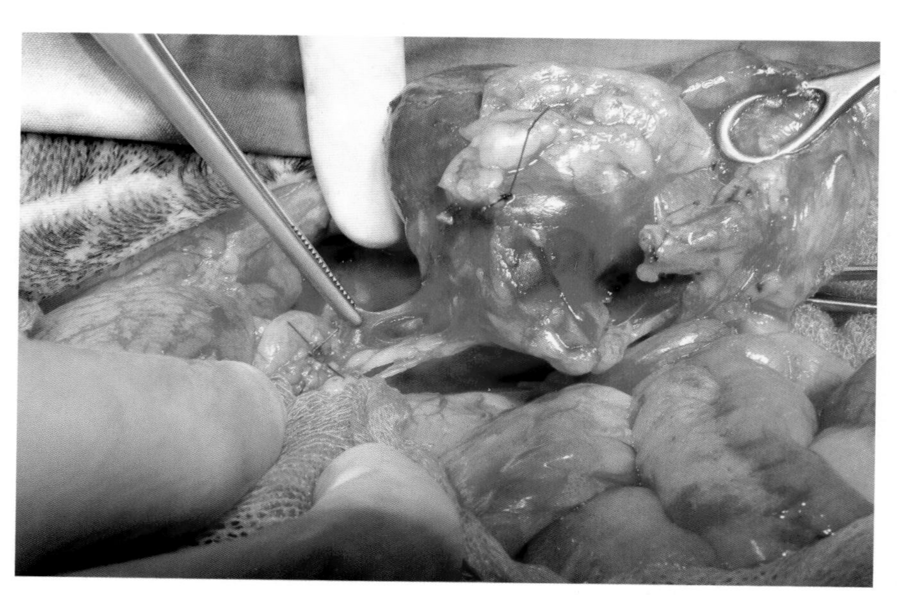

（图8-235、图8-236）。为防止结扎线从肾动脉上滑落，应在远端进行贯穿结扎。这种方法将结扎线固定在血管上，有效阻止了由于动脉扩张产生的滑动（图8-236）。

图8-235 肾动脉位于肾静脉后面。分离时应小心，以免损伤肾动脉。

✱ 进行贯穿结扎时，切记在肾动脉远端进行。如在近端缝合，会造成血管出血

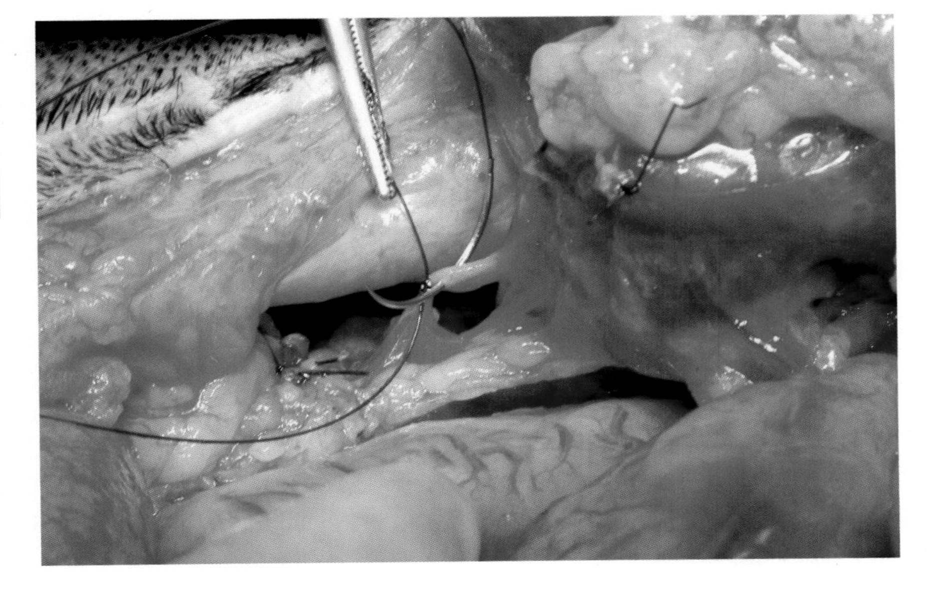

图8-236　由于肾动脉是高压力的血管，是主动脉的直接分支，应使用贯穿结扎阻断。

有时，从肾背侧分离肾门会更容易。这样可使肾脏游离并向中间方向翻转，从而暴露肾动脉（图8-237）。通过剥离所有肾窝粘连完成肾脏的分离（图8-238）。

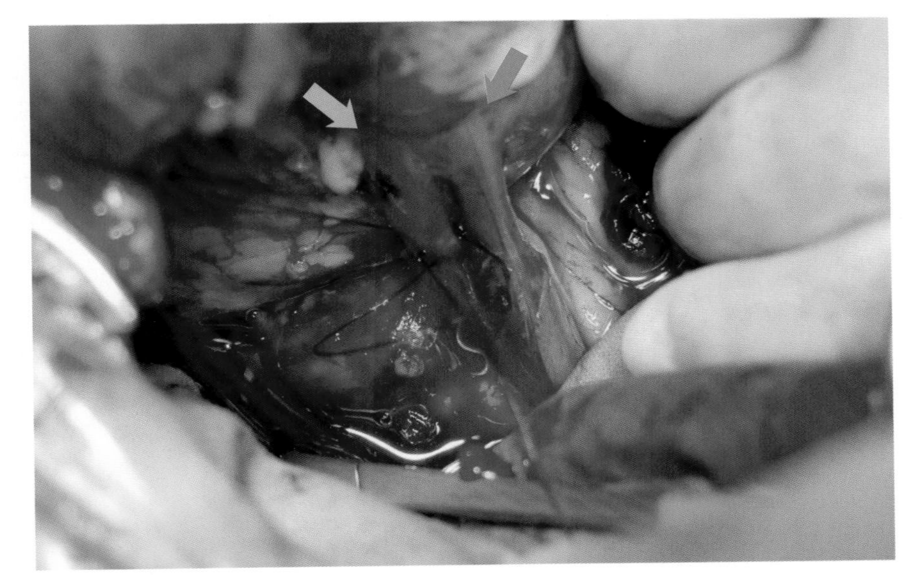

图8-237　从肾背侧开始分离肾门。首先结扎动脉（橘色箭头），然后再结扎静脉（蓝色箭头）。图中显示了肾动脉的贯穿结扎。

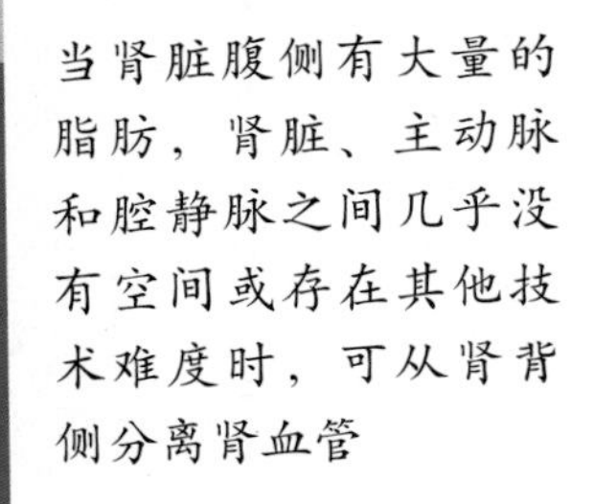

✱ 当肾脏腹侧有大量的脂肪，肾脏、主动脉和腔静脉之间几乎没有空间或存在其他技术难度时，可从肾背侧分离肾血管

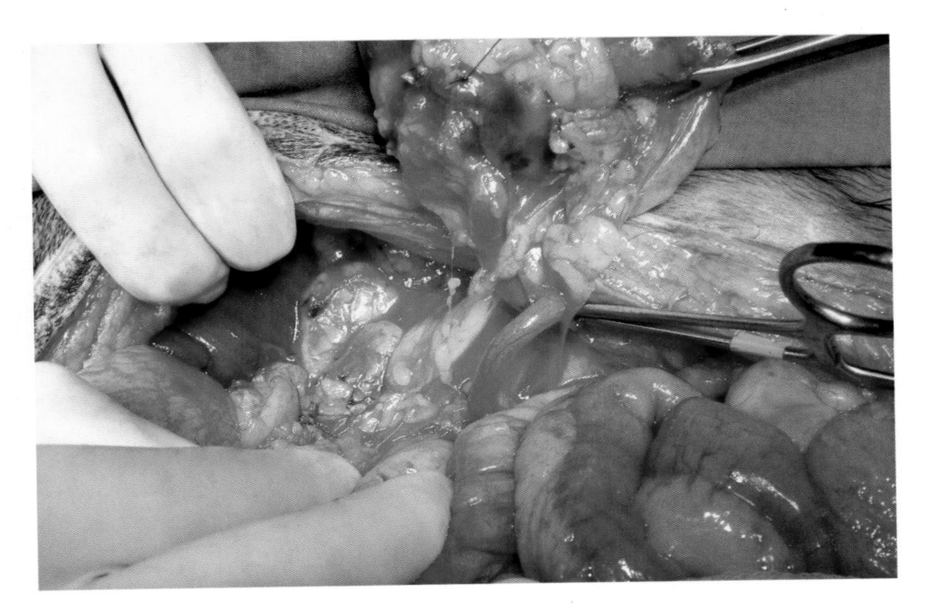

图8-238　肾脏从解剖位置游离出来，只有输尿管仍连接。

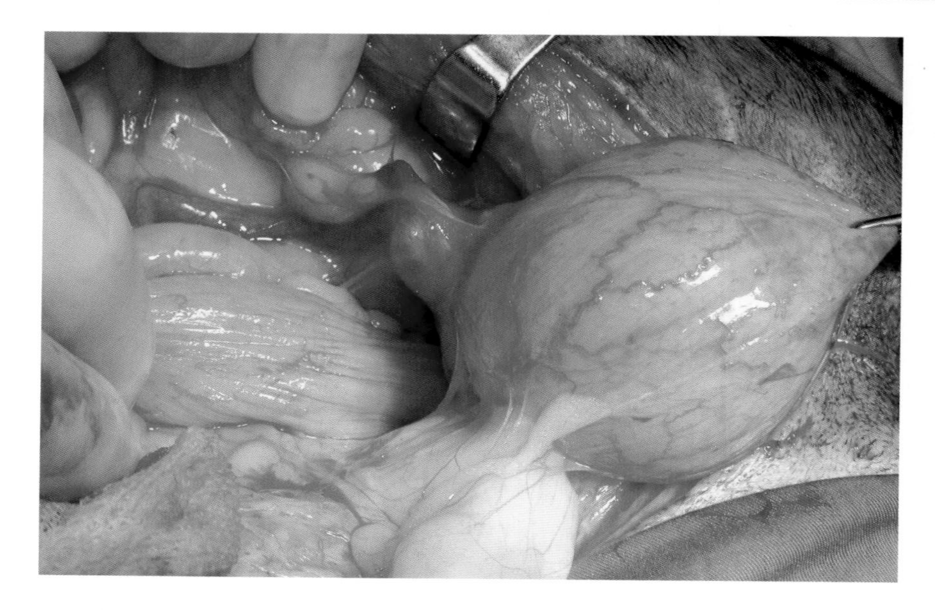

分离整条输尿管，直至膀胱（图8-239、图8-240）。尽可能在靠近膀胱的位置夹紧和结扎输尿管，完成肾切除术（图8-241、图8-242）。在闭合腹壁切口前，检查肾窝，观察肾脏或肾周血管是否有出血。

图8-239　仔细分离远端输尿管，以防止对相邻组织造成损伤，特别是靠近膀胱的部位。

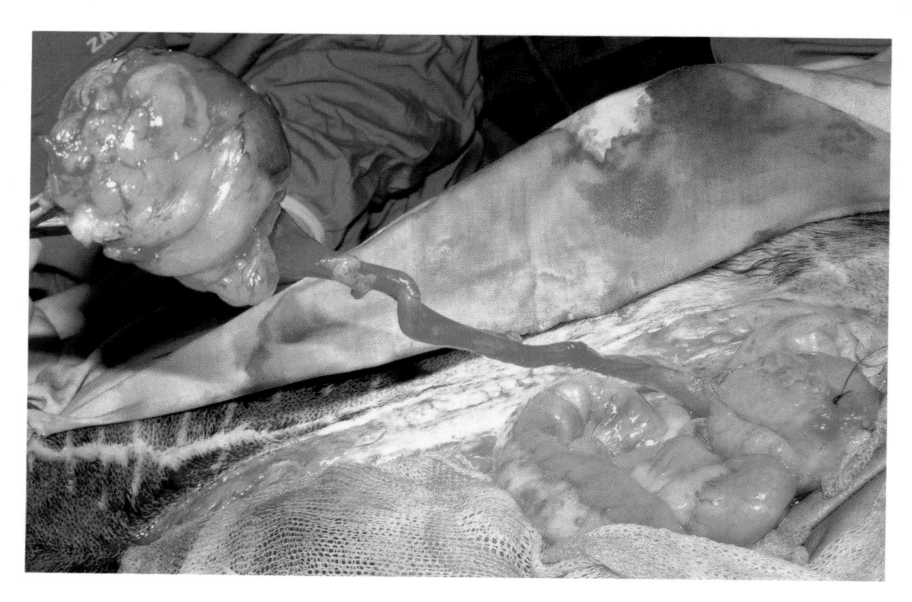

图8-240　完全游离肾脏。肾脏仅通过输尿管与膀胱相连。

图8-241　在靠近膀胱处夹紧和结扎输尿管。

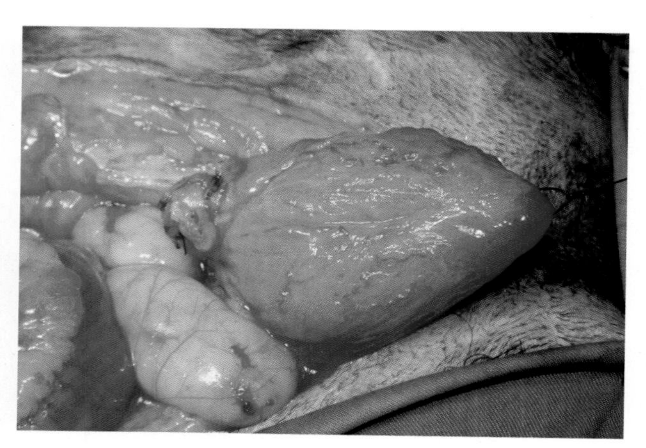

图8-242　用合成可吸收缝合材料尽可能在输尿管远端将其结扎。

# 膀胱切开术

技术难度 ■■□□□

膀胱切开术是一项用于进入膀胱去除结石、切除肿瘤或对膀胱壁进行活检的外科手术技术。腹中线切口打开腹腔后，找到膀胱，牵引至切口外并与腹腔严密隔离（图8-243）。为使膀胱切口保持开张，在膀胱中线两侧各做一针牵引固定缝合（图8-244）。切开膀胱前，建议穿刺采集尿液样本进行微生物培养。在两针牵引固定缝合之间血管最少的部位做切口（图8-245）。现在，计划好的膀胱内手术可以进行了，如去除结石（图8-246）。完成膀胱内的手术后，经导尿管对膀胱进行冲洗，清除膀胱内沙砾和血凝块（图8-247）。

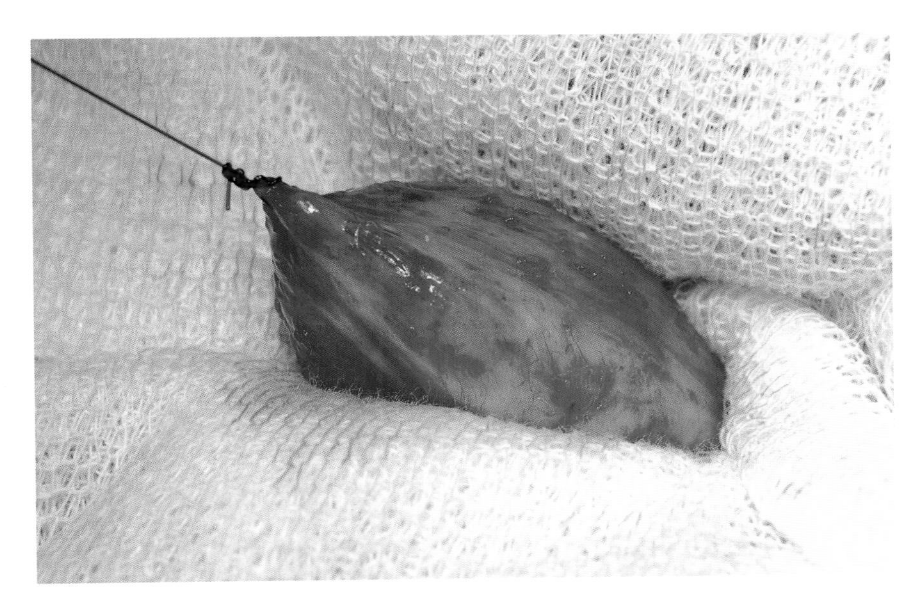

图8-243　从腹腔将膀胱牵引至切口外并用无菌手术敷料将其严密隔离。为避免膀胱缩回腹腔内，在其顶端部位做一针牵引固定缝合。

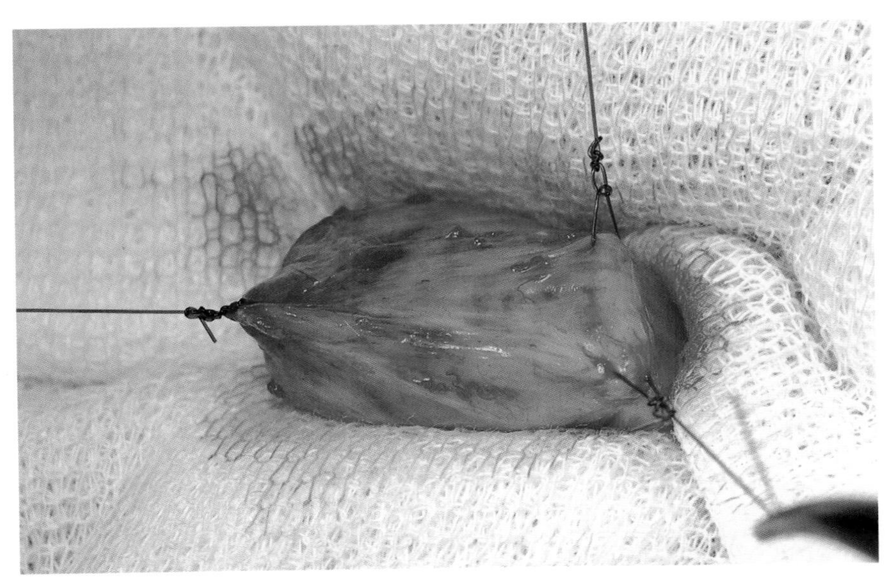

图8-244　为使手术过程中膀胱切口保持开张，做两针牵引固定缝合。

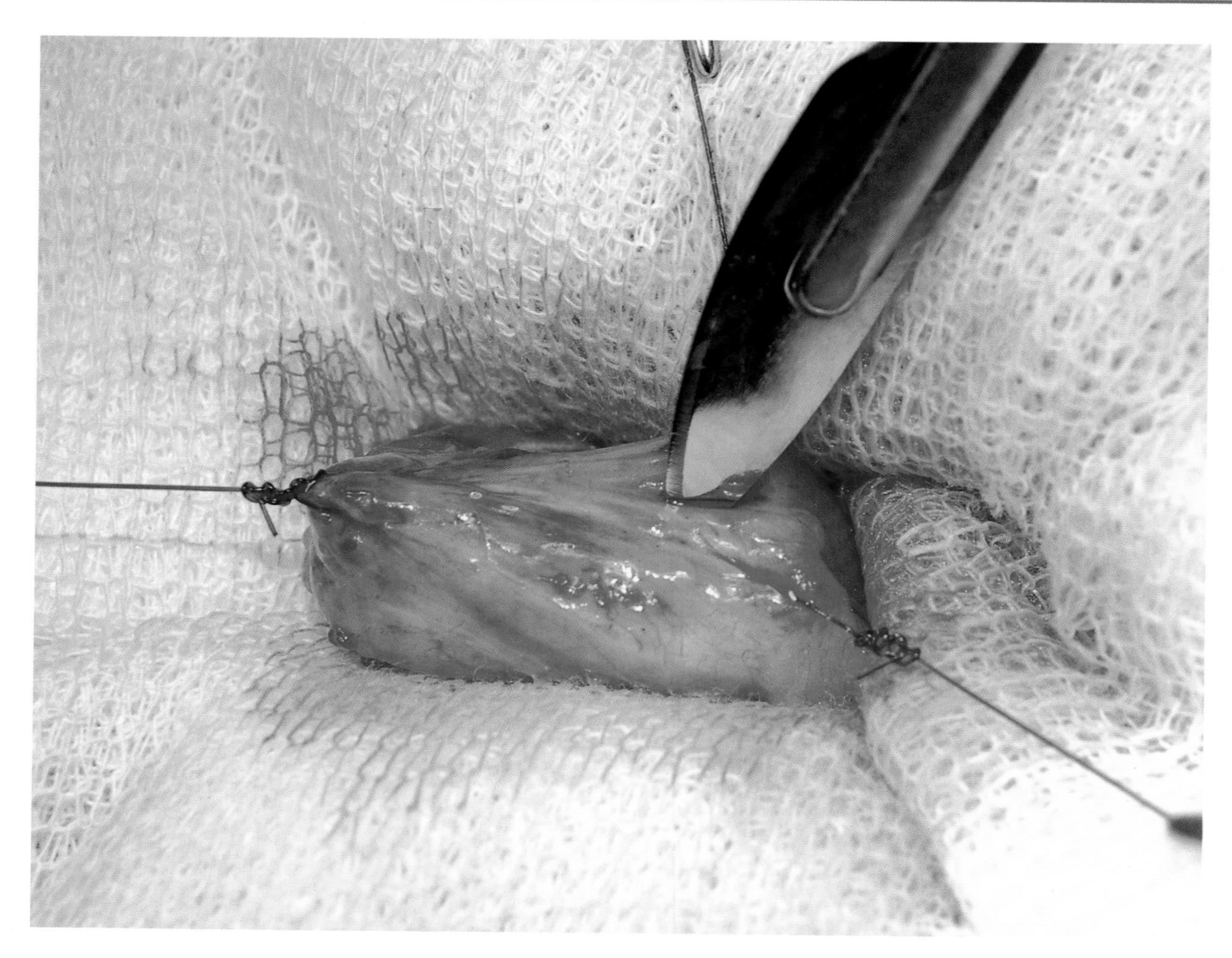

图8-245 用手术刀切开膀胱造成的损伤很小。注意不要切到大血管。

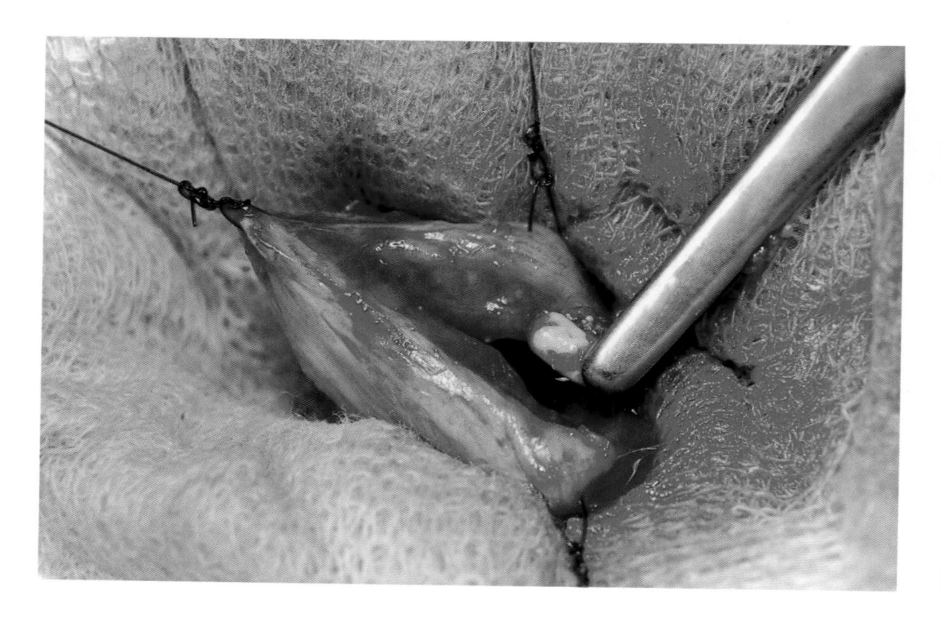

可以在膀胱背侧，也可以在膀胱腹侧做切口，但要避免损伤大血管

图8-246 从膀胱中取出许多结石。

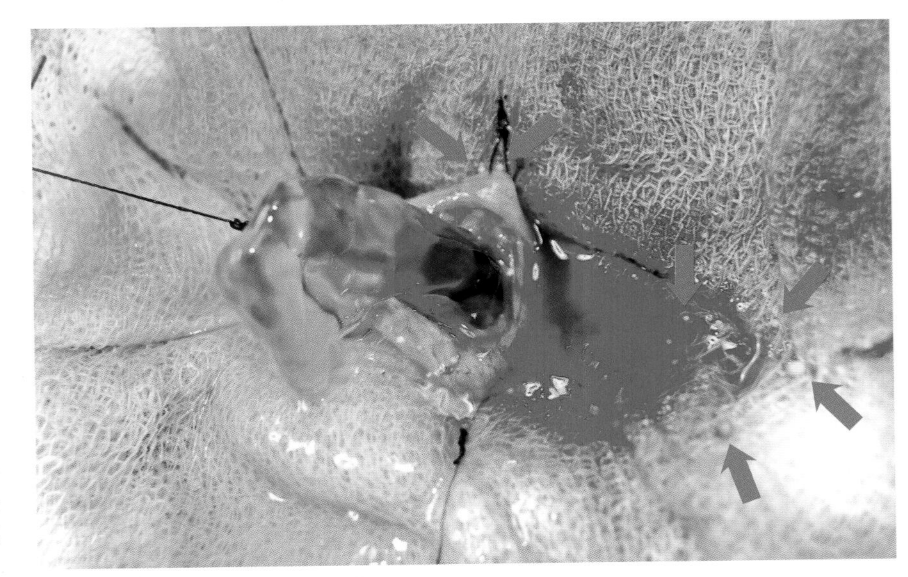

图8-247　经导尿管向膀胱内注入灭菌生理盐水进行冲洗，清除微小结石（箭头）和包裹在膀胱黏膜皱褶中的沙砾以及术中形成的血凝块。

用单丝合成可吸收缝线，按照兽医选择的缝合方式，闭合膀胱切口，注意缝针不要穿过黏膜（图8-248、图8-249）。闭合膀胱切口后，向膀胱内注入灭菌生理盐水，检查切口缝合处是否有渗漏（图8-250）。

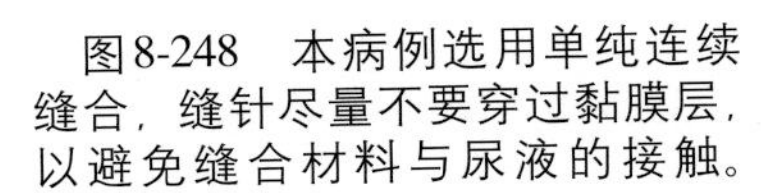

图8-248　本病例选用单纯连续缝合，缝针尽量不要穿过黏膜层，以避免缝合材料与尿液的接触。

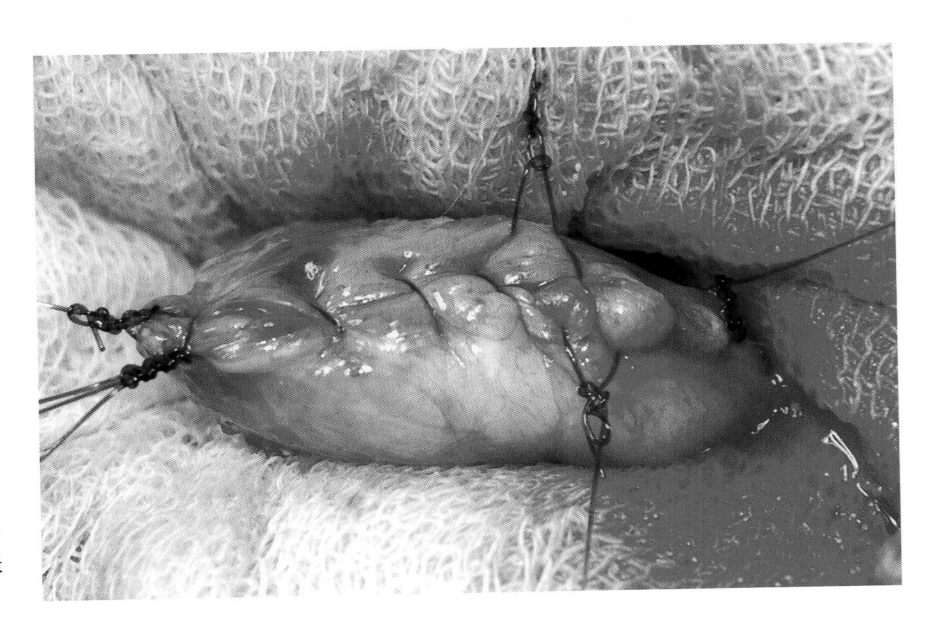

图8-249　缝合要包括膀胱切口两侧足够的组织，确保膀胱扩张后切口不会裂开。

然后将膀胱网膜化，常规闭合腹壁切口。

闭合腹壁切口后，对腹腔进行冲洗，清除可能进入腹腔的尿液、沙砾或血凝块。

用网膜覆盖膀胱，促进切口愈合，避免与相邻组织发生粘连

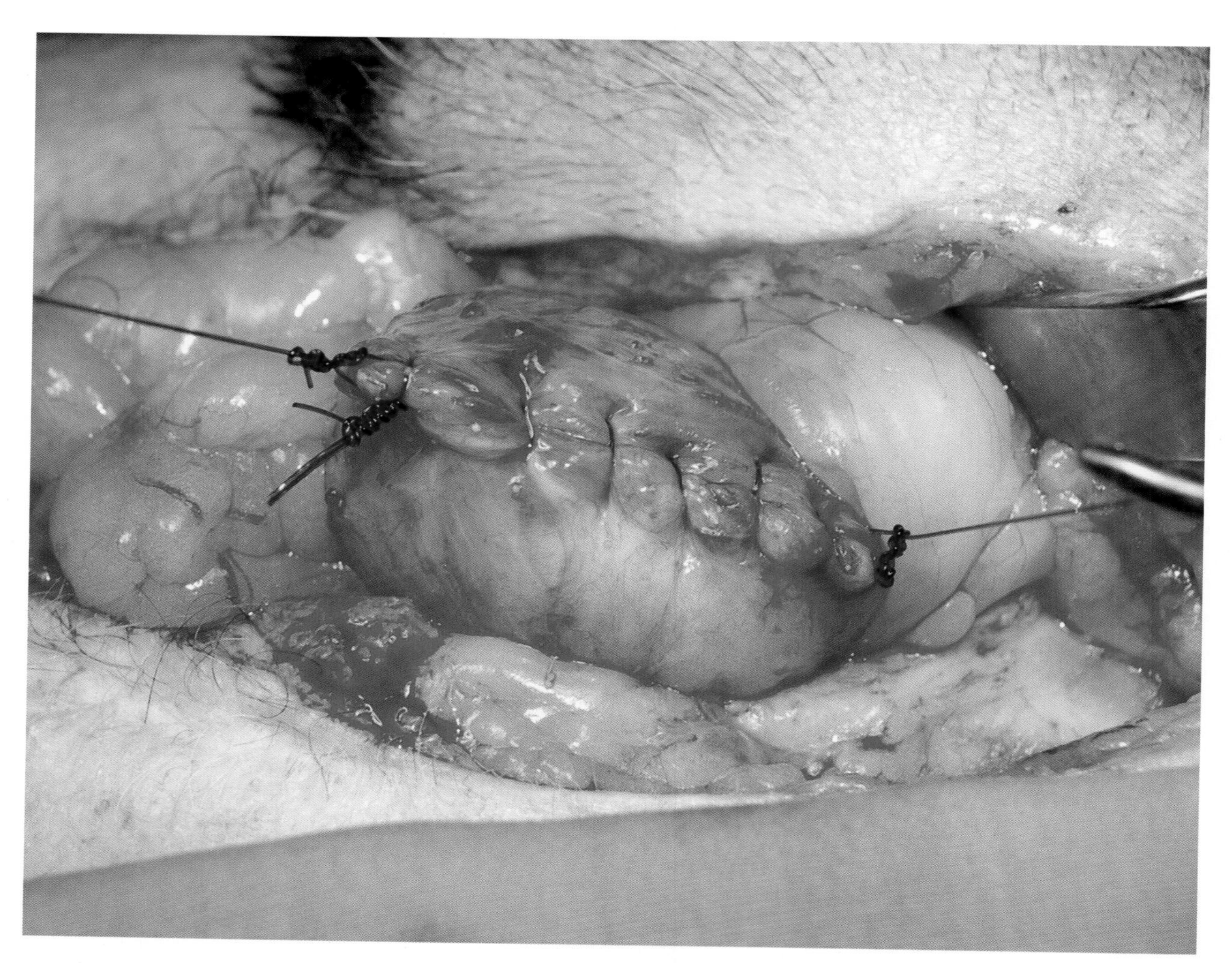

图8-250 显示缝合的密闭性和完整性，通过导尿管注入膀胱中的灭菌生理盐水没有渗漏。

# 网膜化

大网膜是覆盖在消化系统某些器官表面的双层浆膜。它在炎症和吸收中起重要作用，其可塑性人尽皆知。它黏附损伤或缺血的腹腔器官、促进愈合或防止内容物泄漏的能力极强（图8-251、图8-252）。外科手术中可利用网膜的这一特征来避免腹腔器官之间的粘连、促进伤口愈合、防止中空器官形成瘘（图8-253、图8-254）。

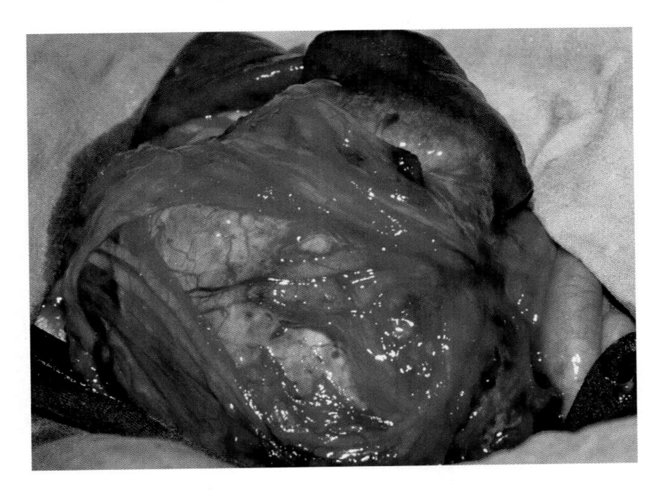

图8-251　网膜黏附在脾血管肉瘤上，防止严重出血。

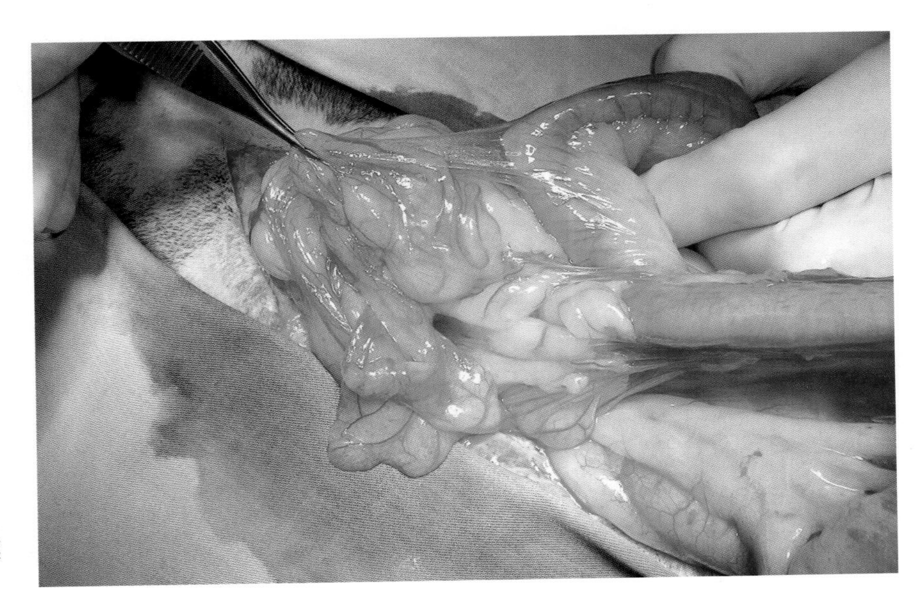

图8-252　网膜黏附在肠段上。异物使肠壁发生显著损伤，网膜黏附在肠壁上防止发生肠瘘。

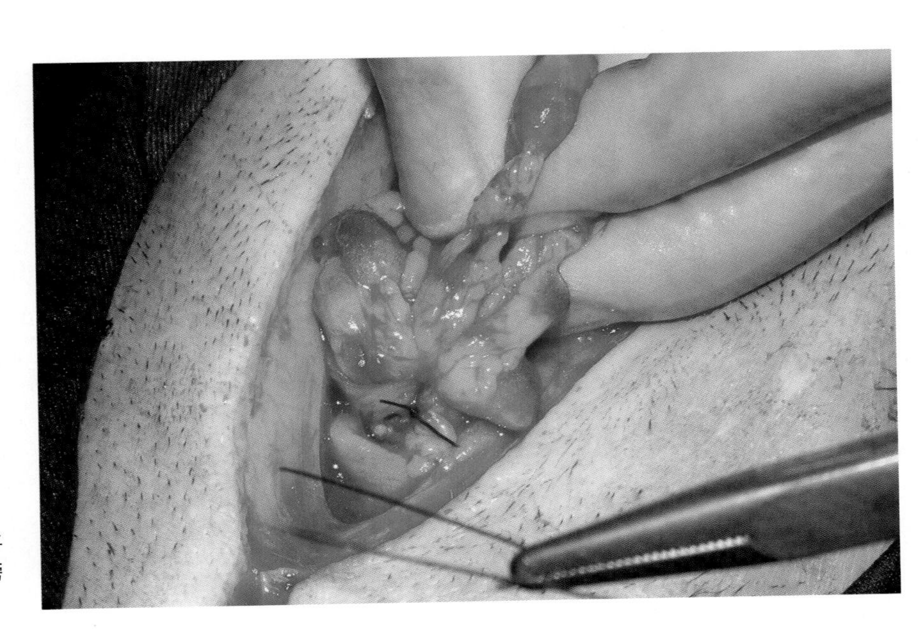

图8-253　切除卵巢子宫后，将网膜固定到子宫残端以防止与膀胱粘连。

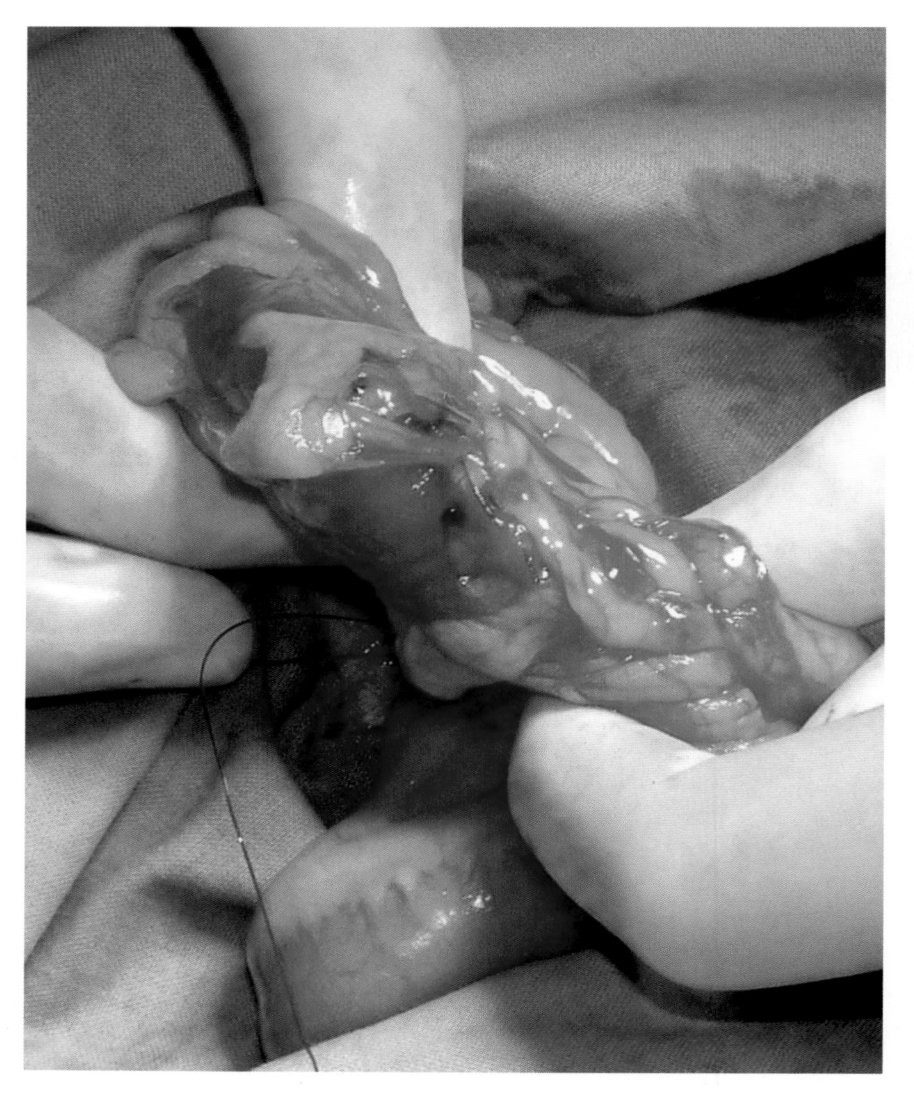

图8-254 用网膜覆盖接受手术的一段小肠可促进愈合、阻止器官间的粘连。

> 一些学者将网膜看作是外科医生的朋友，因为在手术过程中，网膜提供了很大的帮助

## 方法

### 覆盖

| 技术难度 | ■ | □ | □ | □ | □ |
|---|---|---|---|---|---|

如果组织损伤小，可以将网膜作为“包裹材料”（图8-255）。然而在很多情况下，建议用可吸收缝合材料以单纯间断缝合的方式，将网膜固定在损伤组织上（图8-256至图8-260）。

图8-255 用部分网膜包裹损伤区域，无需固定。这种方法适用于很小的组织损伤。

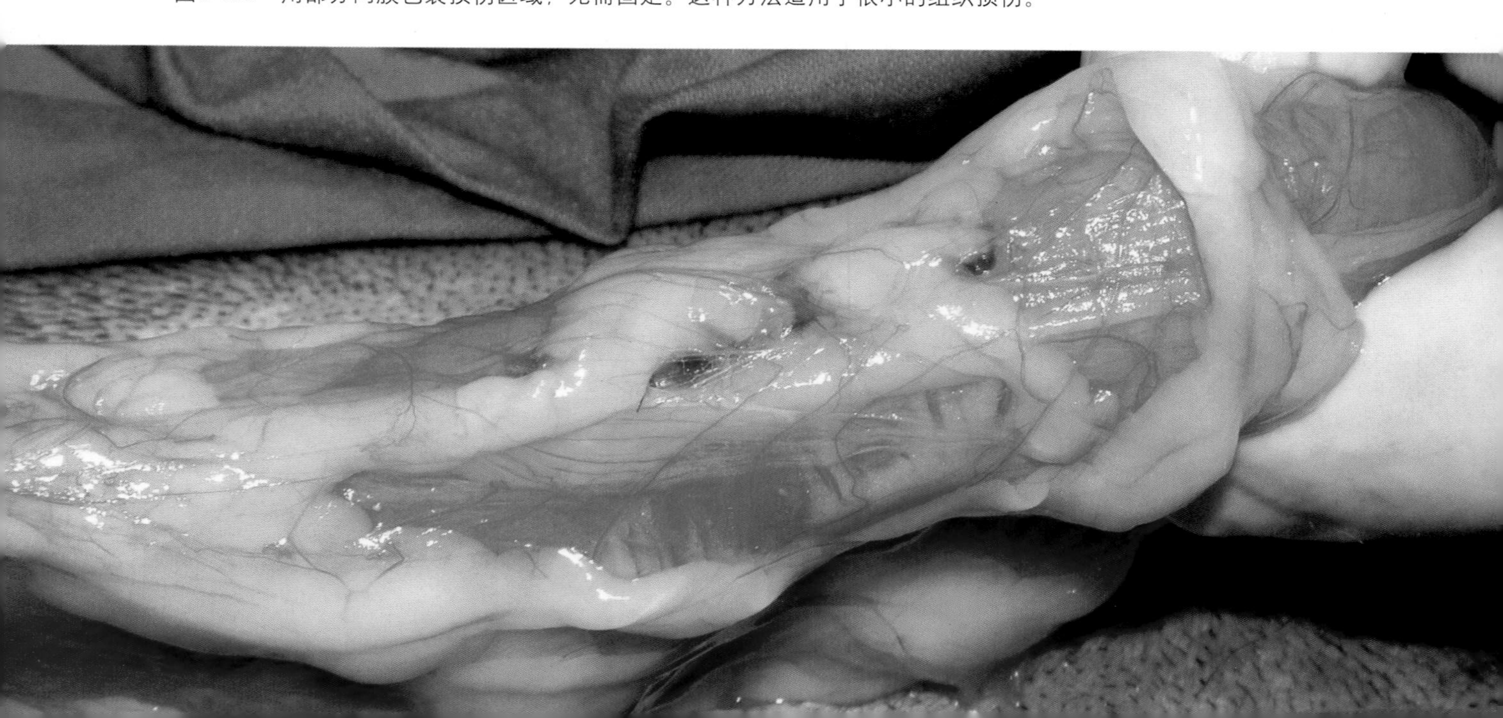

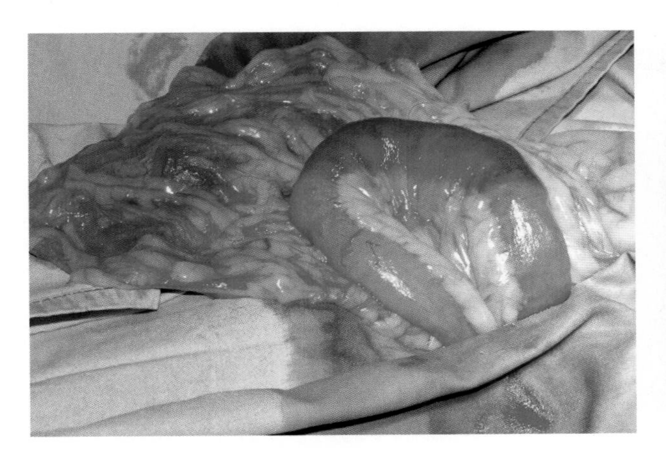

图8-256　将部分网膜铺开，将受损的肠管放在上面。

图8-257　用网膜包裹受损肠管。

将网膜固定到腹部组织时应保持网膜的血液供应

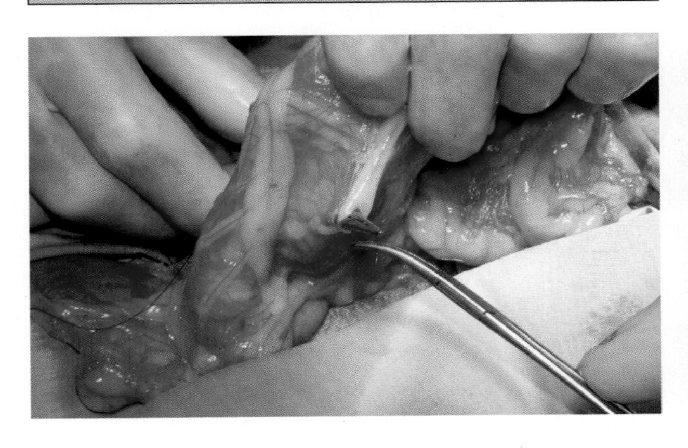

图8-258　为确保网膜留在原位，用缝线将网膜固定在肠系膜上。

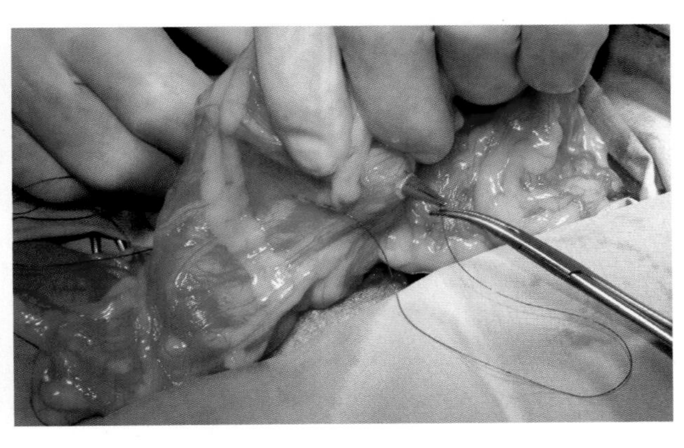

图8-259　将可吸收缝线穿过网膜层和肠系膜层。

## 浅表固定或网膜固定术

使用率指数 ■□□□□

将大网膜附着在组织残端可促进愈合、防止与其他腹腔器官发生粘连（图8-261至图8-263）。这种方法主要用于卵巢子宫切除术，防止子宫残端与膀胱发生粘连。

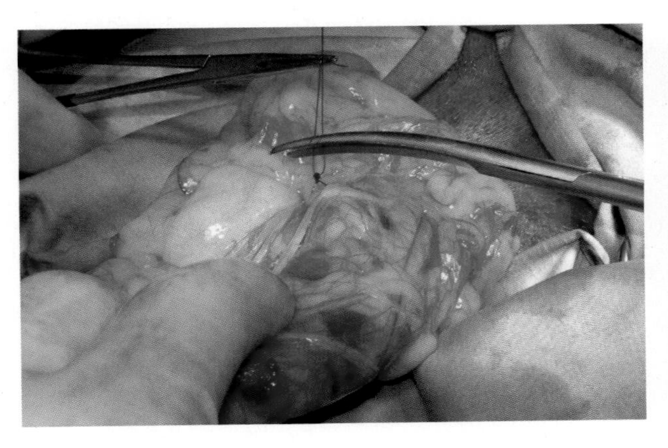

图8-260　结不宜打得过紧，以免损伤肠道血管。

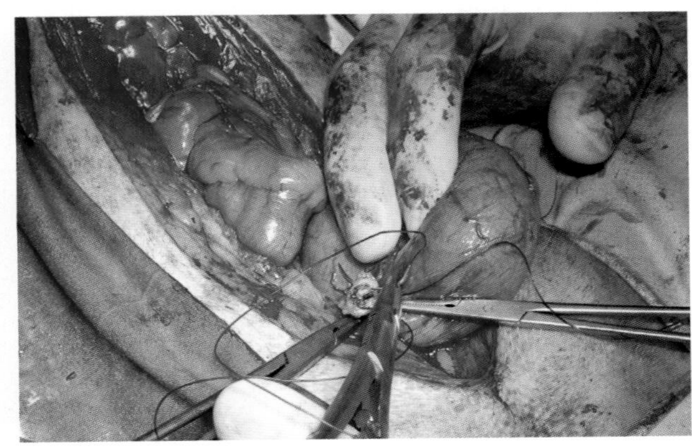

图8-261　用可吸收缝线在子宫残端进行对接缝合。

> 如果膀胱与子宫残端发生粘连，限制了膀胱的扩张，可能导致尿失禁。对子宫残端进行网膜化将降低发生这种情况的风险

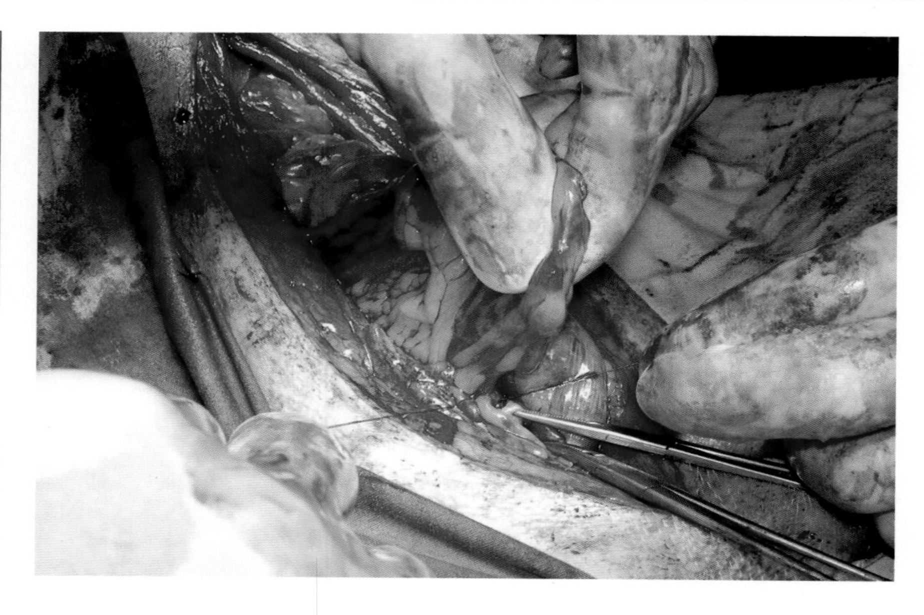

图8-262　将一块大网膜放在缝合处并对缝线打结。用这种方式将大网膜与子宫固定在一起，以促进子宫愈合、避免子宫与邻近组织发生粘连。

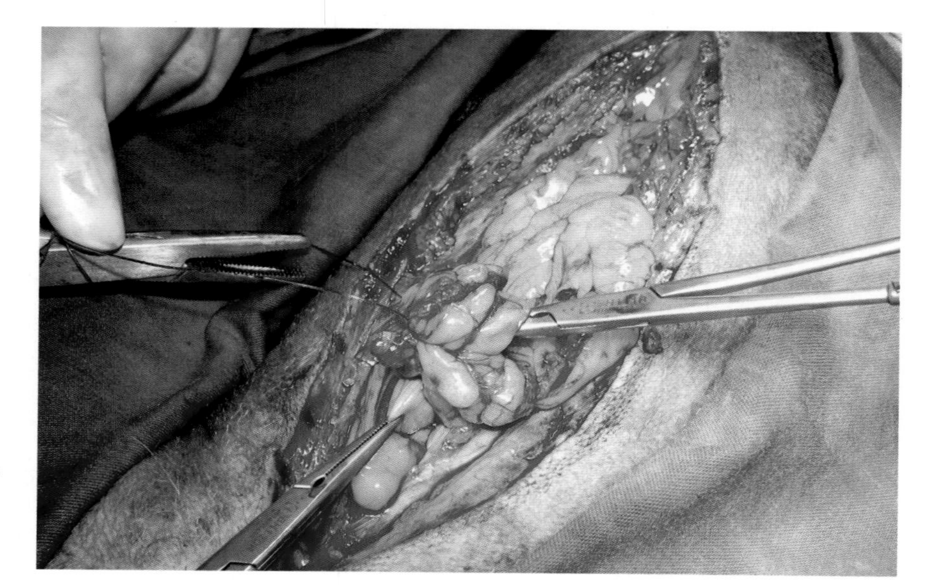

图8-263　也可将大网膜附着在已经完成的缝线上。本病例用贯穿结扎缝线的长末端固定大网膜，以防止子宫尾端血管的出血。

### 囊内网膜化

使用率指数 ■■□□□

可用网膜化治疗不能切除的腹腔内脓肿，如前列腺脓肿（图8-264至图8-273）。

图8-264　识别并定位脓肿和粘连。本病例是前列腺脓肿。

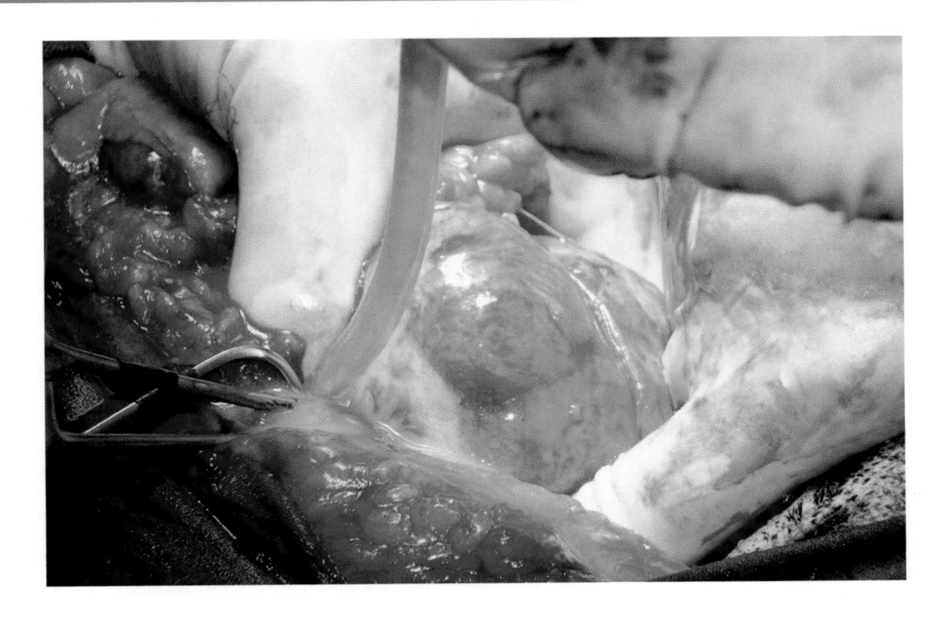

图8-265 从侧面切开脓肿并抽吸内容物，将污染腹膜的风险降低到最小。

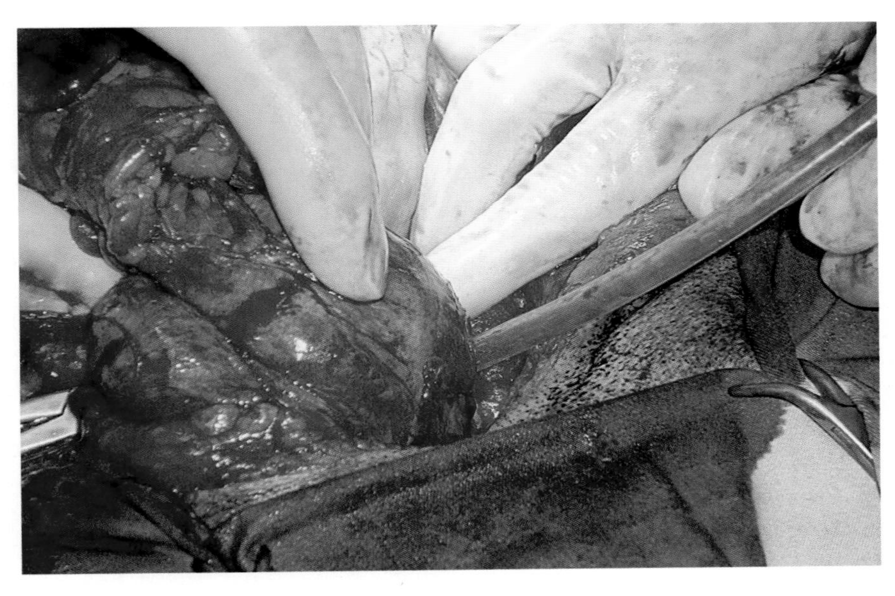

图8-266 用止血钳或手指破坏脓腔内的所有横隔，形成一个单腔。在处理前列腺脓肿时，注意不要损伤尿道。

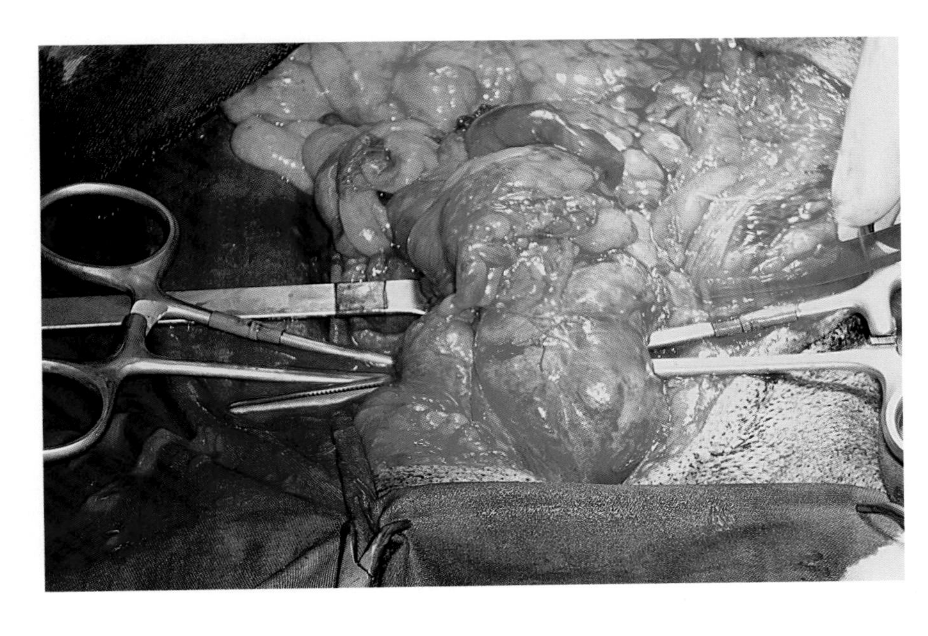

图8-267 从尿道上方的脓肿背侧插入另一把止血钳，形成两个进入脓腔的通道。

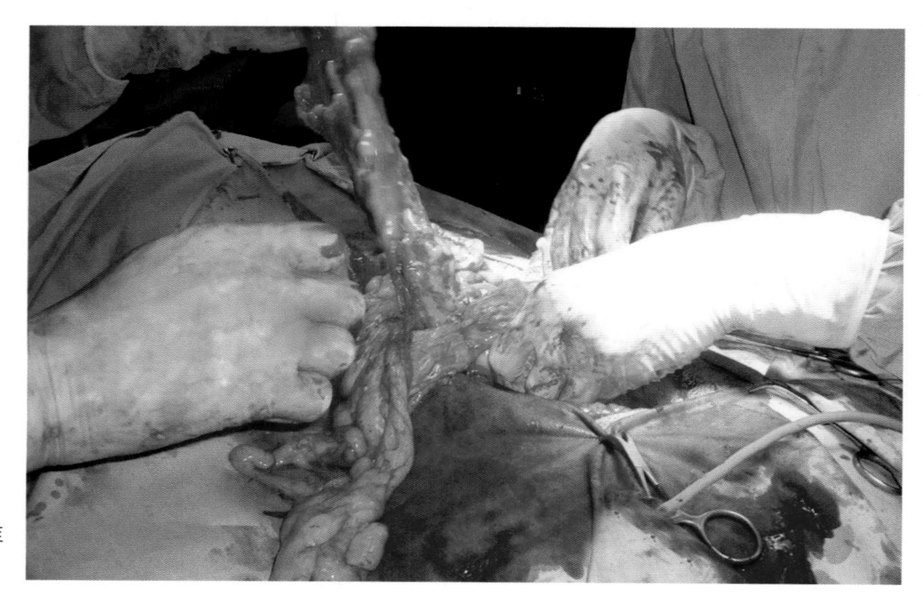

图8-268 选择一段大网膜并准备一条带子。

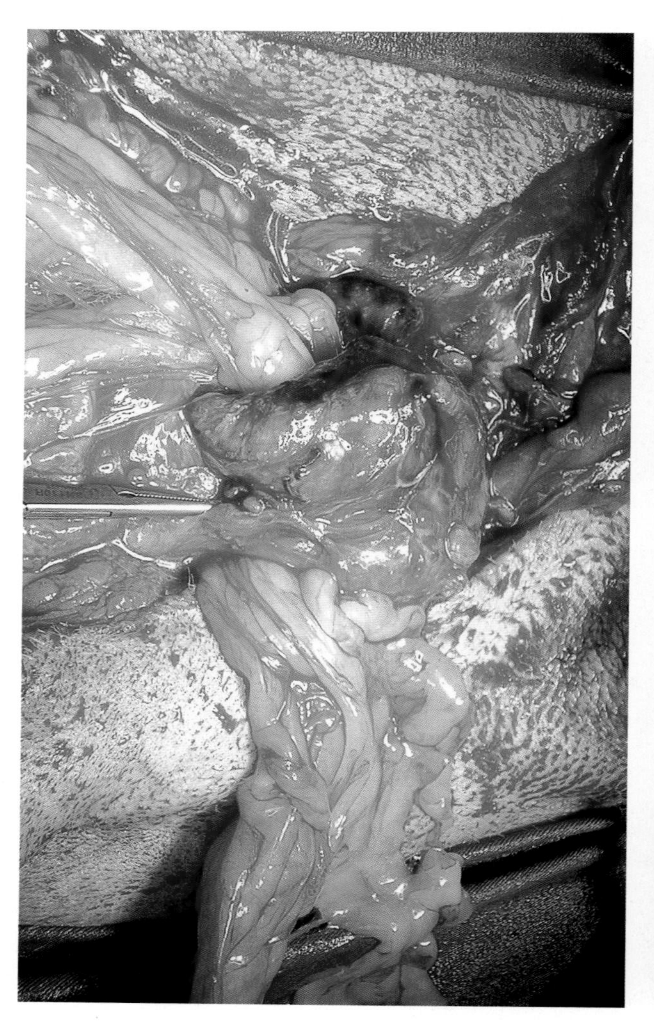

图8-269 用手术钳夹持大网膜并穿过脓肿的背侧腔。

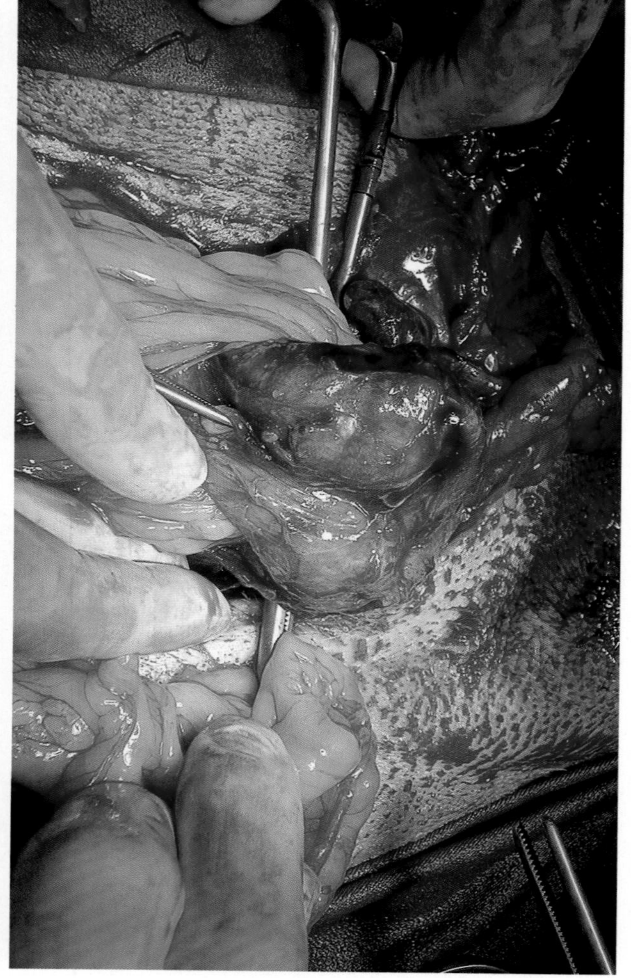

图8-270 从脓肿的另一侧，用手术钳夹住大网膜绕过尿道再穿出来。

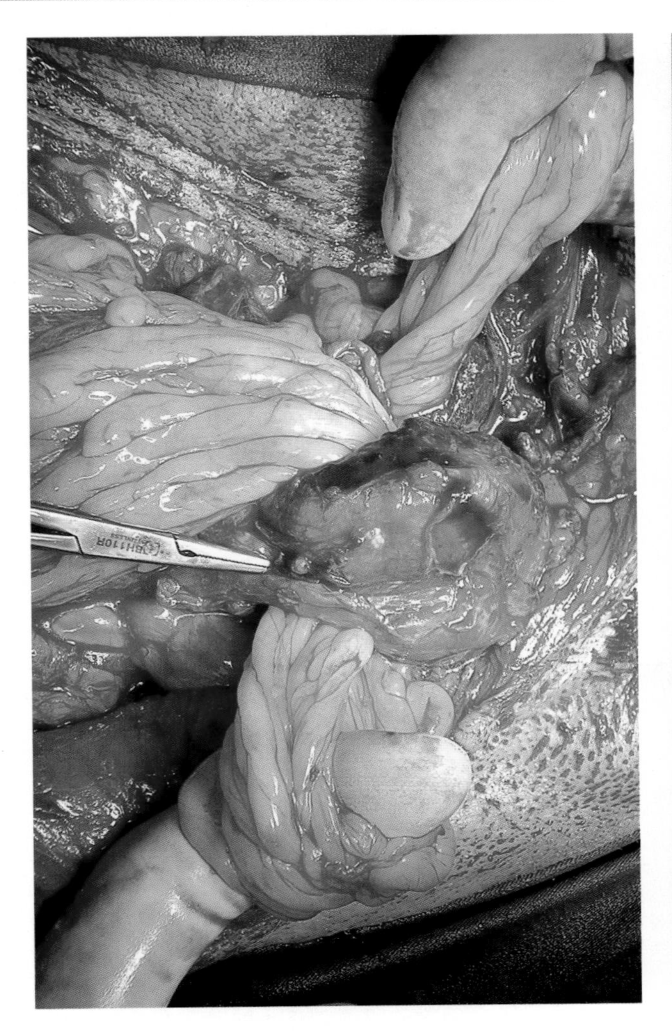

图8-271　大网膜通过创建的4个开口进出脓腔。

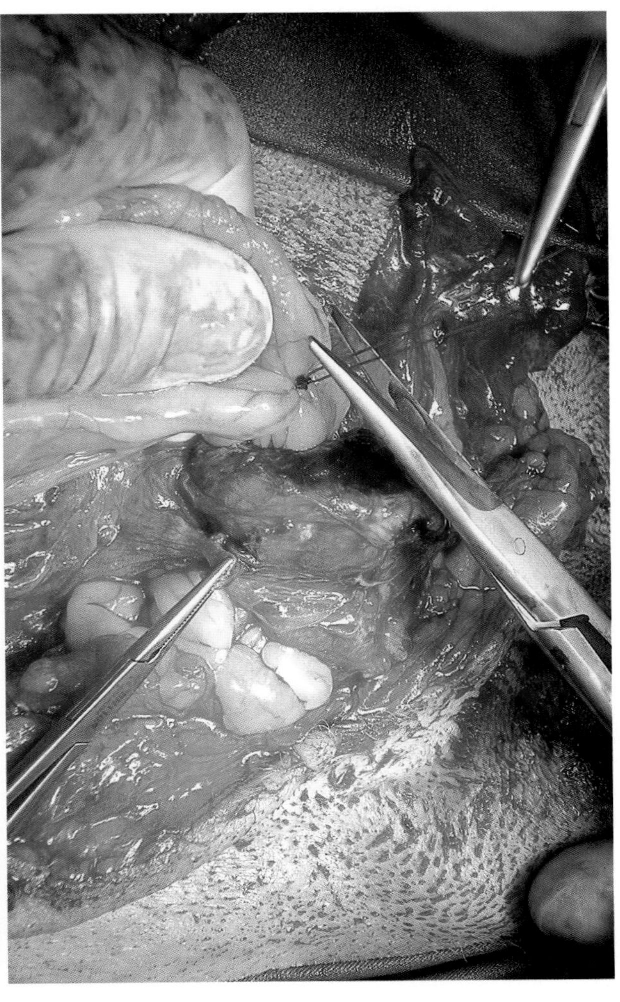

图8-272　以水平褥式缝合法用合成可吸收材料打结，将脓肿外的网膜固定在一起。

全身应用广谱抗菌药物

✱ 大网膜有助于改善腹部手术效果

图8-273　在闭合腹壁切口之前，必须用大量生理盐水冲洗腹腔，吸出可能流入腹腔的任何感染性脓肿物质。

# 强制饲喂：造口胃饲管

技术难度 ■■□□□

置入饲管的方法有多种，本节介绍其中的一种，即通过剖腹术进行的胃造口术置入饲管。腹中线切口，打开腹腔后，用手术刀尖在患病动物的左腰部，即最后一根肋骨后1 ～ 2cm的位置做一个小切口。

> 这是一种最安全的方法，因为它最大限度地降低了继发性腹膜炎的风险

经腹腔切口将无损伤手术钳从腹腔内穿过最后肋骨后的切口（图8-274）。用手术钳夹住将要使用的Foley饲管顶端，将其拉入腹腔内（图8-275）。下一步，对胃做好置入饲管而不会产生继发性并发症的准备（图8-276）。

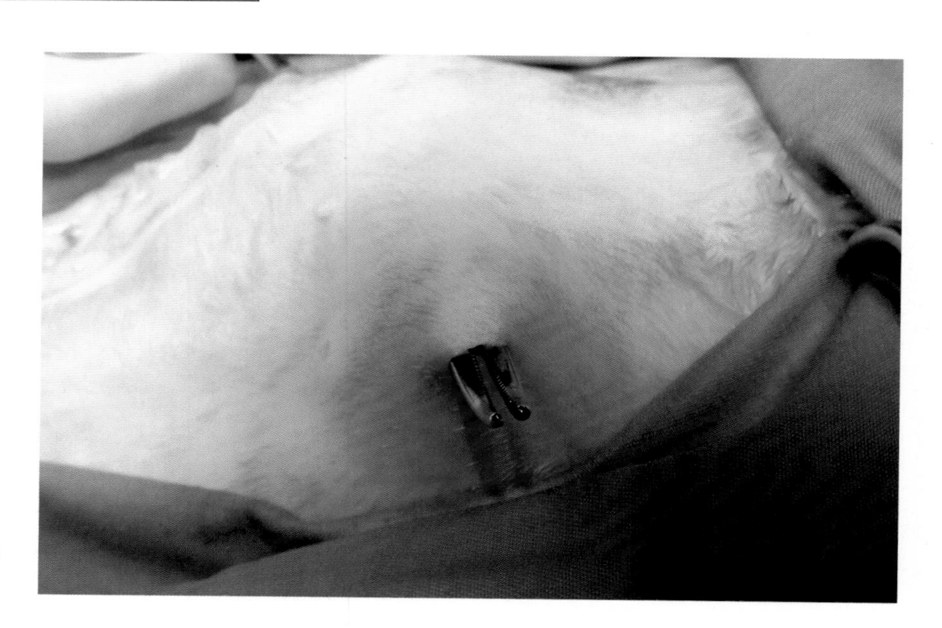

图8-274　从腹腔内将手术钳穿过最后肋骨后面的切口。

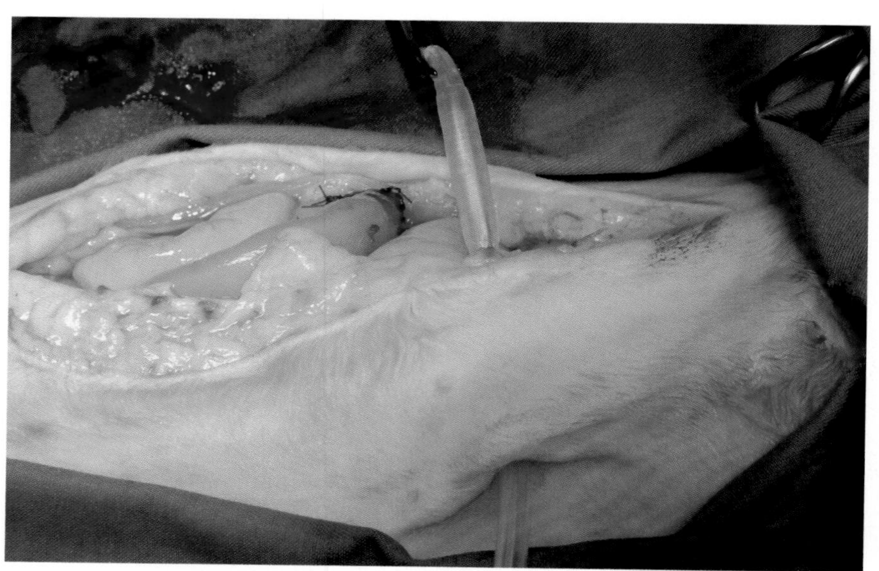

图8-275　将饲管置入腹腔内。

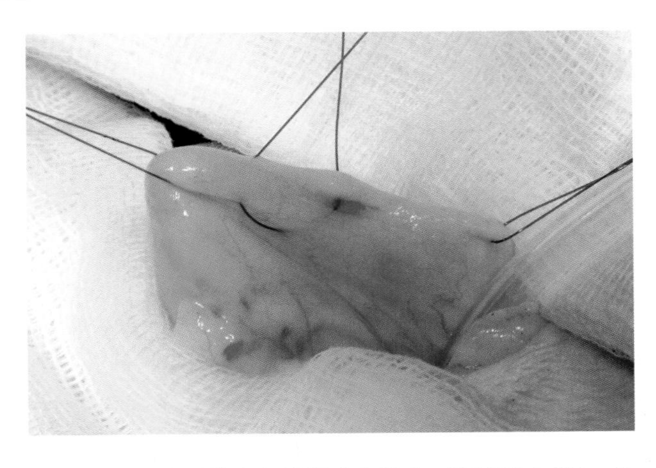

图8-276 在胃体中部进行荷包缝合（远离胃血管）。为避免发生并发症，施行牵引固定缝合，并用无菌手术止血巾将胃与腹腔严密隔离。

■ 用纱布或无菌手术止血巾将胃与腹腔严密隔离。
■ 在胃部做两针牵引固定缝合，防止胃滑脱入腹腔内。
■ 用单丝非吸收缝线做一个荷包缝合。

用手术刀在荷包缝合的中心切开胃壁，并将饲管的前端插入胃造口术的这个小切口内（图8-277）。

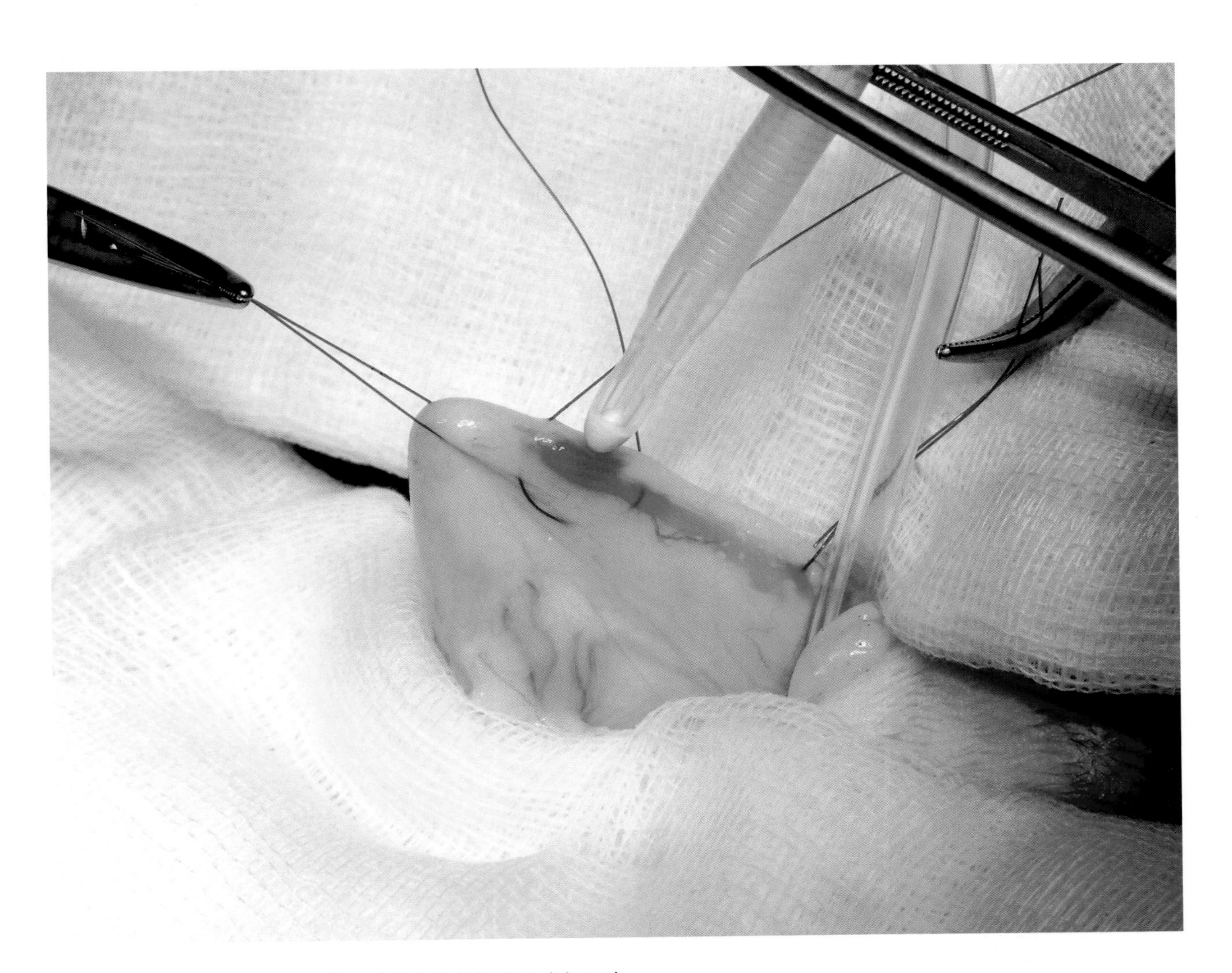

图8-277 将饲管插入位于荷包缝合中心的胃造口术切口内。

Foley饲管插入胃内，用生理盐水扩张饲管的套囊（图8-278）。为了避免胃液渗漏，将饲管周围的荷包缝合拉紧并打结（图8-279）。为了将继发性并发症降低到最小，将胃固定于腹壁上（图8-280、图8-281）。

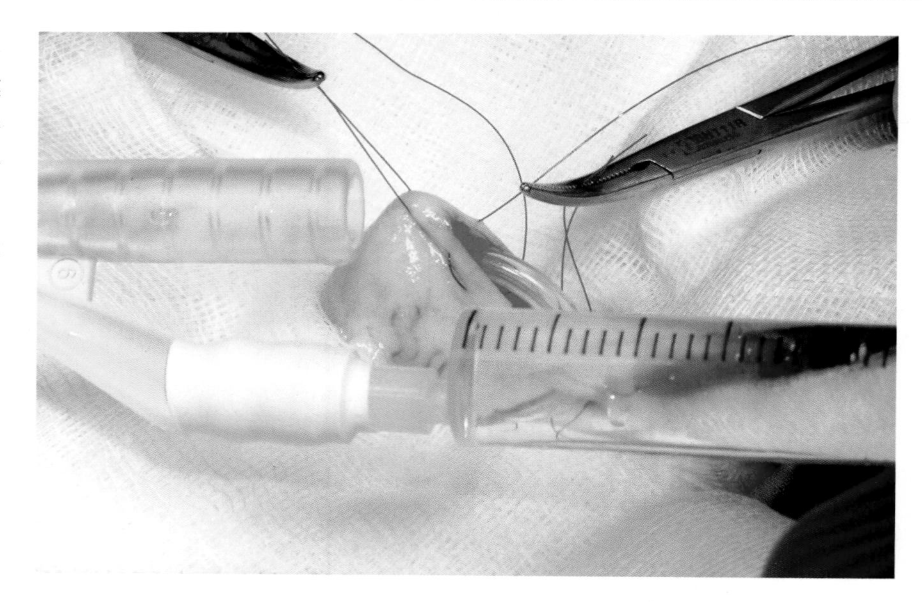

图8-278　用生理盐水充满Foley饲管的套囊，防止饲管从胃内滑出。

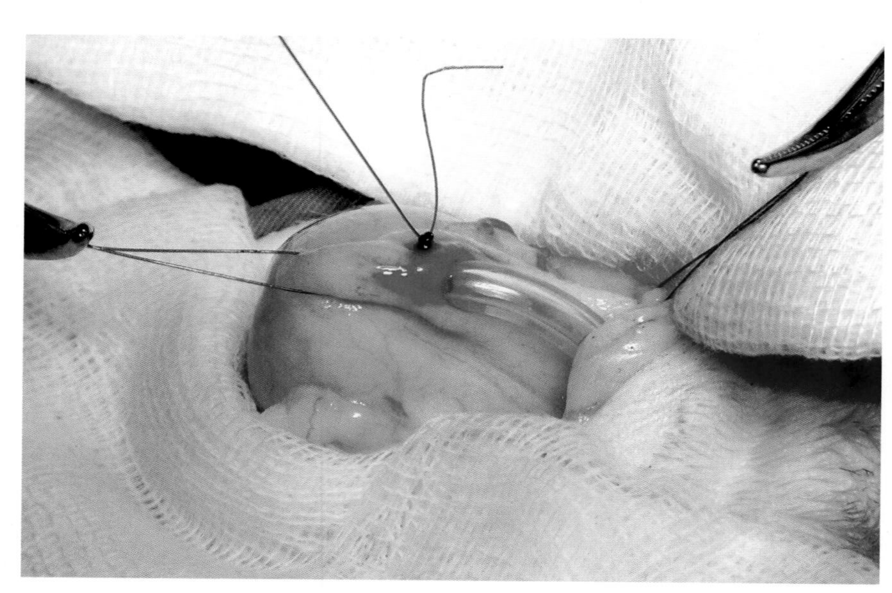

图8-279　将环绕饲管的荷包缝合抽紧并打结，以避免胃内容物污染腹腔。

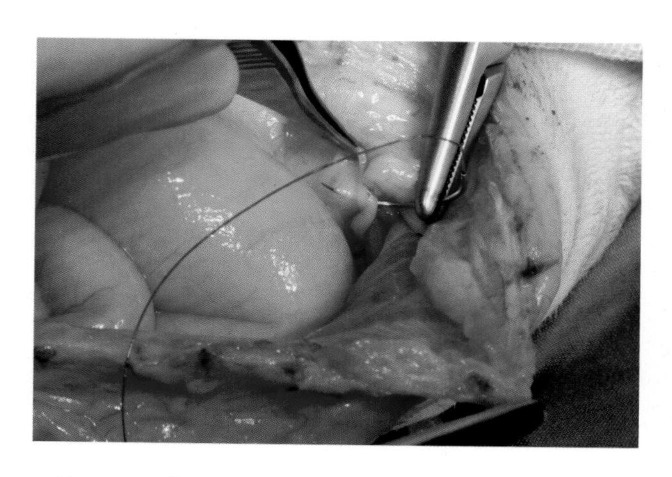

图8-280　将胃拉向腹壁实施胃固定术。第一针缝合应置于最背侧区域且应包括足够多的腹壁和胃组织，但不能穿过黏膜层。

为改善治疗效果和预防并发症，用一段大网膜包裹整个手术区域（图8-281、图8-282）。用非吸收性复丝缝合材料（丝质的），以十字缝合或Roman-sandal缝合的方法（图8-283），将饲管固定到皮肤上。

用饲管塞或皮下注射器针头的盖子将饲管密封，并包扎患病动物的腹部，以防意外拔出饲管（图8-284）。饲管应留置至少10d，以便胃附着在腹壁上，并防止胃内容物泄漏到腹腔内。

饲管应留置至少10d。不要过早拔除饲管

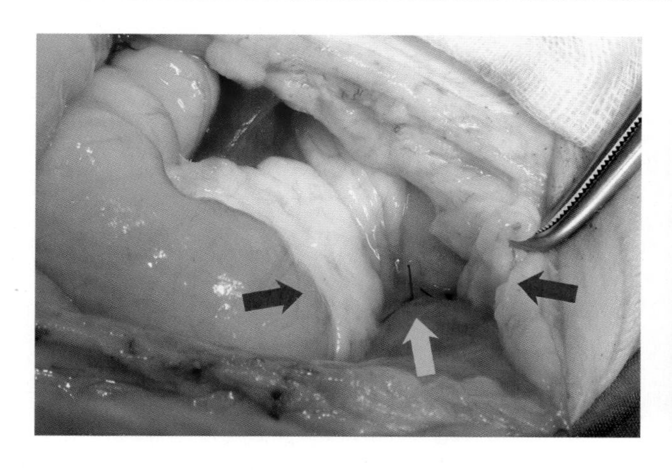

图8-281 在胃的头侧端进行第二针缝合（橘色箭头），将胃固定于腹壁上。为了减少发生继发性并发症的风险，用一段网膜包裹在胃固定术周围（灰色箭头）。

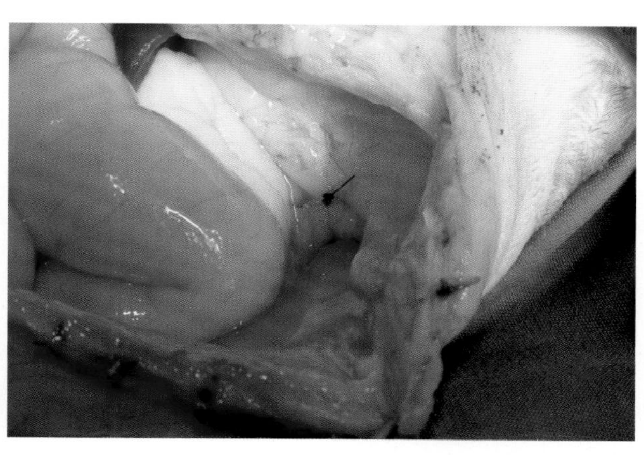

图8-282 用一段大网膜包裹在胃造口术切口周围，网膜化手术区域。用简单缝合固定大网膜。

图8-283 用十字缝合方法将饲管固定于皮肤上。这种缝合可防止饲管滑落或被意外拔出。

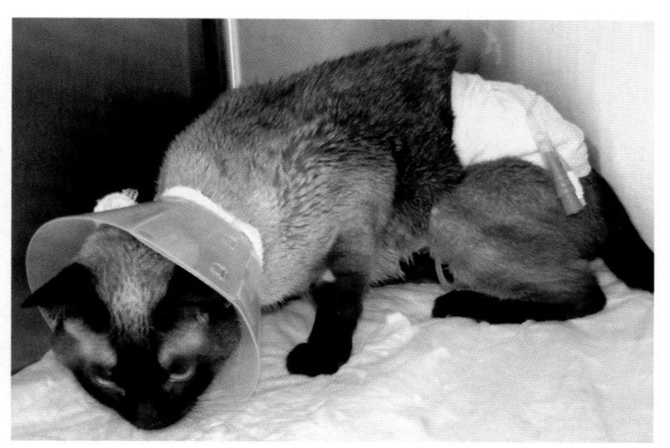

图8-284 经胃造口术置入饲管的患猫。

选择可以通过饲管的食物。在灌食前后用温水或生理盐水冲洗饲管。如遇阻碍，勿靠压力强迫食物灌入，可尝试反复用温水或碳酸饮料疏通饲管。如饲管仍然受阻，则必须更换。计算每只动物每天所需的能量（表8-8）和水（表8-9）。

每只健康家养动物每天基本能量需求为60～90kcal*/kg

表8-8 每天的能量需求量（kcal）

| 健康住院动物的基础能量需求（BER） | 基础能量需求 =30× 体重(kg)+70 |
|---|---|
| 无并发症的术后恢复 | BER×（1.25 ～ 1.35） |
| 有创伤或肿瘤的动物 | BER×（1.35 ～ 1.5） |
| 感染和败血症 | BER×（1.5 ～ 1.75） |
| 烧伤 | BER×（1.75 ～ 2.0） |

表8-9 每天的水需求量

| | |
|---|---|
| 维持 | 60 ～ 90mL/kg，犬<br>45 ～ 60mL/kg，猫 |
| 脱水 | 维持（L）+预计脱水/100（%）× 体重（kg）=每天液体治疗量（L） |

拔除饲管后，皮肤经二期愈合痊愈。切记保护伤口免受由于胃液分泌而引起的发炎。

*kcal（千卡）为非许用计量单位，1kcal=4.184kJ。

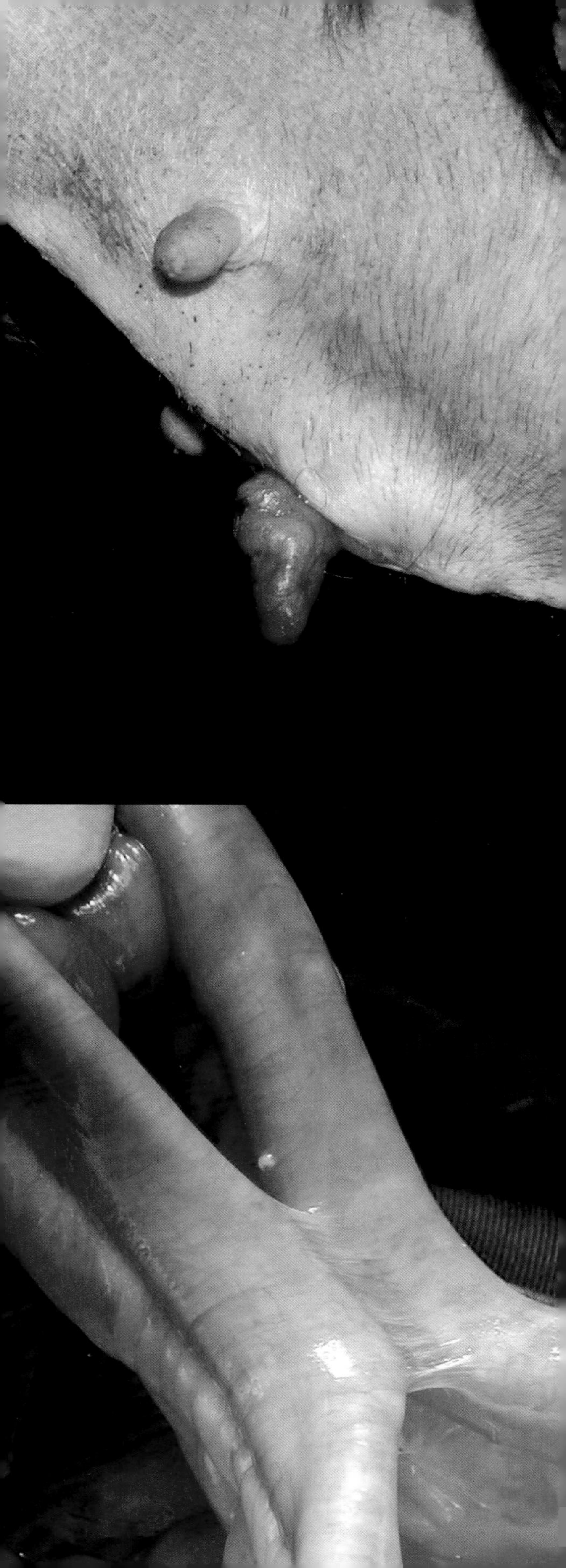

# 第九章 常见并发症

## 剖腹术术后并发症

切口裂开／切口疝／脏器外露
粘连／腹膜炎／脓肿

## 短肠综合征

## 缺血／再灌注综合征

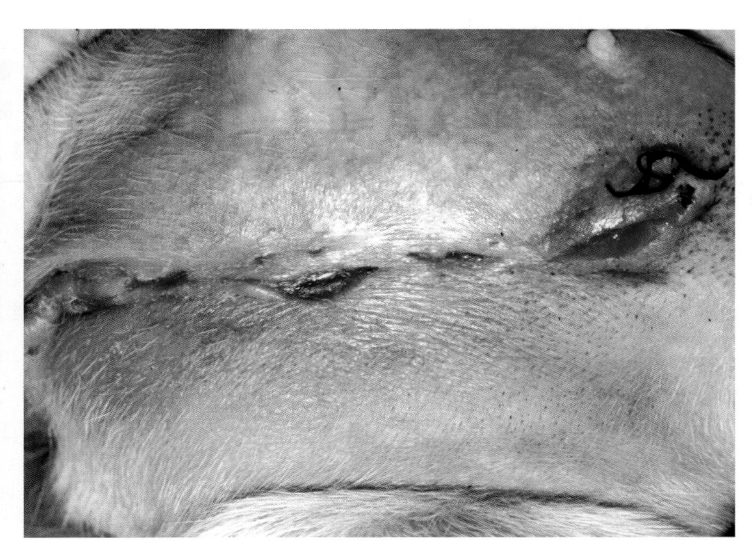

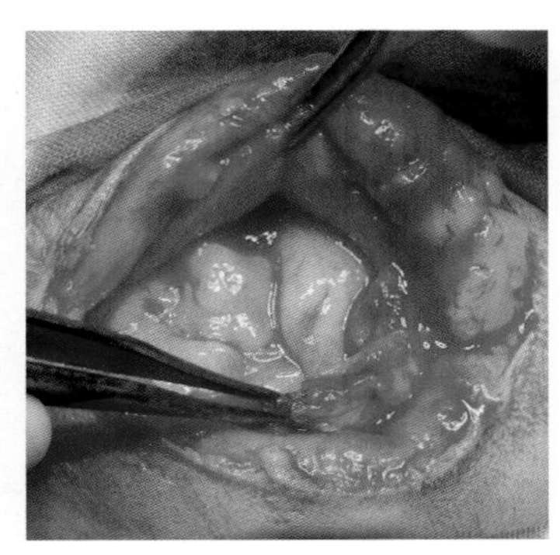

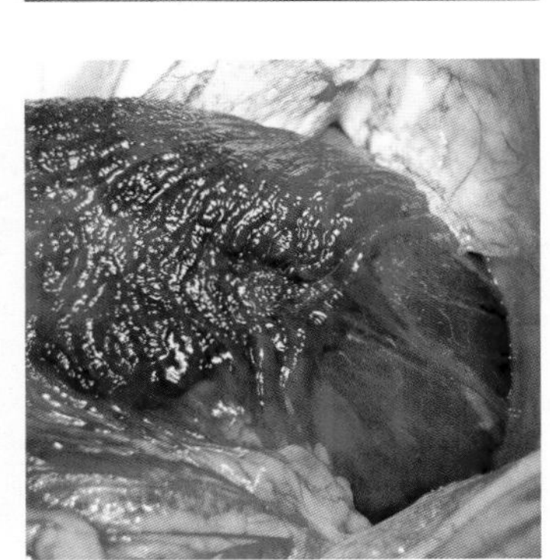

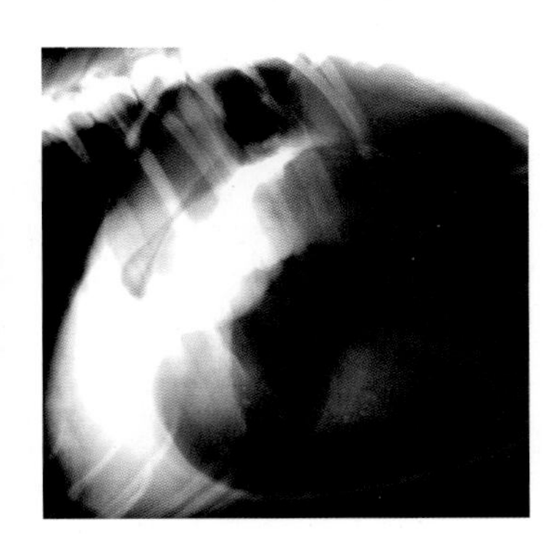

## 剖腹术术后并发症

剖腹术术后可能会发生并发症，但应将其发生概率降到最低，并尽可能高效地进行治疗。

> 如果术中操作细心，术后动物恢复良好，则罕见发生并发症

> ✱ 外科医生的临床经验是非常重要的因素，初学者的术后并发症发生率比较高

### 术后即刻出血

术后可能出现的第一个并发症就是剖腹术术部出血。对此，第一个问题是：血是从哪里来的？是麻醉苏醒后，血压恢复正常后的皮下血管出血？还是体内某处血管的结扎线松脱了？

如果术中缝合、结扎完成得很完美，外科医生要有自信，这可能是外出血。但是，要对这种情况进行监控，毕竟有可能发生内出血。

**如何处理？**

- 留置静脉导管，进行必要的补液：血液、乳酸林格氏液等。
- 清除缝合处累积的血液，并检查出血是否还在继续。
- 若出血还在继续，在腹部放置压迫绷带进行压迫止血。
- 检测动物的红细胞压积。
- 应用促凝血药物。
- 若持续出血，则需再次打开腹腔，探查出血部位。

> 决不能将出血的动物置于医院的笼子里，在动物主人接动物出院时，最轻微的出血也不能有

> ✱ 当缝合处不断渗血时，最好是再次打开腹腔，确认是不是有内出血，而不要只是怀疑

**预防措施**

- 术前检查患病动物是否患有凝血障碍性疾病。
  - 测定出血时间，用针尖刺破静脉采集血样，或用针尖刺破牙龈采集血样。
  - 测定体外凝血时间。
  - 血小板计数。
- 切开皮肤后，要对皮下组织的出血进行彻底止血。根据血管管径的大小，可选择电凝止血（单极或双极），必要的话也可选择钳夹结扎止血。
- 腹部手术中，外科医生必须确保血管不会因结扎线松脱而出血（图9-1），并且缝合不能损伤血管或质脆的器官。

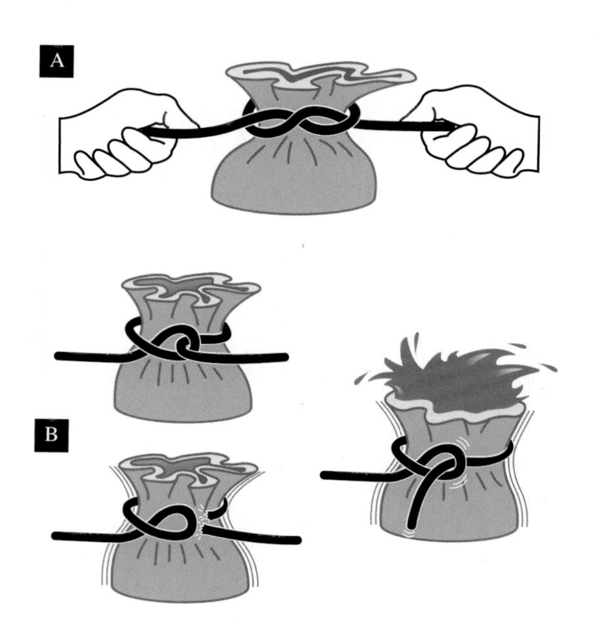


图9-1 A.正确的打结方式 B.错误的打结方式。缝线很有可能断裂，也有可能滑脱使缝线结松开，因为这是一个滑结

## 血清肿和血肿

皮下出血所形成的血凝块可机化为纤维组织。皮下出血形成的血肿阻碍切口的愈合，增加术后感染的风险，并导致术部切口裂开。血清肿是由皮下组织细胞的损伤引起的（图9-2）。

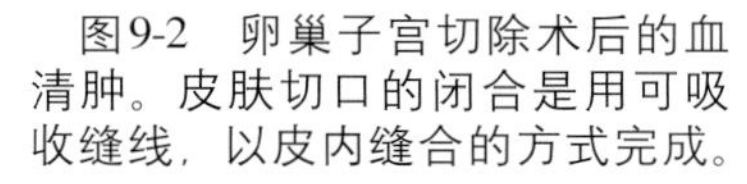

图9-2　卵巢子宫切除术后的血清肿。皮肤切口的闭合是用可吸收缝线，以皮内缝合的方式完成。

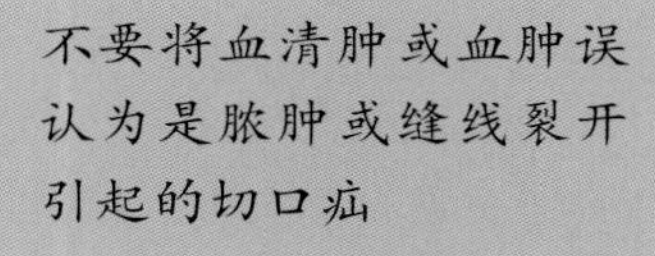

不要将血清肿或血肿误认为是脓肿或缝线裂开引起的切口疝

图9-3　血清肿的抽吸。注意注射器中液体的血清样外观。

### 如何处理？

- ■ 进行超声或X线检查，确保不存在切口疝。
- ■ 抽吸血清肿内的液体，并进行分析和放置引流管（图9-3）。
- ■ 如果血凝块较大，可通过压迫皮肤缝合处消除血凝块。有时，有必要拆除缝合处中间的1 ～ 2针缝线。
- ■ 某些血清肿需要在术后连续几天反复进行抽吸。
- ■ 热敷出血部位可以促进血清肿的吸收。

### 预防措施

- ■ 应用先进的手术技术和方法。
  - ■ 使用单极/双极电凝器控制皮下出血。
  - ■ 切割最少的皮下组织显露腹白线。
  - ■ 分离组织要轻巧。
  - ■ 术中随时用无菌生理盐水冲洗皮下组织。
- ■ 用湿润、无菌纱布和沾血巾保护皮下组织，防止其干燥。
- ■ 用压迫绷带包扎腹部5 ～ 6d并限制动物活动。分离皮下组织要尽可能轻巧，以利术后愈合。

分离皮下组织要尽可能轻巧，以减轻组织损伤

### 感染

切口的局部感染是由术中或术后的污染引起的。局部感染（图9-4）呈现弥漫性蜂窝织炎或脓肿的典型表现。

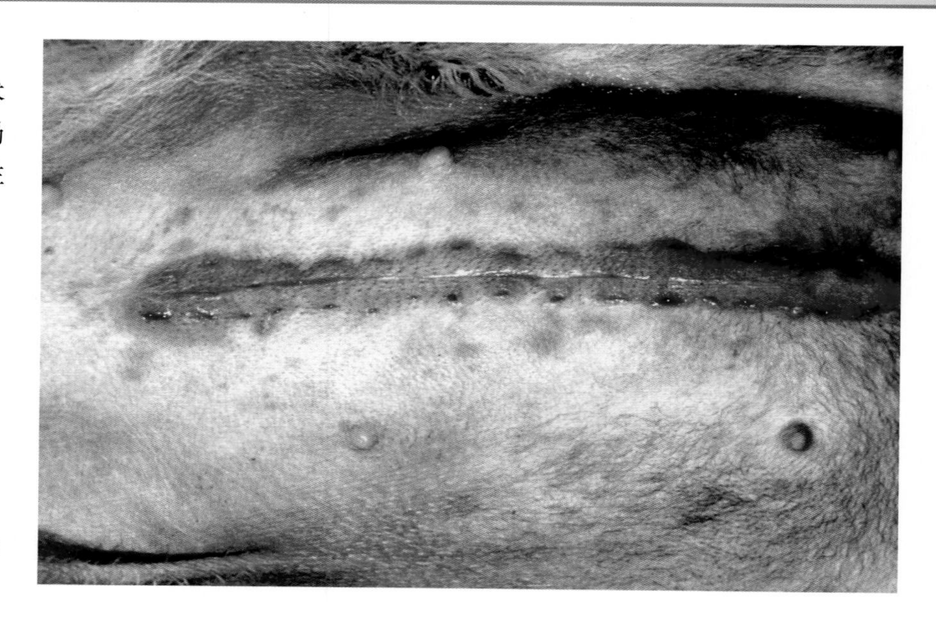

图9-4　术部切口发生感染，呈现红、肿、热、痛的炎症反应。

如果发生严重感染，也会呈现体温升高、精神沉郁及食欲废绝的全身性症状。如果感染得不到控制，切口会经久不愈，且剖腹术切口一层或多层缝合会发生裂开（图9-5）。

下列因素易诱发术部感染：

- 止血不彻底。
- 术中过度损伤组织。
- 没有坚持无菌操作。
- 闭合切口时过量使用缝线，特别是非吸收缝线。
- 手术时间过长。
- 动物舔咬切口及自身原因损伤术部。
- 动物主人没有做到保持切口的清洁。

### 预防措施

- 术部剪毛，用水和药用皂充分刷洗。
- 始终保持无菌操作。
- 避免对组织造成过度创伤。
- 切口中不能遗留血凝块。
- 尽量缩短手术时间，既要快，又要轻巧。
- 用单丝合成材料闭合皮肤切口。
- 避免动物在术后舔咬切口。
- 保持切口清洁，直到切口完全愈合。

> 由于动物自伤而引起的切口感染及裂开在临床上经常发生，这就是术后给动物佩戴伊丽莎白项圈或放置腹绷带的原因

### 如何处理？

- 用热毛巾或纱布敷在术部，重新活化术部的血管并使中性粒细胞浸润。
- 穿刺抽吸脓液或留置彭罗斯引流管。
- 全身应用抗生素。

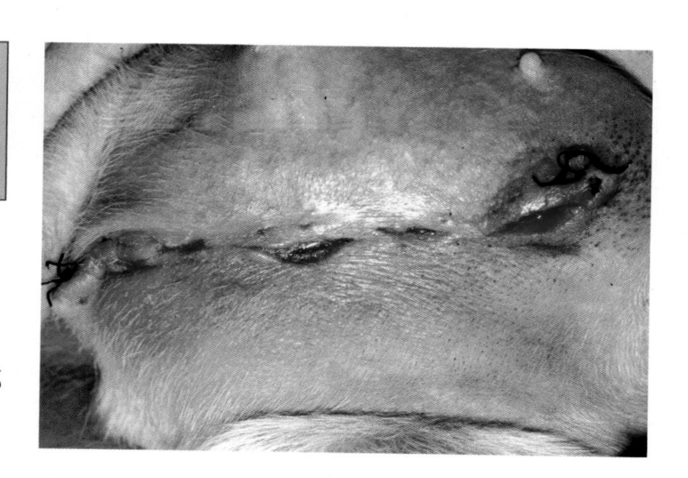

图9-5　局部术后感染导致皮肤缝合多处裂开。

## 切口裂开/切口疝/脏器外露

切口裂开大多发生于术后3～5d，此时切口尚未完全愈合，但缝线却失去了作用

切口裂开可发生于以下几种情况：

■ 缝线断裂。

■ 以下原因造成切口经久不愈：

　■ 感染。

　■ 低蛋白血症（如恶病质、肠道疾病或肾小球性疾病）。

　■ 肝脏疾病（导致蛋白质合成受阻）。

　■ 高水平糖皮质激素造成迟发性纤维增生。

■ 动物舔咬造成的自体伤害。

如果切口裂开仅是影响到皮肤，问题还不算严重（图9-6），因为最坏的后果也就是切口愈合看上去不够美观而已。然而，如果是腹壁肌肉、腹膜等深层组织的缝合处裂开，则会引发较为严重的并发症。切口疝是由腹部筋膜缝合裂开造成的（图9-7、图9-8），其原因是缝合的针间距过大，或是缝合时带入了脂肪组织（大网膜、镰状韧带或皮下脂肪）。

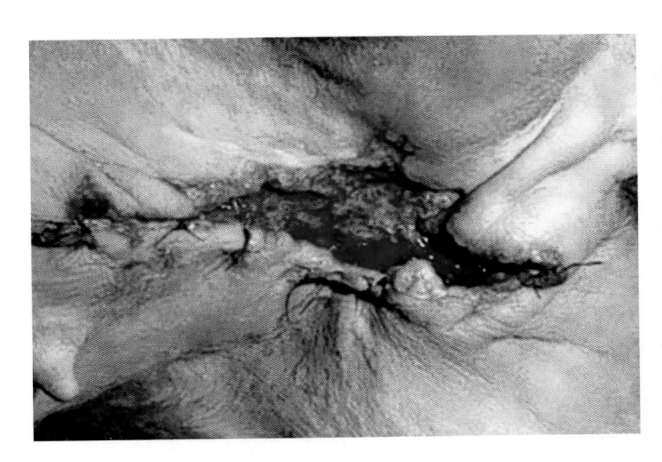

图9-6　术后护理期间，在动物主人摘下伊丽莎白项圈前，该患病动物恢复平稳。

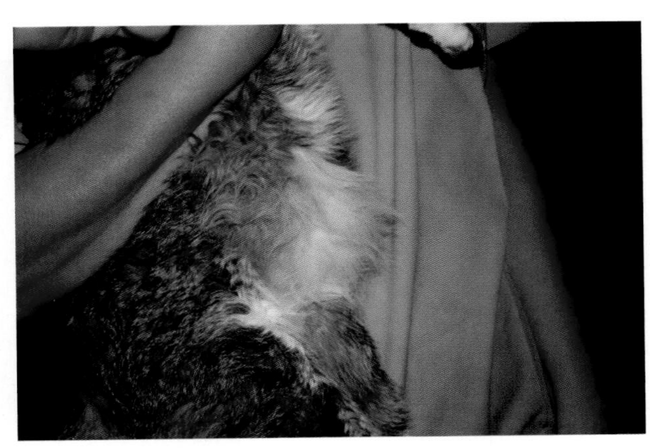

图9-7　诊断为切口疝的猫，两年前接受过腹中线剖腹术。

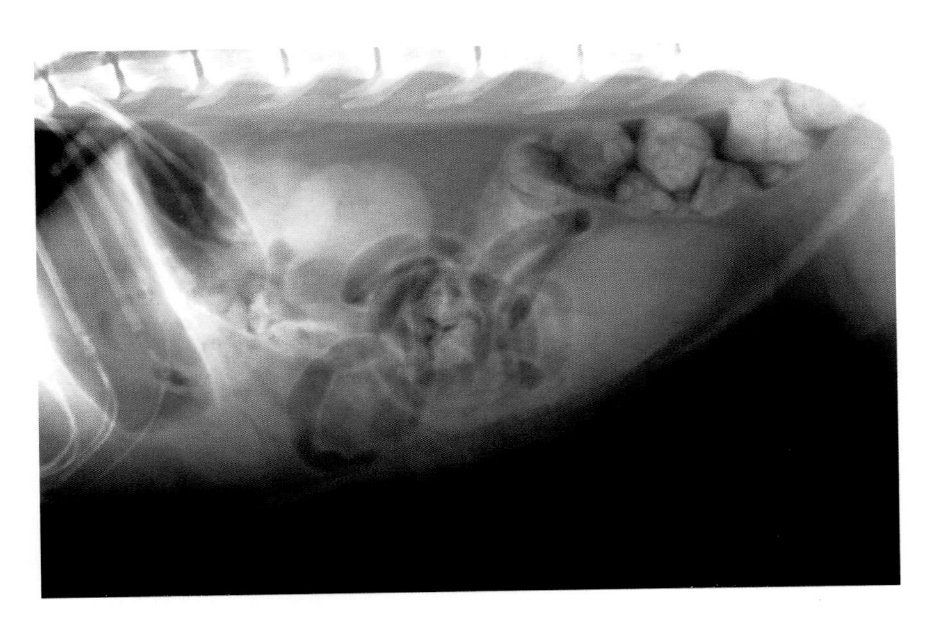

图9-8　X线片显示疝的大小以及内容物（肠管）。

脏器外露是指切口裂开影响到腹壁各层的缝合并导致腹腔内容物脱出体外(图9-9、图9-10)。这类病例要紧急处置，以避免发生腹腔并发症。

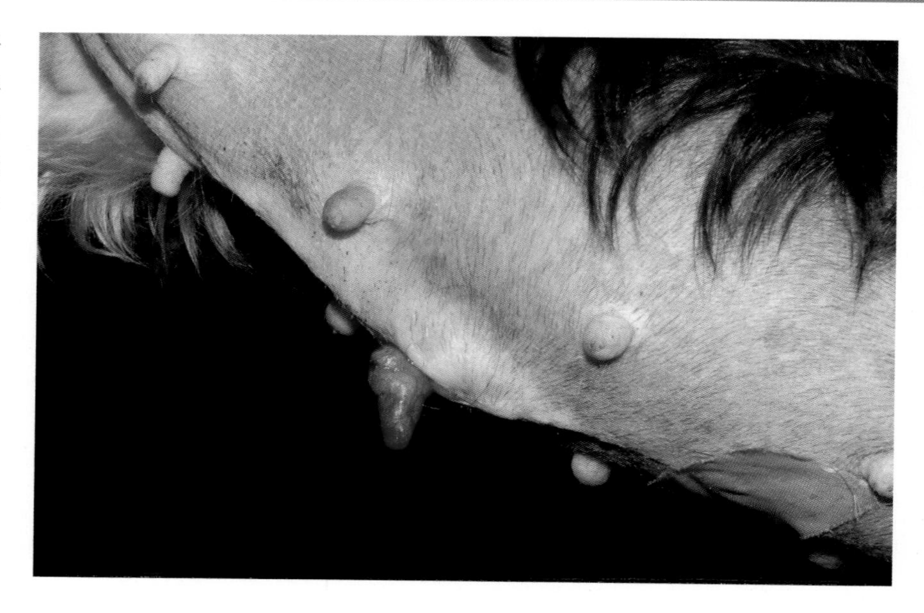

图9-9　本病例为一小块大网膜从剖腹术切口的缝合处脱出体外。

> 腹腔脏器的外露可能导致残毁、出血及继发感染（如腹膜炎）

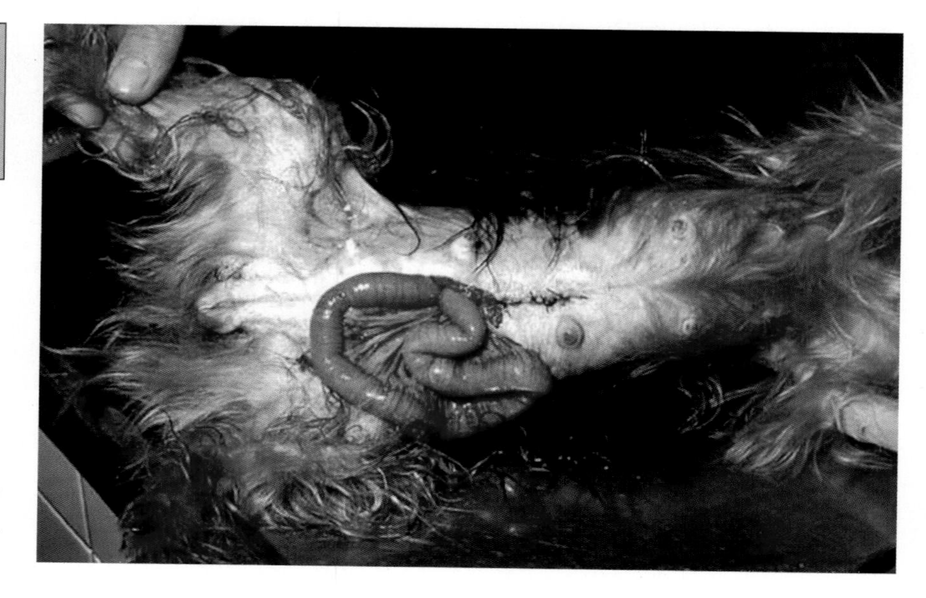

图9-10　肠袢脱出腹腔引起动物主人很大的惊恐，兽医要快速实施处置。

## 如何处理？

- 仅限于皮肤缝合裂开时：
  - 如果裂开范围较小，对局部进行处理，切口取二期愈合。
  - 如果裂开范围较大，则应对动物进行麻醉，对裂开的切口重新进行缝合。
  - 确保动物不能舔咬或抓挠术部。
- 皮肤已愈合，但发生切口疝时：
  - 如果组织缺损较小，且疝内容物只是脂肪组织（大网膜）时，则不需处理，只需定期检查疝内容。
  - 如果经腹壁缺损脱出的是肠袢或其他腹腔器官，则需准备手术修复。
  - 如果怀疑切口疝是技术原因造成的，则需要拆除腹壁各层组织的缝线，重新进行缝合。
  - 重新缝合时，不需要对创缘进行修整，否则，将延迟愈合。

■ 当发生腹腔器官外露时：
- ■ 如果动物主人是电话求助，要努力消除动物主人的不安。建议动物主人用绷带包裹腹部，以免腹腔内容物暴露于体外，然后要求动物主人立即带动物到医院就诊。
- ■ 动物来到医院后，给动物插入静脉导管，进行术前补液并给予广谱抗生素。
- ■ 对手术室进行术前准备。
- ■ 检查脱出体外的腹腔内容物，一般多为肠管，应进行修复。
- ■ 用大量温的无菌生理盐水冲洗抽吸腹腔。
- ■ 若发生腹膜炎，则放置腹腔引流管或进行腹膜透析。

在发生器官外露时，用1块干净的毛巾或单子盖在腹部，尽快送医院急诊

器官外露属于外科急诊

✱ 剖腹术中，不能用肠线缝合肌层

缺乏手术经验是切口裂开最常见的原因

**预防措施**

- ■ 给经验丰富的外科医生做助手，尽可能多地积累经验。
- ■ 找到腹直肌筋膜。
- ■ 不能包含镰状韧带脂肪组织或缝合线内皮下组织。
- ■ 不要将固定阴茎包皮与脐孔周围组织的筋膜误认为是腹白线。
- ■ 根据动物体型大小选择缝线的型号（表9-1）。
- ■ 选用合成单丝缝线，可吸收或非吸收性的均可。
- ■ 连续缝合的最初和最后几针要密一些，用2/0缝线缝合6 ～ 7针。
- ■ 打结要正确，打结错误将导致缝线松脱，进而造成切口裂开。
- ■ 为避免缝合部位张力过大，打结不宜过紧。
- ■ 术后初期应尽量保持动物安静，避免剧烈运动或训练。

表9-1　动物体型及其对应的缝线型号

| 动物体型 | 缝线型号 |
|---|---|
| 小型犬、猫 | 3/0 |
| 中型犬 | 2/0 |
| 大型犬 | 0 |
| 巨型犬 | 1 或 2 |

✱ 对于非常好动或活跃的犬，建议用间断缝合闭合腹壁切口

- ■ 阻止犬舔咬切口或自体损伤，始终推荐佩戴伊丽莎白项圈和/或包扎腹绷带。
- ■ 积极治疗可能延迟切口愈合的全身性疾病。

### 切口疝

| 技术难度 | ■ | ■ | □ | □ | □ |
|---|---|---|---|---|---|

如果腹壁切口破裂，但皮肤已经愈合，则发生切口疝。缺损的大小及内容物决定手术处置的方式和紧急程度。如果切口小且疝内容物仅是大网膜且是未去势的雌性动物，疝内容为腹腔脏器，则必须对动物进行二次手术（图9-11）。

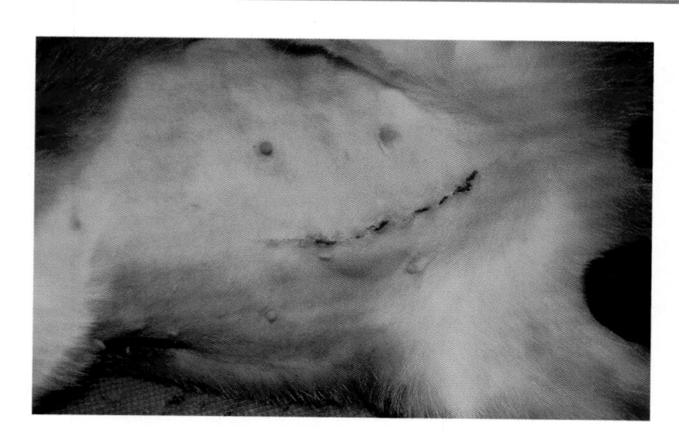

图9-11 母猫切口疝，因子宫蓄脓施行了卵巢子宫切除术。

> 切口疝是急诊的情况极少，手术应按照计划实施

二次手术也应与第一次手术一样，严格执行无菌操作。如果皮肤尚未愈合，则拆除上次手术的缝线（图9-12），或者在原切口旁做切口，切开皮肤及皮下组织（图9-13）。在拆除皮肤缝线后，将疝内容物还纳于腹腔内。仔细分离内容物与皮下组织的粘连（图9-14、图9-15）。

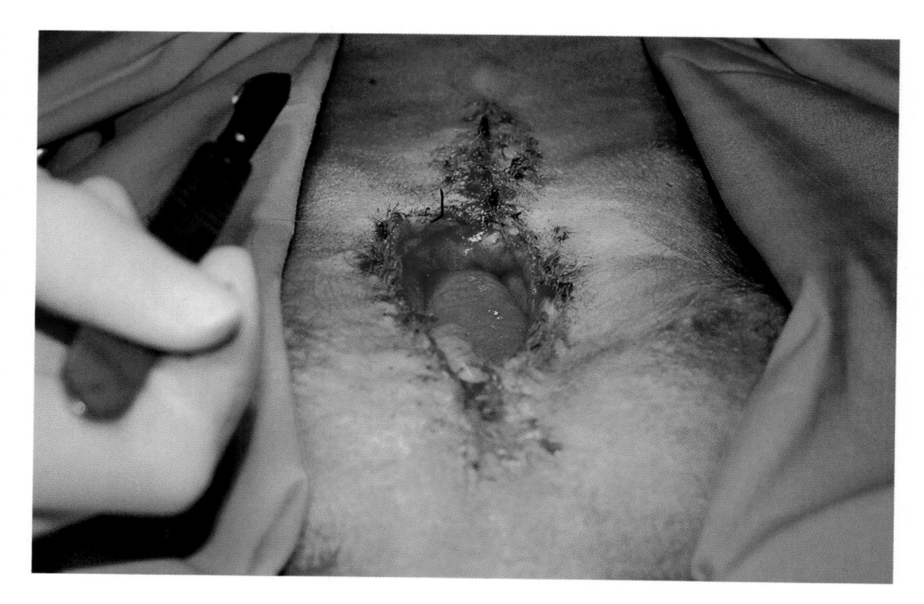

图9-12 本病例是在第1次手术3d后施行的矫正手术；拆除皮肤缝线，重新打开切口，皮下可见肠袢。

图9-13 本病例是在1个月前接受了隐睾切除术。术后发生了切口疝，进行了第2次手术。

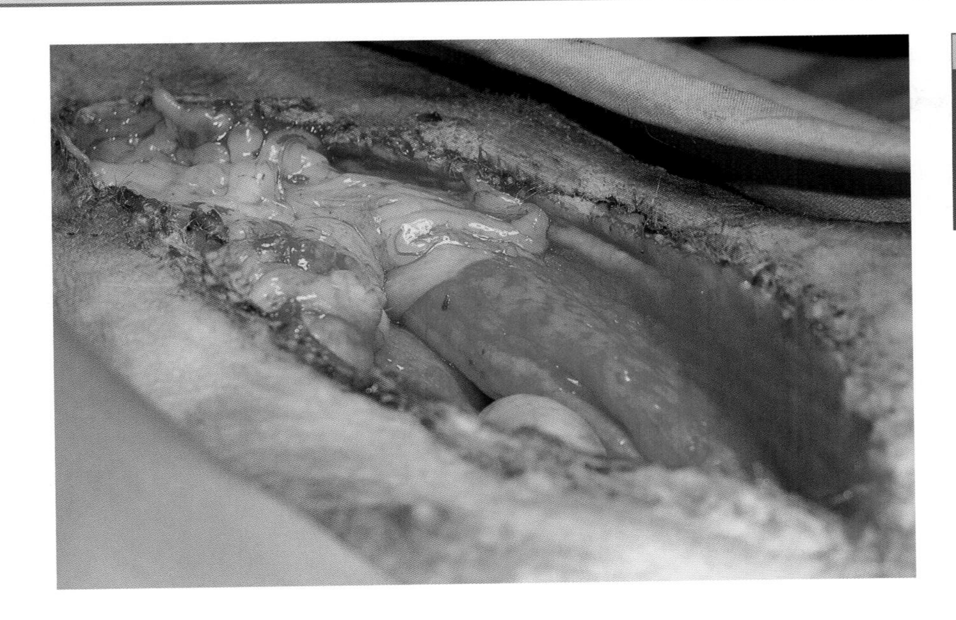

根据实际情况，可以扩大肌肉切口，以利于将疝内容物还纳于腹腔内

图9-14 显示大网膜与疝头侧区域的粘连。

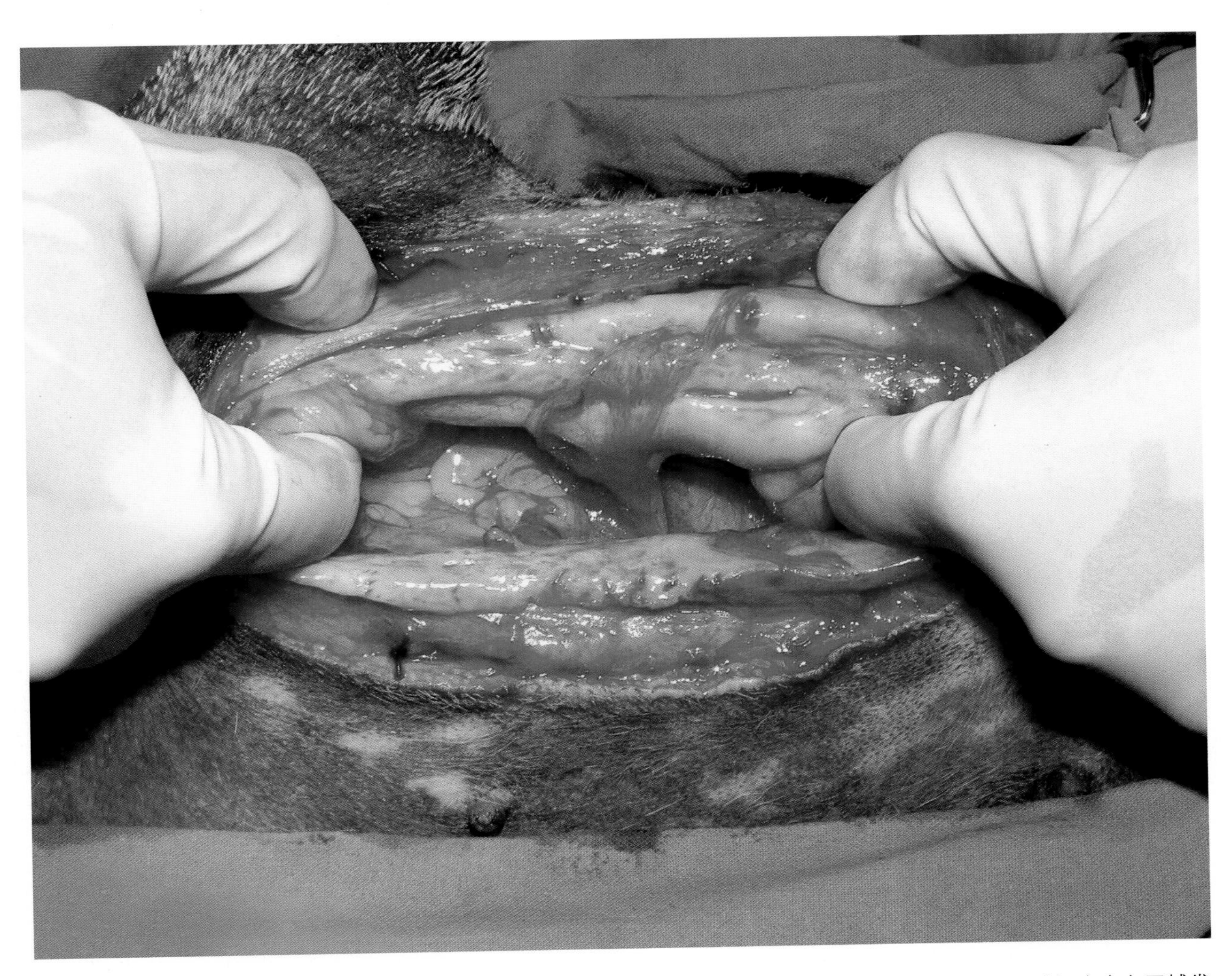

图9-15 这是另外一个病例。该病例因为缺损较大，疝内容物易还纳于腹腔内。注意该病例中大网膜与疝中心区域发生粘连。

切口疝常引起局部组织炎症，很难区分腹壁与皮下组织，彼此发生粘连。然而，要找到两侧的腹直肌筋膜，分离内外的粘连（图9-16）。用1/0或1号合成非吸收单丝缝线闭合腹壁切口（图9-17）。最后，选择适宜的缝合方法对皮肤切口进行缝合（图9-18）。

> ＊ 如果疝的边缘发生撕裂或坏死，则应进行切除、修整

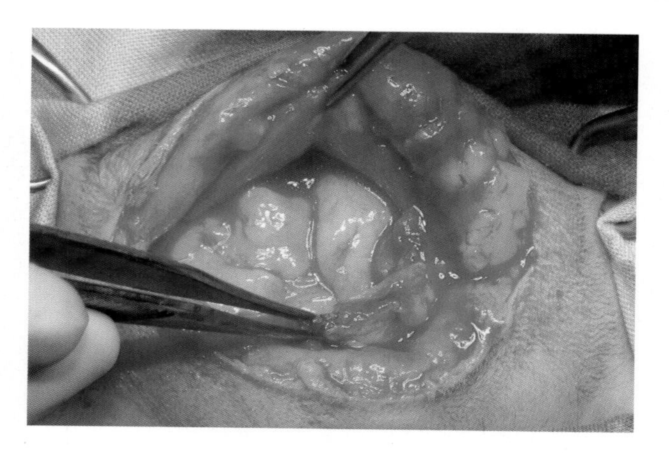

图9-16　局部组织的炎症使得难以找到腹壁与皮下组织的界限。

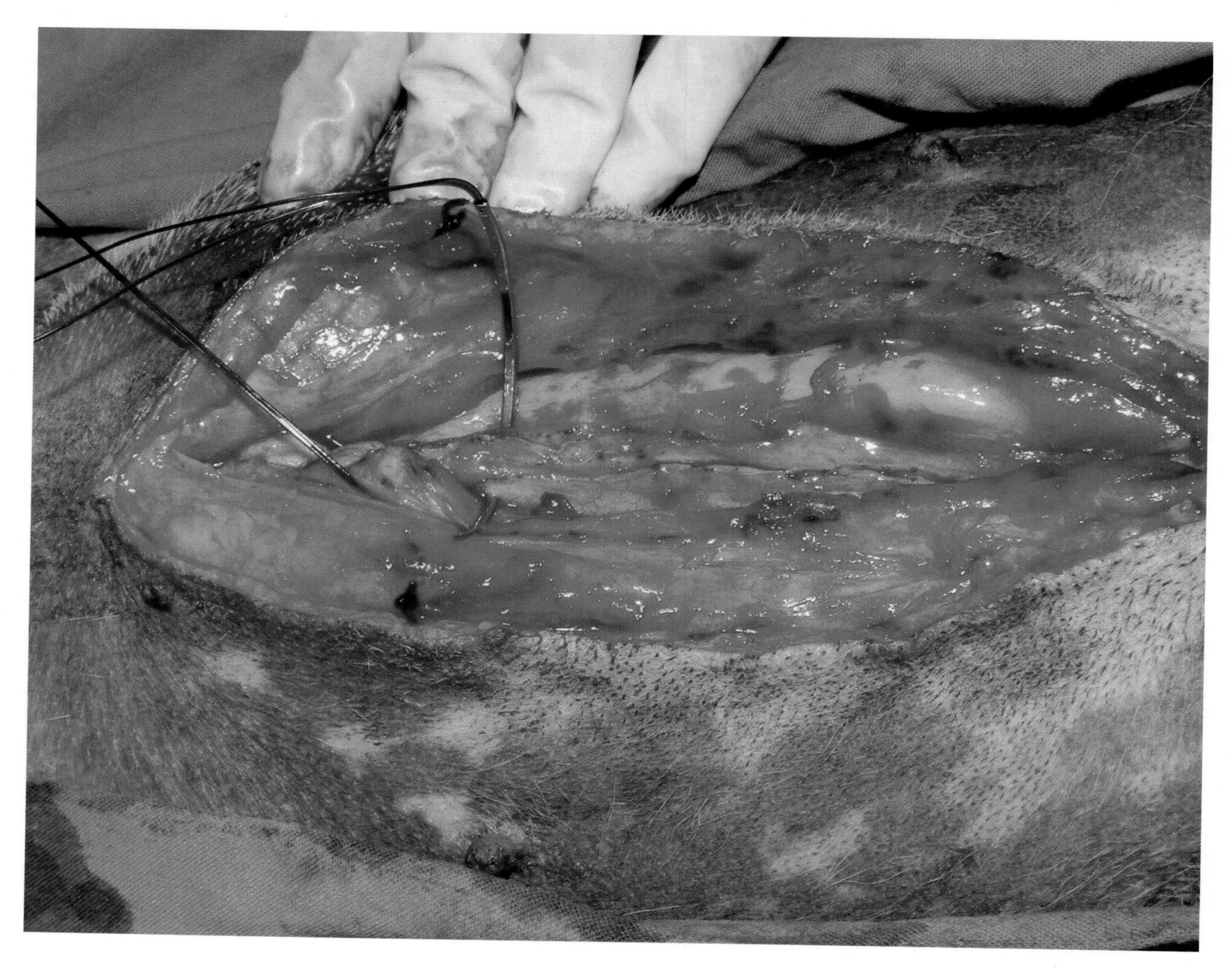

图9-17　用粗的非吸收单丝缝线闭合缺损处。缝合时，尽可能多地缝合创口两侧的腱膜，本病例采用双股线缝合。

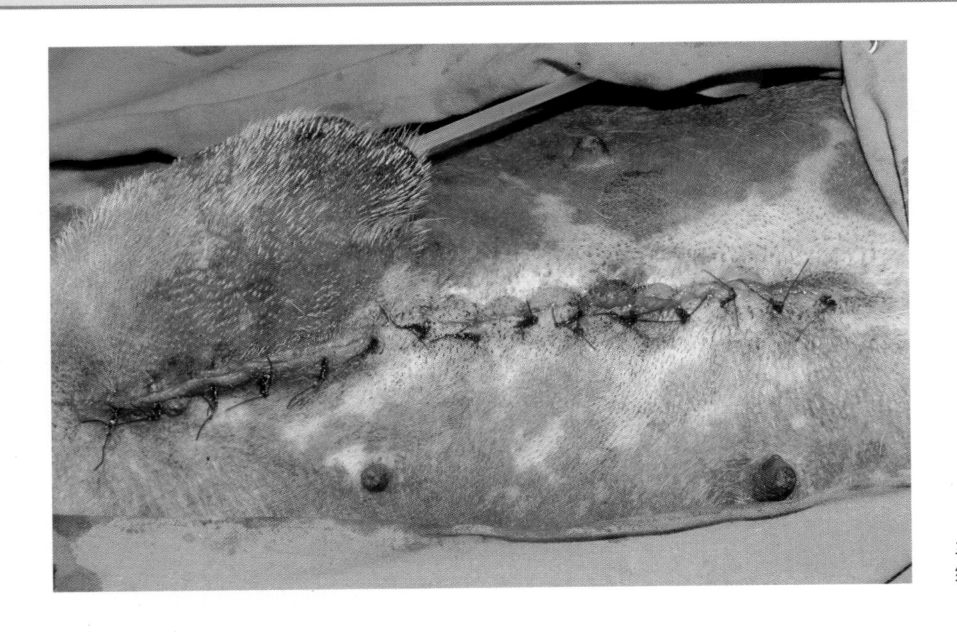

图9-18　用3/0号合成非吸收单丝缝线对皮肤切口进行垂直褥式缝合。

> 如果实施修复的外科医生相对经验不足，建议使用间断缝合而不是连续缝合。因为这可以降低由结的松脱而导致复发的概率

**缝线为何会松脱？**

切口疝是术后常见的并发症。发生切口疝时，要分析其原因，采取措施，以防再发生。

与切口疝发生有关的几个因素：

- ■避免使用已过保质期的缝线，尤其是可吸收缝线。
- ■缝合材料对组织的适用性（例如，多丝缝线对于像肠管这样的易损组织来说无异于是一把“线锯”）。
- ■根据动物个体选择适合型号的缝线，不要用3/0缝线缝合德国牧羊犬的腹壁，也不要用0缝线缝合贵宾犬的膀胱。
- ■结的种类。缝线应以双手打结的方式打成方结。
- ■打结错误，出现滑结，使得缝线松脱和缝合断裂。
- ■切口两侧缝合组织的数量（缝合创口两侧足够的腱膜，这样才能支持腹腔脏器的重量）。
- ■缝合应该只包括腹直肌筋膜（如果缝入了脂肪组织，就会阻碍创口的愈合）。
- ■结的张力（打结太紧会造成局部缺血、坏死和缝合裂开）。
- ■手术部位发生感染（由于无菌技术不彻底而引起术部感染的创口，以及蛋白水解酶活性高和缝合裂开概率增加的创口）。
- ■腹胀以及缝合部承受的重量易于引发切口疝。对频繁吠叫的犬要注意，因为吠叫可造成腹内压的升高。
- ■全身性疾病，如贫血、低蛋白血症、糖尿病或免疫缺陷会妨碍术部切口的愈合，易诱发切口疝。

> 闭合剖腹术切口时，综合考虑上述因素，就可取得好的结果

> 缺乏经验的外科医生主要注意以下3点：
> - ■每针缝合腱膜的数量
> - ■不能将脂肪缝入
> - ■打结的力度

## 粘连/腹膜炎/脓肿

腹部粘连是马或人类腹部外科中常见的并发症，少见于犬或猫。如果纤维蛋白的形成和溶解发生变化，就会导致粘连的发生（图9-19、图9-20）。造成纤维蛋白形成和溶解失衡的因素包括组织缺血、出血、凝血、异物和感染（图9-21、图9-22）。

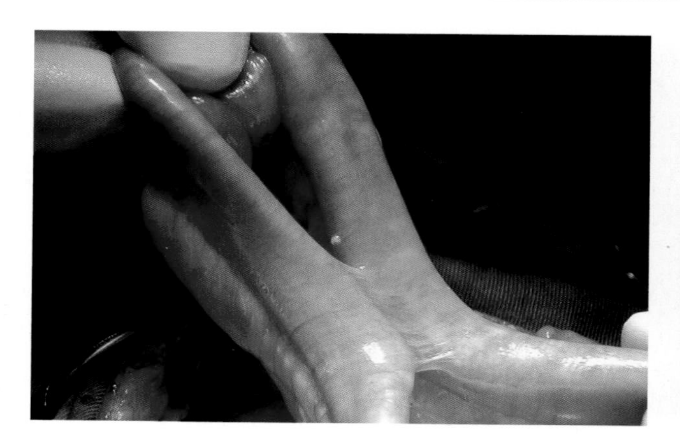

图9-19 导致肠梗阻的两段相邻肠袢之间的粘连。

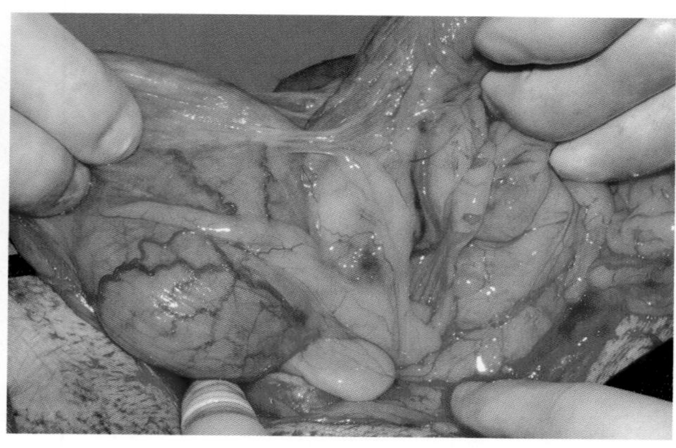

图9-20 先前的手术引起膀胱和子宫体之间的粘连。

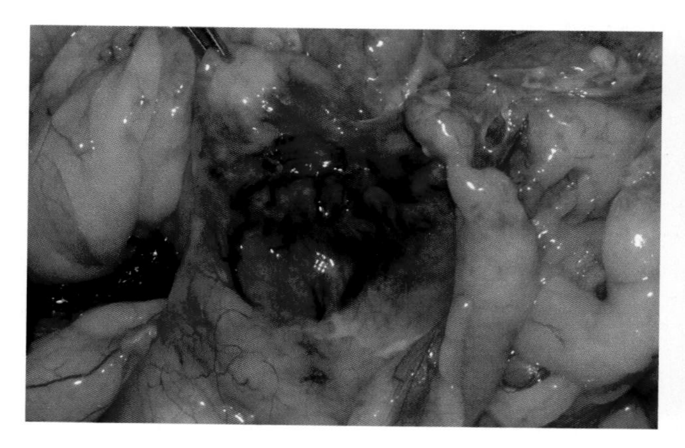

图9-21 缺血肠管周围广泛的粘连。

图9-22 包括大部分小肠的严重肠管粘连：治疗不当造成腹部感染的结果。

犬和猫具有防止粘连的腹腔纤溶系统

剖腹术后冲洗腹腔可降低粘连发生的概率

## 腹膜炎

腹膜炎是剖腹术后最常见的并发症，尤其是空腔器官手术（图9-23、图9-24）。

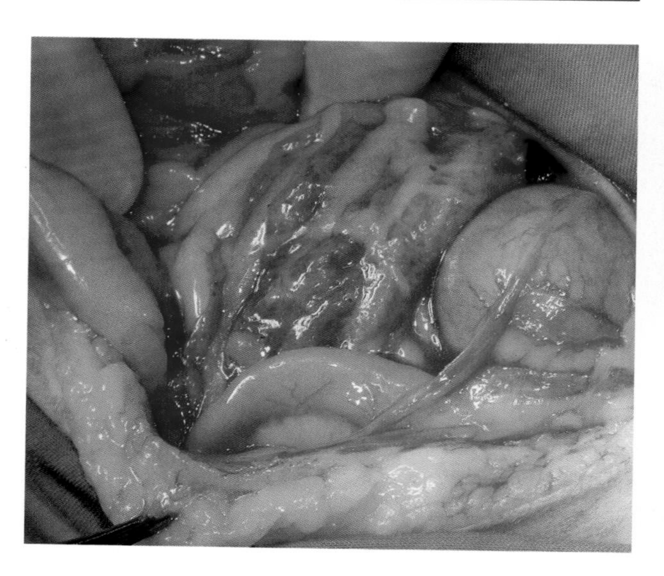

图9-23 肠袢周围大网膜显著的腹膜反应。

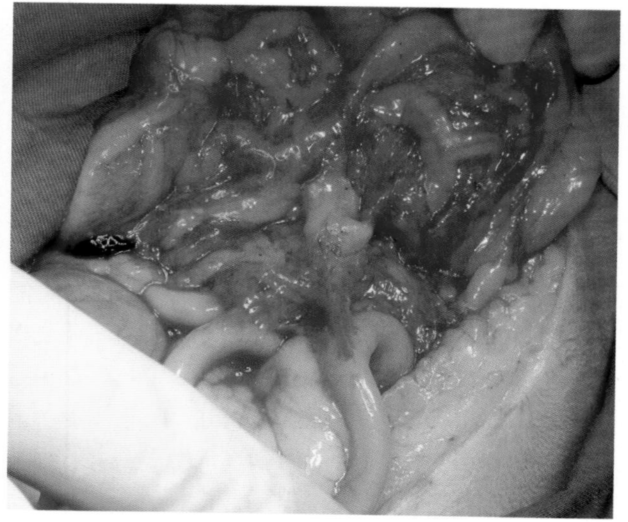

图9-24 腹部感染引起的血样渗出物、血凝块和肠管粘连。

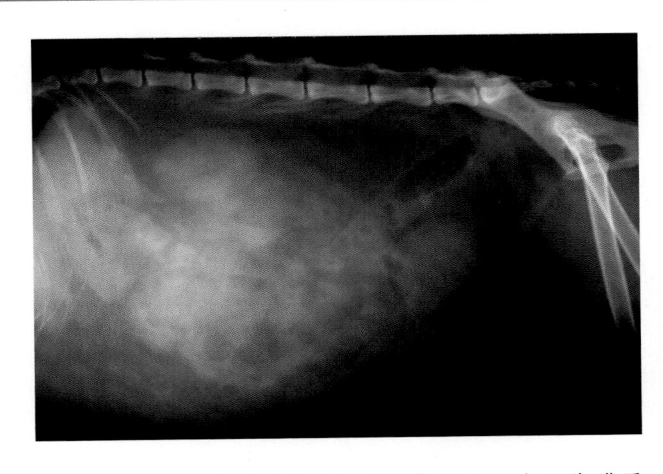

图9-25 腹部感染动物的X线图像显示，由于腹膜反应，结构的细节不明显。

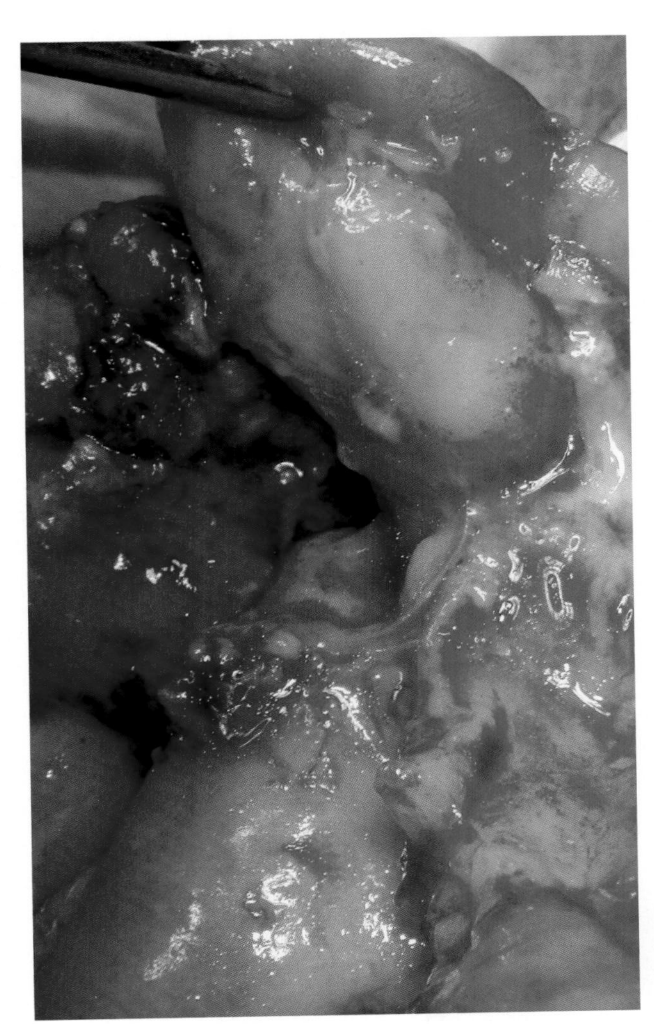

图9-26 肠管肠系膜区的脓性物质。清除粘连和脓液，用大量液体冲洗和抽吸腹腔。

没有典型症状，最常见的症状包括：

■ 精神沉郁。
■ 呕吐。
■ 厌食。
■ 腹痛。

上述症状一般出现在术后2～5d内。当患病动物在术后没有按预期恢复时，就应做出疑似诊断。

应连续进行血液学检测。白细胞总数变化不显著，但中性粒细胞数变化显著。

由于剖腹术和继发性麻痹性肠梗阻时引入了空气，因此，很难对腹部X线和超声检查图像进行解释（图9-25）。在腹腔穿刺或诊断性腹腔灌洗液中可检测到中毒性中性粒细胞。白细胞总数变化没有临床意义，因为腹部手术后白细胞总数总是增加的。患病动物静脉输注广谱抗生素、补液和施行二次手术，以探查和消除感染源（图9-26）。在所有情况下，必须用大量液体冲洗和抽吸腹腔。

在此之后，腹腔留置引流管：

■ 腹部闭合引流技术：使用腹膜透析管。
■ 腹部开放引流技术：这项技术是基于拆除剖腹术切口中心缝线，使切口部分开放，以此达到引流腹腔渗出物的目的。剖腹术切口必须用无菌纱布包扎并经常更换。

因为蛋白质随腹腔炎性渗出物流失。在这些病例中，应控制低蛋白血症

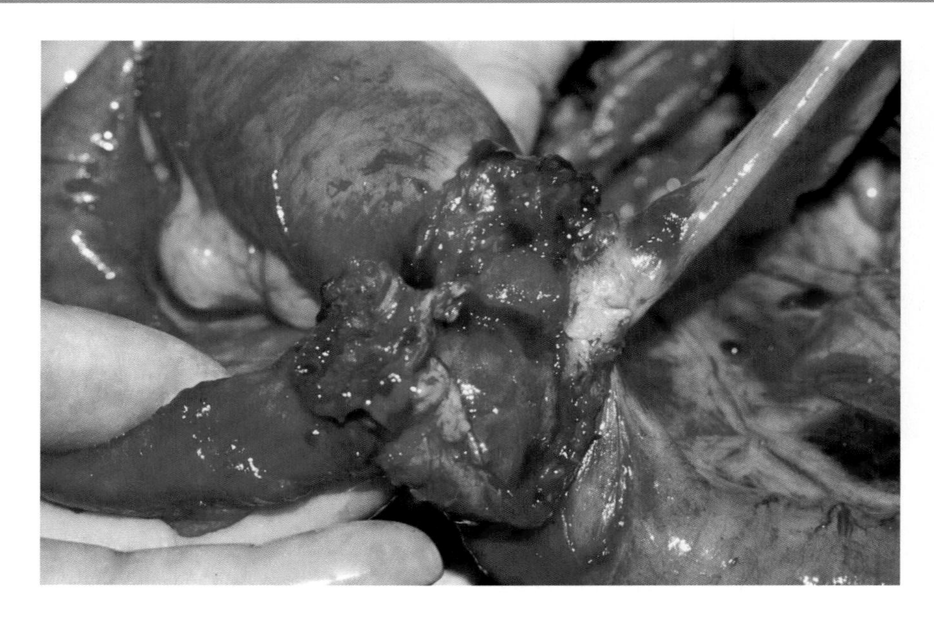

**脓肿**

腹腔内或腹腔外脓肿可能与腹部不同器官的病理过程有关。也可能由于血凝块、坏死组织或使用过的外科材料（缝线、拭子或沾血巾）的厌氧污染，导致术后脓肿的发生（图9-27）。

图9-27　包括部分小肠的腹腔脓肿的开囊引流。

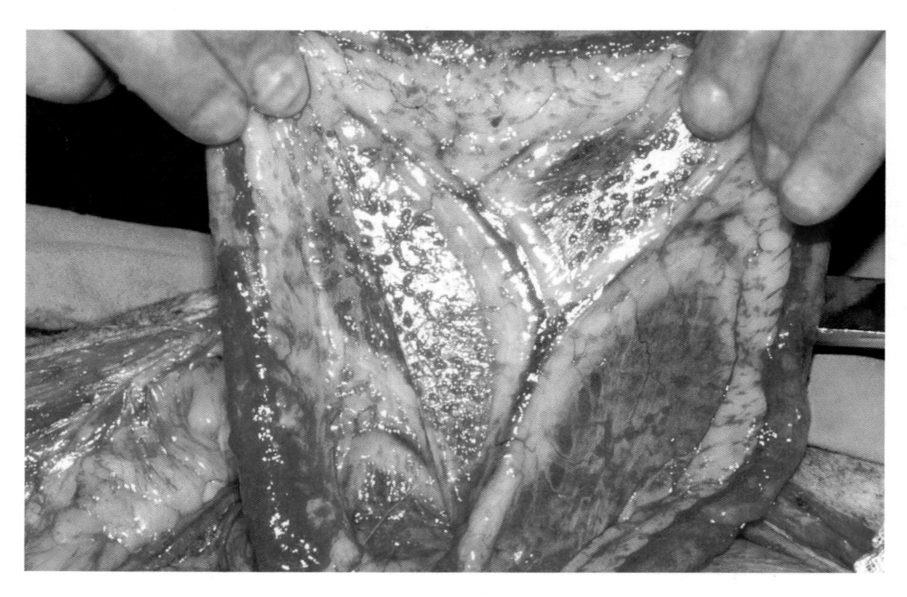

临床症状不一，有的是腹膜炎引起的发热、厌食、抑郁和白细胞增多的非典型症状，有的是术后数周甚至数月出现单独的腹腔内脓肿引起的不明显症状，如皮肤瘘（图9-28、图9-29）。

图9-28　腹腔内遗留手术敷料导致的脓肿引发严重的腹膜反应。

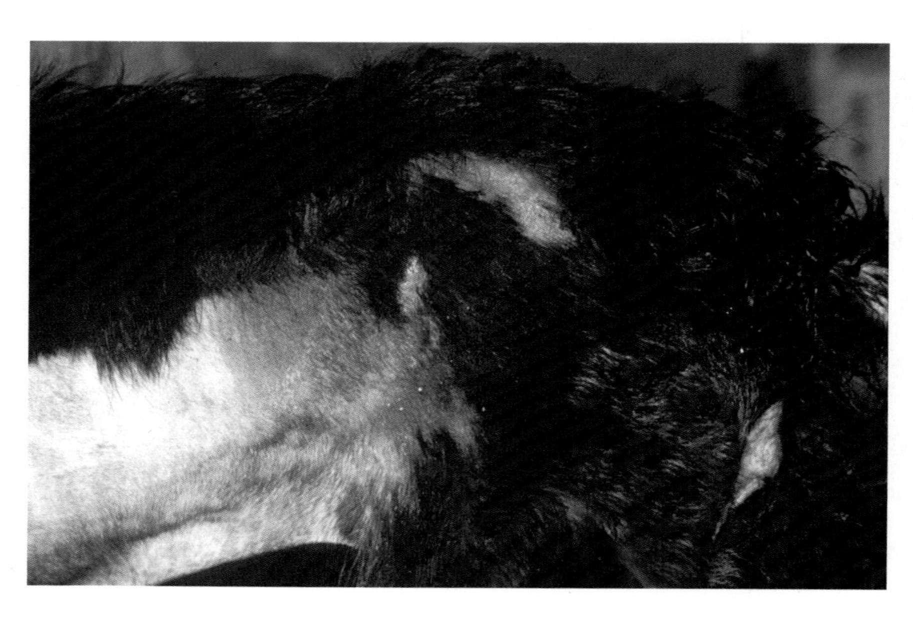

图9-29　卵巢子宫切除术后，腹部背侧发生排出脓性物质的皮肤瘘。病因是腹腔内脓肿。

腹部X线片显示腹膜炎和/或可能含有气体的异常腹部肿块（图9-30、图9-31）。

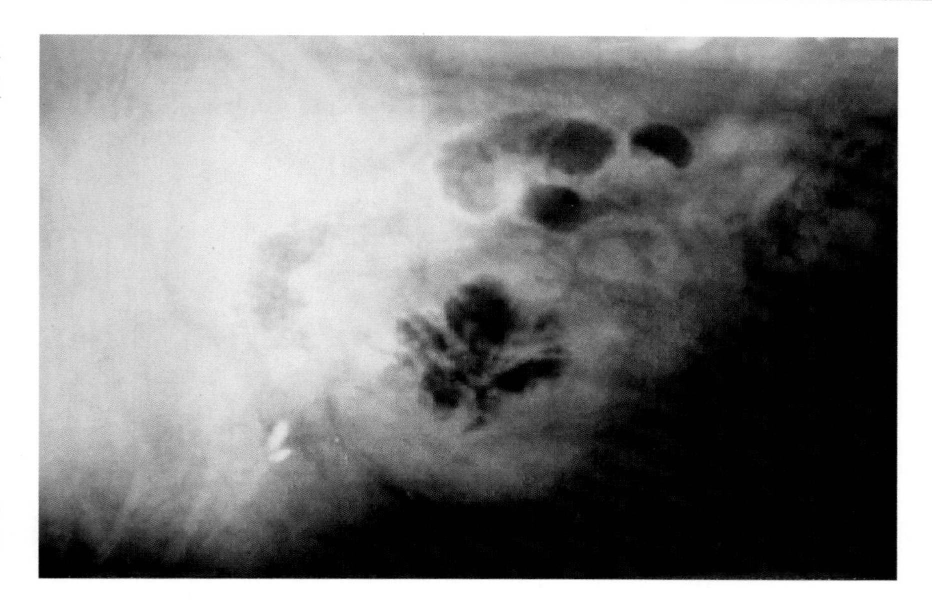

图9-30　遗留在腹腔近头端的手术敷料引起的腹腔脓肿。注意脓肿内存在气体。

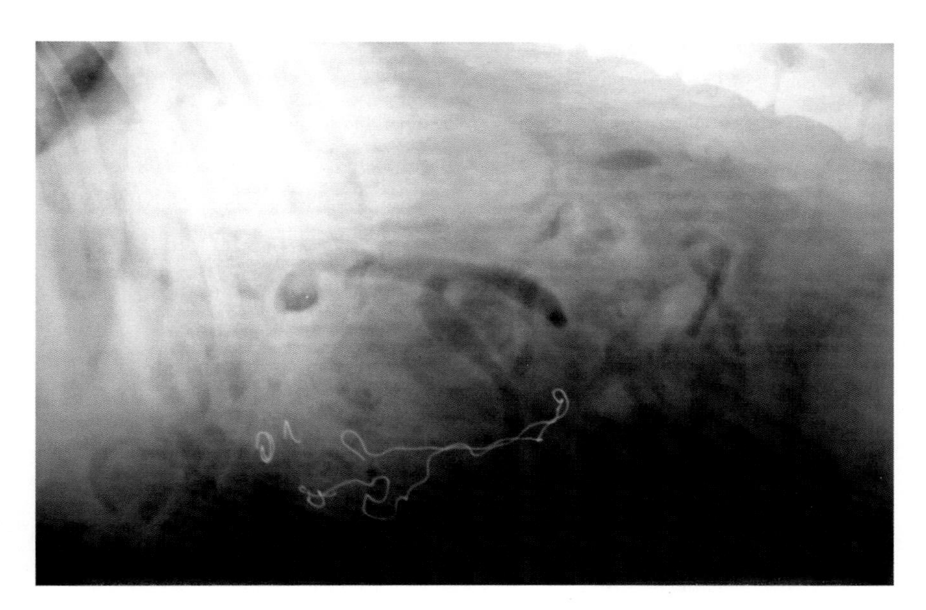

图9-31　由不透X线材料标记的手术敷料引起的腹腔脓肿。

对这些病例，如果可能，应通过外科手术切除脓肿；如果不能切除，采取引流并网膜化的措施（图9-32、图9-33）。

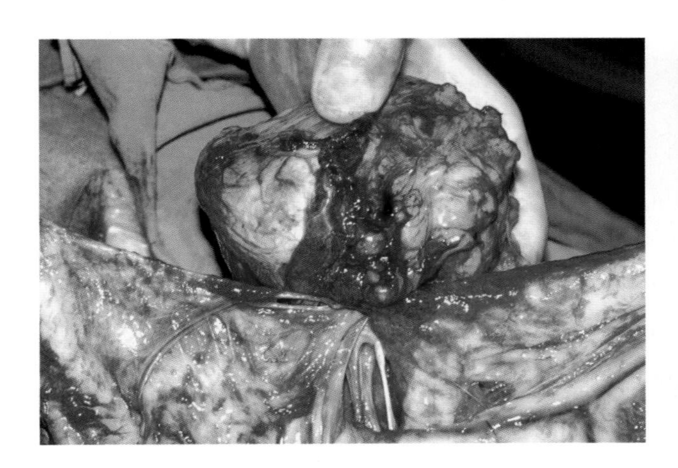

图9-32　肠系膜内腹腔脓肿的切除。本病例有严重的腹膜反应。

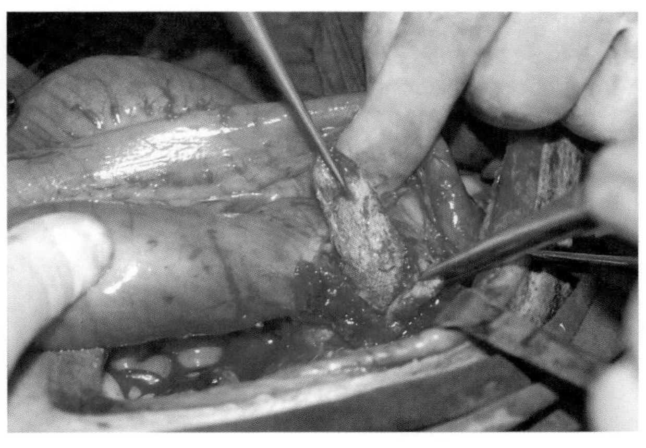

图9-33　在降结肠和部分小肠之间产生严重纤维反应的脓肿。由于没有梗阻的迹象，决定取出导致脓肿的手术拭子，并将该区域网膜化。

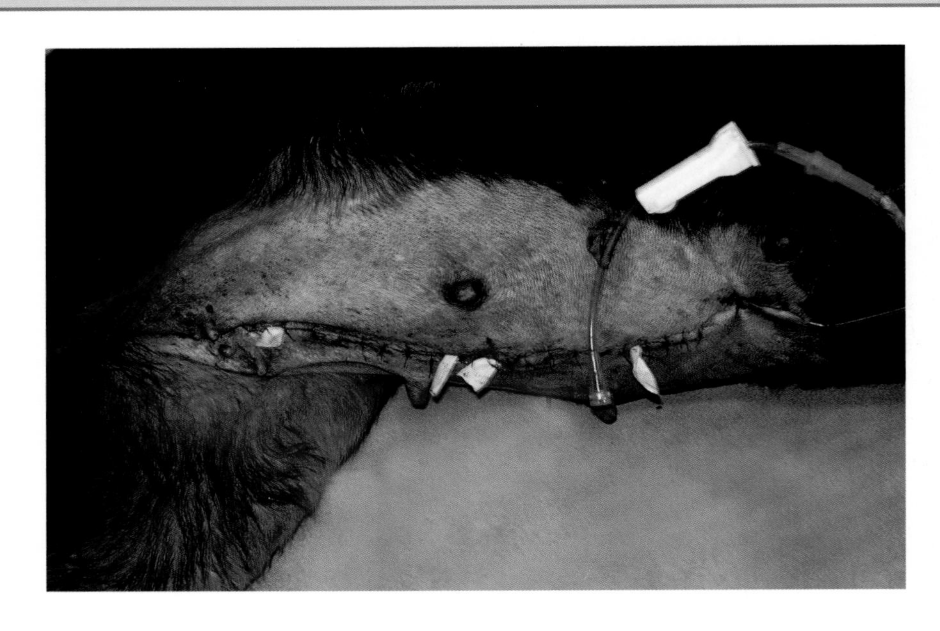

对这些病例，要进行充分的腹腔冲洗和抽吸；进行适当的抗生素治疗，尤其是针对厌氧菌，当出现腹膜炎时，应放置腹膜透析管，以便定期冲洗腹腔（图9-34）。

图9-34 因遗忘的手术敷料而导致严重腹膜炎的动物。放置一根腹膜透析管和两个彭罗斯引流管，以促进渗出物的排除。

**如何避免这些并发症？**

仔细计划手术，采取一切可能的措施保证术前消毒和术中的无菌。术中采用双极电凝进行预防性止血。如果发生出血，要清除血凝块。在切开组织过程中，应注意保护给组织供血的血管不受损伤。应避免在腹腔内使用多丝缝合材料，因为引起感染的病原体可能就包埋在缝线的丝之间。

用无菌的沾血巾代替拭子清洁术野，因为沾血巾更易于在腹腔内找到。手术开始时要明确沾血巾的数量。在手术结束时，计数用过的和剩余的沾血巾的数量，数量要与手术开始时吻合。如果决定用标准的10cm × 10cm沾血巾进行压迫止血，不要将沾血巾遗留在腹内。可以用敷料钳或缝线固定沾血巾，并将其末端留在腹外，这样在手术结束时就不容易忘记。

组织缺血和坏死以及血凝块的存在是腹膜感染和/或脓肿的诱发因素

不透X线的沾血巾是最好的选择，因为可以在X线图像中看到（图9-31、图9-35）

在术后的几天内密切关注患病动物，在并发症造成损害和严重后果之前及早做出诊断

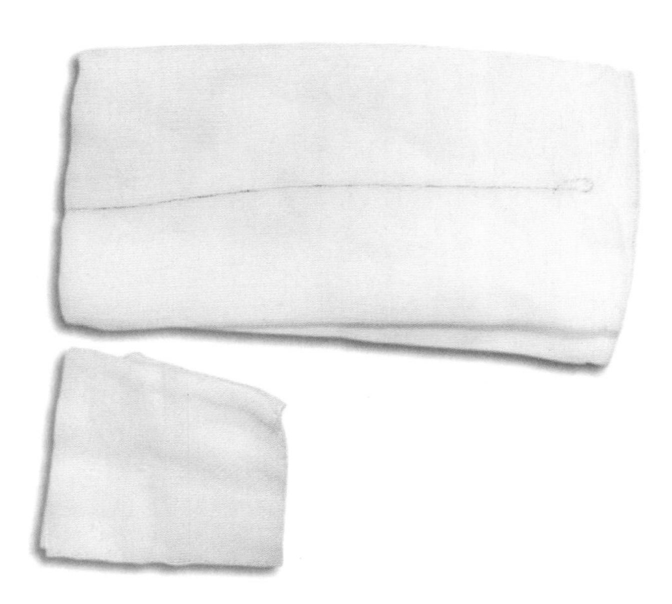

图9-35 标准拭子与沾血巾的比较。尽可能使用沾血巾，因为它不容易被遗留在腹腔内。敷料中的金属线在X线图像上能够看到。

# 短肠综合征

患病率 ■□□□□

短肠综合征（SBS）可能发生在需要手术切除大部分肠道（约70%）时，导致患病动物出现吸收不良综合征。

**应考虑的问题**

患病动物摄入的大部分液体，包括来自唾液腺、胃、肝、胰腺和肠道本身的液体，主要被小肠吸收，仅留下约1/5进入大肠中。钠离子是在空肠中主动吸收；其他电解质依靠浓度梯度而被动吸收。大多数营养物质在小肠的前1/3被吸收。

回肠吸收维生素$B_{12}$和胆酸盐。回肠末端中脂质和蛋白质的存在增加了肠近端营养物质的吸收，因为它缩短了胃排空的时间和增加了肠道的转运时间。回肠远端和回肠瓣能够防止细菌的过度增殖，因为它们限制了细菌从结肠向小肠的回流。

**临床症状**

患短肠综合征的动物可能出现不同的临床症状：

■ 呕吐。
■ 腹泻。
■ 体重减轻。
■ 肌肉无力。
■ 轻瘫。
■ 抽搐。
■ 少尿症。
■ 外周水肿。
■ 出血。
■ 全身感染。

进行全面的临床和营养检查以评估临床症状，以及定量分析营养不足和脱水程度是非常重要的。

**切除大部分肠道的后果**

一般来说，空肠切除术的耐受性要比回肠切除术更好。空肠切除改变了钠离子和水的摄入，从而改变了动物的动态平衡。

回肠黏膜将发生变化，可替代空肠的大部分吸收功能。相反，空肠无法承担回肠的特殊功能（胆酸盐和维生素$B_{12}$的吸收）。

切除整个回肠或大部分回肠会引起腹泻，这是由未吸收的胆酸盐引起的。肠道转运时间会缩短，改变营养吸收。胆酸盐会阻止结肠内水和电解质的吸收，并刺激结肠运动。

这些病例最明显的临床症状是持续性水样腹泻和渐进性体重下降

**营养管理策略**

经外科手术切除相当长的肠管后，应预料到短肠综合征的发生（图9-36），因此，要制定相应的策略控制短肠综合征带来的后果。

大段肠管切除后的临床发展分为三个阶段：①术后即刻阶段（持续数周）。可能存在水和电解质的显著丢失，特别是钙离子和氯离子。应通过非肠道途径进行补充。脓毒症、麻痹性肠梗阻和低凝血酶血症也可能发生。②初始自适应阶段（几个月）。肠道分泌物增多或胆酸盐吸收不良可能导致腹泻。③缓慢适应阶段（最多2年）。消化不良，胆固醇引起的胆囊结石，铁离子和维生素$B_{12}$缺乏引起的贫血。

最初的治疗是基于平衡电解质的大量补液。在患病动物能够进食之前，以非胃肠道途径给予营养物质。选择易消化吸收的食物，并将每天的食量分为6 ~ 8份进行饲喂。食物成分应包括中链脂肪酸、碳水化合物、优质蛋白质和维生素/矿物质。10% ~ 15%的纤维能够调节肠胃蠕动，增加水分的吸收，缓减胆酸盐引起的腹泻。腹泻可每8h口服洛哌丁胺（0.08mg/kg）进行治疗。应避免食用易引起腹泻的食物，如乳果糖，或含有刺激肠胃蠕动的食物，如咖啡因、茶碱或可可碱。还应避免使用含有镁离子（如阿莫西林胶囊）、山梨醇（如甲氧氯普胺糖浆、液体泰格美）或甘露醇（如奥美拉唑）的药物。

图9-36　右侧肠管的不可逆缺血。大部分肠管切除后可能引起消化和心理变化，导致所谓的短肠综合征。

# 缺血/再灌注综合征

患病率指数 ■□□□□

在缺血、缺氧或其他能量不足的情况下，发生了许多组织变化，引起某些物质的释放。当缺血器官恢复血液供应后，上述释放的物质进入血液，引起缺血再灌注器官和其他重要器官的损伤，并可能导致动物死亡（图9-37、图9-38）。

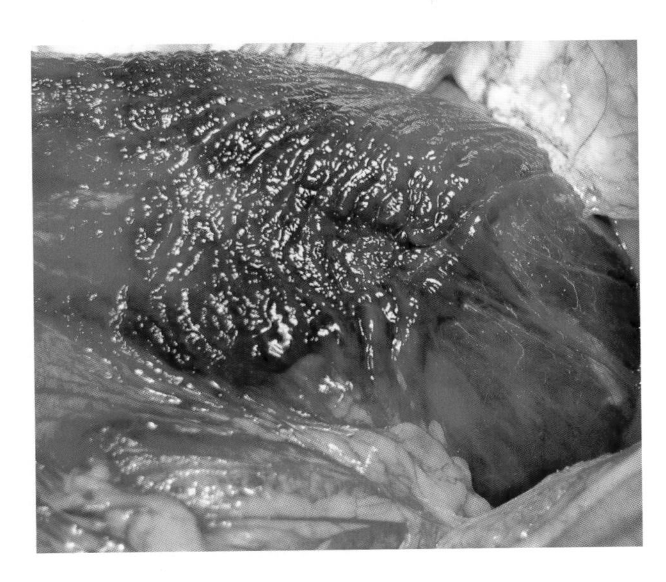

图9-37 胃扭转造成胃的部分缺血。将胃恢复到正常解剖位置后，监测和治疗全身反应。

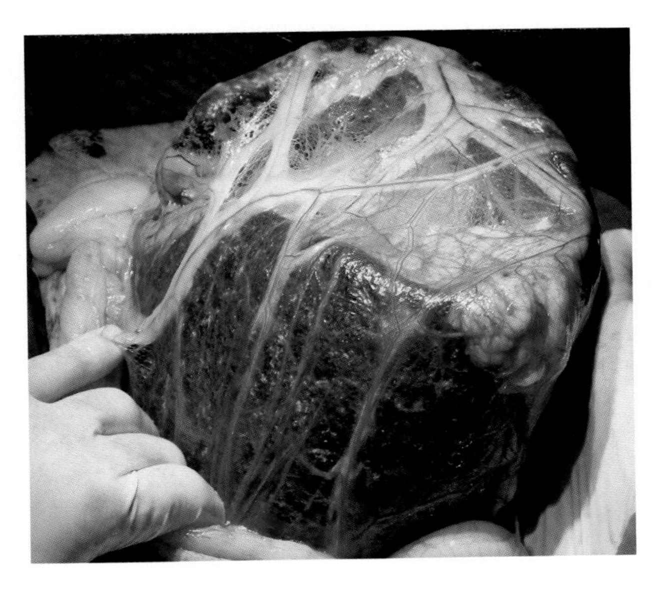

图9-38 自发性脾扭转。为了避免有毒代谢产物进入血液，脾切除术应在不纠正扭转的情况下进行。

**病理生理机制**

应考虑受累器官及患病动物经过的几个阶段：①第一阶段以缺血损伤为特征。在此阶段，器官的氧供应严重减少或完全中断。在这些条件下，细胞的有氧代谢变成无氧代谢。从这一刻起，如果血液供应不能恢复，就会引发一系列的生化过程，导致细胞功能障碍、间质水肿，并最终导致细胞死亡。在这种情况下，局部乳酸浓度升高，导致代谢性酸中毒。能量水平的降低导致细胞膜两侧的离子浓度梯度发生变化，破坏了细胞膜两侧的平衡，从而使细胞内钙离子浓度增加。钙离子的增加可激活多种酶系统，如磷脂酶和蛋白酶，主要参与随后的炎症反应。另外，一些酶系统的通路会由于黄嘌呤氧化酶的活化而改变，其结果是氧自由基的产生。次黄嘌呤和黄嘌呤氧化酶催化产生氧自由基（超氧阴离子、过氧化氢和羟基）。氧自由基是含有1个或多个电子的物质，这些电子不受其结构束缚。因为氧自由基不稳定，容易产生连锁反应，直到产生更稳定的化合物。在这一过程中，所产生的中间化合物有可能对器官造成损伤。②在缺血再灌注期间，血液供应恢复。前一阶段产生的有毒代谢产物被释放到血液中，并可能引起全身和局部反应。对于全身反应来说，会引起代谢性酸中毒和高钾血症，如不及时纠正可能会导致患病动物的死亡。

肌红蛋白血症和肌红蛋白尿症也会出现，在肺部，微血管通透性增加和中性粒细胞积聚，可能导致非心源性肺水肿（窘迫肺）的发生。

**临床诊断**

可根据临床症状对组织缺血进行诊断，例如，胃或脾扭转自然会发生相应的组织缺血（图9-39）。血清中的乳酸浓度也可作为诊断指标：乳酸浓度为3.07 mmol/L（参考值0.5 ~ 2.5mmol/L）。

> 血清中的乳酸水平是诊断组织缺血的有效指标。值越高，组织缺血越广泛，患病动物预后越差

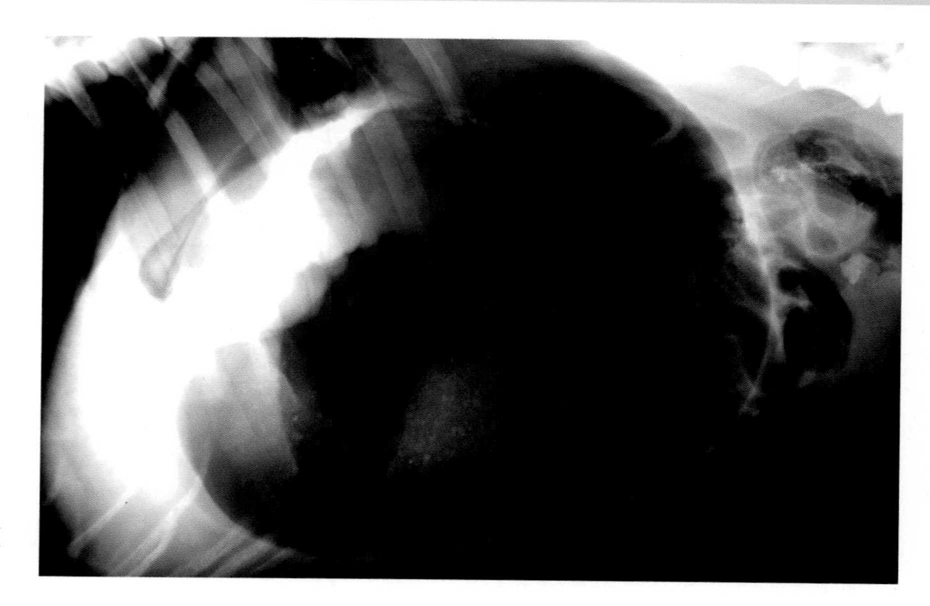

图9-39 胃扭转的X线图像。当胃恢复到正常解剖位置时，应预料到缺血/再灌注综合征的发生。

**药物治疗**

组织缺血后应立即做出诊断，并尽早实施治疗。

**钙通道阻滞药**

- 钙是与缺血/再灌注损伤的发病机理有关的主要物质之一。
- 钙通道阻滞剂，如维拉帕米、尼卡地平和尼莫地平，如果在缺血/再灌注损伤发生前给药，则可预防缺血/再灌注损伤的发生，并可改善再灌注期间的微循环。
  - 口服维拉帕米1mg/kg。
  - 静脉注射尼卡地平20mg/kg。
  - 每2h静脉注射尼莫地平1mg/kg。

**抗氧化剂**

- 别嘌呤醇对次黄嘌呤氧化酶（自由基的最大来源）的竞争性抑制可减少组织损伤并增加缺血组织的血管通透性。
  - 口服别嘌呤醇50mg/kg。
- N-乙酰半胱氨酸是许多组织中谷胱甘肽合成所必需的硫醇衍生物。已经证明，其高浓度可保护细胞免受氧化损伤。
  - 静脉注射N-乙酰半胱氨酸140mg/kg。
- 丙醇是一种非选择性β-受体阻滞剂，通过稳定细胞膜起作用。
  - 丙醇1 ～ 5mg/kg。
  - 卡托普利（一种血管紧张素转换酶抑制剂）是所有抗氧化剂中最有效的，其作用呈剂量依赖性。由于其结构中存在一个自由基巯基，使其具有捕获氧自由基的作用。
  - 卡托普利每天25 mg。
- 其他抗氧化剂。
  - 维生素E。
  - 维生素C。
  - 谷胱甘肽（还原）。
  - β-胡萝卜素。
  - 过氧化氢酶和过氧化物酶。
  - 超氧化物歧化酶。

**其他药物**

- Pentoxyphylline能够增强红细胞的变形能力，降低血液黏度、减少血小板的聚集和血栓的形成。
  - 麻醉后，静脉注射Pentoxyphylline（10mg/kg）。
- 非甾体类抗炎药效果良好。
  - 静脉注射氟尼辛葡甲胺1mg/kg。
- 去甲肾上腺素、多巴酚丁胺、异丙肾上腺素和多培沙明可改善肠黏膜的灌注，而多巴胺则可降低灌注。
- 考虑使用的抗生素包括：
  - 喹诺酮类与青霉素、阿莫西林、克林霉素或第一代头孢菌素联合使用。
  - 氨基糖苷类加青霉素、氨苄西林、克林霉素或第一代头孢菌素。
  - 第二代或第三代头孢菌素类。
  - 亚胺培南。
  - 替卡西林/克拉维酸。

**图书在版编目（CIP）数据**

小动物后腹部手术／（西）乔斯·罗德里格斯·戈麦斯，（西）玛利亚·乔斯·马丁内斯·萨纳多，（西）贾米·格劳斯·莫拉莱斯编著；李宏全主译．—北京：中国农业出版社，2020.11

（世界兽医经典著作译丛·小动物外科系列）

ISBN 978-7-109-26692-6

Ⅰ．①小… Ⅱ．①乔…②玛…③贾…④李… Ⅲ．①动物疾病－腹腔疾病－外科手术 Ⅳ．①S857.12

中国版本图书馆CIP数据核字（2020）第044496号

English edition:
Small animal surgery, Surgery atlas,a step-by-step guide, The caudal abdomen
© 2011 Grupo Asís Biomedia, S.L.
ISBN: 978-84-92569-69-4

Spanish edition:
La cirugía en imágenes, paso a paso. El abdomen caudal
© 2007 Servet, Diseño y comunicación S.L.
ISBN: 978-84-934736-9-3



北京市版权局著作权合同登记号：图字01-2018-6651号

---

中国农业出版社出版
地址：北京市朝阳区麦子店街18号楼
邮编：100125
责任编辑：弓建芳　刘　玮
版式设计：杨　婧　　责任校对：赵　硕
印刷：北京缤索印刷有限公司
版次：2020年11月第1版
印次：2020年11月北京第1次印刷
发行：新华书店北京发行所
开本：889mm×1194mm　1/16
印张：24.5
字数：500千字
定价：320.00元

---